Springer Handbook of Enzymes
Synonym Index 2010 – Part I

Dietmar Schomburg and
Ida Schomburg (Eds.)

Springer Handbook of Enzymes

Synonym Index 2010
Part I
A–J

coedited by Antje Chang

Second Edition

Professor Dietmar Schomburg
e-mail: d.schomburg@tu-bs.de

Dr. Ida Schomburg
e-mail: i.schomburg@tu-bs.de

Dr. Antje Chang
e-mail: a.chang@tu-bs.de

Technical University Braunschweig
Bioinformatics & Systems Biology
Langer Kamp 19b
38106 Braunschweig
Germany

Library of Congress Control Number: applied for

ISBN 978-3-642-14015-0   2nd Edition Springer Berlin Heidelberg New York

The first edition of the reference work was published as "Enzyme Handbook".

This work is subject to copyright. All rights are reserved, whether the whole or part of the material is concerned, specifically the rights of translation, reprinting, reuse of illustrations, recitation, broadcasting, reproduction on microfilm or in any other way, and storage in data banks. Duplication of this publication or parts thereof is permitted only under the provisions of the German Copyright Law of September 9, 1965, in its current version, and permission for use must always be obtained from Springer. Violations are liable to prosecution under the German Copyright Law.

Springer is a part of Springer Science+Business Media
springer.com
© Springer-Verlag Berlin Heidelberg
Printed in Germany

The use of general descriptive names, registered names, etc. in this publication does not imply, even in the absence of a specific statement, that such names are exempt from the relevant protective laws and regulations and free for general use.

The publisher cannot assume any legal responsibility for given data, especially as far as directions for the use and the handling of chemicals and biological material are concerned. This information can be obtained from the instructions on safe laboratory practice and from the manufacturers of chemicals and laboratory equipment.

Cover design: Erich Kirchner, Heidelberg
Typesetting: medionet Publishing Services Ltd., Berlin

Printed on acid-free paper

Attention all Users
of the "Springer Handbook of Enzymes"

Information on this handbook can be found on the internet at
http://www.springer.com
choosing "Chemistry" and then "Reference Works".

A complete list of all enzyme entries either as an alphabetical Name Index or as the EC-Number Index is available at the above mentioned URL. You can download and print them free of charge.

A complete list of all synonyms (> 57,000 entries) used for the enzymes is available in print form (ISBN 978-3-642-14015-0).

Save 15 %

We recommend a standing order for the series to ensure you automatically receive all volumes and all supplements and save 15 % on the list price.

Preface

Today, as the full information about the genome is becoming available for a rapidly increasing number of organisms and transcriptome and proteome analyses are beginning to provide us with a much wider image of protein regulation and function, it is obvious that there are limitations to our ability to access functional data for the gene products – the proteins and, in particular, for enzymes. Those data are inherently very difficult to collect, interpret and standardize as they are widely distributed among journals from different fields and are often subject to experimental conditions. Nevertheless a systematic collection is essential for our interpretation of genome information and more so for applications of this knowledge in the fields of medicine, agriculture, etc. Progress on enzyme immobilisation, enzyme production, enzyme inhibition, coenzyme regeneration and enzyme engineering has opened up fascinating new fields for the potential application of enzymes in a wide range of different areas. The development of the enzyme data information system BRENDA was started in 1987 at the German National Research Centre for Biotechnology in Braunschweig (GBF), continued at the University of Cologne from 1996 to 2006, and in 2007 returned to Braunschweig, to the Technical University, Institute of Bioinformatics & Systems Biology.

The present book "Springer Handbook of Enzymes" represents the printed version of this data bank. The information system has been developed into a full metabolic database. The enzymes in this Handbook are arranged according to the Enzyme Commission list of enzymes. Some 4,000 "different" enzymes are covered. Since there are no compulsory rules for naming proteins multiple names, sometimes more than 500 for a single EC-class can be found in the scientific literature. This index lists 57,000 synonyms for enzymes. Each entry refers to the recommended enzyme name and the EC number. The corresponding volume and page number in the Springer Handbook of Enzymes, volumes 1–39 and supplements S1–S7 is included. As this Synonym Index features the current status of enzyme names it also covers some names for EC classes which will be published in future volumes of the Springer Handbook of Enzymes. The EC system of enzyme classes is subject to small however constant changes. For retrieving the current EC number the old numbers are included in this index.

It should be mentioned that all enzyme names have been extracted from primary literature and the original author's enzymes names have been retained. The authors would like to point out that superscripts or subscripts which sometimes occur in the enzyme names are not displayed in this index.

Braunschweig
Summer 2010 *Dietmar Schomburg, Ida Schomburg, Antje Chang*

Index of Synonyms: A

2.7.11.1	14-3-3, non-specific serine/threonine protein kinase, v. S3 | p. 1	
3.2.2.22	B-32, rRNA N-glycosylase, v. 14 | p. 107	
3.1.3.77	E-1, acireductone synthase, v. S5 | p. 97	
3.4.24.18	E-24.18, meprin A, v. 8 | p. 305	
1.11.1.9	G-6137, glutathione peroxidase, v. 25 | p. 233	
3.2.2.5	I-19, NAD+ nucleosidase, v. 14 | p. 25	
3.1.1.2	K-45, arylesterase, v. 9 | p. 28	
3.2.1.17	L-7001, lysozyme, v. 12 | p. 228	
2.1.1.151	M-2, cobalt-factor II C20-methyltransferase, v. 28 | p. 653	
1.7.3.3	N-35, urate oxidase, v. 24 | p. 346	
4.1.3.12	N-56, 2-isopropylmalate synthase, v. 4 | p. 86	
1.2.1.12	P-37, glyceraldehyde-3-phosphate dehydrogenase (phosphorylating), v. 20 | p. 135	
3.2.1.74	P-42, glucan 1,4-β-glucosidase, v. 13 | p. 235	
1.14.14.1	P-448, unspecific monooxygenase, v. 26 | p. 584	
3.4.24.64	P-52, mitochondrial processing peptidase, v. 8 | p. 525	
3.4.24.64	P-55, mitochondrial processing peptidase, v. 8 | p. 525	
3.6.3.9	α3, Na+/K+-exchanging ATPase, v. 15 | p. 573	
3.6.3.9	α4, Na+/K+-exchanging ATPase, v. 15 | p. 573	
1.14.15.4	11-hydroxylase, steroid 11β-monooxygenase, v. 27 | p. 26	
3.1.13.1	3'-5'exoribonuclease, exoribonuclease II, v. 11 | p. 389	
2.5.1.63	5'-fluorodeoxyadenosine synthase, adenosyl-fluoride synthase, v. 34 | p. 242	
2.1.1.128	3'-hydroxy-N-methylcoclaurine 4'-O-methyltransferase, (RS)-norcoclaurine 6-O-methyltransferase, v. 28 | p. 589	
2.4.2.28	5'-methylthioadenosine phosphorylase, S-methyl-5'-thioadenosine phosphorylase, v. 33 | p. 236	
4.2.1.109	5'-methylthioribulose-1-phosphate dehydratase, methylthioribulose 1-phosphate dehydratase, v. S7 | p. 109	
3.1.3.7	3'-phosphoadenosine-5'-phosphatase, 3'(2'),5'-bisphosphate nucleotidase, v. 10 | p. 125	
3.1.3.7	3'-phosphoesterase, 3'(2'),5'-bisphosphate nucleotidase, v. 10 | p. 125	
6.3.2.5	4'-phosphopantothenoylcysteine synthetase, phosphopantothenate-cysteine ligase, v. 2 | p. 431	
5.3.1.24	N-5'-phosphoribosylanthranilate isomerase, phosphoribosylanthranilate isomerase, v. 1 | p. 353	
3.2.1.80	(6&1) FEH, fructan β-fructosidase, v. 13 | p. 275	
3.2.1.80	6&1-FEH w1, fructan β-fructosidase, v. 13 | p. 275	
3.5.1.77	D-N-α-Carbamoylase, N-carbamoyl-D-amino-acid hydrolase, v. 14 | p. 586	
1.14.14.1	P-450(M-1), unspecific monooxygenase, v. 26 | p. 584	
4.1.2.30	C-17/C-20 lyase, 17α-Hydroxyprogesterone aldolase, v. 3 | p. 549	
1.1.1.166	(-)t-3,t-4-dihydroxycyclohexane-c-1-carboxylate-NAD oxidoreductase, hydroxycyclohexanecarboxylate dehydrogenase, v. 18 | p. 49	
1.14.13.13	1?-hydroxylase, calcidiol 1-monooxygenase, v. 26 | p. 296	
3.2.1.21	A1, β-glucosidase, v. 12 | p. 299	
4.2.2.3	A1-II, poly(β-D-mannuronate) lyase, v. 5 | p. 19	
4.2.2.3	A1-III, poly(β-D-mannuronate) lyase, v. 5 | p. 19	
4.2.2.3	A1-IV', poly(β-D-mannuronate) lyase, v. 5 | p. 19	
1.1.1.95	A10, phosphoglycerate dehydrogenase, v. 17 | p. 238	
1.14.13.94	3A10/lithocholic acid 6β-hydroxylase, lithocholate 6β-hydroxylase, v. S1 | p. 608	
2.7.7.50	A103R protein, mRNA guanylyltransferase, v. 38 | p. 509	

2.5.1.19	A1501 EPSPS, 3-phosphoshikimate 1-carboxyvinyltransferase, v. 33 | p. 546	
4.2.2.3	A1 alginate lyase, poly(β-D-mannuronate) lyase, v. 5 | p. 19	
4.2.2.11	A1m, poly(α-L-guluronate) lyase, v. 5 | p. 64	
1.3.1.30	5A2, progesterone 5α-reductase, v. 21 | p. 176	
2.3.1.26	A2, sterol O-acyltransferase, v. 29 | p. 463	
3.1.22.4	A22 resolvase, crossover junction endodeoxyribonuclease, v. 11 | p. 487	
3.1.22.4	A22R protein, crossover junction endodeoxyribonuclease, v. 11 | p. 487	
1.13.11.2	A23O, catechol 2,3-dioxygenase, v. 25 | p. 395	
1.2.1.13	A2B2-GAPDH, glyceraldehyde-3-phosphate dehydrogenase (NADP+) (phosphorylating), v. 20 | p. 163	
1.2.1.13	A2B2-glyceraldehyde-3-phosphate dehydrogenase, glyceraldehyde-3-phosphate dehydrogenase (NADP+) (phosphorylating), v. 20 | p. 163	
3.5.4.5	A3B, cytidine deaminase, v. 15 | p. 42	
3.5.4.5	A3F, cytidine deaminase, v. 15 | p. 42	
3.5.4.5	A3G, cytidine deaminase, v. 15 | p. 42	
1.2.1.13	A4-GAPDH, glyceraldehyde-3-phosphate dehydrogenase (NADP+) (phosphorylating), v. 20 | p. 163	
1.2.1.12	A4-GAPDH, glyceraldehyde-3-phosphate dehydrogenase (phosphorylating), v. 20 | p. 135	
1.2.1.12	A4-glyceraldehyde-3-phosphate dehydrogenase, glyceraldehyde-3-phosphate dehydrogenase (phosphorylating), v. 20 | p. 135	
1.1.1.27	A4-LDH, L-lactate dehydrogenase, v. 16 | p. 253	
1.2.1.13	A4 glyceraldehyde 3-phosphate dehydrogenase, glyceraldehyde-3-phosphate dehydrogenase (NADP+) (phosphorylating), v. 20 | p. 163	
3.6.3.14	A6L, H+-transporting two-sector ATPase, v. 15 | p. 598	
1.1.1.200	A6PR, aldose-6-phosphate reductase (NADPH), v. 18 | p. 191	
2.6.1.2	β-A:P TAm, alanine transaminase, v. 34 | p. 280	
2.6.1.18	β-A:P TAm, β-alanine-pyruvate transaminase, v. 34 | p. 390	
3.2.1.23	Aaβ-gal, β-galactosidase, v. 12 | p. 368	
2.3.1.87	AA-NAT, aralkylamine N-acetyltransferase, v. 30 | p. 149	
1.10.3.3	AA-ox, L-ascorbate oxidase, v. 25 | p. 134	
3.1.26.3	Aa-RNase III, ribonuclease III, v. 11 | p. 509	
6.3.5.7	aa-tRNA amidotransferase, glutaminyl-tRNA synthase (glutamine-hydrolysing), v. S7 | p. 638	
1.9.3.1	Aa3 terminal Oxidase, cytochrome-c oxidase, v. 25 | p. 1	
3.5.1.13	AAA, aryl-acylamidase, v. 14 | p. 304	
2.6.1.39	AAA-AT, 2-aminoadipate transaminase, v. 34 | p. 483	
4.1.1.28	AAAD, aromatic-L-amino-acid decarboxylase, v. 3 | p. 152	
3.5.1.81	D-AAase, N-Acyl-D-amino-acid deacylase, v. 14 | p. 603	
3.5.1.83	D-AAase, N-Acyl-D-aspartate deacylase, v. 14 | p. 614	
3.5.1.70	AAC, aculeacin-A deacylase, v. 14 | p. 557	
2.3.1.59	AAC(2')-Ia, gentamicin 2'-N-acetyltransferase, v. 29 | p. 722	
2.3.1.81	AAC(3), aminoglycoside N3'-acetyltransferase, v. 30 | p. 104	
2.3.1.82	AAC(3)-Ib/AAC(6')-Ib', aminoglycoside N6'-acetyltransferase, v. 30 | p. 108	
2.3.1.81	AAC(3)-Ig acetyltransferase, aminoglycoside N3'-acetyltransferase, v. 30 | p. 104	
2.3.1.81	AAC(3)-IV, aminoglycoside N3'-acetyltransferase, v. 30 | p. 104	
2.3.1.82	AAC(6'), aminoglycoside N6'-acetyltransferase, v. 30 | p. 108	
2.3.1.82	AAC(6')-I, aminoglycoside N6'-acetyltransferase, v. 30 | p. 108	
2.3.1.82	AAC(6')-Ib, aminoglycoside N6'-acetyltransferase, v. 30 | p. 108	
2.3.1.82	AAC(6')-Ie, aminoglycoside N6'-acetyltransferase, v. 30 | p. 108	
2.3.1.82	AAC(6')-Ii, aminoglycoside N6'-acetyltransferase, v. 30 | p. 108	
2.3.1.82	AAC(6')-Isa, aminoglycoside N6'-acetyltransferase, v. 30 | p. 108	
2.3.1.82	AAC(6')-Iy, aminoglycoside N6'-acetyltransferase, v. 30 | p. 108	
2.3.1.82	AAC(6')-Iz acetyltransferase, aminoglycoside N6'-acetyltransferase, v. 30 | p. 108	
2.3.1.81	AAC3-IV aminoglycoside acetyltransferase, aminoglycoside N3'-acetyltransferase, v. 30 | p. 104	

4.2.1.1	AaCA1, carbonate dehydratase, v.4 | p.242	
2.3.1.81	AacC-A7 acetyltransferase, aminoglycoside N3'-acetyltransferase, v.30 | p.104	
4.1.1.28	AACD, aromatic-L-amino-acid decarboxylase, v.3 | p.152	
2.4.1.16	AaCHS-1, chitin synthase, v.31 | p.147	
6.2.1.16	Aacl, Acetoacetate-CoA ligase, v.2 | p.282	
6.2.1.16	AACS, Acetoacetate-CoA ligase, v.2 | p.282	
4.1.1.4	AAD, Acetoacetate decarboxylase, v.3 | p.23	
3.4.13.22	AAD, D-Ala-D-Ala dipeptidase, v.S5 | p.292	
1.1.1.91	AAD, aryl-alcohol dehydrogenase (NADP+), v.17 | p.218	
2.7.7.47	AAD (3), streptomycin 3-adenylyltransferase, v.38 | p.464	
2.7.7.46	AAD 2, gentamicin 2-nucleotidyltransferase, v.38 | p.459	
2.6.1.39	AadAT, 2-aminoadipate transaminase, v.34 | p.483	
4.1.1.25	AADC, Tyrosine decarboxylase, v.3 | p.146	
4.1.1.28	AADC, aromatic-L-amino-acid decarboxylase, v.3 | p.152	
4.1.1.28	AADC1A, aromatic-L-amino-acid decarboxylase, v.3 | p.152	
4.1.1.28	AADC1B, aromatic-L-amino-acid decarboxylase, v.3 | p.152	
1.4.99.4	AADH, aralkylamine dehydrogenase, v.22 | p.410	
6.2.1.26	AAE14, O-succinylbenzoate-CoA ligase, v.2 | p.320	
2.5.1.1	AaFPS1, dimethylallyltranstransferase, v.33 | p.393	
3.2.2.20	AAG, DNA-3-methyladenine glycosylase I, v.14 | p.99	
3.2.2.21	AAG, DNA-3-methyladenine glycosylase II, v.14 | p.103	
3.2.2.20	Aag 3MeA DNA glycosylase, DNA-3-methyladenine glycosylase I, v.14 | p.99	
3.2.2.19	AAH, [protein ADP-ribosylarginine] hydrolase, v.14 | p.92	
3.5.3.9	AAH, allantoate deiminase, v.14 | p.796	
1.14.11.16	AAH, peptide-aspartate β-dioxygenase, v.26 | p.102	
3.5.4.2	Aah1p, adenine deaminase, v.15 | p.12	
3.5.2.2	aaHYD, dihydropyrimidinase, v.14 | p.651	
3.5.1.14	AAIII, aminoacylase, v.14 | p.317	
2.7.1.148	AaIspE, 4-(cytidine 5'-diphospho)-2-C-methyl-D-erythritol kinase, v.37 | p.229	
2.7.11.31	AAK-2, [hydroxymethylglutaryl-CoA reductase (NADPH)] kinase, v.S4 | p.355	
6.1.1.4	AaLeuRS, Leucine-tRNA ligase, v.2 | p.23	
4.2.2.3	AAlyase, poly(β-D-mannuronate) lyase, v.5 | p.19	
2.3.1.87	AANAT, aralkylamine N-acetyltransferase, v.30 | p.149	
2.3.1.87	AANAT1, aralkylamine N-acetyltransferase, v.30 | p.149	
2.3.1.87	AANAT2, aralkylamine N-acetyltransferase, v.30 | p.149	
1.10.3.3	AAO, L-ascorbate oxidase, v.25 | p.134	
1.1.3.7	AAO, aryl-alcohol oxidase, v.19 | p.69	
1.4.3.3	D-AAO, D-amino-acid oxidase, v.22 | p.243	
1.4.3.2	L-AAO, L-amino-acid oxidase, v.22 | p.225	
1.2.3.14	AAO3, abscisic-aldehyde oxidase, v.S1 | p.176	
1.10.3.3	AA oxidase, L-ascorbate oxidase, v.25 | p.134	
1.13.11.13	AAoxygenase, ascorbate 2,3-dioxygenase, v.25 | p.491	
3.4.19.1	AAP, acylaminoacyl-peptidase, v.6 | p.513	
3.4.11.6	AAP, aminopeptidase B, v.6 | p.92	
3.4.11.22	AAP, aminopeptidase I, v.6 | p.178	
3.4.11.15	AAP, aminopeptidase Y, v.6 | p.147	
3.4.11.10	AAP, bacterial leucyl aminopeptidase, v.6 | p.125	
3.4.11.14	AAP, cytosol alanyl aminopeptidase, v.6 | p.143	
3.4.11.2	AAP, membrane alanyl aminopeptidase, v.6 | p.53	
3.6.3.21	AAP, polar-amino-acid-transporting ATPase, v.15 | p.633	
3.4.11.14	AAP-S, cytosol alanyl aminopeptidase, v.6 | p.143	
3.6.3.22	AAP1, nonpolar-amino-acid-transporting ATPase, v.15 | p.640	
3.4.11.2	Aap1, membrane alanyl aminopeptidase, v.6 | p.53	
3.4.11.2	Aap 1' aminopeptidase, membrane alanyl aminopeptidase, v.6 | p.53	
3.4.11.2	Aap1 aminopeptidase, membrane alanyl aminopeptidase, v.6 | p.53	

3.6.3.21	AAP8, polar-amino-acid-transporting ATPase, v. 15	p. 633
2.4.1.109	AapmtA, dolichyl-phosphate-mannose-protein mannosyltransferase, v. 32	p. 110
2.7.8.2	AAPT, diacylglycerol cholinephosphotransferase, v. 39	p. 14
2.7.8.1	AAPT, ethanolaminephosphotransferase, v. 39	p. 1
2.7.8.2	AAPT3, diacylglycerol cholinephosphotransferase, v. 39	p. 14
1.2.1.31	AAR, L-aminoadipate-semialdehyde dehydrogenase, v. 20	p. 262
1.2.1.31	α-AAR, L-aminoadipate-semialdehyde dehydrogenase, v. 20	p. 262
3.4.21.105	AarA, rhomboid protease, v. S5	p. 325
6.2.1.5	AarC, Succinate-CoA ligase (ADP-forming), v. 2	p. 224
3.4.19.1	AARE, acylaminoacyl-peptidase, v. 6	p. 513
3.4.19.1	AAREP, acylaminoacyl-peptidase, v. 6	p. 513
6.2.1.20	AAS, Long-chain-fatty-acid-[acyl-carrier-protein] ligase, v. 2	p. 296
1.2.1.31	α-AASA dehydrogenase, L-aminoadipate-semialdehyde dehydrogenase, v. 20	p. 262
3.5.1.14	D-AAse, aminoacylase, v. 14	p. 317
6.2.1.20	AasS, Long-chain-fatty-acid-[acyl-carrier-protein] ligase, v. 2	p. 296
2.7.11.1	AaSTPK, non-specific serine/threonine protein kinase, v. S3	p. 1
2.6.1.39	AAT, 2-aminoadipate transaminase, v. 34	p. 483
2.6.1.2	AAT, alanine transaminase, v. 34	p. 280
2.3.1.84	AAT, alcohol O-acetyltransferase, v. 30	p. 125
2.6.1.57	AAT, aromatic-amino-acid transaminase, v. 34	p. 604
2.6.1.1	AAT, aspartate transaminase, v. 34	p. 247
2.6.1.2	c-AAT, alanine transaminase, v. 34	p. 280
2.6.1.57	AAT1, aromatic-amino-acid transaminase, v. 34	p. 604
2.6.1.1	AAT3, aspartate transaminase, v. 34	p. 247
2.3.1.84	AATase, alcohol O-acetyltransferase, v. 30	p. 125
2.6.1.1	AATase, aspartate transaminase, v. 34	p. 247
2.6.1.57	AAT I-III, aromatic-amino-acid transaminase, v. 34	p. 604
3.1.21.4	AatII, type II site-specific deoxyribonuclease, v. 11	p. 454
1.4.99.4	AauA, aralkylamine dehydrogenase, v. 22	p. 410
1.4.99.4	AauB, aralkylamine dehydrogenase, v. 22	p. 410
1.11.1.6	Ab-catalase, catalase, v. 25	p. 194
1.2.1.12	AB-GAPDH, glyceraldehyde-3-phosphate dehydrogenase (phosphorylating), v. 20	p. 135
3.2.1.1	ABA, α-amylase, v. 12	p. 1
1.1.1.288	ABA2, xanthoxin dehydrogenase, v. S1	p. 68
1.14.13.90	ABA2 protein, zeaxanthin epoxidase, v. S1	p. 585
4.4.1.16	ABA3-NifS, selenocysteine lyase, v. 5	p. 391
1.14.13.93	ABA 8'-hydroxylase, (+)-abscisic acid 8'-hydroxylase, v. S1	p. 602
1.14.13.93	ABA 8-hydroxylase, (+)-abscisic acid 8'-hydroxylase, v. S1	p. 602
1.2.3.14	ABA aldehyde oxidase, abscisic-aldehyde oxidase, v. S1	p. 176
2.4.1.183	AbagsA, α-1,3-glucan synthase, v. 32	p. 437
2.4.1.183	AbagsB, α-1,3-glucan synthase, v. 32	p. 437
2.4.1.183	AbagsC, α-1,3-glucan synthase, v. 32	p. 437
2.4.1.183	AbagsD, α-1,3-glucan synthase, v. 32	p. 437
2.4.1.183	AbagsE, α-1,3-glucan synthase, v. 32	p. 437
2.3.1.184	AbaI, acyl-homoserine-lactone synthase, v. S2	p. 140
1.2.1.19	ABAL dehydrogenase, aminobutyraldehyde dehydrogenase, v. 20	p. 195
1.2.1.19	ABALDH, aminobutyraldehyde dehydrogenase, v. 20	p. 195
1.14.13.93	ABAQ 8'-hydroxylase, (+)-abscisic acid 8'-hydroxylase, v. S1	p. 602
3.2.1.102	E-ABase, blood-group-substance endo-1,4-β-galactosidase, v. 13	p. 408
4.2.99.18	abasic (AP)-endonuclease, DNA-(apurinic or apyrimidinic site) lyase, v. 5	p. 150
4.2.99.18	abasic endonuclease, DNA-(apurinic or apyrimidinic site) lyase, v. 5	p. 150
3.4.21.73	Abbokinase, u-Plasminogen activator, v. 7	p. 357
3.6.3.18	ABC-type (ATP-binding cassette-type) ATPase, oligosaccharide-transporting ATPase, v. 15	p. 625

3.6.3.22	ABC-type high-affinity basic amino acid uptake transporter, nonpolar-amino-acid-transporting ATPase, v. 15	p. 640	
3.6.3.35	ABC-type manganese permease complex, manganese-transporting ATPase, v. 15	p. 675	
3.6.3.26	ABC-type nitrate/nitrite transporter, nitrate-transporting ATPase, v. 15	p. 646	
3.6.1.3	ABCA1, adenosinetriphosphatase, v. 15	p. 263	
3.6.3.18	ABC ATPase domain of HlyB transporter, oligosaccharide-transporting ATPase, v. 15	p. 625	
3.6.3.44	ABCB1, xenobiotic-transporting ATPase, v. 15	p. 700	
3.6.3.43	ABCB10, peptide-transporting ATPase, v. 15	p. 695	
3.6.3.44	Abcb1a, xenobiotic-transporting ATPase, v. 15	p. 700	
3.6.3.43	ABCB2, peptide-transporting ATPase, v. 15	p. 695	
3.6.3.43	ABCB3, peptide-transporting ATPase, v. 15	p. 695	
3.6.3.1	ABCB4, phospholipid-translocating ATPase, v. 15	p. 532	
3.6.3.43	ABCB8, peptide-transporting ATPase, v. 15	p. 695	
3.6.3.43	ABCB9, peptide-transporting ATPase, v. 15	p. 695	
3.6.3.42	ABC bacterial β(1-2) glucan transporter homologue, β-glucan-transporting ATPase, v. 15	p. 693	
3.6.3.44	ABCC1, xenobiotic-transporting ATPase, v. 15	p. 700	
3.6.3.47	ABCD1, fatty-acyl-CoA-transporting ATPase, v. 15	p. 724	
3.6.3.47	ABCD3, fatty-acyl-CoA-transporting ATPase, v. 15	p. 724	
3.6.3.27	ABC phosphate transporter, phosphate-transporting ATPase, v. 15	p. 649	
3.6.3.27	ABC phosphate transport receptor, phosphate-transporting ATPase, v. 15	p. 649	
3.6.3.48	ABC transporter Ste6, α-factor-transporting ATPase, v. 15	p. 728	
2.1.1.56	Abd1, mRNA (guanine-N7-)-methyltransferase, v. 28	p. 310	
3.7.1.7	ABDH, β-diketone hydrolase, v. 15	p. 850	
3.2.2.22	abelesculin, rRNA N-glycosylase, v. 14	p. 107	
2.7.10.2	Abelson tyrosine kinase, non-specific protein-tyrosine kinase, v. S2	p. 441	
1.14.13.32	abendazol sulfoxidase, albendazole monooxygenase, v. 26	p. 400	
1.1.1.120	abequosedehydrogenase, galactose 1-dehydrogenase (NADP+), v. 17	p. 339	
2.4.1.60	abequosyltransferase, trihexose diphospholipid, abequosyltransferase, v. 31	p. 468	
3.2.1.55	ABF, α-N-arabinofuranosidase, v. 13	p. 106	
3.2.1.55	ABF1, α-N-arabinofuranosidase, v. 13	p. 106	
3.2.1.55	AbfA, α-N-arabinofuranosidase, v. 13	p. 106	
3.2.1.55	AbfATK4, α-N-arabinofuranosidase, v. 13	p. 106	
3.2.1.55	AbfB, α-N-arabinofuranosidase, v. 13	p. 106	
3.2.1.55	AbfD3, α-N-arabinofuranosidase, v. 13	p. 106	
3.2.1.55	Abf II, α-N-arabinofuranosidase, v. 13	p. 106	
3.2.1.55	Abf III, α-N-arabinofuranosidase, v. 13	p. 106	
3.1.3.16	abi1, phosphoprotein phosphatase, v. 10	p. 213	
1.14.13.109	abieta-7,13-dien-18-ol hydroxylase, abietadienol hydroxylase	
1.2.1.74	abieta-7-13-dien-18-al dehydrogenase, abietadienal dehydrogenase	
1.14.13.108	abietadiene-18-hydroxylase, abietadiene hydroxylase	
4.2.3.18	abietadiene/levopimaradiene synthase, abietadiene synthase, v. S7	p. 276	
4.2.3.18	abietadiene cyclase, abietadiene synthase, v. S7	p. 276	
5.5.1.12	abietadiene cyclase, copalyl diphosphate synthase, v. S7	p. 551	
4.2.3.18	(-)-abietadiene synthase, abietadiene synthase, v. S7	p. 276	
5.5.1.12	(-)-abietadiene synthase, copalyl diphosphate synthase, v. S7	p. 551	
4.2.3.18	abietadiene synthase, abietadiene synthase, v. S7	p. 276	
5.5.1.12	abietadiene synthase, copalyl diphosphate synthase, v. S7	p. 551	
1.14.13.109	abietadienol/abietadienal oxidase, abietadienol hydroxylase	
2.7.10.2	Abl, non-specific protein-tyrosine kinase, v. S2	p. 441	
2.7.10.2	c-ABL, non-specific protein-tyrosine kinase, v. S2	p. 441	
2.7.10.2	ABL1, non-specific protein-tyrosine kinase, v. S2	p. 441	
2.7.10.2	ABL2, non-specific protein-tyrosine kinase, v. S2	p. 441	
2.7.10.2	ABL2/ARG tyrosine kinase, non-specific protein-tyrosine kinase, v. S2	p. 441	

2.7.10.2	Abl kinase, non-specific protein-tyrosine kinase, v. S2 | p. 441	
2.7.10.2	Abl nonreceptor tyrosine kinase, non-specific protein-tyrosine kinase, v. S2 | p. 441	
2.7.10.2	Abl protein tyrosine kinase, non-specific protein-tyrosine kinase, v. S2 | p. 441	
2.7.10.2	Abl tyrosine kinase, non-specific protein-tyrosine kinase, v. S2 | p. 441	
2.7.10.2	c-Abl tyrosine kinase, non-specific protein-tyrosine kinase, v. S2 | p. 441	
3.2.1.99	ABN, arabinan endo-1,5-α-L-arabinosidase, v. 13 | p. 388	
3.2.1.99	ABN-TS, arabinan endo-1,5-α-L-arabinosidase, v. 13 | p. 388	
3.2.1.99	ABN A, arabinan endo-1,5-α-L-arabinosidase, v. 13 | p. 388	
3.2.1.99	ABNA, arabinan endo-1,5-α-L-arabinosidase, v. 13 | p. 388	
2.4.1.37	ABO(H) blood-group glycosyltransferase B, fucosylgalactoside 3-α-galactosyltransferase, v. 31 | p. 344	
2.4.1.40	ABO(H) blood group A glycosyltransferase, glycoprotein-fucosylgalactoside α-N-acetylgalactosaminyltransferase, v. 31 | p. 376	
2.4.1.37	ABO(H) blood group B glycosyltransferase, fucosylgalactoside 3-α-galactosyltransferase, v. 31 | p. 344	
1.4.3.6	ABP, amine oxidase (copper-containing), v. 22 | p. 291	
1.14.18.1	AbPPO1, monophenol monooxygenase, v. 27 | p. 156	
3.2.2.22	ABRaA, rRNA N-glycosylase, v. 14 | p. 107	
3.2.2.22	abrin, rRNA N-glycosylase, v. 14 | p. 107	
3.2.2.22	abrin-a A chain, rRNA N-glycosylase, v. 14 | p. 107	
3.2.2.22	Abrus precatorius agglutinin, rRNA N-glycosylase, v. 14 | p. 107	
3.1.26.3	AbsB, ribonuclease III, v. 11 | p. 509	
1.14.13.93	abscisic acid 8-hydroxylase, (+)-abscisic acid 8'-hydroxylase, v. S1 | p. 602	
1.2.3.14	abscisic aldehyde oxidase, abscisic-aldehyde oxidase, v. S1 | p. 176	
1.2.3.14	abscisic aldehyde oxidase 3, abscisic-aldehyde oxidase, v. S1 | p. 176	
3.2.1.4	Abscission cellulase, cellulase, v. 12 | p. 88	
1.14.12.14	ABSDOS, 2-Aminobenzenesulfonate 2,3-dioxygenase, v. 26 | p. 183	
4.6.1.1	AC, adenylate cyclase, v. 5 | p. 415	
3.5.1.23	AC, ceramidase, v. 14 | p. 367	
1.11.1.15	Ac-1-Cys Prx, peroxiredoxin, v. S1 | p. 403	
1.1.1.90	AC-BADH, aryl-alcohol dehydrogenase, v. 17 | p. 209	
4.6.1.1	AC-V, adenylate cyclase, v. 5 | p. 415	
4.6.1.1	AC-VI, adenylate cyclase, v. 5 | p. 415	
4.6.1.1	AC 1, adenylate cyclase, v. 5 | p. 415	
4.6.1.1	AC1, adenylate cyclase, v. 5 | p. 415	
4.6.1.1	AC 2, adenylate cyclase, v. 5 | p. 415	
4.6.1.1	AC2, adenylate cyclase, v. 5 | p. 415	
4.6.1.1	AC 3, adenylate cyclase, v. 5 | p. 415	
4.6.1.1	AC3, adenylate cyclase, v. 5 | p. 415	
4.6.1.1	AC 4, adenylate cyclase, v. 5 | p. 415	
4.6.1.1	AC4, adenylate cyclase, v. 5 | p. 415	
4.6.1.1	AC 5, adenylate cyclase, v. 5 | p. 415	
4.6.1.1	AC5, adenylate cyclase, v. 5 | p. 415	
4.6.1.1	AC6, adenylate cyclase, v. 5 | p. 415	
4.6.1.1	AC 7, adenylate cyclase, v. 5 | p. 415	
4.6.1.1	AC7, adenylate cyclase, v. 5 | p. 415	
4.6.1.1	AC 8, adenylate cyclase, v. 5 | p. 415	
4.6.1.1	AC8, adenylate cyclase, v. 5 | p. 415	
4.6.1.1	AC 9, adenylate cyclase, v. 5 | p. 415	
4.6.1.1	AC9, adenylate cyclase, v. 5 | p. 415	
4.6.1.1	ACA, adenylate cyclase, v. 5 | p. 415	
6.4.1.2	ACACA, Acetyl-CoA carboxylase, v. 2 | p. 721	
4.4.1.14	ACACS2 gene, 1-aminocyclopropane-1-carboxylate synthase, v. 5 | p. 377	
1.3.99.3	ACAD-9, acyl-CoA dehydrogenase, v. 21 | p. 488	
1.3.99.13	ACAD 9, long-chain-acyl-CoA dehydrogenase, v. 21 | p. 561	

1.3.99.2	ACADS, butyryl-CoA dehydrogenase, v. 21 | p. 473	
1.3.99.3	ACADVL, acyl-CoA dehydrogenase, v. 21 | p. 488	
3.1.1.4	Acanmyotoxin-1, phospholipase A2, v. 9 | p. 52	
3.4.17.20	aCAP, Carboxypeptidase U, v. 6 | p. 492	
3.4.17.2	aCAP, carboxypeptidase B, v. 6 | p. 418	
1.8.99.2	AcAPR1, adenylyl-sulfate reductase, v. 24 | p. 694	
6.2.1.1	ACAS, Acetate-CoA ligase, v. 2 | p. 186	
2.3.1.38	ACAT, [acyl-carrier-protein] S-acetyltransferase, v. 29 | p. 558	
3.1.1.1	ACAT, carboxylesterase, v. 9 | p. 1	
2.3.1.26	ACAT, sterol O-acyltransferase, v. 29 | p. 463	
2.3.1.26	ACAT-1, sterol O-acyltransferase, v. 29 | p. 463	
2.3.1.26	ACAT-2, sterol O-acyltransferase, v. 29 | p. 463	
2.3.1.26	ACAT1, sterol O-acyltransferase, v. 29 | p. 463	
2.3.1.26	ACAT2, sterol O-acyltransferase, v. 29 | p. 463	
2.7.7.4	AcATPS1, sulfate adenylyltransferase, v. 38 | p. 77	
4.6.1.1	ACB, adenylate cyclase, v. 5 | p. 415	
6.4.1.2	ACC, Acetyl-CoA carboxylase, v. 2 | p. 721	
6.3.4.14	ACC, Biotin carboxylase, v. 2 | p. 632	
6.4.1.2	ACCα, Acetyl-CoA carboxylase, v. 2 | p. 721	
2.3.1.59	ACC(2′), gentamicin 2′-N-acetyltransferase, v. 29 | p. 722	
6.4.1.2	ACC-1, Acetyl-CoA carboxylase, v. 2 | p. 721	
6.4.1.2	ACC-2, Acetyl-CoA carboxylase, v. 2 | p. 721	
3.5.99.7	ACC-deaminase, 1-aminocyclopropane-1-carboxylate deaminase, v. 15 | p. 234	
1.14.17.4	ACC-oxidase, aminocyclopropanecarboxylate oxidase, v. 27 | p. 154	
6.4.1.2	ACC1, Acetyl-CoA carboxylase, v. 2 | p. 721	
6.4.1.2	Acc1p, Acetyl-CoA carboxylase, v. 2 | p. 721	
6.4.1.2	ACC2, Acetyl-CoA carboxylase, v. 2 | p. 721	
6.4.1.2	AccA, Acetyl-CoA carboxylase, v. 2 | p. 721	
6.3.4.14	AccA, Biotin carboxylase, v. 2 | p. 632	
6.4.1.2	ACCase, Acetyl-CoA carboxylase, v. 2 | p. 721	
6.4.1.2	ACCase 1, Acetyl-CoA carboxylase, v. 2 | p. 721	
6.4.1.2	ACCB, Acetyl-CoA carboxylase, v. 2 | p. 721	
3.5.99.7	ACC deaminase, 1-aminocyclopropane-1-carboxylate deaminase, v. 15 | p. 234	
1.14.12.20	accelerated cell death 1, pheophorbide a oxygenase, v. S1 | p. 532	
3.1.1.7	AcCholE, acetylcholinesterase, v. 9 | p. 104	
1.14.17.4	ACCO, aminocyclopropanecarboxylate oxidase, v. 27 | p. 154	
1.14.17.4	ACC oxidase, aminocyclopropanecarboxylate oxidase, v. 27 | p. 154	
1.14.17.4	ACC oxidase 1, aminocyclopropanecarboxylate oxidase, v. 27 | p. 154	
1.14.17.4	ACC oxidase 2, aminocyclopropanecarboxylate oxidase, v. 27 | p. 154	
4.4.1.14	ACC synthase, 1-aminocyclopropane-1-carboxylate synthase, v. 5 | p. 377	
6.2.1.1	ACD, Acetate-CoA ligase, v. 2 | p. 186	
6.2.1.13	ACD, Acetate-CoA ligase (ADP-forming), v. 2 | p. 267	
3.2.1.14	AcD1ChiA, chitinase, v. 12 | p. 185	
1.3.1.80	ACD2 protein, red chlorophyll catabolite reductase, v. S1 | p. 246	
3.5.1.23	aCDase, ceramidase, v. 14 | p. 367	
1.3.99.13	AcdB, long-chain-acyl-CoA dehydrogenase, v. 21 | p. 561	
1.2.1.10	ACDH, acetaldehyde dehydrogenase (acetylating), v. 20 | p. 115	
1.2.1.5	K-ACDH, aldehyde dehydrogenase [NAD(P)+], v. 20 | p. 72	
3.5.99.7	AcdS, 1-aminocyclopropane-1-carboxylate deaminase, v. 15 | p. 234	
3.4.15.1	ACE, peptidyl-dipeptidase A, v. 6 | p. 334	
3.4.15.1	s-ACE, peptidyl-dipeptidase A, v. 6 | p. 334	
3.4.15.1	ACE2, peptidyl-dipeptidase A, v. 6 | p. 334	
4.1.3.1	AceA, isocitrate lyase, v. 4 | p. 1	
6.2.1.1	AceCS, Acetate-CoA ligase, v. 2 | p. 186	
6.2.1.1	AceCS1, Acetate-CoA ligase, v. 2 | p. 186	

6.2.1.1	AceCS2, Acetate-CoA ligase, v. 2	p. 186
3.4.15.1	ACEI, peptidyl-dipeptidase A, v. 6	p. 334
1.2.1.10	acetaldehyde dehydrogenase, acetaldehyde dehydrogenase (acetylating), v. 20	p. 115
1.2.1.5	acetaldehyde dehydrogenase, aldehyde dehydrogenase [NAD(P)+], v. 20	p. 72
1.2.1.10	Acetaldehyde dehydrogenase [acetylating], acetaldehyde dehydrogenase (acetylating), v. 20	p. 115
3.5.1.4	acetamidase, amidase, v. 14	p. 231
3.5.1.49	acetamidase/formamidase, formamidase, v. 14	p. 477
3.2.1.49	2-acetamido-2-deoxy-α-D-galactoside acetamidodeoxygalactohydrolase, α-N-acetylgalactosaminidase, v. 13	p. 10
3.1.4.45	2-acetamido-2-deoxy-α-D-glucose 1-phosphodiester acetamidodeoxyglucohydrolase, N-acetylglucosamine-1-phosphodiester α-N-acetylglucosaminidase, v. 11	p. 208
3.2.1.50	2-acetamido-2-deoxy-α-D-glucoside acetamidodeoxyglucohydrolase, α-N-acetylglucosaminidase, v. 13	p. 18
3.2.1.52	2-acetamido-2-deoxy-β-D-glucoside acetamidodeoxyglucohydrolase, β-N-acetylhexosaminidase, v. 13	p. 50
5.4.2.3	2-Acetamido-2-deoxy-D-glucose-1,6-bisphosphate:2-acetamido-2-deoxy-D-glucose 1-phosphate phosphotransferase, phosphoacetylglucosamine mutase, v. 1	p. 515
3.5.1.25	2-acetamido-2-deoxy-D-glucose-6-phosphate amidohydrolase, N-acetylglucosamine-6-phosphate deacetylase, v. 14	p. 379
3.1.6.14	2-acetamido-2-deoxy-D-glucose 6-sulfate sulfatase, N-acetylglucosamine-6-sulfatase, v. 11	p. 316
3.2.1.92	β-2-acetamido-3-O-(D-1-carboxyethyl)-2-deoxy-D-glucoside acetamidodeoxyglucohydrolase, peptidoglycan β-N-acetylmuramidase, v. 13	p. 338
6.2.1.1	Acetate–CoA ligase, Acetate-CoA ligase, v. 2	p. 186
6.2.1.1	acetate:CoA ligase (AMP-forming), Acetate-CoA ligase, v. 2	p. 186
6.2.1.13	acetate:coenzyme A ligase (ADP-forming), Acetate-CoA ligase (ADP-forming), v. 2	p. 267
6.2.1.22	Acetate:HS-citrate lyase ligase, [citrate (pro-3S)-lyase] ligase, v. 2	p. 304
6.2.1.22	Acetate:SH-citrate lyase ligase, [citrate (pro-3S)-lyase] ligase, v. 2	p. 304
2.8.3.8	acetate:succinate CoA-transferases, acetate CoA-transferase, v. 39	p. 497
2.8.3.8	acetate CoA-transferase, acetate CoA-transferase, v. 39	p. 497
2.8.3.8	acetate coenzyme A-transferase, acetate CoA-transferase, v. 39	p. 497
2.7.2.1	acetate kinase (phosphorylating), acetate kinase, v. 37	p. 259
2.7.2.12	acetate kinase (PPi), acetate kinase (diphosphate), v. 37	p. 358
6.2.1.1	Acetate thiokinase, Acetate-CoA ligase, v. 2	p. 186
3.1.2.1	Acetate utilization protein, acetyl-CoA hydrolase, v. 9	p. 450
3.1.1.6	acetic acid esterase, acetylesterase, v. 9	p. 96
4.1.3.7	Acetic acid resistance protein, citrate (si)-synthase, v. 4	p. 55
3.1.1.72	Acetic ester hydrolase, Acetylxylan esterase, v. 9	p. 406
3.1.1.6	Acetic ester hydrolase, acetylesterase, v. 9	p. 96
2.7.2.1	acetic kinase, acetate kinase, v. 37	p. 259
3.6.1.7	acetic phosphatase, acylphosphatase, v. 15	p. 292
6.2.1.1	Acetic thiokinase, Acetate-CoA ligase, v. 2	p. 186
6.2.1.16	Acetoacetate–CoA ligase, Acetoacetate-CoA ligase, v. 2	p. 282
2.8.3.5	acetoacetate succinyl-CoA transferase, 3-oxoacid CoA-transferase, v. 39	p. 480
4.1.1.4	acetoacetic acid decarboxylase, Acetoacetate decarboxylase, v. 3	p. 23
4.1.1.4	Acetoacetic decarboxylase, Acetoacetate decarboxylase, v. 3	p. 23
2.3.1.180	acetoacetyl-ACP synthase, β-ketoacyl-acyl-carrier-protein synthase III, v. S2	p. 99
2.3.1.16	acetoacetyl-CoA β-ketothiolase, acetyl-CoA C-acyltransferase, v. 29	p. 371
6.2.1.16	Acetoacetyl-CoA ligase, Acetoacetate-CoA ligase, v. 2	p. 282
1.1.1.30	acetoacetyl-CoA reductase, 3-hydroxybutyrate dehydrogenase, v. 16	p. 287
1.1.1.36	Acetoacetyl-CoA reductase, acetoacetyl-CoA reductase, v. 16	p. 328
6.2.1.16	Acetoacetyl-CoA synthase, Acetoacetate-CoA ligase, v. 2	p. 282
6.2.1.16	Acetoacetyl-CoA synthetase, Acetoacetate-CoA ligase, v. 2	p. 282
2.3.1.9	acetoacetyl-CoA thiolase, acetyl-CoA C-acetyltransferase, v. 29	p. 305

2.3.1.9	acetoacetyl-CoA thiolase T2, acetyl-CoA C-acetyltransferase, v. 29 | p. 305	
6.2.1.16	Acetoacetyl-coenzyme A synthetase, Acetoacetate-CoA ligase, v. 2 | p. 282	
1.1.1.34	acetoacetyl-coenzyme A thiolase/3-hydroxy-3-methylglutaryl-coenzyme A reductase, hydroxymethylglutaryl-CoA reductase (NADPH), v. 16 | p. 309	
3.1.2.11	acetoacetyl CoA deacylase, acetoacetyl-CoA hydrolase, v. 9 | p. 505	
1.1.1.36	acetoacetyl CoA reductase, acetoacetyl-CoA reductase, v. 16 | p. 328	
6.2.1.16	Acetoacetyl CoA synthetase, Acetoacetate-CoA ligase, v. 2 | p. 282	
2.3.1.9	acetoacetyl CoA thiolase, acetyl-CoA C-acetyltransferase, v. 29 | p. 305	
2.8.3.5	acetoacetyl coenzyme A-succinic thiophorase, 3-oxoacid CoA-transferase, v. 39 | p. 480	
3.1.2.11	acetoacetyl coenzyme A deacylase, acetoacetyl-CoA hydrolase, v. 9 | p. 505	
3.1.2.11	acetoacetyl coenzyme A hydrolase, acetoacetyl-CoA hydrolase, v. 9 | p. 505	
1.1.1.36	acetoacetyl coenzyme A reductase, acetoacetyl-CoA reductase, v. 16 | p. 328	
2.3.1.9	β-acetoacetyl coenzyme A thiolase, acetyl-CoA C-acetyltransferase, v. 29 | p. 305	
2.3.3.10	acetoacetyl coenzyme A transacetase, hydroxymethylglutaryl-CoA synthase, v. 30 | p. 657	
3.1.2.6	acetoacetylglutathione hydrolase, hydroxyacylglutathione hydrolase, v. 9 | p. 486	
1.1.1.86	acetohydroxy-acid isomeroreductase, ketol-acid reductoisomerase, v. 17 | p. 190	
1.1.1.86	acetohydroxy-acid reductoisomerase, ketol-acid reductoisomerase, v. 17 | p. 190	
4.1.3.18	Acetohydroxy-acid synthase, acetolactate synthase, v. 4 | p. 116	
4.2.1.9	acetohydroxyacid dehydratase, dihydroxy-acid dehydratase, v. 4 | p. 296	
5.4.99.3	Acetohydroxy acid isomerase, 2-Acetolactate mutase, v. 1 | p. 597	
1.1.1.86	acetohydroxy acid isomeroreductase, ketol-acid reductoisomerase, v. 17 | p. 190	
1.1.1.86	acetohydroxy acid reductoisomerase, ketol-acid reductoisomerase, v. 17 | p. 190	
2.2.1.6	acetohydroxy acid synthase, acetolactate synthase, v. 29 | p. 202	
2.2.1.6	acetohydroxyacid synthase, acetolactate synthase, v. 29 | p. 202	
2.2.1.6	α-acetohydroxyacid synthase, acetolactate synthase, v. 29 | p. 202	
2.2.1.6	acetohydroxy acid synthase I, acetolactate synthase, v. 29 | p. 202	
2.2.1.6	acetohydroxy acid synthetase, acetolactate synthase, v. 29 | p. 202	
2.2.1.6	α-acetohydroxy acid synthetase, acetolactate synthase, v. 29 | p. 202	
1.1.1.5	Acetoin dehydrogenase, acetoin dehydrogenase, v. 16 | p. 97	
1.1.1.4	acetoin reductase, (R,R)-butanediol dehydrogenase, v. 16 | p. 91	
2.7.2.1	acetokinase, acetate kinase, v. 37 | p. 259	
4.1.1.5	α-Acetolactate decarboxylase, Acetolactate decarboxylase, v. 3 | p. 29	
5.4.99.3	2-acetolactate mutase, 2-Acetolactate mutase, v. 1 | p. 597	
5.4.99.3	Acetolactate mutase, 2-Acetolactate mutase, v. 1 | p. 597	
2.2.1.6	acetolactate pyruvate-lyase (carboxylating), acetolactate synthase, v. 29 | p. 202	
1.1.1.86	acetolactate reductoisomerase, ketol-acid reductoisomerase, v. 17 | p. 190	
2.2.1.6	α-acetolactate synthase, acetolactate synthase, v. 29 | p. 202	
2.2.1.6	acetolactate synthetase, acetolactate synthase, v. 29 | p. 202	
2.2.1.6	α-acetolactate synthetase, acetolactate synthase, v. 29 | p. 202	
2.2.1.6	acetolactic synthetase, acetolactate synthase, v. 29 | p. 202	
2.7.1.29	acetol kinase, glycerone kinase, v. 35 | p. 345	
4.1.2.37	acetone-cyanhydrin acetone-lyase, hydroxynitrilase, v. 3 | p. 569	
4.1.2.37	acetone-cyanhydrin lyase, hydroxynitrilase, v. 3 | p. 569	
4.1.2.37	Acetone-cyanohydrin lyase, hydroxynitrilase, v. 3 | p. 569	
4.1.2.37	Acetone cyanohydrin lyase, hydroxynitrilase, v. 3 | p. 569	
3.5.5.1	acetonitrilase, nitrilase, v. 15 | p. 174	
3.7.1.6	acetopyruvate hydrolase, acetylpyruvate hydrolase, v. 15 | p. 848	
3.1.1.54	5-(4-acetoxy-1-butynyl)-2,2'-bithiophene:acetate esterase, acetoxybutynylbithiophene deacetylase, v. 9 | p. 353	
3.1.1.54	acetoxybutynylbithiophene esterase, acetoxybutynylbithiophene deacetylase, v. 9 | p. 353	
2.3.1.186	acetyl-CoA:pseudotropine acyltransferase, pseudotropine acyltransferase	
2.3.1.185	acetyl-CoA:tropine acyltransferase, tropine acyltransferase	
2.3.1.78	acetyl–coenzyme A:α-glucosaminide N-acetyltransferase, heparan-α-glucosaminide N-acetyltransferase, v. 30 | p. 90	
3.1.1.72	acetyl (xylan) esterase, Acetylxylan esterase, v. 9 | p. 406	

3.2.1.49	N-acetyl-α-D-galactosaminidase, α-N-acetylgalactosaminidase, v. 13 | p. 10
3.2.1.53	N-acetyl-β-D-galactosaminidase, β-N-acetylgalactosaminidase, v. 13 | p. 91
3.2.1.50	N-acetyl-α-D-glucosaminidase, α-N-acetylglucosaminidase, v. 13 | p. 18
2.4.1.221	N-acetyl-β-D-glucosaminide α1→6-fucosyltransferase, peptide-O-fucosyltransferase, v. 32 | p. 596
3.2.1.52	N-acetyl-β-D-hexosaminidase, β-N-acetylhexosaminidase, v. 13 | p. 50
3.2.1.49	N-acetyl-α-galactosaminidase, α-N-acetylgalactosaminidase, v. 13 | p. 10
3.2.1.53	N-acetyl-β-galactosaminidase, β-N-acetylgalactosaminidase, v. 13 | p. 91
3.2.1.50	N-acetyl-α-glucosaminidase, α-N-acetylglucosaminidase, v. 13 | p. 18
3.2.1.52	N-acetyl-β-glucosaminidase, β-N-acetylhexosaminidase, v. 13 | p. 50
2.4.1.244	N-acetyl-β-glucosaminyl-glycoprotein 4-β-N-acetylgalactosaminyltransferase 1, N-acetyl-β-glucosaminyl-glycoprotein 4-β-N-acetylgalactosaminyltransferase, v. S2 | p. 201
2.4.1.244	N-acetyl-β-glucosaminyl-glycoprotein 4-β-N-acetylgalactosaminyltransferase 2, N-acetyl-β-glucosaminyl-glycoprotein 4-β-N-acetylgalactosaminyltransferase, v. S2 | p. 201
1.2.1.38	N-acetyl-γ-glutamyl-phosphate reductase, N-acetyl-γ-glutamyl-phosphate reductase, v. 20 | p. 289
3.2.1.52	N-acetyl-β-hexosaminidase, β-N-acetylhexosaminidase, v. 13 | p. 50
3.4.17.21	N-acetyl-α-linked acidic dipeptidase, Glutamate carboxypeptidase II, v. 6 | p. 498
3.4.17.21	N-acetyl-α-linked acidic dipeptidase I, Glutamate carboxypeptidase II, v. 6 | p. 498
3.2.1.18	N-acetyl-α-neuraminidase 1, exo-α-sialidase, v. 12 | p. 244
3.2.1.18	N-acetyl-α-neuraminidase 2, exo-α-sialidase, v. 12 | p. 244
3.2.1.18	N-acetyl-α-neuraminidase 3, exo-α-sialidase, v. 12 | p. 244
3.2.1.18	N-acetyl-α-neuraminidase 4, exo-α-sialidase, v. 12 | p. 244
2.4.1.38	β-N-acetyl-β1-4-galactosyltransferase, β-N-acetylglucosaminylglycopeptide β-1,4-galactosyltransferase, v. 31 | p. 353
3.1.1.47	2-acetyl-1-alkylglycerophosphocholine esterase, 1-alkyl-2-acetylglycerophosphocholine esterase, v. 9 | p. 320
1.14.18.1	N-acetyl-6-hydroxytryptophan oxidase, monophenol monooxygenase, v. 27 | p. 156
3.2.2.19	O-acetyl-ADP-ribose hydrolase, [protein ADP-ribosylarginine] hydrolase, v. 14 | p. 92
3.5.1.15	N-acetyl-aspartate deacetylase, aspartoacylase, v. 14 | p. 331
3.5.1.15	acetyl-aspartic deaminase, aspartoacylase, v. 14 | p. 331
2.3.1.107	acetyl-CoA-17-O-deacetylvindoline 17-O-acetyltransferase, deacetylvindoline O-acetyltransferase, v. 30 | p. 243
2.3.1.38	acetyl-CoA-ACP-transacylase, [acyl-carrier-protein] S-acetyltransferase, v. 29 | p. 558
6.4.1.2	acetyl-CoA-carboxylase, Acetyl-CoA carboxylase, v. 2 | p. 721
2.3.1.7	acetyl-CoA-carnitine O-acetyltransferase, carnitine O-acetyltransferase, v. 29 | p. 273
2.3.1.34	acetyl-CoA-D-tryptophan-α-N-acetyltransferase, D-tryptophan N-acetyltransferase, v. 29 | p. 527
2.3.1.53	acetyl-CoA-L-phenylalanine α-N-acetyltransferase, phenylalanine N-acetyltransferase, v. 29 | p. 689
6.4.1.2	acetyl-CoA/propionyl-CoA carboxylase, Acetyl-CoA carboxylase, v. 2 | p. 721
6.4.1.3	acetyl-CoA/propionyl-CoA carboxylase, Propionyl-CoA carboxylase, v. 2 | p. 738
2.3.1.78	acetyl-CoA:α-glucosaminide N-acetyltransferase, heparan-α-glucosaminide N-acetyltransferase, v. 30 | p. 90
2.3.1.108	acetyl-CoA:α-tubulin-L-lysine Nε-acetyltransferase, α-tubulin N-acetyltransferase, v. 30 | p. 247
2.3.1.67	acetyl-CoA:1-alkyl-2-lyso-sn-glycero-3-phosphocholine 2-O-acetyltransferase, 1-alkylglycerophosphocholine O-acetyltransferase, v. 30 | p. 37
2.3.1.67	acetyl-CoA:1-O-alkyl-2-lyso-sn-glycero-3-phosphocholine acetyltransferase, 1-alkylglycerophosphocholine O-acetyltransferase, v. 30 | p. 37
2.3.1.67	acetyl-CoA:1-O-alkyl-sn-glycero-3-phosphocholine acetyltransferase, 1-alkylglycerophosphocholine O-acetyltransferase, v. 30 | p. 37
2.3.1.38	acetyl-CoA:ACP transacylase, [acyl-carrier-protein] S-acetyltransferase, v. 29 | p. 558
2.3.1.180	acetyl-CoA:ACP transacylase, β-ketoacyl-acyl-carrier-protein synthase III, v. S2 | p. 99

2.3.1.38	acetyl-CoA:acyl carrier protein transacylase, [acyl-carrier-protein] S-acetyltransferase, v. 29 | p. 558
2.3.1.87	acetyl-CoA:aralkylamine N-acetyltransferase, aralkylamine N-acetyltransferase, v. 30 | p. 149
2.3.1.6	acetyl-CoA:choline-O-acetyltransferase, choline O-acetyltransferase, v. 29 | p. 259
2.3.1.175	acetyl-CoA:DAC-acetyltransferase, deacetylcephalosporin-C acetyltransferase, v. S2 | p. 77
2.3.1.175	acetyl-CoA:DAC acetyltransferase, deacetylcephalosporin-C acetyltransferase, v. S2 | p. 77
2.3.1.175	acetyl-CoA:DAC O-acetyltransferase, deacetylcephalosporin-C acetyltransferase, v. S2 | p. 77
2.3.1.175	acetyl-CoA:deacetylcephalosporin-C acetyltransferase, deacetylcephalosporin-C acetyltransferase, v. S2 | p. 77
2.3.1.175	acetyl-CoA:deacetylcephalosporin C O-acetyltransferase, deacetylcephalosporin-C acetyltransferase, v. S2 | p. 77
2.3.1.67	acetyl-CoA:lyso-PAF acetyltransferase, 1-alkylglycerophosphocholine O-acetyltransferase, v. 30 | p. 37
2.3.1.67	acetyl-CoA:lysoPAF acetyltransferase, 1-alkylglycerophosphocholine O-acetyltransferase, v. 30 | p. 37
2.3.1.45	acetyl-CoA:N-acetylneuraminate-7- and/or 8-O-acetyltransferase, N-acetylneuraminate 7-O(or 9-O)-acetyltransferase, v. 29 | p. 625
2.3.1.45	acetyl-CoA:N-acetylneuraminate-7- or 8-O-acetyltransferase, N-acetylneuraminate 7-O (or 9-O)-acetyltransferase, v. 29 | p. 625
2.3.1.45	acetyl-CoA:N-acetylneuraminate-9(7)-O-acetyltransferase, N-acetylneuraminate 7-O (or 9-O)-acetyltransferase, v. 29 | p. 625
2.3.1.45	acetyl-CoA:N-acetylneuraminate-9(or7)-O-acetyltransferase, N-acetylneuraminate 7-O (or 9-O)-acetyltransferase, v. 29 | p. 625
2.3.1.9	acetyl-CoA:N-acetyltransferase, acetyl-CoA C-acetyltransferase, v. 29 | p. 305
2.3.1.186	acetyl-CoA:pseudotropine acyl transferase, pseudotropine acyltransferase
2.3.1.186	acetyl-CoA:pseudotropine transferase, pseudotropine acyltransferase
2.3.1.150	Acetyl-CoA:salutaridinol-7-O-acetyltransferase, Salutaridinol 7-O-acetyltransferase, v. 30 | p. 399
2.3.1.185	acetyl-CoA:tropine transferase, tropine acyltransferase
2.3.1.9	acetyl-CoA acetyltransferase, acetyl-CoA C-acetyltransferase, v. 29 | p. 305
3.1.2.1	acetyl-CoA acylase, acetyl-CoA hydrolase, v. 9 | p. 450
2.3.1.16	acetyl-CoA acyltransferase, acetyl-CoA C-acyltransferase, v. 29 | p. 371
6.4.1.2	acetyl-CoA carboxylase α, Acetyl-CoA carboxylase, v. 2 | p. 721
6.4.1.2	acetyl-CoA carboxylase-α, Acetyl-CoA carboxylase, v. 2 | p. 721
6.4.1.2	acetyl-CoA carboxylase 1, Acetyl-CoA carboxylase, v. 2 | p. 721
6.4.1.2	acetyl-CoA carboxylase 2, Acetyl-CoA carboxylase, v. 2 | p. 721
6.4.1.2	acetyl-CoA carboxylase A, Acetyl-CoA carboxylase, v. 2 | p. 721
6.4.1.2	acetyl-CoA carboxylase B, Acetyl-CoA carboxylase, v. 2 | p. 721
2.7.11.27	acetyl-CoA carboxylase bound kinase, [acetyl-CoA carboxylase] kinase, v. S4 | p. 326
2.7.11.27	acetyl-CoA carboxylase kinase, [acetyl-CoA carboxylase] kinase, v. S4 | p. 326
2.7.11.27	acetyl-CoA carboxylase kinase (cAMP-independent), [acetyl-CoA carboxylase] kinase, v. S4 | p. 326
2.7.11.27	acetyl-CoA carboxylase kinase-2, [acetyl-CoA carboxylase] kinase, v. S4 | p. 326
2.7.11.27	acetyl-CoA carboxylase kinase-3 (AMP-activated), [acetyl-CoA carboxylase] kinase, v. S4 | p. 326
3.1.3.44	acetyl-CoA carboxylase phosphatase, [acetyl-CoA carboxylase]-phosphatase, v. 10 | p. 389
3.1.2.1	acetyl-CoA deacylase, acetyl-CoA hydrolase, v. 9 | p. 450
3.1.2.1	acetyl-CoA decarbonylase synthase enzyme complex, acetyl-CoA hydrolase, v. 9 | p. 450
3.1.2.1	acetyl-CoA hydrolase, acetyl-CoA hydrolase, v. 9 | p. 450
1.2.1.10	acetyl-CoA reductase, acetaldehyde dehydrogenase (acetylating), v. 20 | p. 115
6.2.1.1	Acetyl-CoA synthase, Acetate-CoA ligase, v. 2 | p. 186
2.3.1.169	Acetyl-CoA synthase, CO-methylating acetyl-CoA synthase, v. 30 | p. 459

1.2.99.2	acetyl-CoA synthase/carbon monoxide dehydrogenase, carbon-monoxide dehydrogenase (acceptor), v. 20 | p. 564
6.2.1.1	Acetyl-CoA synthetase, Acetate-CoA ligase, v. 2 | p. 186
6.2.1.13	Acetyl-CoA synthetase (ADP-forming), Acetate-CoA ligase (ADP-forming), v. 2 | p. 267
6.2.1.1	acetyl-CoA synthetase 2, Acetate-CoA ligase, v. 2 | p. 186
3.1.2.3	acetyl-CoA thioesterase, succinyl-CoA hydrolase, v. 9 | p. 477
3.1.2.1	acetyl-CoA thiol esterase, acetyl-CoA hydrolase, v. 9 | p. 450
6.4.1.2	acetyl-coenzyme-A carboxylase, Acetyl-CoA carboxylase, v. 2 | p. 721
2.3.1.78	acetyl-coenzyme:α-D-2-amino-glucosamine transferase, heparan-α-glucosaminide N-acetyltransferase, v. 30 | p. 90
2.3.1.78	acetyl-coenzyme A-α-glucosaminide N-acetyltransferase, heparan-α-glucosaminide N-acetyltransferase, v. 30 | p. 90
2.3.1.57	acetyl-coenzyme A-1,4-diaminobutane N-acetyltransferase, diamine N-acetyltransferase, v. 29 | p. 708
2.3.1.78	acetyl-coenzyme A:α-glucosaminide N-acetyltransferase, heparan-α-glucosaminide N-acetyltransferase, v. 30 | p. 90
2.3.1.67	acetyl-coenzyme A:1-alkyl-2-lyso-sn-glycero-3-phosphocholine acetyltransferase, 1-alkylglycerophosphocholine O-acetyltransferase, v. 30 | p. 37
2.3.1.163	acetyl-coenzyme A:10-hydroxytaxan-O-acetyltransferase, 10-hydroxytaxane O-acetyltransferase, v. 30 | p. 439
2.3.3.14	acetyl-coenzyme A:2-ketoglutarate C-acetyl transferase, homocitrate synthase, v. 30 | p. 688
2.3.3.14	acetyl-coenzyme A: 2-ketoglutarate C-transferase, homocitrate synthase, v. 30 | p. 688
6.4.1.2	Acetyl-coenzyme A carboxylase, Acetyl-CoA carboxylase, v. 2 | p. 721
2.7.11.27	acetyl-coenzyme A carboxylase kinase, [acetyl-CoA carboxylase] kinase, v. S4 | p. 326
6.2.1.1	Acetyl-coenzyme A synthase, Acetate-CoA ligase, v. 2 | p. 186
2.3.1.169	Acetyl-coenzyme A synthase, CO-methylating acetyl-CoA synthase, v. 30 | p. 459
6.2.1.1	acetyl-coenzyme A synthase/carbon monoxide dehydrogenase, Acetate-CoA ligase, v. 2 | p. 186
2.3.1.169	acetyl-coenzyme A synthase/carbon monoxide dehydrogenase, CO-methylating acetyl-CoA synthase, v. 30 | p. 459
1.2.7.4	$\alpha 2 \beta 2$acetyl-coenzyme A synthase/carbon monoxide dehydrogenase, carbon-monoxide dehydrogenase (ferredoxin), v. S1 | p. 179
6.2.1.1	acetyl-coenzyme A synthetase, Acetate-CoA ligase, v. 2 | p. 186
6.2.1.13	acetyl-coenzyme A synthetase (ADP-forming), Acetate-CoA ligase (ADP-forming), v. 2 | p. 267
3.1.4.45	α-N-acetyl-D-glucosamine-1-phosphodiester acetamidodeoxyglucohydrolase, N-acetylglucosamine-1-phosphodiester α-N-acetylglucosaminidase, v. 11 | p. 208
3.1.4.45	α-N-acetyl-D-glucosamine-1-phosphodiester N-acetylglucosaminidase, N-acetylglucosamine-1-phosphodiester α-N-acetylglucosaminidase, v. 11 | p. 208
3.5.1.25	N-acetyl-D-glucosamine-6-phosphate deacetylase, N-acetylglucosamine-6-phosphate deacetylase, v. 14 | p. 379
5.1.3.8	N-acetyl-D-glucosamine 2-epimerase, N-Acylglucosamine 2-epimerase, v. 1 | p. 140
2.7.1.59	N-acetyl-D-glucosamine kinase, N-acetylglucosamine kinase, v. 36 | p. 135
2.4.1.224	N-acetyl-D-glucosaminyl-(N-acetyl-D-glucosamine) transferase, glucuronosyl-N-acetylglucosaminyl-proteoglycan 4-α-N-acetylglucosaminyltransferase, v. 32 | p. 604
3.5.1.33	N-acetyl-D-glucosaminyl N-deacetylase, N-acetylglucosamine deacetylase, v. 14 | p. 422
3.5.1.89	N-acetyl-D-glucosaminylphosphatidylinositol de-N-acetylase, N-Acetylglucosaminyl-phosphatidylinositol deacetylase, v. 14 | p. 647
2.4.1.198	acetyl-D-glucosaminyltransferase, uridine diphosphoacetylglucosamine α1,6-, phosphatidylinositol N-acetylglucosaminyltransferase, v. 32 | p. 492
1.1.1.240	N-acetyl-D-hexosamine dehydrogenase, N-acetylhexosamine 1-dehydrogenase, v. 18 | p. 390
3.2.1.52	β-N-acetyl-D-hexosaminidase, β-N-acetylhexosaminidase, v. 13 | p. 50
1.1.1.233	N-acetyl-D-mannosamine dehydrogenase, N-acylmannosamine 1-dehydrogenase, v. 18 | p. 364

4.1.3.3	N-acetyl-d-neuraminic acid aldolase, N-acetylneuraminate lyase, v. 4 | p. 24
4.1.3.3	N-acetyl-D-neuraminic acid lyase, N-acetylneuraminate lyase, v. 4 | p. 24
3.1.1.6	acetyl-esterase, acetylesterase, v. 9 | p. 96
2.4.1.144	N-acetyl-glucosaminyltransferase III, β-1,4-mannosyl-glycoprotein 4-β-N-acetylglucosaminyltransferase, v. 32 | p. 267
1.2.1.38	N-acetyl-glutamate semialdehyde dehydrogenase, N-acetyl-γ-glutamyl-phosphate reductase, v. 20 | p. 289
3.2.1.52	β-N-acetyl-hexosaminidase, β-N-acetylhexosaminidase, v. 13 | p. 50
3.5.1.83	N-Acetyl-L-aspartate amidohydrolase, N-Acyl-D-aspartate deacylase, v. 14 | p. 614
3.5.1.15	N-Acetyl-L-aspartate amidohydrolase, aspartoacylase, v. 14 | p. 331
3.5.1.47	N-acetyl-L-diaminopimelic acid deacetylase, N-acetyldiaminopimelate deacetylase, v. 14 | p. 471
3.5.1.47	N-acetyl-L-diaminopimelic acid deacylase, N-acetyldiaminopimelate deacetylase, v. 14 | p. 471
1.2.1.38	N-acetyl-L-glutamate γ-semialdehyde:NADP oxidoreductase (phosphorylating), N-acetyl-γ-glutamyl-phosphate reductase, v. 20 | p. 289
2.7.2.8	N-acetyl-L-glutamate 5-phosphotransferase, acetylglutamate kinase, v. 37 | p. 342
2.3.1.1	N-acetyl-L-glutamate synthetase, amino-acid N-acetyltransferase, v. 29 | p. 224
2.3.1.35	N-acetyl-L-glutamate synthetase, glutamate N-acetyltransferase, v. 29 | p. 529
2.5.1.49	O-acetyl-L-homoserine (thiol)-lyase, O-acetylhomoserine aminocarboxypropyltransferase, v. 34 | p. 122
2.5.1.49	O-acetyl-L-homoserine acetate-lyase (adding methanethiol), O-acetylhomoserine aminocarboxypropyltransferase, v. 34 | p. 122
2.5.1.49	O-acetyl-L-homoserine sulfhydrolase, O-acetylhomoserine aminocarboxypropyltransferase, v. 34 | p. 122
2.5.1.49	o-acetyl-L-homoserine sulfhydrylase, O-acetylhomoserine aminocarboxypropyltransferase, v. 34 | p. 122
2.3.1.35	α-N-acetyl-L-ornithine:L-glutamate N-acetyltransferase, glutamate N-acetyltransferase, v. 29 | p. 529
2.5.1.47	O-acetyl-L-serine (thiol) lyase, cysteine synthase, v. 34 | p. 84
2.5.1.47	O-acetyl-L-serine(thiol)lyase, cysteine synthase, v. 34 | p. 84
2.5.1.47	O-acetyl-L-serine acetate-lyase (adding hydrogen sulfide), cysteine synthase, v. 34 | p. 84
2.5.1.50	O-acetyl-L-serine acetate-lyase (adding N6-substituted adenine), zeatin 9-aminocarboxyethyltransferase, v. 34 | p. 133
4.4.1.9	O-acetyl-L-serine sulfhydrylase, L-3-cyanoalanine synthase, v. 5 | p. 351
2.5.1.65	O-acetyl-L-serine sulfhydrylase, O-phosphoserine sulfhydrylase, v. S2 | p. 207
2.5.1.47	O-acetyl-L-serine sulfhydrylase, cysteine synthase, v. 34 | p. 84
2.5.1.47	O-acetyl-L-serine sulfohydrolase, cysteine synthase, v. 34 | p. 84
3.5.1.47	N-acetyl-LL-diaminopimelate deacetylase, N-acetyldiaminopimelate deacetylase, v. 14 | p. 471
3.1.1.7	acetyl β-methylcholinesterase, acetylcholinesterase, v. 9 | p. 104
3.5.1.28	N-acetyl-muramoyl-L-alanine amidase, N-acetylmuramoyl-L-alanine amidase, v. 14 | p. 396
2.7.7.43	N-Acetyl-neuraminic acid cytidylyltransferase, N-acylneuraminate cytidylyltransferase, v. 38 | p. 436
3.1.2.16	acetyl-S-(acyl-carrier protein) enzyme thioester hydrolase (acetate), citrate-lyase deacetylase, v. 9 | p. 528
2.3.1.187	acetyl-S-ACP:malonate ACP-SH transferase, acetyl-S-ACP:malonate ACP transferase
2.3.1.187	acetyl-S-acyl-carrier protein:malonate acyl-carrier-protein-transferase, acetyl-S-ACP: malonate ACP transferase
2.3.1.187	acetyl-S-acyl carrier protein:malonate acyl carrier protein-SH transferase, acetyl-S-ACP: malonate ACP transferase
2.1.3.10	acetyl-S-acyl carrier protein:malonate acyl carrier protein-SH transferase, malonyl-S-ACP:biotin-protein carboxyltransferase
3.1.1.73	acetyl/ferulic acid esterase, feruloyl esterase, v. 9 | p. 414

2.8.3.8	acetyl:succinate CoA-transferase, acetate CoA-transferase, v.39 | p.497
1.13.11.50	acetylacetone-cleaving enzyme, acetylacetone-cleaving enzyme, v.25 | p.673
1.13.11.50	acetylacetone dioxygenase, acetylacetone-cleaving enzyme, v.25 | p.673
6.2.1.1	Acetyl activating enzyme, Acetate-CoA ligase, v.2 | p.186
2.7.1.60	acetylamidodeoxymannokinase, N-acylmannosamine kinase, v.36 | p.144
2.7.1.59	2-acetylamino-2-deoxy-D-glucose kinase, N-acetylglucosamine kinase, v.36 | p.135
2.7.1.59	acetylaminodeoxyglucokinase, N-acetylglucosamine kinase, v.36 | p.135
3.5.1.33	acetylaminodeoxyglucose acetylhydrolase, N-acetylglucosamine deacetylase, v.14 | p.422
3.5.1.25	acetylaminodeoxyglucosephosphate acetylhydrolase, N-acetylglucosamine-6-phosphate deacetylase, v.14 | p.379
5.4.2.3	Acetylaminodeoxyglucose phosphomutase, phosphoacetylglucosamine mutase, v.1 | p.515
3.2.1.52	β-acetylaminodeoxyhexosidase, β-N-acetylhexosaminidase, v.13 | p.50
3.5.1.4	N-acetylaminohydrolase, amidase, v.14 | p.231
3.5.1.29	α-(N-acetylaminomethylene)succinic acid hydrolase, 2-(acetamidomethylene)succinate hydrolase, v.14 | p.407
3.5.1.83	N-Acetylaspartate amidohydrolase, N-Acyl-D-aspartate deacylase, v.14 | p.614
3.5.1.15	N-Acetylaspartate amidohydrolase, aspartoacylase, v.14 | p.331
3.5.1.83	Acetylaspartic deaminase, N-Acyl-D-aspartate deacylase, v.14 | p.614
3.5.1.15	N-acetylaspartocylase, aspartoacylase, v.14 | p.331
3.4.17.21	Acetylaspartylglutamate dipeptidase, Glutamate carboxypeptidase II, v.6 | p.498
3.4.17.21	N-acetylaspartylglutamate peptidase, Glutamate carboxypeptidase II, v.6 | p.498
3.4.17.21	N-Acetylated-α-linked-acidic dipeptidase, Glutamate carboxypeptidase II, v.6 | p.498
3.4.17.21	N-Acetylated-α-linked-amino dipeptidase, Glutamate carboxypeptidase II, v.6 | p.498
3.4.17.21	N-acetylated-α-linked acidic dipeptidase, Glutamate carboxypeptidase II, v.6 | p.498
3.4.17.21	N-acetylated-α-linked acidic dipeptidase 2, Glutamate carboxypeptidase II, v.6 | p.498
3.4.17.21	N-acetylated-α-linked acidic dipeptidase II, Glutamate carboxypeptidase II, v.6 | p.498
3.4.17.21	N-acetylated α-linked acid dipeptidase, Glutamate carboxypeptidase II, v.6 | p.498
3.4.17.21	N-Acetylated α-linked acidic dipeptidase, Glutamate carboxypeptidase II, v.6 | p.498
2.3.1.7	acetylcarnitine transferase, carnitine O-acetyltransferase, v.29 | p.273
3.1.1.7	acetylcholine esterase, acetylcholinesterase, v.9 | p.104
3.1.1.7	acetylcholine hydrolase, acetylcholinesterase, v.9 | p.104
3.1.1.7	acetylcholinesterase, acetylcholinesterase, v.9 | p.104
2.3.1.5	acetyl CoA-arylamine N-acetyltransferase, arylamine N-acetyltransferase, v.29 | p.243
2.3.1.167	acetyl CoA:10-deacetylbaccatin-III 10-O-acetyltransferase, 10-deacetylbaccatin III 10-O-acetyltransferase, v.30 | p.451
2.3.1.6	acetyl CoA:choline-O-acetyltransferase, choline O-acetyltransferase, v.29 | p.259
6.4.1.2	Acetyl CoA carboxylase, Acetyl-CoA carboxylase, v.2 | p.721
6.4.1.2	acetylCoA carboxylase, Acetyl-CoA carboxylase, v.2 | p.721
6.3.4.15	Acetyl CoA holocarboxylase synthetase, Biotin-[acetyl-CoA-carboxylase] ligase, v.2 | p.638
3.1.2.1	acetyl CoA hydrolase, acetyl-CoA hydrolase, v.9 | p.450
6.2.1.1	Acetyl CoA ligase, Acetate-CoA ligase, v.2 | p.186
6.2.1.1	Acetyl CoA synthase, Acetate-CoA ligase, v.2 | p.186
2.3.1.38	acetyl coenzyme A-acyl-carrier-protein transacylase, [acyl-carrier-protein] S-acetyltransferase, v.29 | p.558
2.3.1.107	acetylcoenzyme A-deacetylvindoline 4-O-acetyltransferase, deacetylvindoline O-acetyltransferase, v.30 | p.243
2.3.1.163	acetyl coenzyme A: 10-hydroxytaxane O-acetyltransferase, 10-hydroxytaxane O-acetyltransferase, v.30 | p.439
2.3.1.167	acetyl coenzyme A:10-hydroxytaxane O-acetyltransferase, 10-deacetylbaccatin III 10-O-acetyltransferase, v.30 | p.451
2.3.1.38	acetyl coenzyme A:ACP transacylase, [acyl-carrier-protein] S-acetyltransferase, v.29 | p.558
2.3.1.175	acetyl coenzyme A:DAC acetyltransferase, deacetylcephalosporin-C acetyltransferase, v.S2 | p.77

β-D-N-acetylgalactosaminidase

2.3.1.175	acetyl coenzyme A: deacetylacephalosporin C O-acetyltransferase, deacetylcephalosporin-C acetyltransferase, v. S2 | p. 77	
2.3.1.175	acetyl coenzyme A: deacetylcephalosporin C O-acetyltransferase, deacetylcephalosporin-C acetyltransferase, v. S2 | p. 77	
2.3.1.107	acetylcoenzyme A:deacetylvindoline 4-O-acetyltransferase, deacetylvindoline O-acetyltransferase, v. 30 | p. 243	
2.3.1.107	acetylcoenzyme A:deacetylvindoline O-acetyltransferase, deacetylvindoline O-acetyltransferase, v. 30 | p. 243	
2.3.1.162	acetyl coenzyme A:taxa-4(20),11(12)-dien-5α-ol O-acetyl transferase, taxadien-5α-ol O-acetyltransferase, v. 30 | p. 436	
3.1.2.1	acetyl coenzyme A acylase, acetyl-CoA hydrolase, v. 9 | p. 450	
6.4.1.2	Acetyl coenzyme A carboxylase, Acetyl-CoA carboxylase, v. 2 | p. 721	
6.4.1.2	acetyl coenzyme A carboxylase α, Acetyl-CoA carboxylase, v. 2 | p. 721	
2.7.11.27	acetyl coenzyme A carboxylase kinase (phosphorylating), [acetyl-CoA carboxylase] kinase, v. S4 | p. 326	
3.1.2.1	acetyl coenzyme A deacylase, acetyl-CoA hydrolase, v. 9 | p. 450	
6.3.4.15	Acetyl coenzyme A holocarboxylase synthetase, Biotin-[acetyl-CoA-carboxylase] ligase, v. 2 | p. 638	
3.1.2.1	acetyl coenzyme A hydrolase, acetyl-CoA hydrolase, v. 9 | p. 450	
6.2.1.1	acetyl coenzyme A synthase/carbon monoxide dehydrogenase, Acetate-CoA ligase, v. 2 | p. 186	
1.2.99.2	acetyl coenzyme A synthase/carbon monoxide dehydrogenase, carbon-monoxide dehydrogenase (acceptor), v. 20 | p. 564	
6.2.1.1	Acetyl coenzyme A synthetase, Acetate-CoA ligase, v. 2 | p. 186	
2.3.1.9	acetyl coenzyme A thiolase, acetyl-CoA C-acetyltransferase, v. 29 | p. 305	
1.14.99.33	Δ12 acetylenase, Δ12-fatty acid dehydrogenase, v. 27 | p. 382	
1.14.99.33	acetylenase, Δ12-fatty acid dehydrogenase, v. 27 | p. 382	
5.3.3.8	Acetylene-allene isomerase, dodecenoyl-CoA isomerase, v. 1 | p. 413	
4.1.1.78	acetylenedicarboxylate hydrase, acetylenedicarboxylate decarboxylase, v. S7 | p. 1	
4.2.1.27	acetylenemonocarboxylic acid hydrase, acetylenecarboxylate hydratase, v. 4 | p. 418	
3.1.1.53	9(4)-O-acetylesterase, sialate O-acetylesterase, v. 9 | p. 344	
3.1.1.72	Acetyl esterase, Acetylxylan esterase, v. 9 | p. 406	
3.1.1.6	Acetyl esterase, acetylesterase, v. 9 | p. 96	
3.1.1.1	Acetyl esterase, carboxylesterase, v. 9 | p. 1	
3.1.1.6	α/β-acetylesterase, acetylesterase, v. 9 | p. 96	
2.7.1.157	N-acetylgalactosamine (GalNAc)-1-phosphate kinase, N-acetylgalactosamine kinase, v. S2 | p. 268	
3.1.6.12	N-acetylgalactosamine-4-sulfatase, N-acetylgalactosamine-4-sulfatase, v. 11 | p. 300	
3.1.6.4	N-acetylgalactosamine-6-sulfatase, N-acetylgalactosamine-6-sulfatase, v. 11 | p. 267	
3.1.6.4	N-acetylgalactosamine-6-sulfate sulfatase, N-acetylgalactosamine-6-sulfatase, v. 11 | p. 267	
3.1.6.12	N-acetylgalactosamine 4-sulfatase, N-acetylgalactosamine-4-sulfatase, v. 11 | p. 300	
3.1.6.12	acetylgalactosamine 4-sulfatase, N-acetylgalactosamine-4-sulfatase, v. 11 | p. 300	
2.8.2.33	N-acetylgalactosamine 4-sulfate 6-O-sulfotransferase, N-acetylgalactosamine 4-sulfate 6-O-sulfotransferase, v. S4 | p. 489	
3.1.6.12	N-acetylgalactosamine 4-sulfate sulfohydrolase, N-acetylgalactosamine-4-sulfatase, v. 11 | p. 300	
2.8.2.21	N-acetylgalactosamine 6-O-sulfotransferase, keratan sulfotransferase, v. 39 | p. 430	
3.1.6.4	N-acetylgalactosamine 6-sulfatase, N-acetylgalactosamine-6-sulfatase, v. 11 | p. 267	
3.1.6.4	acetylgalactosamine 6-sulfatase, N-acetylgalactosamine-6-sulfatase, v. 11 | p. 267	
3.1.6.4	N-acetylgalactosamine 6-sulphate sulphatase, N-acetylgalactosamine-6-sulfatase, v. 11 | p. 267	
3.2.1.53	N-acetylgalactosaminidase, β-N-acetylgalactosaminidase, v. 13 | p. 91	
3.2.1.49	α-N-acetylgalactosaminidase, α-N-acetylgalactosaminidase, v. 13 | p. 10	
3.2.1.49	α-acetylgalactosaminidase, α-N-acetylgalactosaminidase, v. 13 | p. 10	
3.2.1.53	β-D-N-acetylgalactosaminidase, β-N-acetylgalactosaminidase, v. 13 | p. 91	

β-N-acetylgalactosaminidase

3.2.1.53	β-N-acetylgalactosaminidase, β-N-acetylgalactosaminidase, v. 13 | p. 91
3.2.1.52	β-N-acetylgalactosaminidase, β-N-acetylhexosaminidase, v. 13 | p. 50
3.2.1.53	β-acetylgalactosaminidase, β-N-acetylgalactosaminidase, v. 13 | p. 91
3.2.1.97	acetylgalactosaminidase, endo-α, glycopeptide α-N-acetylgalactosaminidase, v. 13 | p. 371
3.2.1.49	α-N-acetylgalactosaminidase blood group A2 degrading enzyme, α-N-acetylgalactosaminidase, v. 13 | p. 10
3.1.1.58	N-acetyl galactosaminoglycan deacetylase, N-acetylgalactosaminoglycan deacetylase, v. 9 | p. 365
2.4.99.3	α-N-acetylgalactosaminylprotein α2→6 sialyltransferase, α-N-acetylgalactosaminide α-2,6-sialyltransferase, v. 33 | p. 335
2.4.1.92	acetylgalactosaminyltransferase, (N-acetylneuraminyl)-galactosylglucosylceramide N-acetylgalactosaminyltransferase, v. 32 | p. 30
2.4.1.40	α-(1,3)-N-acetylgalactosaminyltransferase, glycoprotein-fucosylgalactoside α-N-acetylgalactosaminyltransferase, v. 31 | p. 376
2.4.1.40	α-3-N-acetylgalactosaminyltransferase, glycoprotein-fucosylgalactoside α-N-acetylgalactosaminyltransferase, v. 31 | p. 376
2.4.1.79	β(1->3) N-acetylgalactosaminyltransferase, globotriaosylceramide 3-β-N-acetylgalactosaminyltransferase, v. 31 | p. 567
2.4.1.92	β-(1-4)-N-acetylgalactosaminyltransferase, (N-acetylneuraminyl)-galactosylglucosylceramide N-acetylgalactosaminyltransferase, v. 32 | p. 30
2.4.1.92	β1,4-N-acetylgalactosaminyltransferase, (N-acetylneuraminyl)-galactosylglucosylceramide N-acetylgalactosaminyltransferase, v. 32 | p. 30
2.4.1.244	β1,4-N-acetylgalactosaminyltransferase, N-acetyl-β-glucosaminyl-glycoprotein 4-β-N-acetylgalactosaminyltransferase, v. S2 | p. 201
2.4.1.165	acetylgalactosaminyltransferase, uridine diphosphoacetylgalactosamine-acetylneuraminyl(α2→3)galactosyl(β1→4)glucosyl β1→4-, N-acetylneuraminylgalactosylglucosylceramide β-1,4-N-acetylgalactosaminyltransferase, v. 32 | p. 368
2.4.1.174	acetylgalactosaminyltransferase, uridine diphosphoacetylgalactosamine-chondroitin, I, glucuronylgalactosylproteoglycan 4-β-N-acetylgalactosaminyltransferase, v. 32 | p. 400
2.4.1.175	acetylgalactosaminyltransferase, uridine diphosphoacetylgalactosamine-chondroitin, II, glucuronosyl-N-acetylgalactosaminyl-proteoglycan 4-β-N-acetylgalactosaminyltransferase, v. 32 | p. 405
2.4.1.79	acetylgalactosaminyltransferase, uridine diphosphoacetylgalactosamine-galactosylgalactosylglucosylceramide, globotriaosylceramide 3-β-N-acetylgalactosaminyltransferase, v. 31 | p. 567
2.4.1.92	acetylgalactosaminyltransferase, uridine diphosphoacetylgalactosamine-ganglioside GM3, (N-acetylneuraminyl)-galactosylglucosylceramide N-acetylgalactosaminyltransferase, v. 32 | p. 30
2.4.1.88	acetylgalactosaminyltransferase, uridine diphosphoacetylgalactosamine-globoside α-, globoside α-N-acetylgalactosaminyltransferase, v. 31 | p. 621
2.4.1.41	acetylgalactosaminyltransferase, uridine diphosphoacetylgalactosamine-glycoprotein, polypeptide N-acetylgalactosaminyltransferase, v. 31 | p. 384
2.4.1.79	acetylgalactosaminyltransferase, uridine diphosphoacetylgalactosamine-glycosphingolipid, globotriaosylceramide 3-β-N-acetylgalactosaminyltransferase, v. 31 | p. 567
2.4.1.92	β 1,4-N-acetylgalactosaminyltransferase-A, (N-acetylneuraminyl)-galactosylglucosylceramide N-acetylgalactosaminyltransferase, v. 32 | p. 30
2.4.1.244	β 1,4-N-acetylgalactosaminyltransferase-A, N-acetyl-β-glucosaminyl-glycoprotein 4-β-N-acetylgalactosaminyltransferase, v. S2 | p. 201
2.4.1.244	β1,4-N-acetylgalactosaminyltransferase-III, N-acetyl-β-glucosaminyl-glycoprotein 4-β-N-acetylgalactosaminyltransferase, v. S2 | p. 201
2.4.1.223	N-acetylgalactosaminyltransferase-like 1, glucuronyl-galactosyl-proteoglycan 4-α-N-acetylglucosaminyltransferase, v. 32 | p. 602
2.4.1.41	N-acetylgalactosaminyltransferase-like 1, polypeptide N-acetylgalactosaminyltransferase, v. 31 | p. 384

acetylglucosamine kinase(phosphorylating)

2.4.1.174	N-acetylgalactosaminyltransferase I, glucuronylgalactosylproteoglycan 4-β-N-acetylgalactosaminyltransferase, v. 32 | p. 400
2.4.1.175	N-acetylgalactosaminyltransferase II, glucuronosyl-N-acetylgalactosaminyl-proteoglycan 4-β-N-acetylgalactosaminyltransferase, v. 32 | p. 405
2.4.1.244	β1,4-N-acetylgalactosaminyltransferase II, N-acetyl-β-glucosaminyl-glycoprotein 4-β-N-acetylgalactosaminyltransferase, v. S2 | p. 201
2.4.1.244	β1,4-N-acetylgalactosaminyltransferase III, N-acetyl-β-glucosaminyl-glycoprotein 4-β-N-acetylgalactosaminyltransferase, v. S2 | p. 201
2.4.1.244	β1,4-N-acetylgalactosaminyltransferase IV, N-acetyl-β-glucosaminyl-glycoprotein 4-β-N-acetylgalactosaminyltransferase, v. S2 | p. 201
2.4.1.92	β-1,4-N-acetylgalactosyltransferase II, (N-acetylneuraminyl)-galactosylglucosylceramide N-acetylgalactosaminyltransferase, v. 32 | p. 30
2.4.1.165	β-1,4-N-acetylgalactosyltransferase II, N-acetylneuraminylgalactosylglucosylceramide β-1,4-N-acetylgalactosaminyltransferase, v. 32 | p. 368
3.1.1.72	Acetylglucomannan esterase, Acetylxylan esterase, v. 9 | p. 406
2.3.1.157	N-acetylglucosamine-1-phosphate pyrophosphorylase, glucosamine-1-phosphate N-acetyltransferase, v. 30 | p. 420
2.7.8.15	N-acetylglucosamine-1-phosphate transferase, UDP-N-acetylglucosamine-dolichyl-phosphate N-acetylglucosaminephosphotransferase, v. 39 | p. 106
2.3.1.157	N-acetylglucosamine-1-phosphate uridyltransferase, glucosamine-1-phosphate N-acetyltransferase, v. 30 | p. 420
2.7.7.23	N-acetylglucosamine-1-phosphate uridylyltransferase, UDP-N-acetylglucosamine diphosphorylase, v. 38 | p. 289
3.1.4.45	N-acetylglucosamine-1-phosphodiester N-acetylglucosaminidase, N-acetylglucosamine-1-phosphodiester α-N-acetylglucosaminidase, v. 11 | p. 208
2.7.8.15	N-acetylglucosamine-1-phosphotransferase, UDP-N-acetylglucosamine-dolichyl-phosphate N-acetylglucosaminephosphotransferase, v. 39 | p. 106
2.7.8.17	N-acetylglucosamine-1-phosphotransferase, UDP-N-acetylglucosamine-lysosomal-enzyme N-acetylglucosaminephosphotransferase, v. 39 | p. 117
2.7.8.15	acetylglucosamine-1-phosphotransferase, uridine diphosphoacetylglucosamine-dolichyl phosphate, UDP-N-acetylglucosamine-dolichyl-phosphate N-acetylglucosaminephosphotransferase, v. 39 | p. 106
2.7.8.17	acetylglucosamine-1-phosphotransferase, uridine diphosphoacetylglucosamine-glycoprotein, UDP-N-acetylglucosamine-lysosomal-enzyme N-acetylglucosaminephosphotransferase, v. 39 | p. 117
2.7.8.17	acetylglucosamine-1-phosphotransferase, uridine diphosphoacetylglucosamine-lysosomal enzyme precursor, UDP-N-acetylglucosamine-lysosomal-enzyme N-acetylglucosaminephosphotransferase, v. 39 | p. 117
3.5.1.25	N-acetylglucosamine-6-phosphate deacetylase, N-acetylglucosamine-6-phosphate deacetylase, v. 14 | p. 379
2.3.1.4	N-acetylglucosamine-6-phosphate synthase, glucosamine-phosphate N-acetyltransferase, v. 29 | p. 237
3.1.6.14	N-acetylglucosamine-6-sulfatase, N-acetylglucosamine-6-sulfatase, v. 11 | p. 316
2.4.1.197	acetylglucosamine-oligosaccharide acetylglucosaminyltransferase, high-mannose-oligosaccharide β-1,4-N-acetylglucosaminyltransferase, v. 32 | p. 488
5.4.2.3	N-acetylglucosamine-phosphate mutase, phosphoacetylglucosamine mutase, v. 1 | p. 515
2.7.7.23	acetylglucosamine 1-phosphate uridylyltransferase, UDP-N-acetylglucosamine diphosphorylase, v. 38 | p. 289
5.1.3.8	N-Acetylglucosamine 2-epimerase, N-Acylglucosamine 2-epimerase, v. 1 | p. 140
3.1.6.14	acetylglucosamine 6-sulfatase, N-acetylglucosamine-6-sulfatase, v. 11 | p. 316
3.1.6.14	N-acetylglucosamine 6-sulfate sulfatase, N-acetylglucosamine-6-sulfatase, v. 11 | p. 316
2.4.1.56	N-acetylglucosamine glycosyltransferase, lipopolysaccharide N-acetylglucosaminyltransferase, v. 31 | p. 456
2.7.1.59	acetylglucosamine kinase(phosphorylating), N-acetylglucosamine kinase, v. 36 | p. 135

17

N-acetylglucosamine N-deacetylase/N-sulfotransferase

2.8.2.8	N-acetylglucosamine N-deacetylase/N-sulfotransferase, [heparan sulfate]-glucosamine N-sulfotransferase, v. 39 | p. 342
3.5.1.25	acetylglucosamine phosphate deacetylase, N-acetylglucosamine-6-phosphate deacetylase, v. 14 | p. 379
5.4.2.3	Acetylglucosamine phosphomutase, phosphoacetylglucosamine mutase, v. 1 | p. 515
3.2.1.52	3-β-N-acetylglucosaminidase, β-N-acetylhexosaminidase, v. 13 | p. 50
3.2.1.50	α-N-acetylglucosaminidase, α-N-acetylglucosaminidase, v. 13 | p. 18
3.2.1.50	α-acetylglucosaminidase, α-N-acetylglucosaminidase, v. 13 | p. 18
3.2.1.52	β-N-acetylglucosaminidase, β-N-acetylhexosaminidase, v. 13 | p. 50
3.2.1.96	acetylglucosaminidase, endo-β, mannosyl-glycoprotein endo-β-N-acetylglucosaminidase, v. 13 | p. 350
3.2.1.17	N-acetylglucosaminidase autolysin, lysozyme, v. 12 | p. 228
2.4.1.90	β-N-acetylglucosaminide β1-4-galactosyltransferase, N-acetyllactosamine synthase, v. 32 | p. 1
2.4.1.38	β-N-acetylglucosaminide β1-4-galactosyltransferase, β-N-acetylglucosaminylglycopeptide β-1,4-galactosyltransferase, v. 31 | p. 353
3.5.1.26	β-N-acetylglucosaminyl, N4-(β-N-acetylglucosaminyl)-L-asparaginase, v. 14 | p. 385
2.4.1.222	acetylglucosaminylferase, uridine diphosphoacetylglucosamine:fucosyglycoprotein β1-3-, O-fucosylpeptide 3-β-N-acetylglucosaminyltransferase, v. 32 | p. 599
2.8.2.8	N-acetylglucosaminyl N-deacetylase/N-sulfotransferase, [heparan sulfate]-glucosamine N-sulfotransferase, v. 39 | p. 342
3.5.1.89	N-Acetylglucosaminylphosphatidylinositol de-N-acetylase, N-Acetylglucosaminylphosphatidylinositol deacetylase, v. 14 | p. 647
3.5.1.89	N-acetylglucosaminyl phosphatidylinositol de-N-acetylase, N-Acetylglucosaminylphosphatidylinositol deacetylase, v. 14 | p. 647
3.5.1.89	Acetylglucosaminylphosphatidylinositol deacetylase, N-Acetylglucosaminylphosphatidylinositol deacetylase, v. 14 | p. 647
3.5.1.89	N-acetylglucosaminylphosphatidylinositol deacetylase, N-Acetylglucosaminylphosphatidylinositol deacetylase, v. 14 | p. 647
3.1.4.45	α-N-acetylglucosaminyl phosphodiesterase, N-acetylglucosamine-1-phosphodiester α-N-acetylglucosaminidase, v. 11 | p. 208
3.1.4.45	α-N-acetylglucosaminylphosphodiesterase, N-acetylglucosamine-1-phosphodiester α-N-acetylglucosaminidase, v. 11 | p. 208
2.7.8.17	N-acetylglucosaminyl phosphotransferase, UDP-N-acetylglucosamine-lysosomal-enzyme N-acetylglucosaminephosphotransferase, v. 39 | p. 117
2.7.8.17	N-acetylglucosaminylphosphotransferase, UDP-N-acetylglucosamine-lysosomal-enzyme N-acetylglucosaminephosphotransferase, v. 39 | p. 117
2.4.1.225	N-acetylglucosaminylproteoglycan β-1,4-glucuronosyltransferase, N-acetylglucosaminyl-proteoglycan 4-β-glucuronosyltransferase, v. 32 | p. 610
2.4.1.65	β-acetylglucosaminylsaccharide fucosyltransferase, 3-galactosyl-N-acetylglucosaminide 4-α-L-fucosyltransferase, v. 31 | p. 487
2.8.2.21	N-acetylglucosaminyl sulfotransferase, keratan sulfotransferase, v. 39 | p. 430
2.4.1.222	β1,3-N-acetylglucosaminyltranferase, O-fucosylpeptide 3-β-N-acetylglucosaminyltransferase, v. 32 | p. 599
2.4.1.150	N-acetylglucosaminyltransferase, N-acetyllactosaminide β-1,6-N-acetylglucosaminyltransferase, v. 32 | p. 307
2.4.1.222	N-acetylglucosaminyltransferase, O-fucosylpeptide 3-β-N-acetylglucosaminyltransferase, v. 32 | p. 599
2.4.1.56	N-acetylglucosaminyltransferase, lipopolysaccharide N-acetylglucosaminyltransferase, v. 31 | p. 456
2.4.1.138	α-N-acetylglucosaminyltransferase, mannotetraose 2-α-N-acetylglucosaminyltransferase, v. 32 | p. 242
2.4.1.223	α1,4-N-acetylglucosaminyltransferase, glucuronyl-galactosyl-proteoglycan 4-α-N-acetylglucosaminyltransferase, v. 32 | p. 602

acetylglucosaminyltransferase, uridine diphosphoacetylglucosamine-mucin β(1-3)- (elongating)

2.4.1.222	β-1,3-N-acetylglucosaminyltransferase, O-fucosylpeptide 3-β-N-acetylglucosaminyltransferase, v. 32 | p. 599
2.4.1.222	β1,3-N-acetylglucosaminyltransferase, O-fucosylpeptide 3-β-N-acetylglucosaminyltransferase, v. 32 | p. 599
2.4.1.222	β1,3-acetylglucosaminyltransferase, O-fucosylpeptide 3-β-N-acetylglucosaminyltransferase, v. 32 | p. 599
2.4.1.155	β1,6-N-acetylglucosaminyltransferase, α-1,6-mannosyl-glycoprotein 6-β-N-acetylglucosaminyltransferase, v. 32 | p. 334
2.4.1.206	β1-3-N-acetylglucosaminyltransferase, lactosylceramide 1,3-N-acetyl-β-D-glucosaminyltransferase, v. 32 | p. 518
2.4.1.102	β6-N-acetylglucosaminyltransferase, β-1,3-galactosyl-O-glycosyl-glycoprotein β-1,6-N-acetylglucosaminyltransferase, v. 32 | p. 84
2.4.1.16	acetylglucosaminyltransferase, chitin-uridine diphosphate, chitin synthase, v. 31 | p. 147
2.4.1.39	acetylglucosaminyltransferase, hydroxy steroid, steroid N-acetylglucosaminyltransferase, v. 31 | p. 373
2.4.1.101	acetylglucosaminyltransferase, uridine diphosphoacetylglucosamine-α-1,3-mannosyl-glycoprotein β-1,2-N-, α-1,3-mannosyl-glycoprotein 2-β-N-acetylglucosaminyltransferase, v. 32 | p. 70
2.4.1.155	acetylglucosaminyltransferase, uridine diphosphoacetylglucosamine-α-mannoside β1-6-UDP-N-acetylglucosamine:α-mannoside-β1,6 N-acetylglucosaminyltransferase, α-1,6-mannosyl-glycoprotein 6-β-N-acetylglucosaminyltransferase, v. 32 | p. 334
2.4.1.149	acetylglucosaminyltransferase, uridine diphosphoacetylglucosamine-acetyllactosaminide β1→3-, N-acetyllactosaminide β-1,3-N-acetylglucosaminyltransferase, v. 32 | p. 297
2.4.1.163	acetylglucosaminyltransferase, uridine diphosphoacetylglucosamine-acetyllactosaminide β1→3-, β-galactosyl-N-acetylglucosaminylgalactosylglucosyl-ceramide β-1,3-acetylglucosaminyltransferase, v. 32 | p. 362
2.4.1.150	acetylglucosaminyltransferase, uridine diphosphoacetylglucosamine-acetyllactosaminide β1→6-, N-acetyllactosaminide β-1,6-N-acetylglucosaminyl-transferase, v. 32 | p. 307
2.4.1.164	acetylglucosaminyltransferase, uridine diphosphoacetylglucosamine-acetyllactosaminide β1→6-, galactosyl-N-acetylglucosaminylgalactosylglucosyl-ceramide β-1,6-N-acetylglucosaminyltransferase, v. 32 | p. 365
2.4.1.227	acetylglucosaminyltransferase, uridine diphosphoacetylglucosamine-acetylmuramoylpentapeptide pyrophospholipid, undecaprenyldiphospho-muramoylpentapeptide β-N-acetylglucosaminyltransferase, v. 32 | p. 616
2.4.1.153	acetylglucosaminyltransferase, uridine diphosphoacetylglucosamine-dolichol phosphate, dolichyl-phosphate α-N-acetylglucosaminyltransferase, v. 32 | p. 330
2.4.1.201	acetylglucosaminyltransferase, uridine diphosphoacetylglucosamine-glycopeptide β-1,4-, VI, α-1,6-mannosyl-glycoprotein 4-β-N-acetylglucosaminyltransferase, v. 32 | p. 501
2.4.1.201	acetylglucosaminyltransferase, uridine diphosphoacetylglucosamine-glycopeptide β-1-4-, VI, α-1,6-mannosyl-glycoprotein 4-β-N-acetylglucosaminyltransferase, v. 32 | p. 501
2.4.1.144	acetylglucosaminyltransferase, uridine diphosphoacetylglucosamine-glycopeptide β4-, III, β-1,4-mannosyl-glycoprotein 4-β-N-acetylglucosaminyltransferase, v. 32 | p. 267
2.4.1.229	acetylglucosaminyltransferase, uridine diphosphoacetylglucosamine-glycoprotein serine/threonine, [Skp1-protein]-hydroxyproline N-acetylglucosaminyltransferase, v. 32 | p. 627
2.4.1.206	acetylglucosaminyltransferase, uridine diphosphoacetylglucosamine-lactosylceramide β-, lactosylceramide 1,3-N-acetyl-β-D-glucosaminyltransferase, v. 32 | p. 518
2.4.1.56	acetylglucosaminyltransferase, uridine diphosphoacetylglucosamine-lipopolysaccharide, lipopolysaccharide N-acetylglucosaminyltransferase, v. 31 | p. 456
2.4.1.147	acetylglucosaminyltransferase, uridine diphosphoacetylglucosamine-mucin β(1-3)-, acetylgalactosaminyl-O-glycosyl-glycoprotein β-1,3-N-acetylglucosaminyltransferase, v. 32 | p. 287
2.4.1.146	acetylglucosaminyltransferase, uridine diphosphoacetylglucosamine-mucin β(1-3)- (elongating), β-1,3-galactosyl-O-glycosyl-glycoprotein β-1,3-N-acetylglucosaminyltransferase, v. 32 | p. 282

acetylglucosaminyltransferase, uridine diphosphoacetylglucosamine-mucin β(1→6)-, B

2.4.1.148	acetylglucosaminyltransferase, uridine diphosphoacetylglucosamine-mucin β(1→6)-, B, acetylgalactosaminyl-O-glycosyl-glycoprotein β-1,6-N-acetylglucosaminyltransferase, v.32 | p.293
2.4.1.102	acetylglucosaminyltransferase, uridine diphosphoacetylglucosamine-mucin β-(1-6)-, β-1,3-galactosyl-O-glycosyl-glycoprotein β-1,6-N-acetylglucosaminyltransferase, v.32 | p.84
2.4.1.102	acetylglucosaminyltransferase, uridine diphosphoacetylglucosamine-mucin β-(1-6)-, A, β-1,3-galactosyl-O-glycosyl-glycoprotein β-1,6-N-acetylglucosaminyltransferase, v.32 | p.84
2.4.1.197	acetylglucosaminyltransferase, uridine diphosphoacetylglucosamine-oligosaccharide, high-mannose-oligosaccharide β-1,4-N-acetylglucosaminyltransferase, v.32 | p.488
2.4.1.70	acetylglucosaminyltransferase, uridine diphosphoacetylglucosamine-poly(ribitol phosphate), poly(ribitol-phosphate) N-acetylglucosaminyltransferase, v.31 | p.548
2.4.1.94	acetylglucosaminyltransferase, uridine diphosphoacetylglucosamine-protein, protein N-acetylglucosaminyltransferase, v.32 | p.39
2.4.1.138	acetylglucosaminyltransferase, uridine diphosphoacetylglucosamine mannoside α1-2-, mannotetraose 2-α-N-acetylglucosaminyltransferase, v.32 | p.242
2.4.1.229	acetylglucosaminyltransferase, uridine diphosphoacetylglucose-protein Skp1 hydroxyproline, [Skp1-protein]-hydroxyproline N-acetylglucosaminyltransferase, v.32 | p.627
2.4.1.149	β1-3 N-acetylglucosaminyltransferase-1, N-acetyllactosaminide β-1,3-N-acetylglucosaminyltransferase, v.32 | p.297
2.4.1.149	β1,3-N-acetylglucosaminyltransferase-7, N-acetyllactosaminide β-1,3-N-acetylglucosaminyltransferase, v.32 | p.297
2.4.1.163	β1,3-N-acetylglucosaminyltransferase-7, β-galactosyl-N-acetylglucosaminylgalactosylglucosyl-ceramide β-1,3-acetylglucosaminyltransferase, v.32 | p.362
2.4.1.143	N-acetylglucosaminyltransferase-II, α-1,6-mannosyl-glycoprotein 2-β-N-acetylglucosaminyltransferase, v.32 | p.259
2.4.1.145	N-acetylglucosaminyltransferase-IV, α-1,3-mannosyl-glycoprotein 4-β-N-acetylglucosaminyltransferase, v.32 | p.278
2.4.1.145	N-acetylglucosaminyltransferase-IVa, α-1,3-mannosyl-glycoprotein 4-β-N-acetylglucosaminyltransferase, v.32 | p.278
2.4.1.145	N-acetylglucosaminyltransferase-IVb, α-1,3-mannosyl-glycoprotein 4-β-N-acetylglucosaminyltransferase, v.32 | p.278
2.4.1.155	N-acetylglucosaminyltransferase-V, α-1,6-mannosyl-glycoprotein 6-β-N-acetylglucosaminyltransferase, v.32 | p.334
2.4.1.155	β1,6-N-acetylglucosaminyltransferase-V, α-1,6-mannosyl-glycoprotein 6-β-N-acetylglucosaminyltransferase, v.32 | p.334
2.4.1.155	N-acetylglucosaminyltransferase-Va, α-1,6-mannosyl-glycoprotein 6-β-N-acetylglucosaminyltransferase, v.32 | p.334
2.4.1.206	β1,3 N-acetylglucosaminyltransferase GlcNAc(β1,3)Gal(β1,4)Glc-ceramide synthase, lactosylceramide 1,3-N-acetyl-β-D-glucosaminyltransferase, v.32 | p.518
2.4.1.101	N-acetylglucosaminyltransferase I, α-1,3-mannosyl-glycoprotein 2-β-N-acetylglucosaminyltransferase, v.32 | p.70
2.4.1.223	α-N-acetylglucosaminyltransferase I, glucuronyl-galactosyl-proteoglycan 4-α-N-acetylglucosaminyltransferase, v.32 | p.602
2.4.1.143	N-acetylglucosaminyltransferase II, α-1,6-mannosyl-glycoprotein 2-β-N-acetylglucosaminyltransferase, v.32 | p.259
2.4.1.143	acetylglucosaminyltransferase II, α-1,6-mannosyl-glycoprotein 2-β-N-acetylglucosaminyltransferase, v.32 | p.259
2.4.1.224	α-N-acetylglucosaminyltransferase II, glucuronosyl-N-acetylglucosaminyl-proteoglycan 4-α-N-acetylglucosaminyltransferase, v.32 | p.604
2.4.1.144	N-acetylglucosaminyltransferase III, β-1,4-mannosyl-glycoprotein 4-β-N-acetylglucosaminyltransferase, v.32 | p.267
2.4.1.144	β(1,4)-N-acetylglucosaminyltransferase III, β-1,4-mannosyl-glycoprotein 4-β-N-acetylglucosaminyltransferase, v.32 | p.267

2.4.1.144	β1,4-N-acetylglucosaminyltransferase III, β-1,4-mannosyl-glycoprotein 4-β-N-acetylglucosaminyltransferase, v. 32 | p. 267
2.4.1.145	N-acetylglucosaminyltransferase IV, α-1,3-mannosyl-glycoprotein 4-β-N-acetylglucosaminyltransferase, v. 32 | p. 278
2.4.1.145	β-acetylglucosaminyltransferase IV, α-1,3-mannosyl-glycoprotein 4-β-N-acetylglucosaminyltransferase, v. 32 | p. 278
2.4.1.101	N-acetylglucosaminyltransferases I, α-1,3-mannosyl-glycoprotein 2-β-N-acetylglucosaminyltransferase, v. 32 | p. 70
2.4.1.143	N-acetylglucosaminyltransferases II, α-1,6-mannosyl-glycoprotein 2-β-N-acetylglucosaminyltransferase, v. 32 | p. 259
2.4.1.155	N-acetylglucosaminyltransferase V, α-1,6-mannosyl-glycoprotein 6-β-N-acetylglucosaminyltransferase, v. 32 | p. 334
2.4.1.155	β1,6-N-acetylglucosaminyltransferase V, α-1,6-mannosyl-glycoprotein 6-β-N-acetylglucosaminyltransferase, v. 32 | p. 334
2.4.1.201	N-acetylglucosaminyltransferase VI, α-1,6-mannosyl-glycoprotein 4-β-N-acetylglucosaminyltransferase, v. 32 | p. 501
3.1.1.33	6-O-acetylglucose deacetylase, 6-acetylglucose deacetylase, v. 9 | p. 264
2.4.1.222	β1,3-N-acetylglusoaminyltransferase, O-fucosylpeptide 3-β-N-acetylglucosaminyltransferase, v. 32 | p. 599
2.7.2.8	N-acetylglutamate-5-phosphotransferase, acetylglutamate kinase, v. 37 | p. 342
2.3.1.35	acetylglutamate-acetylornithine transacetylase, glutamate N-acetyltransferase, v. 29 | p. 529
1.2.1.38	N-acetylglutamate 5-phosphate reductase, N-acetyl-γ-glutamyl-phosphate reductase, v. 20 | p. 289
2.7.2.8	N-acetylglutamate 5-phosphotransferase, acetylglutamate kinase, v. 37 | p. 342
1.2.1.38	N-acetylglutamate 5-semialdehyde dehydrogenase, N-acetyl-γ-glutamyl-phosphate reductase, v. 20 | p. 289
2.7.2.8	N-acetylglutamate kinase, acetylglutamate kinase, v. 37 | p. 342
2.7.2.8	acetylglutamate kinase, acetylglutamate kinase, v. 37 | p. 342
2.7.2.8	N-acetylglutamate phosphokinase, acetylglutamate kinase, v. 37 | p. 342
2.7.2.8	acetylglutamate phosphokinase, acetylglutamate kinase, v. 37 | p. 342
2.3.1.1	N-acetylglutamate synthase, amino-acid N-acetyltransferase, v. 29 | p. 224
2.3.1.1	acetylglutamate synthase, amino-acid N-acetyltransferase, v. 29 | p. 224
2.3.1.1	N-acetylglutamate synthase/kinase, amino-acid N-acetyltransferase, v. 29 | p. 224
2.3.1.1	N-acetylglutamate synthetase, amino-acid N-acetyltransferase, v. 29 | p. 224
2.3.1.1	acetylglutamate synthetase, amino-acid N-acetyltransferase, v. 29 | p. 224
2.3.1.35	acetylglutamate synthetase, glutamate N-acetyltransferase, v. 29 | p. 529
2.3.1.35	acetylglutamic-acetylornithine transacetylase, glutamate N-acetyltransferase, v. 29 | p. 529
1.2.1.38	N-acetylglutamic γ-semialdehyde dehydrogenase, N-acetyl-γ-glutamyl-phosphate reductase, v. 20 | p. 289
2.7.2.8	N-acetylglutamic 5-phosphotransferase, acetylglutamate kinase, v. 37 | p. 342
2.3.1.1	acetylglutamic synthetase, amino-acid N-acetyltransferase, v. 29 | p. 224
2.3.1.35	acetylglutamic synthetase, glutamate N-acetyltransferase, v. 29 | p. 529
2.7.1.162	N-acetylhexosamine 1-kinase, N-acetylhexosamine 1-kinase
1.1.1.240	N-acetylhexosamine dehydrogenase, N-acetylhexosamine 1-dehydrogenase, v. 18 | p. 390
3.2.1.52	β-N-acetylhexosaminidase, β-N-acetylhexosaminidase, v. 13 | p. 50
3.2.1.52	N-acetylhexosaminidase, β-N-acetylhexosaminidase, v. 13 | p. 50
3.2.1.52	β-D-N-acetylhexosaminidase, β-N-acetylhexosaminidase, v. 13 | p. 50
3.2.1.52	β-acetylhexosaminidase, β-N-acetylhexosaminidase, v. 13 | p. 50
3.2.1.52	β-acetylhexosaminidinase, β-N-acetylhexosaminidase, v. 13 | p. 50
3.4.13.5	Nα-acetylhistidine deacetylase, Xaa-methyl-His dipeptidase, v. 6 | p. 195
3.4.13.5	acetylhistidine deacetylase, Xaa-methyl-His dipeptidase, v. 6 | p. 195
2.3.1.33	acetylhistidine synthetase, histidine N-acetyltransferase, v. 29 | p. 524
4.2.99.10	O-acetylhomoserine (thiol)-lyase, O-acetylhomoserine (thiol)-lyase, v. 5 | p. 120
2.5.1.49	O-acetylhomoserine sulfhydrolase, O-acetylhomoserine aminocarboxypropyltransferase, v. 34 | p. 122

4.2.99.10	O-acetylhomoserine sulfhydrylase, O-acetylhomoserine (thiol)-lyase, v. 5	p. 120
2.5.1.49	O-acetylhomoserine sulfhydrylase, O-acetylhomoserine aminocarboxypropyltransferase, v. 34	p. 122
3.1.1.47	acetylhydrolase, 1-alkyl-2-acetylglycerophosphocholine esterase, v. 9	p. 320
2.4.1.149	N-acetyllactosamine β(1-3)N-acetylglucosaminyltransferase, N-acetyllactosaminide β-1,3-N-acetylglucosaminyltransferase, v. 32	p. 297
2.4.1.90	N-acetyllactosamine synthetase, N-acetyllactosamine synthase, v. 32	p. 1
2.4.1.38	N-acetyllactosamine synthetase, β-N-acetylglucosaminylglycopeptide β-1,4-galactosyltransferase, v. 31	p. 353
2.4.1.90	acetyllactosamine synthetase, N-acetyllactosamine synthase, v. 32	p. 1
2.4.1.38	acetyllactosamine synthetase, β-N-acetylglucosaminylglycopeptide β-1,4-galactosyltransferase, v. 31	p. 353
2.4.99.6	N-acetyllactosaminide α-2,3-sialyltransferase, N-acetyllactosaminide α-2,3-sialyltransferase, v. 33	p. 361
2.4.1.87	N-acetyllactoseaminide 3-α-D-galactosyltransferase, N-acetyllactosaminide 3-α-galactosyltransferase, v. 31	p. 612
2.7.1.60	N-acetylmannosamine kinase, N-acylmannosamine kinase, v. 36	p. 144
2.7.1.60	acetylmannosamine kinase, N-acylmannosamine kinase, v. 36	p. 144
2.4.1.187	N-acetylmannosaminyltransferase, N-acetylglucosaminyldiphosphoundecaprenol N-acetyl-β-D-mannosaminyltransferase, v. 32	p. 454
2.4.1.187	acetylmannosaminyltransferase, uridine diphosphoacetyl-mannosamineacetylglucosaminylpyrophosphorylundecaprenol, N-acetylglucosaminyldiphosphoundecaprenol N-acetyl-β-D-mannosaminyltransferase, v. 32	p. 454
5.1.2.4	Acetylmethylcarbinol racemase, Acetoin racemase, v. 1	p. 85
3.5.1.28	N-acetylmuramic acid L-alanine amidase, N-acetylmuramoyl-L-alanine amidase, v. 14	p. 396
3.2.1.17	1,4-N-acetylmuramidase, lysozyme, v. 12	p. 228
3.2.1.17	1,4-β-N-acetylmuramidase, lysozyme, v. 12	p. 228
3.2.1.17	1,4-β-N-acetylmuramidase 1, lysozyme, v. 12	p. 228
3.2.1.17	1,4-β-N-acetylmuramidase A/C, lysozyme, v. 12	p. 228
3.2.1.17	1,4-β-N-acetylmuramidase M1, lysozyme, v. 12	p. 228
3.5.1.28	acetylmuramoyl-alanine amidase, N-acetylmuramoyl-L-alanine amidase, v. 14	p. 396
3.5.1.28	N-acetylmuramoyl-L-alanine amidase, N-acetylmuramoyl-L-alanine amidase, v. 14	p. 396
3.5.1.28	N-acetylmuramoyl-l-alanine amidase B, N-acetylmuramoyl-L-alanine amidase, v. 14	p. 396
3.5.1.28	N-acetylmuramoyl-L-alanine amidase type I, N-acetylmuramoyl-L-alanine amidase, v. 14	p. 396
3.5.1.28	N-acetylmuramoyl-L-alanine amidase type II, N-acetylmuramoyl-L-alanine amidase, v. 14	p. 396
3.2.1.17	1,4-β-N-acetylmuramoylhydrolase, lysozyme, v. 12	p. 228
3.5.1.28	acetylmuramyl-alanine amidase, N-acetylmuramoyl-L-alanine amidase, v. 14	p. 396
3.5.1.28	N-acetylmuramyl-L-alanine amidase, N-acetylmuramoyl-L-alanine amidase, v. 14	p. 396
3.5.1.28	acetylmuramyl-L-alanine amidase, N-acetylmuramoyl-L-alanine amidase, v. 14	p. 396
3.5.1.28	N-acetylmuramylalanine amidase, N-acetylmuramoyl-L-alanine amidase, v. 14	p. 396
3.1.1.72	Acetylnaphthylesterase, Acetylxylan esterase, v. 9	p. 406
2.5.1.57	N-acetylneuraminate-9-phosphate lyase, N-acylneuraminate-9-phosphate synthase, v. 34	p. 190
3.1.3.29	N-acetylneuraminate-9-phosphate phosphatase, N-acylneuraminate-9-phosphatase, v. 10	p. 312
3.1.3.29	N-acetylneuraminate-9-phosphate phosphohydrolase, N-acylneuraminate-9-phosphatase, v. 10	p. 312
2.5.1.57	N-acetylneuraminate-9-phosphate sialic acid 9-phosphate synthase, N-acylneuraminate-9-phosphate synthase, v. 34	p. 190
4.1.3.19	N-acetylneuraminate-9-phosphate synthase, N-acetylneuraminate synthase, v. 4	p. 131

2.5.1.57	N-acetylneuraminate-9-phosphate synthetase, N-acylneuraminate-9-phosphate synthase, v. 34 | p. 190	
2.3.1.45	N-acetylneuraminate 7(8)-O-acetyltransferase, N-acetylneuraminate 7-O(or 9-O)-acetyltransferase, v. 29 | p. 625	
2.3.1.45	N-acetylneuraminate 7,8-O-acetyltransferase, N-acetylneuraminate 7-O(or 9-O)-acetyltransferase, v. 29 | p. 625	
2.3.1.45	N-acetylneuraminate 9(7)-O-acetyltransferase, N-acetylneuraminate 7-O(or 9-O)-acetyltransferase, v. 29 | p. 625	
2.5.1.57	N-acetylneuraminate 9-phosphate synthase, N-acylneuraminate-9-phosphate synthase, v. 34 | p. 190	
4.1.3.3	N-Acetylneuraminate aldolase, N-acetylneuraminate lyase, v. 4 | p. 24	
4.1.3.3	N-Acetylneuraminate lyase, N-acetylneuraminate lyase, v. 4 | p. 24	
2.3.1.45	N-acetylneuraminate O7-(or O9-)acetyltransferase, N-acetylneuraminate 7-O(or 9-O)-acetyltransferase, v. 29 | p. 625	
4.1.3.3	Acetylneuraminate pyruvate-lyase, N-acetylneuraminate lyase, v. 4 | p. 24	
4.1.3.3	N-Acetylneuraminate pyruvate-lyase, N-acetylneuraminate lyase, v. 4 | p. 24	
2.5.1.56	N-acetylneuraminate pyruvate-lyase (pyruvate-phosphorylating), N-acetylneuraminate synthase, v. 34 | p. 184	
4.1.3.3	N-acetylneuraminate pyruvate lyase, N-acetylneuraminate lyase, v. 4 | p. 24	
4.1.3.19	N-acetylneuraminate synthase, N-acetylneuraminate synthase, v. 4 | p. 131	
2.5.1.57	N-acetylneuraminic acid-9-phosphate synthase, N-acylneuraminate-9-phosphate synthase, v. 34 | p. 190	
2.5.1.57	N-acetylneuraminic acid 9-phosphate synthase, N-acylneuraminate-9-phosphate synthase, v. 34 | p. 190	
2.5.1.57	N-acetylneuraminic acid 9-phosphate synthetase, N-acylneuraminate-9-phosphate synthase, v. 34 | p. 190	
4.1.3.3	N-Acetylneuraminic acid aldolase, N-acetylneuraminate lyase, v. 4 | p. 24	
2.5.1.56	N-acetylneuraminic acid condensing enzyme, N-acetylneuraminate synthase, v. 34 | p. 184	
4.1.3.3	N-Acetylneuraminic acid lyase, N-acetylneuraminate lyase, v. 4 | p. 24	
4.1.3.19	N-acetylneuraminic acid phosphate synthase, N-acetylneuraminate synthase, v. 4 | p. 131	
2.5.1.57	N-acetylneuraminic acid phosphate synthase, N-acylneuraminate-9-phosphate synthase, v. 34 | p. 190	
4.1.3.19	N-acetylneuraminic acid synthase, N-acetylneuraminate synthase, v. 4 | p. 131	
4.1.3.3	N-Acetylneuraminic aldolase, N-acetylneuraminate lyase, v. 4 | p. 24	
4.1.3.3	N-Acetylneuraminic lyase, N-acetylneuraminate lyase, v. 4 | p. 24	
3.2.1.18	acetylneuraminidase, exo-α-sialidase, v. 12 | p. 244	
3.2.1.18	N-acetylneuraminosyl glycohydrolase, exo-α-sialidase, v. 12 | p. 244	
3.2.1.18	Acetylneuraminyl hydrolase, exo-α-sialidase, v. 12 | p. 244	
3.5.1.16	N-acetylornithinase, acetylornithine deacetylase, v. 14 | p. 338	
3.5.1.16	acetylornithinase, acetylornithine deacetylase, v. 14 | p. 338	
2.3.1.35	acetylornithinase, glutamate N-acetyltransferase, v. 29 | p. 529	
2.6.1.11	N-acetylornithine-δ-transaminase, acetylornithine transaminase, v. 34 | p. 342	
2.6.1.11	acetylornithine δ-transaminase, acetylornithine transaminase, v. 34 | p. 342	
2.6.1.11	acetylornithine 5-aminotransferase, acetylornithine transaminase, v. 34 | p. 342	
2.6.1.11	N-acetylornithine aminotransferase, acetylornithine transaminase, v. 34 | p. 342	
2.6.1.11	acetylornithine aminotransferase, acetylornithine transaminase, v. 34 | p. 342	
2.3.1.35	acetylornithine glutamate acetyltransferase, glutamate N-acetyltransferase, v. 29 | p. 529	
2.6.1.11	acetylornithine transaminase, acetylornithine transaminase, v. 34 | p. 342	
2.1.3.9	N-acetylornithine transcarbamoylase, N-acetylornithine carbamoyltransferase, v. S2 | p. 54	
2.1.3.9	N-acetylornithine transcarbamylase, N-acetylornithine carbamoyltransferase, v. S2 | p. 54	
2.1.3.9	acetylornithine transcarbamylase, N-acetylornithine carbamoyltransferase, v. S2 | p. 54	
3.6.1.7	acetyl phosphatase, acylphosphatase, v. 15 | p. 292	
3.6.1.7	acetylphosphatase, acylphosphatase, v. 15 | p. 292	
3.1.1.72	N-Acetylphosphinothricin deacetylase, Acetylxylan esterase, v. 9 | p. 406	

S-acetyl phosphopantetheine:deacetyl citrate lyase S-acetyltransferase

2.3.1.49	S-acetyl phosphopantetheine:deacetyl citrate lyase S-acetyltransferase, deacetyl-[citrate-(pro-3S)-lyase] S-acetyltransferase, v. 29 | p. 659
3.5.1.53	acetylpolyamine amidohydrolase, N-carbamoylputrescine amidase, v. 14 | p. 495
3.1.1.55	acetylsalicylic acid esterase, acetylsalicylate deacetylase, v. 9 | p. 355
2.5.1.47	O -acetylserine (thiol)-lyase, cysteine synthase, v. 34 | p. 84
2.5.1.47	O-acetylserine (Thiol)-lyase, cysteine synthase, v. 34 | p. 84
4.2.99.8	O-acetylserine (Thiol)-lyase, cysteine synthase, v. 5 | p. 93
2.5.1.47	O-acetylserine (thiol)-lyase A, cysteine synthase, v. 34 | p. 84
2.5.1.47	O-acetylserine (thiol)-lyase B, cysteine synthase, v. 34 | p. 84
2.5.1.47	O-acetylserine (thiol) lyase, cysteine synthase, v. 34 | p. 84
2.5.1.47	O-acetylserine (thiol)lyase, cysteine synthase, v. 34 | p. 84
2.5.1.47	O-acetylserine(thiol)lyase, cysteine synthase, v. 34 | p. 84
2.5.1.47	O-acetylserine-(thiol)lyase, cysteine synthase, v. 34 | p. 84
2.5.1.47	O-acetylserine-O-acetylhomoserine sulfhydro-lyase, cysteine synthase, v. 34 | p. 84
2.5.1.65	O-acetylserine sulfhydrylase, O-phosphoserine sulfhydrylase, v. S2 | p. 207
2.5.1.47	O-acetylserine sulfhydrylase, cysteine synthase, v. 34 | p. 84
4.2.99.8	O-acetylserine sulfhydrylase, cysteine synthase, v. 5 | p. 93
2.5.1.47	acetylserine sulfhydrylase, cysteine synthase, v. 34 | p. 84
2.5.1.47	O-acetylserine sulfhydrylase-B, cysteine synthase, v. 34 | p. 84
2.5.1.47	O-acetylserine sulfhydrylase A, cysteine synthase, v. 34 | p. 84
2.5.1.47	O-acetylserine sulfhydrylase B, cysteine synthase, v. 34 | p. 84
2.5.1.47	O-acetylserine thiol lyase, cysteine synthase, v. 34 | p. 84
2.1.1.4	acetylserotonin methyltransferase, acetylserotonin O-methyltransferase, v. 28 | p. 15
2.1.1.4	N-acetylserotonin O-methyltransferase, acetylserotonin O-methyltransferase, v. 28 | p. 15
3.1.1.53	9-O-acetylsialic acid esterase, sialate O-acetylesterase, v. 9 | p. 344
3.1.1.53	O-acetylsialic acid esterase, sialate O-acetylesterase, v. 9 | p. 344
3.1.1.7	acetylthiocholinesterase, acetylcholinesterase, v. 9 | p. 104
2.3.1.81	3-N-acetyltransferase, aminoglycoside N3'-acetyltransferase, v. 30 | p. 104
2.3.1.87	N-acetyltransferase, aralkylamine N-acetyltransferase, v. 30 | p. 149
2.3.1.5	N-acetyltransferase, arylamine N-acetyltransferase, v. 29 | p. 243
2.3.1.88	Nα-acetyltransferase, peptide α-N-acetyltransferase, v. 30 | p. 157
2.3.1.78	acetyltransferase, α-glucosaminide, heparan-α-glucosaminide N-acetyltransferase, v. 30 | p. 90
2.3.1.67	acetyltransferase, 1-alkyl-2-lysolecithin, 1-alkylglycerophosphocholine O-acetyltransferase, v. 30 | p. 37
2.3.1.67	acetyltransferase, 1-alkylglycerophosphocholine, 1-alkylglycerophosphocholine O-acetyltransferase, v. 30 | p. 37
2.3.1.5	acetyltransferase, 2-naphthylamine N-, arylamine N-acetyltransferase, v. 29 | p. 243
2.3.1.5	acetyltransferase, 4-aminobiphenyl, arylamine N-acetyltransferase, v. 29 | p. 243
2.3.1.38	acetyltransferase, [acyl-carrier-protein], [acyl-carrier-protein] S-acetyltransferase, v. 29 | p. 558
2.3.1.9	acetyltransferase, acetyl coenzyme A, acetyl-CoA C-acetyltransferase, v. 29 | p. 305
2.3.1.84	acetyltransferase, alcohol, alcohol O-acetyltransferase, v. 30 | p. 125
2.3.1.1	acetyltransferase, amino acid, amino-acid N-acetyltransferase, v. 29 | p. 224
2.3.1.82	acetyltransferase, aminoglycoside 6'-N-, aminoglycoside N6'-acetyltransferase, v. 30 | p. 108
2.3.1.56	acetyltransferase, aromatic hydroxylamine, aromatic-hydroxylamine O-acetyltransferase, v. 29 | p. 700
2.3.1.87	acetyltransferase, arylalkylamine N-, aralkylamine N-acetyltransferase, v. 30 | p. 149
2.3.1.5	acetyltransferase, arylamine, arylamine N-acetyltransferase, v. 29 | p. 243
2.3.1.17	acetyltransferase, aspartate, aspartate N-acetyltransferase, v. 29 | p. 382
2.3.1.28	acetyltransferase, chloramphenicol, chloramphenicol O-acetyltransferase, v. 29 | p. 485
2.3.1.6	acetyltransferase, choline, choline O-acetyltransferase, v. 29 | p. 259
2.3.1.49	acetyltransferase, citrate lyase, deacetyl-[citrate-(pro-3S)-lyase] S-acetyltransferase, v. 29 | p. 659
2.3.1.27	acetyltransferase, corticosteroid, cortisol O-acetyltransferase, v. 29 | p. 483

2.3.1.27	acetyltransferase, cortisol, cortisol O-acetyltransferase, v. 29 | p. 483
2.3.1.80	acetyltransferase, cysteine S-conjugate N-, cysteine-S-conjugate N-acetyltransferase, v. 30 | p. 101
2.3.1.36	acetyltransferase, D-amino acid, D-amino-acid N-acetyltransferase, v. 29 | p. 534
2.3.1.34	acetyltransferase, D-tryptophan, D-tryptophan N-acetyltransferase, v. 29 | p. 527
2.3.1.107	acetyltransferase, deacetylvindoline, deacetylvindoline O-acetyltransferase, v. 30 | p. 243
2.3.1.18	acetyltransferase, galactoside, galactoside O-acetyltransferase, v. 29 | p. 385
2.3.1.59	acetyltransferase, gentamicin 2'-, gentamicin 2'-N-acetyltransferase, v. 29 | p. 722
2.3.1.60	acetyltransferase, gentamicin 3-, gentamicin 3'-N-acetyltransferase, v. 30 | p. 1
2.3.1.3	acetyltransferase, glucosamine, glucosamine N-acetyltransferase, v. 29 | p. 235
2.3.1.4	acetyltransferase, glucosamine phosphate, glucosamine-phosphate N-acetyltransferase, v. 29 | p. 237
2.3.1.35	acetyltransferase, glutamate, glutamate N-acetyltransferase, v. 29 | p. 529
2.3.1.29	acetyltransferase, glycine, glycine C-acetyltransferase, v. 29 | p. 496
2.3.1.33	acetyltransferase, histidine, histidine N-acetyltransferase, v. 29 | p. 524
2.3.1.48	acetyltransferase, histone, histone acetyltransferase, v. 29 | p. 641
2.3.1.31	acetyltransferase, homoserine, homoserine O-acetyltransferase, v. 29 | p. 515
2.3.1.10	acetyltransferase, hydrogen sulfide, hydrogen-sulfide S-acetyltransferase, v. 29 | p. 319
2.3.1.2	acetyltransferase, imidazole, imidazole N-acetyltransferase, v. 29 | p. 233
2.3.1.82	acetyltransferase, kanamycin, aminoglycoside N6'-acetyltransferase, v. 30 | p. 108
2.3.1.66	acetyltransferase, leucine, leucine N-acetyltransferase, v. 30 | p. 34
2.3.1.12	acetyltransferase, lipoate, dihydrolipoyllysine-residue acetyltransferase, v. 29 | p. 323
2.3.1.32	acetyltransferase, lysine, lysine N-acetyltransferase, v. 29 | p. 521
2.3.1.69	acetyltransferase, monoterpenol, monoterpenol O-acetyltransferase, v. 30 | p. 49
2.3.1.44	acetyltransferase, N-acetylneuraminate 4-O-, N-acetylneuraminate 4-O-acetyltransferase, v. 29 | p. 622
2.3.1.45	acetyltransferase, N-acetylneuraminate 9(7)-O-, N-acetylneuraminate 7-O(or 9-O)-acetyltransferase, v. 29 | p. 625
2.3.1.118	acetyltransferase, N-hydroxyarylamine O-, N-hydroxyarylamine O-acetyltransferase, v. 30 | p. 285
2.3.1.102	acetyltransferase, nε-hydroxylysine, N6-hydroxylysine O-acetyltransferase, v. 30 | p. 229
2.3.1.5	acetyltransferase, p-aminosalicylate N-, arylamine N-acetyltransferase, v. 29 | p. 243
2.3.1.88	acetyltransferase, peptide N-terminal, peptide α-N-acetyltransferase, v. 30 | p. 157
2.3.1.53	acetyltransferase, phenylalanine, phenylalanine N-acetyltransferase, v. 29 | p. 689
2.3.1.8	acetyltransferase, phosphate, phosphate acetyltransferase, v. 29 | p. 291
2.3.1.5	acetyltransferase, procainamide N-, arylamine N-acetyltransferase, v. 29 | p. 243
2.3.1.57	acetyltransferase, putrescine, diamine N-acetyltransferase, v. 29 | p. 708
2.3.1.150	Acetyltransferase, salutaridinol 7-O-, Salutaridinol 7-O-acetyltransferase, v. 30 | p. 399
2.3.1.30	acetyltransferase, serine, serine O-acetyltransferase, v. 29 | p. 502
2.3.1.5	acetyltransferase, serotonin N-, arylamine N-acetyltransferase, v. 29 | p. 243
2.3.1.89	acetyltransferase, tetrahydrodipicolinate, tetrahydrodipicolinate N-acetyltransferase, v. 30 | p. 166
2.3.1.82	acetyltransferase-6'-aminoglycoside phosphotransferase-2', aminoglycoside N6'-acetyltransferase, v. 30 | p. 108
2.3.1.5	N-acetyltransferase a, arylamine N-acetyltransferase, v. 29 | p. 243
2.3.1.5	N-acetyltransferase b, arylamine N-acetyltransferase, v. 29 | p. 243
2.3.1.88	Nα-acetyltransferase NatA, peptide α-N-acetyltransferase, v. 30 | p. 157
2.3.1.5	N-acetyltransferase type 2, arylamine N-acetyltransferase, v. 29 | p. 243
3.1.1.72	acetyl xylan esterase, Acetylxylan esterase, v. 9 | p. 406
3.1.1.41	acetyl xylan esterase, cephalosporin-C deacetylase, v. 9 | p. 291
3.1.1.72	acetyl xylan esterase, putative, Acetylxylan esterase, v. 9 | p. 406
3.1.1.72	acetyl xylan esterase A, Acetylxylan esterase, v. 9 | p. 406
3.1.1.72	acetylxylan esterase A, Acetylxylan esterase, v. 9 | p. 406
3.1.1.72	acetyl xylan esterase I, Acetylxylan esterase, v. 9 | p. 406
3.1.1.72	acetyl xylan esterase II, Acetylxylan esterase, v. 9 | p. 406

3.1.1.72	Acetyte esterase, Acetylxylan esterase, v. 9	p. 406
4.6.1.1	ACG, adenylate cyclase, v. 5	p. 415
3.1.2.1	ACH, acetyl-CoA hydrolase, v. 9	p. 450
3.1.2.2	ACH, palmitoyl-CoA hydrolase, v. 9	p. 459
3.1.2.1	ACH1, acetyl-CoA hydrolase, v. 9	p. 450
3.1.2.20	ACH1, acyl-CoA hydrolase, v. 9	p. 539
3.1.2.2	ACH1, palmitoyl-CoA hydrolase, v. 9	p. 459
3.1.2.1	Ach1p, acetyl-CoA hydrolase, v. 9	p. 450
3.1.2.20	ACH2, acyl-CoA hydrolase, v. 9	p. 539
3.1.2.2	ACH2, palmitoyl-CoA hydrolase, v. 9	p. 459
3.1.1.7	AChE, acetylcholinesterase, v. 9	p. 104
3.1.1.7	AChE1A, acetylcholinesterase, v. 9	p. 104
3.1.1.28	ACH M1, acylcarnitine hydrolase, v. 9	p. 234
3.4.21.50	Achrombacter protease I, lysyl endopeptidase, v. 7	p. 231
3.4.24.3	Achromobacter iophagus collagenase, microbial collagenase, v. 8	p. 205
3.4.21.50	Achromobacter protease I, lysyl endopeptidase, v. 7	p. 231
3.4.21.50	Achromobacter proteinase I, lysyl endopeptidase, v. 7	p. 231
3.4.21.50	achromopeptidase, lysyl endopeptidase, v. 7	p. 231
3.4.24.32	Achromopeptidase component, β-Lytic metalloendopeptidase, v. 8	p. 392
4.6.1.1	ACI, adenylate cyclase, v. 5	p. 415
4.2.2.5	c-ACI, chondroitin AC lyase, v. 5	p. 31
1.13.11.53	aci-reductone dioxygenase, acireductone dioxygenase (Ni2+-requiring), v. S1	p. 470
1.13.11.54	aci-reductone dioxygenase, acireductone dioxygenase [iron(II)-requiring], v. S1	p. 476
3.2.1.28	acid (non regulatory) trehalase, α,α-trehalase, v. 12	p. 478
3.1.3.19	(acid) β-glycerophosphatase, glycerol-2-phosphatase, v. 10	p. 248
3.2.1.45	acid-β-glucosidase, glucosylceramidase, v. 12	p. 614
6.2.1.10	Acid-CoA ligase (GDP), Acid-CoA ligase (GDP-forming), v. 2	p. 249
3.2.1.23	Acid β-galactosidase, β-galactosidase, v. 12	p. 368
3.2.1.45	acid β-glucocerebrosidase, glucosylceramidase, v. 12	p. 614
3.2.1.20	acid α-glucosidase, α-glucosidase, v. 12	p. 263
3.2.1.45	acid β-glucosidase, glucosylceramidase, v. 12	p. 614
3.2.1.20	acid α-glucoside hydrolase, α-glucosidase, v. 12	p. 263
3.2.1.45	acid β-glycosidase, glucosylceramidase, v. 12	p. 614
3.2.1.24	acid α-mannosidase, α-mannosidase, v. 12	p. 407
3.1.4.12	acid-SMase, sphingomyelin phosphodiesterase, v. 11	p. 86
3.2.1.1	acid-stable amylase, α-amylase, v. 12	p. 1
3.5.4.7	acid-type ADP-deaminating enzyme, ADP deaminase, v. 15	p. 66
6.2.1.10	Acid:CoA ligase (GDP), Acid-CoA ligase (GDP-forming), v. 2	p. 249
3.4.11.21	acid aminopeptidase, aspartyl aminopeptidase, v. 6	p. 173
3.4.11.7	acid aminopeptidase, glutamyl aminopeptidase, v. 6	p. 102
3.2.1.55	acid arabinosidase, α-N-arabinofuranosidase, v. 13	p. 106
3.4.18.1	acid carboxypeptidase, cathepsin X, v. 6	p. 510
3.5.1.23	acid ceramidase, ceramidase, v. 14	p. 367
3.1.1.13	acid cholesterol esterase, sterol esterase, v. 9	p. 150
3.1.1.13	acid cholesteryl esterase, sterol esterase, v. 9	p. 150
3.1.1.13	Acid cholesteryl ester hydrolase, sterol esterase, v. 9	p. 150
3.1.22.1	acid deoxyribonuclease, deoxyribonuclease II, v. 11	p. 474
3.1.22.1	acid DNase, deoxyribonuclease II, v. 11	p. 474
3.2.1.20	acid GAA, α-glucosidase, v. 12	p. 263
3.1.3.10	acid glucose-1-phosphatase, glucose-1-phosphatase, v. 10	p. 160
3.2.1.39	Acidic β-1,3-glucanase, glucan endo-1,3-β-D-glucosidase, v. 12	p. 567
3.2.1.75	acidic β-1,6-glucanase, glucan endo-1,6-β-glucosidase, v. 13	p. 247
3.4.11.7	acidic α-aminopeptidase, glutamyl aminopeptidase, v. 6	p. 102
3.2.1.20	acidic α-glucosidase, α-glucosidase, v. 12	p. 263
3.6.3.22	acidic amino acid permease, nonpolar-amino-acid-transporting ATPase, v. 15	p. 640

3.4.22.32	acidic bromelain stem proteinase, Stem bromelain, v.7|p.675	
3.1.1.3	acidic lipase, triacylglycerol lipase, v.9|p.36	
3.2.1.14	acidic mammalian chitinase, chitinase, v.12|p.185	
1.11.1.7	acidic peroxidase, peroxidase, v.25|p.211	
1.11.1.7	acidic POD, peroxidase, v.25|p.211	
3.4.16.5	acidic serine carboxypeptidase, carboxypeptidase C, v.6|p.385	
3.1.4.12	acidic SMase, sphingomyelin phosphodiesterase, v.11|p.86	
3.1.4.12	acidic sphingomyelinase, sphingomyelin phosphodiesterase, v.11|p.86	
3.6.1.2	acid inorganic trimetaphosphatase, trimetaphosphatase, v.15|p.259	
3.2.1.26	acid invertase, β-fructofuranosidase, v.12|p.451	
3.1.1.13	acid lipase, sterol esterase, v.9|p.150	
3.1.1.3	acid lipase, triacylglycerol lipase, v.9|p.36	
3.2.1.20	acid maltase, α-glucosidase, v.12|p.263	
3.2.1.3	acid maltase, glucan 1,4-α-glucosidase, v.12|p.59	
3.2.1.14	acid mammalian chitinase, chitinase, v.12|p.185	
3.4.24.39	Acid metalloproteinase, deuterolysin, v.8|p.421	
3.1.3.2	acid monophosphatase, acid phosphatase, v.10|p.31	
3.2.1.28	acid non-regulatory trehalase, α,α-trehalase, v.12|p.478	
3.1.3.2	acid nucleoside diphosphate phosphatase, acid phosphatase, v.10|p.31	
3.1.3.31	acid nucleotidase, nucleotidase, v.10|p.316	
3.6.1.1	acidocalcisomal pyrophosphatase, inorganic diphosphatase, v.15|p.240	
3.4.24.77	acidolysin, snapalysin, v.8|p.583	
1.13.11.53	acidoreductone dioxygenase, acireductone dioxygenase (Ni2+-requiring), v.S1|p.470	
3.4.11.21	acid peptidase, aspartyl aminopeptidase, v.6|p.173	
3.1.3.2	acid phosphatase, acid phosphatase, v.10|p.31	
3.1.3.10	acid phosphatase, glucose-1-phosphatase, v.10|p.160	
3.1.3.60	acid phosphatase, phosphoenolpyruvate phosphatase, v.10|p.468	
3.1.3.2	acid phosphatase 5, acid phosphatase, v.10|p.31	
3.1.3.2	acid phosphatase A, acid phosphatase, v.10|p.31	
3.1.3.48	acid phosphatase ortholog, protein-tyrosine-phosphatase, v.10|p.407	
3.1.3.2	acid phosphatase PI, acid phosphatase, v.10|p.31	
3.1.3.2	Acid phosphatase PII, acid phosphatase, v.10|p.31	
3.1.3.2	acid phosphatase PIIa, acid phosphatase, v.10|p.31	
3.1.3.2	acid phosphatase PIIb, acid phosphatase, v.10|p.31	
3.1.3.4	acid phosphatidyl phosphatase, phosphatidate phosphatase, v.10|p.82	
3.6.1.11	acid phosphoanhydride phosphohydrolase, exopolyphosphatase, v.15|p.343	
3.1.3.2	acid phosphohydrolase, acid phosphatase, v.10|p.31	
3.1.3.2	acid phosphomoesterase, acid phosphatase, v.10|p.31	
3.1.3.2	acid phosphomonoester hydrolase, acid phosphatase, v.10|p.31	
3.1.3.2	acid phosphotyrosine phosphatase, acid phosphatase, v.10|p.31	
3.5.1.52	acid PNGase M, peptide-N4-(N-acetyl-β-glucosaminyl)asparagine amidase, v.14|p.485	
3.4.23.18	Acid protease, Aspergillopepsin I, v.8|p.78	
3.4.23.40	Acid protease, Phytepsin, v.8|p.181	
3.4.23.25	Acid protease, Saccharopepsin, v.8|p.120	
3.4.23.20	Acid protease A, Penicillopepsin, v.8|p.89	
3.4.23.19	acid proteinase, Aspergillopepsin II, v.8|p.87	
3.4.23.23	acid proteinase, Mucorpepsin, v.8|p.106	
3.4.23.19	acid proteinase A, Aspergillopepsin II, v.8|p.87	
3.1.1.1	acid retinyl ester hydrolase, carboxylesterase, v.9|p.1	
3.1.27.1	acid ribonuclease, ribonuclease T2, v.11|p.557	
3.1.27.1	acid RNase, ribonuclease T2, v.11|p.557	
3.2.1.18	acid sialidase, exo-α-sialidase, v.12|p.244	
3.1.4.12	acid SMase, sphingomyelin phosphodiesterase, v.11|p.86	
3.1.4.12	acid sphingomyelinase, sphingomyelin phosphodiesterase, v.11|p.86	
3.1.4.12	acid spingomyelinase, sphingomyelin phosphodiesterase, v.11|p.86	

3.2.1.26	Acid sucrose-6-phosphate hydrolase, β-fructofuranosidase, v.12|p.451	
3.5.1.4	acid transferase, amidase, v.14|p.231	
3.2.1.28	acid trehalase, α,α-trehalase, v.12|p.478	
3.1.3.48	acid tyrosine phosphatase, protein-tyrosine-phosphatase, v.10|p.407	
3.5.1.5	acid urease, urease, v.14|p.250	
4.6.1.1	ACII, adenylate cyclase, v.5|p.415	
4.2.2.5	c-ACII, chondroitin AC lyase, v.5|p.31	
4.6.1.1	ACIII, adenylate cyclase, v.5|p.415	
2.7.2.1	ACK, acetate kinase, v.37|p.259	
2.7.11.27	ACK2, [acetyl-CoA carboxylase] kinase, v.S4|p.326	
2.7.11.27	ACK3, [acetyl-CoA carboxylase] kinase, v.S4|p.326	
2.3.3.8	ACL, ATP citrate synthase, v.30|p.631	
2.5.1.22	ACL5, spermine synthase, v.33|p.578	
5.1.1.15	ACL racemase, 2-Aminohexano-6-lactam racemase, v.1|p.61	
3.2.1.17	AcmB, lysozyme, v.12|p.228	
2.7.11.1	AcMNPV-pk-1, non-specific serine/threonine protein kinase, v.S3|p.1	
2.7.11.17	ACMPK, Ca2+/calmodulin-dependent protein kinase, v.S4|p.1	
4.1.1.45	ACMSD, Aminocarboxymuconate-semialdehyde decarboxylase, v.3|p.277	
4.1.1.45	ACMSDase, Aminocarboxymuconate-semialdehyde decarboxylase, v.3|p.277	
4.1.1.45	ACMS decarboxylase, Aminocarboxymuconate-semialdehyde decarboxylase, v.3|p.277	
4.1.1.45	ACMSD I, Aminocarboxymuconate-semialdehyde decarboxylase, v.3|p.277	
4.2.1.3	AcnB, aconitate hydratase, v.4|p.273	
1.7.2.1	AcNIR, nitrite reductase (NO-forming), v.24|p.325	
3.4.22.50	AcNPV protease, V-cath endopeptidase, v.S6|p.27	
1.3.3.6	ACO, acyl-CoA oxidase, v.21|p.401	
1.14.17.4	ACO, aminocyclopropanecarboxylate oxidase, v.27|p.154	
1.3.3.6	ACO-A1, acyl-CoA oxidase, v.21|p.401	
1.3.3.6	ACO-I, acyl-CoA oxidase, v.21|p.401	
1.3.3.6	ACO-II, acyl-CoA oxidase, v.21|p.401	
4.2.1.3	Aco1, aconitate hydratase, v.4|p.273	
1.14.17.4	Aco1, aminocyclopropanecarboxylate oxidase, v.27|p.154	
2.3.1.9	ACOAT, acetyl-CoA C-acetyltransferase, v.29|p.305	
2.6.1.11	ACOAT, acetylornithine transaminase, v.34|p.342	
1.3.3.6	ACO I, acyl-CoA oxidase, v.21|p.401	
4.2.1.3	c-acon, aconitate hydratase, v.4|p.273	
4.2.1.3	aconitase, aconitate hydratase, v.4|p.273	
4.2.1.3	c-aconitase, aconitate hydratase, v.4|p.273	
4.2.1.3	aconitase B, aconitate hydratase, v.4|p.273	
4.1.1.6	Aconitate decarboxylase, Aconitate decarboxylase, v.3|p.39	
4.2.1.3	Aconitate hydratase, aconitate hydratase, v.4|p.273	
5.3.3.7	Aconitate isomerase, aconitate Δ-isomerase, v.1|p.409	
2.3.1.180	ACO synthase III, β-ketoacyl-acyl-carrier-protein synthase III, v.S2|p.99	
3.1.2.2	Acot1, palmitoyl-CoA hydrolase, v.9|p.459	
3.1.2.18	Acot12, ADP-dependent short-chain-acyl-CoA hydrolase, v.9|p.534	
3.1.2.18	Acot15, ADP-dependent short-chain-acyl-CoA hydrolase, v.9|p.534	
3.1.2.2	ACOT2, palmitoyl-CoA hydrolase, v.9|p.459	
3.1.2.20	ACOT4, acyl-CoA hydrolase, v.9|p.539	
3.1.2.3	ACOT4, succinyl-CoA hydrolase, v.9|p.477	
3.1.2.2	Acot7, palmitoyl-CoA hydrolase, v.9|p.459	
3.1.2.18	Acot8, ADP-dependent short-chain-acyl-CoA hydrolase, v.9|p.534	
1.3.3.6	ACOX, acyl-CoA oxidase, v.21|p.401	
1.3.3.6	ACOX1, acyl-CoA oxidase, v.21|p.401	
1.3.3.6	ACOX1–3II, acyl-CoA oxidase, v.21|p.401	
1.3.3.6	ACOX1-3I, acyl-CoA oxidase, v.21|p.401	
1.3.3.6	ACOX1a, acyl-CoA oxidase, v.21|p.401	

1.3.3.6	ACOX1b, acyl-CoA oxidase, v. 21 | p. 401	
3.1.3.2	ACP, acid phosphatase, v. 10 | p. 31	
3.6.1.7	ACP, acylphosphatase, v. 15 | p. 292	
1.14.19.2	S-ACP-DES1, acyl-[acyl-carrier-protein] desaturase, v. 27 | p. 208	
1.14.19.2	S-ACP-DES2, acyl-[acyl-carrier-protein] desaturase, v. 27 | p. 208	
1.14.19.2	S-ACP-DES3, acyl-[acyl-carrier-protein] desaturase, v. 27 | p. 208	
1.14.19.2	S-ACP-DES4, acyl-[acyl-carrier-protein] desaturase, v. 27 | p. 208	
1.14.19.2	S-ACP-DES5, acyl-[acyl-carrier-protein] desaturase, v. 27 | p. 208	
1.14.19.2	S-ACP-DES6, acyl-[acyl-carrier-protein] desaturase, v. 27 | p. 208	
6.2.1.35	ACP-SH:acetate ligase, ACP-SH:acetate ligase	
3.1.2.14	ACP-thioesterase, oleoyl-[acyl-carrier-protein] hydrolase, v. 9 | p. 516	
3.1.3.2	ACP1, acid phosphatase, v. 10 | p. 31	
3.1.3.2	Acp5, acid phosphatase, v. 10 | p. 31	
2.3.1.15	ACP:sn-glycerol-3-phosphate acyltransferase, glycerol-3-phosphate O-acyltransferase, v. 29 | p. 347	
2.3.1.38	[ACP] acetyltransferase, [acyl-carrier-protein] S-acetyltransferase, v. 29 | p. 558	
3.1.3.2	AcpA, acid phosphatase, v. 10 | p. 31	
1.5.3.11	AcPAO, polyamine oxidase, v. 23 | p. 312	
3.1.3.2	AcPase, acid phosphatase, v. 10 | p. 31	
3.1.3.2	AcPase1, acid phosphatase, v. 10 | p. 31	
3.1.3.2	AcPase2, acid phosphatase, v. 10 | p. 31	
3.1.3.2	AcPase I, acid phosphatase, v. 10 | p. 31	
3.5.99.7	ACPC deaminase, 1-aminocyclopropane-1-carboxylate deaminase, v. 15 | p. 234	
3.6.1.7	AcPDRo2, acylphosphatase, v. 15 | p. 292	
3.1.4.14	AcpH, [acyl-carrier-protein] phosphodiesterase, v. 11 | p. 102	
3.1.4.14	ACP hydrolase, [acyl-carrier-protein] phosphodiesterase, v. 11 | p. 102	
3.1.4.14	ACP hydrolyase, [acyl-carrier-protein] phosphodiesterase, v. 11 | p. 102	
3.1.4.14	ACP phosphodiesterase, [acyl-carrier-protein] phosphodiesterase, v. 11 | p. 102	
1.1.1.100	ACP reductase, 3-oxoacyl-[acyl-carrier-protein] reductase, v. 17 | p. 259	
6.2.1.20	AcpS, Long-chain-fatty-acid-[acyl-carrier-protein] ligase, v. 2 | p. 296	
2.7.8.7	AcpS, holo-[acyl-carrier-protein] synthase, v. 39 | p. 50	
2.3.1.180	ACP synthase III, β-ketoacyl-acyl-carrier-protein synthase III, v. S2 | p. 99	
2.7.8.7	AcpT, holo-[acyl-carrier-protein] synthase, v. 39 | p. 50	
3.1.2.21	12:0-ACP TE, dodecanoyl-[acyl-carrier-protein] hydrolase, v. 9 | p. 546	
3.1.2.21	12-ACP thioesterase, dodecanoyl-[acyl-carrier-protein] hydrolase, v. 9 | p. 546	
3.1.2.14	12:0-ACP thioesterase, oleoyl-[acyl-carrier-protein] hydrolase, v. 9 | p. 516	
3.1.2.14	14:0-ACP thioesterase, oleoyl-[acyl-carrier-protein] hydrolase, v. 9 | p. 516	
3.1.2.14	16:0-ACP thioesterase, oleoyl-[acyl-carrier-protein] hydrolase, v. 9 | p. 516	
3.1.2.14	18:0-ACP thioesterase, oleoyl-[acyl-carrier-protein] hydrolase, v. 9 | p. 516	
1.20.4.1	Acr2, arsenate reductase (glutaredoxin), v. 27 | p. 594	
1.20.99.1	ACR2.1, arsenate reductase (donor), v. 27 | p. 601	
1.20.99.1	ACR2.2, arsenate reductase (donor), v. 27 | p. 601	
1.20.4.1	Acr2p, arsenate reductase (glutaredoxin), v. 27 | p. 594	
3.5.4.11	acrasinase, pterin deaminase, v. 15 | p. 87	
6.3.2.19	ACRE276, Ubiquitin-protein ligase, v. 2 | p. 506	
2.3.1.159	acridone synthase, acridone synthase, v. 30 | p. 427	
3.4.23.28	Acrocylindricum proteinase, Acrocylindropepsin, v. 8 | p. 134	
3.4.23.28	Acrocylindrium acid proteinase, Acrocylindropepsin, v. 8 | p. 134	
3.4.23.28	Acrocylindrium proteinase, Acrocylindropepsin, v. 8 | p. 134	
3.4.21.10	acrosin, acrosin, v. 7 | p. 57	
3.4.21.10	α-acrosin, acrosin, v. 7 | p. 57	
3.4.21.10	β-acrosin, acrosin, v. 7 | p. 57	
3.4.21.10	acrosin amidase, acrosin, v. 7 | p. 57	
3.4.21.10	acrosomal protease, acrosin, v. 7 | p. 57	
3.4.21.10	acrosomal proteinase, acrosin, v. 7 | p. 57	

3.4.21.10	acrozonase, acrosin, v.7|p.57	
4.2.1.84	acrylonitrile hydratase, nitrile hydratase, v.4|p.625	
4.2.1.54	acrylyl coenzyme A hydratase, lactoyl-CoA dehydratase, v.4|p.537	
4.4.1.14	ACS, 1-aminocyclopropane-1-carboxylate synthase, v.5|p.377	
6.2.1.1	ACS, Acetate-CoA ligase, v.2|p.186	
6.2.1.13	ACS, Acetate-CoA ligase (ADP-forming), v.2|p.267	
6.2.1.3	ACS, Long-chain-fatty-acid-CoA ligase, v.2|p.206	
2.3.1.159	ACS, acridone synthase, v.30|p.427	
3.1.1.4	ACS, phospholipase A2, v.9|p.52	
4.4.1.14	ACS-1, 1-aminocyclopropane-1-carboxylate synthase, v.5|p.377	
6.2.1.3	ACS-5, Long-chain-fatty-acid-CoA ligase, v.2|p.206	
6.2.1.1	ACS/CODH, Acetate-CoA ligase, v.2|p.186	
2.3.1.169	ACS/CODH, CO-methylating acetyl-CoA synthase, v.30|p.459	
1.2.99.2	ACS/CODH, carbon-monoxide dehydrogenase (acceptor), v.20|p.564	
1.2.7.4	ACS/CODH, carbon-monoxide dehydrogenase (ferredoxin), v.S1|p.179	
1.2.7.4	ACS/CODH Mt, carbon-monoxide dehydrogenase (ferredoxin), v.S1|p.179	
4.4.1.14	ACS1, 1-aminocyclopropane-1-carboxylate synthase, v.5|p.377	
6.2.1.13	ACS1, Acetate-CoA ligase (ADP-forming), v.2|p.267	
6.2.1.3	ACS1, Long-chain-fatty-acid-CoA ligase, v.2|p.206	
4.4.1.14	ACS2, 1-aminocyclopropane-1-carboxylate synthase, v.5|p.377	
6.2.1.13	ACS2, Acetate-CoA ligase (ADP-forming), v.2|p.267	
6.2.1.3	ACS2, Long-chain-fatty-acid-CoA ligase, v.2|p.206	
2.3.1.159	ACS2, acridone synthase, v.30|p.427	
6.2.1.1	Acs2p, Acetate-CoA ligase, v.2|p.186	
4.4.1.14	ACS3, 1-aminocyclopropane-1-carboxylate synthase, v.5|p.377	
6.2.1.3	ACS3, Long-chain-fatty-acid-CoA ligase, v.2|p.206	
4.4.1.14	ACS4, 1-aminocyclopropane-1-carboxylate synthase, v.5|p.377	
6.2.1.3	ACS4, Long-chain-fatty-acid-CoA ligase, v.2|p.206	
3.1.2.2	ACS4, palmitoyl-CoA hydrolase, v.9|p.459	
4.4.1.14	ACS5, 1-aminocyclopropane-1-carboxylate synthase, v.5|p.377	
6.2.1.3	ACS5, Long-chain-fatty-acid-CoA ligase, v.2|p.206	
4.4.1.14	ACS6, 1-aminocyclopropane-1-carboxylate synthase, v.5|p.377	
6.2.1.3	ACS6, Long-chain-fatty-acid-CoA ligase, v.2|p.206	
4.4.1.14	ACS7, 1-aminocyclopropane-1-carboxylate synthase, v.5|p.377	
4.4.1.14	ACS9, 1-aminocyclopropane-1-carboxylate synthase, v.5|p.377	
6.2.1.1	AcsA, Acetate-CoA ligase, v.2|p.186	
6.2.1.3	AcsA, Long-chain-fatty-acid-CoA ligase, v.2|p.206	
1.14.13.81	AcsF, magnesium-protoporphyrin IX monomethyl ester (oxidative) cyclase, v.26|p.582	
6.2.1.3	ACSL, Long-chain-fatty-acid-CoA ligase, v.2|p.206	
3.1.2.2	ACSL, palmitoyl-CoA hydrolase, v.9|p.459	
6.2.1.3	ACSL1, Long-chain-fatty-acid-CoA ligase, v.2|p.206	
6.2.1.3	ACSL3, Long-chain-fatty-acid-CoA ligase, v.2|p.206	
6.2.1.3	ACSL4, Long-chain-fatty-acid-CoA ligase, v.2|p.206	
6.2.1.3	ACSL5, Long-chain-fatty-acid-CoA ligase, v.2|p.206	
6.2.1.3	ACSL6, Long-chain-fatty-acid-CoA ligase, v.2|p.206	
6.2.1.3	ACSL6_v1, Long-chain-fatty-acid-CoA ligase, v.2|p.206	
6.2.1.3	ACSL6_v2, Long-chain-fatty-acid-CoA ligase, v.2|p.206	
6.2.1.3	ACSL6_v3, Long-chain-fatty-acid-CoA ligase, v.2|p.206	
6.2.1.3	ACSL6_v5, Long-chain-fatty-acid-CoA ligase, v.2|p.206	
6.2.1.3	ACSL6_v6, Long-chain-fatty-acid-CoA ligase, v.2|p.206	
6.2.1.3	ACSL6 protein, Long-chain-fatty-acid-CoA ligase, v.2|p.206	
2.3.1.38	ACT, [acyl-carrier-protein] S-acetyltransferase, v.29|p.558	
3.1.2.20	ACT, acyl-CoA hydrolase, v.9|p.539	
4.6.1.1	ACT, adenylate cyclase, v.5|p.415	
2.3.1.64	ACT, agmatine N4-coumaroyltransferase, v.30|p.22	

2.1.3.2	ACT, aspartate carbamoyltransferase, v. 29 | p. 101
3.1.2.2	ACT, palmitoyl-CoA hydrolase, v. 9 | p. 459
1.3.3.1	ACT/DHOD, dihydroorotate oxidase, v. 21 | p. 347
3.4.14.5	ACT3, dipeptidyl-peptidase IV, v. 6 | p. 286
3.4.21.7	actase, plasmin, v. 7 | p. 41
2.1.1.85	actin-specific histidine methyltransferase, protein-histidine N-methyltransferase, v. 28 | p. 447
3.6.4.1	actin-stimulated myosin ATPase, myosin ATPase, v. 15 | p. 754
3.6.4.1	actin activated myosin ATPase, myosin ATPase, v. 15 | p. 754
3.4.11.22	Actinase AS, aminopeptidase I, v. 6 | p. 178
3.4.24.31	Actinase E, mycolysin, v. 8 | p. 389
3.4.22.14	actinidain, actinidain, v. 7 | p. 576
3.4.22.14	actinidia anionic protease, actinidain, v. 7 | p. 576
3.4.22.14	actinidin, actinidain, v. 7 | p. 576
1.97.1.4	Activase, pyruvate formate-lyase, [formate-C-acetyltransferase]-activating enzyme, v. 27 | p. 654
3.4.21.6	activated blood-coagulation factor X, coagulation factor Xa, v. 7 | p. 35
3.4.21.27	activated blood-coagulation factor XI, coagulation factor XIa, v. 7 | p. 121
3.4.21.21	activated blood coagulation factor VII, coagulation factor VIIa, v. 7 | p. 88
3.4.21.69	Activated blood coagulation factor XIV, Protein C (activated), v. 7 | p. 339
3.4.21.22	activated Christmas factor, coagulation factor IXa, v. 7 | p. 93
3.4.21.22	activated coagulation factor IX, coagulation factor IXa, v. 7 | p. 93
3.4.21.27	activated coagulation factor XIa, coagulation factor XIa, v. 7 | p. 121
3.4.21.41	activated complement C1r, complement subcomponent C1r, v. 7 | p. 191
3.4.21.42	activated complement C1s, complement subcomponent C1s, v. 7 | p. 197
3.4.21.22	activated factor IX, coagulation factor IXa, v. 7 | p. 93
3.4.21.21	activated factor VII, coagulation factor VIIa, v. 7 | p. 88
3.4.21.6	activated factor X, coagulation factor Xa, v. 7 | p. 35
3.4.21.27	activated factor XI, coagulation factor XIa, v. 7 | p. 121
3.4.21.27	activated factor XIa, coagulation factor XIa, v. 7 | p. 121
3.4.21.27	activated plasma thromboplastin antecedent, coagulation factor XIa, v. 7 | p. 121
3.4.21.69	Activated protein C, Protein C (activated), v. 7 | p. 339
3.4.21.6	activated Stuart-Prower factor, coagulation factor Xa, v. 7 | p. 35
3.4.17.20	activated thrombin-activable fibrinolysis inhibitor, Carboxypeptidase U, v. 6 | p. 492
3.4.17.20	activated thrombin-activatable fibrinolysis inhibitor, Carboxypeptidase U, v. 6 | p. 492
3.4.17.20	activated thrombin activable fibrinolysis inhibitor, Carboxypeptidase U, v. 6 | p. 492
3.5.4.5	activation-induced cytidine deaminase, cytidine deaminase, v. 15 | p. 42
3.5.4.5	activation-induced deaminase, cytidine deaminase, v. 15 | p. 42
3.4.17.20	active acarboxypeptidase B, Carboxypeptidase U, v. 6 | p. 492
3.2.1.14	active phase-associated protein I, chitinase, v. 12 | p. 185
3.2.1.14	active phase-associated protein II, chitinase, v. 12 | p. 185
2.7.11.30	activin-like kinase receptor 4, receptor protein serine/threonine kinase, v. S4 | p. 340
2.7.11.30	activin receptor-like kinase-7, receptor protein serine/threonine kinase, v. S4 | p. 340
2.7.11.30	activin receptor-like kinase 1, receptor protein serine/threonine kinase, v. S4 | p. 340
2.7.11.30	activin receptor-like kinase 1 gene, receptor protein serine/threonine kinase, v. S4 | p. 340
2.7.11.30	activin receptor-like kinase 2, receptor protein serine/threonine kinase, v. S4 | p. 340
2.7.11.30	activin receptor-like kinase 5, receptor protein serine/threonine kinase, v. S4 | p. 340
2.7.11.30	activin receptor-like kinase 6, receptor protein serine/threonine kinase, v. S4 | p. 340
2.7.11.30	activin receptor-like kinase 7, receptor protein serine/threonine kinase, v. S4 | p. 340
2.7.10.2	activin receptor type I, non-specific protein-tyrosine kinase, v. S2 | p. 441
2.7.10.2	activin receptor type II, non-specific protein-tyrosine kinase, v. S2 | p. 441
2.7.10.2	activin receptor type IIA, non-specific protein-tyrosine kinase, v. S2 | p. 441
2.7.10.2	activin receptor type IIB, non-specific protein-tyrosine kinase, v. S2 | p. 441
2.7.10.2	activin X1 receptor, non-specific protein-tyrosine kinase, v. S2 | p. 441
3.6.4.1	actomyosin, myosin ATPase, v. 15 | p. 754

3.6.4.1	actomyosin 1b ATPase, myosin ATPase, v. 15 | p. 754	
3.6.4.1	actomyosin ATPase, myosin ATPase, v. 15 | p. 754	
4.6.1.1	AC toxin, adenylate cyclase, v. 5 | p. 415	
4.6.1.1	ACTP10, adenylate cyclase, v. 5 | p. 415	
4.2.3.15	AcTPS2, myrcene synthase, v. S7 | p. 264	
2.7.11.30	ACTR-IC, receptor protein serine/threonine kinase, v. S4 | p. 340	
2.7.10.2	ACTR-IIB, non-specific protein-tyrosine kinase, v. S2 | p. 441	
2.7.10.2	ACTRIIA, non-specific protein-tyrosine kinase, v. S2 | p. 441	
1.5.1.29	ActVB, FMN reductase, v. 23 | p. 217	
1.4.3.2	ACTX-6, L-amino-acid oxidase, v. 22 | p. 225	
1.4.3.2	ACTX-8, L-amino-acid oxidase, v. 22 | p. 225	
2.3.1.169	actyl-CoA decarboxylase/synthase, CO-methylating acetyl-CoA synthase, v. 30 | p. 459	
3.5.1.70	aculeacin A acylase, aculeacin-A deacylase, v. 14 | p. 557	
3.4.24.11	acute lymphoblastic leukemia antigen, neprilysin, v. 8 | p. 230	
3.2.2.5	Acute lymphoblastic leukemia cells antigen CD38, NAD+ nucleosidase, v. 14 | p. 25	
4.6.1.1	ACV, adenylate cyclase, v. 5 | p. 415	
4.6.1.1	ACVI, adenylate cyclase, v. 5 | p. 415	
6.3.2.26	ACV synthetase, N-(5-amino-5-carboxypentanoyl)-L-cysteinyl-D-valine synthase, v. S7 | p. 600	
5.4.99.8	ACX, Cycloartenol synthase, v. 1 | p. 631	
1.3.3.6	ACX, acyl-CoA oxidase, v. 21 | p. 401	
1.3.3.6	ACX1, acyl-CoA oxidase, v. 21 | p. 401	
1.3.3.6	ACX1.2, acyl-CoA oxidase, v. 21 | p. 401	
1.3.3.6	ACX2, acyl-CoA oxidase, v. 21 | p. 401	
1.3.3.6	ACX3, acyl-CoA oxidase, v. 21 | p. 401	
1.3.3.6	ACX4, acyl-CoA oxidase, v. 21 | p. 401	
1.3.3.6	ACX5, acyl-CoA oxidase, v. 21 | p. 401	
3.1.1.72	AcXE, Acetylxylan esterase, v. 9 | p. 406	
3.5.1.14	ACY-1A, aminoacylase, v. 14 | p. 317	
3.5.1.14	Acy1, aminoacylase, v. 14 | p. 317	
3.5.1.14	ACY 1a, aminoacylase, v. 14 | p. 317	
3.5.1.14	ACY 1b, aminoacylase, v. 14 | p. 317	
3.1.21.4	AcyI, type II site-specific deoxyribonuclease, v. 11 | p. 454	
1.1.3.29	N-acyl-β-D-hexosamine:oxygen 1-oxidoreductase, N-acylhexosamine oxidase, v. 19 | p. 216	
3.1.2.14	acyl-[acyl-carrier-protein] hydrolase, oleoyl-[acyl-carrier-protein] hydrolase, v. 9 | p. 516	
6.2.1.20	Acyl-[acyl-carrier-protein]synthetase, Long-chain-fatty-acid-[acyl-carrier-protein] ligase, v. 2 | p. 296	
3.1.2.14	Acyl-[acyl-carrier protein] hydrolase, oleoyl-[acyl-carrier-protein] hydrolase, v. 9 | p. 516	
6.2.1.20	Acyl-[acyl carrier protein] synthetase, Long-chain-fatty-acid-[acyl-carrier-protein] ligase, v. 2 | p. 296	
1.14.19.2	acyl-ACP-desaturase, acyl-[acyl-carrier-protein] desaturase, v. 27 | p. 208	
3.1.2.14	acyl-ACP-hydrolase, oleoyl-[acyl-carrier-protein] hydrolase, v. 9 | p. 516	
3.1.2.14	acyl-ACP-thioesterase, oleoyl-[acyl-carrier-protein] hydrolase, v. 9 | p. 516	
2.3.1.141	acyl-ACP:lyso-MGDG acyltransferase, galactosylacylglycerol O-acyltransferase, v. 30 | p. 370	
1.3.1.39	acyl-ACP dehydrogenase, enoyl-[acyl-carrier-protein] reductase (NADPH, A-specific), v. 21 | p. 229	
1.3.1.10	acyl-ACP dehydrogenase, enoyl-[acyl-carrier-protein] reductase (NADPH, B-specific), v. 21 | p. 52	
6.2.1.20	Acyl-ACP synthetase, Long-chain-fatty-acid-[acyl-carrier-protein] ligase, v. 2 | p. 296	
3.1.2.14	acyl-ACP thioesterase, oleoyl-[acyl-carrier-protein] hydrolase, v. 9 | p. 516	
6.2.1.1	Acyl-activating enzyme, Acetate-CoA ligase, v. 2 | p. 186	
6.2.1.2	Acyl-activating enzyme, Butyrate-CoA ligase, v. 2 | p. 199	
6.2.1.3	Acyl-activating enzyme, Long-chain-fatty-acid-CoA ligase, v. 2 | p. 206	
6.2.1.26	acyl-activating enzyme 14, O-succinylbenzoate-CoA ligase, v. 2 | p. 320	

acyl-CoA:lysophosphatidylcholine acyltransferase

2.3.1.141	acyl-acyl-carrier protein:lysomonogalactosyldiacylglycerol acyltransferase, galactosylacylglycerol O-acyltransferase, v. 30	p. 370
2.3.1.40	acyl-acyl carrier protein (acyl-ACP) synthase, acyl-[acyl-carrier-protein]-phospholipid O-acyltransferase, v. 29	p. 577
3.1.2.14	acyl-acyl carrier protein-thioesterase, oleoyl-[acyl-carrier-protein] hydrolase, v. 9	p. 516
3.1.2.14	acyl-acyl carrier protein hydrolase, oleoyl-[acyl-carrier-protein] hydrolase, v. 9	p. 516
6.2.1.20	Acyl-acyl carrier protein synthetase, Long-chain-fatty-acid-[acyl-carrier-protein] ligase, v. 2	p. 296
3.1.2.14	acyl-acyl carrier protein thioesterase, oleoyl-[acyl-carrier-protein] hydrolase, v. 9	p. 516
3.1.2.14	acyl-acyl carrier protein thioesterase B1, oleoyl-[acyl-carrier-protein] hydrolase, v. 9	p. 516
2.3.1.38	[acyl-carrier-protein]acetyltransferase, [acyl-carrier-protein] S-acetyltransferase, v. 29	p. 558
2.3.1.180	[acyl-carrier-protein] synthase III, β-ketoacyl-acyl-carrier-protein synthase III, v. S2	p. 99
5.3.1.27	[acyl-carrier protein]:acetate ligase, 6-phospho-3-hexuloisomerase
6.2.1.35	[acyl-carrier protein]:acetate ligase, ACP-SH:acetate ligase
3.1.2.14	12:0-acyl-carrier protein thioesterase, oleoyl-[acyl-carrier-protein] hydrolase, v. 9	p. 516
3.1.2.14	14:0-acyl-carrier protein thioesterase, oleoyl-[acyl-carrier-protein] hydrolase, v. 9	p. 516
3.1.2.14	16:0-acyl-carrier protein thioesterase, oleoyl-[acyl-carrier-protein] hydrolase, v. 9	p. 516
3.1.2.14	18:0-acyl-carrier protein thioesterase, oleoyl-[acyl-carrier-protein] hydrolase, v. 9	p. 516
1.14.19.5	acyl-CoA, Δ11-fatty-acid desaturase
1.14.19.4	Δ8 acyl-CoA-dependent desaturase, Δ8-fatty-acid desaturase
1.3.3.6	acyl-CoA-oxidase, acyl-CoA oxidase, v. 21	p. 401
1.14.19.5	acyl-CoA Δ11-desaturase, Δ11-fatty-acid desaturase
1.14.19.3	acyl-CoA Δ6-desaturase, linoleoyl-CoA desaturase, v. 27	p. 217
2.3.1.20	acyl-CoA:1,2-dioleoyl-sn-glycerol acyltransferase, diacylglycerol O-acyltransferase, v. 29	p. 396
2.3.1.23	acyl-CoA:1-acyl-glycero-3-phosphocholine transacylase, 1-acylglycerophosphocholine O-acyltransferase, v. 29	p. 440
2.3.1.67	acyl-CoA:1-alkyl-sn-glycero-3-phosphocholine acyltransferase, 1-alkylglycerophosphocholine O-acetyltransferase, v. 30	p. 37
2.3.1.52	acyl-CoA:2-monoacyl-sn-glycerol 3-phosphate acyltransferase, 2-acylglycerol-3-phosphate O-acyltransferase, v. 29	p. 686
2.3.1.164	acyl-CoA:6-aminopenicillanate acyltransferase, isopenicillin-N N-acyltransferase, v. 30	p. 441
2.3.1.164	acyl-CoA:6-APA acyltransferase, isopenicillin-N N-acyltransferase, v. 30	p. 441
2.3.1.75	acyl-CoA:alcohol transacylase, long-chain-alcohol O-fatty-acyltransferase, v. 30	p. 79
2.3.1.14	acyl-CoA:amino acid N-acyltransferase, glutamine N-phenylacetyltransferase, v. 29	p. 344
2.3.1.26	acyl-CoA: cholesterol acyltransferase, sterol O-acyltransferase, v. 29	p. 463
2.3.1.26	acyl-CoA:cholesterol acyltransferase, sterol O-acyltransferase, v. 29	p. 463
2.3.1.26	acyl-CoA:cholesterol acyltransferase 1, sterol O-acyltransferase, v. 29	p. 463
2.3.1.26	acyl-CoA:cholesterol acyltransferase 2, sterol O-acyltransferase, v. 29	p. 463
2.3.1.20	acyl-CoA:diacylglycerol acyltransferase, diacylglycerol O-acyltransferase, v. 29	p. 396
2.3.1.20	acyl-CoA:diacylglycerol acyltransferase-2, diacylglycerol O-acyltransferase, v. 29	p. 396
2.3.1.20	acyl-CoA:diacylglycerol acyltransferase 2, diacylglycerol O-acyltransferase, v. 29	p. 396
2.3.1.123	acyl-CoA:dolichol acyltransferase, dolichol O-acyltransferase, v. 30	p. 303
2.3.1.139	acyl-CoA:ecdysone acyltransferase, ecdysone O-acyltransferase, v. 30	p. 365
2.3.1.75	acyl-CoA:fatty acyl alcohol acyltransferase, long-chain-alcohol O-fatty-acyltransferase, v. 30	p. 79
2.3.1.15	acyl-CoA:glycerol-3-phosphate acyltransferase 1, glycerol-3-phosphate O-acyltransferase, v. 29	p. 347
2.3.1.164	acyl-CoA:isopenicillin N acyltransferase, isopenicillin-N N-acyltransferase, v. 30	p. 441
2.3.1.23	acyl-CoA:lysophosphatidylcholine acyltransferase, 1-acylglycerophosphocholine O-acyltransferase, v. 29	p. 440

33

4.1.1.9	Acyl-CoA: malonate CoA transferase/malonyl-CoA decarboxylase, Malonyl-CoA decarboxylase, v. 3	p. 49
2.3.1.22	acyl-CoA:monoacylglycerol acyltransferase, 2-acylglycerol O-acyltransferase, v. 29	p. 431
2.3.1.22	acyl-CoA:monoacylglycerol transferase, 2-acylglycerol O-acyltransferase, v. 29	p. 431
2.3.1.76	acyl-CoA:retinol acyltransferase, retinol O-fatty-acyltransferase, v. 30	p. 83
2.3.1.50	acyl-CoA:serine C-2 acyltransferase decarboxylating, serine C-palmitoyltransferase, v. 29	p. 661
2.3.1.26	acyl-CoA cholesterol acyltransferase, sterol O-acyltransferase, v. 29	p. 463
2.3.1.26	acyl-CoA cholesterol O-acyltransferase, sterol O-acyltransferase, v. 29	p. 463
1.3.99.3	acyl-CoA dehydrogenase, acyl-CoA dehydrogenase, v. 21	p. 488
1.3.99.10	acyl-CoA dehydrogenase, isovaleryl-CoA dehydrogenase, v. 21	p. 535
1.3.99.3	acyl-CoA dehydrogenase-9, acyl-CoA dehydrogenase, v. 21	p. 488
1.3.99.13	acyl-CoA dehydrogenase 9, long-chain-acyl-CoA dehydrogenase, v. 21	p. 561
1.3.99.2	acyl-CoA dehydrogenase short chain, butyryl-CoA dehydrogenase, v. 21	p. 473
1.14.19.1	acyl-CoA desaturase, stearoyl-CoA 9-desaturase, v. 27	p. 194
2.3.1.119	acyl-CoA elongase, icosanoyl-CoA synthase, v. 30	p. 293
3.1.2.18	acyl-CoA hydrolase, ADP-dependent short-chain-acyl-CoA hydrolase, v. 9	p. 534
3.1.2.20	acyl-CoA hydrolase, acyl-CoA hydrolase, v. 9	p. 539
3.1.2.2	acyl-CoA hydrolase, palmitoyl-CoA hydrolase, v. 9	p. 459
6.2.1.3	Acyl-CoA ligase, Long-chain-fatty-acid-CoA ligase, v. 2	p. 206
1.3.3.6	Acyl-CoA oxidase, acyl-CoA oxidase, v. 21	p. 401
1.3.3.6	acyl-CoA oxidase-II, acyl-CoA oxidase, v. 21	p. 401
1.3.3.6	acyl-CoA oxidase 1, acyl-CoA oxidase, v. 21	p. 401
1.3.3.6	acyl-CoA oxidase 1a, acyl-CoA oxidase, v. 21	p. 401
1.3.3.6	acyl-CoA oxidase 1b, acyl-CoA oxidase, v. 21	p. 401
1.3.3.6	acyl-CoA oxidase 2, acyl-CoA oxidase, v. 21	p. 401
1.3.3.6	acyl-CoA oxidase I, acyl-CoA oxidase, v. 21	p. 401
1.2.1.50	acyl-CoA reductase, long-chain-fatty-acyl-CoA reductase, v. 20	p. 350
6.2.1.3	Acyl-CoA synthetase, Long-chain-fatty-acid-CoA ligase, v. 2	p. 206
6.2.1.10	Acyl-CoA synthetase (GDP-forming), Acid-CoA ligase (GDP-forming), v. 2	p. 249
6.2.1.3	acyl-CoA synthetase-1, Long-chain-fatty-acid-CoA ligase, v. 2	p. 206
6.2.1.3	Acyl-CoA synthetase 3, Long-chain-fatty-acid-CoA ligase, v. 2	p. 206
6.2.1.3	acyl-CoA synthetase 4, Long-chain-fatty-acid-CoA ligase, v. 2	p. 206
6.2.1.3	acyl-CoA synthetase 5, Long-chain-fatty-acid-CoA ligase, v. 2	p. 206
3.1.2.18	acyl-CoA thioesterase, ADP-dependent short-chain-acyl-CoA hydrolase, v. 9	p. 534
3.1.2.20	acyl-CoA thioesterase, acyl-CoA hydrolase, v. 9	p. 539
3.1.2.27	acyl-CoA thioesterase, choloyl-CoA hydrolase, v. S5	p. 49
3.1.2.2	acyl-CoA thioesterase, palmitoyl-CoA hydrolase, v. 9	p. 459
3.1.2.2	acyl-CoA thioesterase 1, palmitoyl-CoA hydrolase, v. 9	p. 459
3.1.2.2	acyl-CoA thioesterase 2, palmitoyl-CoA hydrolase, v. 9	p. 459
3.1.2.2	acyl-CoA thioesterase 7, palmitoyl-CoA hydrolase, v. 9	p. 459
2.3.1.75	acyl-CoA wax alcohol acyltransferase, long-chain-alcohol O-fatty-acyltransferase, v. 30	p. 79
2.3.1.75	acyl-CoA wax alcohol acyltransferases, long-chain-alcohol O-fatty-acyltransferase, v. 30	p. 79
2.3.1.26	acyl-coenzymeA:cholesterol acyl-transferase, sterol O-acyltransferase, v. 29	p. 463
2.3.1.26	acyl-coenzyme A: cholesterol acyltransferase, sterol O-acyltransferase, v. 29	p. 463
2.3.1.26	acyl-coenzyme A:cholesterol acyltransferase, sterol O-acyltransferase, v. 29	p. 463
2.3.1.26	acyl-coenzyme A:cholesterol acyltransferase-1, sterol O-acyltransferase, v. 29	p. 463
2.3.1.26	acyl-coenzyme A:cholesterol acyltransferase 1, sterol O-acyltransferase, v. 29	p. 463
2.3.1.26	acyl-coenzyme A:cholesterol acyltransferase 2, sterol O-acyltransferase, v. 29	p. 463
2.3.1.26	acyl-coenzyme A:cholesterol O-acyltransferase, sterol O-acyltransferase, v. 29	p. 463
2.3.1.164	acyl-coenzyme A:isopenicillin N-acyltransferase, isopenicillin-N N-acyltransferase, v. 30	p. 441

1-acyl-sn-glycero-3-phosphate acyltransferase

2.3.1.164	acyl-coenzyme A:isopenicillin N acyltransferase, isopenicillin-N N-acyltransferase, v. 30 | p. 441
1.3.3.6	acyl-coenzyme A: oxygen oxidoreductase, acyl-CoA oxidase, v. 21 | p. 401
2.3.1.26	acyl-coenzymeA cholesterol acyltransferase, sterol O-acyltransferase, v. 29 | p. 463
3.1.2.2	acyl-coenzyme A hydrolase, palmitoyl-CoA hydrolase, v. 9 | p. 459
6.2.1.3	Acyl-coenzyme A ligase, Long-chain-fatty-acid-CoA ligase, v. 2 | p. 206
1.3.3.6	acyl-coenzyme A oxidase, acyl-CoA oxidase, v. 21 | p. 401
1.3.3.6	acyl-coenzyme A oxidase 1, acyl-CoA oxidase, v. 21 | p. 401
3.1.2.2	acyl-coenzyme A thioester hydrolase 2a, palmitoyl-CoA hydrolase, v. 9 | p. 459
3.5.1.81	N-acyl-D-amino-acid deacylase, N-Acyl-D-amino-acid deacylase, v. 14 | p. 603
3.5.1.81	N-Acyl-D-amino acid amidohydrolase, N-Acyl-D-amino-acid deacylase, v. 14 | p. 603
3.5.1.81	N-Acyl-D-aspartate amidohydrolase, N-Acyl-D-amino-acid deacylase, v. 14 | p. 603
3.5.1.83	N-Acyl-D-aspartate amidohydrolase, N-Acyl-D-aspartate deacylase, v. 14 | p. 614
3.5.1.14	N-Acyl-D-aspartate amidohydrolase, aminoacylase, v. 14 | p. 317
5.1.3.8	N-acyl-D-glucosamine 2-epimerase, N-Acylglucosamine 2-epimerase, v. 1 | p. 140
3.5.1.81	N-Acyl-D-glutamate amidohydrolase, N-Acyl-D-amino-acid deacylase, v. 14 | p. 603
3.5.1.82	N-Acyl-D-glutamate amidohydrolase, N-Acyl-D-glutamate deacylase, v. 14 | p. 610
3.5.1.55	N-Acyl-D-glutamate deacylase, long-chain-fatty-acyl-glutamate deacylase, v. 14 | p. 501
1.1.3.29	N-acyl-D-hexosamine oxidase, N-acylhexosamine oxidase, v. 19 | p. 216
1.1.1.233	N-acyl-D-mannosamine dehydrogenase, N-acylmannosamine 1-dehydrogenase, v. 18 | p. 364
2.7.1.60	N-acyl-D-mannosamine kinase, N-acylmannosamine kinase, v. 36 | p. 144
2.3.1.62	2-acyl-glycerol-3-phosphorylcholine acyltransferase, 2-acylglycerophosphocholine O-acyltransferase, v. 30 | p. 14
3.1.1.81	N-acyl-homoserine-lactonase, quorum-quenching N-acyl-homoserine lactonase, v. S5 | p. 23
2.3.1.184	acyl-homoserine-lactone synthase, acyl-homoserine-lactone synthase, v. S2 | p. 140
3.1.1.81	N-acyl-homoserine lactonase, quorum-quenching N-acyl-homoserine lactonase, v. S5 | p. 23
3.5.1.97	N-acyl-homoserine lactone acylase, acyl-homoserine-lactone acylase, v. S6 | p. 434
3.1.1.81	N-acyl-homoserine lactone acylase, quorum-quenching N-acyl-homoserine lactonase, v. S5 | p. 23
3.5.1.97	acyl-homoserine lactone acylase, acyl-homoserine-lactone acylase, v. S6 | p. 434
3.1.1.81	acyl-homoserine lactone acylase, quorum-quenching N-acyl-homoserine lactonase, v. S5 | p. 23
3.1.1.81	N-acyl-homoserine lactone lactonase, quorum-quenching N-acyl-homoserine lactonase, v. S5 | p. 23
2.3.1.184	acyl-homoserinelactone synthase, acyl-homoserine-lactone synthase, v. S2 | p. 140
3.5.1.97	acyl-HSL acylase, acyl-homoserine-lactone acylase, v. S6 | p. 434
3.5.1.47	N-α-acyl-L,L-diaminopimelate deacylase, N-acetyldiaminopimelate deacylase, v. 14 | p. 471
3.5.1.14	N-acyl-L-amino-acid amidohydrolase, aminoacylase, v. 14 | p. 317
3.5.1.14	Nα-acyl-L-amino acid amidohydrolase, aminoacylase, v. 14 | p. 317
3.1.1.81	N-acyl-L-homoserine lactone hydrolase, quorum-quenching N-acyl-homoserine lactonase, v. S5 | p. 23
3.5.1.17	ε-N-acyl-L-lysine amidohydrolase, acyl-lysine deacylase, v. 14 | p. 342
1.3.1.35	acyl-lipid Δ12-desaturase, phosphatidylcholine desaturase, v. 21 | p. 215
2.3.1.41	acyl-malonyl(acyl-carrier-protein)-condensing enzyme, β-ketoacyl-acyl-carrier-protein synthase I, v. 29 | p. 580
3.4.19.1	Acyl-peptide hydrolase, acylaminoacyl-peptidase, v. 6 | p. 513
6.2.1.19	Acyl-protein synthetase, Long-chain-fatty-acid-luciferin-component ligase, v. 2 | p. 293
2.3.1.100	Acyl-protein synthetase, [myelin-proteolipid] O-palmitoyltransferase, v. 30 | p. 220
2.3.1.51	1-acyl-sn-glycero-3-phosphate acyltransferase, 1-acylglycerol-3-phosphate O-acyltransferase, v. 29 | p. 670

2.3.1.51	1-acyl-sn-glycero-3-phosphate acyltransferase 1, 1-acylglycerol-3-phosphate O-acyl-transferase, v. 29 | p. 670
2.3.1.51	1-acyl-sn-glycero-3-phosphate acyltransferase 9, 1-acylglycerol-3-phosphate O-acyl-transferase, v. 29 | p. 670
2.3.1.23	1-acyl-sn-glycero-3-phosphocholine acyltransferase, 1-acylglycerophosphocholine O-acyltransferase, v. 29 | p. 440
2.3.1.51	1-acyl-sn-glycerol-3-phosphate acyltransferase, 1-acylglycerol-3-phosphate O-acyltransferase, v. 29 | p. 670
2.3.1.51	1-acyl-sn-glycerol 3-phosphate acyltransferase, 1-acylglycerol-3-phosphate O-acyltransferase, v. 29 | p. 670
2.3.1.51	1-acyl-sn-glycerol 3-phosphate acyltransferases, 1-acylglycerol-3-phosphate O-acyl-transferase, v. 29 | p. 670
1.1.1.101	acyl/alkyl dihydroxyacetone-phosphate reductase, acylglycerone-phosphate reductase, v. 17 | p. 266
3.6.1.20	acyl 5'-nucleotidase, 5'-acylphosphoadenosine hydrolase, v. 15 | p. 390
3.5.1.40	acylagmatine amidohydrolase, acylagmatine amidase, v. 14 | p. 443
3.5.1.40	acylagmatine deacylase, acylagmatine amidase, v. 14 | p. 443
3.5.1.4	acylamidase, amidase, v. 14 | p. 231
3.5.1.11	α-acylamino-β-lactam acylhydrolase, penicillin amidase, v. 14 | p. 287
3.4.19.1	acylamino-acid-releasing enzyme, acylaminoacyl-peptidase, v. 6 | p. 513
3.5.1.14	α-N-acylaminoacid hydrolase, aminoacylase, v. 14 | p. 317
3.4.19.1	Acylaminoacyl-peptidase, acylaminoacyl-peptidase, v. 6 | p. 513
3.4.19.1	N-acylaminoacyl-peptide hydrolase, acylaminoacyl-peptidase, v. 6 | p. 513
2.7.1.60	acylaminodeoxymannokinase, N-acylmannosamine kinase, v. 36 | p. 144
3.5.1.4	acylase, amidase, v. 14 | p. 231
3.5.1.14	acylase, aminoacylase, v. 14 | p. 317
3.5.1.14	acylase 1, aminoacylase, v. 14 | p. 317
3.5.1.14	acylase B, aminoacylase, v. 14 | p. 317
3.5.1.14	acylase I, aminoacylase, v. 14 | p. 317
3.5.1.14	N-acylase IA, aminoacylase, v. 14 | p. 317
3.5.1.83	Acylase II, N-Acyl-D-aspartate deacylase, v. 14 | p. 614
3.5.1.15	Acylase II, aspartoacylase, v. 14 | p. 331
1.3.1.31	acylate:NAD+ Δ2 oxidoreductase, 2-enoate reductase, v. 21 | p. 182
3.1.1.1	acylcarnitine hydrolase, carboxylesterase, v. 9 | p. 1
2.3.1.21	acylcarnitine transferase, carnitine O-palmitoyltransferase, v. 29 | p. 411
2.3.1.39	[acyl carrier protein]malonyltransferase, [acyl-carrier-protein] S-malonyltransferase, v. 29 | p. 566
2.7.8.7	acyl carrier protein holoprotein (holo-ACP) synthetase, holo-[acyl-carrier-protein] synthase, v. 39 | p. 50
3.1.4.14	acyl carrier protein phosphodiesterase, [acyl-carrier-protein] phosphodiesterase, v. 11 | p. 102
2.7.8.7	acyl carrier protein synthase, holo-[acyl-carrier-protein] synthase, v. 39 | p. 50
2.7.8.7	acyl carrier protein synthetase, holo-[acyl-carrier-protein] synthase, v. 39 | p. 50
3.1.1.13	acylcholesterol lipase, sterol esterase, v. 9 | p. 150
3.1.1.8	acylcholine acyl-hydrolse, cholinesterase, v. 9 | p. 118
3.1.1.8	Acylcholine acylhydrolase, cholinesterase, v. 9 | p. 118
3.1.1.8	acyl choline acylhydrolase, cholinesterase, v. 9 | p. 118
2.3.1.75	acyl CoA:long-chain fatty alcohol O-acyltransferase, long-chain-alcohol O-fatty-acyl-transferase, v. 30 | p. 79
2.3.1.76	acyl CoA:retinol acyltransferase, retinol O-fatty-acyltransferase, v. 30 | p. 83
2.3.1.76	acyl CoA:retinol O-acyltransferase, retinol O-fatty-acyltransferase, v. 30 | p. 83
1.3.99.3	acyl CoA dehydrogenase, acyl-CoA dehydrogenase, v. 21 | p. 488
1.14.19.3	Δ6-acyl CoA desaturase, linoleoyl-CoA desaturase, v. 27 | p. 217
1.14.19.1	Δ9-acyl CoA desaturase, stearoyl-CoA 9-desaturase, v. 27 | p. 194
3.1.2.20	acyl CoA hydrolase, acyl-CoA hydrolase, v. 9 | p. 539

3.1.2.2	acyl CoA hydrolase, palmitoyl-CoA hydrolase, v. 9 | p. 459	
2.3.1.26	acyl coenzyme A-cholesterol-O-acyltransferase, sterol O-acyltransferase, v. 29 | p. 463	
2.3.1.23	acyl coenzyme A-monoacylphosphatidylcholine acyltransferase, 1-acylglycerophosphocholine O-acyltransferase, v. 29 | p. 440	
2.3.1.22	acyl coenzyme A-monoglyceride acyltransferase, 2-acylglycerol O-acyltransferase, v. 29 | p. 431	
2.3.1.164	acyl coenzyme A:6-aminopenicillanic acid acyltransferase, isopenicillin-N N-acyltransferase, v. 30 | p. 441	
3.1.1.1	Acyl coenzyme A:cholesterol acyltransferase, carboxylesterase, v. 9 | p. 1	
2.3.1.26	acylcoenzyme A:cholesterol O-acyltransferase, sterol O-acyltransferase, v. 29 | p. 463	
2.3.1.26	acyl coenzyme A: cholesteryl acyltransferase, sterol O-acyltransferase, v. 29 | p. 463	
2.3.1.22	acyl coenzyme A:diacylglycerol acyltransferase, 2-acylglycerol O-acyltransferase, v. 29 | p. 431	
2.3.1.20	acyl coenzyme A:diacylglycerol acyltransferase 1, diacylglycerol O-acyltransferase, v. 29 | p. 396	
2.3.1.164	acyl coenzyme A: isopenicillin N acyltransferase, isopenicillin-N N-acyltransferase, v. 30 | p. 441	
2.3.1.76	acyl coenzyme A:retinol acyltransferase, retinol O-fatty-acyltransferase, v. 30 | p. 83	
2.3.1.148	Acylcoenzyme A acyltransferase, Glycerophospholipid acyltransferase (CoA-dependent), v. 30 | p. 393	
1.3.99.3	acyl coenzyme A dehydrogenase, acyl-CoA dehydrogenase, v. 21 | p. 488	
1.3.1.8	acyl coenzyme A dehydrogenase (nicotinamide adenine dinucleotide phosphate), acyl-CoA dehydrogenase (NADP+), v. 21 | p. 34	
1.14.19.1	acyl coenzyme A desaturase, stearoyl-CoA 9-desaturase, v. 27 | p. 194	
4.2.1.17	acyl coenzyme A hydrase, enoyl-CoA hydratase, v. 4 | p. 360	
3.1.2.20	acyl coenzyme A hydrolase, acyl-CoA hydrolase, v. 9 | p. 539	
3.1.2.2	acyl coenzyme A hydrolase, palmitoyl-CoA hydrolase, v. 9 | p. 459	
1.3.3.6	acyl coenzyme A oxidase, acyl-CoA oxidase, v. 21 | p. 401	
1.2.1.50	acyl coenzyme A reductase, long-chain-fatty-acyl-CoA reductase, v. 20 | p. 350	
6.2.1.3	Acyl coenzyme A synthetase, Long-chain-fatty-acid-CoA ligase, v. 2 | p. 206	
6.2.1.10	Acyl coenzyme A synthetase (GDP-forming), Acid-CoA ligase (GDP-forming), v. 2 | p. 249	
3.1.2.20	acyl coenzyme A thioesterase, acyl-CoA hydrolase, v. 9 | p. 539	
3.1.2.2	acyl coenzyme A thioesterase, palmitoyl-CoA hydrolase, v. 9 | p. 459	
1.3.99.3	acyl dehydrogenase, acyl-CoA dehydrogenase, v. 21 | p. 488	
1.1.1.101	acyldihydroxyacetone-phosphate:NADPH oxidoreductase, acylglycerone-phosphate reductase, v. 17 | p. 266	
1.1.1.101	acyldihydroxyacetone-phosphate oxidoreductase, acylglycerone-phosphate reductase, v. 17 | p. 266	
1.1.1.101	acyldihydroxyacetone phosphate reductase, acylglycerone-phosphate reductase, v. 17 | p. 266	
3.5.1.60	N-acylethanolamine amidohydrolase, N-(long-chain-acyl)ethanolamine deacylase, v. 14 | p. 520	
3.5.1.4	N-acylethanolaminehydrolyzing acid amidase, amidase, v. 14 | p. 231	
5.1.3.9	Acylglucosamine-6-phosphate 2-epimerase, N-Acylglucosamine-6-phosphate 2-epimerase, v. 1 | p. 144	
5.1.3.8	Acylglucosamine 2-epimerase, N-Acylglucosamine 2-epimerase, v. 1 | p. 140	
5.1.3.8	N-acylglucosamine 2-epimerase, N-Acylglucosamine 2-epimerase, v. 1 | p. 140	
5.1.3.9	Acylglucosamine phosphate 2-epimerase, N-Acylglucosamine-6-phosphate 2-epimerase, v. 1 | p. 144	
2.3.1.51	1-acylglycero-3-phosphate acyltransferase, 1-acylglycerol-3-phosphate O-acyltransferase, v. 29 | p. 670	
2.3.1.51	1-acylglycerol-3-phosphate-O-acyltransferase, 1-acylglycerol-3-phosphate O-acyltransferase, v. 29 | p. 670	
2.3.1.51	1-acylglycerol-3-phosphate-O-acyltransferase 2, 1-acylglycerol-3-phosphate O-acyltransferase, v. 29 | p. 670	

1.1.1.101	1-acylglycerol-3-phosphate:NADP+ oxidoreductase, acylglycerone-phosphate reductase, v. 17 | p. 266	
2.3.1.51	1-acylglycerol-3-phosphate acyltransferase, 1-acylglycerol-3-phosphate O-acyltransferase, v. 29 | p. 670	
2.3.1.51	1-acylglycerol 3-phosphate O-acyltransferase, 1-acylglycerol-3-phosphate O-acyltransferase, v. 29 | p. 670	
2.3.1.22	acylglycerol palmitoyltransferase, 2-acylglycerol O-acyltransferase, v. 29 | p. 431	
2.3.1.51	1-acylglycerolphosphate acyltransferase, 1-acylglycerol-3-phosphate O-acyltransferase, v. 29 | p. 670	
2.3.1.51	1-acylglycerophosphate acyltransferase, 1-acylglycerol-3-phosphate O-acyltransferase, v. 29 | p. 670	
2.3.1.52	2-acylglycerophosphate acyltransferase, 2-acylglycerol-3-phosphate O-acyltransferase, v. 29 | p. 686	
2.3.1.62	2-acylglycerophosphocholine, 2-acylglycerophosphocholine O-acyltransferase, v. 30 | p. 14	
2.3.1.62	2-acylglycerophosphocholine acyltransferase, 2-acylglycerophosphocholine O-acyltransferase, v. 30 | p. 14	
3.1.1.81	acyl homoserine degrading enzyme, quorum-quenching N-acyl-homoserine lactonase, v. S5 | p. 23	
3.1.1.81	N-acyl homoserine lactonase, quorum-quenching N-acyl-homoserine lactonase, v. S5 | p. 23	
3.1.1.81	N-acylhomoserine lactonase, quorum-quenching N-acyl-homoserine lactonase, v. S5 | p. 23	
3.1.1.81	N-acyl homoserine lactone hydrolase, quorum-quenching N-acyl-homoserine lactonase, v. S5 | p. 23	
2.3.1.184	N-acyl homoserine lactone synthase, acyl-homoserine-lactone synthase, v. S2 | p. 140	
2.3.1.184	acyl homoserine lactone synthase, acyl-homoserine-lactone synthase, v. S2 | p. 140	
2.3.1.184	acylhomoserine lactone synthase, acyl-homoserine-lactone synthase, v. S2 | p. 140	
1.1.1.233	N-acylmannosamine dehydrogenase, N-acylmannosamine 1-dehydrogenase, v. 18 | p. 364	
2.7.1.60	acylmannosamine kinase, N-acylmannosamine kinase, v. 36 | p. 144	
2.7.1.60	acylmannosamine kinase (phosphorylating), N-acylmannosamine kinase, v. 36 | p. 144	
3.5.1.28	N-acylmuramyl-L-alanine amidase, N-acetylmuramoyl-L-alanine amidase, v. 14 | p. 396	
2.5.1.57	N-acylneuraminate-9-phosphate pyruvate-lyase (pyruvate-phosphorylating), N-acylneuraminate-9-phosphate synthase, v. 34 | p. 190	
3.1.3.29	acylneuraminate 9-phosphatase, N-acylneuraminate-9-phosphatase, v. 10 | p. 312	
2.7.7.43	acylneuraminate cytidyltransferase, N-acylneuraminate cytidylyltransferase, v. 38 | p. 436	
3.2.1.18	N-acylneuraminate glycohydrolase, exo-α-sialidase, v. 12 | p. 244	
3.1.3.29	N-acylneuraminic (sialic) acid 9-phosphatase, N-acylneuraminate-9-phosphatase, v. 10 | p. 312	
3.1.3.29	N-acylneuraminic acid 9-phosphate phosphatase, N-acylneuraminate-9-phosphatase, v. 10 | p. 312	
3.2.1.18	acylneuraminyl glycohydrolase, exo-α-sialidase, v. 12 | p. 244	
3.1.1.77	acyloxyacyl hydrolase, acyloxyacyl hydrolase, v. 9 | p. 448	
3.4.19.1	N-acylpeptide hydrolase, acylaminoacyl-peptidase, v. 6 | p. 513	
3.4.19.1	acyl peptide hydrolase, acylaminoacyl-peptidase, v. 6 | p. 513	
3.4.19.1	acylpeptide hydrolase, acylaminoacyl-peptidase, v. 6 | p. 513	
3.4.19.1	α-N-acylpeptide hydrolase, acylaminoacyl-peptidase, v. 6 | p. 513	
3.4.19.1	acylpeptide hydrolase/esterase, acylaminoacyl-peptidase, v. 6 | p. 513	
3.7.1.4	C-acylphenol acylhydrolase, phloretin hydrolase, v. 15 | p. 842	
3.6.1.7	acyl phosphatase, acylphosphatase, v. 15 | p. 292	
3.6.1.7	Acylphosphatase, erythrocyte/testis isozyme, acylphosphatase, v. 15 | p. 292	
3.6.1.7	Acylphosphatase, erythrocyte isozyme, acylphosphatase, v. 15 | p. 292	
2.7.1.61	acyl phosphate-hexose phosphotransferase, acyl-phosphate-hexose phosphotransferase, v. 36 | p. 151	
2.7.1.61	acyl phosphate:hexose phosphotransferase, acyl-phosphate-hexose phosphotransferase, v. 36 | p. 151	
3.6.1.7	Acylphosphate phosphohydrolase, acylphosphatase, v. 15 | p. 292	

3.6.1.7	acyl phosphate phosphohydrolase, acylphosphatase, v. 15 | p. 292	
3.6.1.7	acylphosphate phosphomonohydrolase, acylphosphatase, v. 15 | p. 292	
3.1.4.4	N-acylphosphatidylethanolamine-hydrolyzing phospholipase D, phospholipase D, v. 11 | p. 47	
2.1.1.18	acylpolysaccharide 6-methyltransferase, polysaccharide O-methyltransferase, v. 28 | p. 105	
6.2.1.19	Acyl protein synthetase, Long-chain-fatty-acid-luciferin-component ligase, v. 2 | p. 293	
3.1.2.22	Acyl protein thioester hydrolase, palmitoyl[protein] hydrolase, v. 9 | p. 550	
3.7.1.2	acylpyruvase, fumarylacetoacetase, v. 15 | p. 824	
3.5.1.23	N-acylsphingosine amidohydrolase, ceramidase, v. 14 | p. 367	
3.5.1.23	N-acylsphingosine deacylase, ceramidase, v. 14 | p. 367	
3.5.1.23	acylsphingosine deacylase, ceramidase, v. 14 | p. 367	
2.7.1.138	acylsphingosine kinase, ceramide kinase, v. 37 | p. 192	
3.2.1.45	N-acylsphingosyl-1-O-β-D-glucoside:glucohydrolase, glucosylceramidase, v. 12 | p. 614	
2.3.1.62	acyltransferase, 2-acylglycerophosphocholine O-acyltransferase, v. 30 | p. 14	
3.1.1.3	acyltransferase, triacylglycerol lipase, v. 9 | p. 36	
2.3.1.51	acyltransferase, 1-acylglycerol phosphate, 1-acylglycerol-3-phosphate O-acyltransferase, v. 29 | p. 670	
2.3.1.147	Acyltransferase, 1-alkylglycerophosphocholine, Glycerophospholipid arachidonoyl-transferase (CoA-independent), v. 30 | p. 388	
2.3.1.125	acyltransferase, 1-hexadecyl-2-acetylglycerol, 1-alkyl-2-acetylglycerol O-acyltransferase, v. 30 | p. 307	
2.3.1.52	acyltransferase, 2-acylglycerol phosphate, 2-acylglycerol-3-phosphate O-acyltransferase, v. 29 | p. 686	
2.3.1.164	acyltransferase, 6-aminopenicillanate, isopenicillin-N N-acyltransferase, v. 30 | p. 441	
2.3.1.16	acyltransferase, acetyl coenzyme A, acetyl-CoA C-acyltransferase, v. 29 | p. 371	
2.3.1.40	acyltransferase, acyl-[acyl carrier protein]-phospholipid, acyl-[acyl-carrier-protein]-phospholipid O-acyltransferase, v. 29 | p. 577	
2.3.1.104	acyltransferase, alkenylglycerophosphocholine, 1-alkenylglycerophosphocholine O-acyl-transferase, v. 30 | p. 235	
2.3.1.121	acyltransferase, alkenylglycerophosphoethanolamine, 1-alkenylglycerophosphoethanola-mine O-acyltransferase, v. 30 | p. 297	
2.3.1.153	Acyltransferase, anthocyanin, Anthocyanin 5-aromatic acyltransferase, v. 30 | p. 406	
2.3.1.26	acyltransferase, cholesterol, sterol O-acyltransferase, v. 29 | p. 463	
2.3.1.20	acyltransferase, diacylglycerol, diacylglycerol O-acyltransferase, v. 29 | p. 396	
2.3.1.42	acyltransferase, dihydroxyacetone phosphate, glycerone-phosphate O-acyltransferase, v. 29 | p. 597	
2.3.1.123	acyltransferase, dolichol, dolichol O-acyltransferase, v. 30 | p. 303	
2.3.1.15	acyltransferase, glycerol phosphate, glycerol-3-phosphate O-acyltransferase, v. 29 | p. 347	
2.3.1.13	acyltransferase, glycine, glycine N-acyltransferase, v. 29 | p. 338	
2.3.1.65	acyltransferase, glycine-taurine N-, bile acid-CoA:amino acid N-acyltransferase, v. 30 | p. 26	
2.3.1.43	acyltransferase, lecithin-cholesterol, phosphatidylcholine-sterol O-acyltransferase, v. 29 | p. 608	
2.3.1.135	acyltransferase, lecithin-retinol, phosphatidylcholine-retinol O-acyltransferase, v. 30 | p. 339	
2.3.1.75	acyltransferase, long-chain alcohol, long-chain-alcohol O-fatty-acyltransferase, v. 30 | p. 79	
2.3.1.23	acyltransferase, lysolecithin, 1-acylglycerophosphocholine O-acyltransferase, v. 29 | p. 440	
2.3.1.141	acyltransferase, lysomonogalactosyldiacylglycerol, galactosylacylglycerol O-acyltransfer-ase, v. 30 | p. 370	
2.3.1.96	acyltransferase, mucus glycoprotein, glycoprotein N-palmitoyltransferase, v. 30 | p. 190	
2.3.1.142	acyltransferase, protein, glycoprotein O-fatty-acyltransferase, v. 30 | p. 372	
2.3.1.24	acyltransferase, sphingosine, sphingosine N-acyltransferase, v. 29 | p. 455	
2.3.1.77	acyltransferase, triacylglycerol-sterol, triacylglycerol-sterol O-acyltransferase, v. 30 | p. 87	
2.3.1.129	acyltransferase, uridine diphosphoacetylglucosamine, acyl-[acyl-carrier-protein]-UDP-N-acetylglucosamine O-acyltransferase, v. 30 | p. 316	
3.5.4.4	AD, adenosine deaminase, v. 15 | p. 28	

2.7.4.3	AD-004 like protein, adenylate kinase, v. 37	p. 493
3.4.19.12	AD-019, ubiquitinyl hydrolase 1, v. 6	p. 575
2.3.1.15	Ad-GPAT1, glycerol-3-phosphate O-acyltransferase, v. 29	p. 347
3.2.1.14	AD2PF-ChiA, chitinase, v. 12	p. 185
3.5.4.4	ADA, adenosine deaminase, v. 15	p. 28
2.1.1.63	Ada-C, methylated-DNA-[protein]-cysteine S-methyltransferase, v. 28	p. 343
3.5.4.4	ADA1, adenosine deaminase, v. 15	p. 28
3.5.4.4	ADA2, adenosine deaminase, v. 15	p. 28
3.4.17.15	ADA2, carboxypeptidase A2, v. 6	p. 478
2.3.1.48	Ada2/Ada3/Gcn5 complex, histone acetyltransferase, v. 29	p. 641
3.4.14.5	ADA binding protein, dipeptidyl-peptidase IV, v. 6	p. 286
3.4.14.5	ADABP, dipeptidyl-peptidase IV, v. 6	p. 286
3.5.4.4	ADAI, adenosine deaminase, v. 15	p. 28
3.5.4.4	ADAII, adenosine deaminase, v. 15	p. 28
3.5.4.4	ADAIII, adenosine deaminase, v. 15	p. 28
3.4.24.81	ADAM-10, ADAM10 endopeptidase, v. S6	p. 311
3.4.24.86	ADAM-17, ADAM 17 endopeptidase, v. S6	p. 348
3.4.24.14	ADAM-TS2, procollagen N-endopeptidase, v. 8	p. 268
3.4.24.81	ADAM10, ADAM10 endopeptidase, v. S6	p. 311
3.4.24.86	ADAM17, ADAM 17 endopeptidase, v. S6	p. 348
3.4.24.86	ADAM17/tumor necrosis factor-α (TNF-A)converting enzyme, ADAM 17 endopeptidase, v. S6	p. 348
3.4.24.86	ADAM17 proteinase, ADAM 17 endopeptidase, v. S6	p. 348
3.4.24.46	Adamalysin II, adamalysin, v. 8	p. 455
3.4.24.82	ADAMTS-1, ADAMTS-4 endopeptidase, v. S6	p. 320
3.4.24.14	ADAMTS-2, procollagen N-endopeptidase, v. 8	p. 268
3.4.24.82	ADAMTS-4, ADAMTS-4 endopeptidase, v. S6	p. 320
3.4.24.82	ADAMTS-4-2, ADAMTS-4 endopeptidase, v. S6	p. 320
3.4.24.82	ADAMTS-4 [a disintegrin and metalloproteinase with thrombospondin motifs-4], ADAMTS-4 endopeptidase, v. S6	p. 320
3.4.24.14	ADAMTS2, procollagen N-endopeptidase, v. 8	p. 268
3.4.24.82	ADAMTS 4, ADAMTS-4 endopeptidase, v. S6	p. 320
3.4.24.82	ADAMTS4, ADAMTS-4 endopeptidase, v. S6	p. 320
4.2.99.18	AdAPE1/Ref-1, DNA-(apurinic or apyrimidinic site) lyase, v. 5	p. 150
2.1.1.63	Ada protein, methylated-DNA-[protein]-cysteine S-methyltransferase, v. 28	p. 343
3.5.4.2	ADase, adenine deaminase, v. 15	p. 12
4.1.1.4	ADC, Acetoacetate decarboxylase, v. 3	p. 23
4.1.1.5	ADC, Acetolactate decarboxylase, v. 3	p. 29
4.1.1.19	ADC, Arginine decarboxylase, v. 3	p. 106
2.6.1.85	ADC, aminodeoxychorismate synthase, v. S2	p. 260
4.1.1.11	ADC, aspartate 1-decarboxylase, v. 3	p. 58
4.1.1.19	ADC1, Arginine decarboxylase, v. 3	p. 106
4.1.1.19	ADC2, Arginine decarboxylase, v. 3	p. 106
4.1.3.38	ADCL, aminodeoxychorismate lyase, v. S7	p. 49
4.1.3.38	ADC lyase, aminodeoxychorismate lyase, v. S7	p. 49
2.6.1.85	ADC synthase, aminodeoxychorismate synthase, v. S2	p. 260
4.6.1.1	ADCY10, adenylate cyclase, v. 5	p. 415
1.1.99.8	ADD, alcohol dehydrogenase (acceptor), v. 19	p. 305
3.1.11.5	AddAB enzyme, exodeoxyribonuclease V, v. 11	p. 375
2.7.7.31	addase, DNA nucleotidylexotransferase, v. 38	p. 364
3.4.24.56	ADE, insulysin, v. 8	p. 485
3.5.3.9	ADE2, allantoate deiminase, v. 14	p. 796
2.4.2.14	ADE4, amidophosphoribosyltransferase, v. 33	p. 152
6.3.4.13	ade5, phosphoribosylamine-glycine ligase, v. 2	p. 626
6.3.2.6	ade5, phosphoribosylaminoimidazolesuccinocarboxamide synthase, v. 2	p. 434

3.5.4.2	adenase, adenine deaminase, v. 15 | p. 12
2.1.1.36	adenine-1-methylase, tRNA (adenine-N1-)-methyltransferase, v. 28 | p. 188
2.1.1.72	adenine-N6 MTAse, site-specific DNA-methyltransferase (adenine-specific), v. 28 | p. 390
3.5.4.2	adenine aminase, adenine deaminase, v. 15 | p. 12
3.5.4.17	adenine nucleotide deaminase, adenosine-phosphate deaminase, v. 15 | p. 127
2.4.2.7	adenine phosphoribosylpyrophosphate transferase, adenine phosphoribosyltransferase, v. 33 | p. 79
2.4.2.7	adenine phosphoribosyl transferase, adenine phosphoribosyltransferase, v. 33 | p. 79
2.4.2.7	adenine phosphoribosyltransferase, adenine phosphoribosyltransferase, v. 33 | p. 79
2.7.7.53	adenine triphosphate adenylyltransferase, ATP adenylyltransferase, v. 38 | p. 531
2.1.1.48	S-adenosalmethionine:ribosomal ribonucleic acid-adenine (N6-)methyltransferase, rRNA (adenine-N6-)-methyltransferase, v. 28 | p. 281
3.2.2.7	adenosinase, adenosine nucleosidase, v. 14 | p. 42
3.5.4.17	adenosine (phosphate) deaminase, adenosine-phosphate deaminase, v. 15 | p. 127
3.1.3.7	adenosine-3',5'-bisphosphate 3'-phosphohydrolase, 3'(2'),5'-bisphosphate nucleotidase, v. 10 | p. 125
2.7.7.27	adenosine-5'-diphosphoglucose pyrophosphorylase, glucose-1-phosphate adenylyltransferase, v. 38 | p. 321
2.7.1.25	adenosine-5'-phosphosulfate-3'-phosphokinase, adenylyl-sulfate kinase, v. 35 | p. 314
2.7.1.25	adenosine-5'-phosphosulfate 3'-phosphotransferase, adenylyl-sulfate kinase, v. 35 | p. 314
1.8.99.2	adenosine-5'-phosphosulfate reductase, adenylyl-sulfate reductase, v. 24 | p. 694
1.8.4.9	adenosine-5'-phosphosulfate reductase, adenylyl-sulfate reductase (glutathione), v. 24 | p. 663
2.7.7.4	adenosine-5'-triphosphate sulfurylase, sulfate adenylyltransferase, v. 38 | p. 77
2.7.1.25	adenosine-5'phosphosulfate kinase, adenylyl-sulfate kinase, v. 35 | p. 314
3.1.4.53	adenosine 3',5'-cyclic monophosphate PDE, 3',5'-cyclic-AMP phosphodiesterase
1.8.4.8	Adenosine 3'-phosphate 5'-phosphosulfate reductase, phosphoadenylyl-sulfate reductase (thioredoxin), v. 24 | p. 659
2.8.2.16	adenosine 3'-phosphate 5'-sulphatophosphate sulfotransferase, thiol sulfotransferase, v. 39 | p. 398
2.7.7.27	adenosine 5'-diphosphate (ADP)-glucose pyrophosphorylase, glucose-1-phosphate adenylyltransferase, v. 38 | p. 321
2.7.7.27	adenosine 5'-diphosphate glucose pyrophosphorylase, glucose-1-phosphate adenylyltransferase, v. 38 | p. 321
3.6.1.13	adenosine 5'-diphosphosugar pyrophosphatase, ADP-ribose diphosphatase, v. 15 | p. 354
3.6.1.21	adenosine 5'-diphosphosugar pyrophosphatase, ADP-sugar diphosphatase, v. 15 | p. 392
3.1.3.5	adenosine 5'-monophosphatase, 5'-nucleotidase, v. 10 | p. 95
2.7.11.31	adenosine 5'-monophosphate-activated protein kinase, [hydroxymethylglutaryl-CoA reductase (NADPH)] kinase, v. S4 | p. 355
3.1.3.5	adenosine 5'-phosphatase, 5'-nucleotidase, v. 10 | p. 95
2.7.1.25	adenosine 5'-phosphosulfate kinase, adenylyl-sulfate kinase, v. 35 | p. 314
1.8.99.2	adenosine 5'-phosphosulfate reductase, adenylyl-sulfate reductase, v. 24 | p. 694
1.8.4.9	adenosine 5'-phosphosulfate reductase, adenylyl-sulfate reductase (glutathione), v. 24 | p. 663
3.6.2.1	adenosine 5'-phosphosulphate sulphotransferase, adenylylsulfatase, v. 15 | p. 524
3.6.3.4	adenosine 5'-triphosphatase, Cu2+-exporting ATPase, v. 15 | p. 544
3.6.3.12	adenosine 5'-triphosphatase, K+-transporting ATPase, v. 15 | p. 593
3.6.3.2	adenosine 5'-triphosphatase, Mg2+-importing ATPase, v. 15 | p. 538
3.6.3.7	adenosine 5'-triphosphatase, Na+-exporting ATPase, v. 15 | p. 561
3.6.1.3	adenosine 5'-triphosphatase, adenosinetriphosphatase, v. 15 | p. 263
2.7.3.3	adenosine 5'-triphosphate-arginine phosphotransferase, arginine kinase, v. 37 | p. 385
2.7.7.4	adenosine 5'-triphosphate-sulfurylase, sulfate adenylyltransferase, v. 38 | p. 77
2.7.1.107	adenosine 5'-triphosphate:1,2-diacylglycerol 3-phosphotransferase, diacylglycerol kinase, v. 36 | p. 438
2.7.3.3	adenosine 5'-triphosphate: L-arginine phosphotransferase, arginine kinase, v. 37 | p. 385

2.7.7.4	adenosine 5'-triphosphate sulphurylase, sulfate adenylyltransferase, v. 38 | p. 77
2.7.11.31	adenosine 5-monophosphate-activated protein kinase, [hydroxymethylglutaryl-CoA reductase (NADPH)] kinase, v. S4 | p. 355
3.5.4.6	adenosine 5-monophosphate deaminase, AMP deaminase, v. 15 | p. 57
3.5.4.6	adenosine 5-phosphate aminohydrolase, AMP deaminase, v. 15 | p. 57
3.5.4.6	adenosine 5-phosphate deaminase, AMP deaminase, v. 15 | p. 57
2.7.1.25	adenosine 5-phosphosulfate kinase, adenylyl-sulfate kinase, v. 35 | p. 314
1.8.4.9	adenosine 5-phosphosulfate reductase, adenylyl-sulfate reductase (glutathione), v. 24 | p. 663
3.6.2.1	adenosine 5-phosphosulfate sulfohydrolase, adenylylsulfatase, v. 15 | p. 524
3.5.4.4	Adenosine aminohydrolase, adenosine deaminase, v. 15 | p. 28
3.5.4.4	adenosine deaminase 1, adenosine deaminase, v. 15 | p. 28
3.5.4.4	adenosine deaminase 2, adenosine deaminase, v. 15 | p. 28
3.4.14.5	adenosine deaminase binding protein, dipeptidyl-peptidase IV, v. 6 | p. 286
3.4.14.5	Adenosine deaminase complexing protein, dipeptidyl-peptidase IV, v. 6 | p. 286
3.6.1.5	adenosine diphosphatase, apyrase, v. 15 | p. 269
3.6.1.6	adenosine diphosphatase, nucleoside-diphosphatase, v. 15 | p. 283
3.6.1.21	adenosine diphosphate-glucose pyrophosphatase, ADP-sugar diphosphatase, v. 15 | p. 392
3.5.4.7	adenosine diphosphate deaminase, ADP deaminase, v. 15 | p. 66
2.4.1.21	adenosine diphosphate glucose-starch glucosyltransferase, starch synthase, v. 31 | p. 251
2.7.7.36	adenosine diphosphate glucose:orthophosphate adenylyltransferase, aldose-1-phosphate adenylyltransferase, v. 38 | p. 391
2.7.7.27	adenosine diphosphate glucose pyrophosphorylase, glucose-1-phosphate adenylyltransferase, v. 38 | p. 321
3.1.3.28	adenosine diphosphate phosphoglycerate phosphatase, ADP-phosphoglycerate phosphatase, v. 10 | p. 310
2.4.2.30	adenosine diphosphate ribosyltransferase, NAD+ ADP-ribosyltransferase, v. 33 | p. 263
3.6.1.21	adenosine diphosphate sugar pyrophosphatase, ADP-sugar diphosphatase, v. 15 | p. 392
2.7.7.5	adenosine diphosphate sulfurylase, sulfate adenylyltransferase (ADP), v. 38 | p. 98
2.4.1.113	adenosine diphosphoglucose-protein glucosyltransferase, α-1,4-glucan-protein synthase (ADP-forming), v. 32 | p. 134
2.4.1.21	adenosine diphosphoglucose-starch glucosyltransferase, starch synthase, v. 31 | p. 251
2.7.7.27	adenosine diphosphoglucose pyrophosphorylase, glucose-1-phosphate adenylyltransferase, v. 38 | p. 321
5.1.3.20	Adenosine diphosphoglyceromannoheptose 6-epimerase, ADP-glyceromanno-heptose 6-epimerase, v. 1 | p. 175
2.4.2.31	(adenosine diphosphoribose)transferase, nicotinamide adenine dinucleotide-arginine, NAD+-protein-arginine ADP-ribosyltransferase, v. 33 | p. 272
2.4.2.37	(adenosine diphosphoribose)transferase, nicotinamide adenine dinucleotide-azoferredoxin, NAD+-dinitrogen-reductase ADP-D-ribosyltransferase, v. 33 | p. 299
2.4.2.36	(adenosine diphosphoribose)transferase, nicotinamide adenine dinucleotide-elongation factor 2, NAD+-diphthamide ADP-ribosyltransferase, v. 33 | p. 296
2.4.2.30	(adenosine diphosphoribose)transferase, nicotinamide adenine dinucleotide-protein, NAD+ ADP-ribosyltransferase, v. 33 | p. 263
2.7.7.35	adenosine diphosphoribose phosphorylase, ribose-5-phosphate adenylyltransferase, v. 38 | p. 387
3.6.1.13	adenosine diphosphoribose pyrophosphatase, ADP-ribose diphosphatase, v. 15 | p. 354
2.7.7.36	adenosine diphosphosugar phosphorylase, aldose-1-phosphate adenylyltransferase, v. 38 | p. 391
3.6.1.21	adenosine diphosphosugar pyrophosphatase, ADP-sugar diphosphatase, v. 15 | p. 392
3.2.2.7	adenosine hydrolase, adenosine nucleosidase, v. 14 | p. 42
2.7.1.20	adenosine kinase (phosphorylating), adenosine kinase, v. 35 | p. 252
3.1.3.5	adenosine monophosphatase, 5'-nucleotidase, v. 10 | p. 95
2.7.11.31	adenosine monophosphate-activated protein kinase, [hydroxymethylglutaryl-CoA reductase (NADPH)] kinase, v. S4 | p. 355

6.2.1.1	adenosine monophosphate-forming acetyl-CoA synthetase, Acetate-CoA ligase, v. 2 | p. 186	
2.7.11.31	adenosine monophosphateactivated protein kinase, [hydroxymethylglutaryl-CoA reductase (NADPH)] kinase, v. S4 | p. 355	
3.5.4.6	adenosine monophosphate deaminase, AMP deaminase, v. 15 | p. 57	
3.5.4.6	adenosine monophosphate deaminase 3, AMP deaminase, v. 15 | p. 57	
3.2.2.4	adenosine monophosphate nucleosidase, AMP nucleosidase, v. 14 | p. 17	
2.5.1.27	adenosine phosphate_isopentenyltransferase, adenylate dimethylallyltransferase, v. 33 | p. 599	
2.5.1.27	adenosine phosphate isopentenyltransferase, adenylate dimethylallyltransferase, v. 33 | p. 599	
2.4.2.7	adenosine phosphoribosyltransferase, adenine phosphoribosyltransferase, v. 33 | p. 79	
2.4.2.1	adenosine phosphorylase, purine-nucleoside phosphorylase, v. 33 | p. 1	
2.7.1.25	adenosine phosphosulfate kinase, adenylyl-sulfate kinase, v. 35 | p. 314	
1.8.99.2	adenosine phosphosulfate reductase, adenylyl-sulfate reductase, v. 24 | p. 694	
2.7.1.25	adenosine phosphosulfokinase, adenylyl-sulfate kinase, v. 35 | p. 314	
1.8.4.9	5-adenosinephosphosulphate reductase, adenylyl-sulfate reductase (glutathione), v. 24 | p. 663	
3.6.1.6	adenosinepyrophosphatase, nucleoside-diphosphatase, v. 15 | p. 283	
3.5.4.7	adenosinepyrophosphate deaminase, ADP deaminase, v. 15 | p. 66	
3.6.1.14	adenosinetetraphosphatase, adenosine-tetraphosphatase, v. 15 | p. 361	
3.6.1.41	adenosine tetraphosphate phosphodiesterase, bis(5'-nucleosyl)-tetraphosphatase (symmetrical), v. 15 | p. 460	
3.6.3.12	adenosine triphosphatase, K+-transporting ATPase, v. 15 | p. 593	
3.6.3.2	adenosine triphosphatase, Mg2+-importing ATPase, v. 15 | p. 538	
3.6.3.7	adenosine triphosphatase, Na+-exporting ATPase, v. 15 | p. 561	
3.6.1.3	adenosine triphosphatase, adenosinetriphosphatase, v. 15 | p. 263	
3.6.3.8	adenosinetriphosphatase, Ca2+-transporting ATPase, v. 15 | p. 566	
2.7.3.2	adenosine triphosphate-creatine transphosphorylase, creatine kinase, v. 37 | p. 369	
3.1.21.3	adenosine triphosphate-dependent deoxyribonuclease, type I site-specific deoxyribonuclease, v. 11 | p. 448	
2.7.7.1	adenosine triphosphate-nicotinamide mononucleotide transadenylase, nicotinamide-nucleotide adenylyltransferase, v. 38 | p. 49	
2.7.7.2	adenosine triphosphate-riboflavine mononucleotide transadenylase, FAD synthetase, v. 38 | p. 63	
2.7.7.2	adenosine triphosphate-riboflavin mononucleotide transadenylase, FAD synthetase, v. 38 | p. 63	
2.7.7.4	adenosine triphosphate-sulphurylase, sulfate adenylyltransferase, v. 38 | p. 77	
2.7.7.42	adenosine triphosphate:glutamine synthetase adenylyltransferase, [glutamate-ammonia-ligase] adenylyltransferase, v. 38 | p. 431	
2.7.7.19	adenosine triphosphate:ribonucleic acid adenylyltransferase, polynucleotide adenylyltransferase, v. 38 | p. 245	
2.3.3.8	adenosine triphosphate citrate lyase, ATP citrate synthase, v. 30 | p. 631	
3.5.4.18	adenosine triphosphate deaminase, ATP deaminase, v. 15 | p. 133	
2.4.2.17	adenosine triphosphate phosphoribosyltransferase, ATP phosphoribosyltransferase, v. 33 | p. 173	
3.6.1.8	adenosine triphosphate pyrophosphatase, ATP diphosphatase, v. 15 | p. 313	
2.7.7.4	adenosine triphosphate sulfurylase, sulfate adenylyltransferase, v. 38 | p. 77	
2.7.7.4	adenosinetriphosphate sulfurylase, sulfate adenylyltransferase, v. 38 | p. 77	
2.7.7.4	adenosine triphosphate sulphurylase, sulfate adenylyltransferase, v. 38 | p. 77	
2.1.1.41	S-adenosyl-4-methionine:sterol Δ24-methyltransferase, sterol 24-C-methyltransferase, v. 28 | p. 220	
3.3.1.1	S-adenosyl-L-homocysteine hydrolase, adenosylhomocysteinase, v. 14 | p. 120	
1.3.1.76	S-adenosyl-L-methionine(SAM)-dependent bismethyltransferase, dehydrogenase and ferrochelatase, precorrin-2 dehydrogenase, v. S1 | p. 226	

2.1.1.130	S-adenosyl-L-methionine–precorrin-2 methyltransferase, Precorrin-2 C20-methyltransferase, v. 28	p. 598
2.1.1.133	S-Adenosyl-L-methionine-dependent cobalt-precorrin-4 transmethylase, Precorrin-4 C11-methyltransferase, v. 28	p. 606
2.1.1.101	S-adenosyl-L-methionine-macrocin O-methyltransferase, macrocin O-methyltransferase, v. 28	p. 501
2.1.1.146	S-adenosyl-L-methionine:(iso)eugenol O-methyltransferase, (iso)eugenol O-methyltransferase, v. 28	p. 636
2.1.1.116	S-adenosyl-L-methionine:(R,S)-3'-hydroxy-N-methylcoclaurine 4'-O-methyltransferase, 3'-hydroxy-N-methyl-(S)-coclaurine 4'-O-methyltransferase, v. 28	p. 555
2.1.1.122	S-Adenosyl-L-methionine: (S)-7,8,13,14-tetrahydroberberine-cis-N-methyltransferase, (S)-tetrahydroprotoberberine N-methyltransferase, v. 28	p. 570
2.1.1.128	S-Adenosyl-L-methionine:(S)-coclaurine-N-methyltransferase, (RS)-norcoclaurine 6-O-methyltransferase, v. 28	p. 589
2.1.1.94	S-adenosyl-L-methionine:11-O-demethyl-17-O-deacetylvindoline 11-O-methyltransferase, tabersonine 16-O-methyltransferase, v. 28	p. 472
2.1.1.99	S-adenosyl-L-methionine:16-methoxy-2,3-dihydro-3-hydroxy-tabersonine N-methyltransferase, 3-hydroxy-16-methoxy-2,3-dihydrotabersonine N-methyltransferase, v. 28	p. 487
2.1.1.40	S-adenosyl-L-methionine:1D-myo-inositol 3-O-methyltransferase, inositol 1-methyltransferase, v. 28	p. 217
2.1.1.46	S-adenosyl-L-methionine: 2-hydroxyisoflavanone 40-O-methyltransferase, isoflavone 4'-O-methyltransferase, v. 28	p. 273
2.1.1.64	S-adenosyl-L-methionine:2-octaprenyl-3-methyl-5-hydroxy-6-methoxy-1,4-benzoquinone-O-methyltransferase, 3-demethylubiquinone-9 3-O-methyltransferase, v. 28	p. 351
2.1.1.41	S-adenosyl-L-methionine:Δ24(23)-sterol methyltransferase, sterol 24-C-methyltransferase, v. 28	p. 220
2.1.1.116	S-Adenosyl-L-methionine: 3'-hydroxy-N-methyl-(S)-coclaurine-4'-O-methyl transferase, 3'-hydroxy-N-methyl-(S)-coclaurine 4'-O-methyltransferase, v. 28	p. 555
2.1.1.116	S-adenosyl-L-methionine:3'-hydroxy-N-methylcoclaurine 4'-O-methyltransferase, 3'-hydroxy-N-methyl-(S)-coclaurine 4'-O-methyltransferase, v. 28	p. 555
2.1.1.108	S-adenosyl-L-methionine:6-hydroxymellein O-methyltransferase, 6-hydroxymellein O-methyltransferase, v. 28	p. 528
2.1.1.137	S-adenosyl-L-methionine:arsenic(III) methyltransferase, arsenite methyltransferase, v. 28	p. 613
2.1.1.68	S-adenosyl-L-methionine:caffeic acid-O-methyltransferase, caffeate O-methyltransferase, v. 28	p. 369
2.1.1.140	S-adenosyl-L-methionine:coclaurine N-methyltransferase, (S)-coclaurine-N-methyltransferase, v. 28	p. 619
2.1.1.98	S-adenosyl-L-methionine:elongation factor 2 methyltransferase, diphthine synthase, v. 28	p. 484
2.1.1.155	S-adenosyl-L-methionine:flavonoid 4'-O-methyltransferase, kaempferol 4'-O-methyltransferase, v. S2	p. 8
2.1.1.20	S-adenosyl-L-methionine:glycine methyltransferase, glycine N-methyltransferase, v. 28	p. 109
2.1.1.125	S-Adenosyl-L-methionine:histone-arginine N-methyltransferase, histone-arginine N-methyltransferase, v. 28	p. 578
2.1.1.141	S-adenosyl-L-methionine:jasmonic acid carboxyl methyltransferase, jasmonate O-methyltransferase, v. 28	p. 623
2.1.1.10	S-adenosyl-L-methionine:L-homocysteine methyltransferase, homocysteine S-methyltransferase, v. 28	p. 59
2.1.1.50	S-adenosyl-L-methionine:loganic acid methyltransferase, loganate O-methyltransferase, v. 28	p. 292
2.1.1.11	(-)-S-adenosyl-L-methionine:magnesium-protoporphyrin IX methyltransferase, magnesium protoporphyrin IX methyltransferase, v. 28	p. 64

2.1.1.11	S-adenosyl-L-methionine:Mg protoporphyrin methyltransferase, magnesium protoporphyrin IX methyltransferase, v. 28	p. 64
2.1.1.39	S-adenosyl-L-methionine:myo-inositol 1-O-methyltransferase, inositol 3-methyltransferase, v. 28	p. 214
1.1.1.129	S-adenosyl-L-methionine:myo-inositol 4-O-methyltransferase, L-threonate 3-dehydrogenase, v. 17	p. 375
2.1.1.129	S-adenosyl-L-methionine:myo-inositol 6-O-methyltransferase, inositol 4-methyltransferase, v. 28	p. 594
2.1.1.7	S-adenosyl-L-methionine:nicotinic acid-N-methyltransferase, nicotinate N-methyltransferase, v. 28	p. 40
2.1.1.128	S-Adenosyl-L-methionine:norcoclaurine 6-O-methyltransferase, (RS)-norcoclaurine 6-O-methyltransferase, v. 28	p. 589
2.1.1.103	S-adenosyl-L-methionine:phosphoethanolamine N-methyltransferase, phosphoethanolamine N-methyltransferase, v. 28	p. 508
2.1.1.130	S-Adenosyl-L-methionine:precorrin-2 methyltransferase, Precorrin-2 C20-methyltransferase, v. 28	p. 598
2.1.1.124	S-Adenosyl-L-methionine:protein arginine N-methyltransferase, [cytochrome c]-arginine N-methyltransferase, v. 28	p. 576
2.1.1.126	S-Adenosyl-L-methionine:protein arginine N-methyltransferase, [myelin basic protein]-arginine N-methyltransferase, v. 28	p. 583
2.1.1.125	S-Adenosyl-L-methionine:protein arginine N-methyltransferase, histone-arginine N-methyltransferase, v. 28	p. 578
2.1.1.76	S-adenosyl-L-methionine:quercetin 3-O-methyltransferase, quercetin 3-O-methyltransferase, v. 28	p. 402
2.5.1.43	S-adenosyl-L-methionine:S-adenosyl-L-methionine:S-adenosyl-methionine 3-amino-3-carboxypropyltransferase, nicotianamine synthase, v. 34	p. 59
2.1.1.122	S-Adenosyl-L-methionine:tetrahydroberberine-cis-N-methyltransferase, (S)-tetrahydroprotoberberine N-methyltransferase, v. 28	p. 570
2.1.1.122	S-adenosyl-L-methionine:tetrahydroprotoberberine cis-N-methyltransferase, (S)-tetrahydroprotoberberine N-methyltransferase, v. 28	p. 570
2.1.1.96	S-adenosyl-L-methionine:thioether S-methyltransferase, thioether S-methyltransferase, v. 28	p. 478
2.1.1.104	S-adenosyl-L-methionine:trans-caffeoyl-CoA 3-O-methyltransferase, caffeoyl-CoA O-methyltransferase, v. 28	p. 513
2.1.1.61	S-adenosyl-L-methionine:tRNA (5-methylaminomethyl-2-thiouridylate)-methyltransferase, tRNA (5-methylaminomethyl-2-thiouridylate)-methyltransferase, v. 28	p. 337
2.1.1.34	S-adenosyl-L-methionine:tRNA (guanosine-2'-O-)-methyltransferase, tRNA guanosine-2'-O-methyltransferase, v. 28	p. 172
2.1.1.107	S-adenosyl-L-methionine: uroporphyrinogen III methyltransferase, uroporphyrinogen-III C-methyltransferase, v. 28	p. 523
2.1.1.153	S-adenosyl-L-methionine:vitexin 2"-O-rhamnoside 7-O-methyltransferase, vitexin 2-O-rhamnoside 7-O-methyltransferase, v. S2	p. 1
4.1.1.50	S-Adenosyl-L-methionine decarboxylase, adenosylmethionine decarboxylase, v. 3	p. 306
2.1.1.107	S-Adenosyl-L-methionine dependent uroporphyrinogen III methylase, uroporphyrinogen-III C-methyltransferase, v. 28	p. 523
3.3.1.2	S-adenosyl-L-methionine hydrolase, adenosylmethionine hydrolase, v. 14	p. 138
4.4.1.14	S-adenosyl-L-methionine methylthioadenosine-lyase, 1-aminocyclopropane-1-carboxylate synthase, v. 5	p. 377
2.5.1.6	S-adenosyl-L-methionine synthetase, methionine adenosyltransferase, v. 33	p. 424
2.5.1.6	S-adenosyl-Lmethionine synthetase, methionine adenosyltransferase, v. 33	p. 424
2.1.1.27	S-adenosyl-methionine:tyramine N-methyltransferase, tyramine N-methyltransferase, v. 28	p. 129
2.7.8.26	adenosylcobalamin-5'-phosphate synthase, adenosylcobinamide-GDP ribazoletransferase, v. 39	p. 147
4.2.1.28	adenosylcobalamin-dependent diol dehydratase, propanediol dehydratase, v. 4	p. 420

2.7.8.26	adenosylcobalamin synthase, adenosylcobinamide-GDP ribazoletransferase, v. 39	p. 147
3.5.1.90	adenosylcobinamide amidohydrolase, adenosylcobinamide hydrolase, v. S6	p. 373
2.7.7.62	adenosylcobinamide guanylyltrnsferase, adenosylcobinamide-phosphate guanylyltransferase, v. 38	p. 568
2.7.1.156	adenosylcobinamide kinase, adenosylcobinamide kinase, v. 37	p. 255
2.7.7.62	adenosylcobinamide kinase, adenosylcobinamide-phosphate guanylyltransferase, v. 38	p. 568
2.7.1.156	adenosylcobinamide kinase/adenosylcobinamide-phosphate guanylyltransferase, adenosylcobinamide kinase, v. 37	p. 255
2.7.7.62	adenosylcobinamide kinase/adenosylcobinamide-phosphate guanylyltransferase, adenosylcobinamide-phosphate guanylyltransferase, v. 38	p. 568
2.7.7.62	adenosylcobinamide phosphate guanyltransferase, adenosylcobinamide-phosphate guanylyltransferase, v. 38	p. 568
2.7.7.62	adenosylcobinamide phosphate guanylyltransferase, adenosylcobinamide-phosphate guanylyltransferase, v. 38	p. 568
3.3.1.1	S-adenosylhomocysteinase, adenosylhomocysteinase, v. 14	p. 120
3.2.2.9	S-adenosylhomocysteine/5'-methylthioadenosine nucleosidase, adenosylhomocysteine nucleosidase, v. 14	p. 55
3.2.2.9	adenosylhomocysteine/methylthioadenosine nucleosidase, adenosylhomocysteine nucleosidase, v. 14	p. 55
3.5.4.28	S-adenosylhomocysteine hydrolase, S-adenosylhomocysteine deaminase, v. 15	p. 172
3.3.1.1	S-adenosylhomocysteine hydrolase, adenosylhomocysteinase, v. 14	p. 120
3.3.1.1	adenosylhomocysteine hydrolase, adenosylhomocysteinase, v. 14	p. 120
3.2.2.9	S-adenosylhomocysteine nucleosidase, adenosylhomocysteine nucleosidase, v. 14	p. 55
3.3.1.1	S-adenosylhomocysteine synthase, adenosylhomocysteinase, v. 14	p. 120
2.5.1.4	adenosylmethioninase, adenosylmethionine cyclotransferase, v. 33	p. 418
2.1.1.142	S-adenosylmethionine, cycloartenol 24-C-methyltransferase, v. 28	p. 626
2.1.1.80	S-adenosylmethionine-glutamyl methyltransferase, protein-glutamate O-methyltransferase, v. 28	p. 432
2.1.1.8	S-adenosylmethionine-histamine N-methyltransferase, histamine N-methyltransferase, v. 28	p. 43
2.1.1.10	S-adenosylmethionine-homocysteine transmethylase, homocysteine S-methyltransferase, v. 28	p. 59
2.5.1.6	S-adenosylmethionine-L-synthetase, methionine adenosyltransferase, v. 33	p. 424
2.1.1.12	S-adenosylmethionine-methionine methyltransferase, methionine S-methyltransferase, v. 28	p. 69
2.1.1.130	S-Adenosylmethionine-precorrin-2-methyltransferase, Precorrin-2 C20-methyltransferase, v. 28	p. 598
2.1.1.107	adenosylmethionine-uroporphyrinogen III methyltransferase, uroporphyrinogen-III C-methyltransferase, v. 28	p. 523
2.1.1.128	S-Adenosylmethionine:(R),(S)-norlaudanosoline-6-O-methyltransferase, (RS)-norcoclaurine 6-O-methyltransferase, v. 28	p. 589
2.1.1.143	S-adenosylmethionine:Δ24-sterol methyltransferase, 24-methylenesterol C-methyltransferase, v. 28	p. 629
2.1.1.91	S-adenosylmethionine:aldoxime O-methyltransferase, isobutyraldoxime O-methyltransferase, v. 28	p. 463
2.1.1.60	S-adenosylmethionine:calmodulin N-methyltransferase (lysine), calmodulin-lysine N-methyltransferase, v. 28	p. 333
2.1.1.42	S-adenosylmethionine:flavone/flavonol 3'-O-methyltransferase, luteolin O-methyltransferase, v. 28	p. 231
2.1.1.10	S-adenosylmethionine:homocysteine methyltransferase, homocysteine S-methyltransferase, v. 28	p. 59
2.1.1.10	adenosylmethionine:homocysteine methyltransferase, homocysteine S-methyltransferase, v. 28	p. 59

2.1.1.12	S-adenosyl methionine:methionine methyl transferase, methionine S-methyltransferase, v. 28 | p. 69	
2.1.1.39	S-adenosylmethionine:myo-inositol 1-methyltransferase, inositol 3-methyltransferase, v. 28 | p. 214	
2.1.1.40	S-adenosylmethionine:myo-inositol 3-methyltransferase, inositol 1-methyltransferase, v. 28 | p. 217	
2.1.1.40	S-adenosylmethionine:myo-inositol 3-O-methyltransferase, inositol 1-methyltransferase, v. 28 | p. 217	
2.1.1.125	S-adenosylmethionine:protein-arginine N-methyltransferase, histone-arginine N-methyltransferase, v. 28 | p. 578	
2.1.1.80	S-adenosylmethionine:protein-carboxyl O-methyltransferase, protein-glutamate O-methyltransferase, v. 28 | p. 432	
2.1.1.85	S-adenosyl methionine:protein-histidine N-methyltransferase, protein-histidine N-methyltransferase, v. 28 | p. 447	
2.1.1.147	S-adenosylmethionine:protoberberine-13C-methyltransferase, corydaline synthase, v. 28 | p. 640	
2.1.1.122	S-Adenosylmethionine:tetrahydroberberine-N-methyltransferase, (S)-tetrahydroprotoberberine N-methyltransferase, v. 28 | p. 570	
2.1.1.106	S-adenosylmethionine:tryptophan 2-methyltransferase, tryptophan 2-C-methyltransferase, v. 28 | p. 521	
3.3.1.2	S-adenosylmethionine cleaving enzyme, adenosylmethionine hydrolase, v. 14 | p. 138	
4.1.1.50	S-Adenosylmethionine decarboxylase, adenosylmethionine decarboxylase, v. 3 | p. 306	
4.1.1.50	S-adenosylmethionine decarboxylase 1, adenosylmethionine decarboxylase, v. 3 | p. 306	
4.1.1.50	S-adenosylmethionine decarboxylase 2, adenosylmethionine decarboxylase, v. 3 | p. 306	
4.1.1.50	S-adenosylmethionine decarboxylase 3, adenosylmethionine decarboxylase, v. 3 | p. 306	
4.1.1.50	S-adenosylmethionine decarboxylase 4, adenosylmethionine decarboxylase, v. 3 | p. 306	
2.1.1.10	S-adenosylmethionine homocysteine transmethylase, homocysteine S-methyltransferase, v. 28 | p. 59	
3.3.1.2	Adenosylmethionine hydrolase, adenosylmethionine hydrolase, v. 14 | p. 138	
3.3.1.2	S-adenosylmethionine hydrolase, adenosylmethionine hydrolase, v. 14 | p. 138	
3.3.1.2	adenosylmethionine lyase, adenosylmethionine hydrolase, v. 14 | p. 138	
2.5.1.6	S-adenosylmethionine synthase, methionine adenosyltransferase, v. 33 | p. 424	
2.5.1.6	S-adenosylmethionine synthetase, methionine adenosyltransferase, v. 33 | p. 424	
2.5.1.6	adenosylmethionine synthetase, methionine adenosyltransferase, v. 33 | p. 424	
2.5.1.6	S-adenosylmethionine synthetase 2, methionine adenosyltransferase, v. 33 | p. 424	
2.5.1.6	S-adenosylmethionine synthetase A, methionine adenosyltransferase, v. 33 | p. 424	
2.5.1.6	S-adenosylmethionine synthetase B, methionine adenosyltransferase, v. 33 | p. 424	
2.1.1.12	S-adenosylmethionine transmethylase, methionine S-methyltransferase, v. 28 | p. 69	
2.1.1.10	adenosylmethionine transmethylase, homocysteine S-methyltransferase, v. 28 | p. 59	
6.3.4.4	adenosylsuccinate synthase, Adenylosuccinate synthase, v. 2 | p. 579	
6.3.4.4	adenosylsuccinate synthetase, Adenylosuccinate synthase, v. 2 | p. 579	
2.5.1.17	adenosyltransferase, vitamin B12s, cob(I)yrinic acid a,c-diamide adenosyltransferase, v. 33 | p. 517	
3.4.22.39	adenovirus endopeptidase, adenain, v. 7 | p. 720	
3.4.22.39	adenovirus type 2 protease, adenain, v. 7 | p. 720	
2.7.1.114	adenylate-nucleoside phosphotransferase, AMP-thymidine kinase, v. 37 | p. 15	
3.5.4.6	adenylate aminohydrolase, AMP deaminase, v. 15 | p. 57	
4.6.1.1	adenylate cyclase, adenylate cyclase, v. 5 | p. 415	
4.6.1.1	Adenylate cyclase, olfactive type, adenylate cyclase, v. 5 | p. 415	
4.6.1.1	adenylate cyclase 1, adenylate cyclase, v. 5 | p. 415	
4.6.1.1	adenylate cyclase 10, adenylate cyclase, v. 5 | p. 415	
4.6.1.1	adenylate cyclase 6, adenylate cyclase, v. 5 | p. 415	
4.6.1.1	adenylate cyclases I, adenylate cyclase, v. 5 | p. 415	
4.6.1.1	adenylate cyclases IV, adenylate cyclase, v. 5 | p. 415	
4.6.1.1	adenylate cyclases VI, adenylate cyclase, v. 5 | p. 415	

adenylate cyclase toxin

4.6.1.1	adenylate cyclase toxin, adenylate cyclase, v. 5 | p. 415	
3.5.4.6	5-adenylate deaminase, AMP deaminase, v. 15 | p. 57	
3.5.4.6	adenylate deaminase, AMP deaminase, v. 15 | p. 57	
3.5.4.17	adenylate deaminase, adenosine-phosphate deaminase, v. 15 | p. 127	
3.5.4.6	adenylate desaminase, AMP deaminase, v. 15 | p. 57	
2.5.1.27	adenylate isopentenyltransferase, adenylate dimethylallyltransferase, v. 33 | p. 599	
3.2.2.4	adenylate nucleosidase, AMP nucleosidase, v. 14 | p. 17	
2.4.2.7	adenylate pyrophosphorylase, adenine phosphoribosyltransferase, v. 33 | p. 79	
4.6.1.1	adenyl cyclase, adenylate cyclase, v. 5 | p. 415	
3.5.4.6	adenyl deaminase, AMP deaminase, v. 15 | p. 57	
2.7.1.114	adenylic acid:deoxythymidine 5'-phosphotransferase, AMP-thymidine kinase, v. 37 | p. 15	
3.5.4.6	5-adenylic acid deaminase, AMP deaminase, v. 15 | p. 57	
3.5.4.6	adenylic acid deaminase, AMP deaminase, v. 15 | p. 57	
3.5.4.6	adenylic deaminase, AMP deaminase, v. 15 | p. 57	
2.7.4.3	adenylic kinase, adenylate kinase, v. 37 | p. 493	
3.1.3.5	5'-adenylic phosphatase, 5'-nucleotidase, v. 10 | p. 95	
2.4.2.7	adenylic pyrophosphorylase, adenine phosphoribosyltransferase, v. 33 | p. 79	
6.3.4.4	adenylo-succinate synthetase, Adenylosuccinate synthase, v. 2 | p. 579	
2.7.4.3	adenylokinase, adenylate kinase, v. 37 | p. 493	
4.3.2.2	adenylosuccinase, adenylosuccinate lyase, v. 5 | p. 263	
4.3.2.2	adenylosuccinate lyase, adenylosuccinate lyase, v. 5 | p. 263	
6.3.4.4	Adenylosuccinate synthase, Adenylosuccinate synthase, v. 2 | p. 579	
6.3.4.4	Adenylosuccinate synthetase, Adenylosuccinate synthase, v. 2 | p. 579	
3.6.1.3	adenylpyrophosphatase, adenosinetriphosphatase, v. 15 | p. 263	
3.1.4.15	adenylyl(glutamine synthetase) hydrolase, adenylyl-[glutamate-ammonia ligase] hydrolase, v. 11 | p. 105	
3.1.4.15	adenylyl-[glutamine-synthetase] hydrolase, adenylyl-[glutamate-ammonia ligase] hydrolase, v. 11 | p. 105	
4.6.1.1	adenylyl cyclase, adenylate cyclase, v. 5 | p. 415	
4.6.1.1	adenylylcyclase, adenylate cyclase, v. 5 | p. 415	
4.6.1.1	adenylyl cyclase, type-V, adenylate cyclase, v. 5 | p. 415	
4.6.1.1	adenylyl cyclase, type-VI, adenylate cyclase, v. 5 | p. 415	
4.6.1.1	adenylyl cyclase-5, adenylate cyclase, v. 5 | p. 415	
4.6.1.1	adenylyl cyclase-V, adenylate cyclase, v. 5 | p. 415	
4.6.1.1	adenylyl cyclase 1, adenylate cyclase, v. 5 | p. 415	
4.6.1.1	adenylyl cyclase 2, adenylate cyclase, v. 5 | p. 415	
4.6.1.1	adenylyl cyclase 5, adenylate cyclase, v. 5 | p. 415	
4.6.1.1	adenylyl cyclase 8, adenylate cyclase, v. 5 | p. 415	
4.6.1.1	adenylyl cyclase 9, adenylate cyclase, v. 5 | p. 415	
4.6.1.1	adenylyl cyclases 1, adenylate cyclase, v. 5 | p. 415	
4.6.1.1	adenylyl cyclases 8, adenylate cyclase, v. 5 | p. 415	
4.6.1.1	adenylyl cyclase toxin, adenylate cyclase, v. 5 | p. 415	
4.6.1.1	adenylyl cyclase type 1, adenylate cyclase, v. 5 | p. 415	
4.6.1.1	Adenylyl cyclase type 10, adenylate cyclase, v. 5 | p. 415	
4.6.1.1	adenylyl cyclase type 5, adenylate cyclase, v. 5 | p. 415	
4.6.1.1	adenylyl cyclase type 8, adenylate cyclase, v. 5 | p. 415	
4.6.1.1	adenylyl cyclase type V, adenylate cyclase, v. 5 | p. 415	
4.6.1.1	adenylyl cyclase type VI, adenylate cyclase, v. 5 | p. 415	
4.6.1.1	adenylyl cyclase VI, adenylate cyclase, v. 5 | p. 415	
4.6.1.1	adenylyl cyclase VII, adenylate cyclase, v. 5 | p. 415	
1.8.4.8	Adenylyl phosphosulfate reductase, phosphoadenylyl-sulfate reductase (thioredoxin), v. 24 | p. 659	
2.7.1.25	adenylylsulfate 3'-phosphotransferase, adenylyl-sulfate kinase, v. 35 | p. 314	
2.7.7.51	adenylyl sulfate:ammonia adenylyl transferase, adenylylsulfate-ammonia adenylyltransferase, v. 38 | p. 523	

2.7.1.25	adenylylsulfate kinase, adenylyl-sulfate kinase, v. 35 | p. 314	
2.7.7.4	adenylylsulfate pyrophosphorylase, sulfate adenylyltransferase, v. 38 | p. 77	
1.8.99.2	5'-adenylyl sulfate reductase, adenylyl-sulfate reductase, v. 24 | p. 694	
1.8.99.2	5'-adenylylsulfate reductase, adenylyl-sulfate reductase, v. 24 | p. 694	
1.8.4.9	5'-adenylylsulfate reductase, adenylyl-sulfate reductase (glutathione), v. 24 | p. 663	
1.8.4.10	5'-adenylylsulfate reductase, adenylyl-sulfate reductase (thioredoxin), v. 24 | p. 668	
1.8.99.2	5-adenylylsulfate reductase, adenylyl-sulfate reductase, v. 24 | p. 694	
1.8.4.10	adenylylsulfate reductase, adenylyl-sulfate reductase (thioredoxin), v. 24 | p. 668	
2.7.7.42	adenylyltransferase, [glutamate-ammonia-ligase] adenylyltransferase, v. 38 | p. 431	
2.7.7.53	adenylyltransferase, adenine triphosphate, ATP adenylyltransferase, v. 38 | p. 531	
2.7.7.51	adenylyltransferase, adenylylsulfate-ammonia, adenylylsulfate-ammonia adenylyltransferase, v. 38 | p. 523	
2.7.7.55	adenylyltransferase, anthranilate, anthranilate adenylyltransferase, v. 38 | p. 541	
2.7.7.27	adenylyltransferase, glucose 1-phosphate, glucose-1-phosphate adenylyltransferase, v. 38 | p. 321	
2.7.7.42	adenylyltransferase, glutamine synthetase, [glutamate-ammonia-ligase] adenylyltransferase, v. 38 | p. 431	
2.7.7.1	adenylyltransferase, nicotinamide mononucleotide, nicotinamide-nucleotide adenylyltransferase, v. 38 | p. 49	
2.7.7.18	adenylyltransferase, nicotinate mononucleotide, nicotinate-nucleotide adenylyltransferase, v. 38 | p. 240	
2.7.7.54	adenylyltransferase, phenylalanine, phenylalanine adenylyltransferase, v. 38 | p. 539	
2.7.7.35	adenylyltransferase, ribose 5-phosphate, ribose-5-phosphate adenylyltransferase, v. 38 | p. 387	
2.7.7.36	adenylyltransferase, sugar 1-phosphate, aldose-1-phosphate adenylyltransferase, v. 38 | p. 391	
2.7.7.4	adenylyltransferase, sulfate, sulfate adenylyltransferase, v. 38 | p. 77	
2.5.1.18	adGSTD4-4, glutathione transferase, v. 33 | p. 524	
1.5.1.17	ADH, Alanopine dehydrogenase, v. 23 | p. 158	
1.4.1.1	ADH, alanine dehydrogenase, v. 22 | p. 1	
1.1.1.1	ADH, alcohol dehydrogenase, v. 16 | p. 1	
1.1.1.2	ADH, alcohol dehydrogenase (NADP+), v. 16 | p. 45	
1.1.99.8	ADH, alcohol dehydrogenase (acceptor), v. 19 | p. 305	
1.1.1.71	ADH, alcohol dehydrogenase [NAD(P)+], v. 17 | p. 98	
1.3.1.43	ADH, arogenate dehydrogenase, v. 21 | p. 242	
1.1.1.90	ADH, aryl-alcohol dehydrogenase, v. 17 | p. 209	
1.1.1.1	Y-ADH, alcohol dehydrogenase, v. 16 | p. 1	
1.1.1.284	c-ADH, S-(hydroxymethyl)glutathione dehydrogenase, v. S1 | p. 38	
1.1.1.1	ADH-A2, alcohol dehydrogenase, v. 16 | p. 1	
1.1.1.1	ADH-B2, alcohol dehydrogenase, v. 16 | p. 1	
1.1.1.1	ADH-C2, alcohol dehydrogenase, v. 16 | p. 1	
1.1.1.1	ADH-HT, alcohol dehydrogenase, v. 16 | p. 1	
1.1.99.8	ADH-IIB, alcohol dehydrogenase (acceptor), v. 19 | p. 305	
1.1.99.8	ADH-IIG, alcohol dehydrogenase (acceptor), v. 19 | p. 305	
1.1.1.22	ADH-like UDP-glucose dehydrogenase, UDP-glucose 6-dehydrogenase, v. 16 | p. 221	
1.1.1.1	ADH1, alcohol dehydrogenase, v. 16 | p. 1	
1.1.1.1	ADH1C*1, alcohol dehydrogenase, v. 16 | p. 1	
1.1.1.1	ADH1C*2, alcohol dehydrogenase, v. 16 | p. 1	
1.1.1.1	Adh1p, alcohol dehydrogenase, v. 16 | p. 1	
1.1.1.1	ADH2, alcohol dehydrogenase, v. 16 | p. 1	
1.1.1.284	ADH3, S-(hydroxymethyl)glutathione dehydrogenase, v. S1 | p. 38	
1.1.1.1	ADH3, alcohol dehydrogenase, v. 16 | p. 1	
1.1.1.1	ADH4, alcohol dehydrogenase, v. 16 | p. 1	
1.1.1.1	ADH8, alcohol dehydrogenase, v. 16 | p. 1	
1.1.1.1	AdhA, alcohol dehydrogenase, v. 16 | p. 1	

1.1.99.8	AdhA, alcohol dehydrogenase (acceptor), v. 19	p. 305	
1.1.1.284	AdhC, S-(hydroxymethyl)glutathione dehydrogenase, v. S1	p. 38	
1.2.1.10	AdhE, acetaldehyde dehydrogenase (acetylating), v. 20	p. 115	
2.7.10.1	Adhesion-related kinase, receptor protein-tyrosine kinase, v. S2	p. 341	
1.1.99.8	ADH I, alcohol dehydrogenase (acceptor), v. 19	p. 305	
1.2.99.3	ADH I, aldehyde dehydrogenase (pyrroloquinoline-quinone), v. 20	p. 578	
1.1.99.8	ADHI, alcohol dehydrogenase (acceptor), v. 19	p. 305	
1.1.1.1	ADH II, alcohol dehydrogenase, v. 16	p. 1	
1.1.99.8	ADH IIB, alcohol dehydrogenase (acceptor), v. 19	p. 305	
1.2.99.3	ADH IIB, aldehyde dehydrogenase (pyrroloquinoline-quinone), v. 20	p. 578	
1.1.99.8	ADHIIB, alcohol dehydrogenase (acceptor), v. 19	p. 305	
1.1.99.8	ADH IIG, alcohol dehydrogenase (acceptor), v. 19	p. 305	
1.2.99.3	ADH IIG, aldehyde dehydrogenase (pyrroloquinoline-quinone), v. 20	p. 578	
1.1.99.8	ADHIIG, alcohol dehydrogenase (acceptor), v. 19	p. 305	
1.1.1.284	ADH III, S-(hydroxymethyl)glutathione dehydrogenase, v. S1	p. 38	
3.5.3.6	ADI, arginine deiminase, v. 14	p. 776	
1.13.11.53	ADI1, acireductone dioxygenase (Ni2+-requiring), v. S1	p. 470	
4.1.1.19	AdiA, Arginine decarboxylase, v. 3	p. 106	
1.3.99.24	ADIC dehydrogenase, 2-amino-4-deoxychorismate dehydrogenase	
2.6.1.86	ADIC synthase, 2-amino-4-deoxychorismate synthase	
1.2.1.31	adipic 6-semialdehyde dehydrogenase, L-aminoadipate-semialdehyde dehydrogenase, v. 20	p. 262	
3.4.11.1	adipocyte-derived leucine aminopeptidase, leucyl aminopeptidase, v. 6	p. 40	
3.1.3.2	Adipocyte acid phosphatase, isozyme α, acid phosphatase, v. 10	p. 31	
3.1.3.2	Adipocyte acid phosphatase, isozyme β, acid phosphatase, v. 10	p. 31	
1.1.1.184	Adipocyte P27 protein, carbonyl reductase (NADPH), v. 18	p. 105	
3.1.1.4	adiponutrin, phospholipase A2, v. 9	p. 52	
3.1.1.3	adipose triglyceride lipase, triacylglycerol lipase, v. 9	p. 36	
3.4.21.46	Adipsin, complement factor D, v. 7	p. 213	
3.5.1.93	adipyl-cephalosporin acylase, glutaryl-7-aminocephalosporanic-acid acylase, v. S6	p. 386	
3.4.24.81	a disintegrin and metalloprotease 10, ADAM10 endopeptidase, v. S6	p. 311	
3.4.24.86	a disintegrin and metalloprotease 17, ADAM 17 endopeptidase, v. S6	p. 348	
3.4.24.81	a disintegrin and metalloproteinase 10, ADAM10 endopeptidase, v. S6	p. 311	
3.4.24.82	a disintegrin and metalloproteinase with thrombospondin-1-like motifs, ADAMTS-4 endopeptidase, v. S6	p. 320	
3.4.24.82	a disintegrin and metalloproteinase with thrombospondin motif, ADAMTS-4 endopeptidase, v. S6	p. 320	
3.4.24.82	a disintegrin and metalloproteinase with thrombospondin motifs-4, ADAMTS-4 endopeptidase, v. S6	p. 320	
2.7.1.20	ADK, adenosine kinase, v. 35	p. 252	
6.5.1.1	ADL, DNA ligase (ATP), v. 2	p. 755	
4.3.2.2	ADL, adenylosuccinate lyase, v. 5	p. 263	
3.4.22.39	Ad L3 23K proteinase, adenain, v. 7	p. 720	
2.7.4.3	ADLP, adenylate kinase, v. 37	p. 493	
6.3.5.10	Ado-cobyric acid synthase (glutamine hydrolyzing), adenosylcobyric acid synthase (glutamine-hydrolysing), v. S7	p. 651	
2.7.7.62	AdoCbi-P guanylyltransferase, adenosylcobinamide-phosphate guanylyltransferase, v. 38	p. 568	
6.3.1.10	AdoCbi-P synthase, adenosylcobinamide-phosphate synthase, v. S7	p. 592	
6.3.1.10	AdoCbi-P synthetase, adenosylcobinamide-phosphate synthase, v. S7	p. 592	
3.5.1.90	AdoCbi amidohydrolase, adenosylcobinamide hydrolase, v. S6	p. 373	
2.7.1.156	AdoCbi kinase/AdoCbi-phosphate guanylyltransferase, adenosylcobinamide kinase, v. 37	p. 255	
2.7.7.62	AdoCbi kinase/AdoCbi-phosphate guanylyltransferase, adenosylcobinamide-phosphate guanylyltransferase, v. 38	p. 568	

2.7.8.26	AdoCbl-5'-P synthase, adenosylcobinamide-GDP ribazoletransferase, v. 39 | p. 147
5.4.99.1	AdoCbl-dependent glutamate mutase, Methylaspartate mutase, v. 1 | p. 582
3.2.2.9	(adoHcy)/methylthioadenosine nucleosidase, adenosylhomocysteine nucleosidase, v. 14 | p. 55
3.2.2.9	adoHcy/MeSAdo nucleosidase, adenosylhomocysteine nucleosidase, v. 14 | p. 55
3.2.2.9	adoHcy/MTA nucleosidase, adenosylhomocysteine nucleosidase, v. 14 | p. 55
3.3.1.1	AdoHcyase, adenosylhomocysteinase, v. 14 | p. 120
3.3.1.1	AdoHcyHD, adenosylhomocysteinase, v. 14 | p. 120
3.5.4.28	AdoHcy hydrolase, S-adenosylhomocysteine deaminase, v. 15 | p. 172
3.3.1.1	AdoHyc hydrolase, adenosylhomocysteinase, v. 14 | p. 120
2.7.1.20	Ado kinase, adenosine kinase, v. 35 | p. 252
3.4.22.2	Adolph's Meat Tenderizer, papain, v. 7 | p. 518
2.1.1.137	AdoMet:arsenic(III) methyltransferase, arsenite methyltransferase, v. 28 | p. 613
2.1.1.125	AdoMet:histone-arginine N-methyltransferase, histone-arginine N-methyltransferase, v. 28 | p. 578
2.1.1.126	AdoMet:myelin basic protein-arginine N-methyltransferase, [myelin basic protein]-arginine N-methyltransferase, v. 28 | p. 583
2.1.1.153	AdoMet:vitexin 2"-O-rhamnoside 7-O-methyltransferase, vitexin 2-O-rhamnoside 7-O-methyltransferase, v. S2 | p. 1
3.3.1.2	AdoMetase, adenosylmethionine hydrolase, v. 14 | p. 138
4.1.1.50	AdoMetDC, adenosylmethionine decarboxylase, v. 3 | p. 306
3.3.1.2	AdoMet hydrolase, adenosylmethionine hydrolase, v. 14 | p. 138
2.5.1.6	AdoMetS, methionine adenosyltransferase, v. 33 | p. 424
2.5.1.6	AdoMet synthase, methionine adenosyltransferase, v. 33 | p. 424
2.5.1.6	AdoMet synthease, methionine adenosyltransferase, v. 33 | p. 424
2.5.1.6	AdoMet synthetase, methionine adenosyltransferase, v. 33 | p. 424
1.1.1.56	adonitol dehydrogenase, ribitol 2-dehydrogenase, v. 17 | p. 26
1.8.99.2	AdoPSO4 reductase, adenylyl-sulfate reductase, v. 24 | p. 694
2.7.1.146	ADP-6-phosphofructokinase, ADP-specific phosphofructokinase, v. 37 | p. 223
6.2.1.13	ADP-ACS, Acetate-CoA ligase (ADP-forming), v. 2 | p. 267
2.7.7.36	ADP-aldose phosphorylase, aldose-1-phosphate adenylyltransferase, v. 38 | p. 391
3.2.2.19	Nω-(ADP-D-ribosyl)-L-arginine ADP-ribosylhydrolase, [protein ADP-ribosylarginine] hydrolase, v. 14 | p. 92
3.5.4.7	ADP-deaminating enzyme, ADP deaminase, v. 15 | p. 66
2.7.1.146	ADP-dependent 6-phosphofructokinase, ADP-specific phosphofructokinase, v. 37 | p. 223
2.7.1.147	ADP-dependent glucokinase, ADP-specific glucokinase, v. 37 | p. 226
2.7.1.146	ADP-dependent glucokinase/phosphofructokinase, ADP-specific phosphofructokinase, v. 37 | p. 223
2.7.1.147	ADP-dependent kinase, ADP-specific glucokinase, v. 37 | p. 226
2.7.1.146	ADP-dependent phosphofructokinase, ADP-specific phosphofructokinase, v. 37 | p. 223
6.2.1.1	ADP-forming acetyl-CoA synthetase, Acetate-CoA ligase, v. 2 | p. 186
6.2.1.13	ADP-forming acetyl-CoA synthetase, Acetate-CoA ligase (ADP-forming), v. 2 | p. 267
6.2.1.13	ADP-forming acetyl coenzyme A synthetase, Acetate-CoA ligase (ADP-forming), v. 2 | p. 267
6.2.1.5	ADP-forming succinyl-CoA synthase, Succinate-CoA ligase (ADP-forming), v. 2 | p. 224
6.2.1.5	ADP-forming succinyl-CoA synthetase, Succinate-CoA ligase (ADP-forming), v. 2 | p. 224
2.7.7.27	ADP-Glc PPase, glucose-1-phosphate adenylyltransferase, v. 38 | p. 321
2.4.1.21	ADP-glucose-starch glucosyltransferase, starch synthase, v. 31 | p. 251
2.4.1.113	ADP-glucose:protein glucosyltransferase, α-1,4-glucan-protein synthase (ADP-forming), v. 32 | p. 134
2.7.7.27	ADP-glucose pyrophosphorylase, glucose-1-phosphate adenylyltransferase, v. 38 | p. 321
2.4.1.21	ADP-glucose starch synthase, starch synthase, v. 31 | p. 251
2.7.7.27	ADP-glucose synthase, glucose-1-phosphate adenylyltransferase, v. 38 | p. 321
2.4.1.21	ADP-glucose synthase, starch synthase, v. 31 | p. 251
2.7.7.27	ADP-glucose synthetase, glucose-1-phosphate adenylyltransferase, v. 38 | p. 321

2.4.1.21	ADP-glucose transglucosylase, starch synthase, v. 31	p. 251
5.1.3.20	ADP-glycero-manno-heptose-6-epimerase, ADP-glyceromanno-heptose 6-epimerase, v. 1	p. 175
5.1.3.20	ADP-glyceromanno-heptose 6-epimerase, ADP-glyceromanno-heptose 6-epimerase, v. 1	p. 175
5.1.3.20	ADP-L,D-hep 6-epimerase, ADP-glyceromanno-heptose 6-epimerase, v. 1	p. 175
5.1.3.20	ADP-L-glycero-D-manno-heptose-6-epimerase, ADP-glyceromanno-heptose 6-epimerase, v. 1	p. 175
5.1.3.20	ADP-L-glycero-D-manno-heptose-6-epimerase, Aquifex aelicis gene rfaD, ADP-glyceromanno-heptose 6-epimerase, v. 1	p. 175
5.1.3.20	ADP-L-glycero-D-manno-heptose-6-epimerase, ADP-glyceromanno-heptose 6-epimerase, v. 1	p. 175
5.1.3.20	ADP-L-glycero-D-mannoheptose-6-epimerase, ADP-glyceromanno-heptose 6-epimerase, v. 1	p. 175
5.1.3.20	ADP-L-glycero-D-mannoheptose-6-epimerase (Escherichia coli strain K-12 substrain MG1655 clone EC19-98 gene rfaD), ADP-glyceromanno-heptose 6-epimerase, v. 1	p. 175
5.1.3.20	ADP-L-glycero-D-mannoheptose-6-epimerase, ADP-glyceromanno-heptose 6-epimerase, v. 1	p. 175
5.1.3.20	ADP-L-glycero-D-mannoheptose 6-epimerase (Neisseria gonorrhoeae gene gme), ADP-glyceromanno-heptose 6-epimerase, v. 1	p. 175
2.7.1.146	ADP-Pfk, ADP-specific phosphofructokinase, v. 37	p. 223
3.1.3.28	ADP-phosphoglycerate phosphatase, ADP-phosphoglycerate phosphatase, v. 10	p. 310
3.2.2.19	ADP-ribose-L-arginine cleavage enzyme, [protein ADP-ribosylarginine] hydrolase, v. 14	p. 92
3.2.2.19	ADP-ribose-L-arginine cleaving enzyme, [protein ADP-ribosylarginine] hydrolase, v. 14	p. 92
3.6.1.13	ADP-ribose diphosphatase, ADP-ribose diphosphatase, v. 15	p. 354
3.2.1.143	ADP-ribose glycohydrolase, poly(ADP-ribose) glycohydrolase, v. 13	p. 571
3.6.1.13	ADP-ribose phosphohydrolase, ADP-ribose diphosphatase, v. 15	p. 354
3.6.1.13	ADP-ribose pyrophosphatase, ADP-ribose diphosphatase, v. 15	p. 354
3.6.1.21	ADP-ribose pyrophosphatase, ADP-sugar diphosphatase, v. 15	p. 392
3.6.1.13	ADP-ribose pyrophosphatase Sll1054, ADP-ribose diphosphatase, v. 15	p. 354
3.6.1.13	ADP-ribose pyrophosphatase Slr0920, ADP-ribose diphosphatase, v. 15	p. 354
3.6.1.13	ADP-ribose pyrophosphatase Slr1134, ADP-ribose diphosphatase, v. 15	p. 354
3.2.2.19	ADP-ribosyl(arginine)protein hydrolase, [protein ADP-ribosylarginine] hydrolase, v. 14	p. 92
3.2.2.19	ADP-ribosylarginine glycohydrolase, [protein ADP-ribosylarginine] hydrolase, v. 14	p. 92
3.2.2.19	ADP-ribosylarginine hydrolase, [protein ADP-ribosylarginine] hydrolase, v. 14	p. 92
3.2.2.5	ADP-ribosyl cyclase/NAD+-glycohydrolase, NAD+ nucleosidase, v. 14	p. 25
3.2.2.24	ADP-ribosyl glycohydrolase, ADP-ribosyl-[dinitrogen reductase] hydrolase, v. 14	p. 115
3.2.2.24	ADP-ribosylglycohydrolase, ADP-ribosyl-[dinitrogen reductase] hydrolase, v. 14	p. 115
2.4.2.30	ADP-ribosyltransferase, NAD+ ADP-ribosyltransferase, v. 33	p. 263
2.4.2.37	ADP-ribosyltransferase, NAD+-dinitrogen-reductase ADP-D-ribosyltransferase, v. 33	p. 299
2.4.2.36	ADP-ribosyltransferase, NAD+-diphthamide ADP-ribosyltransferase, v. 33	p. 296
2.4.2.31	ADP-ribosyltransferase, NAD+-protein-arginine ADP-ribosyltransferase, v. 33	p. 272
2.4.2.30	ADP-ribosyltransferase (polymerizing), NAD+ ADP-ribosyltransferase, v. 33	p. 263
2.4.2.30	ADP-ribosyltransferase-1, NAD+ ADP-ribosyltransferase, v. 33	p. 263
2.4.2.31	ADP-ribosyltransferase-2, NAD+-protein-arginine ADP-ribosyltransferase, v. 33	p. 272
2.4.2.30	ADP-ribosyltransferase C3cer, NAD+ ADP-ribosyltransferase, v. 33	p. 263
2.7.7.5	ADP-sulfurylase, sulfate adenylyltransferase (ADP), v. 38	p. 98
5.5.1.1	ADP1, Muconate cycloisomerase, v. 1	p. 660
2.7.1.118	ADP:dThd phosphotransferase, ADP-thymidine kinase, v. 37	p. 50
3.6.1.5	ADPase, apyrase, v. 15	p. 269
3.6.1.6	ADPase, nucleoside-diphosphatase, v. 15	p. 283

2.7.1.146	ADP dependent phosphofructokinase, ADP-specific phosphofructokinase, v.37 | p.223
2.4.1.21	ADPG-starch glucosyltransferase, starch synthase, v.31 | p.251
2.7.1.147	ADPGK, ADP-specific glucokinase, v.37 | p.226
2.7.7.27	ADPGlc PPase, glucose-1-phosphate adenylyltransferase, v.38 | p.321
3.6.1.9	ADPglucose pyrophosphatase/phosphodiesterase, nucleotide diphosphatase, v.15 | p.317
2.7.7.27	ADP glucose pyrophosphorylase, glucose-1-phosphate adenylyltransferase, v.38 | p.321
2.7.7.27	ADPglucose pyrophosphorylase, glucose-1-phosphate adenylyltransferase, v.38 | p.321
2.7.7.27	ADPG pyrophosphorylase, glucose-1-phosphate adenylyltransferase, v.38 | p.321
2.4.1.21	ADPG starch synthetase, starch synthase, v.31 | p.251
3.1.1.4	AdPLA, phospholipase A2, v.9 | p.52
2.4.2.30	ADPr, NAD+ ADP-ribosyltransferase, v.33 | p.263
3.6.1.13	ADPR-PPase, ADP-ribose diphosphatase, v.15 | p.354
3.6.1.13	ADPRase, ADP-ribose diphosphatase, v.15 | p.354
3.6.1.13	ADPRase-I, ADP-ribose diphosphatase, v.15 | p.354
1.17.4.1	ADP reductase, ribonucleoside-diphosphate reductase, v.27 | p.489
3.2.2.19	ADPRH, [protein ADP-ribosylarginine] hydrolase, v.14 | p.92
3.6.1.13	ADPRibase, ADP-ribose diphosphatase, v.15 | p.354
3.6.1.53	ADPRibase-Mn, Mn2+-dependent ADP-ribose/CDP-alcohol diphosphatase
2.7.7.35	ADP ribose phosphorylase, ribose-5-phosphate adenylyltransferase, v.38 | p.387
3.6.1.13	ADPribose pyrophosphatase, ADP-ribose diphosphatase, v.15 | p.354
3.6.1.13	ADPR pyrophosphatase, ADP-ribose diphosphatase, v.15 | p.354
2.4.2.30	ADPRT, NAD+ ADP-ribosyltransferase, v.33 | p.263
2.4.2.31	ADPRT, NAD+-protein-arginine ADP-ribosyltransferase, v.33 | p.272
2.4.2.30	ADPRT , NAD+ ADP-ribosyltransferase, v.33 | p.263
2.7.7.36	ADP sugar phosphorylase, aldose-1-phosphate adenylyltransferase, v.38 | p.391
3.6.1.21	ADPsugar pyrophosphatase, ADP-sugar diphosphatase, v.15 | p.392
2.7.7.5	ADP sulfurylase, sulfate adenylyltransferase (ADP), v.38 | p.98
1.18.1.2	AdR, ferredoxin-NADP+ reductase, v.27 | p.543
3.2.2.5	ADRC, NAD+ nucleosidase, v.14 | p.25
4.1.2.30	Adrenal 17,20-lyase, 17α-Hydroxyprogesterone aldolase, v.3 | p.549
1.4.3.4	adrenaline oxidase, monoamine oxidase, v.22 | p.260
2.7.11.15	β-adrenergic receptor-specific kinase, β-adrenergic-receptor kinase, v.S3 | p.400
2.7.11.15	β-adrenergic receptor kinase, β-adrenergic-receptor kinase, v.S3 | p.400
2.7.11.15	β-adrenergic receptor kinase 1, β-adrenergic-receptor kinase, v.S3 | p.400
2.7.11.15	ββ-adrenergic receptor kinase 1, β-adrenergic-receptor kinase, v.S3 | p.400
2.7.11.15	β-adrenergic receptor kinase 2, β-adrenergic-receptor kinase, v.S3 | p.400
1.18.1.2	adrenodoxin reductase, ferredoxin-NADP+ reductase, v.27 | p.543
3.6.3.47	adrenoleukodystrophy-related protein, fatty-acyl-CoA-transporting ATPase, v.15 | p.724
3.6.3.47	adrenoleukodystrophy protein, fatty-acyl-CoA-transporting ATPase, v.15 | p.724
3.4.21.61	adrenorphin-Gly-generating enzyme, Kexin, v.7 | p.280
2.5.1.26	ADS, alkylglycerone-phosphate synthase, v.33 | p.592
4.2.3.24	ADS, amorpha-4,11-diene synthase, v.S7 | p.307
4.2.3.24	ADS1, amorpha-4,11-diene synthase, v.S7 | p.307
3.6.4.3	adseverin, microtubule-severing ATPase, v.15 | p.774
4.3.2.2	ADSL, adenylosuccinate lyase, v.5 | p.263
6.3.4.4	AdSS, Adenylosuccinate synthase, v.2 | p.579
6.3.4.4	AdSS1, Adenylosuccinate synthase, v.2 | p.579
6.3.4.4	AdSS2, Adenylosuccinate synthase, v.2 | p.579
6.3.4.4	AdSSL1, Adenylosuccinate synthase, v.2 | p.579
4.2.1.91	AdT, arogenate dehydratase, v.4 | p.649
6.3.5.6	AdT, asparaginyl-tRNA synthase (glutamine-hydrolysing), v.S7 | p.628
6.3.5.7	AdT, glutaminyl-tRNA synthase (glutamine-hydrolysing), v.S7 | p.638
4.2.1.91	ADT1, arogenate dehydratase, v.4 | p.649
4.2.1.91	ADT2, arogenate dehydratase, v.4 | p.649
4.2.1.91	ADT3, arogenate dehydratase, v.4 | p.649

4.2.1.91	ADT4, arogenate dehydratase, v. 4 | p. 649	
4.2.1.91	ADT5, arogenate dehydratase, v. 4 | p. 649	
4.2.1.91	ADT6, arogenate dehydratase, v. 4 | p. 649	
2.8.2.15	ADT sulfotransferase, steroid sulfotransferase, v. 39 | p. 387	
3.1.1.72	AE, Acetylxylan esterase, v. 9 | p. 406	
3.1.1.6	AE, acetylesterase, v. 9 | p. 96	
1.14.17.3	α-AE, peptidylglycine monooxygenase, v. 27 | p. 140	
1.9.3.1	AED, cytochrome-c oxidase, v. 25 | p. 1	
3.2.1.4	AEG, cellulase, v. 12 | p. 88	
3.1.1.43	AEH, α-amino-acid esterase, v. 9 | p. 301	
4.3.1.7	AEL, ethanolamine ammonia-lyase, v. 5 | p. 214	
1.1.1.25	ael1, shikimate dehydrogenase, v. 16 | p. 241	
3.4.22.34	AEP, Legumain, v. 7 | p. 689	
1.13.12.5	aequorin, Renilla-luciferin 2-monooxygenase, v. 25 | p. 704	
1.13.12.5	aequorin-1, Renilla-luciferin 2-monooxygenase, v. 25 | p. 704	
1.3.1.74	2AER, 2-alkenal reductase, v. 21 | p. 336	
1.2.3.4	aero-oxalo dehydrogenase, oxalate oxidase, v. 20 | p. 450	
3.2.1.98	Aerobacter aerogenes amylase, glucan 1,4-α-maltohexaosidase, v. 13 | p. 379	
1.14.13.81	aerobic Mg-protoporphyrin IX monomethyl ester cyclase, magnesium-protoporphyrin IX monomethyl ester (oxidative) cyclase, v. 26 | p. 582	
2.7.13.3	aerobic respiration control sensor/response regulatory protein, histidine kinase, v. S4 | p. 420	
2.7.13.3	aerobic respiration control sensor protein arcB, histidine kinase, v. S4 | p. 420	
2.7.13.3	aerobic respiration control sensor protein arcB homolog, histidine kinase, v. S4 | p. 420	
3.4.24.25	Aeromonas neutral protease, vibriolysin, v. 8 | p. 358	
3.4.11.22	Aeromonas proteolytica aminopeptidase, aminopeptidase I, v. 6 | p. 178	
3.4.11.10	Aeromonas proteolytica aminopeptidase, bacterial leucyl aminopeptidase, v. 6 | p. 125	
3.4.24.25	Aeromonas proteolytica neutral proteinase, vibriolysin, v. 8 | p. 358	
3.4.24.25	Aeromonolysin, vibriolysin, v. 8 | p. 358	
3.4.24.26	aeruginolysin, pseudolysin, v. 8 | p. 363	
3.4.24.40	aeruginolysin, serralysin, v. 8 | p. 424	
3.1.1.6	Aes, acetylesterase, v. 9 | p. 96	
3.4.22.49	AESP, separase, v. S6 | p. 18	
2.4.1.22	N-aetyllactosamine synthase, lactose synthase, v. 31 | p. 264	
3.2.1.55	AF, α-N-arabinofuranosidase, v. 13 | p. 106	
3.2.1.55	α-L-AF, α-N-arabinofuranosidase, v. 13 | p. 106	
6.2.1.1	AF-ACS2, Acetate-CoA ligase, v. 2 | p. 186	
1.1.1.263	1,4-AF-reductase, 1,5-anhydro-D-fructose reductase, v. 18 | p. 464	
3.1.3.25	AF2372, inositol-phosphate phosphatase, v. 10 | p. 278	
1.14.13.70	AF_14DM, sterol 14-demethylase, v. 26 | p. 547	
3.4.21.55	Afaacytin, Venombin AB, v. 7 | p. 255	
3.2.1.55	AFase, α-N-arabinofuranosidase, v. 13 | p. 106	
3.2.1.55	α-L-Afase, α-N-arabinofuranosidase, v. 13 | p. 106	
3.2.1.55	Afase I, α-N-arabinofuranosidase, v. 13 | p. 106	
3.2.1.55	Afase II, α-N-arabinofuranosidase, v. 13 | p. 106	
3.4.24.84	Afc1, Ste24 endopeptidase, v. S6 | p. 337	
3.4.24.84	Afc1p, Ste24 endopeptidase, v. S6 | p. 337	
3.2.1.63	AfcA, 1,2-α-L-fucosidase, v. 13 | p. 180	
3.2.1.63	AfcA protein, 1,2-α-L-fucosidase, v. 13 | p. 180	
2.7.7.25	AfCCA, tRNA adenylyltransferase, v. 38 | p. 305	
2.7.7.21	AfCCA, tRNA cytidylyltransferase, v. 38 | p. 265	
3.2.1.54	AfCda13, cyclomaltodextrinase, v. 13 | p. 95	
4.2.1.111	AF dehydratase, 1,5-anhydro-D-fructose dehydratase, v. S7 | p. 115	
4.2.1.111	AFDH, 1,5-anhydro-D-fructose dehydratase, v. S7 | p. 115	
4.2.1.10	AfDQ, 3-dehydroquinate dehydratase, v. 4 | p. 304	

3.1.27.9	AF endonuclease, tRNA-intron endonuclease, v. 11 | p. 604	
3.1.1.1	AFEST, carboxylesterase, v. 9 | p. 1	
3.1.30.2	AfFEN, Serratia marcescens nuclease, v. 11 | p. 626	
3.6.4.7	AFG1, peroxisome-assembly ATPase, v. 15 | p. 794	
2.3.1.4	AfGNA1, glucosamine-phosphate N-acetyltransferase, v. 29 | p. 237	
3.6.3.50	afGspE, protein-secreting ATPase, v. 15 | p. 737	
3.1.21.4	AflII, type II site-specific deoxyribonuclease, v. 11 | p. 454	
3.1.21.4	AflIII, type II site-specific deoxyribonuclease, v. 11 | p. 454	
3.1.14.1	Afl II ribonuclease, yeast ribonuclease, v. 11 | p. 412	
3.5.1.9	AFMID, arylformamidase, v. 14 | p. 274	
3.1.27.9	AFN, tRNA-intron endonuclease, v. 11 | p. 604	
1.7.2.1	AfNiR, nitrite reductase (NO-forming), v. 24 | p. 325	
3.1.3.8	Afp, 3-phytase, v. 10 | p. 129	
2.4.1.198	afpig-a, phosphatidylinositol N-acetylglucosaminyltransferase, v. 32 | p. 492	
3.1.1.5	AfPlb1, lysophospholipase, v. 9 | p. 82	
3.1.1.5	AfPlb2, lysophospholipase, v. 9 | p. 82	
3.1.1.5	AfPlb3, lysophospholipase, v. 9 | p. 82	
3.6.3.8	AfPMR1, Ca2+-transporting ATPase, v. 15 | p. 566	
2.4.1.109	AfPmt1p, dolichyl-phosphate-mannose-protein mannosyltransferase, v. 32 | p. 110	
3.2.1.55	AFQ, α-N-arabinofuranosidase, v. 13 | p. 106	
3.2.1.55	AFQ1, α-N-arabinofuranosidase, v. 13 | p. 106	
1.1.1.263	AFR, 1,5-anhydro-D-fructose reductase, v. 18 | p. 464	
1.1.1.292	AFR, 1,5-anhydro-D-fructose reductase (1,5-anhydro-D-mannitol-forming), v. S1 | p. 80	
1.6.5.4	AFR-reductase, monodehydroascorbate reductase (NADH), v. 24 | p. 126	
1.1.1.263	AF reductase, 1,5-anhydro-D-fructose reductase, v. 18 | p. 464	
1.1.1.292	AF reductase, 1,5-anhydro-D-fructose reductase (1,5-anhydro-D-mannitol-forming), v. S1 | p. 80	
1.6.5.4	AFR reductase, monodehydroascorbate reductase (NADH), v. 24 | p. 126	
3.2.1.55	AFS, α-N-arabinofuranosidase, v. 13 | p. 106	
3.2.1.55	AFS1, α-N-arabinofuranosidase, v. 13 | p. 106	
2.3.1.84	AFT1, alcohol O-acetyltransferase, v. 30 | p. 125	
2.3.1.84	AFT2, alcohol O-acetyltransferase, v. 30 | p. 125	
3.2.1.51	AFU, α-L-fucosidase, v. 13 | p. 25	
3.1.22.4	Afu-Hjc, crossover junction endodeoxyribonuclease, v. 11 | p. 487	
3.2.1.20	AG, α-glucosidase, v. 12 | p. 263	
3.2.1.4	Ag-EGase III, cellulase, v. 12 | p. 88	
2.3.1.122	ag85C, trehalose O-mycolyltransferase, v. 30 | p. 300	
3.5.1.26	AGA, N4-(β-N-acetylglucosaminyl)-L-asparaginase, v. 14 | p. 385	
3.2.1.22	Aga-F78, α-galactosidase, v. 12 | p. 342	
3.2.1.81	AgaA, β-agarase, v. 13 | p. 279	
3.2.1.81	AgaAc, β-agarase, v. 13 | p. 279	
3.2.1.81	AgaB, β-agarase, v. 13 | p. 279	
3.2.1.81	AgaD, β-agarase, v. 13 | p. 279	
3.2.1.22	Agalsidase alfa, α-galactosidase, v. 12 | p. 342	
1.4.3.22	AGAO, diamine oxidase	
1.4.3.21	AGAO, primary-amine oxidase	
3.2.1.81	agarase, β-agarase, v. 13 | p. 279	
3.2.1.158	α-agarase, α-agarase, v. S5 | p. 170	
3.2.1.81	Agarase 0107, β-agarase, v. 13 | p. 279	
3.2.1.158	agaraseA33, α-agarase, v. S5 | p. 170	
4.2.3.18	AGAS, abietadiene synthase, v. S7 | p. 276	
2.3.1.1	AGAS, amino-acid N-acetyltransferase, v. 29 | p. 224	
5.5.1.12	AGAS, copalyl diphosphate synthase, v. S7 | p. 551	
3.5.1.81	D-AGase, N-Acyl-D-amino-acid deacylase, v. 14 | p. 603	
3.5.1.82	D-AGase, N-Acyl-D-glutamate deacylase, v. 14 | p. 610	

2.1.4.1	AGAT, glycine amidinotransferase, v. 29 | p. 151	
3.4.17.17	AGBL4, tubulinyl-Tyr carboxypeptidase, v. 6 | p. 483	
3.4.22.15	AgCatL, cathepsin L, v. 7 | p. 582	
3.2.1.14	AgChi, chitinase, v. 12 | p. 185	
2.4.1.16	AgCHS-1, chitin synthase, v. 31 | p. 147	
2.4.1.16	AgCHS-2, chitin synthase, v. 31 | p. 147	
2.7.1.145	AGCK, deoxynucleoside kinase, v. 37 | p. 214	
3.2.1.20	AgdB, α-glucosidase, v. 12 | p. 263	
3.5.3.12	AgDI, agmatine deiminase, v. 14 | p. 805	
5.1.3.8	AGE, N-Acylglucosamine 2-epimerase, v. 1 | p. 140	
3.1.21.4	AgeI, type II site-specific deoxyribonuclease, v. 11 | p. 454	
3.4.24.82	agg-1, ADAMTS-4 endopeptidase, v. S6 | p. 320	
3.2.1.14	Agglutinin, chitinase, v. 12 | p. 185	
3.4.24.82	aggrecanase, ADAMTS-4 endopeptidase, v. S6 | p. 320	
3.4.24.42	aggrecanase, atrolysin C, v. 8 | p. 439	
3.4.24.82	aggrecanase-1, ADAMTS-4 endopeptidase, v. S6 | p. 320	
3.4.24.82	aggrecanase-2, ADAMTS-4 endopeptidase, v. S6 | p. 320	
3.4.24.82	aggrecanase 1, ADAMTS-4 endopeptidase, v. S6 | p. 320	
2.7.1.94	AGK, acylglycerol kinase, v. 36 | p. 368	
3.4.24.72	Agkistrodon contortrix contortrix metalloproteinase, fibrolase, v. 8 | p. 565	
3.1.1.4	Agkistrotoxin, phospholipase A2, v. 9 | p. 52	
3.1.1.4	AgkTx-II, phospholipase A2, v. 9 | p. 52	
3.2.1.20	AGL, α-glucosidase, v. 12 | p. 263	
3.2.1.20	AglA, α-glucosidase, v. 12 | p. 263	
3.2.1.10	AglA, oligo-1,6-glucosidase, v. 12 | p. 162	
3.2.1.54	AglB, cyclomaltodextrinase, v. 13 | p. 95	
2.4.1.119	AglB, dolichyl-diphosphooligosaccharide-protein glycotransferase, v. 32 | p. 155	
3.2.1.122	AglB, maltose-6'-phosphate glucosidase, v. 13 | p. 499	
2.7.10.2	Aγglobulinaemia tyrosine kinase, non-specific protein-tyrosine kinase, v. S2 | p. 441	
5.4.2.3	AGM1, phosphoacetylglucosamine mutase, v. 1 | p. 515	
3.5.3.12	agmatine amidinohydrolase, agmatine deiminase, v. 14 | p. 805	
2.3.1.64	agmatine coumaroyltransferase, agmatine N4-coumaroyltransferase, v. 30 | p. 22	
3.5.3.12	agmatine deiminase, agmatine deiminase, v. 14 | p. 805	
3.5.3.12	agmatine iminohydrolase, agmatine deiminase, v. 14 | p. 805	
3.5.3.11	agmatine ureohydrolase, agmatinase, v. 14 | p. 801	
5.1.3.20	AGME, ADP-glyceromanno-heptose 6-epimerase, v. 1 | p. 175	
3.2.1.59	Agn1p, glucan endo-1,3-α-glucosidase, v. 13 | p. 151	
3.2.1.59	Agn2p, glucan endo-1,3-α-glucosidase, v. 13 | p. 151	
4.2.1.91	AGN dehydratase, arogenate dehydratase, v. 4 | p. 649	
3.4.23.19	AGP, Aspergillopepsin II, v. 8 | p. 87	
2.7.7.27	AGP, glucose-1-phosphate adenylyltransferase, v. 38 | p. 321	
2.7.7.27	AGP1, glucose-1-phosphate adenylyltransferase, v. 38 | p. 321	
2.7.7.27	AGP2, glucose-1-phosphate adenylyltransferase, v. 38 | p. 321	
3.4.21.76	AGP7, Myeloblastin, v. 7 | p. 380	
2.7.7.27	AGPase, glucose-1-phosphate adenylyltransferase, v. 38 | p. 321	
2.3.1.51	AGPAT, 1-acylglycerol-3-phosphate O-acyltransferase, v. 29 | p. 670	
2.3.1.51	AGPAT1, 1-acylglycerol-3-phosphate O-acyltransferase, v. 29 | p. 670	
2.3.1.51	AGPAT2, 1-acylglycerol-3-phosphate O-acyltransferase, v. 29 | p. 670	
2.3.1.15	AGPAT6, glycerol-3-phosphate O-acyltransferase, v. 29 | p. 347	
2.3.1.15	AGPAT8, glycerol-3-phosphate O-acyltransferase, v. 29 | p. 347	
2.3.1.51	AGPAT9, 1-acylglycerol-3-phosphate O-acyltransferase, v. 29 | p. 670	
2.3.1.15	AGPAT9, glycerol-3-phosphate O-acyltransferase, v. 29 | p. 347	
3.1.3.10	AgpE, glucose-1-phosphatase, v. 10 | p. 160	
2.4.2.1	AgPNP, purine-nucleoside phosphorylase, v. 33 | p. 1	
3.6.1.9	AGPPase, nucleotide diphosphatase, v. 15 | p. 317	

3.6.1.9	AGPPase1, nucleotide diphosphatase, v. 15 | p. 317	
3.6.1.9	AGPPase2, nucleotide diphosphatase, v. 15 | p. 317	
1.2.1.38	AGPR, N-acetyl-γ-glutamyl-phosphate reductase, v. 20 | p. 289	
1.2.1.38	AGPreductase, N-acetyl-γ-glutamyl-phosphate reductase, v. 20 | p. 289	
2.4.1.183	AGS3, α-1,3-glucan synthase, v. 32 | p. 437	
2.4.1.183	agsA, α-1,3-glucan synthase, v. 32 | p. 437	
2.4.1.26	AGT, DNA α-glucosyltransferase, v. 31 | p. 293	
2.6.1.44	AGT, alanine-glyoxylate transaminase, v. 34 | p. 538	
2.1.1.63	AGT, methylated-DNA-[protein]-cysteine S-methyltransferase, v. 28 | p. 343	
2.6.1.44	AGT1, alanine-glyoxylate transaminase, v. 34 | p. 538	
2.4.1.25	AgtA, 4-α-glucanotransferase, v. 31 | p. 276	
2.4.1.25	AgtB, 4-α-glucanotransferase, v. 31 | p. 276	
3.1.21.7	AGTendoV, deoxyribonuclease V	
2.1.1.63	AGTendoV, methylated-DNA-[protein]-cysteine S-methyltransferase, v. 28 | p. 343	
3.2.1.139	Agu4B, α-glucuronidase, v. 13 | p. 553	
3.5.3.12	AguA, agmatine deiminase, v. 14 | p. 805	
3.2.1.139	AguA, α-glucuronidase, v. 13 | p. 553	
3.5.3.12	aguA protein, agmatine deiminase, v. 14 | p. 805	
3.5.1.53	AguB, N-carbamoylputrescine amidase, v. 14 | p. 495	
2.6.1.44	AGX, alanine-glyoxylate transaminase, v. 34 | p. 538	
2.7.7.23	AGX1, UDP-N-acetylglucosamine diphosphorylase, v. 38 | p. 289	
2.7.7.23	AGX2, UDP-N-acetylglucosamine diphosphorylase, v. 38 | p. 289	
2.6.1.44	AGXT, alanine-glyoxylate transaminase, v. 34 | p. 538	
4.2.1.112	AH, acetylene hydratase, v. S7 | p. 118	
4.2.1.3	AH, aconitate hydratase, v. 4 | p. 273	
3.1.2.14	AH, oleoyl-[acyl-carrier-protein] hydrolase, v. 9 | p. 516	
1.14.14.1	3AH15, unspecific monooxygenase, v. 26 | p. 584	
3.2.1.1	AHA, α-amylase, v. 12 | p. 1	
3.6.3.6	AHA2, H+-exporting ATPase, v. 15 | p. 554	
3.1.21.4	AhaIII, type II site-specific deoxyribonuclease, v. 11 | p. 454	
1.1.1.86	AHAIR, ketol-acid reductoisomerase, v. 17 | p. 190	
2.2.1.6	AHAS, acetolactate synthase, v. 29 | p. 202	
4.1.3.18	AHAS, acetolactate synthase, v. 4 | p. 116	
3.3.1.1	AHCY, adenosylhomocysteinase, v. 14 | p. 120	
1.2.1.3	AHD-M1, aldehyde dehydrogenase (NAD+), v. 20 | p. 32	
2.1.1.72	AhdI methyltransferase, site-specific DNA-methyltransferase (adenine-specific), v. 28 | p. 390	
3.4.23.38	AH I, plasmepsin I, v. 8 | p. 175	
3.2.1.117	AH I', amygdalin β-glucosidase, v. 13 | p. 485	
3.4.23.39	AH II, plasmepsin II, v. 8 | p. 178	
3.2.1.117	AH II', amygdalin β-glucosidase, v. 13 | p. 485	
1.1.1.86	AHIR, ketol-acid reductoisomerase, v. 17 | p. 190	
2.7.13.3	AHK5, histidine kinase, v. S4 | p. 420	
3.1.3.7	AHL, 3'(2'),5'-bisphosphate nucleotidase, v. 10 | p. 125	
3.5.1.97	AHL-acylase, acyl-homoserine-lactone acylase, v. S6 | p. 434	
3.1.1.81	AHL-acylase, quorum-quenching N-acyl-homoserine lactonase, v. S5 | p. 23	
3.1.1.81	AHL-degrading enzyme, quorum-quenching N-acyl-homoserine lactonase, v. S5 | p. 23	
3.1.1.81	AHL-inactivating enzyme, quorum-quenching N-acyl-homoserine lactonase, v. S5 | p. 23	
3.1.1.81	AHL-lactonase, quorum-quenching N-acyl-homoserine lactonase, v. S5 | p. 23	
3.1.1.81	AHL acylase, quorum-quenching N-acyl-homoserine lactonase, v. S5 | p. 23	
3.1.1.81	AHLase, quorum-quenching N-acyl-homoserine lactonase, v. S5 | p. 23	
3.1.1.81	AhlD, quorum-quenching N-acyl-homoserine lactonase, v. S5 | p. 23	
3.1.1.81	AhlK, quorum-quenching N-acyl-homoserine lactonase, v. S5 | p. 23	
3.1.1.25	AHL lactonase, 1,4-lactonase, v. 9 | p. 219	
3.1.1.81	AHL lactonase, quorum-quenching N-acyl-homoserine lactonase, v. S5 | p. 23	

AHL synthase

2.3.1.184	AHL synthase, acyl-homoserine-lactone synthase, v. S2 | p. 140	
1.2.3.1	AHO2, aldehyde oxidase, v. 20 | p. 425	
1.11.1.15	Ahp, peroxiredoxin, v. S1 | p. 403	
1.11.1.15	AhpC, peroxiredoxin, v. S1 | p. 403	
1.8.1.8	AhpF, protein-disulfide reductase, v. 24 | p. 514	
1.14.14.3	AhR binding-dependent luciferase, alkanal monooxygenase (FMN-linked), v. 26 | p. 595	
2.5.1.49	AHS, O-acetylhomoserine aminocarboxypropyltransferase, v. 34 | p. 122	
2.3.1.184	AHS, acyl-homoserine-lactone synthase, v. S2 | p. 140	
3.1.1.81	N-AHSL lactonase, quorum-quenching N-acyl-homoserine lactonase, v. S5 | p. 23	
2.3.1.184	AHSL synthase, acyl-homoserine-lactone synthase, v. S2 | p. 140	
2.3.1.184	AhyI, acyl-homoserine-lactone synthase, v. S2 | p. 140	
5.3.1.4	AI, L-Arabinose isomerase, v. 1 | p. 254	
5.3.3.7	AI, aconitate Δ-isomerase, v. 1 | p. 409	
5.3.1.3	D-AI, Arabinose isomerase, v. 1 | p. 249	
4.4.1.21	AI-2 synthase, S-ribosylhomocysteine lyase, v. S7 | p. 400	
2.1.2.3	AICA-ribotide formyltransferase, phosphoribosylaminoimidazolecarboxamide formyltransferase, v. 29 | p. 32	
2.1.2.3	AICAR formyltransferase, phosphoribosylaminoimidazolecarboxamide formyltransferase, v. 29 | p. 32	
2.1.2.3	AICARFT, phosphoribosylaminoimidazolecarboxamide formyltransferase, v. 29 | p. 32	
2.1.2.3	AICARFT/IMPCHase, phosphoribosylaminoimidazolecarboxamide formyltransferase, v. 29 | p. 32	
2.1.2.3	AICAR TFase, phosphoribosylaminoimidazolecarboxamide formyltransferase, v. 29 | p. 32	
2.1.2.3	AICAR transformylase, phosphoribosylaminoimidazolecarboxamide formyltransferase, v. 29 | p. 32	
3.5.4.10	AICAR transformylase/inosine 5'-monophosphate cyclohydrolase, IMP cyclohydrolase, v. 15 | p. 82	
2.1.2.3	AICAR transformylase/inosine monophosphate cyclohydrolase, phosphoribosylaminoimidazolecarboxamide formyltransferase, v. 29 | p. 32	
3.5.4.5	AICDA, cytidine deaminase, v. 15 | p. 42	
3.5.4.5	AID, cytidine deaminase, v. 15 | p. 42	
3.6.5.3	aIF2, protein-synthesizing GTPase, v. S6 | p. 494	
3.6.5.3	aIF2B, protein-synthesizing GTPase, v. S6 | p. 494	
3.5.3.12	AIH, agmatine deiminase, v. 14 | p. 805	
3.1.1.81	AiiA, quorum-quenching N-acyl-homoserine lactonase, v. S5 | p. 23	
3.1.1.81	AiiA-like protein, quorum-quenching N-acyl-homoserine lactonase, v. S5 | p. 23	
3.1.1.81	AiiA lactonase, quorum-quenching N-acyl-homoserine lactonase, v. S5 | p. 23	
3.1.1.81	AiiB, quorum-quenching N-acyl-homoserine lactonase, v. S5 | p. 23	
3.5.1.97	AiiC, acyl-homoserine-lactone acylase, v. S6 | p. 434	
3.1.1.81	AiiC, quorum-quenching N-acyl-homoserine lactonase, v. S5 | p. 23	
3.5.1.97	AiiD, acyl-homoserine-lactone acylase, v. S6 | p. 434	
5.3.1.4	L-AI NC8, L-Arabinose isomerase, v. 1 | p. 254	
2.3.1.184	AinS, acyl-homoserine-lactone synthase, v. S2 | p. 140	
2.3.1.184	AinS protein, acyl-homoserine-lactone synthase, v. S2 | p. 140	
3.1.3.1	AIP, alkaline phosphatase, v. 10 | p. 1	
3.1.1.4	aiPLA2, phospholipase A2, v. 9 | p. 52	
2.5.1.27	AIPT, adenylate dimethylallyltransferase, v. 33 | p. 599	
4.1.1.21	AIRC, phosphoribosylaminoimidazole carboxylase, v. 3 | p. 122	
6.3.2.6	AIRc-SAICARs, phosphoribosylaminoimidazolesuccinocarboxamide synthase, v. 2 | p. 434	
4.1.1.21	AIR carboxylase, phosphoribosylaminoimidazole carboxylase, v. 3 | p. 122	
6.3.3.1	AIRS, phosphoribosylformylglycinamidine cyclo-ligase, v. 2 | p. 530	
6.3.3.1	AIR synthase, phosphoribosylformylglycinamidine cyclo-ligase, v. 2 | p. 530	
6.3.3.1	AIR synthetase, phosphoribosylformylglycinamidine cyclo-ligase, v. 2 | p. 530	
5.3.1.4	L-AI US100, L-Arabinose isomerase, v. 1 | p. 254	
3.2.1.26	AIV, β-fructofuranosidase, v. 12 | p. 451	

3.2.1.15	Aj-PGase, polygalacturonase, v. 12 | p. 208	
2.7.4.13	AK, (deoxy)nucleoside-phosphate kinase, v. 37 | p. 578	
2.7.2.1	AK, acetate kinase, v. 37 | p. 259	
2.7.1.20	AK, adenosine kinase, v. 35 | p. 252	
2.7.3.3	AK, arginine kinase, v. 37 | p. 385	
2.7.2.4	AK, aspartate kinase, v. 37 | p. 314	
1.1.1.3	AK-HDH, homoserine dehydrogenase, v. 16 | p. 84	
2.7.2.4	AK-HSDH, aspartate kinase, v. 37 | p. 314	
1.1.1.3	AK-HSDH, homoserine dehydrogenase, v. 16 | p. 84	
2.7.2.4	AK-HSDH I, aspartate kinase, v. 37 | p. 314	
2.7.2.4	AK-R7, aspartate kinase, v. 37 | p. 314	
2.7.2.4	AK-ts31d, aspartate kinase, v. 37 | p. 314	
3.4.21.62	Ak.1 protease, Subtilisin, v. 7 | p. 285	
2.7.3.3	AK1, arginine kinase, v. 37 | p. 385	
2.7.2.4	AK1, aspartate kinase, v. 37 | p. 314	
1.1.1.295	AK103462 protein, momilactone-A synthase	
2.7.3.3	AK2, arginine kinase, v. 37 | p. 385	
2.7.2.4	AK2, aspartate kinase, v. 37 | p. 314	
2.7.2.4	AK3, aspartate kinase, v. 37 | p. 314	
3.2.1.55	AkAbf, α-N-arabinofuranosidase, v. 13 | p. 106	
3.2.1.55	AkAbf54, α-N-arabinofuranosidase, v. 13 | p. 106	
3.2.1.55	AkabfA, α-N-arabinofuranosidase, v. 13 | p. 106	
3.2.1.55	AkAbfB, α-N-arabinofuranosidase, v. 13 | p. 106	
1.2.4.2	AKGDH, oxoglutarate dehydrogenase (succinyl-transferring), v. 20 | p. 507	
2.7.2.4	AK II, aspartate kinase, v. 37 | p. 314	
2.7.2.4	AKIII, aspartate kinase, v. 37 | p. 314	
2.7.11.1	AKin10, non-specific serine/threonine protein kinase, v. S3 | p. 1	
1.14.13.69	AkMO, alkene monooxygenase, v. 26 | p. 543	
1.1.1.283	AKR, methylglyoxal reductase (NADPH-dependent), v. S1 | p. 32	
1.1.1.2	AKR1A1, alcohol dehydrogenase (NADP+), v. 16 | p. 45	
1.1.1.19	AKR1A1, glucuronate reductase, v. 16 | p. 193	
1.1.1.2	AKR1A4, alcohol dehydrogenase (NADP+), v. 16 | p. 45	
1.2.1.4	AKR1A4, aldehyde dehydrogenase (NADP+), v. 20 | p. 63	
1.1.1.21	AKR1B, aldehyde reductase, v. 16 | p. 203	
1.1.1.21	AKR1B1, aldehyde reductase, v. 16 | p. 203	
1.1.1.21	AKR1B3, aldehyde reductase, v. 16 | p. 203	
1.1.1.50	AKR1C, 3α-hydroxysteroid dehydrogenase (B-specific), v. 16 | p. 487	
1.1.1.149	AKR1C1, 20α-hydroxysteroid dehydrogenase, v. 17 | p. 471	
1.1.1.270	AKR1C1, 3-keto-steroid reductase, v. 18 | p. 485	
1.3.1.20	AKR1C1, trans-1,2-dihydrobenzene-1,2-diol dehydrogenase, v. 21 | p. 98	
1.1.1.50	AKR1C1-4, 3α-hydroxysteroid dehydrogenase (B-specific), v. 16 | p. 487	
1.1.1.213	AKR1C17, 3α-hydroxysteroid dehydrogenase (A-specific), v. 18 | p. 285	
1.1.1.50	AKR1C17, 3α-hydroxysteroid dehydrogenase (B-specific), v. 16 | p. 487	
1.1.1.270	AKR1C2, 3-keto-steroid reductase, v. 18 | p. 485	
1.1.1.213	AKR1C2, 3α-hydroxysteroid dehydrogenase (A-specific), v. 18 | p. 285	
1.1.1.50	AKR1C2, 3α-hydroxysteroid dehydrogenase (B-specific), v. 16 | p. 487	
1.3.1.20	AKR1C2, trans-1,2-dihydrobenzene-1,2-diol dehydrogenase, v. 21 | p. 98	
1.1.1.209	AKR1C21, 3(or 17)α-hydroxysteroid dehydrogenase, v. 18 | p. 271	
1.1.1.149	AKR1C23, 20α-hydroxysteroid dehydrogenase, v. 17 | p. 471	
1.1.1.239	AKR1C3, 3α(17β)-hydroxysteroid dehydrogenase (NAD+), v. 18 | p. 386	
1.1.1.213	AKR1C3, 3α-hydroxysteroid dehydrogenase (A-specific), v. 18 | p. 285	
1.1.1.50	AKR1C3, 3α-hydroxysteroid dehydrogenase (B-specific), v. 16 | p. 487	
1.1.1.62	AKR1C3, estradiol 17β-dehydrogenase, v. 17 | p. 48	
1.1.1.188	AKR1C3, prostaglandin-F synthase, v. 18 | p. 130	
1.1.1.64	AKR1C3, testosterone 17β-dehydrogenase (NADP+), v. 17 | p. 71	

1.1.1.213	AKR1C4, 3α-hydroxysteroid dehydrogenase (A-specific), v. 18 | p. 285
1.1.1.50	AKR1C4, 3α-hydroxysteroid dehydrogenase (B-specific), v. 16 | p. 487
1.1.1.213	AKR1C9, 3α-hydroxysteroid dehydrogenase (A-specific), v. 18 | p. 285
1.1.1.50	AKR1C9, 3α-hydroxysteroid dehydrogenase (B-specific), v. 16 | p. 487
1.1.1.270	AKR1Cs, 3-keto-steroid reductase, v. 18 | p. 485
1.3.99.6	AKR1D1, 3-oxo-5β-steroid 4-dehydrogenase, v. 21 | p. 520
1.3.1.3	AKR1D1, Δ4-3-oxosteroid 5β-reductase, v. 21 | p. 15
1.1.1.263	AKR1E1, 1,5-anhydro-D-fructose reductase, v. 18 | p. 464
1.1.1.292	AKR1E1, 1,5-anhydro-D-fructose reductase (1,5-anhydro-D-mannitol-forming), v. S1 | p. 80
2.4.1.19	Akrilex C cyclodextrin glycosyltransferase, cyclomaltodextrin glucanotransferase, v. 31 | p. 210
2.6.1.2	AKT, alanine transaminase, v. 34 | p. 280
2.7.10.2	AKT, non-specific protein-tyrosine kinase, v. S2 | p. 441
2.7.11.1	AKT, non-specific serine/threonine protein kinase, v. S3 | p. 1
2.7.11.1	p-AKT, non-specific serine/threonine protein kinase, v. S3 | p. 1
2.7.11.1	Akt-1, non-specific serine/threonine protein kinase, v. S3 | p. 1
2.7.11.1	Akt-3, non-specific serine/threonine protein kinase, v. S3 | p. 1
2.7.11.1	AKT1, non-specific serine/threonine protein kinase, v. S3 | p. 1
2.7.11.1	AKT2, non-specific serine/threonine protein kinase, v. S3 | p. 1
2.7.11.1	Akt3, non-specific serine/threonine protein kinase, v. S3 | p. 1
2.7.11.1	Akt protein kinase, non-specific serine/threonine protein kinase, v. S3 | p. 1
4.3.2.1	AL, argininosuccinate lyase, v. 5 | p. 255
2.7.10.2	AL, non-specific protein-tyrosine kinase, v. S2 | p. 441
4.2.1.24	Al-D, porphobilinogen synthase, v. 4 | p. 399
4.2.2.3	AL2, poly(β-D-mannuronate) lyase, v. 5 | p. 19
4.2.1.65	Ala(CN) hydratase, 3-Cyanoalanine hydratase, v. 4 | p. 563
4.2.1.24	ALA-D, porphobilinogen synthase, v. 4 | p. 399
4.2.1.24	δ-ALA-D, porphobilinogen synthase, v. 4 | p. 399
3.4.16.4	D-Ala-D-Ala(D,D) carboxypeptidase, serine-type D-Ala-D-Ala carboxypeptidase, v. 6 | p. 376
6.3.2.10	D-Ala-D-Ala-adding enzyme, UDP-N-acetylmuramoyl-tripeptide-D-alanyl-D-alanine ligase, v. 2 | p. 458
3.4.13.22	D-Ala-D-Ala-dipeptidase, D-Ala-D-Ala dipeptidase, v. S5 | p. 292
3.4.13.22	D-Ala-D-Ala amino dipeptidase, D-Ala-D-Ala dipeptidase, v. S5 | p. 292
3.4.16.4	D-Ala-D-Ala carboxypeptidase, serine-type D-Ala-D-Ala carboxypeptidase, v. 6 | p. 376
3.4.16.4	D-Ala-D-Ala dipeptidase, serine-type D-Ala-D-Ala carboxypeptidase, v. 6 | p. 376
3.4.13.22	D-Ala-D-Ala dipeptidase VanX, D-Ala-D-Ala dipeptidase, v. S5 | p. 292
6.3.2.4	D-Ala-D-Ala ligase, D-Alanine-D-alanine ligase, v. 2 | p. 423
3.4.16.4	D-Ala-D-Ala peptidase, serine-type D-Ala-D-Ala carboxypeptidase, v. 6 | p. 376
6.3.2.4	D-Ala-D-Ala synthetase, D-Alanine-D-alanine ligase, v. 2 | p. 423
2.3.1.37	ALA-S, 5-aminolevulinate synthase, v. 29 | p. 538
6.1.1.7	Ala-tRNA synthetase, Alanine-tRNA ligase, v. 2 | p. 51
3.4.11.14	AlaAP, cytosol alanyl aminopeptidase, v. 6 | p. 143
3.4.11.2	AlaAP, membrane alanyl aminopeptidase, v. 6 | p. 53
2.6.1.2	AlaAT, alanine transaminase, v. 34 | p. 280
2.6.1.2	AlaAT1, alanine transaminase, v. 34 | p. 280
3.4.17.6	D-Ala carboxypeptidase IB-C, alanine carboxypeptidase, v. 6 | p. 443
4.2.1.24	ALAD, porphobilinogen synthase, v. 4 | p. 399
4.2.1.24	d-ALAD, porphobilinogen synthase, v. 4 | p. 399
4.2.1.24	δ-ALAD, porphobilinogen synthase, v. 4 | p. 399
1.4.1.1	L-Ala dehydrogenase, alanine dehydrogenase, v. 22 | p. 1
1.4.1.1	ALADH, alanine dehydrogenase, v. 22 | p. 1
4.2.1.24	ALADH, porphobilinogen synthase, v. 4 | p. 399
1.4.1.1	L-AlaDH, alanine dehydrogenase, v. 22 | p. 1

3.5.3.9	ALAH, allantoate deiminase, v. 14 | p. 796	
6.3.2.8	L-Ala ligase, UDP-N-acetylmuramate-L-alanine ligase, v. 2 | p. 442	
3.2.1.58	ALAM, glucan 1,3-β-glucosidase, v. 13 | p. 137	
6.1.1.13	D-alanine–D-alanyl carrier protein ligase, D-Alanine-poly(phosphoribitol) ligase, v. 2 | p. 97	
2.6.1.43	alanine-γ,δ-dioxovalerate aminotransferase, aminolevulinate transaminase, v. 34 | p. 527	
2.6.1.18	β-alanine-α-alanine transaminase, β-alanine-pyruvate transaminase, v. 34 | p. 390	
2.6.1.12	L-alanine-α-keto acid aminotransferase, alanine-oxo-acid transaminase, v. 34 | p. 347	
4.1.1.64	L-Alanine-α-ketobutyrate aminotransferase, 2,2-Dialkylglycine decarboxylase (pyruvate), v. 3 | p. 360	
2.6.1.2	L-alanine-α-ketoglutarate aminotransferase, alanine transaminase, v. 34 | p. 280	
2.6.1.2	alanine-α-ketoglutarate aminotransferase, alanine transaminase, v. 34 | p. 280	
6.1.1.7	Alanine–tRNA ligase, Alanine-tRNA ligase, v. 2 | p. 51	
2.6.1.2	alanine-2-oxoglutarate aminotransferase, alanine transaminase, v. 34 | p. 280	
2.6.1.43	L-alanine-4,5-dioxovalerate aminotransferase, aminolevulinate transaminase, v. 34 | p. 527	
6.1.1.13	D-Alanine-activating enzyme, D-Alanine-poly(phosphoribitol) ligase, v. 2 | p. 97	
6.3.2.8	Alanine-adding enzyme, UDP-N-acetylmuramate-L-alanine ligase, v. 2 | p. 442	
3.4.16.4	D-alanine-carboxypeptidase, serine-type D-Ala-D-Ala carboxypeptidase, v. 6 | p. 376	
3.4.17.8	D-alanine-D-alanine-carboxypeptidase, muramoylpentapeptide carboxypeptidase, v. 6 | p. 448	
6.1.1.13	D-Alanine-D-alanyl carrier protein ligase, D-Alanine-poly(phosphoribitol) ligase, v. 2 | p. 97	
2.6.1.43	alanine-dioxovalerate aminotransferase, aminolevulinate transaminase, v. 34 | p. 527	
2.6.1.44	L-alanine-glycine transaminase, alanine-glyoxylate transaminase, v. 34 | p. 538	
2.6.1.44	alanine-glyoxalate aminotransferase, alanine-glyoxylate transaminase, v. 34 | p. 538	
2.6.1.44	alanine-glyoxalate transaminase 1, alanine-glyoxylate transaminase, v. 34 | p. 538	
2.6.1.44	L-alanine-glyoxylate aminotransferase, alanine-glyoxylate transaminase, v. 34 | p. 538	
2.6.1.44	alanine-glyoxylate aminotransferase, alanine-glyoxylate transaminase, v. 34 | p. 538	
2.6.1.44	alanine-glyoxylate aminotransferase isoenzyme 2, alanine-glyoxylate transaminase, v. 34 | p. 538	
2.6.1.44	alanine-glyoxylic aminotransferase, alanine-glyoxylate transaminase, v. 34 | p. 538	
2.6.1.12	alanine-keto acid aminotransferase, alanine-oxo-acid transaminase, v. 34 | p. 347	
2.6.1.47	alanine-ketomalonate (mesoxalate) transaminase, alanine-oxomalonate transaminase, v. 34 | p. 563	
2.6.1.47	L-alanine-ketomalonate transaminase, alanine-oxomalonate transaminase, v. 34 | p. 563	
6.3.2.16	D-Alanine-membrane acceptor-ligase, D-Alanine-alanyl-poly(glycerolphosphate) ligase, v. 2 | p. 485	
6.1.1.13	D-Alanine-membrane acceptor ligase, D-Alanine-poly(phosphoribitol) ligase, v. 2 | p. 97	
2.6.1.56	L-alanine-N-amidino-3-(or 5-)keto-scyllo-inosamine transaminase, 1D-1-guanidino-3-amino-1,3-dideoxy-scyllo-inositol transaminase, v. 34 | p. 602	
2.6.1.12	alanine-oxo acid aminotransferase, alanine-oxo-acid transaminase, v. 34 | p. 347	
2.6.1.19	β-alanine-oxoglutarate aminotransferase, 4-aminobutyrate transaminase, v. 34 | p. 395	
2.6.1.19	β-alanine-oxoglutarate transaminase, 4-aminobutyrate transaminase, v. 34 | p. 395	
2.6.1.47	alanine-oxomalonate aminotransferase, alanine-oxomalonate transaminase, v. 34 | p. 563	
3.4.11.4	alanine-phenylalanine-proline arylamidase, tripeptide aminopeptidase, v. 6 | p. 75	
2.6.1.2	alanine-pyruvate aminotransferase, alanine transaminase, v. 34 | p. 280	
2.6.1.18	β-alanine-pyruvate aminotransferase, β-alanine-pyruvate transaminase, v. 34 | p. 390	
3.4.11.2	alanine-specific aminopeptidase, membrane alanyl aminopeptidase, v. 6 | p. 53	
6.1.1.7	Alanine-transfer RNA ligase, Alanine-tRNA ligase, v. 2 | p. 51	
6.1.1.7	alanine-tRNA ligase, Alanine-tRNA ligase, v. 2 | p. 51	
2.6.1.32	alanine-valine transaminase, valine-3-methyl-2-oxovalerate transaminase, v. 34 | p. 458	
2.6.1.66	alanine-valine transaminase, valine-pyruvate transaminase, v. 35 | p. 34	
3.4.11.2	alanine/arginine aminopeptidase, membrane alanyl aminopeptidase, v. 6 | p. 53	
2.6.1.21	D-alanine:2-oxoglutarate aminotransferase, D-amino-acid transaminase, v. 34 | p. 412	
2.6.1.2	alanine: 2-oxoglutarate aminotransferase, alanine transaminase, v. 34 | p. 280	

2.6.1.44	alanine:2-oxoglutarate aminotransferase, alanine-glyoxylate transaminase, v. 34 | p. 538	
2.6.1.43	alanine:4,5-dioxovalerate aminotransferase, aminolevulinate transaminase, v. 34 | p. 527	
2.6.1.43	L-alanine:4,5-dioxovaleric acid transaminase, aminolevulinate transaminase, v. 34 | p. 527	
6.3.2.4	D-Alanine:D-alanine ligase, D-Alanine-D-alanine ligase, v. 2 | p. 423	
5.1.1.1	L-Alanine:D-alanine racemase, Alanine racemase, v. 1 | p. 1	
6.1.1.13	D-alanine:D-alanyl carrier protein ligase, D-Alanine-poly(phosphoribitol) ligase, v. 2 | p. 97	
2.6.1.43	L-alanine:dioxovalerate transaminase, aminolevulinate transaminase, v. 34 | p. 527	
2.6.1.44	alanine:glyoxylate aminotransferase, alanine-glyoxylate transaminase, v. 34 | p. 538	
2.6.1.51	alanine:glyoxylate aminotransferase-1, serine-pyruvate transaminase, v. 34 | p. 579	
2.6.1.44	alanine:glyoxylate aminotransferase type 1, alanine-glyoxylate transaminase, v. 34 | p. 538	
6.3.2.16	D-Alanine:membrane-acceptor ligase, D-Alanine-alanyl-poly(glycerolphosphate) ligase, v. 2 | p. 485	
6.1.1.13	D-Alanine: membrane acceptor ligase, D-Alanine-poly(phosphoribitol) ligase, v. 2 | p. 97	
6.3.2.16	D-Alanine:membrane acceptor ligase, D-Alanine-alanyl-poly(glycerolphosphate) ligase, v. 2 | p. 485	
2.6.1.2	β-alanine: pyruvate transaminase, alanine transaminase, v. 34 | p. 280	
2.6.1.18	β-alanine:pyruvate transaminase, β-alanine-pyruvate transaminase, v. 34 | p. 390	
6.3.2.8	L-Alanine adding enzyme, UDP-N-acetylmuramate-L-alanine ligase, v. 2 | p. 442	
3.4.11.2	L-alanine aminopeptidase, membrane alanyl aminopeptidase, v. 6 | p. 53	
3.4.11.2	alanine aminopeptidase, membrane alanyl aminopeptidase, v. 6 | p. 53	
2.6.1.21	D-alanine aminotransferase, D-amino-acid transaminase, v. 34 | p. 412	
2.6.1.2	L-alanine aminotransferase, alanine transaminase, v. 34 | p. 280	
2.6.1.2	alanine aminotransferase, alanine transaminase, v. 34 | p. 280	
2.6.1.19	β-alanine aminotransferase, 4-aminobutyrate transaminase, v. 34 | p. 395	
2.6.1.2	β-alanine aminotransferase, alanine transaminase, v. 34 | p. 280	
2.6.1.2	alanine aminotransferase-1, alanine transaminase, v. 34 | p. 280	
3.4.17.8	D-alanine carboxypeptidase, muramoylpentapeptide carboxypeptidase, v. 6 | p. 448	
3.4.16.4	D-alanine carboxypeptidase, serine-type D-Ala-D-Ala carboxypeptidase, v. 6 | p. 376	
3.4.17.8	D-alanine carboxypeptidase I, muramoylpentapeptide carboxypeptidase, v. 6 | p. 448	
3.4.16.4	D-alanine carboxypeptidase I, serine-type D-Ala-D-Ala carboxypeptidase, v. 6 | p. 376	
1.4.1.1	L-alanine dehydrogenase, alanine dehydrogenase, v. 22 | p. 1	
1.4.1.1	α-alanine dehydrogenase, alanine dehydrogenase, v. 22 | p. 1	
2.6.1.44	alanine glyoxylate aminotransferase, alanine-glyoxylate transaminase, v. 34 | p. 538	
1.4.1.1	alanine oxidoreductase, alanine dehydrogenase, v. 22 | p. 1	
5.1.1.1	D-alanine racemase, Alanine racemase, v. 1 | p. 1	
5.1.1.1	L-Alanine racemase, Alanine racemase, v. 1 | p. 1	
5.1.1.1	alanine racemase, Alanine racemase, v. 1 | p. 1	
6.3.2.23	β-alanine specific hGSH synthetase, homoglutathione synthase, v. 2 | p. 518	
3.5.1.6	β-alanine synthase, β-ureidopropionase, v. 14 | p. 263	
2.6.1.21	D-alanine transaminase, D-amino-acid transaminase, v. 34 | p. 412	
2.6.1.2	L-alanine transaminase, alanine transaminase, v. 34 | p. 280	
2.6.1.2	alanine transaminase, alanine transaminase, v. 34 | p. 280	
2.6.1.19	β-alanine transaminase, 4-aminobutyrate transaminase, v. 34 | p. 395	
6.1.1.7	Alanine transfer RNA synthetase, Alanine-tRNA ligase, v. 2 | p. 51	
6.1.1.7	Alanine translase, Alanine-tRNA ligase, v. 2 | p. 51	
6.1.1.7	Alanine tRNA synthetase, Alanine-tRNA ligase, v. 2 | p. 51	
6.3.2.16	D-Alanyl-alanyl-polyglycerolphosphate synthetase, D-Alanine-alanyl-poly(glycerolphosphate) ligase, v. 2 | p. 485	
3.4.11.14	alanyl-aminopeptidase, cytosol alanyl aminopeptidase, v. 6 | p. 143	
3.4.11.2	alanyl-aminopeptidase, membrane alanyl aminopeptidase, v. 6 | p. 53	
4.3.1.6	β-alanyl-CoA:ammonia lyase 2, β-alanyl-CoA ammonia-lyase, v. 5 | p. 212	
6.3.2.15	D-alanyl-D-alanine-adding enzyme, UDP-N-acetylmuramoylalanyl-D-glutamyl-2,6-diamino-pimelate-D-alanyl-D-alanine ligase, v. 2 | p. 480	

3.4.16.4	D-alanyl-D-alanine-carboxypeptidase, serine-type D-Ala-D-Ala carboxypeptidase, v. 6 | p. 376	
3.4.16.4	D-alanyl-D-alanine-cleaving-peptidase, serine-type D-Ala-D-Ala carboxypeptidase, v. 6 | p. 376	
3.4.17.14	D-Alanyl-D-alanine-cleaving carboxypeptidase, Zinc D-Ala-D-Ala carboxypeptidase, v. 6 | p. 475	
3.4.16.4	D-alanyl-D-alanine-cleaving peptidase, serine-type D-Ala-D-Ala carboxypeptidase, v. 6 | p. 376	
3.4.16.4	D-alanyl-D-alanine-transpeptidase, serine-type D-Ala-D-Ala carboxypeptidase, v. 6 | p. 376	
3.4.17.14	D-alanyl-D-alanine carboxypeptidase, Zinc D-Ala-D-Ala carboxypeptidase, v. 6 | p. 475	
3.4.17.8	D-alanyl-D-alanine carboxypeptidase, muramoylpentapeptide carboxypeptidase, v. 6 | p. 448	
3.4.16.4	D-alanyl-D-alanine carboxypeptidase, serine-type D-Ala-D-Ala carboxypeptidase, v. 6 | p. 376	
3.4.16.4	D-alanyl-D-alanine carboxypeptidase/transpeptidase, serine-type D-Ala-D-Ala carboxypeptidase, v. 6 | p. 376	
3.4.13.22	D-alanyl-D-alanine dipeptidase, D-Ala-D-Ala dipeptidase, v. S5 | p. 292	
3.4.17.14	D-Alanyl-D-alanine hydrolase, Zinc D-Ala-D-Ala carboxypeptidase, v. 6 | p. 475	
3.4.16.4	D-Alanyl-D-alanine hydrolase, serine-type D-Ala-D-Ala carboxypeptidase, v. 6 | p. 376	
3.4.17.8	D-Alanyl-D-alanine peptidase, muramoylpentapeptide carboxypeptidase, v. 6 | p. 448	
3.4.16.4	D-Alanyl-D-alanine peptidase, serine-type D-Ala-D-Ala carboxypeptidase, v. 6 | p. 376	
6.3.2.4	D-Alanyl-D-alanine synthetase, D-Alanine-D-alanine ligase, v. 2 | p. 423	
3.4.16.4	D-alanyl-D-alanine transpeptidase, serine-type D-Ala-D-Ala carboxypeptidase, v. 6 | p. 376	
6.3.2.16	D-Alanyl-poly(phosphoglycerol) synthetase, D-Alanine-alanyl-poly(glycerolphosphate) ligase, v. 2 | p. 485	
6.1.1.13	D-Alanyl-poly-(phosphoribitol) synthetase, D-Alanine-poly(phosphoribitol) ligase, v. 2 | p. 97	
2.3.2.10	alanyl-transfer ribonucleate-uridine diphosphoacetylmuramoylpentapeptide transferase, UDP-N-acetylmuramoylpentapeptide-lysine N6-alanyltransferase, v. 30 | p. 536	
6.1.1.7	Alanyl-transfer ribonucleate synthetase, Alanine-tRNA ligase, v. 2 | p. 51	
6.1.1.7	Alanyl-transfer ribonucleic acid synthetase, Alanine-tRNA ligase, v. 2 | p. 51	
6.1.1.7	Alanyl-transfer RNA synthetase, Alanine-tRNA ligase, v. 2 | p. 51	
6.1.1.7	alanyl-tRNA ligase, Alanine-tRNA ligase, v. 2 | p. 51	
6.1.1.7	alanyl-tRNA synthase, Alanine-tRNA ligase, v. 2 | p. 51	
6.1.1.7	Alanyl-tRNA synthetase, Alanine-tRNA ligase, v. 2 | p. 51	
6.3.2.4	D-Alanylalanine synthetase, D-Alanine-D-alanine ligase, v. 2 | p. 423	
3.4.11.14	alanyl aminopeptidase, cytosol alanyl aminopeptidase, v. 6 | p. 143	
3.4.11.2	alanyl aminopeptidase, membrane alanyl aminopeptidase, v. 6 | p. 53	
3.4.11.2	β-alanyl aminopeptidase, membrane alanyl aminopeptidase, v. 6 | p. 53	
3.4.16.4	D-alanyl carboxypeptidase, serine-type D-Ala-D-Ala carboxypeptidase, v. 6 | p. 376	
6.1.1.13	D-alanyl carrier protein, D-Alanine-poly(phosphoribitol) ligase, v. 2 | p. 97	
6.1.1.13	D-alanyl carrier protein ligase, D-Alanine-poly(phosphoribitol) ligase, v. 2 | p. 97	
4.3.1.6	β-alanyl coenzyme A ammonia-lyase, β-alanyl-CoA ammonia-lyase, v. 5 | p. 212	
2.3.2.11	O-alanylphosphatidylglycerol synthase, alanylphosphatidylglycerol synthase, v. 30 | p. 540	
2.3.2.11	alanyl phosphatidylglycerol synthetase, alanylphosphatidylglycerol synthase, v. 30 | p. 540	
2.3.2.10	alanyltransferase, uridine diphosphoacetylmuramoylpentapeptide lysine N6-, UDP-N-acetylmuramoylpentapeptide-lysine N6-alanyltransferase, v. 30 | p. 536	
6.1.1.7	alanyl tRNA ligase, Alanine-tRNA ligase, v. 2 | p. 51	
5.1.1.1	AlaR, Alanine racemase, v. 1 | p. 1	
6.1.1.7	AlaRS, Alanine-tRNA ligase, v. 2 | p. 51	
2.3.1.37	ALAS, 5-aminolevulinate synthase, v. 29 | p. 538	
2.3.1.37	δ-ALAS, 5-aminolevulinate synthase, v. 29 | p. 538	
2.3.1.37	ALAS2, 5-aminolevulinate synthase, v. 29 | p. 538	
3.1.1.17	ALase, gluconolactonase, v. 9 | p. 179	

ALA synthase

2.3.1.37	ALA synthase, 5-aminolevulinate synthase, v. 29 | p. 538	
3.5.1.6	β-Ala synthase, β-ureidopropionase, v. 14 | p. 263	
2.3.1.37	ALA synthetase, 5-aminolevulinate synthase, v. 29 | p. 538	
4.2.1.24	ALA synthetase, porphobilinogen synthase, v. 4 | p. 399	
2.6.1.2	ALAT, alanine transaminase, v. 34 | p. 280	
1.14.13.32	albendazole oxidase, albendazole monooxygenase, v. 26 | p. 400	
1.14.13.32	albendazole sulfoxidase, albendazole monooxygenase, v. 26 | p. 400	
3.4.21.74	albofibrase1, Venombin A, v. 7 | p. 364	
3.4.21.62	Alcalase, Subtilisin, v. 7 | p. 285	
3.4.21.1	Alcalase, chymotrypsin, v. 7 | p. 1	
3.4.21.62	Alcalase 0.6L, Subtilisin, v. 7 | p. 285	
3.4.21.62	Alcalase 2.5L, Subtilisin, v. 7 | p. 285	
1.1.1.1	alcohol-aldehyde/ketone oxidoreductase, NAD+-dependent, alcohol dehydrogenase, v. 16 | p. 1	
2.8.2.2	alcohol/hydroxysteroid sulfotransferase, alcohol sulfotransferase, v. 39 | p. 278	
2.3.1.84	alcohol acetyltransferase, alcohol O-acetyltransferase, v. 30 | p. 125	
2.3.1.84	alcohol acetyltransferase AFT1, alcohol O-acetyltransferase, v. 30 | p. 125	
2.3.1.84	alcohol acetyltransferase AFT2, alcohol O-acetyltransferase, v. 30 | p. 125	
2.3.1.84	alcohol acetyltransferase ATF1, alcohol O-acetyltransferase, v. 30 | p. 125	
2.3.1.84	alcohol acetyl transferase Atf1p, alcohol O-acetyltransferase, v. 30 | p. 125	
2.3.1.84	alcohol acetyltransferase ATF2, alcohol O-acetyltransferase, v. 30 | p. 125	
2.3.1.84	alcohol acetyl transferase I, alcohol O-acetyltransferase, v. 30 | p. 125	
2.3.1.84	alcohol acetyltransferase I, alcohol O-acetyltransferase, v. 30 | p. 125	
2.3.1.84	alcohol acetyltransferase Lg-ATF1, alcohol O-acetyltransferase, v. 30 | p. 125	
1.1.1.90	alcohol dehydrogenase, aryl-alcohol dehydrogenase, v. 17 | p. 209	
1.1.1.245	alcohol dehydrogenase, cyclohexanol dehydrogenase, v. 18 | p. 405	
1.1.1.1	alcohol dehydrogenase (NAD), alcohol dehydrogenase, v. 16 | p. 1	
1.1.1.1	Alcohol dehydrogenase-B2, alcohol dehydrogenase, v. 16 | p. 1	
1.1.1.1	alcohol dehydrogenase 1, alcohol dehydrogenase, v. 16 | p. 1	
1.1.1.2	Alcohol dehydrogenase [NADP+], alcohol dehydrogenase (NADP+), v. 16 | p. 45	
1.1.1.2	alcohol dehydrogenase C, alcohol dehydrogenase (NADP+), v. 16 | p. 45	
1.1.1.284	alcohol dehydrogenase class III, S-(hydroxymethyl)glutathione dehydrogenase, v. S1 | p. 38	
1.1.1.1	alcohol dehydrogenase I, alcohol dehydrogenase, v. 16 | p. 1	
1.1.1.1	alcohol dehydrogenase II, alcohol dehydrogenase, v. 16 | p. 1	
1.1.1.284	Alcohol dehydrogenase SFA, S-(hydroxymethyl)glutathione dehydrogenase, v. S1 | p. 38	
1.1.3.13	alcohol oxidase 1, alcohol oxidase, v. 19 | p. 115	
1.1.3.13	alcohol oxidase 2, alcohol oxidase, v. 19 | p. 115	
1.1.3.13	alcohol oxidase A, alcohol oxidase, v. 19 | p. 115	
1.1.3.13	alcohol oxidase B, alcohol oxidase, v. 19 | p. 115	
2.8.2.2	alcohol sulfotransferase, alcohol sulfotransferase, v. 39 | p. 278	
1.1.3.13	AlcOx, alcohol oxidase, v. 19 | p. 115	
4.1.1.5	ALD, Acetolactate decarboxylase, v. 3 | p. 29	
1.4.1.1	ALD, alanine dehydrogenase, v. 22 | p. 1	
1.2.1.22	ALD, lactaldehyde dehydrogenase, v. 20 | p. 216	
3.6.3.47	ALD-related protein, fatty-acyl-CoA-transporting ATPase, v. 15 | p. 724	
1.2.1.5	ALD4, aldehyde dehydrogenase [NAD(P)+], v. 20 | p. 72	
1.4.1.1	AldA, alanine dehydrogenase, v. 22 | p. 1	
4.1.1.5	ALDC, Acetolactate decarboxylase, v. 3 | p. 29	
4.1.2.13	ALDC, Fructose-bisphosphate aldolase, v. 3 | p. 455	
1.2.1.3	ALDDH, aldehyde dehydrogenase (NAD+), v. 20 | p. 32	
1.1.1.2	aldehyde/ketone reductase, alcohol dehydrogenase (NADP+), v. 16 | p. 45	
1.2.1.3	aldehyde:NAD+ oxidoreductase, aldehyde dehydrogenase (NAD+), v. 20 | p. 32	
4.1.99.5	aldehyde decarbonylase, octadecanal decarbonylase, v. 4 | p. 238	
1.2.1.3	aldehyde dehydrogenase, aldehyde dehydrogenase (NAD+), v. 20 | p. 32	
1.2.1.5	aldehyde dehydrogenase, aldehyde dehydrogenase [NAD(P)+], v. 20 | p. 72	

1.2.99.3	aldehyde dehydrogenase (acceptor), aldehyde dehydrogenase (pyrroloquinoline-quinone), v. 20 | p. 578	
1.2.1.10	aldehyde dehydrogenase (acylating), acetaldehyde dehydrogenase (acetylating), v. 20 | p. 115	
1.2.1.4	aldehyde dehydrogenase (NADP+), aldehyde dehydrogenase (NADP+), v. 20 | p. 63	
1.2.1.3	Aldehyde dehydrogenase, cytosolic, aldehyde dehydrogenase (NAD+), v. 20 | p. 32	
1.2.1.3	Aldehyde dehydrogenase, microsomal, aldehyde dehydrogenase (NAD+), v. 20 | p. 32	
1.2.1.3	aldehyde dehydrogenase 1A1, aldehyde dehydrogenase (NAD+), v. 20 | p. 32	
1.2.1.36	aldehyde dehydrogenase 1A1, retinal dehydrogenase, v. 20 | p. 282	
1.2.1.3	aldehyde dehydrogenase 2, aldehyde dehydrogenase (NAD+), v. 20 | p. 32	
1.2.1.5	aldehyde dehydrogenase 2, aldehyde dehydrogenase [NAD(P)+], v. 20 | p. 72	
1.2.1.4	aldehyde dehydrogenase 3A1, aldehyde dehydrogenase (NADP+), v. 20 | p. 63	
1.2.1.3	Aldehyde dehydrogenase [NAD+], aldehyde dehydrogenase (NAD+), v. 20 | p. 32	
1.2.1.3	aldehyde dehydrogenase class 1, aldehyde dehydrogenase (NAD+), v. 20 | p. 32	
1.2.99.4	aldehyde dismutase, formaldehyde dismutase, v. 20 | p. 585	
1.2.99.6	Aldehyde ferredoxin oxidoreductase, Carboxylate reductase, v. 20 | p. 598	
1.2.7.5	Aldehyde ferredoxin oxidoreductase, aldehyde ferredoxin oxidoreductase, v. S1 | p. 188	
1.14.14.3	aldehyde monooxygenase, alkanal monooxygenase (FMN-linked), v. 26 | p. 595	
1.2.99.7	aldehyde oxidase, aldehyde dehydrogenase (FAD-independent), v. S1 | p. 219	
1.2.7.5	aldehyde oxidase (ferredoxin), aldehyde ferredoxin oxidoreductase, v. S1 | p. 188	
1.2.3.1	aldehyde oxidase 1, aldehyde oxidase, v. 20 | p. 425	
1.2.3.1	aldehyde oxidase 2, aldehyde oxidase, v. 20 | p. 425	
1.2.3.1	aldehyde oxidase 3, aldehyde oxidase, v. 20 | p. 425	
1.2.3.1	aldehyde oxidase 3-like 1, aldehyde oxidase, v. 20 | p. 425	
1.2.3.1	aldehyde oxidase 4, aldehyde oxidase, v. 20 | p. 425	
1.2.99.6	Aldehyde oxidoreductase, Carboxylate reductase, v. 20 | p. 598	
1.2.99.7	Aldehyde oxidoreductase, aldehyde dehydrogenase (FAD-independent), v. S1 | p. 219	
1.2.7.5	Aldehyde oxidoreductase, aldehyde ferredoxin oxidoreductase, v. S1 | p. 188	
1.14.14.1	Aldehyde oxygenase, unspecific monooxygenase, v. 26 | p. 584	
1.2.99.6	Aldehyde reductase, Carboxylate reductase, v. 20 | p. 598	
1.1.1.1	Aldehyde reductase, alcohol dehydrogenase, v. 16 | p. 1	
1.1.1.2	Aldehyde reductase, alcohol dehydrogenase (NADP+), v. 16 | p. 45	
1.2.1.4	Aldehyde reductase, aldehyde dehydrogenase (NADP+), v. 20 | p. 63	
1.1.1.21	Aldehyde reductase, aldehyde reductase, v. 16 | p. 203	
1.1.1.19	Aldehyde reductase, glucuronate reductase, v. 16 | p. 193	
1.6.2.4	aldehyde reductase (NADPH-dependent), NADPH-hemoprotein reductase, v. 24 | p. 58	
1.1.1.71	aldehyde reductase (NADPH/NADH), alcohol dehydrogenase [NAD(P)+], v. 17 | p. 98	
1.1.1.2	aldehyde reductase (NADPH2), alcohol dehydrogenase (NADP+), v. 16 | p. 45	
1.1.1.184	aldehyde reductase 1, carbonyl reductase (NADPH), v. 18 | p. 105	
1.1.1.184	aldehyde reductase I, carbonyl reductase (NADPH), v. 18 | p. 105	
1.1.1.19	aldehyde reductase II, glucuronate reductase, v. 16 | p. 193	
1.2.1.3	ALDH, aldehyde dehydrogenase (NAD+), v. 20 | p. 32	
1.2.99.3	ALDH, aldehyde dehydrogenase (pyrroloquinoline-quinone), v. 20 | p. 578	
1.2.1.5	ALDH, aldehyde dehydrogenase [NAD(P)+], v. 20 | p. 72	
1.2.1.22	ALDH, lactaldehyde dehydrogenase, v. 20 | p. 216	
1.2.1.36	ALDH-1A1, retinal dehydrogenase, v. 20 | p. 282	
1.2.1.3	ALDH-2, aldehyde dehydrogenase (NAD+), v. 20 | p. 32	
1.5.1.26	β-AlDH-2, β-alanopine dehydrogenase, v. 23 | p. 206	
1.2.1.36	ALDH-3A1, retinal dehydrogenase, v. 20 | p. 282	
1.2.1.3	ALDH-E1, aldehyde dehydrogenase (NAD+), v. 20 | p. 32	
1.2.1.3	ALDH-E2, aldehyde dehydrogenase (NAD+), v. 20 | p. 32	
1.2.1.3	ALDH1, aldehyde dehydrogenase (NAD+), v. 20 | p. 32	
1.2.1.36	ALDH1, retinal dehydrogenase, v. 20 | p. 282	
1.2.1.3	ALDH1-NL, aldehyde dehydrogenase (NAD+), v. 20 | p. 32	
1.2.1.48	ALDH10, long-chain-aldehyde dehydrogenase, v. 20 | p. 338	

1.2.1.41	Aldh18a1, glutamate-5-semialdehyde dehydrogenase, v. 20 | p. 300
1.2.1.36	ALDH 1A1, retinal dehydrogenase, v. 20 | p. 282
1.2.1.3	ALDH1A1, aldehyde dehydrogenase (NAD+), v. 20 | p. 32
1.2.1.36	ALDH1A1, retinal dehydrogenase, v. 20 | p. 282
1.2.1.36	ALDH 1A2, retinal dehydrogenase, v. 20 | p. 282
1.2.1.36	Aldh1a2, retinal dehydrogenase, v. 20 | p. 282
1.2.1.5	Aldh1a3, aldehyde dehydrogenase [NAD(P)+], v. 20 | p. 72
1.2.1.36	Aldh1a3, retinal dehydrogenase, v. 20 | p. 282
1.2.1.3	Aldh1a7, aldehyde dehydrogenase (NAD+), v. 20 | p. 32
1.2.1.3	Aldh1b1, aldehyde dehydrogenase (NAD+), v. 20 | p. 32
1.5.1.6	ALDH1L1, formyltetrahydrofolate dehydrogenase, v. 23 | p. 65
1.2.1.3	ALDH 2, aldehyde dehydrogenase (NAD+), v. 20 | p. 32
1.2.1.3	ALDH2, aldehyde dehydrogenase (NAD+), v. 20 | p. 32
1.2.1.5	ALDH2, aldehyde dehydrogenase [NAD(P)+], v. 20 | p. 72
1.2.1.3	p-ALDH2, aldehyde dehydrogenase (NAD+), v. 20 | p. 32
1.2.1.3	ALDH2(1), aldehyde dehydrogenase (NAD+), v. 20 | p. 32
1.2.1.3	ALDH2(2), aldehyde dehydrogenase (NAD+), v. 20 | p. 32
1.2.1.3	ALDH2(3), aldehyde dehydrogenase (NAD+), v. 20 | p. 32
1.2.1.5	ALDH3, aldehyde dehydrogenase [NAD(P)+], v. 20 | p. 72
1.2.1.3	ALDH3A1, aldehyde dehydrogenase (NAD+), v. 20 | p. 32
1.2.1.4	ALDH3A1, aldehyde dehydrogenase (NADP+), v. 20 | p. 63
1.2.1.5	ALDH3A1, aldehyde dehydrogenase [NAD(P)+], v. 20 | p. 72
1.2.1.3	ALDH3A2, aldehyde dehydrogenase (NAD+), v. 20 | p. 32
1.2.1.48	ALDH3A2, long-chain-aldehyde dehydrogenase, v. 20 | p. 338
1.2.1.5	Aldh3b1, aldehyde dehydrogenase [NAD(P)+], v. 20 | p. 72
1.5.1.12	Aldh4a1, 1-pyrroline-5-carboxylate dehydrogenase, v. 23 | p. 122
1.2.1.3	ALDH5A, aldehyde dehydrogenase (NAD+), v. 20 | p. 32
1.2.1.24	ALDH5A1, succinate-semialdehyde dehydrogenase, v. 20 | p. 228
1.2.1.18	Aldh6a1, malonate-semialdehyde dehydrogenase (acetylating), v. 20 | p. 191
1.2.1.31	Aldh7a1, L-aminoadipate-semialdehyde dehydrogenase, v. 20 | p. 262
1.2.1.3	Aldh8a1, aldehyde dehydrogenase (NAD+), v. 20 | p. 32
1.2.1.47	Aldh9a1, 4-trimethylammoniobutyraldehyde dehydrogenase, v. 20 | p. 334
1.2.1.4	ALDHC, aldehyde dehydrogenase (NADP+), v. 20 | p. 63
1.2.1.5	ALDHC, aldehyde dehydrogenase [NAD(P)+], v. 20 | p. 72
1.2.1.36	ALDH class 1, retinal dehydrogenase, v. 20 | p. 282
1.2.1.3	ALDH I, aldehyde dehydrogenase (NAD+), v. 20 | p. 32
1.2.1.3	ALDHI, aldehyde dehydrogenase (NAD+), v. 20 | p. 32
1.2.1.3	ALDH II, aldehyde dehydrogenase (NAD+), v. 20 | p. 32
1.2.1.5	ALDHIII, aldehyde dehydrogenase [NAD(P)+], v. 20 | p. 72
1.2.1.3	ALDHX, aldehyde dehydrogenase (NAD+), v. 20 | p. 32
3.11.1.1	P-Ald hydrolase, phosphonoacetaldehyde hydrolase, v. 15 | p. 925
1.1.1.200	alditol 6-phosphate:NADP 1-oxidoreductase, aldose-6-phosphate reductase (NADPH), v. 18 | p. 191
1.1.1.21	alditol:NAD(P)+1oxidoreductase, aldehyde reductase, v. 16 | p. 203
1.1.1.21	alditol:NADP 1-oxidoreductase, aldehyde reductase, v. 16 | p. 203
1.1.1.21	alditol:NADP oxidoreductase, aldehyde reductase, v. 16 | p. 203
1.14.15.4	P-450Aldo, steroid 11β-monooxygenase, v. 27 | p. 26
1.14.15.4	P-450(11 β,aldo), steroid 11β-monooxygenase, v. 27 | p. 26
1.1.1.2	aldo-keto reductase, alcohol dehydrogenase (NADP+), v. 16 | p. 45
1.1.1.283	aldo-keto reductase, methylglyoxal reductase (NADPH-dependent), v. S1 | p. 32
1.1.1.270	aldo-keto reductase 1C2, 3-keto-steroid reductase, v. 18 | p. 485
1.1.1.50	aldo-keto reductase 1C2, 3α-hydroxysteroid dehydrogenase (B-specific), v. 16 | p. 487
1.1.1.2	Aldo-keto reductase family 1 member A1, alcohol dehydrogenase (NADP+), v. 16 | p. 45
1.1.1.21	aldo-keto reductase family 1 member B7, aldehyde reductase, v. 16 | p. 203
1.3.99.6	Aldo-keto reductase family 1 member D1, 3-oxo-5β-steroid 4-dehydrogenase, v. 21 | p. 520

1.1.99.13	D-aldohexopyranoside dehydrogenase, glucoside 3-dehydrogenase, v. 19 | p. 343	
1.1.1.121	D-aldohexose dehydrogenase, aldose 1-dehydrogenase, v. 17 | p. 343	
1.1.1.118	D-aldohexose dehydrogenase, glucose 1-dehydrogenase (NAD+), v. 17 | p. 332	
1.1.99.13	aldohexoside:cytochrome c oxidoreductase, glucoside 3-dehydrogenase, v. 19 | p. 343	
4.4.1.5	aldoketomutase, lactoylglutathione lyase, v. 5 | p. 322	
4.1.2.13	Aldolase, Fructose-bisphosphate aldolase, v. 3 | p. 455	
4.1.2.30	Aldolase, 17α-hydroxyprogesterone, 17α-Hydroxyprogesterone aldolase, v. 3 | p. 549	
4.1.2.34	aldolase, 2'-carboxybenzalpyruvate, 4-(2-carboxyphenyl)-2-oxobut-3-enoate aldolase, v. 3 | p. 562	
4.1.2.20	Aldolase, 2-keto-3-deoxy-D-glucarate, 2-Dehydro-3-deoxyglucarate aldolase, v. 3 | p. 516	
4.1.2.28	Aldolase, 2-keto-3-deoxy-D-pentonate, 2-Dehydro-3-deoxy-D-pentonate aldolase, v. 3 | p. 545	
4.1.2.18	Aldolase, 2-keto-3-deoxy-L-arabonate, 2-Dehydro-3-deoxy-L-pentonate aldolase, v. 3 | p. 508	
4.1.2.18	Aldolase, 2-keto-3-deoxy-L-pentonate, 2-Dehydro-3-deoxy-L-pentonate aldolase, v. 3 | p. 508	
4.1.2.23	aldolase, 2-keto-3-deoxyoctonate, 3-deoxy-D-manno-octulosonate aldolase, v. 3 | p. 527	
4.1.3.14	Aldolase, 3-hydroxyaspartate, 3-Hydroxyaspartate aldolase, v. 4 | p. 96	
4.1.3.16	Aldolase, 4-hydroxy-2-oxoglutarate, 4-Hydroxy-2-oxoglutarate aldolase, v. 4 | p. 103	
4.1.3.17	aldolase, 4-hydroxy-4-methyl-2-oxoglutarate, 4-hydroxy-4-methyl-2-oxoglutarate aldolase, v. 4 | p. 111	
4.1.2.4	Aldolase, deoxyribo, Deoxyribose-phosphate aldolase, v. 3 | p. 417	
4.1.2.25	Aldolase, dihydroneopterin, Dihydroneopterin aldolase, v. 3 | p. 533	
4.1.2.27	Aldolase, dihydrosphingosine 1-phosphate, Sphinganine-1-phosphate aldolase, v. 3 | p. 540	
4.1.2.24	Aldolase, dimethylaniline N-oxide, Dimethylaniline-N-oxide aldolase, v. 3 | p. 531	
4.1.2.13	Aldolase, fructose diphosphate, Fructose-bisphosphate aldolase, v. 3 | p. 455	
4.1.2.2	Aldolase, ketotetrose phosphate, Ketotetrose-phosphate aldolase, v. 3 | p. 414	
4.1.2.17	Aldolase, L-fuculose phosphate, L-Fuculose-phosphate aldolase, v. 3 | p. 504	
4.1.2.26	Aldolase, phenylserine, Phenylserine aldolase, v. 3 | p. 538	
4.1.2.21	Aldolase, phospho-2-keto-3-deoxygalactonate, 2-dehydro-3-deoxy-6-phosphogalactonate aldolase, v. 3 | p. 519	
4.1.2.14	Aldolase, phospho-2-keto-3-deoxygluconate, 2-dehydro-3-deoxy-phosphogluconate aldolase, v. 3 | p. 476	
2.5.1.54	aldolase, phospho-2-keto-3-deoxyheptanoate, 3-deoxy-7-phosphoheptulonate synthase, v. 34 | p. 146	
2.5.1.55	aldolase, phospho-2-keto-3-deoxyoctonate, 3-deoxy-8-phosphooctulonate synthase, v. 34 | p. 172	
4.1.2.29	Aldolase, phospho-5-keto-2-deoxygluconate, 5-dehydro-2-deoxyphosphogluconate aldolase, v. 3 | p. 547	
4.1.2.19	Aldolase, rhamnulose phosphate, Rhamnulose-1-phosphate aldolase, v. 3 | p. 511	
4.1.2.40	Aldolase, tagatose 1,6-diphosphate, Tagatose-bisphosphate aldolase, v. 3 | p. 582	
4.1.2.5	Aldolase, threonine, Threonine aldolase, v. 3 | p. 425	
4.1.2.13	aldolase A, Fructose-bisphosphate aldolase, v. 3 | p. 455	
4.1.2.13	aldolase B, Fructose-bisphosphate aldolase, v. 3 | p. 455	
4.1.2.13	aldolase C, Fructose-bisphosphate aldolase, v. 3 | p. 455	
1.1.1.45	L-3-aldonate dehydrogenase, L-gulonate 3-dehydrogenase, v. 16 | p. 443	
1.1.1.45	L-3-aldonic dehydrogenase, L-gulonate 3-dehydrogenase, v. 16 | p. 443	
3.1.1.17	aldonolactonase, gluconolactonase, v. 9 | p. 179	
1.2.1.33	D-aldopantoate dehydrogenase, (R)-dehydropantoate dehydrogenase, v. 20 | p. 278	
1.14.15.4	ALDOS, steroid 11β-monooxygenase, v. 27 | p. 26	
4.2.1.110	aldos-2-ulose dehydratase, aldos-2-ulose dehydratase, v. S7 | p. 111	
5.1.3.3	aldose-1-epimerase, Aldose 1-epimerase, v. 1 | p. 113	
1.1.1.200	aldose-6-phosphate reductase, aldose-6-phosphate reductase (NADPH), v. 18 | p. 191	
1.1.1.200	Aldose-6-phosphate reductase [NADPH], aldose-6-phosphate reductase (NADPH), v. 18 | p. 191	

1.1.1.200	aldose-6-P reductase, aldose-6-phosphate reductase (NADPH), v. 18 | p. 191	
5.1.3.3	aldose 1-epimerase, Aldose 1-epimerase, v. 1 | p. 113	
1.1.1.121	aldose dehydrogenase, aldose 1-dehydrogenase, v. 17 | p. 343	
5.1.3.3	Aldose mutarotase, Aldose 1-epimerase, v. 1 | p. 113	
1.1.1.21	aldose reductase, aldehyde reductase, v. 16 | p. 203	
1.1.5.2	aldose sugar dehydrogenase, quinoprotein glucose dehydrogenase, v. S1 | p. 88	
1.1.1.21	aldose xylose reductase, aldehyde reductase, v. 16 | p. 203	
1.14.15.4	Aldosterone-synthesizing enzyme, steroid 11β-monooxygenase, v. 27 | p. 26	
1.14.15.4	Aldosterone synthase, steroid 11β-monooxygenase, v. 27 | p. 26	
4.99.1.5	aldoxime dehydratase, aliphatic aldoxime dehydratase, v. S7 | p. 465	
2.1.1.91	aldoxime methyltransferase, isobutyraldoxime O-methyltransferase, v. 28 | p. 463	
4.1.2.13	ALDP, Fructose-bisphosphate aldolase, v. 3 | p. 455	
3.6.3.47	ALDP, fatty-acyl-CoA-transporting ATPase, v. 15 | p. 724	
1.1.1.2	ALDR, alcohol dehydrogenase (NADP+), v. 16 | p. 45	
3.4.22.15	Aldrichina grahami cysteine proteinase, cathepsin L, v. 7 | p. 582	
3.6.3.47	ALDRP, fatty-acyl-CoA-transporting ATPase, v. 15 | p. 724	
1.1.1.121	AldT, aldose 1-dehydrogenase, v. 17 | p. 343	
3.2.1.76	Aldurazyme, L-iduronidase, v. 13 | p. 255	
3.4.24.75	ALE-1, lysostaphin, v. 8 | p. 576	
3.4.22.16	aleurain, cathepsin H, v. 7 | p. 600	
3.4.22.16	aleuron thiol protease, cathepsin H, v. 7 | p. 600	
3.4.24.72	ALF, fibrolase, v. 8 | p. 565	
3.4.24.72	Alfimeprase, fibrolase, v. 8 | p. 565	
4.2.2.3	ALG-5, poly(β-D-mannuronate) lyase, v. 5 | p. 19	
4.2.2.3	Alg-A, poly(β-D-mannuronate) lyase, v. 5 | p. 19	
2.4.1.142	ALG1 β1,4 mannosyltransferase, chitobiosyldiphosphodolichol β-mannosyltransferase, v. 32 | p. 256	
2.4.1.141	Alg13, N-acetylglucosaminyldiphosphodolichol N-acetylglucosaminyltransferase, v. 32 | p. 252	
2.4.1.141	Alg13p, N-acetylglucosaminyldiphosphodolichol N-acetylglucosaminyltransferase, v. 32 | p. 252	
2.4.1.141	Alg 14, N-acetylglucosaminyldiphosphodolichol N-acetylglucosaminyltransferase, v. 32 | p. 252	
2.4.1.141	Alg14, N-acetylglucosaminyldiphosphodolichol N-acetylglucosaminyltransferase, v. 32 | p. 252	
2.4.1.142	Alg1 mannosyltransferase, chitobiosyldiphosphodolichol β-mannosyltransferase, v. 32 | p. 256	
2.4.1.142	Alg1 protein, chitobiosyldiphosphodolichol β-mannosyltransferase, v. 32 | p. 256	
4.2.2.3	AlgE7, poly(β-D-mannuronate) lyase, v. 5 | p. 19	
4.2.2.3	alginase I, poly(β-D-mannuronate) lyase, v. 5 | p. 19	
4.2.2.11	alginase II, poly(α-L-guluronate) lyase, v. 5 | p. 64	
4.2.2.11	alginate (poly-α-L-guluronate) lyase, poly(α-L-guluronate) lyase, v. 5 | p. 64	
2.7.13.3	alginate biosynthesis sensor protein KINB, histidine kinase, v. S4 | p. 420	
4.2.2.11	alginate lyase, poly(α-L-guluronate) lyase, v. 5 | p. 64	
4.2.2.3	alginate lyase, poly(β-D-mannuronate) lyase, v. 5 | p. 19	
4.2.2.3	alginate lyase1-III, poly(β-D-mannuronate) lyase, v. 5 | p. 19	
4.2.2.3	alginate lyase A1-II, poly(β-D-mannuronate) lyase, v. 5 | p. 19	
4.2.2.3	alginate lyase A1-II', poly(β-D-mannuronate) lyase, v. 5 | p. 19	
4.2.2.3	alginate lyase AlyPEEC, poly(β-D-mannuronate) lyase, v. 5 | p. 19	
4.2.2.3	alginate lyase Atu3025, poly(β-D-mannuronate) lyase, v. 5 | p. 19	
4.2.2.3	alginate lyase I, poly(β-D-mannuronate) lyase, v. 5 | p. 19	
4.2.2.3	alginate lyase VI, poly(β-D-mannuronate) lyase, v. 5 | p. 19	
4.2.2.3	alginate yase, poly(β-D-mannuronate) lyase, v. 5 | p. 19	
4.2.2.3	AlgL, poly(β-D-mannuronate) lyase, v. 5 | p. 19	
3.2.1.45	Alglucerase, glucosylceramidase, v. 12 | p. 614	

3.2.1.20	alglucosidase alfa, α-glucosidase, v. 12	p. 263
1.3.1.74	ALH, 2-alkenal reductase, v. 21	p. 336
1.3.1.27	ALH, 2-hexadecenal reductase, v. 21	p. 163
1.6.5.5	ALH, NADPH:quinone reductase, v. 24	p. 135
1.2.1.3	ALHDII, aldehyde dehydrogenase (NAD+), v. 20	p. 32
2.7.13.3	AlHK1p, histidine kinase, v. S4	p. 420
3.1.1.1	ali-esterase, carboxylesterase, v. 9	p. 1
3.1.1.1	aliesterase, carboxylesterase, v. 9	p. 1
3.1.1.3	Alip1p, triacylglycerol lipase, v. 9	p. 36
1.1.1.1	aliphatic alcohol dehydrogenase, alcohol dehydrogenase, v. 16	p. 1
4.99.1.5	aliphatic aldoxime dehydratase, aliphatic aldoxime dehydratase, v. S7	p. 465
4.2.1.84	aliphatic nitrile hydratase, nitrile hydratase, v. 4	p. 625
3.2.2.21	ALK, DNA-3-methyladenine glycosylase II, v. 14	p. 103
2.7.10.2	ALK, non-specific protein-tyrosine kinase, v. S2	p. 441
2.7.10.1	ALK, receptor protein-tyrosine kinase, v. S2	p. 341
3.4.21.62	ALK-enzyme, Subtilisin, v. 7	p. 285
3.1.4.12	alk-SMase, sphingomyelin phosphodiesterase, v. 11	p. 86
2.7.11.30	ALK1, receptor protein serine/threonine kinase, v. S4	p. 340
2.7.11.30	ALK2, receptor protein serine/threonine kinase, v. S4	p. 340
2.7.11.30	ALK3, receptor protein serine/threonine kinase, v. S4	p. 340
2.7.11.30	ALK4, receptor protein serine/threonine kinase, v. S4	p. 340
2.7.11.30	ALK5, receptor protein serine/threonine kinase, v. S4	p. 340
2.7.11.30	alk5 kinase, receptor protein serine/threonine kinase, v. S4	p. 340
2.7.11.30	ALK6, receptor protein serine/threonine kinase, v. S4	p. 340
2.7.11.30	ALK7, receptor protein serine/threonine kinase, v. S4	p. 340
3.2.2.21	AlkA, DNA-3-methyladenine glycosylase II, v. 14	p. 103
3.2.1.4	alkali cellulase, cellulase, v. 12	p. 88
3.2.1.1	alkaline α-amylase, α-amylase, v. 12	p. 1
3.2.1.4	Alkaline cellulase, cellulase, v. 12	p. 88
3.5.1.23	alkaline ceramidase, ceramidase, v. 14	p. 367
3.5.1.23	alkaline ceramidase 1, ceramidase, v. 14	p. 367
3.1.21.1	alkaline deoxyribonuclease, deoxyribonuclease I, v. 11	p. 431
3.1.21.1	alkaline DNase, deoxyribonuclease I, v. 11	p. 431
3.2.1.67	alkaline exo-polygalacturonase, galacturan 1,4-α-galacturonidase, v. 13	p. 195
3.2.1.26	alkaline invertase, β-fructofuranosidase, v. 12	p. 451
3.2.1.68	alkaline isoamylase, isoamylase, v. 13	p. 204
3.1.1.3	alkaline lipase, triacylglycerol lipase, v. 9	p. 36
3.4.21.62	Alkaline mesentericopeptidase, Subtilisin, v. 7	p. 285
3.1.21.1	alkaline nuclease, deoxyribonuclease I, v. 11	p. 431
4.2.2.2	alkaline pectate lyase, pectate lyase, v. 5	p. 6
3.1.3.1	alkaline phenyl phosphatase, alkaline phosphatase, v. 10	p. 1
3.1.3.1	alkaline phosphatase, alkaline phosphatase, v. 10	p. 1
3.1.3.1	alkaline phosphatase F I, alkaline phosphatase, v. 10	p. 1
3.1.3.1	alkaline phosphatase F II, alkaline phosphatase, v. 10	p. 1
2.7.13.3	alkaline phosphatase synthesis sensor protein phoR, histidine kinase, v. S4	p. 420
3.1.3.1	alkaline phosphatase VI-1, alkaline phosphatase, v. 10	p. 1
3.1.4.1	alkaline phosphodiesterase, phosphodiesterase I, v. 11	p. 1
3.1.15.1	alkaline phosphodiesterase, venom exonuclease, v. 11	p. 417
3.6.1.22	alkaline phosphodiesterase I, NAD+ diphosphatase, v. 15	p. 396
3.1.3.1	alkaline phosphohydrolase, alkaline phosphatase, v. 10	p. 1
3.1.3.1	alkaline phosphomonoesterase, alkaline phosphatase, v. 10	p. 1
3.1.3.72	alkaline phytase, 5-phytase, v. S5	p. 61
3.1.3.62	alkaline phytase isoform 1, multiple inositol-polyphosphate phosphatase, v. 10	p. 475
3.1.3.62	alkaline phytase isoform 2, multiple inositol-polyphosphate phosphatase, v. 10	p. 475
4.2.2.2	alkaline polygalacturonate lyase, pectate lyase, v. 5	p. 6

3.6.1.1	alkaline PPase, inorganic diphosphatase, v. 15	p. 240
3.4.21.63	Alkaline protease, Oryzin, v. 7	p. 300
3.4.21.62	Alkaline protease, Subtilisin, v. 7	p. 285
3.4.24.40	Alkaline protease, serralysin, v. 8	p. 424
3.4.21.63	Alkaline proteinase, Oryzin, v. 7	p. 300
3.1.27.5	alkaline ribonuclease, pancreatic ribonuclease, v. 11	p. 584
3.1.26.8	alkaline ribonuclease, ribonuclease M5, v. 11	p. 549
3.1.4.12	alkaline SMase, sphingomyelin phosphodiesterase, v. 11	p. 86
3.1.4.12	alkaline sphingomyelinase, sphingomyelin phosphodiesterase, v. 11	p. 86
3.2.1.28	alkaline trehalase, α,α-trehalase, v. 12	p. 478
3.2.1.1	alkalophilic Bacillus α-amylase, α-amylase, v. 12	p. 1
1.1.99.20	alkan-1-ol:acceptor oxidoreductase, alkan-1-ol dehydrogenase (acceptor), v. 19	p. 391
1.1.99.20	alkan-1-ol dehydrogenase, alkan-1-ol dehydrogenase (acceptor), v. 19	p. 391
1.13.12.8	alkanal monooxygenase (FMN-linked), Watasenia-luciferin 2-monooxygenase, v. 25	p. 722
1.14.15.3	alkane ω-hydroxylase, alkane 1-monooxygenase, v. 27	p. 16
1.14.15.3	alkane 1-hydrolase, alkane 1-monooxygenase, v. 27	p. 16
1.14.15.3	alkane hydroxylase, alkane 1-monooxygenase, v. 27	p. 16
1.14.15.3	alkane mono-oxygenase, alkane 1-monooxygenase, v. 27	p. 16
1.14.15.3	alkane monooxygenase, alkane 1-monooxygenase, v. 27	p. 16
1.14.14.5	alkanesulfonate α-hydroxylase, alkanesulfonate monooxygenase, v. 26	p. 607
1.5.1.30	alkanesulfonate FMN reductase, flavin reductase, v. 23	p. 232
3.2.2.21	AlkA protein, DNA-3-methyladenine glycosylase II, v. 14	p. 103
1.14.15.3	AlkB, alkane 1-monooxygenase, v. 27	p. 16
3.2.2.20	AlkC, DNA-3-methyladenine glycosylase I, v. 14	p. 99
3.5.1.23	alkCDase-1, ceramidase, v. 14	p. 367
3.5.1.23	alkCDase-2, ceramidase, v. 14	p. 367
3.2.2.21	AlkD, DNA-3-methyladenine glycosylase II, v. 14	p. 103
1.3.1.74	alkenal/one oxidoreductase, 2-alkenal reductase, v. 21	p. 336
1.3.1.74	alkenal/one reductase, 2-alkenal reductase, v. 21	p. 336
1.3.1.27	2-alkenal reductase, 2-hexadecenal reductase, v. 21	p. 163
1.14.13.69	alkene epoxygenase, alkene monooxygenase, v. 26	p. 543
2.3.1.25	1-alkenyl-glycero-3-phosphorylcholine:acyl-CoA acyltransferase, plasmalogen synthase, v. 29	p. 460
2.3.1.25	1-alkenyl-GPC acyltransferase, plasmalogen synthase, v. 29	p. 460
2.3.1.25	O-1-alkenylglycero-3-phosphorylcholine acyltransferase, plasmalogen synthase, v. 29	p. 460
3.1.3.1	alklaine phosphatase, alkaline phosphatase, v. 10	p. 1
1.14.14.1	7-alkoxycoumarin O-dealkylase, unspecific monooxygenase, v. 26	p. 584
2.7.10.1	ALK receptor tyrosine kinase, receptor protein-tyrosine kinase, v. S2	p. 341
2.7.10.1	ALK tyrosine kinase receptor, receptor protein-tyrosine kinase, v. S2	p. 341
4.4.1.4	S-alkyl(en)yl-L-cysteine lyase, alliin lyase, v. 5	p. 313
2.7.8.2	1-alkyl-2-acetyl-rn-glycerol:CDP-choline choline phosphotransferase, diacylglycerol cholinephosphotransferase, v. 39	p. 14
3.1.3.59	1-O-alkyl-2-acetyl-sn-glycero-3-phosphate:phosphohydrolase, alkylacetylglycerophosphatase, v. 10	p. 465
3.1.1.47	1-alkyl-2-acetyl-sn-glycero-3-phosphocholine: acetylhydrolase, 1-alkyl-2-acetylglycerophosphocholine esterase, v. 9	p. 320
3.1.1.47	1-O-alkyl-2-acetyl-sn-glycero-3-phosphocholine acetylhydrolase, 1-alkyl-2-acetylglycerophosphocholine esterase, v. 9	p. 320
2.7.8.2	1-alkyl-2-acetyl-sn-glycerol cholinephosphotransferase, diacylglycerol cholinephosphotransferase, v. 39	p. 14
2.7.8.2	1-alkyl-2-acetylglycerol cholinephosphotransferase, diacylglycerol cholinephosphotransferase, v. 39	p. 14

alkyl hydroperoxide reductase C component

3.1.1.47	1-alkyl-2-acetylglycerophosphocholine esterase, 1-alkyl-2-acetylglycerophosphocholine esterase, v. 9 | p. 320	
3.1.1.47	1-alkyl-2-acetyllecithin deacetylase, 1-alkyl-2-acetylglycerophosphocholine esterase, v. 9 | p. 320	
1.14.99.19	1-O-alkyl-2-acyl-sn-glycero-3-phosphorylethanolamine desaturase, plasmanylethanolamine desaturase, v. 27 | p. 338	
2.3.1.67	1-alkyl-2-lyso-sn-glycero-3-phosphocholine acetyltransferase, 1-alkylglycerophosphocholine O-acetyltransferase, v. 30 | p. 37	
2.5.1.26	alkyl-DHAP, alkylglycerone-phosphate synthase, v. 33 | p. 592	
4.4.1.6	S-alkyl-L-cysteinase, S-alkylcysteine lyase, v. 5 | p. 336	
4.4.1.6	S-alkyl-L-cysteine lyase, S-alkylcysteine lyase, v. 5 | p. 336	
4.4.1.6	S-alkyl-L-cysteine sulfoxide lyase, S-alkylcysteine lyase, v. 5 | p. 336	
1.5.3.4	ε-alkyl-L-lysine:oxygen oxidoreductase, N6-methyl-lysine oxidase, v. 23 | p. 286	
2.3.1.105	1-O-alkyl-sn-glycero-3-phosphate:acetyl-CoA acetyltransferase, alkylglycerophosphate 2-O-acetyltransferase, v. 30 | p. 238	
3.1.1.47	alkylacetyl-GPC:acetylhydrolase, 1-alkyl-2-acetylglycerophosphocholine esterase, v. 9 | p. 320	
3.1.1.71	Alkylacetylglycerol acetylhydrolase, Acetylalkylglycerol acetylhydrolase, v. 9 | p. 404	
1.14.99.19	alkylacylglycero-phosphorylethanolamine dehydrogenase, plasmanylethanolamine desaturase, v. 27 | p. 338	
2.7.8.2	alkylacylglycerol choline phosphotransferase, diacylglycerol cholinephosphotransferase, v. 39 | p. 14	
2.7.8.2	alkylacylglycerol cholinephosphotransferase, diacylglycerol cholinephosphotransferase, v. 39 | p. 14	
1.14.99.19	alkylacylglycerophosphoethanolamine desaturase, plasmanylethanolamine desaturase, v. 27 | p. 338	
4.99.1.5	alkylaldoxime dehydratase, aliphatic aldoxime dehydratase, v. S7 | p. 465	
1.13.11.25	3-alkylcatechol 2,3-dioxygenase, 3,4-dihydroxy-9,10-secoandrosta-1,3,5(10)-triene-9,17-dione 4,5-dioxygenase, v. 25 | p. 539	
4.4.1.6	S-alkylcysteinase, S-alkylcysteine lyase, v. 5 | p. 336	
4.4.1.6	S-alkylcysteine α,β-lyase, S-alkylcysteine lyase, v. 5 | p. 336	
4.4.1.6	alkyl cysteine lyase, S-alkylcysteine lyase, v. 5 | p. 336	
4.4.1.6	alkylcysteine lyase, S-alkylcysteine lyase, v. 5 | p. 336	
4.4.1.4	S-alkylcysteine sulfoxide lyase, alliin lyase, v. 5 | p. 313	
4.4.1.4	alkylcysteine sulfoxide lyase, alliin lyase, v. 5 | p. 313	
2.5.1.26	alkyl DHAP synthetase, alkylglycerone-phosphate synthase, v. 33 | p. 592	
2.7.1.84	alkyldihydroxyacetone (phosphorylating) kinase, alkylglycerone kinase, v. 36 | p. 314	
2.7.1.84	alkyldihydroxyacetone kinase, alkylglycerone kinase, v. 36 | p. 314	
2.5.1.26	alkyl dihydroxyacetone phosphate synthase, alkylglycerone-phosphate synthase, v. 33 | p. 592	
2.5.1.26	alkyldihydroxyacetone phosphate synthase, alkylglycerone-phosphate synthase, v. 33 | p. 592	
2.5.1.26	alkyldihydroxyacetonephosphate synthase, alkylglycerone-phosphate synthase, v. 33 | p. 592	
2.5.1.26	alkyl dihydroxyacetone phosphate synthetase, alkylglycerone-phosphate synthase, v. 33 | p. 592	
2.5.1.26	alkyldihydroxyacetonephosphate synthetase, alkylglycerone-phosphate synthase, v. 33 | p. 592	
2.7.1.93	1-alkylglycerol kinase (phosphorylating), alkylglycerol kinase, v. 36 | p. 365	
1.14.16.5	O-alkylglycerol monooxygenase, glyceryl-ether monooxygenase, v. 27 | p. 111	
1.14.16.5	alkylglycerol monooxygenase, glyceryl-ether monooxygenase, v. 27 | p. 111	
2.7.1.93	alkylglycerol phosphotransferase, alkylglycerol kinase, v. 36 | p. 365	
2.5.1.26	alkylglycerone phosphate synthase, alkylglycerone-phosphate synthase, v. 33 | p. 592	
1.6.99.3	Alkyl hydroperoxide reductase, NADH dehydrogenase, v. 24 | p. 207	
1.11.1.15	alkyl hydroperoxide reductase C component, peroxiredoxin, v. S1 | p. 403	

1.5.3.4	ε-alkyllysinase, N6-methyl-lysine oxidase, v. 23 | p. 286	
2.3.1.105	alkyllyso-GP:acetyl-CoA acetyltransferase, alkylglycerophosphate 2-O-acetyltransferase, v. 30 | p. 238	
4.99.1.2	alkylmercury mercuric-lyase, alkylmercury lyase, v. 5 | p. 488	
3.2.2.21	alkylpurine-DNA-N-glycosylase, DNA-3-methyladenine glycosylase II, v. 14 | p. 103	
5.2.1.7	all-trans→11cis-Retinoid isomerase, Retinol isomerase, v. 1 | p. 215	
2.5.1.30	all-trans-heptaprenyl-diphosphate synthase, trans-hexaprenyltransferase, v. 33 | p. 617	
2.5.1.33	all-trans-hexaprenyl-diphosphate synthase, trans-pentaprenyltransferase, v. 34 | p. 30	
2.5.1.11	all-trans-nonaprenyl-diphosphate synthase, trans-octaprenyltransferase, v. 33 | p. 483	
1.3.99.23	all-trans-retinol:all-trans-13,14-dihydroretinol saturase, all-trans-retinol 13,14-reductase, v. S1 | p. 268	
5.2.1.3	all-trans-Retinol isomerase, Retinal isomerase, v. 1 | p. 202	
5.2.1.7	all-trans-Retinol isomerase, Retinol isomerase, v. 1 | p. 215	
1.3.99.23	(13,14)-all-trans-retinol saturase, all-trans-retinol 13,14-reductase, v. S1 | p. 268	
1.1.1.105	all-trans retinol dehydrogenase, retinol dehydrogenase, v. 17 | p. 287	
4.4.1.4	ALL1, alliin lyase, v. 5 | p. 313	
2.7.7.65	ALL2874, diguanylate cyclase, v. S2 | p. 331	
3.5.3.19	allA, ureidoglycolate hydrolase, v. 14 | p. 836	
3.5.3.9	allantoate-degrading enzyme, allantoate deiminase, v. 14 | p. 796	
3.5.3.9	Allantoate amidinohydrolase, allantoate deiminase, v. 14 | p. 796	
3.5.3.4	Allantoate amidinohydrolase, allantoicase, v. 14 | p. 769	
3.5.3.9	allantoate amidohydrolase, allantoate deiminase, v. 14 | p. 796	
3.5.3.4	allantoicase, allantoicase, v. 14 | p. 769	
3.5.2.5	allantoin amidohydrolase, allantoinase, v. 14 | p. 678	
3.5.2.5	allantoinase, allantoinase, v. 14 | p. 678	
3.5.3.4	Allantoine amidinohydrolase, allantoicase, v. 14 | p. 769	
5.3.99.6	Allene oxide cyclase, Allene-oxide cyclase, v. 1 | p. 483	
1.2.1.3	Allergen Alt a 10, aldehyde dehydrogenase (NAD+), v. 20 | p. 32	
3.4.22.65	allergen Der f1, peptidase 1 (mite), v. S6 | p. 208	
3.4.22.65	allergen Der p, peptidase 1 (mite), v. S6 | p. 208	
3.4.22.65	allergen Der p 1, peptidase 1 (mite), v. S6 | p. 208	
3.4.22.65	allergen Der p1, peptidase 1 (mite), v. S6 | p. 208	
2.5.1.18	allergen Der p 2, glutathione transferase, v. 33 | p. 524	
2.5.1.18	allergen Der p 8, glutathione transferase, v. 33 | p. 524	
3.1.1.32	Allergen Dol m 1.01, phospholipase A1, v. 9 | p. 252	
3.1.1.32	Allergen Dol m 1.02, phospholipase A1, v. 9 | p. 252	
4.4.1.4	alliin-lyase, alliin lyase, v. 5 | p. 313	
4.4.1.4	alliinase, alliin lyase, v. 5 | p. 313	
4.4.1.4	alliinase I, alliin lyase, v. 5 | p. 313	
4.4.1.4	alliinase II, alliin lyase, v. 5 | p. 313	
4.4.1.4	alliin lyase, alliin lyase, v. 5 | p. 313	
4.4.1.4	allinase, alliin lyase, v. 5 | p. 313	
2.4.2.31	alloantigen Rt6.1, NAD+-protein-arginine ADP-ribosyltransferase, v. 33 | p. 272	
2.4.2.31	alloantigen Rt6.2, NAD+-protein-arginine ADP-ribosyltransferase, v. 33 | p. 272	
2.7.1.55	D-allokinase, allose kinase, v. 36 | p. 121	
2.7.1.55	allokinase, allose kinase, v. 36 | p. 121	
3.5.1.54	allophanate lyase, allophanate hydrolase, v. 14 | p. 498	
2.7.1.55	D-allose-6-kinase, allose kinase, v. 36 | p. 121	
2.1.2.1	allothreonine aldolase, glycine hydroxymethyltransferase, v. 29 | p. 1	
1.1.1.54	allyl-ADH, allyl-alcohol dehydrogenase, v. 17 | p. 20	
3.1.7.1	allyl diphosphatase, prenyl-diphosphatase, v. 11 | p. 334	
2.1.1.146	allylphenol O-methyltransferase, (iso)eugenol O-methyltransferase, v. 28 | p. 636	
1.1.3.38	4-allylphenol oxidase, vanillyl-alcohol oxidase, v. 19 | p. 233	
2.5.1.20	allyltransferase, rubber, rubber cis-polyprenylcistransferase, v. 33 | p. 562	
3.1.3.8	Allzyme, 3-phytase, v. 10 | p. 129	

3.1.3.8	Allzyme phytase, 3-phytase, v. 10 | p. 129
3.2.1.111	almond emulsin fucosidase I, 1,3-α-L-fucosidase, v. 13 | p. 453
4.1.2.10	almond oxynitrilase, Mandelonitrile lyase, v. 3 | p. 440
4.1.2.10	almond oxynitrilase Name, Mandelonitrile lyase, v. 3 | p. 440
3.5.2.5	ALN, allantoinase, v. 14 | p. 678
1.1.3.37	ALO, D-Arabinono-1,4-lactone oxidase, v. 19 | p. 230
1.2.3.1	ALOD, aldehyde oxidase, v. 20 | p. 425
3.1.21.4	AloI, type II site-specific deoxyribonuclease, v. 11 | p. 454
1.2.3.1	AlOx, aldehyde oxidase, v. 20 | p. 425
1.13.11.31	Alox12b, arachidonate 12-lipoxygenase, v. 25 | p. 568
1.13.11.31	Alox15, arachidonate 12-lipoxygenase, v. 25 | p. 568
1.13.11.33	Alox15, arachidonate 15-lipoxygenase, v. 25 | p. 585
1.13.11.33	ALOX15-2, arachidonate 15-lipoxygenase, v. 25 | p. 585
1.13.11.34	ALOX5, arachidonate 5-lipoxygenase, v. 25 | p. 591
3.4.21.63	ALP, Oryzin, v. 7 | p. 300
3.1.3.1	ALP, alkaline phosphatase, v. 10 | p. 1
3.1.3.1	M-ALP, alkaline phosphatase, v. 10 | p. 1
3.4.21.62	ALP1, Subtilisin, v. 7 | p. 285
2.3.1.105	ALPA AT, alkylglycerophosphate 2-O-acetyltransferase, v. 30 | p. 238
3.1.3.1	ALPase, alkaline phosphatase, v. 10 | p. 1
1.5.1.17	ALPDH, Alanopine dehydrogenase, v. 23 | p. 158
1.4.3.20	ALPP, L-lysine 6-oxidase, v. S1 | p. 275
3.1.3.1	ALPP, alkaline phosphatase, v. 10 | p. 1
5.1.1.1	ALR, Alanine racemase, v. 1 | p. 1
1.1.1.2	ALR, alcohol dehydrogenase (NADP+), v. 16 | p. 45
1.8.3.2	ALR, thiol oxidase, v. 24 | p. 594
1.1.1.2	ALR 1, alcohol dehydrogenase (NADP+), v. 16 | p. 45
3.6.3.2	ALR1, Mg2+-importing ATPase, v. 15 | p. 538
1.1.1.2	ALR1, alcohol dehydrogenase (NADP+), v. 16 | p. 45
3.6.3.2	ALR2, Mg2+-importing ATPase, v. 15 | p. 538
1.1.1.21	ALR2, aldehyde reductase, v. 16 | p. 203
1.1.1.184	ALR3, carbonyl reductase (NADPH), v. 18 | p. 105
3.7.1.7	Alr4455 protein, β-diketone hydrolase, v. 15 | p. 850
5.1.1.1	AlrA, Alanine racemase, v. 1 | p. 1
2.7.13.3	alrO117, histidine kinase, v. S4 | p. 420
1.8.3.2	ALRp, thiol oxidase, v. 24 | p. 594
2.2.1.6	ALS, acetolactate synthase, v. 29 | p. 202
4.1.3.18	ALS, acetolactate synthase, v. 4 | p. 116
2.2.1.6	α-ALS, acetolactate synthase, v. 29 | p. 202
1.11.1.7	ALSP, peroxidase, v. 25 | p. 211
2.6.1.2	ALT, alanine transaminase, v. 34 | p. 280
2.6.1.2	ALT1, alanine transaminase, v. 34 | p. 280
4.2.1.11	Alt a XI, phosphopyruvate hydratase, v. 4 | p. 312
3.4.21.68	Alteplase, t-Plasminogen activator, v. 7 | p. 331
3.4.21.47	alternative-complement-pathway C3/C5 convertase, alternative-complement-pathway C3/C5 convertase, v. 7 | p. 218
3.4.21.47	alternative complement pathway C3(C5) convertase, alternative-complement-pathway C3/C5 convertase, v. 7 | p. 218
1.6.5.3	alternative complex I, NADH dehydrogenase (ubiquinone), v. 24 | p. 106
1.6.5.3	alternative NADH: ubiquinone oxidoreductase, NADH dehydrogenase (ubiquinone), v. 24 | p. 106
1.6.5.3	alternative NADH oxidoreductase, NADH dehydrogenase (ubiquinone), v. 24 | p. 106
3.1.30.1	Alteromonas BAL 31 nuclease, Aspergillus nuclease S1, v. 11 | p. 610
1.1.1.58	altronate dehydrogenase, tagaturonate reductase, v. 17 | p. 36
4.2.1.8	Altronate hydrolase, Mannonate dehydratase, v. 4 | p. 293

1.1.1.58	altronate oxidoreductase, tagaturonate reductase, v. 17 | p. 36
4.2.1.7	Altronic acid hydratase, altronate dehydratase, v. 4 | p. 290
4.2.1.8	Altronic hydro-lyase, Mannonate dehydratase, v. 4 | p. 293
1.1.1.58	altronic oxidoreductase, tagaturonate reductase, v. 17 | p. 36
3.1.21.4	AluI, type II site-specific deoxyribonuclease, v. 11 | p. 454
3.1.21.4	AlwNI, type II site-specific deoxyribonuclease, v. 11 | p. 454
4.2.2.3	ALY, poly(β-D-mannuronate) lyase, v. 5 | p. 19
4.2.2.3	ALY-1, poly(β-D-mannuronate) lyase, v. 5 | p. 19
4.2.2.3	ALYIII, poly(β-D-mannuronate) lyase, v. 5 | p. 19
4.2.2.3	alyPEEC, poly(β-D-mannuronate) lyase, v. 5 | p. 19
4.2.2.3	AlyVI, poly(β-D-mannuronate) lyase, v. 5 | p. 19
1.11.1.11	Am-pAPX1, L-ascorbate peroxidase, v. 25 | p. 257
4.6.1.1	Amac3, adenylate cyclase, v. 5 | p. 415
5.1.99.4	AMACR, α-Methylacyl-CoA racemase, v. 1 | p. 188
5.1.99.4	amacr/P504S, α-Methylacyl-CoA racemase, v. 1 | p. 188
1.2.1.19	AMADH, aminobutyraldehyde dehydrogenase, v. 20 | p. 195
3.2.1.24	AMAN, α-mannosidase, v. 12 | p. 407
3.1.1.3	amano AP, triacylglycerol lipase, v. 9 | p. 36
3.1.1.3	amano B, triacylglycerol lipase, v. 9 | p. 36
3.1.1.3	amano CE, triacylglycerol lipase, v. 9 | p. 36
3.1.1.3	amano CES, triacylglycerol lipase, v. 9 | p. 36
3.1.1.3	amano P, triacylglycerol lipase, v. 9 | p. 36
1.6.5.3	AMAPOR, NADH dehydrogenase (ubiquinone), v. 24 | p. 106
1.21.3.6	AmAS1, aureusidin synthase, v. S1 | p. 777
2.4.1.25	AMase, 4-α-glucanotransferase, v. 31 | p. 276
3.5.2.6	Ambler class A β-lactamase, β-lactamase, v. 14 | p. 683
3.5.2.6	ambler class C β-lactamase, β-lactamase, v. 14 | p. 683
3.2.1.14	AMCase, chitinase, v. 12 | p. 185
3.5.99.5	AMD, 2-aminomuconate deaminase, v. 15 | p. 222
4.1.1.76	AMDase, Arylmalonate decarboxylase, v. 3 | p. 406
4.1.1.50	AMDC, adenosylmethionine decarboxylase, v. 3 | p. 306
3.5.99.5	2-AM deaminase, 2-aminomuconate deaminase, v. 15 | p. 222
1.2.1.32	AMDH, aminomuconate-semialdehyde dehydrogenase, v. 20 | p. 271
3.1.1.4	amdI1, phospholipase A2, v. 9 | p. 52
3.5.1.49	Amds/fmds, formamidase, v. 14 | p. 477
3.4.22.35	Amebapain, Histolysain, v. 7 | p. 694
5.3.1.9	AMF, Glucose-6-phosphate isomerase, v. 1 | p. 298
3.2.1.1	AMF-3, α-amylase, v. 12 | p. 1
3.2.1.3	AMG, glucan 1,4-α-glucosidase, v. 12 | p. 59
2.7.11.1	AMH type II receptor, non-specific serine/threonine protein kinase, v. S3 | p. 1
3.5.1.4	AMI1, amidase, v. 14 | p. 231
3.5.1.28	AmiB, N-acetylmuramoyl-L-alanine amidase, v. 14 | p. 396
3.5.1.4	A-amidase, amidase, v. 14 | p. 231
3.5.1.4	C-amidase, amidase, v. 14 | p. 231
3.5.1.3	amidase, ω, ω-amidase, v. 14 | p. 217
3.5.1.68	amidase, β-citrylglutamate, N-formylglutamate deformylase, v. 14 | p. 548
3.5.1.67	amidase, 4-methyleneglutamine, 4-methyleneglutaminase, v. 14 | p. 542
3.5.1.60	amidase, acylethanolamine, N-(long-chain-acyl)ethanolamine deacylase, v. 14 | p. 520
3.5.1.72	amidase, benzoyl-D-arginine aryl-, D-benzoylarginine-4-nitroanilide amidase, v. 14 | p. 567
3.5.1.59	amidase, carbamoylsarcosine, N-carbamoylsarcosine amidase, v. 14 | p. 516
3.5.2.15	amidase, cyanurate, cyanuric acid amidohydrolase, v. 14 | p. 740
3.10.1.2	amidase, cyclohexylsulfamate sulf-, cyclamate sulfohydrolase, v. 15 | p. 922
3.5.1.78	Amidase, glutathionylspermidine, Glutathionylspermidine amidase, v. 14 | p. 595
3.5.1.73	amidase, L-carnitin-, carnitinamidase, v. 14 | p. 571
3.5.1.82	Amidase, long-chain acylglutamate, N-Acyl-D-glutamate deacylase, v. 14 | p. 610

3.5.1.86	amidase, mandelamide, mandelamide amidase, v. 14	p. 623	
3.5.1.77	Amidase, N-carbamoyl-D-amino acid, N-carbamoyl-D-amino-acid hydrolase, v. 14	p. 586	
3.5.99.4	amidase, N-isopropylammelide, N-isopropylammelide isopropylaminohydrolase, v. 15	p. 220	
3.5.1.79	Amidase, phthalyl, Phthalyl amidase, v. 14	p. 598	
3.5.3.19	amidase, ureidoglycolate, ureidoglycolate hydrolase, v. 14	p. 836	
3.5.1.26	amidase-1, N4-(β-N-acetylglucosaminyl)-L-asparaginase, v. 14	p. 385	
3.5.1.26	amidase-2, N4-(β-N-acetylglucosaminyl)-L-asparaginase, v. 14	p. 385	
3.5.1.26	amidase-3, N4-(β-N-acetylglucosaminyl)-L-asparaginase, v. 14	p. 385	
3.5.1.4	amidase 1, amidase, v. 14	p. 231	
3.5.1.4	amide hydrolase, amidase, v. 14	p. 231	
3.5.1.4	amide transferase, amidase, v. 14	p. 231	
3.5.3.14	N-amidino-L-aspartic acid amidinohydrolase, amidinoaspartase, v. 14	p. 814	
3.5.3.14	amidinoaspartic amidinohydrolase, amidinoaspartase, v. 14	p. 814	
3.5.1.14	L-amido-acid acylase, aminoacylase, v. 14	p. 317	
3.5.1.14	amido acid deacylase, aminoacylase, v. 14	p. 317	
3.5.1.3	ω-amido dicarboxylate amidohydrolase, ω-amidase, v. 14	p. 217	
3.5.1.4	amidohydrolase, amidase, v. 14	p. 231	
3.5.1.12	amidohydrolase biotinidase, biotinidase, v. 14	p. 296	
6.3.5.7	amidotransferase, glutamyl-transfer ribonucleate (glutamine-specific), glutaminyl-tRNA synthase (glutamine-hydrolysing), v. S7	p. 638	
2.4.2.14	amidotransferase, phosphoribosyl pyrophosphate, amidophosphoribosyltransferase, v. 33	p. 152	
6.3.5.7	amidotransferase B, glutaminyl-tRNA synthase (glutamine-hydrolysing), v. S7	p. 638	
6.3.5.7	amidotransferase C, glutaminyl-tRNA synthase (glutamine-hydrolysing), v. S7	p. 638	
3.5.1.49	AmiF formamidase, formamidase, v. 14	p. 477	
1.4.3.6	Amiloride-binding protein, amine oxidase (copper-containing), v. 22	p. 291	
2.6.1.29	amine-ketoacid transaminase, diamine transaminase, v. 34	p. 448	
1.4.99.3	amine: oxidoreductase (acceptor deaminating), amine dehydrogenase, v. 22	p. 402	
1.4.99.3	amine dehydrogenase, amine dehydrogenase, v. 22	p. 402	
2.8.2.3	amine N-sulfotransferase, amine sulfotransferase, v. 39	p. 298	
1.4.3.6	Amine oxidase, amine oxidase (copper-containing), v. 22	p. 291	
1.4.3.6	amine oxidase (pyridoxal containing), amine oxidase (copper-containing), v. 22	p. 291	
1.4.3.6	Amine oxidase [copper-containing], amine oxidase (copper-containing), v. 22	p. 291	
1.4.3.6	amine oxygen oxidoreductase, amine oxidase (copper-containing), v. 22	p. 291	
2.6.1.29	amine transaminase, diamine transaminase, v. 34	p. 448	
3.5.2.11	L-α-amino-ε-caprolactamase, L-lysine-lactamase, v. 14	p. 728	
3.5.2.11	L-α-amino-ε-caprolactam hydrolase, L-lysine-lactamase, v. 14	p. 728	
5.1.1.15	α-Amino-ε-caprolactam racemase, 2-Aminohexano-6-lactam racemase, v. 1	p. 61	
4.1.1.45	α-Amino-β-carboxymuconate-ε-semialdehade decarboxylase, Aminocarboxymuconate-semialdehyde decarboxylase, v. 3	p. 277	
4.1.1.45	α-Amino-β-carboxymuconate-ε-semialdehyde β-decarboxylase, Aminocarboxymuconate-semialdehyde decarboxylase, v. 3	p. 277	
4.1.1.45	α-amino-β-carboxymuconate-ε-semialdehyde decarboxylase, Aminocarboxymuconate-semialdehyde decarboxylase, v. 3	p. 277	
4.1.1.45	α-amino-β-carboxymuconic-ε-semialdehyde decarboxylase, Aminocarboxymuconate-semialdehyde decarboxylase, v. 3	p. 277	
2.3.1.29	α-amino-β-oxobutyrate CoA-ligase, glycine C-acetyltransferase, v. 29	p. 496	
5.1.1.15	α-Amino-δ-valerolactam racemase, 2-Aminohexano-6-lactam racemase, v. 1	p. 61	
2.1.2.3	5-amino-1-ribosyl-4-imidazolecarboxamide 5'-phosphate transformylase, phosphoribosylaminoimidazolecarboxamide formyltransferase, v. 29	p. 32	
6.3.2.6	N-(5-Amino-1-ribosyl-4-imidazolylcarbonyl)-L-aspartic acid 5'-phosphate synthetase, phosphoribosylaminoimidazolesuccinocarboxamide synthase, v. 2	p. 434	
4.1.1.21	5-Amino-1-ribosylimidazole 5-phosphate carboxylase, phosphoribosylaminoimidazole carboxylase, v. 3	p. 122	

2.6.1.16	2-amino-2-deoxy-D-glucose-6-phosphate ketol-isomerase, glutamine-fructose-6-phosphate transaminase (isomerizing), v. 34	p. 376
3.5.99.6	2-amino-2-deoxy-D-glucose-6-phosphate ketol isomerase (deaminating), glucosamine-6-phosphate deaminase, v. 15	p. 225
2.6.1.86	2-amino-2-deoxyisochorismate (ADIC) synthase, 2-amino-4-deoxychorismate synthase
2.6.1.86	2-amino-2-deoxyisochorismate synthase, 2-amino-4-deoxychorismate synthase
1.1.1.4	D-1-amino-2-propanol:NAD+ oxidoreductase, (R,R)-butanediol dehydrogenase, v. 16	p. 91
1.1.1.4	1-amino-2-propanol dehydrogenase, (R,R)-butanediol dehydrogenase, v. 16	p. 91
1.1.1.4	D-1-amino-2-propanol dehydrogenase, (R,R)-butanediol dehydrogenase, v. 16	p. 91
1.1.1.4	1-amino-2-propanol oxidoreductase, (R,R)-butanediol dehydrogenase, v. 16	p. 91
4.1.1.45	2-amino-3-carboxymuconate-6-semialdehyde decarboxylase, Aminocarboxymuconate-semialdehyde decarboxylase, v. 3	p. 277
2.3.1.29	2-amino-3-ketobutyrate-CoA ligase, glycine C-acetyltransferase, v. 29	p. 496
2.3.1.29	2-amino-3-ketobutyrate CoA ligase, glycine C-acetyltransferase, v. 29	p. 496
2.3.1.29	2-amino-3-ketobutyrate coenzyme A ligase, glycine C-acetyltransferase, v. 29	p. 496
2.3.1.29	2-amino-3-oxobutyrate CoA ligase, glycine C-acetyltransferase, v. 29	p. 496
4.5.1.4	L-2-amino-4-chloro-4-pentenoate dehalogenase, L-2-amino-4-chloropent-4-enoate dehydrochlorinase, v. 5	p. 410
4.1.3.38	4-amino-4-deoxychorismate lyase, aminodeoxychorismate lyase, v. S7	p. 49
5.4.99.5	4-Amino-4-deoxychorismate mutase, Chorismate mutase, v. 1	p. 604
2.6.1.85	4-amino-4-deoxychorismate synthase, aminodeoxychorismate synthase, v. S2	p. 260
2.7.6.3	2-amino-4-hydroxy-6-hydroxymethyldihydropteridine pyrophosphokinase, 2-amino-4-hydroxy-6-hydroxymethyldihydropteridine diphosphokinase, v. 38	p. 30
2.1.2.3	5-amino-4-imidazolecarboxamide ribonucleotide transformylase, phosphoribosylaminoimidazolecarboxamide formyltransferase, v. 29	p. 32
2.1.2.3	5-amino-4-imidazolecarboxamide ribotide transformylase, phosphoribosylaminoimidazolecarboxamide formyltransferase, v. 29	p. 32
4.2.3.12	2-amino-4-oxo-6-(erythro-1',2',3'-trihydroxypropyl)-7,8-dihydroxypterdine triphosphate lyase, 6-pyruvoyltetrahydropterin synthase, v. S7	p. 235
2.7.1.49	4-amino-5-hydroxymethyl-2-methylpyrimidine (phosphate) kinase, hydroxymethylpyrimidine kinase, v. 36	p. 98
2.7.1.49	4-amino-5-hydroxymethyl-2-methyl pyrimidine kinase, hydroxymethylpyrimidine kinase, v. 36	p. 98
2.7.1.49	4-amino-5-hydroxymethyl-2-methylpyrimidine kinase, hydroxymethylpyrimidine kinase, v. 36	p. 98
2.7.1.49	4-amino-5-hydroxymethyl-2-methylpyrimidine pyrophosphate kinase, hydroxymethylpyrimidine kinase, v. 36	p. 98
2.3.1.47	8-amino-7-oxononanoate synthase, 8-amino-7-oxononanoate synthase, v. 29	p. 634
2.3.1.47	8-amino-7-oxopelargonate synthase, 8-amino-7-oxononanoate synthase, v. 29	p. 634
2.7.2.8	amino-acid acetyltransferase, acetylglutamate kinase, v. 37	p. 342
5.1.1.10	amino-acid racemase, Amino-acid racemase, v. 1	p. 41
3.4.13.18	L-amino-acyl-L-amino-acid hydrolase, cytosol nonspecific dipeptidase, v. 6	p. 227
4.1.1.45	Amino-carboxymuconate-semialdehyde decarboxylase, Aminocarboxymuconate-semialdehyde decarboxylase, v. 3	p. 277
4.1.1.45	α-amino β-carboxymuconate ε-semialdehyde decarboxylase, Aminocarboxymuconate-semialdehyde decarboxylase, v. 3	p. 277
2.1.2.2	2-amino-N-ribosylacetamide 5'-phosphate (glycinamide ribotide) transformylase, phosphoribosylglycinamide formyltransferase, v. 29	p. 19
6.3.4.13	2-Amino-N-ribosylacetamide 5'-phosphate kinosynthase, phosphoribosylamine-glycine ligase, v. 2	p. 626
2.1.2.2	2-amino-N-ribosylacetamide 5'-phosphate transformylase, phosphoribosylglycinamide formyltransferase, v. 29	p. 19
3.4.11.2	amino-oligopeptidase, membrane alanyl aminopeptidase, v. 6	p. 53

2.3.1.88	amino-terminal amino acid-acetylating enzyme, peptide α-N-acetyltransferase, v. 30 | p. 157	
4.1.1.45	2-amino 3-carboxymuconate 6-semialdehyde decarboxylase, Aminocarboxymuconate-semialdehyde decarboxylase, v. 3 | p. 277	
2.3.1.29	aminoacetone synthase, glycine C-acetyltransferase, v. 29 | p. 496	
2.3.1.29	aminoacetone synthetase, glycine C-acetyltransferase, v. 29 | p. 496	
2.3.1.36	D-amino acid-α-N-acetyltransferase, D-amino-acid N-acetyltransferase, v. 29 | p. 534	
1.4.3.2	L-amino acid:O2 oxidoreductase, L-amino-acid oxidase, v. 22 | p. 225	
1.4.3.2	L-amino acid:O2 oxidoreductase (deaminating), L-amino-acid oxidase, v. 22 | p. 225	
2.6.1.18	ω-amino acid:pyruvate transaminase, β-alanine-pyruvate transaminase, v. 34 | p. 390	
2.3.1.36	D-amino acid acetyltransferase, D-amino-acid N-acetyltransferase, v. 29 | p. 534	
2.3.1.1	amino acid acetyltransferase, amino-acid N-acetyltransferase, v. 29 | p. 224	
3.4.16.4	D-amino acid amidase, serine-type D-Ala-D-Ala carboxypeptidase, v. 6 | p. 376	
4.1.1.25	L-amino acid decarboxylase, Tyrosine decarboxylase, v. 3 | p. 146	
4.1.1.28	L-amino acid decarboxylase, aromatic-L-amino-acid decarboxylase, v. 3 | p. 152	
3.1.1.43	α-amino acid ester esterase, α-amino-acid esterase, v. 9 | p. 301	
3.1.1.43	α-amino acid ester hydrolase, α-amino-acid esterase, v. 9 | p. 301	
6.3.2.28	L-amino acid ligase, L-amino-acid α-ligase, v. S7 | p. 609	
2.3.1.65	amino acid N-choloyltransferase, bile acid-CoA:amino acid N-acyltransferase, v. 30 | p. 26	
1.4.3.3	D-amino acid oxidase, D-amino-acid oxidase, v. 22 | p. 243	
1.4.3.3	D-aminoacid oxidase, D-amino-acid oxidase, v. 22 | p. 243	
1.1.3.15	L-amino acid oxidase, (S)-2-hydroxy-acid oxidase, v. 19 | p. 129	
1.4.3.2	L-amino acid oxidase, L-amino-acid oxidase, v. 22 | p. 225	
1.4.3.3	D-amino acid oxidases, D-amino-acid oxidase, v. 22 | p. 243	
3.6.3.21	amino acid permease, polar-amino-acid-transporting ATPase, v. 15 | p. 633	
3.6.3.22	amino acid permease 1, nonpolar-amino-acid-transporting ATPase, v. 15 | p. 640	
3.6.3.21	amino acid permease 8, polar-amino-acid-transporting ATPase, v. 15 | p. 633	
5.1.1.10	L-Amino acid racemase, Amino-acid racemase, v. 1 | p. 41	
3.4.11.4	α-aminoacyl-dipeptide hydrolase, tripeptide aminopeptidase, v. 6 | p. 75	
3.4.13.3	aminoacyl-histidine dipeptidase, Xaa-His dipeptidase, v. 6 | p. 187	
3.4.13.3	aminoacyl-L-histidine hydrolase, Xaa-His dipeptidase, v. 6 | p. 187	
3.4.13.4	aminoacyl-lysine dipeptidase, Xaa-Arg dipeptidase, v. 6 | p. 193	
3.4.13.5	aminoacyl-methylhistidine dipeptidase, Xaa-methyl-His dipeptidase, v. 6 | p. 195	
3.4.11.22	α-Aminoacyl-peptide hydrolase, aminopeptidase I, v. 6 | p. 178	
3.4.11.3	α-Aminoacyl-peptide hydrolase, cystinyl aminopeptidase, v. 6 | p. 66	
3.4.14.5	amino acyl-prolyl dipeptidyl aminopeptidase, dipeptidyl-peptidase IV, v. 6 | p. 286	
3.4.13.5	aminoacyl-pros-methyl-L-histidine hydrolase, Xaa-methyl-His dipeptidase, v. 6 | p. 195	
3.1.1.29	aminoacyl-transfer ribonucleate hydrolase, aminoacyl-tRNA hydrolase, v. 9 | p. 239	
6.3.5.7	aminoacyl-tRNA amidotransferase, glutaminyl-tRNA synthase (glutamine-hydrolysing), v. S7 | p. 638	
3.5.1.81	D-Amino acylase, N-Acyl-D-amino-acid deacylase, v. 14 | p. 603	
3.5.1.81	D-Aminoacylase, N-Acyl-D-amino-acid deacylase, v. 14 | p. 603	
3.5.1.14	D-Aminoacylase, aminoacylase, v. 14 | p. 317	
3.5.1.14	L-aminoacylase, aminoacylase, v. 14 | p. 317	
3.5.1.14	aminoacylase-1, aminoacylase, v. 14 | p. 317	
3.5.1.14	aminoacylase-1A, aminoacylase, v. 14 | p. 317	
3.5.1.14	aminoacylase-1B, aminoacylase, v. 14 | p. 317	
3.5.1.15	aminoacylase-2, aspartoacylase, v. 14 | p. 331	
3.5.1.14	aminoacylase 1, aminoacylase, v. 14 | p. 317	
3.5.1.14	aminoacylase 1a, aminoacylase, v. 14 | p. 317	
3.5.1.15	aminoacylase 2, aspartoacylase, v. 14 | p. 331	
3.5.1.14	aminoacylase I, aminoacylase, v. 14 | p. 317	
3.5.1.83	Aminoacylase II, N-Acyl-D-aspartate deacylase, v. 14 | p. 614	
3.5.1.15	Aminoacylase II, aspartoacylase, v. 14 | p. 331	
3.4.13.3	aminoacylhistidine dipeptidase, Xaa-His dipeptidase, v. 6 | p. 187	

3.4.13.4	aminoacyllysine dipeptidase, Xaa-Arg dipeptidase, v. 6 | p. 193
3.4.11.2	α-aminoacylpeptide hydrolase, membrane alanyl aminopeptidase, v. 6 | p. 53
3.4.11.9	aminoacylproline aminopeptidase, Xaa-Pro aminopeptidase, v. 6 | p. 111
3.4.16.2	aminoacylproline carboxypeptidase, lysosomal Pro-Xaa carboxypeptidase, v. 6 | p. 370
1.2.1.31	L-α-aminoadipate δ-semialdehyde:NAD oxidoreductase, L-aminoadipate-semialdehyde dehydrogenase, v. 20 | p. 262
1.2.1.31	L-α-aminoadipate δ-semialdehyde:nicotinamide adenine dinucleotide oxidoreductase, L-aminoadipate-semialdehyde dehydrogenase, v. 20 | p. 262
1.2.1.31	L-aminoadipate-semialdehyde dehydrogenase, L-aminoadipate-semialdehyde dehydrogenase, v. 20 | p. 262
1.2.1.31	α-aminoadipate-semialdehyde dehydrogenase, L-aminoadipate-semialdehyde dehydrogenase, v. 20 | p. 262
1.2.1.31	L-α-aminoadipate δ-semialdehyde oxidoreductase, L-aminoadipate-semialdehyde dehydrogenase, v. 20 | p. 262
2.6.1.39	2-aminoadipate aminotransferase, 2-aminoadipate transaminase, v. 34 | p. 483
2.6.1.39	α-aminoadipate aminotransferase, 2-aminoadipate transaminase, v. 34 | p. 483
1.2.1.31	α-aminoadipate reductase, L-aminoadipate-semialdehyde dehydrogenase, v. 20 | p. 262
1.2.1.31	α-aminoadipate reductase Lys1p, L-aminoadipate-semialdehyde dehydrogenase, v. 20 | p. 262
1.5.1.10	aminoadipate semialdehyde-glutamate reductase, saccharopine dehydrogenase (NADP+, L-glutamate-forming), v. 23 | p. 104
1.2.1.31	2-aminoadipate semialdehyde dehydrogenase, L-aminoadipate-semialdehyde dehydrogenase, v. 20 | p. 262
1.2.1.31	2-aminoadipic 6-semialdehyde dehydrogenase, L-aminoadipate-semialdehyde dehydrogenase, v. 20 | p. 262
1.2.1.31	α-aminoadipic acid-δ-semialdehyde dehydrogenase, L-aminoadipate-semialdehyde dehydrogenase, v. 20 | p. 262
2.6.1.39	2-aminoadipic aminotransferase, 2-aminoadipate transaminase, v. 34 | p. 483
1.5.1.10	aminoadipic semialdehyde-glutamate reductase, saccharopine dehydrogenase (NADP+, L-glutamate-forming), v. 23 | p. 104
1.5.1.10	aminoadipic semialdehyde-glutamic reductase, saccharopine dehydrogenase (NADP+, L-glutamate-forming), v. 23 | p. 104
1.2.1.31	2-aminoadipic semialdehyde dehydrogenase, L-aminoadipate-semialdehyde dehydrogenase, v. 20 | p. 262
1.2.1.31	α-aminoadipic semialdehyde dehydrogenase, L-aminoadipate-semialdehyde dehydrogenase, v. 20 | p. 262
1.5.1.9	aminoadipic semialdehyde synthase, saccharopine dehydrogenase (NAD+, L-glutamate-forming), v. 23 | p. 97
6.3.2.26	L-δ-(α-aminoadipoyl)-L-cysteinyl-D-valine synthetase, N-(5-amino-5-carboxypentanoyl)-L-cysteinyl-D-valine synthase, v. S7 | p. 600
6.3.2.26	δ-(L-α-aminoadipoyl)-L-cysteinyl-D-valine synthetase, N-(5-amino-5-carboxypentanoyl)-L-cysteinyl-D-valine synthase, v. S7 | p. 600
6.3.2.26	L-(α-aminoadipyl)-L-cysteinyl-D-valine synthetase, N-(5-amino-5-carboxypentanoyl)-L-cysteinyl-D-valine synthase, v. S7 | p. 600
6.3.2.26	δ-L-(α-aminoadipyl)-L-cysteinyl-D-valine synthetase, N-(5-amino-5-carboxypentanoyl)-L-cysteinyl-D-valine synthase, v. S7 | p. 600
6.3.2.26	Δ-(α-aminoadipyl)cysteinylvaline synthetase, N-(5-amino-5-carboxypentanoyl)-L-cysteinyl-D-valine synthase, v. S7 | p. 600
4.2.3.2	amino alcohol O-phosphate pholyase, ethanolamine-phosphate phospho-lyase, v. S7 | p. 182
2.7.8.2	aminoalcoholphosphotransferase, diacylglycerol cholinephosphotransferase, v. 39 | p. 14
2.7.8.1	aminoalcoholphosphotransferase, ethanolaminephosphotransferase, v. 39 | p. 1
1.2.1.19	aminoaldehyde dehydrogenase, aminobutyraldehyde dehydrogenase, v. 20 | p. 195
1.7.1.6	p-aminoazobenzene reductase, azobenzene reductase, v. 24 | p. 288

1.14.12.14	2-Aminobenzenesulfonate dioxygenase, 2-Aminobenzenesulfonate 2,3-dioxygenase, v. 26 | p. 183	
6.2.1.32	2-aminobenzoate-CoA ligase, anthranilate-CoA ligase, v. 2 | p. 336	
6.2.1.32	2-aminobenzoate-coenzyme A ligase, anthranilate-CoA ligase, v. 2 | p. 336	
6.2.1.32	2-aminobenzoate coenzyme A ligase, anthranilate-CoA ligase, v. 2 | p. 336	
1.14.13.27	4-aminobenzoate hydroxylase, 4-aminobenzoate 1-monooxygenase, v. 26 | p. 378	
1.14.13.40	2-aminobenzoyl-CoA monooxygenase/reductase, anthraniloyl-CoA monooxygenase, v. 26 | p. 446	
1.13.11.39	2-aminobiphenyl-2,3-diol-1,2-dioxygenase, biphenyl-2,3-diol 1,2-dioxygenase, v. 25 | p. 618	
2.3.1.5	4-aminobiphenyl N-acetyltransferase, arylamine N-acetyltransferase, v. 29 | p. 243	
1.2.1.19	4-aminobutanal dehydrogenase, aminobutyraldehyde dehydrogenase, v. 20 | p. 195	
1.2.1.19	γ-aminobutyraldehyde dehydroganase, aminobutyraldehyde dehydrogenase, v. 20 | p. 195	
1.2.1.19	4-aminobutyraldehyde dehydrogenase, aminobutyraldehyde dehydrogenase, v. 20 | p. 195	
1.2.1.3	R-aminobutyraldehyde dehydrogenase, aldehyde dehydrogenase (NAD+), v. 20 | p. 32	
1.2.1.3	γ-aminobutyraldehyde dehydrogenase, aldehyde dehydrogenase (NAD+), v. 20 | p. 32	
1.2.1.19	γ-aminobutyraldehyde dehydrogenase, aminobutyraldehyde dehydrogenase, v. 20 | p. 195	
2.6.1.19	γ-aminobutyrate-α-ketoglutarate aminotransferase, 4-aminobutyrate transaminase, v. 34 | p. 395	
2.6.1.19	γ-aminobutyrate-α-ketoglutarate transaminase, 4-aminobutyrate transaminase, v. 34 | p. 395	
2.6.1.19	4-aminobutyrate-2-ketoglutarate aminotransferase, 4-aminobutyrate transaminase, v. 34 | p. 395	
2.6.1.19	4-aminobutyrate-2-oxoglutarate aminotransferase, 4-aminobutyrate transaminase, v. 34 | p. 395	
2.6.1.19	4-aminobutyrate-2-oxoglutarate transaminase, 4-aminobutyrate transaminase, v. 34 | p. 395	
2.6.1.19	γ-aminobutyrate:α-oxoglutarate aminotransferase, 4-aminobutyrate transaminase, v. 34 | p. 395	
2.6.1.19	γ-aminobutyrate aminotransaminase, 4-aminobutyrate transaminase, v. 34 | p. 395	
2.6.1.19	4-aminobutyrate aminotransferase, 4-aminobutyrate transaminase, v. 34 | p. 395	
2.6.1.19	aminobutyrate aminotransferase, 4-aminobutyrate transaminase, v. 34 | p. 395	
2.6.1.19	γ-aminobutyrate aminotransferase, 4-aminobutyrate transaminase, v. 34 | p. 395	
2.6.1.19	aminobutyrate transaminase, 4-aminobutyrate transaminase, v. 34 | p. 395	
2.6.1.19	γ-aminobutyrate transaminase, 4-aminobutyrate transaminase, v. 34 | p. 395	
2.6.1.19	γ-aminobutyric acid-α-ketoglutarate transaminase, 4-aminobutyrate transaminase, v. 34 | p. 395	
2.6.1.19	γ-aminobutyric acid-α-ketoglutaric acid aminotransferase, 4-aminobutyrate transaminase, v. 34 | p. 395	
2.6.1.19	γ-aminobutyric acid-2-oxoglutarate transaminase, 4-aminobutyrate transaminase, v. 34 | p. 395	
2.6.1.19	4-aminobutyric acid 2-ketoglutaric acid aminotransferase, 4-aminobutyrate transaminase, v. 34 | p. 395	
2.6.1.19	4-aminobutyric acid aminotransferase, 4-aminobutyrate transaminase, v. 34 | p. 395	
2.6.1.19	γ-aminobutyric acid aminotransferase, 4-aminobutyrate transaminase, v. 34 | p. 395	
2.6.1.19	γ-aminobutyric acid pyruvate transaminase, 4-aminobutyrate transaminase, v. 34 | p. 395	
2.6.1.19	γ-aminobutyric acid transaminase, 4-aminobutyrate transaminase, v. 34 | p. 395	
2.6.1.22	β-aminobutyric transaminase, (S)-3-amino-2-methylpropionate transaminase, v. 34 | p. 422	
2.6.1.19	γ-aminobutyric transaminase, 4-aminobutyrate transaminase, v. 34 | p. 395	
3.4.13.4	Nα-(γ-aminobutyryl)-lysine hydrolase, Xaa-Arg dipeptidase, v. 6 | p. 193	
4.3.1.14	3-aminobutyryl-CoA ammonia lyase, 3-Aminobutyryl-CoA ammonia-lyase, v. 5 | p. 248	
4.3.1.14	L-3-Aminobutyryl-CoA deaminase, 3-Aminobutyryl-CoA ammonia-lyase, v. 5 | p. 248	
3.5.1.51	aminobutyryl-CoA thio lesterase, 4-acetamidobutyryl-CoA deacetylase, v. 14 | p. 482	
4.3.1.14	L-3-Aminobutyryl coenzyme A deaminase, 3-Aminobutyryl-CoA ammonia-lyase, v. 5 | p. 248	
3.5.2.11	L-α-aminocaprolactam hydrolase, L-lysine-lactamase, v. 14 | p. 728	
5.1.1.15	Aminocaprolactam racemase, 2-Aminohexano-6-lactam racemase, v. 1 | p. 61	

2.5.1.38	aminocarboxypropyltransferase, nocardicin, isonocardicin synthase, v. 34 | p. 46	
2.1.4.2	aminocyclitolamidinotransferase, scyllo-inosamine-4-phosphate amidinotransferase, v. 29 | p. 160	
2.6.1.50	aminocyclitol aminotransferase, glutamine-scyllo-inositol transaminase, v. 34 | p. 574	
3.5.99.7	1-aminocyclopropane-1-carboxylate deaminase, 1-aminocyclopropane-1-carboxylate deaminase, v. 15 | p. 234	
3.5.99.7	1-aminocyclopropane-1-carboxylate endolyase (deaminating), 1-aminocyclopropane-1-carboxylate deaminase, v. 15 | p. 234	
1.14.17.4	1-aminocyclopropane-1-carboxylate oxidase, aminocyclopropanecarboxylate oxidase, v. 27 | p. 154	
4.4.1.14	1-aminocyclopropane-1-carboxylate synthase, 1-aminocyclopropane-1-carboxylate synthase, v. 5 | p. 377	
4.4.1.14	aminocyclopropane-1-carboxylate synthase, 1-aminocyclopropane-1-carboxylate synthase, v. 5 | p. 377	
4.4.1.14	1-aminocyclopropane-1-carboxylate synthase 4, 1-aminocyclopropane-1-carboxylate synthase, v. 5 | p. 377	
4.4.1.14	1-aminocyclopropane-1-carboxylate synthase 6, 1-aminocyclopropane-1-carboxylate synthase, v. 5 | p. 377	
4.4.1.14	1-aminocyclopropane-1-carboxylate synthetase, 1-aminocyclopropane-1-carboxylate synthase, v. 5 | p. 377	
3.5.99.7	1-aminocyclopropane-1-carboxylic acid deaminase, 1-aminocyclopropane-1-carboxylate deaminase, v. 15 | p. 234	
1.14.17.4	1-aminocyclopropane-1-carboxylic acid oxidase, aminocyclopropanecarboxylate oxidase, v. 27 | p. 154	
4.4.1.14	1-aminocyclopropane-1-carboxylic acid synthase, 1-aminocyclopropane-1-carboxylate synthase, v. 5 | p. 377	
4.4.1.14	aminocyclopropanecarboxylate synthase, 1-aminocyclopropane-1-carboxylate synthase, v. 5 | p. 377	
4.4.1.14	1-aminocyclopropane carboxylic acid synthase, 1-aminocyclopropane-1-carboxylate synthase, v. 5 | p. 377	
4.4.1.14	aminocyclopropanecarboxylic acid synthase, 1-aminocyclopropane-1-carboxylate synthase, v. 5 | p. 377	
2.7.1.8	aminodeoxyglucose kinase, glucosamine kinase, v. 35 | p. 162	
2.3.1.4	aminodeoxyglucosephosphate acetyltransferase, glucosamine-phosphate N-acetyltransferase, v. 29 | p. 237	
3.5.99.6	aminodeoxyglucosephosphate isomerase, glucosamine-6-phosphate deaminase, v. 15 | p. 225	
5.4.2.10	aminodeoxyglucose phosphate phosphomutase, phosphoglucosamine mutase, v. S7 | p. 519	
1.1.1.193	aminodioxyphosphoribosylaminopyrimidine reductase, 5-amino-6-(5-phosphoribosylamino)uracil reductase, v. 18 | p. 159	
3.4.13.19	aminodipeptidase, membrane dipeptidase, v. 6 | p. 239	
1.14.11.17	2-aminoethanesulfonate dioxygenase, taurine dioxygenase, v. 26 | p. 108	
1.14.11.17	2-aminoethanesulfonic acid/α-ketoglutarate dioxygenase, taurine dioxygenase, v. 26 | p. 108	
2.6.1.37	(2-aminoethyl)phosphonate aminotransferase, 2-aminoethylphosphonate-pyruvate transaminase, v. 34 | p. 474	
2.6.1.37	(2-aminoethyl)phosphonate transaminase, 2-aminoethylphosphonate-pyruvate transaminase, v. 34 | p. 474	
2.6.1.37	(2-aminoethyl)phosphonic acid aminotransferase, 2-aminoethylphosphonate-pyruvate transaminase, v. 34 | p. 474	
1.14.17.1	4-(2-aminoethyl)pyrocatechol β-oxidase, dopamine β-monooxygenase, v. 27 | p. 126	
2.6.1.37	2-aminoethylphosphonate-pyruvate aminotransferase, 2-aminoethylphosphonate-pyruvate transaminase, v. 34 | p. 474	
2.6.1.37	2-aminoethylphosphonate aminotransferase, 2-aminoethylphosphonate-pyruvate transaminase, v. 34 | p. 474	
3.4.11.4	aminoexotripeptidase, tripeptide aminopeptidase, v. 6 | p. 75	

2.3.1.82	aminoglycoside-6'-acetyltransferase, aminoglycoside N6'-acetyltransferase, v. 30 | p. 108
2.3.1.82	aminoglycoside-6'-N-acetyltransferase, aminoglycoside N6'-acetyltransferase, v. 30 | p. 108
2.3.1.82	aminoglycoside-6-N-acetyltransferase, aminoglycoside N6'-acetyltransferase, v. 30 | p. 108
2.7.7.47	aminoglycoside 3-adenylyltransferase, streptomycin 3-adenylyltransferase, v. 38 | p. 464
2.3.1.81	aminoglycoside 3-acetyltransferase, aminoglycoside N3'-acetyltransferase, v. 30 | p. 104
2.3.1.81	aminoglycoside 3-acetyltransferase-IIIb, aminoglycoside N3'-acetyltransferase, v. 30 | p. 104
2.3.1.81	aminoglycoside 3-N-acetyltransferase, aminoglycoside N3'-acetyltransferase, v. 30 | p. 104
2.3.1.82	aminoglycoside 6'-N-acetyltransferase, aminoglycoside N6'-acetyltransferase, v. 30 | p. 108
2.3.1.82	aminoglycoside 6'-N-acetyltransferase Ib, aminoglycoside N6'-acetyltransferase, v. 30 | p. 108
2.3.1.82	aminoglycoside 6'-N-acetyltransferase type Ib, aminoglycoside N6'-acetyltransferase, v. 30 | p. 108
2.3.1.82	aminoglycoside 6'-N-acetyltransferase type Ii, aminoglycoside N6'-acetyltransferase, v. 30 | p. 108
2.3.1.82	aminoglycoside 6-N-acetyltransferase, aminoglycoside N6'-acetyltransferase, v. 30 | p. 108
2.3.1.81	3'-aminoglycoside acetyltransferase, aminoglycoside N3'-acetyltransferase, v. 30 | p. 104
2.3.1.81	3-N-aminoglycoside acetyltransferase, aminoglycoside N3'-acetyltransferase, v. 30 | p. 104
2.3.1.60	aminoglycoside acetyltransferase AAC(3)-1, gentamicin 3'-N-acetyltransferase, v. 30 | p. 1
2.7.7.47	aminoglycoside adenyltransferase, streptomycin 3-adenylyltransferase, v. 38 | p. 464
2.7.7.46	aminoglycoside adenylyltransferase, gentamicin 2-nucleotidyltransferase, v. 38 | p. 459
2.7.7.46	aminoglycoside nucleotidyltransferase 2-I, gentamicin 2-nucleotidyltransferase, v. 38 | p. 459
2.7.1.95	aminoglycoside phosphotransferase 3'-IIIa, i.e. APH3'-IIIa, kanamycin kinase, v. 36 | p. 373
3.5.2.12	6-aminohexanoate-cyclic- dimer hydrolase (Caulobacter crescentus gene CC1323), 6-aminohexanoate-cyclic-dimer hydrolase, v. 14 | p. 730
3.5.2.12	6-aminohexanoate-cyclic- dimer hydrolase (Deinococcus radiodurans strain R1 gene DR0235), 6-aminohexanoate-cyclic-dimer hydrolase, v. 14 | p. 730
3.5.1.46	6-aminohexanoate oligomer hydrolase, 6-aminohexanoate-dimer hydrolase, v. 14 | p. 467
3.5.1.46	6-aminohexanoic acid oligomer hydrolase, 6-aminohexanoate-dimer hydrolase, v. 14 | p. 467
2.1.2.3	5-aminoimidazole-4-carboxamide ribonucleotide transformylase, phosphoribosylaminoimidazolecarboxamide formyltransferase, v. 29 | p. 32
2.1.2.3	5-aminoimidazole-4-carboxamide ribonucleotide transformylase (AICAR Tfase)-inosine monophosphate cyclohydrolase, phosphoribosylaminoimidazolecarboxamide formyltransferase, v. 29 | p. 32
2.1.2.3	5-aminoimidazole-4-carboxamide ribonucleotide transformylase/inosine 5'-monophosphate cyclohydrolase, phosphoribosylaminoimidazolecarboxamide formyltransferase, v. 29 | p. 32
2.1.2.3	5-aminoimidazole-4-carboxamide ribotide transformylase-IMP cyclohydrolase, phosphoribosylaminoimidazolecarboxamide formyltransferase, v. 29 | p. 32
6.3.2.6	5-Aminoimidazole-4-N-succinocarboxamide ribonucleotide synthetase, phosphoribosylaminoimidazolesuccinocarboxamide synthase, v. 2 | p. 434
2.1.2.3	aminoimidazolecarboxamide ribonucleotide transformylase, phosphoribosylaminoimidazolecarboxamide formyltransferase, v. 29 | p. 32
3.5.4.8	4-aminoimidazole hydrolase, aminoimidazolase, v. 15 | p. 70
6.3.3.1	5'-Aminoimidazole ribonucleotide synthetase, phosphoribosylformylglycinamidine cyclo-ligase, v. 2 | p. 530
6.3.3.1	aminoimidazole ribonucleotide synthetase, phosphoribosylformylglycinamidine cyclo-ligase, v. 2 | p. 530
2.6.1.40	D-3-aminoisobutyrate-pyruvate aminotransferase, (R)-3-amino-2-methylpropionate-pyruvate transaminase, v. 34 | p. 490
2.6.1.40	β-aminoisobutyrate-pyruvate aminotransferase, (R)-3-amino-2-methylpropionate-pyruvate transaminase, v. 34 | p. 490
2.6.1.40	D-3-aminoisobutyrate-pyruvate transaminase, (R)-3-amino-2-methylpropionate-pyruvate transaminase, v. 34 | p. 490

2.6.1.22	L-3-aminoisobutyrate transaminase, (S)-3-amino-2-methylpropionate transaminase, v. 34 | p. 422	
2.6.1.22	L-3-aminoisobutyric aminotransferase, (S)-3-amino-2-methylpropionate transaminase, v. 34 | p. 422	
4.2.1.24	5-aminolaevulinic acid dehydratase, porphobilinogen synthase, v. 4 | p. 399	
2.6.1.43	aminolevulinate aminotransferase, aminolevulinate transaminase, v. 34 | p. 527	
4.2.1.24	5-aminolevulinate dehydrase, porphobilinogen synthase, v. 4 | p. 399	
4.2.1.24	aminolevulinate dehydrase, porphobilinogen synthase, v. 4 | p. 399	
4.2.1.24	δ-aminolevulinate dehydrase, porphobilinogen synthase, v. 4 | p. 399	
4.2.1.24	5-aminolevulinate dehydratase, porphobilinogen synthase, v. 4 | p. 399	
4.2.1.24	aminolevulinate dehydratase, porphobilinogen synthase, v. 4 | p. 399	
4.2.1.24	δ-aminolevulinate dehydratase, porphobilinogen synthase, v. 4 | p. 399	
4.2.1.24	5-aminolevulinate hydro-lyase (adding 5-aminolevulinate and cyclizing), porphobilinogen synthase, v. 4 | p. 399	
2.3.1.37	aminolevulinate synthase, 5-aminolevulinate synthase, v. 29 | p. 538	
2.3.1.37	δ-aminolevulinate synthase, 5-aminolevulinate synthase, v. 29 | p. 538	
2.3.1.37	5-aminolevulinate synthetase, 5-aminolevulinate synthase, v. 29 | p. 538	
2.3.1.37	aminolevulinate synthetase, 5-aminolevulinate synthase, v. 29 | p. 538	
2.3.1.37	δ-aminolevulinate synthetase, 5-aminolevulinate synthase, v. 29 | p. 538	
4.2.1.24	5-aminolevulinic acid dehydrase, porphobilinogen synthase, v. 4 | p. 399	
4.2.1.24	δ-aminolevulinic acid dehydrase, porphobilinogen synthase, v. 4 | p. 399	
4.2.1.24	5-aminolevulinic acid dehydratase, porphobilinogen synthase, v. 4 | p. 399	
4.2.1.24	δ-aminolevulinic acid dehydratase, porphobilinogen synthase, v. 4 | p. 399	
4.2.1.24	γ-aminolevulinic acid dehydratase, porphobilinogen synthase, v. 4 | p. 399	
2.3.1.37	α-aminolevulinic acid synthase, 5-aminolevulinate synthase, v. 29 | p. 538	
2.3.1.37	aminolevulinic acid synthase, 5-aminolevulinate synthase, v. 29 | p. 538	
2.3.1.37	δ-aminolevulinic acid synthase, 5-aminolevulinate synthase, v. 29 | p. 538	
2.3.1.37	5-aminolevulinic acid synthetase, 5-aminolevulinate synthase, v. 29 | p. 538	
2.3.1.37	aminolevulinic acid synthetase, 5-aminolevulinate synthase, v. 29 | p. 538	
2.3.1.37	δ-aminolevulinic acid synthetase, 5-aminolevulinate synthase, v. 29 | p. 538	
2.6.1.43	5-aminolevulinic acid transaminase, aminolevulinate transaminase, v. 34 | p. 527	
2.6.1.43	aminolevulinic acid transaminase, aminolevulinate transaminase, v. 34 | p. 527	
4.2.1.24	aminolevulinic dehydratase, porphobilinogen synthase, v. 4 | p. 399	
4.2.1.24	δ-aminolevulinic dehydratase, porphobilinogen synthase, v. 4 | p. 399	
2.3.1.37	aminolevulinic synthetase, 5-aminolevulinate synthase, v. 29 | p. 538	
2.3.1.37	δ-aminolevulinic synthetase, 5-aminolevulinate synthase, v. 29 | p. 538	
4.1.1.12	Aminomalonic decarboxylase, aspartate 4-decarboxylase, v. 3 | p. 61	
1.7.1.13	7-aminomethyl-7-carbaguanine:NADP+ oxidoreductase, preQ1 synthase, v. S1 | p. 282	
1.2.1.32	aminomuconate-semialdehyde dehydrogenase, aminomuconate-semialdehyde dehydrogenase, v. 20 | p. 271	
3.5.99.5	2-aminomuconate deaminase, 2-aminomuconate deaminase, v. 15 | p. 222	
1.2.1.32	2-aminomuconate semialdehyde dehydrogenase, aminomuconate-semialdehyde dehydrogenase, v. 20 | p. 271	
1.2.1.32	aminomuconate semialdehyde dehydrogenase, aminomuconate-semialdehyde dehydrogenase, v. 20 | p. 271	
1.2.1.32	α-aminomuconic ε-semialdehyde dehydrogenase, aminomuconate-semialdehyde dehydrogenase, v. 20 | p. 271	
1.2.1.32	2-aminomuconic 6-semialdehyde dehydrogenase, aminomuconate-semialdehyde dehydrogenase, v. 20 | p. 271	
5.4.3.3	Aminomutase, β-lysine 5,6-, β-lysine 5,6-aminomutase, v. 1 | p. 558	
5.4.3.4	Aminomutase, D-lysine 5,6-, D-lysine 5,6-aminomutase, v. 1 | p. 562	
5.4.3.5	Aminomutase, D-ornithine 4,5-, D-ornithine 4,5-aminomutase, v. 1 | p. 565	
5.4.3.7	Aminomutase, leucine 2,3-, leucine 2,3-aminomutase, v. 1 | p. 571	
5.4.3.2	Aminomutase, lysine 2,3-, lysine 2,3-aminomutase, v. 1 | p. 553	
5.4.3.6	Aminomutase, tyrosine 2,3-, tyrosine 2,3-aminomutase, v. 1 | p. 568	

3.5.1.30	5-aminonorvaleramidase, 5-aminopentanamidase, v. 14 | p. 410	
3.4.11.22	Aminooligopeptidase, aminopeptidase I, v. 6 | p. 178	
1.4.3.2	L-aminooxidase, L-amino-acid oxidase, v. 22 | p. 225	
2.3.1.164	6-aminopenicillanate acyltransferase, isopenicillin-N N-acyltransferase, v. 30 | p. 441	
2.3.1.164	6-aminopenicillanic acid acyltransferase, isopenicillin-N N-acyltransferase, v. 30 | p. 441	
2.3.1.164	6-aminopenicillinanic acid phenylacetyltransferase, isopenicillin-N N-acyltransferase, v. 30 | p. 441	
2.3.1.164	6-aminopenicillinanic acylase, isopenicillin-N N-acyltransferase, v. 30 | p. 441	
3.4.11.22	Aminopeptidase, aminopeptidase I, v. 6 | p. 178	
3.4.11.21	Aminopeptidase, aspartyl aminopeptidase, v. 6 | p. 173	
3.4.11.7	Aminopeptidase, glutamyl aminopeptidase, v. 6 | p. 102	
3.4.11.1	Aminopeptidase, leucyl aminopeptidase, v. 6 | p. 40	
3.4.11.19	D-aminopeptidase, D-stereospecific aminopeptidase, v. 6 | p. 165	
3.4.11.22	L-aminopeptidase, aminopeptidase I, v. 6 | p. 178	
3.4.11.15	aminopeptidase (cobalt-activated), aminopeptidase Y, v. 6 | p. 147	
3.4.11.22	aminopeptidase (I), aminopeptidase I, v. 6 | p. 178	
3.4.11.9	aminopeptidase, aminoacylproline, Xaa-Pro aminopeptidase, v. 6 | p. 111	
3.4.11.6	aminopeptidase, arginine, aminopeptidase B, v. 6 | p. 92	
3.4.11.7	aminopeptidase, aspartate, glutamyl aminopeptidase, v. 6 | p. 102	
3.4.11.3	aminopeptidase, cystyl, cystinyl aminopeptidase, v. 6 | p. 66	
3.4.11.14	aminopeptidase, cytosol alanyl, cytosol alanyl aminopeptidase, v. 6 | p. 143	
3.4.19.7	Aminopeptidase, formylmethionine, N-Formylmethionyl-peptidase, v. 6 | p. 555	
3.4.14.5	aminopeptidase, glycylproline, dipeptidyl-peptidase IV, v. 6 | p. 286	
3.4.11.4	aminopeptidase, human liver, tripeptide aminopeptidase, v. 6 | p. 75	
3.4.11.18	aminopeptidase, methionine, methionyl aminopeptidase, v. 6 | p. 159	
3.4.11.2	aminopeptidase, microsomal, membrane alanyl aminopeptidase, v. 6 | p. 53	
3.4.11.5	aminopeptidase, proline, prolyl aminopeptidase, v. 6 | p. 83	
3.4.19.3	aminopeptidase, pyroglutamate, pyroglutamyl-peptidase I, v. 6 | p. 529	
3.4.19.6	aminopeptidase, thyrotropin-releasing factor pyroglutamate, pyroglutamyl-peptidase II, v. 6 | p. 550	
3.4.11.23	aminopeptidase, tripeptide, PepB aminopeptidase, v. S5 | p. 287	
3.4.14.9	aminopeptidase, tripeptidyl, I, tripeptidyl-peptidase I, v. 6 | p. 316	
3.4.14.10	aminopeptidase, tripeptidyl, II, tripeptidyl-peptidase II, v. 6 | p. 320	
3.5.1.57	aminopeptidase, tryptophan, tryptophanamidase, v. 14 | p. 508	
3.4.11.7	aminopeptidase-A, glutamyl aminopeptidase, v. 6 | p. 102	
3.4.11.6	aminopeptidase-B, aminopeptidase B, v. 6 | p. 92	
3.4.11.2	aminopeptidase-N, membrane alanyl aminopeptidase, v. 6 | p. 53	
3.4.11.22	aminopeptidase 1, aminopeptidase I, v. 6 | p. 178	
3.4.11.21	aminopeptidase A, aspartyl aminopeptidase, v. 6 | p. 173	
3.4.11.10	aminopeptidase A, bacterial leucyl aminopeptidase, v. 6 | p. 125	
3.4.11.7	aminopeptidase A, glutamyl aminopeptidase, v. 6 | p. 102	
3.4.11.10	aminopeptidase A (bacteria), bacterial leucyl aminopeptidase, v. 6 | p. 125	
3.4.11.1	Aminopeptidase A/I, leucyl aminopeptidase, v. 6 | p. 40	
3.4.11.7	aminopeptidase A ectopeptidase, glutamyl aminopeptidase, v. 6 | p. 102	
3.4.11.10	aminopeptidase Ap1, bacterial leucyl aminopeptidase, v. 6 | p. 125	
3.4.11.6	aminopeptidase B, aminopeptidase B, v. 6 | p. 92	
3.4.22.40	aminopeptidase C, bleomycin hydrolase, v. 7 | p. 725	
3.4.11.15	aminopeptidase Co, aminopeptidase Y, v. 6 | p. 147	
3.4.11.2	aminopeptidase D, membrane alanyl aminopeptidase, v. 6 | p. 53	
3.4.22.40	aminopeptidase H, bleomycin hydrolase, v. 7 | p. 725	
3.4.11.22	aminopeptidase I, aminopeptidase I, v. 6 | p. 178	
3.4.11.1	aminopeptidase I, leucyl aminopeptidase, v. 6 | p. 40	
3.4.11.22	aminopeptidase II, aminopeptidase I, v. 6 | p. 178	
3.4.11.10	aminopeptidase II, bacterial leucyl aminopeptidase, v. 6 | p. 125	
3.4.11.1	aminopeptidase II, leucyl aminopeptidase, v. 6 | p. 40	

3.4.11.22	Aminopeptidase III, aminopeptidase I, v.6 | p.178
3.4.11.1	Aminopeptidase III, leucyl aminopeptidase, v.6 | p.40
3.4.11.22	aminopeptidase IV, aminopeptidase I, v.6 | p.178
3.4.11.14	aminopeptidase M, cytosol alanyl aminopeptidase, v.6 | p.143
3.4.11.2	aminopeptidase M, membrane alanyl aminopeptidase, v.6 | p.53
3.4.11.2	aminopeptidase M II, membrane alanyl aminopeptidase, v.6 | p.53
3.4.11.14	aminopeptidase N, cytosol alanyl aminopeptidase, v.6 | p.143
3.4.11.2	aminopeptidase N, membrane alanyl aminopeptidase, v.6 | p.53
3.4.11.2	aminopeptidase N/CD13, membrane alanyl aminopeptidase, v.6 | p.53
3.4.11.2	aminopeptidase N3, membrane alanyl aminopeptidase, v.6 | p.53
3.4.11.2	aminopeptidase N type 1, membrane alanyl aminopeptidase, v.6 | p.53
3.4.11.9	aminopeptidase P, Xaa-Pro aminopeptidase, v.6 | p.111
3.4.11.5	aminopeptidase P, prolyl aminopeptidase, v.6 | p.83
3.4.11.24	aminopeptidase S, aminopeptidase S
3.4.11.16	aminopeptidase W, Xaa-Trp aminopeptidase, v.6 | p.152
3.4.11.16	aminopeptidase X-Trp, Xaa-Trp aminopeptidase, v.6 | p.152
3.4.11.24	aminopeptidase yscCo-II, aminopeptidase S
3.4.11.22	Aminopeptidase yscI, aminopeptidase I, v.6 | p.178
3.4.11.22	Aminopeptidase yscII, aminopeptidase I, v.6 | p.178
3.4.11.22	Aminopeptidase yscXVI, aminopeptidase I, v.6 | p.178
1.10.3.5	o-aminophenol:O2 oxidoreductase, 3-hydroxyanthranilate oxidase, v.25 | p.153
1.10.3.4	o-aminophenol:O2 oxidoreductase, o-aminophenol oxidase, v.25 | p.149
3.6.3.1	aminophospholipid-translocase, phospholipid-translocating ATPase, v.15 | p.532
3.6.3.1	aminophospholipid flippase, phospholipid-translocating ATPase, v.15 | p.532
3.6.3.1	aminophospholipid flippase 10, phospholipid-translocating ATPase, v.15 | p.532
3.6.3.1	aminophospholipid flippase 11, phospholipid-translocating ATPase, v.15 | p.532
3.6.3.1	aminophospholipid flippase 12, phospholipid-translocating ATPase, v.15 | p.532
3.6.3.1	aminophospholipid translocase, phospholipid-translocating ATPase, v.15 | p.532
3.6.3.1	aminophospholipid translocase VC, phospholipid-translocating ATPase, v.15 | p.532
3.6.3.1	aminophopholipid translocase, phospholipid-translocating ATPase, v.15 | p.532
3.4.11.22	Aminopolypeptidase, aminopeptidase I, v.6 | p.178
3.4.11.14	Aminopolypeptidase, cytosol alanyl aminopeptidase, v.6 | p.143
3.4.24.14	aminoprocollagen peptidase, procollagen N-endopeptidase, v.8 | p.268
1.1.1.75	1-aminopropan-2-ol-dehydrogenase, (R)-aminopropanol dehydrogenase, v.17 | p.115
1.1.1.75	1-aminopropan-2-ol-NAD+ dehydrogenase, (R)-aminopropanol dehydrogenase, v.17 | p.115
1.1.1.4	D-aminopropanol dehydrogenase, (R,R)-butanediol dehydrogenase, v.16 | p.91
1.1.1.75	L-aminopropanol dehydrogenase, (R)-aminopropanol dehydrogenase, v.17 | p.115
1.1.1.4	aminopropanol oxidoreductase, (R,R)-butanediol dehydrogenase, v.16 | p.91
2.5.1.16	aminopropyltransferase, spermidine synthase, v.33 | p.502
2.5.1.22	aminopropyltransferase, spermidine, spermine synthase, v.33 | p.578
2.5.1.16	aminopropyltransferase spermidine synthase, spermidine synthase, v.33 | p.502
2.3.1.5	p-aminosalicylate N-acetyltransferase, arylamine N-acetyltransferase, v.29 | p.243
1.14.12.14	2-Aminosulfobenzene 2,3-dioxygenase, 2-Aminobenzenesulfonate 2,3-dioxygenase, v.26 | p.183
3.4.24.14	aminoterminal procollagen peptidase, procollagen N-endopeptidase, v.8 | p.268
2.6.1.37	aminotransferase, (2-aminoethyl)phosphonate, 2-aminoethylphosphonate-pyruvate transaminase, v.34 | p.474
2.6.1.65	aminotransferase, ε-acetyl-β-lysine, N6-acetyl-β-lysine transaminase, v.35 | p.32
2.6.1.18	aminotransferase, β-alanine-pyruvate, β-alanine-pyruvate transaminase, v.34 | p.390
2.6.1.23	aminotransferase, 4-hydroxyglutamate, 4-hydroxyglutamate transaminase, v.34 | p.426
2.6.1.11	aminotransferase, acetylornithine, acetylornithine transaminase, v.34 | p.342
2.6.1.2	aminotransferase, alanine, alanine transaminase, v.34 | p.280
2.6.1.12	aminotransferase, alanine-keto acid, alanine-oxo-acid transaminase, v.34 | p.347
2.6.1.66	aminotransferase, alanine-oxoisovalerate, valine-pyruvate transaminase, v.35 | p.34

2.6.1.47	aminotransferase, alanine-oxomalonate, alanine-oxomalonate transaminase, v. 34 | p. 563	
2.6.1.19	aminotransferase, aminobutyrate, 4-aminobutyrate transaminase, v. 34 | p. 395	
2.6.1.57	aminotransferase, aromatic amino acid, aromatic-amino-acid transaminase, v. 34 | p. 604	
2.6.1.60	aminotransferase, aromatic amino acid-glyoxylate, aromatic-amino-acid-glyoxylate transaminase, v. 35 | p. 8	
2.6.1.14	aminotransferase, asparagine-keto acid, asparagine-oxo-acid transaminase, v. 34 | p. 364	
2.6.1.1	aminotransferase, aspartate, aspartate transaminase, v. 34 | p. 247	
2.6.1.74	aminotransferase, cephalosporin C, cephalosporin-C transaminase, v. 35 | p. 55	
2.6.1.3	aminotransferase, cysteine, cysteine transaminase, v. 34 | p. 293	
2.6.1.75	aminotransferase, cysteine conjugate, cysteine-conjugate transaminase, v. 35 | p. 57	
2.6.1.40	aminotransferase, D-3-aminoisobutyrate-pyruvate, (R)-3-amino-2-methylpropionate-pyruvate transaminase, v. 34 | p. 490	
2.6.1.21	aminotransferase, D-alanine, D-amino-acid transaminase, v. 34 | p. 412	
2.6.1.72	aminotransferase, D-hydroxyphenylglycine, D-4-hydroxyphenylglycine transaminase, v. 35 | p. 50	
2.6.1.41	aminotransferase, D-methionine, D-methionine-pyruvate transaminase, v. 34 | p. 496	
2.6.1.29	aminotransferase, diamine, diamine transaminase, v. 34 | p. 448	
2.6.1.8	aminotransferase, diamino acid, 2,5-diaminovalerate transaminase, v. 34 | p. 332	
2.6.1.46	aminotransferase, diaminobutyrate-pyruvate, diaminobutyrate-pyruvate transaminase, v. 34 | p. 560	
2.6.1.49	aminotransferase, dihydroxyphenylalanine, dihydroxyphenylalanine transaminase, v. 34 | p. 570	
2.6.1.24	aminotransferase, diiodotyrosine, diiodotyrosine transaminase, v. 34 | p. 429	
5.4.3.8	Aminotransferase, glutamate semialdehyde, glutamate-1-semialdehyde 2,1-aminomutase, v. 1 | p. 575	
2.6.1.15	aminotransferase, glutamine-keto acid, glutamine-pyruvate transaminase, v. 34 | p. 369	
2.6.1.4	aminotransferase, glycine, glycine transaminase, v. 34 | p. 296	
2.6.1.35	aminotransferase, glycine-oxalacetate, glycine-oxaloacetate transaminase, v. 34 | p. 464	
2.6.1.9	aminotransferase, histidinol phosphate, histidinol-phosphate transaminase, v. 34 | p. 334	
2.6.1.7	aminotransferase, kynurenine, kynurenine-oxoglutarate transaminase, v. 34 | p. 316	
2.6.1.63	aminotransferase, kynurenine-glyoxylate, kynurenine-glyoxylate transaminase, v. 35 | p. 18	
2.6.1.22	aminotransferase, L-3-aminoisobutyrate, (S)-3-amino-2-methylpropionate transaminase, v. 34 | p. 422	
2.6.1.36	aminotransferase, lysine 6-, L-lysine 6-transaminase, v. 34 | p. 467	
2.6.1.73	aminotransferase, methionine-glyoxylate, methionine-glyoxylate transaminase, v. 35 | p. 52	
2.6.1.68	aminotransferase, ornithine(lysine), ornithine(lysine) transaminase, v. 35 | p. 40	
2.6.1.13	aminotransferase, ornithine-keto acid, ornithine aminotransferase, v. 34 | p. 350	
2.6.1.58	aminotransferase, phenylalanine (histidine), phenylalanine(histidine) transaminase, v. 35 | p. 1	
2.6.1.31	aminotransferase, pyridoxamine-oxalacetate, pyridoxamine-oxaloacetate transaminase, v. 34 | p. 455	
2.6.1.30	aminotransferase, pyridoxamine-pyruvate, pyridoxamine-pyruvate transaminase, v. 34 | p. 451	
2.6.1.54	aminotransferase, pyridoxamine phosphate, pyridoxamine-phosphate transaminase, v. 34 | p. 595	
2.6.1.45	aminotransferase, serine-glyoxylate, serine-glyoxylate transaminase, v. 34 | p. 552	
2.6.1.17	aminotransferase, succinyldiaminopimelate, succinyldiaminopimelate transaminase, v. 34 | p. 386	
2.6.1.55	aminotransferase, taurine, taurine-2-oxoglutarate transaminase, v. 34 | p. 598	
2.6.1.77	aminotransferase, taurine-pyruvate, taurine-pyruvate aminotransferase, v. 35 | p. 64	
2.6.1.33	aminotransferase, thymidine diphospho-4-amino-4,6-dideoxyglucose, dTDP-4-amino-4,6-dideoxy-D-glucose transaminase, v. 34 | p. 460	
2.6.1.59	aminotransferase, thymidine diphosphoaminodideoxygalactose, dTDP-4-amino-4,6-dideoxygalactose transaminase, v. 35 | p. 5	
2.6.1.26	aminotransferase, thyroid hormone, thyroid-hormone transaminase, v. 34 | p. 433	

2.6.1.27	aminotransferase, tryptophan, tryptophan transaminase, v. 34 | p. 437	
2.6.1.28	aminotransferase, tryptophan-phenylpyruvate, tryptophan-phenylpyruvate transaminase, v. 34 | p. 444	
2.6.1.5	aminotransferase, tyrosine, tyrosine transaminase, v. 34 | p. 301	
2.6.1.34	aminotransferase, uridine diphospho-4-amino-2-acetamido-2,4,6-trideoxyglucose, UDP-2-acetamido-4-amino-2,4,6-trideoxyglucose transaminase, v. 34 | p. 462	
2.6.1.32	aminotransferase, valine-3-methyl-2-oxovalerate, valine-3-methyl-2-oxovalerate transaminase, v. 34 | p. 458	
2.6.1.66	aminotransferase, valine-pyruvate, valine-pyruvate transaminase, v. 35 | p. 34	
3.4.11.14	aminotripeptidase, cytosol alanyl aminopeptidase, v. 6 | p. 143	
3.4.11.4	aminotripeptidase, tripeptide aminopeptidase, v. 6 | p. 75	
3.5.1.30	5-aminovaleramidase, 5-aminopentanamidase, v. 14 | p. 410	
3.5.1.30	δ-aminovaleramidase, 5-aminopentanamidase, v. 14 | p. 410	
3.5.1.30	δ-aminovaleramide amidohydrolase, 5-aminopentanamidase, v. 14 | p. 410	
2.6.1.48	5-aminovalerate aminotransferase, 5-aminovalerate transaminase, v. 34 | p. 565	
2.6.1.48	δ-aminovalerate aminotransferase, 5-aminovalerate transaminase, v. 34 | p. 565	
2.6.1.48	δ-aminovalerate transaminase, 5-aminovalerate transaminase, v. 34 | p. 565	
2.6.1.48	δ-aminovaleric acid-glutamic acid transaminase, 5-aminovalerate transaminase, v. 34 | p. 565	
3.1.1.4	Ammodytin I2, phospholipase A2, v. 9 | p. 52	
3.1.1.4	ammodytoxin A, phospholipase A2, v. 9 | p. 52	
6.3.1.1	ammonia-dependent ASNS, Aspartate-ammonia ligase, v. 2 | p. 344	
6.3.1.1	ammonia-dependent asparagine synthetase, Aspartate-ammonia ligase, v. 2 | p. 344	
6.3.1.5	ammonia-dependent NADS, NAD+ synthase, v. 2 | p. 377	
6.3.1.5	ammonia-dependent nicotinamide adenine dinucleotide synthetase, NAD+ synthase, v. 2 | p. 377	
1.7.2.2	ammonia-forming cytochrome c nitrite reductase, nitrite reductase (cytochrome; ammonia-forming), v. 24 | p. 331	
4.3.1.6	ammonia-lyase, β-alanyl coenzyme A, β-alanyl-CoA ammonia-lyase, v. 5 | p. 212	
4.3.1.1	ammonia-lyase, aspartate, aspartate ammonia-lyase, v. 5 | p. 162	
4.3.1.13	ammonia-lyase, carbamoylserine, carbamoyl-serine ammonia-lyase, v. 5 | p. 246	
4.3.1.15	ammonia-lyase, diaminopropionate, Diaminopropionate ammonia-lyase, v. 5 | p. 251	
4.3.1.7	ammonia-lyase, ethanolamine, ethanolamine ammonia-lyase, v. 5 | p. 214	
4.3.1.9	ammonia-lyase, glucosaminate, glucosaminate ammonia-lyase, v. 5 | p. 230	
4.3.1.3	ammonia-lyase, histidine, histidine ammonia-lyase, v. 5 | p. 181	
4.3.1.2	ammonia-lyase, methylaspartate, methylaspartate ammonia-lyase, v. 5 | p. 172	
4.3.1.5	ammonia-lyase, phenylalanine, phenylalanine ammonia-lyase, v. 5 | p. 198	
4.3.1.10	ammonia-lyase, serine sulfate, serine-sulfate ammonia-lyase, v. 5 | p. 232	
6.3.4.7	ammonia-ribose 5-phosphate aminotransferase, Ribose-5-phosphate-ammonia ligase, v. 2 | p. 608	
6.3.1.5	ammonia-specific NAD synthase, NAD+ synthase, v. 2 | p. 377	
6.3.1.5	ammonia-specific NAD synthetase, NAD+ synthase, v. 2 | p. 377	
4.3.1.14	Ammonia lyase, L-3-aminobutyryl coenzyme A, 3-Aminobutyryl-CoA ammonia-lyase, v. 5 | p. 248	
1.7.1.10	ammonium dehydrogenase, hydroxylamine reductase (NADH), v. 24 | p. 310	
3.2.2.4	AMN, AMP nucleosidase, v. 14 | p. 17	
3.5.99.5	amnD, 2-aminomuconate deaminase, v. 15 | p. 222	
3.1.1.3	amno N-AP, triacylglycerol lipase, v. 9 | p. 36	
1.14.13.69	AMO, alkene monooxygenase, v. 26 | p. 543	
3.4.22.35	amoebapain, Histolysain, v. 7 | p. 694	
5.4.4.2	Amonabactin, Isochorismate synthase, v. S7 | p. 526	
4.2.3.24	amorpha-4,11-diene synthase, amorpha-4,11-diene synthase, v. S7 | p. 307	
4.2.3.24	amorphadiene synthase, amorpha-4,11-diene synthase, v. S7 | p. 307	
3.4.11.9	AmP, Xaa-Pro aminopeptidase, v. 6 | p. 111	
1.8.99.2	AMP,sulfite:flavin oxidoreductase, adenylyl-sulfate reductase, v. 24 | p. 694	

2.7.11.31	5-AMP-activated protein kinase, [hydroxymethylglutaryl-CoA reductase (NADPH)] kinase, v. S4 | p. 355	
2.7.11.31	AMP-activated protein kinase, [hydroxymethylglutaryl-CoA reductase (NADPH)] kinase, v. S4 | p. 355	
2.7.11.31	AMP-activated protein kinase α, [hydroxymethylglutaryl-CoA reductase (NADPH)] kinase, v. S4 | p. 355	
2.7.11.1	5'-AMP-activated protein kinase, catalytic α-1 chain, non-specific serine/threonine protein kinase, v. S3 | p. 1	
2.7.11.1	5'-AMP-activated protein kinase, catalytic α-2 chain, non-specific serine/threonine protein kinase, v. S3 | p. 1	
2.7.11.31	AMP-activated protein kinase α1, [hydroxymethylglutaryl-CoA reductase (NADPH)] kinase, v. S4 | p. 355	
2.7.11.3	AMP-activated protein kinase kinase, dephospho-[reductase kinase] kinase, v. S3 | p. 163	
3.5.4.6	AMP-aminohydrolase, AMP deaminase, v. 15 | p. 57	
3.5.4.6	AMP-deaminase, AMP deaminase, v. 15 | p. 57	
6.2.1.1	AMP-forming acetyl-CoA synthetase, Acetate-CoA ligase, v. 2 | p. 186	
2.7.4.3	5'-AMP-kinase, adenylate kinase, v. 37 | p. 493	
2.4.2.7	AMP-pyrophosphate phosphoribosyltransferase, adenine phosphoribosyltransferase, v. 33 | p. 79	
3.1.3.5	AMP-selective 5'-nucleotidase, 5'-nucleotidase, v. 10 | p. 95	
2.7.1.114	AMP:deoxythymidine 5'-phosphotransferase, AMP-thymidine kinase, v. 37 | p. 15	
2.7.1.114	AMP:deoxythymidine kinase, AMP-thymidine kinase, v. 37 | p. 15	
2.7.1.114	AMP:dThd kinase, AMP-thymidine kinase, v. 37 | p. 15	
2.4.2.7	AMP:pyrophosphate phospho-D-ribosyltransferase, adenine phosphoribosyltransferase, v. 33 | p. 79	
2.7.11.27	5'-AMP activated protein kinase, [acetyl-CoA carboxylase] kinase, v. S4 | p. 326	
3.5.4.6	AMP aminase, AMP deaminase, v. 15 | p. 57	
3.5.4.6	5-AMP aminohydrolase, AMP deaminase, v. 15 | p. 57	
3.1.3.5	5'-AMPase, 5'-nucleotidase, v. 10 | p. 95	
3.1.3.5	AMPase, 5'-nucleotidase, v. 10 | p. 95	
3.5.2.6	AmpC, β-lactamase, v. 14 | p. 683	
3.5.2.6	AmpC β-lactamase, β-lactamase, v. 14 | p. 683	
3.5.2.6	AmpC β-lactamases M19, β-lactamase, v. 14 | p. 683	
3.5.2.6	AmpC β-lactamases M29, β-lactamase, v. 14 | p. 683	
3.5.2.6	AmpC β-lactamases M37, β-lactamase, v. 14 | p. 683	
3.5.2.6	AmpC M19, β-lactamase, v. 14 | p. 683	
3.5.2.6	AmpC M29, β-lactamase, v. 14 | p. 683	
3.5.2.6	AmpC M37, β-lactamase, v. 14 | p. 683	
3.5.4.6	AmpD, AMP deaminase, v. 15 | p. 57	
3.5.1.28	AmpD, N-acetylmuramoyl-L-alanine amidase, v. 14 | p. 396	
3.5.4.6	AMPD1, AMP deaminase, v. 15 | p. 57	
3.5.4.6	AMPD2, AMP deaminase, v. 15 | p. 57	
3.5.4.6	AMPD3, AMP deaminase, v. 15 | p. 57	
3.5.4.6	5-AMP deaminase, AMP deaminase, v. 15 | p. 57	
3.5.4.6	AMP deaminase H-type, AMP deaminase, v. 15 | p. 57	
3.5.4.6	AMP deaminase isoform E, AMP deaminase, v. 15 | p. 57	
3.5.4.6	AMP deaminase type 3, AMP deaminase, v. 15 | p. 57	
1.3.5.1	AmphiSDHD, succinate dehydrogenase (ubiquinone), v. 21 | p. 424	
3.5.1.11	ampicillin acylase, penicillin amidase, v. 14 | p. 287	
2.7.11.27	AMPK, [acetyl-CoA carboxylase] kinase, v. S4 | p. 326	
2.7.11.31	AMPK, [hydroxymethylglutaryl-CoA reductase (NADPH)] kinase, v. S4 | p. 355	
2.7.11.1	AMPK, non-specific serine/threonine protein kinase, v. S3 | p. 1	
2.7.11.27	AMPKα, [acetyl-CoA carboxylase] kinase, v. S4 | p. 326	
2.7.11.31	AMPK1, [hydroxymethylglutaryl-CoA reductase (NADPH)] kinase, v. S4 | p. 355	
3.1.3.5	5'-AMP nucleotidase, 5'-nucleotidase, v. 10 | p. 95	

3.4.11.9	AMPP, Xaa-Pro aminopeptidase, v.6 | p.111	
3.1.3.5	AMP phosphatase, 5'-nucleotidase, v.10 | p.95	
3.1.3.5	AMP phosphohydrolase, 5'-nucleotidase, v.10 | p.95	
2.7.7.19	AMP polynucleotidylexotransferase, polynucleotide adenylyltransferase, v.38 | p.245	
2.4.2.7	AMP pyrophosphorylase, adenine phosphoribosyltransferase, v.33 | p.79	
3.2.2.4	AMP ribosidase, AMP nucleosidase, v.14 | p.17	
3.4.11.24	AmpS, aminopeptidase S	
6.3.4.4	AMPSase, Adenylosuccinate synthase, v.2 | p.579	
4.3.2.2	AMPS lyase, adenylosuccinate lyase, v.5 | p.263	
6.3.4.4	AMPsS, Adenylosuccinate synthase, v.2 | p.579	
2.7.7.25	AMP transferase, tRNA adenylyltransferase, v.38 | p.305	
2.7.7.21	AMP transferase, tRNA cytidylyltransferase, v.38 | p.265	
3.1.26.12	Ams/Rne/Hmp1 polypeptide, ribonuclease E	
3.4.19.12	AMSH, ubiquitinyl hydrolase 1, v.6 | p.575	
2.1.2.10	Amt, aminomethyltransferase, v.29 | p.78	
3.2.1.98	Amy, glucan 1,4-α-maltohexaosidase, v.13 | p.379	
3.2.1.1	Amy-FC1, α-amylase, v.12 | p.1	
3.2.1.1	AMY1, α-amylase, v.12 | p.1	
3.2.1.1	AMY2, α-amylase, v.12 | p.1	
3.2.1.1	AmyA, α-amylase, v.12 | p.1	
3.2.1.1	AmyB, α-amylase, v.12 | p.1	
3.2.1.1	AmyC, α-amylase, v.12 | p.1	
3.2.1.1	Amy c6, α-amylase, v.12 | p.1	
3.2.1.1	AmyCR, α-amylase, v.12 | p.1	
3.2.1.1	AmyD, α-amylase, v.12 | p.1	
3.2.1.117	amygdalase, amygdalin β-glucosidase, v.13 | p.485	
3.2.1.21	amygdalase, β-glucosidase, v.12 | p.299	
3.2.1.117	amygdalinase, amygdalin β-glucosidase, v.13 | p.485	
3.2.1.21	amygdalinase, β-glucosidase, v.12 | p.299	
3.2.1.117	amygdalin glucosidase, amygdalin β-glucosidase, v.13 | p.485	
3.2.1.117	amygdalin hydrolase, amygdalin β-glucosidase, v.13 | p.485	
3.2.1.117	amygdalin hydrolase isozyme I', amygdalin β-glucosidase, v.13 | p.485	
3.2.1.117	amygdalin hydrolase isozyme II', amygdalin β-glucosidase, v.13 | p.485	
3.2.1.1	AmyH, α-amylase, v.12 | p.1	
3.2.1.1	Amy I, α-amylase, v.12 | p.1	
3.2.1.1	Amy II, α-amylase, v.12 | p.1	
3.2.1.1	AmyK, α-amylase, v.12 | p.1	
3.2.1.1	AmyK38, α-amylase, v.12 | p.1	
3.2.1.1	α amylase, α-amylase, v.12 | p.1	
3.2.1.1	α-amylase, α-amylase, v.12 | p.1	
3.2.1.54	α-amylase, cyclomaltodextrinase, v.13 | p.95	
3.2.1.98	α-amylase, glucan 1,4-α-maltohexaosidase, v.13 | p.379	
3.2.1.2	β amylase, β-amylase, v.12 | p.43	
3.2.1.2	β-amylase, β-amylase, v.12 | p.43	
3.2.1.3	γ-amylase, glucan 1,4-α-glucosidase, v.12 | p.59	
3.2.1.1	amylase, α-, α-amylase, v.12 | p.1	
3.2.1.2	amylase, β-, β-amylase, v.12 | p.43	
2.4.1.25	α-amylase-like transglycosylase, 4-α-glucanotransferase, v.31 | p.276	
3.2.1.41	amylase-pullulanase, pullulanase, v.12 | p.594	
3.2.1.1	α amylase 1, α-amylase, v.12 | p.1	
3.2.1.1	α-amylase 1, α-amylase, v.12 | p.1	
3.2.1.2	β-amylase 1, β-amylase, v.12 | p.43	
3.2.1.2	β-amylase1, β-amylase, v.12 | p.43	
3.2.1.1	α-amylase 2, α-amylase, v.12 | p.1	
3.2.1.2	β-amylase2, β-amylase, v.12 | p.43	

3.2.1.1	α-amylase 3, α-amylase, v. 12 | p. 1	
3.2.1.2	β-amylase8, β-amylase, v. 12 | p. 43	
3.2.1.1	α-amylase Aasp, α-amylase, v. 12 | p. 1	
3.2.1.1	amylase AI, α-amylase, v. 12 | p. 1	
3.2.1.1	amylase AII, α-amylase, v. 12 | p. 1	
3.2.1.1	α-amylase AOA, α-amylase, v. 12 | p. 1	
3.2.1.1	α-amylase carcinoid, α-amylase, v. 12 | p. 1	
3.2.1.1	α-amylase CMA, α-amylase, v. 12 | p. 1	
3.2.1.1	α-amylase gt, α-amylase, v. 12 | p. 1	
3.2.1.1	α-amylase HA, α-amylase, v. 12 | p. 1	
3.2.1.1	α-amylase I, α-amylase, v. 12 | p. 1	
3.2.1.1	amylase I, α-amylase, v. 12 | p. 1	
3.2.1.2	β-amylase I, β-amylase, v. 12 | p. 43	
3.2.1.1	α-amylase II, α-amylase, v. 12 | p. 1	
3.2.1.54	α-amylase II, cyclomaltodextrinase, v. 13 | p. 95	
2.4.1.161	amylase III, oligosaccharide 4-α-D-glucosyltransferase, v. 32 | p. 355	
3.2.1.1	α-amylase PA, α-amylase, v. 12 | p. 1	
3.2.1.1	α-amylase PPA, α-amylase, v. 12 | p. 1	
3.2.1.1	α-amylases 1, α-amylase, v. 12 | p. 1	
3.2.1.1	Amylase THC 250, α-amylase, v. 12 | p. 1	
3.2.1.1	α-amylase type A isozyme, α-amylase, v. 12 | p. 1	
3.2.1.1	α-amylase ZSA, α-amylase, v. 12 | p. 1	
3.2.1.1	Amyl III, α-amylase, v. 12 | p. 1	
2.4.1.25	amylmaltase, 4-α-glucanotransferase, v. 31 | p. 276	
2.4.1.18	amylo-(1,4-1,6)-transglycosylase, 1,4-α-glucan branching enzyme, v. 31 | p. 197	
3.2.1.33	amylo-α-1,6-glucosidase, amylo-α-1,6-glucosidase, v. 12 | p. 509	
3.2.1.33	amylo-1,6-glucosidase, amylo-α-1,6-glucosidase, v. 12 | p. 509	
3.2.1.33	amylo-1,6-glucosidase-oligo-1,4-1,4-transferase, amylo-α-1,6-glucosidase, v. 12 | p. 509	
3.2.1.33	amylo-1,6-glucosidase/1,4-α-glucan 4-α-glucan 4-α-glycosyltransferase, amylo-α-1,6-glucosidase, v. 12 | p. 509	
3.2.1.33	amylo-1,6-glucosidase/1,4-α-glucan:1,4-α-glucan 4-α-glycosyltransferase, amylo-α-1,6-glucosidase, v. 12 | p. 509	
3.2.1.33	amylo-1,6-glucosidase/4-α-glucanotransferase, amylo-α-1,6-glucosidase, v. 12 | p. 509	
3.2.1.33	amylo-1,6-glucosidase/oligo-1,4-1,4-glucantransferase, amylo-α-1,6-glucosidase, v. 12 | p. 509	
3.2.1.33	amyloglucosidase, amylo-α-1,6-glucosidase, v. 12 | p. 509	
3.2.1.3	amyloglucosidase, glucan 1,4-α-glucosidase, v. 12 | p. 59	
3.4.24.56	amyloid degrading enzyme, insulysin, v. 8 | p. 485	
3.4.23.46	amyloid precursor protein secretase, memapsin 2, v. S6 | p. 236	
3.4.23.46	β-amyloid protein precursor secretase, memapsin 2, v. S6 | p. 236	
2.4.1.25	amylomaltase, 4-α-glucanotransferase, v. 31 | p. 276	
3.2.1.33	amylopectin 6-glucosidase, amylo-α-1,6-glucosidase, v. 12 | p. 509	
3.2.1.41	amylopectin 6-glucanohydrolase, pullulanase, v. 12 | p. 594	
2.4.1.1	amylopectin phosphorylase, phosphorylase, v. 31 | p. 1	
2.4.1.1	amylophosphorylase, phosphorylase, v. 31 | p. 1	
3.2.1.1	Amylopsin, α-amylase, v. 12 | p. 1	
3.2.1.135	amylopullulanase, neopullulanase, v. 13 | p. 542	
3.4.11.22	Amylorhizin aminopeptidase, aminopeptidase I, v. 6 | p. 178	
3.4.11.22	Amylorizin, aminopeptidase I, v. 6 | p. 178	
2.4.1.18	amylose isomerase, 1,4-α-glucan branching enzyme, v. 31 | p. 197	
2.7.10.2	Amylovoran biosynthesis membrane-associated protein amsA, non-specific protein-tyrosine kinase, v. S2 | p. 441	
3.2.1.1	AmyUS100, α-amylase, v. 12 | p. 1	
3.2.1.1	AmyUS100ΔIG, α-amylase, v. 12 | p. 1	
4.1.3.32	An07g08390, 2,3-Dimethylmalate lyase, v. 4 | p. 186	

3.1.1.73	AN1772.2, feruloyl esterase, v. 9	p. 414
3.5.1.4	Ana, amidase, v. 14	p. 231
4.99.1.3	anaerobic cobalt chelatase, sirohydrochlorin cobaltochelatase, v. S7	p. 455
1.1.1.27	anaerobic lactate dehydrogenase, L-lactate dehydrogenase, v. 16	p. 253
3.4.22.33	Ananase, Fruit bromelain, v. 7	p. 685
3.5.1.4	anandamide hydrolase, amidase, v. 14	p. 231
3.4.17.3	anaphylatoxin inactivator, lysine carboxypeptidase, v. 6	p. 428
2.7.10.1	Anaplastic lymphoma kinase, receptor protein-tyrosine kinase, v. S2	p. 341
3.2.2.7	ANase, adenosine nucleosidase, v. 14	p. 42
3.5.1.81	D-ANase, N-Acyl-D-amino-acid deacylase, v. 14	p. 603
2.3.1.17	ANAT, aspartate N-acetyltransferase, v. 29	p. 382
1.2.1.12	AnBn-GAPDH, glyceraldehyde-3-phosphate dehydrogenase (phosphorylating), v. 20	p. 135
3.4.21.76	C-ANCA antigen, Myeloblastin, v. 7	p. 380
3.4.15.1	ANCE, peptidyl-dipeptidase A, v. 6	p. 334
1.14.15.7	AnCMO, choline monooxygenase, v. 27	p. 56
3.4.21.74	Ancrod, Venombin A, v. 7	p. 364
1.14.13.54	Androgen hydroxylase, Ketosteroid monooxygenase, v. 26	p. 499
6.3.2.19	androgen receptor N-terminal-interacting protein, Ubiquitin-protein ligase, v. 2	p. 506
1.14.99.12	androst-4-ene-3,17-dione 17-oxidoreductase, androst-4-ene-3,17-dione monooxygenase, v. 27	p. 310
1.14.99.12	androst-4-ene-3,17-dione hydroxylase, androst-4-ene-3,17-dione monooxygenase, v. 27	p. 310
1.14.99.12	androstene-3,17-dione hydroxylase, androst-4-ene-3,17-dione monooxygenase, v. 27	p. 310
1.14.99.12	4-androstene-3,17-dione monooxygenase, androst-4-ene-3,17-dione monooxygenase, v. 27	p. 310
1.14.13.54	Androstenedione, NADPH2:oxygen oxidoreductase (17-hydroxylating, lactonizing), Ketosteroid monooxygenase, v. 26	p. 499
1.3.1.3	androstenedione 5β-reductase, Δ4-3-oxosteroid 5β-reductase, v. 21	p. 15
1.14.99.12	androstenedione monooxygenase, androst-4-ene-3,17-dione monooxygenase, v. 27	p. 310
2.8.2.2	5α-androstenol sulfotransferase, alcohol sulfotransferase, v. 39	p. 278
3.3.2.10	AnEH, soluble epoxide hydrolase, v. S5	p. 228
4.6.1.2	ANF-RGC, guanylate cyclase, v. 5	p. 430
3.1.1.73	AnFAE, feruloyl esterase, v. 9	p. 414
3.1.1.73	AnFaeA, feruloyl esterase, v. 9	p. 414
3.1.1.73	AnFAEB, feruloyl esterase, v. 9	p. 414
3.3.2.1	AngB, isochorismatase, v. 14	p. 142
2.4.2.4	angiogenic factor platelet-derived endothelial cell growth factor/thymidine phosphorylase, thymidine phosphorylase, v. 33	p. 52
2.7.10.1	angiopoietin 1 receptor, receptor protein-tyrosine kinase, v. S2	p. 341
3.4.15.1	angiotensin-converting enzyme, peptidyl-dipeptidase A, v. 6	p. 334
3.4.15.1	angiotensin-converting enzyme-2, peptidyl-dipeptidase A, v. 6	p. 334
3.4.15.1	angiotensin-converting enzyme 2, peptidyl-dipeptidase A, v. 6	p. 334
3.4.23.15	angiotensin-forming enzyme, renin, v. 8	p. 57
3.4.15.1	angiotensin-I converting enzyme, peptidyl-dipeptidase A, v. 6	p. 334
3.4.15.1	angiotensin 1 converting enzyme, peptidyl-dipeptidase A, v. 6	p. 334
3.4.11.21	angiotensinase, aspartyl aminopeptidase, v. 6	p. 173
3.4.11.7	angiotensinase, glutamyl aminopeptidase, v. 6	p. 102
3.4.11.7	angiotensinase A, glutamyl aminopeptidase, v. 6	p. 102
3.4.16.2	angiotensinase C, lysosomal Pro-Xaa carboxypeptidase, v. 6	p. 370
3.4.11.14	angiotensinase M, cytosol alanyl aminopeptidase, v. 6	p. 143
3.4.15.1	angiotensin converting enzyme, peptidyl-dipeptidase A, v. 6	p. 334
3.4.15.1	angiotensin converting enzyme inhibitor, peptidyl-dipeptidase A, v. 6	p. 334
3.4.15.1	angiotensin I-converting enzyme, peptidyl-dipeptidase A, v. 6	p. 334

anthocyanidin-3-O-glucosyltransferase

3.4.15.1	angiotensin I converting enzyme, peptidyl-dipeptidase A, v.6 | p.334	
3.4.23.15	angiotensinogenase, renin, v.8 | p.57	
4.2.1.84	ANHase, nitrile hydratase, v.4 | p.625	
4.2.1.1	anhydrase, carbonate dehydratase, v.4 | p.242	
4.2.1.111	1,5-anhydro-D-arabino-hex-2-ulose dehydratase, 1,5-anhydro-D-fructose dehydratase, v.S7 | p.115	
4.2.1.111	1,5-anhydro-D-fructose 4-dehydratase, 1,5-anhydro-D-fructose dehydratase, v.S7 | p.115	
4.2.1.110	1,5-anhydro-D-fructose dehydratase (microthecin-forming), aldos-2-ulose dehydratase, v.S7 | p.111	
4.2.1.111	1,5-anhydro-D-fructose hydro-lyase, 1,5-anhydro-D-fructose dehydratase, v.S7 | p.115	
4.2.1.111	1,5-anhydro-D-fructose hydrolyase, 1,5-anhydro-D-fructose dehydratase, v.S7 | p.115	
1.1.1.292	1,5-anhydro-D-fructose reductase, 1,5-anhydro-D-fructose reductase (1,5-anhydro-D-mannitol-forming), v.S1 | p.80	
1.1.1.292	1,5-anhydro-D-fructose reductase (ambiguous), 1,5-anhydro-D-fructose reductase (1,5-anhydro-D-mannitol-forming), v.S1 | p.80	
5.3.3.15	1,5-anhydro-D-glycero-hex-3-en-2-ulose tautomerase, ascopyrone tautomerase, v.S7 | p.512	
3.5.1.28	1,6-anhydro-N-acetylmuramic acid-L-alanine amidase, N-acetylmuramoyl-L-alanine amidase, v.14 | p.396	
3.5.1.28	1,6-anhydro-N-acetylmuramyl-L-alanine amidase, N-acetylmuramoyl-L-alanine amidase, v.14 | p.396	
3.5.1.28	anhydroMurNAc-L-Ala amidase, N-acetylmuramoyl-L-alanine amidase, v.14 | p.396	
4.2.2.15	anhydroneuraminidase, anhydrosialidase, v.S7 | p.131	
1.14.13.38	anhydrotetracycline oxygenase, anhydrotetracycline monooxygenase, v.26 | p.422	
3.4.24.28	Anilozyme P 10, bacillolysin, v.8 | p.374	
2.4.2.4	animal growth regulators, blood platelet-derived endothelial cell growth factors, thymidine phosphorylase, v.33 | p.52	
1.11.1.7	anionic isoperoxidase, peroxidase, v.25 | p.211	
1.11.1.7	anionic peroxidase A1, peroxidase, v.25 | p.211	
3.4.21.4	anionic salmon trypsin, trypsin, v.7 | p.12	
3.4.21.4	Anionic trypsinogen, trypsin, v.7 | p.12	
1.14.99.15	p-anisic O-demethylase, 4-methoxybenzoate monooxygenase (O-demethylating), v.27 | p.318	
3.6.1.15	ankyrin repeat-rich membrane spanning protein, nucleoside-triphosphatase, v.15 | p.365	
2.4.1.232	Anl1p, initiation-specific α-1,6-mannosyltransferase, v.32 | p.640	
2.1.1.111	ANMT, anthranilate N-methyltransferase, v.28 | p.537	
1.7.99.7	Anor, nitric-oxide reductase, v.24 | p.441	
2.4.1.232	Anp1p, initiation-specific α-1,6-mannosyltransferase, v.32 | p.640	
3.2.2.21	ANPG, DNA-3-methyladenine glycosylase II, v.14 | p.103	
4.6.1.2	ANPRA, guanylate cyclase, v.5 | p.430	
4.6.1.2	ANPRB, guanylate cyclase, v.5 | p.430	
2.4.2.18	AnPRT, anthranilate phosphoribosyltransferase, v.33 | p.181	
1.3.1.77	ANR, anthocyanidin reductase, v.S1 | p.231	
1.17.1.3	ANR, leucoanthocyanidin reductase, v.27 | p.486	
1.14.11.19	ANS, leucocyanidin oxygenase, v.26 | p.115	
3.5.1.1	AnsA, asparaginase, v.14 | p.190	
3.4.13.5	anserinase, Xaa-methyl-His dipeptidase, v.6 | p.195	
2.7.7.46	ANT(2)-I, gentamicin 2-nucleotidyltransferase, v.38 | p.459	
2.3.1.82	ANT(3)-Ii/AAC(6')-IId, aminoglycoside N6'-acetyltransferase, v.30 | p.108	
2.7.7.47	ANT(3)-Ii/AAC(6')-IId, streptomycin 3-adenylyltransferase, v.38 | p.464	
3.6.3.47	Ant1, fatty-acyl-CoA-transporting ATPase, v.15 | p.724	
2.7.7.46	ANT2, gentamicin 2-nucleotidyltransferase, v.38 | p.459	
3.2.1.39	Anther-specific protein A6, glucan endo-1,3-β-D-glucosidase, v.12 | p.567	
2.4.1.115	anthocyanidin-3-O-glucosyltransferase, anthocyanidin 3-O-glucosyltransferase, v.32 | p.139	

Anthocyanidin 3,5-diglucoside 5-O-glucoside-6-O-hydroxycinnamoyltransferase

2.3.1.153	Anthocyanidin 3,5-diglucoside 5-O-glucoside-6-O-hydroxycinnamoyltransferase, Anthocyanin 5-aromatic acyltransferase, v.30	p.406
2.3.1.171	anthocyanidin 3-glucoside malonyltransferase, anthocyanin 6-O-malonyltransferase, v.52	p.58
2.4.1.115	anthocyanidin 3-O-glucosyltransferase, anthocyanidin 3-O-glucosyltransferase, v.32	p.139
2.4.1.115	anthocyanidin 3GT, anthocyanidin 3-O-glucosyltransferase, v.32	p.139
2.3.1.172	anthocyanidin 5-glucoside malonyltransferase, anthocyanin 5-O-glucoside 6'''-O-malonyltransferase, v.52	p.65
2.3.1.172	anthocyanidin 5-glycoside malonyltransferase, anthocyanin 5-O-glucoside 6'''-O-malonyltransferase, v.52	p.65
2.3.1.153	anthocyanidin 5-O-glucoside-6"-O-malonyltransferase, Anthocyanin 5-aromatic acyltransferase, v.30	p.406
1.17.1.3	anthocyanidin reductase, leucoanthocyanidin reductase, v.27	p.486
1.14.11.19	anthocyanidin synthase, leucocyanidin oxygenase, v.26	p.115
2.4.1.238	anthocyanin 3'-O-β-D-glucosyltransferase, anthocyanin 3'-O-β-glucosyltransferase, v.52	p.176
2.3.1.171	anthocyanin 3-glucoside malonyltransferase, anthocyanin 6-O-malonyltransferase, v.52	p.58
2.3.1.153	anthocyanin 5-aromatic acyltransferase, Anthocyanin 5-aromatic acyltransferase, v.30	p.406
2.3.1.172	anthocyanin 5-glycoside malonyltransferase, anthocyanin 5-O-glucoside 6'''-O-malonyltransferase, v.52	p.65
2.3.1.153	Anthocyanin acyltransferase, Anthocyanin 5-aromatic acyltransferase, v.30	p.406
2.3.1.153	Anthocyanin hydroxycinnamoyltransferase, Anthocyanin 5-aromatic acyltransferase, v.30	p.406
2.3.1.171	anthocyanin malonyltransferase, anthocyanin 6-O-malonyltransferase, v.52	p.58
1.14.11.19	anthocyanin synthase, leucocyanidin oxygenase, v.26	p.115
2.4.2.18	anthranilate-5-phosphoribosylphosphate phosphoribosyltransferase, anthranilate phosphoribosyltransferase, v.33	p.181
6.2.1.32	anthranilate-coenzyme A ligase, anthranilate-CoA ligase, v.2	p.336
2.4.2.18	anthranilate-PP-ribose-P phosphoribosyltransferase, anthranilate phosphoribosyltransferase, v.33	p.181
1.14.13.35	anthranilate 2,3-dioxygenase (deaminating), anthranilate 3-monooxygenase (deaminating), v.26	p.409
1.14.13.35	anthranilate 2,3-hydroxylase (deaminating), anthranilate 3-monooxygenase (deaminating), v.26	p.409
1.14.16.3	anthranilate 3-hydroxylase, anthranilate 3-monooxygenase, v.27	p.95
2.4.2.18	anthranilate 5-phosphoribosylpyrophosphate phosphoribosyltransferase, anthranilate phosphoribosyltransferase, v.33	p.181
1.14.12.1	anthranilate hydroxylase, anthranilate 1,2-dioxygenase (deaminating, decarboxylating), v.26	p.123
1.14.16.3	anthranilate hydroxylase, anthranilate 3-monooxygenase, v.27	p.95
1.14.13.35	anthranilate hydroxylase, anthranilate 3-monooxygenase (deaminating), v.26	p.409
1.14.13.35	anthranilate hydroxylase (deaminating), anthranilate 3-monooxygenase (deaminating), v.26	p.409
2.3.1.144	anthranilate N-hydroxycinammoyl/benzoyltransferase, anthranilate N-benzoyltransferase, v.30	p.379
2.4.2.18	anthranilate phosphoribosylpyrophosphate phosphoribosyltransferase, anthranilate phosphoribosyltransferase, v.33	p.181
2.4.2.18	anthranilate phosphoribosyl transferase, anthranilate phosphoribosyltransferase, v.33	p.181
2.4.2.18	anthranilate phosphoribosyltransferase, anthranilate phosphoribosyltransferase, v.33	p.181
2.4.2.18	anthranilate PRT, anthranilate phosphoribosyltransferase, v.33	p.181

4.1.3.27	anthranilate synthase, anthranilate synthase, v. 4 | p. 160	
4.1.3.27	anthranilate synthase-phosphoribosyltransferase, anthranilate synthase, v. 4 | p. 160	
4.1.3.27	anthranilate synthase α 1, anthranilate synthase, v. 4 | p. 160	
4.1.3.27	anthranilate synthase α 2, anthranilate synthase, v. 4 | p. 160	
4.1.3.27	anthranilate synthase α2, anthranilate synthase, v. 4 | p. 160	
4.1.3.27	anthranilate synthase component I, anthranilate synthase, v. 4 | p. 160	
4.1.3.27	anthranilate synthetase, anthranilate synthase, v. 4 | p. 160	
2.7.7.55	anthranilic acid adenylyltransferase, anthranilate adenylyltransferase, v. 38 | p. 541	
1.14.12.1	anthranilic acid hydroxylase, anthranilate 1,2-dioxygenase (deaminating, decarboxylating), v. 26 | p. 123	
1.14.16.3	anthranilic acid hydroxylase, anthranilate 3-monooxygenase, v. 27 | p. 95	
2.1.1.111	anthranilic acid N-methyltransferase, anthranilate N-methyltransferase, v. 28 | p. 537	
1.14.12.1	anthranilic hydroxylase, anthranilate 1,2-dioxygenase (deaminating, decarboxylating), v. 26 | p. 123	
1.14.16.3	anthranilic hydroxylase, anthranilate 3-monooxygenase, v. 27 | p. 95	
1.14.13.35	anthranilic hydroxylase, anthranilate 3-monooxygenase (deaminating), v. 26 | p. 409	
2.4.1.181	anthraquinone-specific glucosyltransferase, hydroxyanthraquinone glucosyltransferase, v. 32 | p. 430	
3.4.24.83	anthrax lethal factor, anthrax lethal factor endopeptidase, v. S6 | p. 332	
3.4.24.83	anthrax lethal factor protease, anthrax lethal factor endopeptidase, v. S6 | p. 332	
3.4.24.83	anthrax lethal toxin, anthrax lethal factor endopeptidase, v. S6 | p. 332	
3.2.2.22	anthrax toxin, rRNA N-glycosylase, v. 14 | p. 107	
2.7.10.2	anti-mullerian hormone type II receptor, non-specific protein-tyrosine kinase, v. S2 | p. 441	
2.7.11.1	Anti-sigma B factor rsbT, non-specific serine/threonine protein kinase, v. S3 | p. 1	
3.1.1.8	anticholinesterase, cholinesterase, v. 9 | p. 118	
3.4.21.69	anticoagulant activated protein C, Protein C (activated), v. 7 | p. 339	
3.4.21.69	anticoagulant protein C/protein S system, Protein C (activated), v. 7 | p. 339	
3.2.1.14	antifreeze protein, chitinase, v. 12 | p. 185	
3.4.21.77	P-30 antigen, semenogelase, v. 7 | p. 385	
3.4.21.77	antigen (human clone lambdaHPSA-1 prostate-specific protein moiety reduced), semenogelase, v. 7 | p. 385	
3.4.24.11	antigen, CALLA (common acute lymphoblastic leukemia-associated), neprilysin, v. 8 | p. 230	
2.3.1.122	antigen 85C, trehalose O-mycolyltransferase, v. 30 | p. 300	
3.4.11.7	antigen BP-1/6C3 of mouse B lymphocytes, glutamyl aminopeptidase, v. 6 | p. 102	
3.2.2.5	Antigen BP3, NAD+ nucleosidase, v. 14 | p. 25	
3.4.24.69	antigen E, bontoxilysin, v. 8 | p. 553	
1.13.11.27	F-antigen homolog, 4-hydroxyphenylpyruvate dioxygenase, v. 25 | p. 546	
2.7.11.1	T-antigen kinase, non-specific serine/threonine protein kinase, v. S3 | p. 1	
3.4.21.77	antigen PSA (human clone 5P1 protein moiety reduced), semenogelase, v. 7 | p. 385	
3.4.21.77	antigen PSA (human prostate-specific), semenogelase, v. 7 | p. 385	
2.4.99.1	antigens, CD75, β-galactoside α-2,6-sialyltransferase, v. 33 | p. 314	
3.4.22.34	Antigen Sj32, Legumain, v. 7 | p. 689	
3.4.22.34	Antigen SM32, Legumain, v. 7 | p. 689	
6.1.1.12	Antigen T5, Aspartate-tRNA ligase, v. 2 | p. 86	
6.1.1.21	antihistidyl-tRNA synthetase, Histidine-tRNA ligase, v. 2 | p. 168	
3.6.1.15	1a NTPase/helicase, nucleoside-triphosphatase, v. 15 | p. 365	
1.3.1.74	AO, 2-alkenal reductase, v. 21 | p. 336	
1.4.3.16	AO, L-aspartate oxidase, v. 22 | p. 354	
3.5.1.16	AO, acetylornithine deacetylase, v. 14 | p. 338	
1.2.3.1	AO, aldehyde oxidase, v. 20 | p. 425	
1.2.3.14	AOδ, abscisic-aldehyde oxidase, v. S1 | p. 176	
1.2.3.14	AO-3, abscisic-aldehyde oxidase, v. S1 | p. 176	
1.2.3.1	AO2, aldehyde oxidase, v. 20 | p. 425	
1.2.3.1	AO3, aldehyde oxidase, v. 20 | p. 425	

1.2.3.1	AO4, aldehyde oxidase, v. 20	p. 425	
3.2.1.1	AOA, α-amylase, v. 12	p. 1	
3.2.1.1	AoA1, α-amylase, v. 12	p. 1	
3.2.1.1	AoA2, α-amylase, v. 12	p. 1	
3.1.1.77	AOAH, acyloxyacyl hydrolase, v. 9	p. 448	
3.4.23.18	AOAP, Aspergillopepsin I, v. 8	p. 78	
3.2.1.55	AoAra54A, α-N-arabinofuranosidase, v. 13	p. 106	
3.5.1.16	AOase, acetylornithine deacetylase, v. 14	p. 338	
3.1.1.72	AoAXE, Acetylxylan esterase, v. 9	p. 406	
5.3.99.6	AOC, Allene-oxide cyclase, v. 1	p. 483	
1.4.3.21	AOC3, primary-amine oxidase	
1.2.3.14	AOd, abscisic-aldehyde oxidase, v. S1	p. 176	
1.1.3.13	AOd, alcohol oxidase, v. 19	p. 115	
1.1.3.13	P-AOD, alcohol oxidase, v. 19	p. 115	
1.1.3.13	AOext, alcohol oxidase, v. 19	p. 115	
3.1.1.73	AoFaeC, feruloyl esterase, v. 9	p. 414	
2.4.1.243	AoFT1, 6G-fructosyltransferase, v. S2	p. 196	
3.5.1.2	AoGls, glutaminase, v. 14	p. 205	
1.2.3.1	AOH, aldehyde oxidase, v. 20	p. 425	
1.2.3.1	AOH1, aldehyde oxidase, v. 20	p. 425	
1.2.3.1	AOH2, aldehyde oxidase, v. 20	p. 425	
1.2.3.1	AOH3, aldehyde oxidase, v. 20	p. 425	
1.1.3.13	AOint, alcohol oxidase, v. 19	p. 115	
2.3.1.47	AONS, 8-amino-7-oxononanoate synthase, v. 29	p. 634	
3.4.21.63	AOP, Oryzin, v. 7	p. 300	
2.3.1.47	AOP synthase, 8-amino-7-oxononanoate synthase, v. 29	p. 634	
1.11.1.7	AOPTP, peroxidase, v. 25	p. 211	
1.3.1.74	AOR, 2-alkenal reductase, v. 21	p. 336	
1.2.99.6	AOR, Carboxylate reductase, v. 20	p. 598	
1.2.99.7	AOR, aldehyde dehydrogenase (FAD-independent), v. S1	p. 219	
1.2.7.5	AOR, aldehyde ferredoxin oxidoreductase, v. S1	p. 188	
1.2.3.1	AOR, aldehyde oxidase, v. 20	p. 425	
1.2.99.6	W-AOR, Carboxylate reductase, v. 20	p. 598	
1.2.99.7	AORDd, aldehyde dehydrogenase (FAD-independent), v. S1	p. 219	
5.3.99.4	Aortic cytochrom P450, prostaglandin-I synthase, v. 1	p. 465	
2.6.1.11	AOTA, acetylornithine transaminase, v. 34	p. 342	
2.1.3.9	AOTC, N-acetylornithine carbamoyltransferase, v. S2	p. 54	
2.1.3.9	AOTCase, N-acetylornithine carbamoyltransferase, v. S2	p. 54	
1.3.3.6	AOX, acyl-CoA oxidase, v. 21	p. 401	
1.1.3.13	AOX, alcohol oxidase, v. 19	p. 115	
1.2.3.1	AOX, aldehyde oxidase, v. 20	p. 425	
1.4.3.2	L-Aox, L-amino-acid oxidase, v. 22	p. 225	
1.3.3.6	AOX1, acyl-CoA oxidase, v. 21	p. 401	
1.1.3.13	AOX1, alcohol oxidase, v. 19	p. 115	
1.2.3.1	AOX1, aldehyde oxidase, v. 20	p. 425	
1.3.3.6	AOX2, acyl-CoA oxidase, v. 21	p. 401	
1.1.3.13	AOX2, alcohol oxidase, v. 19	p. 115	
1.2.3.1	AOX2, aldehyde oxidase, v. 20	p. 425	
1.3.3.6	Aox2p, acyl-CoA oxidase, v. 21	p. 401	
1.3.3.6	AOX3, acyl-CoA oxidase, v. 21	p. 401	
1.2.3.1	AOX3, aldehyde oxidase, v. 20	p. 425	
1.2.3.1	AOX4, aldehyde oxidase, v. 20	p. 425	
1.3.3.6	Aoxp, acyl-CoA oxidase, v. 21	p. 401	
3.4.23.18	AP, Aspergillopepsin I, v. 8	p. 78	
3.1.3.2	AP, acid phosphatase, v. 10	p. 31	

3.1.3.1	AP, alkaline phosphatase, v. 10 | p. 1	
3.4.11.22	AP, aminopeptidase I, v. 6 | p. 178	
3.4.11.24	AP, aminopeptidase S	
3.4.24.40	AP, serralysin, v. 8 | p. 424	
3.1.3.1	H-AP, alkaline phosphatase, v. 10 | p. 1	
3.1.3.1	L-AP, alkaline phosphatase, v. 10 | p. 1	
3.4.11.6	Ap-B, aminopeptidase B, v. 6 | p. 92	
4.2.99.18	AP-endonuclease, DNA-(apurinic or apyrimidinic site) lyase, v. 5 | p. 150	
4.2.99.18	AP-endonuclease 1, DNA-(apurinic or apyrimidinic site) lyase, v. 5 | p. 150	
3.4.11.10	AP-II, bacterial leucyl aminopeptidase, v. 6 | p. 125	
4.2.99.18	AP-lyase, DNA-(apurinic or apyrimidinic site) lyase, v. 5 | p. 150	
3.4.11.2	AP-N, membrane alanyl aminopeptidase, v. 6 | p. 53	
3.4.11.9	AP-P, Xaa-Pro aminopeptidase, v. 6 | p. 111	
3.1.3.1	AP-TNAP, alkaline phosphatase, v. 10 | p. 1	
4.2.99.18	AP 1, DNA-(apurinic or apyrimidinic site) lyase, v. 5 | p. 150	
3.4.21.63	AP15, Oryzin, v. 7 | p. 300	
1.1.1.184	AP27, carbonyl reductase (NADPH), v. 18 | p. 105	
3.4.11.1	AP 28, leucyl aminopeptidase, v. 6 | p. 40	
3.4.21.63	AP30, Oryzin, v. 7 | p. 300	
3.1.4.1	Ap3A (Ap4A) hydrolase, phosphodiesterase I, v. 11 | p. 1	
2.7.7.53	Ap3A/Ap4A phosphorylase, ATP adenylyltransferase, v. 38 | p. 531	
3.6.1.29	Ap3Aase, bis(5'-adenosyl)-triphosphatase, v. 15 | p. 432	
3.6.1.29	Ap3A hydrolase, bis(5'-adenosyl)-triphosphatase, v. 15 | p. 432	
3.6.1.17	AP4AASE, bis(5'-nucleosyl)-tetraphosphatase (asymmetrical), v. 15 | p. 372	
3.6.1.17	Ap4A hydrolase, bis(5'-nucleosyl)-tetraphosphatase (asymmetrical), v. 15 | p. 372	
3.6.1.41	Ap4A hydrolase, bis(5'-nucleosyl)-tetraphosphatase (symmetrical), v. 15 | p. 460	
2.7.7.53	Ap4A phosphorylase, ATP adenylyltransferase, v. 38 | p. 531	
2.7.11.1	AP50 kinase, non-specific serine/threonine protein kinase, v. S3 | p. 1	
3.4.11.1	AP 56, leucyl aminopeptidase, v. 6 | p. 40	
3.4.11.21	APA, aspartyl aminopeptidase, v. 6 | p. 173	
3.4.11.7	APA, glutamyl aminopeptidase, v. 6 | p. 102	
3.1.21.4	Apa BI, type II site-specific deoxyribonuclease, v. 11 | p. 454	
3.1.21.4	Apa CI, type II site-specific deoxyribonuclease, v. 11 | p. 454	
3.1.21.4	Apa DI, type II site-specific deoxyribonuclease, v. 11 | p. 454	
3.4.22.62	APAF, caspase-9, v. S6 | p. 183	
3.4.22.62	Apaf-3, caspase-9, v. S6 | p. 183	
3.6.1.41	ApaH hydrolase, bis(5'-nucleosyl)-tetraphosphatase (symmetrical), v. 15 | p. 460	
3.1.21.4	ApaI, type II site-specific deoxyribonuclease, v. 11 | p. 454	
3.1.21.4	ApaLI, type II site-specific deoxyribonuclease, v. 11 | p. 454	
3.2.1.14	APAP1, chitinase, v. 12 | p. 185	
3.2.1.14	APAP2, chitinase, v. 12 | p. 185	
3.2.1.14	APAPI, chitinase, v. 12 | p. 185	
3.2.1.14	APAPII, chitinase, v. 12 | p. 185	
3.1.3.2	APase, acid phosphatase, v. 10 | p. 31	
3.1.3.1	APase, alkaline phosphatase, v. 10 | p. 1	
3.4.11.2	APase2, membrane alanyl aminopeptidase, v. 6 | p. 53	
3.1.3.2	APASE6, acid phosphatase, v. 10 | p. 31	
3.1.3.1	APASED, alkaline phosphatase, v. 10 | p. 1	
3.4.11.2	APAse D, membrane alanyl aminopeptidase, v. 6 | p. 53	
3.1.3.2	APase isoform, acid phosphatase, v. 10 | p. 31	
3.4.11.6	APB, aminopeptidase B, v. 6 | p. 92	
3.4.21.69	APC, Protein C (activated), v. 7 | p. 339	
6.3.2.19	APC, Ubiquitin-protein ligase, v. 2 | p. 506	
6.3.2.19	APC/C, Ubiquitin-protein ligase, v. 2 | p. 506	
6.3.2.19	APC2, Ubiquitin-protein ligase, v. 2 | p. 506	

1.14.15.7	ApCMO, choline monooxygenase, v. 27	p. 56
3.4.11.24	APCo-II, aminopeptidase S
3.6.4.9	ApcpnA, chaperonin ATPase, v. 15	p. 803
4.2.99.18	AP Dnase, DNA-(apurinic or apyrimidinic site) lyase, v. 5	p. 150
4.2.99.18	Ape, DNA-(apurinic or apyrimidinic site) lyase, v. 5	p. 150
3.4.11.2	Ape, membrane alanyl aminopeptidase, v. 6	p. 53
4.2.99.18	APE-1, DNA-(apurinic or apyrimidinic site) lyase, v. 5	p. 150
3.1.22.4	Ape-Hjc, crossover junction endodeoxyribonuclease, v. 11	p. 487
4.2.99.18	APE/Ref-1, DNA-(apurinic or apyrimidinic site) lyase, v. 5	p. 150
4.2.99.18	APE1, DNA-(apurinic or apyrimidinic site) lyase, v. 5	p. 150
3.4.11.22	APE1, aminopeptidase I, v. 6	p. 178
4.2.99.18	APE1/Ref-1, DNA-(apurinic or apyrimidinic site) lyase, v. 5	p. 150
2.5.1.65	APE1586, O-phosphoserine sulfhydrylase, v. S2	p. 207
3.1.11.2	Ape2, exodeoxyribonuclease III, v. 11	p. 362
3.1.16.1	Ape2, spleen exonuclease, v. 11	p. 424
3.4.11.22	Ape2 aminopeptidase, aminopeptidase I, v. 6	p. 178
3.1.25.1	ApeI, deoxyribonuclease (pyrimidine dimer), v. 11	p. 495
4.2.99.18	APEN, DNA-(apurinic or apyrimidinic site) lyase, v. 5	p. 150
4.2.99.18	AP endo, DNA-(apurinic or apyrimidinic site) lyase, v. 5	p. 150
4.2.99.18	AP endonuclease, DNA-(apurinic or apyrimidinic site) lyase, v. 5	p. 150
4.2.99.18	AP endonuclease 1, DNA-(apurinic or apyrimidinic site) lyase, v. 5	p. 150
4.2.99.18	AP endonuclease Ape1, DNA-(apurinic or apyrimidinic site) lyase, v. 5	p. 150
4.2.99.18	AP endonuclease Class I, DNA-(apurinic or apyrimidinic site) lyase, v. 5	p. 150
4.2.99.18	AP endonuclease I, DNA-(apurinic or apyrimidinic site) lyase, v. 5	p. 150
3.1.11.2	AP endonuclease VI, exodeoxyribonuclease III, v. 11	p. 362
4.2.99.18	Apex, DNA-(apurinic or apyrimidinic site) lyase, v. 5	p. 150
4.2.99.18	APEX1, DNA-(apurinic or apyrimidinic site) lyase, v. 5	p. 150
4.2.99.18	APEX nuclease, DNA-(apurinic or apyrimidinic site) lyase, v. 5	p. 150
3.6.1.17	Apf, bis(5'-nucleosyl)-tetraphosphatase (asymmetrical), v. 15	p. 372
6.3.2.19	APF-1-protein amide synthetase, Ubiquitin-protein ligase, v. 2	p. 506
2.7.11.1	Apg1p, non-specific serine/threonine protein kinase, v. S3	p. 1
5.4.2.1	aPGAM, phosphoglycerate mutase, v. 1	p. 493
5.4.2.1	aPGAM-Mj1, phosphoglycerate mutase, v. 1	p. 493
5.4.2.1	aPGAM-Mj2, phosphoglycerate mutase, v. 1	p. 493
3.4.19.1	APH, acylaminoacyl-peptidase, v. 6	p. 513
3.5.1.53	AphA, N-carbamoylputrescine amidase, v. 14	p. 495
3.1.3.2	AphA, acid phosphatase, v. 10	p. 31
3.5.1.53	AphB, N-carbamoylputrescine amidase, v. 14	p. 495
3.1.3.2	Apho1p, acid phosphatase, v. 10	p. 31
5.3.1.13	API, Arabinose-5-phosphate isomerase, v. 1	p. 325
3.4.11.22	API, aminopeptidase I, v. 6	p. 178
3.4.11.10	API, bacterial leucyl aminopeptidase, v. 6	p. 125
3.4.21.50	API, lysyl endopeptidase, v. 7	p. 231
5.3.1.13	G-API, Arabinose-5-phosphate isomerase, v. 1	p. 325
5.3.1.13	K-API, Arabinose-5-phosphate isomerase, v. 1	p. 325
5.3.1.13	L-API, Arabinose-5-phosphate isomerase, v. 1	p. 325
3.4.21.63	API 21, Oryzin, v. 7	p. 300
3.4.11.10	APII, bacterial leucyl aminopeptidase, v. 6	p. 125
1.1.1.114	D-apiitol reductase, apiose 1-reductase, v. 17	p. 318
3.1.3.2	Api m 3, acid phosphatase, v. 10	p. 31
1.1.1.114	D-apiose reductase, apiose 1-reductase, v. 17	p. 318
2.4.2.25	apiosyltransferase, uridine diphosphoapiose-flavone, flavone apiosyltransferase, v. 33	p. 221
1.4.3.2	APIT, L-amino-acid oxidase, v. 22	p. 225
2.7.10.2	APK1, non-specific protein-tyrosine kinase, v. S2	p. 441

3.1.1.4	APLA, phospholipase A2, v.9	p.52
4.2.99.18	APLM, DNA-(apurinic or apyrimidinic site) lyase, v.5	p.150
3.6.3.1	APLT, phospholipid-translocating ATPase, v.15	p.532
4.2.99.18	AP lyase, DNA-(apurinic or apyrimidinic site) lyase, v.5	p.150
5.3.3.15	APM tautomerase, ascopyrone tautomerase, v.S7	p.512
3.4.11.2	APN, membrane alanyl aminopeptidase, v.6	p.53
4.2.99.18	APN-1, DNA-(apurinic or apyrimidinic site) lyase, v.5	p.150
3.4.11.2	APN-PI, membrane alanyl aminopeptidase, v.6	p.53
3.4.11.2	APN/CD13, membrane alanyl aminopeptidase, v.6	p.53
4.2.99.18	APN1, DNA-(apurinic or apyrimidinic site) lyase, v.5	p.150
3.4.11.2	APN1, membrane alanyl aminopeptidase, v.6	p.53
3.4.11.2	APN2, membrane alanyl aminopeptidase, v.6	p.53
3.4.11.2	APN3, membrane alanyl aminopeptidase, v.6	p.53
3.4.11.2	APN96, membrane alanyl aminopeptidase, v.6	p.53
3.2.2.20	APNG, DNA-3-methyladenine glycosylase I, v.14	p.99
3.2.2.20	APNG DNA glycosylase, DNA-3-methyladenine glycosylase I, v.14	p.99
2.7.7.61	apo-citrate lyase phosphoribosyl dephospho-CoA transferase, citrate lyase holo-[acyl-carrier protein] synthase, v.38	p.565
2.7.4.8	apo-EcGMPK, guanylate kinase, v.37	p.543
1.2.1.9	apo-GAPDH, glyceraldehyde-3-phosphate dehydrogenase (NADP+), v.20	p.108
1.2.1.9	apo-glyceraldehyde-3-phosphate dehydrogenase, glyceraldehyde-3-phosphate dehydrogenase (NADP+), v.20	p.108
3.5.4.5	APOBEC-1, cytidine deaminase, v.15	p.42
3.5.4.5	APOBEC1, cytidine deaminase, v.15	p.42
3.5.4.5	APOBEC3A, cytidine deaminase, v.15	p.42
3.5.4.5	APOBEC3B, cytidine deaminase, v.15	p.42
3.5.4.5	APOBEC3C, cytidine deaminase, v.15	p.42
3.5.4.5	APOBEC3D, cytidine deaminase, v.15	p.42
3.5.4.5	APOBEC3E, cytidine deaminase, v.15	p.42
3.5.4.5	APOBEC3F, cytidine deaminase, v.15	p.42
3.5.4.5	APOBEC3G, cytidine deaminase, v.15	p.42
3.5.4.5	APOBEC3H, cytidine deaminase, v.15	p.42
3.5.4.5	APOBEC4, cytidine deaminase, v.15	p.42
1.11.1.5	apocytochrome c peroxidase, cytochrome-c peroxidase, v.25	p.186
1.16.3.1	apoferritin, ferroxidase, v.27	p.466
3.5.4.5	apolipoprotein B mRNA-editing enzyme catalytic-polypeptide 3G, cytidine deaminase, v.15	p.42
3.4.22.56	apopain, caspase-3, v.S6	p.103
2.7.11.25	apoptosis signal-regulated kinase 1, mitogen-activated protein kinase kinase kinase, v.S4	p.278
2.7.11.25	apoptosis signal-regulating kinase, mitogen-activated protein kinase kinase kinase, v.S4	p.278
2.7.12.2	apoptosis signal-regulating kinase 1, mitogen-activated protein kinase kinase kinase, v.S4	p.392
2.7.11.25	apoptosis signal-regulating kinase 1, mitogen-activated protein kinase kinase kinase, v.S4	p.278
2.7.11.25	apoptosis signal-regulating kinase 2, mitogen-activated protein kinase kinase kinase, v.S4	p.278
3.4.22.61	apoptotic cysteine protease, caspase-8, v.S6	p.168
3.4.22.62	apoptotic protease activating factor 3, caspase-9, v.S6	p.183
3.4.22.59	apoptotic protease Mch-2, caspase-6, v.S6	p.145
3.4.22.60	apoptotic protease Mch-3, caspase-7, v.S6	p.156
3.4.22.63	apoptotic protease Mch-4, caspase-10, v.S6	p.195
3.4.22.61	apoptotic protease Mch-5, caspase-8, v.S6	p.168
3.4.22.62	apoptotic protease Mch-6, caspase-9, v.S6	p.183
1.11.1.11	APOX, L-ascorbate peroxidase, v.25	p.257

3.4.11.9	APP, Xaa-Pro aminopeptidase, v. 6	p. 111
3.1.1.4	APP-D-49, phospholipase A2, v. 9	p. 52
3.1.3.26	AppA, 4-phytase, v. 10	p. 289
3.6.3.23	AppA, oligopeptide-transporting ATPase, v. 15	p. 641
3.1.3.8	AppA2 phytase, 3-phytase, v. 10	p. 129
3.1.3.26	AppA2 phytase, 4-phytase, v. 10	p. 289
3.1.3.26	appA phytase, 4-phytase, v. 10	p. 289
1.1.1.95	ApPGDH, phosphoglycerate dehydrogenase, v. 17	p. 238
3.4.11.9	APPro, Xaa-Pro aminopeptidase, v. 6	p. 111
3.4.22.1	APP secretase, cathepsin B, v. 7	p. 501
3.4.23.46	APP secretase, memapsin 2, v. S6	p. 236
1.8.99.2	APR, adenylyl-sulfate reductase, v. 24	p. 694
1.8.4.9	APR, adenylyl-sulfate reductase (glutathione), v. 24	p. 663
1.8.4.10	APR, adenylyl-sulfate reductase (thioredoxin), v. 24	p. 668
3.4.24.40	APR, serralysin, v. 8	p. 424
1.8.4.10	APR-B, adenylyl-sulfate reductase (thioredoxin), v. 24	p. 668
1.8.4.9	APR1p, adenylyl-sulfate reductase (glutathione), v. 24	p. 663
3.4.24.40	AprA, serralysin, v. 8	p. 424
1.8.99.2	AprBA, adenylyl-sulfate reductase, v. 24	p. 694
3.4.22.29	2Apro, picornain 2A, v. 7	p. 657
3.4.22.29	2A protease, picornain 2A, v. 7	p. 657
2.7.7.48	2A protein, RNA-directed RNA polymerase, v. 38	p. 468
3.4.22.29	2A proteinase, picornain 2A, v. 7	p. 657
2.4.2.7	APRT, adenine phosphoribosyltransferase, v. 33	p. 79
2.4.2.7	APRTase, adenine phosphoribosyltransferase, v. 33	p. 79
1.8.99.2	APS-reductase, adenylyl-sulfate reductase, v. 24	p. 694
2.7.7.4	APS1, sulfate adenylyltransferase, v. 38	p. 77
2.7.7.4	APS2, sulfate adenylyltransferase, v. 38	p. 77
2.7.7.51	APSAT, adenylylsulfate-ammonia adenylyltransferase, v. 38	p. 523
3.4.22.40	ApsC, bleomycin hydrolase, v. 7	p. 725
1.1.1.85	APS IPMDH, 3-isopropylmalate dehydrogenase, v. 17	p. 179
4.2.99.18	AP site-DNA 5'-phosphomonoester-lyase, DNA-(apurinic or apyrimidinic site) lyase, v. 5	p. 150
2.7.1.25	APS kinase, adenylyl-sulfate kinase, v. 35	p. 314
1.8.99.2	APSR, adenylyl-sulfate reductase, v. 24	p. 694
1.8.99.2	APS reductase, adenylyl-sulfate reductase, v. 24	p. 694
1.8.4.9	APS reductase, adenylyl-sulfate reductase (glutathione), v. 24	p. 663
1.8.4.10	APS reductase, adenylyl-sulfate reductase (thioredoxin), v. 24	p. 668
3.6.2.1	APSST, adenylylsulfatase, v. 15	p. 524
3.6.2.1	APS sulfohydrolase, adenylylsulfatase, v. 15	p. 524
2.6.1.18	AptA, β-alanine-pyruvate transaminase, v. 34	p. 390
6.1.1.3	ApThrRS-1, Threonine-tRNA ligase, v. 2	p. 17
6.1.1.3	ApThrRS-2, Threonine-tRNA ligase, v. 2	p. 17
5.3.3.15	APTM, ascopyrone tautomerase, v. S7	p. 512
5.3.3.15	APTM1, ascopyrone tautomerase, v. S7	p. 512
5.3.3.15	APTM2, ascopyrone tautomerase, v. S7	p. 512
1.14.19.5	APTQ desaturase, Δ11-fatty-acid desaturase
2.4.2.7	ApTR, adenine phosphoribosyltransferase, v. 33	p. 79
1.8.1.9	ApTR, thioredoxin-disulfide reductase, v. 24	p. 517
4.2.99.18	apurinic-apyrimidinic DNA endonuclease, DNA-(apurinic or apyrimidinic site) lyase, v. 5	p. 150
4.2.99.18	apurinic-apyrimidinic endodeoxyribonuclease, DNA-(apurinic or apyrimidinic site) lyase, v. 5	p. 150
4.2.99.18	apurinic-apyrimidinic endonuclease, DNA-(apurinic or apyrimidinic site) lyase, v. 5	p. 150

4.2.99.18	apurinic/apyrimidic endonuclease 1, DNA-(apurinic or apyrimidinic site) lyase, v. 5 | p. 150
4.2.99.18	apurinic/Apyrimidinic (AP) endonuclease 1, DNA-(apurinic or apyrimidinic site) lyase, v. 5 | p. 150
4.2.99.18	apurinic/apyrimidinic AP endonuclease, DNA-(apurinic or apyrimidinic site) lyase, v. 5 | p. 150
4.2.99.18	apurinic/apyrimidinic endonuclease, DNA-(apurinic or apyrimidinic site) lyase, v. 5 | p. 150
4.2.99.18	apurinic/apyrimidinic endonuclease-1, DNA-(apurinic or apyrimidinic site) lyase, v. 5 | p. 150
4.2.99.18	apurinic/apyrimidinic endonuclease-1/Redox factor-1, DNA-(apurinic or apyrimidinic site) lyase, v. 5 | p. 150
4.2.99.18	apurinic/apyrimidinic endonuclease/redox effector factor-1, DNA-(apurinic or apyrimidinic site) lyase, v. 5 | p. 150
4.2.99.18	apurinic/apyrimidinic endonuclease 1, DNA-(apurinic or apyrimidinic site) lyase, v. 5 | p. 150
4.2.99.18	apurinic/apyrimidinic endonuclease 1/redox factor-1, DNA-(apurinic or apyrimidinic site) lyase, v. 5 | p. 150
4.2.99.18	apurinic/apyrimidinic endonuclease1/redox factor-1, DNA-(apurinic or apyrimidinic site) lyase, v. 5 | p. 150
4.2.99.18	Apurinic/apyrimidinic endonuclease1/redox factor 1, DNA-(apurinic or apyrimidinic site) lyase, v. 5 | p. 150
4.2.99.18	apurinic/apyrimidinic endonuclease APE1, DNA-(apurinic or apyrimidinic site) lyase, v. 5 | p. 150
4.2.99.18	apurinic/apyrimidinic lyase, DNA-(apurinic or apyrimidinic site) lyase, v. 5 | p. 150
4.2.99.18	apurinic/apyrimidinic specific endonuclease, DNA-(apurinic or apyrimidinic site) lyase, v. 5 | p. 150
4.2.99.18	apurinic DNA endonuclease, DNA-(apurinic or apyrimidinic site) lyase, v. 5 | p. 150
4.2.99.18	apurinic endodeoxyribonuclease, DNA-(apurinic or apyrimidinic site) lyase, v. 5 | p. 150
4.2.99.18	apurinic endonuclease, DNA-(apurinic or apyrimidinic site) lyase, v. 5 | p. 150
4.2.99.18	apurinic endonuclease 1, DNA-(apurinic or apyrimidinic site) lyase, v. 5 | p. 150
5.4.99.12	aPus7, tRNA-pseudouridine synthase I, v. 1 | p. 642
1.11.1.11	APX, L-ascorbate peroxidase, v. 25 | p. 257
1.11.1.11	APX 1, L-ascorbate peroxidase, v. 25 | p. 257
1.11.1.11	APX 2, L-ascorbate peroxidase, v. 25 | p. 257
3.6.1.5	Apyrase, apyrase, v. 15 | p. 269
3.6.1.15	Apyrase, nucleoside-triphosphatase, v. 15 | p. 365
3.1.3.31	Apyrase, nucleotidase, v. 10 | p. 316
4.2.99.18	apyrimidinic endonuclease, DNA-(apurinic or apyrimidinic site) lyase, v. 5 | p. 150
2.7.7.25	-C-C-A pyrophosphorylase, tRNA adenylyltransferase, v. 38 | p. 305
2.7.7.21	-C-C-A pyrophosphorylase, tRNA cytidylyltransferase, v. 38 | p. 265
2.8.1.1	Aq-477, thiosulfate sulfurtransferase, v. 39 | p. 183
2.6.1.83	aq_273, LL-diaminopimelate aminotransferase, v. S2 | p. 253
3.1.26.12	AqaRng, ribonuclease E
3.4.21.105	AqRho, rhomboid protease, v. S5 | p. 325
2.5.1.17	aquacob(I)alamin adenosyltransferase, cob(I)yrinic acid a,c-diamide adenosyltransferase, v. 33 | p. 517
1.16.1.5	aquacobalamin (reduced nicotinamide adenine dinucleotide phosphate) reductase, aquacobalamin reductase (NADPH), v. 27 | p. 451
1.5.1.29	Aquacobalamin reductase, FMN reductase, v. 23 | p. 217
1.16.1.3	Aquacobalamin reductase, aquacobalamin reductase, v. 27 | p. 444
3.4.21.62	aqualysin, Subtilisin, v. 7 | p. 285
3.4.21.111	aqualysin I, aqualysin 1, v. S5 | p. 387
2.5.1.17	aquocob(I)alamin adenosyltransferase, cob(I)yrinic acid a,c-diamide adenosyltransferase, v. 33 | p. 517

1.8.99.2	AR, adenylyl-sulfate reductase, v. 24 | p. 694
1.1.1.21	AR, aldehyde reductase, v. 16 | p. 203
1.20.99.1	AR, arsenate reductase (donor), v. 27 | p. 601
1.20.4.1	AR, arsenate reductase (glutaredoxin), v. 27 | p. 594
1.2.1.31	α-AR, L-aminoadipate-semialdehyde dehydrogenase, v. 20 | p. 262
1.1.1.116	ARA, D-arabinose 1-dehydrogenase, v. 17 | p. 323
2.7.1.74	ara-C kinase, deoxycytidine kinase, v. 36 | p. 237
3.2.1.55	ARA-I, α-N-arabinofuranosidase, v. 13 | p. 106
1.1.3.37	Ara2p, D-Arabinono-1,4-lactone oxidase, v. 19 | p. 230
1.1.1.116	Ara2p, D-arabinose 1-dehydrogenase, v. 17 | p. 323
3.2.1.55	AraB, α-N-arabinofuranosidase, v. 13 | p. 106
2.7.1.16	AraB, ribulokinase, v. 35 | p. 227
3.2.1.99	araban 5-α-L-arabinohydrolase, arabinan endo-1,5-α-L-arabinosidase, v. 13 | p. 388
6.3.4.4	Arabdss, Adenylosuccinate synthase, v. 2 | p. 579
2.4.1.34	Arabidopsis β-1,3-glucan synthase, 1,3-β-glucan synthase, v. 31 | p. 318
1.2.3.14	Arabidopsis aldehyde oxidase 3, abscisic-aldehyde oxidase, v. S1 | p. 176
2.4.2.24	Arabidopsis thaliana cellulose synthase-like gene D family gene 5, 1,4-β-D-xylan synthase, v. 33 | p. 217
3.6.4.3	Arabidopsis thaliana katanin small subunit, microtubule-severing ATPase, v. 15 | p. 774
2.7.7.1	Arabidopsis thaliana nicotinate/nicotinamide mononucleotide adenyltransferase, nicotinamide-nucleotide adenylyltransferase, v. 38 | p. 49
2.7.7.18	Arabidopsis thaliana nicotinate/nicotinamide mononucleotide adenyltransferase, nicotinate-nucleotide adenylyltransferase, v. 38 | p. 240
3.2.1.55	α-L-arabinanase, α-N-arabinofuranosidase, v. 13 | p. 106
3.2.1.99	1,5-α-arabinanase A, arabinan endo-1,5-α-L-arabinosidase, v. 13 | p. 388
3.2.1.99	arabinanase A, arabinan endo-1,5-α-L-arabinosidase, v. 13 | p. 388
3.2.1.99	arabinase, endo-1,5-α-L-, arabinan endo-1,5-α-L-arabinosidase, v. 13 | p. 388
1.1.1.13	L-arabinitol (ribulose-forming) dehydrogenase, L-arabinitol 2-dehydrogenase, v. 16 | p. 156
1.1.1.250	D-arabinitol 2-dehydrogenase (ribulose-forming), D-arabinitol 2-dehydrogenase, v. 18 | p. 422
1.1.1.250	D-arabinitol dehydrogenase, D-arabinitol 2-dehydrogenase, v. 18 | p. 422
1.1.1.13	L-arabinitol dehydrogenase (ribulose-forming), L-arabinitol 2-dehydrogenase, v. 16 | p. 156
4.1.2.43	D-arabino-3-hexulose 6-phosphate formaldehyde-lyase, 3-hexulose-6-phosphate synthase
4.1.2.43	D-arabino-3-hexulose 6-phosphate formaldehyde lyase, 3-hexulose-6-phosphate synthase
3.2.1.55	L-arabinofuranosidase, α-N-arabinofuranosidase, v. 13 | p. 106
3.2.1.55	α-L-arabinofuranosidase, α-N-arabinofuranosidase, v. 13 | p. 106
3.2.1.55	α-arabinofuranosidase, α-N-arabinofuranosidase, v. 13 | p. 106
3.2.1.55	arabinofuranosidase, α-N-arabinofuranosidase, v. 13 | p. 106
3.2.1.55	α-L-arabinofuranosidase/β-D-xylosidase, α-N-arabinofuranosidase, v. 13 | p. 106
3.2.1.37	α-arabinofuranosidase/β-xylosidase, xylan 1,4-β-xylosidase, v. 12 | p. 537
3.2.1.55	α-L-arabinofuranosidase 54, α-N-arabinofuranosidase, v. 13 | p. 106
3.2.1.55	α-L-arabinofuranosidase B, α-N-arabinofuranosidase, v. 13 | p. 106
3.2.1.55	α-L-arabinofuranosidase D3, α-N-arabinofuranosidase, v. 13 | p. 106
3.2.1.55	α-L-arabinofuranosidase II, α-N-arabinofuranosidase, v. 13 | p. 106
3.2.1.55	α-L-arabinofuranosidase III, α-N-arabinofuranosidase, v. 13 | p. 106
3.2.1.55	α-L-arabinofuranoside arabinofuranohydrolase, α-N-arabinofuranosidase, v. 13 | p. 106
3.2.1.55	α-L-arabinofuranoside hydrolase, α-N-arabinofuranosidase, v. 13 | p. 106
2.7.1.74	arabinofuranosylcytosine kinase, deoxycytidine kinase, v. 36 | p. 237
3.2.1.89	arabinogalactanase, arabinogalactan endo-1,4-β-galactosidase, v. 13 | p. 319
3.2.1.145	arabinogalactan endo-1,3-β-galactosidase, galactan 1,3-β-galactosidase, v. 13 | p. 581
3.1.1.15	L-arabino lactonase, L-arabinonolactonase, v. 9 | p. 176
3.1.1.15	L-arabinolactonase, L-arabinonolactonase, v. 9 | p. 176
1.1.1.116	arabinose(fucose)dehydrogenase, D-arabinose 1-dehydrogenase, v. 17 | p. 323

5.3.1.25	D-Arabinose (L-Fucose) isomerase, L-Fucose isomerase, v.1|p.359	
5.3.1.3	D-Arabinose(L-fucose) isomerase, Arabinose isomerase, v.1|p.249	
5.3.1.13	D-arabinose-5-phosphate isomerase, Arabinose-5-phosphate isomerase, v.1|p.325	
2.7.7.38	arabinose-5-phosphate isomerase, 3-deoxy-manno-octulosonate cytidylyltransferase, v.38|p.396	
5.3.1.13	arabinose-5-phosphate isomerase, Arabinose-5-phosphate isomerase, v.1|p.325	
5.3.1.13	D-arabinose-5-phosphate ketol-isomerase, Arabinose-5-phosphate isomerase, v.1|p.325	
5.3.1.13	D-Arabinose 5-phosphate isomerase, Arabinose-5-phosphate isomerase, v.1|p.325	
5.3.1.3	D-arabinose aldose-ketose-isomerase, Arabinose isomerase, v.1|p.249	
5.3.1.4	L-arabinose aldose-ketose-isomerase, L-Arabinose isomerase, v.1|p.254	
1.1.1.116	D-arabinose dehydrogenase, D-arabinose 1-dehydrogenase, v.17|p.323	
1.1.1.46	arabinose dehydrogenase, L-arabinose 1-dehydrogenase, v.16|p.448	
5.3.1.3	D-Arabinose isomerase, Arabinose isomerase, v.1|p.249	
5.3.1.25	D-Arabinose isomerase, L-Fucose isomerase, v.1|p.359	
5.3.1.4	L-arabinose isomerase, L-Arabinose isomerase, v.1|p.254	
5.3.1.4	L-arabinose isomerase 1, L-Arabinose isomerase, v.1|p.254	
5.3.1.4	L-arabinose isomerase 2, L-Arabinose isomerase, v.1|p.254	
5.3.1.3	D-arabinose ketol-isomerase, Arabinose isomerase, v.1|p.249	
5.3.1.4	L-arabinose ketol-isomerase, L-Arabinose isomerase, v.1|p.254	
5.3.1.13	Arabinose phosphate isomerase, Arabinose-5-phosphate isomerase, v.1|p.325	
5.3.1.13	Arabinose phosphate isomerase, arabinose phosphate, Arabinose-5-phosphate isomerase, v.1|p.325	
3.2.1.55	L-arabinosidase, α-N-arabinofuranosidase, v.13|p.106	
3.2.1.55	α-L-arabinosidase, α-N-arabinofuranosidase, v.13|p.106	
3.2.1.55	α-arabinosidase, α-N-arabinofuranosidase, v.13|p.106	
3.2.1.55	arabinosidase, α-N-arabinofuranosidase, v.13|p.106	
3.2.1.88	β-L-arabinosidase, β-L-arabinosidase, v.13|p.317	
3.2.1.88	arabinosidase,β-L-, β-L-arabinosidase, v.13|p.317	
2.4.2.34	arabinosylindolylacetylinositol synthase, indolylacetylinositol arabinosyltransferase, v.33|p.289	
2.4.2.34	arabinosyltransferase, uridine diphosphoarabinose-indolylacetylinositol, indolylacetylinositol arabinosyltransferase, v.33|p.289	
3.2.1.55	arabinoxylan arabinofuranohydrolase, α-N-arabinofuranosidase, v.13|p.106	
1.1.1.11	D-arabitol dehydrogenase, D-arabinitol 4-dehydrogenase, v.16|p.149	
1.1.1.287	D-arabitol dehydrogenase, D-arabinitol dehydrogenase (NADP+), v.S1|p.64	
1.1.1.12	L-arabitol dehydrogenase, L-arabinitol 4-dehydrogenase, v.16|p.154	
1.1.1.11	arabitol dehydrogenase, D-arabinitol 4-dehydrogenase, v.16|p.149	
1.1.1.287	D-arabitol dehydrogenase 1, D-arabinitol dehydrogenase (NADP+), v.S1|p.64	
1.1.3.40	D-arabitol oxidase, D-mannitol oxidase, v.19|p.245	
4.2.1.25	L-Arabonate dehydratase, L-Arabinonate dehydratase, v.4|p.411	
4.2.1.25	L-Arabonate dehydratase, L-Arabinonate dehydratase, v.4|p.411	
1.13.11.33	arachidonate 15-lipoxygenase, arachidonate 15-lipoxygenase, v.25|p.585	
1.13.11.33	arachidonate 15-lipoxygenase-1, arachidonate 15-lipoxygenase, v.25|p.585	
1.13.11.34	arachidonate 5-LO, arachidonate 5-lipoxygenase, v.25|p.591	
1.13.11.34	arachidonate:oxygen oxidoreductase, arachidonate 5-lipoxygenase, v.25|p.591	
1.13.11.34	arachidonic 5-lipoxygenase, arachidonate 5-lipoxygenase, v.25|p.591	
3.1.2.2	arachidonic acid-related esterase, palmitoyl-CoA hydrolase, v.9|p.459	
1.13.11.33	arachidonic acid 15-lipoxygenase, arachidonate 15-lipoxygenase, v.25|p.585	
1.13.11.34	arachidonic acid 5-lipoxygenase, arachidonate 5-lipoxygenase, v.25|p.591	
1.13.11.40	arachidonic acid C-8 lipoxygenase, arachidonate 8-lipoxygenase, v.25|p.627	
1.14.14.1	Arachidonic acid epoxygenase, unspecific monooxygenase, v.26|p.584	
6.2.1.15	Arachidonoyl-CoA synthetase, Arachidonate-CoA ligase, v.2|p.277	
2.7.1.107	arachidonoyl-specific diacylglycerol kinase, diacylglycerol kinase, v.36|p.438	
1.1.1.116	AraDH, D-arabinose 1-dehydrogenase, v.17|p.323	
3.2.1.55	AraF, α-N-arabinofuranosidase, v.13|p.106	

α-AraF

3.2.1.55	α-AraF, α-N-arabinofuranosidase, v.13 | p.106	
2.7.10.2	ARAF1, non-specific protein-tyrosine kinase, v.S2 | p.441	
3.2.1.55	Araf51A, α-N-arabinofuranosidase, v.13 | p.106	
3.2.1.55	α-L-arafase, α-N-arabinofuranosidase, v.13 | p.106	
3.2.1.55	α-L-arafase I, α-N-arabinofuranosidase, v.13 | p.106	
3.2.1.55	α-L-arafase II, α-N-arabinofuranosidase, v.13 | p.106	
3.2.2.22	aralin, rRNA N-glycosylase, v.14 | p.107	
2.3.1.71	aralkyl-CoA:glycine N-acyltransferase, glycine N-benzoyltransferase, v.30 | p.54	
2.6.1.57	ArAT, aromatic-amino-acid transaminase, v.34 | p.604	
2.3.1.76	ArAT, retinol O-fatty-acyltransferase, v.30 | p.83	
2.6.1.57	ArAT-ITL, aromatic-amino-acid transaminase, v.34 | p.604	
3.2.1.2	ARATH, β-amylase, v.12 | p.43	
2.6.1.57	ArATPf, aromatic-amino-acid transaminase, v.34 | p.604	
2.6.1.57	ArATPh, aromatic-amino-acid transaminase, v.34 | p.604	
3.4.24.40	arazyme, serralysin, v.8 | p.424	
3.2.1.55	Arb43A, α-N-arabinofuranosidase, v.13 | p.106	
3.2.1.99	arbA, arabinan endo-1,5-α-L-arabinosidase, v.13 | p.388	
3.2.1.21	arbutinase, β-glucosidase, v.12 | p.299	
3.2.1.149	arbutinase, β-primeverosidase, v.13 | p.609	
2.4.1.218	arbutin synthase, hydroquinone glucosyltransferase, v.32 | p.584	
2.4.1.218	arbutin synthetase, hydroquinone glucosyltransferase, v.32 | p.584	
3.4.22.2	arbuz, papain, v.7 | p.518	
6.3.2.19	ARC1, Ubiquitin-protein ligase, v.2 | p.506	
2.1.3.3	arcB gene product, ornithine carbamoyltransferase, v.29 | p.119	
4.99.1.3	archaeal cobaltochelatase, sirohydrochlorin cobaltochelatase, v.S7 | p.455	
3.6.5.3	archaeal initiation factor 2C, protein-synthesizing GTPase, v.S6 | p.494	
3.4.21.53	archaeal Lon protease, Endopeptidase La, v.7 | p.241	
4.1.1.39	archaeal Rubisco, Ribulose-bisphosphate carboxylase, v.3 | p.244	
3.6.5.3	archaeal translation initiation factor 2, protein-synthesizing GTPase, v.S6 | p.494	
3.6.4.9	archaeosome, chaperonin ATPase, v.15 | p.803	
2.7.8.8	archaetidylserine synthase, CDP-diacylglycerol-serine O-phosphatidyltransferase, v.39 | p.64	
2.4.2.29	ArcTGT, tRNA-guanine transglycosylase, v.33 | p.253	
1.13.11.53	ARD, acireductone dioxygenase (Ni2+-requiring), v.S1 | p.470	
1.13.11.54	ARD', acireductone dioxygenase [iron(II)-requiring], v.S1 | p.476	
1.13.11.54	ARD', acireductone dioxygenase [iron(II)-requiring], v.S1 | p.476	
1.13.11.53	ARD1, acireductone dioxygenase (Ni2+-requiring), v.S1 | p.470	
3.6.5.2	ARD1, small monomeric GTPase, v.S6 | p.476	
2.3.1.88	ARD1-NATH protein acetyltransferase complex, peptide α-N-acetyltransferase, v.30 | p.157	
1.1.1.287	ARD1p, D-arabinitol dehydrogenase (NADP+), v.S1 | p.64	
1.1.1.250	ArDH, D-arabinitol 2-dehydrogenase, v.18 | p.422	
1.1.1.287	ArDH, D-arabinitol dehydrogenase (NADP+), v.S1 | p.64	
3.1.1.2	ARE, arylesterase, v.9 | p.28	
3.1.1.2	AREase, arylesterase, v.9 | p.28	
3.1.1.1	AREH, carboxylesterase, v.9 | p.1	
1.3.1.29	arene cis-dihydrodiol dehydrogenase, cis-1,2-dihydro-1,2-dihydroxynaphthalene dehydrogenase, v.21 | p.171	
6.3.2.19	ARF-BP1, Ubiquitin-protein ligase, v.2 | p.506	
3.6.5.2	Arf-like 3 small GTPase, small monomeric GTPase, v.S6 | p.476	
3.6.5.2	Arf 1, small monomeric GTPase, v.S6 | p.476	
3.6.5.2	Arf 1-6, small monomeric GTPase, v.S6 | p.476	
3.2.1.55	Arfase, α-N-arabinofuranosidase, v.13 | p.106	
3.5.3.1	ARG, arginase, v.14 | p.749	
2.7.10.2	ARG, non-specific protein-tyrosine kinase, v.S2 | p.441	

3.4.11.6	Arg-AP, aminopeptidase B, v. 6 | p. 92	
3.4.11.14	Arg-AP, cytosol alanyl aminopeptidase, v. 6 | p. 143	
3.5.1.16	arg-E encoded N-acetyl L-ornithine deacetylase, acetylornithine deacetylase, v. 14 | p. 338	
3.4.22.37	Arg-gingipain, Gingipain R, v. 7 | p. 707	
3.4.22.37	Arg-gingipain A, Gingipain R, v. 7 | p. 707	
3.4.22.37	Arg-gingipain B, Gingipain R, v. 7 | p. 707	
3.4.22.37	Arg-gingivain-55 proteinase, Gingipain R, v. 7 | p. 707	
3.4.22.37	Arg-gingivain-70 proteinase, Gingipain R, v. 7 | p. 707	
3.4.22.37	Arg-gingivain-75 proteinase, Gingipain R, v. 7 | p. 707	
3.4.22.37	Arg-gingivain-specific proteinase, Gingipain R, v. 7 | p. 707	
3.4.22.37	Arg-ginigipain A, Gingipain R, v. 7 | p. 707	
3.4.22.37	Arg-ginigipain B, Gingipain R, v. 7 | p. 707	
3.4.22.37	Arg-specific cysteine protease, Gingipain R, v. 7 | p. 707	
3.4.22.37	Arg-specific gingipain protease, Gingipain R, v. 7 | p. 707	
3.4.22.37	Arg-X proteinase, Gingipain R, v. 7 | p. 707	
3.4.11.6	Arg/Lys aminopeptidase, aminopeptidase B, v. 6 | p. 92	
2.3.1.1	ARG2, amino-acid N-acetyltransferase, v. 29 | p. 224	
3.1.1.4	Arg49 phospholipase A2 homologue, phospholipase A2, v. 9 | p. 52	
2.7.1.151	Arg82, inositol-polyphosphate multikinase, v. 37 | p. 236	
2.7.1.127	Arg82, inositol-trisphosphate 3-kinase, v. 37 | p. 107	
2.3.1.1	ArgA, amino-acid N-acetyltransferase, v. 29 | p. 224	
3.4.11.6	ArgAP, aminopeptidase B, v. 6 | p. 92	
4.1.1.19	ARGDC, Arginine decarboxylase, v. 3 | p. 106	
3.5.1.16	ArgE, acetylornithine deacetylase, v. 14 | p. 338	
3.5.1.16	argE-encoded N-acetyl-L-ornithine deacetylase, acetylornithine deacetylase, v. 14 | p. 338	
2.1.3.11	ArgF, N-succinylornithine carbamoyltransferase	
2.3.1.1	ArgH(A), amino-acid N-acetyltransferase, v. 29 | p. 224	
3.5.3.1	Arg I, arginase, v. 14 | p. 749	
3.5.3.1	Arg II, arginase, v. 14 | p. 749	
3.5.3.1	L-arginase, arginase, v. 14 | p. 749	
3.5.3.1	arginase-2, arginase, v. 14 | p. 749	
3.5.3.1	arginase I, arginase, v. 14 | p. 749	
3.5.3.1	arginase II, arginase, v. 14 | p. 749	
3.5.3.1	arginase type I, arginase, v. 14 | p. 749	
3.4.22.37	Argingipain, Gingipain R, v. 7 | p. 707	
6.1.1.19	Arginine–tRNA ligase, Arginine-tRNA ligase, v. 2 | p. 146	
3.4.11.6	arginine-aminopeptidase, aminopeptidase B, v. 6 | p. 92	
3.5.3.6	arginine-degrading enzyme, arginine deiminase, v. 14 | p. 776	
3.4.22.37	arginine-gingipain, Gingipain R, v. 7 | p. 707	
2.1.4.1	arginine-glycine amidinotransferase, glycine amidinotransferase, v. 29 | p. 151	
2.1.4.1	arginine-glycine transamidinase, glycine amidinotransferase, v. 29 | p. 151	
2.4.2.31	arginine-specific ADP-ribosyltransferase, NAD+-protein-arginine ADP-ribosyltransferase, v. 33 | p. 272	
6.3.4.16	arginine-specific CPS, Carbamoyl-phosphate synthase (ammonia), v. 2 | p. 641	
3.4.22.37	Arginine-specific cysteine protease, Gingipain R, v. 7 | p. 707	
3.4.22.37	arginine-specific cysteine proteinase, Gingipain R, v. 7 | p. 707	
3.4.22.37	arginine-specific gingipain, Gingipain R, v. 7 | p. 707	
3.4.22.37	arginine-specific gingipain proteinase, Gingipain R, v. 7 | p. 707	
3.4.22.37	Arginine-specific gingivain, Gingipain R, v. 7 | p. 707	
2.4.2.31	arginine-specific mono-ADP-ribosyltransferase, NAD+-protein-arginine ADP-ribosyltransferase, v. 33 | p. 272	
2.4.2.31	arginine-specific mono-ADP-ribosyltransferase A, NAD+-protein-arginine ADP-ribosyltransferase, v. 33 | p. 272	
3.5.3.10	D-arginine-splitting arginase, D-arginase, v. 14 | p. 799	
4.3.2.1	arginine-succinate lyase, argininosuccinate lyase, v. 5 | p. 255	

Arginine-tRNA synthetase

6.1.1.19	Arginine-tRNA synthetase, Arginine-tRNA ligase, v. 2 | p. 146	
3.4.22.37	arginine-X specific cysteine proteinase, Gingipain R, v. 7 | p. 707	
2.1.4.1	arginine:glycine amidinotransferase, glycine amidinotransferase, v. 29 | p. 151	
2.1.4.2	L-arginine:inosamine-P-amidinotransferase, scyllo-inosamine-4-phosphate amidinotransferase, v. 29 | p. 160	
2.1.4.2	L-arginine:inosamine phosphate amidinotransferase, scyllo-inosamine-4-phosphate amidinotransferase, v. 29 | p. 160	
2.6.1.84	arginine:pyruvate transaminase, arginine-pyruvate transaminase, v. S2 | p. 256	
2.1.4.2	arginine:Xamidinotransferase, scyllo-inosamine-4-phosphate amidinotransferase, v. 29 | p. 160	
3.5.3.1	arginine amidinase, arginase, v. 14 | p. 749	
3.5.3.1	L-arginine amidino hydrolase, arginase, v. 14 | p. 749	
3.5.3.1	L-arginine amidinohydrolase, arginase, v. 14 | p. 749	
3.5.3.1	L-arginine amidohydrolase, arginase, v. 14 | p. 749	
3.4.11.6	L-arginine aminopeptidase, aminopeptidase B, v. 6 | p. 92	
3.4.11.6	arginine aminopeptidase, aminopeptidase B, v. 6 | p. 92	
3.4.17.20	Arginine carboxypeptidase, Carboxypeptidase U, v. 6 | p. 492	
3.4.17.3	Arginine carboxypeptidase, lysine carboxypeptidase, v. 6 | p. 428	
1.13.12.1	arginine decarboxy-oxidase, arginine 2-monooxygenase, v. 25 | p. 675	
4.1.1.19	L-Arginine decarboxylase, Arginine decarboxylase, v. 3 | p. 106	
4.1.1.19	arginine decarboxylase, Arginine decarboxylase, v. 3 | p. 106	
1.13.12.1	arginine decarboxylase, arginine 2-monooxygenase, v. 25 | p. 675	
3.5.3.6	L-arginine deiminase, arginine deiminase, v. 14 | p. 776	
3.5.3.6	arginine deiminase, arginine deiminase, v. 14 | p. 776	
3.4.24.61	N-arginine dibasic (NRD) convertase, nardilysin, v. 8 | p. 511	
3.4.24.61	N-Arginine dibasic convertase, nardilysin, v. 8 | p. 511	
3.5.3.6	arginine dihydrolase, arginine deiminase, v. 14 | p. 776	
3.4.22.37	arginine gingipain, Gingipain R, v. 7 | p. 707	
2.6.1.84	L-arginine inducible arginine:pyruvate transaminase, arginine-pyruvate transaminase, v. S2 | p. 256	
2.7.3.3	arginine kinase 1, arginine kinase, v. 37 | p. 385	
2.7.3.3	arginine kinase 2, arginine kinase, v. 37 | p. 385	
2.1.1.124	Arginine methylase, [cytochrome c]-arginine N-methyltransferase, v. 28 | p. 576	
2.1.1.126	Arginine methylase, [myelin basic protein]-arginine N-methyltransferase, v. 28 | p. 583	
2.1.1.125	Arginine methylase, histone-arginine N-methyltransferase, v. 28 | p. 578	
2.3.1.48	arginine methyltransferase A, histone acetyltransferase, v. 29 | p. 641	
2.3.1.48	arginine methyltransferase B, histone acetyltransferase, v. 29 | p. 641	
1.13.12.1	arginine monooxygenase, arginine 2-monooxygenase, v. 25 | p. 675	
2.1.1.126	arginine N-methyltransferase 5, [myelin basic protein]-arginine N-methyltransferase, v. 28 | p. 583	
1.13.12.1	arginine oxygenase (decarboxylating), arginine 2-monooxygenase, v. 25 | p. 675	
2.7.3.3	arginine phosphokinase, arginine kinase, v. 37 | p. 385	
2.4.2.31	arginine specific ADP-ribosyltransferase, NAD+-protein-arginine ADP-ribosyltransferase, v. 33 | p. 272	
2.4.2.31	arginine specific mono-ADP-ribosyltransferase, NAD+-protein-arginine ADP-ribosyltransferase, v. 33 | p. 272	
6.3.4.5	Arginine succinate synthetase, Argininosuccinate synthase, v. 2 | p. 595	
2.3.1.109	arginine succinyl transferase, arginine N-succinyltransferase, v. 30 | p. 250	
2.3.1.109	arginine succinyltransferase, arginine N-succinyltransferase, v. 30 | p. 250	
3.5.3.1	arginine transamidinase, arginase, v. 14 | p. 749	
6.1.1.19	Arginine translase, Arginine-tRNA ligase, v. 2 | p. 146	
3.5.3.1	L-arginine ureahydrolase, arginase, v. 14 | p. 749	
4.3.2.1	argininosuccinase, argininosuccinate lyase, v. 5 | p. 255	
4.3.2.1	L-argininosuccinate arginine-lyase, argininosuccinate lyase, v. 5 | p. 255	
4.3.2.1	Argininosuccinate lyase, argininosuccinate lyase, v. 5 | p. 255	

6.3.4.5	argininosuccinate synthase, Argininosuccinate synthase, v. 2 | p. 595
6.3.4.5	Argininosuccinate synthetase, Argininosuccinate synthase, v. 2 | p. 595
4.3.2.1	argininosuccinic acid lyase, argininosuccinate lyase, v. 5 | p. 255
6.3.4.5	Argininosuccinic acid synthetase, Argininosuccinate synthase, v. 2 | p. 595
4.3.2.1	Arginosuccinase, argininosuccinate lyase, v. 5 | p. 255
6.1.1.19	arginyl-tRNA synthetase, Arginine-tRNA ligase, v. 2 | p. 146
2.3.2.8	arginyl-transfer ribonucleate-protein aminoacyltransferase, arginyltransferase, v. 30 | p. 524
2.3.2.8	arginyl-transfer ribonucleate-protein transferase, arginyltransferase, v. 30 | p. 524
6.1.1.19	Arginyl-transfer RNA synthetase, Arginine-tRNA ligase, v. 2 | p. 146
2.3.2.8	arginyl-tRNA protein transferase, arginyltransferase, v. 30 | p. 524
6.1.1.19	Arginyl-tRNA synthetase, Arginine-tRNA ligase, v. 2 | p. 146
3.4.11.6	arginyl aminopeptidase, aminopeptidase B, v. 6 | p. 92
3.4.11.6	arginyl peptidase, aminopeptidase B, v. 6 | p. 92
2.3.2.8	L-arginyltransferase, arginyltransferase, v. 30 | p. 524
6.1.1.19	Arginyl transfer ribonucleic acid synthetase, Arginine-tRNA ligase, v. 2 | p. 146
3.4.11.4	arginyl tri-peptidase, tripeptide aminopeptidase, v. 6 | p. 75
2.3.2.8	arginyl tRNA transferase, arginyltransferase, v. 30 | p. 524
2.7.3.3	ArgK, arginine kinase, v. 37 | p. 385
2.7.1.151	ArgRIII, inositol-polyphosphate multikinase, v. 37 | p. 236
2.7.1.127	ArgRIII, inositol-trisphosphate 3-kinase, v. 37 | p. 107
6.1.1.19	ArgRS, Arginine-tRNA ligase, v. 2 | p. 146
6.1.1.19	ArgS2, Arginine-tRNA ligase, v. 2 | p. 146
2.7.1.151	ARGSIII, inositol-polyphosphate multikinase, v. 37 | p. 236
3.2.2.19	ARH3, [protein ADP-ribosylarginine] hydrolase, v. 14 | p. 92
3.2.1.143	ARH3, poly(ADP-ribose) glycohydrolase, v. 13 | p. 571
1.1.1.21	ARI, aldehyde reductase, v. 16 | p. 203
4.2.3.9	aristolochene synthase, aristolochene synthase, v. S7 | p. 219
2.7.11.15	ark, β-adrenergic-receptor kinase, v. S3 | p. 400
2.7.10.1	ark, receptor protein-tyrosine kinase, v. S2 | p. 341
2.7.11.15	β-ARK, β-adrenergic-receptor kinase, v. S3 | p. 400
2.7.11.15	βARK, β-adrenergic-receptor kinase, v. S3 | p. 400
2.7.11.15	β-ARK 1, β-adrenergic-receptor kinase, v. S3 | p. 400
2.7.11.15	βARK1, β-adrenergic-receptor kinase, v. S3 | p. 400
2.7.11.15	β-ARK 2, β-adrenergic-receptor kinase, v. S3 | p. 400
2.7.11.15	βARK2, β-adrenergic-receptor kinase, v. S3 | p. 400
6.3.2.19	Arkadia, Ubiquitin-protein ligase, v. 2 | p. 506
2.7.11.15	β-AR kinase, β-adrenergic-receptor kinase, v. S3 | p. 400
3.6.5.2	Arl9, small monomeric GTPase, v. S6 | p. 476
1.11.1.9	ARMEP24, glutathione peroxidase, v. 25 | p. 233
3.4.24.20	Armillaria mellea neutral proteinase, peptidyl-Lys metalloendopeptidase, v. 8 | p. 323
3.6.1.15	ARMS, nucleoside-triphosphatase, v. 15 | p. 365
2.5.1.54	Aro4p, 3-deoxy-7-phosphoheptulonate synthase, v. 34 | p. 146
2.5.1.19	AroA, 3-phosphoshikimate 1-carboxyvinyltransferase, v. 33 | p. 546
2.5.1.19	AroA(1398), 3-phosphoshikimate 1-carboxyvinyltransferase, v. 33 | p. 546
2.5.1.19	AroA(A1501), 3-phosphoshikimate 1-carboxyvinyltransferase, v. 33 | p. 546
2.5.1.54	AroA(Q), 3-deoxy-7-phosphoheptulonate synthase, v. 34 | p. 146
2.6.1.57	AroATEs, aromatic-amino-acid transaminase, v. 34 | p. 604
2.6.1.57	AroAT II, aromatic-amino-acid transaminase, v. 34 | p. 604
1.1.1.25	AroE, shikimate dehydrogenase, v. 16 | p. 241
1.5.1.29	aroF, FMN reductase, v. 23 | p. 217
4.2.3.5	aroF, chorismate synthase, v. S7 | p. 202
2.5.1.54	AroFFR, 3-deoxy-7-phosphoheptulonate synthase, v. 34 | p. 146
2.5.1.54	AroG, 3-deoxy-7-phosphoheptulonate synthase, v. 34 | p. 146
4.2.1.91	arogenate dehydratase, arogenate dehydratase, v. 4 | p. 649
4.2.1.91	arogenate dehydratase isoform 1, arogenate dehydratase, v. 4 | p. 649

4.2.1.91	arogenate dehydratase isoform 2, arogenate dehydratase, v. 4 | p. 649
4.2.1.91	arogenate dehydratase isoform 3, arogenate dehydratase, v. 4 | p. 649
4.2.1.91	arogenate dehydratase isoform 4, arogenate dehydratase, v. 4 | p. 649
4.2.1.91	arogenate dehydratase isoform 5, arogenate dehydratase, v. 4 | p. 649
4.2.1.91	arogenate dehydratase isoform 6, arogenate dehydratase, v. 4 | p. 649
1.3.1.43	arogenate dehydrogenase, arogenate dehydrogenase, v. 21 | p. 242
1.3.1.78	arogenate dehydrogenase isoform 1, arogenate dehydrogenase (NADP+), v. S1 | p. 236
1.3.1.78	arogenate dehydrogenase isoform 2, arogenate dehydrogenase (NADP+), v. S1 | p. 236
1.3.1.43	arogenic dehydrogenase, arogenate dehydrogenase, v. 21 | p. 242
2.7.1.71	AroK, shikimate kinase, v. 36 | p. 220
2.7.1.71	AroL, shikimate kinase, v. 36 | p. 220
1.14.14.1	P-450AROM, unspecific monooxygenase, v. 26 | p. 584
2.6.1.57	arom.-amino-acid transaminase, aromatic-amino-acid transaminase, v. 34 | p. 604
1.1.3.7	arom. alcohol oxidase, aryl-alcohol oxidase, v. 19 | p. 69
2.6.1.60	arom. amino acid-glyoxylate aminotransferase, aromatic-amino-acid-glyoxylate transaminase, v. 35 | p. 8
2.6.1.57	arom. amino acid transferase, aromatic-amino-acid transaminase, v. 34 | p. 604
1.14.14.1	aromatase, unspecific monooxygenase, v. 26 | p. 584
1.1.1.96	aromatic α-keto acid, diiodophenylpyruvate reductase, v. 17 | p. 248
4.1.1.28	aromatic-L-amino-acid decarboxylase, aromatic-L-amino-acid decarboxylase, v. 3 | p. 152
4.1.1.28	aromatic acid acid decarboxylase, aromatic-L-amino-acid decarboxylase, v. 3 | p. 152
1.2.1.30	aromatic acid reductase, aryl-aldehyde dehydrogenase (NADP+), v. 20 | p. 257
2.1.1.49	aromatic alkylamine-N-methyltransferase, amine N-methyltransferase, v. 28 | p. 285
1.4.99.4	aromatic amine dehydrogenase, aralkylamine dehydrogenase, v. 22 | p. 410
2.6.1.60	aromatic amino acid-glyoxylate aminotransferase, aromatic-amino-acid-glyoxylate transaminase, v. 35 | p. 8
2.6.1.57	aromatic amino acid aminotransferase, aromatic-amino-acid transaminase, v. 34 | p. 604
4.1.1.28	Aromatic amino acid decarboxylase, aromatic-L-amino-acid decarboxylase, v. 3 | p. 152
4.1.1.28	L-Aromatic amino acid decarboxylase, aromatic-L-amino-acid decarboxylase, v. 3 | p. 152
4.1.1.28	aromatic amino acid decarboxylase 1A, aromatic-L-amino-acid decarboxylase, v. 3 | p. 152
4.1.1.28	aromatic amino acid decarboxylase 1B, aromatic-L-amino-acid decarboxylase, v. 3 | p. 152
2.6.1.57	aromatic amino acid transaminase, aromatic-amino-acid transaminase, v. 34 | p. 604
2.6.1.57	aromatic aminotransferase, aromatic-amino-acid transaminase, v. 34 | p. 604
2.6.1.57	aromatic aminotransferase AT-1, aromatic-amino-acid transaminase, v. 34 | p. 604
2.6.1.57	aromatic aminotransferase AT-2, aromatic-amino-acid transaminase, v. 34 | p. 604
2.6.1.57	aromatic amino transferase I, aromatic-amino-acid transaminase, v. 34 | p. 604
3.1.1.49	aromatic choline esterase, sinapine esterase, v. 9 | p. 330
3.1.1.2	aromatic esterase, arylesterase, v. 9 | p. 28
2.3.1.56	aromatic hydroxylamine acetyltransferase, aromatic-hydroxylamine O-acetyltransferase, v. 29 | p. 700
4.1.1.53	Aromatic L-amino acid decarboxylase, Phenylalanine decarboxylase, v. 3 | p. 323
4.1.1.28	Aromatic L-amino acid decarboxylase, aromatic-L-amino-acid decarboxylase, v. 3 | p. 152
1.4.3.2	aromatic L-amino acid oxidase, L-amino-acid oxidase, v. 22 | p. 225
2.6.1.57	aromatic L-amino acid transaminase, aromatic-amino-acid transaminase, v. 34 | p. 604
3.4.21.62	Arp, Subtilisin, v. 7 | p. 285
1.20.99.1	Arr, arsenate reductase (donor), v. 27 | p. 601
3.1.4.52	Arr, cyclic-guanylate-specific phosphodiesterase, v. S5 | p. 100
3.1.6.1	ARS, arylsulfatase, v. 11 | p. 236
3.6.3.16	ARSA, arsenite-transporting ATPase, v. 15 | p. 617
3.1.6.1	ARSA, arylsulfatase, v. 11 | p. 236
3.1.6.8	ARSA, cerebroside-sulfatase, v. 11 | p. 281
3.6.3.16	ArsA ATPase, arsenite-transporting ATPase, v. 15 | p. 617
3.6.3.16	ArsAB, arsenite-transporting ATPase, v. 15 | p. 617
3.6.3.16	ArsAB extrusion pump, arsenite-transporting ATPase, v. 15 | p. 617
3.6.3.16	ArsAB pump, arsenite-transporting ATPase, v. 15 | p. 617

arylamine acetyltransferase

3.1.6.12	ARSB, N-acetylgalactosamine-4-sulfatase, v. 11 | p. 300	
1.20.99.1	ArsC, arsenate reductase (donor), v. 27 | p. 601	
1.20.4.1	ArsC, arsenate reductase (glutaredoxin), v. 27 | p. 594	
3.1.6.1	ARSE, arylsulfatase, v. 11 | p. 236	
1.20.99.1	arsenate reductase, arsenate reductase (donor), v. 27 | p. 601	
1.20.4.1	arsenate reductase, arsenate reductase (glutaredoxin), v. 27 | p. 594	
2.1.1.137	arsenic (+3 oxidation state)-methyltransferase, arsenite methyltransferase, v. 28 | p. 613	
2.1.1.137	arsenic (+3 oxidation state) methyltransferase, arsenite methyltransferase, v. 28 | p. 613	
3.6.3.16	Arsenical resistance ATPase, arsenite-transporting ATPase, v. 15 | p. 617	
3.6.3.16	arsenic detoxification pump, arsenite-transporting ATPase, v. 15 | p. 617	
2.1.1.137	arsenic methyltransferase Cyt19, arsenite methyltransferase, v. 28 | p. 613	
3.6.3.16	Arsenite-translocating ATPase, arsenite-transporting ATPase, v. 15 | p. 617	
3.6.3.16	Arsenite-transporting ATPase, arsenite-transporting ATPase, v. 15 | p. 617	
3.6.3.16	arsenite/antimonite resistance pump, arsenite-transporting ATPase, v. 15 | p. 617	
1.20.98.1	arsenite oxidase, arsenate reductase (azurin), v. 27 | p. 598	
1.20.99.1	arsenite oxidase, arsenate reductase (donor), v. 27 | p. 601	
1.5.1.29	ArsH, FMN reductase, v. 23 | p. 217	
1.5.1.30	ArsH, flavin reductase, v. 23 | p. 232	
3.1.6.1	ARSI, arylsulfatase, v. 11 | p. 236	
2.1.1.137	ArsM, arsenite methyltransferase, v. 28 | p. 613	
2.4.2.31	ART, NAD+-protein-arginine ADP-ribosyltransferase, v. 33 | p. 272	
2.4.2.31	ART2, NAD+-protein-arginine ADP-ribosyltransferase, v. 33 | p. 272	
2.4.2.30	ARTase, NAD+ ADP-ribosyltransferase, v. 33 | p. 263	
3.5.1.5	Arthritogenic cationic 19 kDa antigen, urease, v. 14 | p. 250	
1.6.5.3	artificial mediator accepting pyridine nuclëotide oxidoreductase, NADH dehydrogenase (ubiquinone), v. 24 | p. 106	
3.5.3.23	AruB, N-succinylarginine dihydrolase, v. S6 | p. 446	
1.2.1.71	aruD, succinylglutamate-semialdehyde dehydrogenase, v. S1 | p. 169	
2.6.1.84	aruF mutant, arginine-pyruvate transaminase, v. S2 | p. 256	
2.6.1.84	AruH, arginine-pyruvate transaminase, v. S2 | p. 256	
4.1.1.75	AruI, 5-Guanidino-2-oxopentanoate decarboxylase, v. 3 | p. 403	
3.2.1.149	ary β-glucosidase, β-primeverosidase, v. 13 | p. 609	
3.2.1.21	aryl-β-D-glucosidase, β-glucosidase, v. 12 | p. 299	
3.2.1.21	aryl-β-glucosidase, β-glucosidase, v. 12 | p. 299	
1.14.14.1	aryl-4-monooxygenase, unspecific monooxygenase, v. 26 | p. 584	
1.1.3.38	Aryl-alcohol oxidase, vanillyl-alcohol oxidase, v. 19 | p. 233	
3.1.1.2	Aryl-ester hydrolase, arylesterase, v. 9 | p. 28	
3.2.1.21	aryl β-glucosidase, β-glucosidase, v. 12 | p. 299	
3.2.1.139	Aryl α-glucuronidase, α-glucuronidase, v. 13 | p. 553	
3.1.6.1	Aryl-sulfate sulphohydrolase, arylsulfatase, v. 11 | p. 236	
3.5.5.1	Arylacetonitrilase, nitrilase, v. 15 | p. 174	
3.5.1.13	aryl acylamidase, aryl-acylamidase, v. 14 | p. 304	
1.1.1.91	aryl alcohol dehydrogenase (nicotinamide adenine dinucleotide phosphate) coniferyl alcohol dehydrogenase, aryl-alcohol dehydrogenase (NADP+), v. 17 | p. 218	
1.1.3.7	aryl alcohol oxidase, aryl-alcohol oxidase, v. 19 | p. 69	
1.1.3.7	arylalcohol oxidase, aryl-alcohol oxidase, v. 19 | p. 69	
3.5.1.76	Arylalkyl acylamidase, Arylalkyl acylamidase, v. 14 | p. 583	
2.3.1.87	arylalkylamine N-acetyltransferase, aralkylamine N-acetyltransferase, v. 30 | p. 149	
2.3.1.87	arylalkylamine N-acetyltransferase 1, aralkylamine N-acetyltransferase, v. 30 | p. 149	
2.3.1.87	arylalkylamine N-acetyltransferase activity, aralkylamine N-acetyltransferase, v. 30 | p. 149	
3.4.11.6	arylamidase, aminopeptidase B, v. 6 | p. 92	
3.4.11.6	arylamidase II, aminopeptidase B, v. 6 | p. 92	
2.3.1.5	arylamine acetylase, arylamine N-acetyltransferase, v. 29 | p. 243	
2.3.1.118	N-arylamine acetyltransferase, N-hydroxyarylamine O-acetyltransferase, v. 30 | p. 285	
2.3.1.5	arylamine acetyltransferase, arylamine N-acetyltransferase, v. 29 | p. 243	

2.3.1.118	arylamine N-acetyltransferase, N-hydroxyarylamine O-acetyltransferase, v. 30 | p. 285
2.3.1.5	arylamine N-acetyltransferase, arylamine N-acetyltransferase, v. 29 | p. 243
2.3.1.88	arylamine N-acetyltransferase, peptide α-N-acetyltransferase, v. 30 | p. 157
2.3.1.5	arylamine N-acetyltransferase 1, arylamine N-acetyltransferase, v. 29 | p. 243
2.3.1.5	arylamine N-acetyltransferase 2, arylamine N-acetyltransferase, v. 29 | p. 243
2.3.1.5	arylamine N-acetyltransferase C, arylamine N-acetyltransferase, v. 29 | p. 243
2.3.1.5	arylamine N-acetyltransferase I, arylamine N-acetyltransferase, v. 29 | p. 243
2.3.1.5	arylamine N-acetyltransferase type I, arylamine N-acetyltransferase, v. 29 | p. 243
2.1.1.49	arylamine N-methyltransferase, amine N-methyltransferase, v. 28 | p. 285
2.8.2.3	arylamine sulfotransferase, amine sulfotransferase, v. 39 | p. 298
3.1.8.1	aryldialkylphosphatase, aryldialkylphosphatase, v. 11 | p. 343
3.1.1.2	aryldialkylphosphatase, arylesterase, v. 9 | p. 28
3.1.8.1	arylesterase, aryldialkylphosphatase, v. 11 | p. 343
3.1.1.2	arylesterase, arylesterase, v. 9 | p. 28
1.14.14.1	aryl hydrocarbon hydroxylase, unspecific monooxygenase, v. 26 | p. 584
2.3.1.56	arylhydroxamate acyltransferase, aromatic-hydroxylamine O-acetyltransferase, v. 29 | p. 700
2.3.1.118	arylhydroxamate N,O-acetyltransferase, N-hydroxyarylamine O-acetyltransferase, v. 30 | p. 285
2.3.1.56	arylhydroxamate N,O-acetyltransferase, aromatic-hydroxylamine O-acetyltransferase, v. 29 | p. 700
2.3.1.56	arylhydroxamic acid acyltransferase, aromatic-hydroxylamine O-acetyltransferase, v. 29 | p. 700
2.3.1.56	arylhydroxamic acid N,O-acetyltransferase, aromatic-hydroxylamine O-acetyltransferase, v. 29 | p. 700
2.3.1.56	arylhydroxamic acyltransferase, aromatic-hydroxylamine O-acetyltransferase, v. 29 | p. 700
1.14.13.84	arylketone monooxygenase, 4-hydroxyacetophenone monooxygenase, v. S1 | p. 545
1.1.1.222	D-aryllactate D-hydrogenase, (R)-4-hydroxyphenyllactate dehydrogenase, v. 18 | p. 330
4.1.1.76	Arylmalonate decarboxylase, Arylmalonate decarboxylase, v. 3 | p. 406
4.1.1.76	Arylmalonate decarboxylase (Alcaligenes bronchisepticus strain KU 1201), Arylmalonate decarboxylase, v. 3 | p. 406
5.1.99.4	2-arylpropionyl-CoA epimerase, α-Methylacyl-CoA racemase, v. 1 | p. 188
1.2.7.8	arylpyruvate-ferredoxin oxidoreductase, indolepyruvate ferredoxin oxidoreductase, v. S1 | p. 213
3.1.6.2	arylsufatase, steryl-sulfatase, v. 11 | p. 250
3.1.6.1	arylsulfatase, arylsulfatase, v. 11 | p. 236
3.1.6.8	arylsulfatase-A, cerebroside-sulfatase, v. 11 | p. 281
3.1.6.12	arylsulfatase A, N-acetylgalactosamine-4-sulfatase, v. 11 | p. 300
3.1.6.1	arylsulfatase A, arylsulfatase, v. 11 | p. 236
3.1.6.8	arylsulfatase A, cerebroside-sulfatase, v. 11 | p. 281
3.1.6.12	arylsulfatase B, N-acetylgalactosamine-4-sulfatase, v. 11 | p. 300
3.1.6.1	arylsulfatase C, arylsulfatase, v. 11 | p. 236
3.1.6.2	arylsulfatase C, steryl-sulfatase, v. 11 | p. 250
3.1.6.1	arylsulfatase E, arylsulfatase, v. 11 | p. 236
3.1.6.8	arylsulfatase E, cerebroside-sulfatase, v. 11 | p. 281
3.1.6.1	arylsulfatase Es-2, arylsulfatase, v. 11 | p. 236
3.1.6.1	arylsulfatase G, arylsulfatase, v. 11 | p. 236
3.1.6.1	arylsulfatase I, arylsulfatase, v. 11 | p. 236
3.1.6.1	arylsulfatase III, arylsulfatase, v. 11 | p. 236
3.1.6.1	arylsulfatase type VI, arylsulfatase, v. 11 | p. 236
2.8.2.22	arylsulfate-phenol sulfotransferase, aryl-sulfate sulfotransferase, v. 39 | p. 436
2.8.2.22	arylsulfate:phenol sulfotransferase, aryl-sulfate sulfotransferase, v. 39 | p. 436
3.1.6.1	arylsulfate sulfohydrolase II, arylsulfatase, v. 11 | p. 236
2.8.2.22	arylsulfate sulfotransferase, aryl-sulfate sulfotransferase, v. 39 | p. 436
3.1.6.1	arylsulfohydrolase, arylsulfatase, v. 11 | p. 236

ascorbate dehydrogenase

2.8.2.1	arylsulfotransferase, aryl sulfotransferase, v. 39 | p. 247	
2.8.2.22	arylsulfotransferase, aryl-sulfate sulfotransferase, v. 39 | p. 436	
2.8.2.9	aryl sulfotransferase IV, tyrosine-ester sulfotransferase, v. 39 | p. 352	
2.8.2.9	β-aryl sulfotransferase IV, tyrosine-ester sulfotransferase, v. 39 | p. 352	
3.1.6.1	arylsulphatase, arylsulfatase, v. 11 | p. 236	
3.1.6.1	arylsulphatase A, arylsulfatase, v. 11 | p. 236	
3.1.8.1	aryltriphosphatase, aryldialkylphosphatase, v. 11 | p. 343	
6.3.4.5	AS, Argininosuccinate synthase, v. 2 | p. 595	
6.3.5.4	AS, Asparagine synthase (glutamine-hydrolysing), v. 2 | p. 672	
4.2.3.9	AS, aristolochene synthase, v. S7 | p. 219	
2.4.1.218	AS, hydroquinone glucosyltransferase, v. 32 | p. 584	
4.1.3.27	ASα, anthranilate synthase, v. 4 | p. 160	
4.1.3.27	AS$\alpha\beta$, anthranilate synthase, v. 4 | p. 160	
3.5.1.6	βAS, β-ureidopropionase, v. 14 | p. 263	
3.6.3.16	As(III)-translocating ATPase, arsenite-transporting ATPase, v. 15 | p. 617	
4.1.3.27	AS$\alpha\beta$-1, anthranilate synthase, v. 4 | p. 160	
6.3.1.1	AS-A, Aspartate-ammonia ligase, v. 2 | p. 344	
3.1.6.1	AS-A, arylsulfatase, v. 11 | p. 236	
3.1.6.8	AS-A, cerebroside-sulfatase, v. 11 | p. 281	
6.3.1.1	AS-AR, Aspartate-ammonia ligase, v. 2 | p. 344	
6.3.5.4	AS-B, Asparagine synthase (glutamine-hydrolysing), v. 2 | p. 672	
3.4.22.34	As-specific vacuolar cysteine proteinase, Legumain, v. 7 | p. 689	
6.3.4.4	AS-synthetase, Adenylosuccinate synthase, v. 2 | p. 579	
6.3.5.4	AS1, Asparagine synthase (glutamine-hydrolysing), v. 2 | p. 672	
2.1.1.137	AS3MT, arsenite methyltransferase, v. 28 | p. 613	
3.1.6.1	ASA, arylsulfatase, v. 11 | p. 236	
3.1.6.8	ASA, cerebroside-sulfatase, v. 11 | p. 281	
1.2.1.11	ASA-DH, aspartate-semialdehyde dehydrogenase, v. 20 | p. 125	
4.1.3.27	ASA1, anthranilate synthase, v. 4 | p. 160	
4.1.3.27	ASA2, anthranilate synthase, v. 4 | p. 160	
1.2.1.11	ASA dehydrogenase, aspartate-semialdehyde dehydrogenase, v. 20 | p. 125	
1.2.1.11	ASA DH, aspartate-semialdehyde dehydrogenase, v. 20 | p. 125	
1.2.1.11	ASADH, aspartate-semialdehyde dehydrogenase, v. 20 | p. 125	
1.2.1.11	ASADHD, aspartate-semialdehyde dehydrogenase, v. 20 | p. 125	
3.5.1.23	ASAH1, ceramidase, v. 14 | p. 367	
4.3.2.1	ASAL, argininosuccinate lyase, v. 5 | p. 255	
4.3.2.2	ASASE, adenylosuccinate lyase, v. 5 | p. 263	
2.6.1.1	AsAT, aspartate transaminase, v. 34 | p. 247	
2.3.1.26	AsAT, sterol O-acyltransferase, v. 29 | p. 463	
3.1.6.12	ASB, N-acetylgalactosamine-4-sulfatase, v. 11 | p. 300	
4.4.1.14	ASC, 1-aminocyclopropane-1-carboxylate synthase, v. 5 | p. 377	
3.1.6.2	ASC, steryl-sulfatase, v. 11 | p. 250	
3.2.1.86	AscB protein, 6-phospho-β-glucosidase, v. 13 | p. 309	
2.1.1.104	ASCCoAOMT, caffeoyl-CoA O-methyltransferase, v. 28 | p. 513	
3.4.22.7	asclepain cI, asclepain, v. 7 | p. 550	
5.3.3.15	ascopyrone intramolecular oxidoreductase, ascopyrone tautomerase, v. S7 | p. 512	
5.3.3.15	ascopyrone isomerase, ascopyrone tautomerase, v. S7 | p. 512	
5.3.3.15	ascopyrone P tautomerase, ascopyrone tautomerase, v. S7 | p. 512	
5.3.3.15	ascopyrone tautomerase, ascopyrone tautomerase, v. S7 | p. 512	
1.10.3.3	ascorbase, L-ascorbate oxidase, v. 25 | p. 134	
1.10.2.1	ascorbate-cytochrome b5 reductase, L-ascorbate-cytochrome-b5 reductase, v. 25 | p. 79	
1.10.2.1	ascorbate:ferricytochrome b5 oxidoreductase, L-ascorbate-cytochrome-b5 reductase, v. 25 | p. 79	
1.10.3.3	L-ascorbate:O2 oxidoreductase, L-ascorbate oxidase, v. 25 | p. 134	
1.10.3.3	ascorbate dehydrogenase, L-ascorbate oxidase, v. 25 | p. 134	

1.6.5.4	ascorbate free-radical reductase, monodehydroascorbate reductase (NADH), v. 24 | p. 126	
1.6.5.4	ascorbate free radical reductase, monodehydroascorbate reductase (NADH), v. 24 | p. 126	
1.10.3.3	ascorbate oxidase, L-ascorbate oxidase, v. 25 | p. 134	
1.11.1.11	L-ascorbate peroxidase, L-ascorbate peroxidase, v. 25 | p. 257	
1.11.1.11	ascorbate peroxidase, L-ascorbate peroxidase, v. 25 | p. 257	
1.11.1.11	ascorbate peroxidase 1, L-ascorbate peroxidase, v. 25 | p. 257	
1.11.1.11	ascorbate peroxidase 2, L-ascorbate peroxidase, v. 25 | p. 257	
1.11.1.11	ascorbate peroxidase 3, L-ascorbate peroxidase, v. 25 | p. 257	
1.11.1.11	ascorbate peroxidase 4, L-ascorbate peroxidase, v. 25 | p. 257	
1.11.1.11	ascorbate peroxidase 5, L-ascorbate peroxidase, v. 25 | p. 257	
1.11.1.11	ascorbate peroxidase 6, L-ascorbate peroxidase, v. 25 | p. 257	
1.11.1.11	ascorbate peroxidase 7, L-ascorbate peroxidase, v. 25 | p. 257	
1.11.1.11	ascorbate peroxidase 8, L-ascorbate peroxidase, v. 25 | p. 257	
1.11.1.11	L-ascorbic acid-specific peroxidase, L-ascorbate peroxidase, v. 25 | p. 257	
1.10.3.3	L-ascorbic acid oxidase, L-ascorbate oxidase, v. 25 | p. 134	
1.10.3.3	ascorbic acid oxidase, L-ascorbate oxidase, v. 25 | p. 134	
1.11.1.11	L-ascorbic acid peroxidase, L-ascorbate peroxidase, v. 25 | p. 257	
1.11.1.11	ascorbic acid peroxidase, L-ascorbate peroxidase, v. 25 | p. 257	
1.6.5.4	ascorbic free radical reductase, monodehydroascorbate reductase (NADH), v. 24 | p. 126	
1.10.3.3	ascorbic oxidase, L-ascorbate oxidase, v. 25 | p. 134	
2.8.3.8	ASCT, acetate CoA-transferase, v. 39 | p. 497	
4.1.1.12	Asd, aspartate 4-decarboxylase, v. 3 | p. 61	
1.2.1.11	Asd, aspartate-semialdehyde dehydrogenase, v. 20 | p. 125	
1.1.5.2	Asd, quinoprotein glucose dehydrogenase, v. S1 | p. 88	
1.2.1.11	Asd1, aspartate-semialdehyde dehydrogenase, v. 20 | p. 125	
1.2.1.11	Asd2, aspartate-semialdehyde dehydrogenase, v. 20 | p. 125	
1.2.1.11	ASD enzyme, aspartate-semialdehyde dehydrogenase, v. 20 | p. 125	
1.14.12.14	2AS dioxygenase, 2-Aminobenzenesulfonate 2,3-dioxygenase, v. 26 | p. 183	
2.7.11.1	AsfK, non-specific serine/threonine protein kinase, v. S3 | p. 1	
3.1.6.1	ASG, arylsulfatase, v. 11 | p. 236	
1.2.1.12	AsGAPDH, glyceraldehyde-3-phosphate dehydrogenase (phosphorylating), v. 20 | p. 135	
2.5.1.18	asGST5.5, glutathione transferase, v. 33 | p. 524	
2.7.10.2	D-ash, non-specific protein-tyrosine kinase, v. S2 | p. 441	
1.8.99.1	ASiR, sulfite reductase, v. 24 | p. 685	
2.7.2.4	Ask, aspartate kinase, v. 37 | p. 314	
2.7.2.4	ASK1, aspartate kinase, v. 37 | p. 314	
2.7.12.2	ASK1, mitogen-activated protein kinase kinase, v. S4 | p. 392	
2.7.11.25	ASK1, mitogen-activated protein kinase kinase kinase, v. S4 | p. 278	
2.7.2.4	ASK2, aspartate kinase, v. 37 | p. 314	
2.7.11.25	ASK2, mitogen-activated protein kinase kinase kinase, v. S4 | p. 278	
4.3.2.2	ASL, adenylosuccinate lyase, v. 5 | p. 263	
4.3.2.1	ASL, argininosuccinate lyase, v. 5 | p. 255	
6.3.1.12	aslA, D-aspartate ligase, v. S7 | p. 597	
6.3.1.12	Aslfm, D-aspartate ligase, v. S7 | p. 597	
3.1.4.12	ASM, sphingomyelin phosphodiesterase, v. 11 | p. 86	
3.1.4.12	aSMase, sphingomyelin phosphodiesterase, v. 11 | p. 86	
2.1.1.4	ASMT, acetylserotonin O-methyltransferase, v. 28 | p. 15	
3.4.22.34	Asn-specific vacuolar cysteine proteinase, Legumain, v. 7 | p. 689	
6.3.1.1	AsnA, Aspartate-ammonia ligase, v. 2 | p. 344	
3.6.3.16	ASNA-1, arsenite-transporting ATPase, v. 15 | p. 617	
6.3.5.4	ASNase, Asparagine synthase (glutamine-hydrolysing), v. 2 | p. 672	
3.5.1.1	ASNase, asparaginase, v. 14 | p. 190	
3.5.1.1	L-ASNase, asparaginase, v. 14 | p. 190	
6.3.5.4	AsnB, Asparagine synthase (glutamine-hydrolysing), v. 2 | p. 672	
6.1.1.22	AsnRS, Asparagine-tRNA ligase, v. 2 | p. 178	

6.3.5.6	AsnRS, asparaginyl-tRNA synthase (glutamine-hydrolysing), v. S7	p. 628
6.3.5.4	ASNS, Asparagine synthase (glutamine-hydrolysing), v. 2	p. 672
6.3.1.1	ASNS, Aspartate-ammonia ligase, v. 2	p. 344
6.3.1.4	ASNS, aspartate-ammonia ligase (ADP-forming), v. 2	p. 375
1.10.3.3	ASOM, L-ascorbate oxidase, v. 25	p. 134
3.4.21.61	ASP, Kexin, v. 7	p. 280
3.4.23.45	ASP-1, memapsin 1, v. S6	p. 228
6.3.5.6	Asp-AdT, asparaginyl-tRNA synthase (glutamine-hydrolysing), v. S7	p. 628
3.4.11.21	Asp-AP, aspartyl aminopeptidase, v. 6	p. 173
3.4.11.7	Asp-AP, glutamyl aminopeptidase, v. 6	p. 102
6.1.1.12	Asp-RS, Aspartate-tRNA ligase, v. 2	p. 86
3.4.13.21	Asp-specific dipeptidase, dipeptidase E, v. 6	p. 251
6.3.5.6	Asp-tRNAAsn amidotransferase, asparaginyl-tRNA synthase (glutamine-hydrolysing), v. S7	p. 628
6.3.5.6	Asp/Glu-Adt, asparaginyl-tRNA synthase (glutamine-hydrolysing), v. S7	p. 628
3.4.23.45	ASP1, memapsin 1, v. S6	p. 228
3.1.1.4	Asp49-PLA2, phospholipase A2, v. 9	p. 52
3.1.1.4	Asp49 basic myotoxic PLA2, phospholipase A2, v. 9	p. 52
3.1.1.4	Asp49 PLA2, phospholipase A2, v. 9	p. 52
4.3.1.1	ASPA, aspartate ammonia-lyase, v. 5	p. 162
3.5.1.15	ASPA, aspartoacylase, v. 14	p. 331
3.4.17.1	ASPA, carboxypeptidase A, v. 6	p. 401
3.4.11.21	AspAP, aspartyl aminopeptidase, v. 6	p. 173
6.3.5.4	L-asparaginase, Asparagine synthase (glutamine-hydrolysing), v. 2	p. 672
6.3.1.1	L-asparaginase, Aspartate-ammonia ligase, v. 2	p. 344
3.5.1.1	L-asparaginase, asparaginase, v. 14	p. 190
3.5.1.1	α-asparaginase, asparaginase, v. 14	p. 190
3.5.1.1	L-asparaginase-I, asparaginase, v. 14	p. 190
3.5.1.1	L-asparaginase-II, asparaginase, v. 14	p. 190
3.5.1.38	asparaginase A, glutamin-(asparagin-)ase, v. 14	p. 433
3.5.1.38	asparaginase B, glutamin-(asparagin-)ase, v. 14	p. 433
3.5.1.1	L-asparaginase I, asparaginase, v. 14	p. 190
3.5.1.1	L-asparaginase II, asparaginase, v. 14	p. 190
3.5.1.1	asparaginase II, asparaginase, v. 14	p. 190
6.1.1.22	Asparagine–tRNA ligase, Asparagine-tRNA ligase, v. 2	p. 178
2.6.1.14	asparagine-pyruvate transaminase, asparagine-oxo-acid transaminase, v. 34	p. 364
2.4.2.30	asparagine-specific ADP-ribosyltransferase, NAD+ ADP-ribosyltransferase, v. 33	p. 263
2.4.2.31	asparagine-specific ADP-ribosyltransferase, NAD+-protein-arginine ADP-ribosyltransferase, v. 33	p. 272
3.5.1.1	L-asparagine amidohydrolase, asparaginase, v. 14	p. 190
6.3.5.4	asparagine amidotransferase, Asparagine synthase (glutamine-hydrolysing), v. 2	p. 672
3.5.1.1	L-asparagine aminohydrolase, asparaginase, v. 14	p. 190
3.4.22.34	asparagine endopeptidase, Legumain, v. 7	p. 689
2.6.1.14	asparagine keto-acid transaminase, asparagine-oxo-acid transaminase, v. 34	p. 364
2.4.1.119	asparagine N-glycosyltransferase, dolichyl-diphosphooligosaccharide-protein glycotransferase, v. 32	p. 155
2.6.1.14	asparagine oxoacid aminotransferase, asparagine-oxo-acid transaminase, v. 34	p. 364
6.3.5.4	Asparagine synthetase, Asparagine synthase (glutamine-hydrolysing), v. 2	p. 672
6.3.1.1	Asparagine synthetase, Aspartate-ammonia ligase, v. 2	p. 344
6.3.1.4	Asparagine synthetase, aspartate-ammonia ligase (ADP-forming), v. 2	p. 375
6.3.5.4	L-Asparagine synthetase, Asparagine synthase (glutamine-hydrolysing), v. 2	p. 672
6.3.1.1	L-Asparagine synthetase, Aspartate-ammonia ligase, v. 2	p. 344
6.3.1.4	Asparagine synthetase (adenosine diphosphate-forming), aspartate-ammonia ligase (ADP-forming), v. 2	p. 375

Asparagine synthetase (ADP-forming)

6.3.1.4	Asparagine synthetase (ADP-forming), aspartate-ammonia ligase (ADP-forming), v. 2 | p. 375	
6.3.5.4	Asparagine synthetase (glutamine), Asparagine synthase (glutamine-hydrolysing), v. 2 | p. 672	
6.3.5.4	Asparagine synthetase (glutamine-hydrolysing), Asparagine synthase (glutamine-hydrolysing), v. 2 | p. 672	
6.3.5.4	Asparagine synthetase (glutamine hydrolyzing), Asparagine synthase (glutamine-hydrolysing), v. 2 | p. 672	
6.3.1.1	asparagine synthetase, ammonia-dependent, Aspartate-ammonia ligase, v. 2 | p. 344	
6.3.5.4	asparagine synthetase, glutamine-dependent, Asparagine synthase (glutamine-hydrolysing), v. 2 | p. 672	
6.3.1.1	Asparagine synthetase A, Aspartate-ammonia ligase, v. 2 | p. 344	
6.3.5.4	Asparagine synthetase B, Asparagine synthase (glutamine-hydrolysing), v. 2 | p. 672	
6.1.1.22	Asparagine translase, Asparagine-tRNA ligase, v. 2 | p. 178	
3.4.22.34	asparaginyl-specific cysteine endopeptidase, Legumain, v. 7 | p. 689	
6.1.1.22	Asparaginyl-transfer ribonucleate synthetase, Asparagine-tRNA ligase, v. 2 | p. 178	
6.1.1.22	asparaginyl-transfer RNA synthetase, Asparagine-tRNA ligase, v. 2 | p. 178	
6.3.5.6	asparaginyl-transfer RNA synthetase, asparaginyl-tRNA synthase (glutamine-hydrolysing), v. S7 | p. 628	
6.1.1.22	Asparaginyl-tRNA synthetase, Asparagine-tRNA ligase, v. 2 | p. 178	
6.3.5.6	Asparaginyl-tRNA synthetase, asparaginyl-tRNA synthase (glutamine-hydrolysing), v. S7 | p. 628	
3.4.22.34	asparaginyl endopepidase, Legumain, v. 7 | p. 689	
3.4.22.34	Asparaginyl endopeptidase, Legumain, v. 7 | p. 689	
3.4.22.34	asparaginyl proteinase, Legumain, v. 7 | p. 689	
6.1.1.22	Asparaginyl transfer ribonucleic acid synthetase, Asparagine-tRNA ligase, v. 2 | p. 178	
6.1.1.22	Asparaginyl transfer RNA synthetase, Asparagine-tRNA ligase, v. 2 | p. 178	
1.8.1.11	asparagusate dehydrogenase, asparagusate reductase, v. 24 | p. 539	
1.8.1.11	asparagusate reductase (NADH), asparagusate reductase, v. 24 | p. 539	
1.8.1.11	asparagusate reductase (NADH2), asparagusate reductase, v. 24 | p. 539	
1.8.1.11	asparagusic dehydrogenase, asparagusate reductase, v. 24 | p. 539	
6.1.1.22	Asparagyl-transfer RNA synthetase, Asparagine-tRNA ligase, v. 2 | p. 178	
4.1.1.12	L-Asparate 4-carboxy-lyase, aspartate 4-decarboxylase, v. 3 | p. 61	
3.5.1.26	1-aspartamido-β-N-acetylglucosamine amidohydrolase, N4-(β-N-acetylglucosaminyl)-L-asparaginase, v. 14 | p. 385	
3.2.2.11	aspartamidohydrolase, β-aspartyl-N-acetylglucosaminidase, v. 14 | p. 64	
4.3.1.1	L-aspartase, aspartate ammonia-lyase, v. 5 | p. 162	
4.3.1.1	aspartase, aspartate ammonia-lyase, v. 5 | p. 162	
2.7.2.4	aspartate, aspartate kinase, v. 37 | p. 314	
2.6.1.1	aspartate, 2-oxoglutarate aminotransferase, aspartate transaminase, v. 34 | p. 247	
4.1.1.15	L-Aspartate-α-decarboxylase, Glutamate decarboxylase, v. 3 | p. 74	
4.1.1.11	L-Aspartate-α-decarboxylase, aspartate 1-decarboxylase, v. 3 | p. 58	
2.6.1.1	L-aspartate-α-ketoglutarate transaminase, aspartate transaminase, v. 34 | p. 247	
1.2.1.11	L-aspartate-β-semialdehyde:NADP oxidoreductase (phosphorylating), aspartate-semialdehyde dehydrogenase, v. 20 | p. 125	
1.2.1.11	L-aspartate-β-semialdehyde dehydrogenase, aspartate-semialdehyde dehydrogenase, v. 20 | p. 125	
1.2.1.11	aspartate-β-semialdehyde dehydrogenase, aspartate-semialdehyde dehydrogenase, v. 20 | p. 125	
6.1.1.12	Aspartate–tRNA ligase, Aspartate-tRNA ligase, v. 2 | p. 86	
2.6.1.1	L-aspartate-2-ketoglutarate aminotransferase, aspartate transaminase, v. 34 | p. 247	
2.6.1.1	L-aspartate-2-oxoglutarate-transaminase, aspartate transaminase, v. 34 | p. 247	
2.6.1.1	L-aspartate-2-oxoglutarate aminotransferase, aspartate transaminase, v. 34 | p. 247	
2.6.1.1	aspartate-2-oxoglutarate transaminase, aspartate transaminase, v. 34 | p. 247	
4.1.1.11	Aspartate α-decarboxylase, aspartate 1-decarboxylase, v. 3 | p. 58	

aspartate transaminase

4.1.1.12	Aspartate β-decarboxylase, aspartate 4-decarboxylase, v. 3 | p. 61
4.1.1.12	Aspartate ω-decarboxylase, aspartate 4-decarboxylase, v. 3 | p. 61
4.1.1.11	L-Aspartate α-decarboxylase, aspartate 1-decarboxylase, v. 3 | p. 58
4.1.1.12	L-Aspartate β-decarboxylase, aspartate 4-decarboxylase, v. 3 | p. 61
2.6.1.49	aspartate-DOPP transaminase, ADT, dihydroxyphenylalanine transaminase, v. 34 | p. 570
1.14.11.16	aspartate β-hydroxylase, peptide-aspartate β-dioxygenase, v. 26 | p. 102
2.6.1.1	aspartate α-ketoglutarate transaminase, aspartate transaminase, v. 34 | p. 247
2.6.1.70	aspartate-phenylpyruvate aminotransferase, aspartate-phenylpyruvate transaminase, v. 35 | p. 43
1.2.1.11	aspartate β-semialdehyde dehydrogenase, aspartate-semialdehyde dehydrogenase, v. 20 | p. 125
1.2.1.11	aspartate-semialdehyde dehydrogenase, aspartate-semialdehyde dehydrogenase, v. 20 | p. 125
3.4.22.34	aspartate-specific endopeptidase, Legumain, v. 7 | p. 689
2.6.1.1	aspartate/tyrosine/phenylalanine pyridoxal-5'-phosphate-dependent aminotransferase, aspartate transaminase, v. 34 | p. 247
4.1.1.15	Aspartate 1-decarboxylase, Glutamate decarboxylase, v. 3 | p. 74
4.1.1.12	L-aspartate 4-decarboxylase, aspartate 4-decarboxylase, v. 3 | p. 61
2.6.1.1	aspartate:2-oxoglutarate amino-transferase, aspartate transaminase, v. 34 | p. 247
2.6.1.1	L-aspartate:2-oxoglutarate aminotransferase, aspartate transaminase, v. 34 | p. 247
2.6.1.1	aspartate:2-oxoglutarate aminotransferase, aspartate transaminase, v. 34 | p. 247
4.3.1.1	aspartate:ammonia lyase, aspartate ammonia-lyase, v. 5 | p. 162
2.3.1.17	aspartate acetyltransferase, aspartate N-acetyltransferase, v. 29 | p. 382
3.4.11.21	L-aspartate aminopeptidase, aspartyl aminopeptidase, v. 6 | p. 173
3.4.11.7	L-aspartate aminopeptidase, glutamyl aminopeptidase, v. 6 | p. 102
3.4.11.21	aspartate aminopeptidase, aspartyl aminopeptidase, v. 6 | p. 173
3.4.11.7	aspartate aminopeptidase, glutamyl aminopeptidase, v. 6 | p. 102
2.6.1.1	L-aspartate aminotransferase, aspartate transaminase, v. 34 | p. 247
2.6.1.1	aspartate aminotransferase, aspartate transaminase, v. 34 | p. 247
4.3.1.1	L-aspartate ammonia-lyase, aspartate ammonia-lyase, v. 5 | p. 162
4.3.1.1	aspartate ammonia-lyase, aspartate ammonia-lyase, v. 5 | p. 162
4.3.1.1	aspartate ammonia lyase, aspartate ammonia-lyase, v. 5 | p. 162
2.1.3.2	aspartate carbamyltransferase, aspartate carbamoyltransferase, v. 29 | p. 101
1.4.1.21	L-aspartate dehydrogenase, aspartate dehydrogenase, v. S1 | p. 270
2.7.2.4	aspartate kinase, aspartate kinase, v. 37 | p. 314
2.7.2.4	aspartate kinase (phosphorylating), aspartate kinase, v. 37 | p. 314
1.1.1.3	aspartate kinase-homoserine dehydrogenase, homoserine dehydrogenase, v. 16 | p. 84
2.7.2.4	aspartate kinase 1, aspartate kinase, v. 37 | p. 314
2.7.2.4	aspartate kinase 2, aspartate kinase, v. 37 | p. 314
2.7.2.4	aspartate kinase 3, aspartate kinase, v. 37 | p. 314
2.7.2.4	aspartate kinase I, aspartate kinase, v. 37 | p. 314
2.7.2.4	aspartate kinase II, aspartate kinase, v. 37 | p. 314
2.7.2.4	aspartate kinase III, aspartate kinase, v. 37 | p. 314
2.3.1.17	L-aspartate N-acetyltransferase, aspartate N-acetyltransferase, v. 29 | p. 382
3.4.23.24	Aspartate protease, Candidapepsin, v. 8 | p. 114
3.4.23.22	Aspartate protease, Endothiapepsin, v. 8 | p. 102
3.4.23.21	Aspartate protease, Rhizopuspepsin, v. 8 | p. 96
3.4.23.25	Aspartate protease, Saccharopepsin, v. 8 | p. 120
5.1.1.13	Aspartate racemase, Aspartate racemase, v. 1 | p. 55
5.1.1.13	D-Aspartate racemase, Aspartate racemase, v. 1 | p. 55
1.2.1.11	aspartate semialdehyde dehydrogenase, aspartate-semialdehyde dehydrogenase, v. 20 | p. 125
2.6.1.21	D-aspartate transaminase, D-amino-acid transaminase, v. 34 | p. 412
2.6.1.1	L-aspartate transaminase, aspartate transaminase, v. 34 | p. 247
2.6.1.1	aspartate transaminase, aspartate transaminase, v. 34 | p. 247

113

2.1.3.2	L-aspartate transcarbamoylase, aspartate carbamoyltransferase, v. 29 | p. 101	
2.1.3.2	aspartate transcarbamoylase, aspartate carbamoyltransferase, v. 29 | p. 101	
2.1.3.2	L-aspartate transcarbamylase, aspartate carbamoyltransferase, v. 29 | p. 101	
2.1.3.2	aspartate transcarbamylase, aspartate carbamoyltransferase, v. 29 | p. 101	
6.1.1.23	aspartate tRNA synthetase, aspartate-tRNAAsn ligase, v. S7 | p. 562	
4.1.1.15	Aspartic α-decarboxylase, Glutamate decarboxylase, v. 3 | p. 74	
4.1.1.11	Aspartic α-decarboxylase, aspartate 1-decarboxylase, v. 3 | p. 58	
4.1.1.12	Aspartic β-decarboxylase, aspartate 4-decarboxylase, v. 3 | p. 61	
4.1.1.12	Aspartic ω-decarboxylase, aspartate 4-decarboxylase, v. 3 | p. 61	
1.2.1.11	aspartic β-semialdehyde dehydrogenase, aspartate-semialdehyde dehydrogenase, v. 20 | p. 125	
2.3.1.17	aspartic acetylase, aspartate N-acetyltransferase, v. 29 | p. 382	
6.3.1.12	D-aspartic acid-activating enzyme, D-aspartate ligase, v. S7 | p. 597	
3.5.1.15	aspartic acid acylase, aspartoacylase, v. 14 | p. 331	
2.6.1.1	aspartic acid aminotransferase, aspartate transaminase, v. 34 | p. 247	
2.1.3.2	aspartic acid transcarbamoylase, aspartate carbamoyltransferase, v. 29 | p. 101	
6.1.1.12	Aspartic acid translase, Aspartate-tRNA ligase, v. 2 | p. 86	
6.1.1.23	Aspartic acid translase, aspartate-tRNAAsn ligase, v. S7 | p. 562	
3.4.11.21	aspartic aminopeptidase, aspartyl aminopeptidase, v. 6 | p. 173	
2.6.1.21	D-aspartic aminotransferase, D-amino-acid transaminase, v. 34 | p. 412	
2.6.1.1	L-aspartic aminotransferase, aspartate transaminase, v. 34 | p. 247	
2.6.1.1	aspartic aminotransferase, aspartate transaminase, v. 34 | p. 247	
2.1.3.2	aspartic carbamyltransferase, aspartate carbamoyltransferase, v. 29 | p. 101	
3.4.23.38	aspartic hemoglobinase I, plasmepsin I, v. 8 | p. 175	
3.4.23.39	aspartic hemoglobinase II, plasmepsin II, v. 8 | p. 178	
2.7.2.4	aspartic kinase, aspartate kinase, v. 37 | p. 314	
1.4.3.1	D-aspartic oxidase, D-aspartate oxidase, v. 22 | p. 216	
1.4.3.1	aspartic oxidase, D-aspartate oxidase, v. 22 | p. 216	
3.4.23.24	aspartic protease 2, Candidapepsin, v. 8 | p. 114	
3.4.23.46	aspartic protease BACE, memapsin 2, v. S6 | p. 236	
3.4.23.46	aspartic protease BACE1, memapsin 2, v. S6 | p. 236	
3.4.23.45	aspartic protease BACE2, memapsin 1, v. S6 | p. 228	
3.4.23.41	aspartic protease yapsin I, yapsin 1, v. 8 | p. 187	
3.4.23.18	Aspartic proteinase, Aspergillopepsin I, v. 8 | p. 78	
3.4.23.22	Aspartic proteinase, Endothiapepsin, v. 8 | p. 102	
3.4.23.23	Aspartic proteinase, Mucorpepsin, v. 8 | p. 106	
3.4.23.40	Aspartic proteinase, Phytepsin, v. 8 | p. 181	
3.4.23.29	Aspartic proteinase, Polyporopepsin, v. 8 | p. 136	
3.4.23.25	Aspartic proteinase, Saccharopepsin, v. 8 | p. 120	
3.4.23.46	Aspartic proteinase, memapsin 2, v. S6 | p. 236	
3.4.23.24	aspartic proteinase 3, Candidapepsin, v. 8 | p. 114	
3.4.23.46	aspartic proteinase BACE1, memapsin 2, v. S6 | p. 236	
3.4.23.25	Aspartic proteinase yscA, Saccharopepsin, v. 8 | p. 120	
1.2.1.11	aspartic semialdehyde dehydrogenase, aspartate-semialdehyde dehydrogenase, v. 20 | p. 125	
2.1.3.2	aspartic transcarbamylase, aspartate carbamoyltransferase, v. 29 | p. 101	
3.4.17.1	aspartoacyclase, carboxypeptidase A, v. 6 | p. 401	
3.5.1.83	Aspartoacylase, N-Acyl-D-aspartate deacylase, v. 14 | p. 614	
3.5.1.15	Aspartoacylase, aspartoacylase, v. 14 | p. 331	
3.5.1.15	aspartoacylase II, aspartoacylase, v. 14 | p. 331	
2.7.2.4	aspartokinase, aspartate kinase, v. 37 | p. 314	
2.7.2.4	β-aspartokinase, aspartate kinase, v. 37 | p. 314	
2.7.2.4	aspartokinase-homoserine dehydrogenase, aspartate kinase, v. 37 | p. 314	
1.1.1.3	aspartokinase-homoserine dehydrogenase I, homoserine dehydrogenase, v. 16 | p. 84	
2.7.2.4	aspartokinase 1-homoserine dehydrogenase 1, aspartate kinase, v. 37 | p. 314	
2.7.2.4	aspartokinase II, aspartate kinase, v. 37 | p. 314	

aspartyl tRNA synthetase

2.7.2.4	aspartokinase III, aspartate kinase, v. 37 | p. 314	
2.3.2.7	aspartotransferase, aspartyltransferase, v. 30 | p. 521	
3.4.11.7	L-α-aspartyl(L-α-glutamyl)-peptide hydrolase, glutamyl aminopeptidase, v. 6 | p. 102	
1.14.11.16	aspartyl-(asparaginyl)-b-hydroxylase, peptide-aspartate β-dioxygenase, v. 26 | p. 102	
1.14.11.16	aspartyl-(asparaginyl) β-hydroxylase, peptide-aspartate β-dioxygenase, v. 26 | p. 102	
1.14.11.16	aspartyl-(asparagyl)-β-hydroxylase, peptide-aspartate β-dioxygenase, v. 26 | p. 102	
3.4.23.46	D-aspartyl-β-amyloid secretase, memapsin 2, v. S6 | p. 236	
3.5.1.26	N-aspartyl-β-glucosaminidase, N4-(β-N-acetylglucosaminyl)-L-asparaginase, v. 14 | p. 385	
3.4.11.7	aspartyl-aminopeptidase, glutamyl aminopeptidase, v. 6 | p. 102	
3.4.11.21	aspartyl-AP, aspartyl aminopeptidase, v. 6 | p. 173	
1.14.11.16	aspartyl β-hydroxylase, peptide-aspartate β-dioxygenase, v. 26 | p. 102	
3.2.2.11	aspartyl-N-acetyl-β-D-glucosaminidase, β-aspartyl-N-acetylglucosaminidase, v. 14 | p. 64	
1.2.1.11	aspartyl β-semialdehyde dehydrogenase, aspartate-semialdehyde dehydrogenase, v. 20 | p. 125	
6.1.1.23	aspartyl-transfer ribonucleate synthetase, aspartate-tRNAAsn ligase, v. S7 | p. 562	
6.1.1.12	Aspartyl-transfer ribonucleic acid synthetase, Aspartate-tRNA ligase, v. 2 | p. 86	
6.1.1.23	Aspartyl-transfer ribonucleic acid synthetase, aspartate-tRNAAsn ligase, v. S7 | p. 562	
6.1.1.12	Aspartyl-transfer RNA synthetase, Aspartate-tRNA ligase, v. 2 | p. 86	
6.1.1.23	Aspartyl-transfer RNA synthetase, aspartate-tRNAAsn ligase, v. S7 | p. 562	
6.3.5.6	aspartyl-tRNAAsn amidotransferase, asparaginyl-tRNA synthase (glutamine-hydrolysing), v. S7 | p. 628	
6.1.1.12	Aspartyl-tRNA synthetase, Aspartate-tRNA ligase, v. 2 | p. 86	
6.1.1.23	Aspartyl-tRNA synthetase, aspartate-tRNAAsn ligase, v. S7 | p. 562	
2.1.1.77	D-aspartyl/L-isoaspartyl methyltransferase, protein-L-isoaspartate(D-aspartate) O-methyltransferase, v. 28 | p. 406	
2.1.1.77	L-aspartyl/L-isoaspartyl protein methyltransferase, protein-L-isoaspartate(D-aspartate) O-methyltransferase, v. 28 | p. 406	
3.2.2.11	β-aspartylacetylglucosaminidase, β-aspartyl-N-acetylglucosaminidase, v. 14 | p. 64	
3.4.11.21	aspartyl aminopeptidase, aspartyl aminopeptidase, v. 6 | p. 173	
3.4.11.7	aspartyl aminopeptidase, glutamyl aminopeptidase, v. 6 | p. 102	
2.6.1.1	aspartyl aminotransferase, aspartate transaminase, v. 34 | p. 247	
3.4.11.21	α-aspartyl dipeptidase, aspartyl aminopeptidase, v. 6 | p. 173	
3.4.13.21	α-aspartyl dipeptidase, dipeptidase E, v. 6 | p. 251	
3.4.13.21	aspartyl dipeptidase, dipeptidase E, v. 6 | p. 251	
3.4.19.5	β-aspartyl dipeptidase, β-aspartyl-peptidase, v. 6 | p. 546	
3.4.23.40	Aspartyl endoproteinase, Phytepsin, v. 8 | p. 181	
3.5.1.26	aspartylglucosaminidase, N4-(β-N-acetylglucosaminyl)-L-asparaginase, v. 14 | p. 385	
3.5.1.26	aspartylglucosylaminase, N4-(β-N-acetylglucosaminyl)-L-asparaginase, v. 14 | p. 385	
3.5.1.26	4-L-aspartylglucosylamine amido hydrolase, N4-(β-N-acetylglucosaminyl)-L-asparaginase, v. 14 | p. 385	
3.5.1.26	β-aspartylglucosylamine amidohydrolase, N4-(β-N-acetylglucosaminyl)-L-asparaginase, v. 14 | p. 385	
3.5.1.26	aspartylglucosylamine deaspartylase, N4-(β-N-acetylglucosaminyl)-L-asparaginase, v. 14 | p. 385	
3.5.1.26	aspartylglycosylamine amidohydrolase, N4-(β-N-acetylglucosaminyl)-L-asparaginase, v. 14 | p. 385	
3.4.19.5	β-aspartyl peptidase, β-aspartyl-peptidase, v. 6 | p. 546	
1.14.11.16	aspartylpeptide β-dioxygenase, peptide-aspartate β-dioxygenase, v. 26 | p. 102	
6.1.1.12	Aspartyl ribonucleate synthetase, Aspartate-tRNA ligase, v. 2 | p. 86	
6.1.1.12	Aspartyl ribonucleic synthetase, Aspartate-tRNA ligase, v. 2 | p. 86	
6.1.1.23	Aspartyl ribonucleic synthetase, aspartate-tRNAAsn ligase, v. S7 | p. 562	
6.1.1.12	aspartyl ribonuleic synthetase, Aspartate-tRNA ligase, v. 2 | p. 86	
1.2.1.11	aspartyl semialdehyde dehydrogenase, aspartate-semialdehyde dehydrogenase, v. 20 | p. 125	
2.3.2.7	β-aspartyl transferase, aspartyltransferase, v. 30 | p. 521	
6.1.1.23	aspartyl tRNA synthetase, aspartate-tRNAAsn ligase, v. S7 | p. 562	

2.6.1.1	AspAT, aspartate transaminase, v. 34 | p. 247	
2.6.1.52	AspAT, phosphoserine transaminase, v. 34 | p. 588	
2.6.1.1	AspATSs, aspartate transaminase, v. 34 | p. 247	
4.3.1.1	aspB, aspartate ammonia-lyase, v. 5 | p. 162	
1.4.1.21	L-aspDH, aspartate dehydrogenase, v. S1 | p. 270	
3.4.23.19	aspergilloglutamic peptidase, Aspergillopepsin II, v. 8 | p. 87	
3.4.23.18	aspergillopepsin, Aspergillopepsin I, v. 8 | p. 78	
3.4.23.18	Aspergillopepsin A, Aspergillopepsin I, v. 8 | p. 78	
3.4.21.63	Aspergillopepsin B, Oryzin, v. 7 | p. 300	
3.4.23.18	Aspergillopepsin F, Aspergillopepsin I, v. 8 | p. 78	
3.4.21.63	Aspergillopepsin F, Oryzin, v. 7 | p. 300	
3.4.23.18	aspergillopepsin O, Aspergillopepsin I, v. 8 | p. 78	
3.4.23.18	Aspergillopeptidase A, Aspergillopepsin I, v. 8 | p. 78	
3.4.21.63	Aspergillopeptidase B, Oryzin, v. 7 | p. 300	
3.4.21.32	aspergillopeptidase C, brachyurin, v. 7 | p. 129	
3.4.24.3	aspergillopeptidase C, microbial collagenase, v. 8 | p. 205	
3.4.23.18	Aspergillus acid protease, Aspergillopepsin I, v. 8 | p. 78	
3.4.23.18	Aspergillus acid proteinase, Aspergillopepsin I, v. 8 | p. 78	
3.4.21.63	Aspergillus alkaline proteinase, Oryzin, v. 7 | p. 300	
3.4.23.18	Aspergillus aspartic proteinase, Aspergillopepsin I, v. 8 | p. 78	
3.4.23.18	Aspergillus awamori acid proteinase, Aspergillopepsin I, v. 8 | p. 78	
3.1.3.16	Aspergillus awamori acid protein phosphatase, phosphoprotein phosphatase, v. 10 | p. 213	
3.4.21.63	Aspergillus candidus alkaline proteinase, Oryzin, v. 7 | p. 300	
3.4.23.18	Aspergillus carboxyl proteinase, Aspergillopepsin I, v. 8 | p. 78	
3.4.21.63	Aspergillus flavus alkaline proteinase, Oryzin, v. 7 | p. 300	
3.4.21.63	Aspergillus melleus semi-alkaline proteinase, Oryzin, v. 7 | p. 300	
3.4.23.18	Aspergillus niger acid proteinase, Aspergillopepsin I, v. 8 | p. 78	
3.4.23.19	Aspergillus niger var. macrosporus aspartic proteinase, Aspergillopepsin II, v. 8 | p. 87	
3.4.21.63	Aspergillus oryzae alkaline proteinase, Oryzin, v. 7 | p. 300	
3.4.21.63	Aspergillus oryzae protease, Oryzin, v. 7 | p. 300	
3.1.27.3	Aspergillus oryzae ribonuclease, ribonuclease T1, v. 11 | p. 572	
3.1.30.1	Aspergillus oryzae S1 nuclease, Aspergillus nuclease S1, v. 11 | p. 610	
3.4.21.63	Aspergillus parasiticus alkaline proteinase, Oryzin, v. 7 | p. 300	
3.4.23.19	Aspergillus proteinase A, Aspergillopepsin II, v. 8 | p. 87	
3.4.23.18	Aspergillus saitoi acid proteinase, Aspergillopepsin I, v. 8 | p. 78	
3.4.21.63	Aspergillus serine proteinase, Oryzin, v. 7 | p. 300	
3.1.1.55	ASPES, acetylsalicylate deacetylase, v. 9 | p. 355	
3.1.1.55	aspirin esterase, acetylsalicylate deacetylase, v. 9 | p. 355	
3.1.1.55	aspirin esterase I, acetylsalicylate deacetylase, v. 9 | p. 355	
3.1.1.55	aspirin esterase II, acetylsalicylate deacetylase, v. 9 | p. 355	
3.1.1.55	aspirin hydrolase, acetylsalicylate deacetylase, v. 9 | p. 355	
3.1.1.1	aspirin hydrolase, carboxylesterase, v. 9 | p. 1	
3.1.1.4	ASPLA1, phospholipase A2, v. 9 | p. 52	
3.1.1.4	ASPLA10, phospholipase A2, v. 9 | p. 52	
3.1.1.4	ASPLA11, phospholipase A2, v. 9 | p. 52	
3.1.1.4	ASPLA12, phospholipase A2, v. 9 | p. 52	
3.1.1.4	ASPLA13, phospholipase A2, v. 9 | p. 52	
3.1.1.4	ASPLA14, phospholipase A2, v. 9 | p. 52	
3.1.1.4	ASPLA15, phospholipase A2, v. 9 | p. 52	
3.1.1.4	ASPLA16, phospholipase A2, v. 9 | p. 52	
3.1.1.4	ASPLA17, phospholipase A2, v. 9 | p. 52	
3.1.1.4	ASPLA2, phospholipase A2, v. 9 | p. 52	
3.1.1.4	ASPLA3, phospholipase A2, v. 9 | p. 52	
3.1.1.4	ASPLA4, phospholipase A2, v. 9 | p. 52	
3.1.1.4	ASPLA5, phospholipase A2, v. 9 | p. 52	

3.1.1.4	ASPLA6, phospholipase A2, v.9 | p.52	
3.1.1.4	ASPLA7, phospholipase A2, v.9 | p.52	
3.1.1.4	ASPLA8, phospholipase A2, v.9 | p.52	
3.1.1.4	ASPLA9, phospholipase A2, v.9 | p.52	
3.4.24.33	X-Asp metalloendopeptidase, peptidyl-Asp metalloendopeptidase, v.8 | p.395	
1.4.3.1	D-AspO, D-aspartate oxidase, v.22 | p.216	
1.4.3.1	D-Asp oxidase, D-aspartate oxidase, v.22 | p.216	
1.4.3.16	L-Asp oxidase, L-aspartate oxidase, v.22 | p.354	
3.6.1.21	ASPPase, ADP-sugar diphosphatase, v.15 | p.392	
6.1.1.12	AspRS, Aspartate-tRNA ligase, v.2 | p.86	
6.1.1.23	AspRS, aspartate-tRNAAsn ligase, v.S7 | p.562	
6.1.1.12	D-AspRS, Aspartate-tRNA ligase, v.2 | p.86	
1.11.1.15	AsPrx, peroxiredoxin, v.S1 | p.403	
2.6.1.1	AspT, aspartate transaminase, v.34 | p.247	
3.4.24.39	aspzincin, deuterolysin, v.8 | p.421	
3.4.24.20	aspzincin metalloendopeptidase, peptidyl-Lys metalloendopeptidase, v.8 | p.323	
6.3.4.4	ASS, Adenylosuccinate synthase, v.2 | p.579	
6.3.4.5	ASS, Argininosuccinate synthase, v.2 | p.595	
3.4.21.97	Assemblin, assemblin, v.7 | p.465	
3.4.21.97	assembly protein precursor-processing proteinase, assemblin, v.7 | p.465	
1.8.99.1	assimilatory-type sulfite reductase, sulfite reductase, v.24 | p.685	
1.7.7.2	assimilatory ferredoxin-nitrate reductase, ferredoxin-nitrate reductase, v.24 | p.381	
1.7.1.2	Assimilatory NAD(P)H-nitrate reductase, Nitrate reductase [NAD(P)H], v.24 | p.260	
1.7.1.1	assimilatory NADH:nitrate reductase, nitrate reductase (NADH), v.24 | p.237	
1.7.1.3	assimilatory NADPH-nitrate reductase, nitrate reductase (NADPH), v.24 | p.267	
1.7.1.3	assimilatory NADPH:nitrate reductase, nitrate reductase (NADPH), v.24 | p.267	
1.7.1.2	Assimilatory nitrate reductase, Nitrate reductase [NAD(P)H], v.24 | p.260	
1.7.7.2	Assimilatory nitrate reductase, ferredoxin-nitrate reductase, v.24 | p.381	
1.7.1.1	Assimilatory nitrate reductase, nitrate reductase (NADH), v.24 | p.237	
1.7.1.3	Assimilatory nitrate reductase, nitrate reductase (NADPH), v.24 | p.267	
1.7.99.4	assimilatory nitrate reductases, nitrate reductase, v.24 | p.396	
1.7.1.3	assimilatory reduced nicotinamide adenine dinucleotide phosphate-nitrate reductase, nitrate reductase (NADPH), v.24 | p.267	
1.8.99.1	assimilatory sulfite reductase, sulfite reductase, v.24 | p.685	
1.7.1.4	assimilitory nitrite reductase, nitrite reductase [NAD(P)H], v.24 | p.277	
3.4.19.12	associated molecule with the SH3-domain of STAM, ubiquitinyl hydrolase 1, v.6 | p.575	
2.8.2.22	ASST, aryl-sulfate sulfotransferase, v.39 | p.436	
2.8.2.2	AST, alcohol sulfotransferase, v.39 | p.278	
2.3.1.109	AST, arginine N-succinyltransferase, v.30 | p.250	
2.6.1.1	AST, aspartate transaminase, v.34 | p.247	
3.4.21.4	AST, trypsin, v.7 | p.12	
2.8.2.2	AST-RB2, alcohol sulfotransferase, v.39 | p.278	
2.3.1.109	AstA, arginine N-succinyltransferase, v.30 | p.250	
3.4.24.21	astacin, astacin, v.8 | p.330	
3.4.24.21	Astacus proteinase, astacin, v.8 | p.330	
3.5.3.23	AstB, N-succinylarginine dihydrolase, v.S6 | p.446	
1.2.1.71	AstD, succinylglutamate-semialdehyde dehydrogenase, v.S1 | p.169	
2.8.2.9	AST IV, tyrosine-ester sulfotransferase, v.39 | p.352	
2.8.2.1	ASTIV, aryl sulfotransferase, v.39 | p.247	
2.8.2.9	β-AST IV, tyrosine-ester sulfotransferase, v.39 | p.352	
3.2.1.17	ASTL, lysozyme, v.12 | p.228	
2.7.1.30	ASTP , glycerol kinase, v.35 | p.351	
3.1.21.4	AsuI, type II site-specific deoxyribonuclease, v.11 | p.454	
3.1.21.4	AsuII, type II site-specific deoxyribonuclease, v.11 | p.454	
3.6.1.17	asym-di-GDPase, bis(5'-nucleosyl)-tetraphosphatase (asymmetrical), v.15 | p.372	

3.6.1.17	Asymmetrical, bis(5'-nucleosyl)-tetraphosphatase (asymmetrical), v. 15 | p. 372
3.6.1.17	(asymmetrical) diadenosine 5',5''',-P1,P4-tetraphosphate hydrolase, bis(5'-nucleosyl)-tetraphosphatase (asymmetrical), v. 15 | p. 372
3.6.1.17	(asymmetrical) dinucleoside tetraphosphatase, bis(5'-nucleosyl)-tetraphosphatase (asymmetrical), v. 15 | p. 372
2.7.7.42	AT, [glutamate-ammonia-ligase] adenylyltransferase, v. 38 | p. 431
2.6.1.57	AT-1, aromatic-amino-acid transaminase, v. 34 | p. 604
2.6.1.57	AT-2, aromatic-amino-acid transaminase, v. 34 | p. 604
3.4.19.12	AT-3, ubiquitinyl hydrolase 1, v. 6 | p. 575
1.3.1.74	At-AER, 2-alkenal reductase, v. 21 | p. 336
2.6.1.79	AT-C, glutamate-prephenate aminotransferase, v. S2 | p. 238
1.13.11.27	At-HPPD, 4-hydroxyphenylpyruvate dioxygenase, v. 25 | p. 546
3.4.21.4	aT-I, trypsin, v. 7 | p. 12
2.6.1.57	AT-IA, aromatic-amino-acid transaminase, v. 34 | p. 604
3.4.21.4	aT-II, trypsin, v. 7 | p. 12
2.5.1.47	At-OASS, cysteine synthase, v. 34 | p. 84
1.14.11.2	AT-P4H-1, procollagen-proline dioxygenase, v. 26 | p. 9
1.14.11.2	At-P4H-2, procollagen-proline dioxygenase, v. 26 | p. 9
1.3.1.80	At-RCCR, red chlorophyll catabolite reductase, v. S1 | p. 246
1.8.3.1	At-SO, sulfite oxidase, v. 24 | p. 584
2.4.2.31	AT1 , NAD+-protein-arginine ADP-ribosyltransferase, v. 33 | p. 272
2.7.6.2	At1g02880 (AtTPK1), thiamine diphosphokinase, v. 38 | p. 23
4.2.1.91	At1g08250, arogenate dehydratase, v. 4 | p. 649
4.2.1.91	At1g11790, arogenate dehydratase, v. 4 | p. 649
3.2.1.52	At1g65600/F5I14_13, β-N-acetylhexosaminidase, v. 13 | p. 50
2.3.2.2	At1g69820, γ-glutamyltransferase, v. 30 | p. 469
2.4.2.39	At1g74380, xyloglucan 6-xylosyltransferase, v. 33 | p. 308
2.4.2.31	AT2 , NAD+-protein-arginine ADP-ribosyltransferase, v. 33 | p. 272
1.1.1.41	At2g17130, isocitrate dehydrogenase (NAD+), v. 16 | p. 394
2.7.1.11	At2g22480, 6-phosphofructokinase, v. 35 | p. 168
4.2.1.91	At2g27820, arogenate dehydratase, v. 4 | p. 649
2.4.1.25	At2g40840, 4-α-glucanotransferase, v. 31 | p. 276
2.7.1.159	At2G43980, inositol-1,3,4-trisphosphate 5/6-kinase, v. S2 | p. 279
2.7.6.2	At2g44750 (AtTPK2), thiamine diphosphokinase, v. 38 | p. 23
4.2.1.91	At3g07630, arogenate dehydratase, v. 4 | p. 649
3.5.1.1	At3g16150, asparaginase, v. 14 | p. 190
4.1.1.36	At3g18030, phosphopantothenoylcysteine decarboxylase, v. 3 | p. 223
4.2.1.91	At3g44720, arogenate dehydratase, v. 4 | p. 649
6.2.1.20	At4g14070, Long-chain-fatty-acid-[acyl-carrier-protein] ligase, v. 2 | p. 296
2.7.1.11	At4g26270, 6-phosphofructokinase, v. 35 | p. 168
2.3.2.2	At4g29210, γ-glutamyltransferase, v. 30 | p. 469
2.7.1.11	At4g29220, 6-phosphofructokinase, v. 35 | p. 168
2.7.1.11	At4g32840, 6-phosphofructokinase, v. 35 | p. 168
1.1.1.41	At4g35260, isocitrate dehydrogenase (NAD+), v. 16 | p. 394
1.1.1.41	At4g35650, isocitrate dehydrogenase (NAD+), v. 16 | p. 394
2.3.2.2	At4g39640, γ-glutamyltransferase, v. 30 | p. 469
2.3.2.2	At4g39650, γ-glutamyltransferase, v. 30 | p. 469
3.4.11.3	AT4 receptor, cystinyl aminopeptidase, v. 6 | p. 66
1.1.1.41	At5g03290, isocitrate dehydrogenase (NAD+), v. 16 | p. 394
2.6.1.42	At5g17310, branched-chain-amino-acid transaminase, v. 34 | p. 499
2.4.1.14	At5g20280, sucrose-phosphate synthase, v. 31 | p. 126
4.2.1.91	At5g22630, arogenate dehydratase, v. 4 | p. 649
2.7.1.11	At5g56630, 6-phosphofructokinase, v. 35 | p. 168
2.7.1.11	At5g61580, 6-phosphofructokinase, v. 35 | p. 168
2.3.1.171	At5MAT, anthocyanin 6-O-malonyltransferase, v. S2 | p. 58

3.1.3.56	At5pTase1, inositol-polyphosphate 5-phosphatase, v. 10 | p. 448	
3.1.3.56	At5PTase11, inositol-polyphosphate 5-phosphatase, v. 10 | p. 448	
3.1.3.56	At5pTase2, inositol-polyphosphate 5-phosphatase, v. 10 | p. 448	
3.5.3.9	AtAAH, allantoate deiminase, v. 14 | p. 796	
3.4.19.1	AtAARE, acylaminoacyl-peptidase, v. 6 | p. 513	
4.4.1.14	AtACS4 gene, 1-aminocyclopropane-1-carboxylate synthase, v. 5 | p. 377	
1.3.3.6	AtACX1, acyl-CoA oxidase, v. 21 | p. 401	
1.3.3.6	AtACX2, acyl-CoA oxidase, v. 21 | p. 401	
1.3.3.6	AtACX3, acyl-CoA oxidase, v. 21 | p. 401	
2.2.1.2	ATAL, transaldolase, v. 29 | p. 179	
2.2.1.2	Atalp, transaldolase, v. 29 | p. 179	
1.3.1.77	AtANR, anthocyanidin reductase, v. S1 | p. 231	
1.8.99.2	ATAPR2, adenylyl-sulfate reductase, v. 24 | p. 694	
2.7.7.42	ATASE, [glutamate-ammonia-ligase] adenylyltransferase, v. 38 | p. 431	
2.4.2.14	ATASE, amidophosphoribosyltransferase, v. 33 | p. 152	
2.6.1.84	ATASE, arginine-pyruvate transaminase, v. S2 | p. 256	
2.7.11.1	Ataxia telangiectasia mutated, non-specific serine/threonine protein kinase, v. S3 | p. 1	
2.7.11.1	Ataxia telangiectasia mutated homolog, non-specific serine/threonine protein kinase, v. S3 | p. 1	
3.4.19.12	ataxin-3, ubiquitinyl hydrolase 1, v. 6 | p. 575	
3.6.3.22	ATB0, nonpolar-amino-acid-transporting ATPase, v. 15 | p. 640	
2.3.1.47	AtbioF, 8-amino-7-oxononanoate synthase, v. 29 | p. 634	
2.7.13.3	AtBphP1, histidine kinase, v. S4 | p. 420	
2.7.13.3	AtBphP2, histidine kinase, v. S4 | p. 420	
3.2.1.28	Atc1p, α,α-trehalase, v. 12 | p. 478	
5.4.99.8	AtCAS1, Cycloartenol synthase, v. 1 | p. 631	
2.1.3.2	ATCase, aspartate carbamoyltransferase, v. 29 | p. 101	
1.13.11.51	AtCCD1, 9-cis-epoxycarotenoid dioxygenase, v. S1 | p. 436	
1.2.1.44	AtCCR1, cinnamoyl-CoA reductase, v. 20 | p. 316	
2.1.3.2	ATC domain of CAD, aspartate carbamoyltransferase, v. 29 | p. 101	
3.2.1.4	AtCel5, cellulase, v. 12 | p. 88	
2.4.1.12	AtCesA7, cellulose synthase (UDP-forming), v. 31 | p. 107	
2.5.1.48	AtCGS, cystathionine γ-synthase, v. 34 | p. 107	
1.5.99.12	AtCKX2, cytokinin dehydrogenase, v. 23 | p. 398	
1.5.99.12	AtCKX6, cytokinin dehydrogenase, v. 23 | p. 398	
1.5.99.12	AtCKX7, cytokinin dehydrogenase, v. 23 | p. 398	
3.1.1.14	AtCLH1, chlorophyllase, v. 9 | p. 167	
3.1.1.14	AtCLH2, chlorophyllase, v. 9 | p. 167	
1.14.13.38	ATC oxygenase, anhydrotetracycline monooxygenase, v. 26 | p. 422	
2.7.7.8	AtcpPNPase, polyribonucleotide nucleotidyltransferase, v. 38 | p. 145	
3.4.16.5	AtCPY, carboxypeptidase C, v. 6 | p. 385	
4.1.99.3	AtCry1, deoxyribodipyrimidine photo-lyase, v. 4 | p. 223	
4.1.99.3	AtCry3, deoxyribodipyrimidine photo-lyase, v. 4 | p. 223	
2.4.2.24	ATCSLD5, 1,4-β-D-xylan synthase, v. 33 | p. 217	
4.2.1.47	ATCV-1GMD, GDP-mannose 4,6-dehydratase, v. 4 | p. 501	
3.2.1.80	AtcwINV1 D239A mutant, fructan β-fructosidase, v. 13 | p. 275	
3.2.1.154	AtcwINV3, fructan β-(2,6)-fructosidase, v. S5 | p. 150	
3.2.1.80	AtcwINV3, fructan β-fructosidase, v. 13 | p. 275	
3.2.1.80	AtcwINV6, fructan β-fructosidase, v. 13 | p. 275	
4.4.1.9	AtcysC1, L-3-cyanoalanine synthase, v. 5 | p. 351	
2.6.1.83	AtDAP-AT, LL-diaminopimelate aminotransferase, v. S2 | p. 253	
1.13.11.2	AtdB, catechol 2,3-dioxygenase, v. 25 | p. 395	
4.1.1.19	AtDC2, Arginine decarboxylase, v. 3 | p. 106	
3.5.1.88	AtDEF1.1, peptide deformylase, v. 14 | p. 631	
3.5.1.88	AtDEF1.2, peptide deformylase, v. 14 | p. 631	

3.5.1.88	AtDEF2, peptide deformylase, v. 14	p. 631
1.3.1.30	AtDET2, progesterone 5α-reductase, v. 21	p. 176
2.3.2.8	Ate1-3, arginyltransferase, v. 30	p. 524
2.3.2.8	Ate1-4, arginyltransferase, v. 30	p. 524
5.3.3.8	AtECI1, dodecenoyl-CoA isomerase, v. 1	p. 413
5.3.3.8	AtECI2, dodecenoyl-CoA isomerase, v. 1	p. 413
5.3.3.8	AtECI3, dodecenoyl-CoA isomerase, v. 1	p. 413
2.3.1.84	ATF1, alcohol O-acetyltransferase, v. 30	p. 125
2.3.1.84	ATF1-encoded alcohol acetyltransferases, alcohol O-acetyltransferase, v. 30	p. 125
2.3.1.84	ATF2-encoded alcohol acetyltransferases, alcohol O-acetyltransferase, v. 30	p. 125
2.3.1.20	AtfA, diacylglycerol O-acyltransferase, v. 29	p. 396
2.3.1.75	AtfA, long-chain-alcohol O-fatty-acyltransferase, v. 30	p. 79
2.3.1.75	AtfA1, long-chain-alcohol O-fatty-acyltransferase, v. 30	p. 79
3.5.1.4	AtFAAH, amidase, v. 14	p. 231
3.7.1.2	AtFAH, fumarylacetoacetase, v. 15	p. 824
2.7.7.30	AtFKGP, fucose-1-phosphate guanylyltransferase, v. 38	p. 360
2.7.1.26	AtFMN/FHy, riboflavin kinase, v. 35	p. 328
3.2.1.26	Atβfruct4, β-fructofuranosidase, v. 12	p. 451
2.4.1.214	AtFUT11, glycoprotein 3-α-L-fucosyltransferase, v. 32	p. 565
2.4.1.173	Atg26, sterol 3β-glucosyltransferase, v. 32	p. 389
1.14.11.13	AtGA2ox2, gibberellin 2β-dioxygenase, v. 26	p. 90
6.3.2.2	AtGCL, Glutamate-cysteine ligase, v. 2	p. 399
3.4.19.9	AtGGH1, γ-glutamyl hydrolase, v. 6	p. 560
3.4.19.9	AtGGH2, γ-glutamyl hydrolase, v. 6	p. 560
3.1.1.3	ATGL, triacylglycerol lipase, v. 9	p. 36
2.7.1.31	AtGLYK, glycerate kinase, v. 35	p. 366
2.3.1.4	AtGNA1, glucosamine-phosphate N-acetyltransferase, v. 29	p. 237
2.4.2.14	AtGPRT, amidophosphoribosyltransferase, v. 33	p. 152
1.11.1.9	AtGPX1, glutathione peroxidase, v. 25	p. 233
1.11.1.9	ATGPX3, glutathione peroxidase, v. 25	p. 233
1.1.1.79	AtGR1, glyoxylate reductase (NADP+), v. 17	p. 138
1.1.1.79	AtGR2, glyoxylate reductase (NADP+), v. 17	p. 138
5.2.1.2	AtGSTZ1, Maleylacetoacetate isomerase, v. 1	p. 197
2.4.1.81	AtGT-2, flavone 7-O-β-glucosyltransferase, v. 31	p. 583
2.4.1.170	AtGT-2, isoflavone 7-O-glucosyltransferase, v. 32	p. 381
2.7.9.4	AtGWD2, α-glucan, water dikinase, v. 39	p. 180
2.7.9.4	AtGWD3, α-glucan, water dikinase, v. 39	p. 180
1.14.11.11	AtH6H, hyoscyamine (6S)-dioxygenase, v. 26	p. 82
3.2.1.28	ATHA, α,α-trehalase, v. 12	p. 478
4.1.1.36	AtHAL3a, phosphopantothenoylcysteine decarboxylase, v. 3	p. 223
5.4.99.8	AthCAS1, Cycloartenol synthase, v. 1	p. 631
3.5.1.98	AtHD1, histone deacetylase, v. S6	p. 437
3.6.3.5	AtHMA4, Zn2+-exporting ATPase, v. 15	p. 550
2.1.1.10	AtHMT-1, homocysteine S-methyltransferase, v. 28	p. 59
2.1.1.10	AtHMT-2, homocysteine S-methyltransferase, v. 28	p. 59
2.1.1.10	AtHMT-3, homocysteine S-methyltransferase, v. 28	p. 59
2.6.1.9	AtHPA1, histidinol-phosphate transaminase, v. 34	p. 334
3.1.26.11	AthTrz1, tRNase Z, v. S5	p. 105
3.1.26.11	AthTrz2, tRNase Z, v. S5	p. 105
3.1.26.11	AthTrz3, tRNase Z, v. S5	p. 105
3.1.26.11	AthTrz4, tRNase Z, v. S5	p. 105
2.7.1.1	AtHXK1, hexokinase, v. 35	p. 74
3.5.4.10	ATIC, IMP cyclohydrolase, v. 15	p. 82
2.1.2.3	ATIC, phosphoribosylaminoimidazolecarboxamide formyltransferase, v. 29	p. 32
1.1.1.41	AtIDH I, isocitrate dehydrogenase (NAD+), v. 16	p. 394

1.1.1.41	AtIDH II, isocitrate dehydrogenase (NAD+), v. 16	p. 394
1.1.1.41	AtIDH V, isocitrate dehydrogenase (NAD+), v. 16	p. 394
1.1.1.41	AtIDH VI, isocitrate dehydrogenase (NAD+), v. 16	p. 394
2.7.1.158	AtIPK1, inositol-pentakisphosphate 2-kinase, v. S2	p. 272
2.7.1.151	AtIpk2β, inositol-polyphosphate multikinase, v. 37	p. 236
2.7.1.151	AtIpk2a, inositol-polyphosphate multikinase, v. 37	p. 236
2.7.1.151	AtIpk2b, inositol-polyphosphate multikinase, v. 37	p. 236
2.5.1.27	AtIPT1, adenylate dimethylallyltransferase, v. 33	p. 599
2.5.1.27	AtIPT3, adenylate dimethylallyltransferase, v. 33	p. 599
2.5.1.27	AtIPT4, adenylate dimethylallyltransferase, v. 33	p. 599
2.5.1.27	AtIPT5, adenylate dimethylallyltransferase, v. 33	p. 599
2.5.1.27	AtIPT7, adenylate dimethylallyltransferase, v. 33	p. 599
3.6.3.30	AtIRT1, Fe3+-transporting ATPase, v. 15	p. 656
3.2.1.68	AtISA1, isoamylase, v. 13	p. 204
3.2.1.68	AtISA1/AtISA2 isoamylase, isoamylase, v. 13	p. 204
3.2.1.68	AtISA2, isoamylase, v. 13	p. 204
3.2.1.68	AtISA3, isoamylase, v. 13	p. 204
2.5.1.27	AtITP1, adenylate dimethylallyltransferase, v. 33	p. 599
2.7.1.159	AtITPK1, inositol-1,3,4-trisphosphate 5/6-kinase, v. S2	p. 279
2.7.1.159	AtITPK2, inositol-1,3,4-trisphosphate 5/6-kinase, v. S2	p. 279
2.7.1.159	AtITPK3, inositol-1,3,4-trisphosphate 5/6-kinase, v. S2	p. 279
2.7.1.159	AtITPK4, inositol-1,3,4-trisphosphate 5/6-kinase, v. S2	p. 279
2.7.10.2	ATK, non-specific protein-tyrosine kinase, v. S2	p. 441
2.7.11.26	AtK-1, τ-protein kinase, v. S4	p. 303
3.6.4.5	ATK1, minus-end-directed kinesin ATPase, v. 15	p. 784
2.5.1.55	AtkdsA1, 3-deoxy-8-phosphooctulonate synthase, v. 34	p. 172
2.5.1.55	AtkdsA2, 3-deoxy-8-phosphooctulonate synthase, v. 34	p. 172
3.6.4.3	AtKSS, microtubule-severing ATPase, v. 15	p. 774
3.1.1.32	AtLCAT3, phospholipase A1, v. 9	p. 252
3.5.1.28	AtlE, N-acetylmuramoyl-L-alanine amidase, v. 14	p. 396
1.5.1.9	AtLKR/SDHp, saccharopine dehydrogenase (NAD+, L-glutamate-forming), v. 23	p. 97
3.2.1.28	ATM1, α,α-trehalase, v. 12	p. 478
5.2.1.2	AtMAAI, Maleylacetoacetate isomerase, v. 1	p. 197
1.6.5.4	AtMDAR1, monodehydroascorbate reductase (NADH), v. 24	p. 126
2.1.1.14	AtMetE, 5-methyltetrahydropteroyltriglutamate-homocysteine S-methyltransferase, v. 28	p. 84
2.4.1.46	atMGD1, monogalactosyldiacylglycerol synthase, v. 31	p. 422
2.4.1.46	atMGD2, monogalactosyldiacylglycerol synthase, v. 31	p. 422
2.4.1.46	atMGD3, monogalactosyldiacylglycerol synthase, v. 31	p. 422
2.7.11.24	ATMPK1, mitogen-activated protein kinase, v. S4	p. 233
2.7.11.24	ATMPK2, mitogen-activated protein kinase, v. S4	p. 233
1.5.1.20	AtMTHFR-1, methylenetetrahydrofolate reductase [NAD(P)H], v. 23	p. 174
2.7.7.8	AtmtPNPase, polyribonucleotide nucleotidyltransferase, v. 38	p. 145
2.5.1.43	AtNAS1, nicotianamine synthase, v. 34	p. 59
2.5.1.43	AtNAS2, nicotianamine synthase, v. 34	p. 59
2.5.1.43	AtNAS3, nicotianamine synthase, v. 34	p. 59
3.4.24.77	ATNase, snapalysin, v. 8	p. 583
1.13.11.51	AtNCED3, 9-cis-epoxycarotenoid dioxygenase, v. S1	p. 436
2.7.7.1	AtNMNAT, nicotinamide-nucleotide adenylyltransferase, v. 38	p. 49
2.7.7.18	AtNMNAT, nicotinate-nucleotide adenylyltransferase, v. 38	p. 240
2.1.1.103	AtNMT1, phosphoethanolamine N-methyltransferase, v. 28	p. 508
3.6.3.26	AtNRT2.1, nitrate-transporting ATPase, v. 15	p. 646
3.6.3.26	ATNRT2.7, nitrate-transporting ATPase, v. 15	p. 646
1.8.1.9	AtNTRA, thioredoxin-disulfide reductase, v. 24	p. 517
1.8.1.9	AtNTRB, thioredoxin-disulfide reductase, v. 24	p. 517

3.6.1.13	AtNUDT10, ADP-ribose diphosphatase, v. 15 | p. 354	
3.6.1.13	AtNUDT2, ADP-ribose diphosphatase, v. 15 | p. 354	
3.6.1.13	AtNUDT6, ADP-ribose diphosphatase, v. 15 | p. 354	
3.6.1.13	AtNUDT7, ADP-ribose diphosphatase, v. 15 | p. 354	
2.3.1.30	AtOASS, serine O-acetyltransferase, v. 29 | p. 502	
2.7.7.25	ATP(CTP)-tRNA nucleotidyltransferase, tRNA adenylyltransferase, v. 38 | p. 305	
2.7.7.21	ATP(CTP)-tRNA nucleotidyltransferase, tRNA cytidylyltransferase, v. 38 | p. 265	
2.7.7.25	ATP(CTP):tRNA nucleotidyl transferase, tRNA adenylyltransferase, v. 38 | p. 305	
2.7.7.21	ATP(CTP):tRNA nucleotidyl transferase, tRNA cytidylyltransferase, v. 38 | p. 265	
2.7.7.25	ATP(CTP):tRNA nucleotidyltransferase, tRNA adenylyltransferase, v. 38 | p. 305	
2.7.7.21	ATP(CTP):tRNA nucleotidyltransferase, tRNA cytidylyltransferase, v. 38 | p. 265	
2.7.7.25	ATP(CTP):tRNA nucleotidyl transferases, tRNA adenylyltransferase, v. 38 | p. 305	
2.7.7.21	ATP(CTP):tRNA nucleotidyl transferases, tRNA cytidylyltransferase, v. 38 | p. 265	
2.7.2.3	ATP-3-phospho-D-glycerate-1-phosphotransferase, phosphoglycerate kinase, v. 37 | p. 283	
2.7.1.93	ATP-alkylglycerol phosphotransferase, alkylglycerol kinase, v. 36 | p. 365	
3.6.3.48	ATP-binding cassette (ABC) transporter Ste6, α-factor-transporting ATPase, v. 15 | p. 728	
3.6.3.18	ATP-binding cassette ATPase domain of the haemolysin B transporter, oligosaccharide-transporting ATPase, v. 15 | p. 625	
3.6.1.3	ATP-binding cassette protein A1, adenosinetriphosphatase, v. 15 | p. 263	
2.3.3.8	ATP-citric lyase, ATP citrate synthase, v. 30 | p. 631	
3.6.3.3	ATP-coupled Cd(II) pump, Cd2+-exporting ATPase, v. 15 | p. 542	
2.7.3.2	ATP-creatine transphosphorylase, creatine kinase, v. 37 | p. 369	
2.7.1.1	ATP-D-hexose-6-phosphotransferase, hexokinase, v. 35 | p. 74	
2.7.1.1	ATP-D-hexose 6-phosphotransferase, hexokinase, v. 35 | p. 74	
3.6.3.16	ATP-dependent arsenite pump, arsenite-transporting ATPase, v. 15 | p. 617	
3.6.3.8	ATP-dependent Ca(2+) pump PMR1, Ca2+-transporting ATPase, v. 15 | p. 566	
3.6.3.8	ATP-dependent Ca2+ pump PMR1, Ca2+-transporting ATPase, v. 15 | p. 566	
3.6.3.8	ATP-dependent calcium ATPase, Ca2+-transporting ATPase, v. 15 | p. 566	
1.2.99.6	ATP-dependent carboxylic acid reductase, Carboxylate reductase, v. 20 | p. 598	
3.4.21.92	ATP-dependent Clp protease, Endopeptidase Clp, v. 7 | p. 445	
3.1.21.3	ATP-dependent deoxyribonuclease, type I site-specific deoxyribonuclease, v. 11 | p. 448	
6.5.1.1	ATP-dependent DNA ligase, DNA ligase (ATP), v. 2 | p. 755	
3.1.21.3	ATP-dependent DNase, type I site-specific deoxyribonuclease, v. 11 | p. 448	
4.2.1.93	ATP-dependent H4NAD(P)OH dehydratase, ATP-dependent NAD(P)H-hydrate dehydratase, v. 4 | p. 658	
2.7.1.1	ATP-dependent hexokinase, hexokinase, v. 35 | p. 74	
6.5.1.1	ATP-dependent ligase LigB, DNA ligase (ATP), v. 2 | p. 755	
6.5.1.1	ATP-dependent ligase LigC, DNA ligase (ATP), v. 2 | p. 755	
6.5.1.1	ATP-dependent ligase LigD, DNA ligase (ATP), v. 2 | p. 755	
3.4.21.53	ATP-dependent lon protease, Endopeptidase La, v. 7 | p. 241	
3.4.21.53	ATP-dependent Lon proteinase, Endopeptidase La, v. 7 | p. 241	
2.7.1.11	ATP-dependent PFK, 6-phosphofructokinase, v. 35 | p. 168	
4.1.1.49	ATP-dependent phosphoenolpyruvate(PEP)carboxykinase, phosphoenolpyruvate carboxykinase (ATP), v. 3 | p. 297	
4.1.1.49	ATP-dependent phosphoenolpyruvate carboxykinase, phosphoenolpyruvate carboxykinase (ATP), v. 3 | p. 297	
2.7.1.11	ATP-dependent phosphofructokinase, 6-phosphofructokinase, v. 35 | p. 168	
3.4.21.53	ATP-dependent PIM1 protease, Endopeptidase La, v. 7 | p. 241	
3.4.21.53	ATP-dependent protease La, Endopeptidase La, v. 7 | p. 241	
3.4.21.53	ATP-dependent protease lon, Endopeptidase La, v. 7 | p. 241	
3.4.21.53	ATP-dependent serine proteinase, Endopeptidase La, v. 7 | p. 241	
4.6.1.1	ATP-diphopshate-lyase cyclizing, adenylate cyclase, v. 5 | p. 415	
3.6.1.5	ATP-diphosphatase, apyrase, v. 15 | p. 269	
3.6.1.5	ATP-diphosphohydrolase, apyrase, v. 15 | p. 269	
3.6.1.5	ATP-diphosphohydrolase 2, apyrase, v. 15 | p. 269	

2.7.1.2	ATP-GLK, glucokinase, v. 35 | p. 109
2.7.6.5	ATP-GTP 3'-diphosphotransferase, GTP diphosphokinase, v. 38 | p. 44
2.7.2.11	ATP-L-glutamate 5-phosphotransferase, glutamate 5-kinase, v. 37 | p. 351
2.5.1.6	ATP-methionine adenosyltransferase, methionine adenosyltransferase, v. 33 | p. 424
2.7.1.86	ATP-NADH kinase, NADH kinase, v. 36 | p. 321
4.1.1.49	ATP-oxaloacetate carboxylase (transphosporylating), phosphoenolpyruvate carboxykinase (ATP), v. 3 | p. 297
2.7.1.11	ATP-PFK, 6-phosphofructokinase, v. 35 | p. 168
2.4.2.17	ATP-phosphoribosyltransferase, ATP phosphoribosyltransferase, v. 33 | p. 173
2.7.7.19	ATP-polynucleotide adenylyltransferase, polynucleotide adenylyltransferase, v. 38 | p. 245
2.7.11.1	ATP-protein transphosphorylase, non-specific serine/threonine protein kinase, v. S3 | p. 1
2.4.2.17	ATP-PRT, ATP phosphoribosyltransferase, v. 33 | p. 173
2.4.2.17	ATP-PRT1, ATP phosphoribosyltransferase, v. 33 | p. 173
2.4.2.17	ATP-PRT2, ATP phosphoribosyltransferase, v. 33 | p. 173
2.4.2.17	ATP-PRTase, ATP phosphoribosyltransferase, v. 33 | p. 173
2.7.1.30	ATP-stimulated glucocorticoid-receptor translocation promoter, glycerol kinase, v. 35 | p. 351
2.7.7.4	ATP-sulfurylase, sulfate adenylyltransferase, v. 38 | p. 77
2.7.1.21	ATP-thymidine 5'-phosphotransferase, thymidine kinase, v. 35 | p. 270
6.3.4.6	ATP-urea amidolyase, Urea carboxylase, v. 2 | p. 603
2.5.1.27	ATP/ADP isopentenyltransferase, adenylate dimethylallyltransferase, v. 33 | p. 599
2.7.1.156	ATP/GTP:AdoCbi kinase, adenosylcobinamide kinase, v. 37 | p. 255
2.7.1.102	ATP/hamamelose 2'-phosphotransferase, hamamelose kinase, v. 36 | p. 405
3.6.3.10	Atp12a, H+/K+-exchanging ATPase, v. 15 | p. 581
3.6.3.10	ATP1al1, H+/K+-exchanging ATPase, v. 15 | p. 581
3.4.24.64	Atp23, mitochondrial processing peptidase, v. 8 | p. 525
3.6.3.4	ATP7, Cu2+-exporting ATPase, v. 15 | p. 544
3.6.3.4	ATP7A, Cu2+-exporting ATPase, v. 15 | p. 544
3.6.3.4	ATP7B, Cu2+-exporting ATPase, v. 15 | p. 544
3.6.3.1	ATP8A1, phospholipid-translocating ATPase, v. 15 | p. 532
2.7.2.11	ATP:γ-L-glutamate phosphotransferase, glutamate 5-kinase, v. 37 | p. 351
2.7.1.93	ATP:1-alkyl-sn-glycerol phosphotransferase, alkylglycerol kinase, v. 36 | p. 365
2.7.1.134	ATP:1D-myo-inositol-1,3,4-trisphosphate 5-phosphoransferase, inositol-tetrakisphosphate 1-kinase, v. 37 | p. 155
2.7.1.134	ATP:1D-myo-inositol-1,3,4-trisphosphate 6-phosphoransferase, inositol-tetrakisphosphate 1-kinase, v. 37 | p. 155
2.7.1.59	ATP:2-acetylamino-2-deoxy-D-glucose 6-phosphotransferase, N-acetylglucosamine kinase, v. 36 | p. 135
2.7.1.8	ATP:2-amino-2-deoxy-D-glucose-6-phosphotransferase, glucosamine kinase, v. 35 | p. 162
2.7.6.3	ATP:2-amino-4-hydroxy-6-hydroxymethyl-7,8-dihydropteridine 6'-pyrophosphotransferase, 2-amino-4-hydroxy-6-hydroxymethyldihydropteridine diphosphokinase, v. 38 | p. 30
2.7.1.78	ATP:5'-dephosphopolynucleotide 5'-phosphatase, polynucleotide 5'-hydroxyl-kinase, v. 36 | p. 280
2.7.4.2	ATP:5-phosphomevalonate phosphotransferase, phosphomevalonate kinase, v. 37 | p. 487
2.7.1.52	ATP:6-deoxy-β-L-galactose 1-phosphotransferase, fucokinase, v. 36 | p. 110
2.7.3.3	ATP: arginine N-phosphotransferase, arginine kinase, v. 37 | p. 385
2.7.3.3	ATP:arginine N-phosphotransferase, arginine kinase, v. 37 | p. 385
2.7.1.32	ATP:choline phosphotransferase, choline kinase, v. 35 | p. 373
2.3.3.8	ATP:citrate lyase, ATP citrate synthase, v. 30 | p. 631
2.3.3.8	ATP:citrate oxaloacetate-lyase (pro-3S-CH2COO->acetyl-CoA, ATP dephosphorylating), ATP citrate synthase, v. 30 | p. 631
2.3.3.8	ATP:citrate oxaloacetate-lyase CoA-acetylating and ATP-dephosphorylating, ATP citrate synthase, v. 30 | p. 631

2.3.3.8	ATP:citrate oxaloacetate lyase ((pro-3S)-CH2COO→ acetyl-CoA) (ATP-dephosphorylating), ATP citrate synthase, v. 30 | p. 631
2.5.1.17	ATP:co(I)rrinoid adenosyltransferase, cob(I)yrinic acid a,c-diamide adenosyltransferase, v. 33 | p. 517
2.5.1.17	ATP:cob(I)alamin adenosyltransferase, cob(I)yrinic acid a,c-diamide adenosyltransferase, v. 33 | p. 517
2.5.1.17	ATP:cob(I)alamin Coβ-adenosyltransferase, cob(I)yrinic acid a,c-diamide adenosyltransferase, v. 33 | p. 517
2.5.1.17	ATP:cob(I)alamin transferase (ATR), cob(I)yrinic acid a,c-diamide adenosyltransferase, v. 33 | p. 517
2.5.1.17	ATP: cobalamin adenosyltransferase, cob(I)yrinic acid a,c-diamide adenosyltransferase, v. 33 | p. 517
2.5.1.17	ATP:cobalamin adenosyltransferase, cob(I)yrinic acid a,c-diamide adenosyltransferase, v. 33 | p. 517
2.5.1.17	ATP:corrinoid adenosyltransferase, cob(I)yrinic acid a,c-diamide adenosyltransferase, v. 33 | p. 517
2.7.3.2	ATP:creatine phosphotransferase, creatine kinase, v. 37 | p. 369
2.7.2.3	ATP:D-3-phosphoglycerate 1-phosphotransferase, phosphoglycerate kinase, v. 37 | p. 283
2.7.1.105	ATP:D-fructose-6-phosphate 2-phosphotransferase, 6-phosphofructo-2-kinase, v. 36 | p. 412
2.7.1.6	ATP:D-galactose-1-phosphotransferase, galactokinase, v. 35 | p. 144
2.7.6.1	ATP: D-ribose-5-phosphate pyrophosphotransferase, ribose-phosphate diphosphokinase, v. 38 | p. 1
2.7.6.1	ATP:D-ribose-5-phosphate pyrophosphotransferase, ribose-phosphate diphosphokinase, v. 38 | p. 1
2.7.8.25	ATP:dephospho-CoA 5-triphosphoribosyl transferase, triphosphoribosyl-dephospho-CoA synthase, v. 39 | p. 145
2.7.1.107	ATP:diacylglycerol phosphotransferase, diacylglycerol kinase, v. 36 | p. 438
2.7.1.88	ATP:dihydrostreptomycin-6-P 3'α-phosphotransferase, dihydrostreptomycin-6-phosphate 3'α-kinase, v. 36 | p. 327
2.7.7.42	ATP:glutamine synthetase adenylyltransferase, [glutamate-ammonia-ligase] adenylyltransferase, v. 38 | p. 431
2.7.1.30	ATP: glycerol-3-phosphotranferase, glycerol kinase, v. 35 | p. 351
2.7.1.30	ATP:glycerol-3-phosphotransferase, glycerol kinase, v. 35 | p. 351
2.7.1.30	ATP:glycerol 3-phosphotransferase, glycerol kinase, v. 35 | p. 351
2.7.4.8	ATP:GMP phosphotransferase, guanylate kinase, v. 37 | p. 543
2.7.6.5	ATP:GTP pyrophosphoryl transferase, GTP diphosphokinase, v. 38 | p. 44
2.7.3.7	ATP:guanidinoethylmethylphosphate phosphotransferase, opheline kinase, v. 37 | p. 409
2.7.1.65	ATP:inosamine phosphotransferase, scyllo-inosamine 4-kinase, v. 36 | p. 168
2.7.3.3	ATP:L-arginine N-phosphotransferase, arginine kinase, v. 37 | p. 385
2.7.3.3	ATP: L-arginine phosphotransferase, arginine kinase, v. 37 | p. 385
2.7.3.3	ATP:L-arginine phosphotransferase, arginine kinase, v. 37 | p. 385
2.5.1.6	ATP: L-methionine S-adenosyltransferase, methionine adenosyltransferase, v. 33 | p. 424
2.7.1.36	ATP:mevalonate 5-phosphotransferase, mevalonate kinase, v. 35 | p. 407
2.7.1.60	ATP:N-acetylmannosamine 6-phosphotransferase, N-acylmannosamine kinase, v. 36 | p. 144
2.7.1.23	ATP:NAD 2'-phosphotransferase, NAD+ kinase, v. 35 | p. 293
2.7.1.86	ATP:NADH 2'-phosphotransferase, NADH kinase, v. 36 | p. 321
2.7.1.86	ATP:NADH2 2'-phosphotransferase, NADH kinase, v. 36 | p. 321
2.7.7.1	ATP:NMN adenylyltransferase, nicotinamide-nucleotide adenylyltransferase, v. 38 | p. 49
2.7.6.4	ATP:nucleotide pyrophosphotransferase, nucleotide diphosphokinase, v. 38 | p. 37
4.1.1.49	ATP: oxaloacetate carboxy-lyase, phosphoenolpyruvate carboxykinase (ATP), v. 3 | p. 297
4.1.1.49	ATP:oxaloacetate carboxy-lyase, phosphoenolpyruvate carboxykinase (ATP), v. 3 | p. 297
4.1.1.49	ATP:oxaloacetate carboxylase (transphosphorylating), phosphoenolpyruvate carboxykinase (ATP), v. 3 | p. 297

2.7.7.19	ATP:polynucleotidylexotransferase, polynucleotide adenylyltransferase, v. 38	p. 245
2.7.4.1	ATP:polyphosphate phosphotransferase, polyphosphate kinase, v. 37	p. 475
2.7.9.1	ATP:pyruvate, orthophosphate phosphotransferase, pyruvate, phosphate dikinase, v. 39	p. 149
2.7.1.100	ATP:S-methylthioribose kinase, S-methyl-5-thioribose kinase, v. 36	p. 398
2.7.7.4	ATP: sulfate adenylyl transferase, sulfate adenylyltransferase, v. 38	p. 77
2.7.3.4	ATP:taurocyamine phosphotransferase, taurocyamine kinase, v. 37	p. 399
2.7.4.15	ATP:thiamin-diphosphate phosphotransferase, thiamine-diphosphate kinase, v. 37	p. 598
2.7.4.16	ATP:thiamin-phosphate phosphotransferase, thiamine-phosphate kinase, v. 37	p. 601
2.7.1.89	ATP:thiamin phosphotransferase, thiamine kinase, v. 36	p. 329
2.7.6.2	ATP:thiamin pyrophosphotransferase, thiamine diphosphokinase, v. 38	p. 23
2.7.7.21	ATP:tRNA adenylyltransferase, tRNA cytidylyltransferase, v. 38	p. 265
2.7.7.25	ATP:tRNA nucleotidyltransferase (CTP), tRNA adenylyltransferase, v. 38	p. 305
2.7.7.21	ATP:tRNA nucleotidyltransferase (CTP), tRNA cytidylyltransferase, v. 38	p. 265
2.7.4.14	ATP:UMP-CMP phosphotransferase, cytidylate kinase, v. 37	p. 582
2.7.4.22	ATP:UMP phosphotransferase, UMP kinase, v. S2	p. 299
6.3.4.6	ATP:urea amidolyase, Urea carboxylase, v. 2	p. 603
2.7.1.25	ATP adenosine-5'-phosphosulfate 3'-phosphotransferase, adenylyl-sulfate kinase, v. 35	p. 314
4.3.1.24	AtPAL 1, phenylalanine ammonia-lyase	
4.3.1.24	AtPAL 2, phenylalanine ammonia-lyase	
4.3.1.24	AtPAL 3, phenylalanine ammonia-lyase	
4.3.1.24	AtPAL 4, phenylalanine ammonia-lyase	
1.14.12.20	AtPaO, pheophorbide a oxygenase, v. S1	p. 532
3.1.13.4	AtPARN, poly(A)-specific ribonuclease, v. 11	p. 407
3.6.1.8	ATPase, ATP diphosphatase, v. 15	p. 313
3.6.3.4	ATPase, Cu2+-exporting ATPase, v. 15	p. 544
3.6.3.14	ATPase, H+-transporting two-sector ATPase, v. 15	p. 598
3.6.3.2	ATPase, Mg2+-importing ATPase, v. 15	p. 538
3.6.3.7	ATPase, Na+-exporting ATPase, v. 15	p. 561
3.6.1.3	ATPase, adenosinetriphosphatase, v. 15	p. 263
3.6.3.22	ATPase, nonpolar-amino-acid-transporting ATPase, v. 15	p. 640
3.6.1.15	ATPase, nucleoside-triphosphatase, v. 15	p. 365
3.6.3.10	H-K-ATPase, H+/K+-exchanging ATPase, v. 15	p. 581
3.6.3.14	V-ATPase, H+-transporting two-sector ATPase, v. 15	p. 598
3.6.3.15	V-ATPase, Na+-transporting two-sector ATPase, v. 15	p. 611
3.6.1.3	V-ATPase, adenosinetriphosphatase, v. 15	p. 263
3.6.3.14	V-ATPase 28 kDa accessory protein, H+-transporting two-sector ATPase, v. 15	p. 598
3.6.3.8	ATPase 2C1, Ca2+-transporting ATPase, v. 15	p. 566
3.6.3.14	V-ATPase 40 kDa accessory protein, H+-transporting two-sector ATPase, v. 15	p. 598
3.6.3.14	V-ATPase 41 KDa accessory protein, H+-transporting two-sector ATPase, v. 15	p. 598
3.6.3.14	V-ATPase 9.2 kDa membrane accessory protein, H+-transporting two-sector ATPase, v. 15	p. 598
3.6.3.1	ATPase II, phospholipid-translocating ATPase, v. 15	p. 532
3.6.4.6	ATPase N-ethylmaleimide sensitive factor, vesicle-fusing ATPase, v. 15	p. 789
3.6.3.14	V-ATPase S1 accessory protein, H+-transporting two-sector ATPase, v. 15	p. 598
3.6.3.52	ATPase SecA, chloroplast protein-transporting ATPase, v. 15	p. 747
3.6.3.25	ATPase subunit, sulfate-transporting ATPase, v. S6	p. 459
3.6.4.8	ATPase subunit Rpt3, proteasome ATPase, v. 15	p. 797
3.6.3.5	ATPase ZntA, Zn2+-exporting ATPase, v. 15	p. 550
2.3.3.8	ATP citrate (pro-S)-lyase, ATP citrate synthase, v. 30	p. 631
2.3.2.15	AtPCS, glutathione γ-glutamylcysteinyltransferase, v. 30	p. 576
2.3.2.15	AtPCS1, glutathione γ-glutamylcysteinyltransferase, v. 30	p. 576
2.3.2.15	AtPCSI, glutathione γ-glutamylcysteinyltransferase, v. 30	p. 576
3.6.1.8	ATPDase, ATP diphosphatase, v. 15	p. 313

ATPDase

3.6.1.5	ATPDase, apyrase, v.15|p.269	
3.6.1.5	ATPDase1, apyrase, v.15|p.269	
3.6.1.5	ATPDase2, apyrase, v.15|p.269	
3.5.1.88	AtPDF1A, peptide deformylase, v.14|p.631	
3.5.1.88	AtPDF1B, peptide deformylase, v.14|p.631	
3.5.1.88	AtPDF1Bt, peptide deformylase, v.14|p.631	
3.5.1.88	AtPDF2, peptide deformylase, v.14|p.631	
3.6.1.8	ATPdiphosphohydrolase, ATP diphosphatase, v.15|p.313	
3.6.1.5	ATP diphosphohyrolase, apyrase, v.15|p.269	
2.7.1.90	AtPFPα2, diphosphate-fructose-6-phosphate 1-phosphotransferase, v.36|p.331	
6.3.1.2	ATP glutamate-ammonia ligase, Glutamate-ammonia ligase, v.2|p.347	
3.6.3.4	ATP hydrolase, Cu2+-exporting ATPase, v.15|p.544	
3.6.3.12	ATP hydrolase, K+-transporting ATPase, v.15|p.593	
3.6.3.2	ATP hydrolase, Mg2+-importing ATPase, v.15|p.538	
3.6.3.7	ATP hydrolase, Na+-exporting ATPase, v.15|p.561	
3.6.1.3	ATP hydrolase, adenosinetriphosphatase, v.15|p.263	
3.1.4.11	AtPLC1, phosphoinositide phospholipase C, v.11|p.75	
3.1.4.11	AtPLC2, phosphoinositide phospholipase C, v.11|p.75	
3.1.4.11	AtPLC3, phosphoinositide phospholipase C, v.11|p.75	
3.1.4.11	AtPLC4, phosphoinositide phospholipase C, v.11|p.75	
3.1.4.11	AtPLC5, phosphoinositide phospholipase C, v.11|p.75	
3.1.4.11	AtPLC6, phosphoinositide phospholipase C, v.11|p.75	
3.1.4.11	AtPLC7, phosphoinositide phospholipase C, v.11|p.75	
3.1.4.11	AtPLC8, phosphoinositide phospholipase C, v.11|p.75	
3.1.4.11	AtPLC9, phosphoinositide phospholipase C, v.11|p.75	
3.1.4.4	AtPLDδ, phospholipase D, v.11|p.47	
3.1.4.4	AtPLDε, phospholipase D, v.11|p.47	
3.1.4.4	AtPLDα1, phospholipase D, v.11|p.47	
3.1.4.4	AtPLDβ1, phospholipase D, v.11|p.47	
3.1.4.4	AtPLDγ1, phospholipase D, v.11|p.47	
3.1.4.4	AtPLDα2, phospholipase D, v.11|p.47	
3.1.4.4	AtPLDβ2, phospholipase D, v.11|p.47	
3.1.4.4	AtPLDγ2, phospholipase D, v.11|p.47	
3.1.4.4	AtPLDγ3, phospholipase D, v.11|p.47	
3.1.4.4	AtPLDp1, phospholipase D, v.11|p.47	
3.1.4.4	AtPLDp2, phospholipase D, v.11|p.47	
3.1.4.4	AtPLDzeta, phospholipase D, v.11|p.47	
4.2.2.2	AtPLL, pectate lyase, v.5|p.6	
3.1.1.11	AtPME1, pectinesterase, v.9|p.136	
3.6.1.3	ATP monophosphatase, adenosinetriphosphatase, v.15|p.263	
3.5.1.52	AtPNG1, peptide-N4-(N-acetyl-β-glucosaminyl)asparagine amidase, v.14|p.485	
2.7.6.4	ATP nucleotide 3'-pyrophosphokinase, nucleotide diphosphokinase, v.38|p.37	
4.1.1.31	Atppc1, phosphoenolpyruvate carboxylase, v.3|p.175	
4.1.1.31	Atppc2, phosphoenolpyruvate carboxylase, v.3|p.175	
4.1.1.31	Atppc3, phosphoenolpyruvate carboxylase, v.3|p.175	
4.1.1.31	Atppc4, phosphoenolpyruvate carboxylase, v.3|p.175	
3.6.3.4	ATP phosphohydrolase, Cu2+-exporting ATPase, v.15|p.544	
3.6.3.6	ATP phosphohydrolase, H+-exporting ATPase, v.15|p.554	
3.6.3.12	ATP phosphohydrolase, K+-transporting ATPase, v.15|p.593	
3.6.3.2	ATP phosphohydrolase, Mg2+-importing ATPase, v.15|p.538	
3.6.4.6	ATP phosphohydrolase, vesicle-fusing ATPase, v.15|p.789	
2.4.2.17	ATP phosphoribosyl transferase, ATP phosphoribosyltransferase, v.33|p.173	
2.4.2.17	ATP phosphoribosyl transferase complex, ATP phosphoribosyltransferase, v.33|p.173	
3.6.1.8	ATP pyrophosphatase, ATP diphosphatase, v.15|p.313	
4.6.1.1	ATP pyrophosphate-lyase, adenylate cyclase, v.5|p.415	

3.6.1.8	ATP pyrophosphohydrolase, ATP diphosphatase, v. 15 | p. 313	
2.7.7.4	ATPS, sulfate adenylyltransferase, v. 38 | p. 77	
2.7.7.4	ATPS1, sulfate adenylyltransferase, v. 38 | p. 77	
2.6.1.52	AtPSAT, phosphoserine transaminase, v. 34 | p. 588	
2.7.7.4	ATP sulfurylase, sulfate adenylyltransferase, v. 38 | p. 77	
2.7.1.25	ATP sulfurylase-APS kinase, adenylyl-sulfate kinase, v. 35 | p. 314	
2.7.7.4	ATP sulfurylase-APS kinase, sulfate adenylyltransferase, v. 38 | p. 77	
3.6.3.14	ATP synthase, H+-transporting two-sector ATPase, v. 15 | p. 598	
3.6.3.15	ATP synthase, Na+-transporting two-sector ATPase, v. 15 | p. 611	
3.6.3.14	ATP synthase proteolipid P1, H+-transporting two-sector ATPase, v. 15 | p. 598	
3.6.3.14	ATP synthase proteolipid P2, H+-transporting two-sector ATPase, v. 15 | p. 598	
3.6.3.14	ATP synthase proteolipid P3, H+-transporting two-sector ATPase, v. 15 | p. 598	
2.7.1.160	AtPt, 2'-phosphotransferase, v. S2 | p. 287	
3.6.3.1	ATPVC, phospholipid-translocating ATPase, v. 15 | p. 532	
3.6.3.1	ATPVD, phospholipid-translocating ATPase, v. 15 | p. 532	
2.3.2.5	AtQC, glutaminyl-peptide cyclotransferase, v. 30 | p. 508	
2.5.1.17	ATR, cob(I)yrinic acid a,c-diamide adenosyltransferase, v. 33 | p. 517	
3.8.1.8	atrazine chlorohydrolase, atrazine chlorohydrolase, v. 15 | p. 909	
3.8.1.8	atrazine dechlorinase, atrazine chlorohydrolase, v. 15 | p. 909	
1.6.3.1	Atrbohc, NAD(P)H oxidase, v. 24 | p. 92	
1.3.1.80	AtRCCR, red chlorophyll catabolite reductase, v. S1 | p. 246	
3.1.1.10	AtrE, tropinesterase, v. 9 | p. 132	
3.4.15.4	Atrial di-(tri-)peptidyl carboxyhydrolase, Peptidyl-dipeptidase B, v. 6 | p. 361	
3.4.15.4	Atrial dipeptidyl carboxyhydrolase, Peptidyl-dipeptidase B, v. 6 | p. 361	
4.6.1.2	atrial natriuretic factor receptor guanylate cyclase, guanylate cyclase, v. 5 | p. 430	
4.6.1.2	Atrial natriuretic peptide A-type receptor, guanylate cyclase, v. 5 | p. 430	
4.6.1.2	Atrial natriuretic peptide B-type receptor, guanylate cyclase, v. 5 | p. 430	
3.4.15.4	Atrial peptide convertase, Peptidyl-dipeptidase B, v. 6 | p. 361	
3.4.15.4	Atriopeptin convertase, Peptidyl-dipeptidase B, v. 6 | p. 361	
6.3.2.19	atrogin-1, Ubiquitin-protein ligase, v. 2 | p. 506	
3.4.24.44	atrolysin E/D, atrolysin E, v. 8 | p. 448	
3.6.5.2	AtRopGEF12, small monomeric GTPase, v. S6 | p. 476	
3.1.1.10	atropinase, tropinesterase, v. 9 | p. 132	
3.1.1.10	Atropine acylhydrolase, tropinesterase, v. 9 | p. 132	
3.1.1.10	atropine esterase, tropinesterase, v. 9 | p. 132	
3.1.1.10	atropinesterase, tropinesterase, v. 9 | p. 132	
3.4.24.43	Atroxase (Crotalus atrox), atroxase, v. 8 | p. 445	
3.1.26.3	AtRTL1, ribonuclease III, v. 11 | p. 509	
3.1.26.3	AtRTL2, ribonuclease III, v. 11 | p. 509	
3.1.26.3	AtRTL3, ribonuclease III, v. 11 | p. 509	
3.1.1.4	Ats-PLA2-α, phospholipase A2, v. 9 | p. 52	
3.1.6.1	AtsA, arylsulfatase, v. 11 | p. 236	
1.3.3.6	AtSACX, acyl-CoA oxidase, v. 21 | p. 401	
2.3.1.30	AtSAT, serine O-acetyltransferase, v. 29 | p. 502	
1.3.3.3	AtsB, coproporphyrinogen oxidase, v. 21 | p. 367	
2.3.1.91	AtSCT, sinapoylglucose-choline O-sinapoyltransferase, v. 30 | p. 171	
1.5.1.9	AtSDHp, saccharopine dehydrogenase (NAD+, L-glutamate-forming), v. 23 | p. 97	
3.1.2.12	AtSFGH, S-formylglutathione hydrolase, v. 9 | p. 508	
2.4.1.173	AtSGT, sterol 3β-glucosyltransferase, v. 32 | p. 389	
1.14.11.17	AtsK, taurine dioxygenase, v. 26 | p. 108	
2.3.1.92	AtSMT, sinapoylglucose-malate O-sinapoyltransferase, v. 30 | p. 175	
3.1.1.4	AtsPLA2-α, phospholipase A2, v. 9 | p. 52	
3.1.1.4	AtsPLA2-γ, phospholipase A2, v. 9 | p. 52	
2.4.1.14	AtSPS, sucrose-phosphate synthase, v. 31 | p. 126	
1.8.98.2	AtSrx, sulfiredoxin, v. S1 | p. 378	

2.4.1.21	AtSS2, starch synthase, v. 31 | p. 251	
2.4.1.21	AtSSII, starch synthase, v. 31 | p. 251	
2.4.1.21	AtSSIII, starch synthase, v. 31 | p. 251	
2.8.2.28	AtST3a, quercetin-3,3'-bissulfate 7-sulfotransferase, v. 39 | p. 464	
3.4.24.84	AtSte24, Ste24 endopeptidase, v. S6 | p. 337	
3.4.24.84	At Ste24p, Ste24 endopeptidase, v. S6 | p. 337	
3.1.1.81	AttM, quorum-quenching N-acyl-homoserine lactonase, v. S5 | p. 23	
5.99.1.2	AtTop1, DNA topoisomerase, v. 1 | p. 721	
2.4.1.15	AtTPS1, α,α-trehalose-phosphate synthase (UDP-forming), v. 31 | p. 137	
4.2.3.15	AtTPS10, myrcene synthase, v. S7 | p. 264	
2.4.1.15	AtTPS6, α,α-trehalose-phosphate synthase (UDP-forming), v. 31 | p. 137	
3.4.14.5	attractin, dipeptidyl-peptidase IV, v. 6 | p. 286	
4.2.1.20	AtTSB1, tryptophan synthase, v. 4 | p. 379	
4.1.1.25	AtTYDC, Tyrosine decarboxylase, v. 3 | p. 146	
4.2.2.3	Atu3025, poly(β-D-mannuronate) lyase, v. 5 | p. 19	
6.4.1.5	AtuC/AtuF, Geranoyl-CoA carboxylase, v. 2 | p. 752	
5.1.3.6	AtUGlcAE1, UDP-glucuronate 4-epimerase, v. 1 | p. 132	
6.5.1.1	AtuLigD1, DNA ligase (ATP), v. 2 | p. 755	
6.5.1.1	AtuLigD2, DNA ligase (ATP), v. 2 | p. 755	
4.1.1.2	AtuOXDC, Oxalate decarboxylase, v. 3 | p. 11	
2.7.7.64	AtUSP, UTP-monosaccharide-1-phosphate uridylyltransferase, v. S2 | p. 326	
2.3.1.165	ATX, 6-methylsalicylic-acid synthase, v. 30 | p. 444	
3.1.4.39	ATX, alkylglycerophosphoethanolamine phosphodiesterase, v. 11 | p. 187	
3.1.1.4	ATX, phospholipase A2, v. 9 | p. 52	
3.1.4.39	ATXγ, alkylglycerophosphoethanolamine phosphodiesterase, v. 11 | p. 187	
3.1.4.39	ATX/NPP2, alkylglycerophosphoethanolamine phosphodiesterase, v. 11 | p. 187	
2.4.1.207	AtXTH21, xyloglucan:xyloglucosyl transferase, v. 32 | p. 524	
2.4.1.207	AtXTH24, xyloglucan:xyloglucosyl transferase, v. 32 | p. 524	
3.1.4.39	ATX], alkylglycerophosphoethanolamine phosphodiesterase, v. 11 | p. 187	
3.6.5.6	atypical GTPase, tubulin GTPase, v. S6 | p. 539	
3.8.1.8	AtzA, atrazine chlorohydrolase, v. 15 | p. 909	
3.8.1.8	AtzB, atrazine chlorohydrolase, v. 15 | p. 909	
3.5.99.3	AtzB, hydroxydechloroatrazine ethylaminohydrolase, v. 15 | p. 218	
3.5.99.4	AtzC, N-isopropylammelide isopropylaminohydrolase, v. 15 | p. 220	
3.1.3.32	AtZDP, polynucleotide 3'-phosphatase, v. 10 | p. 326	
3.5.1.54	AtzF, allophanate hydrolase, v. 14 | p. 498	
3.5.1.70	AuAAC, aculeacin-A deacylase, v. 14 | p. 557	
3.5.1.11	AuAAC, penicillin amidase, v. 14 | p. 287	
4.2.1.110	AUDH, aldos-2-ulose dehydratase, v. S7 | p. 111	
3.5.3.11	AUH, agmatinase, v. 14 | p. 801	
3.4.24.29	Aur, aureolysin, v. 8 | p. 379	
3.5.1.97	auto-inducer inhibitor from Cyanobacteria, acyl-homoserine-lactone acylase, v. S6 | p. 434	
3.1.1.81	auto-inducer inhibitor from Cyanobacteria, quorum-quenching N-acyl-homoserine lactonase, v. S5 | p. 23	
5.3.1.9	autocrine motility factor, Glucose-6-phosphate isomerase, v. 1 | p. 298	
3.4.21.78	Autocrine thymic lymphoma granzyme-like serine protease, Granzyme A, v. 7 | p. 388	
4.4.1.21	autoinducer-2 synthase, S-ribosylhomocysteine lyase, v. S7 | p. 400	
2.3.1.184	autoinducer synthase, acyl-homoserine-lactone synthase, v. S2 | p. 140	
2.3.1.184	autoinducer synthesis protein rhlI, acyl-homoserine-lactone synthase, v. S2 | p. 140	
3.5.1.28	Autolysin, N-acetylmuramoyl-L-alanine amidase, v. 14 | p. 396	
3.2.1.17	Autolysin, lysozyme, v. 12 | p. 228	
2.7.13.3	autolysin sensor kinase, histidine kinase, v. S4 | p. 420	
2.7.11.1	autophagy serine/threonine-protein kinase APG1, non-specific serine/threonine protein kinase, v. S3 | p. 1	
3.4.21.6	autoprothrombin C, coagulation factor Xa, v. 7 | p. 35	

3.4.21.69	Autoprothrombin II-A, Protein C (activated), v.7	p.339
3.4.21.69	Autoprothrombin IIA, Protein C (activated), v.7	p.339
3.1.4.39	autotaxin, alkylglycerophosphoethanolamine phosphodiesterase, v.11	p.187
3.1.4.1	autotaxin, phosphodiesterase I, v.11	p.1
3.1.15.1	autotaxin, venom exonuclease, v.11	p.417
3.1.4.39	autotaxin β, alkylglycerophosphoethanolamine phosphodiesterase, v.11	p.187
3.1.4.39	autotaxin γ, alkylglycerophosphoethanolamine phosphodiesterase, v.11	p.187
3.1.4.39	autotaxin/lysoPLD, alkylglycerophosphoethanolamine phosphodiesterase, v.11	p.187
3.5.5.1	auxin-producing nitrilase, nitrilase, v.15	p.174
2.6.1.83	Ava_1277, LL-diaminopimelate aminotransferase, v.S2	p.253
2.6.1.83	Ava_2354, LL-diaminopimelate aminotransferase, v.S2	p.253
3.1.21.4	AvaI, type II site-specific deoxyribonuclease, v.11	p.454
3.1.21.4	AvaII, type II site-specific deoxyribonuclease, v.11	p.454
3.1.21.4	AvaIII, type II site-specific deoxyribonuclease, v.11	p.454
3.4.23.18	Avamorin, Aspergillopepsin I, v.8	p.78
3.4.21.1	avazyme, chymotrypsin, v.7	p.1
3.4.21.115	avian infectious busrsal disease birnavirus Vp4 endopeptidase, infectious pancreatic necrosis birnavirus Vp4 peptidase, v.S5	p.415
3.2.1.4	avicelase, cellulase, v.12	p.88
3.2.1.91	avicelase, cellulose 1,4-β-cellobiosidase, v.13	p.325
3.2.1.91	avicelase II, cellulose 1,4-β-cellobiosidase, v.13	p.325
3.2.1.150	avicelase II, oligoxyloglucan reducing-end-specific cellobiohydrolase, v.S5	p.128
3.4.22.39	AVP, adenain, v.7	p.720
3.6.1.1	AVP1, inorganic diphosphatase, v.15	p.240
3.6.1.1	AVP2, inorganic diphosphatase, v.15	p.240
3.1.21.4	AvrII, type II site-specific deoxyribonuclease, v.11	p.454
3.4.23.18	Awamorin, Aspergillopepsin I, v.8	p.78
2.3.1.75	AWAT, long-chain-alcohol O-fatty-acyltransferase, v.30	p.79
2.3.1.75	AWAT 1, long-chain-alcohol O-fatty-acyltransferase, v.30	p.79
2.3.1.75	AWAT 2, long-chain-alcohol O-fatty-acyltransferase, v.30	p.79
3.1.1.73	AwFAE, feruloyl esterase, v.9	p.414
3.1.1.73	AwFAEA, feruloyl esterase, v.9	p.414
3.1.1.72	AXE, Acetylxylan esterase, v.9	p.406
3.1.1.41	AXE, cephalosporin-C deacetylase, v.9	p.291
3.1.1.72	Axe6A, Acetylxylan esterase, v.9	p.406
3.1.1.72	Axe6B, Acetylxylan esterase, v.9	p.406
3.1.1.72	AxeA, Acetylxylan esterase, v.9	p.406
3.1.1.72	AXE I, Acetylxylan esterase, v.9	p.406
3.1.1.72	AXE II, Acetylxylan esterase, v.9	p.406
3.1.1.72	AXEII, Acetylxylan esterase, v.9	p.406
3.2.1.55	AXH, α-N-arabinofuranosidase, v.13	p.106
2.7.10.1	Axl, receptor protein-tyrosine kinase, v.S2	p.341
2.7.10.1	AXL oncogene, receptor protein-tyrosine kinase, v.S2	p.341
1.7.2.1	AxNiR, nitrite reductase (NO-forming), v.24	p.325
6.3.2.19	axot, Ubiquitin-protein ligase, v.2	p.506
6.3.2.19	axotrophin, Ubiquitin-protein ligase, v.2	p.506
1.7.1.6	azo-dye reductase, azobenzene reductase, v.24	p.288
1.7.1.6	Azo 1, azobenzene reductase, v.24	p.288
3.4.21.32	azocollase, brachyurin, v.7	p.129
3.4.24.7	azocollase, interstitial collagenase, v.8	p.218
3.4.24.3	azocollase, microbial collagenase, v.8	p.205
1.7.1.6	azo dye reductase, azobenzene reductase, v.24	p.288
3.2.2.24	azoferredoxin-activating enzymes, ADP-ribosyl-[dinitrogen reductase] hydrolase, v.14	p.115

2.4.2.37	azoferredoxin ADP-ribosyltransferase, NAD+-dinitrogen-reductase ADP-D-ribosyltransferase, v. 33 | p. 299	
1.7.1.6	AzoI, azobenzene reductase, v. 24 | p. 288	
1.7.1.6	AzoII, azobenzene reductase, v. 24 | p. 288	
1.7.1.6	AzoR, azobenzene reductase, v. 24 | p. 288	
1.7.1.6	azo reductase, azobenzene reductase, v. 24 | p. 288	
1.5.1.29	azoreductase, FMN reductase, v. 23 | p. 217	
1.6.5.2	azoreductase, NAD(P)H dehydrogenase (quinone), v. 24 | p. 105	
1.7.1.6	azoreductase, azobenzene reductase, v. 24 | p. 288	
1.5.1.30	azoreductase, flavin reductase, v. 23 | p. 232	
1.5.1.29	AZR, FMN reductase, v. 23 | p. 217	
1.5.1.30	AZRü, flavin reductase, v. 23 | p. 232	

Index of Synonyms: B

3.4.11.1	b/LAP, leucyl aminopeptidase, v. 6 | p. 40
6.5.1.3	b1-10t, RNA ligase (ATP), v. 2 | p. 787
3.1.4.1	B10, phosphodiesterase I, v. 11 | p. 1
1.16.1.3	B12a reductase, aquacobalamin reductase, v. 27 | p. 444
2.1.1.13	B12 N5-methyltetrahydrofolate homocysteine methyltransferase, methionine synthase, v. 28 | p. 73
1.16.1.4	B12r reductase, cob(II)alamin reductase, v. 27 | p. 449
1.3.1.56	B2,3D, cis-2,3-dihydrobiphenyl-2,3-diol dehydrogenase, v. 21 | p. 288
3.2.1.14	B220, chitinase, v. 12 | p. 185
2.4.1.149	B3gnt1, N-acetyllactosaminide β-1,3-N-acetylglucosaminyltransferase, v. 32 | p. 297
3.5.2.6	B3 MBL, β-lactamase, v. 14 | p. 683
3.1.3.16	B56β, phosphoprotein phosphatase, v. 10 | p. 213
3.1.3.16	B56γ-PP2A, phosphoprotein phosphatase, v. 10 | p. 213
3.1.3.16	B56γ-specific protein phosphatase 2A, phosphoprotein phosphatase, v. 10 | p. 213
1.6.2.2	B5R, cytochrome-b5 reductase, v. 24 | p. 35
1.10.2.2	b6/f complex, ubiquinol-cytochrome-c reductase, v. 25 | p. 83
1.10.2.2	f-b6 complex, ubiquinol-cytochrome-c reductase, v. 25 | p. 83
3.2.1.17	BA-lysozyme, lysozyme, v. 12 | p. 228
5.1.1.1	BA0252, Alanine racemase, v. 1 | p. 1
2.7.13.3	BA2291, histidine kinase, v. S4 | p. 420
1.7.99.7	ba3-oxidase, nitric-oxide reductase, v. 24 | p. 441
4.2.1.52	BA3935 gene product, dihydrodipicolinate synthase, v. 4 | p. 527
3.2.1.1	BAA, α-amylase, v. 12 | p. 1
3.2.2.20	bAag, DNA-3-methyladenine glycosylase I, v. 14 | p. 99
2.3.1.65	BAAT, bile acid-CoA:amino acid N-acyltransferase, v. 30 | p. 26
3.1.3.1	BAB, alkaline phosphatase, v. 10 | p. 1
2.3.1.65	BACAT, bile acid-CoA:amino acid N-acyltransferase, v. 30 | p. 26
3.4.23.46	BACE, memapsin 2, v. S6 | p. 236
3.4.23.46	BACE1, memapsin 2, v. S6 | p. 236
3.4.23.45	BACE 2, memapsin 1, v. S6 | p. 228
3.4.23.45	BACE2, memapsin 1, v. S6 | p. 228
3.4.24.74	Baceroides fragilis enterotoxin, fragilysin, v. 8 | p. 572
3.1.2.20	BACH, acyl-CoA hydrolase, v. 9 | p. 539
1.3.99.13	BACH, long-chain-acyl-CoA dehydrogenase, v. 21 | p. 561
3.1.2.2	BACH, palmitoyl-CoA hydrolase, v. 9 | p. 459
3.4.21.62	Bacillopeptidase A, Subtilisin, v. 7 | p. 285
3.4.21.62	Bacillopeptidase B, Subtilisin, v. 7 | p. 285
3.2.1.53	Bacillus β-GlcNAcase, β-N-acetylgalactosaminidase, v. 13 | p. 91
3.4.11.22	Bacillus aminopeptidase I, aminopeptidase I, v. 6 | p. 178
3.4.24.83	Bacillus anthracis lethal toxin, anthrax lethal factor endopeptidase, v. S6 | p. 332
3.2.1.1	Bacillus licheniformis α-amylase, α-amylase, v. 12 | p. 1
2.4.1.19	Bacillus macerans amylase, cyclomaltodextrin glucanotransferase, v. 31 | p. 210
3.4.24.28	Bacillus metalloendopeptidase, bacillolysin, v. 8 | p. 374
3.4.24.28	Bacillus metalloproteinase, bacillolysin, v. 8 | p. 374
3.4.24.28	Bacillus neutral proteinase, bacillolysin, v. 8 | p. 374
3.4.21.62	Bacillus subtilis alkaline proteinase Bioprase, Subtilisin, v. 7 | p. 285
5.4.99.5	Bacillus subtilis chorismate mutase, Chorismate mutase, v. 1 | p. 604
3.1.30.1	Bacillus subtilis deoxyribonuclease, Aspergillus nuclease S1, v. 11 | p. 610

3.4.24.28	Bacillus subtilis neutral proteinase, bacillolysin, v. 8 | p. 374	
3.1.27.2	Bacillus subtilis ribonuclease, Bacillus subtilis ribonuclease, v. 11 | p. 569	
3.4.24.27	Bacillus thermoproteolyticus neutral proteinase, thermolysin, v. 8 | p. 367	
3.1.27.2	Bacisubin, Bacillus subtilis ribonuclease, v. 11 | p. 569	
1.8.1.14	BACoADR, CoA-disulfide reductase, v. 24 | p. 561	
3.2.1.14	bacterial-type chitinase, chitinase, v. 12 | p. 185	
6.1.1.11	bacterial-type SerRS, Serine-tRNA ligase, v. 2 | p. 77	
6.3.4.15	bacterial BirA biotin ligase, Biotin-[acetyl-CoA-carboxylase] ligase, v. 2 | p. 638	
3.6.3.14	bacterial Ca2+/Mg2+ ATPase, H+-transporting two-sector ATPase, v. 15 | p. 598	
3.4.24.3	bacterial collagenase, microbial collagenase, v. 8 | p. 205	
2.7.4.14	bacterial cytidylate kinase, cytidylate kinase, v. 37 | p. 582	
4.2.2.1	bacterial HAse, hyaluronate lyase, v. 5 | p. 1	
4.2.2.1	bacterial hyaluronidase, hyaluronate lyase, v. 5 | p. 1	
3.2.1.68	bacterial isoamylase, isoamylase, v. 13 | p. 204	
3.4.21.89	Bacterial leader peptidase 1, Signal peptidase I, v. 7 | p. 431	
3.4.11.24	bacterial leucine aminopeptidase, aminopeptidase S	
3.4.11.10	bacterial leucine aminopeptidase, bacterial leucyl aminopeptidase, v. 6 | p. 125	
1.13.12.8	bacterial luciferase, Watasenia-luciferin 2-monooxygenase, v. 25 | p. 722	
1.14.14.3	bacterial luciferase, alkanal monooxygenase (FMN-linked), v. 26 | p. 595	
1.16.1.1	bacterial mercuric reductase, mercury(II) reductase, v. 27 | p. 431	
1.14.13.39	bacterial nitric-oxide synthase, nitric-oxide synthase, v. 26 | p. 426	
1.14.13.39	bacterial nitric oxide synthase, nitric-oxide synthase, v. 26 | p. 426	
3.1.8.1	bacterial phosphotriesterase, aryldialkylphosphatase, v. 11 | p. 343	
3.4.21.107	bacterial PQC factor, peptidase Do, v. S5 | p. 342	
3.4.21.53	bacterial protease lon, Endopeptidase La, v. 7 | p. 241	
6.1.1.11	bacterial SerRS, Serine-tRNA ligase, v. 2 | p. 77	
4.2.2.1	bacterial spreading factor, hyaluronate lyase, v. 5 | p. 1	
6.1.1.11	bacterial type seryl-tRNA synthetase, Serine-tRNA ligase, v. 2 | p. 77	
1.11.1.15	bacterioferritin comigratory protein, peroxiredoxin, v. S1 | p. 403	
4.2.2.1	bacteriophage-associated hyaluronate lyase, hyaluronate lyase, v. 5 | p. 1	
6.5.1.3	bacteriophage RNA ligase, RNA ligase (ATP), v. 2 | p. 787	
3.1.11.4	bacteriophage SP3 deoxyribonuclease, exodeoxyribonuclease (phage SP3-induced), v. 11 | p. 373	
3.1.25.1	bacteriophage T4 endodeoxyribonuclease V, deoxyribonuclease (pyrimidine dimer), v. 11 | p. 495	
3.2.2.17	bacteriophage T4 endonuclease V, deoxyribodipyrimidine endonucleosidase, v. 14 | p. 84	
3.1.25.1	bacteriophage T4 endonuclease V, deoxyribonuclease (pyrimidine dimer), v. 11 | p. 495	
2.7.13.3	bacteriophytochrome, histidine kinase, v. S4 | p. 420	
2.7.13.3	bacteriophytochrome (phytochrome-like protein), histidine kinase, v. S4 | p. 420	
3.4.24.74	Bacteroides fragilis enterotoxin, fragilysin, v. 8 | p. 572	
3.4.24.74	Bacteroides fragilis toxin, fragilysin, v. 8 | p. 572	
4.2.2.21	BactnABC, chondroitin-sulfate-ABC exolyase, v. S7 | p. 162	
2.5.1.31	bactoprenyl-diphosphate synthase, di-trans,poly-cis-decaprenylcistransferase, v. 34 | p. 1	
2.4.1.129	bactoprenyldiphospho-N-acetylmuramoyl-(N-acetyl-D-glucosaminyl)-pentapeptide: peptidoglycan N-acetylmuramoyl-N-acetyl-D-glucosaminyltransferase, peptidoglycan glycosyltransferase, v. 32 | p. 200	
3.2.1.1	Bactosol TK, α-amylase, v. 12 | p. 1	
3.4.22.50	baculovirus cathepsin, V-cath endopeptidase, v. S6 | p. 27	
1.2.1.57	BAD, butanal dehydrogenase, v. 20 | p. 372	
4.1.1.19	bADC, Arginine decarboxylase, v. 3 | p. 106	
1.2.1.3	BADH, aldehyde dehydrogenase (NAD+), v. 20 | p. 32	
1.1.1.90	BADH, aryl-alcohol dehydrogenase, v. 17 | p. 209	
1.2.1.28	BADH, benzaldehyde dehydrogenase (NAD+), v. 20 | p. 246	
1.2.1.8	BADH, βine-aldehyde dehydrogenase, v. 20 | p. 94	
1.2.1.8	BADH1, βine-aldehyde dehydrogenase, v. 20 | p. 94	

1.2.1.8	BADH2, βine-aldehyde dehydrogenase, v. 20 | p. 94
1.2.1.8	badh2-E2, βine-aldehyde dehydrogenase, v. 20 | p. 94
1.2.1.8	badh2-E7, βine-aldehyde dehydrogenase, v. 20 | p. 94
3.4.24.28	Bae16, bacillolysin, v. 8 | p. 374
1.14.13.105	Baeyer-Villiger mono-oxygenase, monocyclic monoterpene ketone monooxygenase
1.14.13.105	Baeyer-Villiger monooxygenase, monocyclic monoterpene ketone monooxygenase
1.14.13.92	Baeyer-Villiger monooxygenase, phenylacetone monooxygenase, v. S1 | p. 595
2.4.2.30	B aggressive lymphoma protein 2, NAD+ ADP-ribosyltransferase, v. 33 | p. 263
2.6.1.40	D-BAIB aminotransferase, (R)-3-amino-2-methylpropionate-pyruvate transaminase, v. 34 | p. 490
3.2.1.31	baicalin-β-D-glucuronidase, β-glucuronidase, v. 12 | p. 494
3.2.1.31	baicalinase, β-glucuronidase, v. 12 | p. 494
3.1.2.26	baiF, bile-acid-CoA hydrolase, v. S5 | p. 47
3.4.21.48	baker's yeast proteinase, cerevisin, v. 7 | p. 222
3.4.21.48	baker's yeast proteinase B, cerevisin, v. 7 | p. 222
6.2.1.7	BAL, Cholate-CoA ligase, v. 2 | p. 236
4.1.2.38	BAL, benzoin aldolase, v. 3 | p. 573
3.1.1.3	BAL, triacylglycerol lipase, v. 9 | p. 36
3.4.24.69	Balc424, bontoxilysin, v. 8 | p. 553
3.1.21.4	BalI, type II site-specific deoxyribonuclease, v. 11 | p. 454
3.1.3.1	BALP, alkaline phosphatase, v. 10 | p. 1
1.4.3.2	Balt-LAAO-I, L-amino-acid oxidase, v. 22 | p. 225
3.2.1.2	BAM-1, β-amylase, v. 12 | p. 43
3.2.1.2	BAM-2, β-amylase, v. 12 | p. 43
3.2.1.2	BAM-3, β-amylase, v. 12 | p. 43
3.2.1.2	BAM-5, β-amylase, v. 12 | p. 43
3.2.1.2	BAM-6, β-amylase, v. 12 | p. 43
3.2.1.2	BAM-7, β-amylase, v. 12 | p. 43
3.2.1.2	BAM-8, β-amylase, v. 12 | p. 43
3.2.1.2	BAM-9, β-amylase, v. 12 | p. 43
3.2.1.2	BAM1, β-amylase, v. 12 | p. 43
3.2.1.2	BAM3, β-amylase, v. 12 | p. 43
3.1.21.4	BamHI, type II site-specific deoxyribonuclease, v. 11 | p. 454
2.1.1.113	BamHI [cytosine-N4] MTase, site-specific DNA-methyltransferase (cytosine-N4-specific), v. 28 | p. 541
2.1.1.72	BamHI MTase, site-specific DNA-methyltransferase (adenine-specific), v. 28 | p. 390
6.2.1.25	BamY, Benzoate-CoA ligase, v. 2 | p. 314
1.3.1.77	BAN, anthocyanidin reductase, v. S1 | p. 231
1.17.1.3	BAN, leucoanthocyanidin reductase, v. 27 | p. 486
3.2.1.39	Ban-Gluc, glucan endo-1,3-β-D-glucosidase, v. 12 | p. 567
3.4.22.40	BANA-hydrolase, bleomycin hydrolase, v. 7 | p. 725
2.3.1.5	BanatA, arylamine N-acetyltransferase, v. 29 | p. 243
2.3.1.5	BanatB, arylamine N-acetyltransferase, v. 29 | p. 243
2.3.1.5	BanatC, arylamine N-acetyltransferase, v. 29 | p. 243
1.11.1.15	band-8, peroxiredoxin, v. S1 | p. 403
6.5.1.3	band IV, RNA ligase (ATP), v. 2 | p. 787
6.5.1.3	band IV protein, RNA ligase (ATP), v. 2 | p. 787
1.3.1.77	BANYULS, anthocyanidin reductase, v. S1 | p. 231
1.4.3.21	BAO, primary-amine oxidase
3.1.3.1	BAP, alkaline phosphatase, v. 10 | p. 1
4.2.99.18	BAP1, DNA-(apurinic or apyrimidinic site) lyase, v. 5 | p. 150
3.5.1.72	D-BAPA-ase, D-benzoylarginine-4-nitroanilide amidase, v. 14 | p. 567
3.5.1.72	D-BAPA-hydrolyzing enzyme, D-benzoylarginine-4-nitroanilide amidase, v. 14 | p. 567
3.5.1.72	D-BAPAase, D-benzoylarginine-4-nitroanilide amidase, v. 14 | p. 567
2.7.1.33	BaPanK, pantothenate kinase, v. 35 | p. 385

5.1.1.10	BAR, Amino-acid racemase, v. 1 | p. 41	
2.3.1.183	BAR, phosphinothricin acetyltransferase, v. S2 | p. 134	
3.5.2.2	bar9HYD, dihydropyrimidinase, v. 14 | p. 651	
2.7.13.3	BarA protein, histidine kinase, v. S4 | p. 420	
2.7.13.3	BarA sensor kinase (sensory histidine kinase), histidine kinase, v. S4 | p. 420	
3.2.1.1	barley α-amylase 1, α-amylase, v. 12 | p. 1	
3.4.23.40	Barley grain aspartic proteinase, Phytepsin, v. 8 | p. 181	
1.14.12.17	barley hemoglobin, nitric oxide dioxygenase, v. 26 | p. 190	
6.4.1.4	Barley I, Methylcrotonoyl-CoA carboxylase, v. 2 | p. 744	
3.1.30.2	barley nuclease, Serratia marcescens nuclease, v. 11 | p. 626	
4.1.1.39	barley rubisco, Ribulose-bisphosphate carboxylase, v. 3 | p. 244	
3.1.27.3	barnase, ribonuclease T1, v. 11 | p. 572	
3.4.23.35	Bar proteinase, Barrierpepsin, v. 8 | p. 166	
3.4.23.35	Barrier, Barrierpepsin, v. 8 | p. 166	
3.4.23.35	Barrier proteinase, Barrierpepsin, v. 8 | p. 166	
1.2.1.12	BARS-38, glyceraldehyde-3-phosphate dehydrogenase (phosphorylating), v. 20 | p. 135	
5.1.1.1	BAS0238, Alanine racemase, v. 1 | p. 1	
3.5.3.7	G-Base, guanidinobutyrase, v. 14 | p. 785	
3.1.27.1	base-non-specific ribonuclease, ribonuclease T2, v. 11 | p. 557	
3.1.27.1	base-nonspecific RNase, ribonuclease T2, v. 11 | p. 557	
3.1.27.1	base-nonspecific RNase Rh, ribonuclease T2, v. 11 | p. 557	
3.1.27.1	base non-specific ribonuclease, ribonuclease T2, v. 11 | p. 557	
3.1.27.1	base nonspecific RNase, ribonuclease T2, v. 11 | p. 557	
3.2.1.39	Basic β-1,3-endoglucanase BGN13.1, glucan endo-1,3-β-D-glucosidase, v. 12 | p. 567	
3.2.1.39	Basic β-1,3-glucanase, glucan endo-1,3-β-D-glucosidase, v. 12 | p. 567	
2.7.10.1	basic-FGF receptor, receptor protein-tyrosine kinase, v. S2 | p. 341	
3.4.11.2	basic aminopeptidase, membrane alanyl aminopeptidase, v. 6 | p. 53	
3.1.1.4	basic Asp49 PLA2, phospholipase A2, v. 9 | p. 52	
3.4.17.2	basic carboxypeptidase, carboxypeptidase B, v. 6 | p. 418	
2.7.10.1	basic fibroblast growth factor receptor 1, receptor protein-tyrosine kinase, v. S2 | p. 341	
1.11.1.7	basic peroxidase, peroxidase, v. 25 | p. 211	
1.11.1.7	basic POD, peroxidase, v. 25 | p. 211	
3.1.1.4	Basic protein I/II, phospholipase A2, v. 9 | p. 52	
3.2.1.8	basic xylanase, endo-1,4-β-xylanase, v. 12 | p. 133	
2.8.2.14	BAST, bile-salt sulfotransferase, v. 39 | p. 379	
2.8.2.34	BAST, glycochenodeoxycholate sulfotransferase, v. S4 | p. 495	
2.8.2.14	BAST I, bile-salt sulfotransferase, v. 39 | p. 379	
2.8.2.34	BAST I, glycochenodeoxycholate sulfotransferase, v. S4 | p. 495	
2.3.1.65	BAT, bile acid-CoA:amino acid N-acyltransferase, v. 30 | p. 26	
3.4.21.68	BAT-PA, t-Plasminogen activator, v. 7 | p. 331	
2.3.3.13	BatIMS, 2-isopropylmalate synthase, v. 30 | p. 676	
2.7.10.2	Batk, non-specific protein-tyrosine kinase, v. S2 | p. 441	
3.6.4.10	bATPase, non-chaperonin molecular chaperone ATPase, v. 15 | p. 810	
3.4.21.74	Batroxobin, Venombin A, v. 7 | p. 364	
3.1.1.4	BaTX, phospholipase A2, v. 9 | p. 52	
2.7.3.2	BB-CK, creatine kinase, v. 37 | p. 369	
1.8.1.14	BB0728, CoA-disulfide reductase, v. 24 | p. 561	
3.2.1.14	Bbchit1, chitinase, v. 12 | p. 185	
1.14.11.1	γ-BBD, γ-butyroβine dioxygenase, v. 26 | p. 1	
1.8.4.2	BbdC, protein-disulfide reductase (glutathione), v. 24 | p. 617	
2.4.1.18	BBE, 1,4-α-glucan branching enzyme, v. 31 | p. 197	
1.21.3.3	BBE, reticuline oxidase, v. 27 | p. 613	
3.1.21.4	BbeI, type II site-specific deoxyribonuclease, v. 11 | p. 454	
1.14.11.1	BBH, γ-butyroβine dioxygenase, v. 26 | p. 1	
1.1.1.27	BbLDH, L-lactate dehydrogenase, v. 16 | p. 253	

3.2.1.133	BbmA, glucan 1,4-α-maltohydrolase, v. 13	p. 538
5.3.1.16	BBM II isomerase, 1-(5-phosphoribosyl)-5-[(5-phosphoribosylamino)methylideneamino]imidazole-4-carboxamide isomerase, v. 1	p. 335
5.3.1.16	BBMII isomerase, 1-(5-phosphoribosyl)-5-[(5-phosphoribosylamino)methylideneamino]imidazole-4-carboxamide isomerase, v. 1	p. 335
5.3.1.16	BBM II ketolisomerase, 1-(5-phosphoribosyl)-5-[(5-phosphoribosylamino)methylideneamino]imidazole-4-carboxamide isomerase, v. 1	p. 335
1.14.11.1	BBOX1, γ-butyroβine dioxygenase, v. 26	p. 1
3.5.1.88	BbPDF, peptide deformylase, v. 14	p. 631
1.3.99.21	BbsG, (R)-benzylsuccinyl-CoA dehydrogenase, v. 21	p. 597
3.1.21.4	BbvCI, type II site-specific deoxyribonuclease, v. 11	p. 454
3.1.21.4	BbvI, type II site-specific deoxyribonuclease, v. 11	p. 454
3.1.21.4	BbvII, type II site-specific deoxyribonuclease, v. 11	p. 454
6.3.4.14	BC, Biotin carboxylase, v. 2	p. 632
3.1.4.12	Bc-SMase, sphingomyelin phosphodiesterase, v. 11	p. 86
1.10.2.2	bc1 complex, ubiquinol-cytochrome-c reductase, v. 25	p. 83
2.4.1.148	bC2GnT-M, acetylgalactosaminyl-O-glycosyl-glycoprotein β-1,6-N-acetylglucosaminyltransferase, v. 32	p. 293
2.4.1.102	bC2GnT-M, β-1,3-galactosyl-O-glycosyl-glycoprotein β-1,6-N-acetylglucosaminyltransferase, v. 32	p. 84
3.1.3.1	BC6, alkaline phosphatase, v. 10	p. 1
2.6.1.42	BCAA-AT, branched-chain-amino-acid transaminase, v. 34	p. 499
2.6.1.42	BCAA aminotransferase, branched-chain-amino-acid transaminase, v. 34	p. 499
2.6.1.42	BCAATase, branched-chain-amino-acid transaminase, v. 34	p. 499
1.3.99.2	BCAD, butyryl-CoA dehydrogenase, v. 21	p. 473
1.1.1.265	bcADH, 3-methylbutanal reductase, v. 18	p. 469
4.2.1.1	BCA II, carbonate dehydratase, v. 4	p. 242
4.2.1.1	BCAII, carbonate dehydratase, v. 4	p. 242
4.2.1.1	BCAIIGln253Cys, carbonate dehydratase, v. 4	p. 242
4.2.1.1	bCA IV, carbonate dehydratase, v. 4	p. 242
3.4.21.107	BCAL2829, peptidase Do, v. S5	p. 342
3.6.3.21	BcaP, polar-amino-acid-transporting ATPase, v. 15	p. 633
3.4.17.2	B carboxypeptidase, carboxypeptidase B, v. 6	p. 418
2.6.1.42	BcaT, branched-chain-amino-acid transaminase, v. 34	p. 499
2.6.1.42	BCAT-1, branched-chain-amino-acid transaminase, v. 34	p. 499
2.6.1.42	BCAT4, branched-chain-amino-acid transaminase, v. 34	p. 499
2.6.1.42	BCATc, branched-chain-amino-acid transaminase, v. 34	p. 499
2.6.1.42	BCATm, branched-chain-amino-acid transaminase, v. 34	p. 499
3.2.1.2	BCB, β-amylase, v. 12	p. 43
1.3.99.2	BCD, butyryl-CoA dehydrogenase, v. 21	p. 473
1.2.4.4	BCDH, 3-methyl-2-oxobutanoate dehydrogenase (2-methylpropanoyl-transferring), v. 20	p. 522
3.5.2.3	BcDHOase, dihydroorotase, v. 14	p. 670
6.1.1.13	BcDltA, D-Alanine-poly(phosphoribitol) ligase, v. 2	p. 97
3.2.1.4	BCE1, cellulase, v. 12	p. 88
2.7.7.13	BceA, mannose-1-phosphate guanylyltransferase, v. 38	p. 209
5.3.1.8	BceAJ, Mannose-6-phosphate isomerase, v. 1	p. 289
3.1.21.4	BcefI, type II site-specific deoxyribonuclease, v. 11	p. 454
2.7.10.2	B cell progenitor kinase, non-specific protein-tyrosine kinase, v. S2	p. 441
3.1.21.4	BcgI, type II site-specific deoxyribonuclease, v. 11	p. 454
3.1.2.4	BCH, 3-hydroxyisobutyryl-CoA hydrolase, v. 9	p. 479
3.1.1.8	BChE, cholinesterase, v. 9	p. 118
1.14.13.81	BChE, magnesium-protoporphyrin IX monomethyl ester (oxidative) cyclase, v. 26	p. 582
2.1.1.11	BchM, magnesium protoporphyrin IX methyltransferase, v. 28	p. 64
1.3.1.83	BchP, geranylgeranyl diphosphate reductase

2.6.1.52	BCIR PSAT, phosphoserine transaminase, v. 34 | p. 588
2.7.11.4	BCK, [3-methyl-2-oxobutanoate dehydrogenase (acetyl-transferring)] kinase, v. S3 | p. 167
4.1.1.72	BCKA, branched-chain-2-oxoacid decarboxylase, v. 3 | p. 393
1.2.4.4	BCKADC, 3-methyl-2-oxobutanoate dehydrogenase (2-methylpropanoyl-transferring), v. 20 | p. 522
1.2.4.4	BCKD, 3-methyl-2-oxobutanoate dehydrogenase (2-methylpropanoyl-transferring), v. 20 | p. 522
1.2.4.4	BCKDC, 3-methyl-2-oxobutanoate dehydrogenase (2-methylpropanoyl-transferring), v. 20 | p. 522
1.2.4.4	BCKDH, 3-methyl-2-oxobutanoate dehydrogenase (2-methylpropanoyl-transferring), v. 20 | p. 522
3.1.3.52	BCKDH, [3-methyl-2-oxobutanoate dehydrogenase (2-methylpropanoyl-transferring)]-phosphatase, v. 10 | p. 435
2.7.11.4	BCKDH, [3-methyl-2-oxobutanoate dehydrogenase (acetyl-transferring)] kinase, v. S3 | p. 167
1.2.4.4	BCKDHB, 3-methyl-2-oxobutanoate dehydrogenase (2-methylpropanoyl-transferring), v. 20 | p. 522
1.2.4.4	BCKDH E1-α, 3-methyl-2-oxobutanoate dehydrogenase (2-methylpropanoyl-transferring), v. 20 | p. 522
1.2.4.4	BCKDH E1-β, 3-methyl-2-oxobutanoate dehydrogenase (2-methylpropanoyl-transferring), v. 20 | p. 522
2.7.11.4	BCKDH kinase, [3-methyl-2-oxobutanoate dehydrogenase (acetyl-transferring)] kinase, v. S3 | p. 167
3.1.3.16	BCKDH phosphatase, phosphoprotein phosphatase, v. 10 | p. 213
2.7.11.4	BCKD kinase, [3-methyl-2-oxobutanoate dehydrogenase (acetyl-transferring)] kinase, v. S3 | p. 167
6.2.1.25	Bcl, Benzoate-CoA ligase, v. 2 | p. 314
3.5.2.6	BCL-1, β-lactamase, v. 14 | p. 683
3.1.21.4	BclI, type II site-specific deoxyribonuclease, v. 11 | p. 454
6.2.1.25	BCLM, Benzoate-CoA ligase, v. 2 | p. 314
1.14.99.36	BCM, β-carotene 15,15'-monooxygenase, v. 27 | p. 388
1.14.99.36	Bcmo1, β-carotene 15,15'-monooxygenase, v. 27 | p. 388
1.14.99.36	BCO, β-carotene 15,15'-monooxygenase, v. 27 | p. 388
1.14.99.36	BCO1, β-carotene 15,15'-monooxygenase, v. 27 | p. 388
1.2.4.4	BCOA, 3-methyl-2-oxobutanoate dehydrogenase (2-methylpropanoyl-transferring), v. 20 | p. 522
1.2.4.4	BCOAD, 3-methyl-2-oxobutanoate dehydrogenase (2-methylpropanoyl-transferring), v. 20 | p. 522
2.7.11.4	BCOAD, [3-methyl-2-oxobutanoate dehydrogenase (acetyl-transferring)] kinase, v. S3 | p. 167
1.14.99.36	Bcox, β-carotene 15,15'-monooxygenase, v. 27 | p. 388
1.11.1.15	Bcp1, peroxiredoxin, v. S1 | p. 403
1.11.1.15	Bcp2, peroxiredoxin, v. S1 | p. 403
1.11.1.15	Bcp3, peroxiredoxin, v. S1 | p. 403
1.11.1.15	Bcp4, peroxiredoxin, v. S1 | p. 403
1.2.1.5	BCP54, aldehyde dehydrogenase [NAD(P)+], v. 20 | p. 72
3.5.1.88	BcPDF, peptide deformylase, v. 14 | p. 631
3.5.1.88	BcPDF2, peptide deformylase, v. 14 | p. 631
2.7.10.2	BCR-Abl, non-specific protein-tyrosine kinase, v. S2 | p. 441
2.7.10.2	Bcr-Abl kinase, non-specific protein-tyrosine kinase, v. S2 | p. 441
2.7.10.2	BCR-ABL tyrosine kinase, non-specific protein-tyrosine kinase, v. S2 | p. 441
2.7.10.2	BCR/ABL kinase, non-specific protein-tyrosine kinase, v. S2 | p. 441
3.6.1.27	BcrC, undecaprenyl-diphosphatase, v. 15 | p. 422
2.7.7.40	Bcs1, D-ribitol-5-phosphate cytidylyltransferase, v. 38 | p. 412
1.1.1.137	Bcs1, ribitol-5-phosphate 2-dehydrogenase, v. 17 | p. 400

3.5.4.23	Bc S deaminase, blasticidin-S deaminase, v. 15 | p. 151	
5.99.1.2	bcTopo I, DNA topoisomerase, v. 1 | p. 721	
5.99.1.2	bcTopo IIIβ, DNA topoisomerase, v. 1 | p. 721	
1.8.4.2	BdbD, protein-disulfide reductase (glutathione), v. 24 | p. 617	
1.1.1.30	BDH, 3-hydroxybutyrate dehydrogenase, v. 16 | p. 287	
1.1.99.8	BDH, alcohol dehydrogenase (acceptor), v. 19 | p. 305	
1.1.1.76	L-BDH, (S,S)-butanediol dehydrogenase, v. 17 | p. 121	
1.1.1.30	BDH1, 3-hydroxybutyrate dehydrogenase, v. 16 | p. 287	
1.1.1.30	BDH2, 3-hydroxybutyrate dehydrogenase, v. 16 | p. 287	
2.7.11.4	BDK, [3-methyl-2-oxobutanoate dehydrogenase (acetyl-transferring)] kinase, v. S3 | p. 167	
2.7.10.1	BDNF/NT-3 growth factors receptor, receptor protein-tyrosine kinase, v. S2 | p. 341	
1.14.12.3	BDO, benzene 1,2-dioxygenase, v. 26 | p. 127	
1.14.12.18	BDO, biphenyl 2,3-dioxygenase, v. 26 | p. 193	
3.1.3.48	BDP, protein-tyrosine-phosphatase, v. 10 | p. 407	
2.4.1.83	bDPM1, dolichyl-phosphate β-D-mannosyltransferase, v. 31 | p. 591	
2.4.1.18	BE, 1,4-α-glucan branching enzyme, v. 31 | p. 197	
2.4.1.18	BE1, 1,4-α-glucan branching enzyme, v. 31 | p. 197	
2.4.1.18	BE2, 1,4-α-glucan branching enzyme, v. 31 | p. 197	
2.4.1.18	BE3, 1,4-α-glucan branching enzyme, v. 31 | p. 197	
3.4.22.34	Bean endopeptidase, Legumain, v. 7 | p. 689	
5.3.1.8	becA, Mannose-6-phosphate isomerase, v. 1 | p. 289	
3.1.16.1	beef spleen exonuclease, spleen exonuclease, v. 11 | p. 424	
1.13.12.7	beetle luciferase, Photinus-luciferin 4-monooxygenase (ATP-hydrolysing), v. 25 | p. 711	
3.4.21.9	BEK, enteropeptidase, v. 7 | p. 49	
2.7.10.1	BEK/FGFR-2 receptor, receptor protein-tyrosine kinase, v. S2 | p. 341	
3.5.2.6	BEL-1, β-lactamase, v. 14 | p. 683	
1.3.1.77	BEN1, anthocyanidin reductase, v. S1 | p. 231	
1.14.12.10	BenA, benzoate 1,2-dioxygenase, v. 26 | p. 152	
1.14.12.10	benABC, benzoate 1,2-dioxygenase, v. 26 | p. 152	
6.3.2.19	Bendless-like ubiquitin conjugating enzyme, Ubiquitin-protein ligase, v. 2 | p. 506	
6.3.2.19	Bendless protein, Ubiquitin-protein ligase, v. 2 | p. 506	
1.2.1.28	benzaldehyde dehydrogenase, benzaldehyde dehydrogenase (NAD+), v. 20 | p. 246	
1.2.1.28	benzaldehyde dehydrogenase (NAD), benzaldehyde dehydrogenase (NAD+), v. 20 | p. 246	
4.1.2.38	benzaldehyde lyase, benzoin aldolase, v. 3 | p. 573	
3.5.1.14	benzamidase, aminoacylase, v. 14 | p. 317	
1.14.12.15	Benzene-1,4-dicarboxylate 1,2-dioxygenase, Terephthalate 1,2-dioxygenase, v. 26 | p. 185	
1.10.3.1	1,2-benzene: oxygen oxidoreductase, catechol oxidase, v. 25 | p. 105	
1.10.3.2	Benzenediol:oxygen oxidoreductase, laccase, v. 25 | p. 115	
1.14.12.3	benzene dioxygenase, benzene 1,2-dioxygenase, v. 26 | p. 127	
1.14.12.3	benzene hydroxylase, benzene 1,2-dioxygenase, v. 26 | p. 127	
1.14.13.12	benzoate-4-hydroxylase, benzoate 4-monooxygenase, v. 26 | p. 289	
6.2.1.25	Benzoate-CoA ligase (AMP-forming), Benzoate-CoA ligase, v. 2 | p. 314	
1.14.13.12	benzoate-p-hydroxylase, benzoate 4-monooxygenase, v. 26 | p. 289	
1.14.12.10	benzoate 1,2-dioxygenase, benzoate 1,2-dioxygenase, v. 26 | p. 152	
1.14.12.10	benzoate 1,2-dioxygenase system, benzoate 1,2-dioxygenase, v. 26 | p. 152	
1.14.13.12	benzoate 4-hydroxylase, benzoate 4-monooxygenase, v. 26 | p. 289	
6.2.1.25	benzoate CoA ligase, Benzoate-CoA ligase, v. 2 | p. 314	
6.2.1.25	Benzoate coenzyme A ligase, Benzoate-CoA ligase, v. 2 | p. 314	
1.14.12.10	benzoate dioxygenase, benzoate 1,2-dioxygenase, v. 26 | p. 152	
1.14.12.10	benzoate hydroxylase, benzoate 1,2-dioxygenase, v. 26 | p. 152	
1.14.13.12	benzoate para-hydroxylase, benzoate 4-monooxygenase, v. 26 | p. 289	
1.14.13.12	benzoic 4-hydroxylase, benzoate 4-monooxygenase, v. 26 | p. 289	
1.14.13.12	benzoic acid 4-hydroxylase, benzoate 4-monooxygenase, v. 26 | p. 289	
1.14.12.10	benzoic hydroxylase, benzoate 1,2-dioxygenase, v. 26 | p. 152	
4.1.2.38	benzoin aldolase, benzoin aldolase, v. 3 | p. 573	

3.5.5.1	benzonitrilase, nitrilase, v. 15	p. 174
3.5.5.1	benzonitrilase A, nitrilase, v. 15	p. 174
3.5.5.1	benzonitrilase B, nitrilase, v. 15	p. 174
1.3.1.74	1,4-benzoquinone reductase, 2-alkenal reductase, v. 21	p. 336
1.3.1.74	p-Benzoquinone reductase, 2-alkenal reductase, v. 21	p. 336
1.6.5.2	p-Benzoquinone reductase, NAD(P)H dehydrogenase (quinone), v. 24	p. 105
1.6.5.5	p-Benzoquinone reductase, NADPH:quinone reductase, v. 24	p. 135
2.1.1.105	N-benzoyl-4-hydroxyanthranilate 4-methyltransferase, N-benzoyl-4-hydroxyanthranilate 4-O-methyltransferase, v. 28	p. 519
3.4.22.16	α-N-benzoyl-arginine 2-naphthylamide hydrolase, cathepsin H, v. 7	p. 600
1.14.13.58	Benzoyl-CoA 3-hydroxylase, Benzoyl-CoA 3-monooxygenase, v. 26	p. 509
2.1.1.105	benzoyl-CoA:anthranilate N-benzoyltransferase, N-benzoyl-4-hydroxyanthranilate 4-O-methyltransferase, v. 28	p. 519
2.3.1.71	benzoyl-CoA:glycine N-acyltransferase, glycine N-benzoyltransferase, v. 30	p. 54
2.3.1.166	benzoyl-CoA:taxane 2α-O-benzoyltransferase, 2α-hydroxytaxane 2-O-benzoyltransferase, v. 30	p. 449
6.2.1.25	Benzoyl-CoA ligase, Benzoate-CoA ligase, v. 2	p. 314
1.3.99.15	Benzoyl-CoA reductase (dearomatizing), Benzoyl-CoA reductase, v. 21	p. 575
6.2.1.25	Benzoyl-CoA synthetase, Benzoate-CoA ligase, v. 2	p. 314
3.1.2.23	benzoyl-coenzyme A thioesterase, 4-hydroxybenzoyl-CoA thioesterase, v. 9	p. 555
3.5.1.72	benzoyl-D-arginine arylamidase, D-benzoylarginine-4-nitroanilide amidase, v. 14	p. 567
3.4.17.6	N-benzoyl-L-alanine-aminohydrolase, alanine carboxypeptidase, v. 6	p. 443
3.4.24.18	N-Benzoyl-L-tyrosyl-p-aminobenzoic acid hydrolase, meprin A, v. 8	p. 305
3.4.22.16	α-N-benzoylarginine-β-naphthylamide hydrolase, cathepsin H, v. 7	p. 600
3.1.1.8	benzoylcholinesterase, cholinesterase, v. 9	p. 118
2.3.1.71	benzoyl CoA-amino acid N-acyltransferase, glycine N-benzoyltransferase, v. 30	p. 54
6.2.1.25	Benzoyl coenzyme A synthetase, Benzoate-CoA ligase, v. 2	p. 314
4.1.1.7	benzoylformate decarboxylase, Benzoylformate decarboxylase, v. 3	p. 41
3.5.1.32	Benzoylglycine amidohydrolase, hippurate hydrolase, v. 14	p. 416
2.3.1.144	benzoyltransferase, anthranilate N-, anthranilate N-benzoyltransferase, v. 30	p. 379
2.3.1.71	benzoyltransferase, glycine, glycine N-benzoyltransferase, v. 30	p. 54
2.3.1.166	benzoyltransferase, taxane 2α-O-, 2α-hydroxytaxane 2-O-benzoyltransferase, v. 30	p. 449
1.1.1.217	benzyl 2-methyl-3-hydroxybutyrate dehydrogenase, benzyl-2-methyl-hydroxybutyrate dehydrogenase, v. 18	p. 311
1.1.1.90	benzyl alcohol dehydrogenase, aryl-alcohol dehydrogenase, v. 17	p. 209
1.4.3.6	benzylamine oxidase, amine oxidase (copper-containing), v. 22	p. 291
1.4.3.21	benzylamine oxidase, primary-amine oxidase
3.5.1.58	Nα-benzyloxycarbonyl amino acid urethane hydrolase, N-benzyloxycarbonylglycine hydrolase, v. 14	p. 512
3.5.1.58	Nα-benzyloxycarbonyl amino acid urethane hydrolase I, N-benzyloxycarbonylglycine hydrolase, v. 14	p. 512
3.5.1.64	Nα-benzyloxycarbonyl amino acid urethane hydrolase IV, Nα-benzyloxycarbonylleucine hydrolase, v. 14	p. 530
3.5.1.58	benzyloxycarbonylglycine urethanehydrolase, N-benzyloxycarbonylglycine hydrolase, v. 14	p. 512
3.5.1.11	benzylpenicillin acylase, penicillin amidase, v. 14	p. 287
2.8.3.15	benzylsuccinate CoA-transferase, succinyl-CoA:(R)-benzylsuccinate CoA-transferase, v. 39	p. 530
4.1.99.11	benzylsuccinate synthase, benzylsuccinate synthase, v. S7	p. 66
1.14.21.3	benzyltetrahydroisoquinoline oxidase, berbamunine synthase, v. 27	p. 237
1.9.6.1	benzyl viologen-nitrate reductase, nitrate reductase (cytochrome), v. 25	p. 49
1.21.3.3	berberine-bridge-forming enzyme, reticuline oxidase, v. 27	p. 613
1.21.3.3	berberine bridge enzyme, reticuline oxidase, v. 27	p. 613
1.21.3.2	berberine synthase, columbamine oxidase, v. 27	p. 611
3.6.3.32	BetTA.halophytica, quaternary-amine-transporting ATPase, v. 15	p. 664

2.6.1.83	BF2666, LL-diaminopimelate aminotransferase, v. S2	p. 253
4.1.1.7	BFD, Benzoylformate decarboxylase, v. 3	p. 41
4.1.1.7	BfdB, Benzoylformate decarboxylase, v. 3	p. 41
4.1.1.7	BFDC, Benzoylformate decarboxylase, v. 3	p. 41
4.1.1.7	BfdM, Benzoylformate decarboxylase, v. 3	p. 41
3.1.21.4	Bfi2411I, type II site-specific deoxyribonuclease, v. 11	p. 454
1.13.12.5	BFP-aq, Renilla-luciferin 2-monooxygenase, v. 25	p. 704
3.4.23.43	BfpA, prepilin peptidase, v. 8	p. 194
3.4.24.74	BFT, fragilysin, v. 8	p. 572
3.4.24.74	BFT-1, fragilysin, v. 8	p. 572
3.4.24.74	BFT-2, fragilysin, v. 8	p. 572
3.4.21.75	Bfurin, Furin, v. 7	p. 371
3.2.1.21	BG, β-glucosidase, v. 12	p. 299
3.2.1.21	BGA, β-glucosidase, v. 12	p. 299
3.2.1.23	BgaBM, β-galactosidase, v. 12	p. 368
3.2.1.85	P-bgal, 6-phospho-β-galactosidase, v. 13	p. 302
3.2.1.23	BgaS, β-galactosidase, v. 12	p. 368
3.2.1.23	H-BgaS, β-galactosidase, v. 12	p. 368
3.2.1.85	BGase-III, 6-phospho-β-galactosidase, v. 13	p. 302
3.2.1.23	BgaX, β-galactosidase, v. 12	p. 368
2.1.1.45	BgDHFR-TS, thymidylate synthase, v. 28	p. 244
3.1.21.4	BgII, type II site-specific deoxyribonuclease, v. 11	p. 454
3.2.1.21	Bgl, β-glucosidase, v. 12	p. 299
3.2.1.23	BGL1, β-galactosidase, v. 12	p. 368
3.2.1.21	BGL1, β-glucosidase, v. 12	p. 299
3.2.1.21	BGL1A, β-glucosidase, v. 12	p. 299
3.2.1.21	BGL1B, β-glucosidase, v. 12	p. 299
3.2.1.21	Bgl3, β-glucosidase, v. 12	p. 299
3.2.1.21	Bgl3B, β-glucosidase, v. 12	p. 299
3.2.1.21	BglA, β-glucosidase, v. 12	p. 299
3.2.1.74	BglA, glucan 1,4-β-glucosidase, v. 13	p. 235
3.2.1.23	BglAp, β-galactosidase, v. 12	p. 368
3.2.1.21	BglB, β-glucosidase, v. 12	p. 299
3.2.1.25	BglB, β-mannosidase, v. 12	p. 437
3.2.1.6	bglBC1, endo-1,3(4)-β-glucanase, v. 12	p. 118
3.2.1.21	BglC, β-glucosidase, v. 12	p. 299
5.1.3.8	bGlcNAc 2-epimerase, N-Acylglucosamine 2-epimerase, v. 1	p. 140
3.2.1.39	BglF, glucan endo-1,3-β-D-glucosidase, v. 12	p. 567
2.7.1.69	BglF protein, protein-Npi-phosphohistidine-sugar phosphotransferase, v. 36	p. 207
3.2.1.21	BglI, β-glucosidase, v. 12	p. 299
3.1.21.4	BglI, type II site-specific deoxyribonuclease, v. 11	p. 454
3.2.1.21	BglII, β-glucosidase, v. 12	p. 299
3.2.1.39	BglII, glucan endo-1,3-β-D-glucosidase, v. 12	p. 567
3.1.21.4	BglII, type II site-specific deoxyribonuclease, v. 11	p. 454
2.7.1.85	BglK, β-glucoside kinase, v. 36	p. 316
3.2.1.86	BglT, 6-phospho-β-glucosidase, v. 13	p. 309
3.2.1.21	BGlu1, β-glucosidase, v. 12	p. 299
3.2.1.126	BGLU45, coniferin β-glucosidase, v. 13	p. 512
3.2.1.126	BGLU46, coniferin β-glucosidase, v. 13	p. 512
3.2.1.75	BGN16.3, glucan endo-1,6-β-glucosidase, v. 13	p. 247
3.2.1.58	BGN3.2, glucan 1,3-β-glucosidase, v. 13	p. 137
3.2.1.58	BGN3.4, glucan 1,3-β-glucosidase, v. 13	p. 137
6.2.1.3	BGR, Long-chain-fatty-acid-CoA ligase, v. 2	p. 206
3.2.1.21	BGs, β-glucosidase, v. 12	p. 299
2.4.1.34	Bgs1p, 1,3-β-glucan synthase, v. 31	p. 318

2.4.1.34	bgs2p, 1,3-β-glucan synthase, v. 31	p. 318
2.4.1.34	Bgs3p, 1,3-β-glucan synthase, v. 31	p. 318
2.4.1.34	Bgs4p, 1,3-β-glucan synthase, v. 31	p. 318
2.4.1.27	BGT, DNA β-glucosyltransferase, v. 31	p. 295
3.6.3.22	BGT, nonpolar-amino-acid-transporting ATPase, v. 15	p. 640
3.2.1.1	BGTG-1, α-amylase, v. 12	p. 1
3.2.1.23	BGT I, β-galactosidase, v. 12	p. 368
3.2.1.23	BGT II, β-galactosidase, v. 12	p. 368
3.2.1.21	BGX1, β-glucosidase, v. 12	p. 299
3.4.22.40	BH, bleomycin hydrolase, v. 7	p. 725
5.3.1.12	Bh0493, Glucuronate isomerase, v. 1	p. 322
3.1.30.1	Bh1, Aspergillus nuclease S1, v. 11	p. 610
3.2.1.1	BHA, α-amylase, v. 12	p. 1
1.1.1.157	BHBD, 3-hydroxybutyryl-CoA dehydrogenase, v. 18	p. 10
2.1.1.5	BHMT, βine-homocysteine S-methyltransferase, v. 28	p. 21
2.1.1.5	BHMT-2, βine-homocysteine S-methyltransferase, v. 28	p. 21
2.1.1.10	BHMT-2, homocysteine S-methyltransferase, v. 28	p. 59
2.1.1.5	BHMT2, βine-homocysteine S-methyltransferase, v. 28	p. 21
3.4.22.40	BH protein, bleomycin hydrolase, v. 7	p. 725
5.99.1.2	bi-subunit topoisomerase I, DNA topoisomerase, v. 1	p. 721
5.99.1.2	Bi-subunit topoisomerase IB, DNA topoisomerase, v. 1	p. 721
3.1.3.1	BIAP, alkaline phosphatase, v. 10	p. 1
1.1.1.198	bicyclic monoterpenol dehydrogenase, (+)-borneol dehydrogenase, v. 18	p. 184
1.12.7.2	bidirectional hydrogenase, ferredoxin hydrogenase, v. 25	p. 338
1.12.1.2	bidirectional Ni-Fe hydrogenase, hydrogen dehydrogenase, v. 25	p. 316
3.4.24.15	BIE, thimet oligopeptidase, v. 8	p. 275
3.4.21.19	BIEP, glutamyl endopeptidase, v. 7	p. 75
3.1.4.52	BifA, cyclic-guanylate-specific phosphodiesterase, v. S5	p. 100
2.7.7.65	BifA, diguanylate cyclase, v. S2	p. 331
1.14.19.5	bifunctional Δ11-desaturase, Δ11-fatty-acid desaturase
4.2.1.10	bifunctional 3-dehydroquinate dehydratase/shikimate dehydrogenase, chloroplast, 3-dehydroquinate dehydratase, v. 4	p. 304
2.7.1.156	bifunctional CobU enzyme, adenosylcobinamide kinase, v. 37	p. 255
2.7.7.62	bifunctional CobU enzyme, adenosylcobinamide-phosphate guanylyltransferase, v. 38	p. 568
1.14.99.33	bifunctional D12/D15 fatty acid desaturase, Δ12-fatty acid dehydrogenase, v. 27	p. 382
1.5.99.8	bifunctional dye-linked L-proline/NADH dehydrogenase complex, proline dehydrogenase, v. 23	p. 381
2.3.1.157	bifunctional GlmU protein, glucosamine-1-phosphate N-acetyltransferase, v. 30	p. 420
1.3.1.48	bifunctional leukotriene B4 12-hydroxydehydrogenase/15-oxo-prostaglandin 13-reductase, 15-oxoprostaglandin 13-oxidase, v. 21	p. 263
2.4.99.4	bifunctional lipopolysaccharide sialyltransferase, β-galactoside α-2,3-sialyltransferase, v. 33	p. 346
1.3.1.48	bifunctional LTB4 12-hydroxydehydrogenase/15-oxo-prostaglandin 13-reductase, 15-oxoprostaglandin 13-oxidase, v. 21	p. 263
1.3.1.74	bifunctional LTB4 12-hydroxydehydrogenase/15-oxo-prostaglandin 13-reductase, 2-alkenal reductase, v. 21	p. 336
3.5.4.9	bifunctional methylenetetrahydrofolate dehydrogenase-methenyltetrahydrofolate cyclohydrolase, methenyltetrahydrofolate cyclohydrolase, v. 15	p. 72
1.14.17.3	bifunctional PAM, peptidylglycine monooxygenase, v. 27	p. 140
1.14.17.3	bifunctional peptidylglycine α-amidating monooxygenase, peptidylglycine monooxygenase, v. 27	p. 140
1.3.1.12	bifunctional T-protein, prephenate dehydrogenase, v. 21	p. 60
1.14.19.5	bifunctional Z-Δ11-desaturase, Δ11-fatty-acid desaturase
3.4.21.19	BIGEP, glutamyl endopeptidase, v. 7	p. 75

3.4.21.89	big signal peptidase, Signal peptidase I, v.7 | p.431
1.1.1.50	bile-acid binding protein, 3α-hydroxysteroid dehydrogenase (B-specific), v.16 | p.487
3.1.1.3	Bile-salt-stimulated lipase, triacylglycerol lipase, v.9 | p.36
2.3.1.65	bile acid–coenzyme A:amino acid N-acyltransferase, bile acid-CoA:amino acid N-acyltransferase, v.30 | p.26
1.1.1.213	bile acid-binding protein, 3α-hydroxysteroid dehydrogenase (A-specific), v.18 | p.285
3.1.2.27	bile acid-CoA thioesterase, choloyl-CoA hydrolase, v.S5 | p.49
6.2.1.7	Bile acid-coenzyme A ligase, Cholate-CoA ligase, v.2 | p.236
3.2.1.45	bile acid β-glucosidase, glucosylceramidase, v.12 | p.614
1.1.1.159	Bile acid-inducible protein, 7α-hydroxysteroid dehydrogenase, v.18 | p.21
2.8.2.14	bile acid:3'-phosphoadenosine-5'-phosphosulfate sulfotransferase, bile-salt sulfotransferase, v.39 | p.379
2.8.2.34	bile acid:3'phosphoadenosine-5'phosphosulfate:sulfotransferase, glycochenodeoxycholate sulfotransferase, v.S4 | p.495
6.2.1.7	Bile acid:CoA ligase, Cholate-CoA ligase, v.2 | p.236
2.8.2.34	bile acid:PAPS:sulfotransferase, glycochenodeoxycholate sulfotransferase, v.S4 | p.495
2.3.1.65	bile acid CoA: amino acid N-acyltransferase, bile acid-CoA:amino acid N-acyltransferase, v.30 | p.26
2.3.1.65	bile acid coenzyme A-amino acid N-acyltransferase, bile acid-CoA:amino acid N-acyltransferase, v.30 | p.26
2.3.1.65	bile acid coenzyme A: amino acid N-acyltransferase, bile acid-CoA:amino acid N-acyltransferase, v.30 | p.26
2.3.1.65	bile acid coenzyme A:amino acid N-acyltransferase, bile acid-CoA:amino acid N-acyltransferase, v.30 | p.26
6.2.1.7	bile acid coenzyme A ligase, Cholate-CoA ligase, v.2 | p.236
6.2.1.7	Bile acid coenzyme A synthetase, Cholate-CoA ligase, v.2 | p.236
2.8.2.34	bile acid sulfotransferase, glycochenodeoxycholate sulfotransferase, v.S4 | p.495
2.8.2.14	bile acid sulfotransferase I, bile-salt sulfotransferase, v.39 | p.379
2.8.2.34	bile acid sulfotransferase I, glycochenodeoxycholate sulfotransferase, v.S4 | p.495
2.4.1.17	bile acid uridine 5'-diphosphoglucuronyltransferase, glucuronosyltransferase, v.31 | p.162
3.4.14.5	Bile canaliculus domain-specific membrane glycoprotein, dipeptidyl-peptidase IV, v.6 | p.286
3.1.1.13	bile salt-activated lipase, sterol esterase, v.9 | p.150
3.1.1.13	bile salt-dependent cholesteryl ester hydrolase, sterol esterase, v.9 | p.150
3.1.1.13	bile salt-dependent lipase, sterol esterase, v.9 | p.150
3.1.1.13	bile salt-stimulated lipase, sterol esterase, v.9 | p.150
2.8.2.14	bile salt:3'phosphoadenosine-5'-phosphosulfate:sulfotransferase, bile-salt sulfotransferase, v.39 | p.379
3.1.1.13	bile salt activated lipase, sterol esterase, v.9 | p.150
3.5.1.24	bile salt hydrolase, choloylglycine hydrolase, v.14 | p.373
2.4.1.17	bilirubin-specific UDPGT isozyme 1, glucuronosyltransferase, v.31 | p.162
2.4.1.17	bilirubin-specific UDPGT isozyme 2, glucuronosyltransferase, v.31 | p.162
1.3.3.5	bilirubin:oxygen oxidoreductase, bilirubin oxidase, v.21 | p.392
2.4.1.95	bilirubin glucuronoside glucuronosyltransferase, bilirubin-glucuronoside glucuronosyltransferase, v.32 | p.47
2.4.1.17	bilirubin glucuronyltransferase, glucuronosyltransferase, v.31 | p.162
2.4.1.17	bilirubin monoglucuronide glucuronyltransferase, glucuronosyltransferase, v.31 | p.162
2.4.1.95	bilirubin monoglucuronide transglucuronidase, bilirubin-glucuronoside glucuronosyltransferase, v.32 | p.47
1.3.3.5	bilirubin oxidase, bilirubin oxidase, v.21 | p.392
1.3.3.5	bilirubin oxidase M-1, bilirubin oxidase, v.21 | p.392
2.4.1.17	bilirubin UDP-glucuronosyltransferase, glucuronosyltransferase, v.31 | p.162
2.4.1.17	bilirubin UDPglucuronyltransferase, glucuronosyltransferase, v.31 | p.162
2.4.1.17	bilirubin UDPGT, glucuronosyltransferase, v.31 | p.162
2.4.1.17	bilirubin uridine diphosphoglucuronyltransferase, glucuronosyltransferase, v.31 | p.162

1.5.1.30	Biliverdin-IX β-reductase, flavin reductase, v. 23 | p. 232
2.7.12.1	biliverdin reductase, dual-specificity kinase, v. S4 | p. 372
3.1.27.3	Binase, ribonuclease T1, v. 11 | p. 572
1.14.11.6	J-binding protein 1, thymine dioxygenase, v. 26 | p. 58
3.1.21.4	BinI, type II site-specific deoxyribonuclease, v. 11 | p. 454
3.1.1.4	BinTx-I, phospholipase A2, v. 9 | p. 52
3.1.1.4	BinTx-II, phospholipase A2, v. 9 | p. 52
2.8.1.6	Bio2, biotin synthase, v. 39 | p. 227
2.8.1.6	BIO2 protein (Arabidopsis thaliana clone pMP101 gene BIO2 reduced), biotin synthase, v. 39 | p. 227
6.3.3.3	BIO3, Dethiobiotin synthase, v. 2 | p. 542
2.8.1.6	BioB, biotin synthase, v. 39 | p. 227
3.5.1.12	biocytin hydrolyzing amidase, biotinidase, v. 14 | p. 296
3.4.21.62	Bioprase AL 15, Subtilisin, v. 7 | p. 285
3.4.21.62	Bioprase APL 30, Subtilisin, v. 7 | p. 285
4.1.1.19	Biosynthetic arginine decarboxylase, Arginine decarboxylase, v. 3 | p. 106
6.3.4.11	Biotin-β-methylcrotonyl coenzyme A carboxylase synthetase, Biotin-[methylcrotonoyl-CoA-carboxylase] ligase, v. 2 | p. 622
6.3.4.15	Biotin–protein ligase, Biotin-[acetyl-CoA-carboxylase] ligase, v. 2 | p. 638
6.3.4.15	Biotin-[acetyl-CoA carboxylase] synthetase, Biotin-[acetyl-CoA-carboxylase] ligase, v. 2 | p. 638
6.3.4.15	Biotin-[acetyl coenzyme A carboxylase] synthetase, Biotin-[acetyl-CoA-carboxylase] ligase, v. 2 | p. 638
6.3.4.11	Biotin-[methylcrotonyl-CoA-carboxylase] synthetase, Biotin-[methylcrotonoyl-CoA-carboxylase] ligase, v. 2 | p. 622
6.3.4.9	Biotin-[methylmalonyl-CoA-carboxyltransferase] ligase, Biotin-[methylmalonyl-CoA-carboxytransferase] ligase, v. 2 | p. 613
6.3.4.9	Biotin-[methylmalonyl-CoA-carboxyltransferase] synthetase, Biotin-[methylmalonyl-CoA-carboxytransferase] ligase, v. 2 | p. 613
6.3.4.10	Biotin-[propionyl-CoA-carboxylase (ATP-hydrolysing)] synthetase, Biotin-[propionyl-CoA-carboxylase (ATP-hydrolysing)] ligase, v. 2 | p. 617
6.3.4.9	Biotin-apotranscarboxylase synthetase, Biotin-[methylmalonyl-CoA-carboxytransferase] ligase, v. 2 | p. 613
6.3.4.9	Biotin-methylmalonyl coenzyme A carboxyltransferase synthetase, Biotin-[methylmalonyl-CoA-carboxytransferase] ligase, v. 2 | p. 613
6.3.4.10	Biotin-propionyl coenzyme A carboxylase synthetase, Biotin-[propionyl-CoA-carboxylase (ATP-hydrolysing)] ligase, v. 2 | p. 617
6.3.4.15	biotin-protein ligase, Biotin-[acetyl-CoA-carboxylase] ligase, v. 2 | p. 638
6.3.4.9	Biotin-transcarboxylase synthetase, Biotin-[methylmalonyl-CoA-carboxytransferase] ligase, v. 2 | p. 613
6.3.4.9	biotin:apo[methylmalonyl-CoA:pyruvate carboxyltransferase] ligase (AMP-forming), Biotin-[methylmalonyl-CoA-carboxytransferase] ligase, v. 2 | p. 613
6.3.4.15	Biotin:apocarboxylase ligase, Biotin-[acetyl-CoA-carboxylase] ligase, v. 2 | p. 638
6.3.4.9	(+)-Biotin:methylmalonyl-CoA-pyruvate apocarboxyltransferase ligase (AMP), Biotin-[methylmalonyl-CoA-carboxytransferase] ligase, v. 2 | p. 613
6.3.4.15	biotin acetyl-CoA carboxylase ligase, Biotin-[acetyl-CoA-carboxylase] ligase, v. 2 | p. 638
6.3.4.14	biotin carboxylase, Biotin carboxylase, v. 2 | p. 632
6.3.4.14	biotin carboxylase (component of acetyl CoA carboxylase), Biotin carboxylase, v. 2 | p. 632
6.3.4.15	Biotin holoenzyme synthetase, Biotin-[acetyl-CoA-carboxylase] ligase, v. 2 | p. 638
6.3.4.15	biotin ligase, Biotin-[acetyl-CoA-carboxylase] ligase, v. 2 | p. 638
6.3.4.14	biotinoyl domain of acetyl-CoA carboxylase, Biotin carboxylase, v. 2 | p. 632
6.3.4.15	biotin protein ligase, Biotin-[acetyl-CoA-carboxylase] ligase, v. 2 | p. 638
2.8.1.6	biotin synthase, biotin synthase, v. 39 | p. 227
2.8.1.6	biotin synthase (Saccharomyces cerevisiae strain 20B-12 clone pUCH2.4 gene BIO2), biotin synthase, v. 39 | p. 227

2.8.1.6	biotin synthase (Treponema pallidum gene TP0228), biotin synthase, v. 39 | p. 227
2.8.1.6	biotin synthetase, biotin synthase, v. 39 | p. 227
2.8.1.6	biotin synthetase (Aquifex aeolicus gene bioB), biotin synthase, v. 39 | p. 227
2.8.1.6	biotin synthetase (Arabidopsis thaliana clone pMB101 gene BIO2 reduced), biotin synthase, v. 39 | p. 227
2.8.1.6	biotin synthetase (Bacillus subtilis gene bioB), biotin synthase, v. 39 | p. 227
2.8.1.6	biotin synthetase (Chlamydia trachomatis gene birA), biotin synthase, v. 39 | p. 227
6.2.1.11	Biotinyl-CoA synthetase, Biotin-CoA ligase, v. 2 | p. 252
3.5.1.12	biotinyl-hydrolase, biotinidase, v. 14 | p. 296
6.2.1.11	Biotinyl CoA synthetase, Biotin-CoA ligase, v. 2 | p. 252
6.2.1.11	Biotinyl coenzyme A synthetase, Biotin-CoA ligase, v. 2 | p. 252
3.6.4.10	BiP, non-chaperonin molecular chaperone ATPase, v. 15 | p. 810
1.3.1.58	Biphenyl-2,3-dihydro-2,3-diol dehydrogenase, 2,3-dihydroxy-2,3-dihydro-p-cumate dehydrogenase, v. 21 | p. 296
1.3.1.56	Biphenyl-2,3-dihydro-2,3-diol dehydrogenase, cis-2,3-dihydrobiphenyl-2,3-diol dehydrogenase, v. 21 | p. 288
1.3.1.56	biphenyl-2,3-dihydrodiol-2,3-dehydrogenase, cis-2,3-dihydrobiphenyl-2,3-diol dehydrogenase, v. 21 | p. 288
1.3.1.56	biphenyl-2,3-dihydrodiol 2,3-dehydrogenase, cis-2,3-dihydrobiphenyl-2,3-diol dehydrogenase, v. 21 | p. 288
1.13.11.39	biphenyl-2,3-diol dioxygenase, biphenyl-2,3-diol 1,2-dioxygenase, v. 25 | p. 618
1.3.1.56	Biphenyl-cis-diol dehydrogenase, cis-2,3-dihydrobiphenyl-2,3-diol dehydrogenase, v. 21 | p. 288
1.14.12.18	Biphenyl 2,3-dioxygenase, biphenyl 2,3-dioxygenase, v. 26 | p. 193
1.14.12.18	biphenyl dioxygenase, biphenyl 2,3-dioxygenase, v. 26 | p. 193
2.3.1.177	biphenyl synthase, biphenyl synthase, v. S2 | p. 83
5.4.2.4	Biphosphoglycerate synthase, Bisphosphoglycerate mutase, v. 1 | p. 520
6.3.4.14	BirA, Biotin carboxylase, v. 2 | p. 632
6.3.4.15	BirA, Biotin-[acetyl-CoA-carboxylase] ligase, v. 2 | p. 638
6.3.4.15	BirA protein, Biotin-[acetyl-CoA-carboxylase] ligase, v. 2 | p. 638
2.3.1.177	BIS, biphenyl synthase, v. S2 | p. 83
3.6.1.17	bis(5'-adenosyl)-tetraphosphatase, bis(5'-nucleosyl)-tetraphosphatase (asymmetrical), v. 15 | p. 372
3.6.1.41	bis(5'-adenosyl) tetraphosphatase, bis(5'-nucleosyl)-tetraphosphatase (symmetrical), v. 15 | p. 460
3.6.1.17	bis(5'-guanosyl)-tetraphosphatase, bis(5'-nucleosyl)-tetraphosphatase (asymmetrical), v. 15 | p. 372
2.7.7.53	bis(5'-nucleosyl)-tetraphosphate phosphorylase (NDP-forming), ATP adenylyltransferase, v. 38 | p. 531
3.6.1.17	bis(5-guanosyl)tetraphosphatase, bis(5'-nucleosyl)-tetraphosphatase (asymmetrical), v. 15 | p. 372
3.1.7.2	3',5'-bis(diphosphate) 3'-pyrophosphate hydrolase, guanosine-3',5'-bis(diphosphate) 3'-diphosphatase, v. 11 | p. 337
4.2.3.38	E-α-bisabolene synthase, α-bisabolene synthase
4.2.3.38	bisabolene synthase, α-bisabolene synthase
2.4.1.7	BiSP, sucrose phosphorylase, v. 31 | p. 61
3.1.3.7	bisphosphate 3'-nucleotidase, 3'(2'),5'-bisphosphate nucleotidase, v. 10 | p. 125
3.1.3.7	3'(2'),5'-bisphosphate nucleotidase, 3'(2'),5'-bisphosphate nucleotidase, v. 10 | p. 125
3.1.3.7	3(2),5-bisphosphate nucleotidase, 3'(2'),5'-bisphosphate nucleotidase, v. 10 | p. 125
5.4.2.4	2,3-Bisphosphoglycerate mutase, Bisphosphoglycerate mutase, v. 1 | p. 520
5.4.2.4	bisphosphoglycerate mutase, Bisphosphoglycerate mutase, v. 1 | p. 520
5.4.2.4	2,3-bisphosphoglycerate mutase, erythrocyte, Bisphosphoglycerate mutase, v. 1 | p. 520
3.1.3.13	2,3-bisphosphoglycerate phosphatase, bisphosphoglycerate phosphatase, v. 10 | p. 199
5.4.2.4	2,3-bisphosphoglycerate synthase, Bisphosphoglycerate mutase, v. 1 | p. 520
5.4.2.4	Bisphosphoglyceromutase, Bisphosphoglycerate mutase, v. 1 | p. 520

3.1.3.7	3'(2'),5'-bisphosphonucleoside 3'(2')-phosphohydrolase, 3'(2'),5'-bisphosphate nucleotidase, v. 10 | p. 125	
3.1.3.7	3'(2'),5'-bisphosphonucleoside 3'(2')-phosphohydrolase, 3'(2'),5'-bisphosphate nucleotidase, v. 10 | p. 125	
1.8.99.3	bisulfite reductase, hydrogensulfite reductase, v. 24 | p. 708	
1.8.99.3	bisulfite reductase (P582), hydrogensulfite reductase, v. 24 | p. 708	
3.5.1.84	biuret-hydrolyzing enzyme, biuret amidohydrolase, v. 14 | p. 617	
3.5.1.84	biuretase, biuret amidohydrolase, v. 14 | p. 617	
3.5.1.84	biuret hydrolase, biuret amidohydrolase, v. 14 | p. 617	
3.1.1.4	BJ-PLA2, phospholipase A2, v. 9 | p. 52	
3.1.1.4	Bj-V, phospholipase A2, v. 9 | p. 52	
3.2.1.14	BjCHI1, chitinase, v. 12 | p. 185	
2.3.1.20	BjDGAT1, diacylglycerol O-acyltransferase, v. 29 | p. 396	
2.3.1.20	BjDGAT2, diacylglycerol O-acyltransferase, v. 29 | p. 396	
2.3.3.10	BjHMGS1, hydroxymethylglutaryl-CoA synthase, v. 30 | p. 657	
2.3.3.10	BjHMGS2, hydroxymethylglutaryl-CoA synthase, v. 30 | p. 657	
2.3.3.10	BjHMGS3, hydroxymethylglutaryl-CoA synthase, v. 30 | p. 657	
2.3.3.10	BjHMGS4, hydroxymethylglutaryl-CoA synthase, v. 30 | p. 657	
3.2.1.14	BJL200-ChiC1, chitinase, v. 12 | p. 185	
2.3.2.15	BjPCS1, glutathione γ-glutamylcysteinyltransferase, v. 30 | p. 576	
4.1.1.50	BjSAMDC1, adenosylmethionine decarboxylase, v. 3 | p. 306	
4.1.1.50	BjSAMDC2, adenosylmethionine decarboxylase, v. 3 | p. 306	
4.1.1.50	BjSAMDC3, adenosylmethionine decarboxylase, v. 3 | p. 306	
4.1.1.50	BjSAMDC4, adenosylmethionine decarboxylase, v. 3 | p. 306	
3.1.1.4	BJUPLA2, phospholipase A2, v. 9 | p. 52	
2.7.2.7	BK, butyrate kinase, v. 37 | p. 337	
1.2.4.4	Bkd, 3-methyl-2-oxobutanoate dehydrogenase (2-methylpropanoyl-transferring), v. 20 | p. 522	
1.1.1.100	BKR, 3-oxoacyl-[acyl-carrier-protein] reductase, v. 17 | p. 259	
3.4.21.82	BL-GSE, Glutamyl endopeptidase II, v. 7 | p. 406	
3.4.21.19	BL-GSE, glutamyl endopeptidase, v. 7 | p. 75	
3.4.24.28	BL-MA, bacillolysin, v. 8 | p. 374	
6.3.2.28	BL00235, L-amino-acid α-ligase, v. S7 | p. 609	
3.2.1.1	BLA, α-amylase, v. 12 | p. 1	
3.5.2.6	Bla-A, β-lactamase, v. 14 | p. 683	
3.5.2.6	Bla-B, β-lactamase, v. 14 | p. 683	
3.5.2.6	Bla1, β-lactamase, v. 14 | p. 683	
3.5.2.6	BlaA, β-lactamase, v. 14 | p. 683	
3.5.2.6	BlaB, β-lactamase, v. 14 | p. 683	
3.5.2.6	BlaC, β-lactamase, v. 14 | p. 683	
3.4.23.44	Black Beetle virus endopeptidase, nodavirus endopeptidase, v. 8 | p. 197	
3.5.2.6	BLAIMP, β-lactamase, v. 14 | p. 683	
3.4.21.19	BLase, glutamyl endopeptidase, v. 7 | p. 75	
3.5.4.23	blasticidin S deaminase, blasticidin-S deaminase, v. 15 | p. 151	
3.5.2.6	blaVIM-2, β-lactamase, v. 14 | p. 683	
3.1.1.81	BlcC, quorum-quenching N-acyl-homoserine lactonase, v. S5 | p. 23	
3.4.21.59	BLCT, Tryptase, v. 7 | p. 265	
3.4.22.40	Bleomycin hydrolase, bleomycin hydrolase, v. 7 | p. 725	
3.2.1.31	BLG, β-glucuronidase, v. 12 | p. 494	
3.2.1.89	BLGAL, arabinogalactan endo-1,4-β-galactosidase, v. 13 | p. 319	
3.4.22.40	BLH, bleomycin hydrolase, v. 7 | p. 725	
3.4.22.40	Blh1p, bleomycin hydrolase, v. 7 | p. 725	
3.4.21.61	BLI-4, Kexin, v. 7 | p. 280	
2.7.10.2	Blk, non-specific protein-tyrosine kinase, v. S2 | p. 441	
3.5.5.1	bll6402, nitrilase, v. 15 | p. 174	

4.2.1.81	bll6730, D(-)-tartrate dehydratase, v. 4	p. 616
3.4.22.40	BLMH protein, bleomycin hydrolase, v. 7	p. 725
3.4.22.40	BLM hydrolase, bleomycin hydrolase, v. 7	p. 725
3.4.21.5	blood-coagulation factor II, activated, thrombin, v. 7	p. 26
3.4.21.5	blood-coagulation factor IIa, thrombin, v. 7	p. 26
3.4.21.21	blood-coagulation factor VII, activated, coagulation factor VIIa, v. 7	p. 88
3.4.21.21	blood-coagulation factor VIIa, coagulation factor VIIa, v. 7	p. 88
3.4.21.6	blood-coagulation factor X, activated, coagulation factor Xa, v. 7	p. 35
3.4.24.58	Blood-coagulation factor X activating enzyme, russellysin, v. 8	p. 497
3.4.21.27	blood-coagulation factor XI, activated, coagulation factor XIa, v. 7	p. 121
3.4.21.27	blood-coagulation factor XIa, coagulation factor XIa, v. 7	p. 121
3.4.21.38	blood-coagulation factor XII, activated β, coagulation factor XIIa, v. 7	p. 167
3.4.21.38	blood-coagulation factor XIIaβ, coagulation factor XIIa, v. 7	p. 167
3.4.21.38	blood-coagulation factor XIIf, coagulation factor XIIa, v. 7	p. 167
3.4.21.69	Blood-coagulation factor XIV, activated, Protein C (activated), v. 7	p. 339
3.4.21.69	Blood-coagulation factor XIVa, Protein C (activated), v. 7	p. 339
2.4.1.40	blood-group substance α-acetyltransferase, glycoprotein-fucosylgalactoside α-N-acetylgalactosaminyltransferase, v. 31	p. 376
2.4.1.40	blood-group substance A-dependent acetylgalactosaminyltransferase, glycoprotein-fucosylgalactoside α-N-acetylgalactosaminyltransferase, v. 31	p. 376
2.4.1.37	blood-group substance B-dependent galactosyltransferase, fucosylgalactoside 3-α-galactosyltransferase, v. 31	p. 344
2.4.1.69	blood-group substance H-dependent fucosyltransferase, galactoside 2-α-L-fucosyltransferase, v. 31	p. 532
2.4.1.65	blood-group substance Lea-dependent fucosyltransferase, 3-galactosyl-N-acetylglucosaminide 4-α-L-fucosyltransferase, v. 31	p. 487
3.4.21.22	blood coagulation factor IXa, coagulation factor IXa, v. 7	p. 93
3.4.21.6	blood coagulation factor X, coagulation factor Xa, v. 7	p. 35
3.4.21.6	blood coagulation factor Xa, coagulation factor Xa, v. 7	p. 35
3.4.21.27	blood coagulation factor XIa, coagulation factor XIa, v. 7	p. 121
3.4.21.69	Blood coagulation factor XIV, Protein C (activated), v. 7	p. 339
2.4.1.37	blood group α-(1-3)-galactosyltransferase, fucosylgalactoside 3-α-galactosyltransferase, v. 31	p. 344
3.2.1.102	blood group A- and B-cleaving endo-β-galactosidase, blood-group-substance endo-1,4-β-galactosidase, v. 13	p. 408
2.4.1.40	blood group A glycosyltransferase 2, glycoprotein-fucosylgalactoside α-N-acetylgalactosaminyltransferase, v. 31	p. 376
2.4.1.37	blood group B α-(1,3)-galactosyltransferase, fucosylgalactoside 3-α-galactosyltransferase, v. 31	p. 344
2.4.1.37	blood group B-glycosyltransferase, fucosylgalactoside 3-α-galactosyltransferase, v. 31	p. 344
2.4.1.37	blood group B galactosyltransferase, fucosylgalactoside 3-α-galactosyltransferase, v. 31	p. 344
2.4.1.37	blood group B glycosyltransferase, fucosylgalactoside 3-α-galactosyltransferase, v. 31	p. 344
3.2.1.102	blood group glycotope-cleaving endo-β-galactosidase, blood-group-substance endo-1,4-β-galactosidase, v. 13	p. 408
2.4.1.69	blood group H α-2-fucosyltransferase, galactoside 2-α-L-fucosyltransferase, v. 31	p. 532
2.4.1.65	blood group Lewis α-4-fucosyltransferase, 3-galactosyl-N-acetylglucosaminide 4-α-L-fucosyltransferase, v. 31	p. 487
2.4.1.228	blood group P1 synthase, lactosylceramide 4-α-galactosyltransferase, v. 32	p. 622
2.4.1.37	[blood group substance] α-galactosyltransferase, fucosylgalactoside 3-α-galactosyltransferase, v. 31	p. 344
3.1.1.47	blood platelet-activating factor-acetyl hydrolase, 1-alkyl-2-acetylglycerophosphocholine esterase, v. 9	p. 320

2.3.1.67	blood platelet-activating factor acetyltransferase, 1-alkylglycerophosphocholine O-acetyltransferase, v. 30	p. 37
2.4.2.4	blood platelet-derived endothelial cell growth factor, thymidine phosphorylase, v. 33	p. 52
3.4.21.115	blotched snakehead birnavirus endopeptidase, infectious pancreatic necrosis birnavirus Vp4 peptidase, v. S5	p. 415
3.4.24.32	blp, β-Lytic metalloendopeptidase, v. 8	p. 392
4.2.3.19	blr2150, ent-kaurene synthase, v. S7	p. 281
3.5.5.5	blr3397, Arylacetonitrilase, v. 15	p. 192
3.1.4.52	Blrp, cyclic-guanylate-specific phosphodiesterase, v. S5	p. 100
3.4.21.62	BLS, Subtilisin, v. 7	p. 285
2.3.1.181	bLT, lipoyl(octanoyl) transferase, v. S2	p. 127
1.16.3.1	blue copper oxidase, ferroxidase, v. 27	p. 466
1.13.12.5	blue fluorescent protein from the calcium-binding photoprotein aequorin, Renilla-luciferin 2-monooxygenase, v. 25	p. 704
1.10.3.2	blue laccase, laccase, v. 25	p. 115
3.1.4.52	blue light-regulated phophodiesterase, cyclic-guanylate-specific phosphodiesterase, v. S5	p. 100
1.10.3.2	blue multicopper oxidase, laccase, v. 25	p. 115
3.2.1.8	BlxA, endo-1,4-β-xylanase, v. 12	p. 133
2.7.10.2	B lymphocyte kinase, non-specific protein-tyrosine kinase, v. S2	p. 441
2.7.11.30	BM-PRI, receptor protein serine/threonine kinase, v. S4	p. 340
2.7.11.30	BM-PRII, receptor protein serine/threonine kinase, v. S4	p. 340
2.4.1.19	BMA, cyclomaltodextrin glucanotransferase, v. 31	p. 210
3.4.23.5	BmCatD, cathepsin D, v. 8	p. 28
3.2.1.52	BmCHI-h, β-N-acetylhexosaminidase, v. 13	p. 50
3.4.22.40	BMH, bleomycin hydrolase, v. 7	p. 725
2.7.1.1	BmHk, hexokinase, v. 35	p. 74
6.3.2.19	Bmi1, Ubiquitin-protein ligase, v. 2	p. 506
2.7.10.2	BMK, non-specific protein-tyrosine kinase, v. S2	p. 441
2.7.11.24	BMK1, mitogen-activated protein kinase, v. S4	p. 233
3.1.30.2	BMN, Serratia marcescens nuclease, v. 11	p. 626
3.2.1.52	BmNPV CHIA, β-N-acetylhexosaminidase, v. 13	p. 50
3.4.22.50	BmNPV protease, V-cath endopeptidase, v. S6	p. 27
1.14.15.3	BMO, alkane 1-monooxygenase, v. 27	p. 16
3.4.24.19	BMP-1, procollagen C-endopeptidase, v. 8	p. 317
2.7.10.2	BMP-2/BMP-4 receptor, non-specific protein-tyrosine kinase, v. S2	p. 441
3.4.24.19	BMP1, procollagen C-endopeptidase, v. 8	p. 317
3.5.1.11	BmPGA, penicillin amidase, v. 14	p. 287
2.7.10.2	BMPR-IB, non-specific protein-tyrosine kinase, v. S2	p. 441
2.7.10.2	BMPR1A, non-specific protein-tyrosine kinase, v. S2	p. 441
2.7.11.30	BMPR2, receptor protein serine/threonine kinase, v. S4	p. 340
2.7.11.30	BMPRII, receptor protein serine/threonine kinase, v. S4	p. 340
2.7.10.2	BMP type II receptor, non-specific protein-tyrosine kinase, v. S2	p. 441
2.7.11.30	BMP type II receptor, receptor protein serine/threonine kinase, v. S4	p. 340
2.7.11.30	BMP type I receptor, receptor protein serine/threonine kinase, v. S4	p. 340
3.6.3.44	BmrA, xenobiotic-transporting ATPase, v. 15	p. 700
3.1.21.4	BmrI, type II site-specific deoxyribonuclease, v. 11	p. 454
2.1.1.69	BMT, 5-hydroxyfuranocoumarin 5-O-methyltransferase, v. 28	p. 378
2.3.2.13	BmTGA, protein-glutamine γ-glutamyltransferase, v. 30	p. 550
3.6.1.15	BMV 1a protein, nucleoside-triphosphatase, v. 15	p. 365
2.7.10.2	Bmx, non-specific protein-tyrosine kinase, v. S2	p. 441
2.7.10.2	Bmx tyrosine kinase, non-specific protein-tyrosine kinase, v. S2	p. 441
3.2.1.2	BMY, β-amylase, v. 12	p. 43
3.2.1.2	Bmy1, β-amylase, v. 12	p. 43
3.2.1.2	Bmy2, β-amylase, v. 12	p. 43

3.6.3.14	BN59, H+-transporting two-sector ATPase, v. 15 | p. 598	
2.6.1.7	Bna3, kynurenine-oxoglutarate transaminase, v. 34 | p. 316	
1.14.13.9	Bna4, kynurenine 3-monooxygenase, v. 26 | p. 269	
3.5.1.9	Bna7p, arylformamidase, v. 14 | p. 274	
3.1.1.72	BnaA, Acetylxylan esterase, v. 9 | p. 406	
1.14.13.11	BnC4H-1, trans-cinnamate 4-monooxygenase, v. 26 | p. 281	
1.14.13.11	BnC4H-2, trans-cinnamate 4-monooxygenase, v. 26 | p. 281	
3.1.1.49	BnLIP2, sinapine esterase, v. 9 | p. 330	
3.6.3.26	BnNrt1.1, nitrate-transporting ATPase, v. 15 | p. 646	
3.6.3.26	BnNrt2.1, nitrate-transporting ATPase, v. 15 | p. 646	
1.14.13.39	bNOS, nitric-oxide synthase, v. 26 | p. 426	
2.7.8.11	BnPtdIns S1, CDP-diacylglycerol-inositol 3-phosphatidyltransferase, v. 39 | p. 80	
3.1.3.2	bNSAP, acid phosphatase, v. 10 | p. 31	
3.1.1.49	BnSCE3, sinapine esterase, v. 9 | p. 330	
3.1.1.49	BnSCE3/BnLIP2, sinapine esterase, v. 9 | p. 330	
2.3.1.91	BnSCT, sinapoylglucose-choline O-sinapoyltransferase, v. 30 | p. 171	
3.3.2.10	BNSEH1, soluble epoxide hydrolase, v. S5 | p. 228	
2.4.1.120	BnSGT1, sinapate 1-glucosyltransferase, v. 32 | p. 165	
2.8.2.15	BNST4, steroid sulfotransferase, v. 39 | p. 387	
1.3.3.5	BOD, bilirubin oxidase, v. 21 | p. 392	
4.1.1.17	bODC, Ornithine decarboxylase, v. 3 | p. 85	
1.1.99.8	BOH, alcohol dehydrogenase (acceptor), v. 19 | p. 305	
1.2.99.3	BOH, aldehyde dehydrogenase (pyrroloquinoline-quinone), v. 20 | p. 578	
1.4.3.6	BOLAO, amine oxidase (copper-containing), v. 22 | p. 291	
3.6.4.10	bona fide chaperone, non-chaperonin molecular chaperone ATPase, v. 15 | p. 810	
3.1.3.1	bone alkaline phosphatase, alkaline phosphatase, v. 10 | p. 1	
2.7.10.2	Bone marrow kinase BMX, non-specific protein-tyrosine kinase, v. S2 | p. 441	
3.4.21.37	bone marrow serine protease, leukocyte elastase, v. 7 | p. 164	
3.4.24.19	bone morphogenetic protein-1, procollagen C-endopeptidase, v. 8 | p. 317	
3.4.24.19	bone morphogenetic protein 1, procollagen C-endopeptidase, v. 8 | p. 317	
3.4.24.19	bone morphogenetic protein 1/tolloid, procollagen C-endopeptidase, v. 8 | p. 317	
2.7.11.30	bone morphogenetic protein receptor II gene, receptor protein serine/threonine kinase, v. S4 | p. 340	
2.7.10.2	bone morphogenetic protein receptor type IA, non-specific protein-tyrosine kinase, v. S2 | p. 441	
2.7.10.2	bone morphogenetic protein receptor type IB, non-specific protein-tyrosine kinase, v. S2 | p. 441	
2.7.10.2	bone morphogenetic protein receptor type II, non-specific protein-tyrosine kinase, v. S2 | p. 441	
2.7.11.30	bone morphogenetic protein type II receptor, receptor protein serine/threonine kinase, v. S4 | p. 340	
3.1.3.1	bone specific alkaline phosphatase, alkaline phosphatase, v. 10 | p. 1	
3.4.24.69	BoNT, bontoxilysin, v. 8 | p. 553	
3.4.24.69	BoNT/A, bontoxilysin, v. 8 | p. 553	
3.4.24.69	BoNT/A-LC, bontoxilysin, v. 8 | p. 553	
3.4.24.69	BoNT/A LC, bontoxilysin, v. 8 | p. 553	
3.4.24.69	BoNT/B, bontoxilysin, v. 8 | p. 553	
3.4.24.69	BoNT/C1, bontoxilysin, v. 8 | p. 553	
3.4.24.69	BoNT/C1-LC, bontoxilysin, v. 8 | p. 553	
3.4.24.69	BoNT/D, bontoxilysin, v. 8 | p. 553	
3.4.24.69	BoNT/E, bontoxilysin, v. 8 | p. 553	
3.4.24.69	BoNT/F, bontoxilysin, v. 8 | p. 553	
3.4.24.69	BoNT/G, bontoxilysin, v. 8 | p. 553	
3.4.24.69	BoNT A, bontoxilysin, v. 8 | p. 553	
3.4.24.69	BoNTA endopeptidase, bontoxilysin, v. 8 | p. 553	

3.4.24.69	BoNTE, bontoxilysin, v. 8 | p. 553	
3.4.24.69	BoNT F, bontoxilysin, v. 8 | p. 553	
3.4.24.69	BoNT LC, bontoxilysin, v. 8 | p. 553	
3.4.24.69	BoNT LC/A, bontoxilysin, v. 8 | p. 553	
3.4.24.69	Bontoxilysin C1, bontoxilysin, v. 8 | p. 553	
3.4.24.69	BoNT serotype A, bontoxilysin, v. 8 | p. 553	
1.14.19.4	Boofd8, Δ8-fatty-acid desaturase	
3.4.21.113	border disease virus NS3 endopeptidase, pestivirus NS3 polyprotein peptidase, v. S5 | p. 408	
1.14.15.1	2-bornanone 5-exo-hydroxylase, camphor 5-monooxygenase, v. 27 | p. 1	
1.14.15.1	bornanone 5-exo-hydroxylase, camphor 5-monooxygenase, v. 27 | p. 1	
5.5.1.8	(+)-bornyl diphosphate synthase, bornyl diphosphate synthase, v. 1 | p. 705	
5.5.1.8	(+)-Bornylpyrophosphate cyclase, bornyl diphosphate synthase, v. 1 | p. 705	
3.1.7.3	bornyl pyrophosphate hydrolase, monoterpenyl-diphosphatase, v. 11 | p. 340	
5.5.1.8	Bornyl pyrophosphate synthase, bornyl diphosphate synthase, v. 1 | p. 705	
5.5.1.8	Bornyl pyrophosphate synthetase, bornyl diphosphate synthase, v. 1 | p. 705	
2.7.13.3	BOS1, histidine kinase, v. S4 | p. 420	
3.4.21.74	bothrombin, Venombin A, v. 7 | p. 364	
3.4.24.1	bothropasin, atrolysin A, v. 8 | p. 199	
3.4.21.74	Bothrops atrox serine proteinase, Venombin A, v. 7 | p. 364	
3.4.24.50	Bothrops metalloendopeptidase J, bothrolysin, v. 8 | p. 467	
3.1.1.4	Bothropstoxin-I, phospholipase A2, v. 9 | p. 52	
3.4.24.69	botox A, bontoxilysin, v. 8 | p. 553	
3.4.24.69	botulinum A neurotoxin light chain, bontoxilysin, v. 8 | p. 553	
3.4.24.69	Botulinum neurotoxin, bontoxilysin, v. 8 | p. 553	
3.4.24.69	botulinum neurotoxin A light chain, bontoxilysin, v. 8 | p. 553	
3.4.24.69	botulinum neurotoxin A protease, bontoxilysin, v. 8 | p. 553	
3.4.24.69	botulinum neurotoxin B, bontoxilysin, v. 8 | p. 553	
3.4.24.69	botulinum neurotoxin E, bontoxilysin, v. 8 | p. 553	
3.4.24.69	botulinum neurotoxin endopeptidase, bontoxilysin, v. 8 | p. 553	
3.4.24.69	botulinum neurotoxin serotype A, bontoxilysin, v. 8 | p. 553	
3.4.24.69	botulinum neurotoxin serotype A endopeptidase, bontoxilysin, v. 8 | p. 553	
3.4.24.69	botulinum neurotoxin serotype A light chain, bontoxilysin, v. 8 | p. 553	
3.4.24.69	botulinum neurotoxin serotype B, bontoxilysin, v. 8 | p. 553	
3.4.24.69	botulinum neurotoxin serotype C1, bontoxilysin, v. 8 | p. 553	
3.4.24.69	botulinum neurotoxin serotype C1 light chain protease, bontoxilysin, v. 8 | p. 553	
3.4.24.69	botulinum neurotoxin serotype D, bontoxilysin, v. 8 | p. 553	
3.4.24.69	botulinum neurotoxin serotype E, bontoxilysin, v. 8 | p. 553	
3.4.24.69	botulinum neurotoxin serotype F, bontoxilysin, v. 8 | p. 553	
3.4.24.69	botulinum neurotoxin serotype G, bontoxilysin, v. 8 | p. 553	
3.4.24.69	botulinum neurotoxin type A, bontoxilysin, v. 8 | p. 553	
3.4.24.69	botulinum neurotoxin type A light chain, bontoxilysin, v. 8 | p. 553	
3.4.24.69	botulinum neurotoxin type B, bontoxilysin, v. 8 | p. 553	
3.4.24.69	botulinum neurotoxin type C, bontoxilysin, v. 8 | p. 553	
3.4.24.69	botulinum neurotoxin type D, bontoxilysin, v. 8 | p. 553	
3.4.24.69	botulinum neurotoxin type E, bontoxilysin, v. 8 | p. 553	
3.4.24.69	botulinum neurotoxin type F, bontoxilysin, v. 8 | p. 553	
3.4.24.69	botulinum neurotoxin type G, bontoxilysin, v. 8 | p. 553	
3.4.24.69	botulinum toxin, bontoxilysin, v. 8 | p. 553	
3.4.24.69	botulinum toxin serotype E, bontoxilysin, v. 8 | p. 553	
3.4.24.69	botulinum toxin serotype F, bontoxilysin, v. 8 | p. 553	
2.4.1.223	botv, glucuronyl-galactosyl-proteoglycan 4-α-N-acetylglucosaminyltransferase, v. 32 | p. 602	
3.4.21.1	bovine α-chymotrypsin, chymotrypsin, v. 7 | p. 1	
1.1.1.2	bovine brain aldehyde reductase, alcohol dehydrogenase (NADP+), v. 16 | p. 45	
4.2.1.1	bovine carbonic anhydrase II, carbonate dehydratase, v. 4 | p. 242	

3.4.21.9	bovine enterokinase light chain, enteropeptidase, v. 7 | p. 49	
3.4.21.9	bovine enteropeptidase, enteropeptidase, v. 7 | p. 49	
1.5.1.29	bovine erythrocyte FR, FMN reductase, v. 23 | p. 217	
1.5.1.29	bovine erythrocyte GHBP, FMN reductase, v. 23 | p. 217	
3.2.2.15	bovine hypoxanthine-DNA glycosylase, DNA-deoxyinosine glycosylase, v. 14 | p. 75	
3.4.11.1	bovine lens/leucine aminopeptidase, leucyl aminopeptidase, v. 6 | p. 40	
3.4.21.59	bovine liver capsule tryptase, Tryptase, v. 7 | p. 265	
3.4.21.59	bovine mast cell tryptase, Tryptase, v. 7 | p. 265	
3.4.24.62	Bovine neurosecretory granule protease cleaving pro-oxytocin/neurophysin, magnolysin, v. 8 | p. 517	
3.1.21.1	bovine pancreatic deoxyribonuclease I, deoxyribonuclease I, v. 11 | p. 431	
3.1.21.1	bovine pancreatic DNase, deoxyribonuclease I, v. 11 | p. 431	
3.4.21.71	bovine pancreatic elastase, Pancreatic elastase II, v. 7 | p. 351	
1.4.3.21	bovine plasma amine oxidase, primary-amine oxidase	
1.4.3.21	bovine serum amine oxidase, primary-amine oxidase	
2.4.2.1	bovPNP, purine-nucleoside phosphorylase, v. 33 | p. 1	
1.3.3.5	BOX, bilirubin oxidase, v. 21 | p. 392	
6.3.2.19	U-box-type ubiquitin E4 ligase, Ubiquitin-protein ligase, v. 2 | p. 506	
6.3.2.19	U-box E3 ubiquitin-protein ligase, Ubiquitin-protein ligase, v. 2 | p. 506	
6.3.2.19	U-Box E3 ubiquitin ligase, Ubiquitin-protein ligase, v. 2 | p. 506	
6.3.2.19	U-box type E3 ubiquitin ligase, Ubiquitin-protein ligase, v. 2 | p. 506	
3.4.11.7	BP-1, glutamyl aminopeptidase, v. 6 | p. 102	
3.4.11.7	BP-1/6C3 antigen, glutamyl aminopeptidase, v. 6 | p. 102	
3.2.2.5	BP-3 alloantigen, NAD+ nucleosidase, v. 14 | p. 25	
3.1.21.1	bp-DNase I, deoxyribonuclease I, v. 11 | p. 431	
3.4.11.7	BP1/6C3, glutamyl aminopeptidase, v. 6 | p. 102	
5.3.4.1	BPA-binding protein, Protein disulfide-isomerase, v. 1 | p. 436	
2.5.1.51	BPA-synthase, β-pyrazolylalanine synthase, v. 34 | p. 137	
1.5.3.11	BPAO, polyamine oxidase, v. 23 | p. 312	
1.4.3.21	BPAO, primary-amine oxidase	
3.1.21.1	bpDNase, deoxyribonuclease I, v. 11 | p. 431	
1.14.12.18	BPDO, biphenyl 2,3-dioxygenase, v. 26 | p. 193	
1.13.11.39	BPDO, biphenyl-2,3-diol 1,2-dioxygenase, v. 25 | p. 618	
1.14.12.18	BPDOB356, biphenyl 2,3-dioxygenase, v. 26 | p. 193	
1.14.12.18	BPDOCam-1, biphenyl 2,3-dioxygenase, v. 26 | p. 193	
1.14.12.18	BPDOLB400, biphenyl 2,3-dioxygenase, v. 26 | p. 193	
5.4.2.4	BPG-dependent PGAM, Bisphosphoglycerate mutase, v. 1 | p. 520	
5.4.2.1	BPG-dependent PGAM, phosphoglycerate mutase, v. 1 | p. 493	
5.4.2.1	2,3BPG-independent PGAM, phosphoglycerate mutase, v. 1 | p. 493	
5.4.2.1	BPG-independent PGAM, phosphoglycerate mutase, v. 1 | p. 493	
5.4.2.4	BPGM, Bisphosphoglycerate mutase, v. 1 | p. 520	
3.2.1.35	BPH-20, hyaluronoglucosaminidase, v. 12 | p. 526	
1.14.12.18	BphA, biphenyl 2,3-dioxygenase, v. 26 | p. 193	
1.14.12.18	BphA1, biphenyl 2,3-dioxygenase, v. 26 | p. 193	
1.18.1.3	BphA4, ferredoxin-NAD+ reductase, v. 27 | p. 559	
1.14.12.18	BphABC, biphenyl 2,3-dioxygenase, v. 26 | p. 193	
1.14.12.18	BphAE, biphenyl 2,3-dioxygenase, v. 26 | p. 193	
1.3.1.56	BphB, cis-2,3-dihydrobiphenyl-2,3-diol dehydrogenase, v. 21 | p. 288	
1.13.11.39	BphC, biphenyl-2,3-diol 1,2-dioxygenase, v. 25 | p. 618	
1.13.11.39	BphC1, biphenyl-2,3-diol 1,2-dioxygenase, v. 25 | p. 618	
1.13.11.39	BphC1-BN6, biphenyl-2,3-diol 1,2-dioxygenase, v. 25 | p. 618	
1.13.11.39	BphC2, biphenyl-2,3-diol 1,2-dioxygenase, v. 25 | p. 618	
1.13.11.39	BphC2-BN6, biphenyl-2,3-diol 1,2-dioxygenase, v. 25 | p. 618	
1.13.11.39	BphC3, biphenyl-2,3-diol 1,2-dioxygenase, v. 25 | p. 618	
1.13.11.39	bphC5, biphenyl-2,3-diol 1,2-dioxygenase, v. 25 | p. 618	

1.13.11.39	BphC_JF8, biphenyl-2,3-diol 1,2-dioxygenase, v.25 | p.618	
3.7.1.8	BphD, 2,6-dioxo-6-phenylhexa-3-enoate hydrolase, v.15 | p.853	
3.7.1.8	BphD enzyme, 2,6-dioxo-6-phenylhexa-3-enoate hydrolase, v.15 | p.853	
1.14.12.18	BPH dox, biphenyl 2,3-dioxygenase, v.26 | p.193	
3.7.1.8	BphDP6, 2,6-dioxo-6-phenylhexa-3-enoate hydrolase, v.15 | p.853	
4.2.1.80	BphH, 2-oxopent-4-enoate hydratase, v.4 | p.613	
2.5.1.18	BphK, glutathione transferase, v.33 | p.524	
1.14.99.3	BphO, heme oxygenase, v.27 | p.261	
3.5.2.2	bpHYD, dihydropyrimidinase, v.14 | p.651	
3.1.1.4	BPI/BPII, phospholipase A2, v.9 | p.52	
1.4.3.2	Bpir-LAOO-1, L-amino-acid oxidase, v.22 | p.225	
2.7.10.2	BPK, non-specific protein-tyrosine kinase, v.S2 | p.441	
6.3.4.15	BPL, Biotin-[acetyl-CoA-carboxylase] ligase, v.2 | p.638	
3.4.21.62	BPN', Subtilisin, v.7 | p.285	
2.4.2.1	bPNO, purine-nucleoside phosphorylase, v.33 | p.1	
3.1.3.7	BPNT1, 3'(2'),5'-bisphosphate nucleotidase, v.10 | p.125	
3.1.3.7	BPntase, 3'(2'),5'-bisphosphate nucleotidase, v.10 | p.125	
1.14.12.18	BPO, biphenyl 2,3-dioxygenase, v.26 | p.193	
3.4.21.53	BPP1347, Endopeptidase La, v.7 | p.241	
5.5.1.8	(+)-BPP cyclase, bornyl diphosphate synthase, v.1 | p.705	
5.5.1.8	(-)-BPP cyclase, bornyl diphosphate synthase, v.1 | p.705	
3.1.7.3	BPP hydrolase, monoterpenyl-diphosphatase, v.11 | p.340	
2.3.1.151	BPS, Benzophenone synthase, v.30 | p.402	
3.4.21.4	BPT, trypsin, v.7 | p.12	
3.5.1.5	BPU, urease, v.14 | p.250	
3.1.21.4	BpuIOI, type II site-specific deoxyribonuclease, v.11 | p.454	
3.1.22.4	BpuJI, crossover junction endodeoxyribonuclease, v.11 | p.487	
1.10.99.2	bQR2, ribosyldihydronicotinamide dehydrogenase (quinone), v.S1 | p.383	
4.6.1.2	BR1-GC, guanylate cyclase, v.5 | p.430	
3.4.17.3	bradykinase, lysine carboxypeptidase, v.6 | p.428	
3.4.17.3	bradykinin-decomposing enzyme, lysine carboxypeptidase, v.6 | p.428	
3.4.24.15	bradykinin-inactivating endopeptidase, thimet oligopeptidase, v.8 | p.275	
3.4.17.3	bradykininase, lysine carboxypeptidase, v.6 | p.428	
3.4.21.34	bradykininogenase, plasma kallikrein, v.7 | p.136	
3.4.21.35	bradykininogenase, tissue kallikrein, v.7 | p.141	
2.8.2.33	BRAG, N-acetylgalactosamine 4-sulfate 6-O-sulfotransferase, v.S4 | p.489	
3.6.4.11	BRAHMA, nucleoplasmin ATPase, v.15 | p.817	
3.6.4.11	Brahma (SWI/SNF) chromatin remodeling complex, nucleoplasmin ATPase, v.15 | p.817	
3.6.4.11	Brahma-related gene 1, nucleoplasmin ATPase, v.15 | p.817	
3.1.3.48	Brain-derived phosphatase, protein-tyrosine-phosphatase, v.10 | p.407	
2.7.10.1	Brain-specific kinase, receptor protein-tyrosine kinase, v.S2 | p.341	
4.1.2.13	Brain-type aldolase, Fructose-bisphosphate aldolase, v.3 | p.455	
3.5.1.13	brain acetylcholinesterase, aryl-acylamidase, v.14 | p.304	
3.1.2.20	brain acyl-CoA hydrolase, acyl-CoA hydrolase, v.9 | p.539	
3.1.2.2	brain acyl-CoA hydrolase, palmitoyl-CoA hydrolase, v.9 | p.459	
1.14.14.1	Brain aromatase, unspecific monooxygenase, v.26 | p.584	
3.1.1.1	Brain carboxylesterase hBr1, carboxylesterase, v.9 | p.1	
3.4.14.2	brain dipeptidyl aminopeptidase A, dipeptidyl-peptidase II, v.6 | p.268	
2.7.1.1	brain form hexokinase, hexokinase, v.35 | p.74	
3.4.17.17	brain I carboxypeptidase, tubulinyl-Tyr carboxypeptidase, v.6 | p.483	
2.7.11.26	brain proteinkinase PK40erk, τ-protein kinase, v.S4 | p.303	
3.4.21.118	brain serine protease 1, kallikrein 8, v.S5 | p.435	
2.7.10.1	brain specific kinase, receptor protein-tyrosine kinase, v.S2 | p.341	
3.4.21.4	Brain trypsinogen, trypsin, v.7 | p.12	

1.2.4.4	branched-chain (-2-oxoacid BCD) dehydrogenase, 3-methyl-2-oxobutanoate dehydrogenase (2-methylpropanoyl-transferring), v. 20 | p. 522	
4.1.1.72	branched-chain α-keto acid decarboxylase, branched-chain-2-oxoacid decarboxylase, v. 3 | p. 393	
1.2.4.4	branched-chain α-keto acid decarboxylase/dehydrogenase, 3-methyl-2-oxobutanoate dehydrogenase (2-methylpropanoyl-transferring), v. 20 | p. 522	
2.7.11.4	branched-chain α-keto acid decarboxylase/dehydrogenase kinase, [3-methyl-2-oxobutanoate dehydrogenase (acetyl-transferring)] kinase, v. S3 | p. 167	
1.2.4.4	branched-chain α-keto acid dehydrogenase, 3-methyl-2-oxobutanoate dehydrogenase (2-methylpropanoyl-transferring), v. 20 | p. 522	
2.7.11.4	branched-chain α-keto acid dehydrogenase, [3-methyl-2-oxobutanoate dehydrogenase (acetyl-transferring)] kinase, v. S3 | p. 167	
1.2.4.4	branched-chain α-keto acid dehydrogenase complex, 3-methyl-2-oxobutanoate dehydrogenase (2-methylpropanoyl-transferring), v. 20 | p. 522	
1.2.4.4	branched-chain α-ketoacid dehydrogenase complex, 3-methyl-2-oxobutanoate dehydrogenase (2-methylpropanoyl-transferring), v. 20 | p. 522	
1.2.4.4	branched-chain α-keto acid dehydrogenase E1β subunit, 3-methyl-2-oxobutanoate dehydrogenase (2-methylpropanoyl-transferring), v. 20 | p. 522	
2.7.11.4	branched-chain α-keto acid dehydrogenase kinase, [3-methyl-2-oxobutanoate dehydrogenase (acetyl-transferring)] kinase, v. S3 | p. 167	
2.7.11.4	branched-chain α-ketoacid dehydrogenase kinase, [3-methyl-2-oxobutanoate dehydrogenase (acetyl-transferring)] kinase, v. S3 | p. 167	
1.2.4.4	branched-chain α-ketoacid dehydrogenase multienzyme complex, 3-methyl-2-oxobutanoate dehydrogenase (2-methylpropanoyl-transferring), v. 20 | p. 522	
3.1.3.52	branched-chain α-keto acid dehydrogenase phosphatase, [3-methyl-2-oxobutanoate dehydrogenase (2-methylpropanoyl-transferring)]-phosphatase, v. 10 | p. 435	
3.1.3.16	branched-chain α-keto acid dehydrogenase phosphatase, phosphoprotein phosphatase, v. 10 | p. 213	
1.2.4.4	branched-chain α-oxo acid dehydrogenase, 3-methyl-2-oxobutanoate dehydrogenase (2-methylpropanoyl-transferring), v. 20 | p. 522	
1.2.4.4	branched-chain 2-keto acid dehydrogenase, 3-methyl-2-oxobutanoate dehydrogenase (2-methylpropanoyl-transferring), v. 20 | p. 522	
4.1.1.72	branched-chain 2-oxoacid decarboxylase, branched-chain-2-oxoacid decarboxylase, v. 3 | p. 393	
1.2.4.4	branched-chain 2-oxo acid dehydrogenase, 3-methyl-2-oxobutanoate dehydrogenase (2-methylpropanoyl-transferring), v. 20 | p. 522	
2.7.11.4	branched-chain 2-oxo acid dehydrogenase kinase, [3-methyl-2-oxobutanoate dehydrogenase (acetyl-transferring)] kinase, v. S3 | p. 167	
1.1.1.265	branched-chain alcohol dehydrogenase, 3-methylbutanal reductase, v. 18 | p. 469	
2.6.1.42	branched-chain amino-acid aminotransferase, branched-chain-amino-acid transaminase, v. 34 | p. 499	
2.6.1.42	branched-chain amino acid-glutamate transaminase, branched-chain-amino-acid transaminase, v. 34 | p. 499	
2.6.1.42	branched-chain amino acid aminotransferase, branched-chain-amino-acid transaminase, v. 34 | p. 499	
3.6.3.21	branched-chain amino acid permease, polar-amino-acid-transporting ATPase, v. 15 | p. 633	
2.6.1.42	branched-chain amino acid transaminase, branched-chain-amino-acid transaminase, v. 34 | p. 499	
2.6.1.42	branched-chain aminotransferase, branched-chain-amino-acid transaminase, v. 34 | p. 499	
2.6.1.42	branched-chain aminotransferase4, branched-chain-amino-acid transaminase, v. 34 | p. 499	
2.7.2.14	branched-chain fatty acid kinase, branched-chain-fatty-acid kinase, v. 37 | p. 362	
4.1.1.72	branched-chain keto acid decarboxylase, branched-chain-2-oxoacid decarboxylase, v. 3 | p. 393	
1.2.4.4	branched-chain keto acid dehydrogenase, 3-methyl-2-oxobutanoate dehydrogenase (2-methylpropanoyl-transferring), v. 20 | p. 522	

1.2.4.4	branched-chain ketoacid dehydrogenase, 3-methyl-2-oxobutanoate dehydrogenase (2-methylpropanoyl-transferring), v. 20	p. 522
2.7.11.4	branched-chain keto acid dehydrogenase kinase, [3-methyl-2-oxobutanoate dehydrogenase (acetyl-transferring)] kinase, v. S3	p. 167
1.2.7.7	branched-chain ketoacid ferredoxin reductase, 3-methyl-2-oxobutanoate dehydrogenase (ferredoxin), v. S1	p. 207
3.1.3.52	branched-chain oxo-acid dehydrogenase phosphatase, [3-methyl-2-oxobutanoate dehydrogenase (2-methylpropanoyl-transferring)]-phosphatase, v. 10	p. 435
4.1.1.72	branched-chain oxo acid decarboxylase, branched-chain-2-oxoacid decarboxylase, v. 3	p. 393
2.7.11.4	branched-chain oxoacid dehydrogenase complex, [3-methyl-2-oxobutanoate dehydrogenase (acetyl-transferring)] kinase, v. S3	p. 167
2.7.11.4	branched-chain oxoacid dehydrogenase kinase, [3-methyl-2-oxobutanoate dehydrogenase (acetyl-transferring)] kinase, v. S3	p. 167
1.2.7.7	branched-chain oxo acid ferredoxin reductase, 3-methyl-2-oxobutanoate dehydrogenase (ferredoxin), v. S1	p. 207
1.2.4.4	branched chain α-ketoacid dehydrogenase complex, 3-methyl-2-oxobutanoate dehydrogenase (2-methylpropanoyl-transferring), v. 20	p. 522
1.3.99.12	branched chain acyl-CoA dehydrogenase, 2-methylacyl-CoA dehydrogenase, v. 21	p. 557
2.6.1.42	branched chain amino acid: 2-oxoglutarate aminotransferase EC 2.6.1, branched-chain-amino-acid transaminase, v. 34	p. 499
2.6.1.42	L-branched chain amino acid aminotransferase, branched-chain-amino-acid transaminase, v. 34	p. 499
2.6.1.42	branched chain aminotransferase, branched-chain-amino-acid transaminase, v. 34	p. 499
1.2.4.4	branched chain keto acid dehydrogenase, 3-methyl-2-oxobutanoate dehydrogenase (2-methylpropanoyl-transferring), v. 20	p. 522
2.4.1.150	I-branching β-1,6-N-acetylglucosaminyltransferase, N-acetyllactosaminide β-1,6-N-acetylglucosaminyl-transferase, v. 32	p. 307
2.4.1.18	branching enzyme, 1,4-α-glucan branching enzyme, v. 31	p. 197
2.4.1.18	branching factor, enzymatic, 1,4-α-glucan branching enzyme, v. 31	p. 197
2.4.1.18	branching glycosyltransferase, 1,4-α-glucan branching enzyme, v. 31	p. 197
1.2.1.3	Brassica turgor-responsive/drought-induced gene 26 protein, aldehyde dehydrogenase (NAD+), v. 20	p. 32
4.6.1.2	brassinosteroid receptor 1, guanylate cyclase, v. 5	p. 430
6.3.2.19	BRCA1/BARD1, Ubiquitin-protein ligase, v. 2	p. 506
6.3.2.19	BRCA1/BARD1 ubiquitin ligase, Ubiquitin-protein ligase, v. 2	p. 506
6.3.2.19	BRCA1 ubiquitin ligase, Ubiquitin-protein ligase, v. 2	p. 506
1.3.3.6	BRCACox, acyl-CoA oxidase, v. 21	p. 401
6.3.2.19	BRCA I, Ubiquitin-protein ligase, v. 2	p. 506
2.7.11.1	Breast-tumor-amplified kinase, non-specific serine/threonine protein kinase, v. S3	p. 1
2.7.10.2	Breast tumor kinase, non-specific protein-tyrosine kinase, v. S2	p. 441
2.7.10.2	breast tumour kinase, non-specific protein-tyrosine kinase, v. S2	p. 441
2.7.10.1	Breathless protein, receptor protein-tyrosine kinase, v. S2	p. 341
3.4.24.72	brevilysin L6, fibrolase, v. 8	p. 565
3.4.21.48	brewer's yeast proteinase, cerevisin, v. 7	p. 222
3.6.4.11	BRG-1, nucleoplasmin ATPase, v. 15	p. 817
3.6.4.11	Brg1, nucleoplasmin ATPase, v. 15	p. 817
2.7.10.2	Brk, non-specific protein-tyrosine kinase, v. S2	p. 441
2.7.10.2	BRK-1, non-specific protein-tyrosine kinase, v. S2	p. 441
5.1.1.10	broad specificity amino acid racemase, Amino-acid racemase, v. 1	p. 41
1.1.3.13	broad substrate specific alcohol oxidase, alcohol oxidase, v. 19	p. 115
3.4.22.33	Bromelain, Fruit bromelain, v. 7	p. 685
3.4.22.32	Bromelain, Stem bromelain, v. 7	p. 675
3.4.22.33	Bromelain, juice, Fruit bromelain, v. 7	p. 685
3.4.22.32	Bromelain, stem, Stem bromelain, v. 7	p. 675

3.4.22.33	Bromelase, Fruit bromelain, v.7 | p.685	
3.4.22.33	Bromelin, Fruit bromelain, v.7 | p.685	
2.4.1.223	brother of tout-velu, glucuronyl-galactosyl-proteoglycan 4-α-N-acetylglucosaminyl-transferase, v.32 | p.602	
5.3.3.12	brown (b) locus protein, L-dopachrome isomerase, v.1 | p.432	
1.1.1.195	Brown-midrib 1 protein, cinnamyl-alcohol dehydrogenase, v.18 | p.164	
6.1.1.1	p-BrPhe TyrRS, Tyrosine-tRNA ligase, v.2 | p.1	
3.4.16.5	BRS1, carboxypeptidase C, v.6 | p.385	
2.7.10.1	Brt, receptor protein-tyrosine kinase, v.S2 | p.341	
2.7.10.2	Bruton's tyrosine kinase, non-specific protein-tyrosine kinase, v.S2 | p.441	
2.7.10.2	Bruton's tyrosine kinase, non-specific protein-tyrosine kinase, v.S2 | p.441	
2.7.10.2	Bruton's tyrosine kinase PH domain, non-specific protein-tyrosine kinase, v.S2 | p.441	
2.7.10.2	Brutons tyrosine kinase, non-specific protein-tyrosine kinase, v.S2 | p.441	
3.4.21.19	BS-GSE, glutamyl endopeptidase, v.7 | p.75	
3.1.27.5	BS-RNase, pancreatic ribonuclease, v.11 | p.584	
3.5.2.6	BS3, β-lactamase, v.14 | p.683	
1.1.1.85	Bs3-isopropylmalateDH, 3-isopropylmalate dehydrogenase, v.17 | p.179	
3.2.1.1	BSA-2, α-amylase, v.12 | p.1	
3.1.21.4	BsaAI, type II site-specific deoxyribonuclease, v.11 | p.454	
3.1.21.4	BsaBI, type II site-specific deoxyribonuclease, v.11 | p.454	
3.1.21.5	BsaHI, type III site-specific deoxyribonuclease, v.11 | p.467	
3.2.1.1	Bsamy-I, α-amylase, v.12 | p.1	
1.4.3.22	BSAO, diamine oxidase	
1.4.3.21	BSAO, primary-amine oxidase	
3.4.11.6	BSAP, aminopeptidase B, v.6 | p.92	
3.4.11.10	BSAP, bacterial leucyl aminopeptidase, v.6 | p.125	
4.4.1.9	Bsas3, L-3-cyanoalanine synthase, v.5 | p.351	
1.3.99.2	bSCAD, butyryl-CoA dehydrogenase, v.21 | p.473	
5.4.99.5	BsCM, Chorismate mutase, v.1 | p.604	
3.5.4.23	BSD, blasticidin-S deaminase, v.15 | p.151	
3.5.4.23	BS deaminase, blasticidin-S deaminase, v.15 | p.151	
3.1.1.13	BSDL, sterol esterase, v.9 | p.150	
3.1.1.1	BSE, carboxylesterase, v.9 | p.1	
3.1.21.4	Bse634I, type II site-specific deoxyribonuclease, v.11 | p.454	
3.1.16.1	BSEase, spleen exonuclease, v.11 | p.424	
3.1.21.4	BsePI, type II site-specific deoxyribonuclease, v.11 | p.454	
3.5.1.24	BSH, choloylglycine hydrolase, v.14 | p.373	
3.5.2.2	bsHYD, dihydropyrimidinase, v.14 | p.651	
4.2.2.18	BsIFTase, inulin fructotransferase (DFA-III-forming), v.S7 | p.145	
3.5.1.87	BsLcar, N-carbamoyl-L-amino-acid hydrolase, v.14 | p.625	
4.4.1.21	BsLuxS, S-ribosylhomocysteine lyase, v.S7 | p.400	
3.2.1.133	BSMA, glucan 1,4-α-maltohydrolase, v.13 | p.538	
3.1.21.4	BsmAI, type II site-specific deoxyribonuclease, v.11 | p.454	
3.1.4.12	bSMase, sphingomyelin phosphodiesterase, v.11 | p.86	
3.1.21.4	BsmI, type II site-specific deoxyribonuclease, v.11 | p.454	
3.1.21.4	BsoBI, type II site-specific deoxyribonuclease, v.11 | p.454	
3.2.2.17	Bsp-pdg, deoxyribodipyrimidine endonucleosidase, v.14 | p.84	
3.1.27.1	BSP1, ribonuclease T2, v.11 | p.557	
3.1.21.4	Bsp CI, type II site-specific deoxyribonuclease, v.11 | p.454	
3.1.21.4	BspD6I, type II site-specific deoxyribonuclease, v.11 | p.454	
3.1.21.4	BspGI, type II site-specific deoxyribonuclease, v.11 | p.454	
3.1.21.4	BspHI, type II site-specific deoxyribonuclease, v.11 | p.454	
3.1.21.4	BspMI, type II site-specific deoxyribonuclease, v.11 | p.454	
3.1.21.4	BSPMII, type II site-specific deoxyribonuclease, v.11 | p.454	
2.7.6.1	bsPRS, ribose-phosphate diphosphokinase, v.38 | p.1	

3.1.21.4	BsrI, type II site-specific deoxyribonuclease, v. 11 | p. 454
4.1.99.11	BSS, benzylsuccinate synthase, v. S7 | p. 66
2.8.2.14	BSS, bile-salt sulfotransferase, v. 39 | p. 379
2.1.2.1	bsSHMT, glycine hydroxymethyltransferase, v. 29 | p. 1
2.8.2.14	BSS I, bile-salt sulfotransferase, v. 39 | p. 379
2.8.2.14	BSS II, bile-salt sulfotransferase, v. 39 | p. 379
3.1.1.3	BSSL, triacylglycerol lipase, v. 9 | p. 36
3.1.21.4	BssSI, type II site-specific deoxyribonuclease, v. 11 | p. 454
2.8.2.14	BST 1, bile-salt sulfotransferase, v. 39 | p. 379
2.8.2.14	BST 2, bile-salt sulfotransferase, v. 39 | p. 379
3.2.1.1	BSTA, α-amylase, v. 12 | p. 1
2.7.7.25	BstCCA, tRNA adenylyltransferase, v. 38 | p. 305
2.7.7.21	BstCCA, tRNA cytidylyltransferase, v. 38 | p. 265
3.1.21.4	BstEII, type II site-specific deoxyribonuclease, v. 11 | p. 454
3.1.21.4	BstF5I, type II site-specific deoxyribonuclease, v. 11 | p. 454
6.1.1.2	BsTRpRS, Tryptophan-tRNA ligase, v. 2 | p. 9
2.1.2.1	bstSHMT, glycine hydroxymethyltransferase, v. 29 | p. 1
3.1.21.4	BstXI, type II site-specific deoxyribonuclease, v. 11 | p. 454
3.1.21.4	BstYI, type II site-specific deoxyribonuclease, v. 11 | p. 454
3.1.21.4	Bsu2413I, type II site-specific deoxyribonuclease, v. 11 | p. 454
3.1.26.11	BsuTrz, tRNase Z, v. S5 | p. 105
4.1.99.3	BsUvrC, deoxyribodipyrimidine photo-lyase, v. 4 | p. 223
3.2.1.8	BSX, endo-1,4-β-xylanase, v. 12 | p. 133
3.2.1.8	BSXY, endo-1,4-β-xylanase, v. 12 | p. 133
2.7.2.4	BT, aspartate kinase, v. 37 | p. 314
3.4.21.4	BT, trypsin, v. 7 | p. 12
2.7.9.3	Bt1, selenide, water dikinase, v. 39 | p. 173
3.1.1.8	BtChoEase, cholinesterase, v. 9 | p. 118
3.5.1.12	BTD, biotinidase, v. 14 | p. 296
2.7.7.31	bTdT, DNA nucleotidylexotransferase, v. 38 | p. 364
3.1.2.14	BTE, oleoyl-[acyl-carrier-protein] hydrolase, v. 9 | p. 516
1.2.1.3	Btg-26, aldehyde dehydrogenase (NAD+), v. 20 | p. 32
3.2.1.35	BTH, hyaluronoglucosaminidase, v. 12 | p. 526
3.1.1.4	BthTX, phospholipase A2, v. 9 | p. 52
3.1.1.4	BthTX-1, phospholipase A2, v. 9 | p. 52
3.1.1.4	BthTX-I, phospholipase A2, v. 9 | p. 52
3.1.1.4	BthTX-II, phospholipase A2, v. 9 | p. 52
3.1.1.3	BTID, triacylglycerol lipase, v. 9 | p. 36
2.7.10.2	Btk, non-specific protein-tyrosine kinase, v. S2 | p. 441
2.7.10.2	Btk tyrosine kinase, non-specific protein-tyrosine kinase, v. S2 | p. 441
3.1.1.3	BTL2, triacylglycerol lipase, v. 9 | p. 36
3.1.1.3	BTL2 lipase, triacylglycerol lipase, v. 9 | p. 36
3.2.1.133	BTMA, glucan 1,4-α-maltohydrolase, v. 13 | p. 538
1.3.99.22	BtrN, coproporphyrinogen dehydrogenase, v. S1 | p. 262
2.7.2.4	BTT, aspartate kinase, v. 37 | p. 314
3.6.5.6	BtubB, tubulin GTPase, v. S6 | p. 539
3.6.3.33	BtuCD, vitamin B12-transporting ATPase, v. 15 | p. 668
3.6.3.33	BtuCD-F, vitamin B12-transporting ATPase, v. 15 | p. 668
3.6.3.33	BtuF, vitamin B12-transporting ATPase, v. 15 | p. 668
3.2.1.8	Btx, endo-1,4-β-xylanase, v. 12 | p. 133
3.1.3.16	BuA-induced protein phosphatase, phosphoprotein phosphatase, v. 10 | p. 213
2.7.11.1	BUB1 protein kinases, non-specific serine/threonine protein kinase, v. S3 | p. 1
6.2.1.3	bubblegum-related protein, Long-chain-fatty-acid-CoA ligase, v. 2 | p. 206
3.1.1.8	BuChE, cholinesterase, v. 9 | p. 118
3.2.1.1	Buclamase, α-amylase, v. 12 | p. 1

4.1.1.50	Bud2, adenosylmethionine decarboxylase, v. 3 | p. 306	
4.1.1.5	BudA1, Acetolactate decarboxylase, v. 3 | p. 29	
1.14.11.1	Bu hydroxylase, γ-butyroβine dioxygenase, v. 26 | p. 1	
2.7.2.7	Buk, butyrate kinase, v. 37 | p. 337	
2.7.2.14	Buk2, branched-chain-fatty-acid kinase, v. 37 | p. 362	
1.1.1.160	bunolol reductase, dihydrobunolol dehydrogenase, v. 18 | p. 30	
3.5.1.6	BUP-1, β-ureidopropionase, v. 14 | p. 263	
1.13.11.2	BupB, catechol 2,3-dioxygenase, v. 25 | p. 395	
2.7.11.23	Bur1, [RNA-polymerase]-subunit kinase, v. S4 | p. 220	
1.1.1.5	ButA, acetoin dehydrogenase, v. 16 | p. 97	
1.1.1.5	butandiol dehydrogenase, acetoin dehydrogenase, v. 16 | p. 97	
1.1.1.4	2,3-butanediol dehydrogenase, (R,R)-butanediol dehydrogenase, v. 16 | p. 91	
1.1.1.4	D-(-)-butanediol dehydrogenase, (R,R)-butanediol dehydrogenase, v. 16 | p. 91	
1.1.1.4	L-2,3-butanediol dehydrogenase, (R,R)-butanediol dehydrogenase, v. 16 | p. 91	
1.1.1.76	L-butanediol dehydrogenase, (S,S)-butanediol dehydrogenase, v. 17 | p. 121	
1.14.15.3	butane monooxygenase, alkane 1-monooxygenase, v. 27 | p. 16	
1.1.99.8	1-butanol dehydrogenase, alcohol dehydrogenase (acceptor), v. 19 | p. 305	
1.1.1.5	ButB, acetoin dehydrogenase, v. 16 | p. 97	
1.1.1.4	butylene glycol dehydrogenase, (R,R)-butanediol dehydrogenase, v. 16 | p. 91	
1.1.1.4	butyleneglycol dehydrogenase, (R,R)-butanediol dehydrogenase, v. 16 | p. 91	
1.2.1.57	Butyraldehyde dehydrogenase, butanal dehydrogenase, v. 20 | p. 372	
3.1.1.1	butyrate esterase, carboxylesterase, v. 9 | p. 1	
2.7.2.7	butyrate kinase, butyrate kinase, v. 37 | p. 337	
3.1.1.3	butyrinase, triacylglycerol lipase, v. 9 | p. 36	
3.1.1.8	butyrocholinesterase, cholinesterase, v. 9 | p. 118	
1.14.11.1	α-butyroβine hydroxylase, γ-butyroβine dioxygenase, v. 26 | p. 1	
1.14.11.1	butyroβine hydroxylase, γ-butyroβine dioxygenase, v. 26 | p. 1	
1.14.11.1	γ butyroβine hydroxylase, γ-butyroβine dioxygenase, v. 26 | p. 1	
1.14.11.1	γ-butyroβine hydroxylase, γ-butyroβine dioxygenase, v. 26 | p. 1	
2.7.2.7	butyrokinase, butyrate kinase, v. 37 | p. 337	
2.8.3.9	butyryl-CoA-acetoacetate CoA-transferase, butyrate-acetoacetate CoA-transferase, v. 39 | p. 500	
5.4.99.13	butyryl-CoA:isobutyryl-CoA mutase, isobutyryl-CoA mutase, v. 1 | p. 646	
1.3.99.2	Butyryl-CoA dehydrogenase, butyryl-CoA dehydrogenase, v. 21 | p. 473	
1.3.99.2	butyryl-CoA dehydrogenase/Etf complex, butyryl-CoA dehydrogenase, v. 21 | p. 473	
6.2.1.2	Butyryl-CoA synthetase, Butyrate-CoA ligase, v. 2 | p. 199	
2.8.3.8	butyryl-coenzyme A CoA transferase, acetate CoA-transferase, v. 39 | p. 497	
6.2.1.2	Butyryl-coenzyme A synthetase, Butyrate-CoA ligase, v. 2 | p. 199	
3.1.1.8	butyrylcholine-hydrolyzing enzyme, cholinesterase, v. 9 | p. 118	
3.1.1.8	butyrylcholine esterase, cholinesterase, v. 9 | p. 118	
3.1.1.8	butyrylcholinesterase, cholinesterase, v. 9 | p. 118	
3.1.1.8	butyrylcholinesterase K, cholinesterase, v. 9 | p. 118	
2.8.3.8	butyryl CoA:acetate CoA transferase, acetate CoA-transferase, v. 39 | p. 497	
2.8.3.9	butyryl coenzyme A-acetoacetate coenzyme A-transferase, butyrate-acetoacetate CoA-transferase, v. 39 | p. 500	
1.3.99.2	butyryl coenzyme A dehydrogenase, butyryl-CoA dehydrogenase, v. 21 | p. 473	
2.8.3.8	butyryl coenzyme A transferase, acetate CoA-transferase, v. 39 | p. 497	
3.1.1.1	butyryl esterase, carboxylesterase, v. 9 | p. 1	
2.3.1.19	butyryltransferase, phosphate, phosphate butyryltransferase, v. 29 | p. 391	
1.2.99.6	BV-AIDH, Carboxylate reductase, v. 20 | p. 598	
1.2.99.7	BV-AIDH, aldehyde dehydrogenase (FAD-independent), v. S1 | p. 219	
3.4.21.113	BVD NS3 endopeptidase, pestivirus NS3 polyprotein peptidase, v. S5 | p. 408	
3.4.21.113	BVDV NS3 endopeptidase, pestivirus NS3 polyprotein peptidase, v. S5 | p. 408	
3.2.1.35	BVH, hyaluronoglucosaminidase, v. 12 | p. 526	
1.14.13.105	BVMO, monocyclic monoterpene ketone monooxygenase	

1.14.13.92	BVMO, phenylacetone monooxygenase, v. S1	p. 595
3.2.1.141	BvMTH, 4-α-D-{(1->4)-α-D-glucano}trehalose trehalohydrolase, v. 13	p. 564
3.1.3.48	BVP, protein-tyrosine-phosphatase, v. 10	p. 407
1.3.1.24	BVR, biliverdin reductase, v. 21	p. 140
2.7.12.1	BVR, dual-specificity kinase, v. S4	p. 372
1.3.1.24	BVR-A, biliverdin reductase, v. 21	p. 140
1.3.1.24	BVR-B, biliverdin reductase, v. 21	p. 140
1.3.1.24	BVRA, biliverdin reductase, v. 21	p. 140
1.3.1.24	BVRB, biliverdin reductase, v. 21	p. 140
2.3.1.30	BvSAT, serine O-acetyltransferase, v. 29	p. 502
3.2.1.4	Bx-ENG-1, cellulase, v. 12	p. 88
3.2.1.4	Bx-ENG-2, cellulase, v. 12	p. 88
3.2.1.4	Bx-ENG-3, cellulase, v. 12	p. 88
4.1.2.8	BX1, indole-3-glycerol-phosphate lyase, v. 3	p. 434
2.4.1.207	BXET, xyloglucan:xyloglucosyl transferase, v. 32	p. 524
4.2.2.2	BxPEL1, pectate lyase, v. 5	p. 6
4.2.2.2	BxPEL2, pectate lyase, v. 5	p. 6
2.7.11.16	by G protein-coupled receptor kinase 6, G-protein-coupled receptor kinase, v. S3	p. 448
6.2.1.25	BzdA enzyme, Benzoate-CoA ligase, v. 2	p. 314
1.14.12.10	BZDO, benzoate 1,2-dioxygenase, v. 26	p. 152
1.14.12.10	BZDO enzyme, benzoate 1,2-dioxygenase, v. 26	p. 152
4.1.2.38	BZL, benzoin aldolase, v. 3	p. 573
3.1.3.16	Bα|, phosphoprotein phosphatase, v. 10	p. 213

Index of Synonyms: C

6.3.4.3	C(1)-tetrahydrofolate synthase, formate-tetrahydrofolate ligase, v. 2 | p. 567	
3.4.22.67	C01.017, zingipain, v. S6 | p. 220	
3.4.22.27	C01.034, cathepsin S, v. 7 | p. 637	
3.6.4.6	C06A1.1, vesicle-fusing ATPase, v. 15 | p. 789	
3.4.21.42	C1-esterase, complement subcomponent C1s, v. 7 | p. 197	
6.3.4.3	C1-tetrahydrofolate synthase, formate-tetrahydrofolate ligase, v. 2 | p. 567	
6.3.4.3	C1-tetrahydrofolate synthetase, formate-tetrahydrofolate ligase, v. 2 | p. 567	
6.3.4.3	C1-THFS, formate-tetrahydrofolate ligase, v. 2 | p. 567	
6.3.4.3	C1-THF synthase, formate-tetrahydrofolate ligase, v. 2 | p. 567	
3.4.21.79	C11, Granzyme B, v. 7 | p. 393	
1.14.15.4	P-450c11, steroid 11β-monooxygenase, v. 27 | p. 26	
3.1.2.21	C12:0-ACP thioesterase, dodecanoyl-[acyl-carrier-protein] hydrolase, v. 9 | p. 546	
3.1.2.14	C12:0 ACP TE, oleoyl-[acyl-carrier-protein] hydrolase, v. 9 | p. 516	
1.13.11.1	C12D, catechol 1,2-dioxygenase, v. 25 | p. 382	
1.13.11.1	C12O, catechol 1,2-dioxygenase, v. 25 | p. 382	
2.7.10.1	C14, receptor protein-tyrosine kinase, v. S2 | p. 341	
3.4.22.36	C14.001, caspase-1, v. 7 | p. 699	
3.4.22.56	C14.003, caspase-3, v. S6 | p. 103	
3.4.22.60	C14.004, caspase-7, v. S6 | p. 156	
3.4.22.61	C14.004, caspase-8, v. S6 | p. 168	
3.4.22.59	C14.005, caspase-6, v. S6 | p. 145	
3.4.22.55	C14.006, caspase-2, v. S6 | p. 93	
3.4.22.57	C14.007, caspase-4, v. S6 | p. 133	
3.4.22.58	C14.008, caspase-5, v. S6 | p. 140	
3.4.22.62	C14.010, caspase-9, v. S6 | p. 183	
3.4.22.63	C14.011, caspase-10, v. S6 | p. 195	
3.4.22.64	C14.012, caspase-11, v. S6 | p. 203	
1.3.1.70	C14SR, Δ14-sterol reductase, v. 21 | p. 317	
4.1.2.30	C17(20) lyase, 17α-Hydroxyprogesterone aldolase, v. 3 | p. 549	
4.1.2.30	C17,20-lyase, 17α-Hydroxyprogesterone aldolase, v. 3 | p. 549	
4.1.2.30	C17,20 lyase, 17α-Hydroxyprogesterone aldolase, v. 3 | p. 549	
2.1.1.79	C17:cyclopropane synthase, cyclopropane-fatty-acyl-phospholipid synthase, v. 28 | p. 427	
1.14.15.4	P-450C18, steroid 11β-monooxygenase, v. 27 | p. 26	
2.3.1.119	C18-CoA elongase, icosanoyl-CoA synthase, v. 30 | p. 293	
3.1.2.14	C18:1-ACP thioesterase, oleoyl-[acyl-carrier-protein] hydrolase, v. 9 | p. 516	
3.4.22.34	C197 legumain, Legumain, v. 7 | p. 689	
3.4.22.34	c197 Sm32, Legumain, v. 7 | p. 689	
2.7.11.13	C1Bβ, protein kinase C, v. S3 | p. 325	
3.2.1.91	C1 cellulase, cellulose $1,4$-β-cellobiosidase, v. 13 | p. 325	
3.2.1.150	C1 cellulase, oligoxyloglucan reducing-end-specific cellobiohydrolase, v. S5 | p. 128	
3.4.21.42	C1 esterase, complement subcomponent C1s, v. 7 | p. 197	
2.4.1.122	C1GalT, glycoprotein-N-acetylgalactosamine 3-β-galactosyltransferase, v. 32 | p. 174	
2.4.1.122	C1GALT1, glycoprotein-N-acetylgalactosamine 3-β-galactosyltransferase, v. 32 | p. 174	
3.4.21.41	C1r, complement subcomponent C1r, v. 7 | p. 191	
3.4.21.41	C1rbar-esterase, complement subcomponent C1r, v. 7 | p. 191	
3.4.21.42	C1s, complement subcomponent C1s, v. 7 | p. 197	
3.4.21.42	C1s protease, complement subcomponent C1s, v. 7 | p. 197	
6.3.4.3	C1 synthase, formate-tetrahydrofolate ligase, v. 2 | p. 567	

1.13.11.2	C2,3O, catechol 2,3-dioxygenase, v. 25 | p. 395	
2.7.1.154	C2-domain-containing phosphoinositide 3-kinase, phosphatidylinositol-4-phosphate 3-kinase, v. 37 | p. 245	
2.7.1.154	C2-PI3K, phosphatidylinositol-4-phosphate 3-kinase, v. 37 | p. 245	
1.14.99.10	P-450(C21), steroid 21-monooxygenase, v. 27 | p. 302	
1.13.11.2	C23D, catechol 2,3-dioxygenase, v. 25 | p. 395	
1.13.11.39	C23o, biphenyl-2,3-diol 1,2-dioxygenase, v. 25 | p. 618	
1.13.11.2	C23o, catechol 2,3-dioxygenase, v. 25 | p. 395	
1.3.1.71	C24(28) reductase, Δ24(241)-sterol reductase, v. 21 | p. 326	
2.1.1.41	C24-methyltransferase, sterol 24-C-methyltransferase, v. 28 | p. 220	
2.1.1.143	C24-SMT2, 24-methylenesterol C-methyltransferase, v. 28 | p. 629	
2.1.1.41	C24-sterol methyltransferase type 1, sterol 24-C-methyltransferase, v. 28 | p. 220	
1.14.15.6	C27-side chain cleavage enzyme, cholesterol monooxygenase (side-chain-cleaving), v. 27 | p. 44	
2.4.1.102	C2GlcNAcT-I, β-1,3-galactosyl-O-glycosyl-glycoprotein β-1,6-N-acetylglucosaminyltransferase, v. 32 | p. 84	
2.4.1.102	C2GlcNAcT-II, β-1,3-galactosyl-O-glycosyl-glycoprotein β-1,6-N-acetylglucosaminyltransferase, v. 32 | p. 84	
2.4.1.102	C2GlcNAcT-III, β-1,3-galactosyl-O-glycosyl-glycoprotein β-1,6-N-acetylglucosaminyltransferase, v. 32 | p. 84	
2.4.1.148	C2GnT, acetylgalactosaminyl-O-glycosyl-glycoprotein β-1,6-N-acetylglucosaminyltransferase, v. 32 | p. 293	
2.4.1.102	C2GnT, β-1,3-galactosyl-O-glycosyl-glycoprotein β-1,6-N-acetylglucosaminyltransferase, v. 32 | p. 84	
2.4.1.102	C2GnT-I, β-1,3-galactosyl-O-glycosyl-glycoprotein β-1,6-N-acetylglucosaminyltransferase, v. 32 | p. 84	
2.4.1.148	c2GnT-M, acetylgalactosaminyl-O-glycosyl-glycoprotein β-1,6-N-acetylglucosaminyltransferase, v. 32 | p. 293	
2.4.1.102	c2GnT-M, β-1,3-galactosyl-O-glycosyl-glycoprotein β-1,6-N-acetylglucosaminyltransferase, v. 32 | p. 84	
2.4.1.102	C2GnT1, β-1,3-galactosyl-O-glycosyl-glycoprotein β-1,6-N-acetylglucosaminyltransferase, v. 32 | p. 84	
2.4.1.148	C2GnT2, acetylgalactosaminyl-O-glycosyl-glycoprotein β-1,6-N-acetylglucosaminyltransferase, v. 32 | p. 293	
3.4.24.69	C2 toxin, bontoxilysin, v. 8 | p. 553	
3.4.22.54	C3, calpain-3, v. S6 | p. 81	
3.4.21.47	C3/C5 convertase, alternative-complement-pathway C3/C5 convertase, v. 7 | p. 218	
3.4.21.47	C3/C5 convertase, classical-complement-pathway C3/C5 convertase, v. 7 | p. 203	
3.4.22.66	C37.001, calicivirin, v. S6 | p. 215	
3.4.21.47	(C3b)n,Bb, alternative-complement-pathway C3/C5 convertase, v. 7 | p. 218	
3.4.21.47	C3b,Bb, alternative-complement-pathway C3/C5 convertase, v. 7 | p. 218	
3.4.21.45	C3b/C4b inactivator, complement factor I, v. 7 | p. 208	
3.4.21.47	C3b2, alternative-complement-pathway C3/C5 convertase, v. 7 | p. 218	
3.4.21.43	C3b 2 Bb, classical-complement-pathway C3/C5 convertase, v. 7 | p. 203	
3.4.21.43	C3b2Bb, classical-complement-pathway C3/C5 convertase, v. 7 | p. 203	
3.4.21.47	C3bBb, alternative-complement-pathway C3/C5 convertase, v. 7 | p. 218	
3.4.21.43	C3bBb, classical-complement-pathway C3/C5 convertase, v. 7 | p. 203	
3.4.21.43	C3bBbP, classical-complement-pathway C3/C5 convertase, v. 7 | p. 203	
3.4.21.45	C3bINA, complement factor I, v. 7 | p. 208	
3.4.21.45	C3b inactivator, complement factor I, v. 7 | p. 208	
3.4.21.47	C3 convertase, alternative-complement-pathway C3/C5 convertase, v. 7 | p. 218	
3.4.21.43	C3 convertase, classical-complement-pathway C3/C5 convertase, v. 7 | p. 203	
3.4.21.46	C3 convertase activator, complement factor D, v. 7 | p. 213	
2.4.2.30	C3 exoenzyme, NAD+ ADP-ribosyltransferase, v. 33 | p. 263	

2.4.1.147	C3GnT, acetylgalactosaminyl-O-glycosyl-glycoprotein β-1,3-N-acetylglucosaminyl-transferase, v. 32 | p. 287
2.4.2.30	C3lim, NAD+ ADP-ribosyltransferase, v. 33 | p. 263
3.4.21.47	C3 proactivator, alternative-complement-pathway C3/C5 convertase, v. 7 | p. 218
3.4.21.46	C3 proactivator convertase, complement factor D, v. 7 | p. 213
3.4.21.43	C4, classical-complement-pathway C3/C5 convertase, v. 7 | p. 203
2.7.13.3	C4-dicarboxylate transport sensor protein dctB, histidine kinase, v. S4 | p. 420
2.7.13.3	C4-dicarboxylate transport sensor protein dctS, histidine kinase, v. S4 | p. 420
1.1.1.40	C4-NADP-malic enzyme, malate dehydrogenase (oxaloacetate-decarboxylating) (NADP +), v. 16 | p. 381
3.6.4.6	C41C4.8, vesicle-fusing ATPase, v. 15 | p. 789
3.4.21.43	C423, classical-complement-pathway C3/C5 convertase, v. 7 | p. 203
1.14.15.4	C450XIB2, steroid 11β-monooxygenase, v. 27 | p. 26
1.4.3.1	C47A10.5 gene product, D-aspartate oxidase, v. 22 | p. 216
1.4.3.1	C47Ap, D-aspartate oxidase, v. 22 | p. 216
3.4.22.68	C48.001, Ulp1 peptidase, v. S6 | p. 223
3.4.21.43	C4b,2a, classical-complement-pathway C3/C5 convertase, v. 7 | p. 203
3.4.21.43	C4b,2a,3b, classical-complement-pathway C3/C5 convertase, v. 7 | p. 203
3.4.21.43	C4b,C2a, classical-complement-pathway C3/C5 convertase, v. 7 | p. 203
3.4.21.43	C4b2a, classical-complement-pathway C3/C5 convertase, v. 7 | p. 203
3.4.21.43	C4b2a3b, classical-complement-pathway C3/C5 convertase, v. 7 | p. 203
3.4.21.43	C4b2aC3b, classical-complement-pathway C3/C5 convertase, v. 7 | p. 203
3.2.1.4	C4endoII, cellulase, v. 12 | p. 88
1.14.13.11	C4H, trans-cinnamate 4-monooxygenase, v. 26 | p. 281
1.1.1.40	C4 NADP-malic enzyme, malate dehydrogenase (oxaloacetate-decarboxylating) (NADP +), v. 16 | p. 381
4.1.1.32	C4 phosphoenolpyruvate carboxykinase, phosphoenolpyruvate carboxykinase (GTP), v. 3 | p. 195
1.1.1.40	C4 photosynthetic NADP-malic enzyme, malate dehydrogenase (oxaloacetate-decarboxylating) (NADP+), v. 16 | p. 381
2.8.2.5	C4ST, chondroitin 4-sulfotransferase, v. 39 | p. 325
5.1.3.17	C5-epimerase, heparosan-N-sulfate-glucuronate 5-epimerase, v. 1 | p. 167
2.1.1.37	C5-MTase, DNA (cytosine-5-)-methyltransferase, v. 28 | p. 197
2.7.1.66	C55-isoprenoid alcohol kinase, undecaprenol kinase, v. 36 | p. 171
2.7.1.66	C55-isoprenoid alcohol phosphokinase, undecaprenol kinase, v. 36 | p. 171
2.7.1.66	C55-isoprenyl alcohol phosphokinase, undecaprenol kinase, v. 36 | p. 171
3.6.1.27	C55-isoprenyl diphosphatase, undecaprenyl-diphosphatase, v. 15 | p. 422
3.6.1.27	C55-isoprenyl pyrophosphatase, undecaprenyl-diphosphatase, v. 15 | p. 422
2.5.1.31	C55-OO synthetase, di-trans,poly-cis-decaprenylcistransferase, v. 34 | p. 1
1.7.2.1	C551-O2 oxidoreductase, nitrite reductase (NO-forming), v. 24 | p. 325
2.5.1.31	C55PP synthetase, di-trans,poly-cis-decaprenylcistransferase, v. 34 | p. 1
3.4.21.47	C5 convertase, alternative-complement-pathway C3/C5 convertase, v. 7 | p. 218
3.4.21.43	C5 convertase, classical-complement-pathway C3/C5 convertase, v. 7 | p. 203
5.1.3.17	C5 uronosyl epimerase, heparosan-N-sulfate-glucuronate 5-epimerase, v. 1 | p. 167
2.8.2.17	C6ST, chondroitin 6-sulfotransferase, v. 39 | p. 402
2.8.2.17	C6ST-1, chondroitin 6-sulfotransferase, v. 39 | p. 402
3.6.3.14	C7-1 protein, H+-transporting two-sector ATPase, v. 15 | p. 598
1.14.13.17	C7αOH, cholesterol 7α-monooxygenase, v. 26 | p. 316
2.3.2.4	C7orf24, γ-glutamylcyclotransferase, v. 30 | p. 500
4.2.1.1	CA, carbonate dehydratase, v. 4 | p. 242
3.5.1.93	CA, glutaryl-7-aminocephalosporanic-acid acylase, v. S6 | p. 386
3.1.3.48	L-CA, protein-tyrosine-phosphatase, v. 10 | p. 407
4.2.1.1	α-CA, carbonate dehydratase, v. 4 | p. 242
4.2.1.1	αCA, carbonate dehydratase, v. 4 | p. 242
4.2.1.1	β-CA, carbonate dehydratase, v. 4 | p. 242

4.2.1.1	βCA, carbonate dehydratase, v. 4	p. 242
4.2.1.1	γCA, carbonate dehydratase, v. 4	p. 242
4.6.1.1	Ca(2+)-inhibitable adenylyl cyclase, adenylate cyclase, v. 5	p. 415
3.6.3.8	Ca(2+)-transporting ATPase, Ca2+-transporting ATPase, v. 15	p. 566
4.6.1.1	Ca(2+)/calmodulin activated adenylyl cyclase, adenylate cyclase, v. 5	p. 415
4.6.1.1	Ca(II)- and calmodulin-dependent adenylyl cyclase edema factor, adenylate cyclase, v. 5	p. 415
4.2.1.1	(CA) XIV, carbonate dehydratase, v. 4	p. 242
4.4.1.14	Ca-ACS1, 1-aminocyclopropane-1-carboxylate synthase, v. 5	p. 377
3.6.3.8	Ca-ATPase, Ca2+-transporting ATPase, v. 15	p. 566
4.2.1.1	CA-I, carbonate dehydratase, v. 4	p. 242
4.2.1.1	CA-II, carbonate dehydratase, v. 4	p. 242
4.2.1.1	CA-III, carbonate dehydratase, v. 4	p. 242
4.2.1.1	CA-IX, carbonate dehydratase, v. 4	p. 242
4.6.1.1	Ca-stimulated type 8 adenylyl cyclase, adenylate cyclase, v. 5	p. 415
5.99.1.2	Ca-Top1, DNA topoisomerase, v. 1	p. 721
4.2.1.1	CA-VA, carbonate dehydratase, v. 4	p. 242
4.2.1.1	CA-VB, carbonate dehydratase, v. 4	p. 242
4.2.1.1	CA-VI, carbonate dehydratase, v. 4	p. 242
4.2.1.1	CA-VII, carbonate dehydratase, v. 4	p. 242
4.2.1.1	CA-XII, carbonate dehydratase, v. 4	p. 242
4.2.1.1	CA-XIV, carbonate dehydratase, v. 4	p. 242
4.2.1.1	CA1, carbonate dehydratase, v. 4	p. 242
4.2.1.1	CA14x, carbonate dehydratase, v. 4	p. 242
4.2.1.1	CA2, carbonate dehydratase, v. 4	p. 242
3.6.1.3	(Ca2+ + Mg2+)-ATPase, adenosinetriphosphatase, v. 15	p. 263
3.6.3.8	Ca2+,Mn2+-ATPase, Ca2+-transporting ATPase, v. 15	p. 566
3.4.11.7	Ca2+-activated glutamate aminopeptidase, glutamyl aminopeptidase, v. 6	p. 102
3.6.3.8	Ca2+ -ATPase, Ca2+-transporting ATPase, v. 15	p. 566
3.6.3.8	Ca2+-ATPase, Ca2+-transporting ATPase, v. 15	p. 566
3.6.3.8	Ca2+-ATPase, isoform 10, Ca2+-transporting ATPase, v. 15	p. 566
3.6.3.8	Ca2+-ATPase, isoform 11, Ca2+-transporting ATPase, v. 15	p. 566
3.6.3.8	Ca2+-ATPase, isoform 12, Ca2+-transporting ATPase, v. 15	p. 566
3.6.3.8	Ca2+-ATPase, isoform 13, Ca2+-transporting ATPase, v. 15	p. 566
2.7.11.18	Ca2+-calmodulin-dependent myosin light chain kinase, myosin-light-chain kinase, v. S4	p. 54
4.6.1.1	Ca2+-calmodulin stimulated adenylyl cyclase type 8, adenylate cyclase, v. 5	p. 415
2.7.11.17	Ca2+-CaM-dependent protein kinase II, Ca2+/calmodulin-dependent protein kinase, v. S4	p. 1
4.6.1.1	Ca2+-dependent adenylyl cyclase, adenylate cyclase, v. 5	p. 415
3.6.3.8	Ca2+-dependent ATPase, Ca2+-transporting ATPase, v. 15	p. 566
3.2.1.1	Ca2+-independent α-amylase gt, α-amylase, v. 12	p. 1
3.1.1.4	Ca2+-independent iPLA2, phospholipase A2, v. 9	p. 52
3.1.1.47	Ca2+-independent phospholipase A2, 1-alkyl-2-acetylglycerophosphocholine esterase, v. 9	p. 320
3.6.3.8	Ca2+-pumping ATPase, Ca2+-transporting ATPase, v. 15	p. 566
2.7.11.20	Ca2+/calmodulin-dependent kinase III, elongation factor 2 kinase, v. S4	p. 126
3.1.4.17	Ca2+/calmodulin-dependent cyclic nucleotide phosphodiesterase, 3',5'-cyclic-nucleotide phosphodiesterase, v. 11	p. 116
2.7.11.17	Ca2+/calmodulin-dependent kinase II, Ca2+/calmodulin-dependent protein kinase, v. S4	p. 1
2.7.11.20	Ca2+/calmodulin-dependent kinase III, elongation factor 2 kinase, v. S4	p. 126
2.7.11.17	Ca2+/calmodulin-dependent membrane-associated kinase, Ca2+/calmodulin-dependent protein kinase, v. S4	p. 1

2.7.11.17	Ca2+/calmodulin-dependent protein kinase, Ca2+/calmodulin-dependent protein kinase, v. S4	p. 1	
2.7.11.17	Ca2+/calmodulin-dependent protein kinase Iγ, Ca2+/calmodulin-dependent protein kinase, v. S4	p. 1	
2.7.11.17	Ca2+/calmodulin-dependent protein kinase II, Ca2+/calmodulin-dependent protein kinase, v. S4	p. 1	
2.7.11.1	Ca2+/calmodulin-dependent protein kinase II, non-specific serine/threonine protein kinase, v. S3	p. 1	
2.7.11.17	Ca2+/calmodulin-dependent protein kinase IIα, Ca2+/calmodulin-dependent protein kinase, v. S4	p. 1	
2.7.11.17	Ca2+/calmodulin-dependent protein kinase IIδ, Ca2+/calmodulin-dependent protein kinase, v. S4	p. 1	
2.7.11.17	Ca2+/calmodulin-dependent protein kinase IIγ, Ca2+/calmodulin-dependent protein kinase, v. S4	p. 1	
2.7.11.17	α-Ca2+/calmodulin-dependent protein kinase II, Ca2+/calmodulin-dependent protein kinase, v. S4	p. 1	
2.7.11.17	Ca2+/calmodulin-dependent protein kinase kinase, Ca2+/calmodulin-dependent protein kinase, v. S4	p. 1	
2.7.11.17	Ca2+/calmodulin-dependent protein kinase type IG, Ca2+/calmodulin-dependent protein kinase, v. S4	p. 1	
4.6.1.1	Ca2+/calmodulin-stimulated adenylyl cyclase 1, adenylate cyclase, v. 5	p. 415	
3.1.4.17	Ca2+/calmodulin-stimulated phosphodiesterase, 3',5'-cyclic-nucleotide phosphodiesterase, v. 11	p. 116	
2.7.11.17	Ca2+/CaM-dependent protein kinase, Ca2+/calmodulin-dependent protein kinase, v. S4	p. 1	
2.7.11.17	αCa2+/CaM-dependent protein kinase II, Ca2+/calmodulin-dependent protein kinase, v. S4	p. 1	
2.7.11.17	Ca2+/CaM kinase II γ G2, Ca2+/calmodulin-dependent protein kinase, v. S4	p. 1	
2.7.11.17	Ca2+/CaMPK, Ca2+/calmodulin-dependent protein kinase, v. S4	p. 1	
3.6.3.8	Ca2+/Mn2+-ATPase 1, Ca2+-transporting ATPase, v. 15	p. 566	
3.6.3.8	Ca2+/Mn2+-ATPase 2, Ca2+-transporting ATPase, v. 15	p. 566	
3.6.3.8	Ca2+/Mn2+ ATPase pump, Ca2+-transporting ATPase, v. 15	p. 566	
3.6.3.8	Ca2+ ATPase, Ca2+-transporting ATPase, v. 15	p. 566	
4.2.1.1	CA3, carbonate dehydratase, v. 4	p. 242	
1.14.13.11	CA4H, trans-cinnamate 4-monooxygenase, v. 26	p. 281	
1.14.13.11	CA4Hase, trans-cinnamate 4-monooxygenase, v. 26	p. 281	
1.14.13.70	CA_14DM, sterol 14-demethylase, v. 26	p. 547	
4.2.1.3	CAA, aconitate hydratase, v. 4	p. 273	
5.3.2.1	CaaD, Phenylpyruvate tautomerase, v. 1	p. 367	
5.4.2.3	CaAGM1, phosphoacetylglucosamine mutase, v. 1	p. 515	
3.4.19.1	cAARE, acylaminoacyl-peptidase, v. 6	p. 513	
4.1.3.27	CaASA1, anthranilate synthase, v. 4	p. 160	
4.1.3.27	CaASA2, anthranilate synthase, v. 4	p. 160	
2.5.1.58	CAAX farnesyltransferase, protein farnesyltransferase, v. 34	p. 195	
2.5.1.59	CAAX geranylgeranyltransferase, protein geranylgeranyltransferase type I, v. 34	p. 209	
4.2.1.1	Cab, carbonate dehydratase, v. 4	p. 242	
4.2.1.1	cab-type β-class carbonic anhydrase, carbonate dehydratase, v. 4	p. 242	
5.3.4.1	CaBP1, Protein disulfide-isomerase, v. 1	p. 436	
5.3.4.1	CaBP2, Protein disulfide-isomerase, v. 1	p. 436	
3.1.2.1	CACH, acetyl-CoA hydrolase, v. 9	p. 450	
2.4.1.16	CaChs1, chitin synthase, v. 31	p. 147	
2.4.1.16	CaChs2p, chitin synthase, v. 31	p. 147	
3.1.1.3	cacordase, triacylglycerol lipase, v. 9	p. 36	
1.14.13.70	CACYP51, sterol 14-demethylase, v. 26	p. 547	
5.4.99.8	CaCYS, Cycloartenol synthase, v. 1	p. 631	

4.1.1.6	CAD, Aconitate decarboxylase, v. 3 | p. 39
3.1.30.2	CAD, Serratia marcescens nuclease, v. 11 | p. 626
4.1.1.29	CAD, Sulfinoalanine decarboxylase, v. 3 | p. 165
1.1.1.195	CAD, cinnamyl-alcohol dehydrogenase, v. 18 | p. 164
1.1.1.194	CAD, coniferyl-alcohol dehydrogenase, v. 18 | p. 161
1.1.1.195	CAD1, cinnamyl-alcohol dehydrogenase, v. 18 | p. 164
1.1.1.195	CAD2, cinnamyl-alcohol dehydrogenase, v. 18 | p. 164
1.1.1.195	CAD 7/8, cinnamyl-alcohol dehydrogenase, v. 18 | p. 164
3.6.3.3	CadA, Cd2+-exporting ATPase, v. 15 | p. 542
4.1.1.18	CadA, Lysine decarboxylase, v. 3 | p. 98
3.6.3.5	CadA, Zn2+-exporting ATPase, v. 15 | p. 550
6.3.5.5	CAD carbamoyl-phosphate synthetase, Carbamoyl-phosphate synthase (glutamine-hydrolysing), v. 2 | p. 689
4.1.1.29	CADCase, Sulfinoalanine decarboxylase, v. 3 | p. 165
2.7.10.1	Cadherin 96Ca, receptor protein-tyrosine kinase, v. S2 | p. 341
4.2.3.13	δ-cadinene cyclase, (+)-δ-cadinene synthase, v. S7 | p. 250
4.2.3.13	(+)-δ-cadinene synthase, (+)-δ-cadinene synthase, v. S7 | p. 250
4.2.3.13	D-cadinene synthase, (+)-δ-cadinene synthase, v. S7 | p. 250
4.2.3.13	δ-cadinene synthase, (+)-δ-cadinene synthase, v. S7 | p. 250
3.6.3.3	cadmium-efflux ATPase, Cd2+-exporting ATPase, v. 15 | p. 542
3.6.3.3	cadmium-resistance ATPase, Cd2+-exporting ATPase, v. 15 | p. 542
3.6.3.46	cadmium-transporting ATPase, cadmium-transporting ATPase, v. 15 | p. 719
3.6.3.3	cadmium-transporting P1B-type ATPase, Cd2+-exporting ATPase, v. 15 | p. 542
3.6.3.3	Cadmium efflux ATPase, Cd2+-exporting ATPase, v. 15 | p. 542
3.2.2.5	cADPr hydrolase, NAD+ nucleosidase, v. 14 | p. 25
6.3.5.5	CAD protein, Carbamoyl-phosphate synthase (glutamine-hydrolysing), v. 2 | p. 689
2.7.10.2	CADTK, non-specific protein-tyrosine kinase, v. S2 | p. 441
3.1.1.1	CaE, carboxylesterase, v. 9 | p. 1
3.2.1.39	CaENG, glucan endo-1,3-β-D-glucosidase, v. 12 | p. 567
2.5.1.19	CaEPSPS, 3-phosphoshikimate 1-carboxyvinyltransferase, v. 33 | p. 546
1.16.3.1	caeruloplasmin, ferroxidase, v. 27 | p. 466
2.1.1.68	caffeate 3-O-methyltransferase, caffeate O-methyltransferase, v. 28 | p. 369
2.1.1.68	caffeate methyltransferase, caffeate O-methyltransferase, v. 28 | p. 369
2.1.1.68	caffeic acid/5-hydroxyferulic acid 3/5-O-methyltransferase, caffeate O-methyltransferase, v. 28 | p. 369
2.1.1.68	caffeic acid 3-O-methyltransferase, caffeate O-methyltransferase, v. 28 | p. 369
2.1.1.68	caffeic acid O-methyl-transferase, caffeate O-methyltransferase, v. 28 | p. 369
2.1.1.68	caffeic acid O-methyltransferase, caffeate O-methyltransferase, v. 28 | p. 369
2.1.1.68	caffeic O-methyl transferase, caffeate O-methyltransferase, v. 28 | p. 369
2.1.1.160	caffeine synthase, caffeine synthase, v. S2 | p. 40
2.1.1.159	caffeine synthase, theobromine synthase, v. S2 | p. 31
2.1.1.160	caffeine synthase 1, caffeine synthase, v. S2 | p. 40
2.1.1.159	caffeine synthase 1, theobromine synthase, v. S2 | p. 31
6.2.1.12	Caffeolyl coenzyme A synthetase, 4-Coumarate-CoA ligase, v. 2 | p. 256
2.1.1.104	caffeoyl-CoA 3-O-methyltransferase, caffeoyl-CoA O-methyltransferase, v. 28 | p. 513
2.3.1.138	caffeoyl-CoA putrescine N-caffeoyl transferase, putrescine N-hydroxycinnamoyltransferase, v. 30 | p. 361
2.3.1.140	caffeoyl-coenzyme A:3,4-dihydroxyphenyllactic acid caffeoyltransferase, rosmarinate synthase, v. 30 | p. 367
2.1.1.104	caffeoyl-coenzyme A O-methyltransferase, caffeoyl-CoA O-methyltransferase, v. 28 | p. 513
2.1.1.104	caffeoyl CoA 3-O-methyltransferase, caffeoyl-CoA O-methyltransferase, v. 28 | p. 513
2.1.1.104	caffeoyl coenzyme A 3-O-methyltransferase, caffeoyl-CoA O-methyltransferase, v. 28 | p. 513
2.1.1.104	caffeoyl coenzyme A methyltransferase, caffeoyl-CoA O-methyltransferase, v. 28 | p. 513

2.3.1.98	caffeoyltransferase, chlorogenate-glucarate, chlorogenate-glucarate O-hydroxycinnamoyltransferase, v. 30 | p. 212	
5.1.3.2	CaGAL10, UDP-glucose 4-epimerase, v. 1 | p. 97	
3.4.21.39	CAGE, chymase, v. 7 | p. 175	
2.5.1.29	CaGGTase-I, farnesyltranstransferase, v. 33 | p. 604	
2.3.1.4	CaGNA1, glucosamine-phosphate N-acetyltransferase, v. 29 | p. 237	
2.4.1.111	CAGT, coniferyl-alcohol glucosyltransferase, v. 32 | p. 123	
3.1.1.41	CAH, cephalosporin-C deacetylase, v. 9 | p. 291	
4.2.1.69	Cah protein, cyanamide hydratase, v. 4 | p. 575	
4.2.1.1	CA I, carbonate dehydratase, v. 4 | p. 242	
4.2.1.1	CAI, carbonate dehydratase, v. 4 | p. 242	
3.1.1.4	CaI-PLA2, phospholipase A2, v. 9 | p. 52	
4.2.1.1	CA II, carbonate dehydratase, v. 4 | p. 242	
4.2.1.1	CAII, carbonate dehydratase, v. 4 | p. 242	
4.2.1.1	CA III, carbonate dehydratase, v. 4 | p. 242	
4.2.1.1	CAIII, carbonate dehydratase, v. 4 | p. 242	
4.2.1.1	CA IV, carbonate dehydratase, v. 4 | p. 242	
4.2.1.1	CA IX, carbonate dehydratase, v. 4 | p. 242	
4.2.1.1	CAIX, carbonate dehydratase, v. 4 | p. 242	
2.1.1.141	CaJMT, jasmonate O-methyltransferase, v. 28 | p. 623	
2.7.11.22	CAK, cyclin-dependent kinase, v. S4 | p. 156	
2.7.10.2	CAK β, non-specific protein-tyrosine kinase, v. S2 | p. 441	
3.6.4.4	CAK/KCM1, plus-end-directed kinesin ATPase, v. 15 | p. 778	
2.7.11.17	CAKI, Ca2+/calmodulin-dependent protein kinase, v. S4 | p. 1	
2.7.10.1	Cak I receptor, receptor protein-tyrosine kinase, v. S2 | p. 341	
3.1.1.3	CAL-A, triacylglycerol lipase, v. 9 | p. 36	
3.1.1.3	CAL-B, triacylglycerol lipase, v. 9 | p. 36	
3.1.1.3	CalA, triacylglycerol lipase, v. 9 | p. 36	
3.1.1.3	CALB, triacylglycerol lipase, v. 9 | p. 36	
3.1.3.16	calcineurin, phosphoprotein phosphatase, v. 10 | p. 213	
3.1.3.16	Calcineurin A1, phosphoprotein phosphatase, v. 10 | p. 213	
3.1.3.16	Calcineurin A2, phosphoprotein phosphatase, v. 10 | p. 213	
3.1.3.16	calcineurin B-like protein, phosphoprotein phosphatase, v. 10 | p. 213	
3.1.1.8	calcium-activated butyrylcholinesterase, cholinesterase, v. 9 | p. 118	
3.4.22.52	calcium-activated neutral protease I, calpain-1, v. S6 | p. 45	
3.4.22.53	calcium-activated neutral protease II, calpain-2, v. S6 | p. 61	
3.4.22.54	calcium-activated neutral proteinase 3, calpain-3, v. S6 | p. 81	
2.7.11.17	calcium- and calmodulin-dependent kinase Iα, Ca2+/calmodulin-dependent protein kinase, v. S4 | p. 1	
3.6.3.8	calcium-dependent ATPase, Ca2+-transporting ATPase, v. 15 | p. 566	
2.7.11.17	calcium-dependent protein kinase, Ca2+/calmodulin-dependent protein kinase, v. S4 | p. 1	
2.7.11.1	calcium-dependent protein kinase, non-specific serine/threonine protein kinase, v. S3 | p. 1	
2.7.11.1	calcium-dependent protein kinase, isoform 1, non-specific serine/threonine protein kinase, v. S3 | p. 1	
2.7.11.1	calcium-dependent protein kinase, isoform 11, non-specific serine/threonine protein kinase, v. S3 | p. 1	
2.7.11.1	calcium-dependent protein kinase, isoform 2, non-specific serine/threonine protein kinase, v. S3 | p. 1	
2.7.11.1	calcium-dependent protein kinase, isoform AK1, non-specific serine/threonine protein kinase, v. S3 | p. 1	
2.7.11.1	calcium-dependent protein kinase 2, non-specific serine/threonine protein kinase, v. S3 | p. 1	
2.7.11.1	Calcium-dependent protein kinase C, non-specific serine/threonine protein kinase, v. S3 | p. 1	
2.7.11.13	Calcium-dependent protein kinase C, protein kinase C, v. S3 | p. 325	

2.7.11.1	calcium-dependent protein kinase SK5, non-specific serine/threonine protein kinase, v. S3 | p. 1
2.7.10.2	Calcium-dependent tyrosine kinase, non-specific protein-tyrosine kinase, v. S2 | p. 441
2.7.10.2	calcium-dependent tyrosine kinase PYK2, non-specific protein-tyrosine kinase, v. S2 | p. 441
2.7.11.17	calcium-independent calcium/calmodulin-dependent protein kinase II, Ca2+/calmodulin-dependent protein kinase, v. S4 | p. 1
2.7.11.13	calcium-independent protein kinase C, protein kinase C, v. S3 | p. 325
3.1.1.47	calcium-independent serine lipase Lp-PLA2, 1-alkyl-2-acetylglycerophosphocholine esterase, v. 9 | p. 320
4.6.1.1	calcium-sensitive adenylyl cyclase, adenylate cyclase, v. 5 | p. 415
4.6.1.1	calcium-stimulated adenylyl cyclase, adenylate cyclase, v. 5 | p. 415
3.6.3.8	Calcium-transporting ATPase sarcoplasmic reticulum type, fast twitch skeletal muscle isoform, Ca2+-transporting ATPase, v. 15 | p. 566
3.6.3.8	Calcium-transporting ATPase sarcoplasmic reticulum type, slow twitch skeletal muscle isoform, Ca2+-transporting ATPase, v. 15 | p. 566
3.6.3.8	calcium-transporting ATPase type 2C member 1, Ca2+-transporting ATPase, v. 15 | p. 566
2.7.11.17	calcium/calmodulin-dependent kinase, Ca2+/calmodulin-dependent protein kinase, v. S4 | p. 1
2.7.11.17	calcium/calmodulin-dependent kinase I, Ca2+/calmodulin-dependent protein kinase, v. S4 | p. 1
2.7.11.18	calcium/calmodulin-dependent myosin light chain kinase, myosin-light-chain kinase, v. S4 | p. 54
2.7.11.17	calcium/calmodulin-dependent protein kinase, Ca2+/calmodulin-dependent protein kinase, v. S4 | p. 1
2.7.11.17	calcium/calmodulin-dependent protein kinase 1G, Ca2+/calmodulin-dependent protein kinase, v. S4 | p. 1
2.7.11.17	calcium/calmodulin-dependent protein kinase I, Ca2+/calmodulin-dependent protein kinase, v. S4 | p. 1
2.7.11.17	calcium/calmodulin-dependent protein kinase Iα, Ca2+/calmodulin-dependent protein kinase, v. S4 | p. 1
2.7.11.17	α-calcium/calmodulin-dependent protein kinase II, Ca2+/calmodulin-dependent protein kinase, v. S4 | p. 1
2.7.11.17	calcium/calmodulin-dependent protein kinase II, Ca2+/calmodulin-dependent protein kinase, v. S4 | p. 1
2.7.11.17	calcium/calmodulin-dependent protein kinase II δ, Ca2+/calmodulin-dependent protein kinase, v. S4 | p. 1
2.7.11.17	calcium/calmodulin-dependent protein kinase IIα, Ca2+/calmodulin-dependent protein kinase, v. S4 | p. 1
2.7.11.17	calcium/calmodulin-dependent protein kinase IIβ, Ca2+/calmodulin-dependent protein kinase, v. S4 | p. 1
2.7.11.17	calcium/calmodulin-dependent protein kinase II-α, Ca2+/calmodulin-dependent protein kinase, v. S4 | p. 1
2.7.11.17	calcium/calmodulin-dependent protein kinase IV, Ca2+/calmodulin-dependent protein kinase, v. S4 | p. 1
2.7.11.17	calcium/calmodulin-dependent protein kinase IV/protein serine/threonine phosphatase 2A signaling complex, Ca2+/calmodulin-dependent protein kinase, v. S4 | p. 1
2.7.11.17	calcium/calmodulin-dependent protein kinase type I, Ca2+/calmodulin-dependent protein kinase, v. S4 | p. 1
2.7.11.17	calcium/calmodulin-dependent protein kinase type II α chain, Ca2+/calmodulin-dependent protein kinase, v. S4 | p. 1
2.7.11.17	calcium/calmodulin-dependent protein kinase type II β chain, Ca2+/calmodulin-dependent protein kinase, v. S4 | p. 1
2.7.11.17	calcium/calmodulin-dependent protein kinase type II δ chain, Ca2+/calmodulin-dependent protein kinase, v. S4 | p. 1

2.7.11.17	calcium/calmodulin-dependent protein kinase type II γ chain, Ca2+/calmodulin-dependent protein kinase, v. S4 | p. 1
2.7.11.17	calcium/calmodulin-dependent protein kinase type IV catalytic chain, Ca2+/calmodulin-dependent protein kinase, v. S4 | p. 1
2.7.11.17	calcium/calmodulin-dependent serine/threonine-protein kinase, Ca2+/calmodulin-dependent protein kinase, v. S4 | p. 1
2.7.11.17	calcium/calmodulin dependent protein kinase II, Ca2+/calmodulin-dependent protein kinase, v. S4 | p. 1
2.7.11.1	Calcium/phospholipid-dependent protein kinase, non-specific serine/threonine protein kinase, v. S3 | p. 1
3.6.3.8	calcium and manganese transporting ATPase, Ca2+-transporting ATPase, v. 15 | p. 566
3.6.3.8	calcium pump, Ca2+-transporting ATPase, v. 15 | p. 566
3.4.21.1	caldecrin, chymotrypsin, v. 7 | p. 1
3.4.21.2	caldecrin, chymotrypsin C, v. 7 | p. 5
2.7.11.17	caldesmon, Ca2+/calmodulin-dependent protein kinase, v. S4 | p. 1
3.1.3.55	caldesmon phosphatase, caldesmon-phosphatase, v. 10 | p. 446
1.2.1.68	CALDH, coniferyl-aldehyde dehydrogenase, v. 20 | p. 405
3.4.24.11	CALLA, neprilysin, v. 8 | p. 230
3.4.24.11	CALLA (common acute lymphoblastic leukemia-associated) antigens, neprilysin, v. 8 | p. 230
3.4.24.11	CALLA antigen, neprilysin, v. 8 | p. 230
3.4.24.11	CALLA glycoproteins, neprilysin, v. 8 | p. 230
3.2.1.39	callase, glucan endo-1,3-β-D-glucosidase, v. 12 | p. 567
3.4.21.34	callicrein, plasma kallikrein, v. 7 | p. 136
3.4.21.35	callicrein, tissue kallikrein, v. 7 | p. 141
2.4.1.34	callose synthase, 1,3-β-glucan synthase, v. 31 | p. 318
2.4.1.34	callose synthetase, 1,3-β-glucan synthase, v. 31 | p. 318
2.7.1.21	calmodulin-binding protein, thymidine kinase, v. 35 | p. 270
3.1.4.17	calmodulin-dependent cyclic nucleotide phosphodiesterase, 3',5'-cyclic-nucleotide phosphodiesterase, v. 11 | p. 116
2.7.11.17	calmodulin-dependent protein kinase, Ca2+/calmodulin-dependent protein kinase, v. S4 | p. 1
2.7.11.17	calmodulin-dependent protein kinase IV, Ca2+/calmodulin-dependent protein kinase, v. S4 | p. 1
2.7.11.17	calmodulin kinase I, Ca2+/calmodulin-dependent protein kinase, v. S4 | p. 1
2.7.11.17	calmodulin kinase IV, Ca2+/calmodulin-dependent protein kinase, v. S4 | p. 1
2.1.1.60	calmodulin lysine N-methyltransferase, calmodulin-lysine N-methyltransferase, v. 28 | p. 333
2.1.1.60	calmodulin N-methyltransferase, calmodulin-lysine N-methyltransferase, v. 28 | p. 333
3.1.3.16	CALNA, phosphoprotein phosphatase, v. 10 | p. 213
3.1.3.16	CALNB, phosphoprotein phosphatase, v. 10 | p. 213
3.4.22.53	m-calpain, calpain-2, v. S6 | p. 61
3.4.22.52	calpain-1, calpain-1, v. S6 | p. 45
3.4.22.54	calpain-3, calpain-3, v. S6 | p. 81
3.4.22.52	calpain 1, calpain-1, v. S6 | p. 45
3.4.22.52	calpain 1-γ, calpain-1, v. S6 | p. 45
3.4.22.53	calpain 2, calpain-2, v. S6 | p. 61
3.4.22.54	calpain 3, calpain-3, v. S6 | p. 81
3.4.22.54	calpain 3 (p94), calpain-3, v. S6 | p. 81
3.4.22.54	calpain 3/p94, calpain-3, v. S6 | p. 81
3.4.22.52	calpain I, calpain-1, v. S6 | p. 45
3.4.22.53	calpain II, calpain-2, v. S6 | p. 61
3.4.22.54	calpain L3, calpain-3, v. S6 | p. 81
3.4.22.54	calpain p94, calpain-3, v. S6 | p. 81
3.4.22.53	calpain xCL-2 (Xenopus leavis), calpain-2, v. S6 | p. 61

1.11.1.15	calpromotin, peroxiredoxin, v. S1	p. 403	
2.4.1.34	CalS, 1,3-β-glucan synthase, v. 31	p. 318	
2.7.11.17	Calspermin, Ca2+/calmodulin-dependent protein kinase, v. S4	p. 1	
4.2.1.1	Cam, carbonate dehydratase, v. 4	p. 242	
2.7.11.17	CaM-activated enzyme CaM kinase II, Ca2+/calmodulin-dependent protein kinase, v. S4	p. 1	
2.7.1.21	CaM-binding protein, thymidine kinase, v. 35	p. 270	
2.7.11.17	CaM-dependent kinase, Ca2+/calmodulin-dependent protein kinase, v. S4	p. 1	
2.7.11.17	CaM-dependent protein kinase, Ca2+/calmodulin-dependent protein kinase, v. S4	p. 1	
2.7.11.17	CaM-dependent protein kinase I, Ca2+/calmodulin-dependent protein kinase, v. S4	p. 1	
2.7.11.17	CaM-dependent protein kinase II, Ca2+/calmodulin-dependent protein kinase, v. S4	p. 1	
2.7.11.17	Cam-II PK, Ca2+/calmodulin-dependent protein kinase, v. S4	p. 1	
2.7.11.17	CaM-K1δ, Ca2+/calmodulin-dependent protein kinase, v. S4	p. 1	
2.7.11.17	CaM-K I, Ca2+/calmodulin-dependent protein kinase, v. S4	p. 1	
2.7.11.17	CaM-K Iα, Ca2+/calmodulin-dependent protein kinase, v. S4	p. 1	
2.7.11.17	CaM-KI, Ca2+/calmodulin-dependent protein kinase, v. S4	p. 1	
2.7.11.17	CaM-KIα, Ca2+/calmodulin-dependent protein kinase, v. S4	p. 1	
2.7.11.17	CaM-K II, Ca2+/calmodulin-dependent protein kinase, v. S4	p. 1	
2.7.11.17	CaM-K IIα, Ca2+/calmodulin-dependent protein kinase, v. S4	p. 1	
2.7.11.17	CaM-KII, Ca2+/calmodulin-dependent protein kinase, v. S4	p. 1	
2.7.11.17	CaM-KI LiKβ, Ca2+/calmodulin-dependent protein kinase, v. S4	p. 1	
2.7.11.17	CaM-kinase I, Ca2+/calmodulin-dependent protein kinase, v. S4	p. 1	
2.7.11.17	CaM-kinase II, Ca2+/calmodulin-dependent protein kinase, v. S4	p. 1	
2.7.11.17	CaM-kinase III, Ca2+/calmodulin-dependent protein kinase, v. S4	p. 1	
2.7.11.17	CaM-kinase IV, Ca2+/calmodulin-dependent protein kinase, v. S4	p. 1	
3.1.3.16	CaM-kinase phosphatase, phosphoprotein phosphatase, v. 10	p. 213	
2.7.11.17	CaM-K IV, Ca2+/calmodulin-dependent protein kinase, v. S4	p. 1	
2.7.11.17	CaM-KIV, Ca2+/calmodulin-dependent protein kinase, v. S4	p. 1	
2.7.11.17	CaM-KKβ3, Ca2+/calmodulin-dependent protein kinase, v. S4	p. 1	
3.1.4.17	Cam-PDE 1A, 3',5'-cyclic-nucleotide phosphodiesterase, v. 11	p. 116	
3.1.4.17	Cam-PDE 1B, 3',5'-cyclic-nucleotide phosphodiesterase, v. 11	p. 116	
3.1.4.17	Cam-PDE 1C, 3',5'-cyclic-nucleotide phosphodiesterase, v. 11	p. 116	
2.7.1.21	CaMBP, thymidine kinase, v. 35	p. 270	
1.1.1.37	CaMDH, malate dehydrogenase, v. 16	p. 336	
3.1.3.16	CaMIIKPase, phosphoprotein phosphatase, v. 10	p. 213	
2.7.11.17	CaMK, Ca2+/calmodulin-dependent protein kinase, v. S4	p. 1	
2.7.11.17	Camk-2, Ca2+/calmodulin-dependent protein kinase, v. S4	p. 1	
2.7.11.17	α-CaMK-II, Ca2+/calmodulin-dependent protein kinase, v. S4	p. 1	
2.7.11.17	CaMK-like CREB kinase-III, Ca2+/calmodulin-dependent protein kinase, v. S4	p. 1	
2.7.11.17	CaMK1, Ca2+/calmodulin-dependent protein kinase, v. S4	p. 1	
2.7.11.17	CamkG, Ca2+/calmodulin-dependent protein kinase, v. S4	p. 1	
2.7.11.17	CaMKI, Ca2+/calmodulin-dependent protein kinase, v. S4	p. 1	
2.7.11.17	CaMKIα, Ca2+/calmodulin-dependent protein kinase, v. S4	p. 1	
2.7.11.17	CaMKIγ, Ca2+/calmodulin-dependent protein kinase, v. S4	p. 1	
2.7.11.17	αCaMKI, Ca2+/calmodulin-dependent protein kinase, v. S4	p. 1	
2.7.11.17	CaMKIG, Ca2+/calmodulin-dependent protein kinase, v. S4	p. 1	
2.7.11.17	CaMK II, Ca2+/calmodulin-dependent protein kinase, v. S4	p. 1	
2.7.11.17	CaMKII, Ca2+/calmodulin-dependent protein kinase, v. S4	p. 1	
2.7.11.1	CaMKII, non-specific serine/threonine protein kinase, v. S3	p. 1	
2.7.11.17	CaMKIIα, Ca2+/calmodulin-dependent protein kinase, v. S4	p. 1	
2.7.11.17	CaMKIIβ, Ca2+/calmodulin-dependent protein kinase, v. S4	p. 1	
2.7.11.17	CaMKIIδ, Ca2+/calmodulin-dependent protein kinase, v. S4	p. 1	
2.7.11.17	CaMKIIγ, Ca2+/calmodulin-dependent protein kinase, v. S4	p. 1	
2.7.11.17	αCaMKII, Ca2+/calmodulin-dependent protein kinase, v. S4	p. 1	
2.7.11.17	CaMKIIδ2, Ca2+/calmodulin-dependent protein kinase, v. S4	p. 1	

2.7.11.17	CaMKIIa, Ca2+/calmodulin-dependent protein kinase, v. S4 | p. 1	
2.7.11.17	CaMKIIγB, Ca2+/calmodulin-dependent protein kinase, v. S4 | p. 1	
2.7.11.17	CaMKIId, Ca2+/calmodulin-dependent protein kinase, v. S4 | p. 1	
2.7.11.17	CaMKIIγ G2, Ca2+/calmodulin-dependent protein kinase, v. S4 | p. 1	
2.7.11.17	CaM kinase, Ca2+/calmodulin-dependent protein kinase, v. S4 | p. 1	
2.7.11.17	CAM kinase-GR, Ca2+/calmodulin-dependent protein kinase, v. S4 | p. 1	
2.7.11.17	CaM kinase Gr, Ca2+/calmodulin-dependent protein kinase, v. S4 | p. 1	
2.7.11.17	CaM kinase IG, Ca2+/calmodulin-dependent protein kinase, v. S4 | p. 1	
2.7.11.17	CaM kinase II, Ca2+/calmodulin-dependent protein kinase, v. S4 | p. 1	
2.7.11.17	CaM kinase IIα, Ca2+/calmodulin-dependent protein kinase, v. S4 | p. 1	
3.1.3.16	CaM kinase phosphatase, phosphoprotein phosphatase, v. 10 | p. 213	
2.7.11.17	CaMK IV, Ca2+/calmodulin-dependent protein kinase, v. S4 | p. 1	
2.7.11.17	CaMKIV, Ca2+/calmodulin-dependent protein kinase, v. S4 | p. 1	
3.1.3.16	CaMKPase, phosphoprotein phosphatase, v. 10 | p. 213	
2.7.11.27	cAMP-activated protein kinase, [acetyl-CoA carboxylase] kinase, v. S4 | p. 326	
2.7.11.11	cAMP-dependent protein kinase, cAMP-dependent protein kinase, v. S3 | p. 241	
2.7.11.11	cAMP-dependent protein kinase, β-1 catalytic subunit, cAMP-dependent kinase, v. S3 | p. 241	
2.7.11.11	cAMP-dependent protein kinase, β-2-catalytic subunit, cAMP-dependent protein kinase, v. S3 | p. 241	
2.7.11.11	cAMP-dependent protein kinase, α-catalytic subunit, cAMP-dependent protein kinase, v. S3 | p. 241	
2.7.11.11	cAMP-dependent protein kinase, β-catalytic subunit, cAMP-dependent protein kinase, v. S3 | p. 241	
2.7.11.11	cAMP-dependent protein kinase, γ-catalytic subunit, cAMP-dependent protein kinase, v. S3 | p. 241	
2.7.11.11	cAMP-dependent protein kinase A, cAMP-dependent protein kinase, v. S3 | p. 241	
2.7.11.1	cAMP-dependent protein kinase A, non-specific serine/threonine protein kinase, v. S3 | p. 1	
2.7.11.26	cAMP-dependent protein kinase A, τ-protein kinase, v. S4 | p. 303	
2.7.11.11	cAMP-dependent protein kinase catalytic subunit, cAMP-dependent protein kinase, v. S3 | p. 241	
2.7.11.11	cAMP-dependent protein kinase catalytic subunit (C-subunit), cAMP-dependent protein kinase, v. S3 | p. 241	
2.7.11.11	cAMP-dependent protein kinase type 1, cAMP-dependent protein kinase, v. S3 | p. 241	
2.7.11.11	cAMP-dependent protein kinase type 2, cAMP-dependent protein kinase, v. S3 | p. 241	
2.7.11.11	cAMP-dependent protein kinase type 3, cAMP-dependent protein kinase, v. S3 | p. 241	
2.7.11.11	cAMP-dependent protein kinase type I, cAMP-dependent protein kinase, v. S3 | p. 241	
3.1.4.53	cAMP-PDE, 3',5'-cyclic-AMP phosphodiesterase	
3.1.4.17	cAMP-PDE, 3',5'-cyclic-nucleotide phosphodiesterase, v. 11 | p. 116	
3.1.4.53	cAMP-phosphodiesterase, 3',5'-cyclic-AMP phosphodiesterase	
2.7.11.11	cAMP-PKA, cAMP-dependent protein kinase, v. S3 | p. 241	
3.1.4.53	cAMP-specific cyclic nucleotide phosphodiesterase, 3',5'-cyclic-AMP phosphodiesterase	
3.1.4.53	cAMP-specific PDE, 3',5'-cyclic-AMP phosphodiesterase	
3.1.4.17	cAMP-specific PDE, 3',5'-cyclic-nucleotide phosphodiesterase, v. 11 | p. 116	
3.1.4.53	cAMP-specific PDE4D2, 3',5'-cyclic-AMP phosphodiesterase	
3.1.4.53	cAMP-specific phosphodiesterase, 3',5'-cyclic-AMP phosphodiesterase	
3.1.4.53	cAMP-specific phosphodiesterase-4D5, 3',5'-cyclic-AMP phosphodiesterase	
3.1.4.53	cAMP-specific phosphodiesterase 4D11, 3',5'-cyclic-AMP phosphodiesterase	
2.7.11.11	cAMP/protein kinase A, cAMP-dependent protein kinase, v. S3 | p. 241	
3.1.4.17	CaMPDE, 3',5'-cyclic-nucleotide phosphodiesterase, v. 11 | p. 116	
1.14.15.1	D-camphor-exo-hydroxylase, camphor 5-monooxygenase, v. 27 | p. 1	
1.14.15.1	camphor 5-exo-hydroxylase, camphor 5-monooxygenase, v. 27 | p. 1	
1.14.15.1	camphor 5-exo-methylene hydroxylase, camphor 5-monooxygenase, v. 27 | p. 1	
1.14.15.1	camphor 5-exohydroxylase, camphor 5-monooxygenase, v. 27 | p. 1	

1.14.15.1	Camphor 5-monooxygenase, camphor 5-monooxygenase, v. 27 | p. 1	
1.14.15.1	camphor hydroxylase, camphor 5-monooxygenase, v. 27 | p. 1	
3.2.2.22	camphorin, rRNA N-glycosylase, v. 14 | p. 107	
1.14.15.2	camphor ketolactonase I, camphor 1,2-monooxygenase, v. 27 | p. 9	
1.14.15.1	camphor methylene hydroxylase, camphor 5-monooxygenase, v. 27 | p. 1	
1.14.15.1	d-camphor monooxygenase, camphor 5-monooxygenase, v. 27 | p. 1	
3.1.4.16	2',3'-cAMP phosphodiesterase, 2',3'-cyclic-nucleotide 2'-phosphodiesterase, v. 11 | p. 108	
3.1.4.53	3',5'-cAMP phosphodiesterase, 3',5'-cyclic-AMP phosphodiesterase	
3.1.4.17	cAMP phosphodiesterase, 3',5'-cyclic-nucleotide phosphodiesterase, v. 11 | p. 116	
3.1.4.53	cAMP phosphodiesterase-4, 3',5'-cyclic-AMP phosphodiesterase	
1.14.21.5	canadine synthase, (S)-canadine synthase, v. 27 | p. 243	
2.7.1.59	CaNag5p, N-acetylglucosamine kinase, v. 36 | p. 135	
3.5.1.5	canatoxin, urease, v. 14 | p. 250	
3.5.3.1	canavanase, arginase, v. 14 | p. 749	
2.7.11.25	cancer osaka thyroid, mitogen-activated protein kinase kinase kinase, v. S4 | p. 278	
3.4.22.26	cancer procoagulant, Cancer procoagulant, v. 7 | p. 633	
3.4.23.24	candialbicin, Candidapepsin, v. 8 | p. 114	
3.4.23.24	Candida albicans-secreted aspartic proteinase, Candidapepsin, v. 8 | p. 114	
3.4.23.24	Candida albicans aspartic proteinase, Candidapepsin, v. 8 | p. 114	
3.4.23.24	Candida albicans carboxyl proteinase, Candidapepsin, v. 8 | p. 114	
3.4.23.24	Candida albicans secretory acid proteinase, Candidapepsin, v. 8 | p. 114	
3.4.23.24	Candida olea acid proteinase, Candidapepsin, v. 8 | p. 114	
3.4.23.24	Candidapepsin-1, Candidapepsin, v. 8 | p. 114	
3.1.1.3	Candida rugosa lipase, triacylglycerol lipase, v. 9 | p. 36	
3.5.4.5	canine hepatic cyd deaminase, cytidine deaminase, v. 15 | p. 42	
3.4.21.89	canine signal peptidase complex, Signal peptidase I, v. 7 | p. 431	
2.3.1.97	CaNMT, glycylpeptide N-tetradecanoyltransferase, v. 30 | p. 193	
1.2.99.4	cannizzanase, formaldehyde dismutase, v. 20 | p. 585	
3.4.22.52	m-CANP, calpain-1, v. S6 | p. 45	
3.4.22.54	CANP 3, calpain-3, v. S6 | p. 81	
1.13.12.14	CAO, chlorophyllide-a oxygenase, v. S1 | p. 490	
1.4.3.21	CAO, primary-amine oxidase	
3.1.3.1	CAP, alkaline phosphatase, v. 10 | p. 1	
3.4.11.3	CAP, cystinyl aminopeptidase, v. 6 | p. 66	
2.1.1.62	cap-dependent 2'-O-methyltransferase, mRNA (2'-O-methyladenosine-N6-)-methyltransferase, v. 28 | p. 340	
3.4.11.3	CAP-I, cystinyl aminopeptidase, v. 6 | p. 66	
3.4.11.3	CAP-II, cystinyl aminopeptidase, v. 6 | p. 66	
2.1.1.57	cap-specific 2'-O-methyltransferase, mRNA (nucleoside-2'-O-)-methyltransferase, v. 28 | p. 320	
2.4.2.38	CAP3, glycoprotein 2-β-D-xylosyltransferase, v. 33 | p. 304	
3.2.2.22	CAP30, rRNA N-glycosylase, v. 14 | p. 107	
3.4.22.61	CAP4, caspase-8, v. S6 | p. 168	
3.1.1.3	capalase L, triacylglycerol lipase, v. 9 | p. 36	
3.1.3.1	CAPase, alkaline phosphatase, v. 10 | p. 1	
5.1.3.2	CapD, UDP-glucose 4-epimerase, v. 1 | p. 97	
1.11.1.6	caperase, catalase, v. 25 | p. 194	
2.7.7.50	cap guanylyltransferase-methyltransferase, mRNA guanylyltransferase, v. 38 | p. 509	
2.7.11.11	cAPK, cAMP-dependent protein kinase, v. S3 | p. 241	
2.7.11.13	Capkc1p, protein kinase C, v. S3 | p. 325	
3.4.22.52	CAPN1, calpain-1, v. S6 | p. 45	
3.4.22.52	CAPN1 g.p. (Homo sapiens), calpain-1, v. S6 | p. 45	
3.4.22.53	CAPN2, calpain-2, v. S6 | p. 61	
3.4.22.53	CAPN2 g.p. (Homo sapiens), calpain-2, v. S6 | p. 61	
3.4.22.54	CAPN3, calpain-3, v. S6 | p. 81	

2.1.1.56	cap N7MTase, mRNA (guanine-N7-)-methyltransferase, v. 28 | p. 310
2.7.7.50	capping enzyme, mRNA guanylyltransferase, v. 38 | p. 509
2.7.7.50	capping enzyme guanylyltransferase, mRNA guanylyltransferase, v. 38 | p. 509
2.7.1.103	capreomycin phosphotransferase, viomycin kinase, v. 36 | p. 408
5.3.99.8	capsanthin-capsorubin synthase, capsanthin/capsorubin synthase, v. S7 | p. 514
3.6.3.38	Capsular-polysaccharide-transporting ATPase, capsular-polysaccharide-transporting ATPase, v. 15 | p. 683
3.1.3.48	CAPTPase, protein-tyrosine-phosphatase, v. 10 | p. 407
1.11.1.11	cAPX 2, L-ascorbate peroxidase, v. 25 | p. 257
1.2.99.6	CAR, Carboxylate reductase, v. 20 | p. 598
2.3.1.7	CarAc, carnitine O-acetyltransferase, v. 29 | p. 273
2.3.1.7	CARAT, carnitine O-acetyltransferase, v. 29 | p. 273
1.13.11.39	CarB, biphenyl-2,3-diol 1,2-dioxygenase, v. 25 | p. 618
3.5.2.6	CARB-3, β-lactamase, v. 14 | p. 683
2.7.2.2	carbamate kinase, carbamate kinase, v. 37 | p. 275
6.3.4.16	carbamate kinase-like carbamoyl-phosphate synthetase, Carbamoyl-phosphate synthase (ammonia), v. 2 | p. 641
6.3.4.16	carbamate kinase-like carbamoyl phosphate synthetase, Carbamoyl-phosphate synthase (ammonia), v. 2 | p. 641
3.5.1.6	N-carbamoyl-β-Ala amidohydrolase, β-ureidopropionase, v. 14 | p. 263
3.5.1.6	N-carbamoyl-β-alanine amidohydrolase, β-ureidopropionase, v. 14 | p. 263
3.5.1.77	N-Carbamoyl-D-amino acid amidase, N-carbamoyl-D-amino-acid hydrolase, v. 14 | p. 586
3.5.1.77	N-carbamoyl-D-amino acid amidohydrolase, N-carbamoyl-D-amino-acid hydrolase, v. 14 | p. 586
3.5.1.87	N-carbamoyl-L-α-amino acid amidohydrolase, N-carbamoyl-L-amino-acid hydrolase, v. 14 | p. 625
3.5.1.87	N-carbamoyl-L-amino-acid amidohydrolase, N-carbamoyl-L-amino-acid hydrolase, v. 14 | p. 625
3.5.1.87	N-carbamoyl-L-amino-acid hydrolase, N-carbamoyl-L-amino-acid hydrolase, v. 14 | p. 625
3.5.1.87	N-carbamoyl-L-amino amidohydrolase, N-carbamoyl-L-amino-acid hydrolase, v. 14 | p. 625
3.5.1.87	N-carbamoyl-L-cysteine-acid amidohydrolase, N-carbamoyl-L-amino-acid hydrolase, v. 14 | p. 625
3.5.1.87	N-carbamoyl-L-cysteine amidohydrolase, N-carbamoyl-L-amino-acid hydrolase, v. 14 | p. 625
4.3.1.13	O-carbamoyl-L-serine deaminase, carbamoyl-serine ammonia-lyase, v. 5 | p. 246
4.3.1.13	O-carbamoyl-L-serine deaminase (OCS), carbamoyl-serine ammonia-lyase, v. 5 | p. 246
6.3.4.16	carbamoyl-phosphate synthetase, Carbamoyl-phosphate synthase (ammonia), v. 2 | p. 641
6.3.5.5	carbamoyl-phosphate synthetase, Carbamoyl-phosphate synthase (glutamine-hydrolysing), v. 2 | p. 689
6.3.5.5	Carbamoyl-phosphate synthetase (glutamine-hydrolysing), Carbamoyl-phosphate synthase (glutamine-hydrolysing), v. 2 | p. 689
6.3.4.16	carbamoyl-phosphate synthetase 1, Carbamoyl-phosphate synthase (ammonia), v. 2 | p. 641
6.3.4.16	Carbamoyl-phosphate synthetase I, Carbamoyl-phosphate synthase (ammonia), v. 2 | p. 641
3.5.1.87	L-N-carbamoylamino acid aminohydrolase, N-carbamoyl-L-amino-acid hydrolase, v. 14 | p. 625
3.5.1.87	L-N-carbamoylase, N-carbamoyl-L-amino-acid hydrolase, v. 14 | p. 625
3.5.1.87	L-carbamoylase, N-carbamoyl-L-amino-acid hydrolase, v. 14 | p. 625
3.5.2.3	carbamoylaspartic dehydrase, dihydroorotase, v. 14 | p. 670
2.1.3.2	carbamoylaspartotranskinase, aspartate carbamoyltransferase, v. 29 | p. 101
3.5.1.87	carbamoylated amino acid carbamoylase, N-carbamoyl-L-amino-acid hydrolase, v. 14 | p. 625

3.5.1.77	N-carbamoyl D-amino acid amidohydrolase, N-carbamoyl-D-amino-acid hydrolase, v. 14 | p. 586	
3.6.1.7	carbamoylphosphate phosphatase, acylphosphatase, v. 15 | p. 292	
6.3.4.16	Carbamoylphosphate synthase, Carbamoyl-phosphate synthase (ammonia), v. 2 | p. 641	
6.3.5.5	Carbamoylphosphate synthase, Carbamoyl-phosphate synthase (glutamine-hydrolysing), v. 2 | p. 689	
6.3.4.16	Carbamoylphosphate synthase (ammonia), Carbamoyl-phosphate synthase (ammonia), v. 2 | p. 641	
6.3.5.5	Carbamoyl phosphate synthase (glutamine), Carbamoyl-phosphate synthase (glutamine-hydrolysing), v. 2 | p. 689	
6.3.4.16	carbamoyl phosphate synthase-1, Carbamoyl-phosphate synthase (ammonia), v. 2 | p. 641	
6.3.4.16	Carbamoylphosphate synthetase, Carbamoyl-phosphate synthase (ammonia), v. 2 | p. 641	
6.3.5.5	Carbamoylphosphate synthetase, Carbamoyl-phosphate synthase (glutamine-hydrolysing), v. 2 | p. 689	
6.3.5.5	carbamoyl phosphate synthetase, Carbamoyl-phosphate synthase (glutamine-hydrolysing), v. 2 | p. 689	
6.3.4.16	Carbamoylphosphate synthetase (ammonia), Carbamoyl-phosphate synthase (ammonia), v. 2 | p. 641	
6.3.5.5	Carbamoyl phosphate synthetase (glutamine-hydrolyzing), Carbamoyl-phosphate synthase (glutamine-hydrolysing), v. 2 | p. 689	
6.3.4.16	carbamoylphosphate synthetase-I, Carbamoyl-phosphate synthase (ammonia), v. 2 | p. 641	
6.3.4.16	carbamoyl phosphate synthetase 1, Carbamoyl-phosphate synthase (ammonia), v. 2 | p. 641	
6.3.5.5	carbamoyl phosphate synthetase 1, Carbamoyl-phosphate synthase (glutamine-hydrolysing), v. 2 | p. 689	
6.3.4.16	Carbamoylphosphate synthetase I, Carbamoyl-phosphate synthase (ammonia), v. 2 | p. 641	
6.3.4.16	carbamoyl phosphate synthetase I, Carbamoyl-phosphate synthase (ammonia), v. 2 | p. 641	
6.3.5.5	Carbamoylphosphate synthetase II, Carbamoyl-phosphate synthase (glutamine-hydrolysing), v. 2 | p. 689	
6.3.5.5	carbamoyl phosphate synthetase II, Carbamoyl-phosphate synthase (glutamine-hydrolysing), v. 2 | p. 689	
6.3.5.5	carbamoyl phosphate synthetase III, Carbamoyl-phosphate synthase (glutamine-hydrolysing), v. 2 | p. 689	
2.7.2.2	carbamoyl phosphokinase, carbamate kinase, v. 37 | p. 275	
3.5.1.53	N-carbamoylputrescine amidinohydrolase, N-carbamoylputrescine amidase, v. 14 | p. 495	
3.5.1.53	N-carbamoylputrescine amidohydrolase, N-carbamoylputrescine amidase, v. 14 | p. 495	
3.5.1.59	N-carbamoylsarcosine amidohydrolase, N-carbamoylsarcosine amidase, v. 14 | p. 516	
4.3.1.13	carbamoylserine deaminase, carbamoyl-serine ammonia-lyase, v. 5 | p. 246	
2.1.3.7	carbamoyltransferase, 3-hyroxymethylcephem, 3-hydroxymethylcephem carbamoyltransferase, v. 29 | p. 146	
2.1.3.2	carbamoyltransferase, aspartate, aspartate carbamoyltransferase, v. 29 | p. 101	
2.1.3.3	carbamoyltransferase, ornithine, ornithine carbamoyltransferase, v. 29 | p. 119	
3.5.1.6	N-carbamyl-β-alanine decarbamylase, β-ureidopropionase, v. 14 | p. 263	
3.5.1.77	N-Carbamyl-D-amino acid amidohydrolase, N-carbamoyl-D-amino-acid hydrolase, v. 14 | p. 586	
3.5.1.87	N-carbamyl-L-amino acid amidohydrolase, N-carbamoyl-L-amino-acid hydrolase, v. 14 | p. 625	
6.3.4.16	carbamyl-phosphate synthetase I, Carbamoyl-phosphate synthase (ammonia), v. 2 | p. 641	
3.5.1.77	N-Carbamyl amino acid amidohydrolase, N-carbamoyl-D-amino-acid hydrolase, v. 14 | p. 586	
2.1.3.2	carbamylaspartotranskinase, aspartate carbamoyltransferase, v. 29 | p. 101	
2.1.3.3	carbamylphosphate-ornithine transcarbamylase, ornithine carbamoyltransferase, v. 29 | p. 119	
3.6.1.7	carbamyl phosphate phosphatase, acylphosphatase, v. 15 | p. 292	
6.3.4.16	Carbamyl phosphate synthase I, Carbamoyl-phosphate synthase (ammonia), v. 2 | p. 641	
6.3.4.16	Carbamylphosphate synthetase, Carbamoyl-phosphate synthase (ammonia), v. 2 | p. 641	

6.3.5.5	Carbamyl phosphate synthetase (glutamine), Carbamoyl-phosphate synthase (glutamine-hydrolysing), v. 2	p. 689
6.3.5.5	carbamylphosphate synthetase - aspartate transcarbamylase, Carbamoyl-phosphate synthase (glutamine-hydrolysing), v. 2	p. 689
6.3.4.16	Carbamylphosphate synthetase I, Carbamoyl-phosphate synthase (ammonia), v. 2	p. 641
6.3.4.16	carbamyl phosphate synthetase I, Carbamoyl-phosphate synthase (ammonia), v. 2	p. 641
6.3.5.5	Carbamyl phosphate sythetase II, Carbamoyl-phosphate synthase (glutamine-hydrolysing), v. 2	p. 689
2.7.2.2	carbamyl phosphokinase, carbamate kinase, v. 37	p. 275
3.5.2.6	carbapenem-hydrolysing MBL, β-lactamase, v. 14	p. 683
3.5.2.6	carbapenem-hydrolyzing ambler class D β-lactamase, β-lactamase, v. 14	p. 683
3.5.2.6	carbapenem-hydrolyzing class A β-lactamase, β-lactamase, v. 14	p. 683
3.5.2.6	carbapenemase, β-lactamase, v. 14	p. 683
3.5.2.6	carbapenemase CphA, β-lactamase, v. 14	p. 683
3.5.2.6	Carbenicillinase, β-lactamase, v. 14	p. 683
4.2.1.96	carbinolamine-4a-dehydratase, 4a-hydroxytetrahydrobiopterin dehydratase, v. 4	p. 665
4.2.1.96	4a-Carbinolamine dehydratase, 4a-hydroxytetrahydrobiopterin dehydratase, v. 4	p. 665
6.3.4.16	Carbmoylphosphate synthetase, Carbamoyl-phosphate synthase (ammonia), v. 2	p. 641
3.5.1.58	Nα-carbobenzoxyamino acid amidohydrolase, N-benzyloxycarbonylglycine hydrolase, v. 14	p. 512
1.1.3.10	carbohydrate oxidase, pyranose oxidase, v. 19	p. 99
2.2.1.5	carboligase, 2-hydroxy-3-oxoadipate synthase, v. 29	p. 197
6.3.4.16	Carbon-dioxide-ammonia ligase, Carbamoyl-phosphate synthase (ammonia), v. 2	p. 641
1.2.2.4	carbon-monoxide oxygenase (cytochrome b-561), carbon-monoxide dehydrogenase (cytochrome b-561), v. 20	p. 422
4.2.99.12	carbon-oxygen lyase, carboxymethyloxysuccinate lyase, v. 5	p. 134
4.2.1.1	carbonate anhydrase, carbonate dehydratase, v. 4	p. 242
4.2.1.1	Carbonate dehydratase, carbonate dehydratase, v. 4	p. 242
4.2.1.1	carbonate dehydratase I, carbonate dehydratase, v. 4	p. 242
4.2.1.1	carbonate dehydratase III, carbonate dehydratase, v. 4	p. 242
4.2.1.1	Carbonate dehydratase IX, carbonate dehydratase, v. 4	p. 242
4.2.1.1	Carbonate dehydratase VA, carbonate dehydratase, v. 4	p. 242
4.2.1.1	Carbonate dehydratase VB, carbonate dehydratase, v. 4	p. 242
4.2.1.1	Carbonate dehydratase VI, carbonate dehydratase, v. 4	p. 242
4.2.1.1	Carbonate dehydratase VII, carbonate dehydratase, v. 4	p. 242
4.2.1.1	Carbonate dehydratase XII, carbonate dehydratase, v. 4	p. 242
4.2.1.1	Carbonate dehydratase XIV, carbonate dehydratase, v. 4	p. 242
4.2.1.1	carbonate hydrolase, carbonate dehydratase, v. 4	p. 242
6.3.4.16	Carbonate kinase (phosphorylating), Carbamoyl-phosphate synthase (ammonia), v. 2	p. 641
2.7.11.1	carbon catabolite derepressing protein kinase, non-specific serine/threonine protein kinase, v. S3	p. 1
3.1.13.4	carbon catabolite repression 4-like, poly(A)-specific ribonuclease, v. 11	p. 407
1.2.99.2	Carbon dioxide/carbon monoxide oxidoreductase, carbon-monoxide dehydrogenase (acceptor), v. 20	p. 564
1.2.2.4	Carbon dioxide/carbon monoxide oxidoreductase, carbon-monoxide dehydrogenase (cytochrome b-561), v. 20	p. 422
4.2.1.1	carbonic acid anhydrase, carbonate dehydratase, v. 4	p. 242
4.2.1.1	α-carbonic anhydrase, carbonate dehydratase, v. 4	p. 242
4.2.1.1	β-carbonic anhydrase, carbonate dehydratase, v. 4	p. 242
4.2.1.1	carbonic anhydrase, carbonate dehydratase, v. 4	p. 242
4.2.1.1	γ-carbonic anhydrase, carbonate dehydratase, v. 4	p. 242
4.2.1.1	carbonic anhydrase-I, carbonate dehydratase, v. 4	p. 242
4.2.1.1	carbonic anhydrase-related protein, carbonate dehydratase, v. 4	p. 242
4.2.1.1	carbonic anhydrase 1, carbonate dehydratase, v. 4	p. 242

4.2.1.1	carbonic anhydrase 14, carbonate dehydratase, v. 4 | p. 242	
4.2.1.1	carbonic anhydrase 2, carbonate dehydratase, v. 4 | p. 242	
4.2.1.1	carbonic anhydrase 3, carbonate dehydratase, v. 4 | p. 242	
4.2.1.1	carbonic anhydrase I, carbonate dehydratase, v. 4 | p. 242	
4.2.1.1	carbonic anhydrase I (CA I) Michigan 1, carbonate dehydratase, v. 4 | p. 242	
4.2.1.1	carbonic anhydrase II, carbonate dehydratase, v. 4 | p. 242	
4.2.1.1	carbonic anhydrase III, carbonate dehydratase, v. 4 | p. 242	
4.2.1.1	carbonic anhydrase isozyme I, carbonate dehydratase, v. 4 | p. 242	
4.2.1.1	carbonic anhydrase isozyme II, carbonate dehydratase, v. 4 | p. 242	
4.2.1.1	carbonic anhydrase isozyme IV, carbonate dehydratase, v. 4 | p. 242	
4.2.1.1	carbonic anhydrase isozyme IX, carbonate dehydratase, v. 4 | p. 242	
4.2.1.1	carbonic anhydrase IV, carbonate dehydratase, v. 4 | p. 242	
4.2.1.1	carbonic anhydrase IX, carbonate dehydratase, v. 4 | p. 242	
4.2.1.1	carbonic anhydrase V, carbonate dehydratase, v. 4 | p. 242	
4.2.1.1	carbonic anhydrase VI, carbonate dehydratase, v. 4 | p. 242	
4.2.1.1	carbonic anhydrase VII, carbonate dehydratase, v. 4 | p. 242	
4.2.1.1	carbonic anhydrase XII, carbonate dehydratase, v. 4 | p. 242	
4.2.1.1	carbonic anhydrase XIII, carbonate dehydratase, v. 4 | p. 242	
4.2.1.1	carbonic anhydrase XIV, carbonate dehydratase, v. 4 | p. 242	
4.2.1.1	carbonic anhydrase XV, carbonate dehydratase, v. 4 | p. 242	
4.2.1.1	carbonic dehydratase, carbonate dehydratase, v. 4 | p. 242	
1.2.2.4	carbon monoxide, water:cytochrome b-561 oxidoreductase, carbon-monoxide dehydrogenase (cytochrome b-561), v. 20 | p. 422	
1.8.99.3	carbon monoxide-binding pigment P582, hydrogensulfite reductase, v. 24 | p. 708	
1.2.7.4	carbon monoxide:methylene blue oxidoreductase, carbon-monoxide dehydrogenase (ferredoxin), v. S1 | p. 179	
2.3.1.169	Carbon monoxide dehydrogenase, CO-methylating acetyl-CoA synthase, v. 30 | p. 459	
1.2.99.2	Carbon monoxide dehydrogenase, carbon-monoxide dehydrogenase (acceptor), v. 20 | p. 564	
1.2.2.4	Carbon monoxide dehydrogenase, carbon-monoxide dehydrogenase (cytochrome b-561), v. 20 | p. 422	
2.3.1.169	carbon monoxide dehydrogenase-corrinoid enzyme complex, CO-methylating acetyl-CoA synthase, v. 30 | p. 459	
1.2.99.2	carbon monoxide dehydrogenase-corrinoid enzyme complex, carbon-monoxide dehydrogenase (acceptor), v. 20 | p. 564	
6.2.1.1	carbon monoxide dehydrogenase/acety-coenzyme A synthase, Acetate-CoA ligase, v. 2 | p. 186	
6.2.1.1	carbon monoxide dehydrogenase/acetyl-CoA synthase, Acetate-CoA ligase, v. 2 | p. 186	
2.3.1.169	carbon monoxide dehydrogenase/acetyl-CoA synthase, CO-methylating acetyl-CoA synthase, v. 30 | p. 459	
1.2.99.2	carbon monoxide dehydrogenase/acetyl-CoA synthase, carbon-monoxide dehydrogenase (acceptor), v. 20 | p. 564	
1.2.7.4	carbon monoxide dehydrogenase/acetyl-CoA synthase, carbon-monoxide dehydrogenase (ferredoxin), v. S1 | p. 179	
1.2.99.2	Carbon monoxide oxidoreductase, carbon-monoxide dehydrogenase (acceptor), v. 20 | p. 564	
1.2.2.4	Carbon monoxide oxidoreductase, carbon-monoxide dehydrogenase (cytochrome b-561), v. 20 | p. 422	
1.1.1.197	carbonyl reductase, 15-hydroxyprostaglandin dehydrogenase (NADP+), v. 18 | p. 179	
1.1.1.184	carbonyl reductase, carbonyl reductase (NADPH), v. 18 | p. 105	
1.6.5.6	carbonyl reductase, p-benzoquinone reductase (NADPH), v. 24 | p. 142	
1.1.1.184	carbonyl reductase (NADPH), carbonyl reductase (NADPH), v. 18 | p. 105	
1.1.1.53	carbonyl reductase-like 20β-HSD, 3α(or 20β)-hydroxysteroid dehydrogenase, v. 17 | p. 9	
1.1.1.53	carbonyl reductase-like 20β-hydroxysteroid dehydrogenase, 3α(or 20β)-hydroxysteroid dehydrogenase, v. 17 | p. 9	

1.1.1.53	carbonyl reductase/20β-hydroxysteroid dehydrogenase A, 3α(or 20β)-hydroxysteroid dehydrogenase, v. 17 | p. 9
1.1.1.53	carbonyl reductase/20β-hydroxysteroid dehydrogenase B, 3α(or 20β)-hydroxysteroid dehydrogenase, v. 17 | p. 9
1.1.1.184	carbonyl reductase 1, carbonyl reductase (NADPH), v. 18 | p. 105
1.1.1.184	carbonyl reductase 3, carbonyl reductase (NADPH), v. 18 | p. 105
1.1.1.184	carbonyl reductase S1, carbonyl reductase (NADPH), v. 18 | p. 105
3.4.19.2	carboxamidopeptidase, peptidyl-glycinamidase, v. 6 | p. 525
1.2.1.45	4-carboxy-2-hydroxy-cis,cis-muconate-6-semialdehyde:NADP+ oxidoreductase, 4-carboxy-2-hydroxymuconate-6-semialdehyde dehydrogenase, v. 20 | p. 323
1.1.1.87	3-carboxy-2-hydroxyadipate:NAD+ oxidoreductase (decarboxylating), homoisocitrate dehydrogenase, v. 17 | p. 198
1.1.1.87	3-carboxy-2-hydroxyadipate dehydrogenase, homoisocitrate dehydrogenase, v. 17 | p. 198
1.1.1.286	3-carboxy-2-hydroxyadipate dehydrogenase, isocitrate-homoisocitrate dehydrogenase, v. S1 | p. 61
1.2.1.45	4-carboxy-2-hydroxymuconate-6-semialdehyde dehydrogenase, 4-carboxy-2-hydroxymuconate-6-semialdehyde dehydrogenase, v. 20 | p. 323
4.2.1.83	4-carboxy-2-oxobutane-1,2,4-tricarboxylate 2,3-hydro-lyase, 4-oxalmesaconate hydratase, v. 4 | p. 622
4.2.1.83	4-carboxy-2-oxohexenedioate hydratase, 4-oxalmesaconate hydratase, v. 4 | p. 622
5.5.1.5	3-carboxy-5-oxo-2,5-dihydrofuran-2-acetate (decyclizing), Carboxy-cis,cis-muconate cyclase, v. 1 | p. 686
5.5.1.2	3-Carboxy-cis,cis-muconate lactonizing enzyme, 3-Carboxy-cis,cis-muconate cycloisomerase, v. 1 | p. 668
5.5.1.5	3-Carboxy-cis,cis-muconate lactonizing enzyme, Carboxy-cis,cis-muconate cyclase, v. 1 | p. 686
5.5.1.2	β-Carboxy-cis,cis-muconate lactonizing enzyme, 3-Carboxy-cis,cis-muconate cycloisomerase, v. 1 | p. 668
5.5.1.5	3-Carboxy-cis-cis-muconate cyclase, Carboxy-cis,cis-muconate cyclase, v. 1 | p. 686
5.5.1.2	3-Carboxy-cis-cis-muconate cycloisomerase, 3-Carboxy-cis,cis-muconate cycloisomerase, v. 1 | p. 668
3.1.3.63	2-carboxy-D-arabinitol 1-phosphate phosphohydrolase, 2-carboxy-D-arabinitol-1-phosphatase, v. 10 | p. 479
3.4.24.19	Carboxy-terminal endopeptidase, procollagen C-endopeptidase, v. 8 | p. 317
3.4.24.19	carboxy-terminal procollagen peptidase, procollagen C-endopeptidase, v. 8 | p. 317
3.4.19.2	carboxamidase, peptidyl-glycinamidase, v. 6 | p. 525
4.2.1.1	carboxyanhydrase, carbonate dehydratase, v. 4 | p. 242
3.1.3.63	2-carboxyarabinitol 1-phosphatase, 2-carboxy-D-arabinitol-1-phosphatase, v. 10 | p. 479
4.1.2.34	2'-carboxybenzalpyruvate aldolase, 4-(2-carboxyphenyl)-2-oxobut-3-enoate aldolase, v. 3 | p. 562
4.3.99.2	carboxybiotin protein decarboxylase, carboxybiotin decarboxylase
3.5.1.93	7β-(4-carboxybutanamido)cephalosporanic acid acylase, glutaryl-7-aminocephalosporanic-acid acylase, v. S6 | p. 386
3.4.15.1	carboxycathepsin, peptidyl-dipeptidase A, v. 6 | p. 334
4.2.1.91	carboxycyclohexadienyl dehydratase, arogenate dehydratase, v. 4 | p. 649
4.1.1.39	Carboxydismutase, Ribulose-bisphosphate carboxylase, v. 3 | p. 244
3.1.1.1	carboxyesterase, carboxylesterase, v. 9 | p. 1
3.1.1.1	Carboxyesterase ES-10, carboxylesterase, v. 9 | p. 1
1.5.1.28	N-(1-D-Carboxyethyl)-L-norvaline dehydrogenase, Opine dehydrogenase, v. 23 | p. 211
2.5.1.66	carboxyethylarginine synthase, N2-(2-carboxyethyl)arginine synthase, v. S2 | p. 214
6.2.1.14	6-Carboxyhexanoate-CoA synthetase, 6-Carboxyhexanoate-CoA ligase, v. 2 | p. 273
6.2.1.14	6-Carboxyhexanoyl-CoA synthetase, 6-Carboxyhexanoate-CoA ligase, v. 2 | p. 273
4.1.1.49	Carboxykinase, phosphopyruvate (adenosine triphosphate), phosphoenolpyruvate carboxykinase (ATP), v. 3 | p. 297

4.1.1.32	carboxykinase, phosphopyruvate (guanosine triphosphate), phosphoenolpyruvate carboxykinase (GTP), v.3	p.195
4.1.1.38	carboxykinase, phosphopyruvate (pyrophosphate), phosphoenolpyruvate carboxykinase (diphosphate), v.3	p.239
3.4.24.19	carboxyl-procollagen peptidase, procollagen C-endopeptidase, v.8	p.317
3.4.21.102	carboxyl-terminal processing protease, C-terminal processing peptidase, v.7	p.493
3.4.21.102	carboxyl-terminal protease, C-terminal processing peptidase, v.7	p.493
4.1.1.1	α-Carboxylase, Pyruvate decarboxylase, v.3	p.1
6.4.1.6	carboxylase, acetone, acetone carboxylase, v.S7	p.657
6.4.1.2	Carboxylase, acetyl coenzyme A, Acetyl-CoA carboxylase, v.2	p.721
6.3.4.14	Carboxylase, biotin, Biotin carboxylase, v.2	p.632
6.4.1.5	Carboxylase, geranoyl coenzyme A, Geranoyl-CoA carboxylase, v.2	p.752
6.4.1.4	Carboxylase, methylcrotonyl coenzyme A, Methylcrotonoyl-CoA carboxylase, v.2	p.744
4.1.1.31	Carboxylase, phosphopyruvate (phosphate), phosphoenolpyruvate carboxylase, v.3	p.175
6.4.1.3	Carboxylase, propional coenzyme A (adenosine triphosphate-hydrolyzing), Propionyl-CoA carboxylase, v.2	p.738
6.4.1.1	Carboxylase, pyruvate, Pyruvate carboxylase, v.2	p.708
3.1.1.1	carboxylate esterase, carboxylesterase, v.9	p.1
6.4.1.7	carboxylating factor for ICDH, 2-oxoglutarate carboxylase, v.S7	p.662
3.1.1.1	α-carboxylesterase, carboxylesterase, v.9	p.1
3.1.1.1	carboxyl esterase, carboxylesterase, v.9	p.1
3.1.1.13	carboxylesterase, sterol esterase, v.9	p.150
3.1.1.1	carboxylesterase-2, carboxylesterase, v.9	p.1
3.1.1.1	Carboxylesterase-5C, carboxylesterase, v.9	p.1
3.1.1.1	carboxylesterase 1, carboxylesterase, v.9	p.1
3.1.1.1	carboxylesterase 1A2, carboxylesterase, v.9	p.1
3.1.1.28	carboxylesterase 2, acylcarnitine hydrolase, v.9	p.234
3.1.1.1	carboxylesterase 2, carboxylesterase, v.9	p.1
3.1.1.1	carboxylesterase B, carboxylesterase, v.9	p.1
3.1.1.1	carboxylesterase B1, carboxylesterase, v.9	p.1
3.1.1.21	carboxylesterase ES-10, retinyl-palmitate esterase, v.9	p.197
3.1.1.1	carboxyl ester hydrolase, carboxylesterase, v.9	p.1
3.1.1.13	Carboxyl ester lipase, sterol esterase, v.9	p.150
3.1.1.3	Carboxyl ester lipase, triacylglycerol lipase, v.9	p.36
3.1.1.13	carboxylester lipase, sterol esterase, v.9	p.150
3.1.1.1	Carboxylic-ester hydrolase, carboxylesterase, v.9	p.1
1.1.1.170	4α-carboxylic acid decarboxylase, sterol-4α-carboxylate 3-dehydrogenase (decarboxylating), v.18	p.67
3.1.1.1	carboxylic acid esterase, carboxylesterase, v.9	p.1
1.2.99.6	Carboxylic acid reductase, Carboxylate reductase, v.20	p.598
1.2.99.6	Carboxylic acid reductase/aldehyde reductase, Carboxylate reductase, v.20	p.598
3.1.1.1	carboxylic esterase, carboxylesterase, v.9	p.1
3.1.1.1	carboxylic ester hydrolase, carboxylesterase, v.9	p.1
3.4.24.19	Carboxyl procollagen peptidase, procollagen C-endopeptidase, v.8	p.317
3.4.23.18	carboxyl protease, Aspergillopepsin I, v.8	p.78
3.4.23.18	Carboxyl proteinase, Aspergillopepsin I, v.8	p.78
3.4.23.40	Carboxyl proteinase, Phytepsin, v.8	p.181
3.4.21.101	Carboxyl proteinase, xanthomonalisin, v.7	p.490
3.4.23.18	carboxyl proteinase I, Aspergillopepsin I, v.8	p.78
3.4.23.30	carboxyl proteinase I, Pycnoporopepsin, v.8	p.139
2.1.1.63	carboxyl terminal domain of the inducible Escherichia coli ada alkyltransferase, methylated-DNA-[protein]-cysteine S-methyltransferase, v.28	p.343
4.1.1.70	carboxyltransferase, glutaconyl-CoA decarboxylase, v.3	p.385
2.1.3.1	carboxyltransferase, methylmalonyl coenzyme A, methylmalonyl-CoA carboxytransferase, v.29	p.93

2.1.3.1	carboxyltransferase subunit of acetyl-CoA carboxylase, methylmalonyl-CoA carboxy-transferase, v. 29 | p. 93	
4.1.1.21	Carboxylyase, phosphoribosylaminoimidazole, phosphoribosylaminoimidazole carboxylase, v. 3 | p. 122	
6.2.1.23	Carboxylyl-CoA synthetase, Dicarboxylate-CoA ligase, v. 2 | p. 308	
5.3.3.10	5-(Carboxymethyl)-2-hydroxymuconate isomerase, 5-carboxymethyl-2-hydroxymuconate Δ-isomerase, v. 1 | p. 427	
5.3.3.10	5-Carboxymethyl-2-hydroxymuconate isomerase, 5-carboxymethyl-2-hydroxymuconate Δ-isomerase, v. 1 | p. 427	
1.2.1.60	5-carboxymethyl-2-hydroxymuconate semialdehyde:NAD+ oxidoreductase, 5-carboxymethyl-2-hydroxymuconic-semialdehyde dehydrogenase, v. 20 | p. 383	
1.2.1.60	5-carboxymethyl-2-hydroxymuconate semialdehyde dehydrogenase, 5-carboxymethyl-2-hydroxymuconic-semialdehyde dehydrogenase, v. 20 | p. 383	
5.3.3.10	5-carboxymethyl-2-hydroxymuconic acid isomerase, 5-carboxymethyl-2-hydroxymuconate Δ-isomerase, v. 1 | p. 427	
1.2.1.60	5-carboxymethyl-2-hydroxymuconic semialdehyde dehydrogenase, 5-carboxymethyl-2-hydroxymuconic-semialdehyde dehydrogenase, v. 20 | p. 383	
3.2.1.4	Carboxymethyl-cellulase, cellulase, v. 12 | p. 88	
4.5.1.5	S-carboxymethyl-L-cysteine synthase, S-carboxymethylcysteine synthase, v. 5 | p. 412	
3.1.1.24	carboxymethylbutenolide lactonase, 3-oxoadipate enol-lactonase, v. 9 | p. 215	
3.2.1.4	Carboxymethyl cellulase, cellulase, v. 12 | p. 88	
3.2.1.4	carboxymethylcellulase, cellulase, v. 12 | p. 88	
3.1.1.45	4-carboxymethylenebut-2-en-4-olide hydrolase, carboxymethylenebutenolidase, v. 9 | p. 310	
3.1.1.45	carboxymethylene butenolidase, carboxymethylenebutenolidase, v. 9 | p. 310	
3.1.1.45	carboxymethylene butenolide hydrolase, carboxymethylenebutenolidase, v. 9 | p. 310	
1.2.1.60	carboxymethylhydroxymuconic semialdehyde dehydrogenase, 5-carboxymethyl-2-hydroxymuconic-semialdehyde dehydrogenase, v. 20 | p. 383	
5.5.1.5	3-Carboxymuconate cyclase, Carboxy-cis,cis-muconate cyclase, v. 1 | p. 686	
5.5.1.2	3-carboxymuconate lactonizing enzyme, 3-Carboxy-cis,cis-muconate cycloisomerase, v. 1 | p. 668	
5.5.1.2	β-Carboxymuconate lactonizing enzyme, 3-Carboxy-cis,cis-muconate cycloisomerase, v. 1 | p. 668	
4.1.1.44	γ-carboxymuconolactone decarboxylase, 4-carboxymuconolactone decarboxylase, v. 3 | p. 274	
5.5.1.2	3-Carboxymuconolactone hydrolase, 3-Carboxy-cis,cis-muconate cycloisomerase, v. 1 | p. 668	
3.4.17.1	carboxypeptidase, carboxypeptidase A, v. 6 | p. 401	
3.4.17.10	carboxypeptidase, carboxypeptidase E, v. 6 | p. 455	
3.4.16.2	carboxypeptidase, lysosomal Pro-Xaa carboxypeptidase, v. 6 | p. 370	
3.4.16.2	carboxypeptidase, aminoacylproline, lysosomal Pro-Xaa carboxypeptidase, v. 6 | p. 370	
3.4.17.3	carboxypeptidase, arginine, lysine carboxypeptidase, v. 6 | p. 428	
3.4.15.1	carboxypeptidase, dipeptidyl, peptidyl-dipeptidase A, v. 6 | p. 334	
3.4.17.10	carboxypeptidase, enkephalin precursor, carboxypeptidase E, v. 6 | p. 455	
3.4.17.13	Carboxypeptidase, lysyl-D-alanine, Muramoyltetrapeptide carboxypeptidase, v. 6 | p. 471	
3.4.17.8	carboxypeptidase, muramoylpentapeptide, muramoylpentapeptide carboxypeptidase, v. 6 | p. 448	
3.4.17.13	Carboxypeptidase, muramoyltetrapeptide, Muramoyltetrapeptide carboxypeptidase, v. 6 | p. 471	
3.4.16.2	carboxypeptidase, peptidylprolylamino acid, lysosomal Pro-Xaa carboxypeptidase, v. 6 | p. 370	
3.4.17.17	carboxypeptidase, tubulin-tyrosine, tubulinyl-Tyr carboxypeptidase, v. 6 | p. 483	
3.4.17.15	carboxypeptidase-A2, carboxypeptidase A2, v. 6 | p. 478	
3.4.17.22	carboxypeptidase-D, Metallocarboxypeptidase D, v. 6 | p. 505	
3.4.17.17	carboxypeptidase-tubulin, tubulinyl-Tyr carboxypeptidase, v. 6 | p. 483	

3.4.17.20	Carboxypeptidase-U, Carboxypeptidase U,	v.6 | p.492
3.4.16.5	carboxypeptidase-Y, carboxypeptidase C,	v.6 | p.385
3.4.17.4	carboxypeptidase a, Gly-Xaa carboxypeptidase,	v.6 | p.437
3.4.17.1	carboxypeptidase a, carboxypeptidase A,	v.6 | p.401
3.4.16.5	carboxypeptidase a, carboxypeptidase C,	v.6 | p.385
3.4.17.1	carboxypeptidase A-6, carboxypeptidase A,	v.6 | p.401
3.4.17.1	carboxypeptidase A-like activity, carboxypeptidase A,	v.6 | p.401
3.4.17.1	carboxypeptidase A1, carboxypeptidase A,	v.6 | p.401
3.4.17.1	carboxypeptidase A2, carboxypeptidase A,	v.6 | p.401
3.4.17.1	Carboxypeptidase A3, carboxypeptidase A,	v.6 | p.401
3.4.17.1	carboxypeptidase A4, carboxypeptidase A,	v.6 | p.401
3.4.16.5	carboxypeptidase A4, carboxypeptidase C,	v.6 | p.385
3.4.16.2	carboxypeptidase A6, lysosomal Pro-Xaa carboxypeptidase,	v.6 | p.370
3.4.17.20	Carboxypeptidase B, pro-, Carboxypeptidase U,	v.6 | p.492
3.4.17.2	carboxypeptidase BII, carboxypeptidase B,	v.6 | p.418
3.4.16.5	carboxypeptidase C, carboxypeptidase C,	v.6 | p.385
3.4.17.22	Carboxypeptidase D, Metallocarboxypeptidase D,	v.6 | p.505
3.4.17.8	carboxypeptidase D-alanyl-D-alanine, muramoylpentapeptide carboxypeptidase, v.6 | p.448	
3.4.17.10	carboxypeptidase E, carboxypeptidase E,	v.6 | p.455
3.4.17.10	carboxypeptidase E/H, carboxypeptidase E,	v.6 | p.455
3.4.19.9	carboxypeptidase G, γ-glutamyl hydrolase,	v.6 | p.560
3.4.17.11	carboxypeptidase G, glutamate carboxypeptidase,	v.6 | p.462
3.4.17.11	carboxypeptidase G1, glutamate carboxypeptidase,	v.6 | p.462
3.4.17.11	carboxypeptidase G2, glutamate carboxypeptidase,	v.6 | p.462
3.4.17.10	carboxypeptidase H, carboxypeptidase E,	v.6 | p.455
3.4.17.8	carboxypeptidase I, muramoylpentapeptide carboxypeptidase,	v.6 | p.448
3.4.16.4	carboxypeptidase I, serine-type D-Ala-D-Ala carboxypeptidase,	v.6 | p.376
3.4.17.13	Carboxypeptidase II, Muramoyltetrapeptide carboxypeptidase,	v.6 | p.471
3.4.16.5	Carboxypeptidase II, carboxypeptidase C,	v.6 | p.385
3.4.17.13	Carboxypeptidase IIW, Muramoyltetrapeptide carboxypeptidase,	v.6 | p.471
3.4.16.6	carboxypeptidase Kex1, carboxypeptidase D,	v.6 | p.397
3.4.17.12	carboxypeptidase M, carboxypeptidase M,	v.6 | p.467
3.4.17.3	carboxypeptidase N, lysine carboxypeptidase,	v.6 | p.428
3.4.13.18	carboxypeptidase of glutamate like-B, cytosol nonspecific dipeptidase,	v.6 | p.227
3.4.16.2	Carboxypeptidase P, lysosomal Pro-Xaa carboxypeptidase,	v.6 | p.370
3.4.17.16	Carboxypeptidase P, membrane Pro-Xaa carboxypeptidase,	v.6 | p.480
3.4.17.20	Carboxypeptidase R, Carboxypeptidase U,	v.6 | p.492
3.4.16.2	Carboxypeptidase R, lysosomal Pro-Xaa carboxypeptidase,	v.6 | p.370
3.4.17.4	carboxypeptidase S, Gly-Xaa carboxypeptidase,	v.6 | p.437
3.4.17.1	carboxypeptidase S1, carboxypeptidase A,	v.6 | p.401
3.4.17.18	carboxypeptidase SG, carboxypeptidase T,	v.6 | p.486
3.4.17.18	carboxypeptidase T, carboxypeptidase T,	v.6 | p.486
3.4.17.19	Carboxypeptidase TAQ, Carboxypeptidase Taq,	v.6 | p.489
3.4.17.20	carboxypeptidase U, Carboxypeptidase U,	v.6 | p.492
3.4.17.1	carboxypeptidase vitellogenic-like, carboxypeptidase A,	v.6 | p.401
3.4.16.5	carboxypeptidase Y, carboxypeptidase C,	v.6 | p.385
3.4.16.5	carboxypeptidase YSCY, carboxypeptidase C,	v.6 | p.385
2.7.8.23	carboxyphosphoenolpyruvate mutase, carboxyvinyl-carboxyphosphonate phosphorylmutase,	v.39 | p.139
5.4.2.9	carboxyphosphoenolpyruvate phosphonomutase, phosphoenolpyruvate mutase, v.1 | p.546	
2.7.8.23	carboxyphosphonoenolpyruvate phosphonomutase, carboxyvinyl-carboxyphosphonate phosphorylmutase,	v.39 | p.139
3.4.17.1	carboxypolypeptidase, carboxypeptidase A,	v.6 | p.401

3.4.24.19	Carboxyprocollagen peptidase, procollagen C-endopeptidase, v. 8 | p. 317	
1.3.99.19	2-Carboxyquinoline 4-monooxygenase, Quinoline-4-carboxylate 2-oxidoreductase, v. 21 | p. 591	
3.4.21.102	carboxy terminal-processing proteinase, C-terminal processing peptidase, v. 7 | p. 493	
3.4.21.102	carboxyterminal processing protease, C-terminal processing peptidase, v. 7 | p. 493	
3.4.21.102	carboxyterminal processing protease of D1 protein, C-terminal processing peptidase, v. 7 | p. 493	
3.4.14.2	carboxytripeptidase, dipeptidyl-peptidase II, v. 6 | p. 268	
1.5.1.29	5-O-(1-carboxyvinyl)-3-phosphoshikimate phosphate lyase, FMN reductase, v. 23 | p. 217	
4.2.3.5	5-O-(1-carboxyvinyl)-3-phosphoshikimate phosphate lyase, chorismate synthase, v. S7 | p. 202	
3.7.1.8	CarC, 2,6-dioxo-6-phenylhexa-3-enoate hydrolase, v. 15 | p. 853	
2.7.10.2	CARD-containing interleukin-1 β converting enzyme associated kinase, non-specific protein-tyrosine kinase, v. S2 | p. 441	
2.7.11.18	cardiac-MLCK, myosin-light-chain kinase, v. S4 | p. 54	
2.7.11.18	cardiac-specific myosin light chain kinase, myosin-light-chain kinase, v. S4 | p. 54	
3.1.1.79	cardiac HSL, hormone-sensitive lipase, v. S5 | p. 4	
2.7.10.2	CARDIAK, non-specific protein-tyrosine kinase, v. S2 | p. 441	
3.4.23.40	Cardosin, Phytepsin, v. 8 | p. 181	
3.1.1.1	CarE, carboxylesterase, v. 9 | p. 1	
3.2.1.59	cariogenanase, glucan endo-1,3-α-glucosidase, v. 13 | p. 151	
3.2.1.59	cariogenase, glucan endo-1,3-α-glucosidase, v. 13 | p. 151	
2.7.1.14	CARKL-encoded protein, sedoheptulokinase, v. 35 | p. 219	
2.3.1.7	carnitine-acetyl-CoA transferase, carnitine O-acetyltransferase, v. 29 | p. 273	
2.3.1.7	carnitine acetylase, carnitine O-acetyltransferase, v. 29 | p. 273	
2.3.1.7	carnitine acetyl coenzyme A transferase, carnitine O-acetyltransferase, v. 29 | p. 273	
2.3.1.7	carnitine acetyltransferase, carnitine O-acetyltransferase, v. 29 | p. 273	
2.3.1.8	carnitine acetyltransferase, phosphate acetyltransferase, v. 29 | p. 291	
2.3.1.137	carnitine acyltransferase, carnitine O-octanoyltransferase, v. 30 | p. 351	
3.5.1.73	L-carnitine amidase, carnitinamidase, v. 14 | p. 571	
3.5.1.73	carnitine amidase, carnitinamidase, v. 14 | p. 571	
1.2.1.47	carnitine biosynthesis enzyme, 4-trimethylammoniobutyraldehyde dehydrogenase, v. 20 | p. 334	
1.1.1.254	D-carnitine dehydrogenase, (S)-carnitine 3-dehydrogenase, v. 18 | p. 437	
1.1.1.108	L-carnitine dehydrogenase, carnitine 3-dehydrogenase, v. 17 | p. 296	
3.1.1.28	carnitine ester hydrolase, acylcarnitine hydrolase, v. 9 | p. 234	
2.3.1.137	Carnitine medium-chain acyltransferase, carnitine O-octanoyltransferase, v. 30 | p. 351	
2.3.1.21	carnitine O-palmitoyltransferase, carnitine O-palmitoyltransferase, v. 29 | p. 411	
2.3.1.137	carnitine octanoyltransferase, carnitine O-octanoyltransferase, v. 30 | p. 351	
2.3.1.21	L-carnitine palmitoyltransferase, carnitine O-palmitoyltransferase, v. 29 | p. 411	
2.3.1.21	carnitine palmitoyltransferase, carnitine O-palmitoyltransferase, v. 29 | p. 411	
2.3.1.21	carnitine palmitoyltransferase-1, carnitine O-palmitoyltransferase, v. 29 | p. 411	
2.3.1.21	carnitine palmitoyltransferase-1c, carnitine O-palmitoyltransferase, v. 29 | p. 411	
2.3.1.21	carnitine palmitoyltransferase-A, carnitine O-palmitoyltransferase, v. 29 | p. 411	
2.3.1.21	carnitine palmitoyl transferase-I, carnitine O-palmitoyltransferase, v. 29 | p. 411	
2.3.1.21	carnitine palmitoyltransferase-I, carnitine O-palmitoyltransferase, v. 29 | p. 411	
2.3.1.21	carnitine palmitoyltransferase 1, carnitine O-palmitoyltransferase, v. 29 | p. 411	
2.3.1.21	carnitine palmitoyl transferase 1A, carnitine O-palmitoyltransferase, v. 29 | p. 411	
2.3.1.21	carnitine palmitoyltransferase 1A, carnitine O-palmitoyltransferase, v. 29 | p. 411	
2.3.1.21	carnitine palmitoyltransferase 2, carnitine O-palmitoyltransferase, v. 29 | p. 411	
2.3.1.21	carnitine palmitoyltransferase I, carnitine O-palmitoyltransferase, v. 29 | p. 411	
2.3.1.21	carnitine palmitoyltransferase I activity, carnitine O-palmitoyltransferase, v. 29 | p. 411	
2.3.1.21	carnitine palmitoyltransferase II, carnitine O-palmitoyltransferase, v. 29 | p. 411	
2.3.1.21	carnitine palmitoyltransferases 2, carnitine O-palmitoyltransferase, v. 29 | p. 411	
3.4.13.3	carnosinase, Xaa-His dipeptidase, v. 6 | p. 187	

3.4.13.20	carnosinase-1, β-Ala-His dipeptidase, v. 6	p. 247
6.3.2.11	Carnosine-anserine synthetase, Carnosine synthase, v. 2	p. 460
6.3.2.11	Carnosine-homocarnosine synthetase, Carnosine synthase, v. 2	p. 460
6.3.2.11	Carnosine synthetase, Carnosine synthase, v. 2	p. 460
1.14.99.36	β-carotene-15,15'-monooxygenase, β-carotene 15,15'-monooxygenase, v. 27	p. 388
1.14.99.36	β,β-carotene-15,15'-oxygenase, β-carotene 15,15'-monooxygenase, v. 27	p. 388
1.14.99.36	β-carotene 15,15'-dioxygenase, β-carotene 15,15'-monooxygenase, v. 27	p. 388
1.14.99.36	carotene 15,15'-dioxygenase, β-carotene 15,15'-monooxygenase, v. 27	p. 388
1.14.99.36	β-carotene 15,15'-monooxygenase, β-carotene 15,15'-monooxygenase, v. 27	p. 388
1.14.99.30	Carotene 7,8-desaturase, Carotene 7,8-desaturase, v. 27	p. 375
1.14.99.36	carotene dioxygenase, β-carotene 15,15'-monooxygenase, v. 27	p. 388
1.13.11.12	carotene oxidase, lipoxygenase, v. 25	p. 473
4.2.1.1	CARP, carbonate dehydratase, v. 4	p. 242
6.3.2.19	CARP-2, Ubiquitin-protein ligase, v. 2	p. 506
3.1.21.1	carp liver DNase, deoxyribonuclease I, v. 11	p. 431
3.4.24.21	carp nephrosin, astacin, v. 8	p. 330
3.2.1.83	carrageenase, kappa-, kappa-carrageenase, v. 13	p. 288
3.2.1.67	carrot exopolygalacturonase, galacturan 1,4-α-galacturonidase, v. 13	p. 195
1.13.12.12	CarT, apo-β-carotenoid-14',13'-dioxygenase, v. 25	p. 732
1.1.1.243	(-)-carveol dehydrogenase, carveol dehydrogenase, v. 18	p. 396
1.1.1.275	carveol dehydrogenase, (+)-trans-carveol dehydrogenase, v. S1	p. 1
6.3.2.11	CAS, Carnosine synthase, v. 2	p. 460
5.4.99.8	CAS, Cycloartenol synthase, v. 1	p. 631
4.4.1.9	CAS, L-3-cyanoalanine synthase, v. 5	p. 351
1.14.11.21	CAS, clavaminate synthase, v. 26	p. 121
4.4.1.9	β-CAS, L-3-cyanoalanine synthase, v. 5	p. 351
3.4.22.58	cas-5, caspase-5, v. S6	p. 140
5.4.99.8	CAS1, Cycloartenol synthase, v. 1	p. 631
4.4.1.9	CAS1, L-3-cyanoalanine synthase, v. 5	p. 351
4.4.1.9	CAS2, L-3-cyanoalanine synthase, v. 5	p. 351
4.2.3.8	casbene synthetase, casbene synthase, v. S7	p. 215
4.2.1.1	CasCAc, carbonate dehydratase, v. 4	p. 242
4.2.1.1	CasCAg, carbonate dehydratase, v. 4	p. 242
3.4.16.5	Case, carboxypeptidase C, v. 6	p. 385
3.4.21.50	caseinase, lysyl endopeptidase, v. 7	p. 231
2.7.11.1	casein kinase, non-specific serine/threonine protein kinase, v. S3	p. 1
2.7.11.1	casein kinase-2, non-specific serine/threonine protein kinase, v. S3	p. 1
2.7.11.1	casein kinase-II, non-specific serine/threonine protein kinase, v. S3	p. 1
2.7.11.1	casein kinase 1, non-specific serine/threonine protein kinase, v. S3	p. 1
2.7.11.1	casein kinase 1 δ, non-specific serine/threonine protein kinase, v. S3	p. 1
2.7.11.1	casein kinase 1α, non-specific serine/threonine protein kinase, v. S3	p. 1
2.7.11.1	casein kinase 1ε-1, non-specific serine/threonine protein kinase, v. S3	p. 1
2.7.11.1	casein kinase 1ε-2, non-specific serine/threonine protein kinase, v. S3	p. 1
2.7.11.1	casein kinase 1ε-3, non-specific serine/threonine protein kinase, v. S3	p. 1
2.7.11.1	casein kinase 1 γ1, non-specific serine/threonine protein kinase, v. S3	p. 1
2.7.11.1	casein kinase 2, non-specific serine/threonine protein kinase, v. S3	p. 1
2.7.11.1	casein kinase I, non-specific serine/threonine protein kinase, v. S3	p. 1
2.7.11.1	casein kinase Iε, non-specific serine/threonine protein kinase, v. S3	p. 1
2.7.11.1	casein kinase I, γ 1 isoform, non-specific serine/threonine protein kinase, v. S3	p. 1
2.7.11.1	casein kinase I, γ 2 isoform, non-specific serine/threonine protein kinase, v. S3	p. 1
2.7.11.1	casein kinase I, γ 3 isoform, non-specific serine/threonine protein kinase, v. S3	p. 1
2.7.11.1	casein kinase I, α isoform, non-specific serine/threonine protein kinase, v. S3	p. 1
2.7.11.1	casein kinase I, β isoform, non-specific serine/threonine protein kinase, v. S3	p. 1
2.7.11.1	casein kinase I, δ isoform, non-specific serine/threonine protein kinase, v. S3	p. 1
2.7.11.1	casein kinase I, ε isoform, non-specific serine/threonine protein kinase, v. S3	p. 1

2.7.11.1	casein kinase I, δ isoform like, non-specific serine/threonine protein kinase, v. S3 | p. 1
2.7.11.1	casein kinase I γ 2, non-specific serine/threonine protein kinase, v. S3 | p. 1
2.7.11.1	casein kinase I homolog 1, non-specific serine/threonine protein kinase, v. S3 | p. 1
2.7.11.1	casein kinase I homolog 2, non-specific serine/threonine protein kinase, v. S3 | p. 1
2.7.11.1	casein kinase I homolog 3, non-specific serine/threonine protein kinase, v. S3 | p. 1
2.7.11.1	casein kinase I homolog cki1, non-specific serine/threonine protein kinase, v. S3 | p. 1
2.7.11.1	casein kinase I homolog cki3, non-specific serine/threonine protein kinase, v. S3 | p. 1
2.7.11.1	casein kinase I homolog hhp1, non-specific serine/threonine protein kinase, v. S3 | p. 1
2.7.11.1	casein kinase I homolog hhp2, non-specific serine/threonine protein kinase, v. S3 | p. 1
2.7.11.1	casein kinase I homolog HRR25, non-specific serine/threonine protein kinase, v. S3 | p. 1
2.7.11.1	casein kinase II, non-specific serine/threonine protein kinase, v. S3 | p. 1
3.4.21.92	Caseinolytic protease, Endopeptidase Clp, v. 7 | p. 445
3.1.3.16	casein phosphatase, phosphoprotein phosphatase, v. 10 | p. 213
6.3.2.19	casitas B-cell lymphoma, Ubiquitin-protein ligase, v. 2 | p. 506
6.3.2.19	Casitas B-cell lymphoma-b, Ubiquitin-protein ligase, v. 2 | p. 506
6.3.2.19	Casitas B-lineage lymphoma-b, Ubiquitin-protein ligase, v. 2 | p. 506
6.3.2.19	casitas B-lineage lymphoma ubiquitin ligase, Ubiquitin-protein ligase, v. 2 | p. 506
2.7.11.17	CASK, Ca2+/calmodulin-dependent protein kinase, v. S4 | p. 1
3.4.22.36	CASP-1, caspase-1, v. 7 | p. 699
3.4.22.55	CASP-2, caspase-2, v. S6 | p. 93
3.4.22.56	CASP-3, caspase-3, v. S6 | p. 103
3.4.22.57	CASP-4, caspase-4, v. S6 | p. 133
3.4.22.62	CASP-9, caspase-9, v. S6 | p. 183
3.4.22.56	CASP3, caspase-3, v. S6 | p. 103
3.4.22.61	Casp8, caspase-8, v. S6 | p. 168
3.4.22.62	casp9-γ, caspase-9, v. S6 | p. 183
3.4.22.36	caspase-1, caspase-1, v. 7 | p. 699
3.4.22.63	caspase-10, caspase-10, v. S6 | p. 195
3.4.22.63	caspase-10β, caspase-10, v. S6 | p. 195
3.4.22.63	caspase-10/b, caspase-10, v. S6 | p. 195
3.4.22.64	caspase-11, caspase-11, v. S6 | p. 203
3.4.22.55	caspase-2, caspase-2, v. S6 | p. 93
3.4.22.55	caspase-2L, caspase-2, v. S6 | p. 93
3.4.22.55	caspase-2S, caspase-2, v. S6 | p. 93
3.4.22.58	caspase-5, caspase-5, v. S6 | p. 140
3.4.22.58	caspase-5/a, caspase-5, v. S6 | p. 140
3.4.22.58	caspase-5/b, caspase-5, v. S6 | p. 140
3.4.22.59	caspase-6, caspase-6, v. S6 | p. 145
3.4.22.59	caspase-6A, caspase-6, v. S6 | p. 145
3.4.22.59	caspase-6B, caspase-6, v. S6 | p. 145
3.4.22.61	caspase-8, caspase-8, v. S6 | p. 168
6.3.2.19	caspase-8 and -10-associated RING protein-2, Ubiquitin-protein ligase, v. 2 | p. 506
3.1.30.2	caspase-activated DNase, Serratia marcescens nuclease, v. 11 | p. 626
3.4.22.55	caspase 2, caspase-2, v. S6 | p. 93
3.4.22.56	caspase 3, caspase-3, v. S6 | p. 103
3.4.22.57	caspase 4, caspase-4, v. S6 | p. 133
3.4.22.58	caspase 5, caspase-5, v. S6 | p. 140
3.4.22.59	caspase 6, caspase-6, v. S6 | p. 145
3.4.22.60	caspase 7, caspase-7, v. S6 | p. 156
3.4.22.61	caspase 8, caspase-8, v. S6 | p. 168
3.4.22.62	caspase 9, caspase-9, v. S6 | p. 183
2.7.12.2	CaSTE7, mitogen-activated protein kinase kinase, v. S4 | p. 392
2.4.1.13	CaSUS1, sucrose synthase, v. 31 | p. 113
2.4.1.13	CaSUS2, sucrose synthase, v. 31 | p. 113
2.3.1.7	CAT, carnitine O-acetyltransferase, v. 29 | p. 273

1.11.1.6	CAT, catalase, v. 25 | p. 194	
2.3.1.28	CAT, chloramphenicol O-acetyltransferase, v. 29 | p. 485	
2.3.1.7	H-CAT, carnitine O-acetyltransferase, v. 29 | p. 273	
2.3.1.7	P-CAT, carnitine O-acetyltransferase, v. 29 | p. 273	
2.3.1.28	cat-86, chloramphenicol O-acetyltransferase, v. 29 | p. 485	
3.4.21.20	Cat.G, cathepsin G, v. 7 | p. 82	
2.3.1.7	S-CAT1, carnitine O-acetyltransferase, v. 29 | p. 273	
2.3.1.8	CAT2, phosphate acetyltransferase, v. 29 | p. 291	
2.3.1.7	S-CAT2, carnitine O-acetyltransferase, v. 29 | p. 273	
3.4.16.5	CatA, carboxypeptidase C, v. 6 | p. 385	
1.11.1.6	CatA, catalase, v. 25 | p. 194	
2.1.3.3	catabolic ornithine transcarbamylase, ornithine carbamoyltransferase, v. 29 | p. 119	
1.11.1.6	catalase-peroxidase, catalase, v. 25 | p. 194	
1.11.1.7	catalase-peroxidase, peroxidase, v. 25 | p. 211	
1.11.1.6	catalase -peroxidase KatG, catalase, v. 25 | p. 194	
1.11.1.6	catalase P, catalase, v. 25 | p. 194	
1.8.4.2	CatA protein, protein-disulfide reductase (glutathione), v. 24 | p. 617	
1.11.1.6	CatB, catalase, v. 25 | p. 194	
3.4.22.1	CatB, cathepsin B, v. 7 | p. 501	
2.3.1.7	CATC, carnitine O-acetyltransferase, v. 29 | p. 273	
3.4.14.1	CATC, dipeptidyl-peptidase I, v. 6 | p. 255	
5.3.3.4	CATC, muconolactone Δ-isomerase, v. 1 | p. 399	
3.4.23.5	CatD, cathepsin D, v. 8 | p. 28	
3.4.23.34	CatE, Cathepsin E, v. 8 | p. 153	
1.13.11.1	catechase, catechol 1,2-dioxygenase, v. 25 | p. 382	
2.1.1.6	catechol-O-methyl transferase, catechol O-methyltransferase, v. 28 | p. 27	
2.1.1.6	catechol-O-methyltransferase, catechol O-methyltransferase, v. 28 | p. 27	
1.13.11.1	catechol-oxygen 1,2-oxidoreductase, catechol 1,2-dioxygenase, v. 25 | p. 382	
1.13.11.1	catechol 1,2-dioxygenase, catechol 1,2-dioxygenase, v. 25 | p. 382	
1.13.11.1	catechol 1,2-oxygenase, catechol 1,2-dioxygenase, v. 25 | p. 382	
1.13.11.2	catechol 2,3-di-2,3-pyrocatechase, catechol 2,3-dioxygenase, v. 25 | p. 395	
1.13.11.2	catechol 2,3-dioxygenase, catechol 2,3-dioxygenase, v. 25 | p. 395	
1.13.11.2	catechol 2,3-oxygenase, catechol 2,3-dioxygenase, v. 25 | p. 395	
2.8.2.1	catecholamine-sulfating phenol sulfotransferase, aryl sulfotransferase, v. 39 | p. 247	
2.1.1.6	catecholamine O-methyltransferase, catechol O-methyltransferase, v. 28 | p. 27	
1.10.3.1	catecholase, catechol oxidase, v. 25 | p. 105	
1.14.18.1	catecholase, monophenol monooxygenase, v. 27 | p. 156	
1.13.11.1	catechol dioxygenase, catechol 1,2-dioxygenase, v. 25 | p. 382	
2.4.1.17	3,4-catechol estrogen specific UDPGTh-2, glucuronosyltransferase, v. 31 | p. 162	
2.1.1.6	catechol methyltransferase, catechol O-methyltransferase, v. 28 | p. 27	
1.10.3.1	catechol oxidase, catechol oxidase, v. 25 | p. 105	
1.14.18.1	catechol oxidase, monophenol monooxygenase, v. 27 | p. 156	
1.10.3.1	catecholoxidase, catechol oxidase, v. 25 | p. 105	
1.13.11.1	catechol oxygenase, catechol 1,2-dioxygenase, v. 25 | p. 382	
1.13.11.2	catechol oxygenase, catechol 2,3-dioxygenase, v. 25 | p. 395	
1.11.1.6	CatF, catalase, v. 25 | p. 194	
3.4.22.41	CatF, cathepsin F, v. 7 | p. 732	
3.4.22.41	cat F, cathepsin F, v. 7 | p. 732	
1.11.1.6	CatG, catalase, v. 25 | p. 194	
3.4.21.20	CatG, cathepsin G, v. 7 | p. 82	
3.4.22.50	V-cath, V-cath endopeptidase, v. S6 | p. 27	
3.4.22.1	Cath-B, cathepsin B, v. 7 | p. 501	
3.4.22.15	cath-L, cathepsin L, v. 7 | p. 582	
3.4.22.1	Cath B, cathepsin B, v. 7 | p. 501	
3.4.22.1	CathB, cathepsin B, v. 7 | p. 501	

3.4.22.15	cathepsin-L, cathepsin L, v.7 | p.582
3.4.22.15	cathepsin-L T2V, cathepsin L, v.7 | p.582
3.4.16.5	cathepsin A, carboxypeptidase C, v.6 | p.385
3.4.22.1	cathepsin B, cathepsin B, v.7 | p.501
3.4.22.1	cathepsin B1, cathepsin B, v.7 | p.501
3.4.22.1	cathepsin B2, cathepsin B, v.7 | p.501
3.4.18.1	cathepsin B2, cathepsin X, v.6 | p.510
3.4.22.16	cathepsin B3, cathepsin H, v.7 | p.600
3.4.22.16	cathepsin Ba, cathepsin H, v.7 | p.600
3.4.14.1	cathepsin C, dipeptidyl-peptidase I, v.6 | p.255
3.4.23.5	cathepsin D, cathepsin D, v.8 | p.28
3.4.23.34	Cathepsin D-like acid proteinase, Cathepsin E, v.8 | p.153
3.4.23.34	cathepsin D-like protease, Cathepsin E, v.8 | p.153
3.4.23.34	Cathepsin D-type proteinase, Cathepsin E, v.8 | p.153
3.4.23.34	Cathepsin E-like acid proteinase, Cathepsin E, v.8 | p.153
3.4.22.41	cathepsin f, cathepsin F, v.7 | p.732
3.4.22.41	cathepsin F-1, cathepsin F, v.7 | p.732
3.4.21.20	cathepsin G, cathepsin G, v.7 | p.82
3.4.22.16	cathepsin H-like cysteine proteinases, cathepsin H, v.7 | p.600
3.4.22.1	cathepsin II, cathepsin B, v.7 | p.501
3.4.11.1	cathepsin III, leucyl aminopeptidase, v.6 | p.40
3.4.18.1	cathepsin IV, cathepsin X, v.6 | p.510
3.4.14.1	cathepsin J, dipeptidyl-peptidase I, v.6 | p.255
3.4.22.38	cathepsin K, Cathepsin K, v.7 | p.711
3.4.22.15	cathepsin L, cathepsin L, v.7 | p.582
3.4.22.15	cathepsin L-A, cathepsin L, v.7 | p.582
3.4.22.15	cathepsin L-A1, cathepsin L, v.7 | p.582
3.4.22.15	cathepsin L-A2, cathepsin L, v.7 | p.582
3.4.22.15	cathepsin L-A3, cathepsin L, v.7 | p.582
3.4.22.15	cathepsin L-B, cathepsin L, v.7 | p.582
3.4.22.15	cathepsin L1, cathepsin L, v.7 | p.582
3.4.22.43	cathepsin L2, cathepsin V, v.7 | p.739
3.4.22.38	Cathepsin O2, Cathepsin K, v.7 | p.711
3.4.22.43	cathepsin U, cathepsin V, v.7 | p.739
3.4.22.43	cathepsin V/L2, cathepsin V, v.7 | p.739
3.4.18.1	cathepsin X, cathepsin X, v.6 | p.510
3.4.18.1	cathepsin Z, cathepsin X, v.6 | p.510
3.4.22.15	Cath L, cathepsin L, v.7 | p.582
2.3.1.28	CAT I, chloramphenicol O-acetyltransferase, v.29 | p.485
2.3.1.28	CATI, chloramphenicol O-acetyltransferase, v.29 | p.485
2.3.1.28	CAT II, chloramphenicol O-acetyltransferase, v.29 | p.485
2.3.1.28	CAT III, chloramphenicol O-acetyltransferase, v.29 | p.485
3.4.21.1	cationic chymotrypsin, chymotrypsin, v.7 | p.1
1.11.1.7	cationic peroxidase, peroxidase, v.25 | p.211
1.11.1.7	cationic peroxidase Cs, peroxidase, v.25 | p.211
3.4.21.4	Cationic trypsinogen, trypsin, v.7 | p.12
3.4.22.38	Cat K, Cathepsin K, v.7 | p.711
3.4.22.38	catK, Cathepsin K, v.7 | p.711
3.4.22.15	CatL, cathepsin L, v.7 | p.582
3.4.22.15	cat L, cathepsin L, v.7 | p.582
3.4.22.27	Cat S, cathepsin S, v.7 | p.637
3.4.22.27	CatS, cathepsin S, v.7 | p.637
3.4.22.41	CATSF, cathepsin F, v.7 | p.732
3.4.22.27	CatSPP, cathepsin S, v.7 | p.637
3.4.18.1	CATX, cathepsin X, v.6 | p.510

3.1.1.4	Caudoxin, phospholipase A2, v. 9 | p. 52	
3.1.21.4	CauII, type II site-specific deoxyribonuclease, v. 11 | p. 454	
4.2.1.1	CAV, carbonate dehydratase, v. 4 | p. 242	
4.2.1.1	CA VI, carbonate dehydratase, v. 4 | p. 242	
3.1.3.16	CAV VP2, phosphoprotein phosphatase, v. 10 | p. 213	
4.2.1.1	CA XII, carbonate dehydratase, v. 4 | p. 242	
4.2.1.1	CA XIII, carbonate dehydratase, v. 4 | p. 242	
4.2.1.1	CA XIV, carbonate dehydratase, v. 4 | p. 242	
3.2.1.151	CaXTH1, xyloglucan-specific endo-β-1,4-glucanase, v. S5 | p. 132	
4.2.1.1	Ca XV, carbonate dehydratase, v. 4 | p. 242	
3.4.16.5	CaY, carboxypeptidase C, v. 6 | p. 385	
3.2.1.4	Caylase, cellulase, v. 12 | p. 88	
1.14.13.39	cb-NOS, nitric-oxide synthase, v. 26 | p. 426	
1.6.2.2	cb5r, cytochrome-b5 reductase, v. 24 | p. 35	
6.2.1.33	4-CB:CoA ligase, 4-Chlorobenzoate-CoA ligase, v. 2 | p. 339	
3.8.1.7	4-CBA-CoA dehalogenase, 4-chlorobenzoyl-CoA dehalogenase, v. 15 | p. 903	
6.2.1.33	4-CBA:CoA ligase, 4-Chlorobenzoate-CoA ligase, v. 2 | p. 339	
3.5.1.24	CBAH, choloylglycine hydrolase, v. 14 | p. 373	
6.2.1.33	CBAL, 4-Chlorobenzoate-CoA ligase, v. 2 | p. 339	
1.9.3.1	cbb3-2 oxidase, cytochrome-c oxidase, v. 25 | p. 1	
1.9.3.1	cbb3-2 terminal oxidase, cytochrome-c oxidase, v. 25 | p. 1	
4.1.1.39	CbbL-1, Ribulose-bisphosphate carboxylase, v. 3 | p. 244	
4.1.1.39	CbbL-2, Ribulose-bisphosphate carboxylase, v. 3 | p. 244	
4.1.1.39	CbbS-1, Ribulose-bisphosphate carboxylase, v. 3 | p. 244	
4.1.1.39	CbbS-2, Ribulose-bisphosphate carboxylase, v. 3 | p. 244	
3.8.1.7	4-CBCoA dehalogenase, 4-chlorobenzoyl-CoA dehalogenase, v. 15 | p. 903	
1.14.12.13	cbdABC, 2-chlorobenzoate 1,2-dioxygenase, v. 26 | p. 177	
3.1.1.1	CbE, carboxylesterase, v. 9 | p. 1	
3.2.1.21	CBG, β-glucosidase, v. 12 | p. 299	
3.2.1.126	Cbg1, coniferin β-glucosidase, v. 13 | p. 512	
1.13.12.7	CBG99luc, Photinus-luciferin 4-monooxygenase (ATP-hydrolysing), v. 25 | p. 711	
3.2.1.91	CBH, cellulose 1,4-β-cellobiosidase, v. 13 | p. 325	
3.2.1.91	CBH 1, cellulose 1,4-β-cellobiosidase, v. 13 | p. 325	
3.2.1.91	CBH1, cellulose 1,4-β-cellobiosidase, v. 13 | p. 325	
3.2.1.91	CBH2, cellulose 1,4-β-cellobiosidase, v. 13 | p. 325	
3.2.1.91	CbhA, cellulose 1,4-β-cellobiosidase, v. 13 | p. 325	
3.2.1.74	CbhA, glucan 1,4-β-glucosidase, v. 13 | p. 235	
3.2.1.91	CBH I, cellulose 1,4-β-cellobiosidase, v. 13 | p. 325	
3.2.1.4	CBHI, cellulase, v. 12 | p. 88	
3.2.1.91	CBHI, cellulose 1,4-β-cellobiosidase, v. 13 | p. 325	
3.2.1.91	CBH Ib, cellulose 1,4-β-cellobiosidase, v. 13 | p. 325	
3.2.1.91	CBH II, cellulose 1,4-β-cellobiosidase, v. 13 | p. 325	
3.2.1.4	CBHII, cellulase, v. 12 | p. 88	
3.2.1.91	CBHII, cellulose 1,4-β-cellobiosidase, v. 13 | p. 325	
3.2.1.91	CBH IIb, cellulose 1,4-β-cellobiosidase, v. 13 | p. 325	
3.2.1.91	CbhI.2, cellulose 1,4-β-cellobiosidase, v. 13 | p. 325	
6.3.5.9	CbiA, hydrogenobyrinic acid a,c-diamide synthase (glutamine-hydrolysing), v. S7 | p. 645	
6.3.1.10	CbiB, adenosylcobinamide-phosphate synthase, v. S7 | p. 592	
6.3.1.10	CbiB synthetase, adenosylcobinamide-phosphate synthase, v. S7 | p. 592	
4.99.1.3	CbiK, sirohydrochlorin cobaltochelatase, v. S7 | p. 455	
2.1.1.151	CbiL, cobalt-factor II C20-methyltransferase, v. 28 | p. 653	
2.1.1.151	cbiL gene product, cobalt-factor II C20-methyltransferase, v. 28 | p. 653	
6.3.5.10	CbiP, adenosylcobyric acid synthase (glutamine-hydrolysing), v. S7 | p. 651	
4.99.1.3	CbiX, sirohydrochlorin cobaltochelatase, v. S7 | p. 455	
4.99.1.3	CbiX0H, sirohydrochlorin cobaltochelatase, v. S7 | p. 455	

4.99.1.3	CbiXL, sirohydrochlorin cobaltochelatase, v. S7	p. 455
4.99.1.3	CbiXOH, sirohydrochlorin cobaltochelatase, v. S7	p. 455
4.99.1.3	CbiXS, sirohydrochlorin cobaltochelatase, v. S7	p. 455
3.5.1.90	CbiZ, adenosylcobinamide hydrolase, v. S6	p. 373
6.2.1.33	CBL, 4-Chlorobenzoate-CoA ligase, v. 2	p. 339
4.4.1.8	CBL, cystathionine β-lyase, v. 5	p. 341
6.3.2.19	c-Cbl, Ubiquitin-protein ligase, v. 2	p. 506
6.3.2.19	Cbl-b, Ubiquitin-protein ligase, v. 2	p. 506
3.1.3.16	CBLP, phosphoprotein phosphatase, v. 10	p. 213
6.3.2.19	Cbl ubiquitin ligase, Ubiquitin-protein ligase, v. 2	p. 506
3.2.1.6	CBM-CD, endo-1,3(4)-β-glucanase, v. 12	p. 118
1.1.99.18	CBO, cellobiose dehydrogenase (acceptor), v. 19	p. 377
1.1.99.18	CBOR, cellobiose dehydrogenase (acceptor), v. 19	p. 377
2.4.1.20	Cbp, cellobiose phosphorylase, v. 31	p. 242
2.3.1.48	Cbp, histone acetyltransferase, v. 29	p. 641
3.1.4.3	Cbp, phospholipase C, v. 11	p. 32
3.2.1.91	CBP120, cellulose 1,4-β-cellobiosidase, v. 13	p. 325
3.2.1.91	CBP95, cellulose 1,4-β-cellobiosidase, v. 13	p. 325
3.1.1.5	CbPlb1, lysophospholipase, v. 9	p. 82
3.4.21.70	CBPP, Pancreatic endopeptidase E, v. 7	p. 346
1.1.1.184	CBR, carbonyl reductase (NADPH), v. 18	p. 105
1.1.1.294	CBR, chlorophyll(ide) b reductase, v. S1	p. 85
1.1.1.184	CBR1, carbonyl reductase (NADPH), v. 18	p. 105
1.6.2.2	CBR1A, cytochrome-b5 reductase, v. 24	p. 35
1.6.2.2	CBR1B, cytochrome-b5 reductase, v. 24	p. 35
1.1.1.184	CBR3, carbonyl reductase (NADPH), v. 18	p. 105
1.13.12.7	CBRluc, Photinus-luciferin 4-monooxygenase (ATP-hydrolysing), v. 25	p. 711
4.2.1.22	CBS, Cystathionine β-synthase, v. 4	p. 390
4.4.1.8	CBS, cystathionine β-lyase, v. 5	p. 341
1.8.4.12	CBS-1, peptide-methionine (R)-S-oxide reductase, v. S1	p. 328
3.8.1.7	4-CBS-CoA dehalogenase, 4-chlorobenzoyl-CoA dehalogenase, v. 15	p. 903
3.6.1.1	CBS-PPase, inorganic diphosphatase, v. 15	p. 240
1.8.4.12	CBS1, peptide-methionine (R)-S-oxide reductase, v. S1	p. 328
1.13.11.2	CbzE, catechol 2,3-dioxygenase, v. 25	p. 395
2.7.7.25	CC-adding enzyme, tRNA adenylyltransferase, v. 38	p. 305
2.7.7.21	CC-adding enzyme, tRNA cytidylyltransferase, v. 38	p. 265
3.1.4.52	CC3396, cyclic-guanylate-specific phosphodiesterase, v. S5	p. 100
3.5.1.93	CCA, glutaryl-7-aminocephalosporanic-acid acylase, v. S6	p. 386
3.4.24.3	CCA, microbial collagenase, v. 8	p. 205
2.7.7.25	CCA-adding enzyme, tRNA adenylyltransferase, v. 38	p. 305
2.7.7.21	CCA-adding enzyme, tRNA cytidylyltransferase, v. 38	p. 265
2.7.7.25	CCA-adding polymerase, tRNA adenylyltransferase, v. 38	p. 305
2.7.7.21	CCA-adding polymerase, tRNA cytidylyltransferase, v. 38	p. 265
2.7.7.25	CCA-enzyme, tRNA adenylyltransferase, v. 38	p. 305
2.7.7.21	CCA-enzyme, tRNA cytidylyltransferase, v. 38	p. 265
2.7.7.25	CCA1, tRNA adenylyltransferase, v. 38	p. 305
2.7.7.25	Cca1p, tRNA adenylyltransferase, v. 38	p. 305
2.7.7.21	Cca1p, tRNA cytidylyltransferase, v. 38	p. 265
2.7.7.21	CCA adding enzyme, tRNA cytidylyltransferase, v. 38	p. 265
2.7.11.17	CCaMK, Ca2+/calmodulin-dependent protein kinase, v. S4	p. 1
3.2.1.1	CCAP, α-amylase, v. 12	p. 1
2.7.7.21	CCase, tRNA cytidylyltransferase, v. 38	p. 265
2.7.7.25	CCAtr, tRNA adenylyltransferase, v. 38	p. 305
2.7.7.21	CCAtr, tRNA cytidylyltransferase, v. 38	p. 265
2.7.7.25	CCA transferase, tRNA adenylyltransferase, v. 38	p. 305

2.7.7.21	CCA transferase, tRNA cytidylyltransferase, v. 38 | p. 265	
3.1.1.74	CcCUT1, cutinase, v. 9 | p. 428	
1.13.11.51	CCD, 9-cis-epoxycarotenoid dioxygenase, v. S1 | p. 436	
1.8.4.2	ccdA associated thiol-disulfide oxidoreductase, protein-disulfide reductase (glutathione), v. 24 | p. 617	
3.1.22.4	CCE1, crossover junction endodeoxyribonuclease, v. 11 | p. 487	
3.1.2.14	CcFATB1, oleoyl-[acyl-carrier-protein] hydrolase, v. 9 | p. 516	
3.1.2.14	CcFATB2, oleoyl-[acyl-carrier-protein] hydrolase, v. 9 | p. 516	
2.5.1.29	CcGGDPS1, farnesyltranstransferase, v. 33 | p. 604	
2.5.1.29	CcGGDPS2, farnesyltranstransferase, v. 33 | p. 604	
2.3.1.6	cChAT, choline O-acetyltransferase, v. 29 | p. 259	
4.4.1.17	CCHL, Holocytochrome-c synthase, v. 5 | p. 396	
4.1.3.34	CCL, citryl-CoA lyase, v. 4 | p. 191	
1.11.1.6	CcmC, catalase, v. 25 | p. 194	
1.7.2.2	ccNiR, nitrite reductase (cytochrome; ammonia-forming), v. 24 | p. 331	
1.9.3.1	CCO, cytochrome-c oxidase, v. 25 | p. 1	
2.1.1.104	CCoAOMT, caffeoyl-CoA O-methyltransferase, v. 28 | p. 513	
2.1.1.104	CCOMT, caffeoyl-CoA O-methyltransferase, v. 28 | p. 513	
1.9.3.1	CCO subunit 1, cytochrome-c oxidase, v. 25 | p. 1	
1.9.3.1	CcOX, cytochrome-c oxidase, v. 25 | p. 1	
1.11.1.5	CCP, cytochrome-c peroxidase, v. 25 | p. 186	
3.4.21.79	CCP1, Granzyme B, v. 7 | p. 393	
1.11.1.5	CCP1, cytochrome-c peroxidase, v. 25 | p. 186	
3.4.21.79	CCPII, Granzyme B, v. 7 | p. 393	
1.11.1.10	CCPO, chloride peroxidase, v. 25 | p. 245	
1.3.1.8	CCR, acyl-CoA dehydrogenase (NADP+), v. 21 | p. 34	
1.2.1.44	CCR, cinnamoyl-CoA reductase, v. 20 | p. 316	
1.2.1.44	CCR1, cinnamoyl-CoA reductase, v. 20 | p. 316	
1.2.1.44	CCR2, cinnamoyl-CoA reductase, v. 20 | p. 316	
3.1.13.4	CCR4, poly(A)-specific ribonuclease, v. 11 | p. 407	
3.1.13.4	Ccr4-Not complex, poly(A)-specific ribonuclease, v. 11 | p. 407	
3.1.13.4	CCR4 deadenylase complex, poly(A)-specific ribonuclease, v. 11 | p. 407	
3.1.13.4	Ccr4p/Pop2p/Notp complex, poly(A)-specific ribonuclease, v. 11 | p. 407	
2.7.11.22	CCRK, cyclin-dependent kinase, v. S4 | p. 156	
2.1.1.72	CcrM, site-specific DNA-methyltransferase (adenine-specific), v. 28 | p. 390	
2.1.1.72	CcrM DNA adenine methyltransferase, site-specific DNA-methyltransferase (adenine-specific), v. 28 | p. 390	
3.1.13.4	Ccrn4l, poly(A)-specific ribonuclease, v. 11 | p. 407	
2.1.1.160	CCS, caffeine synthase, v. S2 | p. 40	
5.3.99.8	CCS, capsanthin/capsorubin synthase, v. S7 | p. 514	
6.2.1.18	CCS, citrate-CoA ligase, v. 2 | p. 291	
2.1.1.160	CCS1, caffeine synthase, v. S2 | p. 40	
2.1.1.159	CCS1, theobromine synthase, v. S2 | p. 31	
4.4.1.17	ccsA1, Holocytochrome-c synthase, v. 5 | p. 396	
5.3.99.8	CCS ketoxanthophyll synthase, capsanthin/capsorubin synthase, v. S7 | p. 514	
3.1.3.24	CcSP1, sucrose-phosphate phosphatase, v. 10 | p. 272	
2.4.1.1	CcStP, phosphorylase, v. 31 | p. 1	
3.6.4.9	CCT, chaperonin ATPase, v. 15 | p. 803	
2.7.7.15	CCT, choline-phosphate cytidylyltransferase, v. 38 | p. 224	
2.7.7.15	CCTα, choline-phosphate cytidylyltransferase, v. 38 | p. 224	
3.6.4.9	CCT1, chaperonin ATPase, v. 15 | p. 803	
2.7.7.15	CCT1, choline-phosphate cytidylyltransferase, v. 38 | p. 224	
3.6.4.9	CCT2, chaperonin ATPase, v. 15 | p. 803	
2.7.7.15	CCT2, choline-phosphate cytidylyltransferase, v. 38 | p. 224	
2.7.7.15	CCTβ2, choline-phosphate cytidylyltransferase, v. 38 | p. 224	

3.6.4.9	CCT3, chaperonin ATPase, v. 15 | p. 803	
2.7.7.15	CCTβ3, choline-phosphate cytidylyltransferase, v. 38 | p. 224	
3.5.4.1	CD, cytosine deaminase, v. 15 | p. 1	
1.14.99.36	β-CD, β-carotene 15,15'-monooxygenase, v. 27 | p. 388	
3.2.1.54	CD-/pullulan-hydrolyzing enzyme, cyclomaltodextrinase, v. 13 | p. 95	
1.13.11.2	CD-2,3, catechol 2,3-dioxygenase, v. 25 | p. 395	
3.2.1.54	CD-ase, cyclomaltodextrinase, v. 13 | p. 95	
3.2.1.54	CD-degrading enzyme, cyclomaltodextrinase, v. 13 | p. 95	
1.13.11.1	CD-I, catechol 1,2-dioxygenase, v. 25 | p. 382	
1.13.11.1	CD-II, catechol 1,2-dioxygenase, v. 25 | p. 382	
1.13.11.1	CD-III-1, catechol 1,2-dioxygenase, v. 25 | p. 382	
1.13.11.1	CD-III-2, catechol 1,2-dioxygenase, v. 25 | p. 382	
2.4.2.9	CD-UPRT, uracil phosphoribosyltransferase, v. 33 | p. 116	
3.4.24.11	CD10, neprilysin, v. 8 | p. 230	
3.4.24.11	CD10/neutral endopeptidase, neprilysin, v. 8 | p. 230	
3.4.24.11	CD10/neutral endopeptidase 24.11, neprilysin, v. 8 | p. 230	
2.7.10.1	CD115 antigen, receptor protein-tyrosine kinase, v. S2 | p. 341	
2.7.10.1	CD117, receptor protein-tyrosine kinase, v. S2 | p. 341	
2.7.10.1	CD117 antigen, receptor protein-tyrosine kinase, v. S2 | p. 341	
3.4.11.2	CD13, membrane alanyl aminopeptidase, v. 6 | p. 53	
2.7.10.1	CD135 antigen, receptor protein-tyrosine kinase, v. S2 | p. 341	
2.7.10.1	CD136 antigen, receptor protein-tyrosine kinase, v. S2 | p. 341	
2.7.10.1	CD140a antigen, receptor protein-tyrosine kinase, v. S2 | p. 341	
2.7.10.1	CD140b antigen, receptor protein-tyrosine kinase, v. S2 | p. 341	
3.4.15.1	CD143, peptidyl-dipeptidase A, v. 6 | p. 334	
3.4.15.1	CD143 antigen, peptidyl-dipeptidase A, v. 6 | p. 334	
3.1.3.48	CD148, protein-tyrosine-phosphatase, v. 10 | p. 407	
3.1.3.48	CD148 antigen, protein-tyrosine-phosphatase, v. 10 | p. 407	
3.4.24.86	CD156, ADAM 17 endopeptidase, v. S6 | p. 348	
3.2.2.5	CD157, NAD+ nucleosidase, v. 14 | p. 25	
3.2.2.5	CD157 antigen, NAD+ nucleosidase, v. 14 | p. 25	
2.7.10.1	CD167a antigen, receptor protein-tyrosine kinase, v. S2 | p. 341	
2.7.10.1	CD202b antigen, receptor protein-tyrosine kinase, v. S2 | p. 341	
2.7.10.1	CD220 antigen, receptor protein-tyrosine kinase, v. S2 | p. 341	
2.7.10.1	CD221 antigen, receptor protein-tyrosine kinase, v. S2 | p. 341	
3.4.24.81	CD23 metalloprotease, ADAM10 endopeptidase, v. S6 | p. 311	
2.7.10.1	CD246 antigen, receptor protein-tyrosine kinase, v. S2 | p. 341	
3.4.14.5	CD26, dipeptidyl-peptidase IV, v. 6 | p. 286	
3.4.14.5	CD26/dipeptidyl peptidase, dipeptidyl-peptidase IV, v. 6 | p. 286	
3.4.14.5	CD26/DP IV, dipeptidyl-peptidase IV, v. 6 | p. 286	
3.4.14.5	CD26 peptidase, dipeptidyl-peptidase IV, v. 6 | p. 286	
3.2.2.6	CD38, NAD(P)+ nucleosidase, v. 14 | p. 37	
3.2.2.5	CD38, NAD+ nucleosidase, v. 14 | p. 25	
3.2.2.5	CD38H, NAD+ nucleosidase, v. 14 | p. 25	
3.2.2.5	CD38 homolog, NAD+ nucleosidase, v. 14 | p. 25	
3.2.2.5	CD38 like activity, NAD+ nucleosidase, v. 14 | p. 25	
3.6.1.5	CD39, apyrase, v. 15 | p. 269	
3.6.1.5	CD39-like ATP diphosphohydrolase, apyrase, v. 15 | p. 269	
3.6.1.5	CD39 antigen, apyrase, v. 15 | p. 269	
2.7.11.1	CD43-associated serine/threonine kinase, non-specific serine/threonine protein kinase, v. S3 | p. 1	
3.1.3.48	CD45, protein-tyrosine-phosphatase, v. 10 | p. 407	
3.1.3.48	CD45 antigen, protein-tyrosine-phosphatase, v. 10 | p. 407	
3.1.3.5	CD73, 5'-nucleotidase, v. 10 | p. 95	
3.1.3.5	CD73/ecto-5'-nucleotidase, 5'-nucleotidase, v. 10 | p. 95	

3.1.3.5	CD73 antigen, 5'-nucleotidase, v. 10 | p. 95	
3.5.1.41	CDA, chitin deacetylase, v. 14 | p. 445	
3.5.4.5	CDA, cytidine deaminase, v. 15 | p. 42	
3.5.4.5	T-CDA, cytidine deaminase, v. 15 | p. 42	
1.6.5.3	CDA016, NADH dehydrogenase (ubiquinone), v. 24 | p. 106	
3.5.1.41	CDA1, chitin deacetylase, v. 14 | p. 445	
3.5.1.41	Cda1p, chitin deacetylase, v. 14 | p. 445	
3.5.1.41	CDA2, chitin deacetylase, v. 14 | p. 445	
3.5.1.41	Cda2p, chitin deacetylase, v. 14 | p. 445	
3.5.1.41	CDA3, chitin deacetylase, v. 14 | p. 445	
3.5.4.5	CDABcald, cytidine deaminase, v. 15 | p. 42	
3.5.4.5	CDABpsy, cytidine deaminase, v. 15 | p. 42	
3.5.4.5	CDABsub, cytidine deaminase, v. 15 | p. 42	
3.5.1.23	CDase, ceramidase, v. 14 | p. 367	
3.2.1.54	CDase, cyclomaltodextrinase, v. 13 | p. 95	
3.5.4.5	CDase, cytidine deaminase, v. 15 | p. 42	
3.5.4.1	CDase, cytosine deaminase, v. 15 | p. 1	
3.2.1.54	H-17 CDase, cyclomaltodextrinase, v. 13 | p. 95	
3.5.1.23	N-CDase, ceramidase, v. 14 | p. 367	
3.2.1.54	CDase I-5, cyclomaltodextrinase, v. 13 | p. 95	
3.6.4.6	CDC-48.1, vesicle-fusing ATPase, v. 15 | p. 789	
3.6.4.6	CDC-48.2, vesicle-fusing ATPase, v. 15 | p. 789	
2.7.11.22	Cdc2, cyclin-dependent kinase, v. S4 | p. 156	
2.7.11.22	CDC2-like serine/threonine-protein kinase CRP, cyclin-dependent kinase, v. S4 | p. 156	
2.7.11.22	cdc2-related kinase, cyclin-dependent kinase, v. S4 | p. 156	
2.7.12.1	cdc2/CDC28-like protein kinase, dual-specificity kinase, v. S4 | p. 372	
3.1.3.48	Cdc25-like protein, protein-tyrosine-phosphatase, v. 10 | p. 407	
3.1.3.48	Cdc25A, protein-tyrosine-phosphatase, v. 10 | p. 407	
3.1.3.48	Cdc25B, protein-tyrosine-phosphatase, v. 10 | p. 407	
3.1.3.48	Cdc25B phosphatase, protein-tyrosine-phosphatase, v. 10 | p. 407	
3.1.3.48	Cdc25C, protein-tyrosine-phosphatase, v. 10 | p. 407	
3.1.3.48	Cdc25 phosphatase, protein-tyrosine-phosphatase, v. 10 | p. 407	
2.7.11.1	CDC25 suppressing protein kinase, non-specific serine/threonine protein kinase, v. S3 | p. 1	
2.7.11.22	cdc28p, cyclin-dependent kinase, v. S4 | p. 156	
2.7.11.22	Cdc28p-Chlp kinase, cyclin-dependent kinase, v. S4 | p. 156	
2.7.11.22	CDC2a, cyclin-dependent kinase, v. S4 | p. 156	
2.7.11.22	CDC2 kinase, cyclin-dependent kinase, v. S4 | p. 156	
2.7.11.22	cdc2MsB, cyclin-dependent kinase, v. S4 | p. 156	
2.7.11.22	Cdc2p complex, cyclin-dependent kinase, v. S4 | p. 156	
2.7.11.22	cdc2 PK, cyclin-dependent kinase, v. S4 | p. 156	
2.7.11.22	CDC2δT, cyclin-dependent kinase, v. S4 | p. 156	
6.3.2.19	Cdc4, Ubiquitin-protein ligase, v. 2 | p. 506	
3.6.5.2	Cdc42, small monomeric GTPase, v. S6 | p. 4/6	
3.6.5.2	Cdc42Hs, small monomeric GTPase, v. S6 | p. 476	
2.7.11.22	cdc42p, cyclin-dependent kinase, v. S4 | p. 156	
3.6.4.6	Cdc48, vesicle-fusing ATPase, v. 15 | p. 789	
3.6.4.7	Cdc48p, peroxisome-assembly ATPase, v. 15 | p. 794	
3.6.4.6	Cdc48p, vesicle-fusing ATPase, v. 15 | p. 789	
2.7.11.21	Cdc5, polo kinase, v. S4 | p. 134	
3.6.3.1	Cdc50p-Drs2p, phospholipid-translocating ATPase, v. 15 | p. 532	
3.1.3.16	Cdc55p, phosphoprotein phosphatase, v. 10 | p. 213	
2.7.11.21	Cdc5p, polo kinase, v. S4 | p. 134	
2.7.11.1	Cdc7Hs protein, non-specific serine/threonine protein kinase, v. S3 | p. 1	
2.7.12.2	Cdc7p kinase, mitogen-activated protein kinase kinase, v. S4 | p. 392	

2.7.12.2	cdc7 protein kinase, mitogen-activated protein kinase kinase, v. S4	p. 392
6.5.1.1	Cdc9, DNA ligase (ATP), v. 2	p. 755
4.2.1.96	cDcoH, 4a-hydroxytetrahydrobiopterin dehydratase, v. 4	p. 665
4.4.1.15	D-CDes, D-cysteine desulfhydrase, v. 5	p. 385
3.1.4.52	CdgC, cyclic-guanylate-specific phosphodiesterase, v. S5	p. 100
2.4.1.19	CD glucanotransferase, cyclomaltodextrin glucanotransferase, v. 31	p. 210
1.2.99.2	Cdh, carbon-monoxide dehydrogenase (acceptor), v. 20	p. 564
1.1.1.243	Cdh, carveol dehydrogenase, v. 18	p. 396
1.1.99.18	Cdh, cellobiose dehydrogenase (acceptor), v. 19	p. 377
1.1.1.108	L-CDH, carnitine 3-dehydrogenase, v. 17	p. 296
4.2.1.52	cDHDPS, dihydrodipicolinate synthase, v. 4	p. 527
4.2.1.89	L-(-)-CDHT, carnitine dehydratase, v. 4	p. 644
1.13.11.1	CD I, catechol 1,2-dioxygenase, v. 25	p. 382
1.13.11.1	CDI1, catechol 1,2-dioxygenase, v. 25	p. 382
1.13.11.1	CDI2, catechol 1,2-dioxygenase, v. 25	p. 382
1.13.11.1	CD II, catechol 1,2-dioxygenase, v. 25	p. 382
1.14.99.36	βCDIOX, β-carotene 15,15'-monooxygenase, v. 27	p. 388
2.7.11.22	CDK, cyclin-dependent kinase, v. S4	p. 156
2.7.11.22	Cdk-A, cyclin-dependent kinase, v. S4	p. 156
2.7.11.23	Cdk1, [RNA-polymerase]-subunit kinase, v. S4	p. 220
2.7.11.22	Cdk1, cyclin-dependent kinase, v. S4	p. 156
2.7.11.22	Cdk1/Cyclin B, cyclin-dependent kinase, v. S4	p. 156
2.7.11.22	cdk1/cyclin B1 complex, cyclin-dependent kinase, v. S4	p. 156
2.7.11.22	Cdk1/cyclin B1 kinase, cyclin-dependent kinase, v. S4	p. 156
2.7.11.22	CDK11p110, cyclin-dependent kinase, v. S4	p. 156
2.7.11.22	cdk1 kinase, cyclin-dependent kinase, v. S4	p. 156
2.7.11.22	CDK2, cyclin-dependent kinase, v. S4	p. 156
2.7.11.1	CDK2, non-specific serine/threonine protein kinase, v. S3	p. 1
2.7.11.22	Cdk 2, cyclin-dependent kinase, v. S4	p. 156
3.1.3.48	CDK2-associated dual specificity phosphatase, protein-tyrosine-phosphatase, v. 10	p. 407
2.7.11.22	CDK2L, cyclin-dependent kinase, v. S4	p. 156
2.7.11.22	CDK4, cyclin-dependent kinase, v. S4	p. 156
2.7.11.22	Cdk5, cyclin-dependent kinase, v. S4	p. 156
2.7.11.26	Cdk5, τ-protein kinase, v. S4	p. 303
2.7.11.22	Cdk5-p35, cyclin-dependent kinase, v. S4	p. 156
2.7.11.22	CDK5/p25, cyclin-dependent kinase, v. S4	p. 156
2.7.11.26	CDK5/p25, τ-protein kinase, v. S4	p. 303
2.7.11.22	cdk5/p25 kinase, cyclin-dependent kinase, v. S4	p. 156
2.7.11.22	CDK5 homolog, cyclin-dependent kinase, v. S4	p. 156
2.7.11.22	cdk6, cyclin-dependent kinase, v. S4	p. 156
2.7.11.23	cdk7, [RNA-polymerase]-subunit kinase, v. S4	p. 220
2.7.11.22	cdk7, cyclin-dependent kinase, v. S4	p. 156
2.7.11.23	Cdk7/Kin28, [RNA-polymerase]-subunit kinase, v. S4	p. 220
2.7.11.23	CDK8, [RNA-polymerase]-subunit kinase, v. S4	p. 220
2.7.11.23	CDK9, [RNA-polymerase]-subunit kinase, v. S4	p. 220
2.7.11.22	CDK9, cyclin-dependent kinase, v. S4	p. 156
2.7.11.22	CDKA, cyclin-dependent kinase, v. S4	p. 156
2.7.11.22	CDKA,1, cyclin-dependent kinase, v. S4	p. 156
2.7.11.22	CDKA1, cyclin-dependent kinase, v. S4	p. 156
2.7.11.22	CDKB, cyclin-dependent kinase, v. S4	p. 156
2.7.11.22	CDKB1, cyclin-dependent kinase, v. S4	p. 156
2.7.11.22	CDKB1,1, cyclin-dependent kinase, v. S4	p. 156
2.7.11.23	CDKC1, [RNA-polymerase]-subunit kinase, v. S4	p. 220
2.7.11.22	CDKC1, cyclin-dependent kinase, v. S4	p. 156
2.7.11.22	CDKC2, cyclin-dependent kinase, v. S4	p. 156

2.7.11.22	CDKF,1, cyclin-dependent kinase, v. S4	p. 156
3.1.1.3	CDL, triacylglycerol lipase, v. 9	p. 36
3.1.3.34	cdN, deoxynucleotide 3'-phosphatase, v. 10	p. 332
1.14.99.36	CDO, β-carotene 15,15'-monooxygenase, v. 27	p. 388
1.13.11.19	CDO, cysteamine dioxygenase, v. 25	p. 517
1.13.11.20	CDO, cysteine dioxygenase, v. 25	p. 522
2.4.1.49	CDP, cellodextrin phosphorylase, v. 31	p. 434
2.7.7.67	CDP-2,3-di-O-geranylgeranyl-sn-glycerol synthase, CDP-archaeol synthase
1.17.1.1	CDP-4-keto-6-deoxy-D-glucose-3-dehydrogenase system, CDP-4-dehydro-6-deoxyglucose reductase, v. 27	p. 481
1.17.1.1	CDP-4-keto-deoxy-glucose reductase, CDP-4-dehydro-6-deoxyglucose reductase, v. 27	p. 481
5.1.3.10	CDP-abequose 2-epimerase, CDP-paratose 2-epimerase, v. 1	p. 146
5.1.3.10	CDP-abequose epimerase, CDP-paratose 2-epimerase, v. 1	p. 146
2.7.7.67	CDP-archaeol synthase, CDP-archaeol synthase
2.7.8.22	CDP-choline-1-alkenyl-2-acyl-glycerol phosphocholinetransferase, 1-alkenyl-2-acylglycerol choline phosphotransferase, v. 39	p. 137
2.7.8.10	CDP-choline-sphingosine cholinephosphotransferase, sphingosine cholinephosphotransferase, v. 39	p. 78
2.7.8.2	CDP-choline diglyceride phosphotransferase, diacylglycerol cholinephosphotransferase, v. 39	p. 14
2.7.7.15	CDP-choline pyrophosphorylase, choline-phosphate cytidylyltransferase, v. 38	p. 224
2.7.7.15	CDP-choline synthetase, choline-phosphate cytidylyltransferase, v. 38	p. 224
5.1.3.10	CDP-D-abequose 2-epimerase, CDP-paratose 2-epimerase, v. 1	p. 146
4.2.1.45	CDP-D-glucose-4,6-dehydratase, CDP-glucose 4,6-dehydratase, v. 4	p. 491
4.2.1.45	CDP-D-glucose 4,6-dehydratase, CDP-glucose 4,6-dehydratase, v. 4	p. 491
2.7.7.33	CDP-D-glucose synthase, glucose-1-phosphate cytidylyltransferase, v. 38	p. 378
2.7.7.41	CDP-DAG synthase, phosphatidate cytidylyltransferase, v. 38	p. 416
2.7.7.41	CDP-DG, phosphatidate cytidylyltransferase, v. 38	p. 416
2.7.8.11	CDP-DG:inositol transferase, CDP-diacylglycerol-inositol 3-phosphatidyltransferase, v. 39	p. 80
2.7.7.41	CDP-DG synthetase, phosphatidate cytidylyltransferase, v. 38	p. 416
2.7.8.11	CDP-diacylglacerol: myo-inositol 3-phosphatidyl-transferase, CDP-diacylglycerol-inositol 3-phosphatidyltransferase, v. 39	p. 80
2.7.7.41	CDP-diacylglyceride synthetase, phosphatidate cytidylyltransferase, v. 38	p. 416
2.7.8.11	CDP-diacylglycerol-inositol phosphatidyltransferase, CDP-diacylglycerol-inositol 3-phosphatidyltransferase, v. 39	p. 80
2.7.8.5	CDP-diacylglycerol-sn-glycerol-3-phosphate 3-phosphatidyltransferase, CDP-diacylglycerol-glycerol-3-phosphate 3-phosphatidyltransferase, v. 39	p. 39
2.7.8.5	CDP-diacylglycerol:glycerol-3-phosphate phosphatidyltransferase, CDP-diacylglycerol-glycerol-3-phosphate 3-phosphatidyltransferase, v. 39	p. 39
2.7.8.8	CDP-diacylglycerol:L-serine O-phosphatidyltransferase, CDP-diacylglycerol-serine O-phosphatidyltransferase, v. 39	p. 64
2.7.8.11	CDP-diacylglycerol:myo-inositol-3-phosphatidyltransferase, CDP-diacylglycerol-inositol 3-phosphatidyltransferase, v. 39	p. 80
2.7.8.5	CDP-diacylglycerol:sn-glycero-3-phosphate phosphatidyltransferase, CDP-diacylglycerol-glycerol-3-phosphate 3-phosphatidyltransferase, v. 39	p. 39
3.6.1.26	CDP-diacylglycerol phosphatidylhydrolase, CDP-diacylglycerol diphosphatase, v. 15	p. 419
2.7.7.41	CDP-diacylglycerol synthase, phosphatidate cytidylyltransferase, v. 38	p. 416
2.7.8.24	CDP-diglyceride-choline O-phosphatidyltransferase, phosphatidylcholine synthase, v. 39	p. 143
2.7.8.11	CDP-diglyceride-inositol phosphatidyltransferase, CDP-diacylglycerol-inositol 3-phosphatidyltransferase, v. 39	p. 80

CDPglycerol pyrophosphorylase

2.7.8.11	CDP-diglyceride-inositol transferase, CDP-diacylglycerol-inositol 3-phosphatidyltransferase, v.39	p. 80
2.7.8.8	CDP-diglyceride-L-serine phosphatidyltransferase, CDP-diacylglycerol-serine O-phosphatidyltransferase, v.39	p. 64
2.7.8.11	CDP-diglyceride:inositol transferase, CDP-diacylglycerol-inositol 3-phosphatidyltransferase, v.39	p. 80
2.7.8.8	CDP-diglyceride:L-serine phosphatidyltransferase, CDP-diacylglycerol-serine O-phosphatidyltransferase, v.39	p. 64
2.7.8.8	CDP-diglyceride:serine phosphatidyltransferase, CDP-diacylglycerol-serine O-phosphatidyltransferase, v.39	p. 64
3.6.1.26	CDP-diglyceride hydrolase, CDP-diacylglycerol diphosphatase, v.15	p. 419
2.7.7.41	CDP-diglyceride pyrophosphorylase, phosphatidate cytidylyltransferase, v.38	p. 416
2.7.7.41	CDP-diglyceride synthetase, phosphatidate cytidylyltransferase, v.38	p. 416
2.7.8.1	CDP-ethanolamine:diacylglycerol ethanolaminephosphotransferase, ethanolaminephosphotransferase, v.39	p. 1
2.7.8.1	CDP-ethanolamine diglyceride phosphotransferase, ethanolaminephosphotransferase, v.39	p. 1
2.7.7.33	CDP-glucose pyrophosphorylase, glucose-1-phosphate cytidylyltransferase, v.38	p. 378
2.7.7.39	CDP-glycerol pyrophosphorylase, glycerol-3-phosphate cytidylyltransferase, v.38	p. 404
2.7.1.148	CDP-ME kinase, 4-(cytidine 5'-diphospho)-2-C-methyl-D-erythritol kinase, v.37	p. 229
2.7.7.60	CDP-ME synthetase, 2-C-methyl-D-erythritol 4-phosphate cytidylyltransferase, v.38	p. 560
2.7.7.40	CDP-ribitol pyrophosphorylase, D-ribitol-5-phosphate cytidylyltransferase, v.38	p. 412
2.7.7.40	CDP-ribitol synthase, D-ribitol-5-phosphate cytidylyltransferase, v.38	p. 412
5.1.3.10	CDPabequose 2-epimerase, CDP-paratose 2-epimerase, v.1	p. 146
5.1.3.10	CDP abequose epimerase, CDP-paratose 2-epimerase, v.1	p. 146
3.6.1.6	CDPase, nucleoside-diphosphatase, v.15	p. 283
2.7.8.3	CDPcholine:ceramide cholinephosphotransferase, ceramide cholinephosphotransferase, v.39	p. 31
2.7.8.8	CDPdiacylglycerol-L-serine O-phosphatidyltransferase, CDP-diacylglycerol-serine O-phosphatidyltransferase, v.39	p. 64
2.7.8.8	CDPdiacylglycerol-serine O-phosphatidyltransferase, CDP-diacylglycerol-serine O-phosphatidyltransferase, v.39	p. 64
2.7.8.8	CDPdiacylglycerol:L-serine 3-O-phosphatidyltransferase, CDP-diacylglycerol-serine O-phosphatidyltransferase, v.39	p. 64
2.7.8.8	CDPdiacylglycerol:L-serine O-phosphatidyltransferase, CDP-diacylglycerol-serine O-phosphatidyltransferase, v.39	p. 64
3.6.1.26	CDP diacylglycerol hydrolase, CDP-diacylglycerol diphosphatase, v.15	p. 419
3.6.1.26	CDPdiacylglycerol pyrophosphatase, CDP-diacylglycerol diphosphatase, v.15	p. 419
2.7.8.24	CDPdiglyceride-choline O-phosphatidyltransferase, phosphatidylcholine synthase, v.39	p. 143
2.7.8.11	CDPdiglyceride-inositol phosphatidyltransferase, CDP-diacylglycerol-inositol 3-phosphatidyltransferase, v.39	p. 80
2.7.8.8	CDPdiglyceride-serine O-phosphatidyltransferase, CDP-diacylglycerol-serine O-phosphatidyltransferase, v.39	p. 64
2.7.7.41	CDPdiglyceride pyrophosphorylase, phosphatidate cytidylyltransferase, v.38	p. 416
2.7.8.4	CDPethanolamine:L-serine ethanolamine phosphotransferase, serine-phosphoethanolamine synthase, v.39	p. 35
2.7.7.33	CDPglucose pyrophosphorylase, glucose-1-phosphate cytidylyltransferase, v.38	p. 378
2.7.8.12	CDPglycerol:poly(glycerophosphate) glycerophosphotransferase, CDP-glycerol glycerophosphotransferase, v.39	p. 93
2.7.8.12	CDPglycerol glycerophosphotransferase, CDP-glycerol glycerophosphotransferase, v.39	p. 93
3.6.1.16	CDPglycerol pyrophosphatase, CDP-glycerol diphosphatase, v.15	p. 370
2.7.7.39	CDPglycerol pyrophosphorylase, glycerol-3-phosphate cytidylyltransferase, v.38	p. 404

2.7.11.17	CDPK, Ca2+/calmodulin-dependent protein kinase, v. S4	p. 1
2.7.11.1	CDPK, non-specific serine/threonine protein kinase, v. S3	p. 1
2.7.11.1	CDPK-related protein kinase, non-specific serine/threonine protein kinase, v. S3	p. 1
2.7.1.148	CDPMEK, 4-(cytidine 5'-diphospho)-2-C-methyl-D-erythritol kinase, v. 37	p. 229
5.1.3.10	CDP paratose epimerase, CDP-paratose 2-epimerase, v. 1	p. 146
4.1.99.3	CDP photolyase, deoxyribodipyrimidine photo-lyase, v. 4	p. 223
5.1.1.4	CdPRAC, Proline racemase, v. 1	p. 19
1.17.4.1	CDP reductase, ribonucleoside-diphosphate reductase, v. 27	p. 489
2.7.7.40	CDPribitol pyrophosphorylase, D-ribitol-5-phosphate cytidylyltransferase, v. 38	p. 412
2.7.7.48	3CD protein, RNA-directed RNA polymerase, v. 38	p. 468
1.1.1.225	CDR, chlordecone reductase, v. 18	p. 341
3.6.3.44	Cdr1p, xenobiotic-transporting ATPase, v. 15	p. 700
2.5.1.67	CDS, chrysanthemyl diphosphate synthase, v. S2	p. 218
1.8.1.4	CDS, dihydrolipoyl dehydrogenase, v. 24	p. 463
2.5.1.69	CDS, lavandulyl diphosphate synthase, v. S2	p. 227
2.7.7.41	CDS, phosphatidate cytidylyltransferase, v. 38	p. 416
4.2.1.91	CDT, arogenate dehydratase, v. 4	p. 649
3.1.1.4	Cdt PLA2, phospholipase A2, v. 9	p. 52
2.7.10.1	CDW136, receptor protein-tyrosine kinase, v. S2	p. 341
3.4.23.34	CE, Cathepsin E, v. 8	p. 153
3.1.1.1	CE, carboxylesterase, v. 9	p. 1
3.1.1.1	CE-2, carboxylesterase, v. 9	p. 1
5.1.3.11	CE-NE1, Cellobiose epimerase, v. 1	p. 148
2.4.1.122	Ce-T-synthase, glycoprotein-N-acetylgalactosamine 3-β-galactosyltransferase, v. 32	p. 174
4.1.2.13	CE1, Fructose-bisphosphate aldolase, v. 3	p. 455
3.1.1.1	CE1, carboxylesterase, v. 9	p. 1
4.1.2.13	CE2, Fructose-bisphosphate aldolase, v. 3	p. 455
3.1.1.1	CE2, carboxylesterase, v. 9	p. 1
3.1.1.1	CE21p, carboxylesterase, v. 9	p. 1
2.5.1.66	CEAS, N2-(2-carboxyethyl)arginine synthase, v. S2	p. 214
3.1.1.13	CEase, sterol esterase, v. 9	p. 150
3.1.1.13	N-CEase, sterol esterase, v. 9	p. 150
3.1.1.13	CEase ISF I, sterol esterase, v. 9	p. 150
3.1.1.13	CEase ISF II, sterol esterase, v. 9	p. 150
2.5.1.66	CEA synthetase, N2-(2-carboxyethyl)arginine synthase, v. S2	p. 214
5.2.1.8	CeCYP-16, Peptidylprolyl isomerase, v. 1	p. 218
2.3.1.175	cefG, deacetylcephalosporin-C acetyltransferase, v. S2	p. 77
3.5.2.6	cefotaximase, β-lactamase, v. 14	p. 683
2.4.1.214	CEFT-1, glycoprotein 3-α-L-fucosyltransferase, v. 32	p. 565
2.4.1.214	CEFT-2, glycoprotein 3-α-L-fucosyltransferase, v. 32	p. 565
2.4.1.152	CEFT-3, 4-galactosyl-N-acetylglucosaminide 3-α-L-fucosyltransferase, v. 32	p. 318
2.4.1.214	CEFT-3, glycoprotein 3-α-L-fucosyltransferase, v. 32	p. 565
2.4.1.152	CEFT-4, 4-galactosyl-N-acetylglucosaminide 3-α-L-fucosyltransferase, v. 32	p. 318
2.4.1.214	CEFT-4, glycoprotein 3 α L-fucosyltransferase, v. 32	p. 565
2.4.1.214	CEFT-5, glycoprotein 3-α-L-fucosyltransferase, v. 32	p. 565
3.5.2.6	ceftazidimase, β-lactamase, v. 14	p. 683
3.5.2.6	cefurooximase, β-lactamase, v. 14	p. 683
3.5.2.6	Cefuroximase, β-lactamase, v. 14	p. 683
2.7.7.50	Ceg1, mRNA guanylyltransferase, v. 38	p. 509
3.1.1.1	CEH, carboxylesterase, v. 9	p. 1
3.3.2.10	CEH, soluble epoxide hydrolase, v. S5	p. 228
3.1.1.13	CEH, sterol esterase, v. 9	p. 150
3.3.2.11	CEHase, cholesterol-5,6-oxide hydrolase, v. S5	p. 280
3.1.1.13	CE hydrolase, sterol esterase, v. 9	p. 150
2.7.10.1	CEK4, receptor protein-tyrosine kinase, v. S2	p. 341

2.7.10.1	Cek5, receptor protein-tyrosine kinase, v. S2	p. 341
3.2.1.4	CEL1, cellulase, v. 12	p. 88
3.2.1.4	Cel12A, cellulase, v. 12	p. 88
3.2.1.4	Cel1 EGase, cellulase, v. 12	p. 88
3.2.1.21	Cel3A, β-glucosidase, v. 12	p. 299
3.2.1.21	Cel3b, β-glucosidase, v. 12	p. 299
3.2.1.4	Cel44A, cellulase, v. 12	p. 88
3.2.1.4	Cel45A, cellulase, v. 12	p. 88
3.2.1.74	Cel48A, glucan 1,4-β-glucosidase, v. 13	p. 235
3.2.1.91	Cel48C, cellulose 1,4-β-cellobiosidase, v. 13	p. 325
3.2.1.4	Cel5, cellulase, v. 12	p. 88
3.2.1.4	Cel5A, cellulase, v. 12	p. 88
3.2.1.91	Cel5A, cellulose 1,4-β-cellobiosidase, v. 13	p. 325
3.2.1.91	Cel6A, cellulose 1,4-β-cellobiosidase, v. 13	p. 325
3.2.1.4	Cel6A (E2), cellulase, v. 12	p. 88
3.2.1.91	Cel6B, cellulose 1,4-β-cellobiosidase, v. 13	p. 325
3.2.1.4	CEL7, cellulase, v. 12	p. 88
3.2.1.151	Cel74A, xyloglucan-specific endo-β-1,4-glucanase, v. S5	p. 132
3.2.1.155	Cel74A, xyloglucan-specific exo-β-1,4-glucanase, v. S5	p. 157
3.2.1.4	Cel7A, cellulase, v. 12	p. 88
3.2.1.91	Cel7A, cellulose 1,4-β-cellobiosidase, v. 13	p. 325
3.2.1.4	Cel7B, cellulase, v. 12	p. 88
3.2.1.91	Cel7B, cellulose 1,4-β-cellobiosidase, v. 13	p. 325
3.2.1.91	Cel7D, cellulose 1,4-β-cellobiosidase, v. 13	p. 325
3.2.1.4	Cel8A, cellulase, v. 12	p. 88
3.2.1.132	Cel8A, chitosanase, v. 13	p. 529
3.2.1.4	Cel8Y, cellulase, v. 12	p. 88
3.2.1.4	Cel9A, cellulase, v. 12	p. 88
3.2.1.4	CEL9A-50, cellulase, v. 12	p. 88
3.2.1.4	CEL9A-65, cellulase, v. 12	p. 88
3.2.1.4	Cel9A-68, cellulase, v. 12	p. 88
3.2.1.4	CEL9A-82, cellulase, v. 12	p. 88
3.2.1.4	Cel9A-90, cellulase, v. 12	p. 88
3.2.1.91	Cel9B, cellulose 1,4-β-cellobiosidase, v. 13	p. 325
3.2.1.4	CEL9C1, cellulase, v. 12	p. 88
3.2.1.4	Cel9M, cellulase, v. 12	p. 88
3.2.1.91	CelAB, cellulose 1,4-β-cellobiosidase, v. 13	p. 325
3.2.1.21	CelB, β-glucosidase, v. 12	p. 299
3.2.1.4	CelC2 cellulase, cellulase, v. 12	p. 88
3.2.1.4	CelDR, cellulase, v. 12	p. 88
3.2.1.4	CelE, cellulase, v. 12	p. 88
3.6.4.4	CELF56E3, plus-end-directed kinesin ATPase, v. 15	p. 778
3.2.1.4	CelG, cellulase, v. 12	p. 88
3.2.1.4	CelG endoglucanase, cellulase, v. 12	p. 88
3.1.30.1	CEL I, Aspergillus nuclease S1, v. 11	p. 610
3.2.1.4	cell-bound bacterial cellulase, cellulase, v. 12	p. 88
3.4.21.96	cell-bound cell envelope proteinase, Lactocepin, v. 7	p. 460
3.4.21.96	Cell-envelope-located serine proteinase, Lactocepin, v. 7	p. 460
3.4.21.96	Cell-envelope proteinase, Lactocepin, v. 7	p. 460
2.7.10.2	T-cell-specific kinase, non-specific protein-tyrosine kinase, v. S2	p. 441
2.7.10.1	T-cell-specific kinase, receptor protein-tyrosine kinase, v. S2	p. 341
2.7.10.2	cell-surface receptor daf-1, non-specific protein-tyrosine kinase, v. S2	p. 441
2.7.10.2	cell-surface receptor daf-4, non-specific protein-tyrosine kinase, v. S2	p. 441
3.4.21.96	Cell-wall-bound proteinase, Lactocepin, v. 7	p. 460
3.2.1.26	cell-wall invertase, β-fructofuranosidase, v. 12	p. 451

3.2.1.26	cell-wall invertase 1, β-fructofuranosidase, v. 12 | p. 451
2.7.10.2	B-cell/myeloid kinase, non-specific protein-tyrosine kinase, v. S2 | p. 441
3.4.14.5	T-cell activation antigen CD26, dipeptidyl-peptidase IV, v. 6 | p. 286
2.7.10.1	Cell adhesion kinase, receptor protein-tyrosine kinase, v. S2 | p. 341
2.7.10.2	Cell adhesion kinase β, non-specific protein-tyrosine kinase, v. S2 | p. 441
1.6.5.3	Cell adhesion protein SQM1, NADH dehydrogenase (ubiquinone), v. 24 | p. 106
2.4.99.1	B-cell antigen CD75, β-galactoside α-2,6-sialyltransferase, v. 33 | p. 314
3.4.21.78	T-cell associated protease 1, Granzyme A, v. 7 | p. 388
2.1.1.72	cell cycle-regulated methyltransferase, site-specific DNA-methyltransferase (adenine-specific), v. 28 | p. 390
2.7.11.21	cell cycle protein kinase CDC5/MSD2, polo kinase, v. S4 | p. 134
2.7.11.1	cell cycle protein kinase DBF2, non-specific serine/threonine protein kinase, v. S3 | p. 1
2.7.11.1	cell cycle protein kinase hsk1, non-specific serine/threonine protein kinase, v. S3 | p. 1
2.7.11.1	cell cycle protein kinase spo4, non-specific serine/threonine protein kinase, v. S3 | p. 1
1.6.5.3	Cell death-regulatory protein GRIM-19, NADH dehydrogenase (ubiquinone), v. 24 | p. 106
3.4.21.78	T-cell derived serine proteinase 1, Granzyme A, v. 7 | p. 388
2.7.11.1	cell division control protein 15, non-specific serine/threonine protein kinase, v. S3 | p. 1
2.7.11.22	cell division control protein 2, cyclin-dependent kinase, v. S4 | p. 156
2.7.11.22	cell division control protein 28, cyclin-dependent kinase, v. S4 | p. 156
2.7.11.22	cell division control protein 2 cognate, cyclin-dependent kinase, v. S4 | p. 156
2.7.11.22	cell division control protein 2 homolog, cyclin-dependent kinase, v. S4 | p. 156
2.7.11.22	cell division control protein 2 homolog 1, cyclin-dependent kinase, v. S4 | p. 156
2.7.11.22	cell division control protein 2 homolog 2, cyclin-dependent kinase, v. S4 | p. 156
2.7.11.22	cell division control protein 2 homolog 3, cyclin-dependent kinase, v. S4 | p. 156
2.7.11.22	cell division control protein 2 homolog A, cyclin-dependent kinase, v. S4 | p. 156
2.7.11.22	cell division control protein 2 homolog B, cyclin-dependent kinase, v. S4 | p. 156
2.7.11.22	cell division control protein 2 homolog C, cyclin-dependent kinase, v. S4 | p. 156
2.7.11.22	cell division control protein 2 homolog D, cyclin-dependent kinase, v. S4 | p. 156
6.3.2.19	Cell division control protein 34, Ubiquitin-protein ligase, v. 2 | p. 506
2.7.11.24	cell division control protein 7, mitogen-activated protein kinase, v. S4 | p. 233
2.7.12.2	cell division control protein 7, mitogen-activated protein kinase kinase, v. S4 | p. 392
2.7.11.1	cell division control protein 7, non-specific serine/threonine protein kinase, v. S3 | p. 1
2.3.1.97	cell division control protein 72, glycylpeptide N-tetradecanoyltransferase, v. 30 | p. 193
2.7.11.1	Cell division cycle 2-like, non-specific serine/threonine protein kinase, v. S3 | p. 1
2.7.11.22	cell division cycle 2-related protein kinase 7, cyclin-dependent kinase, v. S4 | p. 156
2.7.11.1	cell division cycle 7-related protein kinase, non-specific serine/threonine protein kinase, v. S3 | p. 1
2.7.11.22	cell division protein kinase 10, cyclin-dependent kinase, v. S4 | p. 156
2.7.11.22	cell division protein kinase 2, cyclin-dependent kinase, v. S4 | p. 156
2.7.11.22	cell division protein kinase 2 homolog, cyclin-dependent kinase, v. S4 | p. 156
2.7.11.22	cell division protein kinase 2 homolog CRK1, cyclin-dependent kinase, v. S4 | p. 156
2.7.11.22	cell division protein kinase 3, cyclin-dependent kinase, v. S4 | p. 156
2.7.11.22	cell division protein kinase 4, cyclin-dependent kinase, v. S4 | p. 156
2.7.11.22	cell division protein kinase 5, cyclin-dependent kinase, v. S4 | p. 156
2.7.11.22	cell division protein kinase 5 homolog, cyclin-dependent kinase, v. S4 | p. 156
2.7.11.22	cell division protein kinase 6, cyclin-dependent kinase, v. S4 | p. 156
2.7.11.22	cell division protein kinase 7, cyclin-dependent kinase, v. S4 | p. 156
2.7.11.22	cell division protein kinase 9, cyclin-dependent kinase, v. S4 | p. 156
3.4.21.96	cell envelope associated proteinase, Lactocepin, v. 7 | p. 460
3.4.24.30	cell envelope protein, coccolysin, v. 8 | p. 383
3.4.21.96	cell envelope proteinase, Lactocepin, v. 7 | p. 460
3.2.1.21	T-cell inhibitor, β-glucosidase, v. 12 | p. 299
3.2.1.21	cellobiase, β-glucosidase, v. 12 | p. 299
3.2.1.74	cellobiase, glucan 1,4-β-glucosidase, v. 13 | p. 235
3.2.1.91	1,4-β-cellobiohydrolase, cellulose 1,4-β-cellobiosidase, v. 13 | p. 325

3.2.1.4	cellobiohydrolase, cellulase, v. 12 | p. 88	
3.2.1.91	cellobiohydrolase, cellulose 1,4-β-cellobiosidase, v. 13 | p. 325	
3.2.1.74	cellobiohydrolase, glucan 1,4-β-glucosidase, v. 13 | p. 235	
3.2.1.150	cellobiohydrolase, oligoxyloglucan reducing-end-specific cellobiohydrolase, v. S5 | p. 128	
3.2.1.91	cellobiohydrolase, exo-, cellulose 1,4-β-cellobiosidase, v. 13 | p. 325	
3.2.1.150	cellobiohydrolase, exo-, oligoxyloglucan reducing-end-specific cellobiohydrolase, v. S5 | p. 128	
3.2.1.91	cellobiohydrolase 1, cellulose 1,4-β-cellobiosidase, v. 13 | p. 325	
3.2.1.91	cellobiohydrolase 9A, cellulose 1,4-β-cellobiosidase, v. 13 | p. 325	
3.2.1.91	cellobiohydrolase A, cellulose 1,4-β-cellobiosidase, v. 13 | p. 325	
3.2.1.91	cellobiohydrolase I, cellulose 1,4-β-cellobiosidase, v. 13 | p. 325	
3.2.1.150	cellobiohydrolase I, oligoxyloglucan reducing-end-specific cellobiohydrolase, v. S5 | p. 128	
3.2.1.91	cellobiohydrolase I-I, cellulose 1,4-β-cellobiosidase, v. 13 | p. 325	
3.2.1.91	cellobiohydrolase I-II, cellulose 1,4-β-cellobiosidase, v. 13 | p. 325	
3.2.1.91	cellobiohydrolase II, cellulose 1,4-β-cellobiosidase, v. 13 | p. 325	
3.2.1.150	cellobiohydrolase II, oligoxyloglucan reducing-end-specific cellobiohydrolase, v. S5 | p. 128	
3.2.1.91	cellobiohydrolase II-I, cellulose 1,4-β-cellobiosidase, v. 13 | p. 325	
3.2.1.150	β-1,4-cellobiopyranosidase, oligoxyloglucan reducing-end-specific cellobiohydrolase, v. S5 | p. 128	
3.2.1.86	Cellobiose-6-phosphate hydrolase, 6-phospho-β-glucosidase, v. 13 | p. 309	
1.1.99.18	Cellobiose-quinone oxidoreductase, cellobiose dehydrogenase (acceptor), v. 19 | p. 377	
5.1.3.11	cellobiose 2-epimerase, Cellobiose epimerase, v. 1 | p. 148	
1.1.99.18	cellobiose:(acceptor) 1-oxidoreductase, cellobiose dehydrogenase (acceptor), v. 19 | p. 377	
2.4.1.20	cellobiose:orthophosphate α-D-glucosyltransferase, cellobiose phosphorylase, v. 31 | p. 242	
1.1.99.18	cellobiose:quinone oxidoreductase, cellobiose dehydrogenase (acceptor), v. 19 | p. 377	
1.1.99.18	cellobiose dehydrogenase, cellobiose dehydrogenase (acceptor), v. 19 | p. 377	
1.1.99.18	cellobiose oxidase, cellobiose dehydrogenase (acceptor), v. 19 | p. 377	
1.1.99.18	cellobiose oxidoreductase, cellobiose dehydrogenase (acceptor), v. 19 | p. 377	
3.2.1.150	β-1,4-cellobiosidase, oligoxyloglucan reducing-end-specific cellobiohydrolase, v. S5 | p. 128	
3.2.1.150	β-D-cellobiosidase, oligoxyloglucan reducing-end-specific cellobiohydrolase, v. S5 | p. 128	
3.2.1.91	cellobiosidase, cellulose 1,4-β-cellobiosidase, v. 13 | p. 325	
3.2.1.150	cellobiosidase, oligoxyloglucan reducing-end-specific cellobiohydrolase, v. S5 | p. 128	
3.2.1.91	cellobiosidase, 1,4-β-glucan, cellulose 1,4-β-cellobiosidase, v. 13 | p. 325	
3.2.1.150	cellobiosidase, 1,4-β-glucan, oligoxyloglucan reducing-end-specific cellobiohydrolase, v. S5 | p. 128	
3.1.3.48	T-cell protein-tyrosine phosphatase, protein-tyrosine-phosphatase, v. 10 | p. 407	
2.8.2.33	B-cell RAG associated protein, N-acetylgalactosamine 4-sulfate 6-O-sulfotransferase, v. S4 | p. 489	
1.13.11.27	T-cell reactive protein, 4-hydroxyphenylpyruvate dioxygenase, v. 25 | p. 546	
3.4.21.79	T-cell serine protease 1-3E, Granzyme B, v. 7 | p. 393	
3.5.4.5	B-cell specific AID, cytidine deaminase, v. 15 | p. 42	
3.4.24.36	Cell surface protease, leishmanolysin, v. 8 | p. 408	
2.4.2.31	T-cell surface protein Rt6.1, NAD+-protein-arginine ADP-ribosyltransferase, v. 33 | p. 272	
2.4.2.31	T-cell surface protein Rt6.2, NAD+-protein-arginine ADP-ribosyltransferase, v. 33 | p. 272	
3.2.1.4	celluase A, cellulase, v. 12 | p. 88	
3.2.1.4	Celluclast, cellulase, v. 12 | p. 88	
3.2.1.91	Celluclast, cellulose 1,4-β-cellobiosidase, v. 13 | p. 325	
3.2.1.91	Celluclast 1.5, cellulose 1,4-β-cellobiosidase, v. 13 | p. 325	
3.2.1.4	celludextrinase, cellulase, v. 12 | p. 88	
6.3.2.19	cellular elongin-cullin-SOCS-box ubiquitin ligase, Ubiquitin-protein ligase, v. 2 | p. 506	
2.7.10.2	cellular form of the transforming agent of Rous sarcoma virus, non-specific protein-tyrosine kinase, v. S2 | p. 441	
1.11.1.9	Cellular glutathione peroxidase, glutathione peroxidase, v. 25 | p. 233	
3.4.21.73	Cellular plasminogen activator, u-Plasminogen activator, v. 7 | p. 357	
5.3.4.1	Cellular thyroid hormone binding protein, Protein disulfide-isomerase, v. 1 | p. 436	

193

9.5 cellulase

3.2.1.4	9.5 cellulase, cellulase, v. 12 | p. 88
3.2.1.4	Cellulase, cellulase, v. 12 | p. 88
3.2.1.91	Cellulase, cellulose 1,4-β-cellobiosidase, v. 13 | p. 325
3.2.1.74	Cellulase, glucan 1,4-β-glucosidase, v. 13 | p. 235
5.4.99.15	Cellulase (Arthrobacter strain Q36 clone pBMT13 trehalose oligosaccharide-forming), (1->4)-α-D-Glucan 1-α-D-glucosylmutase, v. 1 | p. 652
5.4.99.15	Cellulase (Rhizobium strain M11 clone pBMT7 trehalose oligosaccharide-forming), (1->4)-α-D-Glucan 1-α-D-glucosylmutase, v. 1 | p. 652
3.2.1.91	cellulase, C1, cellulose 1,4-β-cellobiosidase, v. 13 | p. 325
3.2.1.150	cellulase, C1, oligoxyloglucan reducing-end-specific cellobiohydrolase, v. S5 | p. 128
3.2.1.4	cellulase A 3, cellulase, v. 12 | p. 88
3.2.1.4	cellulase Cel48F, cellulase, v. 12 | p. 88
3.2.1.4	cellulase Cel9A, cellulase, v. 12 | p. 88
3.2.1.4	cellulase Cel9M, cellulase, v. 12 | p. 88
3.2.1.4	cellulase CelC2, cellulase, v. 12 | p. 88
3.2.1.4	cellulase CelE, cellulase, v. 12 | p. 88
3.2.1.4	Cellulase E1, cellulase, v. 12 | p. 88
3.2.1.4	Cellulase E2, cellulase, v. 12 | p. 88
3.2.1.4	Cellulase E4, cellulase, v. 12 | p. 88
3.2.1.4	Cellulase E5, cellulase, v. 12 | p. 88
3.2.1.4	cellulase EGX, cellulase, v. 12 | p. 88
3.2.1.4	cellulase III, cellulase, v. 12 | p. 88
3.2.1.4	cellulase K, cellulase, v. 12 | p. 88
3.2.1.4	Cellulase SS, cellulase, v. 12 | p. 88
3.2.1.4	cellulase T, cellulase, v. 12 | p. 88
3.2.1.4	Cellulase V1, cellulase, v. 12 | p. 88
3.2.1.4	cellulase Xf818, cellulase, v. 12 | p. 88
3.4.21.1	cellulomonadin, chymotrypsin, v. 7 | p. 1
3.2.1.150	cellulose 1,4-β-cellobiosidase, oligoxyloglucan reducing-end-specific cellobiohydrolase, v. S5 | p. 128
3.1.6.7	cellulose polysulphatase, cellulose-polysulfatase, v. 11 | p. 279
2.4.1.12	cellulose syntethase, cellulose synthase (UDP-forming), v. 31 | p. 107
2.4.1.29	cellulose synthase (GDP-forming), cellulose synthase (GDP-forming), v. 31 | p. 300
2.4.1.29	cellulose synthase (guanosine diphosphate-forming), cellulose synthase (GDP-forming), v. 31 | p. 300
2.4.1.12	cellulose synthase (UDP-forming), cellulose synthase (UDP-forming), v. 31 | p. 107
2.4.1.12	cellulose synthase (uridine diphosphate-forming), cellulose synthase (UDP-forming), v. 31 | p. 107
2.4.1.12	cellulose synthase A1, cellulose synthase (UDP-forming), v. 31 | p. 107
2.4.1.29	cellulose synthetase, cellulose synthase (GDP-forming), v. 31 | p. 300
3.2.1.4	cellulosin AP, cellulase, v. 12 | p. 88
3.1.1.73	cellulosome multi-enzyme complex, feruloyl esterase, v. 9 | p. 414
3.1.1.73	cellulosome xylanase Z feruloyl esterase, feruloyl esterase, v. 9 | p. 414
3.2.1.4	Cellulysin, cellulase, v. 12 | p. 88
3.4.24.30	cell wall-anchored proteinase, coccolysin, v. 8 | p. 383
3.4.21.96	Cell wall-associated serine proteinase, Lactocepin, v. 7 | p. 460
3.2.1.26	cell wall-bound invertase, β-fructofuranosidase, v. 12 | p. 451
3.4.21.96	cell wall anchored proteinase, Lactocepin, v. 7 | p. 460
3.5.1.28	Cell wall hydrolase, N-acetylmuramoyl-L-alanine amidase, v. 14 | p. 396
3.4.24.38	cell wall lytic enzyme, gametolysin, v. 8 | p. 416
3.2.1.91	CelO, cellulose 1,4-β-cellobiosidase, v. 13 | p. 325
3.2.1.4	celS, cellulase, v. 12 | p. 88
3.1.26.11	CelTrz, tRNase Z, v. S5 | p. 105
1.5.1.24	CEOS, N5-(carboxyethyl)ornithine synthase, v. 23 | p. 198
3.4.21.96	CEP, Lactocepin, v. 7 | p. 460

194

3.4.24.30	CEP, coccolysin, v. 8 | p. 383	
2.4.1.5	CEP, dextransucrase, v. 31 | p. 49	
3.1.1.41	cephalosporin-C acetylhydrolase, cephalosporin-C deacetylase, v. 9 | p. 291	
3.1.1.41	cephalosporin-C deacetylase, cephalosporin-C deacetylase, v. 9 | p. 291	
3.1.1.41	cephalosporin acetylesterase, cephalosporin-C deacetylase, v. 9 | p. 291	
3.5.1.93	cephalosporin acylase, glutaryl-7-aminocephalosporanic-acid acylase, v. S6 | p. 386	
3.5.2.6	Cephalosporinase, β-lactamase, v. 14 | p. 683	
3.1.1.41	cephalosporin C acetylase, cephalosporin-C deacetylase, v. 9 | p. 291	
3.1.1.41	cephalosporin C acetyl esterase, cephalosporin-C deacetylase, v. 9 | p. 291	
3.1.1.41	cephalosporin C acetylesterase, cephalosporin-C deacetylase, v. 9 | p. 291	
3.1.1.41	cephalosporin C acetylhydrolase, cephalosporin-C deacetylase, v. 9 | p. 291	
3.5.1.93	cephalosporin C acylase, glutaryl-7-aminocephalosporanic-acid acylase, v. S6 | p. 386	
3.1.1.41	cephalosporin C deacetylase, cephalosporin-C deacetylase, v. 9 | p. 291	
3.1.1.41	cephalosporin C esterase, cephalosporin-C deacetylase, v. 9 | p. 291	
1.14.11.2	CePHY-1/PHY-2/PDI2, procollagen-proline dioxygenase, v. 26 | p. 9	
3.6.3.8	CePMR-1, Ca2+-transporting ATPase, v. 15 | p. 566	
3.1.3.16	CePPEF, phosphoprotein phosphatase, v. 10 | p. 213	
2.7.8.2	CEPT, diacylglycerol cholinephosphotransferase, v. 39 | p. 14	
2.7.8.1	CEPT1, ethanolaminephosphotransferase, v. 39 | p. 1	
3.5.1.23	CER2, ceramidase, v. 14 | p. 367	
3.1.14.1	CER7, yeast ribonuclease, v. 11 | p. 412	
3.2.1.123	ceramidase, endoglycosyl-, endoglycosylceramidase, v. 13 | p. 501	
3.2.1.46	ceramidase, galacatosyl-, galactosylceramidase, v. 12 | p. 625	
3.2.1.47	ceramidase, galactosylgalactosylglucosyl-, galactosylgalactosylglucosylceramidase, v. 12 | p. 632	
3.2.1.45	ceramidase, glucosyl-, glucosylceramidase, v. 12 | p. 614	
3.1.4.12	ceramide-phosphocholine phosphodiesterase, sphingomyelin phosphodiesterase, v. 11 | p. 86	
2.4.1.80	ceramide:UDP-glucose glucosyltransferase, ceramide glucosyltransferase, v. 31 | p. 572	
2.4.1.80	ceramide:UDPGlc glucosyltransferase, ceramide glucosyltransferase, v. 31 | p. 572	
3.2.1.46	ceramide galactosidase, galactosylceramidase, v. 12 | p. 625	
2.4.1.62	ceramide galactosyltransferase, ganglioside galactosyltransferase, v. 31 | p. 471	
3.2.1.45	ceramide glucosidase, glucosylceramidase, v. 12 | p. 614	
3.2.1.123	ceramide glycanase, endoglycosylceramidase, v. 13 | p. 501	
2.3.1.24	ceramide synthase, sphingosine N-acyltransferase, v. 29 | p. 455	
2.3.1.24	ceramide synthetase, sphingosine N-acyltransferase, v. 29 | p. 455	
3.2.1.47	ceramide trihexosidase, galactosylgalactosylglucosylceramidase, v. 12 | p. 632	
3.2.1.47	ceramidetrihexosidase, galactosylgalactosylglucosylceramidase, v. 12 | p. 632	
3.2.1.47	ceramidetrihexoside-α-galactosidase, galactosylgalactosylglucosylceramidase, v. 12 | p. 632	
3.1.27.5	Ceratitis capitata alkaline ribonuclease, pancreatic ribonuclease, v. 11 | p. 584	
3.4.16.6	cereal serine carboxypeptidase II, carboxypeptidase D, v. 6 | p. 397	
3.2.1.62	cerebrosidase, glycosylceramidase, v. 13 | p. 168	
3.2.1.46	cerebroside β-galactosidase, galactosylceramidase, v. 12 | p. 625	
3.2.1.45	cerebroside β-glucosidase, glucosylceramidase, v. 12 | p. 614	
3.1.6.8	Cerebroside-sulfatase, cerebroside-sulfatase, v. 11 | p. 281	
3.2.1.46	cerebroside galactosidase, galactosylceramidase, v. 12 | p. 625	
3.1.6.8	cerebroside sulfatase, cerebroside-sulfatase, v. 11 | p. 281	
3.1.6.8	cerebroside sulfate sulfatase, cerebroside-sulfatase, v. 11 | p. 281	
2.8.2.11	cerebroside sulfotransferase, galactosylceramide sulfotransferase, v. 39 | p. 367	
2.4.1.45	cerebroside synthase, 2-hydroxyacylsphingosine 1-β-galactosyltransferase, v. 31 | p. 415	
2.4.1.80	cerebroside synthase, ceramide glucosyltransferase, v. 31 | p. 572	
3.2.1.45	Ceredase, glucosylceramidase, v. 12 | p. 614	
3.2.1.45	Cerezyme, glucosylceramidase, v. 12 | p. 614	
2.7.1.138	CERK, ceramide kinase, v. 37 | p. 192	
1.16.3.1	ceruloplasmin, ferroxidase, v. 27 | p. 466	

3.1.1.1	CES, carboxylesterase, v. 9 | p. 1	
3.1.1.1	CES-2, carboxylesterase, v. 9 | p. 1	
3.1.1.1	CES1, carboxylesterase, v. 9 | p. 1	
3.1.1.1	CES1A, carboxylesterase, v. 9 | p. 1	
3.1.1.1	CES1A1, carboxylesterase, v. 9 | p. 1	
3.1.1.1	CES1A2, carboxylesterase, v. 9 | p. 1	
3.1.1.1	CES2, carboxylesterase, v. 9 | p. 1	
3.1.1.1	Ces3-1, carboxylesterase, v. 9 | p. 1	
2.4.1.12	Ces A, cellulose synthase (UDP-forming), v. 31 | p. 107	
2.4.1.12	CesA, cellulose synthase (UDP-forming), v. 31 | p. 107	
2.4.1.12	CESA3, cellulose synthase (UDP-forming), v. 31 | p. 107	
2.4.1.12	CESA6, cellulose synthase (UDP-forming), v. 31 | p. 107	
1.8.1.9	CeTR2, thioredoxin-disulfide reductase, v. 24 | p. 517	
3.2.1.91	Cex, cellulose 1,4-β-cellobiosidase, v. 13 | p. 325	
3.2.1.74	Cex, glucan 1,4-β-glucosidase, v. 13 | p. 235	
4.2.1.24	CF-2, porphobilinogen synthase, v. 4 | p. 399	
3.2.1.14	CF-AG, chitinase, v. 12 | p. 185	
3.2.1.14	CF-antigen, chitinase, v. 12 | p. 185	
6.3.1.9	Cf-TS, Trypanothione synthase, v. 2 | p. 391	
3.4.22.41	cf1, cathepsin F, v. 7 | p. 732	
2.1.1.79	cfaB, cyclopropane-fatty-acyl-phospholipid synthase, v. 28 | p. 427	
1.14.13.26	CFAH12, phosphatidylcholine 12-monooxygenase, v. 26 | p. 375	
2.1.1.79	CFAS, cyclopropane-fatty-acyl-phospholipid synthase, v. 28 | p. 427	
2.1.1.79	CFA synthase, cyclopropane-fatty-acyl-phospholipid synthase, v. 28 | p. 427	
3.1.3.11	CFBPase, fructose-bisphosphatase, v. 10 | p. 167	
3.2.1.4	CfEG3a, cellulase, v. 12 | p. 88	
6.4.1.7	CFI, 2-oxoglutarate carboxylase, v. S7 | p. 662	
3.2.1.17	CFL, lysozyme, v. 12 | p. 228	
3.1.21.4	Cfr10I, type II site-specific deoxyribonuclease, v. 11 | p. 454	
3.1.21.4	Cfr10I, type II site-specific deoxyribonuclease, v. 11 | p. 454	
3.1.21.3	CfrAI, type I site-specific deoxyribonuclease, v. 11 | p. 448	
3.1.21.4	CfrBI, type II site-specific deoxyribonuclease, v. 11 | p. 454	
3.1.21.4	CfrI, type II site-specific deoxyribonuclease, v. 11 | p. 454	
3.6.3.49	CFTR, channel-conductance-controlling ATPase, v. 15 | p. 731	
3.6.3.49	CFTR Cl- channel, channel-conductance-controlling ATPase, v. 15 | p. 731	
2.4.1.11	Cg-GYS, glycogen(starch) synthase, v. 31 | p. 92	
3.1.4.35	cG-PDE, 3',5'-cyclic-GMP phosphodiesterase, v. 11 | p. 153	
6.2.1.5	CG11963, Succinate-CoA ligase (ADP-forming), v. 2 | p. 224	
1.13.11.11	CG5163, tryptophan 2,3-dioxygenase, v. 25 | p. 457	
6.2.1.3	CG6178, Long-chain-fatty-acid-CoA ligase, v. 2 | p. 206	
2.4.1.45	CGalT, 2-hydroxyacylsphingosine 1-β-galactosyltransferase, v. 31 | p. 415	
3.1.4.17	CGB-PDE, 3',5'-cyclic-nucleotide phosphodiesterase, v. 11 | p. 116	
3.2.1.14	CGCHI3, chitinase, v. 12 | p. 185	
1.1.1.8	CgGPD, glycerol-3-phosphate dehydrogenase (NAD+), v. 16 | p. 120	
3.5.1.24	CGH, choloylglycine hydrolase, v. 14 | p. 373	
3.5.1.68	β-CGHE, N-formylglutamate deformylase, v. 14 | p. 548	
3.2.1.21	CGHII, β-glucosidase, v. 12 | p. 299	
3.6.3.14	CGI-11, H+-transporting two-sector ATPase, v. 15 | p. 598	
5.2.1.8	CGI-124, Peptidylprolyl isomerase, v. 1 | p. 218	
4.1.2.4	CGI-26, Deoxyribose-phosphate aldolase, v. 3 | p. 417	
1.6.5.3	CGI-39, NADH dehydrogenase (ubiquinone), v. 24 | p. 106	
2.3.1.51	cgi-58 protein, 1-acylglycerol-3-phosphate O-acyltransferase, v. 29 | p. 670	
3.4.19.12	CGI-70, ubiquitinyl hydrolase 1, v. 6 | p. 575	
1.1.1.42	CgIDH, isocitrate dehydrogenase (NADP+), v. 16 | p. 402	
3.1.4.17	CGIP1, 3',5'-cyclic-nucleotide phosphodiesterase, v. 11 | p. 116	

3.1.4.17	CGIPDE1, 3',5'-cyclic-nucleotide phosphodiesterase, v. 11 | p. 116
2.7.11.12	CGK, cGMP-dependent protein kinase, v. S3 | p. 288
2.7.11.12	cGK-II, cGMP-dependent protein kinase, v. S3 | p. 288
2.7.11.12	CGK 1 α, cGMP-dependent protein kinase, v. S3 | p. 288
2.7.11.12	CGK 1 β, cGMP-dependent protein kinase, v. S3 | p. 288
2.7.11.12	cGK I, cGMP-dependent protein kinase, v. S3 | p. 288
2.7.11.12	cGKI, cGMP-dependent protein kinase, v. S3 | p. 288
2.7.11.12	cGKI α, cGMP-dependent protein kinase, v. S3 | p. 288
2.7.11.12	cGKI β, cGMP-dependent protein kinase, v. S3 | p. 288
2.7.11.12	cGKIβ, cGMP-dependent protein kinase, v. S3 | p. 288
2.7.11.12	CGKI-α, cGMP-dependent protein kinase, v. S3 | p. 288
2.7.11.12	cGKI-β, cGMP-dependent protein kinase, v. S3 | p. 288
2.7.11.12	cGK II, cGMP-dependent protein kinase, v. S3 | p. 288
2.7.11.12	cGKII, cGMP-dependent protein kinase, v. S3 | p. 288
4.4.1.1	cgl, cystathionine γ-lyase, v. 5 | p. 297
3.2.1.162	CglA, lambda-carrageenase, v. S5 | p. 183
3.2.1.162	CglA hydrolase, lambda-carrageenase, v. S5 | p. 183
4.4.1.1	CGL like protein, cystathionine γ-lyase, v. 5 | p. 297
3.1.2.6	cGloII, hydroxyacylglutathione hydrolase, v. 9 | p. 486
3.1.4.35	cGMP-binding cGMP-specific PDE, 3',5'-cyclic-GMP phosphodiesterase, v. 11 | p. 153
3.1.4.35	cGMP-binding cGMP-specific phosphodiesterase, 3',5'-cyclic-GMP phosphodiesterase, v. 11 | p. 153
3.1.4.17	cGMP-binding cGMP-specific phosphodiesterase, 3',5'-cyclic-nucleotide phosphodiesterase, v. 11 | p. 116
3.1.4.35	cGMP-binding cGMP specific phosphodiesterase, 3',5'-cyclic-GMP phosphodiesterase, v. 11 | p. 153
2.7.11.12	cGMP-dependent protein kinase, cGMP-dependent protein kinase, v. S3 | p. 288
2.7.11.12	cGMP-dependent protein kinase, isozyme 1, cGMP-dependent protein kinase, v. S3 | p. 288
2.7.11.12	cGMP-dependent protein kinase, isozyme 2 forms cD5/T2, cGMP-dependent protein kinase, v. S3 | p. 288
2.7.11.12	cGMP-dependent protein kinase-1, cGMP-dependent protein kinase, v. S3 | p. 288
2.7.11.12	cGMP-dependent protein kinase-I, cGMP-dependent protein kinase, v. S3 | p. 288
2.7.11.12	cGMP-dependent protein kinase 1, α isozyme, cGMP-dependent protein kinase, v. S3 | p. 288
2.7.11.12	cGMP-dependent protein kinase 1, β isozyme, cGMP-dependent protein kinase, v. S3 | p. 288
2.7.11.12	cGMP-dependent protein kinase 2, cGMP-dependent protein kinase, v. S3 | p. 288
2.7.11.12	cGMP-dependent protein kinase I, cGMP-dependent protein kinase, v. S3 | p. 288
2.7.11.12	cGMP-dependent protein kinase I α, cGMP-dependent protein kinase, v. S3 | p. 288
2.7.11.12	cGMP-dependent protein kinase Iα, cGMP-dependent protein kinase, v. S3 | p. 288
2.7.11.12	cGMP-dependent protein kinase Iβ, cGMP-dependent protein kinase, v. S3 | p. 288
2.7.11.12	cGMP-dependent protein kinase II, cGMP-dependent protein kinase, v. S3 | p. 288
2.7.11.12	cGMP-dependent protein kinase type I, cGMP-dependent protein kinase, v. S3 | p. 288
2.7.11.12	cGMP-dependent protein kinase type II, cGMP-dependent protein kinase, v. S3 | p. 288
3.1.4.35	cGMP-PDE, 3',5'-cyclic-GMP phosphodiesterase, v. 11 | p. 153
3.1.4.35	cGMP-phosphodiesterase, 3',5'-cyclic-GMP phosphodiesterase, v. 11 | p. 153
3.1.4.35	cGMP-phosphodiesterase-5, 3',5'-cyclic-GMP phosphodiesterase, v. 11 | p. 153
2.7.11.12	cGMP-protein kinase G, cGMP-dependent protein kinase, v. S3 | p. 288
3.1.4.35	cGMP-selective phosphodiesterase, 3',5'-cyclic-GMP phosphodiesterase, v. 11 | p. 153
3.1.4.35	cGMP-specific cGMP-binding phosphodiesterase, 3',5'-cyclic-GMP phosphodiesterase, v. 11 | p. 153
3.1.4.35	cGMP-specific PDE, 3',5'-cyclic-GMP phosphodiesterase, v. 11 | p. 153
3.1.4.35	cGMP-specific PDE5, 3',5'-cyclic-GMP phosphodiesterase, v. 11 | p. 153
3.1.4.35	cGMP-specific PDE5A1, 3',5'-cyclic-GMP phosphodiesterase, v. 11 | p. 153
3.1.4.35	cGMP-specific phosphodiesterase, 3',5'-cyclic-GMP phosphodiesterase, v. 11 | p. 153

3.1.4.35	cGMP-specific phosphodiesterase-5, 3',5'-cyclic-GMP phosphodiesterase, v. 11 | p. 153	
3.1.4.35	cGMP-specific phosphodiesterase type 9, 3',5'-cyclic-GMP phosphodiesterase, v. 11 | p. 153	
3.1.4.35	cGMP-stimulated phosphodiesterase, 3',5'-cyclic-GMP phosphodiesterase, v. 11 | p. 153	
3.1.4.35	cGMP binding phosphodiesterase, 3',5'-cyclic-GMP phosphodiesterase, v. 11 | p. 153	
2.7.11.12	cGMP kinase, cGMP-dependent protein kinase, v. S3 | p. 288	
3.1.4.35	cGMP phosphodiesterase, 3',5'-cyclic-GMP phosphodiesterase, v. 11 | p. 153	
3.1.4.35	cGMP phosphodiesterase 6, 3',5'-cyclic-GMP phosphodiesterase, v. 11 | p. 153	
3.1.4.35	cGMP phosphodiesterase 6α' subunit, 3',5'-cyclic-GMP phosphodiesterase, v. 11 | p. 153	
3.4.15.6	CGPase, cyanophycinase, v. S5 | p. 305	
4.1.1.32	CgPCK, phosphoenolpyruvate carboxykinase (GTP), v. 3 | p. 195	
6.3.2.30	CGP synthetase, cyanophycin synthase (L-arginine-adding), v. S7 | p. 616	
6.3.2.29	CGP synthetase, cyanophycin synthase (L-aspartate-adding), v. S7 | p. 610	
2.7.8.12	CGPTase, CDP-glycerol glycerophosphotransferase, v. 39 | p. 93	
1.11.1.9	cGPx, glutathione peroxidase, v. 25 | p. 233	
4.2.99.9	CGS, O-succinylhomoserine (thiol)-lyase, v. 5 | p. 109	
2.5.1.48	CGS, cystathionine γ-synthase, v. 34 | p. 107	
3.1.4.17	CGS-PDE, 3',5'-cyclic-nucleotide phosphodiesterase, v. 11 | p. 116	
2.5.1.48	CGS1, cystathionine γ-synthase, v. 34 | p. 107	
2.7.11.11	Cgs1p, cAMP-dependent protein kinase, v. S3 | p. 241	
3.1.4.17	cGSPDE, 3',5'-cyclic-nucleotide phosphodiesterase, v. 11 | p. 116	
2.5.1.18	cGST, glutathione transferase, v. 33 | p. 524	
2.4.1.45	CGT, 2-hydroxyacylsphingosine 1-β-galactosyltransferase, v. 31 | p. 415	
2.4.1.80	CGT, ceramide glucosyltransferase, v. 31 | p. 572	
2.6.1.3	CGT, cysteine transaminase, v. 34 | p. 293	
2.4.1.62	CGT, ganglioside galactosyltransferase, v. 31 | p. 471	
2.3.1.103	CGT, sinapoylglucose-sinapoylglucose O-sinapoyltransferase, v. 30 | p. 232	
2.4.1.19	CGT_TK, cyclomaltodextrin glucanotransferase, v. 31 | p. 210	
2.4.1.92	CgtA, (N-acetylneuraminyl)-galactosylglucosylceramide N-acetylgalactosaminyltransferase, v. 32 | p. 30	
2.4.1.19	C-CGTase, cyclomaltodextrin glucanotransferase, v. 31 | p. 210	
2.4.1.19	CGTase, cyclomaltodextrin glucanotransferase, v. 31 | p. 210	
2.4.1.104	CGTase, o-dihydroxycoumarin 7-O-glucosyltransferase, v. 32 | p. 100	
2.4.1.19	M-CGTase, cyclomaltodextrin glucanotransferase, v. 31 | p. 210	
2.4.1.19	α-CGTase, cyclomaltodextrin glucanotransferase, v. 31 | p. 210	
2.4.1.19	β-CGTase, cyclomaltodextrin glucanotransferase, v. 31 | p. 210	
2.4.1.62	CgtB 11168, ganglioside galactosyltransferase, v. 31 | p. 471	
2.4.1.62	cgtBOH4384, ganglioside galactosyltransferase, v. 31 | p. 471	
2.4.1.62	cgtBOH HS:10, ganglioside galactosyltransferase, v. 31 | p. 471	
2.4.1.19	CGTse ET1, cyclomaltodextrin glucanotransferase, v. 31 | p. 210	
4.2.1.66	CH, cyanide hydratase, v. 4 | p. 567	
2.1.2.8	CH, deoxycytidylate 5-hydroxymethyltransferase, v. 29 | p. 59	
4.2.2.20	Ch'ase ABC, chondroitin-sulfate-ABC endolyase, v. S7 | p. 159	
3.5.4.9	5,10-CH+-H4PteGlu cyclohydrolase, methenyltetrahydrofolate cyclohydrolase, v. 15 | p. 72	
6.3.3.2	CH+-THF synthetase, 5-Formyltetrahydrofolate cyclo-ligase, v. 2 | p. 535	
3.1.3.48	Ch-TPTPase, protein-tyrosine-phosphatase, v. 10 | p. 407	
4.1.1.37	ch-UroD, Uroporphyrinogen decarboxylase, v. 3 | p. 228	
3.6.1.7	Ch1, acylphosphatase, v. 15 | p. 292	
3.6.1.7	Ch2, acylphosphatase, v. 15 | p. 292	
1.5.1.20	5,10-CH2-H4folate reductase, methylenetetrahydrofolate reductase [NAD(P)H], v. 23 | p. 174	
1.14.13.98	CH24H, cholesterol 24-hydroxylase, v. S1 | p. 623	
1.2.7.4	CH3-CO dehydrogenase, carbon-monoxide dehydrogenase (ferredoxin), v. S1 | p. 179	
3.2.1.14	CH5B, chitinase, v. 12 | p. 185	
3.5.4.9	5,10-CH=H4 folate synthetase, methenyltetrahydrofolate cyclohydrolase, v. 15 | p. 72	
3.4.21.1	4CHA, chymotrypsin, v. 7 | p. 1	

3.2.1.132	ChA, chitosanase, v.13 | p.529	
4.2.2.20	chABC, chondroitin-sulfate-ABC endolyase, v.S7 | p.159	
2.3.1.6	chAcT, choline O-acetyltransferase, v.29 | p.259	
5.5.1.6	Chalcone-flavanone isomerase, Chalcone isomerase, v.1 | p.691	
5.5.1.6	Chalcone isomerase, Chalcone isomerase, v.1 | p.691	
2.1.1.154	chalcone OMT, isoliquiritigenin 2'-O-methyltransferase, v.S2 | p.4	
2.3.1.74	chalcone synthase, naringenin-chalcone synthase, v.30 | p.66	
2.3.1.74	chalcone synthase 6, naringenin-chalcone synthase, v.30 | p.66	
2.3.1.74	chalcone synthase 7, naringenin-chalcone synthase, v.30 | p.66	
2.3.1.74	chalcone synthase C2-Idf-I, naringenin-chalcone synthase, v.30 | p.66	
2.3.1.74	chalcone synthase C2-Idf-II, naringenin-chalcone synthase, v.30 | p.66	
2.3.1.74	chalcone synthetase, naringenin-chalcone synthase, v.30 | p.66	
3.6.4.9	α chaparonin, chaperonin ATPase, v.15 | p.803	
3.6.4.10	chaperone hsp90, non-chaperonin molecular chaperone ATPase, v.15 | p.810	
3.6.4.9	chaperonin, chaperonin ATPase, v.15 | p.803	
3.6.4.9	chaperonin 10, chaperonin ATPase, v.15 | p.803	
3.6.4.9	chaperonin 60.2, chaperonin ATPase, v.15 | p.803	
3.6.4.9	chaperonin ATPase, chaperonin ATPase, v.15 | p.803	
3.6.4.9	chaperonin containing T-complex polypeptide 1, chaperonin ATPase, v.15 | p.803	
3.6.4.9	chaperonin GroEL, chaperonin ATPase, v.15 | p.803	
3.6.4.9	chaperonin α subunit, chaperonin ATPase, v.15 | p.803	
3.6.4.9	chaperonin β subunit, chaperonin ATPase, v.15 | p.803	
3.6.4.9	chaperonin TF55, chaperonin ATPase, v.15 | p.803	
3.1.1.5	Charcot-Leyden crystal protein, lysophospholipase, v.9 | p.82	
3.1.1.5	Charcot-Leyden crystal protein homolog, lysophospholipase, v.9 | p.82	
2.4.1.212	CHAS2, hyaluronan synthase, v.32 | p.558	
2.4.1.212	CHAS3, hyaluronan synthase, v.32 | p.558	
4.2.2.5	A-Chase, chondroitin AC lyase, v.5 | p.31	
3.1.1.42	CHase, chlorogenate hydrolase, v.9 | p.298	
4.2.2.5	F-Chase, chondroitin AC lyase, v.5 | p.31	
3.1.1.14	Chase 1, chlorophyllase, v.9 | p.167	
2.3.1.6	ChAT, choline O-acetyltransferase, v.29 | p.259	
2.1.1.146	chavicol O-methyltransferase, (iso)eugenol O-methyltransferase, v.28 | p.636	
3.2.1.14	ChBDChiC, chitinase, v.12 | p.185	
3.4.24.3	ChC, microbial collagenase, v.8 | p.205	
1.1.1.184	CHCR, carbonyl reductase (NADPH), v.18 | p.105	
1.1.99.1	CHD, choline dehydrogenase, v.19 | p.265	
1.4.3.3	chDAO, D-amino-acid oxidase, v.22 | p.243	
1.4.3.1	ChDASPO, D-aspartate oxidase, v.22 | p.216	
1.4.3.15	ChDASPO, D-glutamate(D-aspartate) oxidase, v.22 | p.352	
1.4.3.1	ChDDO, D-aspartate oxidase, v.22 | p.216	
1.1.99.1	CHDH, choline dehydrogenase, v.19 | p.265	
3.1.1.7	ChE, acetylcholinesterase, v.9 | p.104	
3.1.1.8	ChE, cholinesterase, v.9 | p.118	
3.1.1.13	ChE, sterol esterase, v.9 | p.150	
3.1.1.8	ChE-II, cholinesterase, v.9 | p.118	
3.1.1.7	ChE1A, acetylcholinesterase, v.9 | p.104	
3.1.1.7	ChE2, acetylcholinesterase, v.9 | p.104	
3.1.1.61	CheB, protein-glutamate methylesterase, v.9 | p.378	
3.1.1.61	CheB methylesterase, protein-glutamate methylesterase, v.9 | p.378	
2.7.11.1	checkpoint kinase 1, non-specific serine/threonine protein kinase, v.S3 | p.1	
2.7.11.1	checkpoint serine/threonine-protein kinase bub1, non-specific serine/threonine protein kinase, v.S3 | p.1	
3.1.1.7	Checx1, acetylcholinesterase, v.9 | p.104	
3.1.1.7	Checx2, acetylcholinesterase, v.9 | p.104	

3.1.1.7	Checx3, acetylcholinesterase, v. 9 | p. 104	
1.14.21.2	S-cheilanthifoline synthase, (S)-cheilanthifoline synthase, v. 27 | p. 235	
4.99.1.1	chelatase, ferro-, ferrochelatase, v. 5 | p. 478	
4.99.1.1	chelatase, ferro-protoporphyrin, ferrochelatase, v. 5 | p. 478	
2.7.13.3	chemotaxis-specific histidine autokinase CheA, histidine kinase, v. S4 | p. 420	
3.1.1.61	chemotaxis-specific methylesterase, protein-glutamate methylesterase, v. 9 | p. 378	
2.7.13.3	chemotaxis histidine kinase, histidine kinase, v. S4 | p. 420	
2.7.13.3	chemotaxis protein, histidine kinase, v. S4 | p. 420	
2.7.13.3	chemotaxis protein cheA, histidine kinase, v. S4 | p. 420	
2.7.13.3	chemotaxis protein CheA (sensory transducer kinase), histidine kinase, v. S4 | p. 420	
3.1.1.61	chemotaxis receptor McpB, protein-glutamate methylesterase, v. 9 | p. 378	
2.7.13.3	CheN, histidine kinase, v. S4 | p. 420	
3.1.2.27	chenodeoxycholic acid-CoA thioesterase, choloyl-CoA hydrolase, v. S5 | p. 49	
3.1.2.27	chenodeoxycholoyl-coenzyme A thioesterase, choloyl-CoA hydrolase, v. S5 | p. 49	
2.1.1.80	CheR, protein-glutamate O-methyltransferase, v. 28 | p. 432	
2.7.1.32	CHETK-α, choline kinase, v. 35 | p. 373	
3.5.4.9	CHF4CH, methenyltetrahydrofolate cyclohydrolase, v. 15 | p. 72	
5.5.1.6	CHI, Chalcone isomerase, v. 1 | p. 691	
3.2.1.14	CHI, chitinase, v. 12 | p. 185	
3.2.1.14	CHI-26, chitinase, v. 12 | p. 185	
3.2.1.14	Chi-h, chitinase, v. 12 | p. 185	
3.2.1.52	Chi-I, β-N-acetylhexosaminidase, v. 13 | p. 50	
3.2.1.52	Chi-II, β-N-acetylhexosaminidase, v. 13 | p. 50	
3.2.1.14	Chi1, chitinase, v. 12 | p. 185	
3.2.1.14	Chi18C, chitinase, v. 12 | p. 185	
3.2.1.14	Chi19, chitinase, v. 12 | p. 185	
5.5.1.6	CHI1A, Chalcone isomerase, v. 1 | p. 691	
5.5.1.6	CHI1B2, Chalcone isomerase, v. 1 | p. 691	
5.5.1.6	CHI2, Chalcone isomerase, v. 1 | p. 691	
3.2.1.14	CHI2, chitinase, v. 12 | p. 185	
3.2.1.14	Chi3, chitinase, v. 12 | p. 185	
3.2.1.14	Chi40, chitinase, v. 12 | p. 185	
3.2.1.14	Chi46, chitinase, v. 12 | p. 185	
3.2.1.14	Chi54, chitinase, v. 12 | p. 185	
3.2.1.14	CHI60, chitinase, v. 12 | p. 185	
3.2.1.14	Chi70, chitinase, v. 12 | p. 185	
3.2.1.14	Chi72, chitinase, v. 12 | p. 185	
3.2.1.14	ChiA, chitinase, v. 12 | p. 185	
3.2.1.14	V-CHIA, chitinase, v. 12 | p. 185	
3.2.1.14	ChiA-HD73, chitinase, v. 12 | p. 185	
3.2.1.14	ChiA1, chitinase, v. 12 | p. 185	
3.2.1.14	ChiA74, chitinase, v. 12 | p. 185	
3.2.1.14	ChiA Nima, chitinase, v. 12 | p. 185	
3.2.1.14	ChiA protein, chitinase, v. 12 | p. 185	
3.2.1.14	ChiB, chitinase, v. 12 | p. 185	
3.2.1.14	ChiC, chitinase, v. 12 | p. 185	
2.7.10.1	chicken embryo kinase 5, receptor protein-tyrosine kinase, v. S2 | p. 341	
3.1.1.3	chicken pancreatic lipase, triacylglycerol lipase, v. 9 | p. 36	
2.5.1.18	Chi class GST, glutathione transferase, v. 33 | p. 524	
3.2.1.14	ChiCW, chitinase, v. 12 | p. 185	
3.2.1.14	ChiF1, chitinase, v. 12 | p. 185	
3.2.1.14	ChiG, chitinase, v. 12 | p. 185	
3.2.1.132	ChiN, chitosanase, v. 13 | p. 529	
3.2.1.14	ChiNCTU2, chitinase, v. 12 | p. 185	
3.4.21.9	Chinese bovine enterokinase, enteropeptidase, v. 7 | p. 49	

3.4.21.9	Chinese northern yellow bovine enterokinase catalytic subunit, enteropeptidase, v. 7 | p. 49	
6.3.2.19	CHIP, Ubiquitin-protein ligase, v. 2 | p. 506	
3.1.1.3	Chirazyme L-5, triacylglycerol lipase, v. 9 | p. 36	
3.2.1.14	CHIT1, chitinase, v. 12 | p. 185	
3.2.1.14	CHIT 1A, chitinase, v. 12 | p. 185	
3.2.1.14	CHIT 1B, chitinase, v. 12 | p. 185	
3.2.1.14	Chit33, chitinase, v. 12 | p. 185	
3.2.1.14	CHIT42, chitinase, v. 12 | p. 185	
3.2.1.14	ChitIII-1, chitinase, v. 12 | p. 185	
3.2.1.14	ChitIII-2, chitinase, v. 12 | p. 185	
2.4.1.16	chitin-UDP acetyl-glucosaminyl transferase 1, chitin synthase, v. 31 | p. 147	
2.4.1.16	chitin-UDP acetyl-glucosaminyl transferase 2, chitin synthase, v. 31 | p. 147	
2.4.1.16	chitin-UDP acetyl-glucosaminyl transferase 3, chitin synthase, v. 31 | p. 147	
2.4.1.16	chitin-UDP acetyl-glucosaminyl transferase 4, chitin synthase, v. 31 | p. 147	
2.4.1.16	chitin-UDP acetyl-glucosaminyl transferase 5, chitin synthase, v. 31 | p. 147	
2.4.1.16	chitin-UDP acetyl-glucosaminyl transferase 6, chitin synthase, v. 31 | p. 147	
2.4.1.16	chitin-UDP acetyl-glucosaminyl transferase 7, chitin synthase, v. 31 | p. 147	
2.4.1.16	chitin-UDP N-acetylglucosaminyltransferase, chitin synthase, v. 31 | p. 147	
2.4.1.16	chitin-uridine diphosphate acetylglucosaminyltransferase, chitin synthase, v. 31 | p. 147	
3.2.1.14	α-chitinase, chitinase, v. 12 | p. 185	
3.2.1.14	chitinase, chitinase, v. 12 | p. 185	
3.2.1.14	chitinase-A, chitinase, v. 12 | p. 185	
3.2.1.14	chitinase 1, chitinase, v. 12 | p. 185	
3.2.1.14	chitinase 18C, chitinase, v. 12 | p. 185	
3.2.1.14	chitinase 2, chitinase, v. 12 | p. 185	
3.2.1.14	chitinase 60, chitinase, v. 12 | p. 185	
3.2.1.14	chitinase 92, chitinase, v. 12 | p. 185	
3.2.1.14	chitinase A, chitinase, v. 12 | p. 185	
3.2.1.14	chitinase A1, chitinase, v. 12 | p. 185	
3.2.1.14	chitinase B, chitinase, v. 12 | p. 185	
3.2.1.14	chitinase C, chitinase, v. 12 | p. 185	
3.2.1.14	chitinase C1, chitinase, v. 12 | p. 185	
3.2.1.14	chitinase Chi255, chitinase, v. 12 | p. 185	
3.2.1.14	chitinase F1, chitinase, v. 12 | p. 185	
3.2.1.14	chitinase G, chitinase, v. 12 | p. 185	
3.2.1.14	chitinase I, chitinase, v. 12 | p. 185	
3.2.1.14	chitinase III, chitinase, v. 12 | p. 185	
3.2.1.14	chitinases A, chitinase, v. 12 | p. 185	
3.5.1.41	chitin deacetylase 2A, chitin deacetylase, v. 14 | p. 445	
3.5.1.41	chitin deacetylase 2B, chitin deacetylase, v. 14 | p. 445	
3.5.1.41	chitin deacetylase 3, chitin deacetylase, v. 14 | p. 445	
3.5.1.41	chitin deacetylase 4, chitin deacetylase, v. 14 | p. 445	
3.5.1.41	chitin deacetylase 5A, chitin deacetylase, v. 14 | p. 445	
3.5.1.41	chitin deacetylase 5B, chitin deacetylase, v. 14 | p. 445	
3.5.1.41	chitin deacetylase 6, chitin deacetylase, v. 14 | p. 445	
3.5.1.41	chitin deacetylase 7, chitin deacetylase, v. 14 | p. 445	
3.5.1.41	chitin deacetylase 8, chitin deacetylase, v. 14 | p. 445	
3.5.1.41	chitin deacetylase 9, chitin deacetylase, v. 14 | p. 445	
3.5.1.41	chitin deacetylase RC, chitin deacetylase, v. 14 | p. 445	
2.4.1.16	chitin synthase 1, chitin synthase, v. 31 | p. 147	
2.4.1.16	chitin synthase 2, chitin synthase, v. 31 | p. 147	
2.4.1.16	chitin synthase 3, chitin synthase, v. 31 | p. 147	
2.4.1.16	chitin synthase 4, chitin synthase, v. 31 | p. 147	
2.4.1.16	chitin synthase 5, chitin synthase, v. 31 | p. 147	
2.4.1.16	chitin synthase 6, chitin synthase, v. 31 | p. 147	

2.4.1.16	chitin synthase 7, chitin synthase, v. 31 | p. 147	
2.4.1.16	chitin synthase A, chitin synthase, v. 31 | p. 147	
2.4.1.16	chitin synthase B, chitin synthase, v. 31 | p. 147	
2.4.1.16	chitin synthase II, chitin synthase, v. 31 | p. 147	
2.4.1.16	chitin synthase III, chitin synthase, v. 31 | p. 147	
2.4.1.16	chitin synthase protein 2, chitin synthase, v. 31 | p. 147	
2.4.1.16	chitin synthetase, chitin synthase, v. 31 | p. 147	
2.4.1.16	chitin synthetase I, chitin synthase, v. 31 | p. 147	
2.4.1.16	chitin synthetase II, chitin synthase, v. 31 | p. 147	
2.4.1.16	chitin synthetase III, chitin synthase, v. 31 | p. 147	
3.2.1.52	chitobiase, β-N-acetylhexosaminidase, v. 13 | p. 50	
2.4.1.141	chitobiosyl-PP-lipid synthase, N-acetylglucosaminyldiphosphodolichol N-acetylglucosaminyltransferase, v. 32 | p. 252	
2.7.8.15	chitobiosylpyrophosphoryldolichol synthase, UDP-N-acetylglucosamine-dolichyl-phosphate N-acetylglucosaminephosphotransferase, v. 39 | p. 106	
3.2.1.14	chitodextrinase-N-, chitinase, v. 12 | p. 185	
3.2.1.14	chitotriosidase, chitinase, v. 12 | p. 185	
3.2.1.132	ChiX, chitosanase, v. 13 | p. 529	
2.7.1.32	CHK, choline kinase, v. 35 | p. 373	
2.7.10.2	CHK, non-specific protein-tyrosine kinase, v. S2 | p. 441	
2.7.1.32	chk-α, choline kinase, v. 35 | p. 373	
2.7.10.2	Chk1, non-specific protein-tyrosine kinase, v. S2 | p. 441	
2.7.11.1	Chk1, non-specific serine/threonine protein kinase, v. S3 | p. 1	
2.7.11.1	Chk1 kinase, non-specific serine/threonine protein kinase, v. S3 | p. 1	
2.7.1.32	Chka, choline kinase, v. 35 | p. 373	
3.6.3.8	ChkSERCA3, Ca2+-transporting ATPase, v. 15 | p. 566	
2.7.10.2	Chk tyrosine kinase, non-specific protein-tyrosine kinase, v. S2 | p. 441	
1.14.13.90	CHL, zeaxanthin epoxidase, v. S1 | p. 585	
3.1.1.14	Chl-degrading enzyme, chlorophyllase, v. 9 | p. 167	
5.2.1.8	Chl-Mip, Peptidylprolyl isomerase, v. 1 | p. 218	
2.5.1.62	Chl-synthetase, chlorophyll synthase, v. 34 | p. 237	
3.6.3.26	CHL1 NO3- transporter, nitrate-transporting ATPase, v. 15 | p. 646	
3.4.24.38	Chlamydomonas cell wall degrading protease, gametolysin, v. 8 | p. 416	
3.4.24.38	Chlamydomonas reinhardtii metalloproteinase, gametolysin, v. 8 | p. 416	
3.1.1.14	Chlase, chlorophyllase, v. 9 | p. 167	
3.1.1.14	Chlase2, chlorophyllase, v. 9 | p. 167	
1.1.1.294	Chl b reductase, chlorophyll(ide) b reductase, v. S1 | p. 85	
3.5.1.41	ChlD, chitin deacetylase, v. 14 | p. 445	
6.6.1.1	CHLI, magnesium chelatase, v. S7 | p. 665	
6.6.1.1	CHLI protein, magnesium chelatase, v. S7 | p. 665	
2.1.1.11	ChlM, magnesium protoporphyrin IX methyltransferase, v. 28 | p. 64	
1.1.1.40	ChlME1, malate dehydrogenase (oxaloacetate-decarboxylating) (NADP+), v. 16 | p. 381	
1.1.1.40	ChlME2, malate dehydrogenase (oxaloacetate-decarboxylating) (NADP+), v. 16 | p. 381	
2.3.1.28	chloramphenicol acetylase, chloramphenicol O-acetyltransferase, v. 29 | p. 485	
2.3.1.28	chloramphenicol acetyltransferase, chloramphenicol O-acetyltransferase, v. 29 | p. 485	
2.3.1.28	chloramphenicol acetyltransferase B2, chloramphenicol O-acetyltransferase, v. 29 | p. 485	
2.3.1.28	chloramphenicol transacetylase, chloramphenicol O-acetyltransferase, v. 29 | p. 485	
1.97.1.1	chlorate reductase C, chlorate reductase, v. 27 | p. 638	
1.1.1.50	chlordecone reductase, 3α-hydroxysteroid dehydrogenase (B-specific), v. 16 | p. 487	
3.2.2.17	Chlorella virus pyrimidine dimer glycosylase, deoxyribodipyrimidine endonucleosidase, v. 14 | p. 84	
1.13.11.36	chloridazoncatechol dioxygenase,, chloridazon-catechol dioxygenase, v. 25 | p. 607	
3.4.11.6	chloride-dependent-basic aminopeptidase, aminopeptidase B, v. 6 | p. 92	
1.11.1.10	Chloride peroxidase, chloride peroxidase, v. 25 | p. 245	
1.13.11.49	chlorite dismutase, chlorite O2-lyase, v. 25 | p. 670	

chlorophyll a synthase

5.5.1.1	(chloro)-muconate cycloisomerase, Muconate cycloisomerase, v. 1 | p. 660	
1.13.11.1	(chloro-)catechol 1,2-dioxygenase, catechol 1,2-dioxygenase, v. 25 | p. 382	
5.5.1.7	2-chloro-5-oxo-2,5-dihydrofuran-2-acetate lyase (decyclizing), Chloromuconate cycloisomerase, v. 1 | p. 699	
4.5.1.2	3-chloro-D-alanine chloride-lyase, 3-chloro-D-alanine dehydrochlorinase, v. 5 | p. 403	
4.5.1.2	β-chloro-D-alanine dehydrochlorinase, 3-chloro-D-alanine dehydrochlorinase, v. 5 | p. 403	
3.1.1.72	Chloroacetate esterase, Acetylxylan esterase, v. 9 | p. 406	
1.3.1.63	4-chlorobenzoate-coenzyme A dehalogenase, 2,4-dichlorobenzoyl-CoA reductase, v. 21 | p. 305	
3.8.1.7	4-chlorobenzoate-coenzyme A dehalogenase, 4-chlorobenzoyl-CoA dehalogenase, v. 15 | p. 903	
6.2.1.33	4-chlorobenzoate:CoA ligase, 4-Chlorobenzoate-CoA ligase, v. 2 | p. 339	
6.2.1.33	chlorobenzoate:CoA ligase, 4-Chlorobenzoate-CoA ligase, v. 2 | p. 339	
6.2.1.33	4-Chlorobenzoate:coenzyme A ligase, 4-Chlorobenzoate-CoA ligase, v. 2 | p. 339	
1.3.1.63	4-chlorobenzoyl-CoA dehalogenase, 2,4-dichlorobenzoyl-CoA reductase, v. 21 | p. 305	
3.8.1.7	4-chlorobenzoyl-CoA dehalogenase, 4-chlorobenzoyl-CoA dehalogenase, v. 15 | p. 903	
6.2.1.33	4-Chlorobenzoyl-CoA ligase, 4-Chlorobenzoate-CoA ligase, v. 2 | p. 339	
1.3.1.63	4-chlorobenzoyl-coenzyme A dehalogenase, 2,4-dichlorobenzoyl-CoA reductase, v. 21 | p. 305	
3.8.1.7	4-chlorobenzoyl-coenzyme A dehalogenase, 4-chlorobenzoyl-CoA dehalogenase, v. 15 | p. 903	
6.2.1.33	4-Chlorobenzoyl-coenzyme A ligase, 4-Chlorobenzoate-CoA ligase, v. 2 | p. 339	
3.8.1.7	4-chlorobenzoyl CoA dehalogenase, 4-chlorobenzoyl-CoA dehalogenase, v. 15 | p. 903	
5.2.1.10	2-Chlorocarboxymethylenebutenolide isomerase, 2-Chloro-4-carboxymethylenebut-2-en-1,4-olide isomerase, v. 1 | p. 231	
1.13.11.1	3-chlorocatechol 1,2-dioxygenase, catechol 1,2-dioxygenase, v. 25 | p. 382	
5.2.1.10	Chlorodienelactone isomerase, 2-Chloro-4-carboxymethylenebut-2-en-1,4-olide isomerase, v. 1 | p. 231	
3.1.1.72	Chloroesterase, Acetylxylan esterase, v. 9 | p. 406	
3.1.1.6	Chloroesterase, acetylesterase, v. 9 | p. 96	
3.1.1.42	chlorogenase, chlorogenate hydrolase, v. 9 | p. 298	
2.3.1.98	chlorogenate:glucarate caffeoyltransferase, chlorogenate-glucarate O-hydroxycinnamoyltransferase, v. 30 | p. 212	
3.1.1.42	chlorogenate esterase, chlorogenate hydrolase, v. 9 | p. 298	
3.1.1.42	chlorogenate hydrolase, chlorogenate hydrolase, v. 9 | p. 298	
2.3.1.98	chlorogenic acid:glucaric acid O-caffeoyltransferase, chlorogenate-glucarate O-hydroxycinnamoyltransferase, v. 30 | p. 212	
3.1.1.42	chlorogenic acid esterase, chlorogenate hydrolase, v. 9 | p. 298	
3.1.1.42	chlorogenic acid hydrolase, chlorogenate hydrolase, v. 9 | p. 298	
1.14.18.1	chlorogenic acid oxidase, monophenol monooxygenase, v. 27 | p. 156	
1.14.18.1	chlorogenic oxidase, monophenol monooxygenase, v. 27 | p. 156	
3.8.1.5	1-chlorohexane halidohydrolase, haloalkane dehalogenase, v. 15 | p. 891	
1.13.11.37	6-chlorohydroxyquinol, hydroxyquinol 1,2-dioxygenase, v. 25 | p. 610	
2.5.1.43	chloronerva, nicotianamine synthase, v. 34 | p. 59	
1.11.1.10	chloroperoxidase, chloride peroxidase, v. 25 | p. 245	
1.14.13.20	chlorophenol hydroxylase, 2,4-dichlorophenol 6-monooxygenase, v. 26 | p. 326	
1.1.1.294	chlorophyll(ide) b reductase, chlorophyll(ide) b reductase, v. S1 | p. 85	
3.1.1.14	chlorophyll-chlorophyllide hydrolase, chlorophyllase, v. 9 | p. 167	
3.1.1.14	chlorophyll-chlorophyllido-hydrolase, chlorophyllase, v. 9 | p. 167	
3.1.1.14	chlorophyll-chlorophyllido hydrolase, chlorophyllase, v. 9 | p. 167	
3.1.1.14	chlorophyll-chlorophyllidohydrolase, chlorophyllase, v. 9 | p. 167	
1.13.12.14	chlorophyll a oxygenase, chlorophyllide-a oxygenase, v. S1 | p. 490	
3.1.1.14	chlorophyllase, chlorophyllase, v. 9 | p. 167	
3.1.1.14	Chlorophyllase-1, chlorophyllase, v. 9 | p. 167	
2.5.1.62	chlorophyll a synthase, chlorophyll synthase, v. 34 | p. 237	

203

1.1.1.294	chlorophyll b reductase, chlorophyll(ide) b reductase, v. S1	p. 85
3.1.1.14	chlorophyll chlorophyllido-hydrolase, chlorophyllase, v. 9	p. 167
3.1.1.14	chlorophyll chlorophyllido-hydrolyase, chlorophyllase, v. 9	p. 167
1.13.12.14	chlorophyllide a oxygenase, chlorophyllide-a oxygenase, v. S1	p. 490
2.5.1.62	chlorophyll synthetase, chlorophyll synthase, v. 34	p. 237
3.6.3.14	chloroplast ATPase, H+-transporting two-sector ATPase, v. 15	p. 598
3.6.3.14	chloroplast ATP synthase, H+-transporting two-sector ATPase, v. 15	p. 598
1.17.1.2	chloroplast biogenesis6, 4-hydroxy-3-methylbut-2-enyl diphosphate reductase, v. 27	p. 485
4.2.1.1	chloroplast carbonic anhydrase, carbonate dehydratase, v. 4	p. 242
3.6.5.3	chloroplast elongation factor G, protein-synthesizing GTPase, v. S6	p. 494
2.3.1.15	chloroplast glycerol-3-phosphate acyltransferase, glycerol-3-phosphate O-acyltransferase, v. 29	p. 347
6.3.1.2	Chloroplast GS2, Glutamate-ammonia ligase, v. 2	p. 347
1.14.13.90	chloroplastic lipocalin, zeaxanthin epoxidase, v. S1	p. 585
3.6.1.1	chloroplast inorganic pyrophosphatase 1, inorganic diphosphatase, v. 15	p. 240
1.14.12.20	chloroplast pheophorbide a oxygenase PaO1, pheophorbide a oxygenase, v. S1	p. 532
1.14.12.20	chloroplast pheophorbide a oxygenase PaO2, pheophorbide a oxygenase, v. S1	p. 532
3.4.21.102	chloroplast processing enzyme, C-terminal processing peptidase, v. 7	p. 493
3.6.3.52	chloroplast protein-transporting ATPase, chloroplast protein-transporting ATPase, v. 15	p. 747
3.4.21.102	chloroplast protein precursor processing proteinase, C-terminal processing peptidase, v. 7	p. 493
3.6.5.4	chloroplast signal recognition particle receptor, signal-recognition-particle GTPase, v. S6	p. 511
2.7.7.6	chloroplast soluble RNA polymerase, DNA-directed RNA polymerase, v. 38	p. 103
3.6.5.4	chloroplast SRP, signal-recognition-particle GTPase, v. S6	p. 511
3.6.3.14	chlorpoplast ATP synthase, H+-transporting two-sector ATPase, v. 15	p. 598
3.2.2.22	Chlostridium botulinum C2 toxin, rRNA N-glycosylase, v. 14	p. 107
1.3.1.83	CHL P, geranylgeranyl diphosphate reductase
1.3.1.83	ChlP, geranylgeranyl diphosphate reductase
2.5.1.62	Chl synthase, chlorophyll synthase, v. 34	p. 237
2.5.1.62	Chl synthetase, chlorophyll synthase, v. 34	p. 237
5.3.3.10	CHMI, 5-carboxymethyl-2-hydroxymuconate Δ-isomerase, v. 1	p. 427
5.3.3.10	CHM isomerase, 5-carboxymethyl-2-hydroxymuconate Δ-isomerase, v. 1	p. 427
1.14.13.22	CHMO, cyclohexanone monooxygenase, v. 26	p. 337
1.2.1.45	CHMS dehydrogenase, 4-carboxy-2-hydroxymuconate-6-semialdehyde dehydrogenase, v. 20	p. 323
1.2.1.45	CHMS hydrolase, 4-carboxy-2-hydroxymuconate-6-semialdehyde dehydrogenase, v. 20	p. 323
2.1.1.154	CHMT, isoliquiritigenin 2'-O-methyltransferase, v. S2	p. 4
4.2.2.5	ChnAC, chondroitin AC lyase, v. 5	p. 31
4.2.2.19	ChnB, chondroitin B lyase, v. S7	p. 152
1.14.13.22	ChnB, cyclohexanone monooxygenase, v. 26	p. 337
1.1.3.17	CHO, choline oxidase, v. 19	p. 153
6.3.3.2	5-CHO-THF cycloligase, 5-Formyltetrahydrofolate cyclo-ligase, v. 2	p. 535
1.1.3.6	CHO-U, cholesterol oxidase, v. 19	p. 53
2.7.8.8	CHO1, CDP-diacylglycerol-serine O-phosphatidyltransferase, v. 39	p. 64
3.6.4.5	CHO1/MKLP1, minus-end-directed kinesin ATPase, v. 15	p. 784
2.7.8.8	Cho1p, CDP-diacylglycerol-serine O-phosphatidyltransferase, v. 39	p. 64
3.6.4.5	CHO2, minus-end-directed kinesin ATPase, v. 15	p. 784
1.14.13.60	27CHO 7α-OHase, 27-Hydroxycholesterol 7α-monooxygenase, v. 26	p. 516
1.1.3.6	choBb, cholesterol oxidase, v. 19	p. 53
1.1.3.6	ChOD, cholesterol oxidase, v. 19	p. 53
1.1.99.1	ChoDH, choline dehydrogenase, v. 19	p. 265

cholesterol ester hydrolase

3.2.1.132	ChoK, chitosanase, v.13 | p.529	
2.7.1.32	ChoK, choline kinase, v.35 | p.373	
2.7.1.32	ChoK α, choline kinase, v.35 | p.373	
2.7.1.32	ChoKα, choline kinase, v.35 | p.373	
6.2.1.7	Cholate thiokinase, Cholate-CoA ligase, v.2 | p.236	
3.1.1.8	CholE, cholinesterase, v.9 | p.118	
3.4.14.10	cholecystokinin-inactivating peptidase, tripeptidyl-peptidase II, v.6 | p.320	
3.3.2.11	cholEH, cholesterol-5,6-oxide hydrolase, v.S5 | p.280	
3.2.2.22	cholera toxin, rRNA N-glycosylase, v.14 | p.107	
1.3.1.22	cholest-4-en-3-one 5α-reductase, cholestenone 5α-reductase, v.21 | p.124	
1.14.21.6	5α-cholest-7-en-3β-ol:oxygen Δ5-oxidoreductase, lathosterol oxidase, v.S1 | p.662	
1.1.1.161	5β-cholestane-3 α,7α,12α,26-tetrol dehydrogenase, cholestanetetraol 26-dehydrogenase, v.18 | p.32	
1.1.1.161	5β-cholestane-3 α,7α,12α-triol-26-al oxidoreductase, cholestanetetraol 26-dehydrogenase, v.18 | p.32	
1.14.13.15	5β-cholestane-3α,7α,12α-triol 26-hydroxylase, cholestanetriol 26-monooxygenase, v.26 | p.308	
1.14.13.15	5β-cholestane-3α,7α,12α-triol 27-monooxygenase, cholestanetriol 26-monooxygenase, v.26 | p.308	
1.14.13.15	5β-cholestane-3α,7α,12α-triol hydroxylase, cholestanetriol 26-monooxygenase, v.26 | p.308	
1.14.13.96	5β-cholestane-3α,7α-diol 12α-monooxygenase, 5β-cholestane-3α,7α-diol 12α-hydroxylase, v.S1 | p.615	
1.14.13.15	cholestanetriol 26-hydroxylase, cholestanetriol 26-monooxygenase, v.26 | p.308	
1.14.13.15	cholestanetriol 27-hydroxylase, cholestanetriol 26-monooxygenase, v.26 | p.308	
1.1.1.181	5-cholestene-3β,7α-diol 3β-dehydrogenase, cholest-5-ene-3β,7α-diol 3β-dehydrogenase, v.18 | p.98	
5.3.3.5	Δ8-Cholestenol-Δ7-cholestenol isomerase, cholestenol Δ-isomerase, v.1 | p.404	
5.3.3.5	Cholestenol δ-isomerase, cholestenol Δ-isomerase, v.1 | p.404	
3.1.1.13	cholesterase, sterol esterase, v.9 | p.150	
3.4.21.70	Cholesterol-binding pancreatic proteinase, Pancreatic endopeptidase E, v.7 | p.346	
3.4.21.70	Cholesterol-binding proteinase, Pancreatic endopeptidase E, v.7 | p.346	
3.4.21.70	Cholesterol-binding serine proteinase, Pancreatic endopeptidase E, v.7 | p.346	
3.3.2.11	cholesterol-epoxide hydrolase, cholesterol-5,6-oxide hydrolase, v.S5 | p.280	
1.14.13.17	cholesterol-NADPH oxidoreductase, 7α-hydroxylating, cholesterol 7α-monooxygenase, v.26 | p.316	
1.1.3.6	cholesterol-O2 oxidoreductase, cholesterol oxidase, v.19 | p.53	
1.14.15.6	cholesterol 20-22-desmolase, cholesterol monooxygenase (side-chain-cleaving), v.27 | p.44	
1.14.13.98	cholesterol 24-monooxygenase, cholesterol 24-hydroxylase, v.S1 | p.623	
1.14.13.98	cholesterol 24S-hydroxylase, cholesterol 24-hydroxylase, v.S1 | p.623	
1.14.13.98	cholesterol 24S hydroxylase, cholesterol 24-hydroxylase, v.S1 | p.623	
1.14.99.38	cholesterol 25-hydroxylase, cholesterol 25-hydroxylase, v.S1 | p.668	
3.3.2.11	cholesterol 5α,6α-oxide hydrolase, cholesterol-5,6-oxide hydrolase, v.S5 | p.280	
1.14.13.17	Cholesterol 7-α-hydroxylase, cholesterol 7α-monooxygenase, v.26 | p.316	
1.14.13.17	Cholesterol 7-α-monooxygenase, cholesterol 7α-monooxygenase, v.26 | p.316	
1.14.13.17	cholesterol 7α-hydroxylase, cholesterol 7α-monooxygenase, v.26 | p.316	
2.3.1.26	cholesterol acyltransferase, sterol O-acyltransferase, v.29 | p.463	
1.14.15.6	cholesterol C20-22 desmolase, cholesterol monooxygenase (side-chain-cleaving), v.27 | p.44	
1.14.15.6	cholesterol C20-C22 lyase, cholesterol monooxygenase (side-chain-cleaving), v.27 | p.44	
1.14.15.6	cholesterol desmolase, cholesterol monooxygenase (side-chain-cleaving), v.27 | p.44	
3.3.2.11	cholesterol epoxide hydrolase, cholesterol-5,6-oxide hydrolase, v.S5 | p.280	
3.1.1.13	cholesterol esterase, sterol esterase, v.9 | p.150	
3.1.1.3	cholesterol esterase, triacylglycerol lipase, v.9 | p.36	
3.1.1.13	cholesterol ester hydrolase, sterol esterase, v.9 | p.150	

2.3.1.26	cholesterol ester synthase, sterol O-acyltransferase, v. 29	p. 463
2.3.1.26	cholesterol ester synthetase, sterol O-acyltransferase, v. 29	p. 463
3.1.1.13	cholesterol ester synthetase, sterol esterase, v. 9	p. 150
1.1.3.6	cholesterol oxidase I, cholesterol oxidase, v. 19	p. 53
1.1.3.6	cholesterol oxidase II, cholesterol oxidase, v. 19	p. 53
3.3.2.11	cholesterol oxide hydrolase, cholesterol-5,6-oxide hydrolase, v. S5	p. 280
1.14.15.6	cholesterol side-chain-cleaving enzyme, cholesterol monooxygenase (side-chain-cleaving), v. 27	p. 44
1.14.15.6	cholesterol side-chain cleavage cytochrome P450, cholesterol monooxygenase (side-chain-cleaving), v. 27	p. 44
1.14.15.6	cholesterol side-chain cleavage cytochrome P450 enzyme, cholesterol monooxygenase (side-chain-cleaving), v. 27	p. 44
1.14.15.6	cholesterol side-chain cleavage enzyme, cholesterol monooxygenase (side-chain-cleaving), v. 27	p. 44
1.14.15.6	cholesterol side chain cleavage enzyme, cholesterol monooxygenase (side-chain-cleaving), v. 27	p. 44
3.1.6.2	cholesterol sulfate sulfohydrolase, steryl-sulfatase, v. 11	p. 250
2.8.2.2	cholesterol sulfotransferase, alcohol sulfotransferase, v. 39	p. 278
2.8.2.15	cholesterol sulfotransferase, steroid sulfotransferase, v. 39	p. 387
3.1.1.13	cholesteryl esterase, sterol esterase, v. 9	p. 150
3.1.1.1	cholesteryl ester hydrolase, carboxylesterase, v. 9	p. 1
3.1.1.13	cholesteryl ester hydrolase, sterol esterase, v. 9	p. 150
2.3.1.26	cholesteryl ester synthetase, sterol O-acyltransferase, v. 29	p. 463
3.1.1.13	cholesteryl ester synthetase, sterol esterase, v. 9	p. 150
6.2.1.7	Cholic acid:CoA ligase, Cholate-CoA ligase, v. 2	p. 236
6.2.1.7	Cholic thiokinase, Cholate-CoA ligase, v. 2	p. 236
1.1.99.1	choline-cytochrome c reductase, choline dehydrogenase, v. 19	p. 265
2.7.1.32	choline-ethanolamine kinase, choline kinase, v. 35	p. 373
2.7.1.32	choline/ethanolamine kinase, choline kinase, v. 35	p. 373
2.7.1.32	choline/ethanolamine kinase 2, choline kinase, v. 35	p. 373
1.1.99.1	choline:(acceptor) oxidoreductase, choline dehydrogenase, v. 19	p. 265
2.3.1.6	choline acetylase, choline O-acetyltransferase, v. 29	p. 259
2.3.1.6	choline acetyl transferase, choline O-acetyltransferase, v. 29	p. 259
2.3.1.6	choline acetyltransferase, choline O-acetyltransferase, v. 29	p. 259
3.1.1.8	choline esterase, cholinesterase, v. 9	p. 118
3.1.1.7	choline esterase I, acetylcholinesterase, v. 9	p. 104
3.1.1.8	choline esterase II (unspecific), cholinesterase, v. 9	p. 118
2.7.1.32	choline kinase, choline kinase, v. 35	p. 373
2.7.1.32	choline kinase α, choline kinase, v. 35	p. 373
2.7.1.32	choline kinase alpa, choline kinase, v. 35	p. 373
2.7.1.32	choline kinase isoform $\alpha 2$, choline kinase, v. 35	p. 373
1.1.99.1	choline oxidase, choline dehydrogenase, v. 19	p. 265
1.14.15.7	choline oxygenase, choline monooxygenase, v. 27	p. 56
3.1.4.4	choline phosphatase, phospholipase D, v. 11	p. 47
2.7.7.15	choline phosphate cytidylyltransferase, choline-phosphate cytidylyltransferase, v. 38	p. 224
2.7.1.32	choline phosphokinase, choline kinase, v. 35	p. 373
2.7.8.2	choline phosphotransferase, diacylglycerol cholinephosphotransferase, v. 39	p. 14
2.7.8.2	cholinephosphotransferase, diacylglycerol cholinephosphotransferase, v. 39	p. 14
2.7.8.22	cholinephosphotransferase, 1-alkenyl-2-acylglycerol, 1-alkenyl-2-acylglycerol choline phosphotransferase, v. 39	p. 137
2.7.8.2	cholinephosphotransferase, 1-alkyl-2-acetylglycerol, diacylglycerol cholinephosphotransferase, v. 39	p. 14
2.7.8.2	cholinephosphotransferase, diacylglycerol, diacylglycerol cholinephosphotransferase, v. 39	p. 14

chondroitin galactosaminyltransferase

2.7.8.10	cholinephosphotransferase, sphingosine, sphingosine cholinephosphotransferase, v. 39 | p. 78	
2.7.8.2	cholinephosphotransferase 1, diacylglycerol cholinephosphotransferase, v. 39 | p. 14	
3.1.4.3	cholinespecific glycerophosphodiester phosphodiesterase, phospholipase C, v. 11 | p. 32	
3.1.1.7	cholinesterase, acetylcholinesterase, v. 9 | p. 104	
3.1.1.8	cholinesterase, cholinesterase, v. 9 | p. 118	
3.1.1.7	cholinesterase 2, acetylcholinesterase, v. 9 | p. 104	
3.1.6.6	choline sulfatase, choline-sulfatase, v. 11 | p. 275	
3.1.6.6	choline sulphatase, choline-sulfatase, v. 11 | p. 275	
2.8.2.6	choline sulphokinase, choline sulfotransferase, v. 39 | p. 332	
6.2.1.7	Choloyl-CoA synthetase, Cholate-CoA ligase, v. 2 | p. 236	
3.1.2.27	choloyl-coenzyme A thioesterase, choloyl-CoA hydrolase, v. S5 | p. 49	
6.2.1.7	Choloyl coenzyme A synthetase, Cholate-CoA ligase, v. 2 | p. 236	
3.5.1.24	cholylglycine, cholylglycine hydrolase, v. 14 | p. 373	
4.2.2.5	ChonAC, chondroitin AC lyase, v. 5 | p. 31	
4.2.2.19	ChonB, chondroitin B lyase, v. S7 | p. 152	
3.2.1.35	chondritinase I, hyaluronoglucosaminidase, v. 12 | p. 526	
3.2.1.56	chondro-1-3-glycuronidase, glucuronosyl-disulfoglucosamine glucuronidase, v. 13 | p. 130	
3.2.1.56	chondroglycuronidase, glucuronosyl-disulfoglucosamine glucuronidase, v. 13 | p. 130	
3.1.6.9	chondroitin-4-sulfatase, chondro-4-sulfatase, v. 11 | p. 292	
2.8.2.17	chondroitin-6-sulfotransferase, chondroitin 6-sulfotransferase, v. 39 | p. 402	
5.1.3.9	chondroitin-glucuronate C5-epimerase, N-Acylglucosamine-6-phosphate 2-epimerase, v. 1 | p. 144	
5.1.3.19	chondroitin-glucuronate C5-epimerase, chondroitin-glucuronate 5-epimerase, v. 1 | p. 172	
2.4.1.226	chondroitin β-glucuronyltransferase, N-acetylgalactosaminyl-proteoglycan 3-β-glucuronosyltransferase, v. 32 | p. 613	
2.8.2.5	chondroitin 4-O-sulfotransferase, chondroitin 4-sulfotransferase, v. 39 | p. 325	
2.8.2.5	chondroitin 4-O-sulfotransferase-1, chondroitin 4-sulfotransferase, v. 39 | p. 325	
2.8.2.17	chondroitin 6-O-sulfotransferase, chondroitin 6-sulfotransferase, v. 39 | p. 402	
2.8.2.17	chondroitin 6-sulfotransferase, chondroitin 6-sulfotransferase, v. 39 | p. 402	
2.8.2.17	chondroitin 6-sulfotransferase-1, chondroitin 6-sulfotransferase, v. 39 | p. 402	
2.8.2.17	chondroitin 6-sulphotransferase-1, chondroitin 6-sulfotransferase, v. 39 | p. 402	
4.2.2.5	chondroitin AC eliminase, chondroitin AC lyase, v. 5 | p. 31	
4.2.2.5	chondroitin ACII lyase, chondroitin AC lyase, v. 5 | p. 31	
4.2.2.5	Chondroitin AC lyase, chondroitin AC lyase, v. 5 | p. 31	
3.1.6.12	chondroitinase, N-acetylgalactosamine-4-sulfatase, v. 11 | p. 300	
3.1.6.4	chondroitinase, N-acetylgalactosamine-6-sulfatase, v. 11 | p. 267	
4.2.2.5	chondroitinase, chondroitin AC lyase, v. 5 | p. 31	
3.2.1.35	chondroitinase, hyaluronoglucosaminidase, v. 12 | p. 526	
4.2.2.21	chondroitinase-ABC, chondroitin-sulfate-ABC exolyase, v. S7 | p. 162	
4.2.2.20	chondroitinase ABC, chondroitin-sulfate-ABC endolyase, v. S7 | p. 159	
4.2.2.21	chondroitinase ABC, chondroitin-sulfate-ABC exolyase, v. S7 | p. 162	
4.2.2.5	chondroitinase AC, chondroitin AC lyase, v. 5 | p. 31	
4.2.2.20	chondroitinase AC, chondroitin-sulfate-ABC endolyase, v. S7 | p. 159	
4.2.2.21	chondroitinase AC, chondroitin-sulfate-ABC exolyase, v. S7 | p. 162	
4.2.2.5	chondroitinase ACI, chondroitin AC lyase, v. 5 | p. 31	
4.2.2.5	chondroitinase ACII, chondroitin AC lyase, v. 5 | p. 31	
4.2.2.21	chondroitinase ACII, chondroitin-sulfate-ABC exolyase, v. S7 | p. 162	
4.2.2.19	chondroitinase B, chondroitin B lyase, v. S7 | p. 152	
3.2.1.35	chondroitinase I, hyaluronoglucosaminidase, v. 12 | p. 526	
4.2.2.19	chondroitin B lyase, chondroitin B lyase, v. S7 | p. 152	
5.1.3.19	Chondroitin D-glucuronosyl 5-epimerase, chondroitin-glucuronate 5-epimerase, v. 1 | p. 172	
2.4.1.175	chondroitin galactosaminyltransferase, glucuronosyl-N-acetylgalactosaminyl-proteoglycan 4-β-N-acetylgalactosaminyltransferase, v. 32 | p. 405	

2.4.1.174	chondroitin galactosaminyltransferase, glucuronylgalactosylproteoglycan 4-β-N-acetylgalactosaminyltransferase, v. 32	p. 400
2.4.1.226	chondroitin glucuronyltransaferase II, N-acetylgalactosaminyl-proteoglycan 3-β-glucuronosyltransferase, v. 32	p. 613
2.4.1.226	chondroitin glucuronyltransferase, N-acetylgalactosaminyl-proteoglycan 3-β-glucuronosyltransferase, v. 32	p. 613
4.2.2.5	chondroitin lyase AC, chondroitin AC lyase, v. 5	p. 31
2.4.1.175	chondroitin polymerase, glucuronosyl-N-acetylgalactosaminyl-proteoglycan 4-β-N acetylgalactosaminyltransferase, v. 32	p. 405
3.1.6.4	chondroitin sulfatase, N-acetylgalactosamine-6-sulfatase, v. 11	p. 267
3.1.6.12	chondroitinsulfatase, N-acetylgalactosamine-4-sulfatase, v. 11	p. 300
3.1.6.4	chondroitinsulfatase, N-acetylgalactosamine-6-sulfatase, v. 11	p. 267
3.1.6.14	chondroitinsulfatase, N-acetylglucosamine-6-sulfatase, v. 11	p. 316
3.1.6.15	chondroitinsulfatase, N-sulfoglucosamine-3-sulfatase, v. 11	p. 324
3.1.6.13	chondroitinsulfatase, iduronate-2-sulfatase, v. 11	p. 309
2.4.1.226	chondroitin sulfate glucoronyltransferase, N-acetylgalactosaminyl-proteoglycan 3-β-glucuronosyltransferase, v. 32	p. 613
2.4.1.226	chondroitin sulfate glucoronyltransferase, N-acetylgalactosaminyl-proteoglycan 3-β-glucuronosyltransferase, v. 32	p. 613
2.4.1.175	chondroitin sulfate glucoronyltransferase, glucuronosyl-N-acetylgalactosaminyl-proteoglycan 4-β-N-acetylgalactosaminyltransferase, v. 32	p. 405
4.2.2.5	chondroitin sulfate lyase, chondroitin AC lyase, v. 5	p. 31
4.2.2.21	Chondroitin Sulfate Lyase ABC, chondroitin-sulfate-ABC exolyase, v. S7	p. 162
2.4.1.226	chondroitin sulfate N-acetylgalactosaminyltransferase-1, N-acetylgalactosaminyl-proteoglycan 3-β-glucuronosyltransferase, v. 32	p. 613
2.4.1.226	chondroitin sulfate synthase-2, N-acetylgalactosaminyl-proteoglycan 3-β-glucuronosyltransferase, v. 32	p. 613
2.4.1.226	chondroitin sulfate synthase-3, N-acetylgalactosaminyl-proteoglycan 3-β-glucuronosyltransferase, v. 32	p. 613
2.4.1.175	chondroitin sulfate synthase-3, glucuronosyl-N-acetylgalactosaminyl-proteoglycan 4-β-N-acetylgalactosaminyltransferase, v. 32	p. 405
2.8.2.5	chondroitin sulfotransferase, chondroitin 4-sulfotransferase, v. 39	p. 325
2.4.1.226	chondroitin synthase, N-acetylgalactosaminyl-proteoglycan 3-β-glucuronosyltransferase, v. 32	p. 613
2.4.1.175	chondroitin synthase, glucuronosyl-N-acetylgalactosaminyl-proteoglycan 4-β-N-acetylgalactosaminyltransferase, v. 32	p. 405
2.4.1.175	chondroitin synthase-2, glucuronosyl-N-acetylgalactosaminyl-proteoglycan 4-β-N-acetylgalactosaminyltransferase, v. 32	p. 405
2.4.1.226	chondroitin synthase-3, N-acetylgalactosaminyl-proteoglycan 3-β-glucuronosyltransferase, v. 32	p. 613
2.4.1.175	chondroitin synthase-3, glucuronosyl-N-acetylgalactosaminyl-proteoglycan 4-β-N-acetylgalactosaminyltransferase, v. 32	p. 405
3.1.6.12	chondrosulfatase, N-acetylgalactosamine-4-sulfatase, v. 11	p. 300
4.2.3.5	chorismate synthase, chorismate synthase, v. S7	p. 202
3.4.24.66	choriolysin L, choriolysin L, v. 8	p. 541
3.4.24.12	chorion-digesting proteinase, envelysin, v. 8	p. 248
3.4.24.67	chorionase, choriolysin H, v. 8	p. 544
3.4.24.66	chorionase, choriolysin L, v. 8	p. 541
3.4.24.12	chorionase, envelysin, v. 8	p. 248
4.1.3.40	chorismate-pyruvate lyase, chorismate lyase, v. S7	p. 57
4.1.3.27	chorismate lyase, anthranilate synthase, v. 4	p. 160
4.1.3.40	chorismate lyase, chorismate lyase, v. S7	p. 57
5.4.99.5	chorismate mutase, Chorismate mutase, v. 1	p. 604
1.3.1.12	chorismate mutase-prephenate dehydratase, prephenate dehydrogenase, v. 21	p. 60
5.4.99.5	chorismate mutase-prephenate dehydrogenase, Chorismate mutase, v. 1	p. 604

1.3.1.12	chorismate mutase-prephenate dehydrogenase bifunctional enzyme, prephenate dehydrogenase, v. 21 | p. 60	
1.3.1.12	chorismate mutase-T:prephenate dehydrogenase bifunctional enzyme, prephenate dehydrogenase, v. 21 | p. 60	
5.4.99.5	Chorismate mutase/prephenate dehydratase, Chorismate mutase, v. 1 | p. 604	
1.3.1.12	Chorismate mutase/prephenate dehydratase, prephenate dehydrogenase, v. 21 | p. 60	
4.1.3.40	chorismate pyruvate-lyase, chorismate lyase, v. S7 | p. 57	
4.2.3.5	chorismate synthase, chorismate synthase, v. S7 | p. 202	
4.2.3.5	chorismate synthetase, chorismate synthase, v. S7 | p. 202	
1.1.3.6	ChoS, cholesterol oxidase, v. 19 | p. 53	
1.1.3.6	ChOx, cholesterol oxidase, v. 19 | p. 53	
1.1.3.17	ChOx, choline oxidase, v. 19 | p. 153	
1.1.3.17	ChOx protein, choline oxidase, v. 19 | p. 153	
3.4.21.22	Christmas factor, coagulation factor IXa, v. 7 | p. 93	
1.2.2.4	chromaffin granule cytochrome b-561, carbon-monoxide dehydrogenase (cytochrome b-561), v. 20 | p. 422	
1.6.5.2	chromate reductase, NAD(P)H dehydrogenase (quinone), v. 24 | p. 105	
3.1.3.32	chromatin 3'-phosphatase, polynucleotide 3'-phosphatase, v. 10 | p. 326	
3.6.4.11	chromatin remodeling complex SWI/SNF, nucleoplasmin ATPase, v. 15 | p. 817	
3.6.4.11	chromatin remodelling ATPase, nucleoplasmin ATPase, v. 15 | p. 817	
1.2.1.5	chromosomally encoded box pathway ALDH, aldehyde dehydrogenase [NAD(P)+], v. 20 | p. 72	
1.6.5.2	ChrR, NAD(P)H dehydrogenase (quinone), v. 24 | p. 105	
2.4.1.16	CHS, chitin synthase, v. 31 | p. 147	
2.3.1.74	CHS, naringenin-chalcone synthase, v. 30 | p. 66	
2.4.1.16	chs-1, chitin synthase, v. 31 | p. 147	
2.4.1.16	chs-2, chitin synthase, v. 31 | p. 147	
2.4.1.16	CHS-3, chitin synthase, v. 31 | p. 147	
2.4.1.16	CHS-6, chitin synthase, v. 31 | p. 147	
3.1.6.2	CHS-ase, steryl-sulfatase, v. 11 | p. 250	
2.4.1.16	Chs1, chitin synthase, v. 31 | p. 147	
2.4.1.16	CHS1p, chitin synthase, v. 31 | p. 147	
2.4.1.16	Chs2, chitin synthase, v. 31 | p. 147	
2.4.1.16	CHS2p, chitin synthase, v. 31 | p. 147	
2.4.1.16	CHS3, chitin synthase, v. 31 | p. 147	
2.3.1.74	CHS3, naringenin-chalcone synthase, v. 30 | p. 66	
2.4.1.16	Chs3p, chitin synthase, v. 31 | p. 147	
2.4.1.16	CHS4, chitin synthase, v. 31 | p. 147	
2.3.1.74	CHS4, naringenin-chalcone synthase, v. 30 | p. 66	
2.4.1.16	Chs4p, chitin synthase, v. 31 | p. 147	
2.4.1.16	CHS5, chitin synthase, v. 31 | p. 147	
2.3.1.74	CHS5, naringenin-chalcone synthase, v. 30 | p. 66	
2.4.1.16	CHS6, chitin synthase, v. 31 | p. 147	
2.3.1.74	CHS6, naringenin-chalcone synthase, v. 30 | p. 66	
2.4.1.16	CHS7, chitin synthase, v. 31 | p. 147	
2.3.1.74	CHS7, naringenin-chalcone synthase, v. 30 | p. 66	
2.4.1.16	Chs8, chitin synthase, v. 31 | p. 147	
2.3.1.74	CHS_H1, naringenin-chalcone synthase, v. 30 | p. 66	
2.4.1.16	chsA, chitin synthase, v. 31 | p. 147	
4.2.2.20	ChS ABC lyase I, chondroitin-sulfate-ABC endolyase, v. S7 | p. 159	
4.2.2.21	ChS ABC lyase II, chondroitin-sulfate-ABC exolyase, v. S7 | p. 162	
4.2.2.5	ChSase-AC, chondroitin AC lyase, v. 5 | p. 31	
2.4.1.16	CHS B, chitin synthase, v. 31 | p. 147	
2.4.1.16	chsB, chitin synthase, v. 31 | p. 147	
2.4.1.16	chsC, chitin synthase, v. 31 | p. 147	

2.4.1.16	chsE, chitin synthase, v. 31 | p. 147	
2.4.1.16	CHSI, chitin synthase, v. 31 | p. 147	
2.8.2.5	CHST11, chondroitin 4-sulfotransferase, v. 39 | p. 325	
2.4.1.226	ChSy, N-acetylgalactosaminyl-proteoglycan 3-β-glucuronosyltransferase, v. 32 | p. 613	
2.4.1.175	ChSy, glucuronosyl-N-acetylgalactosaminyl-proteoglycan 4-β-N-acetylgalactosaminyltransferase, v. 32 | p. 405	
2.4.1.175	ChSy-2, glucuronosyl-N-acetylgalactosaminyl-proteoglycan 4-β-N-acetylgalactosaminyltransferase, v. 32 | p. 405	
2.4.1.226	ChSy-3, N-acetylgalactosaminyl-proteoglycan 3-β-glucuronosyltransferase, v. 32 | p. 613	
2.4.1.175	ChSy-3, glucuronosyl-N-acetylgalactosaminyl-proteoglycan 4-β-N-acetylgalactosaminyltransferase, v. 32 | p. 405	
3.4.21.1	CHT, chymotrypsin, v. 7 | p. 1	
4.2.1.66	CHT, cyanide hydratase, v. 4 | p. 567	
3.2.1.14	CHT1, chitinase, v. 12 | p. 185	
3.2.1.14	Cht4, chitinase, v. 12 | p. 185	
3.4.21.1	Chtp, chymotrypsin, v. 7 | p. 1	
3.4.21.1	Chtr1, chymotrypsin, v. 7 | p. 1	
3.4.21.1	Chtr2, chymotrypsin, v. 7 | p. 1	
3.4.21.1	Chtr3, chymotrypsin, v. 7 | p. 1	
3.4.21.1	Chtr4, chymotrypsin, v. 7 | p. 1	
3.4.21.1	ChTRP, chymotrypsin, v. 7 | p. 1	
2.7.11.10	CHUK, IkappaB kinase, v. S3 | p. 210	
1.14.99.3	ChuS, heme oxygenase, v. 27 | p. 261	
2.7.1.21	CHV-TK, thymidine kinase, v. 35 | p. 270	
3.4.21.1	CHY1, chymotrypsin, v. 7 | p. 1	
3.4.21.1	α chymar, chymotrypsin, v. 7 | p. 1	
3.4.21.1	chymar, chymotrypsin, v. 7 | p. 1	
3.4.21.1	α-chymar ophth, chymotrypsin, v. 7 | p. 1	
3.4.21.39	α-chymase, chymase, v. 7 | p. 175	
3.4.21.39	β-chymase, chymase, v. 7 | p. 175	
3.4.21.39	chymase, chymase, v. 7 | p. 175	
3.4.23.4	chymase, chymosin, v. 8 | p. 21	
3.4.21.39	chymase 1, chymase, v. 7 | p. 175	
3.4.22.25	Chymopapain, Glycyl endopeptidase, v. 7 | p. 629	
3.4.22.6	chymopapain A, chymopapain, v. 6 | p. 544	
3.4.22.6	chymopapain B, chymopapain, v. 6 | p. 544	
3.4.22.25	Chymopapain M, Glycyl endopeptidase, v. 7 | p. 629	
3.4.22.30	Chymopapain S, Caricain, v. 7 | p. 667	
3.4.22.6	Chymopapain S, chymopapain, v. 6 | p. 544	
3.4.21.39	chymostatin sensitive angiotensin generating enzyme, chymase, v. 7 | p. 175	
3.4.24.12	chymostrypsin, envelysin, v. 8 | p. 248	
3.4.21.1	chymotest, chymotrypsin, v. 7 | p. 1	
3.4.21.1	α chymotrypsin, chymotrypsin, v. 7 | p. 1	
3.4.21.1	α-chymotrypsin, chymotrypsin, v. 7 | p. 1	
3.4.21.1	chymotrypsin, chymotrypsin, v. 7 | p. 1	
3.4.21.1	chymotrypsin-B, chymotrypsin, v. 7 | p. 1	
3.4.21.39	chymotrypsin-like protease, chymase, v. 7 | p. 175	
3.4.21.20	chymotrypsin-like proteinase, cathepsin G, v. 7 | p. 82	
3.4.21.1	α-chymotrypsin A, chymotrypsin, v. 7 | p. 1	
3.4.21.1	chymotrypsin A, chymotrypsin, v. 7 | p. 1	
3.4.21.1	chymotrypsin B, chymotrypsin, v. 7 | p. 1	
3.4.21.1	chymotrypsin C, chymotrypsin, v. 7 | p. 1	
3.4.21.2	chymotrypsin C, chymotrypsin C, v. 7 | p. 5	
3.4.21.1	chymotrypsin C1, chymotrypsin, v. 7 | p. 1	
3.4.21.1	chymotrypsin isoform Kh1, chymotrypsin, v. 7 | p. 1	

3.4.21.1	chymotrypsin isoform Kh2, chymotrypsin, v.7 | p.1	
3.4.21.1	chymotrypsin isoform Kh3, chymotrypsin, v.7 | p.1	
3.4.21.39	chymotryptic mast cell peptidase, chymase, v.7 | p.175	
5.5.1.6	CI, Chalcone isomerase, v.1 | p.691	
1.6.5.3	CI-11KD, NADH dehydrogenase (ubiquinone), v.24 | p.106	
1.6.5.3	CI-12KD, NADH dehydrogenase (ubiquinone), v.24 | p.106	
1.6.5.3	CI-14.8KD, NADH dehydrogenase (ubiquinone), v.24 | p.106	
1.6.5.3	CI-14KD, NADH dehydrogenase (ubiquinone), v.24 | p.106	
1.6.5.3	CI-15 kDa, NADH dehydrogenase (ubiquinone), v.24 | p.106	
1.6.5.3	CI-16KD, NADH dehydrogenase (ubiquinone), v.24 | p.106	
1.6.5.3	CI-17.3KD, NADH dehydrogenase (ubiquinone), v.24 | p.106	
1.6.5.3	CI-17.8KD, NADH dehydrogenase (ubiquinone), v.24 | p.106	
1.6.5.3	CI-18Kd, NADH dehydrogenase (ubiquinone), v.24 | p.106	
1.6.5.3	CI-18 kDa, NADH dehydrogenase (ubiquinone), v.24 | p.106	
1.6.5.3	CI-19.3KD, NADH dehydrogenase (ubiquinone), v.24 | p.106	
1.6.5.3	CI-19KD, NADH dehydrogenase (ubiquinone), v.24 | p.106	
1.6.5.3	CI-20KD, NADH dehydrogenase (ubiquinone), v.24 | p.106	
1.6.5.3	CI-21KD, NADH dehydrogenase (ubiquinone), v.24 | p.106	
1.6.5.3	CI-22.5Kd, NADH dehydrogenase (ubiquinone), v.24 | p.106	
1.6.5.3	CI-23KD, NADH dehydrogenase (ubiquinone), v.24 | p.106	
1.6.5.3	CI-27KD, NADH dehydrogenase (ubiquinone), v.24 | p.106	
1.6.5.3	CI-28.5KD, NADH dehydrogenase (ubiquinone), v.24 | p.106	
1.6.5.3	CI-29.9KD, NADH dehydrogenase (ubiquinone), v.24 | p.106	
1.6.5.3	CI-29KD, NADH dehydrogenase (ubiquinone), v.24 | p.106	
1.6.5.3	CI-30KD, NADH dehydrogenase (ubiquinone), v.24 | p.106	
1.6.5.3	CI-31KD, NADH dehydrogenase (ubiquinone), v.24 | p.106	
1.6.5.3	CI-38.5KD, NADH dehydrogenase (ubiquinone), v.24 | p.106	
1.6.5.3	CI-39KD, NADH dehydrogenase (ubiquinone), v.24 | p.106	
1.6.5.3	CI-40KD, NADH dehydrogenase (ubiquinone), v.24 | p.106	
1.6.5.3	CI-42.5KD, NADH dehydrogenase (ubiquinone), v.24 | p.106	
1.6.5.3	CI-42KD, NADH dehydrogenase (ubiquinone), v.24 | p.106	
1.6.5.3	CI-49KD, NADH dehydrogenase (ubiquinone), v.24 | p.106	
1.6.5.3	CI-51KD, NADH dehydrogenase (ubiquinone), v.24 | p.106	
1.6.5.3	CI-75KD, NADH dehydrogenase (ubiquinone), v.24 | p.106	
1.6.5.3	CI-78KD, NADH dehydrogenase (ubiquinone), v.24 | p.106	
1.6.5.3	CI-9.5, NADH dehydrogenase (ubiquinone), v.24 | p.106	
1.6.5.3	CI-9KD, NADH dehydrogenase (ubiquinone), v.24 | p.106	
1.6.5.3	CI-AGGG, NADH dehydrogenase (ubiquinone), v.24 | p.106	
1.6.5.3	CI-AQDQ, NADH dehydrogenase (ubiquinone), v.24 | p.106	
1.6.5.3	CI-ASHI, NADH dehydrogenase (ubiquinone), v.24 | p.106	
1.6.5.3	CI-B12, NADH dehydrogenase (ubiquinone), v.24 | p.106	
1.6.5.3	CI-B14, NADH dehydrogenase (ubiquinone), v.24 | p.106	
1.6.5.3	CI-B14.5a, NADH dehydrogenase (ubiquinone), v.24 | p.106	
1.6.5.3	CI-B14.5b, NADH dehydrogenase (ubiquinone), v.24 | p.106	
1.6.5.3	CI-B15, NADH dehydrogenase (ubiquinone), v.24 | p.106	
1.6.5.3	CI-B16.6, NADH dehydrogenase (ubiquinone), v.24 | p.106	
1.6.5.3	CI-B17, NADH dehydrogenase (ubiquinone), v.24 | p.106	
1.6.5.3	CI-B17.2, NADH dehydrogenase (ubiquinone), v.24 | p.106	
1.6.5.3	CI-B18, NADH dehydrogenase (ubiquinone), v.24 | p.106	
1.6.5.3	CI-B22, NADH dehydrogenase (ubiquinone), v.24 | p.106	
1.6.5.3	CI-B8, NADH dehydrogenase (ubiquinone), v.24 | p.106	
1.6.5.3	CI-B9, NADH dehydrogenase (ubiquinone), v.24 | p.106	
1.14.99.36	Ci-BCO, β-carotene 15,15'-monooxygenase, v.27 | p.388	
3.4.17.10	Ci-CPE, carboxypeptidase E, v.6 | p.455	
1.6.5.3	CI-KFYI, NADH dehydrogenase (ubiquinone), v.24 | p.106	

1.6.5.3	CI-MLRQ, NADH dehydrogenase (ubiquinone), v. 24 | p. 106	
1.6.5.3	CI-MNLL, NADH dehydrogenase (ubiquinone), v. 24 | p. 106	
1.6.5.3	CI-MWFE, NADH dehydrogenase (ubiquinone), v. 24 | p. 106	
1.6.5.3	CI-PDSW, NADH dehydrogenase (ubiquinone), v. 24 | p. 106	
1.6.5.3	CI-PGIV, NADH dehydrogenase (ubiquinone), v. 24 | p. 106	
1.6.5.3	CI-SGDH, NADH dehydrogenase (ubiquinone), v. 24 | p. 106	
3.2.1.80	Ci1-1-FEH IIa, fructan β-fructosidase, v. 13 | p. 275	
1.6.5.3	CIB17.2, NADH dehydrogenase (ubiquinone), v. 24 | p. 106	
1.1.1.42	cICDH, isocitrate dehydrogenase (NADP+), v. 16 | p. 402	
2.7.7.19	Cid1, polynucleotide adenylyltransferase, v. 38 | p. 245	
2.3.1.182	CimA, (R)-citramalate synthase, v. 52 | p. 131	
4.1.3.22	CimA, citramalate lyase, v. 4 | p. 145	
3.2.1.26	CIN, β-fructofuranosidase, v. 12 | p. 451	
3.2.1.26	Cin1, β-fructofuranosidase, v. 12 | p. 451	
3.2.1.26	Cin5, β-fructofuranosidase, v. 12 | p. 451	
3.1.1.73	CinI, feruloyl esterase, v. 9 | p. 414	
3.1.1.73	CinII, feruloyl esterase, v. 9 | p. 414	
1.14.13.9	cinnabar, kynurenine 3-monooxygenase, v. 26 | p. 269	
3.1.1.73	cinnAE, feruloyl esterase, v. 9 | p. 414	
1.14.13.11	cinnamate-4-hydroxylase, trans-cinnamate 4-monooxygenase, v. 26 | p. 281	
1.14.13.14	cinnamate 2-hydroxylase, trans-cinnamate 2-monooxygenase, v. 26 | p. 306	
1.14.13.14	cinnamate 2-monooxygenase, trans-cinnamate 2-monooxygenase, v. 26 | p. 306	
1.14.13.11	cinnamate 4-hydroxylase, trans-cinnamate 4-monooxygenase, v. 26 | p. 281	
1.14.13.11	cinnamate 4-monooxygenase, trans-cinnamate 4-monooxygenase, v. 26 | p. 281	
1.14.13.11	cinnamate hydroxylase, trans-cinnamate 4-monooxygenase, v. 26 | p. 281	
1.14.13.14	cinnamic 2-hydroxylase, trans-cinnamate 2-monooxygenase, v. 26 | p. 306	
1.14.13.11	cinnamic 4-hydroxylase, trans-cinnamate 4-monooxygenase, v. 26 | p. 281	
1.14.13.14	cinnamic acid 2-hydroxylase, trans-cinnamate 2-monooxygenase, v. 26 | p. 306	
1.14.13.11	cinnamic acid 4-hydroxylase, trans-cinnamate 4-monooxygenase, v. 26 | p. 281	
1.14.13.11	cinnamic acid 4-monooxygenase, trans-cinnamate 4-monooxygenase, v. 26 | p. 281	
3.1.1.73	cinnamic acid hydrolases, feruloyl esterase, v. 9 | p. 414	
1.14.13.11	t-cinnamic acid hydroxylase, trans-cinnamate 4-monooxygenase, v. 26 | p. 281	
1.14.13.11	cinnamic acid p-hydroxylase, trans-cinnamate 4-monooxygenase, v. 26 | p. 281	
3.2.2.22	cinnamomin, rRNA N-glycosylase, v. 14 | p. 107	
1.2.1.44	cinnamoyl-Co-enzyme A reductase, cinnamoyl-CoA reductase, v. 20 | p. 316	
1.2.1.44	cinnamoyl-CoA:NADPH reductase, cinnamoyl-CoA reductase, v. 20 | p. 316	
1.2.1.44	cinnamoyl-CoA reductase, cinnamoyl-CoA reductase, v. 20 | p. 316	
1.2.1.44	cinnamoyl-CoA reductase 1, cinnamoyl-CoA reductase, v. 20 | p. 316	
1.2.1.44	cinnamoyl-coenzyme A reductase, cinnamoyl-CoA reductase, v. 20 | p. 316	
1.2.1.44	cinnamoyl Co reductase, cinnamoyl-CoA reductase, v. 20 | p. 316	
3.1.1.42	Cinnamoyl esterase, chlorogenate hydrolase, v. 9 | p. 298	
3.1.1.73	Cinnamoyl esterase, feruloyl esterase, v. 9 | p. 414	
3.1.1.73	cinnamoyl ester hydrolase, feruloyl esterase, v. 9 | p. 414	
1.1.1.195	cinnamyl alcohol dehydrogenase, cinnamyl-alcohol dehydrogenase, v. 18 | p. 164	
1.1.1.195	cinnamyl alcohol dehydrogenase 1, cinnamyl-alcohol dehydrogenase, v. 18 | p. 164	
2.7.11.1	P-CIP2, non-specific serine/threonine protein kinase, v. S3 | p. 1	
1.8.1.4	CIP50, dihydrolipoyl dehydrogenase, v. 24 | p. 463	
2.4.1.17	ciramadol UDP-glucuronyltransferase, glucuronosyltransferase, v. 31 | p. 162	
3.4.21.22	circulating factor IXa, coagulation factor IXa, v. 7 | p. 93	
5.3.3.8	Δ3-cis,Δ2-trans-Enoyl-CoA isomerase, dodecenoyl-CoA isomerase, v. 1 | p. 413	
5.5.1.1	cis,cis-Muconate-lactonizing enzyme, Muconate cycloisomerase, v. 1 | p. 660	
5.5.1.1	cis,cis-Muconate cycloisomerase, Muconate cycloisomerase, v. 1 | p. 660	
2.5.1.31	cis,polyprenyl diphosphate synthase, di-trans,poly-cis-decaprenylcistransferase, v. 34 | p. 1	
1.3.1.19	cis-1,2-dihydrocyclohexa-3,5-diene oxidoreductase, cis-1,2-dihydrobenzene-1,2-diol dehydrogenase, v. 21 | p. 94	

1.3.1.25	cis-1,2-dihydroxy-3,4-cyclohexadiene-1-carboxylate dehydrogenase, 1,6-dihydroxycyclohexa-2,4-diene-1-carboxylate dehydrogenase, v. 21 | p. 151
1.3.1.56	cis-2,3-dihydro-2,3-dihydroxybiphenyl dehydrogenase, cis-2,3-dihydrobiphenyl-2,3-diol dehydrogenase, v. 21 | p. 288
1.3.1.37	cis-2-enoyl-coenzyme A reductase, cis-2-enoyl-CoA reductase (NADPH), v. 21 | p. 221
5.3.3.8	3-cis-2-trans-Enoyl-CoA isomerase, dodecenoyl-CoA isomerase, v. 1 | p. 413
5.3.3.8	Δ3-cis-Δ2-trans-enoyl-CoA isomerase, dodecenoyl-CoA isomerase, v. 1 | p. 413
5.3.3.3	Δ3-cis-Δ2-trans-enoyl-CoA isomerase, vinylacetyl-CoA Δ-isomerase, v. 1 | p. 395
1.3.1.49	cis-3,4-Dihydro-3,4-dihydroxyphenanthrene dehydrogenase, cis-3,4-dihydrophenanthrene-3,4-diol dehydrogenase, v. 21 | p. 272
5.3.3.3	cis-3,trans-2-Enoyl-CoA-isomerase, vinylacetyl-CoA Δ-isomerase, v. 1 | p. 395
4.2.1.3	cis-aconitase, aconitate hydratase, v. 4 | p. 273
4.1.1.6	cis-Aconitic acid decarboxylase, Aconitate decarboxylase, v. 3 | p. 39
2.3.1.135	11-cis-acyl-CoA:retinol O-acyltransferase, phosphatidylcholine-retinol O-acyltransferase, v. 30 | p. 339
2.3.1.76	11-cis-acyl-CoA:retinol O-acyltransferase, retinol O-fatty-acyltransferase, v. 30 | p. 83
2.3.1.76	11-cis-ARAT, retinol O-fatty-acyltransferase, v. 30 | p. 83
1.3.1.19	cis-benzene dihydrodiol dehydrogenase, cis-1,2-dihydrobenzene-1,2-diol dehydrogenase, v. 21 | p. 94
1.3.1.19	cis-benzene glycol dehydrogenase, cis-1,2-dihydrobenzene-1,2-diol dehydrogenase, v. 21 | p. 94
3.1.1.45	cis-dienelactone hydrolase, carboxymethylenebutenolidase, v. 9 | p. 310
1.3.1.29	cis-dihydrodiol naphthalene dehydrogenase, cis-1,2-dihydro-1,2-dihydroxynaphthalene dehydrogenase, v. 21 | p. 171
1.3.1.25	cis-Diol dehydrogenase (Acinetobacter calcoaceticus reduced), 1,6-dihydroxycyclohexa-2,4-diene-1-carboxylate dehydrogenase, v. 21 | p. 151
1.3.1.25	cis-diol dehydrogenase (Pseudomonas putida reduced), 1,6-dihydroxycyclohexa-2,4-diene-1-carboxylate dehydrogenase, v. 21 | p. 151
3.1.1.45	cis-DLH, carboxymethylenebutenolidase, v. 9 | p. 310
1.13.11.51	9-cis-epoxicarotenoid dioxygenase, 9-cis-epoxycarotenoid dioxygenase, v. S1 | p. 436
1.13.11.51	9-cis-epoxycarotenoid dioxygenase 3, 9-cis-epoxycarotenoid dioxygenase, v. S1 | p. 436
4.2.1.36	cis-Homoaconitase, homoaconitate hydratase, v. 4 | p. 464
1.3.1.29	(+)-cis-naphthalene dihydrodiol dehydrogenase, cis-1,2-dihydro-1,2-dihydroxynaphthalene dehydrogenase, v. 21 | p. 171
1.3.1.29	cis-naphthalene dihydrodiol dehydrogenase, cis-1,2-dihydro-1,2-dihydroxynaphthalene dehydrogenase, v. 21 | p. 171
1.3.1.60	cis-naphthalene dihydrodiol dehydrogenase, dibenzothiophene dihydrodiol dehydrogenase, v. 21 | p. 300
1.3.1.49	cis-Phenanthrene 3,4-dihydrodiol dehydrogenase, cis-3,4-dihydrophenanthrene-3,4-diol dehydrogenase, v. 21 | p. 272
1.3.1.64	cis-phthalate dihydrodiol dehydrogenase, phthalate 4,5-cis-dihydrodiol dehydrogenase, v. 21 | p. 307
1.1.1.9	2,3-cis-polyol(DPN) dehydrogenase (C3-5), D-xylulose reductase, v. 16 | p. 137
2.5.1.20	cis-prenyl transferase, rubber cis-polyprenylcistransferase, v. 33 | p. 562
2.5.1.20	cis-prenyltransferase, rubber cis-polyprenylcistransferase, v. 33 | p. 562
1.1.1.105	cis-retinol/3α-hydroxysterol short-chain dehydrogenase, retinol dehydrogenase, v. 17 | p. 287
1.1.1.105	11-cis-retinol dehydrogenase, retinol dehydrogenase, v. 17 | p. 287
1.1.1.228	(+)-cis-sabinol dehydrogenase, (+)-sabinol dehydrogenase, v. 18 | p. 349
3.2.2.17	cis-syn cyclobutane pyrimidine dimer glycosylase, deoxyribodipyrimidine endonucleosidase, v. 14 | p. 84
3.2.2.17	cis-syn trans-syn-II cyclobutane pyrimidine dimer glycosylase, deoxyribodipyrimidine endonucleosidase, v. 14 | p. 84
2.5.1.31	cis-type undecaprenyl pyrophosphate synthase, di-trans,poly-cis-decaprenylcistransferase, v. 34 | p. 1

2.4.1.215	cis-zeatin O-β-D-glucosyltransferase, cis-zeatin O-β-D-glucosyltransferase, v. 32	p. 576
1.13.11.51	9-cis epoxycarotenoid dioxygenase, 9-cis-epoxycarotenoid dioxygenase, v. S1	p. 436
1.3.1.67	cis p-toluate diol dehydrogenase, cis-1,2-dihydroxy-4-methylcyclohexa-3,5-diene-1-carboxylate dehydrogenase, v. 21	p. 312
1.1.1.105	11-cis RDH, retinol dehydrogenase, v. 17	p. 287
2.4.1.215	cisZOG1, cis-zeatin O-β-D-glucosyltransferase, v. 32	p. 576
2.3.3.1	CIT1, citrate (Si)-synthase, v. 30	p. 582
4.2.1.3	citB, aconitate hydratase, v. 4	p. 273
2.7.8.25	CitG, triphosphoribosyl-dephospho-CoA synthase, v. 39	p. 145
2.4.1.210	CitLGT-1, limonoid glucosyltransferase, v. 32	p. 552
2.4.1.210	CitLGT-2, limonoid glucosyltransferase, v. 32	p. 552
4.1.1.3	CitM, Oxaloacetate decarboxylase, v. 3	p. 15
4.2.3.20	CitMTSE1, (R)-limonene synthase, v. S7	p. 288
1.13.11.51	CitNCED2, 9-cis-epoxycarotenoid dioxygenase, v. S1	p. 436
1.13.11.51	CitNCED3, 9-cis-epoxycarotenoid dioxygenase, v. S1	p. 436
2.5.1.32	CitPsy, phytoene synthase, v. 34	p. 21
4.2.1.35	Citraconase, (R)-2-Methylmalate dehydratase, v. 4	p. 461
4.2.1.35	Citraconate hydratase, (R)-2-Methylmalate dehydratase, v. 4	p. 461
2.8.3.7	citramalate CoA-transferase, succinate-citramalate CoA-transferase, v. 39	p. 495
4.2.1.35	Citramalate hydro-lyase, (R)-2-Methylmalate dehydratase, v. 4	p. 461
2.3.1.182	citramalate lyase, (R)-citramalate synthase, v. S2	p. 131
4.1.3.22	citramalate lyase, citramalate lyase, v. 4	p. 145
4.1.3.22	(+)-citramalate pyruvate-lyase, citramalate lyase, v. 4	p. 145
2.3.1.182	citramalate synthase, (R)-citramalate synthase, v. S2	p. 131
4.1.3.22	citramalate synthase, citramalate lyase, v. 4	p. 145
4.1.3.22	citramalate synthetase, citramalate lyase, v. 4	p. 145
4.1.3.22	citramalic-condensing enzyme, citramalate lyase, v. 4	p. 145
4.2.1.34	(+)-Citramalic hydro-lyase, (S)-2-Methylmalate dehydratase, v. 4	p. 456
4.1.3.22	citramalic synthase, citramalate lyase, v. 4	p. 145
4.1.3.25	D-citramalyl-CoA lyase, citramalyl-CoA lyase, v. 4	p. 155
4.1.3.25	S-citramalyl-CoA lyase, citramalyl-CoA lyase, v. 4	p. 155
4.1.3.25	citramalyl-CoA lyase, citramalyl-CoA lyase, v. 4	p. 155
2.8.3.11	citramalyl-CoA transferase, citramalate CoA-transferase, v. 39	p. 510
4.1.3.25	S-citramalyl-coenzyme A lyase, citramalyl-CoA lyase, v. 4	p. 155
4.1.3.25	citramalyl-thio-acyl carrier protein lyase, citramalyl-CoA lyase, v. 4	p. 155
4.1.3.25	citramalyl coenzyme A lyase, citramalyl-CoA lyase, v. 4	p. 155
4.1.3.6	citrase, citrate (pro-3S)-lyase, v. 4	p. 47
4.1.3.6	citratase, citrate (pro-3S)-lyase, v. 4	p. 47
4.1.3.6	citrate (pro-3S)-lyase, citrate (pro-3S)-lyase, v. 4	p. 47
6.2.1.22	citrate (pro-3S)-lyase ligase, [citrate (pro-3S)-lyase] ligase, v. 2	p. 304
6.2.1.22	[citrate (pro-3S)]-lyase ligase, [citrate (pro-3S)-lyase] ligase, v. 2	p. 304
3.1.2.16	[citrate-(pro-3S)-lyase] thiolesterase, citrate-lyase deacetylase, v. 9	p. 528
2.3.3.8	citrate-ATP lyase, ATP citrate synthase, v. 30	p. 631
2.8.3.10	citrate-CoA transferase, citrate CoA-transferase, v. 39	p. 507
4.1.3.6	citrate aldolase, citrate (pro-3S)-lyase, v. 4	p. 47
4.1.3.8	Citrate cleavage enzyme, ATP citrate (pro-S)-lyase, v. 4	p. 70
2.3.3.8	Citrate cleavage enzyme, ATP citrate synthase, v. 30	p. 631
2.3.3.1	citrate condensing enzyme, citrate (Si)-synthase, v. 30	p. 582
4.2.1.3	citrate hydro-lyase, aconitate hydratase, v. 4	p. 273
6.2.1.22	citrate ligase, [citrate (pro-3S)-lyase] ligase, v. 2	p. 304
4.1.3.6	citrate lyase, citrate (pro-3S)-lyase, v. 4	p. 47
6.2.1.22	Citrate lyase acetylating enzyme, [citrate (pro-3S)-lyase] ligase, v. 2	p. 304
3.1.2.16	citrate lyase deacetylase, citrate-lyase deacetylase, v. 9	p. 528
2.7.7.61	citrate lyase holo-ACP synthetase, citrate lyase holo-[acyl-carrier protein] synthase, v. 38	p. 565

6.2.1.22	Citrate lyase ligase, [citrate (pro-3S)-lyase] ligase, v. 2 | p. 304	
6.2.1.22	Citrate lyase synthetase, [citrate (pro-3S)-lyase] ligase, v. 2 | p. 304	
2.3.3.1	citrate oxaloacetate-lyase ((pro-3S)-CH2COO-→ acetyl-CoA), citrate (Si)-synthase, v. 30 | p. 582	
2.3.3.1	citrate oxaloacetate-lyase (CoA-acetylating), citrate (Si)-synthase, v. 30 | p. 582	
4.1.3.6	citrate oxaloacetate-lyase(pro-3S-COO- → acetate), citrate (pro-3S)-lyase, v. 4 | p. 47	
2.3.3.1	citrate oxaloacetate-lyase, CoA-acetylating, citrate (Si)-synthase, v. 30 | p. 582	
2.3.3.3	citrate oxaloacetate-lyase [(pro-3-R)-CH2COO-acetyl-CoA], citrate (Re)-synthase, v. 30 | p. 612	
2.3.3.1	citrate synthase, citrate (Si)-synthase, v. 30 | p. 582	
2.3.3.1	citrate synthase Cit1, citrate (Si)-synthase, v. 30 | p. 582	
2.3.3.5	citrate synthase II, 2-methylcitrate synthase, v. 30 | p. 618	
2.3.3.1	citrate synthetase, citrate (Si)-synthase, v. 30 | p. 582	
2.3.3.1	citric-condensing enzyme, citrate (Si)-synthase, v. 30 | p. 582	
4.1.3.6	citric aldolase, citrate (pro-3S)-lyase, v. 4 | p. 47	
2.3.3.8	citric cleavage enzyme, ATP citrate synthase, v. 30 | p. 631	
2.3.3.1	citric synthase, citrate (Si)-synthase, v. 30 | p. 582	
4.1.3.6	citridesmolase, citrate (pro-3S)-lyase, v. 4 | p. 47	
4.1.3.6	citritase, citrate (pro-3S)-lyase, v. 4 | p. 47	
2.3.3.1	citrogenase, citrate (Si)-synthase, v. 30 | p. 582	
3.5.4.9	Citrovorum factor cyclodehydrase, methenyltetrahydrofolate cyclohydrolase, v. 15 | p. 72	
6.3.4.5	Citrulline–aspartate ligase, Argininosuccinate synthase, v. 2 | p. 595	
6.3.4.5	Citrulline-aspartate ligase, Argininosuccinate synthase, v. 2 | p. 595	
3.5.1.20	citrulline hydrolase, citrullinase, v. 14 | p. 357	
3.5.3.6	citrulline iminase, arginine deiminase, v. 14 | p. 776	
3.5.1.20	L-citrulline N5-carbamoyldehydrolase, citrullinase, v. 14 | p. 357	
2.1.3.3	citrulline phosphorylase, ornithine carbamoyltransferase, v. 29 | p. 119	
3.1.1.72	Citrus acetylesterase, Acetylxylan esterase, v. 9 | p. 406	
3.1.1.6	Citrus acetylesterase, acetylesterase, v. 9 | p. 96	
4.1.3.34	citryl-CoA lyase, citryl-CoA lyase, v. 4 | p. 191	
6.2.1.18	citryl-CoA synthetase, citrate-CoA ligase, v. 2 | p. 291	
3.1.2.7	citryl-glutathione thioesterhydrolase, glutathione thiolesterase, v. 9 | p. 499	
3.5.1.68	β-citryl-L-glutamate-hydrolysing enzyme, N-formylglutamate deformylase, v. 14 | p. 548	
3.5.1.68	β-citryl-L-glutamate-hydrolyzing enzyme, N-formylglutamate deformylase, v. 14 | p. 548	
3.5.1.68	β-citryl-L-glutamate amidase, N-formylglutamate deformylase, v. 14 | p. 548	
3.5.1.68	β-citryl-L-glutamate amidohydrolase, N-formylglutamate deformylase, v. 14 | p. 548	
3.5.1.68	β-citryl-L-glutamate hydrolase, N-formylglutamate deformylase, v. 14 | p. 548	
4.1.3.34	citryl-S-ACP lyase, citryl-CoA lyase, v. 4 | p. 191	
3.5.1.68	citrylglutamate-hydrolysing enzyme, N-formylglutamate deformylase, v. 14 | p. 548	
3.5.1.68	β-citrylglutamate amidase, N-formylglutamate deformylase, v. 14 | p. 548	
3.5.1.68	β-citrylglutamate amidohydrolase, N-formylglutamate deformylase, v. 14 | p. 548	
3.5.1.68	citrylglutamate amidohydrolase, N-formylglutamate deformylase, v. 14 | p. 548	
2.7.7.61	CitX, citrate lyase holo-[acyl-carrier protein] synthase, v. 38 | p. 565	
3.2.1.14	CiX1, chitinase, v. 12 | p. 185	
4.3.1.1	Cj0087, aspartate ammonia-lyase, v. 5 | p. 162	
4.2.1.115	Cj1293, UDP-N-acetylglucosamine 4,6-dehydratase (inverting)	
1.7.1.4	Cj1357c, nitrite reductase [NAD(P)H], v. 24 | p. 277	
1.7.1.4	Cj1358c, nitrite reductase [NAD(P)H], v. 24 | p. 277	
3.2.1.4	CjCel9A, cellulase, v. 12 | p. 88	
2.1.1.140	CjCNMT, (S)-coclaurine-N-methyltransferase, v. 28 | p. 619	
2.4.1.123	CjGolS, inositol 3-α-galactosyltransferase, v. 32 | p. 182	
1.11.1.5	Cjj0382, cytochrome-c peroxidase, v. 25 | p. 186	
4.2.1.78	CjNCS1, (S)-norcoclaurine synthase, v. 4 | p. 607	
4.2.1.78	CjPR10A, (S)-norcoclaurine synthase, v. 4 | p. 607	
3.1.1.73	CjXYLD, feruloyl esterase, v. 9 | p. 414	

2.7.4.13	CK, (deoxy)nucleoside-phosphate kinase, v. 37 | p. 578	
2.7.2.2	CK, carbamate kinase, v. 37 | p. 275	
2.7.1.32	CK, choline kinase, v. 35 | p. 373	
2.7.3.2	CK, creatine kinase, v. 37 | p. 369	
2.7.1.32	CK-α, choline kinase, v. 35 | p. 373	
2.7.1.32	CK-β, choline kinase, v. 35 | p. 373	
2.7.1.32	CK-α1, choline kinase, v. 35 | p. 373	
2.7.1.32	CK-α1/β, choline kinase, v. 35 | p. 373	
2.7.11.1	CK-2, non-specific serine/threonine protein kinase, v. S3 | p. 1	
2.7.1.32	CK-α2, choline kinase, v. 35 | p. 373	
2.7.3.2	CK-BB, creatine kinase, v. 37 | p. 369	
6.3.4.16	CK-like CPS, Carbamoyl-phosphate synthase (ammonia), v. 2 | p. 641	
2.7.3.2	CK-MB, creatine kinase, v. 37 | p. 369	
2.7.3.2	CK-MM, creatine kinase, v. 37 | p. 369	
2.7.11.1	CK1, non-specific serine/threonine protein kinase, v. S3 | p. 1	
2.7.11.1	CK1α, non-specific serine/threonine protein kinase, v. S3 | p. 1	
2.7.11.1	CK1δ, non-specific serine/threonine protein kinase, v. S3 | p. 1	
2.7.11.1	CK1ε-1, non-specific serine/threonine protein kinase, v. S3 | p. 1	
2.7.11.1	CK1 γ 1, non-specific serine/threonine protein kinase, v. S3 | p. 1	
2.7.11.1	CK1 γ 2, non-specific serine/threonine protein kinase, v. S3 | p. 1	
2.7.11.1	CK1 γ 3, non-specific serine/threonine protein kinase, v. S3 | p. 1	
2.7.11.1	CK2, non-specific serine/threonine protein kinase, v. S3 | p. 1	
2.7.1.32	CKα2, choline kinase, v. 35 | p. 373	
2.7.11.1	CK2-α, non-specific serine/threonine protein kinase, v. S3 | p. 1	
2.7.1.32	CKA-2, choline kinase, v. 35 | p. 373	
2.7.2.2	CKase, carbamate kinase, v. 37 | p. 275	
2.7.1.32	ckb, choline kinase, v. 35 | p. 373	
2.4.1.21	CkGBSS, starch synthase, v. 31 | p. 251	
2.7.11.1	CKI, non-specific serine/threonine protein kinase, v. S3 | p. 1	
2.7.11.1	CKI-α, non-specific serine/threonine protein kinase, v. S3 | p. 1	
2.7.11.1	CKI-β, non-specific serine/threonine protein kinase, v. S3 | p. 1	
2.7.11.1	CKIε-2, non-specific serine/threonine protein kinase, v. S3 | p. 1	
2.7.11.1	CKIε-3, non-specific serine/threonine protein kinase, v. S3 | p. 1	
2.7.1.32	CKI1, choline kinase, v. 35 | p. 373	
2.7.1.32	CKI1-encoded choline kinase, choline kinase, v. 35 | p. 373	
2.7.1.32	CKII, choline kinase, v. 35 | p. 373	
2.7.11.1	CKII, non-specific serine/threonine protein kinase, v. S3 | p. 1	
2.7.10.1	cKit, receptor protein-tyrosine kinase, v. S2 | p. 341	
2.7.3.2	CKMiMi, creatine kinase, v. 37 | p. 369	
3.5.2.6	CKO, β-lactamase, v. 14 | p. 683	
1.5.99.12	CKO, cytokinin dehydrogenase, v. 23 | p. 398	
2.7.7.38	CKS, 3-deoxy-manno-octulosonate cytidylyltransferase, v. 38 | p. 396	
2.7.7.38	K-CKS, 3-deoxy-manno-octulosonate cytidylyltransferase, v. 38 | p. 396	
2.7.7.38	L-CKS, 3-deoxy-manno-octulosonate cytidylyltransferase, v. 38 | p. 396	
1.5.99.12	CKX, cytokinin dehydrogenase, v. 23 | p. 398	
6.2.1.12	4CL, 4-Coumarate-CoA ligase, v. 2 | p. 256	
4.2.3.20	Cl(+)LIMS1, (R)-limonene synthase, v. S7 | p. 288	
4.2.3.20	Cl(+)LIMS2, (R)-limonene synthase, v. S7 | p. 288	
3.4.11.2	Cl-activated aminopeptidase, membrane alanyl aminopeptidase, v. 6 | p. 53	
3.4.11.6	Cl-activated arginine aminopeptidase, aminopeptidase B, v. 6 | p. 92	
3.4.11.6	Cl-activated arinine aminopeptidase, aminopeptidase B, v. 6 | p. 92	
3.6.3.11	Cl-ATPase, Cl–transporting ATPase, v. 15 | p. 588	
3.6.3.11	Cl-motive ATPase, Cl–transporting ATPase, v. 15 | p. 588	
3.6.3.11	Cl-translocating ATPase, Cl–transporting ATPase, v. 15 | p. 588	
6.2.1.12	4CL-A1, 4-Coumarate-CoA ligase, v. 2 | p. 256	

6.2.1.12	4CL-A2, 4-Coumarate-CoA ligase, v. 2 | p. 256	
3.6.3.11	Cl- ATPase, Cl–transporting ATPase, v. 15 | p. 588	
6.2.1.12	4CL-B, 4-Coumarate-CoA ligase, v. 2 | p. 256	
6.2.1.12	4CL1, 4-Coumarate-CoA ligase, v. 2 | p. 256	
6.2.1.12	4CL2, 4-Coumarate-CoA ligase, v. 2 | p. 256	
4.2.2.3	CL2, poly(β-D-mannuronate) lyase, v. 5 | p. 19	
6.2.1.12	4CL3, 4-Coumarate-CoA ligase, v. 2 | p. 256	
2.7.11.17	CL3, Ca2+/calmodulin-dependent protein kinase, v. S4 | p. 1	
6.2.1.12	4CL4, 4-Coumarate-CoA ligase, v. 2 | p. 256	
3.4.23.26	Cladosporium acid protease, Rhodotorulapepsin, v. 8 | p. 126	
3.4.23.26	Cladosporium acid proteinase, Rhodotorulapepsin, v. 8 | p. 126	
1.1.1.138	Cla h 8, mannitol 2-dehydrogenase (NADP+), v. 17 | p. 403	
1.1.1.138	Cla h 8 allergen, mannitol 2-dehydrogenase (NADP+), v. 17 | p. 403	
4.2.1.11	Cla h VI, phosphopyruvate hydratase, v. 4 | p. 312	
3.1.21.4	ClaI, type II site-specific deoxyribonuclease, v. 11 | p. 454	
3.2.1.1	Clarase, α-amylase, v. 12 | p. 1	
3.6.4.5	claret motor protein, minus-end-directed kinesin ATPase, v. 15 | p. 784	
4.1.1.31	Class-1 PEPC, phosphoenolpyruvate carboxylase, v. 3 | p. 175	
4.1.1.31	Class-2 PEPC, phosphoenolpyruvate carboxylase, v. 3 | p. 175	
3.1.3.2	class-A bacterial non-specific acid phosphatases, acid phosphatase, v. 10 | p. 31	
2.4.1.16	class-A CHS, chitin synthase, v. 31 | p. 147	
2.4.1.16	class-B CHS, chitin synthase, v. 31 | p. 147	
2.4.1.16	class-II chitin synthase 1, chitin synthase, v. 31 | p. 147	
2.7.1.154	class-II PI 3-kinase, phosphatidylinositol-4-phosphate 3-kinase, v. 37 | p. 245	
2.7.1.154	class-I PI 3-kinase, phosphatidylinositol-4-phosphate 3-kinase, v. 37 | p. 245	
1.3.5.2	class 1A DHOD, dihydroorotate dehydrogenase	
1.3.5.2	class 1A DHODH, dihydroorotate dehydrogenase	
1.3.5.2	class 1A dihydroorotate dehydrogenase, dihydroorotate dehydrogenase	
1.2.1.3	class 1 aldehyde dehydrogenase, aldehyde dehydrogenase (NAD+), v. 20 | p. 32	
6.1.1.6	class 1 lysyl tRNA synthetase, Lysine-tRNA ligase, v. 2 | p. 42	
1.2.1.3	class 2 aldehyde dehydrogenase, aldehyde dehydrogenase (NAD+), v. 20 | p. 32	
1.3.5.2	class 2 dihydroorotate dehydrogenases, dihydroorotate dehydrogenase	
2.7.9.3	class 2 selenophosphate synthetase, selenide, water dikinase, v. 39 | p. 173	
1.2.1.5	class 3 aldehyde dehydrogenase, aldehyde dehydrogenase [NAD(P)+], v. 20 | p. 72	
1.14.13.8	class 3 flavin-containing mono-oxygenase, flavin-containing monooxygenase, v. 26 | p. 257	
1.14.13.8	class 3 FMO, flavin-containing monooxygenase, v. 26 | p. 257	
3.5.2.6	class A β-lactamase, β-lactamase, v. 14 | p. 683	
3.5.2.6	class A β-lactamase CKO-1, β-lactamase, v. 14 | p. 683	
3.5.2.6	class A β-lactamase CKO-2, β-lactamase, v. 14 | p. 683	
3.5.2.6	class A β-lactamase CKO-3, β-lactamase, v. 14 | p. 683	
3.5.2.6	class A β-lactamase CKO-4, β-lactamase, v. 14 | p. 683	
2.4.1.16	class A chitin synthase, chitin synthase, v. 31 | p. 147	
3.5.2.6	class B β-lactamase SFB-1, β-lactamase, v. 14 | p. 683	
3.5.2.6	class B β-lactamase SLB-1, β-lactamase, v. 14 | p. 683	
3.5.2.6	class B carbapenemase, β-lactamase, v. 14 | p. 683	
3.5.2.6	class B metallo-β-lactamase, β-lactamase, v. 14 | p. 683	
3.5.2.6	class B metallo-β-lactamase L-1, β-lactamase, v. 14 | p. 683	
3.5.2.6	class C β-lactamase, β-lactamase, v. 14 | p. 683	
3.1.3.5	class C acid phosphatase, 5'-nucleotidase, v. 10 | p. 95	
4.2.1.1	α-class carbonic anhydrase, carbonate dehydratase, v. 4 | p. 242	
4.2.1.1	β-class carbonic anhydrase, carbonate dehydratase, v. 4 | p. 242	
4.2.1.1	γ-class carbonic anhydrase, carbonate dehydratase, v. 4 | p. 242	
3.5.2.6	class D β-lactamase, β-lactamase, v. 14 | p. 683	
3.5.2.6	class D oxacillinase, β-lactamase, v. 14 | p. 683	
2.5.1.18	δ-class glutathione S-transferase, glutathione transferase, v. 33 | p. 524	

2.5.1.18	α class glutathione transferase, glutathione transferase, v. 33 | p. 524	
4.6.1.1	class I AC, adenylate cyclase, v. 5 | p. 415	
4.6.1.1	class I adenylate cyclase, adenylate cyclase, v. 5 | p. 415	
1.2.1.3	class I ALDH, aldehyde dehydrogenase (NAD+), v. 20 | p. 32	
1.17.4.1	class Ia RR, ribonucleoside-diphosphate reductase, v. 27 | p. 489	
3.4.21.43	classical pathway C3/C5 convertase, classical-complement-pathway C3/C5 convertase, v. 7 | p. 203	
3.4.21.113	classical swine fever virus NS3 endopeptidase, pestivirus NS3 polyprotein peptidase, v. S5 | p. 408	
2.7.7.25	class I CCA-adding enzyme, tRNA adenylyltransferase, v. 38 | p. 305	
2.7.7.21	class I CCA-adding enzyme, tRNA cytidylyltransferase, v. 38 | p. 265	
3.2.1.14	class I chitinase, chitinase, v. 12 | p. 185	
2.4.1.16	class I CHS, chitin synthase, v. 31 | p. 147	
4.1.99.3	class I CPD photolyase, deoxyribodipyrimidine photo-lyase, v. 4 | p. 223	
4.1.99.3	class I cyclobutane pyrimidine dimer photolyase, deoxyribodipyrimidine photo-lyase, v. 4 | p. 223	
6.1.1.16	class I CysRS, Cysteine-tRNA ligase, v. 2 | p. 121	
3.1.3.16	class I cysteine-based dual-specificity phosphatase, phosphoprotein phosphatase, v. 10 | p. 213	
6.1.1.16	class I cysteinyl-tRNA synthetase, Cysteine-tRNA ligase, v. 2 | p. 121	
4.1.2.13	class I Fba, Fructose-bisphosphate aldolase, v. 3 | p. 455	
4.1.2.13	class I fructose 1,6-bisphosphate aldolase, Fructose-bisphosphate aldolase, v. 3 | p. 455	
4.1.2.13	class I fructose bisphosphate aldolase, Fructose-bisphosphate aldolase, v. 3 | p. 455	
3.2.1.114	class II α-D-mannosidase, mannosyl-oligosaccharide 1,3-1,6-α-mannosidase, v. 13 | p. 470	
3.2.1.24	class II α-mannosidase, α-mannosidase, v. 12 | p. 407	
3.2.1.114	class II α-mannosidase, mannosyl-oligosaccharide 1,3-1,6-α-mannosidase, v. 13 | p. 470	
4.6.1.1	class II AC, adenylate cyclase, v. 5 | p. 415	
4.1.2.13	class IIa fructose 1,6-bisphosphate aldolase, Fructose-bisphosphate aldolase, v. 3 | p. 455	
4.1.2.13	class II aldolase, Fructose-bisphosphate aldolase, v. 3 | p. 455	
6.1.1.26	class II aminoacyl-tRNA synthetase, pyrrolysine-tRNAPyl ligase, v. S7 | p. 583	
4.2.99.18	class II AP endonuclease LMAP, DNA-(apurinic or apyrimidinic site) lyase, v. 5 | p. 150	
4.2.99.18	class II apurinic/apyrimidinic(AP)-endonuclease, DNA-(apurinic or apyrimidinic site) lyase, v. 5 | p. 150	
2.7.7.25	class II CCA-adding enzyme, tRNA adenylyltransferase, v. 38 | p. 305	
2.7.7.21	class II CCA-adding enzyme, tRNA cytidylyltransferase, v. 38 | p. 265	
4.1.99.3	class II CPD-DNA photolyase, deoxyribodipyrimidine photo-lyase, v. 4 | p. 223	
4.1.99.3	class II CPD photolyase, deoxyribodipyrimidine photo-lyase, v. 4 | p. 223	
4.1.2.13	ClassII FBP-aldolase, Fructose-bisphosphate aldolase, v. 3 | p. 455	
4.1.2.13	class II FBP aldolase, Fructose-bisphosphate aldolase, v. 3 | p. 455	
4.1.2.13	class II fructose-1,6-bisphosphate aldolase, Fructose-bisphosphate aldolase, v. 3 | p. 455	
4.1.2.13	class II fructose bisphosphate aldolase, Fructose-bisphosphate aldolase, v. 3 | p. 455	
4.2.1.2	class II fumarase, fumarate hydratase, v. 4 | p. 262	
4.6.1.1	class III AC, adenylate cyclase, v. 5 | p. 415	
4.6.1.1	class III adenylate cyclase, adenylate cyclase, v. 5 | p. 415	
4.6.1.1	class III adenylyl cyclase, adenylate cyclase, v. 5 | p. 415	
1.1.1.284	class III ADH, S-(hydroxymethyl)glutathione dehydrogenase, v. S1 | p. 38	
1.1.1.284	class III alcohol dehydrogenase, S-(hydroxymethyl)glutathione dehydrogenase, v. S1 | p. 38	
1.1.1.1	class III alcohol dehydrogenase, alcohol dehydrogenase, v. 16 | p. 1	
1.2.1.1	class III alcohol dehydrogenase, formaldehyde dehydrogenase (glutathione), v. 20 | p. 1	
4.6.1.1	class IIIb AC, adenylate cyclase, v. 5 | p. 415	
3.2.1.14	class III chitinase, chitinase, v. 12 | p. 185	
2.7.13.3	class III HK, histidine kinase, v. S4 | p. 420	
2.7.1.154	class III phosphoinositide 3-kinase, phosphatidylinositol-4-phosphate 3-kinase, v. 37 | p. 245	
1.17.4.2	class III RNR, ribonucleoside-triphosphate reductase, v. 27 | p. 515	

1.1.1.86	class II ketol-acid reductoisomerase, ketol-acid reductoisomerase, v. 17 | p. 190	
6.1.1.6	class II lysyl-tRNA synthetase, Lysine-tRNA ligase, v. 2 | p. 42	
6.1.1.25	class II lysyl-tRNA synthetase, lysine-tRNAPyl ligase, v. S7 | p. 578	
2.7.1.154	class II phosphoinositide 3-kinase, phosphatidylinositol-4-phosphate 3-kinase, v. 37 | p. 245	
2.7.1.154	class II phosphoinositide 3-kinase C2α, phosphatidylinositol-4-phosphate 3-kinase, v. 37 | p. 245	
2.7.1.154	class II phosphoinositide 3-kinase C2β, phosphatidylinositol-4-phosphate 3-kinase, v. 37 | p. 245	
4.1.99.3	class II photolyase, deoxyribodipyrimidine photo-lyase, v. 4 | p. 223	
2.7.1.154	class II PI3K, phosphatidylinositol-4-phosphate 3-kinase, v. 37 | p. 245	
2.7.4.1	class II polyphosphate kinase, polyphosphate kinase, v. 37 | p. 475	
6.1.1.15	class II prolyl-tRNA synthetase, Proline-tRNA ligase, v. 2 | p. 111	
6.1.1.15	class II ProRS, Proline-tRNA ligase, v. 2 | p. 111	
2.7.10.1	class II receptor tyrosine kinase, receptor protein-tyrosine kinase, v. S2 | p. 341	
1.17.4.2	class II ribonucleotide reductase, ribonucleoside-triphosphate reductase, v. 27 | p. 515	
1.17.4.2	class II RNR, ribonucleoside-triphosphate reductase, v. 27 | p. 515	
6.5.1.3	class I ligase, RNA ligase (ATP), v. 2 | p. 787	
6.1.1.6	class I lysyl-tRNA synthetase, Lysine-tRNA ligase, v. 2 | p. 42	
6.1.1.25	class I lysyl-tRNA synthetase, lysine-tRNAPyl ligase, v. S7 | p. 578	
4.1.2.13	class I muscle fructose bis-phosphate aldolase, Fructose-bisphosphate aldolase, v. 3 | p. 455	
3.1.4.53	class I phosphodiesterase PDEB1, 3',5'-cyclic-AMP phosphodiesterase	
3.1.4.53	class I phosphodiesterase PDEB2, 3',5'-cyclic-AMP phosphodiesterase	
2.7.1.137	class I phosphoinositide 3-kinase, phosphatidylinositol 3-kinase, v. 37 | p. 170	
2.7.1.153	class I phosphoinositide 3-kinase, phosphatidylinositol-4,5-bisphosphate 3-kinase, v. 37 | p. 241	
2.7.1.154	class I phosphoinositide 3-kinase, phosphatidylinositol-4-phosphate 3-kinase, v. 37 | p. 245	
2.7.1.153	class I PI3K, phosphatidylinositol-4,5-bisphosphate 3-kinase, v. 37 | p. 241	
2.1.1.71	class I PLMT, phosphatidyl-N-methylethanolamine N-methyltransferase, v. 28 | p. 384	
1.17.4.1	class I ribonulceotide reductase, ribonucleoside-diphosphate reductase, v. 27 | p. 489	
6.5.1.3	class I RNA ligase ribozyme, RNA ligase (ATP), v. 2 | p. 787	
4.6.1.1	class IV AC, adenylate cyclase, v. 5 | p. 415	
4.6.1.1	class IV adenylyl cyclase, adenylate cyclase, v. 5 | p. 415	
4.6.1.1	class IVadenylyl cyclase, adenylate cyclase, v. 5 | p. 415	
2.4.1.16	class IV CaChs3p, chitin synthase, v. 31 | p. 147	
2.4.1.16	class IV chitin synthase, chitin synthase, v. 31 | p. 147	
2.4.1.16	class IV CHS, chitin synthase, v. 31 | p. 147	
1.14.14.1	class IV cytochrome P450 monooxygenase, unspecific monooxygenase, v. 26 | p. 584	
2.5.1.18	class mu glutathione S-transferase, glutathione transferase, v. 33 | p. 524	
4.6.1.1	class V AC, adenylate cyclase, v. 5 | p. 415	
2.4.1.16	class Vb chitin synthase, chitin synthase, v. 31 | p. 147	
2.4.1.16	class V chitin synthase, chitin synthase, v. 31 | p. 147	
4.6.1.1	class VI AC, adenylate cyclase, v. 5 | p. 415	
2.4.1.16	class VII chitin synthase, chitin synthase, v. 31 | p. 147	
3.6.3.11	Cl ATPase pump, Cl−transporting ATPase, v. 15 | p. 588	
1.14.11.21	clavaminate synthase 2, clavaminate synthase, v. 26 | p. 121	
1.14.11.21	clavaminic acid synthase, clavaminate synthase, v. 26 | p. 121	
1.14.14.1	clavine oxidase, unspecific monooxygenase, v. 26 | p. 584	
1.17.1.2	Clb6, 4-hydroxy-3-methylbut-2-enyl diphosphate reductase, v. 27 | p. 485	
3.1.1.5	CLC, lysophospholipase, v. 9 | p. 82	
1.13.11.49	CLD, chlorite O2-lyase, v. 25 | p. 670	
3.1.1.34	clearing factor, lipoprotein lipase, v. 9 | p. 266	
2.3.1.35	CLGAT, glutamate N-acetyltransferase, v. 29 | p. 529	
3.1.1.14	CLH, chlorophyllase, v. 9 | p. 167	
3.1.1.14	CLH1, chlorophyllase, v. 9 | p. 167	
3.1.1.14	CLH2, chlorophyllase, v. 9 | p. 167	

3.1.1.14	CLH3, chlorophyllase, v.9|p.167	
2.7.11.17	CLICK-III, Ca2+/calmodulin-dependent protein kinase, v.S4|p.1	
2.7.11.17	CLICK-III/CaMKIγ, Ca2+/calmodulin-dependent protein kinase, v.S4|p.1	
2.7.12.1	Clik1, dual-specificity kinase, v.S4|p.372	
2.7.12.1	Clk/Sty protein kinase, dual-specificity kinase, v.S4|p.372	
2.7.11.1	CLK1, non-specific serine/threonine protein kinase, v.S3|p.1	
5.3.1.15	CLLI, D-Lyxose ketol-isomerase, v.1|p.333	
3.1.2.22	CLN1, palmitoyl[protein] hydrolase, v.9|p.550	
3.4.14.9	CLN2, tripeptidyl-peptidase I, v.6|p.316	
3.4.14.9	CLN2 protein, tripeptidyl-peptidase I, v.6|p.316	
1.14.14.1	CLOA, unspecific monooxygenase, v.26|p.584	
3.2.1.1	Clone 103, α-amylase, v.12|p.1	
3.2.1.1	Clone 168, α-amylase, v.12|p.1	
6.2.1.12	Clone 4CL14, 4-Coumarate-CoA ligase, v.2|p.256	
6.2.1.12	Clone 4CL16, 4-Coumarate-CoA ligase, v.2|p.256	
6.3.1.2	Clone lambda-GS28, Glutamate-ammonia ligase, v.2|p.347	
6.3.1.2	Clone lambda-GS31, Glutamate-ammonia ligase, v.2|p.347	
6.3.1.2	Clone lambda-GS8, Glutamate-ammonia ligase, v.2|p.347	
1.14.14.1	Clone PF26, unspecific monooxygenase, v.26|p.584	
1.14.14.1	Clone PF3/46, unspecific monooxygenase, v.26|p.584	
3.2.1.1	Clone PHV19, α-amylase, v.12|p.1	
3.2.1.1	Clones GRAMY56 and 963, α-amylase, v.12|p.1	
3.4.24.3	clostridial collagenase A, microbial collagenase, v.8|p.205	
3.4.22.8	clostridiopeptidase, clostripain, v.7|p.555	
3.4.21.32	clostridiopeptidase A, brachyurin, v.7|p.129	
3.4.24.3	clostridiopeptidase A, microbial collagenase, v.8|p.205	
3.4.22.8	clostridiopeptidase B, clostripain, v.7|p.555	
3.4.21.32	clostridiopeptidase I, brachyurin, v.7|p.129	
3.4.24.3	clostridiopeptidase I, microbial collagenase, v.8|p.205	
3.4.21.32	clostridiopeptidase II, brachyurin, v.7|p.129	
3.4.24.3	clostridiopeptidase II, microbial collagenase, v.8|p.205	
3.4.22.8	α-clostridipain, clostripain, v.7|p.555	
3.4.24.69	Clostridium botulinum C2 toxin, bontoxilysin, v.8|p.553	
3.4.24.69	Clostridium botulinum neurotoxin serotype A, bontoxilysin, v.8|p.553	
3.4.24.69	Clostridium botulinum neurotoxin serotype A light chain, bontoxilysin, v.8|p.553	
3.4.24.69	Clostridium botulinum neurotoxin type E, bontoxilysin, v.8|p.553	
3.4.24.69	Clostridium botulinum serotype D neurotoxin, bontoxilysin, v.8|p.553	
3.4.11.13	Clostridium histolyticum aminopeptidase, Clostridial aminopeptidase, v.6|p.138	
3.4.24.3	Clostridium histolyticum collagenase, microbial collagenase, v.8|p.205	
3.4.22.8	Clostridium histolyticum proteinase B, clostripain, v.7|p.555	
3.1.4.3	Clostridium oedematiens β- and γ-toxins, phospholipase C, v.11|p.32	
3.1.4.3	Clostridium welchii α-toxin, phospholipase C, v.11|p.32	
3.4.21.86	Clotting enzyme, Limulus clotting enzyme, v.7|p.422	
3.4.21.6	clotting factor Xa, coagulation factor Xa, v.7|p.35	
3.4.21.39	CLP, chymase, v.7|p.175	
2.7.11.1	CLP-36 interacting kinase, non-specific serine/threonine protein kinase, v.S3|p.1	
3.4.21.92	ClpA, Endopeptidase Clp, v.7|p.445	
3.4.21.92	ClpAP protease, Endopeptidase Clp, v.7|p.445	
3.4.21.92	ClpB, Endopeptidase Clp, v.7|p.445	
3.6.4.10	ClpB, non-chaperonin molecular chaperone ATPase, v.15|p.810	
3.4.21.92	ClpC, Endopeptidase Clp, v.7|p.445	
3.6.4.10	ClpC, non-chaperonin molecular chaperone ATPase, v.15|p.810	
3.4.21.92	ClpC ATPase, Endopeptidase Clp, v.7|p.445	
3.4.21.92	ClpCP protease, Endopeptidase Clp, v.7|p.445	
3.4.21.92	ClpP, Endopeptidase Clp, v.7|p.445	

3.4.21.92	ClpP Peptidase, Endopeptidase Clp, v. 7 | p. 445	
3.4.21.92	ClpP Protease, Endopeptidase Clp, v. 7 | p. 445	
3.4.21.92	ClpP protease complex, Endopeptidase Clp, v. 7 | p. 445	
3.4.21.92	Clp protease, Endopeptidase Clp, v. 7 | p. 445	
3.4.21.92	Clp proteolytic subunit, Endopeptidase Clp, v. 7 | p. 445	
3.4.21.92	ClpQ, Endopeptidase Clp, v. 7 | p. 445	
3.4.22.66	3CL Pro, calicivirin, v. S6 | p. 215	
3.4.21.92	ClpS1, Endopeptidase Clp, v. 7 | p. 445	
3.4.21.92	ClpX, Endopeptidase Clp, v. 7 | p. 445	
3.6.4.10	ClpX, non-chaperonin molecular chaperone ATPase, v. 15 | p. 810	
3.6.4.10	ClpX heat-shock protein, non-chaperonin molecular chaperone ATPase, v. 15 | p. 810	
3.4.21.92	ClpXP, Endopeptidase Clp, v. 7 | p. 445	
3.4.21.92	ClpY, Endopeptidase Clp, v. 7 | p. 445	
5.3.1.15	CLRI, D-Lyxose ketol-isomerase, v. 1 | p. 333	
2.4.1.141	CLS, N-acetylglucosaminyldiphosphodolichol N-acetylglucosaminyltransferase, v. 32 | p. 252	
1.13.12.6	CLuc, Cypridina-luciferin 2-monooxygenase, v. 25 | p. 708	
1.13.12.5	clytin, Renilla-luciferin 2-monooxygenase, v. 25 | p. 704	
5.4.99.5	CM, Chorismate mutase, v. 1 | p. 604	
5.4.99.5	CM-1, Chorismate mutase, v. 1 | p. 604	
1.1.1.1	Cm-ADH2, alcohol dehydrogenase, v. 16 | p. 1	
4.2.1.51	CM-PD, prephenate dehydratase, v. 4 | p. 519	
5.4.99.5	CM-prephenate dehydratase, Chorismate mutase, v. 1 | p. 604	
5.4.99.5	CM-TyrAp, Chorismate mutase, v. 1 | p. 604	
1.3.1.12	CM-TyrAp, prephenate dehydrogenase, v. 21 | p. 60	
2.4.1.236	Cm1,2RhaT, flavanone 7-O-glucoside 2-O-β-L-rhamnosyltransferase, v. S2 | p. 162	
5.5.1.7	2CMA-cycloisomerase, Chloromuconate cycloisomerase, v. 1 | p. 699	
1.14.18.2	CMAH, CMP-N-acetylneuraminate monooxygenase, v. S1 | p. 651	
5.5.1.7	CMC, Chloromuconate cycloisomerase, v. 1 | p. 699	
3.2.1.4	CMCase, cellulase, v. 12 | p. 88	
3.2.1.4	CMCase-I, cellulase, v. 12 | p. 88	
3.2.1.4	CMCax, cellulase, v. 12 | p. 88	
2.7.7.50	CmCeg1, mRNA guanylyltransferase, v. 38 | p. 509	
5.5.1.7	CMCI, Chloromuconate cycloisomerase, v. 1 | p. 699	
4.1.1.44	CMD, 4-carboxymuconolactone decarboxylase, v. 3 | p. 274	
1.1.1.37	cMDH, malate dehydrogenase, v. 16 | p. 336	
1.1.1.37	cMDH-L, malate dehydrogenase, v. 16 | p. 336	
1.1.1.37	cMDH -S, malate dehydrogenase, v. 16 | p. 336	
4.6.1.12	cMEPP synthase, 2-C-methyl-D-erythritol 2,4-cyclodiphosphate synthase, v. S7 | p. 415	
3.4.22.60	CMH-1, caspase-7, v. S6 | p. 156	
5.3.3.10	CMH isomerase, 5-carboxymethyl-2-hydroxymuconate Δ-isomerase, v. 1 | p. 427	
2.7.1.148	CMK, 4-(cytidine 5'-diphospho)-2-C-methyl-D-erythritol kinase, v. 37 | p. 229	
6.1.1.20	CML33, Phenylalanine-tRNA ligase, v. 2 | p. 156	
5.5.1.2	CMLE, 3-Carboxy-cis,cis-muconate cycloisomerase, v. 1 | p. 668	
5.5.1.5	CMLE, Carboxy-cis,cis-muconate cyclase, v. 1 | p. 686	
3.2.1.25	CmMan5, β-mannosidase, v. 12 | p. 437	
3.2.1.25	CmMan5a, β-mannosidase, v. 12 | p. 437	
1.14.15.7	CMO, choline monooxygenase, v. 27 | p. 56	
1.14.13.22	CMO, cyclohexanone monooxygenase, v. 26 | p. 337	
1.14.99.36	βCMOOX, β-carotene 15,15'-monooxygenase, v. 27 | p. 388	
2.7.7.38	CMP-3-deoxy-D-manno-octulosonate pyrophosphorylase, 3-deoxy-manno-octulosonate cytidylyltransferase, v. 38 | p. 396	
2.7.7.38	CMP-3-deoxy-D-manno-octulosonate synthetase, 3-deoxy-manno-octulosonate cytidylyltransferase, v. 38 | p. 396	

CMP-acetylneuraminate-galactosylglycoprotein sialyltransferase

2.4.99.1	CMP-acetylneuraminate-galactosylglycoprotein sialyltransferase, β-galactoside α-2,6-sialyltransferase, v. 33 | p. 314
2.4.99.1	CMP-acetylneuraminate-glycoprotein sialyltransferase, β-galactoside α-2,6-sialyltransferase, v. 33 | p. 314
2.4.99.9	CMP-acetylneuraminate-lactosylceramide-sialyltransferase, lactosylceramide α-2,3-sialyltransferase, v. 33 | p. 378
2.4.99.11	CMP-acetylneuraminate-lactosylceramide-sialyltransferase, lactosylceramide α-2,6-N-sialyltransferase, v. 33 | p. 391
2.4.99.9	CMP-acetylneuraminic acid:lactosylceramide sialytransferase, lactosylceramide α-2,3-sialyltransferase, v. 33 | p. 378
2.7.7.38	CMP-KDO synthetase, 3-deoxy-manno-octulosonate cytidylyltransferase, v. 38 | p. 396
1.14.18.2	CMP-N-acetylneuraminate,NAD(P)H:oxygen oxidoreductase (hydroxylating), CMP-N-acetylneuraminate monooxygenase, v. S1 | p. 651
2.4.99.4	CMP-N-acetylneuraminate:β-D-galactoside α2-3 sialyltransferase, β-galactoside α-2,3-sialyltransferase, v. 33 | p. 346
2.4.99.3	CMP-N-acetylneuraminate:α-N-acetylgalactosaminide α2→6 sialyltransferase, α-N-acetylgalactosaminide α-2,6-sialyltransferase, v. 33 | p. 335
2.4.99.2	CMP-N-acetylneuraminate:monosialoganglioside α2->3 sialyltransferase, monosialoganglioside sialyltransferase, v. 33 | p. 330
3.1.4.40	CMP-N-acetylneuraminate hydrolase, CMP-N-acylneuraminate phosphodiesterase, v. 11 | p. 191
3.1.4.40	CMP-N-acetylneuraminate N-acylneuraminohydrolase, CMP-N-acylneuraminate phosphodiesterase, v. 11 | p. 191
2.7.7.43	CMP-N-acetylneuraminate synthase, N-acylneuraminate cytidylyltransferase, v. 38 | p. 436
2.7.7.43	CMP-N-acetylneuraminate synthetase, N-acylneuraminate cytidylyltransferase, v. 38 | p. 436
1.14.18.2	CMP-N-acetylneuraminic acid, CMP-N-acetylneuraminate monooxygenase, v. S1 | p. 651
2.4.99.1	CMP-N-acetylneuraminic acid-glycoprotein sialyltransferase, β-galactoside α-2,6-sialyltransferase, v. 33 | p. 314
2.4.99.11	CMP-N-acetylneuraminic acid:lactosylceramide sialyltransferase, lactosylceramide α-2,6-N-sialyltransferase, v. 33 | p. 391
1.14.18.2	CMP-N-acetylneuraminic acid hydroxylase, CMP-N-acetylneuraminate monooxygenase, v. S1 | p. 651
2.7.7.43	CMP-N-acetylneuraminic acid synthase, N-acylneuraminate cytidylyltransferase, v. 38 | p. 436
2.7.7.43	CMP-N-acetylneuraminic acid synthetase, N-acylneuraminate cytidylyltransferase, v. 38 | p. 436
3.1.4.40	CMP-N-acylneuraminic acid hydrolase, CMP-N-acylneuraminate phosphodiesterase, v. 11 | p. 191
2.7.7.43	CMP-N-acylneuraminic acid synthetase, N-acylneuraminate cytidylyltransferase, v. 38 | p. 436
2.4.99.8	CMP-NAcNeu:GM3 ganglioside sialyltranferase, α-N-acetylneuraminate α-2,8-sialyltransferase, v. 33 | p. 371
2.4.99.2	CMP-NANA:GM1 sialyltransferase, monosialoganglioside sialyltransferase, v. 33 | p. 330
2.7.7.43	CMP-NANA synthetase, N-acylneuraminate cytidylyltransferase, v. 38 | p. 436
2.4.99.3	CMP-Neu5Ac:GalNAc α2,6-sialyltransferase, α-N-acetylgalactosaminide α-2,6-sialyltransferase, v. 33 | p. 335
2.4.99.4	CMP-Neu5Ac:Glβ1-3GalNAc α2,3-sialyltransferase, β-galactoside α-2,3-sialyltransferase, v. 33 | p. 346
2.4.99.3	CMP-Neu5Ac: RGalNAcα1-O-Ser/Thrα2,6-sialyltransferase, α-N-acetylgalactosaminide α-2,6-sialyltransferase, v. 33 | p. 335
1.14.18.2	CMP-Neu5Ac hydroxylase, CMP-N-acetylneuraminate monooxygenase, v. S1 | p. 651
2.7.7.43	CMP-Neu5Ac synthetase, N-acylneuraminate cytidylyltransferase, v. 38 | p. 436
2.4.99.4	CMP-NeuAc:galactoside(α2-3)-sialyltransferase, β-galactoside α-2,3-sialyltransferase, v. 33 | p. 346

2.4.99.3	CMP-NeuAc:galactoside (α2-6)-sialyltransferase, α-N-acetylgalactosaminide α-2,6-sialyltransferase, v. 33 | p. 335	
2.4.99.8	CMP-NeuAc:GD3(α 2-8) sialyltranferase, α-N-acetylneuraminate α-2,8-sialyltransferase, v. 33 | p. 371	
2.4.99.2	CMP-NeuAc:GM1 (Galβ1,4GalNAc) α2-3 sialyltransferase, monosialoganglioside sialyltransferase, v. 33 | p. 330	
2.4.99.2	CMP-NeuAc:GM1α2-3-sialyltransferase, monosialoganglioside sialyltransferase, v. 33 | p. 330	
2.4.99.2	CMP-NeuAc:GM1 α2-3 sialyltransferase, monosialoganglioside sialyltransferase, v. 33 | p. 330	
2.4.99.8	CMP-NeuAc:GM3 α 2,8-sialyltransferase, α-N-acetylneuraminate α-2,8-sialyltransferase, v. 33 | p. 371	
2.4.99.9	CMP-NeuAc:lactosylceramide α-2,3-sialyltransferase , lactosylceramide α-2,3-sialyltransferase, v. 33 | p. 378	
2.4.99.9	CMP-NeuAc:lactosylceramide α2,3-sialyltransferase, lactosylceramide α-2,3-sialyltransferase, v. 33 | p. 378	
2.4.99.11	CMP-NeuAc:lactosylceramide α2,3-sialyltransferase, lactosylceramide α-2,6-N-sialyltransferase, v. 33 | p. 391	
2.4.99.8	CMP-NeuAc:LM1(α 2-8) sialyltranferase, α-N-acetylneuraminate α-2,8-sialyltransferase, v. 33 | p. 371	
2.7.7.43	CMP-NeuAc synthetase, N-acylneuraminate cytidylyltransferase, v. 38 | p. 436	
2.7.7.43	CMP-NeuNAc synthetase, N-acylneuraminate cytidylyltransferase, v. 38 | p. 436	
2.4.99.4	CMP-SA:Galβ3GalNAc-R α3-sialyltransferase, β-galactoside α-2,3-sialyltransferase, v. 33 | p. 346	
2.7.7.43	CMP-Sia-syn, N-acylneuraminate cytidylyltransferase, v. 38 | p. 436	
3.1.4.40	CMP-sialate hydrolase, CMP-N-acylneuraminate phosphodiesterase, v. 11 | p. 191	
2.7.7.43	CMP-sialate synthase, N-acylneuraminate cytidylyltransferase, v. 38 | p. 436	
2.7.7.43	CMP-sialate synthetase, N-acylneuraminate cytidylyltransferase, v. 38 | p. 436	
2.4.99.3	CMP-sialic acid:α-N-acetylgalactosaminide(R→Galβ1→3GalNAcα1→O-Ser/Thr) α2→6 sialyltransferase, α-N-acetylgalactosaminide α-2,6-sialyltransferase, v. 33 | p. 335	
2.4.99.4	CMP-sialic acid:Galβ1-3GalNAc-R α3-sialyltransferase, β-galactoside α-2,3-sialyltransferase, v. 33 | p. 346	
2.4.99.8	CMP-sialic acid:GM3 sialyltranferase, α-N-acetylneuraminate α-2,8-sialyltransferase, v. 33 | p. 371	
2.4.99.9	CMP-sialic acid:lactosylceramide-sialyltransferase, lactosylceramide α-2,3-sialyltransferase, v. 33 | p. 378	
2.4.99.11	CMP-sialic acid:lactosylceramide sialyltransferase, lactosylceramide α-2,6-N-sialyltransferase, v. 33 | p. 391	
3.1.4.40	CMP-sialic acid hydrolase, CMP-N-acylneuraminate phosphodiesterase, v. 11 | p. 191	
2.7.7.43	CMP-sialic acid synthetase, N-acylneuraminate cytidylyltransferase, v. 38 | p. 436	
2.7.7.43	CMP-sialic acid synthetase (CSS), N-acylneuraminate cytidylyltransferase, v. 38 | p. 436	
2.7.7.43	CMP-sialic synthetase, N-acylneuraminate cytidylyltransferase, v. 38 | p. 436	
2.7.7.43	CMP-Sia synthetase, N-acylneuraminate cytidylyltransferase, v. 38 | p. 436	
2.7.7.38	CMP/KDO synthase, 3-deoxy-manno-octulosonate cytidylyltransferase, v. 38 | p. 396	
2.7.7.38	CMP:KDO synthase, 3-deoxy-manno-octulosonate cytidylyltransferase, v. 38 | p. 396	
1.3.1.12	CMPD, prephenate dehydrogenase, v. 21 | p. 60	
2.7.11.17	CMPK, Ca2+/calmodulin-dependent protein kinase, v. S4 | p. 1	
2.7.4.14	CMPK, cytidylate kinase, v. 37 | p. 582	
2.7.4.14	CMP kinase, cytidylate kinase, v. 37 | p. 582	
2.4.99.3	CMPNeu5Ac:GalNAα2,6-sialyltransferase, α-N-acetylgalactosaminide α-2,6-sialyltransferase, v. 33 | p. 335	
2.7.7.43	CMP sialate pyrophosphorylase, N-acylneuraminate cytidylyltransferase, v. 38 | p. 436	
2.7.7.43	CMPsialate pyrophosphorylase, N-acylneuraminate cytidylyltransferase, v. 38 | p. 436	
2.7.7.43	CMPsialate synthase, N-acylneuraminate cytidylyltransferase, v. 38 | p. 436	
4.1.3.22	CMS, citramalate lyase, v. 4 | p. 145	

2.1.1.140	CMT, (S)-coclaurine-N-methyltransferase, v. 28 | p. 619	
2.1.1.158	CmXRS1, 7-methylxanthosine synthase, v. S2 | p. 25	
3.5.2.6	CMY-1, β-lactamase, v. 14 | p. 683	
3.5.2.6	CMY-10, β-lactamase, v. 14 | p. 683	
3.1.3.5	cN-I, 5'-nucleotidase, v. 10 | p. 95	
3.1.3.5	cN-IA, 5'-nucleotidase, v. 10 | p. 95	
3.1.3.5	cN-II, 5'-nucleotidase, v. 10 | p. 95	
3.1.3.5	cN-III, 5'-nucleotidase, v. 10 | p. 95	
3.4.13.20	CN1, β-Ala-His dipeptidase, v. 6 | p. 247	
3.4.13.3	CN2, Xaa-His dipeptidase, v. 6 | p. 187	
3.4.22.54	Cn94, calpain-3, v. S6 | p. 81	
3.1.3.16	CNA, phosphoprotein phosphatase, v. 10 | p. 213	
3.1.3.16	CNAα, phosphoprotein phosphatase, v. 10 | p. 213	
3.1.3.16	CNAβ, phosphoprotein phosphatase, v. 10 | p. 213	
3.1.3.16	CNAγ, phosphoprotein phosphatase, v. 10 | p. 213	
3.1.3.16	CNAa, phosphoprotein phosphatase, v. 10 | p. 213	
4.2.1.65	β-CNAla hydrolase, 3-Cyanoalanine hydratase, v. 4 | p. 563	
4.2.1.65	β-CNA nitrilase, 3-Cyanoalanine hydratase, v. 4 | p. 563	
5.4.4.1	CnbB, (hydroxyamino)benzene mutase, v. S7 | p. 523	
3.1.3.16	CNBII, phosphoprotein phosphatase, v. 10 | p. 213	
3.4.13.20	CNDP1, β-Ala-His dipeptidase, v. 6 | p. 247	
2.3.1.31	CnHTA, homoserine O-acetyltransferase, v. 29 | p. 515	
3.1.3.5	cNI, 5'-nucleotidase, v. 10 | p. 95	
3.1.3.5	cNII, 5'-nucleotidase, v. 10 | p. 95	
1.7.2.2	cNiR, nitrite reductase (cytochrome; ammonia-forming), v. 24 | p. 331	
3.1.1.5	CnLYSO1, lysophospholipase, v. 9 | p. 82	
3.1.4.37	2':3'-CNMP-3'-ase, 2',3'-cyclic-nucleotide 3'-phosphodiesterase, v. 11 | p. 170	
2.1.1.140	CNMT, (S)-coclaurine-N-methyltransferase, v. 28 | p. 619	
2.1.1.140	CNMT protein, (S)-coclaurine-N-methyltransferase, v. 28 | p. 619	
1.7.99.7	Cnor1, nitric-oxide reductase, v. 24 | p. 441	
1.7.99.7	Cnor2, nitric-oxide reductase, v. 24 | p. 441	
6.3.2.19	CNOT4, Ubiquitin-protein ligase, v. 2 | p. 506	
3.1.4.17	3':5'-CNP, 3',5'-cyclic-nucleotide phosphodiesterase, v. 11 | p. 116	
3.1.4.37	CNP, 2',3'-cyclic-nucleotide 3'-phosphodiesterase, v. 11 | p. 170	
4.6.1.2	CNP-sensitive guanyly cyclase, guanylate cyclase, v. 5 | p. 430	
4.6.1.2	CNP-sensitive guanylyl cyclase, guanylate cyclase, v. 5 | p. 430	
3.1.4.37	CNP1, 2',3'-cyclic-nucleotide 3'-phosphodiesterase, v. 11 | p. 170	
3.1.4.37	CNP2, 2',3'-cyclic-nucleotide 3'-phosphodiesterase, v. 11 | p. 170	
3.1.4.37	CNPase, 2',3'-cyclic-nucleotide 3'-phosphodiesterase, v. 11 | p. 170	
3.1.4.37	CNPase I, 2',3'-cyclic-nucleotide 3'-phosphodiesterase, v. 11 | p. 170	
3.1.1.5	CnPlb1, lysophospholipase, v. 9 | p. 82	
3.4.24.69	CNT endopeptidase, bontoxilysin, v. 8 | p. 553	
1.10.3.1	CO, catechol oxidase, v. 25 | p. 105	
1.1.3.6	CO, cholesterol oxidase, v. 19 | p. 53	
1.14.99.36	βCO, β-carotene 15,15'-monooxygenase, v. 27 | p. 388	
3.4.11.6	Co(II)-Ap-B, aminopeptidase B, v. 6 | p. 92	
1.2.99.2	Co-DG, carbon-monoxide dehydrogenase (acceptor), v. 20 | p. 564	
1.2.99.2	CO-DH, carbon-monoxide dehydrogenase (acceptor), v. 20 | p. 564	
1.1.3.6	CO1, cholesterol oxidase, v. 19 | p. 53	
3.4.22.65	CO1.073, peptidase 1 (mite), v. S6 | p. 208	
1.1.3.6	CO2, cholesterol oxidase, v. 19 | p. 53	
3.1.4.38	Co2+-glycerophosphocholine cholinphosphodiesterase, glycerophosphocholine cholinephosphodiesterase, v. 11 | p. 182	
1.8.98.1	Co:CoM-S-S-CoB oxidoreductase system, CoB-CoM heterodisulfide reductase, v. S1 | p. 367	

1.8.98.1	CO:heterodisulfide oxidoreductase system, CoB-CoM heterodisulfide reductase, v. S1 | p. 367	
1.2.7.4	CO:MB oxidoreductase, carbon-monoxide dehydrogenase (ferredoxin), v. S1 | p. 179	
1.14.14.3	COA, alkanal monooxygenase (FMN-linked), v. 26 | p. 595	
1.2.1.10	CoA-dependent aldehyde dehydrogenase, acetaldehyde dehydrogenase (acetylating), v. 20 | p. 115	
1.8.1.14	CoA-disulfide reductase (NADH), CoA-disulfide reductase, v. 24 | p. 561	
1.8.1.14	CoA-disulfide reductase (NADH2), CoA-disulfide reductase, v. 24 | p. 561	
1.2.1.3	CoA-independent aldehyde dehydrogenase, aldehyde dehydrogenase (NAD+), v. 20 | p. 32	
2.3.1.147	CoA-independent transacylase, Glycerophospholipid arachidonoyl-transferase (CoA-independent), v. 30 | p. 388	
2.3.1.147	CoA-IT, Glycerophospholipid arachidonoyl-transferase (CoA-independent), v. 30 | p. 388	
2.7.1.33	CoaA, pantothenate kinase, v. 35 | p. 385	
6.3.2.5	CoaB, phosphopantothenate-cysteine ligase, v. 2 | p. 431	
4.1.1.36	CoaBC, phosphopantothenoylcysteine decarboxylase, v. 3 | p. 223	
4.1.1.36	CoaC, phosphopantothenoylcysteine decarboxylase, v. 3 | p. 223	
1.8.1.14	CoA disulfide reductase, CoA-disulfide reductase, v. 24 | p. 561	
1.8.1.10	CoA disulfide reductase, CoA-glutathione reductase, v. 24 | p. 535	
1.8.1.14	CoADR, CoA-disulfide reductase, v. 24 | p. 561	
1.8.1.10	CoADR, CoA-glutathione reductase, v. 24 | p. 535	
3.4.21.22	coagulation factor IX, coagulation factor IXa, v. 7 | p. 93	
3.4.21.21	coagulation factor VII, coagulation factor VIIa, v. 7 | p. 88	
3.4.21.21	coagulation factor VII(a), coagulation factor VIIa, v. 7 | p. 88	
3.4.21.6	coagulation factor X, coagulation factor Xa, v. 7 | p. 35	
3.4.21.6	coagulation factor Xa, coagulation factor Xa, v. 7 | p. 35	
3.4.21.27	coagulation factor XI, coagulation factor XIa, v. 7 | p. 121	
3.4.21.38	coagulation factor XIIa, coagulation factor XIIa, v. 7 | p. 167	
3.4.21.21	coagulation FVII, coagulation factor VIIa, v. 7 | p. 88	
2.3.1.147	CoAIT, Glycerophospholipid arachidonoyl-transferase (CoA-independent), v. 30 | p. 388	
1.8.1.10	CoASSG reductase, CoA-glutathione reductase, v. 24 | p. 535	
2.8.3.5	CoA transferase, 3-oxoacid CoA-transferase, v. 39 | p. 480	
2.7.1.33	CoaX, pantothenate kinase, v. 35 | p. 385	
1.14.14.3	COB, alkanal monooxygenase (FMN-linked), v. 26 | p. 595	
2.5.1.17	cob(I)alamin adenosyltransferase, cob(I)yrinic acid a,c-diamide adenosyltransferase, v. 33 | p. 517	
1.16.8.1	cob(II)yrinic acid a,c-diamide reductase, cob(II)yrinic acid a,c-diamide reductase, v. S1 | p. 672	
2.5.1.17	CobA, cob(I)yrinic acid a,c-diamide adenosyltransferase, v. 33 | p. 517	
2.5.1.17	CobA-type ATP:Co(I)rrinoid adenosyltransferase, cob(I)yrinic acid a,c-diamide adenosyltransferase, v. 33 | p. 517	
2.7.8.26	cobalamin-5'-phosphate synthase, adenosylcobinamide-GDP ribazoletransferase, v. 39 | p. 147	
2.1.1.14	cobalamin-independent methionine synthase, 5-methyltetrahydropteroyltriglutamate-homocysteine S-methyltransferase, v. 28 | p. 84	
2.5.1.17	cobalamin adenosyltransferase, cob(I)yrinic acid a,c-diamide adenosyltransferase, v. 33 | p. 517	
6.3.5.10	cobalamin biosynthesis aminotransferase, adenosylcobyric acid synthase (glutamine-hydrolysing), v. S7 | p. 651	
6.3.5.9	cobalamin biosynthesis aminotransferase, hydrogenobyrinic acid a,c-diamide synthase (glutamine-hydrolysing), v. S7 | p. 645	
4.99.1.3	cobalamin cobalt chelatase, sirohydrochlorin cobaltochelatase, v. S7 | p. 455	
2.7.8.26	cobalamin synthase, adenosylcobinamide-GDP ribazoletransferase, v. 39 | p. 147	
2.1.1.133	Cobalt-precorrin-4 methyltransferase, Precorrin-4 C11-methyltransferase, v. 28 | p. 606	
6.6.1.2	cobalt chelatase, cobaltochelatase, v. S7 | p. 675	
4.99.1.3	cobalt chelatase, sirohydrochlorin cobaltochelatase, v. S7 | p. 455	

6.6.1.2	cobaltochelatase, cobaltochelatase, v. S7 | p. 675	
1.3.1.76	cobaltochelatase, precorrin-2 dehydrogenase, v. S1 | p. 226	
4.99.1.3	cobaltochelatase, sirohydrochlorin cobaltochelatase, v. S7 | p. 455	
3.4.17.10	cobalt stimulated chromaffin granule carboxypeptidase, carboxypeptidase E, v. 6 | p. 455	
2.5.1.17	CobAMm, cob(I)yrinic acid a,c-diamide adenosyltransferase, v. 33 | p. 517	
6.3.5.9	CobB, hydrogenobyrinic acid a,c-diamide synthase (glutamine-hydrolysing), v. S7 | p. 645	
3.1.3.73	CobC, α-ribazole phosphatase, v. S5 | p. 66	
3.1.3.73	cobC product, α-ribazole phosphatase, v. S5 | p. 66	
4.1.1.81	CobD, threonine-phosphate decarboxylase, v. S7 | p. 9	
4.1.1.81	CobD gene product, threonine-phosphate decarboxylase, v. S7 | p. 9	
2.1.1.152	CobF, precorrin-6A synthase (deacetylating), v. 28 | p. 655	
1.14.13.83	CobG, precorrin-3B synthase, v. S1 | p. 541	
5.4.1.2	CoBH, Precorrin-8X methylmutase, v. 1 | p. 490	
2.1.1.132	CobL, Precorrin-6Y C5,15-methyltransferase (decarboxylating), v. 28 | p. 603	
6.6.1.2	CobN–CobST, cobaltochelatase, v. S7 | p. 675	
6.6.1.2	CobN-CobST, cobaltochelatase, v. S7 | p. 675	
6.6.1.2	CobNST, cobaltochelatase, v. S7 | p. 675	
2.7.1.156	CobP, adenosylcobinamide kinase, v. 37 | p. 255	
6.3.5.10	CobQ, adenosylcobyric acid synthase (glutamine-hydrolysing), v. S7 | p. 651	
3.4.21.47	cobra venom factor-dependent C3 convertase, alternative-complement-pathway C3/C5 convertase, v. 7 | p. 218	
2.7.8.26	CobS, adenosylcobinamide-GDP ribazoletransferase, v. 39 | p. 147	
2.4.2.21	CobT, nicotinate-nucleotide-dimethylbenzimidazole phosphoribosyltransferase, v. 33 | p. 201	
2.7.1.156	CobU, adenosylcobinamide kinase, v. 37 | p. 255	
2.7.7.62	CobU, adenosylcobinamide-phosphate guanylyltransferase, v. 38 | p. 568	
2.7.1.156	CobU AdoCbi kinase, adenosylcobinamide kinase, v. 37 | p. 255	
2.7.1.156	CobU protein, adenosylcobinamide kinase, v. 37 | p. 255	
2.7.7.62	CobU protein, adenosylcobinamide-phosphate guanylyltransferase, v. 38 | p. 568	
2.7.8.26	CobV, adenosylcobinamide-GDP ribazoletransferase, v. 39 | p. 147	
6.3.5.10	cobyric acid synthase, adenosylcobyric acid synthase (glutamine-hydrolysing), v. S7 | p. 651	
6.3.5.9	cobyric acid synthase, hydrogenobyrinic acid a,c-diamide synthase (glutamine-hydrolysing), v. S7 | p. 645	
6.3.5.10	cobyric acid synthetase, adenosylcobyric acid synthase (glutamine-hydrolysing), v. S7 | p. 651	
6.3.5.9	cobyrinic acid a,c-diamide synthase, hydrogenobyrinic acid a,c-diamide synthase (glutamine-hydrolysing), v. S7 | p. 645	
1.14.13.83	CobZ, precorrin-3B synthase, v. S1 | p. 541	
3.1.1.1	cocaine-degrading enzyme, carboxylesterase, v. 9 | p. 1	
3.1.1.1	cocaine esterase, carboxylesterase, v. 9 | p. 1	
3.1.1.1	cocE, carboxylesterase, v. 9 | p. 1	
3.2.2.22	Cochinin B, rRNA N-glycosylase, v. 14 | p. 107	
2.1.1.140	coclaurine N-methyltransferase, (S)-coclaurine-N-methyltransferase, v. 28 | p. 619	
3.4.21.4	cocoonase, trypsin, v. 7 | p. 12	
3.6.3.8	Cod1p, Ca2+-transporting ATPase, v. 15 | p. 566	
3.6.3.8	Cod1 protein, Ca2+-transporting ATPase, v. 15 | p. 566	
2.3.1.169	CO dehydrogenase, CO-methylating acetyl-CoA synthase, v. 30 | p. 459	
1.2.99.2	CO dehydrogenase, carbon-monoxide dehydrogenase (acceptor), v. 20 | p. 564	
1.2.2.4	CO dehydrogenase, carbon-monoxide dehydrogenase (cytochrome b-561), v. 20 | p. 422	
1.2.99.2	CO dehydrogenase/acetyl-CoA synthase, carbon-monoxide dehydrogenase (acceptor), v. 20 | p. 564	
1.2.99.2	CO dehydrogenase complex, carbon-monoxide dehydrogenase (acceptor), v. 20 | p. 564	
1.2.99.2	CO dehydrogenase complex II, carbon-monoxide dehydrogenase (acceptor), v. 20 | p. 564	
2.3.1.169	CO dehydrogenase enzyme complex, CO-methylating acetyl-CoA synthase, v. 30 | p. 459	
1.2.99.2	CO dehydrogenase II, carbon-monoxide dehydrogenase (acceptor), v. 20 | p. 564	

1.1.1.247	codeine: NADP oxidoreductase, codeinone reductase (NADPH), v. 18 | p. 414
1.1.1.247	codeine:NADP oxidoreductase, codeinone reductase (NADPH), v. 18 | p. 414
1.1.1.247	codeine oxidase, codeinone reductase (NADPH), v. 18 | p. 414
1.1.1.247	codeinone reductase, codeinone reductase (NADPH), v. 18 | p. 414
2.3.1.169	CODH, CO-methylating acetyl-CoA synthase, v. 30 | p. 459
1.2.99.2	CODH, carbon-monoxide dehydrogenase (acceptor), v. 20 | p. 564
1.2.7.4	CODH, carbon-monoxide dehydrogenase (ferredoxin), v. S1 | p. 179
1.2.99.2	CODH-II, carbon-monoxide dehydrogenase (acceptor), v. 20 | p. 564
6.2.1.1	CODH/ACS, Acetate-CoA ligase, v. 2 | p. 186
1.2.99.2	CODH/ACS, carbon-monoxide dehydrogenase (acceptor), v. 20 | p. 564
1.2.7.4	CODH/ACS, carbon-monoxide dehydrogenase (ferredoxin), v. S1 | p. 179
2.3.1.169	CODH/ASC, CO-methylating acetyl-CoA synthase, v. 30 | p. 459
1.2.99.2	CODHACS, carbon-monoxide dehydrogenase (acceptor), v. 20 | p. 564
1.2.99.2	CODHase, carbon-monoxide dehydrogenase (acceptor), v. 20 | p. 564
1.2.7.4	CODH II, carbon-monoxide dehydrogenase (ferredoxin), v. S1 | p. 179
1.2.99.2	CODHII, carbon-monoxide dehydrogenase (acceptor), v. 20 | p. 564
3.1.1.1	COE, carboxylesterase, v. 9 | p. 1
2.8.4.1	Coenzyme-B sulfoethylthiotransferase α, coenzyme-B sulfoethylthiotransferase, v. 39 | p. 538
2.8.4.1	Coenzyme-B sulfoethylthiotransferase β, coenzyme-B sulfoethylthiotransferase, v. 39 | p. 538
2.8.4.1	Coenzyme-B sulfoethylthiotransferase γ, coenzyme-B sulfoethylthiotransferase, v. 39 | p. 538
1.8.1.14	coenzyme A-disulfide reductase, CoA-disulfide reductase, v. 24 | p. 561
2.3.1.147	Coenzyme A-independent transacylase, Glycerophospholipid arachidonoyl-transferase (CoA-independent), v. 30 | p. 388
2.8.3.5	coenzyme A-transferase, 3-oxoacid, 3-oxoacid CoA-transferase, v. 39 | p. 480
2.8.3.6	coenzyme A-transferase, 3-oxoadipate, 3-oxoadipate CoA-transferase, v. 39 | p. 491
2.8.3.8	coenzyme A-transferase, acetate, acetate CoA-transferase, v. 39 | p. 497
2.8.3.15	coenzyme A-transferase, benzylsuccinate, succinyl-CoA:(R)-benzylsuccinate CoA-transferase, v. 39 | p. 530
2.8.3.17	coenzyme A-transferase, cinnamoyl-coenzyme A:(R)-phenyllactate, cinnamoyl-CoA: phenyllactate CoA-transferase, v. 39 | p. 536
2.8.3.11	coenzyme A-transferase, citramalate, citramalate CoA-transferase, v. 39 | p. 510
2.8.3.7	coenzyme A-transferase, citramalate, succinate-citramalate CoA-transferase, v. 39 | p. 495
2.8.3.16	coenzyme A-transferase, formyl coenzyme A-oxalate, formyl-CoA transferase, v. 39 | p. 533
2.8.3.12	coenzyme A-transferase, glutaconate, glutaconate CoA-transferase, v. 39 | p. 513
2.8.3.3	coenzyme A-transferase, malonate, malonate CoA-transferase, v. 39 | p. 477
2.8.3.2	coenzyme A-transferase, oxalate, oxalate CoA-transferase, v. 39 | p. 475
2.7.8.7	coenzyme A:fatty acid synthetase apoenzyme 4'-phosphopantetheine transferase, holo-[acyl-carrier-protein] synthase, v. 39 | p. 50
1.8.1.10	coenzyme A disulfide-glutathione reductase, CoA-glutathione reductase, v. 24 | p. 535
1.8.1.14	coenzyme A disulfide reductase, CoA-disulfide reductase, v. 24 | p. 561
1.8.1.14	coenzyme A disulphide reductase, CoA-disulfide reductase, v. 24 | p. 561
1.8.1.10	coenzyme A glutathione disulfide reductase, CoA-glutathione reductase, v. 24 | p. 535
1.2.1.10	coenzyme A linked aldehyde dehydrogenase, acetaldehyde dehydrogenase (acetylating), v. 20 | p. 115
3.1.2.27	coenzyme A thioesterase 2, choloyl-CoA hydrolase, v. S5 | p. 49
2.8.3.1	coenzyme A transferase, propionate, propionate CoA-transferase, v. 39 | p. 472
4.2.1.28	coenzyme B12-dependent diol dehydrase, propanediol dehydratase, v. 4 | p. 420
1.12.99.6	coenzyme F 420-dependent hydrogenase, hydrogenase (acceptor), v. 25 | p. 373
1.12.98.1	coenzyme F420-dependent hydrogenase, coenzyme F420 hydrogenase, v. 25 | p. 351
1.5.99.11	coenzyme F420-dependent N5,N10-methenyltetrahydromethanopterin reductase, 5,10-methylenetetrahydromethanopterin reductase, v. 23 | p. 394
1.8.99.1	coenzyme F420-dependent sulfite reductase, sulfite reductase, v. 24 | p. 685

1.8.1.2	coenzyme F420-dependent sulfite reductase, sulfite reductase (NADPH), v. 24 | p. 452
1.8.7.1	coenzyme F420-dependent sulfite reductase, sulfite reductase (ferredoxin), v. 24 | p. 679
1.12.98.1	coenzyme F420-reducing dehydrogenase, coenzyme F420 hydrogenase, v. 25 | p. 351
1.12.99.6	coenzyme F420-reducing hydrogenase, hydrogenase (acceptor), v. 25 | p. 373
1.8.98.1	coenzyme F420:heterodisulfide oxidoreductase, CoB-CoM heterodisulfide reductase, v. S1 | p. 367
1.5.99.9	Coenzyme F420 dependent N5,N10-methylenetetrahydromethanopterin dehydrogenase, Methylenetetrahydromethanopterin dehydrogenase, v. 23 | p. 387
1.12.99.6	coenzyme F 420 hydrogenase, hydrogenase (acceptor), v. 25 | p. 373
4.4.1.23	coenzyme M-epoxyalkane ligase, 2-hydroxypropyl-CoM lyase, v. S7 | p. 407
1.10.2.2	coenzyme Q-cytochrome c reductase, ubiquinol-cytochrome-c reductase, v. 25 | p. 83
1.10.2.2	coenzyme QH2-cytochrome c reductase, ubiquinol-cytochrome-c reductase, v. 25 | p. 83
1.6.5.3	coenzyme Q reductase, NADH dehydrogenase (ubiquinone), v. 24 | p. 106
5.4.2.1	cofactor-dependent phosphoglycerate mutase, phosphoglycerate mutase, v. 1 | p. 493
2.1.1.160	coffee caffeine synthase 1, caffeine synthase, v. S2 | p. 40
2.1.1.159	coffee caffeine synthase 1, theobromine synthase, v. S2 | p. 31
2.7.9.3	COG0709, selenide, water dikinase, v. 39 | p. 173
5.3.4.1	R-cognin, Protein disulfide-isomerase, v. 1 | p. 436
1.9.3.1	COI, cytochrome-c oxidase, v. 25 | p. 1
3.2.1.38	colanase, β-D-fucosidase, v. 12 | p. 556
3.4.11.6	ColAP, aminopeptidase B, v. 6 | p. 92
3.4.11.22	ColAP, aminopeptidase I, v. 6 | p. 178
3.5.1.1	colaspase, asparaginase, v. 14 | p. 190
3.2.1.23	cold-active β-galactosidase, β-galactosidase, v. 12 | p. 368
3.4.11.6	cold-active aminopeptidase, aminopeptidase B, v. 6 | p. 92
3.4.11.22	cold-active aminopeptidase, aminopeptidase I, v. 6 | p. 178
3.1.3.48	cold-active protein tyrosine phosphatase, protein-tyrosine-phosphatase, v. 10 | p. 407
1.3.1.9	cold-shock induced protein 15, enoyl-[acyl-carrier-protein] reductase (NADH), v. 21 | p. 43
1.3.1.28	Cold shock protein CSI14, 2,3-dihydro-2,3-dihydroxybenzoate dehydrogenase, v. 21 | p. 167
3.1.21.1	ColE7, deoxyribonuclease I, v. 11 | p. 431
3.1.21.1	ColE9, deoxyribonuclease I, v. 11 | p. 431
3.4.24.3	ColG, microbial collagenase, v. 8 | p. 205
3.1.21.1	colicin, deoxyribonuclease I, v. 11 | p. 431
3.1.21.1	colicin E2, deoxyribonuclease I, v. 11 | p. 431
3.1.27.1	colicin E5, ribonuclease T2, v. 11 | p. 557
3.1.21.1	Colicin E9, deoxyribonuclease I, v. 11 | p. 431
3.4.21.62	Colistinase, Subtilisin, v. 7 | p. 285
3.4.24.17	Collagen-activating protein, stromelysin 1, v. 8 | p. 296
3.4.21.32	collagenase, brachyurin, v. 7 | p. 129
3.4.24.7	collagenase, interstitial collagenase, v. 8 | p. 218
3.4.24.3	collagenase, microbial collagenase, v. 8 | p. 205
3.4.24.7	collagenase-1, interstitial collagenase, v. 8 | p. 218
3.4.24.34	collagenase-2, neutrophil collagenase, v. 8 | p. 399
3.4.24.7	collagenase 1, interstitial collagenase, v. 8 | p. 218
3.4.21.32	collagenase A, brachyurin, v. 7 | p. 129
3.4.24.7	collagenase A, interstitial collagenase, v. 8 | p. 218
3.4.24.3	collagenase A, microbial collagenase, v. 8 | p. 205
3.4.24.17	Collagenase activating protein, stromelysin 1, v. 8 | p. 296
3.4.24.3	collagenase G, microbial collagenase, v. 8 | p. 205
3.4.24.3	collagenase I, microbial collagenase, v. 8 | p. 205
3.4.24.24	Collagenase IV, gelatinase A, v. 8 | p. 351
3.4.24.35	Collagenase IV, gelatinase B, v. 8 | p. 403
3.4.21.32	collagenase MMP-1, brachyurin, v. 7 | p. 129

3.4.24.7	collagenase MMP-1, interstitial collagenase, v. 8 | p. 218	
3.4.24.3	collagenase MMP-1, microbial collagenase, v. 8 | p. 205	
3.4.24.34	collagenases-8, neutrophil collagenase, v. 8 | p. 399	
3.4.24.24	Collagenase type IV, gelatinase A, v. 8 | p. 351	
3.4.24.35	Collagenase type IV, gelatinase B, v. 8 | p. 403	
2.4.1.50	collagen galactosyltransferase, procollagen galactosyltransferase, v. 31 | p. 439	
2.4.1.66	collagen glucosyltransferase, procollagen glucosyltransferase, v. 31 | p. 502	
2.4.1.50	collagen hydroxylysyl galactosyltransferase, procollagen galactosyltransferase, v. 31 | p. 439	
2.4.1.66	collagen hydroxylysyl glucosyltransferase, procollagen glucosyltransferase, v. 31 | p. 502	
2.4.1.50	collagen hydroxylysyl glycosylsyltransferase, procollagen galactosyltransferase, v. 31 | p. 439	
1.14.11.4	collagen lysine hydroxylase, procollagen-lysine 5-dioxygenase, v. 26 | p. 49	
3.4.21.32	collagenolytic protease, brachyurin, v. 7 | p. 129	
3.4.21.32	collagenolytic serine protease, brachyurin, v. 7 | p. 129	
3.4.21.32	collagen peptidase, brachyurin, v. 7 | p. 129	
3.4.24.7	collagen peptidase, interstitial collagenase, v. 8 | p. 218	
3.4.24.3	collagen peptidase, microbial collagenase, v. 8 | p. 205	
1.14.11.2	collagen proline hydroxylase, procollagen-proline dioxygenase, v. 26 | p. 9	
1.14.11.2	collagen prolyl 4-hydroxylase, procollagen-proline dioxygenase, v. 26 | p. 9	
3.4.24.7	collagen protease, interstitial collagenase, v. 8 | p. 218	
3.4.24.3	collagen protease, microbial collagenase, v. 8 | p. 205	
2.7.11.9	Collagen type IV α 3 binding protein, Goodpasture-antigen-binding protein kinase, v. S3 | p. 207	
3.4.17.1	colon mast cell carboxypeptidase, carboxypeptidase A, v. 6 | p. 401	
3.1.3.2	colorless acid phosphatase, acid phosphatase, v. 10 | p. 31	
1.8.98.1	CoM-S-S-HTP reductase, CoB-CoM heterodisulfide reductase, v. S1 | p. 367	
4.4.1.19	ComA, phosphosulfolactate synthase, v. S7 | p. 385	
3.1.3.71	ComB, 2-phosphosulfolactate phosphatase, v. S5 | p. 57	
3.1.3.71	ComB phosphatase, 2-phosphosulfolactate phosphatase, v. S5 | p. 57	
3.4.23.43	ComC, prepilin peptidase, v. 8 | p. 194	
3.4.24.11	common acute lymphoblastic leukemia-associated antigens, neprilysin, v. 8 | p. 230	
3.4.24.11	common acute lymphoblastic leukemia antigen, neprilysin, v. 8 | p. 230	
3.4.24.11	Common acute lymphocytic leukemia antigen, neprilysin, v. 8 | p. 230	
3.2.1.14	Complement-fixation antigen, chitinase, v. 12 | p. 185	
3.4.21.42	complement C.hivin. 1s, complement subcomponent C1s, v. 7 | p. 197	
3.4.21.41	complement C1r, activated, complement subcomponent C1r, v. 7 | p. 191	
3.4.21.42	complement C1s, activated, complement subcomponent C1s, v. 7 | p. 197	
3.4.21.47	complement C 3(C 5) convertase (amplification), alternative-complement-pathway C3/C5 convertase, v. 7 | p. 218	
3.4.21.45	complement C3b/C4b inactivator, complement factor I, v. 7 | p. 208	
3.4.21.45	complement C3b inactivator, complement factor I, v. 7 | p. 208	
3.4.21.43	complement C3 convertase, classical-complement-pathway C3/C5 convertase, v. 7 | p. 203	
3.4.21.45	complement C4bi, complement factor I, v. 7 | p. 208	
3.4.21.45	complement C4b inactivator, complement factor I, v. 7 | p. 208	
3.4.21.45	complement component C3b inactivator, complement factor I, v. 7 | p. 208	
3.4.21.42	complement component C1s, complement subcomponent C1s, v. 7 | p. 197	
3.4.21.47	complement component C3/C5 convertase (alternative), alternative-complement-pathway C3/C5 convertase, v. 7 | p. 218	
2.1.1.148	complementing thymidylate synthase, thymidylate synthase (FAD), v. 28 | p. 643	
3.4.21.41	complement protease C1r, complement subcomponent C1r, v. 7 | p. 191	
3.4.21.42	complement protease C1s, complement subcomponent C1s, v. 7 | p. 197	
3.4.21.42	complement subcomponent C1sbar, complement subcomponent C1s, v. 7 | p. 197	
1.6.5.3	complex 1, NADH dehydrogenase (ubiquinone), v. 24 | p. 106	
1.6.5.3	complex I, NADH dehydrogenase (ubiquinone), v. 24 | p. 106	
1.6.5.3	complex I (electron transport chain), NADH dehydrogenase (ubiquinone), v. 24 | p. 106	

1.6.5.3	complex I (mitochondrial electron transport), NADH dehydrogenase (ubiquinone), v. 24 | p. 106	
1.6.5.3	complex I (NADH:Q1 oxidoreductase), NADH dehydrogenase (ubiquinone), v. 24 | p. 106	
1.6.5.3	Complex I-11KD, NADH dehydrogenase (ubiquinone), v. 24 | p. 106	
1.6.5.3	Complex I-12KD, NADH dehydrogenase (ubiquinone), v. 24 | p. 106	
1.6.5.3	Complex I-14.8KD, NADH dehydrogenase (ubiquinone), v. 24 | p. 106	
1.6.5.3	Complex I-14KD, NADH dehydrogenase (ubiquinone), v. 24 | p. 106	
1.6.5.3	Complex I-15 kDa, NADH dehydrogenase (ubiquinone), v. 24 | p. 106	
1.6.5.3	Complex I-16KD, NADH dehydrogenase (ubiquinone), v. 24 | p. 106	
1.6.5.3	Complex I-17.3KD, NADH dehydrogenase (ubiquinone), v. 24 | p. 106	
1.6.5.3	Complex I-17.8KD, NADH dehydrogenase (ubiquinone), v. 24 | p. 106	
1.6.5.3	Complex I-18Kd, NADH dehydrogenase (ubiquinone), v. 24 | p. 106	
1.6.5.3	Complex I-18 kDa, NADH dehydrogenase (ubiquinone), v. 24 | p. 106	
1.6.5.3	Complex I-19.3KD, NADH dehydrogenase (ubiquinone), v. 24 | p. 106	
1.6.5.3	Complex I-19KD, NADH dehydrogenase (ubiquinone), v. 24 | p. 106	
1.6.5.3	Complex I-20KD, NADH dehydrogenase (ubiquinone), v. 24 | p. 106	
1.6.5.3	Complex I-21KD, NADH dehydrogenase (ubiquinone), v. 24 | p. 106	
1.6.5.3	Complex I-22.5Kd, NADH dehydrogenase (ubiquinone), v. 24 | p. 106	
1.6.5.3	Complex I-23KD, NADH dehydrogenase (ubiquinone), v. 24 | p. 106	
1.6.5.3	Complex I-27KD, NADH dehydrogenase (ubiquinone), v. 24 | p. 106	
1.6.5.3	Complex I-28.5KD, NADH dehydrogenase (ubiquinone), v. 24 | p. 106	
1.6.5.3	Complex I-29.9KD, NADH dehydrogenase (ubiquinone), v. 24 | p. 106	
1.6.5.3	Complex I-29KD, NADH dehydrogenase (ubiquinone), v. 24 | p. 106	
1.6.5.3	Complex I-30KD, NADH dehydrogenase (ubiquinone), v. 24 | p. 106	
1.6.5.3	Complex I-38.5KD, NADH dehydrogenase (ubiquinone), v. 24 | p. 106	
1.6.5.3	Complex I-39KD, NADH dehydrogenase (ubiquinone), v. 24 | p. 106	
1.6.5.3	Complex I-40KD, NADH dehydrogenase (ubiquinone), v. 24 | p. 106	
1.6.5.3	Complex I-42.5KD, NADH dehydrogenase (ubiquinone), v. 24 | p. 106	
1.6.5.3	Complex I-42KD, NADH dehydrogenase (ubiquinone), v. 24 | p. 106	
1.6.5.3	Complex I-49KD, NADH dehydrogenase (ubiquinone), v. 24 | p. 106	
1.6.5.3	Complex I-51KD, NADH dehydrogenase (ubiquinone), v. 24 | p. 106	
1.6.5.3	Complex I-75KD, NADH dehydrogenase (ubiquinone), v. 24 | p. 106	
1.6.5.3	Complex I-78KD, NADH dehydrogenase (ubiquinone), v. 24 | p. 106	
1.6.5.3	Complex I-9.5KD, NADH dehydrogenase (ubiquinone), v. 24 | p. 106	
1.6.5.3	Complex I-9KD, NADH dehydrogenase (ubiquinone), v. 24 | p. 106	
1.6.5.3	Complex I-AGGG, NADH dehydrogenase (ubiquinone), v. 24 | p. 106	
1.6.5.3	Complex I-AQDQ, NADH dehydrogenase (ubiquinone), v. 24 | p. 106	
1.6.5.3	Complex I-ASHI, NADH dehydrogenase (ubiquinone), v. 24 | p. 106	
1.6.5.3	Complex I-B12, NADH dehydrogenase (ubiquinone), v. 24 | p. 106	
1.6.5.3	Complex I-B14, NADH dehydrogenase (ubiquinone), v. 24 | p. 106	
1.6.5.3	Complex I-B14.5a, NADH dehydrogenase (ubiquinone), v. 24 | p. 106	
1.6.5.3	Complex I-B14.5b, NADH dehydrogenase (ubiquinone), v. 24 | p. 106	
1.6.5.3	Complex I-B15, NADH dehydrogenase (ubiquinone), v. 24 | p. 106	
1.6.5.3	Complex I-B16.6, NADH dehydrogenase (ubiquinone), v. 24 | p. 106	
1.6.5.3	Complex I-B17, NADH dehydrogenase (ubiquinone), v. 24 | p. 106	
1.6.5.3	Complex I-B17.2, NADH dehydrogenase (ubiquinone), v. 24 | p. 106	
1.6.5.3	Complex I-B18, NADH dehydrogenase (ubiquinone), v. 24 | p. 106	
1.6.5.3	Complex I-B22, NADH dehydrogenase (ubiquinone), v. 24 | p. 106	
1.6.5.3	Complex I-B8, NADH dehydrogenase (ubiquinone), v. 24 | p. 106	
1.6.5.3	Complex I-B9, NADH dehydrogenase (ubiquinone), v. 24 | p. 106	
1.6.5.3	Complex I-KFYI, NADH dehydrogenase (ubiquinone), v. 24 | p. 106	
1.6.5.3	Complex I-MLRQ, NADH dehydrogenase (ubiquinone), v. 24 | p. 106	
1.6.5.3	Complex I-MNLL, NADH dehydrogenase (ubiquinone), v. 24 | p. 106	
1.6.5.3	Complex I-MWFE, NADH dehydrogenase (ubiquinone), v. 24 | p. 106	
1.6.5.3	Complex I-PDSW, NADH dehydrogenase (ubiquinone), v. 24 | p. 106	

1.6.5.3	Complex I-PGIV, NADH dehydrogenase (ubiquinone), v. 24 | p. 106	
1.6.5.3	Complex I-SGDH, NADH dehydrogenase (ubiquinone), v. 24 | p. 106	
1.6.5.3	complex I dehydrogenase, NADH dehydrogenase (ubiquinone), v. 24 | p. 106	
1.3.5.1	complex II, succinate dehydrogenase (ubiquinone), v. 21 | p. 424	
1.10.2.2	complex III, ubiquinol-cytochrome-c reductase, v. 25 | p. 83	
1.3.5.1	complex II of the respiratory chain, succinate dehydrogenase (ubiquinone), v. 21 | p. 424	
1.9.3.1	complex IV (mitochondrial electron transport), cytochrome-c oxidase, v. 25 | p. 1	
1.9.3.1	complex IX, cytochrome-c oxidase, v. 25 | p. 1	
3.6.3.4	complex V, Cu^{2+}-exporting ATPase, v. 15 | p. 544	
3.6.3.12	complex V (mitochondrial electron transport), K^+-transporting ATPase, v. 15 | p. 593	
3.6.3.2	complex V (mitochondrial electron transport), Mg^{2+}-importing ATPase, v. 15 | p. 538	
3.6.3.7	complex V (mitochondrial electron transport), Na^+-exporting ATPase, v. 15 | p. 561	
3.6.1.3	complex V (mitochondrial electron transport), adenosinetriphosphatase, v. 15 | p. 263	
3.4.25.1	Component Y8, proteasome endopeptidase complex, v. 8 | p. 587	
3.5.1.29	compound A hydrolase, 2-(acetamidomethylene)succinate hydrolase, v. 14 | p. 407	
3.5.1.66	compound B hydrolase, 2-(hydroxymethyl)-3-(acetamidomethylene)succinate hydrolase, v. 14 | p. 539	
1.14.12.5	compound I oxygenase, 5-pyridoxate dioxygenase, v. 26 | p. 136	
2.1.1.68	COMT, caffeate O-methyltransferase, v. 28 | p. 369	
2.1.1.6	COMT, catechol O-methyltransferase, v. 28 | p. 27	
2.1.1.6	S-COMT, catechol O-methyltransferase, v. 28 | p. 27	
2.1.1.6	COMT I, catechol O-methyltransferase, v. 28 | p. 27	
2.1.1.6	COMT II, catechol O-methyltransferase, v. 28 | p. 27	
2.3.1.41	condensing enzyme, β-ketoacyl-acyl-carrier-protein synthase I, v. 29 | p. 580	
2.3.3.1	condensing enzyme, citrate (Si)-synthase, v. 30 | p. 582	
2.7.11.14	cone-specific kinase GRK7, rhodopsin kinase, v. S3 | p. 370	
3.6.5.1	cone transducin, heterotrimeric G-protein GTPase, v. S6 | p. 462	
3.4.21.45	conglutinogen-activating factor C, complement factor I, v. 7 | p. 208	
3.4.22.51	congopain, cruzipain, v. S6 | p. 30	
3.2.1.126	coniferin-hydrolyzing β-glucosidase, coniferin β-glucosidase, v. 13 | p. 512	
1.1.1.90	coniferyl alcohol dehydrogenase, aryl-alcohol dehydrogenase, v. 17 | p. 209	
1.1.1.194	coniferyl alcohol dehydrogenase, coniferyl-alcohol dehydrogenase, v. 18 | p. 161	
1.2.1.68	coniferyl aldehyde dehydrogenase, coniferyl-aldehyde dehydrogenase, v. 20 | p. 405	
3.4.19.9	conjugase, γ-glutamyl hydrolase, v. 6 | p. 560	
3.5.1.24	Conjugated bile acid hydrolase, choloylglycine hydrolase, v. 14 | p. 373	
3.5.1.24	conjugated bile salt hydrolase, choloylglycine hydrolase, v. 14 | p. 373	
3.1.3.26	ConPhy, 4-phytase, v. 10 | p. 289	
3.1.3.26	Consensus Phytase, 4-phytase, v. 10 | p. 289	
1.11.1.7	constitutive peroxidase, peroxidase, v. 25 | p. 211	
3.6.4.4	conventional kinesin, plus-end-directed kinesin ATPase, v. 15 | p. 778	
3.4.21.46	convertase, C3 proactivator, complement factor D, v. 7 | p. 213	
3.4.21.47	convertase, complement C3(C5) (amplification), alternative-complement-pathway C3/C5 convertase, v. 7 | p. 218	
1.2.7.4	CO oxidation/H2 evolution system, carbon-monoxide dehydrogenase (ferredoxin), v. S1 | p. 179	
6.3.2.19	Cop1, Ubiquitin-protein ligase, v. 2 | p. 506	
3.6.3.4	CopA, Cu^{2+}-exporting ATPase, v. 15 | p. 544	
3.6.3.4	CopA protein, Cu^{2+}-exporting ATPase, v. 15 | p. 544	
1.15.1.1	copper, zinc superoxide dismutase, superoxide dismutase, v. 27 | p. 399	
1.4.3.21	copper-containing amine oxidase, primary-amine oxidase	
1.7.1.4	copper-containing Nir, nitrite reductase [NAD(P)H], v. 24 | p. 277	
1.7.2.1	copper-containing nitrite reductase, nitrite reductase (NO-forming), v. 24 | p. 325	
1.7.1.4	copper-containing nitrite reductase, nitrite reductase [NAD(P)H], v. 24 | p. 277	
1.10.3.1	copper-S100B, catechol oxidase, v. 25 | p. 105	
3.6.3.4	copper-transporting ATPase, Cu^{2+}-exporting ATPase, v. 15 | p. 544	

3.6.3.4	copper-transporting ATPase PAA1, Cu2+-exporting ATPase, v. 15	p. 544
3.6.3.4	copper-transporting P-type ATPase, Cu2+-exporting ATPase, v. 15	p. 544
1.15.1.1	copper-zinc superoxide dismutase, superoxide dismutase, v. 27	p. 399
1.4.3.6	Copper amine oxidase, amine oxidase (copper-containing), v. 22	p. 291
1.4.3.21	Copper amine oxidase, primary-amine oxidase	
2.7.13.3	copper resistance, histidine kinase, histidine kinase, v. S4	p. 420
1.3.3.3	copro'gen oxidase, coproporphyrinogen oxidase, v. 21	p. 367
1.3.99.22	Coprogen oxidase, coproporphyrinogen dehydrogenase, v. S1	p. 262
1.3.3.3	Coprogen oxidase, coproporphyrinogen oxidase, v. 21	p. 367
1.3.3.3	coproporphyrinogen-III oxidase, coproporphyrinogen oxidase, v. 21	p. 367
1.3.99.22	coproporphyrinogenase, coproporphyrinogen dehydrogenase, v. S1	p. 262
1.3.3.3	coproporphyrinogenase, coproporphyrinogen oxidase, v. 21	p. 367
1.3.99.22	coproporphyrinogen III oxidase, coproporphyrinogen dehydrogenase, v. S1	p. 262
1.3.3.3	coproporphyrinogen III oxidase, coproporphyrinogen oxidase, v. 21	p. 367
1.3.99.22	coproporphyrinogen oxidase, coproporphyrinogen dehydrogenase, v. S1	p. 262
1.3.3.3	coproporphyrinogen oxidase, coproporphyrinogen oxidase, v. 21	p. 367
2.5.1.33	Coq1p, trans-pentaprenyltranstransferase, v. 34	p. 30
2.5.1.39	COQ2, 4-hydroxybenzoate nonaprenyltransferase, v. 34	p. 48
2.5.1.39	Coq2p, 4-hydroxybenzoate nonaprenyltransferase, v. 34	p. 48
1.10.2.2	coQH2-cytochrome c oxidoreductase, ubiquinol-cytochrome-c reductase, v. 25	p. 83
1.1.1.247	COR, codeinone reductase (NADPH), v. 18	p. 414
3.6.3.2	CorA, Mg2+-importing ATPase, v. 15	p. 538
3.6.3.2	CorA/Mrs2p, Mg2+-importing ATPase, v. 15	p. 538
3.6.3.2	CorA Mg2p transporter homologue, Mg2+-importing ATPase, v. 15	p. 538
2.4.1.214	core α-(1,3)-fucosyltransferase, glycoprotein 3-α-L-fucosyltransferase, v. 32	p. 565
2.4.1.122	core-1 β3GalT, glycoprotein-N-acetylgalactosamine 3-β-galactosyltransferase, v. 32	p. 174
3.2.1.163	core-specific α1,6-mannosidase, 1,6-α-D-mannosidase, v. S5	p. 186
3.2.1.163	core-specific lysosomal α (1-6)-mannosidase, 1,6-α-D-mannosidase, v. S5	p. 186
3.2.1.163	core-specific lysosomal α 1,6-mannosidase, 1,6-α-D-mannosidase, v. S5	p. 186
2.4.1.214	core α1,3-fucosyltransferase, glycoprotein 3-α-L-fucosyltransferase, v. 32	p. 565
2.4.1.146	core1-β3GlcNAcT, β-1,3-galactosyl-O-glycosyl-glycoprotein β-1,3-N-acetylglucosaminyltransferase, v. 32	p. 282
2.4.1.122	core 1 β3-Gal-T, glycoprotein-N-acetylgalactosamine 3-β-galactosyltransferase, v. 32	p. 174
2.4.1.122	core 1 β3-Gal-transferase, glycoprotein-N-acetylgalactosamine 3-β-galactosyltransferase, v. 32	p. 174
2.4.1.146	core 1 extension β1,3-N-acetylglucosaminyltransferase, β-1,3-galactosyl-O-glycosyl-glycoprotein β-1,3-N-acetylglucosaminyltransferase, v. 32	p. 282
2.4.1.122	core 1 synthase, glycoprotein-N-acetylgalactosamine 3-β-galactosyltransferase, v. 32	p. 174
2.4.1.122	core 1 transferase, glycoprotein-N-acetylgalactosamine 3-β-galactosyltransferase, v. 32	p. 174
2.4.1.122	core 1 UDP-α-galactose (UDP-Gal):GalNAca1-Ser/Thr β1,3-galactosyltransferase, glycoprotein-N-acetylgalactosamine 3-β-galactosyltransferase, v. 32	p. 174
2.4.1.102	core2 β(1,6)-N-acetyglucosaminyltransferase-I, β-1,3-galactosyl-O-glycosyl-glycoprotein β-1,6-N-acetylglucosaminyltransferase, v. 32	p. 84
2.4.1.102	core 2 β-1,6-N-acetylglucosaminyltransferase, β-1,3-galactosyl-O-glycosyl-glycoprotein β-1,6-N-acetylglucosaminyltransferase, v. 32	p. 84
2.4.1.148	core 2 β-1,6-N-acetylglucosaminyltransferase-M, acetylgalactosaminyl-O-glycosyl-glycoprotein β-1,6-N-acetylglucosaminyltransferase, v. 32	p. 293
2.4.1.102	core 2 β1,6-N-acetylglucosaminyltransferase, β-1,3-galactosyl-O-glycosyl-glycoprotein β-1,6-N-acetylglucosaminyltransferase, v. 32	p. 84
2.4.1.102	core 2 β1,6-N-acetylglucosaminyltransferase I, β-1,3-galactosyl-O-glycosyl-glycoprotein β-1,6-N-acetylglucosaminyltransferase, v. 32	p. 84
2.4.1.148	core 2 β 1,6 N-acetylglucosaminyltransferase, acetylgalactosaminyl-O-glycosyl-glycoprotein β-1,6-N-acetylglucosaminyltransferase, v. 32	p. 293

2.4.1.102	core 2 β1,6 N-acetylglucosaminyltransferase, β-1,3-galactosyl-O-glycosyl-glycoprotein β-1,6-N-acetylglucosaminyltransferase, v. 32	p. 84
2.4.1.102	core 2 β1,6 N-acetylglucosaminyltransferase-I, β-1,3-galactosyl-O-glycosyl-glycoprotein β-1,6-N-acetylglucosaminyltransferase, v. 32	p. 84
2.4.1.102	core 2 β6-N-acetylglucosaminyltransferase, β-1,3-galactosyl-O-glycosyl-glycoprotein β-1,6-N-acetylglucosaminyltransferase, v. 32	p. 84
2.4.1.148	core 2 β6 GlcNAc-transferase, acetylgalactosaminyl-O-glycosyl-glycoprotein β-1,6-N-acetylglucosaminyltransferase, v. 32	p. 293
2.4.1.102	core 2 acetylglucosaminyltransferase, β-1,3-galactosyl-O-glycosyl-glycoprotein β-1,6-N-acetylglucosaminyltransferase, v. 32	p. 84
2.4.1.102	core 2 GlcNAc-T, β-1,3-galactosyl-O-glycosyl-glycoprotein β-1,6-N-acetylglucosaminyltransferase, v. 32	p. 84
2.4.1.102	core2GnT, β-1,3-galactosyl-O-glycosyl-glycoprotein β-1,6-N-acetylglucosaminyltransferase, v. 32	p. 84
2.4.1.102	core 2 N-acetylglucosaminyltransferase, β-1,3-galactosyl-O-glycosyl-glycoprotein β-1,6-N-acetylglucosaminyltransferase, v. 32	p. 84
2.4.1.148	core 2 N-acetylglucosaminyltransferase-M, acetylgalactosaminyl-O-glycosyl-glycoprotein β-1,6-N-acetylglucosaminyltransferase, v. 32	p. 293
2.4.1.102	core 2 N-acetylglucosaminyltransferase-M, β-1,3-galactosyl-O-glycosyl-glycoprotein β-1,6-N-acetylglucosaminyltransferase, v. 32	p. 84
2.4.1.147	core 3β-GlcNAc-transferase, acetylgalactosaminyl-O-glycosyl-glycoprotein β-1,3-N-acetylglucosaminyltransferase, v. 32	p. 287
2.4.1.147	core 3 β 1,3-N-acetylglucosaminyltransferase, acetylgalactosaminyl-O-glycosyl-glycoprotein β-1,3-N-acetylglucosaminyltransferase, v. 32	p. 287
2.4.1.147	core 3 β3-GlcNAc-T, acetylgalactosaminyl-O-glycosyl-glycoprotein β-1,3-N-acetylglucosaminyltransferase, v. 32	p. 287
2.4.1.147	core 3 synthase, acetylgalactosaminyl-O-glycosyl-glycoprotein β-1,3-N-acetylglucosaminyltransferase, v. 32	p. 287
2.4.1.148	core 4 β6-GalNAc-transferase, acetylgalactosaminyl-O-glycosyl-glycoprotein β-1,6-N-acetylglucosaminyltransferase, v. 32	p. 293
2.4.1.102	core 6-β-GlcNAc-T, β-1,3-galactosyl-O-glycosyl-glycoprotein β-1,6-N-acetylglucosaminyltransferase, v. 32	p. 84
2.4.1.102	core 6-β-GlcNAc-transferase A, β-1,3-galactosyl-O-glycosyl-glycoprotein β-1,6-N-acetylglucosaminyltransferase, v. 32	p. 84
2.4.1.148	core 6β-GalNAc-transferase B, acetylgalactosaminyl-O-glycosyl-glycoprotein β-1,6-N-acetylglucosaminyltransferase, v. 32	p. 293
2.4.1.221	core α6FucT, peptide-O-fucosyltransferase, v. 32	p. 596
2.7.7.48	core protein, RNA-directed RNA polymerase, v. 38	p. 468
2.7.7.48	core protein VP1, RNA-directed RNA polymerase, v. 38	p. 468
1.2.1.5	Corneal 15.8 kDa protein, aldehyde dehydrogenase [NAD(P)+], v. 20	p. 72
1.2.1.5	Corneal protein 54, aldehyde dehydrogenase [NAD(P)+], v. 20	p. 72
3.2.1.67	corn pollen polygalacturonase, galacturan 1,4-α-galacturonidase, v. 13	p. 195
2.7.11.12	coronary artery, cGMP-dependent protein kinase, v. S3	p. 288
3.1.1.14	coronatine-induced protein, chlorophyllase, v. 9	p. 167
1.8.1.4	coronin-interacting protein, dihydrolipoyl dehydrogenase, v. 24	p. 463
3.1.25.1	correndonuclease I, deoxyribonuclease (pyrimidine dimer), v. 11	p. 495
3.1.25.1	correndonuclease II, deoxyribonuclease (pyrimidine dimer), v. 11	p. 495
2.3.1.27	corticosteroid-21-O-acetyltransferase, cortisol O-acetyltransferase, v. 29	p. 483
1.1.1.146	corticosteroid 11-β-dehydrogenase isozyme 1, 11β-hydroxysteroid dehydrogenase, v. 17	p. 449
1.1.1.146	corticosteroid 11β-dehydrogenase, 11β-hydroxysteroid dehydrogenase, v. 17	p. 449
1.1.1.146	corticosteroid 11-reductase, 11β-hydroxysteroid dehydrogenase, v. 17	p. 449
5.3.1.21	Corticosteroid side chain isomerase, Corticosteroid side-chain-isomerase, v. 1	p. 345
1.14.15.5	corticosterone 18-hydroxylase, corticosterone 18-monooxygenase, v. 27	p. 41
1.14.15.5	corticosterone methyl oxidase, corticosterone 18-monooxygenase, v. 27	p. 41

1.3.1.4	cortisone α-reductase, cortisone α-reductase, v. 21	p. 19
1.3.1.3	cortisone β-reductase, Δ4-3-oxosteroid 5β-reductase, v. 21	p. 15
1.3.1.4	cortisone Δ 4-5αreductase, cortisone α-reductase, v. 21	p. 19
1.3.1.3	cortisone 5β-reductase, Δ4-3-oxosteroid 5β-reductase, v. 21	p. 15
1.1.1.53	cortisone reductase, 3α(or 20β)-hydroxysteroid dehydrogenase, v. 17	p. 9
1.1.3.4	corylophyline, glucose oxidase, v. 19	p. 30
2.3.1.137	COT, carnitine O-octanoyltransferase, v. 30	p. 351
2.7.11.25	COT, mitogen-activated protein kinase kinase kinase, v. S4	p. 278
2.7.11.25	COT30-397, mitogen-activated protein kinase kinase kinase, v. S4	p. 278
2.7.11.25	COT30-467, mitogen-activated protein kinase kinase kinase, v. S4	p. 278
1.3.3.5	CotA, bilirubin oxidase, v. 21	p. 392
1.10.3.2	CotA, laccase, v. 25	p. 115
1.10.3.2	CotA laccase, laccase, v. 25	p. 115
2.1.3.3	cOTC, ornithine carbamoyltransferase, v. 29	p. 119
3.4.21.60	cotiaractivase, Scutelarin, v. 7	p. 277
3.2.1.91	cotton lyase, cellulose 1,4-β-cellobiosidase, v. 13	p. 325
5.3.4.1	cotyledon-specific chloroplast biogenesis factor CYO1, Protein disulfide-isomerase, v. 1	p. 436
6.2.1.12	4-coumarate::CoA ligase, 4-Coumarate-CoA ligase, v. 2	p. 256
6.2.1.12	4-coumarate:CoA-ligase, 4-Coumarate-CoA ligase, v. 2	p. 256
6.2.1.12	4-coumarate: CoA ligase, 4-Coumarate-CoA ligase, v. 2	p. 256
6.2.1.12	4-coumarate:CoA ligase, 4-Coumarate-CoA ligase, v. 2	p. 256
6.2.1.12	coumarate:CoA ligase, 4-Coumarate-CoA ligase, v. 2	p. 256
6.2.1.12	4-coumarate:coenzyme-A ligase-1, 4-Coumarate-CoA ligase, v. 2	p. 256
6.2.1.12	4-coumarate:coenzyme A (CoA) ligase, 4-Coumarate-CoA ligase, v. 2	p. 256
6.2.1.12	4-Coumarate:coenzyme A ligase, 4-Coumarate-CoA ligase, v. 2	p. 256
6.2.1.12	4-coumarate: coenzyme A ligase, 4-Coumarate-CoA ligase, v. 2	p. 256
6.2.1.12	4-coumarate coenzyme A ligase, 4-Coumarate-CoA ligase, v. 2	p. 256
1.14.14.1	Coumarin 7-hydroxylase, unspecific monooxygenase, v. 26	p. 584
1.14.13.36	5-O-(4-coumaroyl)-D-quinate/shikimate 3'-hydroxylase, 5-O-(4-coumaroyl)-D-quinate 3'-monooxygenase, v. 26	p. 416
2.3.1.64	p-coumaroyl-CoA-agmatine N-p-coumaroyltransferase, agmatine N4-coumaroyltransferase, v. 30	p. 22
2.3.1.140	4-coumaroyl-CoA:4-hydroxyphenyllactic acid 4-coumaroyl transferase, rosmarinate synthase, v. 30	p. 367
2.3.1.133	p-coumaroyl-CoA:5-O-shikimate p-coumaroyl transferase, shikimate O-hydroxycinnamoyltransferase, v. 30	p. 331
2.3.1.133	p-coumaroyl-CoA:shikimic acid p-coumaroyl transferase, shikimate O-hydroxycinnamoyltransferase, v. 30	p. 331
6.2.1.12	p-coumaroyl-CoA ligase, 4-Coumarate-CoA ligase, v. 2	p. 256
6.2.1.12	4-coumaroyl-CoA synthase, 4-Coumarate-CoA ligase, v. 2	p. 256
6.2.1.12	4-coumaroyl:CoA ligase, 4-Coumarate-CoA ligase, v. 2	p. 256
6.2.1.12	p-Coumaroyl CoA ligase, 4-Coumarate-CoA ligase, v. 2	p. 256
1.14.13.36	coumaroylquinate (coumaroylshikimate) 3'-monooxygenase, 5-O-(4-coumaroyl)-D-quinate 3'-monooxygenase, v. 26	p. 416
2.3.1.133	p-coumaroyl shikimate transferase, shikimate O-hydroxycinnamoyltransferase, v. 30	p. 331
2.3.1.64	coumaroyltransferase, agmatine, agmatine N4-coumaroyltransferase, v. 30	p. 22
6.2.1.12	p-Coumaryl-CoA ligase, 4-Coumarate-CoA ligase, v. 2	p. 256
6.2.1.12	4-Coumaryl-CoA synthetase, 4-Coumarate-CoA ligase, v. 2	p. 256
6.2.1.12	p-Coumaryl-CoA synthetase, 4-Coumarate-CoA ligase, v. 2	p. 256
6.2.1.12	p-Coumaryl coenzyme A synthetase, 4-Coumarate-CoA ligase, v. 2	p. 256
6.3.2.5	coupling enzyme, phosphopantothenate-cysteine ligase, v. 2	p. 431
3.6.3.14	coupling factors (F0,F1 and CF1), H+-transporting two-sector ATPase, v. 15	p. 598
3.6.1.29	covalent adenylyl enzyme, bis(5'-adenosyl)-triphosphatase, v. 15	p. 432

1.1.3.17	COX, choline oxidase, v. 19	p. 153	
1.3.3.3	COX, coproporphyrinogen oxidase, v. 21	p. 367	
1.9.3.1	COX, cytochrome-c oxidase, v. 25	p. 1	
1.14.99.1	COX-2, prostaglandin-endoperoxide synthase, v. 27	p. 246	
1.9.3.1	COX1, cytochrome-c oxidase, v. 25	p. 1	
1.14.99.1	COX1, prostaglandin-endoperoxide synthase, v. 27	p. 246	
1.9.3.1	Cox 1, cytochrome-c oxidase, v. 25	p. 1	
1.9.3.1	COX19, cytochrome-c oxidase, v. 25	p. 1	
1.9.3.1	COX4, cytochrome-c oxidase, v. 25	p. 1	
1.9.3.1	Cox7c, cytochrome-c oxidase, v. 25	p. 1	
1.9.3.1	COX I, cytochrome-c oxidase, v. 25	p. 1	
1.9.3.1	COXI, cytochrome-c oxidase, v. 25	p. 1	
1.9.3.1	COX II, cytochrome-c oxidase, v. 25	p. 1	
1.9.3.1	COXII, cytochrome-c oxidase, v. 25	p. 1	
1.9.3.1	COX III, cytochrome-c oxidase, v. 25	p. 1	
1.9.3.1	COXIII, cytochrome-c oxidase, v. 25	p. 1	
1.9.3.1	COX IV, cytochrome-c oxidase, v. 25	p. 1	
3.4.22.28	coxsackievirus 3C proteinase, picornain 3C, v. 7	p. 646	
1.9.3.1	COX subunit I, cytochrome-c oxidase, v. 25	p. 1	
1.9.3.1	COX Va, cytochrome-c oxidase, v. 25	p. 1	
1.9.3.1	COX Vb, cytochrome-c oxidase, v. 25	p. 1	
1.9.3.1	COX VIa-H, cytochrome-c oxidase, v. 25	p. 1	
1.9.3.1	COXVIAH, cytochrome-c oxidase, v. 25	p. 1	
1.9.3.1	COX VIb, cytochrome-c oxidase, v. 25	p. 1	
1.9.3.1	COX VIc, cytochrome-c oxidase, v. 25	p. 1	
1.9.3.1	COX VIIa H, cytochrome-c oxidase, v. 25	p. 1	
1.9.3.1	COX VIIa L, cytochrome-c oxidase, v. 25	p. 1	
1.9.3.1	COX VIIb, cytochrome-c oxidase, v. 25	p. 1	
1.9.3.1	COX VIIc, cytochrome-c oxidase, v. 25	p. 1	
1.9.3.1	COX VIII, cytochrome-c oxidase, v. 25	p. 1	
1.11.1.15	2-CP, peroxiredoxin, v. S1	p. 403	
3.4.22.28	3CP, picornain 3C, v. 7	p. 646	
3.4.22.26	CP, Cancer procoagulant, v. 7	p. 633	
1.11.1.6	CP, catalase, v. 25	p. 194	
1.11.1.7	CP, peroxidase, v. 25	p. 211	
3.2.1.17	CP-1 lysin, lysozyme, v. 12	p. 228	
3.2.1.17	CP-7 lysin, lysozyme, v. 12	p. 228	
3.2.1.17	CP-9 lysin, lysozyme, v. 12	p. 228	
3.4.17.15	CP-A2, carboxypeptidase A2, v. 6	p. 478	
3.4.16.5	CP-MI, carboxypeptidase C, v. 6	p. 385	
3.4.16.6	CP-MII.1, carboxypeptidase D, v. 6	p. 397	
3.4.16.6	CP-MII.2, carboxypeptidase D, v. 6	p. 397	
3.4.16.6	CP-MII.3, carboxypeptidase D, v. 6	p. 397	
3.4.16.5	CP-MIII, carboxypeptidase C, v. 6	p. 385	
3.4.16.6	CP-WII, carboxypeptidase D, v. 6	p. 397	
3.4.16.5	CP-WIII, carboxypeptidase C, v. 6	p. 385	
3.4.22.35	CP1, Histolysain, v. 7	p. 694	
1.16.3.1	Cp115, ferroxidase, v. 27	p. 466	
1.16.3.1	Cp135, ferroxidase, v. 27	p. 466	
1.2.1.12	CP 17/CP 18, glyceraldehyde-3-phosphate dehydrogenase (phosphorylating), v. 20	p. 135	
3.4.22.35	CP2, Histolysain, v. 7	p. 694	
1.16.3.1	Cp200, ferroxidase, v. 27	p. 466	
4.1.1.31	CP21, phosphoenolpyruvate carboxylase, v. 3	p. 175	
4.2.1.55	CP 24, 3-Hydroxybutyryl-CoA dehydratase, v. 4	p. 540	
5.3.1.1	CP 25, Triose-phosphate isomerase, v. 1	p. 235	

1.1.1.157	CP 26, 3-hydroxybutyryl-CoA dehydrogenase, v. 18 | p. 10	
4.2.99.8	CP 27, cysteine synthase, v. 5 | p. 93	
4.1.1.31	CP28, phosphoenolpyruvate carboxylase, v. 3 | p. 175	
4.1.1.4	CP 28/CP 29, Acetoacetate decarboxylase, v. 3 | p. 23	
2.7.11.24	cp38a, mitogen-activated protein kinase, v. S4 | p. 233	
2.7.11.24	cp38b, mitogen-activated protein kinase, v. S4 | p. 233	
4.1.1.31	CP46, phosphoenolpyruvate carboxylase, v. 3 | p. 175	
3.4.22.35	CP5, Histolysain, v. 7 | p. 694	
3.4.17.1	CPA, carboxypeptidase A, v. 6 | p. 401	
3.4.17.1	CPA1, carboxypeptidase A, v. 6 | p. 401	
3.4.17.15	CPA2, carboxypeptidase A2, v. 6 | p. 478	
3.4.17.1	CPA3, carboxypeptidase A, v. 6 | p. 401	
3.4.17.1	CPA4, carboxypeptidase A, v. 6 | p. 401	
3.4.16.5	CPA4, carboxypeptidase C, v. 6 | p. 385	
3.4.17.1	CPA6, carboxypeptidase A, v. 6 | p. 401	
3.4.16.2	CPA6, lysosomal Pro-Xaa carboxypeptidase, v. 6 | p. 370	
4.2.99.8	cpACS1, cysteine synthase, v. 5 | p. 93	
3.4.17.1	CPAl, carboxypeptidase A, v. 6 | p. 401	
2.7.1.20	CpAK, adenosine kinase, v. 35 | p. 252	
3.4.16.5	CPase, carboxypeptidase C, v. 6 | p. 385	
3.4.16.4	CPase, serine-type D-Ala-D-Ala carboxypeptidase, v. 6 | p. 376	
3.4.17.3	CPase N, lysine carboxypeptidase, v. 6 | p. 428	
3.4.17.2	CPB, carboxypeptidase B, v. 6 | p. 418	
3.4.22.1	CPB, cathepsin B, v. 7 | p. 501	
3.4.17.2	CPBAg1, carboxypeptidase B, v. 6 | p. 418	
3.4.16.5	CPC, carboxypeptidase C, v. 6 | p. 385	
3.1.1.41	CPC-AH, cephalosporin-C deacetylase, v. 9 | p. 291	
3.1.4.3	cPC-PLC, phospholipase C, v. 11 | p. 32	
2.3.1.175	CPC acetylhydrolase, deacetylcephalosporin-C acetyltransferase, v. S2 | p. 77	
3.2.1.14	CpCHI, chitinase, v. 12 | p. 185	
3.4.17.22	CPD, Metallocarboxypeptidase D, v. 6 | p. 505	
3.4.17.1	CPD, carboxypeptidase A, v. 6 | p. 401	
3.4.16.6	CPD, carboxypeptidase D, v. 6 | p. 397	
3.4.17.22	CPD-N, Metallocarboxypeptidase D, v. 6 | p. 505	
4.1.99.3	CPD-photolyase, deoxyribodipyrimidine photo-lyase, v. 4 | p. 223	
4.1.99.3	CPD-specific DNA photolyase, deoxyribodipyrimidine photo-lyase, v. 4 | p. 223	
3.4.16.5	CPD-Y, carboxypeptidase C, v. 6 | p. 385	
4.1.99.3	CPD1, deoxyribodipyrimidine photo-lyase, v. 4 | p. 223	
3.1.4.53	CpdA, 3',5'-cyclic-AMP phosphodiesterase	
3.1.4.16	CpdB, 2',3'-cyclic-nucleotide 2'-phosphodiesterase, v. 11 | p. 108	
3.1.3.6	CpdB, 3'-nucleotidase, v. 10 | p. 118	
3.4.17.11	CPDG2, glutamate carboxypeptidase, v. 6 | p. 462	
2.7.7.7	CpDNApolI, DNA-directed DNA polymerase, v. 38 | p. 118	
4.1.99.3	CPD photolyase, deoxyribodipyrimidine photo-lyase, v. 4 | p. 223	
4.1.99.3	CPDphr, deoxyribodipyrimidine photo-lyase, v. 4 | p. 223	
2.5.1.31	CPDS, di-trans,poly-cis-decaprenylcistransferase, v. 34 | p. 1	
4.1.99.3	CPD specific photolyase, deoxyribodipyrimidine photo-lyase, v. 4 | p. 223	
3.4.16.6	CPDW-II, carboxypeptidase D, v. 6 | p. 397	
3.4.21.102	CPE, C-terminal processing peptidase, v. 7 | p. 493	
3.4.17.10	CPE, carboxypeptidase E, v. 6 | p. 455	
2.7.8.23	CPEP mutase, carboxyvinyl-carboxyphosphonate phosphorylmutase, v. 39 | p. 139	
2.7.8.23	CPEP phosphonomutase, carboxyvinyl-carboxyphosphonate phosphorylmutase, v. 39 | p. 139	
5.4.2.9	CPEP phosphonomutase, phosphoenolpyruvate mutase, v. 1 | p. 546	
1.14.13.26	CpFAH, phosphatidylcholine 12-monooxygenase, v. 26 | p. 375	

3.6.5.4	cpFtsY, signal-recognition-particle GTPase, v. S6 | p. 511	
3.4.17.11	CPG2, glutamate carboxypeptidase, v. 6 | p. 462	
5.3.99.3	CPGES, prostaglandin-E synthase, v. 1 | p. 459	
3.4.13.18	CPGL, cytosol nonspecific dipeptidase, v. 6 | p. 227	
3.4.13.18	CPGL-B, cytosol nonspecific dipeptidase, v. 6 | p. 227	
1.3.3.3	CPGox, coproporphyrinogen oxidase, v. 21 | p. 367	
3.2.1.52	CpGV V-CHIA, β-N-acetylhexosaminidase, v. 13 | p. 50	
5.2.1.8	CPH, Peptidylprolyl isomerase, v. 1 | p. 218	
3.4.17.10	CPH, carboxypeptidase E, v. 6 | p. 455	
3.5.2.6	CphA, β-lactamase, v. 14 | p. 683	
6.3.2.30	CphA, cyanophycin synthase (L-arginine-adding), v. S7 | p. 616	
6.3.2.29	CphA, cyanophycin synthase (L-aspartate-adding), v. S7 | p. 610	
1.13.11.37	cphA-1, hydroxyquinol 1,2-dioxygenase, v. 25 | p. 610	
1.13.11.37	cphA-2, hydroxyquinol 1,2-dioxygenase, v. 25 | p. 610	
1.13.11.37	cphA-I, hydroxyquinol 1,2-dioxygenase, v. 25 | p. 610	
1.13.11.37	cphA-II Name, hydroxyquinol 1,2-dioxygenase, v. 25 | p. 610	
6.3.2.30	CphA1, cyanophycin synthase (L-arginine-adding), v. S7 | p. 616	
6.3.2.29	CphA1, cyanophycin synthase (L-aspartate-adding), v. S7 | p. 610	
6.3.2.30	CphA2, cyanophycin synthase (L-arginine-adding), v. S7 | p. 616	
6.3.2.29	CphA2, cyanophycin synthase (L-aspartate-adding), v. S7 | p. 610	
6.3.2.30	CphANE1, cyanophycin synthase (L-arginine-adding), v. S7 | p. 616	
6.3.2.29	CphANE1, cyanophycin synthase (L-aspartate-adding), v. S7 | p. 610	
3.4.15.6	CphB, cyanophycinase, v. S5 | p. 305	
3.4.15.6	CphB1, cyanophycinase, v. S5 | p. 305	
3.4.15.6	CphB2, cyanophycinase, v. S5 | p. 305	
3.4.15.6	CphB3, cyanophycinase, v. S5 | p. 305	
3.4.15.6	CphB5, cyanophycinase, v. S5 | p. 305	
3.4.15.6	CphB6, cyanophycinase, v. S5 | p. 305	
3.4.15.6	CphE, cyanophycinase, v. S5 | p. 305	
3.4.15.6	CphI, cyanophycinase, v. S5 | p. 305	
3.4.15.6	CphJ, cyanophycinase, v. S5 | p. 305	
2.4.1.211	cphy0577 protein, 1,3-β-galactosyl-N-acetylhexosamine phosphorylase, v. 32 | p. 555	
2.4.1.211	cphy3030 protein, 1,3-β-galactosyl-N-acetylhexosamine phosphorylase, v. 32 | p. 555	
2.7.11.17	CPK-1, Ca2+/calmodulin-dependent protein kinase, v. S4 | p. 1	
2.7.11.1	CPK1, non-specific serine/threonine protein kinase, v. S3 | p. 1	
2.7.11.11	cPKA, cAMP-dependent protein kinase, v. S3 | p. 241	
3.2.1.17	CPL, lysozyme, v. 12 | p. 228	
3.1.1.3	CPL, triacylglycerol lipase, v. 9 | p. 36	
3.4.22.15	cpl-1, cathepsin L, v. 7 | p. 582	
3.1.1.4	cPLA2, phospholipase A2, v. 9 | p. 52	
3.1.1.4	cPLA2α, phospholipase A2, v. 9 | p. 52	
3.1.1.4	cPLA2-α, phospholipase A2, v. 9 | p. 52	
3.1.1.4	cPLA2-γ, phospholipase A2, v. 9 | p. 52	
3.1.4.4	cPLD1, phospholipase D, v. 11 | p. 47	
3.1.4.4	cPLD2, phospholipase D, v. 11 | p. 47	
3.4.17.12	CPM, carboxypeptidase M, v. 6 | p. 467	
3.1.1.4	cPm09, phospholipase A2, v. 9 | p. 52	
1.14.13.16	CPMO, cyclopentanone monooxygenase, v. 26 | p. 313	
3.4.17.3	CPN, lysine carboxypeptidase, v. 6 | p. 428	
3.4.17.3	CPN1, lysine carboxypeptidase, v. 6 | p. 428	
3.6.4.9	CPN10, chaperonin ATPase, v. 15 | p. 803	
4.1.1.19	CPn1032 homolog, Arginine decarboxylase, v. 3 | p. 106	
3.6.4.9	Cpn60-1, chaperonin ATPase, v. 15 | p. 803	
3.6.4.9	Cpn60-2, chaperonin ATPase, v. 15 | p. 803	
3.6.4.9	Cpn60-3, chaperonin ATPase, v. 15 | p. 803	

3.6.4.9	CPN60.2, chaperonin ATPase, v.15	p.803
2.8.1.7	CpNifS, cysteine desulfurase, v.39	p.238
1.11.1.10	CPO, chloride peroxidase, v.25	p.245
1.3.99.22	CPO, coproporphyrinogen dehydrogenase, v.S1	p.262
1.3.3.3	CPO, coproporphyrinogen oxidase, v.21	p.367
1.11.1.7	cPOD-I, peroxidase, v.25	p.211
2.1.1.136	CPOMT, chlorophenol O-methyltransferase, v.28	p.611
1.3.3.3	CPOX, coproporphyrinogen oxidase, v.21	p.367
1.3.3.3	CPOX4, coproporphyrinogen oxidase, v.21	p.367
2.5.1.67	CPP, chrysanthemyl diphosphate synthase, v.S2	p.218
3.4.16.2	CPP, lysosomal Pro-Xaa carboxypeptidase, v.6	p.370
3.4.17.16	CPP, membrane Pro-Xaa carboxypeptidase, v.6	p.480
3.4.22.56	CPP-32, caspase-3, v.S6	p.103
3.1.3.16	Cpp1, phosphoprotein phosphatase, v.10	p.213
3.4.22.56	CPP32, caspase-3, v.S6	p.103
3.4.22.56	CPP32/apopain, caspase-3, v.S6	p.103
2.5.1.67	CPPase, chrysanthemyl diphosphate synthase, v.S2	p.218
1.2.1.51	CpPNO, pyruvate dehydrogenase (NADP+), v.20	p.355
2.5.1.67	CPP synthase, chrysanthemyl diphosphate synthase, v.S2	p.218
3.4.17.20	CPR, Carboxypeptidase U, v.6	p.492
1.6.2.4	CPR, NADPH-hemoprotein reductase, v.24	p.58
1.1.1.214	CPR-C1, 2-dehydropantolactone reductase (B-specific), v.18	p.299
1.1.1.214	CPR-C2, 2-dehydropantolactone reductase (B-specific), v.18	p.299
3.4.22.46	3Cpro, L-peptidase, v.7	p.751
3.4.22.66	3Cpro, calicivirin, v.S6	p.215
3.4.22.28	3Cpro, picornain 3C, v.7	p.646
3.4.21.98	Cpro-2, hepacivirin, v.7	p.474
3.4.21.98	Cpro-2 proteinase, hepacivirin, v.7	p.474
3.4.22.46	3C protease, L-peptidase, v.7	p.751
3.4.22.28	3C protease, picornain 3C, v.7	p.646
3.4.22.28	3C proteinase, picornain 3C, v.7	p.646
1.11.1.15	cPrx I, peroxiredoxin, v.S1	p.403
1.11.1.15	cPrx II, peroxiredoxin, v.S1	p.403
6.3.4.16	CPS, Carbamoyl-phosphate synthase (ammonia), v.2	p.641
6.3.5.5	CPS, Carbamoyl-phosphate synthase (glutamine-hydrolysing), v.2	p.689
3.4.17.1	CPS, carboxypeptidase A, v.6	p.401
5.5.1.13	CPS, ent-copalyl diphosphate synthase, v.S7	p.557
6.3.4.16	CPS-1, Carbamoyl-phosphate synthase (ammonia), v.2	p.641
6.3.4.16	CPS-I, Carbamoyl-phosphate synthase (ammonia), v.2	p.641
5.5.1.13	CPS/KS, ent-copalyl diphosphate synthase, v.S7	p.557
4.2.3.19	CPS/KS, ent-kaurene synthase, v.S7	p.281
6.3.4.16	CPS1, Carbamoyl-phosphate synthase (ammonia), v.2	p.641
6.3.5.5	CPS1, Carbamoyl-phosphate synthase (glutamine-hydrolysing), v.2	p.689
3.4.17.4	CPS1, Gly-Xaa carboxypeptidase, v.6	p.437
5.5.1.13	CPS1, ent-copalyl diphosphate synthase, v.S7	p.557
2.4.1.212	CPS1, hyaluronan synthase, v.32	p.558
3.4.17.4	Cps1p, Gly-Xaa carboxypeptidase, v.6	p.437
5.5.1.13	CPS2/Cyc2, ent-copalyl diphosphate synthase, v.S7	p.557
1.1.3.7	CpSAO, aryl-alcohol oxidase, v.19	p.69
6.3.5.5	CPSase, Carbamoyl-phosphate synthase (glutamine-hydrolysing), v.2	p.689
6.3.5.5	CPSase-A, Carbamoyl-phosphate synthase (glutamine-hydrolysing), v.2	p.689
6.3.5.5	CPSase-P, Carbamoyl-phosphate synthase (glutamine-hydrolysing), v.2	p.689
6.3.4.16	CPSase I, Carbamoyl-phosphate synthase (ammonia), v.2	p.641
6.3.5.5	CPSase type II, Carbamoyl-phosphate synthase (glutamine-hydrolysing), v.2	p.689
2.7.8.7	CpSFP-PPT, holo-[acyl-carrier-protein] synthase, v.39	p.50

6.3.4.16	CPS I, Carbamoyl-phosphate synthase (ammonia), v.2 | p. 641
6.3.4.16	CPSI, Carbamoyl-phosphate synthase (ammonia), v.2 | p. 641
6.3.4.16	CPS I-like (ammonia- and N-acetyl-L-glutamate-dependent), Carbamoyl-phosphate synthase (ammonia), v.2 | p. 641
6.3.5.5	CPSII, Carbamoyl-phosphate synthase (glutamine-hydrolysing), v.2 | p. 689
6.3.5.5	CPS II (glutamine-dependent), Carbamoyl-phosphate synthase (glutamine-hydrolysing), v.2 | p. 689
6.3.5.5	CPS III, Carbamoyl-phosphate synthase (glutamine-hydrolysing), v.2 | p. 689
6.3.5.5	CPS III (glutamine- and N-acetyl-L-glutamine-dependent), Carbamoyl-phosphate synthase (glutamine-hydrolysing), v.2 | p. 689
4.4.1.16	cpSL, selenocysteine lyase, v.5 | p. 391
3.6.5.4	cpSRP, signal-recognition-particle GTPase, v. S6 | p. 511
2.3.1.57	CpSSAT, diamine N-acetyltransferase, v. 29 | p. 708
3.4.17.18	CPT, carboxypeptidase T, v.6 | p. 486
2.3.1.21	CPT, carnitine O-palmitoyltransferase, v. 29 | p. 411
2.7.8.2	CPT, diacylglycerol cholinephosphotransferase, v. 39 | p. 14
2.3.1.21	CPT-1, carnitine O-palmitoyltransferase, v. 29 | p. 411
2.3.1.21	CPT-A, carnitine O-palmitoyltransferase, v. 29 | p. 411
2.3.1.21	CPT-B, carnitine O-palmitoyltransferase, v. 29 | p. 411
3.1.1.1	CPT-CE, carboxylesterase, v.9 | p. 1
2.3.1.21	CPT-Iα, carnitine O-palmitoyltransferase, v. 29 | p. 411
2.3.1.21	CPT-IL, carnitine O-palmitoyltransferase, v. 29 | p. 411
2.3.1.21	CPT1, carnitine O-palmitoyltransferase, v. 29 | p. 411
2.7.8.2	CPT1, diacylglycerol cholinephosphotransferase, v. 39 | p. 14
2.3.1.21	L-CPT 1, carnitine O-palmitoyltransferase, v. 29 | p. 411
2.3.1.21	L-CPT1, carnitine O-palmitoyltransferase, v. 29 | p. 411
2.3.1.21	M-CPT 1, carnitine O-palmitoyltransferase, v. 29 | p. 411
2.3.1.21	CPT1-A, carnitine O-palmitoyltransferase, v. 29 | p. 411
2.3.1.21	CPT1-B, carnitine O-palmitoyltransferase, v. 29 | p. 411
2.3.1.21	CPT1-C, carnitine O-palmitoyltransferase, v. 29 | p. 411
2.3.1.21	CPT1A, carnitine O-palmitoyltransferase, v. 29 | p. 411
2.3.1.21	CPT1B, carnitine O-palmitoyltransferase, v. 29 | p. 411
2.3.1.21	CPT1c, carnitine O-palmitoyltransferase, v. 29 | p. 411
2.7.8.1	Cpt1p, ethanolaminephosphotransferase, v. 39 | p. 1
2.3.1.21	CPT2, carnitine O-palmitoyltransferase, v. 29 | p. 411
2.3.1.21	CPT I, carnitine O-palmitoyltransferase, v. 29 | p. 411
2.3.1.21	CPTI β, carnitine O-palmitoyltransferase, v. 29 | p. 411
2.3.1.21	CPTi, carnitine O-palmitoyltransferase, v. 29 | p. 411
2.3.1.21	M-CPTI, carnitine O-palmitoyltransferase, v. 29 | p. 411
2.3.1.21	CPTII, carnitine O-palmitoyltransferase, v. 29 | p. 411
2.3.1.21	CPTo, carnitine O-palmitoyltransferase, v. 29 | p. 411
3.1.3.48	CPTP1, protein-tyrosine-phosphatase, v. 10 | p. 407
3.4.17.20	CPU, Carboxypeptidase U, v.6 | p. 492
3.4.17.1	CPVL, carboxypeptidase A, v.6 | p. 401
3.4.16.5	CPW, carboxypeptidase C, v.6 | p. 385
3.4.16.6	CPW, carboxypeptidase D, v.6 | p. 397
1.11.1.6	CPX, catalase, v. 25 | p. 194
1.3.3.3	CPX, coproporphyrinogen oxidase, v. 21 | p. 367
1.11.1.15	CPX, peroxiredoxin, v. S1 | p. 403
3.6.3.5	CPx-type Cd/Zn-ATPase, Zn2+-exporting ATPase, v. 15 | p. 550
1.3.3.3	CPX1, coproporphyrinogen oxidase, v. 21 | p. 367
1.3.3.3	CPX2, coproporphyrinogen oxidase, v. 21 | p. 367
3.4.16.5	CPY, carboxypeptidase C, v.6 | p. 385
2.3.1.99	CQT, quinate O-hydroxycinnamoyltransferase, v. 30 | p. 215
1.1.1.184	CR, carbonyl reductase (NADPH), v. 18 | p. 105

3.1.1.4	Cr-IV 1, phospholipase A2, v. 9 | p. 52	
1.1.1.53	CR/20β-HSD, 3α(or 20β)-hydroxysteroid dehydrogenase, v. 17 | p. 9	
1.1.1.53	CR/20β-HSD A, 3α(or 20β)-hydroxysteroid dehydrogenase, v. 17 | p. 9	
1.1.1.53	CR/20β-HSD B, 3α(or 20β)-hydroxysteroid dehydrogenase, v. 17 | p. 9	
3.1.1.3	crab digestive lipase, triacylglycerol lipase, v. 9 | p. 36	
3.4.21.32	crab protease I, brachyurin, v. 7 | p. 129	
3.4.21.32	crab protease II, brachyurin, v. 7 | p. 129	
1.1.1.105	CRAD, retinol dehydrogenase, v. 17 | p. 287	
1.1.1.105	CRAD2, retinol dehydrogenase, v. 17 | p. 287	
3.5.1.1	crasnitin, asparaginase, v. 14 | p. 190	
2.3.1.7	CRAT, carnitine O-acetyltransferase, v. 29 | p. 273	
2.3.1.137	CRAT, carnitine O-octanoyltransferase, v. 30 | p. 351	
3.4.24.21	Crayfish small-molecule proteinase, astacin, v. 8 | p. 330	
2.1.1.149	CrCOMT2, myricetin O-methyltransferase, v. 28 | p. 647	
3.5.4.5	CR deaminase, cytidine deaminase, v. 15 | p. 42	
2.4.1.34	CrdS, 1,3-β-glucan synthase, v. 31 | p. 318	
3.5.3.3	Creatine amidinohydrolase, creatinase, v. 14 | p. 763	
3.4.17.3	creatine kinase conversion factor, lysine carboxypeptidase, v. 6 | p. 428	
2.7.3.2	creatine N-phosphotransferase, creatine kinase, v. 37 | p. 369	
3.9.1.1	creatine phosphatase, phosphoamidase, v. 15 | p. 913	
2.7.3.2	creatine phosphokinase, creatine kinase, v. 37 | p. 369	
2.7.3.2	creatine phosphotransferase, creatine kinase, v. 37 | p. 369	
3.5.2.10	creatinine amidohydrolase, creatininase, v. 14 | p. 724	
3.5.4.21	creatinine desaminase, creatinine deaminase, v. 15 | p. 142	
3.5.2.10	creatinine hydrolase, creatininase, v. 14 | p. 724	
3.5.4.21	creatinine hydrolase, creatinine deaminase, v. 15 | p. 142	
3.4.17.3	creatinine kinase convertase, lysine carboxypeptidase, v. 6 | p. 428	
2.3.1.48	CREB-binding protein, histone acetyltransferase, v. 29 | p. 641	
1.14.99.33	CREP-1, Δ12-fatty acid dehydrogenase, v. 27 | p. 382	
1.14.99.33	CREP1, Δ12-fatty acid dehydrogenase, v. 27 | p. 382	
1.14.99.33	crepenylate synthase linoleate Δ12-fatty acid acetylenase (desaturase), Δ12-fatty acid dehydrogenase, v. 27 | p. 382	
1.14.99.33	Crepenynate synthase, Δ12-fatty acid dehydrogenase, v. 27 | p. 382	
1.17.99.1	p-cresol-(acceptor) oxidoreductase (hydroxylating), 4-cresol dehydrogenase (hydroxylating), v. 27 | p. 527	
1.10.3.1	cresolase, catechol oxidase, v. 25 | p. 105	
1.14.18.1	cresolase, monophenol monooxygenase, v. 27 | p. 156	
1.17.99.1	p-cresol methylhydroxylase, 4-cresol dehydrogenase (hydroxylating), v. 27 | p. 527	
1.17.99.1	p-cresol methylhydroxylase A, 4-cresol dehydrogenase (hydroxylating), v. 27 | p. 527	
1.17.99.1	p-cresol methylhydroxylase B, 4-cresol dehydrogenase (hydroxylating), v. 27 | p. 527	
1.17.99.1	p-cresol methylhydroxylases, 4-cresol dehydrogenase (hydroxylating), v. 27 | p. 527	
3.4.21.84	CrFC, limulus clotting factor C, v. 7 | p. 415	
2.7.11.22	CRK4 protein kinase, cyclin-dependent kinase, v. S4 | p. 156	
3.1.1.3	CRL, triacylglycerol lipase, v. 9 | p. 36	
3.1.1.13	CRL1, sterol esterase, v. 9 | p. 150	
3.1.1.13	CRL3, sterol esterase, v. 9 | p. 150	
6.3.2.19	CRL4Cdt2, Ubiquitin-protein ligase, v. 2 | p. 506	
6.3.2.19	CRL4Cdt2 E3 ligase, Ubiquitin-protein ligase, v. 2 | p. 506	
6.3.2.19	CRL4Cdt2 ubiquitin ligase complex, Ubiquitin-protein ligase, v. 2 | p. 506	
2.4.2.30	CRM66, NAD+ ADP-ribosyltransferase, v. 33 | p. 263	
3.5.2.2	CRMP, dihydropyrimidinase, v. 14 | p. 651	
3.5.2.10	CrnA, creatininase, v. 14 | p. 724	
2.7.7.6	C RNA formation factors, DNA-directed RNA polymerase, v. 38 | p. 103	
3.1.4.1	cRNPMase-5'-PDase, phosphodiesterase I, v. 11 | p. 1	
3.1.1.4	Cro, phospholipase A2, v. 9 | p. 52	

1.14.19.5	Cro-Z/E11, Δ11-fatty-acid desaturase
2.1.1.149	CrOMT2, myricetin O-methyltransferase, v. 28	p. 647
2.1.1.155	CrOMT6, kaempferol 4'-O-methyltransferase, v. S2	p. 8
3.1.22.4	crossover junction endodeoxyribonuclease, crossover junction endodeoxyribonuclease, v. 11	p. 487
2.3.1.137	CrOT, carnitine O-octanoyltransferase, v. 30	p. 351
3.4.21.74	Crotalase, Venombin A, v. 7	p. 364
3.4.24.46	Crotalus adamanteus metalloendopeptidase, adamalysin, v. 8	p. 455
3.4.24.46	Crotalus adamanteus venom proteinase II, adamalysin, v. 8	p. 455
3.1.15.1	Crotalus adamenteus venom exonuclease, venom exonuclease, v. 11	p. 417
3.4.24.1	crotalus atrox α-proteinase, atrolysin A, v. 8	p. 199
3.4.24.1	crotalus atrox.α.-proteinase, atrolysin A, v. 8	p. 199
3.4.24.43	Crotalus atrox fibrinogenase, atroxase, v. 8	p. 445
3.4.24.41	Crotalus atrox metalloendopeptidase b, atrolysin B, v. 8	p. 436
3.4.24.42	Crotalus atrox metalloendopeptidase c, atrolysin C, v. 8	p. 439
3.4.24.44	Crotalus atrox metalloendopeptidase e, atrolysin E, v. 8	p. 448
3.4.24.45	Crotalus atrox metalloendopeptidase f, atrolysin F, v. 8	p. 452
3.4.24.1	crotalus atrox metalloproteinase, atrolysin A, v. 8	p. 199
3.4.24.43	Crotalus atrox nonhemorrhagic metalloendopeptidase, atroxase, v. 8	p. 445
3.4.24.1	crotalus atrox proteinase, atrolysin A, v. 8	p. 199
3.4.24.47	Crotalus horridus metalloendopeptidase, horrilysin, v. 8	p. 459
3.4.24.48	Crotalus ruber metalloendopeptidase II, ruberlysin, v. 8	p. 462
3.1.1.4	crotapotin, phospholipase A2, v. 9	p. 52
4.2.1.55	crotonase, 3-Hydroxybutyryl-CoA dehydratase, v. 4	p. 540
4.2.1.17	crotonase, enoyl-CoA hydratase, v. 4	p. 360
1.3.1.8	crotonyl-CoA reductase, acyl-CoA dehydrogenase (NADP+), v. 21	p. 34
1.3.1.8	crotonyl-coenzyme A reductase, acyl-CoA dehydrogenase (NADP+), v. 21	p. 34
4.2.1.58	Crotonyl acyl carrier protein hydratase, Crotonoyl-[acyl-carrier-protein] hydratase, v. 4	p. 546
1.3.1.8	crotonyl CoA reductase, acyl-CoA dehydrogenase (NADP+), v. 21	p. 34
1.3.1.8	crotonyl coenzyme A reductase, acyl-CoA dehydrogenase (NADP+), v. 21	p. 34
4.2.1.17	crotonyl hydrase, enoyl-CoA hydratase, v. 4	p. 360
3.1.1.4	crotoxin, phospholipase A2, v. 9	p. 52
4.1.1.31	CrPpc1, phosphoenolpyruvate carboxylase, v. 3	p. 175
4.1.1.31	CrPpc2, phosphoenolpyruvate carboxylase, v. 3	p. 175
1.3.1.26	CRR1, dihydrodipicolinate reductase, v. 21	p. 155
6.1.1.16	CRS, Cysteine-tRNA ligase, v. 2	p. 121
2.1.1.9	CrSMT1, thiol S-methyltransferase, v. 28	p. 51
4.1.1.28	CrTDC, aromatic-L-amino-acid decarboxylase, v. 3	p. 152
5.99.1.2	CrTop1, DNA topoisomerase, v. 1	p. 721
3.1.22.4	cruciform-cutting endonuclease, crossover junction endodeoxyribonuclease, v. 11	p. 487
3.2.1.1	crustacean cardioactive peptide, α-amylase, v. 12	p. 1
3.4.22.51	cruzain, cruzipain, v. S6	p. 30
3.4.22.51	cruzipain, cruzipain, v. S6	p. 30
3.4.22.51	cruzipain 2, cruzipain, v. S6	p. 30
4.1.99.3	Cry-DASH, deoxyribodipyrimidine photo-lyase, v. 4	p. 223
4.1.99.3	Cry1, deoxyribodipyrimidine photo-lyase, v. 4	p. 223
4.1.99.3	cry3, deoxyribodipyrimidine photo-lyase, v. 4	p. 223
4.1.99.3	CryA, deoxyribodipyrimidine photo-lyase, v. 4	p. 223
3.4.11.2	CryIA(C) receptor, membrane alanyl aminopeptidase, v. 6	p. 53
3.1.3.48	Cryp-2, protein-tyrosine-phosphatase, v. 10	p. 407
4.1.99.3	cryptochrome 3, deoxyribodipyrimidine photo-lyase, v. 4	p. 223
2.4.2.38	Cryptococcal xylosyltransferase, glycoprotein 2-β-D-xylosyltransferase, v. 33	p. 304
2.4.2.38	cryptococcus xylosyltransferase 1, glycoprotein 2-β-D-xylosyltransferase, v. 33	p. 304
3.1.27.1	cryptogenin, ribonuclease T2, v. 11	p. 557

1.1.1.27	ε crystallin, L-lactate dehydrogenase, v. 16 | p. 253
4.3.2.1	δ2 crystallin, argininosuccinate lyase, v. 5 | p. 255
4.3.2.1	δ2-crystallin, argininosuccinate lyase, v. 5 | p. 255
1.1.1.27	ε-crystallin, L-lactate dehydrogenase, v. 16 | p. 253
2.1.1.160	CS, caffeine synthase, v. S2 | p. 40
4.2.3.5	CS, chorismate synthase, v. S7 | p. 202
2.3.3.1	CS, citrate (Si)-synthase, v. 30 | p. 582
1.14.11.21	CS, clavaminate synthase, v. 26 | p. 121
2.1.1.159	CS, theobromine synthase, v. S2 | p. 31
2.5.1.48	CS,26, cystathionine γ-synthase, v. 34 | p. 107
1.3.1.74	CS-670 double-bond reductase, 2-alkenal reductase, v. 21 | p. 336
2.5.1.47	CS-A, cysteine synthase, v. 34 | p. 84
2.5.1.47	CS-B, cysteine synthase, v. 34 | p. 84
4.2.3.5	CS1, chorismate synthase, v. S7 | p. 202
4.2.3.5	CS2, chorismate synthase, v. S7 | p. 202
4.2.99.8	CS26, cysteine synthase, v. 5 | p. 93
2.7.7.49	CS5 pol, RNA-directed DNA polymerase, v. 38 | p. 492
4.1.1.29	CSAD, Sulfinoalanine decarboxylase, v. 3 | p. 165
4.1.1.29	CSAD/CAD, Sulfinoalanine decarboxylase, v. 3 | p. 165
4.1.1.29	CSADCase, Sulfinoalanine decarboxylase, v. 3 | p. 165
4.1.1.29	CSADI, Sulfinoalanine decarboxylase, v. 3 | p. 165
4.1.1.29	CSADII, Sulfinoalanine decarboxylase, v. 3 | p. 165
2.7.11.24	CSAID binding protein, mitogen-activated protein kinase, v. S4 | p. 233
2.5.1.47	CSase, cysteine synthase, v. 34 | p. 84
4.2.99.8	CSase, cysteine synthase, v. 5 | p. 93
2.5.1.47	CSase A, cysteine synthase, v. 34 | p. 84
2.5.1.47	CSase B, cysteine synthase, v. 34 | p. 84
2.7.11.24	CSBP, mitogen-activated protein kinase, v. S4 | p. 233
3.6.4.6	Csc1p, vesicle-fusing ATPase, v. 15 | p. 789
1.14.13.11	CsC4H, trans-cinnamate 4-monooxygenase, v. 26 | p. 281
3.2.1.26	CscA, β-fructofuranosidase, v. 12 | p. 451
5.3.1.21	CSC isomerase, Corticosteroid side-chain-isomerase, v. 1 | p. 345
3.2.1.4	CSCMCase, cellulase, v. 12 | p. 88
1.1.1.184	CSCR1, carbonyl reductase (NADPH), v. 18 | p. 105
4.1.1.83	CSD, 4-hydroxyphenylacetate decarboxylase, v. S7 | p. 15
4.1.1.29	CSD, Sulfinoalanine decarboxylase, v. 3 | p. 165
2.8.1.7	CSD, cysteine desulfurase, v. 39 | p. 238
2.8.1.7	CsdB, cysteine desulfurase, v. 39 | p. 238
4.3.1.17	cSDH, L-Serine ammonia-lyase, v. S7 | p. 332
2.2.1.7	CSDXS, 1-deoxy-D-xylulose-5-phosphate synthase, v. 29 | p. 217
4.4.1.1	CSE, cystathionine γ-lyase, v. 5 | p. 297
3.1.1.53	CSE, sialate O-acetylesterase, v. 9 | p. 344
2.7.10.1	CSF-1R, receptor protein-tyrosine kinase, v. S2 | p. 341
3.4.21.113	CSFV NS3 endopeptidase, pestivirus NS3 polyprotein peptidase, v. S5 | p. 408
2.8.2.5	CS GalNAc 4-O-sulfotransferase, chondroitin 4-sulfotransferase, v. 39 | p. 325
2.4.1.226	CSGalNAcT-1, N-acetylgalactosaminyl-proteoglycan 3-β-glucuronosyltransferase, v. 32 | p. 613
2.4.1.174	CSGalNAcT-1, glucuronylgalactosylproteoglycan 4-β-N-acetylgalactosaminyltransferase, v. 32 | p. 400
2.4.1.175	CSGalNAcT-2, glucuronosyl-N-acetylgalactosaminyl-proteoglycan 4-β-N-acetylgalactosaminyltransferase, v. 32 | p. 405
4.6.1.2	CsGC-YO1, guanylate cyclase, v. 5 | p. 430
2.4.1.226	CSGlcA-T, N-acetylgalactosaminyl-proteoglycan 3-β-glucuronosyltransferase, v. 32 | p. 613
2.4.1.175	CSGlcA-T, glucuronosyl-N-acetylgalactosaminyl-proteoglycan 4-β-N-acetylgalactosaminyltransferase, v. 32 | p. 405

2.4.1.226	CSGlcAT-II, N-acetylgalactosaminyl-proteoglycan 3-β-glucuronosyltransferase, v. 32 | p. 613	
1.11.1.12	CsGPx1, phospholipid-hydroperoxide glutathione peroxidase, v. 25 | p. 274	
1.11.1.12	CsGPx2, phospholipid-hydroperoxide glutathione peroxidase, v. 25 | p. 274	
1.11.1.12	CsGPx3, phospholipid-hydroperoxide glutathione peroxidase, v. 25 | p. 274	
1.11.1.12	CsGPx4, phospholipid-hydroperoxide glutathione peroxidase, v. 25 | p. 274	
3.5.1.59	CSHase, N-carbamoylsarcosine amidase, v. 14 | p. 516	
2.4.1.16	CSI, chitin synthase, v. 31 | p. 147	
1.3.1.9	CSI15, enoyl-[acyl-carrier-protein] reductase (NADH), v. 21 | p. 43	
2.4.1.16	CSII, chitin synthase, v. 31 | p. 147	
2.4.1.16	CSIII, chitin synthase, v. 31 | p. 147	
2.7.10.2	Csk, non-specific protein-tyrosine kinase, v. S2 | p. 441	
2.7.10.1	Csk, receptor protein-tyrosine kinase, v. S2 | p. 341	
2.7.10.2	CSK-homologous kinase, non-specific protein-tyrosine kinase, v. S2 | p. 441	
2.7.10.2	Csk homologous kinase, non-specific protein-tyrosine kinase, v. S2 | p. 441	
2.7.10.2	Csk protein-tyrosine kinase, non-specific protein-tyrosine kinase, v. S2 | p. 441	
2.4.1.16	CsmA, chitin synthase, v. 31 | p. 147	
2.4.1.16	CsmB, chitin synthase, v. 31 | p. 147	
1.13.11.51	CsNCED1, 9-cis-epoxycarotenoid dioxygenase, v. S1 | p. 436	
1.13.11.51	CsNCED2, 9-cis-epoxycarotenoid dioxygenase, v. S1 | p. 436	
2.7.11.1	CSNK1D, non-specific serine/threonine protein kinase, v. S3 | p. 1	
2.7.11.1	CSNK1G1, non-specific serine/threonine protein kinase, v. S3 | p. 1	
2.7.11.1	CSNK1G2, non-specific serine/threonine protein kinase, v. S3 | p. 1	
4.2.1.1	CsoSCA, carbonate dehydratase, v. 4 | p. 242	
3.4.22.36	Csp-1, caspase-1, v. 7 | p. 699	
3.4.22.59	Csp-6, caspase-6, v. S6 | p. 145	
4.1.99.3	CsPHR, deoxyribodipyrimidine photo-lyase, v. 4 | p. 223	
2.7.7.43	CSS, N-acylneuraminate cytidylyltransferase, v. 38 | p. 436	
2.4.1.226	CSS2, N-acetylgalactosaminyl-proteoglycan 3-β-glucuronosyltransferase, v. 32 | p. 613	
2.4.1.175	CSS3, glucuronosyl-N-acetylgalactosaminyl-proteoglycan 4-β-N-acetylgalactosaminyl-transferase, v. 32 | p. 405	
2.8.2.17	CST, chondroitin 6-sulfotransferase, v. 39 | p. 402	
2.8.2.11	CST, galactosylceramide sulfotransferase, v. 39 | p. 367	
2.3.1.133	CST, shikimate O-hydroxycinnamoyltransferase, v. 30 | p. 331	
3.4.21.4	CST, trypsin, v. 7 | p. 12	
2.4.99.8	CstII, α-N-acetylneuraminate α-2,8-sialyltransferase, v. 33 | p. 371	
3.1.21.4	CstMI, type II site-specific deoxyribonuclease, v. 11 | p. 454	
4.2.3.16	CsTPS1, (4S)-limonene synthase, v. S7 | p. 267	
3.2.1.165	CsxA, exo-1,4-β-D-glucosaminidase	
2.3.3.1	CSY, citrate (Si)-synthase, v. 30 | p. 582	
2.3.1.9	CT, acetyl-CoA C-acetyltransferase, v. 29 | p. 305	
2.7.7.15	CTα, choline-phosphate cytidylyltransferase, v. 38 | p. 224	
3.4.21.1	α-CT, chymotrypsin, v. 7 | p. 1	
3.2.1.2	CT-BMY, β-amylase, v. 12 | p. 43	
2.3.1.7	CT-CAT, carnitine O-acetyltransferase, v. 29 | p. 273	
4.2.1.51	Ct-PDT, prephenate dehydratase, v. 4 | p. 519	
3.2.1.145	Ct1,3Gal43A, galactan 1,3-β-galactosidase, v. 13 | p. 581	
2.7.7.15	CTβ2, choline-phosphate cytidylyltransferase, v. 38 | p. 224	
1.3.1.83	CT2256, geranylgeranyl diphosphate reductase	
2.6.1.83	CT390, LL-diaminopimelate aminotransferase, v. S2 | p. 253	
3.1.1.72	CtAxe, Acetylxylan esterase, v. 9 | p. 406	
3.2.1.4	ctCel9D-Cel44A, cellulase, v. 12 | p. 88	
2.1.1.160	CtCS6, caffeine synthase, v. S2 | p. 40	
2.1.1.159	CtCS6, theobromine synthase, v. S2 | p. 31	
1.13.11.1	1,2-CTD, catechol 1,2-dioxygenase, v. 25 | p. 382	

2.7.11.23	Ctdk-1, [RNA-polymerase]-subunit kinase, v. S4 | p. 220	
2.7.11.23	CTDK-I, [RNA-polymerase]-subunit kinase, v. S4 | p. 220	
2.7.11.23	CTDK-I kinase, [RNA-polymerase]-subunit kinase, v. S4 | p. 220	
2.7.11.23	CTDK1, [RNA-polymerase]-subunit kinase, v. S4 | p. 220	
2.7.11.23	CTDK1 kinase, [RNA-polymerase]-subunit kinase, v. S4 | p. 220	
2.7.11.23	CTD kinase, [RNA-polymerase]-subunit kinase, v. S4 | p. 220	
2.7.11.23	CTD kinase I, [RNA-polymerase]-subunit kinase, v. S4 | p. 220	
2.7.11.22	CTD kinase α subunit, cyclin-dependent kinase, v. S4 | p. 156	
3.1.3.3	CTD phosphatase fcp1, phosphoserine phosphatase, v. 10 | p. 77	
3.1.2.2	CTE-I, palmitoyl-CoA hydrolase, v. 9 | p. 459	
3.1.2.2	CTE-Ia, palmitoyl-CoA hydrolase, v. 9 | p. 459	
3.1.2.2	CTE-Ib, palmitoyl-CoA hydrolase, v. 9 | p. 459	
1.3.99.13	CTE-II, long-chain-acyl-CoA dehydrogenase, v. 21 | p. 561	
3.1.2.2	CTE-II, palmitoyl-CoA hydrolase, v. 9 | p. 459	
3.1.2.2	CTE-IIa, palmitoyl-CoA hydrolase, v. 9 | p. 459	
3.1.2.20	CTE1, acyl-CoA hydrolase, v. 9 | p. 539	
3.3.2.10	Cterm-EH, soluble epoxide hydrolase, v. S5 | p. 228	
2.4.1.165	CT GalNAc transferase, N-acetylneuraminylgalactosylglucosylceramide β-1,4-N-acetylgalactosaminyltransferase, v. 32 | p. 368	
3.5.1.74	CTH, chenodeoxycholoyltaurine hydrolase, v. 14 | p. 574	
2.7.1.40	CTHBP, pyruvate kinase, v. 36 | p. 33	
2.6.1.83	Cthe_0816, LL-diaminopimelate aminotransferase, v. S2 | p. 253	
1.1.1.42	CtIDP1, isocitrate dehydrogenase (NADP+), v. 16 | p. 402	
1.1.1.42	CtIDP2, isocitrate dehydrogenase (NADP+), v. 16 | p. 402	
2.7.10.2	Ctk, non-specific protein-tyrosine kinase, v. S2 | p. 441	
2.7.11.23	Ctk1, [RNA-polymerase]-subunit kinase, v. S4 | p. 220	
2.7.11.23	Ctk1 kinase, [RNA-polymerase]-subunit kinase, v. S4 | p. 220	
4.4.1.1	γ-CTL, cystathionine γ-lyase, v. 5 | p. 297	
3.4.21.79	CTLA1, Granzyme B, v. 7 | p. 393	
3.4.21.78	CTLA3, Granzyme A, v. 7 | p. 388	
4.4.1.1	γ-CTLase, cystathionine γ-lyase, v. 5 | p. 297	
3.2.1.6	CtLic26A, endo-1,3(4)-β-glucanase, v. 12 | p. 118	
3.2.1.73	CtLic26A, licheninase, v. 13 | p. 223	
3.4.21.78	CTL tryptase, Granzyme A, v. 7 | p. 388	
2.3.1.8	CTN1, phosphate acetyltransferase, v. 29 | p. 291	
2.3.1.8	CTN2, phosphate acetyltransferase, v. 29 | p. 291	
2.3.1.8	CTN3, phosphate acetyltransferase, v. 29 | p. 291	
2.7.7.25	CTP(ATP):tRNA nucleotidyltransferase, tRNA adenylyltransferase, v. 38 | p. 305	
2.7.7.21	CTP(ATP):tRNA nucleotidyltransferase, tRNA cytidylyltransferase, v. 38 | p. 265	
2.7.1.161	CTP-dependent riboflavin kinase, CTP-dependent riboflavin kinase	
2.7.7.41	CTP-diacylglycerol synthetase, phosphatidate cytidylyltransferase, v. 38 | p. 416	
2.7.7.15	CTP-phosphocholine cytidylyltransferase, choline-phosphate cytidylyltransferase, v. 38 | p. 224	
2.7.7.14	CTP-phosphoethanolamine cytidylyltransferase, ethanolamine-phosphate cytidylyltransferase, v. 38 | p. 219	
2.7.7.41	CTP:1,2-diacylglycerophosphate-cytidyl transferase, phosphatidate cytidylyltransferase, v. 38 | p. 416	
2.7.7.67	CTP:2,3-di-O-geranylgeranyl-sn-glycero-1-phosphate cytidylyltransferase, CDP-archaeol synthase	
2.7.7.67	CTP:2,3-di-O-geranylgeranyl-sn-glycerol-1-phosphate cytidyltransferase, CDP-archaeol synthase	
2.7.7.15	CTP:cholinephosphate cytidylyltransferase, choline-phosphate cytidylyltransferase, v. 38 | p. 224	
2.7.7.38	CTP:CMP-3-deoxy-D-manno-octulosonate cytidylyltransferase, 3-deoxy-manno-octulosonate cytidylyltransferase, v. 38 | p. 396	

2.7.4.14	CTP:CMP phosphotransferase, cytidylate kinase, v. 37	p. 582	
2.7.7.39	CTP:glycerol-3-phosphate cytidylyltransferase, glycerol-3-phosphate cytidylyltransferase, v. 38	p. 404	
2.7.7.39	CTP:glycerol 3-phosphate cytidylyltransferase, glycerol-3-phosphate cytidylyltransferase, v. 38	p. 404	
2.7.7.57	CTP:P-MEA cytidylyltransferase, N-methylphosphoethanolamine cytidylyltransferase, v. 38	p. 548	
2.7.7.41	CTP:phosphatidate cytidylyltransferase, phosphatidate cytidylyltransferase, v. 38	p. 416	
2.7.7.15	CTP:phosphocholine cytidylyltransferase, choline-phosphate cytidylyltransferase, v. 38	p. 224	
2.7.7.15	CTP:phosphocholine cytidylyltransferase α, choline-phosphate cytidylyltransferase, v. 38	p. 224	
2.7.7.15	CTP:phosphocholine cytidylyltransferase-α, choline-phosphate cytidylyltransferase, v. 38	p. 224	
2.7.7.15	CTP:phosphocholine cytidylyltransferase β2, choline-phosphate cytidylyltransferase, v. 38	p. 224	
2.7.7.15	CTP:phosphocholine cytidylyltransferase::, choline-phosphate cytidylyltransferase, v. 38	p. 224	
2.7.7.14	CTP:phosphoethanolamine cytidylyltransferase, ethanolamine-phosphate cytidylyltransferase, v. 38	p. 219	
2.7.7.14	CTP:phosphoethanolamine cytidylyltransferase gene, ethanolamine-phosphate cytidylyltransferase, v. 38	p. 219	
2.7.7.15	CTP:phosphorylcholine cytidylyltransferase, choline-phosphate cytidylyltransferase, v. 38	p. 224	
2.7.7.25	CTP:tRNA cytidylyltransferase, tRNA adenylyltransferase, v. 38	p. 305	
3.4.21.102	CtpA, C-terminal processing peptidase, v. 7	p. 493	
3.4.21.102	CtpA gene product, C-terminal processing peptidase, v. 7	p. 493	
5.3.1.1	cTPI, Triose-phosphate isomerase, v. 1	p. 235	
2.7.7.21	CTP polymerase, tRNA cytidylyltransferase, v. 38	p. 265	
6.3.4.2	CTPS, CTP synthase, v. 2	p. 559	
6.3.4.2	CTPS1, CTP synthase, v. 2	p. 559	
6.3.4.2	CTPS2, CTP synthase, v. 2	p. 559	
6.3.4.2	CTP synthase, CTP synthase, v. 2	p. 559	
6.3.4.2	CTP synthetase, CTP synthase, v. 2	p. 559	
6.3.4.2	CTP synthetase 1, CTP synthase, v. 2	p. 559	
3.4.18.1	CTPZ, cathepsin X, v. 6	p. 510	
3.4.21.1	CTRA, chymotrypsin, v. 7	p. 1	
3.6.3.21	CTRA, polar-amino-acid-transporting ATPase, v. 15	p. 633	
3.6.3.4	CtrA2 protein, Cu2+-exporting ATPase, v. 15	p. 544	
3.6.3.4	CtrA3 protein, Cu2+-exporting ATPase, v. 15	p. 544	
3.4.21.1	Ctrb, chymotrypsin, v. 7	p. 1	
3.4.21.2	CTRC, chymotrypsin C, v. 7	p. 5	
6.3.4.2	CTS, CTP synthase, v. 2	p. 559	
2.1.1.159	CTS, theobromine synthase, v. S2	p. 31	
3.2.1.14	CTS1, chitinase, v. 12	p. 185	
1.1.3.7	CtSAO, aryl-alcohol oxidase, v. 19	p. 69	
3.4.22.1	CTSB, cathepsin B, v. 7	p. 501	
3.4.14.1	CTSC, dipeptidyl-peptidase I, v. 6	p. 255	
3.4.23.5	CTSD, cathepsin D, v. 8	p. 28	
3.4.23.34	CTSE, Cathepsin E, v. 8	p. 153	
3.4.22.41	CTSF, cathepsin F, v. 7	p. 732	
3.4.21.79	CTSGL1, Granzyme B, v. 7	p. 393	
3.4.22.16	CTSH, cathepsin H, v. 7	p. 600	
3.4.22.38	CTSK, Cathepsin K, v. 7	p. 711	
3.4.22.15	CTSL, cathepsin L, v. 7	p. 582	

3.4.22.15	CTSL2, cathepsin L, v.7 | p. 582	
3.4.22.43	CTSV, cathepsin V, v.7 | p. 739	
3.4.18.1	CTSX, cathepsin X, v.6 | p. 510	
3.4.18.1	CTSZ, cathepsin X, v.6 | p. 510	
4.4.1.1	CTT, cystathionine γ-lyase, v.5 | p. 297	
2.8.1.4	Ctu1, tRNA sulfurtransferase, v.39 | p. 218	
3.1.1.4	CTX, phospholipase A2, v.9 | p. 52	
3.5.2.6	CTX-M-14, β-lactamase, v.14 | p. 683	
3.4.11.6	Cu(II)-Ap-B, aminopeptidase B, v.6 | p. 92	
3.6.3.4	Cu+-ATPase, Cu2+-exporting ATPase, v.15 | p. 544	
1.15.1.1	Cu,Zn-SOD, superoxide dismutase, v.27 | p. 399	
1.15.1.1	Cu,Zn-superoxide dismutase, superoxide dismutase, v.27 | p. 399	
1.15.1.1	Cu, Zn SOD, superoxide dismutase, v.27 | p. 399	
1.15.1.1	Cu,ZnSOD, superoxide dismutase, v.27 | p. 399	
1.4.3.6	Cu-Amine oxidase, amine oxidase (copper-containing), v.22 | p. 291	
1.7.99.3	Cu-NIR, nitrite reductase, v.24 | p. 395	
1.7.2.1	Cu-NIR, nitrite reductase (NO-forming), v.24 | p. 325	
1.15.1.1	Cu-Zn SOD, superoxide dismutase, v.27 | p. 399	
1.15.1.1	Cu-Zn superoxide dismutase, superoxide dismutase, v.27 | p. 399	
1.4.3.21	Cu/TPQ amine oxidase, primary-amine oxidase	
1.15.1.1	Cu/Zn-SOD, superoxide dismutase, v.27 | p. 399	
1.15.1.1	Cu/Zn-superoxide dismutase, superoxide dismutase, v.27 | p. 399	
1.15.1.1	Cu/Zn superoxide dismutase, superoxide dismutase, v.27 | p. 399	
1.15.1.1	Cu/Zn superoxide dismutase 1, superoxide dismutase, v.27 | p. 399	
3.6.3.4	Cu2+-ATPase, Cu2+-exporting ATPase, v.15 | p. 544	
3.6.3.4	CUA-1 ATPase, Cu2+-exporting ATPase, v.15 | p. 544	
1.4.3.21	CuAO, primary-amine oxidase	
3.3.1.1	CUBP, adenosylhomocysteinase, v.14 | p. 120	
2.4.1.20	CuCbP, cellobiose phosphorylase, v.31 | p. 242	
3.4.21.25	cucumisin, cucumisin, v.7 | p. 101	
3.4.21.25	cucumisin homologue, cucumisin, v.7 | p. 101	
6.3.2.19	Cul1, Ubiquitin-protein ligase, v.2 | p. 506	
6.3.2.19	Cul2, Ubiquitin-protein ligase, v.2 | p. 506	
6.3.2.19	CUL2/VHL, Ubiquitin-protein ligase, v.2 | p. 506	
6.3.2.19	Cul3, Ubiquitin-protein ligase, v.2 | p. 506	
6.3.2.19	CUL4-DDB1, Ubiquitin-protein ligase, v.2 | p. 506	
6.3.2.19	CUL4-RING, Ubiquitin-protein ligase, v.2 | p. 506	
6.3.2.19	Cul4A, Ubiquitin-protein ligase, v.2 | p. 506	
6.3.2.19	Cul4B, Ubiquitin-protein ligase, v.2 | p. 506	
6.3.2.19	Cul5, Ubiquitin-protein ligase, v.2 | p. 506	
6.3.2.19	Cul5-based E3 ligase, Ubiquitin-protein ligase, v.2 | p. 506	
6.3.2.19	Cul7, Ubiquitin-protein ligase, v.2 | p. 506	
6.3.2.19	cullin-1, Ubiquitin-protein ligase, v.2 | p. 506	
6.3.2.19	cullin-based E3-ligase, Ubiquitin-protein ligase, v.2 | p. 506	
6.3.2.19	cullin-based E3 ligase, Ubiquitin-protein ligase, v.2 | p. 506	
6.3.2.19	cullin3, Ubiquitin-protein ligase, v.2 | p. 506	
6.3.2.19	Cullin3/SPOP ubiquitin E3 ligase complex, Ubiquitin-protein ligase, v.2 | p. 506	
6.3.2.19	cullin 4A, Ubiquitin-protein ligase, v.2 | p. 506	
6.3.2.19	cullin 5, Ubiquitin-protein ligase, v.2 | p. 506	
6.3.2.19	cullin5, Ubiquitin-protein ligase, v.2 | p. 506	
6.3.2.19	cullin 5-based ligase complex, Ubiquitin-protein ligase, v.2 | p. 506	
6.3.2.19	Cullin5-ElonginB+C, Ubiquitin-protein ligase, v.2 | p. 506	
3.7.1.9	CumD, 2-hydroxymuconate-semialdehyde hydrolase, v.15 | p. 856	
4.2.2.1	Cumulase, hyaluronate lyase, v.5 | p. 1	
1.7.2.1	CuNIR, nitrite reductase (NO-forming), v.24 | p. 325	

5.3.1.9	Cupin-PGI, Glucose-6-phosphate isomerase, v. 1 | p. 298	
1.15.1.1	cuprein, superoxide dismutase, v. 27 | p. 399	
2.4.1.34	curdlan synthase, 1,3-β-glucan synthase, v. 31 | p. 318	
3.1.27.1	cusativin, ribonuclease T2, v. 11 | p. 557	
3.1.1.74	Cut1, cutinase, v. 9 | p. 428	
3.4.22.49	Cut1, separase, v. S6 | p. 18	
1.11.1.9	Cuticular glycoprotein GP29, glutathione peroxidase, v. 25 | p. 233	
3.1.1.74	cutinase, cutinase, v. 9 | p. 428	
3.1.1.3	cutinase, triacylglycerol lipase, v. 9 | p. 36	
3.1.1.74	cutinase-1, cutinase, v. 9 | p. 428	
3.1.1.74	cutin esterase, cutinase, v. 9 | p. 428	
3.1.1.74	cutinolytic polyesterase, cutinase, v. 9 | p. 428	
4.4.1.25	CuyA, L-cysteate sulfo-lyase, v. S7 | p. 413	
1.15.1.1	CuZn-SOD, superoxide dismutase, v. 27 | p. 399	
1.15.1.1	CuZn superoxide dismutase, superoxide dismutase, v. 27 | p. 399	
1.15.1.1	CuZn superoxide dismutase 1, superoxide dismutase, v. 27 | p. 399	
3.2.2.17	cv-pdg1, deoxyribodipyrimidine endonucleosidase, v. 14 | p. 84	
3.4.22.43	CV/L2, cathepsin V, v. 7 | p. 739	
2.7.7.48	CVB3 RdRp, RNA-directed RNA polymerase, v. 38 | p. 468	
3.4.21.47	(CVF)-dependent glycine-rich-β-glucoprotein, alternative-complement-pathway C3/C5 convertase, v. 7 | p. 218	
3.4.21.47	CVF,Bb, alternative-complement-pathway C3/C5 convertase, v. 7 | p. 218	
3.4.21.47	CVFh,Bb, alternative-complement-pathway C3/C5 convertase, v. 7 | p. 218	
3.4.21.47	CVFn,Bb, alternative-complement-pathway C3/C5 convertase, v. 7 | p. 218	
1.1.1.94	CvGPD1, glycerol-3-phosphate dehydrogenase [NAD(P)+], v. 17 | p. 235	
3.1.21.4	CviAI, type II site-specific deoxyribonuclease, v. 11 | p. 454	
3.1.21.4	CviJI, type II site-specific deoxyribonuclease, v. 11 | p. 454	
6.5.1.1	CVLig, DNA ligase (ATP), v. 2 | p. 755	
3.4.22.66	CVP, calicivirin, v. S6 | p. 215	
3.2.1.106	CWH41, mannosyl-oligosaccharide glucosidase, v. 13 | p. 427	
3.2.1.106	Cwh41p, mannosyl-oligosaccharide glucosidase, v. 13 | p. 427	
3.5.1.28	CwhA, N-acetylmuramoyl-L-alanine amidase, v. 14 | p. 396	
3.2.1.26	CWI, β-fructofuranosidase, v. 12 | p. 451	
3.2.1.26	cwINV1, β-fructofuranosidase, v. 12 | p. 451	
3.2.1.4	CX-cellulase, cellulase, v. 12 | p. 88	
3.1.1.1	CXE, carboxylesterase, v. 9 | p. 1	
3.4.16.5	Cxp1, carboxypeptidase C, v. 6 | p. 385	
2.4.2.38	CXT1, glycoprotein 2-β-D-xylosyltransferase, v. 33 | p. 304	
2.4.2.38	Cxt1p, glycoprotein 2-β-D-xylosyltransferase, v. 33 | p. 304	
2.4.2.38	CXT1p homolog, glycoprotein 2-β-D-xylosyltransferase, v. 33 | p. 304	
3.1.3.11	CY-F1, fructose-bisphosphatase, v. 10 | p. 167	
4.6.1.1	Cya, adenylate cyclase, v. 5 | p. 415	
4.6.1.1	Cya1, adenylate cyclase, v. 5 | p. 415	
4.6.1.1	CyaA, adenylate cyclase, v. 5 | p. 415	
4.6.1.1	CyaA toxin, adenylate cyclase, v. 5 | p. 415	
4.6.1.1	cyaB1, adenylate cyclase, v. 5 | p. 415	
4.6.1.1	CyaB1 adenylyl cyclase, adenylate cyclase, v. 5 | p. 415	
4.6.1.1	CyaB2, adenylate cyclase, v. 5 | p. 415	
4.6.1.1	cyaC, adenylate cyclase, v. 5 | p. 415	
4.4.1.14	CyACS1, 1-aminocyclopropane-1-carboxylate synthase, v. 5 | p. 377	
4.6.1.1	CyaG, adenylate cyclase, v. 5 | p. 415	
4.2.1.69	cyanamide-hydratase, cyanamide hydratase, v. 4 | p. 575	
4.2.1.104	Cyanase, cyanase, v. S7 | p. 91	
4.2.1.104	Cyanate aminohydrolase, cyanase, v. S7 | p. 91	
4.2.1.104	cyanate C-N-lyase, cyanase, v. S7 | p. 91	

4.2.1.104	cyanate hydratase, cyanase, v. S7 | p. 91
4.2.1.104	Cyanate hydrolase, cyanase, v. S7 | p. 91
4.2.1.104	Cyanate lyase, cyanase, v. S7 | p. 91
2.4.1.116	cyanidin-3-rhamnosylglucoside 5-O-glucosyltransferase, cyanidin 3-O-rutinoside 5-O-glucosyltransferase, v. 32 | p. 142
2.5.1.49	γ-cyano-α-aminobutyric acid synthase, O-acetylhomoserine aminocarboxypropyltransferase, v. 34 | p. 122
1.7.1.13	7-cyano-7-deazaguanine reductase, preQ1 synthase, v. S1 | p. 282
4.4.1.9	β-cyano-L-alanine synthase, L-3-cyanoalanine synthase, v. 5 | p. 351
2.5.1.47	β-cyano-L-alanine synthase, cysteine synthase, v. 34 | p. 84
4.4.1.9	β-cyanoalanine, L-3-cyanoalanine synthase, v. 5 | p. 351
4.2.1.65	β-Cyanoalanine hydratase, 3-Cyanoalanine hydratase, v. 4 | p. 563
3.5.5.4	cyanoalanine hydratase, cyanoalanine nitrilase, v. 15 | p. 189
3.5.5.7	cyanoalanine hydratase/nitrilase, Aliphatic nitrilase, v. 15 | p. 201
4.2.1.65	β-Cyanoalanine hydrolase, 3-Cyanoalanine hydratase, v. 4 | p. 563
3.5.5.4	β-cyanoalanine nitrilase, cyanoalanine nitrilase, v. 15 | p. 189
4.4.1.9	β-cyanoalanine synthase, L-3-cyanoalanine synthase, v. 5 | p. 351
4.4.1.9	cyanoalanine synthase, L-3-cyanoalanine synthase, v. 5 | p. 351
2.7.13.3	cyanobacterial phytochrome A, histidine kinase, v. S4 | p. 420
2.7.13.3	cyanobacterial phytochrome B, histidine kinase, v. S4 | p. 420
1.16.1.6	cyanobalamin reductase (NADPH, cyanide-eliminating), cyanocobalamin reductase (cyanide-eliminating), v. 27 | p. 458
1.16.1.6	cyanocobalamin reductase, cyanocobalamin reductase (cyanide-eliminating), v. 27 | p. 458
1.16.1.6	cyanocobalamin reductase (NADPH, CN-eliminating), cyanocobalamin reductase (cyanide-eliminating), v. 27 | p. 458
3.2.1.21	cyanogenic β-glucosidase, β-glucosidase, v. 12 | p. 299
1.4.99.5	cyanogenic enzyme system, glycine dehydrogenase (cyanide-forming), v. 22 | p. 415
2.4.1.85	cyanohydrin glucosyltransferase, cyanohydrin β-glucosyltransferase, v. 31 | p. 603
2.4.1.178	cyanohydrin glucosyltransferase, hydroxymandelonitrile glucosyltransferase, v. 32 | p. 420
2.4.1.85	cyanohydrin glycosyltransferase, cyanohydrin β-glucosyltransferase, v. 31 | p. 603
3.4.15.6	cyanophycinase, cyanophycinase, v. S5 | p. 305
3.4.15.6	cyanophycin granule polypeptidase, cyanophycinase, v. S5 | p. 305
6.3.2.30	cyanophycin synthetase, cyanophycin synthase (L-arginine-adding), v. S7 | p. 616
6.3.2.29	cyanophycin synthetase, cyanophycin synthase (L-aspartate-adding), v. S7 | p. 610
3.5.5.1	3-cyanopyridinase, nitrilase, v. 15 | p. 174
4.2.1.84	3-cyanopyridine hydratase, nitrile hydratase, v. 4 | p. 625
3.5.2.15	cyanurate amidase, cyanuric acid amidohydrolase, v. 14 | p. 740
1.14.13.13	CYB27B1, calcidiol 1-monooxygenase, v. 26 | p. 296
1.6.2.2	CYB5R3, cytochrome-b5 reductase, v. 24 | p. 35
5.5.1.15	Cyc1, terpentedienyl-diphosphate synthase
4.2.3.36	Cyc2, terpentetriene synthase
4.4.1.17	cyc2p, Holocytochrome-c synthase, v. 5 | p. 396
6.3.2.19	CYC4, Ubiquitin-protein ligase, v. 2 | p. 506
2.4.1.171	cycasin synthase, methyl-ONN-azoxymethanol β-D-glucosyltransferase, v. 32 | p. 384
3.10.1.2	cyclamate sulfamatase, cyclamate sulfohydrolase, v. 15 | p. 922
3.10.1.2	cyclamate sulfamidase, cyclamate sulfohydrolase, v. 15 | p. 922
4.2.3.13	cyclase, δ-cadinene, (+)-δ-cadinene synthase, v. S7 | p. 250
5.4.99.8	Cyclase, 2,3-oxidosqualene-cycloartenol, Cycloartenol synthase, v. 1 | p. 631
5.4.99.7	Cyclase, 2,3-oxidosqualene-lanosterol, Lanosterol synthase, v. 1 | p. 624
4.2.3.18	cyclase, abietadiene, abietadiene synthase, v. S7 | p. 276
5.5.1.12	cyclase, abietadiene, copalyl diphosphate synthase, v. S7 | p. 551
4.6.1.1	cyclase, adenylate, adenylate cyclase, v. 5 | p. 415
5.3.99.6	Cyclase, allene oxide, Allene-oxide cyclase, v. 1 | p. 483
5.5.1.5	Cyclase, carboxy-cis,cis-muconate-, Carboxy-cis,cis-muconate cyclase, v. 1 | p. 686
4.2.1.48	cyclase, D-glutamate, D-glutamate cyclase, v. 4 | p. 506

4.2.3.10	cyclase, (-)-endo-fenchol, (-)-endo-fenchol synthase, v. S7	p. 227
4.2.3.9	cyclase, farnesyl pyrophosphate, aristolochene synthase, v. S7	p. 219
1.14.13.81	cyclase, magnesium protoporphyrin IX monomethyl ester, magnesium-protoporphyrin IX monomethyl ester (oxidative) cyclase, v. 26	p. 582
4.3.1.12	cyclase, ornithine (deaminating), ornithine cyclodeaminase, v. 5	p. 241
4.3.2.4	cyclase, purine imidazole ring, purine imidazole-ring cyclase, v. 5	p. 275
4.2.3.11	cyclase, sabinene hydrate, sabinene-hydrate synthase, v. S7	p. 231
5.4.99.17	cyclase, squalene-hopanoid, squalene-hopene cyclase, v. S7	p. 536
3.1.4.16	cyclic-2',3'-nucleotide 2'-phosphohydrolase, 2',3'-cyclic-nucleotide 2'-phosphodiesterase, v. 11	p. 108
3.1.4.37	cyclic-CMP phosphodiesterase, 2',3'-cyclic-nucleotide 3'-phosphodiesterase, v. 11	p. 170
4.6.1.6	3',5'-cyclic-CMP synthase, cytidylate cyclase, v. 5	p. 456
2.7.11.12	cyclic-GMP dependent protein kinase, cGMP-dependent protein kinase, v. S3	p. 288
3.1.4.35	cyclic-GMP phosphodiesterase, 3',5'-cyclic-GMP phosphodiesterase, v. 11	p. 153
3.5.2.16	cyclic-imide amidohydrolase (decyclicizing), maleimide hydrolase, v. 14	p. 745
3.1.4.43	1,2-cyclic-inositol-phosphate phosphodiesterase, glycerophosphoinositol inositolphosphodiesterase, v. 11	p. 204
3.1.4.43	cyclic-inositol 1,2-phosphate 2-phosphohydrolase, glycerophosphoinositol inositolphosphodiesterase, v. 11	p. 204
3.1.4.37	2',3'-cyclic-nucleotide 3'-phosphodiesterase type I, 2',3'-cyclic-nucleotide 3'-phosphodiesterase, v. 11	p. 170
3.1.4.1	cyclic-ribonucleotide phosphomutase-5'-phosphodiesterase I, phosphodiesterase I, v. 11	p. 1
3.1.4.37	cyclic 2',3'-nucleotide 3'-phosphodiesterase, 2',3'-cyclic-nucleotide 3'-phosphodiesterase, v. 11	p. 170
3.1.4.16	cyclic 2',3'-nucleotide phosphodiesterase, 2',3'-cyclic-nucleotide 2'-phosphodiesterase, v. 11	p. 108
3.1.4.37	cyclic 2',3'-nucleotide 3'-phosphodiesterase, 2',3'-cyclic-nucleotide 3'-phosphodiesterase, v. 11	p. 170
3.1.4.35	cyclic 3',5'-GMP phosphodiesterase, 3',5'-cyclic-GMP phosphodiesterase, v. 11	p. 153
3.1.4.17	cyclic 3',5'-mononucleotide phosphodiesterase, 3',5'-cyclic-nucleotide phosphodiesterase, v. 11	p. 116
3.1.4.17	cyclic 3',5'-nucleotide phosphodiesterase, 3',5'-cyclic-nucleotide phosphodiesterase, v. 11	p. 116
3.1.4.17	cyclic 3',5'-phosphodiesterase, 3',5'-cyclic-nucleotide phosphodiesterase, v. 11	p. 116
3.1.4.17	cyclic 3',5-nucleotide monophosphate phosphodiesterase, 3',5'-cyclic-nucleotide phosphodiesterase, v. 11	p. 116
3.2.2.5	Cyclic ADP-ribose hydrolase, NAD+ nucleosidase, v. 14	p. 25
2.7.11.11	cyclic AMP-dependent kinase, cAMP-dependent protein kinase, v. S3	p. 241
2.7.11.11	cyclic AMP-dependent protein kinase, cAMP-dependent protein kinase, v. S3	p. 241
2.7.11.1	cyclic AMP-dependent protein kinase, non-specific serine/threonine protein kinase, v. S3	p. 1
2.7.11.11	cyclic AMP-dependent protein kinase A, cAMP-dependent protein kinase, v. S3	p. 241
2.7.11.1	cyclic AMP-dependent protein kinase A, non-specific serine/threonine protein kinase, v. S3	p. 1
2.7.11.11	cyclic AMP-protein kinase A, cAMP-dependent protein kinase, v. S3	p. 241
3.1.4.53	cyclic AMP-specific phosphodiesterase, 3',5'-cyclic-AMP phosphodiesterase
3.1.4.16	2',3'-cyclic AMP 2'-phosphohydrolase, 2',3'-cyclic-nucleotide 2'-phosphodiesterase, v. 11	p. 108
2.7.11.11	cyclic AMP dependent protein kinase, cAMP-dependent protein kinase, v. S3	p. 241
3.1.4.16	2',3'-cyclic AMP phosphodiesterase, 2',3'-cyclic-nucleotide 2'-phosphodiesterase, v. 11	p. 108
3.1.4.37	2',3'-cyclic AMP phosphodiesterase, 2',3'-cyclic-nucleotide 3'-phosphodiesterase, v. 11	p. 170
3.1.4.53	3',5'-cyclic AMP phosphodiesterase, 3',5'-cyclic-AMP phosphodiesterase

3.1.4.53	cyclic AMP phosphodiesterase-4, 3',5'-cyclic-AMP phosphodiesterase
4.6.1.1	3',5'-cyclic AMP synthetase, adenylate cyclase, v. 5 | p. 415
3.1.4.52	cyclic di-GMP-specific phosphodiesterase, cyclic-guanylate-specific phosphodiesterase, v. S5 | p. 100
2.7.11.12	cyclic GMP-dependent kinase, cGMP-dependent protein kinase, v. S3 | p. 288
2.7.11.12	cyclic GMP-dependent kinase I, cGMP-dependent protein kinase, v. S3 | p. 288
2.7.11.12	cyclic GMP-dependent protein kinase, cGMP-dependent protein kinase, v. S3 | p. 288
2.7.11.12	cyclic GMP-dependent protein kinase-1, cGMP-dependent protein kinase, v. S3 | p. 288
3.1.4.35	cyclic GMP-phosphodiesterase, 3',5'-cyclic-GMP phosphodiesterase, v. 11 | p. 153
3.1.4.35	cyclic GMP hydrolyzing phosphodiesterase 5, 3',5'-cyclic-GMP phosphodiesterase, v. 11 | p. 153
3.1.4.35	3',5'-cyclic GMP phosphodiesterase, 3',5'-cyclic-GMP phosphodiesterase, v. 11 | p. 153
3.1.4.35	cyclic GMP phosphodiesterase, 3',5'-cyclic-GMP phosphodiesterase, v. 11 | p. 153
3.1.4.17	Cyclic GMP stimulated phosphodiesterase, 3',5'-cyclic-nucleotide phosphodiesterase, v. 11 | p. 116
2.7.11.12	cyclic guanoshate-3',5'-monophoshate-dependent protein kinase, cGMP-dependent protein kinase, v. S3 | p. 288
3.1.4.35	cyclic guanosine 3',5'-monophosphate phosphodiesterase, 3',5'-cyclic-GMP phosphodiesterase, v. 11 | p. 153
3.1.4.35	cyclic guanosine 3',5'-phosphate phosphodiesterase, 3',5'-cyclic-GMP phosphodiesterase, v. 11 | p. 153
3.1.4.35	3',5'-cyclic guanosine monophosphate-specific phosphodiesterase, 3',5'-cyclic-GMP phosphodiesterase, v. 11 | p. 153
3.1.4.35	cyclic guanosine monophosphate phosphodiesterase, 3',5'-cyclic-GMP phosphodiesterase, v. 11 | p. 153
3.1.4.43	cyclic hydrolase, glycerophosphoinositol inositolphosphodiesterase, v. 11 | p. 204
3.5.2.16	cyclic imide hydrolase, maleimide hydrolase, v. 14 | p. 745
3.4.24.23	cyclic matrix metalloproteinase, matrilysin, v. 8 | p. 344
2.7.11.1	cyclic monophosphate-dependent protein kinase, non-specific serine/threonine protein kinase, v. S3 | p. 1
3.1.4.16	2',3'-cyclic nucleoside monophosphate phosphodiesterase, 2',3'-cyclic-nucleotide 2'-phosphodiesterase, v. 11 | p. 108
3.1.4.37	2',3'-cyclic nucleoside monophosphate phosphodiesterase, 2',3'-cyclic-nucleotide 3'-phosphodiesterase, v. 11 | p. 170
3.1.4.17	3',5'-cyclic nucleoside monophosphate phosphodiesterase, 3',5'-cyclic-nucleotide phosphodiesterase, v. 11 | p. 116
3.1.4.16	2',3'-cyclic nucleotidase, 2',3'-cyclic-nucleotide 2'-phosphodiesterase, v. 11 | p. 108
2.7.11.1	cyclic nucleotide-dependent protein kinase, non-specific serine/threonine protein kinase, v. S3 | p. 1
3.1.4.16	2',3'-cyclic nucleotide 2'-phosphodiesterase, 2',3'-cyclic-nucleotide 2'-phosphodiesterase, v. 11 | p. 108
3.1.4.37	2',3'-cyclic nucleotide 3'-phosphodiesterase, 2',3'-cyclic-nucleotide 3'-phosphodiesterase, v. 11 | p. 170
3.1.4.37	2':3'-cyclic nucleotide 3'-phosphodiesterase, 2',3'-cyclic-nucleotide 3'-phosphodiesterase, v. 11 | p. 170
3.1.4.37	2',3'-cyclic nucleotide 3'-phosphohydrolase, 2',3'-cyclic-nucleotide 3'-phosphodiesterase, v. 11 | p. 170
3.1.4.17	3':5'-cyclic nucleotide 5'-nucleotidohydrolase, 3',5'-cyclic-nucleotide phosphodiesterase, v. 11 | p. 116
3.1.4.16	2,3-cyclic nucleotide phosphodiesterase, 2',3'-cyclic-nucleotide 2'-phosphodiesterase, v. 11 | p. 108
3.1.4.17	cyclic nucleotide phosphodiesterase, 3',5'-cyclic-nucleotide phosphodiesterase, v. 11 | p. 116
3.1.4.53	cyclic nucleotide phosphodiesterase-8A, 3',5'-cyclic-AMP phosphodiesterase
3.1.4.17	cyclic nucleotide phosphodiesterase 10A, 3',5'-cyclic-nucleotide phosphodiesterase, v. 11 | p. 116

3.1.4.17	3',5'-cyclic nucleotide phosphodiesterase 11A, 3',5'-cyclic-nucleotide phosphodiesterase, v. 11 | p. 116	
3.1.4.17	cyclic nucleotide phosphodiesterase 3B, 3',5'-cyclic-nucleotide phosphodiesterase, v. 11 | p. 116	
3.1.4.53	cyclic nucleotide phosphodiesterase 4, 3',5'-cyclic-AMP phosphodiesterase	
3.1.4.35	3',5'-cyclic nucleotide phosphodiesterase 5, 3',5'-cyclic-GMP phosphodiesterase, v. 11 | p. 153	
3.1.4.16	2':3'-cyclic nucleotide phosphodiesterase:3'-nucleotidase, 2',3'-cyclic-nucleotide 2'-phosphodiesterase, v. 11 | p. 108	
3.1.4.17	cyclic nucleotide phosphodiesterase PDE3, 3',5'-cyclic-nucleotide phosphodiesterase, v. 11 | p. 116	
3.1.4.16	2',3'-cyclic nucleotide phosphohydrolase, 2',3'-cyclic-nucleotide 2'-phosphodiesterase, v. 11 | p. 108	
3.1.4.37	2',3'-cyclic nucleotide phosphohydrolase, 2',3'-cyclic-nucleotide 3'-phosphodiesterase, v. 11 | p. 170	
3.1.4.16	2',3'-cyclic phosphodiesterase, 2',3'-cyclic-nucleotide 2'-phosphodiesterase, v. 11 | p. 108	
3.1.4.37	2',3'-cyclic phosphodiesterase, 2',3'-cyclic-nucleotide 3'-phosphodiesterase, v. 11 | p. 170	
3.1.4.16	2':3'-cyclic phosphodiesterase, 2',3'-cyclic-nucleotide 2'-phosphodiesterase, v. 11 | p. 108	
3.1.4.11	cyclic phosphodiesterase, phosphoinositide phospholipase C, v. 11 | p. 75	
3.1.4.16	cyclic phosphodiesterase:3'-nucleotidase, 2',3'-cyclic-nucleotide 2'-phosphodiesterase, v. 11 | p. 108	
2.7.11.22	cyclin-dependent kinase, cyclin-dependent kinase, v. S4 | p. 156	
2.7.11.1	cyclin-dependent kinase, non-specific serine/threonine protein kinase, v. S3 | p. 1	
2.7.11.22	cyclin-dependent kinase-2, cyclin-dependent kinase, v. S4 | p. 156	
2.7.11.22	cyclin-dependent kinase-5, cyclin-dependent kinase, v. S4 | p. 156	
2.7.11.26	cyclin-dependent kinase-5, τ-protein kinase, v. S4 | p. 303	
2.7.11.22	cyclin-dependent kinase 1, cyclin-dependent kinase, v. S4 | p. 156	
2.7.11.22	cyclin-dependent kinase 11p110, cyclin-dependent kinase, v. S4 | p. 156	
2.7.11.22	cyclin-dependent kinase 11p58, cyclin-dependent kinase, v. S4 | p. 156	
2.7.11.22	cyclin-dependent kinase 2, cyclin-dependent kinase, v. S4 | p. 156	
2.7.11.1	cyclin-dependent kinase 2, non-specific serine/threonine protein kinase, v. S3 | p. 1	
2.7.11.22	cyclin-dependent kinase 4, cyclin-dependent kinase, v. S4 | p. 156	
2.7.11.22	cyclin-dependent kinase 5, cyclin-dependent kinase, v. S4 | p. 156	
2.7.11.26	cyclin-dependent kinase 5, τ-protein kinase, v. S4 | p. 303	
2.7.11.22	cyclin-dependent kinase 5-p35, cyclin-dependent kinase, v. S4 | p. 156	
2.7.11.22	cyclin-dependent kinase 5/p39, cyclin-dependent kinase, v. S4 | p. 156	
2.7.11.26	cyclin-dependent kinase 5/p39, τ-protein kinase, v. S4 | p. 303	
2.7.11.22	cyclin-dependent kinase 6, cyclin-dependent kinase, v. S4 | p. 156	
2.7.11.22	cyclin-dependent kinase 7, cyclin-dependent kinase, v. S4 | p. 156	
2.7.11.22	cyclin-dependent kinase 8, cyclin-dependent kinase, v. S4 | p. 156	
2.7.11.22	cyclin-dependent kinase 9, cyclin-dependent kinase, v. S4 | p. 156	
2.7.11.22	cyclin-dependent kinase A, cyclin-dependent kinase, v. S4 | p. 156	
2.7.11.22	cyclin-dependent kinase activating kinase, cyclin-dependent kinase, v. S4 | p. 156	
2.7.11.22	cyclin-dependent kinase C, cyclin-dependent kinase, v. S4 | p. 156	
2.7.11.22	Cyclin-dependent kinase pef1, cyclin-dependent kinase, v. S4 | p. 156	
2.7.11.22	cyclin-dependent protein kinase, cyclin-dependent kinase, v. S4 | p. 156	
2.7.11.22	cyclin-dependent protein kinase 5, cyclin-dependent kinase, v. S4 | p. 156	
2.7.11.22	K-cyclin/cdk6 kinase, cyclin-dependent kinase, v. S4 | p. 156	
2.7.11.22	cyclin A-dependent protein kinase 2, cyclin-dependent kinase, v. S4 | p. 156	
2.7.11.22	cyclin A/Cdk2, cyclin-dependent kinase, v. S4 | p. 156	
2.7.11.22	cyclin A2/Cdk2, cyclin-dependent kinase, v. S4 | p. 156	
2.7.11.22	cyclin activating kinase, cyclin-dependent kinase, v. S4 | p. 156	
2.7.11.22	cyclin dependent kinase 2, cyclin-dependent kinase, v. S4 | p. 156	
3.5.2.13	cyclo(Gly-Gly) hydrolase, 2,5-dioxopiperazine hydrolase, v. 14 | p. 733	
2.4.1.25	cycloamylose, 4-α-glucanotransferase, v. 31 | p. 276	

5.4.99.8	cycloartenol synthase, Cycloartenol synthase, v. 1 | p. 631	
5.4.99.8	cycloartenol synthase 1, Cycloartenol synthase, v. 1 | p. 631	
4.1.99.3	cyclobutane pyrimidine dimer-specific DNA photolyase, deoxyribodipyrimidine photolyase, v. 4 | p. 223	
4.1.99.3	cyclobutane pyrimidine dimer photolyase, deoxyribodipyrimidine photo-lyase, v. 4 | p. 223	
4.1.99.3	cyclobutane pyrimidine dimer specific photolyase, deoxyribodipyrimidine photo-lyase, v. 4 | p. 223	
3.2.1.54	cyclodextrinase, cyclomaltodextrinase, v. 13 | p. 95	
2.4.1.19	α-cyclodextrin glucanotransferase, cyclomaltodextrin glucanotransferase, v. 31 | p. 210	
2.4.1.19	β-cyclodextrin glucanotransferase, cyclomaltodextrin glucanotransferase, v. 31 | p. 210	
2.4.1.19	cyclodextrin glucanotransferase, cyclomaltodextrin glucanotransferase, v. 31 | p. 210	
2.4.1.19	α-cyclodextrin glycosyltransferase, cyclomaltodextrin glucanotransferase, v. 31 | p. 210	
2.4.1.19	β-cyclodextrin glycosyltransferase, cyclomaltodextrin glucanotransferase, v. 31 | p. 210	
2.4.1.19	cyclodextrin glycosyltransferase, cyclomaltodextrin glucanotransferase, v. 31 | p. 210	
2.4.1.19	γ-cyclodextrin glycosyltransferase, cyclomaltodextrin glucanotransferase, v. 31 | p. 210	
5.5.1.9	Cycloeucalenol–obtusifoliol isomerase, Cycloeucalenol cycloisomerase, v. 1 | p. 710	
5.5.1.9	Cycloeucalenol-obtusifoliol isomerase, Cycloeucalenol cycloisomerase, v. 1 | p. 710	
5.5.1.9	Cycloeucalenol isomerase, Cycloeucalenol cycloisomerase, v. 1 | p. 710	
3.2.1.54	cycloheptaglucanase, cyclomaltodextrinase, v. 13 | p. 95	
4.2.1.100	cyclohexa-1,5-diene-1-carbonyl-CoA hydratase, cyclohexa-1,5-dienecarbonyl-CoA hydratase, v. S7 | p. 80	
4.2.1.100	Cyclohexa-1,5-diene-1-carboxyl-CoA hydratase, cyclohexa-1,5-dienecarbonyl-CoA hydratase, v. S7 | p. 80	
1.3.1.25	3,5-cyclohexadiene-1,2-diol-1-carboxylate dehydrogenase, 1,6-dihydroxycyclohexa-2,4-diene-1-carboxylate dehydrogenase, v. 21 | p. 151	
1.3.1.25	3,5-cyclohexadiene-1,2-diol-1-carboxylic acid dehydrogenase, 1,6-dihydroxycyclohexa-2,4-diene-1-carboxylate dehydrogenase, v. 21 | p. 151	
4.2.1.91	cyclohexadienyl dehydratase, arogenate dehydratase, v. 4 | p. 649	
1.3.1.43	cyclohexadienyl dehydrogenase, arogenate dehydrogenase, v. 21 | p. 242	
1.3.1.78	cyclohexadienyl dehydrogenase, arogenate dehydrogenase (NADP+), v. S1 | p. 236	
1.3.1.79	cyclohexadienyl dehydrogenase, arogenate dehydrogenase [NAD(P)+], v. S1 | p. 244	
3.2.1.54	cyclohexaglucanase, cyclomaltodextrinase, v. 13 | p. 95	
1.1.1.245	cyclohexanol dehydrogenase II, cyclohexanol dehydrogenase, v. 18 | p. 405	
1.14.13.22	cyclohexanone 1, 2-mono-oxygenase, cyclohexanone monooxygenase, v. 26 | p. 337	
1.14.13.22	cyclohexanone:NADPH:oxygen oxidoreductase (lactone-forming), cyclohexanone monooxygenase, v. 26 | p. 337	
1.14.13.22	cyclohexanone mono-oxygenase, cyclohexanone monooxygenase, v. 26 | p. 337	
1.14.13.22	cyclohexanone oxygenase, cyclohexanone monooxygenase, v. 26 | p. 337	
1.3.1.10	1-cyclohexenylcarbonyl coenzyme A reductase, enoyl-[acyl-carrier-protein] reductase (NADPH, B-specific), v. 21 | p. 52	
4.2.1.51	cyclohexydienyl dehydratase, prephenate dehydratase, v. 4 | p. 519	
4.2.1.103	N-cyclohexylformamide hydro-lyase, cyclohexyl-isocyanide hydratase, v. S7 | p. 87	
4.2.1.103	cyclohexyl isocyanide hydratase, cyclohexyl-isocyanide hydratase, v. S7 | p. 87	
3.5.4.9	cyclohydrolase, methenyltetrahydrofolate cyclohydrolase, v. 15 | p. 72	
3.2.1.54	cyclomaltodextrinase, cyclomaltodextrinase, v. 13 | p. 95	
3.2.1.54	cyclomaltodextrin dextrin-hydrolase, cyclomaltodextrinase, v. 13 | p. 95	
2.4.1.19	cyclomaltodextrin glucanyltransferase, cyclomaltodextrin glucanotransferase, v. 31 | p. 210	
2.4.1.19	cyclomaltodextrin glucotransferase, cyclomaltodextrin glucanotransferase, v. 31 | p. 210	
2.4.1.19	cyclomaltodextrin glycosyltransferase, cyclomaltodextrin glucanotransferase, v. 31 | p. 210	
3.2.1.54	Cyclomaltodextrin hydrolase, decycling, cyclomaltodextrinase, v. 13 | p. 95	
3.1.4.17	3',5'-cyclonucleotide phosphodiesterase, 3',5'-cyclic-nucleotide phosphodiesterase, v. 11 | p. 116	
1.14.99.1	cyclooxygenase, prostaglandin-endoperoxide synthase, v. 27 | p. 246	
1.14.99.1	cyclooxygenase-1b, prostaglandin-endoperoxide synthase, v. 27 | p. 246	
1.14.99.1	cyclooxygenase-2, prostaglandin-endoperoxide synthase, v. 27 | p. 246	

1.14.13.16	cyclopentanone monooxygenase, cyclopentanone monooxygenase, v. 26 | p. 313	
1.14.13.16	cyclopentanone oxygenase, cyclopentanone monooxygenase, v. 26 | p. 313	
1.3.1.42	cyclopentenone reductase, 12-oxophytodienoate reductase, v. 21 | p. 237	
5.2.1.8	Cyclophilin, Peptidylprolyl isomerase, v. 1 | p. 218	
5.2.1.8	S-cyclophilin, Peptidylprolyl isomerase, v. 1 | p. 218	
5.2.1.8	Cyclophilin-10, Peptidylprolyl isomerase, v. 1 | p. 218	
5.2.1.8	Cyclophilin-11, Peptidylprolyl isomerase, v. 1 | p. 218	
5.2.1.8	Cyclophilin-40, Peptidylprolyl isomerase, v. 1 | p. 218	
5.2.1.8	Cyclophilin-60, Peptidylprolyl isomerase, v. 1 | p. 218	
5.2.1.8	cyclophilin-A, Peptidylprolyl isomerase, v. 1 | p. 218	
5.2.1.8	cyclophilin-D, Peptidylprolyl isomerase, v. 1 | p. 218	
5.2.1.8	Cyclophilin-like protein Cyp-60, Peptidylprolyl isomerase, v. 1 | p. 218	
5.2.1.8	Cyclophilin-related protein, Peptidylprolyl isomerase, v. 1 | p. 218	
5.2.1.8	Cyclophilin 18, Peptidylprolyl isomerase, v. 1 | p. 218	
5.2.1.8	cyclophilin 3, Peptidylprolyl isomerase, v. 1 | p. 218	
5.2.1.8	Cyclophilin 33, Peptidylprolyl isomerase, v. 1 | p. 218	
5.2.1.8	Cyclophilin A, Peptidylprolyl isomerase, v. 1 | p. 218	
5.2.1.8	Cyclophilin B, Peptidylprolyl isomerase, v. 1 | p. 218	
5.2.1.8	Cyclophilin C, Peptidylprolyl isomerase, v. 1 | p. 218	
5.2.1.8	Cyclophilin cyp2, Peptidylprolyl isomerase, v. 1 | p. 218	
5.2.1.8	cyclophilin H, Peptidylprolyl isomerase, v. 1 | p. 218	
5.2.1.8	cyclophilin hCyp-18, Peptidylprolyl isomerase, v. 1 | p. 218	
5.2.1.8	Cyclophilin homolog, Peptidylprolyl isomerase, v. 1 | p. 218	
5.2.1.8	cyclophilin J, Peptidylprolyl isomerase, v. 1 | p. 218	
5.2.1.8	Cyclophilin ScCypA, Peptidylprolyl isomerase, v. 1 | p. 218	
5.2.1.8	Cyclophilin ScCypB, Peptidylprolyl isomerase, v. 1 | p. 218	
1.21.99.1	β-cyclopiazonate oxidocyclase, β-cyclopiazonate dehydrogenase, v. 27 | p. 635	
1.21.99.1	β-cyclopiazonic oxidocyclase, β-cyclopiazonate dehydrogenase, v. 27 | p. 635	
2.1.1.79	cyclopropane fatty acid synthase, cyclopropane-fatty-acyl-phospholipid synthase, v. 28 | p. 427	
2.1.1.79	cyclopropane fatty acid synthetase, cyclopropane-fatty-acyl-phospholipid synthase, v. 28 | p. 427	
2.1.1.79	cyclopropane synthase, cyclopropane-fatty-acyl-phospholipid synthase, v. 28 | p. 427	
5.5.1.9	Cyclopropyl sterol isomerase, Cycloeucalenol cycloisomerase, v. 1 | p. 710	
5.2.1.8	Cyclosporin A-binding protein, Peptidylprolyl isomerase, v. 1 | p. 218	
2.3.2.4	cyclotransferase, γ-glutamyl, γ-glutamylcyclotransferase, v. 30 | p. 500	
2.5.1.4	cyclotransferase, adenosylmethionine, adenosylmethionine cyclotransferase, v. 33 | p. 418	
2.3.2.5	cyclotransferase, glutaminyl-transfer ribonucleate, glutaminyl-peptide cyclotransferase, v. 30 | p. 508	
2.7.11.23	CycT1:Cdk9, [RNA-polymerase]-subunit kinase, v. S4 | p. 220	
3.5.4.5	cyd deaminase, cytidine deaminase, v. 15 | p. 42	
2.7.11.12	cylcic GMP protein kinase G, cGMP-dependent protein kinase, v. S3 | p. 288	
3.2.1.54	CymH, cyclomaltodextrinase, v. 13 | p. 95	
3.4.23.40	Cynarase, Phytepsin, v. 8 | p. 181	
3.4.23.40	cynarase A, Phytepsin, v. 8 | p. 181	
3.4.23.40	cynarase B, Phytepsin, v. 8 | p. 181	
3.4.23.40	cynarase C, Phytepsin, v. 8 | p. 181	
4.2.1.1	CynT2, carbonate dehydratase, v. 4 | p. 242	
5.3.4.1	CYO1, Protein disulfide-isomerase, v. 1 | p. 436	
2.4.1.1	cyosolic phosphorylase, phosphorylase, v. 31 | p. 1	
5.2.1.8	Cyp, Peptidylprolyl isomerase, v. 1 | p. 218	
1.14.14.1	Cyp, unspecific monooxygenase, v. 26 | p. 584	
5.2.1.8	CYP-3, Peptidylprolyl isomerase, v. 1 | p. 218	
5.2.1.8	CYP-40, Peptidylprolyl isomerase, v. 1 | p. 218	
5.2.1.8	CYP-5, Peptidylprolyl isomerase, v. 1 | p. 218	

5.2.1.8	CYP-6, Peptidylprolyl isomerase, v.1 | p.218	
5.2.1.8	cyp-A, Peptidylprolyl isomerase, v.1 | p.218	
1.14.15.3	CYP ω-hydroxylase, alkane 1-monooxygenase, v.27 | p.16	
5.2.1.8	CYP-S1, Peptidylprolyl isomerase, v.1 | p.218	
1.14.13.13	CYP1α, calcidiol 1-monooxygenase, v.26 | p.296	
5.2.1.8	Cyp1, Peptidylprolyl isomerase, v.1 | p.218	
1.14.13.12	Cyp1, benzoate 4-monooxygenase, v.26 | p.289	
1.14.15.1	CYP101, camphor 5-monooxygenase, v.27 | p.1	
1.14.14.1	CYP102, unspecific monooxygenase, v.26 | p.584	
1.14.14.1	CYP102A1, unspecific monooxygenase, v.26 | p.584	
1.14.14.1	CYP102A3, unspecific monooxygenase, v.26 | p.584	
1.14.14.1	CYP102 monooxygenase, unspecific monooxygenase, v.26 | p.584	
1.14.15.4	cyp11β, steroid 11β-monooxygenase, v.27 | p.26	
1.11.1.7	CYP119, peroxidase, v.25 | p.211	
1.14.15.6	CYP11A1, cholesterol monooxygenase (side-chain-cleaving), v.27 | p.44	
1.14.15.4	CYP11B1, steroid 11β-monooxygenase, v.27 | p.26	
1.14.15.4	CYP11B2, steroid 11β-monooxygenase, v.27 | p.26	
1.14.13.95	CYP12, 7α-hydroxycholest-4-en-3-one 12α-hydroxylase, v.S1 | p.611	
1.14.15.3	CYP153A, alkane 1-monooxygenase, v.27 | p.16	
1.14.21.7	CYP 158A2, biflaviolin synthase	
1.14.99.9	CYP 17, steroid 17α-monooxygenase, v.27 | p.290	
4.1.2.30	CYP17, 17α-Hydroxyprogesterone aldolase, v.3 | p.549	
1.14.99.7	CYP17, squalene monooxygenase, v.27 | p.280	
1.14.99.9	CYP17, steroid 17α-monooxygenase, v.27 | p.290	
1.14.13.106	CYP170A1, epi-isozizaene 5-monooxygenase	
1.14.99.9	CYP17A1, steroid 17α-monooxygenase, v.27 | p.290	
5.2.1.8	Cyp18, Peptidylprolyl isomerase, v.1 | p.218	
1.14.99.15	CYP199A2, 4-methoxybenzoate monooxygenase (O-demethylating), v.27 | p.318	
1.14.14.1	CYP1A, unspecific monooxygenase, v.26 | p.584	
1.14.14.1	CYP1A1, unspecific monooxygenase, v.26 | p.584	
1.14.14.1	CYP1A2, unspecific monooxygenase, v.26 | p.584	
1.14.14.1	CYP1A3, unspecific monooxygenase, v.26 | p.584	
1.14.14.1	CYP1B1, unspecific monooxygenase, v.26 | p.584	
5.2.1.8	Cyp2, Peptidylprolyl isomerase, v.1 | p.218	
5.2.1.8	CYP20-3, Peptidylprolyl isomerase, v.1 | p.218	
1.14.13.15	CYP27, cholestanetriol 26-monooxygenase, v.26 | p.308	
1.14.13.13	CYP27A, calcidiol 1-monooxygenase, v.26 | p.296	
1.14.13.15	CYP27A, cholestanetriol 26-monooxygenase, v.26 | p.308	
1.14.13.13	CYP27B1, calcidiol 1-monooxygenase, v.26 | p.296	
1.14.14.1	CYP2A3, unspecific monooxygenase, v.26 | p.584	
1.14.14.1	CYP2A6, unspecific monooxygenase, v.26 | p.584	
1.14.14.1	CYP2B, unspecific monooxygenase, v.26 | p.584	
1.14.14.1	CYP2B4, unspecific monooxygenase, v.26 | p.584	
1.14.14.1	CYP2B6, unspecific monooxygenase, v.26 | p.584	
1.14.13.67	CYP2C19, quinine 3-monooxygenase, v.26 | p.537	
1.14.14.1	CYP2C8, unspecific monooxygenase, v.26 | p.584	
1.14.14.1	CYP2C9, unspecific monooxygenase, v.26 | p.584	
1.14.99.10	CYP2D, steroid 21-monooxygenase, v.27 | p.302	
1.14.13.29	CYP 2E1, 4-nitrophenol 2-monooxygenase, v.26 | p.386	
1.14.13.29	CYP2E1, 4-nitrophenol 2-monooxygenase, v.26 | p.386	
1.14.14.1	CYP2E1, unspecific monooxygenase, v.26 | p.584	
1.14.99.4	CYP2G1, progesterone monooxygenase, v.27 | p.273	
1.14.99.22	Cyp314A1, ecdysone 20-monooxygenase, v.27 | p.349	
1.14.13.99	Cyp39a1, 24-hydroxycholesterol 7α-hydroxylase, v.S1 | p.631	
1.14.13.60	Cyp39a1, 27-Hydroxycholesterol 7α-monooxygenase, v.26 | p.516	

1.14.13.99	CYP39A1 oxysterol 7α-hydroxylase, 24-hydroxycholesterol 7α-hydroxylase, v. S1	p. 631
1.14.13.67	CYP3A, quinine 3-monooxygenase, v. 26	p. 537
1.14.14.1	CYP3A, unspecific monooxygenase, v. 26	p. 584
1.14.13.94	CYP3A10, lithocholate 6β-hydroxylase, v. S1	p. 608
1.14.13.67	CYP3A4, quinine 3-monooxygenase, v. 26	p. 537
1.14.13.97	CYP3A4, taurochenodeoxycholate 6α-hydroxylase, v. S1	p. 621
1.14.14.1	CYP3A4, unspecific monooxygenase, v. 26	p. 584
5.2.1.8	Cyp3 PPIase, Peptidylprolyl isomerase, v. 1	p. 218
1.14.14.1	CYP4, unspecific monooxygenase, v. 26	p. 584
5.2.1.8	Cyp40, Peptidylprolyl isomerase, v. 1	p. 218
1.14.14.1	CYP4502F4, unspecific monooxygenase, v. 26	p. 584
1.14.13.98	CYP46, cholesterol 24-hydroxylase, v. S1	p. 623
1.14.13.98	CYP46A1, cholesterol 24-hydroxylase, v. S1	p. 623
1.14.14.1	CYP4A, unspecific monooxygenase, v. 26	p. 584
1.14.15.3	CYP4A11, alkane 1-monooxygenase, v. 27	p. 16
1.14.13.30	CYP4A11, leukotriene-B4 20-monooxygenase, v. 26	p. 390
1.14.13.97	CYP4A21, taurochenodeoxycholate 6α-hydroxylase, v. S1	p. 621
1.14.14.1	CYP4A4, unspecific monooxygenase, v. 26	p. 584
1.14.14.1	CYP4A6, unspecific monooxygenase, v. 26	p. 584
1.14.14.1	CYP4A7, unspecific monooxygenase, v. 26	p. 584
1.14.15.3	CYP4AII, alkane 1-monooxygenase, v. 27	p. 16
1.14.14.1	CYP4F, unspecific monooxygenase, v. 26	p. 584
1.14.13.30	CYP4F11, leukotriene-B4 20-monooxygenase, v. 26	p. 390
1.14.13.30	CYP4F14, leukotriene-B4 20-monooxygenase, v. 26	p. 390
1.14.13.30	CYP4F18, leukotriene-B4 20-monooxygenase, v. 26	p. 390
1.14.13.30	CYP4F2, leukotriene-B4 20-monooxygenase, v. 26	p. 390
1.14.13.30	CYP4F3, leukotriene-B4 20-monooxygenase, v. 26	p. 390
1.14.13.30	CYP4F3A, leukotriene-B4 20-monooxygenase, v. 26	p. 390
1.14.13.30	CYP4F3B, leukotriene-B4 20-monooxygenase, v. 26	p. 390
1.14.13.30	CYP4F4, leukotriene-B4 20-monooxygenase, v. 26	p. 390
1.14.13.30	CYP4F8, leukotriene-B4 20-monooxygenase, v. 26	p. 390
1.14.13.63	CYP504B, 3-Hydroxyphenylacetate 6-hydroxylase, v. 26	p. 525
1.14.13.70	CYP51, sterol 14-demethylase, v. 26	p. 547
1.14.13.70	Cyp51A, sterol 14-demethylase, v. 26	p. 547
1.14.13.70	CYP51b1, sterol 14-demethylase, v. 26	p. 547
1.14.13.70	CYP51G1, sterol 14-demethylase, v. 26	p. 547
1.14.13.12	CYP53B1, benzoate 4-monooxygenase, v. 26	p. 289
1.14.14.1	CYP6B1, unspecific monooxygenase, v. 26	p. 584
1.14.14.1	CYP6B1v1, unspecific monooxygenase, v. 26	p. 584
1.14.14.1	CYP6B1V1/CYP6B1V2/ CYP6B1V3, unspecific monooxygenase, v. 26	p. 584
1.14.14.1	CYP6B3V1/CYP6B3V2, unspecific monooxygenase, v. 26	p. 584
1.14.14.1	CYP6B4V1/CYP6B4V2, unspecific monooxygenase, v. 26	p. 584
1.14.14.1	CYP6B5V1, unspecific monooxygenase, v. 26	p. 584
1.14.13.93	CYP707A, (+)-abscisic acid 8'-hydroxylase, v. S1	p. 602
1.14.13.93	CYP707A3, (+)-abscisic acid 8'-hydroxylase, v. S1	p. 602
1.14.14.1	CYP714D1, unspecific monooxygenase, v. 26	p. 584
1.14.21.1	CYP719A2, (S)-stylopine synthase, v. 27	p. 233
1.14.21.1	CYP719A3, (S)-stylopine synthase, v. 27	p. 233
1.14.13.102	CYP71AJ1, psoralen synthase, v. S1	p. 643
1.14.13.68	CYP71E, 4-hydroxyphenylacetaldehyde oxime monooxygenase, v. 26	p. 540
1.14.13.68	CYP71E1, 4-hydroxyphenylacetaldehyde oxime monooxygenase, v. 26	p. 540
1.14.13.109	CYP720B1, abietadienol hydroxylase
1.14.99.37	CYP725A4, taxadiene 5α-hydroxylase, v. 27	p. 396
1.3.3.9	CYP72A1, secologanin synthase, v. 21	p. 421
1.14.13.11	CYP 73, trans-cinnamate 4-monooxygenase, v. 26	p. 281

1.14.13.11	CYP73A1, trans-cinnamate 4-monooxygenase, v. 26	p. 281
1.14.13.11	CYP73A10, trans-cinnamate 4-monooxygenase, v. 26	p. 281
1.14.13.11	CYP73A24, trans-cinnamate 4-monooxygenase, v. 26	p. 281
1.14.13.11	CYP73A32, trans-cinnamate 4-monooxygenase, v. 26	p. 281
1.14.13.11	CYP73A5, trans-cinnamate 4-monooxygenase, v. 26	p. 281
1.14.13.17	CYP7A, cholesterol 7α-monooxygenase, v. 26	p. 316
1.14.13.17	CYP7A1, cholesterol 7α-monooxygenase, v. 26	p. 316
1.14.13.60	CYP7B, 27-Hydroxycholesterol 7α-monooxygenase, v. 26	p. 516
1.14.13.100	CYP7B1, 25-hydroxycholesterol 7α-hydroxylase, v. S1	p. 633
1.14.13.60	CYP7B1, 27-Hydroxycholesterol 7α-monooxygenase, v. 26	p. 516
1.14.13.100	CYP7B1 oxysterol 7α-hydroxylase, 25-hydroxycholesterol 7α-hydroxylase, v. S1	p. 633
1.14.21.3	CYP80, berbamunine synthase, v. 27	p. 237
1.14.13.71	CYP80B1, N-methylcoclaurine 3'-monooxygenase, v. 26	p. 557
1.14.13.71	CYP80B3, N-methylcoclaurine 3'-monooxygenase, v. 26	p. 557
1.14.13.89	CYP81E1, isoflavone 2'-hydroxylase, v. S1	p. 582
1.14.14.1	CYP82E2, unspecific monooxygenase, v. 26	p. 584
1.14.14.1	CYP82E3, unspecific monooxygenase, v. 26	p. 584
1.14.14.1	CYP82E4v1, unspecific monooxygenase, v. 26	p. 584
1.14.14.1	CYP82E4v2, unspecific monooxygenase, v. 26	p. 584
1.14.13.96	CYP8B1, 5β-cholestane-$3\alpha,7\alpha$-diol 12α-hydroxylase, v. S1	p. 615
1.14.13.86	CYP93C, 2-hydroxyisoflavanone synthase, v. S1	p. 559
1.14.13.86	cyp93c1 protein, 2-hydroxyisoflavanone synthase, v. S1	p. 559
1.14.13.86	CYP93C1v2, 2-hydroxyisoflavanone synthase, v. S1	p. 559
1.14.13.86	CYP93C2, 2-hydroxyisoflavanone synthase, v. S1	p. 559
1.14.13.86	CYP93C2 protein, 2-hydroxyisoflavanone synthase, v. S1	p. 559
1.14.15.3	CYP94A1, alkane 1-monooxygenase, v. 27	p. 16
5.2.1.8	CyPA, Peptidylprolyl isomerase, v. 1	p. 218
1.14.13.109	CyPA, abietadienol hydroxylase	
1.14.13.109	CYPA1, abietadienol hydroxylase	
1.14.13.109	CYPA2, abietadienol hydroxylase	
5.2.1.8	CyPB, Peptidylprolyl isomerase, v. 1	p. 218
1.14.13.109	CyPB, abietadienol hydroxylase	
3.2.1.4	CyPB, cellulase, v. 12	p. 88
1.14.13.100	CYPB1, 25-hydroxycholesterol 7α-hydroxylase, v. S1	p. 633
1.14.13.109	CYPC, abietadienol hydroxylase	
1.14.13.109	CYPD, abietadienol hydroxylase	
1.14.13.89	CYP Ge-3, isoflavone 2'-hydroxylase, v. S1	p. 582
1.14.13.86	CYP Ge-8, 2-hydroxyisoflavanone synthase, v. S1	p. 559
1.14.14.1	CYPIA1, unspecific monooxygenase, v. 26	p. 584
1.14.14.1	CYPIA2, unspecific monooxygenase, v. 26	p. 584
1.14.14.1	CYPIA4, unspecific monooxygenase, v. 26	p. 584
1.14.14.1	CYPIA5, unspecific monooxygenase, v. 26	p. 584
1.14.14.1	CYPIB1, unspecific monooxygenase, v. 26	p. 584
1.14.14.1	CYPIIA1, unspecific monooxygenase, v. 26	p. 584
1.14.14.1	CYPIIA10, unspecific monooxygenase, v. 26	p. 584
1.14.14.1	CYPIIA11, unspecific monooxygenase, v. 26	p. 584
1.14.14.1	CYPIIA12, unspecific monooxygenase, v. 26	p. 584
1.14.14.1	CYPIIA13, unspecific monooxygenase, v. 26	p. 584
1.14.14.1	CYPIIA2, unspecific monooxygenase, v. 26	p. 584
1.14.14.1	CYPIIA3, unspecific monooxygenase, v. 26	p. 584
1.14.14.1	CYPIIA4, unspecific monooxygenase, v. 26	p. 584
1.14.14.1	CYPIIA5, unspecific monooxygenase, v. 26	p. 584
1.14.14.1	CYPIIA6, unspecific monooxygenase, v. 26	p. 584
1.14.14.1	CYPIIA7, unspecific monooxygenase, v. 26	p. 584
1.14.14.1	CYPIIA8, unspecific monooxygenase, v. 26	p. 584

1.14.14.1	CYP1IA9, unspecific monooxygenase, v. 26 | p. 584
1.14.14.1	CYP1IB1, unspecific monooxygenase, v. 26 | p. 584
1.14.14.1	CYP1IB10, unspecific monooxygenase, v. 26 | p. 584
1.14.14.1	CYP1IB11, unspecific monooxygenase, v. 26 | p. 584
1.14.14.1	CYP1IB12, unspecific monooxygenase, v. 26 | p. 584
1.14.14.1	CYP1IB19, unspecific monooxygenase, v. 26 | p. 584
1.14.14.1	CYP1IB2, unspecific monooxygenase, v. 26 | p. 584
1.14.14.1	CYP1IB20, unspecific monooxygenase, v. 26 | p. 584
1.14.14.1	CYP1IB3, unspecific monooxygenase, v. 26 | p. 584
1.14.14.1	CYP1IB4, unspecific monooxygenase, v. 26 | p. 584
1.14.14.1	CYP1IB5, unspecific monooxygenase, v. 26 | p. 584
1.14.14.1	CYP1IB6, unspecific monooxygenase, v. 26 | p. 584
1.14.14.1	CYP1IB9, unspecific monooxygenase, v. 26 | p. 584
1.14.14.1	CYP1IC1, unspecific monooxygenase, v. 26 | p. 584
1.14.14.1	CYP1IC10, unspecific monooxygenase, v. 26 | p. 584
1.14.14.1	CYP1IC11, unspecific monooxygenase, v. 26 | p. 584
1.14.14.1	CYP1IC12, unspecific monooxygenase, v. 26 | p. 584
1.14.14.1	CYP1IC13, unspecific monooxygenase, v. 26 | p. 584
1.14.14.1	CYP1IC14, unspecific monooxygenase, v. 26 | p. 584
1.14.14.1	CYP1IC15, unspecific monooxygenase, v. 26 | p. 584
1.14.14.1	CYP1IC16, unspecific monooxygenase, v. 26 | p. 584
1.14.14.1	CYP1IC17, unspecific monooxygenase, v. 26 | p. 584
1.14.14.1	CYP1IC18, unspecific monooxygenase, v. 26 | p. 584
1.14.14.1	CYP1IC19, unspecific monooxygenase, v. 26 | p. 584
1.14.14.1	CYP1IC2, unspecific monooxygenase, v. 26 | p. 584
1.14.14.1	CYP1IC20, unspecific monooxygenase, v. 26 | p. 584
1.14.14.1	CYP1IC21, unspecific monooxygenase, v. 26 | p. 584
1.14.14.1	CYP1IC22, unspecific monooxygenase, v. 26 | p. 584
1.14.14.1	CYP1IC23, unspecific monooxygenase, v. 26 | p. 584
1.14.14.1	CYP1IC24, unspecific monooxygenase, v. 26 | p. 584
1.14.14.1	CYP1IC25, unspecific monooxygenase, v. 26 | p. 584
1.14.14.1	CYP1IC26, unspecific monooxygenase, v. 26 | p. 584
1.14.14.1	CYP1IC27, unspecific monooxygenase, v. 26 | p. 584
1.14.14.1	CYP1IC28, unspecific monooxygenase, v. 26 | p. 584
1.14.14.1	CYP1IC29, unspecific monooxygenase, v. 26 | p. 584
1.14.14.1	CYP1IC3, unspecific monooxygenase, v. 26 | p. 584
1.14.14.1	CYP1IC30, unspecific monooxygenase, v. 26 | p. 584
1.14.14.1	CYP1IC31, unspecific monooxygenase, v. 26 | p. 584
1.14.14.1	CYP1IC37, unspecific monooxygenase, v. 26 | p. 584
1.14.14.1	CYP1IC38, unspecific monooxygenase, v. 26 | p. 584
1.14.14.1	CYP1IC39, unspecific monooxygenase, v. 26 | p. 584
1.14.14.1	CYP1IC4, unspecific monooxygenase, v. 26 | p. 584
1.14.14.1	CYP1IC40, unspecific monooxygenase, v. 26 | p. 584
1.14.14.1	CYP1IC41, unspecific monooxygenase, v. 26 | p. 584
1.14.14.1	CYP1IC42, unspecific monooxygenase, v. 26 | p. 584
1.14.14.1	CYP1IC5, unspecific monooxygenase, v. 26 | p. 584
1.14.14.1	CYP1IC6, unspecific monooxygenase, v. 26 | p. 584
1.14.14.1	CYP1IC7, unspecific monooxygenase, v. 26 | p. 584
1.14.14.1	CYP1IC8, unspecific monooxygenase, v. 26 | p. 584
1.14.14.1	CYP1IC9, unspecific monooxygenase, v. 26 | p. 584
1.14.14.1	CYP1ID1, unspecific monooxygenase, v. 26 | p. 584
1.14.14.1	CYP1ID10, unspecific monooxygenase, v. 26 | p. 584
1.14.14.1	CYP1ID11, unspecific monooxygenase, v. 26 | p. 584
1.14.14.1	CYP1ID14, unspecific monooxygenase, v. 26 | p. 584
1.14.14.1	CYP1ID15, unspecific monooxygenase, v. 26 | p. 584

1.14.14.1	CYPIID16, unspecific monooxygenase,	v. 26 | p. 584
1.14.14.1	CYPIID17, unspecific monooxygenase,	v. 26 | p. 584
1.14.14.1	CYPIID18, unspecific monooxygenase,	v. 26 | p. 584
1.14.14.1	CYPIID19, unspecific monooxygenase,	v. 26 | p. 584
1.14.14.1	CYPIID2, unspecific monooxygenase,	v. 26 | p. 584
1.14.14.1	CYPIID3, unspecific monooxygenase,	v. 26 | p. 584
1.14.14.1	CYPIID4, unspecific monooxygenase,	v. 26 | p. 584
1.14.14.1	CYPIID5, unspecific monooxygenase,	v. 26 | p. 584
1.14.14.1	CYPIID6, unspecific monooxygenase,	v. 26 | p. 584
1.14.14.1	CYPIID9, unspecific monooxygenase,	v. 26 | p. 584
1.14.14.1	CYPIIE1, unspecific monooxygenase,	v. 26 | p. 584
1.14.14.1	CYPIIF1, unspecific monooxygenase,	v. 26 | p. 584
1.14.14.1	CYPIIF3, unspecific monooxygenase,	v. 26 | p. 584
1.14.14.1	CYPIIF4, unspecific monooxygenase,	v. 26 | p. 584
1.14.14.1	CYPIIG1, unspecific monooxygenase,	v. 26 | p. 584
1.14.14.1	CYPIIH1, unspecific monooxygenase,	v. 26 | p. 584
1.14.14.1	CYPIIH2, unspecific monooxygenase,	v. 26 | p. 584
1.14.14.1	CYPIIIA1, unspecific monooxygenase,	v. 26 | p. 584
1.14.14.1	CYPIIIA10, unspecific monooxygenase,	v. 26 | p. 584
1.14.14.1	CYPIIIA11, unspecific monooxygenase,	v. 26 | p. 584
1.14.14.1	CYPIIIA12, unspecific monooxygenase,	v. 26 | p. 584
1.14.14.1	CYPIIIA13, unspecific monooxygenase,	v. 26 | p. 584
1.14.14.1	CYPIIIA14, unspecific monooxygenase,	v. 26 | p. 584
1.14.14.1	CYPIIIA15, unspecific monooxygenase,	v. 26 | p. 584
1.14.14.1	CYPIIIA16, unspecific monooxygenase,	v. 26 | p. 584
1.14.14.1	CYPIIIA17, unspecific monooxygenase,	v. 26 | p. 584
1.14.14.1	CYPIIIA18, unspecific monooxygenase,	v. 26 | p. 584
1.14.14.1	CYPIIIA19, unspecific monooxygenase,	v. 26 | p. 584
1.14.14.1	CYPIIIA2, unspecific monooxygenase,	v. 26 | p. 584
1.14.14.1	CYPIIIA21, unspecific monooxygenase,	v. 26 | p. 584
1.14.14.1	CYPIIIA24, unspecific monooxygenase,	v. 26 | p. 584
1.14.14.1	CYPIIIA25, unspecific monooxygenase,	v. 26 | p. 584
1.14.14.1	CYPIIIA27, unspecific monooxygenase,	v. 26 | p. 584
1.14.14.1	CYPIIIA28, unspecific monooxygenase,	v. 26 | p. 584
1.14.14.1	CYPIIIA29, unspecific monooxygenase,	v. 26 | p. 584
1.14.14.1	CYPIIIA3, unspecific monooxygenase,	v. 26 | p. 584
1.14.14.1	CYPIIIA30, unspecific monooxygenase,	v. 26 | p. 584
1.14.14.1	CYPIIIA31, unspecific monooxygenase,	v. 26 | p. 584
1.14.13.67	CYPIIIA4, quinine 3-monooxygenase,	v. 26 | p. 537
1.14.14.1	CYPIIIA5, unspecific monooxygenase,	v. 26 | p. 584
1.14.14.1	CYPIIIA6, unspecific monooxygenase,	v. 26 | p. 584
1.14.14.1	CYPIIIA7, unspecific monooxygenase,	v. 26 | p. 584
1.14.14.1	CYPIIIA8, unspecific monooxygenase,	v. 26 | p. 584
1.14.14.1	CYPIIIA9, unspecific monooxygenase,	v. 26 | p. 584
1.14.14.1	CYPIIJ1, unspecific monooxygenase,	v. 26 | p. 584
1.14.14.1	CYPIIJ2, unspecific monooxygenase,	v. 26 | p. 584
1.14.14.1	CYPIIJ3, unspecific monooxygenase,	v. 26 | p. 584
1.14.14.1	CYPIIJ5, unspecific monooxygenase,	v. 26 | p. 584
1.14.14.1	CYPIIJ6, unspecific monooxygenase,	v. 26 | p. 584
1.14.14.1	CYPIIK1, unspecific monooxygenase,	v. 26 | p. 584
1.14.14.1	CYPIIK3, unspecific monooxygenase,	v. 26 | p. 584
1.14.14.1	CYPIIK4, unspecific monooxygenase,	v. 26 | p. 584
1.14.14.1	CYPIIL1, unspecific monooxygenase,	v. 26 | p. 584
1.14.14.1	CYPIIM1, unspecific monooxygenase,	v. 26 | p. 584
3.5.4.3	cypin, guanine deaminase,	v. 15 | p. 17

1.14.15.3	CYPIVA1, alkane 1-monooxygenase, v. 27	p. 16
1.14.15.3	CYPIVA11, alkane 1-monooxygenase, v. 27	p. 16
1.14.15.3	CYPIVA2, alkane 1-monooxygenase, v. 27	p. 16
1.14.15.3	CYPIVA3, alkane 1-monooxygenase, v. 27	p. 16
1.14.14.1	CYPIVA4, unspecific monooxygenase, v. 26	p. 584
1.14.15.3	CYPIVA5, alkane 1-monooxygenase, v. 27	p. 16
1.14.15.3	CYPIVA6, alkane 1-monooxygenase, v. 27	p. 16
1.14.15.3	CYPIVA7, alkane 1-monooxygenase, v. 27	p. 16
1.14.14.1	CYPIVA8, unspecific monooxygenase, v. 26	p. 584
1.14.14.1	CYPIVB1, unspecific monooxygenase, v. 26	p. 584
1.14.14.1	CYPIVC1, unspecific monooxygenase, v. 26	p. 584
1.14.14.1	CYPIVF1, unspecific monooxygenase, v. 26	p. 584
1.14.14.1	CYPIVF11, unspecific monooxygenase, v. 26	p. 584
1.14.14.1	CYPIVF12, unspecific monooxygenase, v. 26	p. 584
1.14.13.30	CYPIVF2, leukotriene-B4 20-monooxygenase, v. 26	p. 390
1.14.13.30	CYPIVF3, leukotriene-B4 20-monooxygenase, v. 26	p. 390
1.14.14.1	CYPIVF4, unspecific monooxygenase, v. 26	p. 584
1.14.14.1	CYPIVF5, unspecific monooxygenase, v. 26	p. 584
1.14.14.1	CYPIVF6, unspecific monooxygenase, v. 26	p. 584
1.14.14.1	CYPIVF8, unspecific monooxygenase, v. 26	p. 584
5.2.1.8	CyPJ, Peptidylprolyl isomerase, v. 1	p. 218
1.14.13.70	CYPL1, sterol 14-demethylase, v. 26	p. 547
1.14.21.3	CYPLXXX, berbamunine synthase, v. 27	p. 237
1.6.2.4	CYPOR, NADPH-hemoprotein reductase, v. 24	p. 58
1.13.12.6	Cypridina-type luciferase, Cypridina-luciferin 2-monooxygenase, v. 25	p. 708
1.13.12.6	Cypridina luciferase, Cypridina-luciferin 2-monooxygenase, v. 25	p. 708
1.13.12.6	Cypridina luciferin 2-monooxygenase, Cypridina-luciferin 2-monooxygenase, v. 25	p. 708
1.13.12.6	Cypridina noctiluca luciferase, Cypridina-luciferin 2-monooxygenase, v. 25	p. 708
3.4.21.26	cyproase I, prolyl oligopeptidase, v. 7	p. 110
1.14.14.1	CYPVIA1, unspecific monooxygenase, v. 26	p. 584
1.14.14.1	CYPVIB1, unspecific monooxygenase, v. 26	p. 584
1.14.14.1	CYPVIB2, unspecific monooxygenase, v. 26	p. 584
1.14.14.1	CYPVIB4, unspecific monooxygenase, v. 26	p. 584
1.14.14.1	CYPVIB5, unspecific monooxygenase, v. 26	p. 584
1.14.14.1	CYPVIB6, unspecific monooxygenase, v. 26	p. 584
1.14.14.1	CYPVIB7, unspecific monooxygenase, v. 26	p. 584
1.14.13.17	CYPVII, cholesterol 7α-monooxygenase, v. 26	p. 316
1.14.15.6	CYPXIA1, cholesterol monooxygenase (side-chain-cleaving), v. 27	p. 44
1.14.15.4	CYPXIB, steroid 11β-monooxygenase, v. 27	p. 26
1.14.15.4	CYPXIB1, steroid 11β-monooxygenase, v. 27	p. 26
1.14.15.4	CYPXIB2, steroid 11β-monooxygenase, v. 27	p. 26
1.14.15.4	CYPXIB3, steroid 11β-monooxygenase, v. 27	p. 26
1.14.14.1	CYPXIX, unspecific monooxygenase, v. 26	p. 584
1.14.14.1	CYPXIXA1, unspecific monooxygenase, v. 26	p. 584
1.14.14.1	CYPXIXA2, unspecific monooxygenase, v. 26	p. 584
1.14.14.1	CYPXIXA3, unspecific monooxygenase, v. 26	p. 584
1.14.99.9	CYPXVII, steroid 17α-monooxygenase, v. 27	p. 290
2.1.1.137	Cyr19, arsenite methyltransferase, v. 28	p. 613
4.6.1.1	Cyr1p, adenylate cyclase, v. 5	p. 415
4.2.99.8	Cys-3A, cysteine synthase, v. 5	p. 93
3.4.11.2	Cys-Gly-dipeptidase, membrane alanyl aminopeptidase, v. 6	p. 53
2.3.1.41	Cys-His-His-type β-ketoacyl-acyl carrier protein synthase, β-ketoacyl-acyl-carrier-protein synthase I, v. 29	p. 580
1.11.1.15	1Cys-peroxiredoxin, peroxiredoxin, v. S1	p. 403
1.11.1.15	2Cys-peroxiredoxin, peroxiredoxin, v. S1	p. 403

3.6.3.25	CysA, sulfate-transporting ATPase, v. S6	p. 459	
2.8.1.1	CysA3, thiosulfate sulfurtransferase, v. 39	p. 183	
3.4.11.3	CysAP, cystinyl aminopeptidase, v. 6	p. 66	
2.7.7.4	CysD, sulfate adenylyltransferase, v. 38	p. 77	
1.3.1.76	CysG, precorrin-2 dehydrogenase, v. S1	p. 226	
4.99.1.4	CysG, sirohydrochlorin ferrochelatase, v. S7	p. 460	
1.3.1.76	CysG enzyme, precorrin-2 dehydrogenase, v. S1	p. 226	
1.3.1.76	cysG gene product, precorrin-2 dehydrogenase, v. S1	p. 226	
1.8.4.9	CysH, adenylyl-sulfate reductase (glutathione), v. 24	p. 663	
1.8.4.8	CysH1, phosphoadenylyl-sulfate reductase (thioredoxin), v. 24	p. 659	
2.5.1.47	cysK, cysteine synthase, v. 34	p. 84	
2.5.1.47	CysK1, cysteine synthase, v. 34	p. 84	
2.5.1.65	CysM, O-phosphoserine sulfhydrylase, v. S2	p. 207	
2.5.1.47	CysM, cysteine synthase, v. 34	p. 84	
1.11.1.15	1-Cys peroxiredoxin, peroxiredoxin, v. S1	p. 403	
1.11.1.15	2-Cys peroxiredoxin, peroxiredoxin, v. S1	p. 403	
1.11.1.15	2-Cys peroxiredoxin TPx-1, peroxiredoxin, v. S1	p. 403	
1.11.1.15	1-Cys Prx, peroxiredoxin, v. S1	p. 403	
1.11.1.15	2-Cys Prx, peroxiredoxin, v. S1	p. 403	
3.1.3.7	CysQ, 3'(2'),5'-bisphosphate nucleotidase, v. 10	p. 125	
1.8.1.6	CysR, cystine reductase, v. 24	p. 486	
6.1.1.16	CysRS, Cysteine-tRNA ligase, v. 2	p. 121	
6.1.1.16	cysS, Cysteine-tRNA ligase, v. 2	p. 121	
4.4.1.4	cys sulfoxide lyase, alliin lyase, v. 5	p. 313	
2.5.1.47	Cys synthase complex, cysteine synthase, v. 34	p. 84	
4.4.1.1	cystalysin, cystathionine γ-lyase, v. 5	p. 297	
4.4.1.8	β-cystathionase, cystathionine β-lyase, v. 5	p. 341	
4.4.1.1	cystathionase, cystathionine γ-lyase, v. 5	p. 297	
4.4.1.1	γ-cystathionase, cystathionine γ-lyase, v. 5	p. 297	
4.4.1.1	cystathioninase, cystathionine γ-lyase, v. 5	p. 297	
4.4.1.1	cystathionine-γ-lyase, cystathionine γ-lyase, v. 5	p. 297	
2.5.1.48	cystathionine-γ-synthase, cystathionine γ-synthase, v. 34	p. 107	
4.4.1.8	cystathionine β-lyase, cystathionine β-lyase, v. 5	p. 341	
4.4.1.1	cystathionine γ-lyase, cystathionine γ-lyase, v. 5	p. 297	
4.4.1.1	cystathionine γ-lyase-like protein, cystathionine γ-lyase, v. 5	p. 297	
4.2.1.22	cystathionine β-synthase, Cystathionine β-synthase, v. 4	p. 390	
4.4.1.1	cystathionine γ lyase, cystathionine γ-lyase, v. 5	p. 297	
4.4.1.8	cystathionine lyase, cystathionine β-lyase, v. 5	p. 341	
2.5.1.48	cystathionine synthase, cystathionine γ-synthase, v. 34	p. 107	
2.5.1.48	cystathionine synthetase, cystathionine γ-synthase, v. 34	p. 107	
1.13.11.19	cysteamine oxygenase, cysteamine dioxygenase, v. 25	p. 517	
4.4.1.25	L-cysteate sulpho-lyase (deaminating), L-cysteate sulfo-lyase, v. S7	p. 413	
4.1.1.15	Cysteic acid decarboxylase, Glutamate decarboxylase, v. 3	p. 74	
4.1.1.29	Cysteic acid decarboxylase, Sulfinoalanine decarboxylase, v. 3	p. 165	
4.1.1.29	Cysteic decarboxylase, Sulfinoalanine decarboxylase, v. 3	p. 165	
6.1.1.16	Cysteine–tRNA ligase, Cysteine-tRNA ligase, v. 2	p. 121	
2.6.1.3	L-cysteine-2-oxoglutarate aminotransferase, cysteine transaminase, v. 34	p. 293	
2.6.1.75	cysteine-conjugate α-ketoglutarate transaminase, cysteine-conjugate transaminase, v. 35	p. 57	
1.8.4.12	cysteine-containing methionine-R-sulfoxide reductase, peptide-methionine (R)-S-oxide reductase, v. S1	p. 328	
4.4.1.1	L-cysteine-desulfhydrase, cystathionine γ-lyase, v. 5	p. 297	
3.4.19.3	cysteine-free PCP, pyroglutamyl-peptidase I, v. 6	p. 529	
4.4.1.13	cysteine-S-conjugate β-lyase, cysteine-S-conjugate β-lyase, v. 5	p. 370	
4.1.1.29	Cysteine-sulfinate decarboxylase, Sulfinoalanine decarboxylase, v. 3	p. 165	

1.8.98.2	cysteine-sulfinic acid reductase, sulfiredoxin, v. S1 | p. 378	
3.4.18.1	cysteine-type carboxypeptidase, cathepsin X, v. 6 | p. 510	
4.4.1.9	L-cysteine: hydrogen sulphide lyase, L-3-cyanoalanine synthase, v. 5 | p. 351	
1.8.1.6	L-cysteine:NAD+ oxidoreductase, cystine reductase, v. 24 | p. 486	
3.4.11.3	cysteine aminopeptidase, cystinyl aminopeptidase, v. 6 | p. 66	
2.6.1.3	L-cysteine aminotransferase, cysteine transaminase, v. 34 | p. 293	
2.6.1.3	cysteine aminotransferase, cysteine transaminase, v. 34 | p. 293	
4.4.1.13	cysteine conjugate β-lyase, cysteine-S-conjugate β-lyase, v. 5 | p. 370	
2.6.1.64	cysteine conjugate β-lyase/glutamine transaminase K, glutamine-phenylpyruvate transaminase, v. 35 | p. 21	
4.4.1.13	cysteine conjugate. β.-lyase, cysteine-S-conjugate β-lyase, v. 5 | p. 370	
4.4.1.15	D-cysteine desulfhydrase, D-cysteine desulfhydrase, v. 5 | p. 385	
4.4.1.15	cysteine desulfhydrase, D-cysteine desulfhydrase, v. 5 | p. 385	
4.4.1.1	cysteine desulfhydrase, cystathionine γ-lyase, v. 5 | p. 297	
2.8.1.7	L-cysteine desulfurase, cysteine desulfurase, v. 39 | p. 238	
2.8.1.7	cysteine desulfurase, cysteine desulfurase, v. 39 | p. 238	
2.8.1.7	cysteinedesulfurylase, cysteine desulfurase, v. 39 | p. 238	
4.4.1.1	L-cysteine desulphydrase, cystathionine γ-lyase, v. 5 | p. 297	
3.4.22.39	cysteine endopeptidase, adenain, v. 7 | p. 720	
3.4.22.39	cysteine endoprotease, adenain, v. 7 | p. 720	
4.4.1.15	D-cysteine lyase, D-cysteine desulfhydrase, v. 5 | p. 385	
4.4.1.8	cysteine lyase, cystathionine β-lyase, v. 5 | p. 341	
4.4.1.1	cysteine lyase, cystathionine γ-lyase, v. 5 | p. 297	
1.13.11.20	cysteine oxidase, cysteine dioxygenase, v. 25 | p. 522	
3.4.22.39	cysteine peptidase, adenain, v. 7 | p. 720	
1.11.1.15	2-cysteine peroxiredoxin, peroxiredoxin, v. S1 | p. 403	
3.4.22.35	cysteine protease, Histolysain, v. 7 | p. 694	
3.4.22.50	cysteine protease, V-cath endopeptidase, v. S6 | p. 27	
3.4.22.39	cysteine protease, adenain, v. 7 | p. 720	
3.4.22.35	cysteine protease 1, Histolysain, v. 7 | p. 694	
3.4.22.34	cysteine protease 1, Legumain, v. 7 | p. 689	
3.4.22.35	cysteine protease 2, Histolysain, v. 7 | p. 694	
3.4.22.35	cysteine protease 5, Histolysain, v. 7 | p. 694	
3.4.22.56	cysteine protease CPP32, caspase-3, v. S6 | p. 103	
3.4.22.39	L-cysteine proteinase, adenain, v. 7 | p. 720	
3.4.22.39	cysteine proteinase, adenain, v. 7 | p. 720	
3.4.22.35	cysteine proteinase 1, Histolysain, v. 7 | p. 694	
3.4.22.28	cysteine proteinase 3C, picornain 3C, v. 7 | p. 646	
3.4.22.67	cysteine proteinase GP-II, zingipain, v. S6 | p. 220	
4.4.1.13	cysteine S-conjugate β-lyase, cysteine-S-conjugate β-lyase, v. 5 | p. 370	
4.1.1.12	L-Cysteine sulfinate acid desulfinase, aspartate 4-decarboxylase, v. 3 | p. 61	
4.1.1.29	L-Cysteine sulfinate carboxy-lyase, Sulfinoalanine decarboxylase, v. 3 | p. 165	
4.1.1.29	Cysteine sulfinate decarboxylase, Sulfinoalanine decarboxylase, v. 3 | p. 165	
4.1.1.29	Cysteinesulfinate decarboxylase, Sulfinoalanine decarboxylase, v. 3 | p. 165	
4.1.1.29	Cysteine sulfinic acid decarboxylase, Sulfinoalanine decarboxylase, v. 3 | p. 165	
4.1.1.29	Cysteinesulfinic acid decarboxylase, Sulfinoalanine decarboxylase, v. 3 | p. 165	
4.1.1.29	L-Cysteinesulfinic acid decarboxylase, Sulfinoalanine decarboxylase, v. 3 | p. 165	
4.1.1.12	Cysteine sulfinic desulfinase, aspartate 4-decarboxylase, v. 3 | p. 61	
4.4.1.4	L-cysteine sulfoxide lyase, alliin lyase, v. 5 | p. 313	
4.4.1.4	cysteine sulfoxide lyase, alliin lyase, v. 5 | p. 313	
4.4.1.4	Cysteine sulphoxide lyase, alliin lyase, v. 5 | p. 313	
4.2.1.22	Cysteine synthase, Cystathionine β-synthase, v. 4 | p. 390	
2.5.1.47	Cysteine synthase, cysteine synthase, v. 34 | p. 84	
2.5.1.47	cysteine synthetase, cysteine synthase, v. 34 | p. 84	
6.1.1.16	Cysteine translase, Cysteine-tRNA ligase, v. 2 | p. 121	

4.2.1.50	Cystein synthase, Pyrazolylalanine synthase, v. 4 | p. 516
3.4.11.2	cysteinyl-glycinase, membrane alanyl aminopeptidase, v. 6 | p. 53
3.4.11.1	cysteinyl-glycine hydrolysing activity, leucyl aminopeptidase, v. 6 | p. 40
6.1.1.16	Cysteinyl-transfer ribonucleate synthetase, Cysteine-tRNA ligase, v. 2 | p. 121
6.1.1.16	Cysteinyl-transfer RNA synthetase, Cysteine-tRNA ligase, v. 2 | p. 121
2.9.1.1	Cysteinyl-tRNA(Sec) selenium transferase, L-Seryl-tRNASec selenium transferase, v. 39 | p. 548
2.9.1.1	Cysteinyl-tRNASec-selenium transferase, L-Seryl-tRNASec selenium transferase, v. 39 | p. 548
6.1.1.16	Cysteinyl-tRNA synthetase, Cysteine-tRNA ligase, v. 2 | p. 121
3.4.11.1	cysteinylglycine-hydrolysing activity, leucyl aminopeptidase, v. 6 | p. 40
2.9.1.1	CysteinyltRNASel-selenium transferase, L-Seryl-tRNASec selenium transferase, v. 39 | p. 548
3.6.3.49	cystic-fibrosis membrane-conductance protein, channel-conductance-controlling ATPase, v. 15 | p. 731
3.6.3.49	cystic fibrosis transmembrane conductance regulator, channel-conductance-controlling ATPase, v. 15 | p. 731
3.6.3.49	cystic fibrosis transmembrane regulator, channel-conductance-controlling ATPase, v. 15 | p. 731
3.4.11.3	L-cystine aminopeptidase, cystinyl aminopeptidase, v. 6 | p. 66
3.4.11.3	cystine aminopeptidase, cystinyl aminopeptidase, v. 6 | p. 66
4.4.1.8	L-cystine C-S lyase, cystathionine β-lyase, v. 5 | p. 341
4.4.1.8	cystine C-S lyase, cystathionine β-lyase, v. 5 | p. 341
4.4.1.1	cystine desulfhydrase, cystathionine γ-lyase, v. 5 | p. 297
4.4.1.8	cystine lyase, cystathionine β-lyase, v. 5 | p. 341
1.8.1.6	cystine reductase (NADH), cystine reductase, v. 24 | p. 486
1.8.1.6	cystine reductase (NADH2), cystine reductase, v. 24 | p. 486
3.4.11.3	Cystinyl aminopeptidase, cystinyl aminopeptidase, v. 6 | p. 66
3.4.11.3	cystyl aminopeptidase, cystinyl aminopeptidase, v. 6 | p. 66
6.1.1.1	CYT-18, Tyrosine-tRNA ligase, v. 2 | p. 1
6.1.1.1	CYT-18 protein, Tyrosine-tRNA ligase, v. 2 | p. 1
3.1.3.48	cyt-PTPε, protein-tyrosine-phosphatase, v. 10 | p. 407
5.1.3.1	cyt-RPEase, Ribulose-phosphate 3-epimerase, v. 1 | p. 91
2.1.1.137	Cyt19, arsenite methyltransferase, v. 28 | p. 613
1.6.2.2	cyt b5R protein, cytochrome-b5 reductase, v. 24 | p. 35
1.10.99.1	Cyt b6 f, plastoquinol-plastocyanin reductase, v. 25 | p. 163
1.10.2.2	cyt bc1, ubiquinol-cytochrome-c reductase, v. 25 | p. 83
1.10.2.2	Cyt bc1 complex, ubiquinol-cytochrome-c reductase, v. 25 | p. 83
1.9.3.1	CytCOx, cytochrome-c oxidase, v. 25 | p. 1
1.10.99.1	Cyt f complex, plastoquinol-plastocyanin reductase, v. 25 | p. 163
3.2.1.68	Cythophaga isoamylase, isoamylase, v. 13 | p. 204
2.7.1.148	4-(cytidine-5'-diphospho)-2-C-methyl-D-erythritol kinase, 4-(cytidine 5'-diphospho)-2-C-methyl-D-erythritol kinase, v. 37 | p. 229
2.7.1.108	cytidine-5-triphosphate (CTP) dependent dolichol kinase, dolichol kinase, v. 36 | p. 459
3.5.4.5	cytidine/2´-deoxycytidine aminohydrolase, cytidine deaminase, v. 15 | p. 42
2.7.11.1	cytidine 3',5'-cyclic monophosphate-responsive protein kinase, non-specific serine/threonine protein kinase, v. S3 | p. 1
2.7.7.41	cytidine 5'-diphosphate diacylglycerol synthase, phosphatidate cytidylyltransferase, v. 38 | p. 416
2.7.1.148	4-(cytidine 5'-diphospho)-2-C-methyl-D-erythritol kinase, 4-(cytidine 5'-diphospho)-2-C-methyl-D-erythritol kinase, v. 37 | p. 229
2.7.8.5	cytidine 5'-diphospho-1,2-diacyl-sn-glycerol(CDP-diglyceride):sn-glycerol-3-phosphate phosphatidyltransferase, CDP-diacylglycerol-glycerol-3-phosphate 3-phosphatidyltransferase, v. 39 | p. 39

2.7.8.8	cytidine 5'-diphospho-1,2-diacyl-sn-glycerol:L-serine O-phosphatidyltransferase, CDP-diacylglycerol-serine O-phosphatidyltransferase, v. 39	p. 64
2.7.8.8	cytidine 5'-diphospho-1,2-diacyl-sn-glycerol:L-serine O-phosphatidyltransferase (CDPdiglyceride), CDP-diacylglycerol-serine O-phosphatidyltransferase, v. 39	p. 64
2.7.8.11	cytidine 5'-diphospho-1,2-diacyl-sn-glycerol:myo-inositol 3-phosphatidyltransferase, CDP-diacylglycerol-inositol 3-phosphatidyltransferase, v. 39	p. 80
2.7.8.11	cytidine 5'-diphospho-1,2-diacyl-sn-glycerol: myoinositol 3-phosphatidyl transferase, CDP-diacylglycerol-inositol 3-phosphatidyltransferase, v. 39	p. 80
2.7.8.5	cytidine 5'-diphospho-1,2-diacyl-sn-glycerol:sn-glycerol-3-phosphate phosphatidyltransferase (CDP-diglyceride), CDP-diacylglycerol-glycerol-3-phosphate 3-phosphatidyltransferase, v. 39	p. 39
2.1.2.8	d-cytidine 5'-monophosphate hydroxymethylase, deoxycytidylate 5-hydroxymethyltransferase, v. 29	p. 59
2.7.7.43	cytidine 5'-monophosphate N-acetylneuraminic acid synthetase, N-acylneuraminate cytidylyltransferase, v. 38	p. 436
2.7.7.43	cytidine 5'-monophospho-N-acetylneuraminic acid synthetase, N-acylneuraminate cytidylyltransferase, v. 38	p. 436
2.7.7.43	cytidine 5'-monophosphosialic acid synthetase, N-acylneuraminate cytidylyltransferase, v. 38	p. 436
6.3.4.2	cytidine 5'-triphosphate synthase, CTP synthase, v. 2	p. 559
6.3.4.2	cytidine 5'-triphosphate synthetase, CTP synthase, v. 2	p. 559
2.7.7.43	cytidine 5-monophosphate N-acetylneuraminic acid synthetase, N-acylneuraminate cytidylyltransferase, v. 38	p. 436
3.5.4.5	Cytidine aminohydrolase, cytidine deaminase, v. 15	p. 42
2.7.7.33	cytidine diphosphate-D-glucose pyrophosphorylase, glucose-1-phosphate cytidylyltransferase, v. 38	p. 378
1.17.1.1	cytidine diphosphate 4-keto-6-deoxy-D-glucose-3-dehydrogenase, CDP-4-dehydro-6-deoxyglucose reductase, v. 27	p. 481
2.7.7.33	cytidine diphosphate glucose pyrophosphorylase, glucose-1-phosphate cytidylyltransferase, v. 38	p. 378
2.7.7.39	cytidine diphosphate glycerol pyrophosphorylase, glycerol-3-phosphate cytidylyltransferase, v. 38	p. 404
5.1.3.10	Cytidine diphosphate paratose-2-epimerase, CDP-paratose 2-epimerase, v. 1	p. 146
2.7.7.40	cytidine diphosphate ribitol pyrophosphorylase, D-ribitol-5-phosphate cytidylyltransferase, v. 38	p. 412
5.1.3.10	Cytidine diphosphoabequose epimerase, CDP-paratose 2-epimerase, v. 1	p. 146
2.7.8.10	cytidine diphosphocholine-sphingosine cholinephosphotransferase, sphingosine cholinephosphotransferase, v. 39	p. 78
2.7.8.2	cytidine diphosphocholine glyceride transferase, diacylglycerol cholinephosphotransferase, v. 39	p. 14
2.7.7.15	cytidine diphosphocholine pyrophosphorylase, choline-phosphate cytidylyltransferase, v. 38	p. 224
3.6.1.26	cytidine diphosphodiacylglycerol pyrophosphatase, CDP-diacylglycerol diphosphatase, v. 15	p. 419
5.1.3.10	Cytidine diphosphodideoxyglucose epimerase, CDP-paratose 2-epimerase, v. 1	p. 146
2.7.8.11	cytidine diphosphodiglyceride-inositol phosphatidyltransferase, CDP-diacylglycerol-inositol 3-phosphatidyltransferase, v. 39	p. 80
4.2.1.45	cytidine diphosphoglucose oxidoreductase, CDP-glucose 4,6-dehydratase, v. 4	p. 491
2.7.7.33	cytidine diphosphoglucose pyrophosphorylase, glucose-1-phosphate cytidylyltransferase, v. 38	p. 378
2.7.8.11	cytidine diphosphoglyceride-inositol phosphatidyltransferase, CDP-diacylglycerol-inositol 3-phosphatidyltransferase, v. 39	p. 80
2.7.8.11	cytidine diphosphoglyceride-inositol transferase, CDP-diacylglycerol-inositol 3-phosphatidyltransferase, v. 39	p. 80

2.7.7.41	cytidine diphosphoglyceride pyrophosphorylase, phosphatidate cytidylyltransferase, v. 38 | p. 416
3.6.1.16	cytidine diphosphoglycerol pyrophosphatase, CDP-glycerol diphosphatase, v. 15 | p. 370
2.7.7.39	cytidine diphosphoglycerol pyrophosphorylase, glycerol-3-phosphate cytidylyltransferase, v. 38 | p. 404
5.1.3.10	Cytidine diphosphoparatose epimerase, CDP-paratose 2-epimerase, v. 1 | p. 146
2.7.7.40	Cytidine diphosphoribitol pyrophosphorylase, D-ribitol-5-phosphate cytidylyltransferase, v. 38 | p. 412
2.7.8.2	cytidine diphosphorylcholine diglyceride transferase, diacylglycerol cholinephosphotransferase, v. 39 | p. 14
3.1.4.40	cytidine monophosphate-N-acetylneuraminic acid hydrolase, CMP-N-acylneuraminate phosphodiesterase, v. 11 | p. 191
2.7.7.43	cytidine monophosphate-N-acetylneuraminic acid synthetase, N-acylneuraminate cytidylyltransferase, v. 38 | p. 436
2.7.4.14	cytidine monophosphate kinase, cytidylate kinase, v. 37 | p. 582
2.7.7.43	cytidine monophosphate sialic acid synthetase, N-acylneuraminate cytidylyltransferase, v. 38 | p. 436
2.7.7.38	cytidine monophospho-3-deoxy-D-manno-octulosonate pyrophosphorylase, 3-deoxy-manno-octulosonate cytidylyltransferase, v. 38 | p. 396
2.7.7.38	cytidine monophospho-3-deoxy-D-manno-octulosonate synthetase, 3-deoxy-manno-octulosonate cytidylyltransferase, v. 38 | p. 396
1.14.18.2	cytidine monophospho-N-acetylneuraminic acid hydroxylase, CMP-N-acetylneuraminate monooxygenase, v. S1 | p. 651
2.7.7.43	cytidine monophospho-sialic acid synthetase, N-acylneuraminate cytidylyltransferase, v. 38 | p. 436
2.4.99.6	cytidine monophosphoacetylneuraminate-β-galactosyl(1→4)acetylglucosaminide α2→3-sialyltransferase, N-acetyllactosaminide α-2,3-sialyltransferase, v. 33 | p. 361
2.4.99.1	cytidine monophosphoacetylneuraminate-galactosylglycoprotein sialyltransferase, β-galactoside α-2,6-sialyltransferase, v. 33 | p. 314
2.4.99.9	cytidine monophosphoacetylneuraminate-lactosylceramide α-2,3-sialyltransferase, lactosylceramide α-2,3-sialyltransferase, v. 33 | p. 378
2.4.99.9	cytidine monophosphoacetylneuraminate-lactosylceramide sialyltransferase, lactosylceramide α-2,3-sialyltransferase, v. 33 | p. 378
2.4.99.11	cytidine monophosphoacetylneuraminate-lactosylceramide sialyltransferase, lactosylceramide α-2,6-N-sialyltransferase, v. 33 | p. 391
2.4.99.10	cytidine monophosphoacetylneuraminate-neolactotetraosylceramide sialyltransferase, neolactotetraosylceramide α-2,3-sialyltransferase, v. 33 | p. 387
2.7.7.43	cytidine monophosphoacetylneuraminic synthetase, N-acylneuraminate cytidylyltransferase, v. 38 | p. 436
2.7.7.43	cytidine monophosphosialate pyrophosphorylase, N-acylneuraminate cytidylyltransferase, v. 38 | p. 436
2.7.7.43	cytidine monophosphosialate synthetase, N-acylneuraminate cytidylyltransferase, v. 38 | p. 436
3.1.4.40	cytidine monophosphosialic hydrolase, CMP-N-acylneuraminate phosphodiesterase, v. 11 | p. 191
6.3.4.2	cytidine triphosphate synthetase, CTP synthase, v. 2 | p. 559
6.3.4.2	cytidine triphosphate synthetase 1, CTP synthase, v. 2 | p. 559
2.7.4.14	cytidylate kinase, cytidylate kinase, v. 37 | p. 582
4.6.1.6	cytidyl cyclase, cytidylate cyclase, v. 5 | p. 456
2.7.7.43	cytidyltransferase, acylneuraminate, N-acylneuraminate cytidylyltransferase, v. 38 | p. 436
4.6.1.6	cytidylyl cyclase, cytidylate cyclase, v. 5 | p. 456
2.7.7.40	cytidylyltransferase, D-ribitol-5-phosphate cytidylyltransferase, v. 38 | p. 412
2.7.7.67	cytidylyltransferase, 2,3-di-O-geranylgeranyl-sn-glycero-1-phosphate, CDP-archaeol synthase

2.7.7.60	cytidylyltransferase, 2-C-methylerythritol 4-, 2-C-methyl-D-erythritol 4-phosphate cytidylyltransferase, v. 38 | p. 560
2.7.7.43	cytidylyltransferase, acetylneuraminate, N-acylneuraminate cytidylyltransferase, v. 38 | p. 436
2.7.7.15	cytidylyltransferase, choline phosphate, choline-phosphate cytidylyltransferase, v. 38 | p. 224
2.7.7.14	cytidylyltransferase, ethanolamine phosphate, ethanolamine-phosphate cytidylyltransferase, v. 38 | p. 219
2.7.7.33	cytidylyltransferase, glucose 1-phosphate, glucose-1-phosphate cytidylyltransferase, v. 38 | p. 378
2.7.7.39	cytidylyltransferase, glycerol 3-phosphate, glycerol-3-phosphate cytidylyltransferase, v. 38 | p. 404
2.7.7.57	cytidylyltransferase, monomethylethanolamine phosphate, N-methylphosphoethanolamine cytidylyltransferase, v. 38 | p. 548
2.7.7.41	cytidylyltransferase, phosphatidate, phosphatidate cytidylyltransferase, v. 38 | p. 416
2.7.7.40	cytidylyltransferase, ribitol 5-phosphate, D-ribitol-5-phosphate cytidylyltransferase, v. 38 | p. 412
3.4.21.97	cytœlovirus protease, assemblin, v. 7 | p. 465
3.4.21.97	cytœlovius maturational protease, assemblin, v. 7 | p. 465
6.1.1.6	cyto-LysRS, Lysine-tRNA ligase, v. 2 | p. 42
1.14.13.100	cytochome P450 7B1, 25-hydroxycholesterol 7α-hydroxylase, v. S1 | p. 633
1.1.2.3	Cytochrome, L-lactate dehydrogenase (cytochrome), v. 19 | p. 5
1.1.2.4	cytochrome-dependent D-(-)-lactate dehydrogenase, D-lactate dehydrogenase (cytochrome), v. 19 | p. 15
1.14.13.70	cytochrome-P450 14α-demethylase, sterol 14-demethylase, v. 26 | p. 547
1.14.14.1	cytochrome-P450 hydroxylase, unspecific monooxygenase, v. 26 | p. 584
1.14.15.4	cytochrome 11β-hydroxylase, steroid 11β-monooxygenase, v. 27 | p. 26
1.9.3.1	cytochrome a3, cytochrome-c oxidase, v. 25 | p. 1
1.9.3.1	cytochrome aa3, cytochrome-c oxidase, v. 25 | p. 1
1.10.99.1	cytochrome b(6)f complex, plastoquinol-plastocyanin reductase, v. 25 | p. 163
1.2.2.4	cytochrome b-561, carbon-monoxide dehydrogenase (cytochrome b-561), v. 20 | p. 422
1.10.2.2	cytochrome b-c1 complex, ubiquinol-cytochrome-c reductase, v. 25 | p. 83
1.10.2.2	cytochrome b-c2 complex, ubiquinol-cytochrome-c reductase, v. 25 | p. 83
1.7.99.4	Cytochrome B-NR, nitrate reductase, v. 24 | p. 396
1.1.2.3	cytochrome b2, L-lactate dehydrogenase (cytochrome), v. 19 | p. 5
1.10.2.1	cytochrome b558 ferric/cupric reductase, L-ascorbate-cytochrome-b5 reductase, v. 25 | p. 79
1.6.2.2	cytochrome b5 reductase, cytochrome-b5 reductase, v. 24 | p. 35
1.10.99.1	cytochrome b6-f complex, plastoquinol-plastocyanin reductase, v. 25 | p. 163
1.10.99.1	cytochrome b6/f complex, plastoquinol-plastocyanin reductase, v. 25 | p. 163
1.10.99.1	cytochrome b6f, plastoquinol-plastocyanin reductase, v. 25 | p. 163
1.10.99.1	cytochrome b6f /Rieske Fe-S protein, plastoquinol-plastocyanin reductase, v. 25 | p. 163
1.10.99.1	cytochrome b6 f complex, plastoquinol-plastocyanin reductase, v. 25 | p. 163
1.10.99.1	cytochrome b6f complex, plastoquinol-plastocyanin reductase, v. 25 | p. 163
1.10.2.2	cytochrome bc1 complex, ubiquinol-cytochrome-c reductase, v. 25 | p. 83
2.1.1.59	cytochrome c (lysine) methyltransferase, [cytochrome c]-lysine N-methyltransferase, v. 28 | p. 329
1.7.2.1	cytochrome c-551:O2, NO2- oxidoreductase, nitrite reductase (NO-forming), v. 24 | p. 325
1.11.1.5	cytochrome c-551 peroxidase, cytochrome-c peroxidase, v. 25 | p. 186
1.11.1.5	cytochrome c-H2O oxidoreductase, cytochrome-c peroxidase, v. 25 | p. 186
2.1.1.59	cytochrome c-specific protein-lysine methyltransferase, [cytochrome c]-lysine N-methyltransferase, v. 28 | p. 329
2.1.1.59	cytochrome c-specific protein methylase III, [cytochrome c]-lysine N-methyltransferase, v. 28 | p. 329

1.6.2.5	cytochrome c2 reductase (reduced nicotinamide adenine dinucleotide phosphate, NADPH), NADPH-cytochrome-c2 reductase, v. 24	p. 84
1.12.2.1	cytochrome c3 hydrogenase, cytochrome-c3 hydrogenase, v. 25	p. 328
1.12.99.6	cytochrome c3 hydrogenase, hydrogenase (acceptor), v. 25	p. 373
1.12.2.1	cytochrome c3 reductase, cytochrome-c3 hydrogenase, v. 25	p. 328
1.7.2.2	cytochrome c552, nitrite reductase (cytochrome; ammonia-forming), v. 24	p. 331
1.9.3.1	Cytochrome caa3, cytochrome-c oxidase, v. 25	p. 1
1.9.3.1	cytochrome cbo, cytochrome-c oxidase, v. 25	p. 1
1.7.2.1	cytochrome cd, nitrite reductase (NO-forming), v. 24	p. 325
1.7.2.1	cytochrome cd1, nitrite reductase (NO-forming), v. 24	p. 325
1.7.2.1	cytochrome cd1 nitrite reductase, nitrite reductase (NO-forming), v. 24	p. 325
4.4.1.17	Cytochrome c heme-lyase, Holocytochrome-c synthase, v. 5	p. 396
4.4.1.17	cytochrome c heme lyase, Holocytochrome-c synthase, v. 5	p. 396
2.1.1.59	cytochrome c methyltransferase, [cytochrome c]-lysine N-methyltransferase, v. 28	p. 329
1.7.2.2	cytochrome c NiR, nitrite reductase (cytochrome; ammonia-forming), v. 24	p. 331
1.7.2.2	cytochrome c nitrite reductase, nitrite reductase (cytochrome; ammonia-forming), v. 24	p. 331
1.7.1.4	cytochrome c nitrite reductase, nitrite reductase [NAD(P)H], v. 24	p. 277
1.7.2.2	cytochrome c nitrite reductase complex, nitrite reductase (cytochrome; ammonia-forming), v. 24	p. 331
1.9.3.1	cytochrome c oxidase, cytochrome-c oxidase, v. 25	p. 1
1.9.3.1	cytochrome c oxidase baa3, cytochrome-c oxidase, v. 25	p. 1
1.9.3.1	cytochrome c oxidase subunit 1, cytochrome-c oxidase, v. 25	p. 1
1.9.3.1	cytochrome c oxidase subunit I, cytochrome-c oxidase, v. 25	p. 1
1.9.3.1	cytochrome c oxidase subunit IV, cytochrome-c oxidase, v. 25	p. 1
1.1.2.3	cytochrome c oxido reductase, L-lactate dehydrogenase (cytochrome), v. 19	p. 5
1.11.1.5	cytochrome c peroxidase, cytochrome-c peroxidase, v. 25	p. 186
1.6.99.3	cytochrome c reductase, NADH dehydrogenase, v. 24	p. 207
1.6.2.4	cytochrome c reductase (reduced nicotinamide adenine dinucleotide phosphate, NADPH, NADPH-dependent), NADPH-hemoprotein reductase, v. 24	p. 58
4.4.1.17	Cytochrome c synthase, Holocytochrome-c synthase, v. 5	p. 396
1.14.13.30	cytochrome CYP4F3A, leukotriene-B4 20-monooxygenase, v. 26	p. 390
1.14.13.70	cytochrome CYP51, sterol 14-demethylase, v. 26	p. 547
1.12.2.1	cytochrome hydrogenase, cytochrome-c3 hydrogenase, v. 25	p. 328
1.9.3.1	cytochrome oxidase, cytochrome-c oxidase, v. 25	p. 1
1.7.2.1	cytochrome oxidase, nitrite reductase (NO-forming), v. 24	p. 325
1.9.3.1	cytochrome oxidase c subunit I, cytochrome-c oxidase, v. 25	p. 1
1.9.3.1	cytochrome oxidase subunit 1, cytochrome-c oxidase, v. 25	p. 1
1.9.3.1	cytochrome oxidase subunit II, cytochrome-c oxidase, v. 25	p. 1
1.9.3.1	cytochrome oxidase VIIc, cytochrome-c oxidase, v. 25	p. 1
1.14.99.9	cytochrome P-450 (P45017α,lyase), steroid 17α-monooxygenase, v. 27	p. 290
1.14.13.60	cytochrome P-450,oxysterol 7α-hydroxylase, 27-Hydroxycholesterol 7α-monooxygenase, v. 26	p. 516
1.14.15.1	cytochrome P-450-CAM, camphor 5-monooxygenase, v. 27	p. 1
1.14.13.70	cytochrome P-450-dependent 14α-sterol demethylase, sterol 14-demethylase, v. 26	p. 547
1.14.13.70	cytochrome P-450-dependent obtusifoliol 14α-demethylase, sterol 14-demethylase, v. 26	p. 547
1.14.15.3	cytochrome P-450 ω-hydroxylase, alkane 1-monooxygenase, v. 27	p. 16
1.14.99.10	cytochrome P-450-linked mixed function oxidase system, steroid 21-monooxygenase, v. 27	p. 302
1.14.13.70	cytochrome P-450/14DM, sterol 14-demethylase, v. 26	p. 547
1.14.99.4	cytochrome P-450/monooxygenase, progesterone monooxygenase, v. 27	p. 273
1.14.15.4	cytochrome P-45011-β, steroid 11β-monooxygenase, v. 27	p. 26
1.14.13.70	cytochrome P-45014DM, sterol 14-demethylase, v. 26	p. 547
1.14.13.29	cytochrome P-450 2E1, 4-nitrophenol 2-monooxygenase, v. 26	p. 386

cytochrome P450cam monooxygenase

1.14.13.98	cytochrome P-450 46A1, cholesterol 24-hydroxylase, v. S1 | p. 623	
1.14.14.1	cytochrome P-450 4 enzyme, unspecific monooxygenase, v. 26 | p. 584	
1.14.13.30	cytochrome P-450 4F18, leukotriene-B4 20-monooxygenase, v. 26 | p. 390	
1.14.13.15	cytochrome P-450A, cholestanetriol 26-monooxygenase, v. 26 | p. 308	
1.14.14.1	cytochrome P-450 BM3, unspecific monooxygenase, v. 26 | p. 584	
1.14.99.10	cytochrome P-450C-21, steroid 21-monooxygenase, v. 27 | p. 302	
1.14.13.29	cytochrome P-450 isozyme 3a, 4-nitrophenol 2-monooxygenase, v. 26 | p. 386	
1.14.13.70	cytochrome P-450 lanosterol 14α-demethylase, sterol 14-demethylase, v. 26 | p. 547	
1.14.13.96	cytochrome P-450 LM4, 5β-cholestane-3α,7α-diol 12α-hydroxylase, v. S1 | p. 615	
1.14.14.1	cytochrome P-450 monooxygenase, unspecific monooxygenase, v. 26 | p. 584	
1.14.15.6	cytochrome P-450scc, cholesterol monooxygenase (side-chain-cleaving), v. 27 | p. 44	
1.14.99.10	Cytochrome P-450 specific for steroid C-21 hydroxylation, steroid 21-monooxygenase, v. 27 | p. 302	
1.14.13.15	cytochrome P-450 sterol 26-hydroxylase, cholestanetriol 26-monooxygenase, v. 26 | p. 308	
1.14.13.41	cytochrome P-450tyr, tyrosine N-monooxygenase, v. 26 | p. 450	
4.1.2.30	cytochrome P450, 17α-Hydroxyprogesterone aldolase, v. 3 | p. 549	
1.14.15.1	cytochrome P450(cam), camphor 5-monooxygenase, v. 27 | p. 1	
1.14.14.1	Cytochrome P450-D2, unspecific monooxygenase, v. 26 | p. 584	
1.14.15.3	cytochrome P450-dependent fatty acid ω-hydroxylase, alkane 1-monooxygenase, v. 27 | p. 16	
1.14.14.1	cytochrome P450-dependent monooxygenase, unspecific monooxygenase, v. 26 | p. 584	
1.14.13.30	Cytochrome P450-LTB-ω, leukotriene-B4 20-monooxygenase, v. 26 | p. 390	
1.14.15.4	cytochrome P45011β, steroid 11β-monooxygenase, v. 27 | p. 26	
1.14.99.28	Cytochrome P450 111, linalool 8-monooxygenase, v. 27 | p. 367	
1.14.15.4	cytochrome P450 11B1, steroid 11β-monooxygenase, v. 27 | p. 26	
1.14.13.70	cytochrome P450 14α-demethylase, sterol 14-demethylase, v. 26 | p. 547	
1.14.13.70	cytochrome P450 14DM, sterol 14-demethylase, v. 26 | p. 547	
1.14.21.7	cytochrome P450 158A2, biflaviolin synthase	
1.14.99.9	cytochrome P45017α, steroid 17α-monooxygenase, v. 27 | p. 290	
4.1.2.30	cytochrome P450 17α-hydroxylase, 17α-Hydroxyprogesterone aldolase, v. 3 | p. 549	
1.14.99.9	cytochrome P450 17α-hydroxylase/C17,20-lyase, steroid 17α-monooxygenase, v. 27 | p. 290	
1.14.99.7	cytochrome P450 17α hydroxylase/17,20 lyase, squalene monooxygenase, v. 27 | p. 280	
1.14.13.13	cytochrome P450 25-hydroxyvitamin D3-1α-hydroxylase, calcidiol 1-monooxygenase, v. 26 | p. 296	
1.14.13.15	cytochrome P450 27A, cholestanetriol 26-monooxygenase, v. 26 | p. 308	
1.14.14.1	cytochrome P450 2B4, unspecific monooxygenase, v. 26 | p. 584	
1.14.13.94	cytochrome P450 3A10/lithocholic acid, lithocholate 6β-hydroxylase, v. S1 | p. 608	
1.14.13.94	cytochrome P450 3A10/lithocholic acid 6β-hydroxylase, lithocholate 6β-hydroxylase, v. S1 | p. 608	
1.14.13.98	cytochrome P450 46A1, cholesterol 24-hydroxylase, v. S1 | p. 623	
1.14.13.30	cytochrome P450 4F3, leukotriene-B4 20-monooxygenase, v. 26 | p. 390	
1.14.13.70	cytochrome P450 51, sterol 14-demethylase, v. 26 | p. 547	
1.14.13.11	Cytochrome P450 73, trans-cinnamate 4-monooxygenase, v. 26 | p. 281	
4.2.1.92	cytochrome P450 74A, hydroperoxide dehydratase, v. 4 | p. 653	
1.14.21.3	Cytochrome P450 80, berbamunine synthase, v. 27 | p. 237	
1.14.13.71	Cytochrome P450 80B1, N-methylcoclaurine 3'-monooxygenase, v. 26 | p. 557	
1.14.13.71	Cytochrome P450 80B2, N-methylcoclaurine 3'-monooxygenase, v. 26 | p. 557	
1.14.13.96	cytochrome P450 8B1, 5β-cholestane-3α,7α-diol 12α-hydroxylase, v. S1 | p. 615	
1.14.15.3	cytochrome P450 alkane hydroxylase, alkane 1-monooxygenase, v. 27 | p. 16	
4.1.2.30	cytochrome P450c17, 17α-Hydroxyprogesterone aldolase, v. 3 | p. 549	
1.14.99.9	cytochrome P450c17, steroid 17α-monooxygenase, v. 27 | p. 290	
1.14.13.15	cytochrome P450c27, cholestanetriol 26-monooxygenase, v. 26 | p. 308	
1.14.15.1	cytochrome p450cam, camphor 5-monooxygenase, v. 27 | p. 1	
1.14.15.1	cytochrome P450cam monooxygenase, camphor 5-monooxygenase, v. 27 | p. 1	

1.14.15.6	cytochrome P450 cholesterol side-chain cleavage, cholesterol monooxygenase (side-chain-cleaving), v. 27 | p. 44
1.14.15.6	cytochrome P450 cholesterol side chain cleavage, cholesterol monooxygenase (side-chain-cleaving), v. 27 | p. 44
1.14.13.11	cytochrome P450 cinnamate 4-hydroxylase, trans-cinnamate 4-monooxygenase, v. 26 | p. 281
1.14.13.70	cytochrome P 450 CYP51, sterol 14-demethylase, v. 26 | p. 547
1.14.13.70	cytochrome P450 CYP51, sterol 14-demethylase, v. 26 | p. 547
1.14.13.68	cytochrome P450II-dependent monooxygenase, 4-hydroxyphenylacetaldehyde oxime monooxygenase, v. 26 | p. 540
1.14.13.67	cytochrome P450 isoform, quinine 3-monooxygenase, v. 26 | p. 537
1.14.13.70	cytochrome P450 lanosterol 14α-demethylase, sterol 14-demethylase, v. 26 | p. 547
1.14.99.28	Cytochrome P450lin, linalool 8-monooxygenase, v. 27 | p. 367
1.14.14.1	cytochrome P450 monooxygenase, unspecific monooxygenase, v. 26 | p. 584
1.14.14.1	cytochrome P450 monooxygenase 2A6, unspecific monooxygenase, v. 26 | p. 584
1.14.14.1	cytochrome P450 monooxygenase 2C8, unspecific monooxygenase, v. 26 | p. 584
1.14.14.1	cytochrome P450 monooxygenase 2C9, unspecific monooxygenase, v. 26 | p. 584
1.14.14.1	cytochrome P450 monooxygenase 3A4, unspecific monooxygenase, v. 26 | p. 584
1.14.14.1	cytochrome P450 monooxygenase pc-2, unspecific monooxygenase, v. 26 | p. 584
1.14.14.1	cytochrome P450 monooxygenase pc-4, unspecific monooxygenase, v. 26 | p. 584
1.14.14.1	cytochrome P450 monooxygenase pc-5, unspecific monooxygenase, v. 26 | p. 584
1.14.14.1	cytochrome P450 monooxygenase pc-6, unspecific monooxygenase, v. 26 | p. 584
1.14.14.1	cytochrome P450 monooxygenase PC-foxy1, unspecific monooxygenase, v. 26 | p. 584
1.6.2.4	cytochrome P450 NADPH reductase, NADPH-hemoprotein reductase, v. 24 | p. 58
1.6.2.4	cytochrome P450 oxidoreductase, NADPH-hemoprotein reductase, v. 24 | p. 58
1.6.2.4	cytochrome P450 reductase, NADPH-hemoprotein reductase, v. 24 | p. 58
1.14.13.76	cytochrome P450 reductase, taxane 10β-hydroxylase, v. 26 | p. 570
1.14.15.6	cytochrome P450scc, cholesterol monooxygenase (side-chain-cleaving), v. 27 | p. 44
1.14.13.70	cytochrome P450 sterol 14α-demethylase, sterol 14-demethylase, v. 26 | p. 547
1.14.13.77	cytochrome P450 taxoid 13α-hydroxylase, taxane 13α-hydroxylase, v. 26 | p. 572
1.14.13.41	Cytochrome P450Tyr, tyrosine N-monooxygenase, v. 26 | p. 450
1.11.1.5	cytochrome peroxidase, cytochrome-c peroxidase, v. 25 | p. 186
1.15.1.1	cytocuprein, superoxide dismutase, v. 27 | p. 399
6.1.1.6	cytoKARS, Lysine-tRNA ligase, v. 2 | p. 42
2.7.11.21	cytokine-inducible serine/threonine-protein kinase, polo kinase, v. S4 | p. 134
2.7.11.24	Cytokine suppressive anti-inflammatory drug binding protein, mitogen-activated protein kinase, v. S4 | p. 233
2.5.1.50	β-(9-cytokinin)-alanine synthase, zeatin 9-aminocarboxyethyltransferase, v. 34 | p. 133
2.5.1.50	β-(9-cytokinin)alanine synthase, zeatin 9-aminocarboxyethyltransferase, v. 34 | p. 133
2.4.1.118	cytokinin 7-glucosyltransferase, cytokinin 7-β-glucosyltransferase, v. 32 | p. 152
3.3.1.1	Cytokinin binding protein CBP57, adenosylhomocysteinase, v. 14 | p. 120
1.5.99.12	cytokinin oxidase, cytokinin dehydrogenase, v. 23 | p. 398
1.5.99.12	cytokinin oxidase/dehydrogenase, cytokinin dehydrogenase, v. 23 | p. 398
2.5.1.27	cytokinin synthase, adenylate dimethylallyltransferase, v. 33 | p. 599
3.4.21.97	cytomeglovirus protease, assemblin, v. 7 | p. 465
1.1.1.40	cytoNADPME, malate dehydrogenase (oxaloacetate-decarboxylating) (NADP+), v. 16 | p. 381
3.1.3.5	cytoplasmic 5'-nucleotidase-I (AMP-selective), 5'-nucleotidase, v. 10 | p. 95
3.1.3.5	cytoplasmic 5'-nucleotidase II, 5'-nucleotidase, v. 10 | p. 95
3.1.3.5	cytoplasmic 5'-nucleotidase II (IMP-selective or GMP/IMP-selective), 5'-nucleotidase, v. 10 | p. 95
3.1.3.5	cytoplasmic 5'-nucleotidase III, 5'-nucleotidase, v. 10 | p. 95
4.2.1.1	cytoplasmic carbonic anhydrase, carbonate dehydratase, v. 4 | p. 242
3.1.13.4	cytoplasmic deadenylase, poly(A)-specific ribonuclease, v. 11 | p. 407
3.2.1.54	cytoplasmic decycling maltodextrinase, cyclomaltodextrinase, v. 13 | p. 95

3.6.4.2	cytoplasmic dynein heavy chain 2.1, dynein ATPase, v. 15 | p. 764	
3.6.4.2	cytoplasmic dynein heavy chain 2.2, dynein ATPase, v. 15 | p. 764	
6.3.1.2	Cytoplasmic GS3, Glutamate-ammonia ligase, v. 2 | p. 347	
3.1.1.4	cytoplasmic phospholipase A2, phospholipase A2, v. 9 | p. 52	
2.7.10.2	cytoplasmic protein tyrosine kinase, non-specific protein-tyrosine kinase, v. S2 | p. 441	
5.3.1.1	cytoplasmic TPI, Triose-phosphate isomerase, v. 1 | p. 235	
5.3.1.1	cytoplasmic triosephosphate isomerase, Triose-phosphate isomerase, v. 1 | p. 235	
2.7.8.7	cytoplasmic type I FAS multienzyme, holo-[acyl-carrier-protein] synthase, v. 39 | p. 50	
2.7.10.2	cytoplasmic tyrosine-protein kinase BMX, non-specific protein-tyrosine kinase, v. S2 | p. 441	
2.1.1.113	cytosine-N5-methyltransferase, site-specific DNA-methyltransferase (cytosine-N4-specific), v. 28 | p. 541	
2.1.1.37	cytosine-specific DNA methyltransferase, DNA (cytosine-5-)-methyltransferase, v. 28 | p. 197	
2.1.1.37	cytosine 5-methyltransferase, DNA (cytosine-5-)-methyltransferase, v. 28 | p. 197	
3.5.4.1	Cytosine aminohydrolase, cytosine deaminase, v. 15 | p. 1	
3.5.4.1	cytosine deaminase, cytosine deaminase, v. 15 | p. 1	
2.4.2.9	cytosine deaminase-uracil phosphoribosyltransferase, uracil phosphoribosyltransferase, v. 33 | p. 116	
2.4.2.9	cytosine deaminase/uracil phosphoribosyltransferase, uracil phosphoribosyltransferase, v. 33 | p. 116	
3.5.4.1	cytosine deaminase I, cytosine deaminase, v. 15 | p. 1	
3.5.4.1	cytosine deaminase II, cytosine deaminase, v. 15 | p. 1	
3.5.4.1	cytosine deaminase P, cytosine deaminase, v. 15 | p. 1	
3.5.4.1	cytosine deaminase S, cytosine deaminase, v. 15 | p. 1	
3.5.4.1	cytosine deaminase Y, cytosine deaminase, v. 15 | p. 1	
2.1.1.37	cytosine DNA methylase, DNA (cytosine-5-)-methyltransferase, v. 28 | p. 197	
2.1.1.37	5-cytosine DNA methyltransferase, DNA (cytosine-5-)-methyltransferase, v. 28 | p. 197	
2.1.1.37	cytosine DNA methyltransferase, DNA (cytosine-5-)-methyltransferase, v. 28 | p. 197	
3.5.4.5	cytosine nucleoside deaminase, cytidine deaminase, v. 15 | p. 42	
3.4.11.6	cytosol aminopeptidase, aminopeptidase B, v. 6 | p. 92	
3.4.11.1	cytosol aminopeptidase, leucyl aminopeptidase, v. 6 | p. 40	
3.4.11.6	cytosol aminopeptidase IV, aminopeptidase B, v. 6 | p. 92	
3.4.11.5	cytosol aminopeptidase V, prolyl aminopeptidase, v. 6 | p. 83	
3.1.3.5	cytosolic 5'-nucleotidase/phosphotransferase, 5'-nucleotidase, v. 10 | p. 95	
3.1.3.5	cytosolic 5'-nucleotidase II, 5'-nucleotidase, v. 10 | p. 95	
2.3.1.9	cytosolic acetoacetyl-CoA thiolase, acetyl-CoA C-acetyltransferase, v. 29 | p. 305	
2.6.1.44	cytosolic alanine aminotransferase, alanine-glyoxylate transaminase, v. 34 | p. 538	
3.1.1.4	cytosolic cPLA2, phospholipase A2, v. 9 | p. 52	
3.3.2.10	Cytosolic epoxide hydrolase, soluble epoxide hydrolase, v. S5 | p. 228	
6.3.1.2	Cytosolic GS1, Glutamate-ammonia ligase, v. 2 | p. 347	
1.1.1.40	cytosolic malic enzyme, malate dehydrogenase (oxaloacetate-decarboxylating) (NADP+), v. 16 | p. 381	
1.2.1.12	cytosolic NAD-dependent glyceraldehyde 3-P dehydrogenase, glyceraldehyde-3-phosphate dehydrogenase (phosphorylating), v. 20 | p. 135	
1.7.1.1	cytosolic NADH nitrate reductase, nitrate reductase (NADH), v. 24 | p. 237	
3.1.1.4	cytosolic phospholipase A2, phospholipase A2, v. 9 | p. 52	
3.1.1.4	cytosolic phospholipase A2α, phospholipase A2, v. 9 | p. 52	
3.1.1.4	cytosolic phospholipase A2-α, phospholipase A2, v. 9 | p. 52	
1.2.1.12	cytosolic phosphorylating glyceraldehyde-3-phosphate dehydrogenase, glyceraldehyde-3-phosphate dehydrogenase (phosphorylating), v. 20 | p. 135	
3.1.1.4	cytosolic PLA2, phospholipase A2, v. 9 | p. 52	
3.6.1.1	cytosolic PPase, inorganic diphosphatase, v. 15 | p. 240	
5.3.99.3	cytosolic prostaglandin E(2) synthase, prostaglandin-E synthase, v. 1 | p. 459	
5.3.99.3	cytosolic prostaglandin E(2) synthase-2, prostaglandin-E synthase, v. 1 | p. 459	

3.5.4.3	cytosolic PSD-95 interactor, guanine deaminase, v.15 | p.17	
1.2.1.36	cytosolic retinal dehydrogenase, retinal dehydrogenase, v.20 | p.282	
3.1.1.53	cytosolic sialate:O-acetylesterase, sialate O-acetylesterase, v.9 | p.344	
3.1.1.53	cytosolic sialic acid 9-O-acetylesterase, sialate O-acetylesterase, v.9 | p.344	
3.2.1.18	Cytosolic sialidase, exo-α-sialidase, v.12 | p.244	
2.8.2.2	cytosolic sulfotransferase, alcohol sulfotransferase, v.39 | p.278	
2.8.2.1	cytosolic sulfotransferase, aryl sulfotransferase, v.39 | p.247	
2.8.2.4	cytosolic sulfotransferase, estrone sulfotransferase, v.39 | p.303	
3.1.2.20	cytosolic thioesterase 1, acyl-CoA hydrolase, v.9 | p.539	
2.7.1.40	cytosolic thyroid hormone binding protein, pyruvate kinase, v.36 | p.33	
3.4.21.79	Cytotoxic cell proteinase-1, Granzyme B, v.7 | p.393	
3.4.21.79	cytotoxic lymphocyte-associated protease, Granzyme B, v.7 | p.393	
3.4.21.79	cytotoxic lymphocyte-specific protein, Granzyme B, v.7 | p.393	
3.2.2.22	cytotoxic ribosome-inactivating lectin, rRNA N-glycosylase, v.14 | p.107	
3.4.21.79	cytotoxic T-lymphocyte-associated gene transcript-1, Granzyme B, v.7 | p.393	
3.1.1.3	Cytotoxic T lymphocyte lipase, triacylglycerol lipase, v.9 | p.36	
3.4.21.78	Cytotoxic T lymphocyte serine protease, Granzyme A, v.7 | p.388	
3.1.1.4	cytotoxin ExoU, phospholipase A2, v.9 | p.52	
1.9.3.1	CytOX, cytochrome-c oxidase, v.25 | p.1	
1.14.14.1	Cyt P450, unspecific monooxygenase, v.26 | p.584	
1.14.15.1	Cyt P450cam, camphor 5-monooxygenase, v.27 | p.1	
3.4.11.14	cytyosol aminopeptidase III, cytosol alanyl aminopeptidase, v.6 | p.143	
3.4.22.51	cz, cruzipain, v.S6 | p.30	

Index of Synonyms: D

3.4.16.4	D,D-carboxypeptidase, serine-type D-Ala-D-Ala carboxypeptidase, v. 6 | p. 376	
3.4.16.4	D,D-dipeptidase, serine-type D-Ala-D-Ala carboxypeptidase, v. 6 | p. 376	
3.4.16.4	D,D-transpeptidase, serine-type D-Ala-D-Ala carboxypeptidase, v. 6 | p. 376	
2.7.1.145	D. melanogaster deoxynucleoside kinase, deoxynucleoside kinase, v. 37 | p. 214	
1.3.99.4	D1-dehydrogenase, 3-oxosteroid 1-dehydrogenase, v. 21 | p. 508	
1.3.99.4	D1-steroid reductase, 3-oxosteroid 1-dehydrogenase, v. 21 | p. 508	
3.6.5.5	D100, dynamin GTPase, v. S6 | p. 522	
3.4.21.102	D1P, C-terminal processing peptidase, v. 7 | p. 493	
3.4.21.102	D1 preprotein-processing proteinase, C-terminal processing peptidase, v. 7 | p. 493	
2.7.7.50	D1 protein, mRNA guanylyltransferase, v. 38 | p. 509	
3.4.21.102	D1 protein-processing enzyme, C-terminal processing peptidase, v. 7 | p. 493	
1.1.1.272	D2-HDH, (R)-2-hydroxyacid dehydrogenase, v. 18 | p. 497	
3.6.1.52	D250, diphosphoinositol-polyphosphate diphosphatase, v. 15 | p. 520	
1.97.1.11	D3, thyroxine 5-deiodinase, v. S1 | p. 807	
5.3.3.8	D3,D2-enoyl-CoA isomerase, dodecenoyl-CoA isomerase, v. 1 | p. 413	
1.1.1.30	D(-)-3-hydroxybutyrate dehydrogenase, 3-hydroxybutyrate dehydrogenase, v. 16 | p. 287	
3.1.1.22	D(-)-3-hydroxybutyrate oligomer hydrolase, hydroxybutyrate-dimer hydrolase, v. 9 | p. 205	
2.4.1.134	dβ3GalTII, galactosylxylosylprotein 3-β-galactosyltransferase, v. 32 | p. 227	
2.4.1.133	dβ4GalTI, xylosylprotein 4-β-galactosyltransferase, v. 32 | p. 221	
1.14.11.20	D4H, deacetoxyvindoline 4-hydroxylase, v. 26 | p. 118	
3.6.4.11	D55 protein, nucleoplasmin ATPase, v. 15 | p. 817	
1.14.19.3	D6D, linoleoyl-CoA desaturase, v. 27 | p. 217	
5.3.3.5	D8-D7 sterol isomerase, cholestenol Δ-isomerase, v. 1 | p. 404	
5.3.3.5	D8D7I, cholestenol Δ-isomerase, v. 1 | p. 404	
1.18.1.2	DA1, ferredoxin-NADP+ reductase, v. 27 | p. 543	
1.4.3.2	DAA, L-amino-acid oxidase, v. 22 | p. 225	
3.4.16.4	DAA, serine-type D-Ala-D-Ala carboxypeptidase, v. 6 | p. 376	
1.4.3.3	DAAO, D-amino-acid oxidase, v. 22 | p. 243	
2.6.1.76	DABA-AT, diaminobutyrate-2-oxoglutarate transaminase, v. 35 | p. 61	
4.1.1.86	DABA-DC, diaminobutyrate decarboxylase, v. S7 | p. 31	
2.6.1.76	DABA:2-KG 4 aminotransferase, diaminobutyrate-2-oxoglutarate transaminase, v. 35 | p. 61	
2.3.1.178	DABA acetyltransferase, diaminobutyrate acetyltransferase, v. S2 | p. 86	
2.6.1.76	DABA aminotransferase, diaminobutyrate-2-oxoglutarate transaminase, v. 35 | p. 61	
4.1.1.86	DABA AT, diaminobutyrate decarboxylase, v. S7 | p. 31	
2.6.1.76	DABA AT, diaminobutyrate-2-oxoglutarate transaminase, v. 35 | p. 61	
2.3.1.178	DABAAT, diaminobutyrate acetyltransferase, v. S2 | p. 86	
2.3.1.178	DAB acetyltransferase, diaminobutyrate acetyltransferase, v. S2 | p. 86	
2.3.1.178	DABAcT, diaminobutyrate acetyltransferase, v. S2 | p. 86	
4.1.1.86	DABA DC, diaminobutyrate decarboxylase, v. S7 | p. 31	
4.1.1.86	DABA decarboxylase, diaminobutyrate decarboxylase, v. S7 | p. 31	
2.3.1.167	10-DABT, 10-deacetylbaccatin III 10-O-acetyltransferase, v. 30 | p. 451	
2.6.1.46	DAB transaminase, diaminobutyrate-pyruvate transaminase, v. 34 | p. 560	
2.3.1.175	DAC-AT, deacetylcephalosporin-C acetyltransferase, v. S2 | p. 77	
2.3.1.175	DAC acetyltransferase, deacetylcephalosporin-C acetyltransferase, v. S2 | p. 77	
3.4.17.13	DacB, Muramoyltetrapeptide carboxypeptidase, v. 6 | p. 471	
4.2.1.9	DAD, dihydroxy-acid dehydratase, v. 4 | p. 296	
3.1.1.32	DAD1, phospholipase A1, v. 9 | p. 252	

5.1.1.1	DadB, Alanine racemase, v. 1	p. 1	
4.1.1.19	dADC, Arginine decarboxylase, v. 3	p. 106	
1.1.1.1	DADH, alcohol dehydrogenase, v. 16	p. 1	
2.7.1.76	dAdo/dCyd kinase, deoxyadenosine kinase, v. 36	p. 256	
5.1.1.1	DadX, Alanine racemase, v. 1	p. 1	
6.1.1.13	DAE, D-Alanine-poly(phosphoribitol) ligase, v. 2	p. 97	
2.3.1.20	DAG acyltransferase, diacylglycerol O-acyltransferase, v. 29	p. 396	
2.3.1.20	DAGAT, diacylglycerol O-acyltransferase, v. 29	p. 396	
2.7.1.107	DAGK, diacylglycerol kinase, v. 36	p. 438	
2.7.1.107	DAGKα, diacylglycerol kinase, v. 36	p. 438	
2.7.7.41	DAG synthetase, phosphatidate cytidylyltransferase, v. 38	p. 416	
1.14.14.1	DAH1, unspecific monooxygenase, v. 26	p. 584	
1.14.14.1	DAH2, unspecific monooxygenase, v. 26	p. 584	
2.5.1.54	DAH7-P synthase, 3-deoxy-7-phosphoheptulonate synthase, v. 34	p. 146	
2.5.1.54	DAH7-P synthase (phe), 3-deoxy-7-phosphoheptulonate synthase, v. 34	p. 146	
2.5.1.54	DAH7PS, 3-deoxy-7-phosphoheptulonate synthase, v. 34	p. 146	
2.5.1.54	DAH7P synthase, 3-deoxy-7-phosphoheptulonate synthase, v. 34	p. 146	
2.5.1.54	DAHP(Phe), 3-deoxy-7-phosphoheptulonate synthase, v. 34	p. 146	
2.5.1.54	DAHPS, 3-deoxy-7-phosphoheptulonate synthase, v. 34	p. 146	
2.5.1.54	DAHP synthase, 3-deoxy-7-phosphoheptulonate synthase, v. 34	p. 146	
2.5.1.54	DAHP synthase-phe, 3-deoxy-7-phosphoheptulonate synthase, v. 34	p. 146	
2.5.1.54	DAHP synthase-trp, 3-deoxy-7-phosphoheptulonate synthase, v. 34	p. 146	
2.5.1.54	DAHP synthase-tyr, 3-deoxy-7-phosphoheptulonate synthase, v. 34	p. 146	
4.1.2.15	DAHP synthetase, 2-dehydro-3-deoxy-phosphoheptonate aldolase, v. 3	p. 482	
6.2.1.3	DAISY, Long-chain-fatty-acid-CoA ligase, v. 2	p. 206	
2.7.1.76	dAK, deoxyadenosine kinase, v. 36	p. 256	
2.7.4.3	Dak6, adenylate kinase, v. 37	p. 493	
3.2.1.21	dalcochinase, β-glucosidase, v. 12	p. 299	
2.1.1.72	Dam, site-specific DNA-methyltransferase (adenine-specific), v. 28	p. 390	
6.3.2.19	Damaged DNA Binding 1-Cullin 4-Regulator of Cullins 1-based E3 ubiquitin ligase, Ubiquitin-protein ligase, v. 2	p. 506	
2.1.1.72	Dam DNA-(adenine-N6)-methyltransferase, site-specific DNA-methyltransferase (adenine-specific), v. 28	p. 390	
2.1.1.72	Dam DNA-(adenine-N6)-MTase, site-specific DNA-methyltransferase (adenine-specific), v. 28	p. 390	
2.1.1.72	Dam MTase, site-specific DNA-methyltransferase (adenine-specific), v. 28	p. 390	
1.4.3.3	DAMOX, D-amino-acid oxidase, v. 22	p. 243	
3.1.4.41	damselysin, sphingomyelin phosphodiesterase D, v. 11	p. 197	
1.4.3.3	DAO, D-amino-acid oxidase, v. 22	p. 243	
1.4.3.6	DAO, amine oxidase (copper-containing), v. 22	p. 291	
1.4.3.22	DAO, diamine oxidase	
1.4.3.3	DAO1, D-amino-acid oxidase, v. 22	p. 243	
1.14.20.1	DAOC/DACS, deacetoxycephalosporin-C synthase, v. 27	p. 223	
1.14.11.26	DAOCS, deacetoxycephalosporin-C hydroxylase, v. S1	p. 514	
1.14.20.1	DAOCS, deacetoxycephalosporin-C synthase, v. 27	p. 223	
3.4.11.19	DAP, D-stereospecific aminopeptidase, v. 6	p. 165	
5.1.1.7	DAP, Diaminopimelate epimerase, v. 1	p. 27	
3.4.17.14	DAP, Zinc D-Ala-D-Ala carboxypeptidase, v. 6	p. 475	
3.4.11.21	DAP, aspartyl aminopeptidase, v. 6	p. 173	
3.4.16.4	DAP, serine-type D-Ala-D-Ala carboxypeptidase, v. 6	p. 376	
2.7.2.4	dap-aspartokinase, aspartate kinase, v. 37	p. 314	
2.3.1.42	DAP-AT, glycerone-phosphate O-acyltransferase, v. 29	p. 597	
2.6.1.17	DAP-AT, succinyldiaminopimelate transaminase, v. 34	p. 386	
4.1.1.20	DAP-decarboxylase, Diaminopimelate decarboxylase, v. 3	p. 116	
5.1.1.7	DAP-epimerase, Diaminopimelate epimerase, v. 1	p. 27	

2.7.11.1	DAP-kinase, non-specific serine/threonine protein kinase, v. S3 | p. 1	
3.4.11.9	DAP-P, Xaa-Pro aminopeptidase, v. 6 | p. 111	
4.2.1.52	DapA, dihydrodipicolinate synthase, v. 4 | p. 527	
2.6.1.62	DAPA amino transferase, adenosylmethionine-8-amino-7-oxononanoate transaminase, v. 35 | p. 13	
2.6.1.62	DAPA aminotransferase, adenosylmethionine-8-amino-7-oxononanoate transaminase, v. 35 | p. 13	
2.6.1.62	DAPA AT, adenosylmethionine-8-amino-7-oxononanoate transaminase, v. 35 | p. 13	
4.3.1.15	DAPAL, Diaminopropionate ammonia-lyase, v. 5 | p. 251	
4.3.1.15	DAP ammonia-lyase, Diaminopropionate ammonia-lyase, v. 5 | p. 251	
2.6.1.62	DAPA synthase, adenosylmethionine-8-amino-7-oxononanoate transaminase, v. 35 | p. 13	
2.6.1.11	DapATase, acetylornithine transaminase, v. 34 | p. 342	
2.6.1.62	DAPA transaminase, adenosylmethionine-8-amino-7-oxononanoate transaminase, v. 35 | p. 13	
3.4.14.5	DapB, dipeptidyl-peptidase IV, v. 6 | p. 286	
2.6.1.17	DapC, succinyldiaminopimelate transaminase, v. 34 | p. 386	
4.1.1.20	DAPDC, Diaminopimelate decarboxylase, v. 3 | p. 116	
4.1.1.20	DAP decarboxylase, Diaminopimelate decarboxylase, v. 3 | p. 116	
3.5.1.47	DapE, N-acetyldiaminopimelate deacetylase, v. 14 | p. 471	
3.5.1.18	DapE, succinyl-diaminopimelate desuccinylase, v. 14 | p. 346	
3.5.1.18	dapE-encoded N-succinyl-LL-diaminopimelic acid desuccinylase, succinyl-diaminopimelate desuccinylase, v. 14 | p. 346	
5.1.1.7	DAP epimerase, Diaminopimelate epimerase, v. 1 | p. 27	
5.1.1.7	DapF, Diaminopimelate epimerase, v. 1 | p. 27	
3.4.14.1	DAP I, dipeptidyl-peptidase I, v. 6 | p. 255	
3.4.14.5	DAP IV, dipeptidyl-peptidase IV, v. 6 | p. 286	
2.6.1.83	DapL, LL-diaminopimelate aminotransferase, v. S2 | p. 253	
1.1.1.5	DAR, acetoin dehydrogenase, v. 16 | p. 97	
1.8.99.3	DarD, hydrogensulfite reductase, v. 24 | p. 708	
1.3.1.33	dark-operative protochlorophyllide oxidoreductase, protochlorophyllide reductase, v. 21 | p. 200	
1.3.1.33	dark operative protochlorophyllide oxidoreductase, protochlorophyllide reductase, v. 21 | p. 200	
1.8.5.1	DasA reductase, glutathione dehydrogenase (ascorbate), v. 24 | p. 670	
1.4.3.1	DASOX, D-aspartate oxidase, v. 22 | p. 216	
1.4.3.1	DASPO, D-aspartate oxidase, v. 22 | p. 216	
2.3.1.107	DAT, deacetylvindoline O-acetyltransferase, v. 30 | p. 243	
3.8.1.5	DatA, haloalkane dehalogenase, v. 15 | p. 891	
1.1.1.2	daunorubicin reductase, alcohol dehydrogenase (NADP+), v. 16 | p. 45	
2.3.1.167	DBAT, 10-deacetylbaccatin III 10-O-acetyltransferase, v. 30 | p. 451	
2.7.7.7	DBH, DNA-directed DNA polymerase, v. 38 | p. 118	
1.14.17.1	DBH, dopamine β-monooxygenase, v. 27 | p. 126	
3.8.1.5	DbjA, haloalkane dehalogenase, v. 15 | p. 891	
1.13.11.39	2,3-DBPD, biphenyl-2,3-diol 1,2-dioxygenase, v. 25 | p. 618	
4.1.99.12	DBPS, 3,4-dihydroxy-2-butanone-4-phosphate synthase, v. S7 | p. 70	
5.3.4.1	DbsG, Protein disulfide-isomerase, v. 1 | p. 436	
6.3.2.14	DBS synthetase, 2,3-Dihydroxybenzoate-serine ligase, v. 2 | p. 478	
4.4.1.14	DC-ACS1, 1-aminocyclopropane-1-carboxylate synthase, v. 5 | p. 377	
4.4.1.14	DC-ACS2, 1-aminocyclopropane-1-carboxylate synthase, v. 5 | p. 377	
2.3.1.20	DC3, diacylglycerol O-acyltransferase, v. 29 | p. 396	
4.2.1.1	Dca, carbonate dehydratase, v. 4 | p. 242	
2.3.1.114	DCA-N-MT, 3,4-dichloroaniline N-malonyltransferase, v. 30 | p. 270	
4.2.1.1	dCA I, carbonate dehydratase, v. 4 | p. 242	
4.2.1.1	dCA II, carbonate dehydratase, v. 4 | p. 242	
4.2.1.1	dCAII, carbonate dehydratase, v. 4 | p. 242	

2.7.11.1	DCAMKL1, non-specific serine/threonine protein kinase, v. S3 | p. 1
1.1.1.254	D(+)-carnitine dehydrogenase, (S)-carnitine 3-dehydrogenase, v. 18 | p. 437
3.5.1.77	Dcase, N-carbamoyl-D-amino-acid hydrolase, v. 14 | p. 586
1.8.4.2	DcbA, protein-disulfide reductase (glutathione), v. 24 | p. 617
3.5.4.12	DCD, dCMP deaminase, v. 15 | p. 92
3.5.4.14	DCD, deoxycytidine deaminase, v. 15 | p. 113
3.5.4.30	DCD-DUT, dCTP deaminase (dUMP-forming), v. S6 | p. 453
3.6.1.23	DCD-DUT, dUTP diphosphatase, v. 15 | p. 403
3.5.4.12	DCD1, dCMP deaminase, v. 15 | p. 92
3.5.4.12	dCDA, dCMP deaminase, v. 15 | p. 92
3.5.4.14	dCDA, deoxycytidine deaminase, v. 15 | p. 113
5.3.3.12	DCF, L-dopachrome isomerase, v. 1 | p. 432
4.2.1.100	DCH, cyclohexa-1,5-dienecarbonyl-CoA hydratase, v. S7 | p. 80
3.1.1.35	DCH, dihydrocoumarin hydrolase, v. 9 | p. 276
3.5.1.77	DCHase, N-carbamoyl-D-amino-acid hydrolase, v. 14 | p. 586
4.1.1.22	DCHS, Histidine decarboxylase, v. 3 | p. 126
1.1.99.18	DCHsr, cellobiose dehydrogenase (acceptor), v. 19 | p. 377
2.7.4.14	dCK, cytidylate kinase, v. 37 | p. 582
2.7.1.76	dCK, deoxyadenosine kinase, v. 36 | p. 256
2.7.1.74	dCK, deoxycytidine kinase, v. 36 | p. 237
2.7.1.74	dC kinase, deoxycytidine kinase, v. 36 | p. 237
6.1.1.13	Dcl, D-Alanine-poly(phosphoribitol) ligase, v. 2 | p. 97
4.5.1.3	DCM dehalogenase, dichloromethane dehalogenase, v. 5 | p. 407
3.5.4.12	dCMP-aminohydrolase, dCMP deaminase, v. 15 | p. 92
3.5.4.12	dCMP-dCTP deaminase, dCMP deaminase, v. 15 | p. 92
3.5.4.13	dCMP-dCTP deaminase, dCTP deaminase, v. 15 | p. 110
3.5.4.12	dCMPase, dCMP deaminase, v. 15 | p. 92
3.5.4.12	dCMPD, dCMP deaminase, v. 15 | p. 92
3.5.4.12	dCMP deaminase, dCMP deaminase, v. 15 | p. 92
2.1.2.8	dCMP Hmase, deoxycytidylate 5-hydroxymethyltransferase, v. 29 | p. 59
2.1.2.8	dCMP hydroxymethylasae, deoxycytidylate 5-hydroxymethyltransferase, v. 29 | p. 59
2.1.2.8	dCMP hydroxymethylase, deoxycytidylate 5-hydroxymethyltransferase, v. 29 | p. 59
2.7.4.14	dCMP kinase, cytidylate kinase, v. 37 | p. 582
2.1.1.54	dCMP methyltransferase, deoxycytidylate C-methyltransferase, v. 28 | p. 305
2.1.1.37	DCMT, DNA (cytosine-5-)-methyltransferase, v. 28 | p. 197
4.2.1.96	DCoH, 4a-hydroxytetrahydrobiopterin dehydratase, v. 4 | p. 665
4.2.1.96	DCoHα, 4a-hydroxytetrahydrobiopterin dehydratase, v. 4 | p. 665
4.2.1.96	DCoH/PCD, 4a-hydroxytetrahydrobiopterin dehydratase, v. 4 | p. 665
4.2.1.96	DcoH2, 4a-hydroxytetrahydrobiopterin dehydratase, v. 4 | p. 665
6.1.1.13	DCP, D-Alanine-poly(phosphoribitol) ligase, v. 2 | p. 97
3.4.15.1	DCP, peptidyl-dipeptidase A, v. 6 | p. 334
1.8.7.1	DCP68, sulfite reductase (ferredoxin), v. 24 | p. 679
2.3.1.175	DCPC-ATF, deacetylcephalosporin-C acetyltransferase, v. S2 | p. 77
1.3.1.34	DCR, 2,4-dienoyl-CoA reductase (NADPH), v. 21 | p. 209
3.1.26.3	DCR-1, ribonuclease III, v. 11 | p. 509
6.3.4.3	DCS, formate-tetrahydrofolate ligase, v. 2 | p. 567
3.6.1.30	Dcs1, m7G(5')pppN diphosphatase, v. 15 | p. 440
5.3.3.12	DCT, L-dopachrome isomerase, v. 1 | p. 432
2.7.13.3	DctB, histidine kinase, v. S4 | p. 420
3.6.1.12	dCTPase, dCTP diphosphatase, v. 15 | p. 351
3.6.1.12	dCTPase-dUTPase, dCTP diphosphatase, v. 15 | p. 351
3.5.4.13	dCTP deaminase, dCTP deaminase, v. 15 | p. 110
3.5.4.30	dCTP deaminase-dUTP pyrophosphatase, dCTP deaminase (dUMP-forming), v. S6 | p. 453
3.5.4.13	dCTP deaminase:deoxyuridine triphosphatase, dCTP deaminase, v. 15 | p. 110

3.5.4.13	dCTP deaminase:dUTPase, dCTP deaminase, v. 15 | p. 110	
3.6.1.23	dCTP deaminase:dUTPase, dUTP diphosphatase, v. 15 | p. 403	
3.6.1.12	dCTP pyrophosphatase, dCTP diphosphatase, v. 15 | p. 351	
2.7.13.3	DcuS, histidine kinase, v. S4 | p. 420	
6.3.2.19	DCXDET1-COP1 complex, Ubiquitin-protein ligase, v. 2 | p. 506	
2.4.1.207	DcXET1, xyloglucan:xyloglucosyl transferase, v. 32 | p. 524	
2.4.1.207	DcXET2, xyloglucan:xyloglucosyl transferase, v. 32 | p. 524	
1.1.1.10	DCXR, L-xylulose reductase, v. 16 | p. 144	
2.7.1.76	dCyd kinase/dAdo kinase I, deoxyadenosine kinase, v. 36 | p. 256	
1.3.1.20	DD, trans-1,2-dihydrobenzene-1,2-diol dehydrogenase, v. 21 | p. 98	
3.4.17.14	DD-Carboxypeptidase, Zinc D-Ala-D-Ala carboxypeptidase, v. 6 | p. 475	
3.4.17.8	DD-Carboxypeptidase, muramoylpentapeptide carboxypeptidase, v. 6 | p. 448	
3.4.16.4	DD-Carboxypeptidase, serine-type D-Ala-D-Ala carboxypeptidase, v. 6 | p. 376	
3.4.17.14	DD-Carboxypeptidase-transpeptidase, Zinc D-Ala-D-Ala carboxypeptidase, v. 6 | p. 475	
3.4.17.8	DD-peptidase, muramoylpentapeptide carboxypeptidase, v. 6 | p. 448	
3.4.16.4	DD-peptidase, serine-type D-Ala-D-Ala carboxypeptidase, v. 6 | p. 376	
2.4.1.229	Dd-ppGnT1, [Skp1-protein]-hydroxyproline N-acetylglucosaminyltransferase, v. 32 | p. 627	
3.4.16.4	DD-transpeptidase, serine-type D-Ala-D-Ala carboxypeptidase, v. 6 | p. 376	
3.4.16.4	DD-transpeptidase/penicillin-binding protein, serine-type D-Ala-D-Ala carboxypeptidase, v. 6 | p. 376	
6.3.2.4	DD1, D-Alanine-D-alanine ligase, v. 2 | p. 423	
1.1.1.213	DD2, 3α-hydroxysteroid dehydrogenase (A-specific), v. 18 | p. 285	
1.1.1.50	DD2, 3α-hydroxysteroid dehydrogenase (B-specific), v. 16 | p. 487	
1.1.1.50	DD21, 3α-hydroxysteroid dehydrogenase (B-specific), v. 16 | p. 487	
3.1.3.36	Dd5P4, phosphoinositide 5-phosphatase, v. 10 | p. 339	
3.5.3.18	DDAH, dimethylargininase, v. 14 | p. 831	
3.5.3.18	DDAH-1, dimethylargininase, v. 14 | p. 831	
3.5.3.18	DDAH-2, dimethylargininase, v. 14 | p. 831	
3.5.3.18	DDAH-I, dimethylargininase, v. 14 | p. 831	
3.5.3.18	DDAH1, dimethylargininase, v. 14 | p. 831	
3.5.3.18	DDAH2, dimethylargininase, v. 14 | p. 831	
3.5.3.18	DDAHI, dimethylargininase, v. 14 | p. 831	
3.5.3.18	DDAHII, dimethylargininase, v. 14 | p. 831	
2.4.1.2	DDase, dextrin dextranase, v. 31 | p. 37	
6.3.2.19	DDB1, Ubiquitin-protein ligase, v. 2 | p. 506	
6.3.2.19	DDB1-CUL4-ROC1, Ubiquitin-protein ligase, v. 2 | p. 506	
6.3.2.19	DDB1-CUL4-ROC1-based E3 ubiquitin ligase, Ubiquitin-protein ligase, v. 2 | p. 506	
1.13.12.15	DDC, 3,4-dihydroxyphenylalanine oxidative deaminase	
4.1.1.20	DDC, Diaminopimelate decarboxylase, v. 3 | p. 116	
4.1.1.28	DDC, aromatic-L-amino-acid decarboxylase, v. 3 | p. 152	
4.4.1.3	DddL lyase, dimethylpropiothetin dethiomethylase, v. 5 | p. 310	
3.1.21.4	DdeI, type II site-specific deoxyribonuclease, v. 11 | p. 454	
4.1.2.20	DDG aldolase, 2-Dehydro-3-deoxyglucarate aldolase, v. 3 | p. 516	
1.3.1.20	DDH, trans-1,2-dihydrobenzene-1,2-diol dehydrogenase, v. 21 | p. 98	
1.3.1.20	DDH1, trans-1,2-dihydrobenzene-1,2-diol dehydrogenase, v. 21 | p. 98	
1.3.1.20	DDH2, trans-1,2-dihydrobenzene-1,2-diol dehydrogenase, v. 21 | p. 98	
6.3.2.4	DDI, D-Alanine-D-alanine ligase, v. 2 | p. 423	
6.3.2.4	DdI, D-Alanine-D-alanine ligase, v. 2 | p. 423	
6.3.2.4	DdlB, D-Alanine-D-alanine ligase, v. 2 | p. 423	
1.7.99.4	DdNapA, nitrate reductase, v. 24 | p. 396	
2.7.7.7	ddNTP-sensitive DNA polymerase, DNA-directed DNA polymerase, v. 38 | p. 118	
1.4.3.1	DDO, D-aspartate oxidase, v. 22 | p. 216	
3.1.4.35	DdPDE3, 3',5'-cyclic-GMP phosphodiesterase, v. 11 | p. 153	
3.1.4.53	DdPDE4, 3',5'-cyclic-AMP phosphodiesterase	
2.5.1.31	DDPPs, di-trans,poly-cis-decaprenylcistransferase, v. 34 | p. 1	

2.7.10.1	DDR1, receptor protein-tyrosine kinase, v. S2 | p. 341	
2.7.10.1	DDR2, receptor protein-tyrosine kinase, v. S2 | p. 341	
4.1.1.84	DDT, D-dopachrome decarboxylase, v. S7 | p. 18	
4.5.1.1	DDT-ase, DDT-dehydrochlorinase, v. 5 | p. 399	
4.5.1.1	DDTase, DDT-dehydrochlorinase, v. 5 | p. 399	
3.6.4.4	DdUnc104, plus-end-directed kinesin ATPase, v. 15 | p. 778	
3.6.5.5	dDyn, dynamin GTPase, v. S6 | p. 522	
3.4.19.12	de-ubiquitinating enzyme, ubiquitinyl hydrolase 1, v. 6 | p. 575	
1.14.20.1	deacetoxy/deacetylcephalosporin C synthase, deacetoxycephalosporin-C synthase, v. 27 | p. 223	
1.14.20.1	deacetoxycephalosporin-C synthetase, deacetoxycephalosporin-C synthase, v. 27 | p. 223	
1.14.20.1	deacetoxycephalosporin/deacetylcephalosporin C synthase, deacetoxycephalosporin-C synthase, v. 27 | p. 223	
1.14.11.26	deacetoxycephalosporin C synthase, deacetoxycephalosporin-C hydroxylase, v. S1 | p. 514	
1.14.20.1	deacetoxycephalosporin C synthase, deacetoxycephalosporin-C synthase, v. 27 | p. 223	
2.3.1.49	deacetyl-[citrate-(pro-3S)-lyase] acetyltransferase, deacetyl-[citrate-(pro-3S)-lyase] S-acetyltransferase, v. 29 | p. 659	
3.1.1.47	deacetylase, 1-alkyl-2-acetyllecithin, 1-alkyl-2-acetylglycerophosphocholine esterase, v. 9 | p. 320	
3.5.1.63	deacetylase, 4-acetamidobutyrate, 4-acetamidobutyrate deacetylase, v. 14 | p. 528	
3.1.1.33	deacetylase, 6-O-acetylglucose, 6-acetylglucose deacetylase, v. 9 | p. 264	
3.5.1.25	deacetylase, acetylglucosaminephosphate, N-acetylglucosamine-6-phosphate deacetylase, v. 14 | p. 379	
3.5.1.89	Deacetylase, acetylglucosaminylphosphatidylinositol, N-Acetylglucosaminylphosphatidylinositol deacetylase, v. 14 | p. 647	
3.4.13.5	deacetylase, acetylhistidine, Xaa-methyl-His dipeptidase, v. 6 | p. 195	
3.1.1.41	deacetylase, cephalosporin C, cephalosporin-C deacetylase, v. 9 | p. 291	
3.1.1.58	deacetylase, polysaccharide, N-acetylgalactosaminoglycan deacetylase, v. 9 | p. 365	
3.5.1.51	deacetylase-thiolesterase, 4-acetamidobutyryl-CoA deacetylase, v. 14 | p. 482	
2.8.2.8	N-deacetylase/N-sulfotransferase-1, [heparan sulfate]-glucosamine N-sulfotransferase, v. 39 | p. 342	
2.8.2.8	N-deacetylase/N-sulfotransferase-2, [heparan sulfate]-glucosamine N-sulfotransferase, v. 39 | p. 342	
2.3.1.167	10-deacetylbaccatin III-10-O-acetyl transferase, 10-deacetylbaccatin III 10-O-acetyl-transferase, v. 30 | p. 451	
2.3.1.167	10-deacetylbaccatin III-10-O-acetyltransferase, 10-deacetylbaccatin III 10-O-acetyl-transferase, v. 30 | p. 451	
2.3.1.167	10-deacetylbaccatin III-10β-O-acetyltransferase, 10-deacetylbaccatin III 10-O-acetyl-transferase, v. 30 | p. 451	
2.3.1.167	10-deacetylbaccatin III 10-O-acetyltransferase, 10-deacetylbaccatin III 10-O-acetyl-transferase, v. 30 | p. 451	
2.3.1.167	10-deacetylbaccatin III 10β-O-acetyltransferase, 10-deacetylbaccatin III 10-O-acetyl-transferase, v. 30 | p. 451	
2.3.1.175	deacetylcephalosporin-C acetyltransferase, deacetylcephalosporin-C acetyltransferase, v. S2 | p. 77	
2.3.1.175	deacetylcephalosporin C acetyltransferase, deacetylcephalosporin-C acetyltransferase, v. S2 | p. 77	
2.3.1.107	17-O-deacetylvindoline-17-O-acetyltransferase, deacetylvindoline O-acetyltransferase, v. 30 | p. 243	
2.3.1.107	deacetylvindoline-4-O-acetyltransferase, deacetylvindoline O-acetyltransferase, v. 30 | p. 243	
2.3.1.107	deacetyl vindoline 4-O-acetyl transferase, deacetylvindoline O-acetyltransferase, v. 30 | p. 243	
2.3.1.107	deacetylvindoline acetyl-CoA acetyl transferase, deacetylvindoline O-acetyltransferase, v. 30 | p. 243	

2.3.1.107	deacetylvindoline acetyltransferase, deacetylvindoline O-acetyltransferase, v. 30 | p. 243	
2.3.1.107	17-O-deacetylvindoline O-acetyltransferase, deacetylvindoline O-acetyltransferase, v. 30 | p. 243	
3.5.1.70	deacylase, aculeacin A, aculeacin-A deacylase, v. 14 | p. 557	
3.5.1.69	deacylase, glycosphingolipid ceramide, glycosphingolipid deacylase, v. 14 | p. 554	
3.5.1.82	Deacylase, long-chain-fatty-acyl-glutamate, N-Acyl-D-glutamate deacylase, v. 14 | p. 610	
3.5.1.82	Deacylase, N-acyl-D-glutamate, N-Acyl-D-glutamate deacylase, v. 14 | p. 610	
3.1.13.4	deadenylase, poly(A)-specific ribonuclease, v. 11 | p. 407	
3.6.1.15	DEAH-box Prp22 protein, nucleoside-triphosphatase, v. 15 | p. 365	
3.6.1.15	DEAH-box splicing factor Prp22, nucleoside-triphosphatase, v. 15 | p. 365	
1.14.19.3	DEALTA6I, linoleoyl-CoA desaturase, v. 27 | p. 217	
3.4.16.5	deamidase, carboxypeptidase C, v. 6 | p. 385	
2.7.7.18	deamido-NAD+ pyrophosphorylase, nicotinate-nucleotide adenylyltransferase, v. 38 | p. 240	
2.7.7.18	deamidonicotinamide adenine dinucleotide pyrophosphorylase, nicotinate-nucleotide adenylyltransferase, v. 38 | p. 240	
3.5.1.4	deaminase, amidase, v. 14 | p. 231	
3.5.99.7	deaminase, 1-aminocyclopropane-1-carboxylate, 1-aminocyclopropane-1-carboxylate deaminase, v. 15 | p. 234	
3.5.99.5	deaminase, 2-aminomuconate, 2-aminomuconate deaminase, v. 15 | p. 222	
3.5.4.28	deaminase, adenosylhomocysteine, S-adenosylhomocysteine deaminase, v. 15 | p. 172	
3.5.4.6	deaminase, adenylate, AMP deaminase, v. 15 | p. 57	
3.5.4.12	deaminase, deoxycytidylate, dCMP deaminase, v. 15 | p. 92	
4.3.1.4	deaminase, formiminotetrahydrofolate cyclo-, formimidoyltetrahydrofolate cyclodeaminase, v. 5 | p. 192	
4.3.1.12	deaminase, ornithine cyclo-, ornithine cyclodeaminase, v. 5 | p. 241	
2.7.11.1	death-associated protein kinase 1, non-specific serine/threonine protein kinase, v. S3 | p. 1	
1.12.98.1	deazaflavin-reducing hydrogenase, coenzyme F420 hydrogenase, v. 25 | p. 351	
3.2.1.33	debrancher enzyme, amylo-α-1,6-glucosidase, v. 12 | p. 509	
3.2.1.33	debrancher protein, amylo-α-1,6-glucosidase, v. 12 | p. 509	
2.4.1.25	debranching enzyme, 4-α-glucanotransferase, v. 31 | p. 276	
3.2.1.68	debranching enzyme, isoamylase, v. 13 | p. 204	
3.2.1.41	debranching enzyme, pullulanase, v. 12 | p. 594	
2.4.1.25	debranching enzyme maltodextrin glycosyltransferase, 4-α-glucanotransferase, v. 31 | p. 276	
3.4.22.3	debricin, ficain, v. 7 | p. 531	
1.14.14.1	Debrisoquine 4-hydroxylase, unspecific monooxygenase, v. 26 | p. 584	
3.6.1.30	decapase, m7G(5')pppN diphosphatase, v. 15 | p. 440	
2.5.1.11	decaprenyl diphosphate synthase, trans-octaprenyltransferase, v. 33 | p. 483	
4.1.99.5	decarbonylase, octadecanal decarbonylase, v. 4 | p. 238	
4.1.1.75	Decarboxylase, 2-oxoarginine, 5-Guanidino-2-oxopentanoate decarboxylase, v. 3 | p. 403	
4.1.1.69	decarboxylase, 3,4-dihydroxyphthalate, 3,4-dihydroxyphthalate decarboxylase, v. 3 | p. 383	
4.1.1.51	Decarboxylase, 3-hydroxy-2-methylpyridine-4,5-dicarboxylate 4-, 3-Hydroxy-2-methylpyridine-4,5-dicarboxylate 4-decarboxylase, v. 3 | p. 318	
4.1.1.56	Decarboxylase, 3-oxolaurate, 3-Oxolaurate decarboxylase, v. 3 | p. 333	
4.1.1.55	Decarboxylase, 4,5-dihydroxyphthalate, 4,5-Dihydroxyphthalate decarboxylase, v. 3 | p. 329	
4.1.1.80	decarboxylase, 4-hydroxyphenylpyruvate, 4-hydroxyphenylpyruvate decarboxylase, v. S7 | p. 6	
4.1.1.77	Decarboxylase, 4-oxalocrotonate, 4-Oxalocrotonate decarboxylase, v. 3 | p. 411	
4.1.1.68	Decarboxylase, 5-oxopenta-3-ene-1,2,5-tricarboxylate, 5-Oxopent-3-ene-1,2,5-tricarboxylate decarboxylase, v. 3 | p. 380	
4.1.1.52	Decarboxylase, 6-methylsalicylate, 6-Methylsalicylate decarboxylase, v. 3 | p. 320	
4.1.1.4	Decarboxylase, acetoacetate, Acetoacetate decarboxylase, v. 3 | p. 23	
4.1.1.5	Decarboxylase, acetolactate, Acetolactate decarboxylase, v. 3 | p. 29	
4.1.1.6	Decarboxylase, aconitate, Aconitate decarboxylase, v. 3 | p. 39	

4.1.1.24	decarboxylase, aminobenzoate, aminobenzoate decarboxylase, v. 3 | p. 144
4.1.1.45	Decarboxylase, aminocarboxymuconate semialdehyde, Aminocarboxymuconate-semialdehyde decarboxylase, v. 3 | p. 277
4.1.1.19	Decarboxylase, arginine, Arginine decarboxylase, v. 3 | p. 106
4.1.1.28	Decarboxylase, aromatic amino acid, aromatic-L-amino-acid decarboxylase, v. 3 | p. 152
4.1.1.76	Decarboxylase, arylmalonate, Arylmalonate decarboxylase, v. 3 | p. 406
4.1.1.76	Decarboxylase, arylmalonate (Bordetella bronchiseptica clone pAMD100 reduced), Arylmalonate decarboxylase, v. 3 | p. 406
4.1.1.76	Decarboxylase, arylmalonate (Bordetella bronchiseptica strain KU1201 reduced), Arylmalonate decarboxylase, v. 3 | p. 406
4.1.1.12	Decarboxylase, aspartate 4-, aspartate 4-decarboxylase, v. 3 | p. 61
4.1.1.7	Decarboxylase, benzoylformate, Benzoylformate decarboxylase, v. 3 | p. 41
4.1.1.72	decarboxylase, branched-chain oxo acid, branched-chain-2-oxoacid decarboxylase, v. 3 | p. 393
4.1.1.29	Decarboxylase, cysteinesulfinate, Sulfinoalanine decarboxylase, v. 3 | p. 165
4.1.1.64	Decarboxylase, dialkyl amino acid (pyruvate), 2,2-Dialkylglycine decarboxylase (pyruvate), v. 3 | p. 360
4.1.1.20	Decarboxylase, diaminopimelate, Diaminopimelate decarboxylase, v. 3 | p. 116
4.1.1.54	Decarboxylase, dihydroxyfumarate, Dihydroxyfumarate decarboxylase, v. 3 | p. 327
4.1.1.59	Decarboxylase, gallate, Gallate decarboxylase, v. 3 | p. 344
4.1.1.62	Decarboxylase, gentisate, Gentisate decarboxylase, v. 3 | p. 355
4.1.1.70	decarboxylase, glutaconyl coenzyme A, glutaconyl-CoA decarboxylase, v. 3 | p. 385
4.1.1.15	Decarboxylase, glutamate, Glutamate decarboxylase, v. 3 | p. 74
1.4.4.2	decarboxylase, glycine, glycine dehydrogenase (decarboxylating), v. 22 | p. 371
4.1.1.22	Decarboxylase, histidine, Histidine decarboxylase, v. 3 | p. 126
4.1.1.16	Decarboxylase, hydroxyglutamate, Hydroxyglutamate decarboxylase, v. 3 | p. 84
4.1.1.40	Decarboxylase, hydroxypyruvate, Hydroxypyruvate decarboxylase, v. 3 | p. 261
4.1.1.74	Decarboxylase, indolepyruvate, Indolepyruvate decarboxylase, v. 3 | p. 400
4.1.1.74	Decarboxylase, indolepyruvate (Enterobacter agglomerans clone pMB2 gene ipdC reduced), Indolepyruvate decarboxylase, v. 3 | p. 400
4.1.1.34	Decarboxylase, keto-L-gulonate, Dehydro-L-gulonate decarboxylase, v. 3 | p. 215
4.1.1.14	Decarboxylase, leucine, valine decarboxylase, v. 3 | p. 70
4.1.1.9	Decarboxylase, malonyl coenzyme A, Malonyl-CoA decarboxylase, v. 3 | p. 49
4.1.1.57	Decarboxylase, methionine, Methionine decarboxylase, v. 3 | p. 336
4.1.1.41	Decarboxylase, methylmalonyl coenzyme A, Methylmalonyl-CoA decarboxylase, v. 3 | p. 264
4.1.1.46	Decarboxylase, o-pyrocatechuate, o-Pyrocatechuate decarboxylase, v. 3 | p. 281
4.1.1.17	Decarboxylase, ornithine, Ornithine decarboxylase, v. 3 | p. 85
4.1.1.23	Decarboxylase, orotidine 5'-phosphate, Orotidine-5'-phosphate decarboxylase, v. 3 | p. 136
4.1.1.58	Decarboxylase, orsellinate, Orsellinate decarboxylase, v. 3 | p. 341
4.1.1.2	Decarboxylase, oxalate, Oxalate decarboxylase, v. 3 | p. 11
4.1.1.8	Decarboxylase, oxalyl coenzyme A, Oxalyl-CoA decarboxylase, v. 3 | p. 46
4.1.1.71	decarboxylase, oxoglutarate, 2-oxoglutarate decarboxylase, v. 3 | p. 389
4.1.1.61	Decarboxylase, p-hydroxybenzoate, 4-Hydroxybenzoate decarboxylase, v. 3 | p. 350
4.1.1.30	decarboxylase, pantothenoylcysteine, pantothenoylcysteine decarboxylase, v. 3 | p. 172
4.1.1.53	Decarboxylase, phenylalanine, Phenylalanine decarboxylase, v. 3 | p. 323
4.1.1.43	Decarboxylase, phenylpyruvate, Phenylpyruvate decarboxylase, v. 3 | p. 270
4.1.1.65	Decarboxylase, phosphatidylserine, phosphatidylserine decarboxylase, v. 3 | p. 367
4.1.1.36	Decarboxylase, phosphopantothenoylcysteine, phosphopantothenoylcysteine decarboxylase, v. 3 | p. 223
4.1.1.63	Decarboxylase, protocatechuate, Protocatechuate decarboxylase, v. 3 | p. 357
4.1.1.33	Decarboxylase, pyrophosphomevalonate, Diphosphomevalonate decarboxylase, v. 3 | p. 208
4.1.1.1	Decarboxylase, pyruvate, Pyruvate decarboxylase, v. 3 | p. 1
4.1.1.60	Decarboxylase, stipitatonate, Stipitatonate decarboxylase, v. 3 | p. 348
4.1.1.79	decarboxylase, sulfopyruvate, sulfopyruvate decarboxylase, v. S7 | p. 4

4.1.1.73	decarboxylase, tartrate, tartrate decarboxylase, v. 3 | p. 396
4.1.1.25	Decarboxylase, tyrosine, Tyrosine decarboxylase, v. 3 | p. 146
4.1.1.66	Decarboxylase, uracil-5-carboxylate, Uracil-5-carboxylate decarboxylase, v. 3 | p. 376
4.1.1.35	Decarboxylase, uridine diphosphoglucuronate, UDP-glucuronate decarboxylase, v. 3 | p. 218
4.1.1.37	Decarboxylase, uroporphyrinogen, Uroporphyrinogen decarboxylase, v. 3 | p. 228
4.1.1.14	Decarboxylase, valine, valine decarboxylase, v. 3 | p. 70
4.1.1.36	decarboxylase AtHAL3a, phosphopantothenoylcysteine decarboxylase, v. 3 | p. 223
1.1.1.41	β-decarboxylating dehydrogenase, isocitrate dehydrogenase (NAD+), v. 16 | p. 394
3.8.1.8	dechlorinase, atrazine (9CI), atrazine chlorohydrolase, v. 15 | p. 909
1.14.13.50	dechlorinase, pentachlorophenol, pentachlorophenol monooxygenase, v. 26 | p. 484
1.3.1.34	DECR, 2,4-dienoyl-CoA reductase (NADPH), v. 21 | p. 209
2.3.3.2	2-decylcitrate synthase, decylcitrate synthase, v. 30 | p. 609
2.3.3.4	2-decylhomocitrate synthase, decylhomocitrate synthase, v. 30 | p. 616
1.6.5.4	defensin, monodehydroascorbate reductase (NADH), v. 24 | p. 126
3.5.1.68	deformylase, formylglutamate, N-formylglutamate deformylase, v. 14 | p. 548
3.5.1.88	deformylase, peptide N-formylmethionine, peptide deformylase, v. 14 | p. 631
3.4.21.108	DegP, HtrA2 peptidase, v. S5 | p. 354
3.4.21.107	DegP, peptidase Do, v. S5 | p. 342
3.4.21.107	DegP protease, peptidase Do, v. S5 | p. 342
1.11.1.8	DEHAL1, iodide peroxidase, v. 25 | p. 227
3.8.1.7	dehalogenase, 4-chlorobenzoyl coenzyme A, 4-chlorobenzoyl-CoA dehalogenase, v. 15 | p. 903
3.8.1.7	dehalogenase, 4-chlorobenzoyl coenzyme A (Pseudomonas strain CBS-3 clone pMMB22 reduced), 4-chlorobenzoyl-CoA dehalogenase, v. 15 | p. 903
4.5.1.3	dehalogenase, dichloromethane, dichloromethane dehalogenase, v. 5 | p. 407
4.5.1.4	dehalogenase, L-2-amino-4-chloro-4-pentenoate, L-2-amino-4-chloropent-4-enoate dehydrochlorinase, v. 5 | p. 410
1.97.1.8	dehalogenase, polychloroethene, tetrachloroethene reductive dehalogenase, v. 27 | p. 661
3.8.1.2	dehalogenase IVa, (S)-2-haloacid dehalogenase, v. 15 | p. 867
3.8.1.9	DehIII, (R)-2-haloacid dehalogenase, v. S6 | p. 546
3.1.1.1	DEHP, carboxylesterase, v. 9 | p. 1
3.1.1.60	DEHP esterase, bis(2-ethylhexyl)phthalate esterase, v. 9 | p. 375
4.2.2.13	Dehydratase, α-1,4-glucan, exo-(1->4)-α-D-glucan lyase, v. 5 | p. 70
4.2.1.59	Dehydratase, β-hydroxyoctanoyl thioester, 3-Hydroxyoctanoyl-[acyl-carrier-protein] dehydratase, v. 4 | p. 549
4.2.1.61	Dehydratase, β-hydroxypalmitoyl thioester, 3-Hydroxypalmitoyl-[acyl-carrier-protein] dehydratase, v. 4 | p. 557
4.2.1.33	dehydratase,β-isopropylmalate, 3-isopropylmalate dehydratase, v. 4 | p. 451
4.2.1.43	dehydratase, 2-keto-3-deoxyL-arabonate, 2-dehydro-3-deoxy-L-arabinonate dehydratase, v. 4 | p. 486
4.2.1.79	Dehydratase, 2-methylcitrate, 2-Methylcitrate dehydratase, v. 4 | p. 610
4.2.1.99	Dehydratase, 2-methylisocitrate, 2-methylisocitrate dehydratase, v. 4 | p. 678
4.2.1.10	dehydratase, 3-dehydroquinate, 3-dehydroquinate dehydratase, v. 4 | p. 304
4.3.1.20	Dehydratase, 3-hydroxyaspartate, Erythro-3-hydroxyaspartate ammonia-lyase, v. S7 | p. 373
4.2.1.96	Dehydratase, 4a-carbinolamine, 4a-hydroxytetrahydrobiopterin dehydratase, v. 4 | p. 665
4.2.1.62	Dehydratase, 5α-hydroxysterol, 5α-Hydroxysteroid dehydratase, v. 4 | p. 559
4.2.1.7	dehydratase, altronate, altronate dehydratase, v. 4 | p. 290
4.2.1.5	Dehydratase, arabinonate, Arabinonate dehydratase, v. 4 | p. 284
4.2.1.1	dehydratase, carbonate, carbonate dehydratase, v. 4 | p. 242
4.2.1.34	Dehydratase, citramalate, (S)-2-Methylmalate dehydratase, v. 4 | p. 456
4.2.1.4	Dehydratase, citrate, Citrate dehydratase, v. 4 | p. 283
4.2.1.45	dehydratase, cytidine diphosphoglucose, CDP-glucose 4,6-dehydratase, v. 4 | p. 491

4.2.1.55	Dehydratase, D-3-hydroxybutyryl coenzyme A, 3-Hydroxybutyryl-CoA dehydratase, v. 4 | p. 540	
4.2.1.60	Dehydratase, D-3-hydroxydecanoyl-[acyl-carrier protein], 3-Hydroxydecanoyl-[acyl-carrier-protein] dehydratase, v. 4 | p. 551	
4.2.1.59	Dehydratase, D-3-hydroxyoctanoyl-[acyl carrier protein], 3-Hydroxyoctanoyl-[acyl-carrier-protein] dehydratase, v. 4 | p. 549	
4.2.1.61	Dehydratase, D-3-hydroxypalmitoyl-[acyl-carrier-protein], 3-Hydroxypalmitoyl-[acyl-carrier-protein] dehydratase, v. 4 | p. 557	
4.2.1.67	Dehydratase, D-fuconate, D-fuconate dehydratase, v. 4 | p. 570	
4.3.1.18	Dehydratase, D-serine, D-Serine ammonia-lyase, v. S7 | p. 348	
4.2.1.81	dehydratase, D-tartrate, D(-)-tartrate dehydratase, v. 4 | p. 616	
4.2.1.82	dehydratase, D-xylonate, xylonate dehydratase, v. 4 | p. 620	
4.2.1.41	Dehydratase, deoxyketoglucarate, 5-dehydro-4-deoxyglucarate dehydratase, v. 4 | p. 481	
4.2.1.9	dehydratase, dihydroxy acid, dihydroxy-acid dehydratase, v. 4 | p. 296	
4.2.1.28	dehydratase, diol, propanediol dehydratase, v. 4 | p. 420	
4.2.1.42	Dehydratase, galactarate, Galactarate dehydratase, v. 4 | p. 484	
4.2.1.6	dehydratase, galactonate, galactonate dehydratase, v. 4 | p. 285	
4.2.1.40	dehydratase, glucarate, glucarate dehydratase, v. 4 | p. 477	
4.2.1.39	dehydratase, gluconate, Gluconate dehydratase, v. 4 | p. 471	
4.2.1.30	dehydratase, glycerol, glycerol dehydratase, v. 4 | p. 432	
4.4.1.1	dehydratase, homoserine, cystathionine γ-lyase, v. 5 | p. 297	
4.2.1.19	dehydratase, imidazoleglycerol phosphate, imidazoleglycerol-phosphate dehydratase, v. 4 | p. 373	
4.99.1.6	dehydratase, indoleacetaldoxime, indoleacetaldoxime dehydratase, v. S7 | p. 473	
4.2.1.44	Dehydratase, inosose 2, 3-, Myo-inosose-2 dehydratase, v. 4 | p. 489	
4.2.1.25	Dehydratase, L-arabinonate, L-Arabinonate dehydratase, v. 4 | p. 411	
4.2.1.68	dehydratase, L-fuconate, L-fuconate dehydratase, v. 4 | p. 572	
4.2.1.90	Dehydratase, L-rhamnonate, L-rhamnonate dehydratase, v. 4 | p. 647	
4.3.1.17	Dehydratase, L-serine, L-Serine ammonia-lyase, v. S7 | p. 332	
4.2.1.54	dehydratase, lactoyl-coenzyme A, lactoyl-CoA dehydratase, v. 4 | p. 537	
4.2.1.27	dehydratase, malonate semialdehyde, acetylenecarboxylate hydratase, v. 4 | p. 418	
4.2.1.8	Dehydratase, mannonate, Mannonate dehydratase, v. 4 | p. 293	
4.2.1.87	dehydratase, octopamine, octopamine dehydratase, v. 4 | p. 640	
4.2.1.12	dehydratase, phosphogluconate, phosphogluconate dehydratase, v. 4 | p. 326	
4.2.1.51	dehydratase, prephenate, prephenate dehydratase, v. 4 | p. 519	
4.2.1.28	dehydratase, propanediol, propanediol dehydratase, v. 4 | p. 420	
4.2.1.73	Dehydratase, protoaphin aglucone (cyclizing), Protoaphin-aglucone dehydratase (cyclizing), v. 4 | p. 590	
4.2.1.94	dehydratase, scytalone, scytalone dehydratase, v. 4 | p. 660	
4.2.1.32	Dehydratase, tartrate, L(+)-Tartrate dehydratase, v. 4 | p. 446	
4.2.1.115	4,6-dehydratase/5-epimerase, UDP-N-acetylglucosamine 4,6-dehydratase (inverting)	
4.1.2.26	5-dehydro-2-deoxy-D-gluconate-6-phosphate malonate-semialdehyde-lyase, Phenylserine aldolase, v. 3 | p. 538	
4.1.2.21	2-dehydro-3-deoxy-6-phosphogalactonate aldolase, 2-dehydro-3-deoxy-6-phosphogalactonate aldolase, v. 3 | p. 519	
2.5.1.54	2-dehydro-3-deoxy-D-arabino-heptonate-7-phosphate D-erythrose-4-phosphate-lyase (pyruvate-phosphorylating), 3-deoxy-7-phosphoheptulonate synthase, v. 34 | p. 146	
2.7.1.45	2-dehydro-3-deoxy-D-gluconate kinase, 2-dehydro-3-deoxygluconokinase, v. 36 | p. 78	
2.5.1.55	2-dehydro-3-deoxy-D-octonate-8-phosphate D-arabinose-5-phosphate-lyase (pyruvate-phosphorylating), 3-deoxy-8-phosphooctulonate synthase, v. 34 | p. 172	
2.5.1.54	2-dehydro-3-deoxy-phosphoheptanoate aldolase, 3-deoxy-7-phosphoheptulonate synthase, v. 34 | p. 146	
2.5.1.54	2-dehydro-3-deoxy-phosphoheptonate aldolase, 3-deoxy-7-phosphoheptulonate synthase, v. 34 | p. 146	
4.1.2.20	2-dehydro-3-deoxygalactarate aldolase, 2-Dehydro-3-deoxyglucarate aldolase, v. 3 | p. 516	

4.1.2.21	2-dehydro-3-deoxyphosphogalactonate aldolase, 2-dehydro-3-deoxy-6-phosphogalactonate aldolase, v. 3	p. 519
4.1.2.14	2-dehydro-3-deoxyphosphogluconate aldolase, 2-dehydro-3-deoxy-phosphogluconate aldolase, v. 3	p. 476
2.5.1.55	2-dehydro-3-deoxyphosphooctonate aldolase, 3-deoxy-8-phosphooctulonate synthase, v. 34	p. 172
4.2.1.41	5-dehydro-4-deoxyglucarate dehydratase, 5-dehydro-4-deoxyglucarate dehydratase, v. 4	p. 481
1.8.5.1	dehydroascorbate reductase, glutathione dehydrogenase (ascorbate), v. 24	p. 670
1.8.5.1	dehydroascorbic acid reductase, glutathione dehydrogenase (ascorbate), v. 24	p. 670
1.8.5.1	dehydroascorbic reductase, glutathione dehydrogenase (ascorbate), v. 24	p. 670
4.5.1.1	dehydrochlorinase, DDT-dehydrochlorinase, v. 5	p. 399
1.3.1.21	7-dehydrocholesterol Δ7-reductase, 7-dehydrocholesterol reductase, v. 21	p. 118
1.3.1.21	7-dehydrocholesterol Δ7 reductase, 7-dehydrocholesterol reductase, v. 21	p. 118
2.5.1.31	dehydrodolichyl diphosphate synthase, di-trans,poly-cis-decaprenylcistransferase, v. 34	p. 1
2.8.2.2	dehydroepiandrosterone ST-like protein, alcohol sulfotransferase, v. 39	p. 278
3.1.6.2	dehydroepiandrosterone sulfatase, steryl-sulfatase, v. 11	p. 250
3.1.6.2	dehydroepiandrosterone sulfate sulfatase, steryl-sulfatase, v. 11	p. 250
2.8.2.2	dehydroepiandrosterone sulfotranferase, alcohol sulfotransferase, v. 39	p. 278
2.8.2.2	dehydroepiandrosterone sulfotransferase, alcohol sulfotransferase, v. 39	p. 278
2.8.2.14	dehydroepiandrosterone sulfotransferase, bile-salt sulfotransferase, v. 39	p. 379
2.8.2.15	dehydroepiandrosterone sulfotransferase, steroid sulfotransferase, v. 39	p. 387
2.8.2.15	dehydroepiandrosterone sulfotransferase family 1A member 2, steroid sulfotransferase, v. 39	p. 387
1.3.99.5	Δ4-5α-dehydrogenase, 3-oxo-5α-steroid 4-dehydrogenase, v. 21	p. 516
1.3.99.4	δ1-dehydrogenase, 3-oxosteroid 1-dehydrogenase, v. 21	p. 508
1.1.1.261	G-1-P-dehydrogenase, glycerol-1-phosphate dehydrogenase [NAD(P)+], v. 18	p. 457
1.14.21.4	dehydrogenase, (R)-reticuline, salutaridine synthase, v. 27	p. 240
1.5.1.26	dehydrogenase, β-alanopine, β-alanopine dehydrogenase, v. 23	p. 206
1.2.1.54	dehydrogenase, γ-guanidinobutyraldehyde, γ-guanidinobutyraldehyde dehydrogenase, v. 20	p. 363
1.1.1.66	dehydrogenase, ω-hydroxydecanoate, ω-hydroxydecanoate dehydrogenase, v. 17	p. 81
1.1.1.51	dehydrogenase, β-hydroxy steroid, 3(or 17)β-hydroxysteroid dehydrogenase, v. 17	p. 1
1.3.1.25	dehydrogenase, 1,2-dihydro-1,2-dihydroxybenzoate (Acinetobacter calcoaceticus strain ADP1 gene benD reduced), 1,6-dihydroxycyclohexa-2,4-diene-1-carboxylate dehydrogenase, v. 21	p. 151
1.3.1.25	dehydrogenase, 1,2-dihydro-1,2-dihydroxybenzoate (plasmid pWWO clone pPL392 gene xylL reduced), 1,6-dihydroxycyclohexa-2,4-diene-1-carboxylate dehydrogenase, v. 21	p. 151
1.3.1.29	dehydrogenase, 1,2-dihydro-1,2-dihydroxynaphthalene, cis-1,2-dihydro-1,2-dihydroxynaphthalene dehydrogenase, v. 21	p. 171
1.3.1.53	Dehydrogenase, 1,2-dihydroxy-3,5-cyclohexadiene-1,4-dicarboxylate, (3S,4R)-3,4-dihydroxycyclohexa-1,5-diene-1,4-dicarboxylate dehydrogenase, v. 21	p. 281
1.1.1.202	dehydrogenase, 1,3-propanediol, 1,3-propanediol dehydrogenase, v. 18	p. 199
1.5.1.12	dehydrogenase, 1-pyrroline-5-carboxylate, 1-pyrroline-5-carboxylate dehydrogenase, v. 23	p. 122
1.1.1.146	dehydrogenase, 11β-hydroxy steroid, 11β-hydroxysteroid dehydrogenase, v. 17	p. 449
1.1.1.176	dehydrogenase, 12α-hydroxy steroid, 12α-hydroxysteroid dehydrogenase, v. 18	p. 82
1.1.1.141	dehydrogenase, 15-hydroxyprostaglandin, 15-hydroxyprostaglandin dehydrogenase (NAD+), v. 17	p. 417
1.1.1.196	dehydrogenase, 15-hydroxyprostaglandin (nicotinamide adenine dinucleotide phosphate), 15-hydroxyprostaglandin-D dehydrogenase (NADP+), v. 18	p. 175
1.1.1.51	dehydrogenase, 17β-hydroxy steroid, 3(or 17)β-hydroxysteroid dehydrogenase, v. 17	p. 1

1.3.1.28	dehydrogenase, 2,3-dihydro-2,3-dihydroxybenzoate, 2,3-dihydro-2,3-dihydroxybenzoate dehydrogenase, v. 21	p. 167
1.3.99.8	dehydrogenase, 2-furoyl coenzyme A, 2-furoyl-CoA dehydrogenase, v. 21	p. 531
1.2.1.45	dehydrogenase, 2-hydroxy-4-carboxymuconate 6-semialdehyde, 4-carboxy-2-hydroxymuconate-6-semialdehyde dehydrogenase, v. 20	p. 323
1.1.99.2	dehydrogenase, 2-hydroxyglutarate, 2-hydroxyglutarate dehydrogenase, v. 19	p. 271
1.2.1.32	dehydrogenase, 2-hydroxymuconate semialdehyde, aminomuconate-semialdehyde dehydrogenase, v. 20	p. 271
1.1.1.178	dehydrogenase, 2-methyl-3-hydroxybutyryl coenzyme A, 3-hydroxy-2-methylbutyryl-CoA dehydrogenase, v. 18	p. 89
1.2.4.4	dehydrogenase, 2-oxoisocaproate, 3-methyl-2-oxobutanoate dehydrogenase (2-methylpropanoyl-transferring), v. 20	p. 522
1.2.1.25	dehydrogenase, 2-oxoisovalerate (acylating), 2-oxoisovalerate dehydrogenase (acylating), v. 20	p. 237
1.2.4.4	dehydrogenase, 2-oxoisovalerate (lipoate), 3-methyl-2-oxobutanoate dehydrogenase (2-methylpropanoyl-transferring), v. 20	p. 522
1.1.1.53	dehydrogenase, 20β-hydroxy steroid, 3α(or 20β)-hydroxysteroid dehydrogenase, v. 17	p. 9
1.1.1.209	dehydrogenase, 3(17)α-hydroxy steroid, 3(or 17)α-hydroxysteroid dehydrogenase, v. 18	p. 271
1.1.1.278	dehydrogenase, 3(17)β-hydroxy steroid, 3β-hydroxy-5α-steroid dehydrogenase, v. S1	p. 10
1.1.1.239	dehydrogenase, 3α,17β-hydroxy steroid, 3α(17β)-hydroxysteroid dehydrogenase (NAD+), v. 18	p. 386
1.1.1.210	dehydrogenase, 3β,20α-hydroxy steroid, 3β(or 20α)-hydroxysteroid dehydrogenase, v. 18	p. 277
1.3.1.25	dehydrogenase, 3,5-cyclohexadiene-1,2-diol-1-carboxylate, 1,6-dihydroxycyclohexa-2,4-diene-1-carboxylate dehydrogenase, v. 21	p. 151
1.1.1.145	dehydrogenase, 3β-hydroxy-Δ5-steroid, 3β-hydroxy-Δ5-steroid dehydrogenase, v. 17	p. 436
1.1.1.52	dehydrogenase, 3α-hydroxycholanate, 3α-hydroxycholanate dehydrogenase, v. 17	p. 7
1.1.99.26	dehydrogenase, 3-hydroxycyclohexanone, 3-hydroxycyclohexanone dehydrogenase, v. 19	p. 414
1.1.1.230	dehydrogenase, 3α-hydroxyglycyrrhetinate, 3α-hydroxyglycyrrhetinate dehydrogenase, v. 18	p. 354
1.1.1.51	dehydrogenase, 3β-hydroxy steroid, 3(or 17)β-hydroxysteroid dehydrogenase, v. 17	p. 1
1.1.1.277	dehydrogenase, 3β-hydroxy steroid 5β, 3β-hydroxy-5β-steroid dehydrogenase, v. S1	p. 8
1.1.1.85	dehydrogenase, 3-isopropylmalate, 3-isopropylmalate dehydrogenase, v. 17	p. 179
1.3.99.5	dehydrogenase, 3-oxo-5αsteroid Δ4-, 3-oxo-5α-steroid 4-dehydrogenase, v. 21	p. 516
1.3.99.4	dehydrogenase, 3-oxo steroid δ 1-, 3-oxosteroid 1-dehydrogenase, v. 21	p. 508
1.17.3.3	dehydrogenase, 6-hydroxynicotinate, 6-hydroxynicotinate dehydrogenase, v. S1	p. 757
1.3.1.18	dehydrogenase, 7,8-dihydro-7,8-dihydroxykynurenate, kynurenate-7,8-dihydrodiol dehydrogenase, v. 21	p. 92
1.1.1.159	dehydrogenase, 7α-hydroxy steroid, 7α-hydroxysteroid dehydrogenase, v. 18	p. 21
1.3.99.3	dehydrogenase, acyl coenzyme A, acyl-CoA dehydrogenase, v. 21	p. 488
1.3.1.8	dehydrogenase, acyl coenzyme A (nicotinamide adenine dinucleotide phosphate), acyl-CoA dehydrogenase (NADP+), v. 21	p. 34
1.4.1.1	dehydrogenase, alanine, alanine dehydrogenase, v. 22	p. 1
1.5.1.17	Dehydrogenase, alanopine, Alanopine dehydrogenase, v. 23	p. 158
1.1.1.1	dehydrogenase, alcohol, alcohol dehydrogenase, v. 16	p. 1
1.1.99.8	dehydrogenase, alcohol (acceptor), alcohol dehydrogenase (acceptor), v. 19	p. 305
1.2.99.3	dehydrogenase, aldehyde (acceptor), aldehyde dehydrogenase (pyrroloquinoline-quinone), v. 20	p. 578
1.2.1.5	dehydrogenase, aldehyde (nicotinamide adenine dinucleotide (phosphate)), aldehyde dehydrogenase [NAD(P)+], v. 20	p. 72

dehydrogenase, dihydrobunolol

1.2.1.4	dehydrogenase, aldehyde (nicotinamide adenine dinucleotide phosphate), aldehyde dehydrogenase (NADP+), v. 20	p. 63
1.14.99.19	dehydrogenase, alkyl-acylglycerophosphorylethanolamine, plasmanylethanolamine desaturase, v. 27	p. 338
1.4.99.3	dehydrogenase, amine, amine dehydrogenase, v. 22	p. 402
1.2.1.31	dehydrogenase, aminoadipate semialdehyde, L-aminoadipate-semialdehyde dehydrogenase, v. 20	p. 262
1.2.1.19	dehydrogenase, aminobutyraldehyde, aminobutyraldehyde dehydrogenase, v. 20	p. 195
1.2.1.32	dehydrogenase, aminomuconate semialdehyde, aminomuconate-semialdehyde dehydrogenase, v. 20	p. 271
1.1.1.90	dehydrogenase, aryl alcohol, aryl-alcohol dehydrogenase, v. 17	p. 209
1.4.99.4	dehydrogenase, arylamine, aralkylamine dehydrogenase, v. 22	p. 410
1.2.1.11	dehydrogenase, aspartate semialdehyde, aspartate-semialdehyde dehydrogenase, v. 20	p. 125
1.2.4.4	dehydrogenase, branched chain α-keto acid, 3-methyl-2-oxobutanoate dehydrogenase (2-methylpropanoyl-transferring), v. 20	p. 522
1.3.99.2	dehydrogenase, butyryl coenzyme A, butyryl-CoA dehydrogenase, v. 21	p. 473
1.2.99.2	Dehydrogenase, carbon monoxide, carbon-monoxide dehydrogenase (acceptor), v. 20	p. 564
1.2.2.4	Dehydrogenase, carbon monoxide, carbon-monoxide dehydrogenase (cytochrome b-561), v. 20	p. 422
1.1.99.18	dehydrogenase, cellobiose, cellobiose dehydrogenase (acceptor), v. 19	p. 377
1.1.1.161	dehydrogenase, cholestanetetrol 26-, cholestanetetraol 26-dehydrogenase, v. 18	p. 32
1.2.1.40	dehydrogenase, cholestanetriol-26-al 26-dehydrogenase, 3α,7α,12α-trihydroxycholestan-26-al 26-oxidoreductase, v. 20	p. 297
1.1.99.1	dehydrogenase, choline, choline dehydrogenase, v. 19	p. 265
1.1.1.195	dehydrogenase, cinnamyl alcohol, cinnamyl-alcohol dehydrogenase, v. 18	p. 164
1.3.1.49	Dehydrogenase, cis-3,4-dihydro-3,4-dihydroxyphenanthrene, cis-3,4-dihydrophenanthrene-3,4-diol dehydrogenase, v. 21	p. 272
1.1.1.245	dehydrogenase, cyclohexanol, cyclohexanol dehydrogenase, v. 18	p. 405
1.3.99.14	Dehydrogenase, cyclohexanone, Cyclohexanone dehydrogenase, v. 21	p. 573
1.1.99.30	dehydrogenase, D-2-hydroxy acid, 2-oxo-acid reductase, v. S1	p. 134
1.1.99.6	dehydrogenase, D-2-hydroxy acid, D-2-hydroxy-acid dehydrogenase, v. 19	p. 297
1.1.1.98	dehydrogenase, D-2-hydroxy fatty acid, (R)-2-hydroxy-fatty-acid dehydrogenase, v. 17	p. 255
1.1.1.121	dehydrogenase, D-aldohexose, aldose 1-dehydrogenase, v. 17	p. 343
1.2.1.33	dehydrogenase, D-aldopantoate, (R)-dehydropantoate dehydrogenase, v. 20	p. 278
1.1.1.4	dehydrogenase, D-aminopropanol, (R,R)-butanediol dehydrogenase, v. 16	p. 91
1.1.1.11	dehydrogenase, D-arabinitol, D-arabinitol 4-dehydrogenase, v. 16	p. 149
1.1.1.250	dehydrogenase, D-arabinitol (Candida albicans clone pEMBLYe23 gene arDH reduced), D-arabinitol 2-dehydrogenase, v. 18	p. 422
1.1.1.116	dehydrogenase, D-arabinose, D-arabinose 1-dehydrogenase, v. 17	p. 323
1.1.1.117	dehydrogenase, D-arabinose (nicotinamide adenine dinucleotide (phosphate)), D-arabinose 1-dehydrogenase [NAD(P)+], v. 17	p. 328
1.1.1.4	dehydrogenase, D-butanediol, (R,R)-butanediol dehydrogenase, v. 16	p. 91
1.1.1.254	dehydrogenase, D-carnitine, (S)-carnitine 3-dehydrogenase, v. 18	p. 437
1.1.99.13	dehydrogenase, D-glucoside 3-, glucoside 3-dehydrogenase, v. 19	p. 343
1.1.1.78	dehydrogenase, D-lactaldehyde, methylglyoxal reductase (NADH-dependent), v. 17	p. 131
1.1.1.28	dehydrogenase, D-lactate, D-lactate dehydrogenase, v. 16	p. 274
1.5.1.16	dehydrogenase, D-lysopine, D-lysopine dehydrogenase, v. 23	p. 154
1.1.1.83	dehydrogenase, D-malate (decarboxylating), D-malate dehydrogenase (decarboxylating), v. 17	p. 172
1.1.1.140	dehydrogenase, D-sorbitol 6-phosphate, sorbitol-6-phosphate 2-dehydrogenase, v. 17	p. 412
1.1.1.160	dehydrogenase, dihydrobunolol, dihydrobunolol dehydrogenase, v. 18	p. 30

283

1.3.1.1	dehydrogenase, dihydrouracil, dihydrouracil dehydrogenase (NAD+), v. 21 | p. 1
1.3.1.2	dehydrogenase, dihydrouracil (nicotinamide adenine dinucleotide phosphate), dihydropyrimidine dehydrogenase (NADP+), v. 21 | p. 4
1.1.1.86	dehydrogenase, dihydroxyisovalerate (isomerizing), ketol-acid reductoisomerase, v. 17 | p. 190
1.5.8.1	dehydrogenase, dimethylamine, dimethylamine dehydrogenase, v. 23 | p. 333
1.5.8.1	dehydrogenase, dimethylamine (Hyphomicrobium strain X clone pUHA65/pUHB49 gene dmd), dimethylamine dehydrogenase, v. 23 | p. 333
1.5.8.1	dehydrogenase, dimethylamine (Hyphomicrobium strain X clone pUHA65/pUHB49 gene dmd precursor), dimethylamine dehydrogenase, v. 23 | p. 333
1.1.1.84	dehydrogenase, dimethylmalate, dimethylmalate dehydrogenase, v. 17 | p. 176
1.1.1.62	dehydrogenase, estradiol 17β-, estradiol 17β-dehydrogenase, v. 17 | p. 48
1.1.1.216	dehydrogenase, farnesol (nicotinamide adenine dinucleotide phosphate), farnesol dehydrogenase, v. 18 | p. 308
1.1.1.284	dehydrogenase, formaldehyde, S-(hydroxymethyl)glutathione dehydrogenase, v. S1 | p. 38
1.2.1.46	dehydrogenase, formaldehyde, formaldehyde dehydrogenase, v. 20 | p. 328
1.2.1.2	dehydrogenase, formate, formate dehydrogenase, v. 20 | p. 16
1.2.2.1	dehydrogenase, formate (cytochrome), formate dehydrogenase (cytochrome), v. 20 | p. 410
1.2.2.3	dehydrogenase, formate (cytochrome), formate dehydrogenase (cytochrome-c-553), v. 20 | p. 419
1.2.1.43	dehydrogenase, formate (nicotinamide adenine dinucleotide phosphate), formate dehydrogenase (NADP+), v. 20 | p. 311
1.2.99.5	Dehydrogenase, formylmethanofuran, Formylmethanofuran dehydrogenase, v. 20 | p. 591
1.5.1.6	dehydrogenase, formyltetrahydrofolate, formyltetrahydrofolate dehydrogenase, v. 23 | p. 65
1.1.99.11	dehydrogenase, fructose 5- (acceptor), fructose 5-dehydrogenase, v. 19 | p. 333
1.3.2.3	dehydrogenase, galactonolactone, L-galactonolactone dehydrogenase, v. 21 | p. 342
1.3.1.36	dehydrogenase, geissoschizine, geissoschizine dehydrogenase, v. 21 | p. 219
1.1.99.3	dehydrogenase, gluconate 2-, gluconate 2-dehydrogenase (acceptor), v. 19 | p. 274
1.1.1.69	dehydrogenase, gluconate 5-, gluconate 5-dehydrogenase, v. 17 | p. 92
1.1.99.10	dehydrogenase, glucose (acceptor), glucose dehydrogenase (acceptor), v. 19 | p. 328
1.1.99.10	dehydrogenase, glucose (Aspergillus), glucose dehydrogenase (acceptor), v. 19 | p. 328
1.1.1.118	dehydrogenase, glucose (nicotinamide adenine dinucleotide), glucose 1-dehydrogenase (NAD+), v. 17 | p. 332
1.1.1.119	dehydrogenase, glucose (nicotinamide adenine dinucleotide phosphate), glucose 1-dehydrogenase (NADP+), v. 17 | p. 335
1.1.5.2	dehydrogenase, glucose (pyrroloquinoline-quinone), quinoprotein glucose dehydrogenase, v. S1 | p. 88
1.4.1.2	dehydrogenase, glutamate, glutamate dehydrogenase, v. 22 | p. 27
1.4.3.11	dehydrogenase, glutamate (acceptor), L-glutamate oxidase, v. 22 | p. 333
1.4.1.3	dehydrogenase, glutamate (nicotinamide adenine dinucleotide (phosphate)), glutamate dehydrogenase [NAD(P)+], v. 22 | p. 43
1.4.1.4	dehydrogenase, glutamate (nicotinamide adenine dinucleotide phosphate), glutamate dehydrogenase (NADP+), v. 22 | p. 68
1.2.1.41	dehydrogenase, glutamate semialdehyde, glutamate-5-semialdehyde dehydrogenase, v. 20 | p. 300
1.2.1.20	dehydrogenase, glutarate semialdehyde, glutarate-semialdehyde dehydrogenase, v. 20 | p. 205
1.8.5.1	dehydrogenase, glutathione (ascorbate), glutathione dehydrogenase (ascorbate), v. 24 | p. 670
1.2.1.12	dehydrogenase, glyceraldehyde phosphate, glyceraldehyde-3-phosphate dehydrogenase (phosphorylating), v. 20 | p. 135
1.2.7.6	dehydrogenase, glyceraldehyde phosphate (ferredoxin), glyceraldehyde-3-phosphate dehydrogenase (ferredoxin), v. S1 | p. 203

1.2.1.59	Dehydrogenase, glyceraldehyde phosphate (nicotinamide adenine dinucleotide (phosphate)), glyceraldehyde-3-phosphate dehydrogenase (NAD(P)+) (phosphorylating), v. 20 | p. 378
1.2.1.9	dehydrogenase, glyceraldehyde phosphate (nicotinamide adenine dinucleotide phosphate), glyceraldehyde-3-phosphate dehydrogenase (NADP+), v. 20 | p. 108
1.2.1.13	dehydrogenase, glyceraldehyde phosphate (nicotinamide adenine dinucleotide phosphate phosphorylating), glyceraldehyde-3-phosphate dehydrogenase (NADP+) (phosphorylating), v. 20 | p. 163
1.1.1.29	dehydrogenase, glycerate, glycerate dehydrogenase, v. 16 | p. 283
1.1.1.6	dehydrogenase, glycerol, glycerol dehydrogenase, v. 16 | p. 108
1.1.1.8	dehydrogenase, glycerol phosphate, glycerol-3-phosphate dehydrogenase (NAD+), v. 16 | p. 120
1.4.1.10	dehydrogenase, glycine, glycine dehydrogenase, v. 22 | p. 127
1.4.2.1	dehydrogenase, glycine (cytochrome), glycine dehydrogenase (cytochrome), v. 22 | p. 213
1.2.1.21	dehydrogenase, glycol aldehyde, glycolaldehyde dehydrogenase, v. 20 | p. 209
1.2.1.42	dehydrogenase, hexadecanal (acylating), hexadecanal dehydrogenase (acylating), v. 20 | p. 306
1.1.1.164	dehydrogenase, hexadecanol, hexadecanol dehydrogenase, v. 18 | p. 43
1.1.1.87	dehydrogenase, homoisocitrate, homoisocitrate dehydrogenase, v. 17 | p. 198
1.12.1.2	dehydrogenase, hydrogen, hydrogen dehydrogenase, v. 25 | p. 316
1.2.1.8	dehydrogenase, βine aldehyde, βine-aldehyde dehydrogenase, v. 20 | p. 94
1.1.1.205	dehydrogenase, inosinate, IMP dehydrogenase, v. 18 | p. 243
1.1.99.4	dehydrogenase, ketogluconate, dehydrogluconate dehydrogenase, v. 19 | p. 279
1.1.1.99	dehydrogenase, L-2-hydroxy fatty acid, (S)-2-hydroxy-fatty-acid dehydrogenase, v. 17 | p. 257
1.4.1.11	dehydrogenase, L-3,5-diaminohexanoate, L-erythro-3,5-diaminohexanoate dehydrogenase, v. 22 | p. 130
1.1.1.157	dehydrogenase, L-3-hydroxybutyryl coenzyme A (nicotinamide adenine dinucleotide phosphate), 3-hydroxybutyryl-CoA dehydrogenase, v. 18 | p. 10
1.4.1.5	dehydrogenase, L-amino acid, L-Amino-acid dehydrogenase, v. 22 | p. 89
1.1.1.12	dehydrogenase, L-arabinitol, L-arabinitol 4-dehydrogenase, v. 16 | p. 154
1.1.1.46	dehydrogenase, L-arabinose, L-arabinose 1-dehydrogenase, v. 16 | p. 448
1.1.1.14	dehydrogenase, L-iditol, L-iditol 2-dehydrogenase, v. 16 | p. 158
1.1.99.27	dehydrogenase, L-(+)-pantoyllactone, (R)-Pantolactone dehydrogenase (flavin), v. 19 | p. 416
1.2.1.22	dehydrogenase, lactaldehyde, lactaldehyde dehydrogenase, v. 20 | p. 216
1.1.1.27	dehydrogenase, lactate, L-lactate dehydrogenase, v. 16 | p. 253
1.4.1.9	dehydrogenase, leucine, leucine dehydrogenase, v. 22 | p. 110
1.3.1.74	dehydrogenase, leukotriene B4 12-hydroxy, 2-alkenal reductase, v. 21 | p. 336
1.8.1.4	dehydrogenase, lipoamide, dihydrolipoyl dehydrogenase, v. 24 | p. 463
1.1.1.192	dehydrogenase, long-chain alcohol, long-chain-alcohol dehydrogenase, v. 18 | p. 154
1.2.1.48	dehydrogenase, long-chain aliphatic aldehyde, long-chain-aldehyde dehydrogenase, v. 20 | p. 338
1.1.1.39	dehydrogenase, malate, malate dehydrogenase (decarboxylating), v. 16 | p. 371
1.1.99.16	dehydrogenase, malate (acceptor), malate dehydrogenase (acceptor), v. 19 | p. 355
1.1.1.82	dehydrogenase, malate (nicotinamide adenine dinucleotide phosphate), malate dehydrogenase (NADP+), v. 17 | p. 155
1.2.1.15	dehydrogenase, malonate semialdehyde, malonate-semialdehyde dehydrogenase, v. 20 | p. 177
1.2.1.18	dehydrogenase, malonate semialdehyde, malonate-semialdehyde dehydrogenase (acetylating), v. 20 | p. 191
1.1.1.17	dehydrogenase, mannitol 1-phosphate, mannitol-1-phosphate 5-dehydrogenase, v. 16 | p. 180
1.1.1.207	dehydrogenase, menthol, (-)-menthol dehydrogenase, v. 18 | p. 267
1.1.1.244	dehydrogenase, methanol, methanol dehydrogenase, v. 18 | p. 401

1.12.98.2	Dehydrogenase, methylenetetrahydromethanopterin, 5,10-methenyltetrahydromethanopterin hydrogenase, v. 25	p. 361	
1.5.99.9	Dehydrogenase, methylenetetrahydromethanopterin, Methylenetetrahydromethanopterin dehydrogenase, v. 23	p. 387	
1.1.1.208	dehydrogenase, neomenthol, (+)-neomenthol dehydrogenase, v. 18	p. 269	
1.17.1.5	dehydrogenase, nicotinate, nicotinate dehydrogenase, v. S1	p. 719	
1.5.1.19	dehydrogenase, nopaline, D-nopaline dehydrogenase, v. 23	p. 170	
1.5.1.11	Dehydrogenase, octopine, D-Octopine dehydrogenase, v. 23	p. 108	
1.5.1.28	Dehydrogenase, opine, Opine dehydrogenase, v. 23	p. 211	
1.2.4.2	dehydrogenase, oxoglutarate, oxoglutarate dehydrogenase (succinyl-transferring), v. 20	p. 507	
1.1.1.144	dehydrogenase, perillyl alcohol, perillyl-alcohol dehydrogenase, v. 17	p. 433	
1.2.1.39	dehydrogenase, phenylacetaldehyde, phenylacetaldehyde dehydrogenase, v. 20	p. 293	
1.4.1.20	dehydrogenase, phenylalanine, phenylalanine dehydrogenase, v. 22	p. 196	
1.2.1.58	Dehydrogenase, phenylglyoxylate (CoA-benzoylating), phenylglyoxylate dehydrogenase (acylating), v. 20	p. 375	
1.1.1.95	dehydrogenase, phosphoglycerate, phosphoglycerate dehydrogenase, v. 17	p. 238	
1.1.99.20	dehydrogenase, polyethylene glycol, alkan-1-ol dehydrogenase (acceptor), v. 19	p. 391	
1.1.99.23	dehydrogenase, polyvinyl alcohol, polyvinyl-alcohol dehydrogenase (acceptor), v. 19	p. 405	
1.1.3.30	dehydrogenase, polyvinyl alcohol, polyvinyl-alcohol oxidase, v. 19	p. 220	
1.3.1.12	dehydrogenase, prephenate, prephenate dehydrogenase, v. 21	p. 60	
1.3.1.43	dehydrogenase, pretyrosine, arogenate dehydrogenase, v. 21	p. 242	
1.1.1.7	dehydrogenase, propanediol phosphate, propanediol-phosphate dehydrogenase, v. 16	p. 118	
1.1.1.231	dehydrogenase, prostacyclin, 15-hydroxyprostaglandin-I dehydrogenase (NADP+), v. 18	p. 357	
1.1.1.196	dehydrogenase, prostaglandin D2, 15-hydroxyprostaglandin-D dehydrogenase (NADP+), v. 18	p. 175	
1.1.99.29	dehydrogenase, pyranose 2/3-, pyranose dehydrogenase (acceptor), v. S1	p. 124	
1.1.1.65	dehydrogenase, pyridoxol 4-, pyridoxine 4-dehydrogenase, v. 17	p. 78	
1.1.99.9	dehydrogenase, pyridoxol 5-, pyridoxine 5-dehydrogenase, v. 19	p. 325	
1.2.4.1	dehydrogenase, pyruvate, pyruvate dehydrogenase (acetyl-transferring), v. 20	p. 488	
1.1.1.24	dehydrogenase, quinate, quinate dehydrogenase, v. 16	p. 236	
1.1.99.25	dehydrogenase, quinate (pyrroloquinoline-quinone), quinate dehydrogenase (pyrroloquinoline-quinone), v. 19	p. 412	
1.3.99.17	Dehydrogenase, quinoline 2-, Quinoline 2-oxidoreductase, v. 21	p. 582	
1.6.99.3	dehydrogenase, reduced nicotinamide adenine dinucleotide, NADH dehydrogenase, v. 24	p. 207	
1.3.1.74	Dehydrogenase, reduced nicotinamide adenine dinucleotide (phosphate) (quinone), 2-alkenal reductase, v. 21	p. 336	
1.6.5.5	Dehydrogenase, reduced nicotinamide adenine dinucleotide (phosphate) (quinone), NADPH:quinone reductase, v. 24	p. 135	
1.6.5.2	dehydrogenase, reduced nicotinamide adenine dinucleotide (phosphate, quinone), NAD(P)H dehydrogenase (quinone), v. 24	p. 105	
1.6.99.5	dehydrogenase, reduced nicotinamide adenine dinucleotide (quinone), NADH dehydrogenase (quinone), v. 24	p. 219	
1.6.99.1	dehydrogenase, reduced nicotinamide adenine dinucleotide phosphate, NADPH dehydrogenase, v. 24	p. 179	
1.6.99.6	dehydrogenase, reduced nicotinamide adenine dinucleotide phosphate (quinone), NADPH dehydrogenase (quinone), v. 24	p. 225	
1.2.1.36	dehydrogenase, retinal, retinal dehydrogenase, v. 20	p. 282	
1.1.1.105	dehydrogenase, retinol, retinol dehydrogenase, v. 17	p. 287	
1.1.1.137	dehydrogenase, ribitol 5-phosphate, ribitol-5-phosphate 2-dehydrogenase, v. 17	p. 400	

1.1.1.115	dehydrogenase, ribose (nicotinamide adenine dinucleotide phosphate), ribose 1-dehydrogenase (NADP+), v. 17 | p. 321
1.5.1.9	dehydrogenase, saccharopine (nicotinamide adenine dinucleotide, glutamate-forming), saccharopine dehydrogenase (NAD+, L-glutamate-forming), v. 23 | p. 97
1.5.1.7	dehydrogenase, saccharopine (nicotinamide adenine dinucleotide, lysine forming), saccharopine dehydrogenase (NAD+, L-lysine-forming), v. 23 | p. 78
1.5.1.10	dehydrogenase, saccharopine (nicotinamide adenine dinucleotide phosphate, glutamate-forming), saccharopine dehydrogenase (NADP+, L-glutamate-forming), v. 23 | p. 104
1.5.1.8	dehydrogenase, saccharopine (nicotinamide adenine dinucleotide phosphate, lysine-forming), saccharopine dehydrogenase (NADP+, L-lysine-forming), v. 23 | p. 84
1.1.99.12	dehydrogenase, sorbose, sorbose dehydrogenase, v. 19 | p. 337
1.5.1.22	Dehydrogenase, strombine, Strombine dehydrogenase, v. 23 | p. 185
1.3.99.1	dehydrogenase, succinate, succinate dehydrogenase, v. 21 | p. 462
1.2.1.24	dehydrogenase, succinate semialdehyde, succinate-semialdehyde dehydrogenase, v. 20 | p. 228
1.2.1.16	dehydrogenase, succinate semialdehyde (nicotinamide adenine dinucleotide (phosphate)), succinate-semialdehyde dehydrogenase [NAD(P)+], v. 20 | p. 180
1.8.2.1	dehydrogenase, sulfite, sulfite dehydrogenase, v. 24 | p. 566
1.1.1.93	dehydrogenase, tartrate, tartrate dehydrogenase, v. 17 | p. 228
1.5.1.3	dehydrogenase, tetrahydrofolate, dihydrofolate reductase, v. 23 | p. 17
1.14.99.35	dehydrogenase, thiophene-2-carbonyl coenzyme A, thiophene-2-carbonyl-CoA monooxygenase, v. 27 | p. 386
1.1.1.134	dehydrogenase, thymidine diphospho-6-deoxy-L-talose, dTDP-6-deoxy-L-talose 4-dehydrogenase, v. 17 | p. 393
1.3.1.20	dehydrogenase, trans-1,2-dihydrobenzene-1,2-diol, trans-1,2-dihydrobenzene-1,2-diol dehydrogenase, v. 21 | p. 98
1.10.1.1	dehydrogenase, trans-acenaphthylene-1,2-diol, trans-acenaphthene-1,2-diol dehydrogenase, v. 25 | p. 76
1.1.1.243	dehydrogenase, (-)-trans-carveol, carveol dehydrogenase, v. 18 | p. 396
1.2.1.47	dehydrogenase, trimethylaminobutyraldehyde, 4-trimethylammoniobutyraldehyde dehydrogenase, v. 20 | p. 334
1.1.1.206	dehydrogenase, tropine, tropinone reductase I, v. 18 | p. 261
1.4.1.19	dehydrogenase, tryptophan, tryptophan dehydrogenase, v. 22 | p. 192
1.17.99.4	dehydrogenase, uracil, uracil/thymine dehydrogenase, v. S1 | p. 771
1.1.1.136	dehydrogenase, uridine diphosphoacetylglucosamine, UDP-N-acetylglucosamine 6-dehydrogenase, v. 17 | p. 397
1.1.1.22	dehydrogenase, uridine diphosphoglucose, UDP-glucose 6-dehydrogenase, v. 16 | p. 221
1.4.1.8	dehydrogenase, valine (nicotinamide adenine dinucleotide phosphate), valine dehydrogenase (NADP+), v. 22 | p. 96
1.3.5.1	dehydrogenase/complex II, succinate dehydrogenase (ubiquinone), v. 21 | p. 424
1.3.1.25	dehydrogenase 1,2-dihydro-1,2-dihydroxybenzoate (Acinetobacter strain ADP1 gene benD), 1,6-dihydroxycyclohexa-2,4-diene-1-carboxylate dehydrogenase, v. 21 | p. 151
1.8.1.4	dehydrolipoate dehydrogenase, dihydrolipoyl dehydrogenase, v. 24 | p. 463
2.1.2.11	dehydropantoate hydroxymethyltransferase, 3-methyl-2-oxobutanoate hydroxymethyltransferase, v. 29 | p. 84
1.1.99.27	2-Dehydropantolactone reductase (flavin), (R)-Pantolactone dehydrogenase (flavin), v. 19 | p. 416
1.1.1.168	2-dehydropantoyl-lactone reductase, 2-dehydropantolactone reductase (A-specific), v. 18 | p. 54
1.1.1.168	2-dehydropantoyl-lactone reductase (A-specific), 2-dehydropantolactone reductase (A-specific), v. 18 | p. 54
1.1.1.214	2-dehydropantoyl-lactone reductase (B-specific), 2-dehydropantolactone reductase (B-specific), v. 18 | p. 299
1.1.99.27	2-Dehydropantoyl-lactone reductase (flavin), (R)-Pantolactone dehydrogenase (flavin), v. 19 | p. 416

3.4.13.19	dehydropeptidase I (DPH I), membrane dipeptidase, v. 6 | p. 239
3.5.1.14	dehydropeptidase II, aminoacylase, v. 14 | p. 317
4.2.1.98	16-dehydroprogesterone reductase, 16α-hydroxyprogesterone dehydratase, v. 4 | p. 675
4.2.1.10	3-dehydroquinase, 3-dehydroquinate dehydratase, v. 4 | p. 304
4.2.1.10	5-dehydroquinase, 3-dehydroquinate dehydratase, v. 4 | p. 304
4.2.1.10	dehydroquinase, 3-dehydroquinate dehydratase, v. 4 | p. 304
4.2.1.10	3-dehydroquinate dehydratase, 3-dehydroquinate dehydratase, v. 4 | p. 304
4.2.1.10	5-dehydroquinate dehydratase, 3-dehydroquinate dehydratase, v. 4 | p. 304
4.2.1.10	dehydroquinate dehydratase, 3-dehydroquinate dehydratase, v. 4 | p. 304
4.2.1.10	dehydroquinate dehydratase-shikimate dehydrogenase, 3-dehydroquinate dehydratase, v. 4 | p. 304
1.1.1.282	dehydroquinate dehydratase-shikimate dehydrogenase, quinate/shikimate dehydrogenase, v. S1 | p. 22
1.1.1.25	dehydroquinate dehydratase-shikimate dehydrogenase, shikimate dehydrogenase, v. 16 | p. 241
4.2.1.10	3-dehydroquinate dehydratase/shikimate dehydrogenase, 3-dehydroquinate dehydratase, v. 4 | p. 304
1.1.1.25	3-dehydroquinate dehydratase/shikimate dehydrogenase, shikimate dehydrogenase, v. 16 | p. 241
4.2.1.10	3-dehydroquinate dehydratase /shikimate dehydrogenase isoform 1, 3-dehydroquinate dehydratase, v. 4 | p. 304
4.2.1.10	3-dehydroquinate dehydratase /shikimate dehydrogenase isoform 2, 3-dehydroquinate dehydratase, v. 4 | p. 304
4.2.1.10	5-dehydroquinate hydro-lyase, 3-dehydroquinate dehydratase, v. 4 | p. 304
4.2.3.4	3-dehydroquinate synthase, 3-dehydroquinate synthase, v. S7 | p. 194
4.2.3.4	5-dehydroquinate synthase, 3-dehydroquinate synthase, v. S7 | p. 194
4.2.1.10	dehydroquinate synthase, 3-dehydroquinate dehydratase, v. 4 | p. 304
4.2.3.4	dehydroquinate synthase, 3-dehydroquinate synthase, v. S7 | p. 194
4.2.3.4	3-dehydroquinate synthetase, 3-dehydroquinate synthase, v. S7 | p. 194
4.2.3.4	dehydroquinate synthetase, 3-dehydroquinate synthase, v. S7 | p. 194
4.2.3.4	3-dehydroquinic acid synthetase, 3-dehydroquinate synthase, v. S7 | p. 194
4.2.3.4	5-dehydroquinic acid synthetase, 3-dehydroquinate synthase, v. S7 | p. 194
1.5.1.27	1,2-Dehydroreticuline reductase, 1,2-Dehydroreticulinium reductase (NADPH), v. 23 | p. 208
1.5.1.27	1,2-Dehydroreticulinium ion reductase, 1,2-Dehydroreticulinium reductase (NADPH), v. 23 | p. 208
1.1.1.25	5-dehydroshikimate reductase, shikimate dehydrogenase, v. 16 | p. 241
1.1.1.25	dehydroshikimic reductase, shikimate dehydrogenase, v. 16 | p. 241
1.1.1.102	D-3-dehydrosphinganine reductase, 3-dehydrosphinganine reductase, v. 17 | p. 273
4.2.1.98	16α-dehydroxylase, 16α-hydroxyprogesterone dehydratase, v. 4 | p. 675
4.2.1.98	Dehydroxylase, hydroxy steroid 16α, 16α-hydroxyprogesterone dehydratase, v. 4 | p. 675
4.2.1.98	dehydroxylase, hydroxy steroid 16α-, 16α-hydroxyprogesterone dehydratase, v. 4 | p. 675
3.5.3.6	deiminase, arginine, arginine deiminase, v. 14 | p. 776
3.5.3.21	Deiminase, methylenediurea, methylenediurea deaminase, v. 14 | p. 843
3.5.3.15	deiminase, protein (arginine), protein-arginine deiminase, v. 14 | p. 817
1.97.1.11	deiodinase, thyroxine 5-, thyroxine 5-deiodinase, v. S1 | p. 807
3.1.1.81	delactonase, quorum-quenching N-acyl-homoserine lactonase, v. S5 | p. 23
2.1.1.139	3'-demethoxy-3'-hydroxystaurosporine O-methyltransferase, 3'-demethylstaurosporine O-methyltransferase, v. 28 | p. 617
2.1.1.94	11-demethyl-17-deacetylvindoline 11-methyltransferase, tabersonine 16-O-methyltransferase, v. 28 | p. 472
2.1.1.94	11-O-demethyl-17-O-deacetylvindoline 11-O-methyltransferase, tabersonine 16-O-methyltransferase, v. 28 | p. 472
2.1.1.94	11-O-demethyl-17-O-deacetylvindoline O-methyltransferase, tabersonine 16-O-methyltransferase, v. 28 | p. 472

1.14.13.70	14-demethylase, sterol 14-demethylase, v. 26 | p. 547
1.14.13.70	14α-demethylase, sterol 14-demethylase, v. 26 | p. 547
1.5.3.2	demethylase, N-methyl-L-amino-acid oxidase, v. 23 | p. 282
1.14.13.70	demethylase, methylsterol 14α-, sterol 14-demethylase, v. 26 | p. 547
2.1.1.102	demethylmacrocin methyltransferase, demethylmacrocin O-methyltransferase, v. 28 | p. 505
2.1.1.38	O-demethylpuromycin methyltransferase, O-demethylpuromycin O-methyltransferase, v. 28 | p. 211
2.1.1.64	5-demethylubiquinone-9 methyltransferase, 3-demethylubiquinone-9 3-O-methyltransferase, v. 28 | p. 351
3.4.21.98	Den2 protease, hepacivirin, v. 7 | p. 474
3.4.23.18	Denapsin, Aspergillopepsin I, v. 8 | p. 78
3.4.23.18	denapsin 2P, Aspergillopepsin I, v. 8 | p. 78
3.4.23.18	Denapsin XP 271, Aspergillopepsin I, v. 8 | p. 78
3.4.21.113	dengue virus non-structural protein 3, pestivirus NS3 polyprotein peptidase, v. S5 | p. 408
2.7.7.48	DENV 3 polymerase, RNA-directed RNA polymerase, v. 38 | p. 468
2.7.7.48	DENV 3 RdRp, RNA-directed RNA polymerase, v. 38 | p. 468
2.7.7.48	DENV RdRp, RNA-directed RNA polymerase, v. 38 | p. 468
2.4.2.1	DeoD, purine-nucleoside phosphorylase, v. 33 | p. 1
1.1.3.4	deoxin-1, glucose oxidase, v. 19 | p. 30
5.99.1.2	Deoxiribonucleate topoisomerase, DNA topoisomerase, v. 1 | p. 721
5.99.1.2	Deoxiribonucleic topoisomerase, DNA topoisomerase, v. 1 | p. 721
3.1.21.2	deoxriboendonuclease, deoxyribonuclease IV (phage-T4-induced), v. 11 | p. 446
3.2.1.112	2-deoxy-α-D-glucosidase, 2-deoxyglucosidase, v. 13 | p. 456
3.2.1.112	2-deoxy-α-glucosidase, 2-deoxyglucosidase, v. 13 | p. 456
6.3.5.10	5'-deoxy-5'-adenosylcobyrinic-acid-a,c-diamide:L-glutamine amido-ligase, adenosylcobyric acid synthase (glutamine-hydrolysing), v. S7 | p. 651
2.5.1.63	5'-deoxy-5'-fluoroadenosine synthase, adenosyl-fluoride synthase, v. 34 | p. 242
2.4.2.28	5'-deoxy-5'-methylthioadenosine:orthophosphate methylthioribosyltransferase, S-methyl-5'-thioadenosine phosphorylase, v. 33 | p. 236
2.4.2.28	5'-deoxy-5'-methylthioadenosine phosphorylase, S-methyl-5'-thioadenosine phosphorylase, v. 33 | p. 236
2.4.2.28	5'-deoxy-5'-methylthioadenosine phosphorylase II, S-methyl-5'-thioadenosine phosphorylase, v. 33 | p. 236
4.2.1.41	D-4-Deoxy-5-ketoglucarate hydro-lyase, 5-dehydro-4-deoxyglucarate dehydratase, v. 4 | p. 481
4.2.1.41	D-4-Deoxy-5-ketoglucarate hydro-lyase (decarboxylating), 5-dehydro-4-deoxyglucarate dehydratase, v. 4 | p. 481
4.2.1.41	4-Deoxy-5-oxoglucarate hydro-lyase (decarboxylating), 5-dehydro-4-deoxyglucarate dehydratase, v. 4 | p. 481
4.2.1.41	D-4-Deoxy-5-oxoglucarate hydro-lyase (decarboxylating), 5-dehydro-4-deoxyglucarate dehydratase, v. 4 | p. 481
3.5.4.12	deoxy-CMP-deaminase, dCMP deaminase, v. 15 | p. 92
3.6.1.12	deoxy-CTPase, dCTP diphosphatase, v. 15 | p. 351
2.2.1.4	1-deoxy-D-altro-heptulose-7-phosphate synthase, acetoin-ribose-5-phosphate transaldolase, v. 29 | p. 194
2.2.1.4	1-deoxy-D-altro-heptulose-7-phosphate synthetase, acetoin-ribose-5-phosphate transaldolase, v. 29 | p. 194
2.5.1.54	3-deoxy-D-arabino-2-heptulosonic acid 7-phosphate synthetase, 3-deoxy-7-phosphoheptulonate synthase, v. 34 | p. 146
2.5.1.54	3-deoxy-D-arabino-heptolosonate-7-phosphate synthetase, 3-deoxy-7-phosphoheptulonate synthase, v. 34 | p. 146
2.5.1.54	3-deoxy-D-arabino-heptulosonate-7-phosphate synthase, 3-deoxy-7-phosphoheptulonate synthase, v. 34 | p. 146

2.5.1.54	deoxy-D-arabino-heptulosonate-7-phosphate synthetase, 3-deoxy-7-phosphoheptulonate synthase, v. 34 | p. 146
4.1.2.15	3-deoxy-D-arabino-heptulosonate 7-phosphate synthase, 2-dehydro-3-deoxy-phosphoheptonate aldolase, v. 3 | p. 482
2.5.1.54	3-deoxy-D-arabino-heptulosonate 7-phosphate synthase, 3-deoxy-7-phosphoheptulonate synthase, v. 34 | p. 146
2.5.1.54	3-deoxy-D-arabino-heptulosonate 7-phosphate synthetase, 3-deoxy-7-phosphoheptulonate synthase, v. 34 | p. 146
2.5.1.54	3-deoxy-D-arabino-heptulosonic acid 7-phosphate synthase, 3-deoxy-7-phosphoheptulonate synthase, v. 34 | p. 146
2.5.1.54	3-deoxy-D-arabino heptulosonate 7-phosphate synthase, 3-deoxy-7-phosphoheptulonate synthase, v. 34 | p. 146
2.5.1.55	3-deoxy-D-manno-2-octulosonate-8-phosphate synthase, 3-deoxy-8-phosphooctulonate synthase, v. 34 | p. 172
2.5.1.55	3-deoxy-D-manno-2-octulosonate-8-phosphate synthases, 3-deoxy-8-phosphooctulonate synthase, v. 34 | p. 172
2.5.1.55	3-deoxy-D-manno-2-octulosonic acid-8-phosphate synthase, 3-deoxy-8-phosphooctulonate synthase, v. 34 | p. 172
3.1.3.45	3-deoxy-D-manno-octulosonate-8-phosphate phosphatase, 3-deoxy-manno-octulosonate-8-phosphatase, v. 10 | p. 392
3.1.3.45	3-deoxy-D-manno-octulosonate-8-phosphate phosphohydrolase, 3-deoxy-manno-octulosonate-8-phosphatase, v. 10 | p. 392
2.5.1.55	3-deoxy-D-manno-octulosonate-8-phosphate synthase, 3-deoxy-8-phosphooctulonate synthase, v. 34 | p. 172
2.5.1.55	3-deoxy-D-manno-octulosonate 8-phosphate synthase, 3-deoxy-8-phosphooctulonate synthase, v. 34 | p. 172
2.5.1.55	3-deoxy-D-manno-octulosonate 8-phosphate synthetase, 3-deoxy-8-phosphooctulonate synthase, v. 34 | p. 172
2.7.7.38	3-deoxy-D-manno-octulosonate cytidylyltransferase, 3-deoxy-manno-octulosonate cytidylyltransferase, v. 38 | p. 396
2.5.1.55	3-deoxy-D-manno-octulosonic acid 8-phosphate synthase, 3-deoxy-8-phosphooctulonate synthase, v. 34 | p. 172
4.1.2.16	3-deoxy-D-manno-octulosonic acid 8-phosphate synthetase, 2-dehydro-3-deoxy-phosphooctonate aldolase, v. 3 | p. 497
4.1.2.23	3-deoxy-D-manno-octulosonic aldolase, 3-deoxy-D-manno-octulosonate aldolase, v. 3 | p. 527
2.5.1.55	3-deoxy-D-mannooctulosonate-8-phosphate synthetase, 3-deoxy-8-phosphooctulonate synthase, v. 34 | p. 172
4.1.2.28	3-Deoxy-D-pentulosonic acid aldolase, 2-Dehydro-3-deoxy-D-pentonate aldolase, v. 3 | p. 545
4.1.2.18	3-Deoxy-D-penulosonic acid aldolase, 2-Dehydro-3-deoxy-L-pentonate aldolase, v. 3 | p. 508
4.1.2.4	2-deoxy-D-ribose-5-phosphate aldolase, Deoxyribose-phosphate aldolase, v. 3 | p. 417
4.1.2.4	2-deoxy-D-ribose 5-phosphate aldolase, Deoxyribose-phosphate aldolase, v. 3 | p. 417
2.2.1.7	1-D-deoxy-D-threo-2-pentulose 5-phosphate synthetase, 1-deoxy-D-xylulose-5-phosphate synthase, v. 29 | p. 217
2.2.1.7	1-deoxy-D-threo-pentulose synthase, 1-deoxy-D-xylulose-5-phosphate synthase, v. 29 | p. 217
2.7.1.17	1-deoxy-D-xylulokinase, xylulokinase, v. 35 | p. 231
2.2.1.7	1-deoxy-D-xylulose-5-phosphate pyruvate lyase, 1-deoxy-D-xylulose-5-phosphate synthase, v. 29 | p. 217
1.1.1.267	1-deoxy-D-xylulose 5-phosphate isomeroreductase, 1-deoxy-D-xylulose-5-phosphate reductoisomerase, v. 18 | p. 476
1.1.1.267	1-deoxy-D-xylulose 5-phosphate reductoisomerase, 1-deoxy-D-xylulose-5-phosphate reductoisomerase, v. 18 | p. 476

2.2.1.7	1-deoxy-D-xylulose 5-phosphate synthase, 1-deoxy-D-xylulose-5-phosphate synthase, v. 29 | p. 217
2.2.1.7	1-deoxy-D-xylulose 5-phosphate synthase 2, 1-deoxy-D-xylulose-5-phosphate synthase, v. 29 | p. 217
2.2.1.7	1-deoxy-D-xylulose 5-phosphate synthetase, 1-deoxy-D-xylulose-5-phosphate synthase, v. 29 | p. 217
3.1.3.68	2-deoxy-glucose 6-phosphate phosphatase, 2-deoxyglucose-6-phosphatase, v. 10 | p. 493
3.1.5.1	deoxy-GTPase, dGTPase, v. 11 | p. 232
5.3.1.17	4-deoxy-L-threo-5-hexosulose-uronate ketol-isomerase, 4-Deoxy-L-threo-5-hexosulose-uronate ketol-isomerase, v. 1 | p. 338
5.3.1.17	4-Deoxy-L-threo-5-hexosulose uronic acid isomerase, 4-Deoxy-L-threo-5-hexosulose-uronate ketol-isomerase, v. 1 | p. 338
3.1.3.45	3-deoxy-manno-octulosonate-8-phosphatase, 3-deoxy-manno-octulosonate-8-phosphatase, v. 10 | p. 392
2.7.1.113	deoxyadenosine kinase/deoxyguanosine kinase, deoxyguanosine kinase, v. 37 | p. 1
2.7.4.13	deoxyadenylate monophosphate kinase, (deoxy)nucleoside-phosphate kinase, v. 37 | p. 578
2.3.1.74	6'-deoxychalcone synthase, naringenin-chalcone synthase, v. 30 | p. 66
2.1.2.8	deoxyCMP hydroxymethylase, deoxycytidylate 5-hydroxymethyltransferase, v. 29 | p. 59
5.3.1.21	11-deoxycorticosterone ketol-isomerase, Corticosteroid side-chain-isomerase, v. 1 | p. 345
3.5.4.12	deoxycytidine-5'-monophosphate aminohydrolase, dCMP deaminase, v. 15 | p. 92
3.5.4.12	deoxycytidine-5'-phosphate deaminase, dCMP deaminase, v. 15 | p. 92
3.5.4.12	deoxycytidine-5?-monophosphate deaminase, dCMP deaminase, v. 15 | p. 92
2.7.1.74	deoxycytidine-cytidine kinase, deoxycytidine kinase, v. 36 | p. 237
3.6.1.12	deoxycytidine-triphosphatase, dCTP diphosphatase, v. 15 | p. 351
3.5.4.12	deoxycytidine deaminase, dCMP deaminase, v. 15 | p. 92
2.7.1.74	2'-deoxycytidine kinase, deoxycytidine kinase, v. 36 | p. 237
2.7.1.14	deoxycytidine kinase, cytidylate kinase, v. 37 | p. 582
2.7.1.76	deoxycytidine kinase/deoxyadenosine kinase, dCK/dAK, deoxyadenosine kinase, v. 36 | p. 256
3.5.4.12	deoxycytidine monophosphate deaminase, dCMP deaminase, v. 15 | p. 92
2.7.4.14	deoxycytidine monophosphokinase, cytidylate kinase, v. 37 | p. 582
3.5.4.12	deoxycytidine nucleotide deaminase, dCMP deaminase, v. 15 | p. 92
3.6.1.12	deoxycytidine triphosphatase, dCTP diphosphatase, v. 15 | p. 351
3.5.4.13	deoxycytidine triphosphate deaminase, dCTP deaminase, v. 15 | p. 110
3.5.4.12	deoxycytidylate aminohydrolase, dCMP deaminase, v. 15 | p. 92
3.5.4.12	2-deoxycytidylate deaminase, dCMP deaminase, v. 15 | p. 92
3.5.4.12	deoxycytidylate deaminase, dCMP deaminase, v. 15 | p. 92
2.1.2.8	deoxycytidylate hydroxymethylase, deoxycytidylate 5-hydroxymethyltransferase, v. 29 | p. 59
2.1.2.8	deoxycytidylate hydroxymethyltransferase, deoxycytidylate 5-hydroxymethyltransferase, v. 29 | p. 59
2.7.4.14	deoxycytidylate kinase, cytidylate kinase, v. 37 | p. 582
2.1.1.54	deoxycytidylate methyltransferase, deoxycytidylate C-methyltransferase, v. 28 | p. 305
2.7.4.13	deoxycytidylate monophosphate kinase, (deoxy)nucleoside-phosphate kinase, v. 37 | p. 578
2.7.4.14	deoxycytidylate monophosphate kinase, cytidylate kinase, v. 37 | p. 582
2.1.2.8	deoxycytidylic hydroxymethylase, deoxycytidylate 5-hydroxymethyltransferase, v. 29 | p. 59
1.1.1.125	2-deoxygluconate dehydrogenase, 2-deoxy-D-gluconate 3-dehydrogenase, v. 17 | p. 364
1.1.1.125	2-deoxygluconic acid dehydrogenase, 2-deoxy-D-gluconate 3-dehydrogenase, v. 17 | p. 364
3.1.3.68	2-Deoxyglucose-6-phosphate phosphatase, 2-deoxyglucose-6-phosphatase, v. 10 | p. 493
3.1.3.68	2-Deoxyglucose 6-phosphate phosphatase, 2-deoxyglucose-6-phosphatase, v. 10 | p. 493
3.1.5.1	deoxyguanosine 5-triphosphate triphosphohydrolase, dGTPase, v. 11 | p. 232
2.7.1.113	2'-deoxyguanosine kinase, deoxyguanosine kinase, v. 37 | p. 1
2.7.1.113	deoxyguanosine kinase, deoxyguanosine kinase, v. 37 | p. 1
2.7.1.76	deoxyguanosine kinase/deoxyadenosine kinase, dGK/dAK, deoxyadenosine kinase, v. 36 | p. 256

3.1.5.1	deoxyguanosine tri-oder deoxyguanosine triphosphatase, dGTPase, v. 11 | p. 232
3.1.5.1	deoxyguanosine triphosphate triphosphohydrolase, dGTPase, v. 11 | p. 232
2.7.4.8	deoxyguanylate kinase, guanylate kinase, v. 37 | p. 543
2.7.4.13	deoxyguanylate monophosphate kinase, (deoxy)nucleoside-phosphate kinase, v. 37 | p. 578
1.14.99.29	deoxyhypusine hydroxylase, deoxyhypusine monooxygenase, v. 27 | p. 370
2.5.1.46	deoxyhypusine synthase (Caulobacter crescentus gene CC0359), deoxyhypusine synthase, v. 34 | p. 72
2.5.1.46	deoxyhypusine synthase (Halobacterium strain NRC-1 gene dhs), deoxyhypusine synthase, v. 34 | p. 72
2.5.1.46	deoxyhypusine synthase (human clone 30649 gene DHPS subunit reduced), deoxyhypusine synthase, v. 34 | p. 72
2.5.1.46	deoxyhypusine synthase (Nicotiana tabacum gene DHS1), deoxyhypusine synthase, v. 34 | p. 72
2.5.1.46	deoxyhypusine synthase (Senecio vernalis gene DHS1), deoxyhypusine synthase, v. 34 | p. 72
1.14.99.29	deoxyhypusyl hydroxylase, deoxyhypusine monooxygenase, v. 27 | p. 370
3.1.3.31	deoxyinosine-activated nucleotidase, nucleotidase, v. 10 | p. 316
3.1.21.7	Deoxyinosine 3'endonuclease, deoxyribonuclease V
3.1.21.7	deoxyinosine 3' endonuclease, deoxyribonuclease V
4.2.1.41	Deoxyketoglucarate dehydratase, 5-dehydro-4-deoxyglucarate dehydratase, v. 4 | p. 481
3.1.1.46	Deoxylimonate A-ring lactone hydrolase, Deoxylimonate A-ring-lactonase, v. 9 | p. 318
2.7.7.7	deoxynucleate polymerase, DNA-directed DNA polymerase, v. 38 | p. 118
2.7.4.13	deoxynucleoside-5'-monophosphate kinase, (deoxy)nucleoside-phosphate kinase, v. 37 | p. 578
2.4.2.6	deoxynucleoside 5-monophosphate N-glycosidase, nucleoside deoxyribosyltransferase, v. 33 | p. 66
2.7.4.13	deoxynucleoside monophosphate kinase, (deoxy)nucleoside-phosphate kinase, v. 37 | p. 578
3.1.3.34	3'-deoxynucleotidase, deoxynucleotide 3'-phosphatase, v. 10 | p. 332
2.7.4.12	deoxynucleotide kinase, T2-induced deoxynucleotide kinase, v. 37 | p. 575
2.7.7.31	deoxynucleotidyl terminal transferase, DNA nucleotidylexotransferase, v. 38 | p. 364
2.7.7.31	deoxynucleotidyl transferase, DNA nucleotidylexotransferase, v. 38 | p. 364
2.5.1.55	3-deoxyoctulosonic 8-phosphate synthetase, 3-deoxy-8-phosphooctulonate synthase, v. 34 | p. 172
4.1.2.23	3-deoxyoctulosonic aldolase, 3-deoxy-D-manno-octulosonate aldolase, v. 3 | p. 527
4.2.1.41	Deoxyoxoglucarate dehydratase, 5-dehydro-4-deoxyglucarate dehydratase, v. 4 | p. 481
4.1.2.4	Deoxyriboaldolase, Deoxyribose-phosphate aldolase, v. 3 | p. 417
4.1.99.3	deoxyribodipyrimidine photolyase, deoxyribodipyrimidine photo-lyase, v. 4 | p. 223
3.1.21.6	Deoxyriboendonuclease, CC-preferring endodeoxyribonuclease, v. 11 | p. 470
2.7.1.15	deoxyribokinase, ribokinase, v. 35 | p. 221
5.4.2.7	Deoxyribomutase, phosphopentomutase, v. 1 | p. 535
3.1.21.1	deoxyribonuclease, deoxyribonuclease I, v. 11 | p. 431
4.2.99.18	deoxyribonuclease (apurinic or apyrimidinic), DNA-(apurinic or apyrimidinic site) lyase, v. 5 | p. 150
3.1.21.3	deoxyribonuclease (ATP- and S-adenosyl-L-methionine dependent), type I site-specific deoxyribonuclease, v. 11 | p. 448
3.1.21.3	deoxyribonuclease (ATP-dependent), type I site-specific deoxyribonuclease, v. 11 | p. 448
3.1.21.1	deoxyribonuclease (pancreatic), deoxyribonuclease I, v. 11 | p. 431
3.1.21.1	deoxyribonuclease 1, deoxyribonuclease I, v. 11 | p. 431
3.1.21.1	deoxyribonuclease 1-like 3, deoxyribonuclease I, v. 11 | p. 431
3.1.21.1	deoxyribonuclease A, deoxyribonuclease I, v. 11 | p. 431
3.1.21.1	deoxyribonuclease I, deoxyribonuclease I, v. 11 | p. 431
3.1.21.1	deoxyribonuclease I-like enzyme, deoxyribonuclease I, v. 11 | p. 431
3.1.22.1	deoxyribonuclease II, deoxyribonuclease II, v. 11 | p. 474
3.1.22.1	deoxyribonuclease IIα, deoxyribonuclease II, v. 11 | p. 474
3.1.22.1	deoxyribonuclease IIβ, deoxyribonuclease II, v. 11 | p. 474

3.1.30.1	Deoxyribonuclease P1, Aspergillus nuclease S1, v. 11	p. 610
3.1.3.6	Deoxyribonuclease PA3, 3'-nucleotidase, v. 10	p. 118
3.1.30.1	deoxyribonuclease S1, Aspergillus nuclease S1, v. 11	p. 610
3.1.22.1	deoxyribonucleate 3'-nucleotidohydrolase, deoxyribonuclease II, v. 11	p. 474
3.1.3.32	deoxyribonucleate 3'-phosphatase, polynucleotide 3'-phosphatase, v. 10	p. 326
3.2.2.20	deoxyribonucleate 3-methyladenine DNA glycosidase I, DNA-3-methyladenine glycosylase I, v. 14	p. 99
3.2.2.21	deoxyribonucleate 3-methyladenine glycosidase II, DNA-3-methyladenine glycosylase II, v. 14	p. 103
3.1.11.4	deoxyribonucleate 5-dinucleotidase, exodeoxyribonuclease (phage SP3-induced), v. 11	p. 373
3.2.2.23	deoxyribonucleate glycosidase, DNA-formamidopyrimidine glycosylase, v. 14	p. 111
6.5.1.1	Deoxyribonucleate ligase, DNA ligase (ATP), v. 2	p. 755
6.5.1.2	Deoxyribonucleate ligase, DNA ligase (NAD+), v. 2	p. 773
2.1.1.37	deoxyribonucleate methylase, DNA (cytosine-5-)-methyltransferase, v. 28	p. 197
2.1.1.37	deoxyribonucleate methyltransferase, DNA (cytosine-5-)-methyltransferase, v. 28	p. 197
2.7.7.7	deoxyribonucleate nucleotidyltransferase, DNA-directed DNA polymerase, v. 38	p. 118
3.2.2.17	deoxyribonucleate pyrimidine dimer glycosidase, deoxyribodipyrimidine endonucleosidase, v. 14	p. 84
4.1.99.3	deoxyribonucleate pyrimidine dimer lyase (photosensitive), deoxyribodipyrimidine photo-lyase, v. 4	p. 223
2.1.1.37	deoxyribonucleic (cytosine-5-)-methyltransferase, DNA (cytosine-5-)-methyltransferase, v. 28	p. 197
6.5.1.1	Deoxyribonucleic-joining enzyme, DNA ligase (ATP), v. 2	p. 755
6.5.1.2	Deoxyribonucleic-joining enzyme, DNA ligase (NAD+), v. 2	p. 773
3.1.11.4	deoxyribonucleic 5-dinucleotidohydrolase, exodeoxyribonuclease (phage SP3-induced), v. 11	p. 373
2.1.1.37	deoxyribonucleic acid (cytosine-5-)-methyltransferase, DNA (cytosine-5-)-methyltransferase, v. 28	p. 197
2.7.7.6	deoxyribonucleic acid-dependent ribonucleic acid polymerase, DNA-directed RNA polymerase, v. 38	p. 103
6.5.1.1	Deoxyribonucleic acid-joining enzyme, DNA ligase (ATP), v. 2	p. 755
2.7.7.7	deoxyribonucleic acid duplicase, DNA-directed DNA polymerase, v. 38	p. 118
3.2.2.15	deoxyribonucleic acid glycosylase, DNA-deoxyinosine glycosylase, v. 14	p. 75
6.5.1.1	Deoxyribonucleic acid joinase, DNA ligase (ATP), v. 2	p. 755
6.5.1.2	Deoxyribonucleic acid joinase, DNA ligase (NAD+), v. 2	p. 773
6.5.1.1	Deoxyribonucleic acid ligase, DNA ligase (ATP), v. 2	p. 755
6.5.1.2	Deoxyribonucleic acid ligase, DNA ligase (NAD+), v. 2	p. 773
2.1.1.37	deoxyribonucleic acid methylase, DNA (cytosine-5-)-methyltransferase, v. 28	p. 197
2.1.1.37	deoxyribonucleic acid methyltransferase, DNA (cytosine-5-)-methyltransferase, v. 28	p. 197
2.1.1.37	deoxyribonucleic acid modification methylase, DNA (cytosine-5-)-methyltransferase, v. 28	p. 197
2.7.7.31	deoxyribonucleic acid nucleotidyltransferase, DNA nucleotidylexotransferase, v. 38	p. 364
2.7.7.7	deoxyribonucleic acid polymerase, DNA-directed DNA polymerase, v. 38	p. 118
6.5.1.1	Deoxyribonucleic acid repair enzyme, DNA ligase (ATP), v. 2	p. 755
4.1.99.3	deoxyribonucleic cyclobutane dipyrimidine photolyase, deoxyribodipyrimidine photo-lyase, v. 4	p. 223
2.7.7.7	deoxyribonucleic duplicase, DNA-directed DNA polymerase, v. 38	p. 118
6.5.1.1	Deoxyribonucleic joinase, DNA ligase (ATP), v. 2	p. 755
6.5.1.2	Deoxyribonucleic joinase, DNA ligase (NAD+), v. 2	p. 773
6.5.1.1	Deoxyribonucleic ligase, DNA ligase (ATP), v. 2	p. 755
6.5.1.2	Deoxyribonucleic ligase, DNA ligase (NAD+), v. 2	p. 773
2.1.1.37	deoxyribonucleic methylase, DNA (cytosine-5-)-methyltransferase, v. 28	p. 197
2.7.7.31	deoxyribonucleic nucleotidyltransferase, DNA nucleotidylexotransferase, v. 38	p. 364

3.1.21.1	deoxyribonucleic phosphatase, deoxyribonuclease I, v. 11	p. 431
4.1.99.3	deoxyribonucleic photolyase, deoxyribodipyrimidine photo-lyase, v. 4	p. 223
2.7.7.7	deoxyribonucleic polymerase, DNA-directed DNA polymerase, v. 38	p. 118
2.7.7.7	deoxyribonucleic polymerase I, DNA-directed DNA polymerase, v. 38	p. 118
6.5.1.1	Deoxyribonucleic repair enzyme, DNA ligase (ATP), v. 2	p. 755
6.5.1.2	Deoxyribonucleic repair enzyme, DNA ligase (NAD+), v. 2	p. 773
3.1.3.31	deoxyribonucleoside-activated nucleotidase, nucleotidase, v. 10	p. 316
1.17.4.1	2'-deoxyribonucleoside-diphosphate:oxidized-thioredoxin 2'-oxidoreductase, ribonucleoside-diphosphate reductase, v. 27	p. 489
1.17.4.2	2'-deoxyribonucleoside-triphosphate:oxidized-thioredoxin 2'-oxidoreductase, ribonucleoside-triphosphate reductase, v. 27	p. 515
2.7.1.145	deoxyribonucleoside kinase, deoxynucleoside kinase, v. 37	p. 214
2.7.1.145	deoxyribonucleoside kinase , deoxynucleoside kinase, v. 37	p. 214
2.7.4.13	deoxyribonucleoside monophosphate kinase, (deoxy)nucleoside-phosphate kinase, v. 37	p. 578
2.7.4.13	deoxyribonucleoside monophosphokinase, (deoxy)nucleoside-phosphate kinase, v. 37	p. 578
2.7.1.145	deoxyribonucleoside phosphotransferase, deoxynucleoside kinase, v. 37	p. 214
3.1.21.1	deoxyribonulclease I, deoxyribonuclease I, v. 11	p. 431
3.2.2.17	deoxyribopyrimidine endonucleosidase, deoxyribodipyrimidine endonucleosidase, v. 14	p. 84
4.1.2.4	2-Deoxyribose-5-phosphate aldolase, Deoxyribose-phosphate aldolase, v. 3	p. 417
4.1.2.4	D-2-deoxyribose-5-phosphate aldolase, Deoxyribose-phosphate aldolase, v. 3	p. 417
4.1.2.4	Deoxyribose-5-phosphate aldolase, Deoxyribose-phosphate aldolase, v. 3	p. 417
4.1.2.4	deoxyribose-phosphate aldolase, Deoxyribose-phosphate aldolase, v. 3	p. 417
4.1.2.4	2-deoxyribose 5-phosphate aldolase, Deoxyribose-phosphate aldolase, v. 3	p. 417
5.4.2.7	Deoxyribose phosphomutase, phosphopentomutase, v. 1	p. 535
2.4.2.6	deoxyribose transferase, nucleoside deoxyribosyltransferase, v. 33	p. 66
2.4.2.6	N-deoxyribosyltransferase, nucleoside deoxyribosyltransferase, v. 33	p. 66
2.4.2.6	deoxyribosyltransferase, nucleoside, nucleoside deoxyribosyltransferase, v. 33	p. 66
2.7.4.9	deoxythymidine 5'-monophosphate kinase, dTMP kinase, v. 37	p. 555
2.7.1.21	2'-deoxythymidine kinase, thymidine kinase, v. 35	p. 270
2.4.2.4	deoxythymidine phosphorylase, thymidine phosphorylase, v. 33	p. 52
3.1.3.35	deoxythymidylate 5'-nucleotidase, thymidylate 5'-phosphatase, v. 10	p. 335
2.7.4.13	deoxythymidylate monophosphate kinase, (deoxy)nucleoside-phosphate kinase, v. 37	p. 578
3.1.3.35	deoxythymidylate phosphohydrolase, thymidylate 5'-phosphatase, v. 10	p. 335
3.1.3.35	deoxythymidylic 5'-nucleotidase, thymidylate 5'-phosphatase, v. 10	p. 335
3.6.1.23	deoxyuridine-triphosphate pyrophosphatase, dUTP diphosphatase, v. 15	p. 403
1.14.11.3	deoxyuridine 2'-dioxygenase, pyrimidine-deoxynucleoside 2'-dioxygenase, v. 26	p. 45
1.14.11.3	deoxyuridine 2'-hydroxylase, pyrimidine-deoxynucleoside 2'-dioxygenase, v. 26	p. 45
3.6.1.23	deoxyuridine 5'-triphosphate nucleotide hydrolase, dUTP diphosphatase, v. 15	p. 403
3.6.1.23	deoxyuridine 5'-triphosphate nucleotidohydrolase, dUTP diphosphatase, v. 15	p. 403
3.6.1.23	deoxyuridine 5'-triphosphate pyrophosphatase, dUTP diphosphatase, v. 15	p. 403
3.6.1.23	deoxyuridine 50-triphosphate nucleotidohydrolase, dUTP diphosphatase, v. 15	p. 403
2.4.2.23	deoxyuridine:orthophosphate deoxy-D-ribosyltransferase, deoxyuridine phosphorylase, v. 33	p. 215
3.6.1.23	deoxyuridine nucleotidohydrolase, dUTP diphosphatase, v. 15	p. 403
3.6.1.23	deoxyuridine triphosphatase, dUTP diphosphatase, v. 15	p. 403
3.6.1.23	deoxyuridine triphosphate nucleotidohydrolase, dUTP diphosphatase, v. 15	p. 403
1.1.1.267	1-deoxyxylulose-5-phosphate reductoisomerase, 1-deoxy-D-xylulose-5-phosphate reductoisomerase, v. 18	p. 476
4.1.3.37	1-deoxyxylulose-5-phosphate synthase, 1-deoxy-D-xylulose 5-phosphate synthase, v. S7	p. 48

2.2.1.7	deoxyxylulose-5-phosphate synthetase, 1-deoxy-D-xylulose-5-phosphate synthase, v. 29	p. 217	
1.1.1.267	deoxyxylulose 5-phosphate reductoisomerase, 1-deoxy-D-xylulose-5-phosphate reductoisomerase, v. 18	p. 476	
2.2.1.7	1-D-deoxyxylulose 5-phosphate synthase, 1-deoxy-D-xylulose-5-phosphate synthase, v. 29	p. 217	
2.2.1.7	D-1-deoxyxylulose 5-phosphate synthase, 1-deoxy-D-xylulose-5-phosphate synthase, v. 29	p. 217	
2.2.1.7	deoxyxylulose 5-phosphate synthase, 1-deoxy-D-xylulose-5-phosphate synthase, v. 29	p. 217	
3.1.3.48	DEP-1, protein-tyrosine-phosphatase, v. 10	p. 407	
2.7.1.24	3'-dephospho-CoA kinase, dephospho-CoA kinase, v. 35	p. 308	
2.7.7.3	3'-dephospho-CoA pyrophosphorylase, pantetheine-phosphate adenylyltransferase, v. 38	p. 71	
2.7.7.3	dephospho-CoA pyrophosphorylase, pantetheine-phosphate adenylyltransferase, v. 38	p. 71	
2.7.7.3	dephospho-coenzyme A pyrophosphorylase, pantetheine-phosphate adenylyltransferase, v. 38	p. 71	
2.7.1.24	dephosphocoenzyme A kinase, dephospho-CoA kinase, v. 35	p. 308	
2.7.1.24	dephosphocoenzyme A kinase (phosphorylating), dephospho-CoA kinase, v. 35	p. 308	
2.7.11.19	dephosphophosphorylase kinase, phosphorylase kinase, v. S4	p. 89	
3.6.4.4	depolymerizing kinesin MCAK, plus-end-directed kinesin ATPase, v. 15	p. 778	
3.4.21.34	depot-Padutin, plasma kallikrein, v. 7	p. 136	
3.4.21.35	depot-Padutin, tissue kallikrein, v. 7	p. 141	
4.2.1.70	Depressed growth-RATE protein DEG1, pseudouridylate synthase, v. 4	p. 578	
3.1.1.20	depsidase, tannase, v. 9	p. 187	
4.1.2.4	DERA, Deoxyribose-phosphate aldolase, v. 3	p. 417	
2.7.10.1	Derailed protein, receptor protein-tyrosine kinase, v. S2	p. 341	
3.4.22.65	Der f 1, peptidase 1 (mite), v. S6	p. 208	
5.1.3.19	Dermatan-sulfate 5-epimerase, chondroitin-glucuronate 5-epimerase, v. 1	p. 172	
3.1.4.4	dermonecrotic toxin, phospholipase D, v. 11	p. 47	
3.4.22.65	Der p 1, peptidase 1 (mite), v. S6	p. 208	
3.4.22.65	Der p1, peptidase 1 (mite), v. S6	p. 208	
1.14.21.6	5-DES, lathosterol oxidase, v. S1	p. 662	
4.4.1.8	C-DES, cystathionine β-lyase, v. 5	p. 341	
1.14.19.2	DesA1, acyl-[acyl-carrier-protein] desaturase, v. 27	p. 208	
1.14.19.2	DesA2, acyl-[acyl-carrier-protein] desaturase, v. 27	p. 208	
1.14.19.1	DesA3, stearoyl-CoA 9-desaturase, v. 27	p. 194	
1.14.11.20	desacetoxyvindoline 4-hydroxylase, deacetoxyvindoline 4-hydroxylase, v. 26	p. 118	
1.14.19.3	Δ-6 desaturase, linoleoyl-CoA desaturase, v. 27	p. 217	
1.14.19.5	Δ11 desaturase, Δ11-fatty-acid desaturase	
1.14.19.5	Δ11-desaturase, Δ11-fatty-acid desaturase	
1.14.19.6	Δ12 desaturase, Δ12-fatty-acid desaturase	
1.14.19.6	Δ12(ω6)-desaturase, Δ12-fatty-acid desaturase	
1.14.99.33	Δ12-desaturase, Δ12-fatty acid dehydrogenase, v. 27	p. 382	
1.14.19.3	Δ6 desaturase, linoleoyl-CoA desaturase, v. 27	p. 217	
1.14.19.3	Δ6-desaturase, linoleoyl-CoA desaturase, v. 27	p. 217	
1.14.19.4	Δ8 desaturase, Δ8-fatty-acid desaturase	
1.14.19.1	Δ9-desaturase, stearoyl-CoA 9-desaturase, v. 27	p. 194	
1.14.19.2	desaturase, acyl-[acyl carrier protein], acyl-[acyl-carrier-protein] desaturase, v. 27	p. 208	
1.14.99.19	desaturase, alkylacylglycerophosphorylethanolamine, plasmanylethanolamine desaturase, v. 27	p. 338	
1.14.19.3	desaturase, fatty acid DA6-, linoleoyl-CoA desaturase, v. 27	p. 217	
1.14.19.3	desaturase, linoleate, linoleoyl-CoA desaturase, v. 27	p. 217	
1.14.99.31	desaturase, myristoly coenzyme A (E)-11, myristoyl-CoA 11-(E) desaturase, v. 27	p. 378	

1.14.99.32	desaturase, myristoly coenzyme A (E)-11, myristoyl-CoA 11-(Z) desaturase, v.27|p.380
1.3.1.35	desaturase, oleate, phosphatidylcholine desaturase, v.21|p.215
1.14.99.30	Desaturase, zeta-carotene, Carotene 7,8-desaturase, v.27|p.375
1.14.99.30	Desaturase, zeta-carotene (Capsicum annuum clone pCapZDS precursor reduced), Carotene 7,8-desaturase, v.27|p.375
1.14.99.30	Desaturase, zeta-carotene (Nostoc muscorum clone pZDS1A reduced), Carotene 7,8-desaturase, v.27|p.375
1.14.99.30	Desaturase, zeta-carotene (Synechocystis strain PCC 6803 clone cs0223/cs0128/ps0014/cs0681/cs0294 gene ctrQ-2 reduced), Carotene 7,8-desaturase, v.27|p.375
1.14.19.3	Δ6-desaturase II, linoleoyl-CoA desaturase, v.27|p.217
1.14.19.6	Δ12-desaturase system], Δ12-fatty-acid desaturase
4.2.1.46	DesIV, dTDP-glucose 4,6-dehydratase, v.4|p.495
1.14.15.6	desmolase, steroid 20-22, cholesterol monooxygenase (side-chain-cleaving), v.27|p.44
1.3.1.72	desmosterol reductase, Δ24-sterol reductase, v.21|p.328
3.10.1.1	2-desoxy-2-sulphamido-D-glucose sulphamidase, N-sulfoglucosamine sulfohydrolase, v.15|p.917
3.10.1.1	2-desoxy-D-glucoside-2-sulphamate sulphohydrolase, N-sulfoglucosamine sulfohydrolase, v.15|p.917
2.2.1.7	1-desoxy-D-xylulose-5-phosphate synthase, 1-deoxy-D-xylulose-5-phosphate synthase, v.29|p.217
3.1.21.1	desoxyribonuclease, deoxyribonuclease I, v.11|p.431
3.6.1.39	desoxythymidine-5'-triphosphatase, thymidine-triphosphatase, v.15|p.452
3.6.1.23	desoxyuridine-triphosphatase, dUTP diphosphatase, v.15|p.403
3.6.1.23	desoxyuridine 5'-triphosphatase, dUTP diphosphatase, v.15|p.403
3.6.1.23	desoxyuridine 5'-triphosphate nucleotidohydrolase, dUTP diphosphatase, v.15|p.403
6.3.3.3	Desthiobiotin synthetase, Dethiobiotin synthase, v.2|p.542
4.4.1.3	desulfhydrase, dimethylpropiothetin dethiomethylase, v.5|p.310
4.4.1.1	desulfhydrase, cysteine, cystathionine γ-lyase, v.5|p.297
4.4.1.2	desulfhydrase, homocysteine, homocysteine desulfhydrase, v.5|p.308
4.1.1.12	Desulfinase, aspartate 4-decarboxylase, v.3|p.61
1.15.1.2	desulfoferrodoxin, superoxide reductase, v.27|p.426
1.8.99.3	desulfofuscidin, hydrogensulfite reductase, v.24|p.708
2.4.1.195	desulfoglucosinolate-uridine diphosphate glucosyltransferase, N-hydroxythioamide S-β-glucosyltransferase, v.32|p.479
2.8.2.8	N-desulfoheparin sulfotransferase, [heparan sulfate]-glucosamine N-sulfotransferase, v.39|p.342
2.8.2.8	desulfoheparin sulfotransferase, [heparan sulfate]-glucosamine N-sulfotransferase, v.39|p.342
1.15.1.2	desulforedoxin, superoxide reductase, v.27|p.426
1.8.99.3	desulforubidin, hydrogensulfite reductase, v.24|p.708
1.8.1.2	desulforubidin, sulfite reductase (NADPH), v.24|p.452
1.8.99.3	desulfoviridin, hydrogensulfite reductase, v.24|p.708
1.8.7.1	desulphoviridin, sulfite reductase (ferredoxin), v.24|p.679
6.3.3.3	Dethiobiotin synthase, Dethiobiotin synthase, v.2|p.542
6.3.3.3	Dethiobiotin synthetase, Dethiobiotin synthase, v.2|p.542
4.4.1.3	dethiomethylase, dimethylpropiothetin, dimethylpropiothetin dethiomethylase, v.5|p.310
3.4.19.12	deubiquinating isopeptidase T, ubiquitinyl hydrolase 1, v.6|p.575
3.1.2.15	deubiquitinating enzyme, ubiquitin thiolesterase, v.9|p.523
3.4.19.12	deubiquitinating enzyme, ubiquitinyl hydrolase 1, v.6|p.575
3.1.2.15	deubiquitinating enzyme 10, ubiquitin thiolesterase, v.9|p.523
3.1.2.15	deubiquitinating enzyme 11, ubiquitin thiolesterase, v.9|p.523
3.1.2.12	Deubiquitinating enzyme 12, S-formylglutathione hydrolase, v.9|p.508
3.1.2.15	Deubiquitinating enzyme 12, ubiquitin thiolesterase, v.9|p.523
3.1.2.15	deubiquitinating enzyme 13, ubiquitin thiolesterase, v.9|p.523
3.1.2.14	Deubiquitinating enzyme 14, oleoyl-[acyl-carrier-protein] hydrolase, v.9|p.516

3.1.2.15	Deubiquitinating enzyme 14, ubiquitin thiolesterase, v. 9 | p. 523
3.1.2.15	deubiquitinating enzyme 15, ubiquitin thiolesterase, v. 9 | p. 523
3.1.2.15	deubiquitinating enzyme 16, ubiquitin thiolesterase, v. 9 | p. 523
3.1.2.15	deubiquitinating enzyme 19, ubiquitin thiolesterase, v. 9 | p. 523
3.1.2.15	deubiquitinating enzyme 20, ubiquitin thiolesterase, v. 9 | p. 523
3.1.2.15	deubiquitinating enzyme 21, ubiquitin thiolesterase, v. 9 | p. 523
3.1.2.15	deubiquitinating enzyme 22, ubiquitin thiolesterase, v. 9 | p. 523
3.1.2.15	deubiquitinating enzyme 24, ubiquitin thiolesterase, v. 9 | p. 523
3.1.2.15	deubiquitinating enzyme 25, ubiquitin thiolesterase, v. 9 | p. 523
3.1.2.15	deubiquitinating enzyme 26, ubiquitin thiolesterase, v. 9 | p. 523
3.1.2.15	deubiquitinating enzyme 28, ubiquitin thiolesterase, v. 9 | p. 523
3.1.2.15	deubiquitinating enzyme 29, ubiquitin thiolesterase, v. 9 | p. 523
3.1.2.15	deubiquitinating enzyme 64E, ubiquitin thiolesterase, v. 9 | p. 523
3.1.2.15	deubiquitinating enzyme FAF, ubiquitin thiolesterase, v. 9 | p. 523
3.4.24.39	Deuterolysin, deuterolysin, v. 8 | p. 421
3.4.22.1	DEVDase, cathepsin B, v. 7 | p. 501
3.8.1.9	D-DEX, (R)-2-haloacid dehalogenase, v. S6 | p. 546
3.2.1.11	Dex, dextranase, v. 12 | p. 173
3.8.1.2	L-DEX, (S)-2-haloacid dehalogenase, v. 15 | p. 867
3.2.1.11	Dex49A, dextranase, v. 12 | p. 173
3.8.1.2	L-DEXs, (S)-2-haloacid dehalogenase, v. 15 | p. 867
3.2.1.115	dextran α-1,2 debranching enzyme, branched-dextran exo-1,2-α-glucosidase, v. 13 | p. 479
2.4.1.5	dextran-sucrase, dextransucrase, v. 31 | p. 49
3.2.1.115	dextran 1,2-α glucosidase, branched-dextran exo-1,2-α-glucosidase, v. 13 | p. 479
3.2.1.11	dextranase, dextranase, v. 12 | p. 173
3.2.1.94	dextranase, isomalto-, glucan 1,6-α-isomaltosidase, v. 13 | p. 343
3.2.1.61	dextranase, myco-, mycodextranase, v. 13 | p. 164
3.2.1.11	dextranase DL 2, dextranase, v. 12 | p. 173
3.2.1.115	dextranase I, branched-dextran exo-1,2-α-glucosidase, v. 13 | p. 479
3.2.1.11	dextranase I, dextranase, v. 12 | p. 173
3.2.1.11	dextranase II, dextranase, v. 12 | p. 173
2.4.1.2	dextran dextrinase, dextrin dextranase, v. 31 | p. 37
3.2.1.70	dextran glucosidase, glucan 1,6-α-glucosidase, v. 13 | p. 214
3.2.1.11	dextran hydrolase, dextranase, v. 12 | p. 173
3.2.1.33	dextrin-1,6-glucosidase, amylo-α-1,6-glucosidase, v. 12 | p. 509
3.2.1.10	dextrin 6-α-D-glucanohydrolase, oligo-1,6-glucosidase, v. 12 | p. 162
3.2.1.33	dextrin 6-α-D-glucosidase, amylo-α-1,6-glucosidase, v. 12 | p. 509
3.2.1.10	dextrin 6-α-glucanohydrolase, oligo-1,6-glucosidase, v. 12 | p. 162
3.2.1.33	dextrin 6-α-glucosidase, amylo-α-1,6-glucosidase, v. 12 | p. 509
3.2.1.33	dextrin 6-glucanohydrolase, amylo-α-1,6-glucosidase, v. 12 | p. 509
3.2.1.33	dextrin 6-glucohydrolase, amylo-α-1,6-glucosidase, v. 12 | p. 509
2.4.1.2	dextrin 6-glucosyltransferase, dextrin dextranase, v. 31 | p. 37
3.2.1.33	dextrin:6-glucohydrolase, amylo-α-1,6-glucosidase, v. 12 | p. 509
3.2.1.41	α-dextrin endo-1,6-α-glucosidase, pullulanase, v. 12 | p. 594
2.4.1.25	dextrin glycosyltransferase, 4-α-glucanotransferase, v. 31 | p. 276
2.4.1.25	dextrin glycosyltransferase,, 4-α-glucanotransferase, v. 31 | p. 276
2.4.1.25	dextrin transglycosylase, 4-α-glucanotransferase, v. 31 | p. 276
3.8.1.2	L-DEX YL, (S)-2-haloacid dehalogenase, v. 15 | p. 867
3.4.21.46	Df, complement factor D, v. 7 | p. 213
2.7.10.2	Dfak65, non-specific protein-tyrosine kinase, v. S2 | p. 441
2.7.10.2	DFer, non-specific protein-tyrosine kinase, v. S2 | p. 441
3.1.30.2	DFF, Serratia marcescens nuclease, v. 11 | p. 626
3.1.30.2	DFF40/CAD endonuclease, Serratia marcescens nuclease, v. 11 | p. 626
2.7.10.1	DFGF-R1, receptor protein-tyrosine kinase, v. S2 | p. 341
2.4.1.222	Dfng, O-fucosylpeptide 3-β-N-acetylglucosaminyltransferase, v. 32 | p. 599

4.1.1.36	Dfp, phosphopantothenoylcysteine decarboxylase, v.3 | p.223	
3.1.8.1	DFPase, aryldialkylphosphatase, v.11 | p.343	
3.1.8.2	DFPase, diisopropyl-fluorophosphatase, v.11 | p.350	
4.1.1.36	dfp flavoprotein, phosphopantothenoylcysteine decarboxylase, v.3 | p.223	
3.4.21.46	Df protein, complement factor D, v.7 | p.213	
1.1.1.219	DFR, dihydrokaempferol 4-reductase, v.18 | p.321	
1.1.1.219	DFR1, dihydrokaempferol 4-reductase, v.18 | p.321	
1.1.1.219	DFR2, dihydrokaempferol 4-reductase, v.18 | p.321	
1.1.1.219	DFR3, dihydrokaempferol 4-reductase, v.18 | p.321	
1.1.1.219	DFR4a, dihydrokaempferol 4-reductase, v.18 | p.321	
1.1.1.219	DFR4b, dihydrokaempferol 4-reductase, v.18 | p.321	
1.1.1.219	DFR5, dihydrokaempferol 4-reductase, v.18 | p.321	
1.15.1.2	Dfx, superoxide reductase, v.27 | p.426	
1.1.1.2	3-DG-reducing enzyme, alcohol dehydrogenase (NADP+), v.16 | p.45	
2.7.11.12	DG1 protein kinase, cGMP-dependent protein kinase, v.S3 | p.288	
2.7.11.12	DG2P1, cGMP-dependent protein kinase, v.S3 | p.288	
2.7.11.12	DG2P2, cGMP-dependent protein kinase, v.S3 | p.288	
2.4.1.212	DG42 protein, hyaluronan synthase, v.32 | p.558	
4.1.1.11	Dgad2, aspartate 1-decarboxylase, v.3 | p.58	
2.4.1.41	dGalNAc-T3, polypeptide N-acetylgalactosaminyltransferase, v.31 | p.384	
1.2.99.7	DgAOR, aldehyde dehydrogenase (FAD-independent), v.S1 | p.219	
2.4.1.4	DGAS, amylosucrase, v.31 | p.43	
2.3.1.22	DGAT, 2-acylglycerol O-acyltransferase, v.29 | p.431	
2.3.1.20	DGAT, diacylglycerol O-acyltransferase, v.29 | p.396	
2.3.1.20	DGAT1, diacylglycerol O-acyltransferase, v.29 | p.396	
2.3.1.22	DGAT1/ARAT, 2-acylglycerol O-acyltransferase, v.29 | p.431	
2.3.1.76	DGAT1/ARAT, retinol O-fatty-acyltransferase, v.30 | p.83	
2.3.1.20	DGAT1A, diacylglycerol O-acyltransferase, v.29 | p.396	
2.3.1.20	DGAT2, diacylglycerol O-acyltransferase, v.29 | p.396	
2.3.1.20	DGAT2A, diacylglycerol O-acyltransferase, v.29 | p.396	
2.7.7.65	DGC, diguanylate cyclase, v.S2 | p.331	
2.7.7.65	Dgc1, diguanylate cyclase, v.S2 | p.331	
4.1.1.64	DGD, 2,2-Dialkylglycine decarboxylase (pyruvate), v.3 | p.360	
2.4.1.184	DGD, galactolipid galactosyltransferase, v.32 | p.440	
2.4.1.241	DGD1, digalactosyldiacylglycerol synthase, v.S2 | p.185	
2.4.1.241	DGD2, digalactosyldiacylglycerol synthase, v.S2 | p.185	
2.4.1.241	DGDG synthase, digalactosyldiacylglycerol synthase, v.S2 | p.185	
2.4.1.241	DGDG synthase (ambiguous), digalactosyldiacylglycerol synthase, v.S2 | p.185	
2.4.1.241	DGD synthase, digalactosyldiacylglycerol synthase, v.S2 | p.185	
2.7.1.113	DGK, deoxyguanosine kinase, v.37 | p.1	
2.7.1.107	DGK, diacylglycerol kinase, v.36 | p.438	
2.7.1.107	DGKα, diacylglycerol kinase, v.36 | p.438	
2.7.1.107	DGKβ, diacylglycerol kinase, v.36 | p.438	
2.7.1.107	DGKδ, diacylglycerol kinase, v.36 | p.438	
2.7.1.107	DGKε, diacylglycerol kinase, v.36 | p.438	
2.7.1.107	DGKγ, diacylglycerol kinase, v.36 | p.438	
2.7.1.107	εDGK, diacylglycerol kinase, v.36 | p.438	
2.7.1.107	DGK-α, diacylglycerol kinase, v.36 | p.438	
2.7.1.107	DGK-1, diacylglycerol kinase, v.36 | p.438	
2.7.1.107	DGK-3, diacylglycerol kinase, v.36 | p.438	
2.7.1.107	DGK-3 diacylglycerol kinase, diacylglycerol kinase, v.36 | p.438	
2.7.1.107	DGK-theta, diacylglycerol kinase, v.36 | p.438	
2.7.1.107	DGK2, diacylglycerol kinase, v.36 | p.438	
2.7.1.107	DGKA, diacylglycerol kinase, v.36 | p.438	
2.7.1.107	DgkB, diacylglycerol kinase, v.36 | p.438	

2.7.1.113	DG kinase, deoxyguanosine kinase, v. 37 | p. 1	
2.7.1.107	DG kinase, diacylglycerol kinase, v. 36 | p. 438	
2.7.1.107	DGKiota, diacylglycerol kinase, v. 36 | p. 438	
2.7.1.107	DGKksi, diacylglycerol kinase, v. 36 | p. 438	
2.7.1.107	DGKzeta, diacylglycerol kinase, v. 36 | p. 438	
3.1.1.26	DGL, galactolipase, v. 9 | p. 222	
3.6.4.3	DGL1, microtubule-severing ATPase, v. 15 | p. 774	
2.4.1.208	DGlcDAG synthase, diglucosyl diacylglycerol synthase, v. 32 | p. 545	
4.1.2.21	DgoA, 2-dehydro-3-deoxy-6-phosphogalactonate aldolase, v. 3 | p. 519	
3.1.3.4	DGPP phosphatase, phosphatidate phosphatase, v. 10 | p. 82	
3.1.5.1	dGTPase, dGTPase, v. 11 | p. 232	
3.1.5.1	dGTP triphosphohydrolase, dGTPase, v. 11 | p. 232	
2.7.1.113	DGUOK, deoxyguanosine kinase, v. 37 | p. 1	
2.7.1.76	dGuo kinase/dAdo kinase II, deoxyadenosine kinase, v. 36 | p. 256	
1.2.2.1	DgW-FDH, formate dehydrogenase (cytochrome), v. 20 | p. 410	
1.1.1.146	11-DH, 11β-hydroxysteroid dehydrogenase, v. 17 | p. 449	
1.3.99.5	Δ4(5α)DH, 3-oxo-5α-steroid 4-dehydrogenase, v. 21 | p. 516	
1.3.99.6	Δ4-5β-DH, 3-oxo-5β-steroid 4-dehydrogenase, v. 21 | p. 520	
1.14.17.1	DβH, dopamine β-monooxygenase, v. 27 | p. 126	
1.1.1.146	11-DH2, 11β-hydroxysteroid dehydrogenase, v. 17 | p. 449	
1.8.5.1	DHA-R, glutathione dehydrogenase (ascorbate), v. 24 | p. 670	
4.1.2.5	DhaA, Threonine aldolase, v. 3 | p. 425	
3.8.1.5	DhaA, haloalkane dehalogenase, v. 15 | p. 891	
4.2.1.9	DHAD, dihydroxy-acid dehydratase, v. 4 | p. 296	
2.6.1.83	Dhaf_1761, LL-diaminopimelate aminotransferase, v. S2 | p. 253	
2.7.1.29	DhaK, glycerone kinase, v. 35 | p. 345	
2.7.1.29	DHA kinase, glycerone kinase, v. 35 | p. 345	
3.1.3.7	Dhal2p, 3'(2'),5'-bisphosphate nucleotidase, v. 10 | p. 125	
1.1.1.156	DHA oxidoreductase, glycerol 2-dehydrogenase (NADP+), v. 18 | p. 5	
2.3.1.42	DHAP-AT, glycerone-phosphate O-acyltransferase, v. 29 | p. 597	
2.3.1.42	DHAP acyltransferase, glycerone-phosphate O-acyltransferase, v. 29 | p. 597	
2.3.1.42	DHAPAT, glycerone-phosphate O-acyltransferase, v. 29 | p. 597	
6.1.1.26	DhaPylSc, pyrrolysine-tRNAPyl ligase, v. S7 | p. 583	
1.8.5.1	DHAR, glutathione dehydrogenase (ascorbate), v. 24 | p. 670	
1.8.5.1	DHAR1, glutathione dehydrogenase (ascorbate), v. 24 | p. 670	
1.8.5.1	DHAR2, glutathione dehydrogenase (ascorbate), v. 24 | p. 670	
1.8.5.1	DHA reductase, glutathione dehydrogenase (ascorbate), v. 24 | p. 670	
2.2.1.3	DHAS, formaldehyde transketolase, v. 29 | p. 187	
1.13.11.39	DHB12O, biphenyl-2,3-diol 1,2-dioxygenase, v. 25 | p. 618	
4.1.1.46	2,3-DHBA decarboxylase, o-Pyrocatechuate decarboxylase, v. 3 | p. 281	
4.1.1.46	DHBA decarboxylase, o-Pyrocatechuate decarboxylase, v. 3 | p. 281	
1.13.11.39	2,3-DHBD, biphenyl-2,3-diol 1,2-dioxygenase, v. 25 | p. 618	
1.13.11.39	DHBD, biphenyl-2,3-diol 1,2-dioxygenase, v. 25 | p. 618	
4.1.1.46	DHBD, o-Pyrocatechuate decarboxylase, v. 3 | p. 281	
1.3.1.28	2,3-DHB dehydrogenase, 2,3-dihydro-2,3-dihydroxybenzoate dehydrogenase, v. 21 | p. 167	
1.3.1.25	DHB dehydrogenase, 1,6-dihydroxycyclohexa-2,4-diene-1-carboxylate dehydrogenase, v. 21 | p. 151	
1.3.1.25	DHBDH, 1,6-dihydroxycyclohexa-2,4-diene-1-carboxylate dehydrogenase, v. 21 | p. 151	
1.5.3.12	DHBP, Dihydrobenzophenanthridine oxidase, v. 23 | p. 320	
4.1.99.12	DHBPS, 3,4-dihydroxy-2-butanone-4-phosphate synthase, v. S7 | p. 70	
4.1.99.12	DHBP synthase, 3,4-dihydroxy-2-butanone-4-phosphate synthase, v. S7 | p. 70	
6.3.2.14	DHBS synthase, 2,3-Dihydroxybenzoate-serine ligase, v. 2 | p. 478	
6.2.1.28	DHCA-CoA ligase, 3α,7α-Dihydroxy-5β-cholestanate-CoA ligase, v. 2 | p. 326	
1.5.99.12	DhCKX, cytokinin dehydrogenase, v. 23 | p. 398	
1.3.1.21	7-DHCR, 7-dehydrocholesterol reductase, v. 21 | p. 118	

1.3.1.72	DHCR24, Δ24-sterol reductase, v.21|p.328	
1.3.1.21	Dhcr7, 7-dehydrocholesterol reductase, v.21|p.118	
1.3.1.21	Dhcr7-AS-1, 7-dehydrocholesterol reductase, v.21|p.118	
1.3.1.21	Dhcr7-AS-2, 7-dehydrocholesterol reductase, v.21|p.118	
1.3.1.21	Dhcr7-AS-4, 7-dehydrocholesterol reductase, v.21|p.118	
1.3.1.21	7-DHC reductase, 7-dehydrocholesterol reductase, v.21|p.118	
4.2.1.10	DHD/SHD, 3-dehydroquinate dehydratase, v.4|p.304	
1.1.1.25	DHD/SHD, shikimate dehydrogenase, v.16|p.241	
1.3.1.20	DHDH, trans-1,2-dihydrobenzene-1,2-diol dehydrogenase, v.21|p.98	
1.3.1.26	DHDPR, dihydrodipicolinate reductase, v.21|p.155	
1.3.1.26	DHDP reductase, dihydrodipicolinate reductase, v.21|p.155	
4.2.1.52	DHDPS, dihydrodipicolinate synthase, v.4|p.527	
2.8.2.2	DHEA-ST, alcohol sulfotransferase, v.39|p.278	
2.8.2.15	DHEA-ST, steroid sulfotransferase, v.39|p.387	
3.1.6.2	DHEAS, steryl-sulfatase, v.11|p.250	
2.8.2.2	DHEA ST, alcohol sulfotransferase, v.39|p.278	
2.8.2.2	DHEA ST-like protein, alcohol sulfotransferase, v.39|p.278	
2.8.2.15	DHEA sulfotransferase, steroid sulfotransferase, v.39|p.387	
2.8.2.15	DHEA sulphotransferase, steroid sulfotransferase, v.39|p.387	
4.1.1.54	DHF decarboxylase, Dihydroxyfumarate decarboxylase, v.3|p.327	
1.5.1.3	DHFR, dihydrofolate reductase, v.23|p.17	
6.3.2.12	DHFR, dihydrofolate synthase, v.2|p.466	
1.5.1.3	DHFR-TS, dihydrofolate reductase, v.23|p.17	
2.1.1.45	DHFR-TS, thymidylate synthase, v.28|p.244	
1.5.1.3	DHFR type IIIC, dihydrofolate reductase, v.23|p.17	
6.3.2.12	DHFS, dihydrofolate synthase, v.2|p.466	
1.1.1.8	DhGPD1, glycerol-3-phosphate dehydrogenase (NAD+), v.16|p.120	
3.8.1.5	DhlA, haloalkane dehalogenase, v.15|p.891	
1.8.1.4	DHLDH, dihydrolipoyl dehydrogenase, v.24|p.463	
2.3.1.12	DHLTA, dihydrolipoyllysine-residue acetyltransferase, v.29|p.323	
3.8.1.5	DhmA, haloalkane dehalogenase, v.15|p.891	
1.1.1.219	DHM reductase, dihydrokaempferol 4-reductase, v.18|p.321	
4.1.2.25	DHNA, Dihydroneopterin aldolase, v.3|p.533	
4.1.2.25	DHNA-HPPK, Dihydroneopterin aldolase, v.3|p.533	
4.1.3.36	DHNA synthetase, naphthoate synthase, v.4|p.196	
3.5.2.3	DHO, dihydroorotase, v.14|p.670	
1.3.3.1	(DHO) dehydrogenase, dihydroorotate oxidase, v.21|p.347	
1.3.3.1	DHO-DH, dihydroorotate oxidase, v.21|p.347	
3.5.2.3	DHOase, dihydroorotase, v.14|p.670	
1.3.5.2	DHOD, dihydroorotate dehydrogenase	
1.3.3.1	DHOD, dihydroorotate oxidase, v.21|p.347	
1.3.3.1	DHOD1, dihydroorotate oxidase, v.21|p.347	
1.3.3.1	DHOD2, dihydroorotate oxidase, v.21|p.347	
1.3.3.1	DHOD3, dihydroorotate oxidase, v.21|p.347	
1.3.3.1	DHODA, dihydroorotate oxidase, v.21|p.347	
1.3.5.2	DHODase, dihydroorotate dehydrogenase	
1.3.1.14	DHODase, orotate reductase (NADH), v.21|p.75	
1.3.3.1	DHOdehase, dihydroorotate oxidase, v.21|p.347	
1.3.1.14	DHOdehase A, orotate reductase (NADH), v.21|p.75	
1.3.1.14	DHO dehydrogenase, orotate reductase (NADH), v.21|p.75	
1.3.5.2	DHODH, dihydroorotate dehydrogenase	
1.3.3.1	DHODH, dihydroorotate oxidase, v.21|p.347	
1.3.5.2	DHODH-1A, dihydroorotate dehydrogenase	
3.5.2.2	DHP, dihydropyrimidinase, v.14|p.651	
3.5.2.2	DHP-1, dihydropyrimidinase, v.14|p.651	

diacetyl-acetoin reductase

3.5.2.2	DHP-2, dihydropyrimidinase, v. 14 | p. 651
3.4.13.19	DHP-I, membrane dipeptidase, v. 6 | p. 239
3.5.2.2	DHPase, dihydropyrimidinase, v. 14 | p. 651
4.1.1.55	DHP decarboxylase, 4,5-Dihydroxyphthalate decarboxylase, v. 3 | p. 329
1.3.1.2	DHPDH, dihydropyrimidine dehydrogenase (NADP+), v. 21 | p. 4
1.3.1.2	DHPDHase, dihydropyrimidine dehydrogenase (NADP+), v. 21 | p. 4
1.5.1.34	DHPR, 6,7-dihydropteridine reductase, v. 23 | p. 248
1.3.1.26	DHPR, dihydrodipicolinate reductase, v. 21 | p. 155
2.5.1.15	DHPS, dihydropteroate synthase, v. 33 | p. 494
2.5.1.15	DHPS/DHPR, dihydropteroate synthase, v. 33 | p. 494
4.2.1.10	DHQ-SDH, 3-dehydroquinate dehydratase, v. 4 | p. 304
1.1.1.25	DHQ-SDH, shikimate dehydrogenase, v. 16 | p. 241
4.2.1.10	DHQ-SDH protein, 3-dehydroquinate dehydratase, v. 4 | p. 304
4.2.1.10	DHQase, 3-dehydroquinate dehydratase, v. 4 | p. 304
4.2.1.10	DHQase-SORase, 3-dehydroquinate dehydratase, v. 4 | p. 304
1.1.1.219	DHQ reductase, dihydrokaempferol 4-reductase, v. 18 | p. 321
4.2.1.10	DHQS, 3-dehydroquinate dehydratase, v. 4 | p. 304
4.2.3.4	DHQS, 3-dehydroquinate synthase, v. S7 | p. 194
4.2.1.10	DHQ synthase, 3-dehydroquinate dehydratase, v. 4 | p. 304
4.2.3.4	DHQ synthase, 3-dehydroquinate synthase, v. S7 | p. 194
3.2.1.21	Dhr1, β-glucosidase, v. 12 | p. 299
1.1.1.145	DHRS4, 3β-hydroxy-Δ5-steroid dehydrogenase, v. 17 | p. 436
1.1.1.30	DHRS6, 3-hydroxybutyrate dehydrogenase, v. 16 | p. 287
2.5.1.46	DHS, deoxyhypusine synthase, v. 34 | p. 72
2.5.1.46	DHS1, deoxyhypusine synthase, v. 34 | p. 72
2.5.1.46	DHS2, deoxyhypusine synthase, v. 34 | p. 72
1.2.4.2	DHTKD1, oxoglutarate dehydrogenase (succinyl-transferring), v. 20 | p. 507
1.3.1.2	DHU dehydrogenase, dihydropyrimidine dehydrogenase (NADP+), v. 21 | p. 4
3.2.1.21	dhurrinase-1, β-glucosidase, v. 12 | p. 299
4.1.1.28	Di-ADC, aromatic-L-amino-acid decarboxylase, v. 3 | p. 152
4.2.2.18	di-D-fructofuranose 1,2': 2,3' dianhydride [DFA III]-producing IFTase, inulin fructotransferase (DFA-III-forming), v. S7 | p. 145
3.1.4.52	c-di-GMP phosphodiesterase, cyclic-guanylate-specific phosphodiesterase, v. S5 | p. 100
1.11.1.5	di-heme cytochrome c peroxidase, cytochrome-c peroxidase, v. 25 | p. 186
3.1.8.2	di-isopropylphosphorofluoridate fluorohydrolase, diisopropyl-fluorophosphatase, v. 11 | p. 350
3.2.1.96	di-N-acetylchitobiosyl β-N-acetylglucosaminidase, mannosyl-glycoprotein endo-β-N-acetylglucosaminidase, v. 13 | p. 350
3.2.1.96	DI-N-acetylchitobiosyl β-N-acetylglucosaminidase F1, mannosyl-glycoprotein endo-β-N-acetylglucosaminidase, v. 13 | p. 350
3.2.1.96	DI-N-acetylchitobiosyl β-N-acetylglucosaminidase F2, mannosyl-glycoprotein endo-β-N-acetylglucosaminidase, v. 13 | p. 350
3.2.1.96	DI-N-acetylchitobiosyl β-N-acetylglucosaminidase F3, mannosyl-glycoprotein endo-β-N-acetylglucosaminidase, v. 13 | p. 350
2.5.1.31	di-trans,poly-cis-undecaprenyl-diphosphate synthase, di-trans,poly-cis-decaprenylcistransferase, v. 34 | p. 1
1.11.1.9	DI29, glutathione peroxidase, v. 25 | p. 233
1.97.1.10	5DI, thyroxine 5'-deiodinase, v. S1 | p. 788
1.6.2.2	DIA1, cytochrome-b5 reductase, v. 24 | p. 35
5.1.3.23	2,3-diacetamido-2,3-dideoxy-α-D-glucuronic acid 2-epimerase, UDP-2,3-diacetamido-2,3-dideoxyglucuronic acid 2-epimerase, v. S7 | p. 499
3.1.1.66	3,4-diacetoxybutinylbithiophene:4-acetate esterase, 5-(3,4-diacetoxybut-1-ynyl)-2,2'-bithiophene deacetylase, v. 9 | p. 392
1.1.1.5	diacetyl (acetoin) reductase, acetoin dehydrogenase, v. 16 | p. 97
1.1.1.5	diacetyl-acetoin reductase, acetoin dehydrogenase, v. 16 | p. 97

diacetyl and acetoin reductase

1.1.1.5	diacetyl and acetoin reductase, acetoin dehydrogenase, v. 16 | p. 97	
1.1.1.5	diacetyl reductase, acetoin dehydrogenase, v. 16 | p. 97	
1.1.1.4	diacetyl reductase (acetoin), (R,R)-butanediol dehydrogenase, v. 16 | p. 91	
2.3.1.73	1,2-diacyl-sn-glycerol:sterol acyl transferase, diacylglycerol-sterol O-acyltransferase, v. 30 | p. 63	
2.4.1.208	1,2-diacylglycerol-3-α-glucosyl transferase, diglucosyl diacylglycerol synthase, v. 32 | p. 545	
2.4.1.46	1,2-diacylglycerol 3-β-galactosyltransferase, monogalactosyldiacylglycerol synthase, v. 31 | p. 422	
2.7.1.107	diacylglycerol:ATP kinase, diacylglycerol kinase, v. 36 | p. 438	
2.7.8.1	diacylglycerol:CDP-ethanolamine ethanolaminephosphotransferase, ethanolaminephosphotransferase, v. 39 | p. 1	
2.3.1.20	1,2-diacylglycerol acyltransferase, diacylglycerol O-acyltransferase, v. 29 | p. 396	
2.3.1.22	diacylglycerol acyltransferase, 2-acylglycerol O-acyltransferase, v. 29 | p. 431	
2.3.1.20	diacylglycerol acyltransferase, diacylglycerol O-acyltransferase, v. 29 | p. 396	
2.3.1.20	diacylglycerol acyltransferase-1, diacylglycerol O-acyltransferase, v. 29 | p. 396	
2.3.1.20	diacylglycerol acyltransferase 1, diacylglycerol O-acyltransferase, v. 29 | p. 396	
2.7.8.2	diacylglycerol choline phosphotransferase, diacylglycerol cholinephosphotransferase, v. 39 | p. 14	
3.1.3.4	diacylglycerol diphosphate phosphatase, phosphatidate phosphatase, v. 10 | p. 82	
2.7.8.1	diacylglycerol ethanolaminephosphotransferase, ethanolaminephosphotransferase, v. 39 | p. 1	
3.1.1.34	diacylglycerol hydrolase, lipoprotein lipase, v. 9 | p. 266	
2.7.1.107	1,2-diacylglycerol kinase, diacylglycerol kinase, v. 36 | p. 438	
2.7.1.107	diacylglycerol kinase, diacylglycerol kinase, v. 36 | p. 438	
2.7.1.107	diacylglycerol kinase α, diacylglycerol kinase, v. 36 | p. 438	
2.7.1.107	diacylglycerol kinase-α, diacylglycerol kinase, v. 36 | p. 438	
2.7.1.107	diacylglycerol kinase zeta, diacylglycerol kinase, v. 36 | p. 438	
3.1.1.34	diacylglycerol lipase, lipoprotein lipase, v. 9 | p. 266	
3.1.1.3	diacylglycerol lipase, triacylglycerol lipase, v. 9 | p. 36	
3.1.3.4	diacylglycerol pyrophosphate phosphatase, phosphatidate phosphatase, v. 10 | p. 82	
3.1.1.51	diacylphorbate 12-hydrolase, phorbol-diester hydrolase, v. 9 | p. 338	
3.6.1.29	Diadenosine 5',5'''-P1,P3-triphosphate hydrolase, bis(5'-adenosyl)-triphosphatase, v. 15 | p. 432	
3.6.1.41	diadenosine 5',5'''-P1,P4-tetraphosphatase, bis(5'-nucleosyl)-tetraphosphatase (symmetrical), v. 15 | p. 460	
2.7.7.53	diadenosine 5',5'''-P1,P4-tetraphosphate α,β-phosphorylase, ATP adenylyltransferase, v. 38 | p. 531	
2.7.7.53	diadenosine 5',5'''-P1,P4-tetraphosphate α,β-phosphorylase (ADP-forming), ATP adenylyltransferase, v. 38 | p. 531	
2.7.7.53	diadenosine 5',5'''-P1,P4-tetraphosphate $\alpha\beta$-phosphorylase (ADP-forming), ATP adenylyltransferase, v. 38 | p. 531	
3.6.1.17	Diadenosine 5',5'''-P1,P4-tetraphosphate asymmetrical hydrolase, bis(5'-nucleosyl)-tetraphosphatase (asymmetrical), v. 15 | p. 372	
3.6.1.17	diadenosine 5',5'''-P1,P4-tetraphosphate pyrophosphohydrolase, bis(5'-nucleosyl)-tetraphosphatase (asymmetrical), v. 15 | p. 372	
3.6.1.41	diadenosine 5',5'''-P1,P4-tetraphosphate pyrophosphohydrolase, bis(5'-nucleosyl)-tetraphosphatase (symmetrical), v. 15 | p. 460	
3.6.1.29	diadenosine 5,5-P1,P3-triphosphatase, bis(5'-adenosyl)-triphosphatase, v. 15 | p. 432	
3.6.1.17	diadenosine P1,P4-tetraphosphatase, bis(5'-nucleosyl)-tetraphosphatase (asymmetrical), v. 15 | p. 372	
3.6.1.41	diadenosine polyphosphate hydrolase, bis(5'-nucleosyl)-tetraphosphatase (symmetrical), v. 15 | p. 460	
3.6.1.17	Diadenosine tetraphosphatase, bis(5'-nucleosyl)-tetraphosphatase (asymmetrical), v. 15 | p. 372	

3.6.1.41	Diadenosine tetraphosphatase, bis(5'-nucleosyl)-tetraphosphatase (symmetrical), v. 15 | p. 460
3.6.1.41	diadenosinetetraphosphatase (symmetrical), bis(5'-nucleosyl)-tetraphosphatase (symmetrical), v. 15 | p. 460
2.7.7.53	diadenosinetetraphosphate α,β-phosphorylase, ATP adenylyltransferase, v. 38 | p. 531
2.7.7.53	diadenosinetetraphosphate $\alpha\beta$-phosphorylase, ATP adenylyltransferase, v. 38 | p. 531
3.6.1.41	diadenosine tetraphosphate hydrolase, bis(5'-nucleosyl)-tetraphosphatase (symmetrical), v. 15 | p. 460
3.6.1.17	diadenosine tetraphosphate pyrophosphohydrolase, bis(5'-nucleosyl)-tetraphosphatase (asymmetrical), v. 15 | p. 372
3.6.1.29	diadenosine triphosphatase, bis(5'-adenosyl)-triphosphatase, v. 15 | p. 432
4.1.1.64	2,2-Dialkyl-2-amino acid-pyruvate aminotransferase, 2,2-Dialkylglycine decarboxylase (pyruvate), v. 3 | p. 360
4.1.1.64	Dialkylamino-acid decarboxylase (pyruvate), 2,2-Dialkylglycine decarboxylase (pyruvate), v. 3 | p. 360
4.1.1.64	α-Dialkylamino acid aminotransferase, 2,2-Dialkylglycine decarboxylase (pyruvate), v. 3 | p. 360
4.1.1.64	α-Dialkyl amino acid transaminase, 2,2-Dialkylglycine decarboxylase (pyruvate), v. 3 | p. 360
4.1.1.64	α-Dialkylamino acid transaminase, 2,2-Dialkylglycine decarboxylase (pyruvate), v. 3 | p. 360
3.1.8.2	dialkylfluorophosphatase, diisopropyl-fluorophosphatase, v. 11 | p. 350
4.1.1.64	dialkylglycine decarboxylase, 2,2-Dialkylglycine decarboxylase (pyruvate), v. 3 | p. 360
2.6.1.29	diamine-ketoglutaric transaminase, diamine transaminase, v. 34 | p. 448
1.4.3.6	diamine:O2 oxidoreductase (deaminating), amine oxidase (copper-containing), v. 22 | p. 291
2.3.1.57	diamine acetyltransferase, diamine N-acetyltransferase, v. 29 | p. 708
2.6.1.29	diamine aminotransferase, diamine transaminase, v. 34 | p. 448
1.4.3.6	Diamine oxidase, amine oxidase (copper-containing), v. 22 | p. 291
1.4.3.22	Diamine oxidase, diamine oxidase
3.2.2.23	2,6-diamino-4-hydroxy-5(N-methyl)formamidopyrimidine-DNA glycosylase, DNA-formamidopyrimidine glycosylase, v. 14 | p. 111
3.2.2.23	2,6-diamino-4-hydroxy-5N-formamidopyrimidine-DNA glycosylase, DNA-formamidopyrimidine glycosylase, v. 14 | p. 111
3.2.2.23	2,6-diamino-4-hydroxy-5N-methyl-formamidopyrimidine-DNA glycosylase, DNA-formamidopyrimidine glycosylase, v. 14 | p. 111
2.6.1.8	diamino-acid transaminase, 2,5-diaminovalerate transaminase, v. 34 | p. 332
2.6.1.8	diamino acid aminotransferase, 2,5-diaminovalerate transaminase, v. 34 | p. 332
2.3.1.178	2,4-diaminobutanoate acetyltransferase, diaminobutyrate acetyltransferase, v. S2 | p. 86
2.3.1.178	L-2,4-diaminobutanoate acetyltransferase, diaminobutyrate acetyltransferase, v. S2 | p. 86
2.6.1.46	diaminobutyrate-pyruvate aminotransferase, diaminobutyrate-pyruvate transaminase, v. 34 | p. 560
2.6.1.76	2,4-diaminobutyrate 4-aminotransferase, diaminobutyrate-2-oxoglutarate transaminase, v. 35 | p. 61
4.1.1.86	L-2,4-diaminobutyrate:2-ketoglutarate 4-aminotransferase, diaminobutyrate decarboxylase, v. S7 | p. 31
2.6.1.76	L-2,4-diaminobutyrate:2-ketoglutarate 4-aminotransferase, diaminobutyrate-2-oxoglutarate transaminase, v. 35 | p. 61
2.3.1.178	L-2,4-diaminobutyrate acetyltransferase, diaminobutyrate acetyltransferase, v. S2 | p. 86
2.3.1.178	diaminobutyrate acetyltransferase, diaminobutyrate acetyltransferase, v. S2 | p. 86
4.1.1.86	L-2,4-diaminobutyrate decarboxylase, diaminobutyrate decarboxylase, v. S7 | p. 31
2.6.1.76	Diaminobutyrate transaminase, diaminobutyrate-2-oxoglutarate transaminase, v. 35 | p. 61
2.3.1.178	L-diaminobutyric acid acetyl transferase, diaminobutyrate acetyltransferase, v. S2 | p. 86
2.3.1.178	diaminobutyric acid acetyltransferase, diaminobutyrate acetyltransferase, v. S2 | p. 86

2.6.1.46	L-2,4-diaminobutyric acid aminotransferase, diaminobutyrate-pyruvate transaminase, v. 34 | p. 560	
4.1.1.86	L-2,4-diaminobutyric acid decarboxylase, diaminobutyrate decarboxylase, v. S7 | p. 31	
2.6.1.76	L-diaminobutyric acid transaminase, diaminobutyrate-2-oxoglutarate transaminase, v. 35 | p. 61	
2.6.1.46	L-diaminobutyric acid transaminase, diaminobutyrate-pyruvate transaminase, v. 34 | p. 560	
2.6.1.46	diaminobutyric acid transaminase, diaminobutyrate-pyruvate transaminase, v. 34 | p. 560	
1.4.1.11	L-3,5-diaminohexanoate dehydrogenase, L-erythro-3,5-diaminohexanoate dehydrogenase, v. 22 | p. 130	
2.6.1.62	7,8-diaminononanoate transaminase, adenosylmethionine-8-amino-7-oxononanoate transaminase, v. 35 | p. 13	
1.4.3.6	diamino oxhydrase, amine oxidase (copper-containing), v. 22 | p. 291	
1.4.3.6	diaminooxidase, amine oxidase (copper-containing), v. 22 | p. 291	
2.6.1.62	7,8-diaminopelargonate synthase, adenosylmethionine-8-amino-7-oxononanoate transaminase, v. 35 | p. 13	
2.6.1.62	diaminopelargonate synthase, adenosylmethionine-8-amino-7-oxononanoate transaminase, v. 35 | p. 13	
2.6.1.62	7,8-diaminopelargonic acid aminotransferase, adenosylmethionine-8-amino-7-oxononanoate transaminase, v. 35 | p. 13	
2.6.1.62	7,8-diaminopelargonic acid synthase, adenosylmethionine-8-amino-7-oxononanoate transaminase, v. 35 | p. 13	
1.4.1.12	2,4-diaminopentanoic acid C4 dehydrogenase, 2,4-diaminopentanoate dehydrogenase, v. 22 | p. 135	
2.6.1.62	7,8-diaminoperlargonic acid aminotransferase, adenosylmethionine-8-amino-7-oxononanoate transaminase, v. 35 | p. 13	
2.6.1.62	diaminoperlargonic acid aminotransferase, adenosylmethionine-8-amino-7-oxononanoate transaminase, v. 35 | p. 13	
5.1.1.7	diaminopimelate epimerase, Diaminopimelate epimerase, v. 1 | p. 27	
6.3.2.13	Diaminopimelic-adding enzyme, UDP-N-acetylmuramoyl-L-alanyl-D-glutamate-2,6-diaminopimelate ligase, v. 2 | p. 473	
4.1.1.20	Diaminopimelic acid decarboxylase, Diaminopimelate decarboxylase, v. 3 | p. 116	
5.1.1.7	Diaminopimelic acid epimerase, Diaminopimelate epimerase, v. 1 | p. 27	
5.1.1.7	Diaminopimelic epimerase, Diaminopimelate epimerase, v. 1 | p. 27	
4.3.1.15	Diaminopropionatase, Diaminopropionate ammonia-lyase, v. 5 | p. 251	
4.3.1.15	2,3-Diaminopropionate:ammonia-lyase, Diaminopropionate ammonia-lyase, v. 5 | p. 251	
4.3.1.15	L-Diaminopropionate ammonia-lyase, Diaminopropionate ammonia-lyase, v. 5 | p. 251	
4.3.1.15	α,β-Diaminopropionate ammonia-lyase, Diaminopropionate ammonia-lyase, v. 5 | p. 251	
4.3.1.15	diaminopropionate ammonia-lyase, Diaminopropionate ammonia-lyase, v. 5 | p. 251	
3.1.3.31	DIAN, nucleotidase, v. 10 | p. 316	
3.2.2.22	dianthin 30, rRNA N-glycosylase, v. 14 | p. 107	
3.2.2.22	dianthin 32, rRNA N-glycosylase, v. 14 | p. 107	
1.6.99.5	D-diaphorase, NADH dehydrogenase (quinone), v. 24 | p. 219	
1.6.5.2	diaphorase, NAD(P)H dehydrogenase (quinone), v. 24 | p. 105	
1.6.99.3	diaphorase, NADH dehydrogenase, v. 24 | p. 207	
1.6.99.1	diaphorase, NADPH dehydrogenase, v. 24 | p. 179	
1.8.1.4	diaphorase, dihydrolipoyl dehydrogenase, v. 24 | p. 463	
1.6.2.2	diaphorase I, cytochrome-b5 reductase, v. 24 | p. 35	
1.11.1.14	diarylpropane:oxygen,hydrogen-peroxide oxidoreductase (C-C-bond-cleaving), lignin peroxidase, v. 25 | p. 309	
1.11.1.14	diarylpropane oxygenase, lignin peroxidase, v. 25 | p. 309	
3.5.1.1	DiAsp, asparaginase, v. 14 | p. 190	
3.2.1.1	diastase, α-amylase, v. 12 | p. 1	
4.2.1.1	diatom carbonic anhydrase, carbonate dehydratase, v. 4 | p. 242	
3.4.21.75	Dibasic processing enzyme, Furin, v. 7 | p. 371	

diheme cytochrome c peroxidase

2.1.1.26	DIB O-methyltransferase (3,5-diiodo-4-hydroxy-benzoic acid), iodophenol O-methyltransferase, v. 28 | p. 126
2.1.1.27	DIB O-methyltransferase (3,5-diiodo-4-hydroxy-benzoic acid), tyramine N-methyltransferase, v. 28 | p. 129
1.7.1.6	dibromopropylaminophenylazobenzoic azoreductase, azobenzene reductase, v. 24 | p. 288
1.1.1.10	dicarbonyl/L-xylulose reductase, L-xylulose reductase, v. 16 | p. 144
1.14.12.15	1,4-Dicarboxybenzoate 1,2-dioxygenase, Terephthalate 1,2-dioxygenase, v. 26 | p. 185
2.8.3.13	dicarboxyl-CoA:dicarboxylic acid coenzyme A transferase, succinate-hydroxymethylglutarate CoA-transferase, v. 39 | p. 519
3.5.1.3	dicarboxylate ω-amidase, ω-amidase, v. 14 | p. 217
3.1.26.3	Dicer, ribonuclease III, v. 11 | p. 509
3.1.26.3	Dicer-1, ribonuclease III, v. 11 | p. 509
2.4.1.91	DicGT1, flavonol 3-O-glucosyltransferase, v. 32 | p. 21
4.5.1.3	dichloromethane chloride-lyase, dichloromethane dehalogenase, v. 5 | p. 407
4.5.1.3	dichloromethane dehalogenase, dichloromethane dehalogenase, v. 5 | p. 407
5.5.1.11	dichloromuconate cycloisomerase, dichloromuconate cycloisomerase, v. 1 | p. 716
1.14.13.20	2,4-dichlorophenol hydroxylase, 2,4-dichlorophenol 6-monooxygenase, v. 26 | p. 326
1.14.13.20	2,4-dichlorophenol monooxygenase, 2,4-dichlorophenol 6-monooxygenase, v. 26 | p. 326
3.6.3.14	Dicyclohexylcarbodiimide-binding protein, H+-transporting two-sector ATPase, v. 15 | p. 598
3.6.4.6	Did6p, vesicle-fusing ATPase, v. 15 | p. 789
1.5.1.21	1,2-didehydropipecolate reductase, Δ1-piperideine-2-carboxylate reductase, v. 23 | p. 182
1.5.1.21	1,2-didehydropipecolic reductase, Δ1-piperideine-2-carboxylate reductase, v. 23 | p. 182
3.1.1.45	dienelactone hydrolase, carboxymethylenebutenolidase, v. 9 | p. 310
4.2.1.100	dienoyl-CoA hydratase, cyclohexa-1,5-dienecarbonyl-CoA hydratase, v. S7 | p. 80
1.3.1.34	2,4-dienoyl-CoA reductase, 2,4-dienoyl-CoA reductase (NADPH), v. 21 | p. 209
1.3.1.34	2,4-dienoyl-CoA reductase [NADPH], 2,4-dienoyl-CoA reductase (NADPH), v. 21 | p. 209
1.3.1.34	2,4-dienoyl coenzyme A reductase, 2,4-dienoyl-CoA reductase (NADPH), v. 21 | p. 209
1.1.1.229	diethyl-2-methyl-3-oxosuccinate reductase, diethyl 2-methyl-3-oxosuccinate reductase, v. 18 | p. 351
1.16.1.2	diferric transferrin reductase, diferric-transferrin reductase, v. 27 | p. 441
3.4.11.7	Differentiation antigen gp160, glutamyl aminopeptidase, v. 6 | p. 102
2.4.1.241	digalactosyldiacylglycerol synthase 1, digalactosyldiacylglycerol synthase, v. S2 | p. 185
2.4.1.241	digalactosyldiacylglycerol synthase 1, chloroplast, digalactosyldiacylglycerol synthase, v. S2 | p. 185
2.4.1.241	digalactosyldiacylglycerol synthase type 1, digalactosyldiacylglycerol synthase, v. S2 | p. 185
2.4.1.241	digalactosyldiacylglycerol synthase type 2, digalactosyldiacylglycerol synthase, v. S2 | p. 185
2.4.1.208	diglucosyldiacylglycerol synthase, diglucosyl diacylglycerol synthase, v. 32 | p. 545
2.3.1.20	diglyceride acyltransferase, diacylglycerol O-acyltransferase, v. 29 | p. 396
2.7.1.107	diglyceride kinase, diacylglycerol kinase, v. 36 | p. 438
3.1.1.34	diglyceride lipase, lipoprotein lipase, v. 9 | p. 266
2.3.1.20	diglyceride O-acyltransferase, diacylglycerol O-acyltransferase, v. 29 | p. 396
3.4.13.18	diglycinase, cytosol nonspecific dipeptidase, v. 6 | p. 227
3.5.3.20	diguanidinobutane amidinohydrolase, diguanidinobutanase, v. 14 | p. 839
3.6.1.17	diguanosine tetraphosphatase, bis(5'-nucleosyl)-tetraphosphatase (asymmetrical), v. 15 | p. 372
3.6.1.17	diguanosinetetraphosphatase (asymmetrical), bis(5'-nucleosyl)-tetraphosphatase (asymmetrical), v. 15 | p. 372
3.6.1.17	diguanosinetetraphosphate guanosylhydrolase, bis(5'-nucleosyl)-tetraphosphatase (asymmetrical), v. 15 | p. 372
2.7.7.45	diguanosine tetraphosphate synthetase, guanosine-triphosphate guanylyltransferase, v. 38 | p. 454
2.7.7.65	diguanylate cyclase, diguanylate cyclase, v. S2 | p. 331
1.11.1.5	diheme cytochrome c peroxidase, cytochrome-c peroxidase, v. 25 | p. 186

2.4.1.164	dIHnT, galactosyl-N-acetylglucosaminylgalactosylglucosyl-ceramide β-1,6-N-acetylglucosaminyltransferase, v. 32	p. 365
2.1.1.42	o-dihydric phenol meta-O-methyltransferase, luteolin O-methyltransferase, v. 28	p. 231
2.1.1.42	o-dihydric phenol methyltransferase, luteolin O-methyltransferase, v. 28	p. 231
1.3.1.60	1,2-dihydro-1,2-dihydroxybenzoate dehydrogenase, dibenzothiophene dihydrodiol dehydrogenase, v. 21	p. 300
1.3.1.29	1,2-dihydro-1,2-dihydroxynaphthalene dehydrogenase, cis-1,2-dihydro-1,2-dihydroxynaphthalene dehydrogenase, v. 21	p. 171
1.3.1.56	2,3-dihydro-2,3-dehydroxybiphenyl-2,3-dehydrogenase, cis-2,3-dihydrobiphenyl-2,3-diol dehydrogenase, v. 21	p. 288
3.3.2.1	2,3-dihydro-2,3-dihydroxybenzoate synthase, isochorismatase, v. 14	p. 142
1.3.1.28	2,3-dihydro-2,3-dihydroxybenzoic acid dehydrogenase, 2,3-dihydro-2,3-dihydroxybenzoate dehydrogenase, v. 21	p. 167
1.3.1.56	2,3-dihydro-2,3-dihydroxybiphenyl dehydrogenase, cis-2,3-dihydrobiphenyl-2,3-diol dehydrogenase, v. 21	p. 288
3.3.2.1	2,3 dihydro-2,3 dihydroxybenzoate synthase, isochorismatase, v. 14	p. 142
4.2.1.49	4,5-dihydro-4-oxo-5-imidazole-propanoate hydro-lyase, Urocanate hydratase, v. 4	p. 509
2.7.6.3	7,8-dihydro-6-hydroxymethylpterin pyrophosphokinase, 2-amino-4-hydroxy-6-hydroxymethyldihydropteridine diphosphokinase, v. 38	p. 30
1.3.1.14	L-5,6-dihydro-orotate:NAD oxidoreductase, orotate reductase (NADH), v. 21	p. 75
1.3.1.14	dihydro-orotic dehydrogenase, orotate reductase (NADH), v. 21	p. 75
1.3.1.58	2,3-dihydro-p-cumate dehydrogenase, 2,3-dihydroxy-2,3-dihydro-p-cumate dehydrogenase, v. 21	p. 296
4.1.1.63	3,4-Dihydrobenzoate decarboxylase, Protocatechuate decarboxylase, v. 3	p. 357
1.14.13.105	dihydrocarvone 1,2-monooxygenase, monocyclic monoterpene ketone monooxygenase
1.14.13.57	Dihydrochelirubine 12-hydroxylase, Dihydrochelirubine 12-monooxygenase, v. 26	p. 507
1.6.99.3	dihydrocodehydrogenase I dehydrogenase, NADH dehydrogenase, v. 24	p. 207
1.10.2.2	dihydrocoenzyme Q-cytochrome c reductase, ubiquinol-cytochrome-c reductase, v. 25	p. 83
1.3.1.3	4,5β-dihydrocortisone:NADP+ Δ4-oxidoreductase, Δ4-3-oxosteroid 5β-reductase, v. 21	p. 15
3.1.1.35	3,4-dihydrocoumarin, dihydrocoumarin hydrolase, v. 9	p. 276
3.1.1.35	3,4-dihydrocoumarine hydrolase, dihydrocoumarin hydrolase, v. 9	p. 276
3.1.1.35	3,4-dihydrocoumarin hydrolase, dihydrocoumarin hydrolase, v. 9	p. 276
1.3.1.25	dihydrodihydroxybenzoate dehydrogenase, 1,6-dihydroxycyclohexa-2,4-diene-1-carboxylate dehydrogenase, v. 21	p. 151
1.1.1.50	dihydrodiol dehydrogenase, 3α-hydroxysteroid dehydrogenase (B-specific), v. 16	p. 487
1.3.1.20	dihydrodiol dehydrogenase, trans-1,2-dihydrobenzene-1,2-diol dehydrogenase, v. 21	p. 98
1.3.1.26	dihydrodipicolinate reductase, dihydrodipicolinate reductase, v. 21	p. 155
1.3.1.26	dihydrodipicolinate reductase-like protein, dihydrodipicolinate reductase, v. 21	p. 155
1.3.1.26	dihydrodipicolinic acid reductase, dihydrodipicolinate reductase, v. 21	p. 155
4.2.1.52	dihydrodipicolinic acid synthase, dihydrodipicolinate synthase, v. 4	p. 527
1.1.1.219	dihydroflavanol 4-reductase, dihydrokaempferol 4-reductase, v. 18	p. 321
1.1.1.219	dihydroflavonol-4-reductase, dihydrokaempferol 4-reductase, v. 18	p. 321
1.1.1.219	dihydroflavonol 4-reductase, dihydrokaempferol 4-reductase, v. 18	p. 321
1.3.1.77	dihydroflavonol 4-reductase-like protein, anthocyanidin reductase, v. S1	p. 231
6.3.4.17	Dihydrofolate formyltransferase, Formate-dihydrofolate ligase, v. 2	p. 649
1.5.1.3	7,8-dihydrofolate reductase, dihydrofolate reductase, v. 23	p. 17
1.5.1.3	dihydrofolate reductase, dihydrofolate reductase, v. 23	p. 17
6.3.2.12	dihydrofolate reductase, dihydrofolate synthase, v. 2	p. 466
1.5.1.3	dihydrofolate reductase-thymidylate synthase, dihydrofolate reductase, v. 23	p. 17
2.1.1.45	dihydrofolate reductase-thymidylate synthase, thymidylate synthase, v. 28	p. 244
1.5.1.3	dihydrofolate reductase:thymidylate synthase, dihydrofolate reductase, v. 23	p. 17
6.3.2.12	7,8-Dihydrofolate synthetase, dihydrofolate synthase, v. 2	p. 466
6.3.2.12	Dihydrofolate synthetase, dihydrofolate synthase, v. 2	p. 466

6.3.2.12	dihydrofolate synthetase-folylpolyglutamate synthetase, dihydrofolate synthase, v. 2	p. 466
1.5.1.3	dihydrofolic acid reductase, dihydrofolate reductase, v. 23	p. 17
1.5.1.3	dihydrofolic reductase, dihydrofolate reductase, v. 23	p. 17
1.2.1.12	dihydrogenase, glyceraldehyde phosphate, glyceraldehyde-3-phosphate dehydrogenase (phosphorylating), v. 20	p. 135
1.1.1.219	Dihydrokaempferol 4-reductase, dihydrokaempferol 4-reductase, v. 18	p. 321
1.8.1.4	dihydrolipoamide:NAD+ oxidoreductase, dihydrolipoyl dehydrogenase, v. 24	p. 463
2.3.1.12	dihydrolipoamide acetyltransferase, dihydrolipoyllysine-residue acetyltransferase, v. 29	p. 323
1.8.1.4	dihydrolipoamide dehydrogenase, dihydrolipoyl dehydrogenase, v. 24	p. 463
1.8.1.4	dihydrolipoamide dehydrogenase E3, dihydrolipoyl dehydrogenase, v. 24	p. 463
2.3.1.61	dihydrolipoamide succinyltransferase, dihydrolipoyllysine-residue succinyltransferase, v. 30	p. 7
2.3.1.12	dihydrolipoate acetyltransferase, dihydrolipoyllysine-residue acetyltransferase, v. 29	p. 323
1.8.1.4	dihydrolipoic dehydrogenase, dihydrolipoyl dehydrogenase, v. 24	p. 463
2.3.1.12	dihydrolipoic transacetylase, dihydrolipoyllysine-residue acetyltransferase, v. 29	p. 323
2.3.1.61	dihydrolipoic transsuccinylase, dihydrolipoyllysine-residue succinyltransferase, v. 30	p. 7
2.3.1.61	dihydrolipolyl transsuccinylase, dihydrolipoyllysine-residue succinyltransferase, v. 30	p. 7
2.3.1.12	dihydrolipoyl acetyl transferase, dihydrolipoyllysine-residue acetyltransferase, v. 29	p. 323
2.3.1.12	dihydrolipoyl acetyltransferase, dihydrolipoyllysine-residue acetyltransferase, v. 29	p. 323
2.3.1.12	dihydrolipoyl acetyltransferase component E2, dihydrolipoyllysine-residue acetyltransferase, v. 29	p. 323
2.3.1.12	dihydrolipoyl acetyltransferase E2p, dihydrolipoyllysine-residue acetyltransferase, v. 29	p. 323
1.2.4.4	dihydrolipoyl acyl-transferase, 3-methyl-2-oxobutanoate dehydrogenase (2-methylpropanoyl-transferring), v. 20	p. 522
1.8.1.4	dihydrolipoyl dehydrogenase, dihydrolipoyl dehydrogenase, v. 24	p. 463
2.3.1.168	dihydrolipoyl transacetylase, dihydrolipoyllysine-residue (2-methylpropanoyl)transferase, v. 30	p. 453
2.3.1.12	dihydrolipoyl transacetylase, dihydrolipoyllysine-residue acetyltransferase, v. 29	p. 323
1.2.4.4	dihydrolipoyl transacylase, 3-methyl-2-oxobutanoate dehydrogenase (2-methylpropanoyl-transferring), v. 20	p. 522
2.3.1.61	dihydrolipoyl transsuccinylase, dihydrolipoyllysine-residue succinyltransferase, v. 30	p. 7
1.1.1.219	dihydromyricetin reductase, dihydrokaempferol 4-reductase, v. 18	p. 321
4.1.2.25	dihydroneopterin aldolase, Dihydroneopterin aldolase, v. 3	p. 533
2.5.1.15	dihydroneopterin aldolase-dihydropterin pyrophosphokinase-dihydropteroate synthase, dihydropteroate synthase, v. 33	p. 494
3.5.4.16	dihydroneopterin triphosphate synthase, GTP cyclohydrolase I, v. 15	p. 120
1.6.5.3	dihydronicotinamide adenine dinucleotide-coenzyme Q reductase, NADH dehydrogenase (ubiquinone), v. 24	p. 106
1.6.2.2	dihydronicotinamide adenine dinucleotide-cytochrome b5 reductase, cytochrome-b5 reductase, v. 24	p. 35
1.18.1.1	dihydronicotinamide adenine dinucleotide-rubredoxin reductase, rubredoxin-NAD+ reductase, v. 27	p. 538
1.6.99.3	dihydronicotinamide adenine dinucleotide dehydrogenase, NADH dehydrogenase, v. 24	p. 207
1.6.99.1	dihydronicotinamide adenine dinucleotide phosphate dehydrogenase, NADPH dehydrogenase, v. 24	p. 179
1.3.1.74	dihydronicotinamide riboside:quinone oxidoreductase, 2-alkenal reductase, v. 21	p. 336
1.10.99.2	dihydronicotinamide riboside:quinone oxidoreductase 2, ribosyldihydronicotinamide dehydrogenase (quinone), v. S1	p. 383
1.10.99.2	dihydronicotinamide riboside:quinone reductase 2, ribosyldihydronicotinamide dehydrogenase (quinone), v. S1	p. 383
1.3.3.1	4,5-L-dihydroorotate:oxygen oxidoreductase, dihydroorotate oxidase, v. 21	p. 347
1.3.5.2	L-5,6-dihydroorotate:ubiquinone exidoreductase, dihydroorotate dehydrogenase

307

dihydroorotate dehydrogenase

1.3.3.1	dihydroorotate dehydrogenase, dihydroorotate oxidase, v. 21 | p. 347	
1.3.1.14	dihydroorotate dehydrogenase, orotate reductase (NADH), v. 21 | p. 75	
3.5.2.3	dihydroorotate dehydrolase, dihydroorotase, v. 14 | p. 670	
1.3.3.1	Dihydroorotate oxidase, dihydroorotate oxidase, v. 21 | p. 347	
4.2.1.52	dihydropicolinate synthetase, dihydrodipicolinate synthase, v. 4 | p. 527	
1.1.1.50	5α-dihydroprogesterone 3α-hydroxysteroid oxidoreductase, 3α-hydroxysteroid dehydrogenase (B-specific), v. 16 | p. 487	
1.5.1.34	dihydropteridine reductase, 6,7-dihydropteridine reductase, v. 23 | p. 248	
1.5.1.34	dihydropteridine reductase (NADH), 6,7-dihydropteridine reductase, v. 23 | p. 248	
2.7.6.3	dihydropterin pyrophosphokinase, 2-amino-4-hydroxy-6-hydroxymethyldihydropteridine diphosphokinase, v. 38 | p. 30	
2.7.6.3	7,8-dihydropteroate-synthesizing enzyme, 2-amino-4-hydroxy-6-hydroxymethyldihydropteridine diphosphokinase, v. 38 | p. 30	
6.3.2.12	7,8-Dihydropteroate:L-glutamate ligase (ADP), dihydrofolate synthase, v. 2 | p. 466	
6.3.2.12	dihydropteroate:L-glutamate ligase (ADP-forming), dihydrofolate synthase, v. 2 | p. 466	
2.5.1.15	dihydropteroate diphosphorylase, dihydropteroate synthase, v. 33 | p. 494	
2.5.1.15	7,8-dihydropteroate synthase, dihydropteroate synthase, v. 33 | p. 494	
2.5.1.15	dihydropteroate synthase, dihydropteroate synthase, v. 33 | p. 494	
2.5.1.15	7,8-dihydropteroate synthetase, dihydropteroate synthase, v. 33 | p. 494	
2.5.1.15	dihydropteroate synthetase, dihydropteroate synthase, v. 33 | p. 494	
2.5.1.15	7,8-dihydropteroic acid synthetase, dihydropteroate synthase, v. 33 | p. 494	
2.5.1.15	dihydropteroic synthetase, dihydropteroate synthase, v. 33 | p. 494	
3.5.2.2	Dihydropyrimidinase, dihydropyrimidinase, v. 14 | p. 651	
3.5.2.2	4,5-dihydropyrimidine amidohydrolase, dihydropyrimidinase, v. 14 | p. 651	
3.5.2.2	dihydropyrimidine amidohydrolase, dihydropyrimidinase, v. 14 | p. 651	
1.3.1.2	dihydropyrimidine dehydrogenase, dihydropyrimidine dehydrogenase (NADP+), v. 21 | p. 4	
1.3.1.1	dihydropyrimidine dehydrogenase, dihydrouracil dehydrogenase (NAD+), v. 21 | p. 1	
1.1.1.219	dihydroquercetin reductase, dihydrokaempferol 4-reductase, v. 18 | p. 321	
1.3.1.14	dihydrorotate dehydrogenase B, orotate reductase (NADH), v. 21 | p. 75	
1.14.13.56	Dihydrosanguinarine 10-hydroxylase, Dihydrosanguinarine 10-monooxygenase, v. 26 | p. 505	
4.1.2.27	Dihydrosphingosine 1-phosphate aldolase, Sphinganine-1-phosphate aldolase, v. 3 | p. 540	
2.7.1.91	dihydrosphingosine kinase, sphinganine kinase, v. 36 | p. 355	
2.7.1.88	dihydrostreptomycin 6-phosphate kinase (phosphorylating), dihydrostreptomycin-6-phosphate 3'α-kinase, v. 36 | p. 327	
2.4.2.27	dihydrostreptosyltransferase, thymidine diphosphodihydrostreptose-streptidine 6-phosphate, dTDP-dihydrostreptose-streptidine-6-phosphate dihydrostreptosyltransferase, v. 33 | p. 233	
1.1.1.145	5α-dihydrotestosterone 3β-hydroxysteroid dehydrogenase, 3β-hydroxy-Δ5-steroid dehydrogenase, v. 17 | p. 436	
1.3.1.2	4,5-dihydrothymine: oxidoreductase, dihydropyrimidine dehydrogenase (NADP+), v. 21 | p. 4	
1.3.1.2	dihydrothymine dehydrogenase, dihydropyrimidine dehydrogenase (NADP+), v. 21 | p. 4	
1.3.1.1	dihydrothymine dehydrogenase, dihydrouracil dehydrogenase (NAD+), v. 21 | p. 1	
1.3.1.2	Dihydrouracil dehydrogenase, dihydropyrimidine dehydrogenase (NADP+), v. 21 | p. 4	
1.3.1.2	dihydrouracil dehydrogenase (NADP), dihydropyrimidine dehydrogenase (NADP+), v. 21 | p. 4	
1.3.1.2	dihydrouracil dehydrogenase (NADP+), dihydropyrimidine dehydrogenase (NADP+), v. 21 | p. 4	
1.3.1.73	1,2-dihydrovomilenine reductase, 1,2-dihydrovomilenine reductase, v. 21 | p. 334	
1.1.1.156	dihydroxy (reduced nicotinamide adenine dinucleotide phosphate) reductase, glycerol 2-dehydrogenase (NADP+), v. 18 | p. 5	
1.13.11.16	2,3-dihydroxy-β-phenylpropionate 1,2-oxygenase, 3-carboxyethylcatechol 2,3-dioxygenase, v. 25 | p. 505	

1.13.11.16	2,3-dihydroxy-β-phenylpropionate oxygenase, 3-carboxyethylcatechol 2,3-dioxygenase, v. 25 | p. 505	
1.13.11.16	2,3-dihydroxy-β-phenylpropionic dioxygenase, 3-carboxyethylcatechol 2,3-dioxygenase, v. 25 | p. 505	
3.3.2.1	2,3-dihydroxy-2,3-dihydrobenzoate synthase, isochorismatase, v. 14 | p. 142	
3.3.2.1	2,3-dihydroxy-2,3-dihydrobenzoic synthase, isochorismatase, v. 14 | p. 142	
4.1.99.12	L-3,4-dihydroxy-2-butanone-4-phosphate, 3,4-dihydroxy-2-butanone-4-phosphate synthase, v. S7 | p. 70	
4.1.99.12	3,4-dihydroxy-2-butanone 4-phosphate, 3,4-dihydroxy-2-butanone-4-phosphate synthase, v. S7 | p. 70	
4.1.99.12	3,4-dihydroxy-2-butanone 4-phosphate synthase, 3,4-dihydroxy-2-butanone-4-phosphate synthase, v. S7 | p. 70	
4.1.99.12	L-3,4-dihydroxy-2-butanone 4-phosphate synthase, 3,4-dihydroxy-2-butanone-4-phosphate synthase, v. S7 | p. 70	
4.1.3.36	1,4-dihydroxy-2-naphthoate synthetase, naphthoate synthase, v. 4 | p. 196	
4.1.3.36	1,4-dihydroxy-2-naphthoyl-CoA synthase, naphthoate synthase, v. 4 | p. 196	
1.3.1.67	1,2-dihydroxy-3,5-cyclohexadiene-1-carboxylate dehydrogenase, cis-1,2-dihydroxy-4-methylcyclohexa-3,5-diene-1-carboxylate dehydrogenase, v. 21 | p. 312	
1.3.1.65	5,6-dihydroxy-3-methyl-2-oxo-1,2-dihydroquinoline:NAD+ oxidoreductase, 5,6-dihydroxy-3-methyl-2-oxo-1,2,5,6-tetrahydroquinoline dehydrogenase, v. 21 | p. 309	
1.3.1.56	2,3-dihydroxy-4-phenylhexa-4,6-diene dehydrogenase, cis-2,3-dihydrobiphenyl-2,3-diol dehydrogenase, v. 21 | p. 288	
2.1.1.114	3,4-dihydroxy-5-hexaprenylbenzoate methyltransferase, hexaprenyldihydroxybenzoate methyltransferase, v. 28 | p. 547	
1.1.1.141	11α,15-dihydroxy-9-oxoprost-13-enoate:NAD+ 15-oxidoreductase, 15-hydroxyprostaglandin dehydrogenase (NAD+), v. 17 | p. 417	
1.13.12.15	3,4-dihydroxy-L-phenylalanine: oxidative deaminase, 3,4-dihydroxyphenylalanine oxidative deaminase	
1.10.3.1	dihydroxy-L-phenylalanine:oxygen oxidoreductase, catechol oxidase, v. 25 | p. 105	
1.14.18.1	dihydroxy-L-phenylalanine:oxygen oxidoreductase, monophenol monooxygenase, v. 27 | p. 156	
6.3.2.14	2,3-Dihydroxy-N-benzoyl-L-serine synthetase, 2,3-Dihydroxybenzoate-serine ligase, v. 2 | p. 478	
2.3.1.42	dihydroxyacetone-phosphate acyltransferase, glycerone-phosphate O-acyltransferase, v. 29 | p. 597	
2.7.1.29	dihydroxyacetone kinase, glycerone kinase, v. 35 | p. 345	
2.3.1.42	dihydroxyacetone phosphate acyltransferase, glycerone-phosphate O-acyltransferase, v. 29 | p. 597	
2.3.1.42	dihydroxyacetonephosphate acyltransferase, glycerone-phosphate O-acyltransferase, v. 29 | p. 597	
1.1.1.156	dihydroxyacetone reductase, glycerol 2-dehydrogenase (NADP+), v. 18 | p. 5	
1.1.1.156	dihydroxyacetone reductase (NADPH), glycerol 2-dehydrogenase (NADP+), v. 18 | p. 5	
2.2.1.3	dihydroxyacetone synthase, formaldehyde transketolase, v. 29 | p. 187	
2.2.1.2	dihydroxyacetone synthase, transaldolase, v. 29 | p. 179	
2.2.1.2	dihydroxyacetonetransferase, transaldolase, v. 29 | p. 179	
4.2.1.9	dihydroxy acid dehydrase, dihydroxy-acid dehydratase, v. 4 | p. 296	
4.2.1.9	α,β-dihydroxy acid dehydratase, dihydroxy-acid dehydratase, v. 4 | p. 296	
4.2.1.9	dihydroxy acid dehydratase, dihydroxy-acid dehydratase, v. 4 | p. 296	
4.2.1.9	dihydroxyacid dehydratase, dihydroxy-acid dehydratase, v. 4 | p. 296	
4.2.1.9	2,3-dihydroxy acid hydrolyase, dihydroxy-acid dehydratase, v. 4 | p. 296	
2.7.7.58	2,3-dihydroxybenzoate-AMP ligase, (2,3-dihydroxybenzoyl)adenylate synthase, v. 38 | p. 550	
1.13.11.14	2,3-dihydroxybenzoate 1,2-dioxygenase, 2,3-dihydroxybenzoate 3,4-dioxygenase, v. 25 | p. 493	

1.13.11.28	2,3-dihydroxybenzoate 2,3-oxygenase, 2,3-dihydroxybenzoate 2,3-dioxygenase, v. 25 | p. 559
4.1.1.62	2,5-Dihydroxybenzoate decarboxylase, Gentisate decarboxylase, v. 3 | p. 355
1.13.11.4	2,5-dihydroxybenzoate dioxygenase, gentisate 1,2-dioxygenase, v. 25 | p. 422
1.13.11.14	2,3-dihydroxybenzoate oxygenase, 2,3-dihydroxybenzoate 3,4-dioxygenase, v. 25 | p. 493
4.1.1.46	2,3-Dihydroxybenzoic acid decarboxylase, o-Pyrocatechuate decarboxylase, v. 3 | p. 281
1.13.11.14	2,3-dihydroxybenzoic oxygenase, 2,3-dihydroxybenzoate 3,4-dioxygenase, v. 25 | p. 493
6.3.2.14	N-(2,3-Dihydroxybenzoyl)-serine synthetase, 2,3-Dihydroxybenzoate-serine ligase, v. 2 | p. 478
6.3.2.14	2,3-dihydroxybenzoylserine synthetase, 2,3-Dihydroxybenzoate-serine ligase, v. 2 | p. 478
1.13.11.39	2,3-dihydroxybiphenyl-1,2-dioxygenase, biphenyl-2,3-diol 1,2-dioxygenase, v. 25 | p. 618
1.13.11.39	2,3-dihydroxybiphenyl 1,2-dioxygenase, biphenyl-2,3-diol 1,2-dioxygenase, v. 25 | p. 618
1.13.11.39	2,3-dihydroxybiphenyl 1,2-dioxygenases, biphenyl-2,3-diol 1,2-dioxygenase, v. 25 | p. 618
1.13.11.39	2,3-dihydroxybiphenyl:oxygen 1,2 oxidoreductase, biphenyl-2,3-diol 1,2-dioxygenase, v. 25 | p. 618
1.13.11.39	2,3-dihydroxybiphenyl dioxygenase, biphenyl-2,3-diol 1,2-dioxygenase, v. 25 | p. 618
4.1.99.12	dihydroxybutanone phosphate synthase, 3,4-dihydroxy-2-butanone-4-phosphate synthase, v. S7 | p. 70
1.3.1.25	1,6-dihydroxycyclohexa-2,4-diene-1-carboxylate:NAD+ oxidoreductase (decarboxylating), 1,6-dihydroxycyclohexa-2,4-diene-1-carboxylate dehydrogenase, v. 21 | p. 151
1.3.1.67	1,2-dihydroxycyclohexa-3,5-diene carboxylate dehydrogenase, cis-1,2-dihydroxy-4-methylcyclohexa-3,5-diene-1-carboxylate dehydrogenase, v. 21 | p. 312
1.3.1.25	1,2-dihydroxycyclohexa-3,5-diene dehydrogenase, 1,6-dihydroxycyclohexa-2,4-diene-1-carboxylate dehydrogenase, v. 21 | p. 151
1.3.1.67	dihydroxycyclohexadienecarboxylate dehydrogenase, cis-1,2-dihydroxy-4-methylcyclohexa-3,5-diene-1-carboxylate dehydrogenase, v. 21 | p. 312
1.1.1.166	dihydroxycyclohexanecarboxylate dehydrogenase, hydroxycyclohexanecarboxylate dehydrogenase, v. 18 | p. 49
2.1.1.114	dihydroxyhexaprenylbenzoate methyltransferase, hexaprenyldihydroxybenzoate methyltransferase, v. 28 | p. 547
4.2.1.9	2,3-dihydroxyisovalerate dehydratase, dihydroxy-acid dehydratase, v. 4 | p. 296
4.2.1.9	α,β-dihydroxyisovalerate dehydratase, dihydroxy-acid dehydratase, v. 4 | p. 296
1.1.1.86	dihydroxyisovalerate dehydrogenase (isomerizing), ketol-acid reductoisomerase, v. 17 | p. 190
1.13.11.10	7,8-dihydroxykynurenate 8,8α-dioxygenase, 7,8-dihydroxykynurenate 8,8a-dioxygenase, v. 25 | p. 455
1.13.11.10	7,8-dihydroxykynurenate oxygenase, 7,8-dihydroxykynurenate 8,8a-dioxygenase, v. 25 | p. 455
1.3.1.18	7,8-dihydroxykynurenic acid 7,8-diol dehydrogenase, kynurenate-7,8-dihydrodiol dehydrogenase, v. 21 | p. 92
2.7.6.3	7,8-dihydroxymethylpterin-pyrophosphokinase, 2-amino-4-hydroxy-6-hydroxymethyldihydropteridine diphosphokinase, v. 38 | p. 30
4.1.3.36	dihydroxynaphthoate synthase, naphthoate synthase, v. 4 | p. 196
4.1.3.36	Dihydroxynaphthoic acid synthetase, naphthoate synthase, v. 4 | p. 196
1.6.2.4	dihydroxynicotinamide adenine dinucleotide phosphate-cytochrome c reductase, NADPH-hemoprotein reductase, v. 24 | p. 58
1.14.17.1	3,4-dihydroxyphenethylamine β-oxidase, dopamine β-monooxygenase, v. 27 | p. 126
1.13.11.16	3-(2,3-dihydroxyphenyl)propanoate:oxygen 1,2-oxidoreductase, 3-carboxyethylcatechol 2,3-dioxygenase, v. 25 | p. 505
1.14.13.63	3,4-dihydroxyphenylacetate 6-hydroxylase, 3-Hydroxyphenylacetate 6-hydroxylase, v. 26 | p. 525
1.13.11.15	3,4-dihydroxyphenylacetic acid 2,3-dioxygenase, 3,4-dihydroxyphenylacetate 2,3-dioxygenase, v. 25 | p. 496
4.1.1.28	Dihydroxyphenylalanine-5-hydroxytryptophan decarboxylase, aromatic-L-amino-acid decarboxylase, v. 3 | p. 152

2.6.1.49	dihydroxyphenylalanine aminotransferase, dihydroxyphenylalanine transaminase, v. 34 | p. 570	
4.1.1.28	3,4-dihydroxyphenylalanine carboxylase, aromatic-L-amino-acid decarboxylase, v. 3 | p. 152	
4.1.1.28	3,4-Dihydroxyphenylalanine decarboxylase, aromatic-L-amino-acid decarboxylase, v. 3 | p. 152	
4.1.1.28	L-3,4-Dihydroxyphenylalanine decarboxylase, aromatic-L-amino-acid decarboxylase, v. 3 | p. 152	
1.13.12.15	3,4-dihydroxyphenylalanine oxidative deaminase, 3,4-dihydroxyphenylalanine oxidative deaminase	
1.14.17.1	3,4-dihydroxyphenylethylamine β-hydoxylase, dopamine β-monooxygenase, v. 27 | p. 126	
4.1.1.69	3,4-dihydroxyphthalate 2-decarboxylase, 3,4-dihydroxyphthalate decarboxylase, v. 3 | p. 383	
2.7.1.113	(dihydroxypropoxymethyl)guanine kinase, deoxyguanosine kinase, v. 37 | p. 1	
1.14.13.28	3,9-dihydroxypterocarpan 6a-hydroxylase, 3,9-dihydroxypterocarpan 6a-monooxygenase, v. 26 | p. 382	
1.14.13.10	2,6-dihydroxypyridine oxidase, 2,6-dihydroxypyridine 3-monooxygenase, v. 26 | p. 277	
1.13.11.9	2,5-dihydroxypyridine oxygenase, 2,5-dihydroxypyridine 5,6-dioxygenase, v. 25 | p. 451	
1.13.11.47	3,4-dihydroxyquinoline 2,4-dioxygenase, 3-hydroxy-4-oxoquinoline 2,4-dioxygenase, v. 25 | p. 663	
1.6.1.2	dII, NAD(P)+ transhydrogenase (AB-specific), v. 24 | p. 10	
1.97.1.10	5DII, thyroxine 5'-deiodinase, v. S1 | p. 788	
1.6.1.2	dIII, NAD(P)+ transhydrogenase (AB-specific), v. 24 | p. 10	
1.97.1.10	5DIII, thyroxine 5'-deiodinase, v. S1 | p. 788	
1.97.1.10	diiodothyronine 5'-deiodinase, thyroxine 5'-deiodinase, v. S1 | p. 788	
1.97.1.11	diiodothyronine 5'-deiodinase, thyroxine 5-deiodinase, v. S1 | p. 807	
2.6.1.24	diiodotyrosine aminotransferase, diiodotyrosine transaminase, v. 34 | p. 429	
3.1.8.1	diisopropyl fluorophosphatase, aryldialkylphosphatase, v. 11 | p. 343	
3.1.8.2	diisopropyl fluorophosphatase, diisopropyl-fluorophosphatase, v. 11 | p. 350	
3.1.8.2	diisopropylfluorophosphatase, diisopropyl-fluorophosphatase, v. 11 | p. 350	
3.1.8.2	diisopropylfluorophosphonate dehalogenase, diisopropyl-fluorophosphatase, v. 11 | p. 350	
3.1.8.2	diisopropylphosphofluoridase, diisopropyl-fluorophosphatase, v. 11 | p. 350	
3.1.8.2	diisopropyl phosphorofluoridate hydrolase, diisopropyl-fluorophosphatase, v. 11 | p. 350	
1.1.1.274	2,5-diketo-D-gluconate reductase, 2,5-didehydrogluconate reductase, v. 18 | p. 503	
1.1.1.274	2,5-diketo-D-gluconic acid reductase, 2,5-didehydrogluconate reductase, v. 18 | p. 503	
1.1.1.274	2,5-diketo-gluconate reductase, 2,5-didehydrogluconate reductase, v. 18 | p. 503	
3.7.1.2	diketo acid hydrolase, fumarylacetoacetase, v. 15 | p. 824	
1.14.15.2	2,5-diketocamphane 1,2-monooxygenase, camphor 1,2-monooxygenase, v. 27 | p. 9	
1.14.15.2	3,6-diketocamphane 1,6-monooxygenase, camphor 1,2-monooxygenase, v. 27 | p. 9	
1.14.15.2	2,5-diketocamphane lactonizing enzyme, camphor 1,2-monooxygenase, v. 27 | p. 9	
3.7.1.2	β-diketonase, fumarylacetoacetase, v. 15 | p. 824	
1.13.11.50	diketone-cleaving enzyme, acetylacetone-cleaving enzyme, v. 25 | p. 673	
1.13.11.50	diketone cleaving dioxygenase, acetylacetone-cleaving enzyme, v. 25 | p. 673	
1.13.11.50	diketone cleaving enzyme, acetylacetone-cleaving enzyme, v. 25 | p. 673	
1.13.11.50	b-diketone dioxygenase, acetylacetone-cleaving enzyme, v. 25 | p. 673	
3.7.1.7	β-diketone hydrolase, β-diketone hydrolase, v. 15 | p. 850	
3.4.21.34	dilminal D, plasma kallikrein, v. 7 | p. 136	
3.4.21.35	dilminal D, tissue kallikrein, v. 7 | p. 141	
2.1.1.43	Dim-5, histone-lysine N-methyltransferase, v. 28 | p. 235	
2.1.1.43	Dim-5 histone lysine methyltransferase, histone-lysine N-methyltransferase, v. 28 | p. 235	
3.2.2.17	dimer-dependent endonuclease, deoxyribodipyrimidine endonucleosidase, v. 14 | p. 84	
3.2.2.17	dimer dependent endonuclease V, deoxyribodipyrimidine endonucleosidase, v. 14 | p. 84	
3.2.2.17	5'dimer DNA glycosylase, deoxyribodipyrimidine endonucleosidase, v. 14 | p. 84	
3.2.2.17	dimericine, deoxyribodipyrimidine endonucleosidase, v. 14 | p. 84	

4.2.1.96	Dimerization cofactor of hepatocyte nuclear factor 1-α, 4a-hydroxytetrahydrobiopterin dehydratase, v. 4	p. 665
4.2.1.96	Dimerization cofactor of HNF1, 4a-hydroxytetrahydrobiopterin dehydratase, v. 4	p. 665
4.2.1.96	Dimerization factor of HNF1/pterin-4α-carbinolamine dehydratase, 4a-hydroxytetrahydrobiopterin dehydratase, v. 4	p. 665
3.2.2.17	dimer specific M. luteus endonuclease, deoxyribodipyrimidine endonucleosidase, v. 14	p. 84
1.14.13.72	4,4-dimethyl-sterol 4α-methyl-oxidase, methylsterol monooxygenase, v. 26	p. 559
1.14.13.72	4,4-dimethyl-zymosterol 4α-methyl-oxidase, methylsterol monooxygenase, v. 26	p. 559
2.5.1.8	dimethylallyl(D2-isopentenyl) diphosphate:tRNA transferase, tRNA isopentenyltransferase, v. 33	p. 454
2.5.1.34	4-(γ,γ-dimethylallyl)tryptophan synthase, tryptophan dimethylallyltransferase, v. 34	p. 35
1.14.13.85	dimethylallyl-3,6a,9-trihydroxypterocarpan cyclase, glyceollin synthase, v. S1	p. 556
2.5.1.36	dimethylallyl-diphosphate:(6aS,11aS)-3,6a,9-trihydroxypterocarpan dimethylallyltransferase, trihydroxypterocarpan dimethylallyltransferase, v. 34	p. 43
2.5.1.27	dimethylallyl-diphosphate:AMP Δ2-isopentenyltransferase, adenylate dimethylallyltransferase, v. 33	p. 599
1.14.13.103	8-dimethylallylnaringenin 2'-hydroxylase, 8-dimethylallylnaringenin 2'-hydroxylase, v. S1	p. 648
2.5.1.36	dimethylallylpyrophosphate:3,6a,9-trihydroxypterocarpan dimethylallyltransferase, trihydroxypterocarpan dimethylallyltransferase, v. 34	p. 43
2.5.1.27	dimethylallylpyrophosphate:5'-AMP transferase, adenylate dimethylallyltransferase, v. 33	p. 599
2.5.1.35	dimethylallyl pyrophosphate:aspulvinone dimethylallyltransferase, aspulvinone dimethylallyltransferase, v. 34	p. 40
2.5.1.34	dimethylallylpyrophosphate:L-tryptophan dimethylallyltransferase, tryptophan dimethylallyltransferase, v. 34	p. 35
2.5.1.36	dimethylallylpyrophosphate:trihydroxypterocarpan dimethylallyl transferase, trihydroxypterocarpan dimethylallyltransferase, v. 34	p. 43
2.5.1.34	dimethylallylpyrophosphate:tryptophan dimethylallyl transferase, tryptophan dimethylallyltransferase, v. 34	p. 35
2.5.1.34	dimethylallylpyrophosphate:tryptophan dimethylallyltransferase, tryptophan dimethylallyltransferase, v. 34	p. 35
2.5.1.1	dimethylallyl transferase, dimethylallyltranstransferase, v. 33	p. 393
2.5.1.35	dimethylallyltransferase, aspulvinone, aspulvinone dimethylallyltransferase, v. 34	p. 40
2.5.1.39	dimethylallyltransferase, p-hydroxybenzoate poly-, 4-hydroxybenzoate nonaprenyltransferase, v. 34	p. 48
2.5.1.34	dimethylallyltransferase, tryptophan, tryptophan dimethylallyltransferase, v. 34	p. 35
2.5.1.34	4-dimethylallyltryptophan synthase, tryptophan dimethylallyltransferase, v. 34	p. 35
2.5.1.34	7-dimethylallyltryptophan synthase, tryptophan dimethylallyltransferase, v. 34	p. 35
2.5.1.34	dimethylallyltryptophan synthase, tryptophan dimethylallyltransferase, v. 34	p. 35
2.5.1.34	dimethylallyltryptophan synthetase, tryptophan dimethylallyltransferase, v. 34	p. 35
2.5.1.36	dimethylallyltransferase, trihydroxypterocarpan, trihydroxypterocarpan dimethylallyltransferase, v. 34	p. 43
1.5.8.1	dimethylamine monooxygenase, dimethylamine dehydrogenase, v. 23	p. 333
1.7.1.6	p-dimethylaminoazobenzene azoreductase, azobenzene reductase, v. 24	p. 288
1.7.1.11	dimethylaminoazobenzene N-oxide reductase, 4-(dimethylamino)phenylazoxybenzene reductase, v. 24	p. 319
1.7.1.6	dimethylaminobenzene reductase, azobenzene reductase, v. 24	p. 288
1.14.13.8	dimethylaniline monooxygenase (N-oxide-forming), flavin-containing monooxygenase, v. 26	p. 257
1.14.13.8	dimethylaniline N-oxidase, flavin-containing monooxygenase, v. 26	p. 257
1.14.13.8	dimethylaniline oxidase, flavin-containing monooxygenase, v. 26	p. 257
3.5.3.18	Dimethylargininase, dimethylargininase, v. 14	p. 831
3.5.3.18	dimethylarginine dimethylamino-hydrolase, dimethylargininase, v. 14	p. 831

3.5.3.18	dimethylarginine dimethylaminohydrolase, dimethylargininase, v. 14	p. 831
3.5.3.18	dimethylarginine dimethylaminohydrolase 1, dimethylargininase, v. 14	p. 831
3.5.1.56	dimethylformamidase, N,N-dimethylformamidase, v. 14	p. 505
1.5.3.10	dimethylglycine dehydrogenase, dimethylglycine oxidase, v. 23	p. 309
2.1.1.157	dimethylglycine methyltransferase, sarcosine/dimethylglycine N-methyltransferase, v. S2	p. 19
2.1.1.44	dimethylhistidine methyltransferase, dimethylhistidine N-methyltransferase, v. 28	p. 241
1.1.1.84	β,β-dimethylmalate dehydrogenase, dimethylmalate dehydrogenase, v. 17	p. 176
4.1.3.32	2,3-dimethylmalate lyase, 2,3-Dimethylmalate lyase, v. 4	p. 186
1.14.13.72	4,4-dimethylsterol-4α-methyl oxidase, methylsterol monooxygenase, v. 26	p. 559
4.4.1.3	dimethylsulfoniopropionate lyase, dimethylpropiothetin dethiomethylase, v. 5	p. 310
2.1.1.3	dimethylthetin-homocysteine methyltransferase, thetin-homocysteine S-methyltransferase, v. 28	p. 12
2.1.1.160	3,7-dimethylxanthine methyltransferase, caffeine synthase, v. S2	p. 40
2.1.1.159	3,7-dimethylxanthine methyltransferase, theobromine synthase, v. S2	p. 31
1.13.11.49	dimutase, chlorite, chlorite O2-lyase, v. 25	p. 670
2.7.7.7	DinB DNA polymerase, DNA-directed DNA polymerase, v. 38	p. 118
2.7.7.7	DinB homologue, DNA-directed DNA polymerase, v. 38	p. 118
1.18.6.1	dinitrogenase, nitrogenase, v. 27	p. 569
3.2.2.24	dinitrogenase reductase-activating glycohydrolase, ADP-ribosyl-[dinitrogen reductase] hydrolase, v. 14	p. 115
2.4.2.37	dinitrogenase reductase ADP-ribosyltranferase, NAD+-dinitrogen-reductase ADP-D-ribosyltransferase, v. 33	p. 299
2.4.2.37	dinitrogenase reductase ADP-ribosyltransferase, NAD+-dinitrogen-reductase ADP-D-ribosyltransferase, v. 33	p. 299
3.2.2.24	dinitrogenase reductase glycohydrolase, ADP-ribosyl-[dinitrogen reductase] hydrolase, v. 14	p. 115
3.4.24.77	N-(2,4)-dinitrophenylpeptidase, snapalysin, v. 8	p. 583
2.6.1.26	3,5-dinitrotyrosine transaminase, thyroid-hormone transaminase, v. 34	p. 433
3.4.11.24	dinuclear aminopeptidase, aminopeptidase S
2.7.7.53	dinucleoside oligophosphate $\alpha\beta$-phosphorylase, ATP adenylyltransferase, v. 38	p. 531
3.6.1.17	dinucleoside tetraphosphatase, bis(5'-nucleosyl)-tetraphosphatase (asymmetrical), v. 15	p. 372
3.6.1.17	dinucleosidetetraphosphatase (asymmetrical), bis(5'-nucleosyl)-tetraphosphatase (asymmetrical), v. 15	p. 372
3.6.1.41	dinucleosidetetraphosphatase (symmetrical), bis(5'-nucleosyl)-tetraphosphatase (symmetrical), v. 15	p. 460
3.6.1.29	dinucleosidetriphosphatase, bis(5'-adenosyl)-triphosphatase, v. 15	p. 432
1.97.1.10	DIO1, thyroxine 5'-deiodinase, v. S1	p. 788
1.97.1.10	DIO2, thyroxine 5'-deiodinase, v. S1	p. 788
1.13.11.39	2,3-diOH-biphenyl 1,2-dioxygenase, biphenyl-2,3-diol 1,2-dioxygenase, v. 25	p. 618
1.97.1.10	DIOI, thyroxine 5'-deiodinase, v. S1	p. 788
1.97.1.10	DIOII, thyroxine 5'-deiodinase, v. S1	p. 788
1.97.1.10	DIOIII, thyroxine 5'-deiodinase, v. S1	p. 788
4.2.1.28	diol dehydrase, propanediol dehydratase, v. 4	p. 420
4.2.1.28	dioldehydrase, propanediol dehydratase, v. 4	p. 420
4.2.1.28	diol dehydratase, propanediol dehydratase, v. 4	p. 420
4.2.1.28	dioldehydratase, propanediol dehydratase, v. 4	p. 420
3.2.1.40	dioscin-α-L-rhamnosidase, α-L-rhamnosidase, v. 12	p. 586
1.14.14.3	dioxin-responsive chemical-activated luciferase, alkanal monooxygenase (FMN-linked), v. 26	p. 595
4.2.3.12	6-(1,2-dioxopropyl)tetrahydropterin synthase, 6-pyruvoyltetrahydropterin synthase, v. S7	p. 235
2.4.2.20	2,4-dioxotetrahydropyrimidine-nucleotide:pyrophosphate phospho-α-D-ribosyltransferase, dioxotetrahydropyrimidine phosphoribosyltransferase, v. 33	p. 199

2.4.2.20	dioxotetrahydropyrimidine-ribonucleotide pyrophosphorylase, dioxotetrahydropyrimidine phosphoribosyltransferase, v. 33 | p. 199
2.4.2.20	dioxotetrahydropyrimidine phosphoribosyl transferase, dioxotetrahydropyrimidine phosphoribosyltransferase, v. 33 | p. 199
2.4.2.20	dioxotetrahydropyrimidine ribonucleotide pyrophosphorylase, dioxotetrahydropyrimidine phosphoribosyltransferase, v. 33 | p. 199
2.6.1.43	4,5-dioxovalerate aminotransferase, aminolevulinate transaminase, v. 34 | p. 527
2.6.1.43	γ,δ-dioxovalerate aminotransferase, aminolevulinate transaminase, v. 34 | p. 527
2.6.1.43	dioxovalerate transaminase, aminolevulinate transaminase, v. 34 | p. 527
2.6.1.43	4,5-dioxovaleric acid aminotransferase, aminolevulinate transaminase, v. 34 | p. 527
2.6.1.43	4,5-dioxovaleric acid transaminase, aminolevulinate transaminase, v. 34 | p. 527
2.6.1.43	γ,δ-dioxovaleric acid transaminase, aminolevulinate transaminase, v. 34 | p. 527
2.6.1.43	4,5-dioxovaleric transaminase, aminolevulinate transaminase, v. 34 | p. 527
1.13.11.44	8R-dioxygenase, linoleate diol synthase, v. 25 | p. 653
3.4.13.22	D-, D-dipeptidase, D-Ala-D-Ala dipeptidase, v. S5 | p. 292
3.4.13.19	dipeptidase, membrane dipeptidase, v. 6 | p. 239
3.4.19.5	dipeptidase, β-aspartyl, β-aspartyl-peptidase, v. 6 | p. 546
3.4.17.21	Dipeptidase, acetylaspartylglutamate, Glutamate carboxypeptidase II, v. 6 | p. 498
3.4.13.3	dipeptidase, aminoacylhistidine, Xaa-His dipeptidase, v. 6 | p. 187
3.4.13.5	dipeptidase, aminoacylmethylhistidine, Xaa-methyl-His dipeptidase, v. 6 | p. 195
3.4.13.18	dipeptidase, glycylglycine, cytosol nonspecific dipeptidase, v. 6 | p. 227
3.4.15.4	Dipeptidase, peptidyl-, B, Peptidyl-dipeptidase B, v. 6 | p. 361
3.4.13.9	dipeptidase, proline, Xaa-Pro dipeptidase, v. 6 | p. 204
3.4.13.12	dipeptidase M, Met-Xaa dipeptidase, v. 6 | p. 216
3.4.14.1	dipeptide arylamidase I, dipeptidyl-peptidase I, v. 6 | p. 255
3.4.13.19	dipeptide hydrolase, membrane dipeptidase, v. 6 | p. 239
2.3.1.97	dipeptide N-myristoyltransferase 2, glycylpeptide N-tetradecanoyltransferase, v. 30 | p. 193
3.4.14.2	dipeptidyl-aminopeptidase II, dipeptidyl-peptidase II, v. 6 | p. 268
3.4.14.5	dipeptidyl-aminopeptidase IV, dipeptidyl-peptidase IV, v. 6 | p. 286
3.4.14.5	dipeptidyl-peptidase 4, dipeptidyl-peptidase IV, v. 6 | p. 286
3.4.14.4	dipeptidyl-peptidase III, dipeptidyl-peptidase III, v. 6 | p. 279
3.4.14.5	dipeptidyl-peptidase IV (CD26), dipeptidyl-peptidase IV, v. 6 | p. 286
3.4.14.4	dipeptidyl-peptide hydrolase, dipeptidyl-peptidase III, v. 6 | p. 279
3.4.14.5	dipeptidyl-peptide hydrolase, dipeptidyl-peptidase IV, v. 6 | p. 286
3.4.14.1	dipeptidyl aminopeptidase I, dipeptidyl-peptidase I, v. 6 | p. 255
3.4.14.2	dipeptidyl aminopeptidase II, dipeptidyl-peptidase II, v. 6 | p. 268
3.4.14.4	dipeptidyl aminopeptidase III, dipeptidyl-peptidase III, v. 6 | p. 279
3.4.14.5	dipeptidyl aminopeptidase IV, dipeptidyl-peptidase IV, v. 6 | p. 286
3.4.14.2	dipeptidyl arylamidase II, dipeptidyl-peptidase II, v. 6 | p. 268
3.4.14.4	dipeptidyl arylamidase III, dipeptidyl-peptidase III, v. 6 | p. 279
3.4.15.4	Dipeptidyl carboxyhydrolase, Peptidyl-dipeptidase B, v. 6 | p. 361
3.4.15.5	Dipeptidyl carboxypeptidase, Peptidyl-dipeptidase Dcp, v. 6 | p. 365
3.4.15.1	Dipeptidyl carboxypeptidase, peptidyl-dipeptidase A, v. 6 | p. 334
3.4.15.5	dipeptidylcarboxypeptidase, Peptidyl-dipeptidase Dcp, v. 6 | p. 365
3.4.15.1	dipeptidyl carboxypeptidase I, peptidyl-dipeptidase A, v. 6 | p. 334
3.4.14.5	dipeptidyl dipeptidase IV, dipeptidyl-peptidase IV, v. 6 | p. 286
3.4.13.19	dipeptidyl hydrolase, membrane dipeptidase, v. 6 | p. 239
3.4.14.6	dipeptidyl ligase, dipeptidyl-dipeptidase, v. 6 | p. 311
3.4.14.2	dipeptidyl peptidase, dipeptidyl-peptidase II, v. 6 | p. 268
3.4.14.5	dipeptidyl peptidase-4, dipeptidyl-peptidase IV, v. 6 | p. 286
3.4.14.5	dipeptidyl peptidase-IV, dipeptidyl-peptidase IV, v. 6 | p. 286
3.4.14.5	dipeptidylpeptidase-IV, dipeptidyl-peptidase IV, v. 6 | p. 286
3.4.14.5	dipeptidyl peptidase 4, dipeptidyl-peptidase IV, v. 6 | p. 286
3.4.14.5	dipeptidylpeptidase 4a, dipeptidyl-peptidase IV, v. 6 | p. 286
3.4.14.5	dipeptidylpeptidase 4b, dipeptidyl-peptidase IV, v. 6 | p. 286

3.4.14.1	dipeptidyl peptidase I, dipeptidyl-peptidase I, v. 6 | p. 255	
3.4.14.1	dipeptidyl peptidase I/cathepsin C, dipeptidyl-peptidase I, v. 6 | p. 255	
3.4.14.2	dipeptidyl peptidase II, dipeptidyl-peptidase II, v. 6 | p. 268	
3.4.14.2	dipeptidylpeptidase II, dipeptidyl-peptidase II, v. 6 | p. 268	
3.4.14.4	dipeptidyl peptidase III, dipeptidyl-peptidase III, v. 6 | p. 279	
3.4.14.4	dipeptidylpeptidase III, dipeptidyl-peptidase III, v. 6 | p. 279	
3.4.14.5	dipeptidyl peptidase IV, dipeptidyl-peptidase IV, v. 6 | p. 286	
3.4.14.5	dipeptidylpeptidase IV, dipeptidyl-peptidase IV, v. 6 | p. 286	
3.4.14.5	dipeptidylpeptidase IV/CD26, dipeptidyl-peptidase IV, v. 6 | p. 286	
3.4.14.5	dipeptidyl peptiddase IV, dipeptidyl-peptidase IV, v. 6 | p. 286	
3.4.14.6	dipeptidyl tetrapeptide hydrolase, dipeptidyl-dipeptidase, v. 6 | p. 311	
3.4.14.1	dipeptidyl transferase, dipeptidyl-peptidase I, v. 6 | p. 255	
1.10.3.1	o-diphenol: dioxygen oxidoreductase, dehydrogenating, catechol oxidase, v. 25 | p. 105	
1.14.18.1	o-diphenol:O2 oxidoreductase, monophenol monooxygenase, v. 27 | p. 156	
1.14.18.1	o-diphenol: oxidoreductase, monophenol monooxygenase, v. 27 | p. 156	
1.10.3.2	p-diphenol:oxygen-oxidoreductase, laccase, v. 25 | p. 115	
1.10.3.1	o-diphenol:oxygen oxidoreductase, catechol oxidase, v. 25 | p. 105	
1.14.18.1	o-diphenol:oxygen oxidoreductase, monophenol monooxygenase, v. 27 | p. 156	
1.10.3.2	p-diphenol:oxygen oxidoreductase, laccase, v. 25 | p. 115	
1.10.3.1	diphenolase, catechol oxidase, v. 25 | p. 105	
1.14.18.1	diphenolase, monophenol monooxygenase, v. 27 | p. 156	
1.10.3.1	o-diphenolase, catechol oxidase, v. 25 | p. 105	
1.14.18.1	o-diphenolase, monophenol monooxygenase, v. 27 | p. 156	
1.10.3.2	p-diphenol dioxygen oxidoreductase, laccase, v. 25 | p. 115	
2.1.1.42	o-diphenol m-O-methyltransferase, luteolin O-methyltransferase, v. 28 | p. 231	
1.10.3.1	Diphenol oxidase, catechol oxidase, v. 25 | p. 105	
1.10.3.2	Diphenol oxidase, laccase, v. 25 | p. 115	
1.14.18.1	Diphenol oxidase, monophenol monooxygenase, v. 27 | p. 156	
1.14.18.1	o-diphenol oxidase, monophenol monooxygenase, v. 27 | p. 156	
1.10.3.1	o-diphenoloxidase, catechol oxidase, v. 25 | p. 105	
1.10.3.2	p-diphenol oxidase, laccase, v. 25 | p. 115	
1.10.3.1	o-diphenol oxidoreductase, catechol oxidase, v. 25 | p. 105	
1.14.18.1	o-diphenol oxidoreductase, monophenol monooxygenase, v. 27 | p. 156	
1.14.18.1	o-diphenol oxygen oxidoreductase, monophenol monooxygenase, v. 27 | p. 156	
2.7.1.90	diphosphate-D-fructose-6-phosphate 1-phosphotransferase, diphosphate-fructose-6-phosphate 1-phosphotransferase, v. 36 | p. 331	
1.1.1.39	diphosphate nucleotide dependent malic enzyme, malate dehydrogenase (decarboxylating), v. 16 | p. 371	
2.7.4.24	diphospho-myo-inositol pentakisphosphate 5-kinase, diphosphoinositol-pentakisphosphate kinase, v. S2 | p. 316	
2.7.1.148	4-diphosphocytidyl-2-C-methyl-D-erythritol kinase, 4-(cytidine 5'-diphospho)-2-C-methyl-D-erythritol kinase, v. 37 | p. 229	
2.7.7.60	4-diphosphocytidyl-2-C-methyl-D-erythritol synthetase, 2-C-methyl-D-erythritol 4-phosphate cytidylyltransferase, v. 38 | p. 560	
2.7.1.148	4-diphosphocytidyl-2-C-methylerythritol 2-kinase, 4-(cytidine 5'-diphospho)-2-C-methyl-D-erythritol kinase, v. 37 | p. 229	
2.7.7.60	4-diphosphocytidyl-2-C-methylerythritol synthase, 2-C-methyl-D-erythritol 4-phosphate cytidylyltransferase, v. 38 | p. 560	
2.7.1.148	4-diphosphocytidyl-2C-methyl-D-erythritol 2-kinase, 4-(cytidine 5'-diphospho)-2-C-methyl-D-erythritol kinase, v. 37 | p. 229	
2.7.1.148	4-diphosphocytidyl-2C-methyl-D-erythritol kinase, 4-(cytidine 5'-diphospho)-2-C-methyl-D-erythritol kinase, v. 37 | p. 229	
2.7.7.60	4-diphosphocytidyl-2C-methyl-D-erythritol synthase, 2-C-methyl-D-erythritol 4-phosphate cytidylyltransferase, v. 38 | p. 560	

2.7.7.60	diphosphocytidyl-methylerythritol synthetase, 2-C-methyl-D-erythritol 4-phosphate cytidylyltransferase, v. 38 | p. 560
4.1.2.13	1,6-Diphosphofructose aldolase, Fructose-bisphosphate aldolase, v. 3 | p. 455
4.1.2.13	Diphosphofructose aldolase, Fructose-bisphosphate aldolase, v. 3 | p. 455
2.4.1.43	diphosphogalacturonic acid:GalAT, polygalacturonate 4-α-galacturonosyltransferase, v. 31 | p. 407
2.4.1.225	diphosphoglucuronate:oligosaccharide uridine glucuronosyltransferase, N-acetylglucosaminyl-proteoglycan 4-β-glucuronosyltransferase, v. 32 | p. 610
5.4.2.1	2,3-diphosphoglycerate-independent phosphoglycerate mutase, phosphoglycerate mutase, v. 1 | p. 493
2.7.4.17	1,3-diphosphoglycerate-polyphosphate phosphotransferase, 3-phosphoglyceroyl-phosphate-polyphosphate phosphotransferase, v. 37 | p. 604
2.7.4.17	1,3-diphosphoglycerate:polyphosphate-phosphotransferase, 3-phosphoglyceroyl-phosphate-polyphosphate phosphotransferase, v. 37 | p. 604
5.4.2.4	2,3-Diphosphoglycerate mutase, Bisphosphoglycerate mutase, v. 1 | p. 520
5.4.2.4	Diphosphoglycerate mutase, Bisphosphoglycerate mutase, v. 1 | p. 520
3.6.1.7	1,3-diphosphoglycerate phosphatase, acylphosphatase, v. 15 | p. 292
3.1.3.13	2,3-diphosphoglycerate phosphatase, bisphosphoglycerate phosphatase, v. 10 | p. 199
3.1.3.13	diphosphoglycerate phosphatase, bisphosphoglycerate phosphatase, v. 10 | p. 199
5.4.2.4	2,3-Diphosphoglycerate synthase, Bisphosphoglycerate mutase, v. 1 | p. 520
3.1.3.13	2,3-diphosphoglyceric acid phosphatase, bisphosphoglycerate phosphatase, v. 10 | p. 199
5.4.2.4	Diphosphoglyceric mutase, Bisphosphoglycerate mutase, v. 1 | p. 520
5.4.2.4	2,3-Diphosphoglyceromutase, Bisphosphoglycerate mutase, v. 1 | p. 520
5.4.2.4	Diphosphoglyceromutase, Bisphosphoglycerate mutase, v. 1 | p. 520
2.7.1.68	Diphosphoinositide kinase, 1-phosphatidylinositol-4-phosphate 5-kinase, v. 36 | p. 196
2.7.1.149	Diphosphoinositide kinase, 1-phosphatidylinositol-5-phosphate 4-kinase, v. 37 | p. 231
3.1.3.36	diphosphoinositide phosphatase, phosphoinositide 5-phosphatase, v. 10 | p. 339
3.6.1.52	diphosphoinositol-polyphosphate phosphohydrolase, diphosphoinositol-polyphosphate diphosphatase, v. 15 | p. 520
2.7.4.24	diphosphoinositol pentakisphosphate kinase, diphosphoinositol-pentakisphosphate kinase, v. S2 | p. 316
2.7.4.21	diphosphoinositol pentakisphosphate synthetase, inositol-hexakisphosphate kinase, v. 37 | p. 613
3.6.1.52	diphosphoinositol polyphosphate phosphatase, diphosphoinositol-polyphosphate diphosphatase, v. 15 | p. 520
3.6.1.52	diphosphoinositol polyphosphate phosphohydrolase, diphosphoinositol-polyphosphate diphosphatase, v. 15 | p. 520
3.6.1.52	diphosphoinositol polyphosphate phosphohydrolase 1, diphosphoinositol-polyphosphate diphosphatase, v. 15 | p. 520
1.6.99.3	diphosphopyridine diaphorase, NADH dehydrogenase, v. 24 | p. 207
3.2.2.5	diphosphopyridine nucleosidase, NAD+ nucleosidase, v. 14 | p. 25
3.2.2.5	diphosphopyridine nucleotidase, NAD+ nucleosidase, v. 14 | p. 25
2.7.1.86	diphosphopyridine nucleotide (reduced) kinase, NADH kinase, v. 36 | p. 321
2.7.1.23	diphosphopyridine nucleotide kinase, NAD+ kinase, v. 35 | p. 293
1.11.1.1	diphosphopyridine nucleotide peroxidase, NADH peroxidase, v. 25 | p. 172
3.6.1.9	diphosphopyridine nucleotide pyrophosphatase, nucleotide diphosphatase, v. 15 | p. 317
2.7.7.1	diphosphopyridine nucleotide pyrophosphorylase, nicotinamide-nucleotide adenylyltransferase, v. 38 | p. 49
6.3.1.5	Diphosphopyridine nucleotide synthetase, NAD+ synthase, v. 2 | p. 377
4.1.1.39	Diphosphoribulose carboxylase, Ribulose-bisphosphate carboxylase, v. 3 | p. 244
2.7.1.23	diphosphppyridine kinase, NAD+ kinase, v. 35 | p. 293
6.3.2.22	Diphthamide synthase, Diphthine-ammonia ligase, v. 2 | p. 516
3.1.21.1	diphtheria toxin, deoxyribonuclease I, v. 11 | p. 431
3.2.2.22	diphtheria toxin, rRNA N-glycosylase, v. 14 | p. 107
2.1.1.98	diphthine methyltransferase, diphthine synthase, v. 28 | p. 484

2.1.1.98	diphthine synthase, diphthine synthase, v. 28 | p. 484	
3.6.1.52	DIPP, diphosphoinositol-polyphosphate diphosphatase, v. 15 | p. 520	
3.6.1.52	DIPP1, diphosphoinositol-polyphosphate diphosphatase, v. 15 | p. 520	
3.6.1.52	DIPP3, diphosphoinositol-polyphosphate diphosphatase, v. 15 | p. 520	
2.5.1.1	diprenyltransferase, dimethylallyltranstransferase, v. 33 | p. 393	
4.1.99.3	dipyrimidine photolyase (photosensitive), deoxyribodipyrimidine photo-lyase, v. 4 | p. 223	
3.1.13.1	Dis, exoribonuclease II, v. 11 | p. 389	
3.1.13.1	Dis3, exoribonuclease II, v. 11 | p. 389	
3.1.27.1	Dis3 ribonuclease, ribonuclease T2, v. 11 | p. 557	
3.2.1.10	disaccharidase, oligo-1,6-glucosidase, v. 12 | p. 162	
2.4.1.7	disaccharide glucosyltransferase, sucrose phosphorylase, v. 31 | p. 61	
2.5.1.24	discadenine synthetase, discadenine synthase, v. 33 | p. 587	
2.7.10.1	discoidin domain receptor 1, receptor protein-tyrosine kinase, v. S2 | p. 341	
2.7.10.1	discoidin domain receptor 2, receptor protein-tyrosine kinase, v. S2 | p. 341	
2.7.10.1	Discoidin receptor tyrosine kinase, receptor protein-tyrosine kinase, v. S2 | p. 341	
6.1.1.12	discriminating AspRS, Aspartate-tRNA ligase, v. 2 | p. 86	
2.7.11.1	discs overgrown protein kinase, non-specific serine/threonine protein kinase, v. S3 | p. 1	
3.4.24.82	disintegrin and metalloproteinase with thrombospondin motif 4, ADAMTS-4 endopeptidase, v. S6 | p. 320	
1.2.99.4	dismutase, formaldehyde, formaldehyde dismutase, v. 20 | p. 585	
1.15.1.1	dismutase, superoxide, superoxide dismutase, v. 27 | p. 399	
3.2.1.52	dispersin B, β-N-acetylhexosaminidase, v. 13 | p. 50	
2.4.1.25	disproportionating enzyme, 4-α-glucanotransferase, v. 31 | p. 276	
1.8.99.3	dissimilatory (bi)sulfite reductase, hydrogensulfite reductase, v. 24 | p. 708	
1.8.99.3	dissimilatory-type sulfite reductase, hydrogensulfite reductase, v. 24 | p. 708	
1.8.99.2	dissimilatory APS reductase, adenylyl-sulfate reductase, v. 24 | p. 694	
1.8.99.2	dissimilatory APS reductases, adenylyl-sulfate reductase, v. 24 | p. 694	
1.7.2.1	dissimilatory nitrite reductase cytochrome cd1, nitrite reductase (NO-forming), v. 24 | p. 325	
1.8.99.1	dissimilatory SiR, sulfite reductase, v. 24 | p. 685	
1.8.99.3	dissimilatory sulfite reductase, hydrogensulfite reductase, v. 24 | p. 708	
1.8.99.1	dissimilatory sulfite reductase, sulfite reductase, v. 24 | p. 685	
1.8.7.1	dissimilatory sulfite reductase, sulfite reductase (ferredoxin), v. 24 | p. 679	
1.8.99.3	dissimilatory sulfite reductase D, hydrogensulfite reductase, v. 24 | p. 708	
1.8.99.1	dissimilatory sulfite reductase DsrAB, sulfite reductase, v. 24 | p. 685	
1.8.99.3	dissimilatory sulphite reductase, hydrogensulfite reductase, v. 24 | p. 708	
2.4.1.164	distally acting I-branching β1,6-N-acetylglucosaminyltransferase, galactosyl-N-acetylglucosaminylgalactosylglucosyl-ceramide β-1,6-N-acetylglucosaminyltransferase, v. 32 | p. 365	
5.3.4.1	disulfide-bond isomerase, Protein disulfide-isomerase, v. 1 | p. 436	
5.3.4.1	disulfide bond-forming enzyme, Protein disulfide-isomerase, v. 1 | p. 436	
5.3.4.1	disulfide bond isomerase, Protein disulfide-isomerase, v. 1 | p. 436	
5.3.4.1	Disulfide interchange enzyme, Protein disulfide-isomerase, v. 1 | p. 436	
5.3.4.1	disulfide isomerase, Protein disulfide-isomerase, v. 1 | p. 436	
5.3.4.1	Disulfide isomerase ER-60, Protein disulfide-isomerase, v. 1 | p. 436	
1.8.1.8	disulfide reductase, protein-disulfide reductase, v. 24 | p. 514	
3.1.6.11	6,N-disulfoglucosamine 6-O-sulfohydrolase, disulfoglucosamine-6-sulfatase, v. 11 | p. 298	
1.8.4.2	disulphide interchange enzyme, protein-disulfide reductase (glutathione), v. 24 | p. 617	
1.3.1.75	divinyl chlorophyll(ide) a reductase, divinyl chlorophyllide a 8-vinyl-reductase, v. 21 | p. 338	
3.4.11.24	dizinc aminopeptidase, aminopeptidase S	
2.7.11.24	DJNK, mitogen-activated protein kinase, v. S4 | p. 233	
2.7.1.108	DK, dolichol kinase, v. 36 | p. 459	
3.2.1.4	DK-85, cellulase, v. 12 | p. 88	
2.7.1.108	DK1, dolichol kinase, v. 36 | p. 459	

1.14.15.2	2,5-DKCMO, camphor 1,2-monooxygenase, v. 27 | p. 9	
1.13.11.50	Dke1, acetylacetone-cleaving enzyme, v. 25 | p. 673	
1.1.1.274	2,5-DKG, 2,5-didehydrogluconate reductase, v. 18 | p. 503	
1.1.1.274	2,5-DKGR, 2,5-didehydrogluconate reductase, v. 18 | p. 503	
2.7.1.92	DKH kinase, 5-dehydro-2-deoxygluconokinase, v. 36 | p. 362	
4.1.2.29	DKH phosphate aldolase, 5-dehydro-2-deoxyphosphogluconate aldolase, v. 3 | p. 547	
5.3.1.17	DKI isomerase, 4-Deoxy-L-threo-5-hexosulose-uronate ketol-isomerase, v. 1 | p. 338	
4.2.1.28	DL-1,2-propanediol hydro-lyase, propanediol dehydratase, v. 4 | p. 420	
1.1.1.75	DL-1-aminopropan-2-ol: NAD+ dehydrogenase, (R)-aminopropanol dehydrogenase, v. 17 | p. 115	
3.8.1.10	DL-2-haloacid dehalogenase, 2-haloacid dehalogenase (configuration-inverting), v. S6 | p. 549	
3.8.1.11	DL-2-haloacid dehalogenase, 2-haloacid dehalogenase (configuration-retaining), v. S6 | p. 555	
3.8.1.10	DL-2-haloacid dehalogenase (inversion of configuration), 2-haloacid dehalogenase (configuration-inverting), v. S6 | p. 549	
3.8.1.2	DL-2-haloacid dehalogenase [ambiguous], (S)-2-haloacid dehalogenase, v. 15 | p. 867	
3.8.1.10	DL-2-haloacid halidohydrolase (inversion of configuration), 2-haloacid dehalogenase (configuration-inverting), v. S6 | p. 549	
4.1.3.16	DL-4-Hydroxy-2-ketoglutarate aldolase, 4-Hydroxy-2-oxoglutarate aldolase, v. 4 | p. 103	
3.8.1.10	DL-DEXi, 2-haloacid dehalogenase (configuration-inverting), v. S6 | p. 549	
3.8.1.11	DL-DEXr, 2-haloacid dehalogenase (configuration-retaining), v. S6 | p. 555	
1.2.1.46	DL-FDH, formaldehyde dehydrogenase, v. 20 | p. 328	
3.1.3.21	DL-glycerol-3-phosphatase, glycerol-1-phosphatase, v. 10 | p. 256	
5.1.99.1	DL-Methylmalonyl-CoA racemase, Methylmalonyl-CoA epimerase, v. 1 | p. 179	
5.1.99.1	DL-Methylmalonyl-coenzyme A racemase, Methylmalonyl-CoA epimerase, v. 1 | p. 179	
3.2.1.11	DL 2, dextranase, v. 12 | p. 173	
1.1.2.4	D(-)-lactic cytochrome c reductase, D-lactate dehydrogenase (cytochrome), v. 19 | p. 15	
3.1.3.48	DLAR, protein-tyrosine-phosphatase, v. 10 | p. 407	
3.6.5.5	DLC1, dynamin GTPase, v. S6 | p. 522	
1.8.1.4	DLD, dihydrolipoyl dehydrogenase, v. 24 | p. 463	
3.8.1.10	DL DEX 113, 2-haloacid dehalogenase (configuration-inverting), v. S6 | p. 549	
1.8.1.4	DLDH, dihydrolipoyl dehydrogenase, v. 24 | p. 463	
1.8.1.4	DLDH dehydrogenase, dihydrolipoyl dehydrogenase, v. 24 | p. 463	
1.8.1.4	DLDH diaphorase, dihydrolipoyl dehydrogenase, v. 24 | p. 463	
1.2.1.46	dlFalDH, formaldehyde dehydrogenase, v. 20 | p. 328	
3.1.1.45	DLH, carboxymethylenebutenolidase, v. 9 | p. 310	
3.1.1.45	DLHase, carboxymethylenebutenolidase, v. 9 | p. 310	
2.7.11.25	DLK, mitogen-activated protein kinase kinase kinase, v. S4 | p. 278	
4.2.3.20	dLMS, (R)-limonene synthase, v. S7 | p. 288	
4.1.2.5	DlowTA, Threonine aldolase, v. 3 | p. 425	
3.6.5.5	DLP1, dynamin GTPase, v. S6 | p. 522	
2.3.1.61	DLST, dihydrolipoyllysine-residue succinyltransferase, v. 30 | p. 7	
6.1.1.13	DltA, D-Alanine-poly(phosphoribitol) ligase, v. 2 | p. 97	
2.4.1.207	DlXET1, xyloglucan:xyloglucosyl transferase, v. 32 | p. 524	
2.4.1.207	DlXET2, xyloglucan:xyloglucosyl transferase, v. 32 | p. 524	
2.4.1.207	DlXET3, xyloglucan:xyloglucosyl transferase, v. 32 | p. 524	
1.5.1.16	D(+)-lysopine dehydrogenase, D-lysopine dehydrogenase, v. 23 | p. 154	
1.14.13.70	14DM, sterol 14-demethylase, v. 26 | p. 547	
1.14.17.1	DβM, dopamine β-monooxygenase, v. 27 | p. 126	
1.14.13.70	P-45014DM, sterol 14-demethylase, v. 26 | p. 547	
1.14.13.70	P-45014DM-containing monooxygenase system, sterol 14-demethylase, v. 26 | p. 547	
2.7.1.145	Dm-dNK, deoxynucleoside kinase, v. 37 | p. 214	
4.2.1.47	Dm-gmd, GDP-mannose 4,6-dehydratase, v. 4 | p. 501	
2.7.11.1	DM-kinase, non-specific serine/threonine protein kinase, v. S3 | p. 1	

2.6.1.51	Dm-Spat, serine-pyruvate transaminase, v.34|p.579
2.3.1.171	Dm3MaT1, anthocyanin 6-O-malonyltransferase, v.S2|p.58
1.1.1.39	DMA, malate dehydrogenase (decarboxylating), v.16|p.371
1.5.8.1	DMADH, dimethylamine dehydrogenase, v.23|p.333
1.14.14.1	DMA N-oxidase, unspecific monooxygenase, v.26|p.584
1.14.13.103	8-DMAN 2'-hydroxylase, 8-dimethylallylnaringenin 2'-hydroxylase, v.S1|p.648
1.14.13.8	DMA oxidase, flavin-containing monooxygenase, v.26|p.257
2.5.1.27	DMAPP:AMP isopentenyltransferase, adenylate dimethylallyltransferase, v.33|p.599
2.5.1.27	DMAPP:ATP/ADP isppentenyltransferase, adenylate dimethylallyltransferase, v.33|p.599
2.5.1.1	DMAPP:IPP-dimethylallyltransferase, dimethylallyltranstransferase, v.33|p.393
2.5.1.27	DMA transferase, adenylate dimethylallyltransferase, v.33|p.599
2.5.1.34	7-DMATS, tryptophan dimethylallyltransferase, v.34|p.35
2.5.1.34	DMAT synthase, tryptophan dimethylallyltransferase, v.34|p.35
2.5.1.34	DMAT synthetase, tryptophan dimethylallyltransferase, v.34|p.35
3.8.1.5	dmbA, haloalkane dehalogenase, v.15|p.891
3.8.1.5	DmbB, haloalkane dehalogenase, v.15|p.891
3.8.1.5	DmbC, haloalkane dehalogenase, v.15|p.891
3.1.3.53	DMBS, [myosin-light-chain] phosphatase, v.10|p.439
2.4.1.16	DmCHS-1, chitin synthase, v.31|p.147
2.4.1.16	DmCHS-2, chitin synthase, v.31|p.147
2.7.11.1	DMCK1, non-specific serine/threonine protein kinase, v.S3|p.1
2.7.7.43	DmCSAS, N-acylneuraminate cytidylyltransferase, v.38|p.436
2.7.1.145	DmdNK, deoxynucleoside kinase, v.37|p.214
1.1.1.39	DME, malate dehydrogenase (decarboxylating), v.16|p.371
2.4.1.16	DmeChSB, chitin synthase, v.31|p.147
1.1.3.16	DmEO, ecdysone oxidase, v.19|p.148
3.1.26.11	DmeTrz, tRNase Z, v.S5|p.105
3.5.1.56	DMFase, N,N-dimethylformamidase, v.14|p.505
2.5.1.1	DmFPS, dimethylallyltranstransferase, v.33|p.393
2.5.1.10	DmFPS, geranyltranstransferase, v.33|p.470
1.5.3.10	DMGO, dimethylglycine oxidase, v.23|p.309
3.2.1.52	DmHEXA, β-N-acetylhexosaminidase, v.13|p.50
3.2.1.52	DmHEXB, β-N-acetylhexosaminidase, v.13|p.50
2.7.11.1	DM kinase, non-specific serine/threonine protein kinase, v.S3|p.1
2.7.12.2	DMKK4, mitogen-activated protein kinase kinase, v.S4|p.392
3.8.1.5	dmlA, haloalkane dehalogenase, v.15|p.891
4.1.3.32	DMML, 2,3-Dimethylmalate lyase, v.4|p.186
1.14.11.2	DmP4H, procollagen-proline dioxygenase, v.26|p.9
3.1.4.35	DmPDE6, 3',5'-cyclic-GMP phosphodiesterase, v.11|p.153
1.2.1.10	DmpF, acetaldehyde dehydrogenase (acetylating), v.20|p.115
4.1.3.39	DmpFG, 4-hydroxy-2-oxovalerate aldolase, v.S7|p.53
1.11.1.12	DMPHGPx, phospholipid-hydroperoxide glutathione peroxidase, v.25|p.274
2.7.11.1	DMPK, non-specific serine/threonine protein kinase, v.S3|p.1
2.7.7.7	Dmpol zeta, DNA-directed DNA polymerase, v.38|p.118
3.8.1.5	DmsA, haloalkane dehalogenase, v.15|p.891
2.5.1.57	DmSAS, N-acylneuraminate-9-phosphate synthase, v.34|p.190
4.4.1.3	DMSP lyase, dimethylpropiothetin dethiomethylase, v.5|p.310
2.1.1.37	DMT1, DNA (cytosine-5-)-methyltransferase, v.28|p.197
1.8.1.9	DmTR, thioredoxin-disulfide reductase, v.24|p.517
1.8.1.9	DmTrxR, thioredoxin-disulfide reductase, v.24|p.517
1.8.1.9	DmTrxR-1, thioredoxin-disulfide reductase, v.24|p.517
2.1.1.37	DNA (cytosine-5)-methyltransferase 1, DNA (cytosine-5-)-methyltransferase, v.28|p.197
3.2.2.15	DNA(hypoxanthine) glycohydrolase, DNA-deoxyinosine glycosylase, v.14|p.75
3.2.2.15	DNA(hypoxanthine)glycohydrolase, DNA-deoxyinosine glycosylase, v.14|p.75

2.1.1.72	DNA-(adenine-N6-)-methyltransferase, site-specific DNA-methyltransferase (adenine-specific), v. 28	p. 390
4.2.99.18	DNA-(apurinic or apyrimidinic site) lyase, DNA-(apurinic or apyrimidinic site) lyase, v. 5	p. 150
2.1.1.113	DNA-(N4-cytosine)-methyltransferase, site-specific DNA-methyltransferase (cytosine-N4-specific), v. 28	p. 541
2.1.1.72	DNA-(N6-adenine)-methyltransferase, site-specific DNA-methyltransferase (adenine-specific), v. 28	p. 390
3.2.2.20	DNA-3-methyladenine DNA glycosidase I, DNA-3-methyladenine glycosylase I, v. 14	p. 99
3.2.2.21	DNA-3-methyladenine glycosidase II, DNA-3-methyladenine glycosylase II, v. 14	p. 103
2.1.1.72	DNA-[adenine] methyltransferase, site-specific DNA-methyltransferase (adenine-specific), v. 28	p. 390
2.1.1.72	DNA-[adenine] MTase, site-specific DNA-methyltransferase (adenine-specific), v. 28	p. 390
2.1.1.72	DNA-[N6-adenine]-methyltransferase, site-specific DNA-methyltransferase (adenine-specific), v. 28	p. 390
2.1.1.72	DNA-[N6-adenine] MTase, site-specific DNA-methyltransferase (adenine-specific), v. 28	p. 390
3.1.21.6	DNA-adenine-transferase, CC-preferring endodeoxyribonuclease, v. 11	p. 470
3.1.21.2	DNA-adenine-transferase, deoxyribonuclease IV (phage-T4-induced), v. 11	p. 446
2.1.1.72	DNA-adenine methyltransferase, site-specific DNA-methyltransferase (adenine-specific), v. 28	p. 390
2.1.1.37	DNA-cytosine 5-methylase, DNA (cytosine-5-)-methyltransferase, v. 28	p. 197
2.1.1.37	DNA-cytosine methyltransferase, DNA (cytosine-5-)-methyltransferase, v. 28	p. 197
5.4.2.3	DNA-damage-repair/toleration protein DRT101, phosphoacetylglucosamine mutase, v. 1	p. 515
2.7.7.7	DNA-dependent DNA polymerase, DNA-directed DNA polymerase, v. 38	p. 118
2.7.11.18	DNA-dependent protein kinase catalytic subunit, myosin-light-chain kinase, v. S4	p. 54
2.7.7.6	DNA-dependent ribonucleate nucleotidyltransferase, DNA-directed RNA polymerase, v. 38	p. 103
2.7.7.6	DNA-dependent RNA nucleotidyltransferase, DNA-directed RNA polymerase, v. 38	p. 103
2.7.7.6	DNA-dependent RNA polymerase, DNA-directed RNA polymerase, v. 38	p. 103
2.7.7.6	DNA-dependent RNA polymerase III, DNA-directed RNA polymerase, v. 38	p. 103
2.7.7.6	DNA-dependent RNA polymerases, DNA-directed RNA polymerase, v. 38	p. 103
6.5.1.1	DNA-joining enzyme, DNA ligase (ATP), v. 2	p. 755
6.5.1.2	DNA-joining enzyme, DNA ligase (NAD+), v. 2	p. 773
4.1.99.3	DNA-photoreactivating enzyme, deoxyribodipyrimidine photo-lyase, v. 4	p. 223
2.7.11.1	DNA-PKcs, non-specific serine/threonine protein kinase, v. S3	p. 1
2.7.7.31	DNA-polymerizing enzyme, DNA nucleotidylexotransferase, v. 38	p. 364
3.1.3.32	DNA 3'-phosphatase, polynucleotide 3'-phosphatase, v. 10	p. 326
2.7.1.78	DNA 5'-hydroxyl kinase, polynucleotide 5'-hydroxyl-kinase, v. 36	p. 280
2.1.1.37	DNA 5-cytosine methylase, DNA (cytosine-5-)-methyltransferase, v. 28	p. 197
3.1.11.4	DNA 5-dinucleotidohydrolase, exodeoxyribonuclease (phage SP3-induced), v. 11	p. 373
2.1.1.72	DNA:m6A MTase, site-specific DNA-methyltransferase (adenine-specific), v. 28	p. 390
2.1.1.72	DNA [amino]-methyltransferase, site-specific DNA-methyltransferase (adenine-specific), v. 28	p. 390
2.1.1.113	DNA[cytosine-N4]methyltransferase, site-specific DNA-methyltransferase (cytosine-N4-specific), v. 28	p. 541
2.1.1.72	DNA adenine 5'-GATC-3' methylase, site-specific DNA-methyltransferase (adenine-specific), v. 28	p. 390
2.1.1.72	DNA adenine methylase, site-specific DNA-methyltransferase (adenine-specific), v. 28	p. 390

2.1.1.72	DNA adenine methyltransferase, site-specific DNA-methyltransferase (adenine-specific), v. 28 | p. 390	
2.1.1.72	DNA adenine MTase, site-specific DNA-methyltransferase (adenine-specific), v. 28 | p. 390	
3.1.21.1	DNAase, deoxyribonuclease I, v. 11 | p. 431	
4.1.99.3	DNA cyclobutane dipyrimidine photolyase, deoxyribodipyrimidine photo-lyase, v. 4 | p. 223	
2.1.1.37	DNA cytosine C(5)-methyltransferase, DNA (cytosine-5-)-methyltransferase, v. 28 | p. 197	
2.1.1.37	DNA cytosine c5 methylase, DNA (cytosine-5-)-methyltransferase, v. 28 | p. 197	
2.1.1.37	DNA cytosine methylase, DNA (cytosine-5-)-methyltransferase, v. 28 | p. 197	
2.7.11.1	DNA damage response protein kinase DUN1, non-specific serine/threonine protein kinase, v. S3 | p. 1	
3.1.11.1	DNA deoxyribophosphodiesterase, exodeoxyribonuclease I, v. 11 | p. 357	
2.7.7.7	DNA duplicase, DNA-directed DNA polymerase, v. 38 | p. 118	
3.1.21.1	DNA endonuclease, deoxyribonuclease I, v. 11 | p. 431	
3.1.30.2	DNA fragmentation factor, Serratia marcescens nuclease, v. 11 | p. 626	
3.2.2.23	DNA glycohydrolase (releasing 2,6-diamino-4-hydroxy-5-(N-methyl)-formamidopyrimidine), DNA-formamidopyrimidine glycosylase, v. 14 | p. 111	
5.99.1.3	DNA gyrase, DNA topoisomerase (ATP-hydrolysing), v. 1 | p. 737	
5.99.1.3	DNA gyrase-B, DNA topoisomerase (ATP-hydrolysing), v. 1 | p. 737	
1.8.4.7	DnaJ, enzyme-thiol transhydrogenase (glutathione-disulfide), v. 24 | p. 656	
6.5.1.1	DNA joinase, DNA ligase (ATP), v. 2 | p. 755	
6.5.1.2	DNA joinase, DNA ligase (NAD+), v. 2 | p. 773	
3.6.3.51	DnaK, mitochondrial protein-transporting ATPase, v. 15 | p. 744	
3.6.4.10	DnaK, non-chaperonin molecular chaperone ATPase, v. 15 | p. 810	
3.6.4.10	DnaK ATPase, non-chaperonin molecular chaperone ATPase, v. 15 | p. 810	
3.6.4.10	DnaK chaperone, non-chaperonin molecular chaperone ATPase, v. 15 | p. 810	
2.7.1.78	DNA kinase, polynucleotide 5'-hydroxyl-kinase, v. 36 | p. 280	
6.5.1.1	DNA ligase, DNA ligase (ATP), v. 2 | p. 755	
6.5.1.2	DNA ligase, DNA ligase (NAD+), v. 2 | p. 773	
6.5.1.2	DNA ligase (NAD), DNA ligase (NAD+), v. 2 | p. 773	
6.5.1.1	DNA ligase 4, DNA ligase (ATP), v. 2 | p. 755	
6.5.1.1	DNA ligase D, DNA ligase (ATP), v. 2 | p. 755	
6.5.1.1	DNA ligase I, DNA ligase (ATP), v. 2 | p. 755	
6.5.1.1	DNA ligase II, DNA ligase (ATP), v. 2 | p. 755	
6.5.1.1	DNA ligase III, DNA ligase (ATP), v. 2 | p. 755	
6.5.1.1	DNA ligase IV, DNA ligase (ATP), v. 2 | p. 755	
6.5.1.1	DNA ligase IV-XRCC4 complex, DNA ligase (ATP), v. 2 | p. 755	
6.5.1.1	DNA ligase IV/XRCC4/XLF complex, DNA ligase (ATP), v. 2 | p. 755	
6.5.1.1	DNA ligase IV/XRCC4 complex, DNA ligase (ATP), v. 2 | p. 755	
6.5.1.1	DNA ligase IV homolog, DNA ligase (ATP), v. 2 | p. 755	
6.5.1.1	DNA ligase V, DNA ligase (ATP), v. 2 | p. 755	
4.2.99.18	DNA lyase, DNA-(apurinic or apyrimidinic site) lyase, v. 5 | p. 150	
2.1.1.37	DNA methylase, DNA (cytosine-5-)-methyltransferase, v. 28 | p. 197	
2.1.1.37	DNA methyltransferase, DNA (cytosine-5-)-methyltransferase, v. 28 | p. 197	
2.1.1.72	DNA methyltransferase, site-specific DNA-methyltransferase (adenine-specific), v. 28 | p. 390	
2.1.1.37	DNA methyltransferase 1, DNA (cytosine-5-)-methyltransferase, v. 28 | p. 197	
2.1.1.37	DNA methyltransferase 3a, DNA (cytosine-5-)-methyltransferase, v. 28 | p. 197	
2.1.1.72	DNA MTase, site-specific DNA-methyltransferase (adenine-specific), v. 28 | p. 390	
3.1.21.1	DNA nuclease, deoxyribonuclease I, v. 11 | p. 431	
2.7.7.7	DNA nucleotidyltransferase, DNA-directed DNA polymerase, v. 38 | p. 118	
2.7.7.7	DNA nucleotidyltransferase (DNA-directed), DNA-directed DNA polymerase, v. 38 | p. 118	
2.7.7.49	DNA nucleotidyltransferase (RNA-directed), RNA-directed DNA polymerase, v. 38 | p. 492	
3.6.4.11	dNAP-1, nucleoplasmin ATPase, v. 15 | p. 817	

4.1.99.3	DNA photolyase, deoxyribodipyrimidine photo-lyase, v.4|p.223	
2.7.7.7	DNA pol, DNA-directed DNA polymerase, v.38|p.118	
2.7.7.7	DNA polmerase β, DNA-directed DNA polymerase, v.38|p.118	
2.7.7.7	DNA polymerase, DNA-directed DNA polymerase, v.38|p.118	
2.7.7.49	DNA polymerase, RNA-directed DNA polymerase, v.38|p.492	
3.1.21.1	DNA polymerase, deoxyribonuclease I, v.11|p.431	
2.7.7.7	DNA polymerase α, DNA-directed DNA polymerase, v.38|p.118	
2.7.7.7	DNA polymerase β, DNA-directed DNA polymerase, v.38|p.118	
2.7.7.7	DNA polymerase δ, DNA-directed DNA polymerase, v.38|p.118	
2.7.7.7	DNA polymerase ϵ, DNA-directed DNA polymerase, v.38|p.118	
2.7.7.7	DNA polymerase γ, DNA-directed DNA polymerase, v.38|p.118	
2.7.7.7	DNA polymerase Dpo4, DNA-directed DNA polymerase, v.38|p.118	
2.7.7.7	DNA polymerase eta, DNA-directed DNA polymerase, v.38|p.118	
2.7.7.7	DNA polymerase I, DNA-directed DNA polymerase, v.38|p.118	
2.7.7.49	DNA polymerase I, RNA-directed DNA polymerase, v.38|p.492	
2.7.7.7	DNA polymerase II, DNA-directed DNA polymerase, v.38|p.118	
2.7.7.7	DNA polymerase III, DNA-directed DNA polymerase, v.38|p.118	
2.7.7.7	DNA polymerase iota, DNA-directed DNA polymerase, v.38|p.118	
2.7.7.7	DNA polymerase IV, DNA-directed DNA polymerase, v.38|p.118	
2.7.7.7	DNA polymerase kappa, DNA-directed DNA polymerase, v.38|p.118	
2.7.7.7	DNA polymerase lambda, DNA-directed DNA polymerase, v.38|p.118	
2.7.7.7	DNA polymerase mu, DNA-directed DNA polymerase, v.38|p.118	
2.7.7.7	DNA polymerase pyrococcus kodakaraensis, DNA-directed DNA polymerase, v.38|p.118	
2.7.7.7	DNA polymerase V, DNA-directed DNA polymerase, v.38|p.118	
2.7.7.7	DNA polymerase X, DNA-directed DNA polymerase, v.38|p.118	
2.7.7.7	DNA polymerase zeta, DNA-directed DNA polymerase, v.38|p.118	
6.5.1.1	DNA repair enzyme, DNA ligase (ATP), v.2|p.755	
6.5.1.2	DNA repair enzyme, DNA ligase (NAD+), v.2|p.773	
2.7.7.7	DNA replicase, DNA-directed DNA polymerase, v.38|p.118	
3.1.21.4	DNA restriction endonuclease, type II site-specific deoxyribonuclease, v.11|p.454	
3.1.21.4	DNA restriction enzyme, type II site-specific deoxyribonuclease, v.11|p.454	
3.1.30.1	DNase, Aspergillus nuclease S1, v.11|p.610	
3.1.21.1	DNase, deoxyribonuclease I, v.11|p.431	
3.1.11.4	DNase, exodeoxyribonuclease (phage SP3-induced), v.11|p.373	
3.1.21.3	DNase, type I site-specific deoxyribonuclease, v.11|p.448	
3.1.21.1	Dnase1, deoxyribonuclease I, v.11|p.431	
3.1.21.1	DNASE1L3, deoxyribonuclease I, v.11|p.431	
3.1.21.1	DNase A, deoxyribonuclease I, v.11|p.431	
3.1.21.1	DNase B, deoxyribonuclease I, v.11|p.431	
3.1.21.1	DNase C, deoxyribonuclease I, v.11|p.431	
3.1.21.1	DNase D, deoxyribonuclease I, v.11|p.431	
3.1.21.1	DNase I, deoxyribonuclease I, v.11|p.431	
3.1.21.1	DNase I-like enzyme, deoxyribonuclease I, v.11|p.431	
3.1.22.1	DNase II, deoxyribonuclease II, v.11|p.474	
3.1.22.1	DNase IIα, deoxyribonuclease II, v.11|p.474	
3.1.22.1	DNase IIβ, deoxyribonuclease II, v.11|p.474	
3.1.22.1	L-DNase II, deoxyribonuclease II, v.11|p.474	
3.1.22.1	DNase II homolog, deoxyribonuclease II, v.11|p.474	
3.1.21.7	DNase V, deoxyribonuclease V	
3.1.21.1	Dnase Y, deoxyribonuclease I, v.11|p.431	
5.99.1.3	DNA Topo II, DNA topoisomerase (ATP-hydrolysing), v.1|p.737	
5.99.1.2	DNA topoisomerase, DNA topoisomerase, v.1|p.721	
5.99.1.2	DNA topoisomerase 1, DNA topoisomerase, v.1|p.721	
5.99.1.2	DNA topoisomerase I, DNA topoisomerase, v.1|p.721	
5.99.1.2	DNA topoisomerase I-B, DNA topoisomerase, v.1|p.721	

5.99.1.2	DNA topoisomerase IB, DNA topoisomerase, v.1|p.721	
5.99.1.3	DNA topoisomerase II, DNA topoisomerase (ATP-hydrolysing), v.1|p.737	
5.99.1.3	DNA topoisomerase IIα, DNA topoisomerase (ATP-hydrolysing), v.1|p.737	
5.99.1.2	DNA topoisomerase III, DNA topoisomerase, v.1|p.721	
5.99.1.2	DNA topoisomerase IIIα, DNA topoisomerase, v.1|p.721	
5.99.1.3	DNA topoisomerase IV, DNA topoisomerase (ATP-hydrolysing), v.1|p.737	
5.99.1.3	DNA topoisomerases II, DNA topoisomerase (ATP-hydrolysing), v.1|p.737	
5.99.1.3	DNA topoisomerase type II, DNA topoisomerase (ATP-hydrolysing), v.1|p.737	
5.99.1.3	DNA topoisomerase VI, DNA topoisomerase (ATP-hydrolysing), v.1|p.737	
2.1.1.37	DNA transmethylase, DNA (cytosine-5-)-methyltransferase, v.28|p.197	
2.8.1.7	DndA, cysteine desulfurase, v.39|p.238	
3.4.19.1	DNF15S2 protein, acylaminoacyl-peptidase, v.6|p.513	
3.6.3.1	Dnf1p, phospholipid-translocating ATPase, v.15|p.532	
3.6.3.1	Dnf1p-Lem3p, phospholipid-translocating ATPase, v.15|p.532	
3.6.3.1	Dnf1p and Dnf2p, phospholipid-translocating ATPase, v.15|p.532	
3.6.3.1	Dnf2p, phospholipid-translocating ATPase, v.15|p.532	
3.6.3.1	Dnf3p, phospholipid-translocating ATPase, v.15|p.532	
2.7.1.145	dNK, deoxynucleoside kinase, v.37|p.214	
6.5.1.1	Dnl4, DNA ligase (ATP), v.2|p.755	
3.6.4.11	dNLP, nucleoplasmin ATPase, v.15|p.817	
3.6.5.5	Dnm1, dynamin GTPase, v.S6|p.522	
2.7.4.13	dNMP kinase, (deoxy)nucleoside-phosphate kinase, v.37|p.578	
2.1.1.37	DNMT, DNA (cytosine-5-)-methyltransferase, v.28|p.197	
2.1.1.37	Dnmt1, DNA (cytosine-5-)-methyltransferase, v.28|p.197	
2.1.1.37	Dnmt1 DNA-(cytosine-C5)-methyltransferase, DNA (cytosine-5-)-methyltransferase, v.28|p.197	
2.1.1.37	Dnmt2, DNA (cytosine-5-)-methyltransferase, v.28|p.197	
2.1.1.37	Dnmt3a, DNA (cytosine-5-)-methyltransferase, v.28|p.197	
2.1.1.37	DNMT3B, DNA (cytosine-5-)-methyltransferase, v.28|p.197	
1.14.13.39	DNOS, nitric-oxide synthase, v.26|p.426	
2.7.11.1	DNPK1, non-specific serine/threonine protein kinase, v.S3|p.1	
3.6.4.6	dNSF, vesicle-fusing ATPase, v.15|p.789	
3.6.4.6	dNSF-1, vesicle-fusing ATPase, v.15|p.789	
3.6.4.6	dNSF1, vesicle-fusing ATPase, v.15|p.789	
2.3.1.36	DNT, D-amino-acid N-acetyltransferase, v.29|p.534	
3.4.21.107	Do, peptidase Do, v.S5|p.342	
3.4.19.12	Doa4, ubiquitinyl hydrolase 1, v.6|p.575	
3.4.19.12	Doa4p ubiquitin isopeptidase, ubiquitinyl hydrolase 1, v.6|p.575	
3.4.19.12	Doa4 ubiquitin hydrolase, ubiquitinyl hydrolase 1, v.6|p.575	
1.11.1.5	DocA, cytochrome-c peroxidase, v.25|p.186	
6.2.1.3	docosanoic acid synthase, Long-chain-fatty-acid-CoA ligase, v.2|p.206	
2.3.1.170	DOCS, 6'-deoxychalcone synthase, v.S2|p.56	
2.3.1.74	DOCS, naringenin-chalcone synthase, v.30|p.66	
4.1.1.17	dODC, Ornithine decarboxylase, v.3|p.85	
3.1.2.21	Dodecanoyl-acyl-carrier-protein hydrolase, dodecanoyl-[acyl-carrier-protein] hydrolase, v.9|p.546	
5.3.3.8	Dodecenoyl-CoA δ-isomerase, dodecenoyl-CoA isomerase, v.1|p.413	
5.3.3.8	dodecenoyl-CoA Δ3-cis-Δ2-trans-isomerase, dodecenoyl-CoA isomerase, v.1|p.413	
3.1.2.21	Dodecyl-acyl-carrier protein hydrolase, dodecanoyl-[acyl-carrier-protein] hydrolase, v.9|p.546	
3.1.3.68	2-DOG-6P phosphatase, 2-deoxyglucose-6-phosphatase, v.10|p.493	
3.1.3.68	DOG1, 2-deoxyglucose-6-phosphatase, v.10|p.493	
1.14.99.29	DOHH, deoxyhypusine monooxygenase, v.27|p.370	
3.1.4.48	dol-P-Glc phosphodiesterase, dolichylphosphate-glucose phosphodiesterase, v.11|p.222	
2.4.1.83	Dol-P-Man-synthase, dolichyl-phosphate β-D-mannosyltransferase, v.31|p.591	

2.4.1.130	Dol-P-Man:Man7GlcNAc2-PP-Dol mannosyltransferase, dolichyl-phosphate-mannose-glycolipid α-mannosyltransferase, v. 32	p. 205
3.1.4.49	Dol-P-Man phosphodiesterase, dolichylphosphate-mannose phosphodiesterase, v. 11	p. 224
2.4.1.83	Dol-P-Man synthase, dolichyl-phosphate β-D-mannosyltransferase, v. 31	p. 591
2.4.1.83	Dol-P-Mansynthase, dolichyl-phosphate β-D-mannosyltransferase, v. 31	p. 591
2.7.4.20	Dol-P-P:Pn phosphotransferase, dolichyl-diphosphate-polyphosphate phosphotransferase, v. 37	p. 611
3.6.1.43	Dol-P-P phosphatase, dolichyldiphosphatase, v. 15	p. 470
3.6.1.43	dol-P-P phosphohydrolase, dolichyldiphosphatase, v. 15	p. 470
2.7.8.15	Dol-P dependent GlcNAc-1-P transferase, UDP-N-acetylglucosamine-dolichyl-phosphate N-acetylglucosaminephosphotransferase, v. 39	p. 106
2.4.1.83	Dol-P Man synthase, dolichyl-phosphate β-D-mannosyltransferase, v. 31	p. 591
3.1.3.51	dol-P phosphatase, dolichyl-phosphatase, v. 10	p. 428
1.4.3.2	Dolabellanin, L-amino-acid oxidase, v. 22	p. 225
2.7.8.15	dolichol-P-dependent N-acetylglucosamine-1-phosphate transferase, UDP-N-acetylglucosamine-dolichyl-phosphate N-acetylglucosaminephosphotransferase, v. 39	p. 106
2.7.8.15	dolichol-P-dependent N-acetylglucosamine-1-P transferase, UDP-N-acetylglucosamine-dolichyl-phosphate N-acetylglucosaminephosphotransferase, v. 39	p. 106
2.4.1.83	dolichol-P-mannose synthase, dolichyl-phosphate β-D-mannosyltransferase, v. 31	p. 591
3.6.1.43	dolichol diphosphatase, dolichyldiphosphatase, v. 15	p. 470
3.1.3.51	dolichol monophosphatase, dolichyl-phosphatase, v. 10	p. 428
3.1.3.51	dolichol phosphatase, dolichyl-phosphatase, v. 10	p. 428
2.4.1.83	dolichol phosphate mannose synthase, dolichyl-phosphate β-D-mannosyltransferase, v. 31	p. 591
2.7.8.15	dolichol phosphate N-acetylglucosamine-1-phosphotransferase, UDP-N-acetylglucosamine-dolichyl-phosphate N-acetylglucosaminephosphotransferase, v. 39	p. 106
3.1.3.51	dolichol phosphate phosphatase, dolichyl-phosphatase, v. 10	p. 428
3.1.4.48	dolichol phosphoglucose phosphodiesterase, dolichylphosphate-glucose phosphodiesterase, v. 11	p. 222
2.7.1.108	dolichol phosphokinase, dolichol kinase, v. 36	p. 459
2.4.1.130	dolichol phosphomannose-oligosaccharide-lipid mannosyltransferase, dolichyl-phosphate-mannose-glycolipid α-mannosyltransferase, v. 32	p. 205
2.4.1.109	dolichol phosphomannose-protein mannosyltransferase, dolichyl-phosphate-mannose-protein mannosyltransferase, v. 32	p. 110
2.4.1.83	dolichol phosphoryl mannose synthase, dolichyl-phosphate β-D-mannosyltransferase, v. 31	p. 591
3.6.1.27	Dolicholpyrophosphatase, undecaprenyl-diphosphatase, v. 15	p. 422
3.6.1.43	dolichyl-diphosphate phosphatase, dolichyldiphosphatase, v. 15	p. 470
2.4.1.119	dolichyl-diphosphooligosaccharide–protein glycosyltransferase subunit OST2, dolichyl-diphosphooligosaccharide-protein glycotransferase, v. 32	p. 155
2.4.1.130	dolichyl-P-Man:Man7GlcNAc2-PP-dolichyl α6-mannosyltransferase, dolichyl-phosphate-mannose-glycolipid α-mannosyltransferase, v. 32	p. 205
2.4.1.109	dolichyl-phosphate-mannose–protein mannosyltransferase 1, dolichyl-phosphate-mannose-protein mannosyltransferase, v. 32	p. 110
2.4.1.109	dolichyl-phosphate-mannose–protein mannosyltransferase 2, dolichyl-phosphate-mannose-protein mannosyltransferase, v. 32	p. 110
2.4.1.109	dolichyl-phosphate-mannose–protein mannosyltransferase 4, dolichyl-phosphate-mannose-protein mannosyltransferase, v. 32	p. 110
2.4.1.109	dolichyl-phosphate-mannose-protein mannosyltransferase 1, dolichyl-phosphate-mannose-protein mannosyltransferase, v. 32	p. 110
2.4.1.109	dolichyl-phosphate-mannose-protein mannosyltransferase 2, dolichyl-phosphate-mannose-protein mannosyltransferase, v. 32	p. 110
2.4.1.83	dolichyl-phosphate mannose synthase, dolichyl-phosphate β-D-mannosyltransferase, v. 31	p. 591

2.4.1.83	dolichyl-phospho-mannose synthase, dolichyl-phosphate β-D-mannosyltransferase, v. 31 | p. 591	
3.6.1.43	dolichyl diphosphate phosphohydrolase, dolichyldiphosphatase, v. 15 | p. 470	
2.4.1.119	dolichyldiphosphooligosaccharide-protein oligosaccharyltransferase, dolichyl-diphosphooligosaccharide-protein glycotransferase, v. 32 | p. 155	
2.4.1.83	dolichyl mannosyl phosphate synthase, dolichyl-phosphate β-D-mannosyltransferase, v. 31 | p. 591	
3.1.3.51	dolichyl monophosphate phosphatase, dolichyl-phosphatase, v. 10 | p. 428	
2.4.1.153	dolichyl phosphate acetylglucosaminyltransferase, dolichyl-phosphate α-N-acetylglucosaminyltransferase, v. 32 | p. 330	
2.4.1.83	dolichyl phosphate mannosyltransferase, dolichyl-phosphate β-D-mannosyltransferase, v. 31 | p. 591	
2.4.1.153	dolichyl phosphate N-acetylglucosaminyltransferase, dolichyl-phosphate α-N-acetylglucosaminyltransferase, v. 32 | p. 330	
3.1.3.51	dolichyl phosphate phosphatase, dolichyl-phosphatase, v. 10 | p. 428	
3.6.1.43	dolichyl pyrophosphatase, dolichyldiphosphatase, v. 15 | p. 470	
2.7.4.20	dolichylpyrophosphate:polyphosphate phosphotransferase, dolichyl-diphosphate-polyphosphate phosphotransferase, v. 37 | p. 611	
3.6.1.43	dolichyl pyrophosphate phosphatase, dolichyldiphosphatase, v. 15 | p. 470	
2.7.10.2	S-domain receptor-like protein kinase, non-specific protein-tyrosine kinase, v. S2 | p. 441	
3.1.21.1	domase, deoxyribonuclease I, v. 11 | p. 431	
2.4.2.31	Dombrock blood group carrier molecule, NAD+-protein-arginine ADP-ribosyltransferase, v. 33 | p. 272	
3.1.1.26	DONGLE, galactolipase, v. 9 | p. 222	
1.11.1.7	donor: hydrogen peroxide oxidoreductase, peroxidase, v. 25 | p. 211	
4.1.1.28	DOPA-5-hydroxytryptophan decarboxylase, aromatic-L-amino-acid decarboxylase, v. 3 | p. 152	
1.14.17.1	Dopa β-hydroxylase, dopamine β-monooxygenase, v. 27 | p. 126	
4.3.1.22	DOPA-reductive deaminase, 3,4-dihydroxyphenylalanine reductive deaminase, v. S7 | p. 377	
4.1.1.28	DOPA/5HTP decarboxylase, aromatic-L-amino-acid decarboxylase, v. 3 | p. 152	
2.8.2.1	DOPA/tyrosine sulfotransferase, aryl sulfotransferase, v. 39 | p. 247	
1.14.18.1	L-DOPA:oxygen oxidoreductase, monophenol monooxygenase, v. 27 | p. 156	
2.6.1.49	dopa aminotransferase, dihydroxyphenylalanine transaminase, v. 34 | p. 570	
5.3.3.12	L-dopachrome-methyl ester tautomerase, L-dopachrome isomerase, v. 1 | p. 432	
5.3.3.12	dopachrome δ-isomerase, L-dopachrome isomerase, v. 1 | p. 432	
5.3.3.12	dopachrome-rearranging enzyme, L-dopachrome isomerase, v. 1 | p. 432	
5.3.3.12	dopachrome Δ7-Δ2-isomerase, L-dopachrome isomerase, v. 1 | p. 432	
5.3.3.12	dopachrome conversion factor, L-dopachrome isomerase, v. 1 | p. 432	
5.3.3.12	dopachrome oxidoreductase, L-dopachrome isomerase, v. 1 | p. 432	
4.1.1.84	D-dopachrome tautomerase, D-dopachrome decarboxylase, v. S7 | p. 18	
5.3.3.12	dopachrome tautomerase, L-dopachrome isomerase, v. 1 | p. 432	
4.1.1.28	DOPA DC, aromatic-L-amino-acid decarboxylase, v. 3 | p. 152	
1.13.12.15	DOPA decarboxylase, 3,4-dihydroxyphenylalanine oxidative deaminase	
4.1.1.28	DOPA decarboxylase, aromatic-L-amino-acid decarboxylase, v. 3 | p. 152	
4.1.1.28	L-DOPA decarboxylase, aromatic-L-amino-acid decarboxylase, v. 3 | p. 152	
1.14.17.1	dopamine(3,4-dihydroxyphenethylamine)β-mono-oxygenase, dopamine β-monooxygenase, v. 27 | p. 126	
1.14.17.1	dopamine-β-hydroxyase, dopamine β-monooxygenase, v. 27 | p. 126	
1.14.17.1	dopamine-β-hydroxylase, dopamine β-monooxygenase, v. 27 | p. 126	
1.14.17.1	dopamine-β-monooxygenase, dopamine β-monooxygenase, v. 27 | p. 126	
1.14.17.1	dopamine-B-hydroxylase, dopamine β-monooxygenase, v. 27 | p. 126	
1.14.17.1	dopamine β-hydrolase, dopamine β-monooxygenase, v. 27 | p. 126	
1.14.17.1	dopamine β-hydroxyase, dopamine β-monooxygenase, v. 27 | p. 126	
1.14.17.1	dopamine β-hydroxylase, dopamine β-monooxygenase, v. 27 | p. 126	

1.14.17.1	dopamine β-monooxygenase, dopamine β-monooxygenase, v. 27 | p. 126	
1.14.17.1	dopamine β-oxidase, dopamine β-monooxygenase, v. 27 | p. 126	
1.14.17.1	dopamine β hydroxyase, dopamine β-monooxygenase, v. 27 | p. 126	
1.14.17.1	dopamine hydroxylase, dopamine β-monooxygenase, v. 27 | p. 126	
2.8.2.1	dopamine sulfotransferase, aryl sulfotransferase, v. 39 | p. 247	
1.13.12.15	DOPAODA, 3,4-dihydroxyphenylalanine oxidative deaminase	
1.10.3.1	dopa oxidase, catechol oxidase, v. 25 | p. 105	
1.14.18.1	dopa oxidase, monophenol monooxygenase, v. 27 | p. 156	
1.13.12.15	DOPA oxidative deaminase, 3,4-dihydroxyphenylalanine oxidative deaminase	
4.3.1.22	DOPARDA, 3,4-dihydroxyphenylalanine reductive deaminase, v. S7 | p. 377	
2.6.1.49	L-dopa transaminase, dihydroxyphenylalanine transaminase, v. 34 | p. 570	
2.6.1.49	dopa transaminase, dihydroxyphenylalanine transaminase, v. 34 | p. 570	
3.4.21.107	Do protease, peptidase Do, v. S5 | p. 342	
3.1.21.1	dornase α, deoxyribonuclease I, v. 11 | p. 431	
3.1.21.1	Dornase alfa, deoxyribonuclease I, v. 11 | p. 431	
3.1.21.1	dornava, deoxyribonuclease I, v. 11 | p. 431	
3.1.21.1	dornavac, deoxyribonuclease I, v. 11 | p. 431	
3.1.4.52	Dos, cyclic-guanylate-specific phosphodiesterase, v. S5 | p. 100	
3.4.21.73	Double-chain urokinase-type plasminogen activator, u-Plasminogen activator, v. 7 | p. 357	
3.4.11.6	double-zinc aminopeptidase, aminopeptidase B, v. 6 | p. 92	
3.4.11.24	double-zinc aminopeptidase, aminopeptidase S	
3.4.11.10	double-zinc aminopeptidase, bacterial leucyl aminopeptidase, v. 6 | p. 125	
3.1.26.3	double strand-specific endoRNase, ribonuclease III, v. 11 | p. 509	
2.7.10.1	Doughnut protein, receptor protein-tyrosine kinase, v. S2 | p. 341	
2.6.1.43	DOVA-T, aminolevulinate transaminase, v. 34 | p. 527	
2.6.1.43	DOVA transaminase, aminolevulinate transaminase, v. 34 | p. 527	
3.4.23.45	down region aspartic protease, memapsin 1, v. S6 | p. 228	
1.1.1.267	DOXP reductoisomerase, 1-deoxy-D-xylulose-5-phosphate reductoisomerase, v. 18 | p. 476	
2.4.1.17	DP-glucuronosyltransferase 1A3, glucuronosyltransferase, v. 31 | p. 162	
3.4.14.5	DP-IV, dipeptidyl-peptidase IV, v. 6 | p. 286	
2.7.11.24	Dp38, mitogen-activated protein kinase, v. S4 | p. 233	
2.7.8.15	DPAGT1, UDP-N-acetylglucosamine-dolichyl-phosphate N-acetylglucosaminephosphotransferase, v. 39 | p. 106	
4.3.2.5	dPAL1 gene product, peptidylamidoglycolate lyase, v. 5 | p. 278	
4.3.2.5	dPAL2 gene product, peptidylamidoglycolate lyase, v. 5 | p. 278	
3.4.14.1	DPAP1, dipeptidyl-peptidase I, v. 6 | p. 255	
2.7.1.24	DPCK, dephospho-CoA kinase, v. 35 | p. 308	
1.3.1.2	DPD, dihydropyrimidine dehydrogenase (NADP+), v. 21 | p. 4	
1.3.1.1	DPD, dihydrouracil dehydrogenase (NAD+), v. 21 | p. 1	
3.1.4.17	DPDE1, 3',5'-cyclic-nucleotide phosphodiesterase, v. 11 | p. 116	
3.1.4.17	DPDE2, 3',5'-cyclic-nucleotide phosphodiesterase, v. 11 | p. 116	
3.1.4.17	DPDE3, 3',5'-cyclic-nucleotide phosphodiesterase, v. 11 | p. 116	
3.1.4.17	DPDE4, 3',5'-cyclic-nucleotide phosphodiesterase, v. 11 | p. 116	
2.4.1.25	DPE2, 4-α-glucanotransferase, v. 31 | p. 276	
5.4.2.4	DPGM, Bisphosphoglycerate mutase, v. 1 | p. 520	
5.4.2.1	DPGM, phosphoglycerate mutase, v. 1 | p. 493	
2.7.11.19	DphK-γ, phosphorylase kinase, v. S4 | p. 89	
1.1.1.42	DpIDH, isocitrate dehydrogenase (NADP+), v. 16 | p. 402	
3.4.14.2	DP II, dipeptidyl-peptidase II, v. 6 | p. 268	
3.4.14.5	DP IV, dipeptidyl-peptidase IV, v. 6 | p. 286	
2.7.12.1	DPK, dual-specificity kinase, v. S4 | p. 372	
1.5.1.21	DpkA, Δ1-piperideine-2-carboxylate reductase, v. 23 | p. 182	
4.1.2.27	Dpl1p, Sphinganine-1-phosphate aldolase, v. 3 | p. 540	
2.4.1.83	DPM, dolichyl-phosphate β-D-mannosyltransferase, v. 31 | p. 591	
2.4.1.83	DPM1, dolichyl-phosphate β-D-mannosyltransferase, v. 31 | p. 591	

2.4.1.83	DPMS, dolichyl-phosphate β-D-mannosyltransferase, v. 31 | p. 591	
2.4.1.83	DPM synthase, dolichyl-phosphate β-D-mannosyltransferase, v. 31 | p. 591	
3.2.2.5	DPNase, NAD+ nucleosidase, v. 14 | p. 25	
1.6.5.2	DPND, NAD(P)H dehydrogenase (quinone), v. 24 | p. 105	
1.6.5.3	DPNH-coenzyme Q reductase, NADH dehydrogenase (ubiquinone), v. 24 | p. 106	
1.6.5.2	DPNH-diaphorase, NAD(P)H dehydrogenase (quinone), v. 24 | p. 105	
1.6.99.5	DPNH-menadione reductase, NADH dehydrogenase (quinone), v. 24 | p. 219	
1.18.1.1	DPNH-rubredoxin reductase, rubredoxin-NAD+ reductase, v. 27 | p. 538	
1.6.5.3	DPNH-ubiquinone reductase, NADH dehydrogenase (ubiquinone), v. 24 | p. 106	
1.6.99.3	DPNH dehydrogenase, NADH dehydrogenase, v. 24 | p. 207	
1.6.99.3	DPNH diaphorase, NADH dehydrogenase, v. 24 | p. 207	
2.7.1.86	DPNH kinase, NADH kinase, v. 36 | p. 321	
1.11.1.1	DPNH peroxidase, NADH peroxidase, v. 25 | p. 172	
3.2.2.5	DPN hydrolase, NAD+ nucleosidase, v. 14 | p. 25	
3.1.21.4	DpnI, type II site-specific deoxyribonuclease, v. 11 | p. 454	
3.1.21.4	DpnII, type II site-specific deoxyribonuclease, v. 11 | p. 454	
2.7.1.23	DPN kinase, NAD+ kinase, v. 35 | p. 293	
3.1.3.7	DPNPase, 3'(2'),5'-bisphosphate nucleotidase, v. 10 | p. 125	
1.11.1.1	DPN peroxidase, NADH peroxidase, v. 25 | p. 172	
2.7.7.7	Dpo4, DNA-directed DNA polymerase, v. 38 | p. 118	
2.7.7.48	3D pol, RNA-directed RNA polymerase, v. 38 | p. 468	
2.7.7.48	3Dpol, RNA-directed RNA polymerase, v. 38 | p. 468	
2.7.7.48	3Dpol-like protein, RNA-directed RNA polymerase, v. 38 | p. 468	
2.7.7.48	3D polymerase, RNA-directed RNA polymerase, v. 38 | p. 468	
1.3.1.33	DPOR, protochlorophyllide reductase, v. 21 | p. 200	
3.4.14.2	DPP, dipeptidyl-peptidase II, v. 6 | p. 268	
3.4.14.5	DPP-4, dipeptidyl-peptidase IV, v. 6 | p. 286	
3.4.14.1	DPP-I, dipeptidyl-peptidase I, v. 6 | p. 255	
3.4.14.2	DPP-II, dipeptidyl-peptidase II, v. 6 | p. 268	
3.4.14.4	DPP-III, dipeptidyl-peptidase III, v. 6 | p. 279	
3.4.14.5	DPP-IV, dipeptidyl-peptidase IV, v. 6 | p. 286	
3.1.3.4	DPP1, phosphatidate phosphatase, v. 10 | p. 82	
3.1.3.4	Dpp1p, phosphatidate phosphatase, v. 10 | p. 82	
3.4.14.2	DPP2, dipeptidyl-peptidase II, v. 6 | p. 268	
3.4.14.5	DPP4, dipeptidyl-peptidase IV, v. 6 | p. 286	
3.4.14.2	DPP7, dipeptidyl-peptidase II, v. 6 | p. 268	
3.4.13.9	DPP8, Xaa-Pro dipeptidase, v. 6 | p. 204	
3.4.13.18	DPP8, cytosol nonspecific dipeptidase, v. 6 | p. 227	
3.4.13.18	DPP8-v3, cytosol nonspecific dipeptidase, v. 6 | p. 227	
3.6.1.43	DPPase, dolichyldiphosphatase, v. 15 | p. 470	
3.4.14.1	DPP I, dipeptidyl-peptidase I, v. 6 | p. 255	
3.4.14.1	DPPI, dipeptidyl-peptidase I, v. 6 | p. 255	
3.4.14.2	DPP II, dipeptidyl-peptidase II, v. 6 | p. 268	
3.4.14.2	DPPII, dipeptidyl-peptidase II, v. 6 | p. 268	
3.4.14.4	DPP III, dipeptidyl-peptidase III, v. 6 | p. 279	
3.4.14.4	DPPIII, dipeptidyl-peptidase III, v. 6 | p. 279	
3.4.14.5	DPP IV, dipeptidyl-peptidase IV, v. 6 | p. 286	
3.4.14.5	DPPIV, dipeptidyl-peptidase IV, v. 6 | p. 286	
3.4.14.5	h-DPPIV, dipeptidyl-peptidase IV, v. 6 | p. 286	
3.4.14.5	ω DPPIV, dipeptidyl-peptidase IV, v. 6 | p. 286	
3.4.14.5	DPP IV/CD26, dipeptidyl-peptidase IV, v. 6 | p. 286	
3.1.3.4	DPPL1, phosphatidate phosphatase, v. 10 | p. 82	
3.1.3.4	DPPL2, phosphatidate phosphatase, v. 10 | p. 82	
3.4.14.2	DPPV, dipeptidyl-peptidase II, v. 6 | p. 268	
1.16.3.1	Dps, ferroxidase, v. 27 | p. 466	

2.5.1.11	DPS1, trans-octaprenyltranstransferase, v. 33 | p. 483
2.3.1.180	DpsC, β-ketoacyl-acyl-carrier-protein synthase III, v. S2 | p. 99
1.16.3.1	Dps protein, ferroxidase, v. 27 | p. 466
3.1.3.48	dPTP61F, protein-tyrosine-phosphatase, v. 10 | p. 407
4.2.1.10	DQD, 3-dehydroquinate dehydratase, v. 4 | p. 304
1.5.1.34	DQPR gene product, 6,7-dihydropteridine reductase, v. 23 | p. 248
1.1.1.5	DR, acetoin dehydrogenase, v. 16 | p. 97
1.1.1.5	DR/AR, acetoin dehydrogenase, v. 16 | p. 97
2.4.1.198	DR43/w, phosphatidylinositol N-acetylglucosaminyltransferase, v. 32 | p. 492
3.4.11.1	DR57, leucyl aminopeptidase, v. 6 | p. 40
3.5.1.14	DR_ACY, aminoacylase, v. 14 | p. 317
3.2.2.24	DRAG, ADP-ribosyl-[dinitrogen reductase] hydrolase, v. 14 | p. 115
3.1.21.4	DraII, type II site-specific deoxyribonuclease, v. 11 | p. 454
3.1.21.4	DraIII, type II site-specific deoxyribonuclease, v. 11 | p. 454
4.1.2.4	DR aldolase, Deoxyribose-phosphate aldolase, v. 3 | p. 417
3.4.23.45	DRAP, memapsin 1, v. S6 | p. 228
6.5.1.3	DraRnl, RNA ligase (ATP), v. 2 | p. 787
6.5.1.3	DraRnl, RNA ligase (ATP), v. 2 | p. 787
2.4.1.4	DRAS, amylosucrase, v. 31 | p. 43
2.4.2.37	DRAT, NAD+-dinitrogen-reductase ADP-D-ribosyltransferase, v. 33 | p. 299
3.8.1.5	DrbA, haloalkane dehalogenase, v. 15 | p. 891
1.1.1.2	DRD, alcohol dehydrogenase (NADP+), v. 16 | p. 45
3.1.21.4	DrdI, type II site-specific deoxyribonuclease, v. 11 | p. 454
3.1.21.4	DrdII, type II site-specific deoxyribonuclease, v. 11 | p. 454
6.5.1.3	DREL, RNA ligase (ATP), v. 2 | p. 787
3.1.3.16	DRES10, phosphoprotein phosphatase, v. 10 | p. 213
3.1.3.4	Dri-42, phosphatidate phosphatase, v. 10 | p. 82
3.1.3.4	Dri42, phosphatidate phosphatase, v. 10 | p. 82
3.2.1.23	driselase, β-galactosidase, v. 12 | p. 368
3.1.1.4	DrK-aI, phospholipase A2, v. 9 | p. 52
3.1.1.4	DrK-aII, phospholipase A2, v. 9 | p. 52
3.1.1.4	DrK-bI, phospholipase A2, v. 9 | p. 52
3.1.1.4	DrK-bII, phospholipase A2, v. 9 | p. 52
2.7.10.1	Drl RTK, receptor protein-tyrosine kinase, v. S2 | p. 341
2.3.2.5	DromeQC, glutaminyl-peptide cyclotransferase, v. 30 | p. 508
2.7.10.1	Dror, receptor protein-tyrosine kinase, v. S2 | p. 341
2.7.10.1	Dror protein, receptor protein-tyrosine kinase, v. S2 | p. 341
3.1.26.3	Drosha, ribonuclease III, v. 11 | p. 509
2.7.7.1	Drosophila NMNAT, nicotinamide-nucleotide adenylyltransferase, v. 38 | p. 49
3.1.4.35	Drosophila PDE6-like enzyme, 3',5'-cyclic-GMP phosphodiesterase, v. 11 | p. 153
2.7.10.1	Drosophila relative of ERBB, receptor protein-tyrosine kinase, v. S2 | p. 341
3.4.21.115	Drosophila X virus Vp4 protease, infectious pancreatic necrosis birnavirus Vp4 peptidase, v. S5 | p. 415
3.6.5.5	Drp1, dynamin GTPase, v. S6 | p. 522
3.6.5.5	DRP1E, dynamin GTPase, v. S6 | p. 522
3.1.11.1	dRPase, exodeoxyribonuclease I, v. 11 | p. 357
3.5.1.98	dRPD3, histone deacetylase, v. S6 | p. 437
3.1.1.4	DrPLA2, phospholipase A2, v. 9 | p. 52
6.1.1.12	DRS, Aspartate-tRNA ligase, v. 2 | p. 86
3.6.3.1	Drs2p, phospholipid-translocating ATPase, v. 15 | p. 532
2.7.10.1	DRT, receptor protein-tyrosine kinase, v. S2 | p. 341
2.4.2.6	DRTase I, nucleoside deoxyribosyltransferase, v. 33 | p. 66
2.4.2.6	DRTase II, nucleoside deoxyribosyltransferase, v. 33 | p. 66
6.1.1.2	drTrpRS II, Tryptophan-tRNA ligase, v. 2 | p. 9
2.7.13.3	drug sensory protein A, histidine kinase, v. S4 | p. 420

1.14.99.33	Δ12DS, Δ12-fatty acid dehydrogenase, v. 27 | p. 382	
1.14.19.6	Δ12DS, Δ12-fatty-acid desaturase	
2.4.1.5	DS, dextransucrase, v. 31 | p. 49	
2.5.1.54	DS-Co, 3-deoxy-7-phosphoheptulonate synthase, v. 34 | p. 146	
2.5.1.54	DS-Mn, 3-deoxy-7-phosphoheptulonate synthase, v. 34 | p. 146	
3.1.21.4	DsaI, type II site-specific deoxyribonuclease, v. 11 | p. 454	
2.5.1.19	DsaroA, 3-phosphoshikimate 1-carboxyvinyltransferase, v. 33 | p. 546	
2.4.1.5	DSase, dextransucrase, v. 31 | p. 49	
5.3.4.1	Dsb, Protein disulfide-isomerase, v. 1 | p. 436	
5.3.4.1	DsbA, Protein disulfide-isomerase, v. 1 | p. 436	
5.3.4.1	DsbB, Protein disulfide-isomerase, v. 1 | p. 436	
1.8.4.2	DsbB, protein-disulfide reductase (glutathione), v. 24 | p. 617	
5.3.4.1	DsbC, Protein disulfide-isomerase, v. 1 | p. 436	
5.3.4.1	DsbD, Protein disulfide-isomerase, v. 1 | p. 436	
5.3.4.1	DsbG, Protein disulfide-isomerase, v. 1 | p. 436	
3.6.1.30	Dsc1, m7G(5')pppN diphosphatase, v. 15 | p. 440	
4.3.1.18	DSD, D-Serine ammonia-lyase, v. S7 | p. 348	
4.3.1.18	DsdA, D-Serine ammonia-lyase, v. S7 | p. 348	
4.3.1.18	Dsdase, D-Serine ammonia-lyase, v. S7 | p. 348	
4.3.1.18	DsdSC, D-Serine ammonia-lyase, v. S7 | p. 348	
5.1.3.9	DS epimerase, N-Acylglucosamine-6-phosphate 2-epimerase, v. 1 | p. 144	
1.1.5.3	DsFAD-GPDH, glycerol-3-phosphate dehydrogenase	
1.8.99.1	dSiR, sulfite reductase, v. 24 | p. 685	
1.8.7.1	dSiR, sulfite reductase (ferredoxin), v. 24 | p. 679	
3.1.1.4	DsM-bI, phospholipase A2, v. 9 | p. 52	
3.1.1.4	DsM-S1, phospholipase A2, v. 9 | p. 52	
3.1.3.16	DSP, phosphoprotein phosphatase, v. 10 | p. 213	
3.1.3.48	DSP, protein-tyrosine-phosphatase, v. 10 | p. 407	
3.1.3.48	T-DSP11, protein-tyrosine-phosphatase, v. 10 | p. 407	
3.1.3.48	DSP18, protein-tyrosine-phosphatase, v. 10 | p. 407	
3.4.21.68	DSPA β, t-Plasminogen activator, v. 7 | p. 331	
3.4.21.68	DSPA γ, t-Plasminogen activator, v. 7 | p. 331	
3.2.1.52	DspB, β-N-acetylhexosaminidase, v. 13 | p. 50	
3.1.3.16	DSP hVH5, phosphoprotein phosphatase, v. 10 | p. 213	
3.1.4.11	DsPLC2, phosphoinositide phospholipase C, v. 11 | p. 75	
2.7.9.3	dSPS2, selenide, water dikinase, v. 39 | p. 173	
1.1.1.102	DSR, 3-dehydrosphinganine reductase, v. 17 | p. 273	
1.8.99.3	DSR, hydrogensulfite reductase, v. 24 | p. 708	
1.8.99.1	DSR, sulfite reductase, v. 24 | p. 685	
2.4.1.5	DSR-S, dextransucrase, v. 31 | p. 49	
1.8.99.3	DsrA, hydrogensulfite reductase, v. 24 | p. 708	
1.8.99.3	DsrAB, hydrogensulfite reductase, v. 24 | p. 708	
1.8.99.1	DsrAB, sulfite reductase, v. 24 | p. 685	
1.8.99.3	DsrB, hydrogensulfite reductase, v. 24 | p. 708	
2.4.1.5	DSRB742, dextransucrase, v. 31 | p. 49	
2.4.1.5	DSRBCB4, dextransucrase, v. 31 | p. 49	
1.8.99.3	DsrC, hydrogensulfite reductase, v. 24 | p. 708	
2.7.10.2	Dsrc28C, non-specific protein-tyrosine kinase, v. S2 | p. 441	
1.8.99.3	DsrD, hydrogensulfite reductase, v. 24 | p. 708	
1.8.98.1	DsrK, CoB-CoM heterodisulfide reductase, v. S1 | p. 367	
2.4.1.5	DsrP, dextransucrase, v. 31 | p. 49	
2.4.1.5	DSRS, dextransucrase, v. 31 | p. 49	
2.4.1.5	DsrX, dextransucrase, v. 31 | p. 49	
2.7.11.1	dSTPK61, non-specific serine/threonine protein kinase, v. S3 | p. 1	
1.8.99.3	Dsv, hydrogensulfite reductase, v. 24 | p. 708	

3.13.1.3	DszB, 2'-hydroxybiphenyl-2-sulfinate desulfinase, v. S6	p. 567
4.1.1.84	D-DT, D-dopachrome decarboxylase, v. S7	p. 18
1.3.1.74	DT-diaphorase, 2-alkenal reductase, v. 21	p. 336
1.6.5.2	DT-diaphorase, NAD(P)H dehydrogenase (quinone), v. 24	p. 105
1.6.5.5	DT-diaphorase, NADPH:quinone reductase, v. 24	p. 135
1.8.1.4	DT-diaphorase, dihydrolipoyl dehydrogenase, v. 24	p. 463
4.1.2.42	DTA, D-threonine aldolase, v. S7	p. 42
6.3.3.3	DTBS, Dethiobiotin synthase, v. 2	p. 542
6.3.3.3	DTB synthetase, Dethiobiotin synthase, v. 2	p. 542
1.6.5.2	DTD, NAD(P)H dehydrogenase (quinone), v. 24	p. 105
4.1.1.25	dTdc1, Tyrosine decarboxylase, v. 3	p. 146
4.1.1.25	dTdc2, Tyrosine decarboxylase, v. 3	p. 146
1.1.1.133	dTDP-4-dehydrorhamnose reductase, dTDP-4-dehydrorhamnose reductase, v. 17	p. 389
5.1.3.13	dTDP-4-keto-6-deoxy-D-hexulose 3,5-epimerase, dTDP-4-dehydrorhamnose 3,5-epimerase, v. 1	p. 152
5.1.3.13	dTDP-4-keto-6-deoxyglucose 3,5-epimerase, dTDP-4-dehydrorhamnose 3,5-epimerase, v. 1	p. 152
1.1.1.266	dTDP-4-keto-6-deoxyglucose reductase, dTDP-4-dehydro-6-deoxyglucose reductase, v. 18	p. 474
5.1.3.13	dTDP-4-keto-L-rhamnose 3,5-epimerase, dTDP-4-dehydrorhamnose 3,5-epimerase, v. 1	p. 152
1.1.1.133	dTDP-4-keto-L-rhamnose reductase, dTDP-4-dehydrorhamnose reductase, v. 17	p. 389
1.1.1.133	dTDP-4-keto-rhamnose reductase, dTDP-4-dehydrorhamnose reductase, v. 17	p. 389
1.1.1.133	dTDP-4-ketorhamnose reductase, dTDP-4-dehydrorhamnose reductase, v. 17	p. 389
5.1.3.13	dTDP-6-deoxy-D-xylo-4-hexulose 3',5'-epimerase, dTDP-4-dehydrorhamnose 3,5-epimerase, v. 1	p. 152
1.1.1.133	dTDP-6-deoxy-L-lyxo-4-hexulose reductase, dTDP-4-dehydrorhamnose reductase, v. 17	p. 389
1.1.1.133	dTDP-6-deoxy-L-mannose dehydrogenase, dTDP-4-dehydrorhamnose reductase, v. 17	p. 389
1.1.1.134	dTDP-6-deoxy-L-talose dehydrogenase (4-reductase), dTDP-6-deoxy-L-talose 4-dehydrogenase, v. 17	p. 393
4.2.1.46	dTDP-D-glucose 4,6-dehydratase, dTDP-glucose 4,6-dehydratase, v. 4	p. 495
4.2.1.46	dTDP-D-glucose oxidoreductase, dTDP-glucose 4,6-dehydratase, v. 4	p. 495
2.7.7.24	dTDP-D-glucose synthase, glucose-1-phosphate thymidylyltransferase, v. 38	p. 300
2.7.7.24	dTDP-glucose-pyrophosphorylase, glucose-1-phosphate thymidylyltransferase, v. 38	p. 300
2.7.7.24	dTDP-glucose synthase, glucose-1-phosphate thymidylyltransferase, v. 38	p. 300
5.1.3.13	dTDP-L-rhamnose synthetase, dTDP-4-dehydrorhamnose 3,5-epimerase, v. 1	p. 152
1.1.1.133	dTDP-L-rhamnose synthetase, dTDP-4-dehydrorhamnose reductase, v. 17	p. 389
2.7.7.32	dTDPgalactose pyrophosphorylase, galactose-1-phosphate thymidylyltransferase, v. 38	p. 376
2.7.7.24	dTDPglucose pyrophosphorylase, glucose-1-phosphate thymidylyltransferase, v. 38	p. 300
1.14.16.2	DTH1, tyrosine 3-monooxygenase, v. 27	p. 81
1.14.16.2	DTH2, tyrosine 3-monooxygenase, v. 27	p. 81
2.4.2.4	dthdpase, thymidine phosphorylase, v. 33	p. 52
2.7.10.1	DTK, receptor protein-tyrosine kinase, v. S2	p. 341
2.7.10.1	DTK receptor tyrosine kinase, receptor protein-tyrosine kinase, v. S2	p. 341
3.1.3.35	dTMPase, thymidylate 5'-phosphatase, v. 10	p. 335
2.7.4.9	dTMPK, dTMP kinase, v. 37	p. 555
2.7.4.9	dTMP kinase, dTMP kinase, v. 37	p. 555
2.7.4.9	dTMP kinases, dTMP kinase, v. 37	p. 555
2.1.1.45	dTMP synthase, thymidylate synthase, v. 28	p. 244
2.1.3.1	DtsR1, methylmalonyl-CoA carboxytransferase, v. 29	p. 93
2.7.8.2	DTT-insensitive CDP-choline: 1-alkyl-2-acetyl-sn-glycerol cholinephosphotransferase, diacylglycerol cholinephosphotransferase, v. 39	p. 14

2.7.8.2	DTT-insensitive cholinephosphotransferase, diacylglycerol cholinephosphotransferase, v. 39 | p. 14	
1.8.3.2	DTT-oxidase, thiol oxidase, v. 24 | p. 594	
3.6.1.39	dTTPase, thymidine-triphosphatase, v. 15 | p. 452	
3.6.1.39	dTTPase-dUTPase, thymidine-triphosphatase, v. 15 | p. 452	
1.4.1.3	dual-coenzyme specific glutamate dehydrogenase, glutamate dehydrogenase [NAD(P)+], v. 22 | p. 43	
3.1.3.48	dual-specificity (Thr/Tyr) MAPK protein phosphatase, protein-tyrosine-phosphatase, v. 10 | p. 407	
3.1.4.17	dual-specificity PDE, 3',5'-cyclic-nucleotide phosphodiesterase, v. 11 | p. 116	
3.1.3.48	dual-specificity phosphatase, protein-tyrosine-phosphatase, v. 10 | p. 407	
3.1.3.16	dual-specificity phosphatase 5, phosphoprotein phosphatase, v. 10 | p. 213	
3.1.3.16	dual-specificity phosphatase hVH5, phosphoprotein phosphatase, v. 10 | p. 213	
2.7.12.1	dual-specificity protein kinase, dual-specificity kinase, v. S4 | p. 372	
3.1.3.48	dual-specificity protein phosphatase, protein-tyrosine-phosphatase, v. 10 | p. 407	
3.1.3.48	dual-specificity protein tyrosine phosphatase 18, protein-tyrosine-phosphatase, v. 10 | p. 407	
2.7.12.1	dual-specificity tyrosine-phosphorylation regulated kinase 1A, dual-specificity kinase, v. S4 | p. 372	
2.7.12.1	dual-specificity tyrosine-phosphorylation regulated kinase 1B, dual-specificity kinase, v. S4 | p. 372	
2.7.12.1	dual-specificity tyrosine-phosphorylation regulated kinase 2, dual-specificity kinase, v. S4 | p. 372	
2.7.12.1	dual-specificity tyrosine-phosphorylation regulated kinase 3, dual-specificity kinase, v. S4 | p. 372	
3.1.3.48	Dual-specificity tyrosine phosphatase TS-DSP6, protein-tyrosine-phosphatase, v. 10 | p. 407	
3.1.3.48	Dual-specificity tyrosine phosphatase YVH1, protein-tyrosine-phosphatase, v. 10 | p. 407	
2.7.11.25	dual leucine zipper-bearing kinase, mitogen-activated protein kinase kinase kinase, v. S4 | p. 278	
2.7.11.25	Dual leucine zipper bearing kinase, mitogen-activated protein kinase kinase kinase, v. S4 | p. 278	
1.6.3.1	dual oxidase, NAD(P)H oxidase, v. 24 | p. 92	
2.7.12.2	dual specificity mitogen-activated protein kinase kinase 1, mitogen-activated protein kinase kinase, v. S4 | p. 392	
2.7.12.2	dual specificity mitogen-activated protein kinase kinase 2, mitogen-activated protein kinase kinase, v. S4 | p. 392	
2.7.12.2	dual specificity mitogen-activated protein kinase kinase 3, mitogen-activated protein kinase kinase, v. S4 | p. 392	
2.7.12.2	dual specificity mitogen-activated protein kinase kinase 4, mitogen-activated protein kinase kinase, v. S4 | p. 392	
2.7.12.2	dual specificity mitogen-activated protein kinase kinase 5, mitogen-activated protein kinase kinase, v. S4 | p. 392	
2.7.12.2	dual specificity mitogen-activated protein kinase kinase 6, mitogen-activated protein kinase kinase, v. S4 | p. 392	
2.7.12.2	dual specificity mitogen-activated protein kinase kinase 7, mitogen-activated protein kinase kinase, v. S4 | p. 392	
2.7.12.2	dual specificity mitogen-activated protein kinase kinase dSOR1, mitogen-activated protein kinase kinase, v. S4 | p. 392	
2.7.12.2	dual specificity mitogen-activated protein kinase kinase hemipterous, mitogen-activated protein kinase kinase, v. S4 | p. 392	
2.7.12.2	dual specificity mitogen-activated protein kinase kinase mek-2, mitogen-activated protein kinase kinase, v. S4 | p. 392	
3.1.3.16	dual specificity phosphatase, phosphoprotein phosphatase, v. 10 | p. 213	
3.1.3.48	dual specificity phosphatase, protein-tyrosine-phosphatase, v. 10 | p. 407	
3.1.3.48	Dual specificity phosphatase Cdc25A, protein-tyrosine-phosphatase, v. 10 | p. 407	

3.1.3.48	Dual specificity phosphatase Cdc25B, protein-tyrosine-phosphatase, v. 10	p. 407
3.1.3.48	Dual specificity phosphatase Cdc25C, protein-tyrosine-phosphatase, v. 10	p. 407
2.7.12.1	dual specificity protein kinase, dual-specificity kinase, v. S4	p. 372
2.7.12.2	dual specificity protein kinase FUZ7, mitogen-activated protein kinase kinase, v. S4	p. 392
2.7.12.1	dual specificity protein kinase TTK, dual-specificity kinase, v. S4	p. 372
3.1.3.16	dual specificity protein phosphatase 1, phosphoprotein phosphatase, v. 10	p. 213
3.1.3.16	dual specificity protein phosphatase 10, phosphoprotein phosphatase, v. 10	p. 213
3.1.3.16	dual specificity protein phosphatase 26, phosphoprotein phosphatase, v. 10	p. 213
3.1.3.16	dual specificity protein phosphatase 6, phosphoprotein phosphatase, v. 10	p. 213
3.1.3.48	Dual specificity protein phosphatase hVH1, protein-tyrosine-phosphatase, v. 10	p. 407
3.1.3.48	Dual specificity protein phosphatase hVH2, protein-tyrosine-phosphatase, v. 10	p. 407
3.1.3.48	Dual specificity protein phosphatase hVH3, protein-tyrosine-phosphatase, v. 10	p. 407
3.1.3.48	Dual specificity protein phosphatase PYST1, protein-tyrosine-phosphatase, v. 10	p. 407
3.1.3.48	Dual specificity protein phosphatase PYST2, protein-tyrosine-phosphatase, v. 10	p. 407
3.1.3.48	Dual specificity protein phosphatase VHR, protein-tyrosine-phosphatase, v. 10	p. 407
2.7.12.1	dual specificity tyrosine phosphorylated and regulated kinase 1B, dual-specificity kinase, v. S4	p. 372
1.1.1.22	dual specificity UDP-glucose dehydrogenase, UDP-glucose 6-dehydrogenase, v. 16	p. 221
3.1.3.48	dual specifity protein phosphatase, protein-tyrosine-phosphatase, v. 10	p. 407
3.4.19.12	DUB, ubiquitinyl hydrolase 1, v. 6	p. 575
3.6.3.14	Ductin, H+-transporting two-sector ATPase, v. 15	p. 598
1.1.1.16	dulcitol dehydrogenase, galactitol 2-dehydrogenase, v. 16	p. 175
2.5.1.19	Dunaliella salina 5-enolpyruvylshikimate-3-phosphate synthase, 3-phosphoshikimate 1-carboxyvinyltransferase, v. 33	p. 546
2.5.1.19	Dunaliella salina EPSP synthase, 3-phosphoshikimate 1-carboxyvinyltransferase, v. 33	p. 546
3.1.4.17	Dunce protein, 3',5'-cyclic-nucleotide phosphodiesterase, v. 11	p. 116
1.2.2.4	duodenal cytochrome b-561, carbon-monoxide dehydrogenase (cytochrome b-561), v. 20	p. 422
1.6.3.1	Duox, NAD(P)H oxidase, v. 24	p. 92
2.7.7.7	duplicase, DNA-directed DNA polymerase, v. 38	p. 118
3.6.1.23	DURP, dUTP diphosphatase, v. 15	p. 403
3.1.3.16	DUSP1, phosphoprotein phosphatase, v. 10	p. 213
3.1.3.16	DUSP10, phosphoprotein phosphatase, v. 10	p. 213
3.1.3.16	DUSP26, phosphoprotein phosphatase, v. 10	p. 213
3.1.3.16	DUSP5, phosphoprotein phosphatase, v. 10	p. 213
3.1.3.16	DUSP6, phosphoprotein phosphatase, v. 10	p. 213
3.6.1.23	DUT, dUTP diphosphatase, v. 15	p. 403
3.6.1.23	DUT-N, dUTP diphosphatase, v. 15	p. 403
3.6.1.23	dUTPae, dUTP diphosphatase, v. 15	p. 403
3.6.1.23	dUTPase, dUTP diphosphatase, v. 15	p. 403
3.6.1.23	dUTPase-dUDPase, dUTP diphosphatase, v. 15	p. 403
3.6.1.23	dUTPase-related protein, dUTP diphosphatase, v. 15	p. 403
3.6.1.23	dUTP nucleotidohydrolase, dUTP diphosphatase, v. 15	p. 403
3.6.1.23	dUTP pyrophosphatase, dUTP diphosphatase, v. 15	p. 403
3.2.1.21	DV-BG, β-glucosidase, v. 12	p. 299
2.3.1.171	Dv3MaT, anthocyanin 6-O-malonyltransferase, v. S2	p. 58
3.6.3.14	DVA41, H+-transporting two-sector ATPase, v. 15	p. 598
3.1.1.2	DvvII, arylesterase, v. 9	p. 28
1.3.1.21	Dwarf5 protein, 7-dehydrocholesterol reductase, v. 21	p. 118
2.7.10.2	Dwee1, non-specific protein-tyrosine kinase, v. S2	p. 441
1.14.11.15	DWF1, gibberellin 3β-dioxygenase, v. 26	p. 98
2.7.1.17	DXK, xylulokinase, v. 35	p. 231
2.1.1.160	DXMT, caffeine synthase, v. S2	p. 40
2.1.1.159	DXMT, theobromine synthase, v. S2	p. 31

2.1.1.160	DXMT1, caffeine synthase, v. S2 | p. 40	
2.1.1.159	DXMT1, theobromine synthase, v. S2 | p. 31	
1.1.1.267	DXP-reductoisomerase, 1-deoxy-D-xylulose-5-phosphate reductoisomerase, v. 18 | p. 476	
2.2.1.7	DXP-synthase, 1-deoxy-D-xylulose-5-phosphate synthase, v. 29 | p. 217	
2.2.1.7	DXPase, 1-deoxy-D-xylulose-5-phosphate synthase, v. 29 | p. 217	
1.1.1.267	DXP reductoisomerase, 1-deoxy-D-xylulose-5-phosphate reductoisomerase, v. 18 | p. 476	
4.1.3.37	DXPS, 1-deoxy-D-xylulose 5-phosphate synthase, v. S7 | p. 48	
2.2.1.7	DXPS, 1-deoxy-D-xylulose-5-phosphate synthase, v. 29 | p. 217	
4.1.3.37	DXP synthase, 1-deoxy-D-xylulose 5-phosphate synthase, v. S7 | p. 48	
2.2.1.7	DXP synthase, 1-deoxy-D-xylulose-5-phosphate synthase, v. 29 | p. 217	
1.1.1.267	DXR, 1-deoxy-D-xylulose-5-phosphate reductoisomerase, v. 18 | p. 476	
2.2.1.7	DXS, 1-deoxy-D-xylulose-5-phosphate synthase, v. 29 | p. 217	
2.2.1.7	dxs11, 1-deoxy-D-xylulose-5-phosphate synthase, v. 29 | p. 217	
1.2.1.46	dye-linked formaldehyde dehydrogenase, formaldehyde dehydrogenase, v. 20 | p. 328	
1.1.99.16	dye-linked L-malate dehydrogenase, malate dehydrogenase (acceptor), v. 19 | p. 355	
1.5.99.8	dye-linked L-proline dehydrogenase, proline dehydrogenase, v. 23 | p. 381	
3.6.5.5	Dyn-1, dynamin GTPase, v. S6 | p. 522	
3.6.5.5	Dyn1, dynamin GTPase, v. S6 | p. 522	
3.6.5.5	DYN2, dynamin GTPase, v. S6 | p. 522	
3.6.5.5	dynamin, dynamin GTPase, v. S6 | p. 522	
3.6.5.5	Dynamin, brain, dynamin GTPase, v. S6 | p. 522	
3.6.5.5	Dynamin, testicular, dynamin GTPase, v. S6 | p. 522	
3.6.5.5	dynamin-1, dynamin GTPase, v. S6 | p. 522	
3.6.5.5	dynamin-1 GTPase, dynamin GTPase, v. S6 | p. 522	
3.6.5.5	dynamin-2, dynamin GTPase, v. S6 | p. 522	
3.6.5.5	dynamin-3, dynamin GTPase, v. S6 | p. 522	
3.6.5.5	dynamin-like GTPase, dynamin GTPase, v. S6 | p. 522	
3.6.5.5	dynamin-like protein 1, dynamin GTPase, v. S6 | p. 522	
3.6.5.5	dynamin-like protein 6, dynamin GTPase, v. S6 | p. 522	
3.6.5.5	dynamin-related GTPase, dynamin GTPase, v. S6 | p. 522	
3.6.5.5	dynamin-related protein 1E, dynamin GTPase, v. S6 | p. 522	
3.6.5.5	dynamin-related protein 2A, dynamin GTPase, v. S6 | p. 522	
3.6.5.5	dynamin-retated GTPase Drp1, dynamin GTPase, v. S6 | p. 522	
3.6.5.5	dynamin 1, dynamin GTPase, v. S6 | p. 522	
3.6.5.5	dynamin1, dynamin GTPase, v. S6 | p. 522	
3.6.5.5	dynamin 1 GTPase, dynamin GTPase, v. S6 | p. 522	
3.6.5.5	dynamin 2, dynamin GTPase, v. S6 | p. 522	
3.6.5.5	dynamin2, dynamin GTPase, v. S6 | p. 522	
3.6.5.5	B-dynamin, dynamin GTPase, v. S6 | p. 522	
3.6.5.5	T-dynamin, dynamin GTPase, v. S6 | p. 522	
3.6.5.5	Dynamin BREDNM19, dynamin GTPase, v. S6 | p. 522	
3.6.5.5	dynamine-related GTPase, dynamin GTPase, v. S6 | p. 522	
3.6.5.5	dynamin GTPase, dynamin GTPase, v. S6 | p. 522	
3.6.5.5	dynamin I, dynamin GTPase, v. S6 | p. 522	
3.6.5.5	Dynamin UDNM, dynamin GTPase, v. S6 | p. 522	
3.6.4.2	dynein, dynein ATPase, v. 15 | p. 764	
3.6.4.2	dynein-2, dynein ATPase, v. 15 | p. 764	
3.6.4.2	dynein ATPase, dynein ATPase, v. 15 | p. 764	
3.6.5.5	dynein light chain 1, dynamin GTPase, v. S6 | p. 522	
3.6.4.2	dynein light chain Tctex-1, dynein ATPase, v. 15 | p. 764	
2.7.12.1	DYRK, dual-specificity kinase, v. S4 | p. 372	
2.7.12.1	DYRK1A, dual-specificity kinase, v. S4 | p. 372	
2.7.12.1	DYRK1B, dual-specificity kinase, v. S4 | p. 372	
2.7.12.1	DYRK3, dual-specificity kinase, v. S4 | p. 372	
2.5.1.46	Dys1p, deoxyhypusine synthase, v. 34 | p. 72	

Index of Synonyms: E

4.2.3.38	(E)-α-bisabolene synthase, α-bisabolene synthase
1.14.99.31	(E)-11 myristoyl CoA desaturase, myristoyl-CoA 11-(E) desaturase, v. 27 | p. 378
2.8.3.12	(E)-glutaconate CoA-transferase, glutaconate CoA-transferase, v. 39 | p. 513
2.5.1.1	(2E,6E)-Farnesyl diphosphate synthetase, dimethylallyltranstransferase, v. 33 | p. 393
4.4.1.20	(7E,9E,11Z,14Z)-(5S,6S)-5,6-epoxyicosa-7,9,11,14-tetraenoate:glutathione leukotriene-transferase (epoxide-ring-opening), leukotriene-C4 synthase, v. S7 | p. 388
2.5.1.10	ω,E,E-farnesyl diphosphate synthase, geranyltranstransferase, v. 33 | p. 470
2.5.1.10	ω,E,E-FPP, geranyltranstransferase, v. 33 | p. 470
2.5.1.68	ω,E,Z-FPP, Z-farnesyl diphosphate synthase, v. S2 | p. 223
3.5.1.16	E. coli AO, acetylornithine deacetylase, v. 14 | p. 338
3.1.11.5	E. coli ATP-dependent DNase, exodeoxyribonuclease V, v. 11 | p. 375
3.4.21.67	E. coli cytoplasmic proteinase, Endopeptidase So, v. 7 | p. 327
4.2.99.18	E. coli endonuclease III, DNA-(apurinic or apyrimidinic site) lyase, v. 5 | p. 150
3.1.21.2	E. coli endonuclease IV, deoxyribonuclease IV (phage-T4-induced), v. 11 | p. 446
2.5.1.19	E. coli EPSPS, 3-phosphoshikimate 1-carboxyvinyltransferase, v. 33 | p. 546
3.1.11.1	E. coli exonuclease I, exodeoxyribonuclease I, v. 11 | p. 357
3.1.11.2	E. coli exonuclease III, exodeoxyribonuclease III, v. 11 | p. 362
3.1.11.5	E. coli exonuclease V, exodeoxyribonuclease V, v. 11 | p. 375
3.1.11.6	E. coli exonuclease VII, exodeoxyribonuclease VII, v. 11 | p. 385
3.5.4.3	E. coli guanine deaminase, guanine deaminase, v. 15 | p. 17
3.4.23.49	E. coli protease VII, omptin, v. S6 | p. 262
3.1.26.3	E. coli RNase III, ribonuclease III, v. 11 | p. 509
6.3.2.19	E1, Ubiquitin-protein ligase, v. 2 | p. 506
3.1.3.77	E1, acireductone synthase, v. S5 | p. 97
1.2.4.2	E1, oxoglutarate dehydrogenase (succinyl-transferring), v. 20 | p. 507
1.2.4.1	E1, pyruvate dehydrogenase (acetyl-transferring), v. 20 | p. 488
1.2.4.1	E1α, pyruvate dehydrogenase (acetyl-transferring), v. 20 | p. 488
3.1.6.2	E1-STS, steryl-sulfatase, v. 11 | p. 250
1.8.3.2	E10R, thiol oxidase, v. 24 | p. 594
1.2.4.4	E1b, 3-methyl-2-oxobutanoate dehydrogenase (2-methylpropanoyl-transferring), v. 20 | p. 522
1.2.4.4	E1b component, 3-methyl-2-oxobutanoate dehydrogenase (2-methylpropanoyl-transferring), v. 20 | p. 522
1.2.4.4	E1b component of the 2-oxo acid dehydrogenase complex, 3-methyl-2-oxobutanoate dehydrogenase (2-methylpropanoyl-transferring), v. 20 | p. 522
1.2.4.1	E1 component of pyruvate dehydrogenase, pyruvate dehydrogenase (acetyl-transferring), v. 20 | p. 488
1.2.4.1	E1 component of pyruvate dehydrogenase multienzyme complex, pyruvate dehydrogenase (acetyl-transferring), v. 20 | p. 488
1.2.4.2	E1 component of the 2-oxoglutarate dehydrogenase multienzyme complex, oxoglutarate dehydrogenase (succinyl-transferring), v. 20 | p. 507
1.2.4.1	E1 component of the pyruvate dehydrogenase multienzyme complex, pyruvate dehydrogenase (acetyl-transferring), v. 20 | p. 488
1.2.4.1	E1ec, pyruvate dehydrogenase (acetyl-transferring), v. 20 | p. 488
3.2.1.4	E1 endoglucanase, cellulase, v. 12 | p. 88
1.2.4.2	E1k, oxoglutarate dehydrogenase (succinyl-transferring), v. 20 | p. 507
1.2.4.2	E1o, oxoglutarate dehydrogenase (succinyl-transferring), v. 20 | p. 507
1.2.4.2	E1o component, oxoglutarate dehydrogenase (succinyl-transferring), v. 20 | p. 507

1.2.4.4	E2, 3-methyl-2-oxobutanoate dehydrogenase (2-methylpropanoyl-transferring), v. 20 | p. 522
2.3.1.12	E2, dihydrolipoyllysine-residue acetyltransferase, v. 29 | p. 323
1.2.4.2	E2, oxoglutarate dehydrogenase (succinyl-transferring), v. 20 | p. 507
6.3.2.19	E2-17 kDa, Ubiquitin-protein ligase, v. 2 | p. 506
6.3.2.19	E2-20K, Ubiquitin-protein ligase, v. 2 | p. 506
6.3.2.19	E2-CDC34, Ubiquitin-protein ligase, v. 2 | p. 506
6.3.2.19	E2-EPF5, Ubiquitin-protein ligase, v. 2 | p. 506
6.3.2.19	E2-F1, Ubiquitin-protein ligase, v. 2 | p. 506
2.8.2.4	E2-inactivating estrogen sulfotransferase, estrone sulfotransferase, v. 39 | p. 303
1.14.99.22	E20MO, ecdysone 20-monooxygenase, v. 27 | p. 349
6.3.2.19	E217K, Ubiquitin-protein ligase, v. 2 | p. 506
1.2.1.9	E268A-GAPN, glyceraldehyde-3-phosphate dehydrogenase (NADP+), v. 20 | p. 108
2.3.1.61	E2 component of α-ketoglutarate dehydrogenase complex, dihydrolipoyllysine-residue succinyltransferase, v. 30 | p. 7
1.1.1.62	E2DH, estradiol 17β-dehydrogenase, v. 17 | p. 48
2.3.1.12	E2p, dihydrolipoyllysine-residue acetyltransferase, v. 29 | p. 323
1.8.1.4	E3, dihydrolipoyl dehydrogenase, v. 24 | p. 463
6.3.2.21	E3-CaM, ubiquitin-calmodulin ligase, v. 2 | p. 513
1.8.1.4	E3 component of 2-oxoglutarate dehydrogenase complex, dihydrolipoyl dehydrogenase, v. 24 | p. 463
1.8.1.4	E3 component of acetoin cleaving system, dihydrolipoyl dehydrogenase, v. 24 | p. 463
1.8.1.4	E3 component of α keto acid dehydrogenase complexes, dihydrolipoyl dehydrogenase, v. 24 | p. 463
1.8.1.4	E3 component of pyruvate and 2-oxoglutarate dehydrogenases complexes, dihydrolipoyl dehydrogenase, v. 24 | p. 463
1.8.1.4	E3 component of pyruvate complex, dihydrolipoyl dehydrogenase, v. 24 | p. 463
6.3.2.19	E3 enzyme, Ubiquitin-protein ligase, v. 2 | p. 506
6.3.2.19	E3Histone, Ubiquitin-protein ligase, v. 2 | p. 506
6.3.2.19	E3 isolated by differential display, Ubiquitin-protein ligase, v. 2 | p. 506
6.3.2.19	E3 ligase, Ubiquitin-protein ligase, v. 2 | p. 506
1.8.1.4	E3 lipoamide dehydrogenase, dihydrolipoyl dehydrogenase, v. 24 | p. 463
6.3.2.19	E3 ubiquitin-ligase, Ubiquitin-protein ligase, v. 2 | p. 506
6.3.2.19	E3 ubiquitin-protein ligase, Ubiquitin-protein ligase, v. 2 | p. 506
6.3.2.19	E3 ubiquitin ligase, Ubiquitin-protein ligase, v. 2 | p. 506
6.3.2.19	E3 ubiquitin ligase DIAP1, Ubiquitin-protein ligase, v. 2 | p. 506
6.3.2.19	E3 ubiquitin ligase EDD, Ubiquitin-protein ligase, v. 2 | p. 506
6.3.2.19	E3 ubiquitin ligase Itch, Ubiquitin-protein ligase, v. 2 | p. 506
6.3.2.19	E3 ubiquitin ligase K5, Ubiquitin-protein ligase, v. 2 | p. 506
6.3.2.19	E3 ubiquitin ligases, Ubiquitin-protein ligase, v. 2 | p. 506
6.3.2.19	E3 Ub ligase, Ubiquitin-protein ligase, v. 2 | p. 506
1.2.1.72	E4PD, erythrose-4-phosphate dehydrogenase, v. S1 | p. 171
1.2.1.72	E4P dehydrogenase, erythrose-4-phosphate dehydrogenase, v. S1 | p. 171
1.2.1.72	E4PDH, erythrose-4-phosphate dehydrogenase, v. S1 | p. 171
3.1.3.5	e5'-NT, 5'-nucleotidase, v. 10 | p. 95
6.3.2.19	E6-AP, Ubiquitin-protein ligase, v. 2 | p. 506
6.3.2.19	E6-associated protein, Ubiquitin-protein ligase, v. 2 | p. 506
6.3.2.19	E6-associated protein ubiquitin ligase, Ubiquitin-protein ligase, v. 2 | p. 506
6.3.2.19	E6AP, Ubiquitin-protein ligase, v. 2 | p. 506
6.3.2.19	E6AP ubiquitin-protein ligase, Ubiquitin-protein ligase, v. 2 | p. 506
4.2.1.1	E84A MTCA, carbonate dehydratase, v. 4 | p. 242
3.1.21.1	E9 Dnase, deoxyribonuclease I, v. 11 | p. 431
4.4.1.23	Ea-CoMT, 2-hydroxypropyl-CoM lyase, v. S7 | p. 407
3.4.21.43	EAC1,C4b,C2a, classical-complement-pathway C3/C5 convertase, v. 7 | p. 203
4.4.1.23	EaCoMT, 2-hydroxypropyl-CoM lyase, v. S7 | p. 407

1.3.1.9	EACP reductase, enoyl-[acyl-carrier-protein] reductase (NADH), v. 21 | p. 43	
4.3.1.7	EAL, ethanolamine ammonia-lyase, v. 5 | p. 214	
3.1.3.1	EAP, alkaline phosphatase, v. 10 | p. 1	
3.4.11.7	EAP, glutamyl aminopeptidase, v. 6 | p. 102	
1.8.99.2	EAPR, adenylyl-sulfate reductase, v. 24 | p. 694	
2.6.1.57	eAroATEs, aromatic-amino-acid transaminase, v. 34 | p. 604	
6.3.4.5	EAS, Argininosuccinate synthase, v. 2 | p. 595	
2.3.1.137	easily solubilized mitochondrial carnitine palmitoyltransferase, carnitine O-octanoyl-transferase, v. 30 | p. 351	
3.1.1.59	EAT43357, Juvenile-hormone esterase, v. 9 | p. 368	
2.6.1.42	eBCAT, branched-chain-amino-acid transaminase, v. 34 | p. 499	
3.6.3.49	EBCR, channel-conductance-controlling ATPase, v. 15 | p. 731	
1.17.99.2	EBDH, ethylbenzene hydroxylase, v. 27 | p. 535	
2.7.10.1	EBK, receptor protein-tyrosine kinase, v. S2 | p. 341	
3.2.1.152	EBM II, mannosylglycoprotein endo-β-mannosidase, v. S5 | p. 140	
1.6.99.1	EBP, NADPH dehydrogenase, v. 24 | p. 179	
5.3.3.5	EBP, cholestenol Δ-isomerase, v. 1 | p. 404	
3.4.11.18	Ebp1, methionyl aminopeptidase, v. 6 | p. 159	
1.11.1.9	ebselen, glutathione peroxidase, v. 25 | p. 233	
1.1.1.157	ebta-hydroxybutyryl-CoA dehydrogenase, 3-hydroxybutyryl-CoA dehydrogenase, v. 18 | p. 10	
3.2.2.22	ebulin b, rRNA N-glycosylase, v. 14 | p. 107	
3.2.2.22	ebulitin α, rRNA N-glycosylase, v. 14 | p. 107	
3.2.2.22	ebulitin β, rRNA N-glycosylase, v. 14 | p. 107	
3.2.2.22	ebulitin γ, rRNA N-glycosylase, v. 14 | p. 107	
1.14.13.70	eburicol 14 α-demethylase, sterol 14-demethylase, v. 26 | p. 547	
1.14.13.70	eburicol 14α-demethylase, sterol 14-demethylase, v. 26 | p. 547	
1.14.13.39	EC-NOS, nitric-oxide synthase, v. 26 | p. 426	
3.1.27.5	EC-RNase, pancreatic ribonuclease, v. 11 | p. 584	
3.1.26.10	EC-RNase, ribonuclease IX, v. 11 | p. 555	
3.1.26.3	Ec-RNase III, ribonuclease III, v. 11 | p. 509	
1.15.1.1	EC-SOD, superoxide dismutase, v. 27 | p. 399	
1.3.1.28	EC 1.1.1.109, 2,3-dihydro-2,3-dihydroxybenzoate dehydrogenase, v. 21 | p. 167	
1.1.1.87	EC 1.1.1.155, homoisocitrate dehydrogenase, v. 17 | p. 198	
1.5.1.20	EC 1.1.1.171, methylenetetrahydrofolate reductase [NAD(P)H], v. 23 | p. 174	
1.17.1.4	EC 1.1.1.204, xanthine dehydrogenase, v. S1 | p. 674	
1.3.1.69	EC 1.1.1.242, zeatin reductase, v. 21 | p. 315	
1.5.1.33	EC 1.1.1.253, pteridine reductase, v. 23 | p. 243	
1.3.1.44	EC 1.1.1.36, trans-2-enoyl-CoA reductase (NAD+), v. 21 | p. 251	
1.5.1.20	EC 1.1.1.68, methylenetetrahydrofolate reductase [NAD(P)H], v. 23 | p. 174	
1.1.1.4	EC 1.1.1.74, (R,R)-butanediol dehydrogenase, v. 16 | p. 91	
1.1.1.283	EC 1.1.1.78, methylglyoxal reductase (NADPH-dependent), v. S1 | p. 32	
1.13.12.4	EC 1.1.3.2, lactate 2-monooxygenase, v. 25 | p. 692	
1.17.3.2	EC 1.1.3.22, xanthine oxidase, v. S1 | p. 729	
1.21.3.2	EC 1.1.3.26, columbamine oxidase, v. 27 | p. 611	
1.14.21.1	EC 1.1.3.32, (S)-stylopine synthase, v. 27 | p. 233	
1.14.21.2	EC 1.1.3.33, (S)-cheilanthifoline synthase, v. 27 | p. 235	
1.14.21.3	EC 1.1.3.34, berbamunine synthase, v. 27 | p. 237	
1.14.21.4	EC 1.1.3.35, salutaridine synthase, v. 27 | p. 240	
1.14.21.5	EC 1.1.3.36, (S)-canadine synthase, v. 27 | p. 243	
1.1.1.47	EC 1.1.5.2, glucose 1-dehydrogenase, v. 16 | p. 451	
1.5.1.20	EC 1.1.99.15, methylenetetrahydrofolate reductase [NAD(P)H], v. 23 | p. 174	
1.1.5.2	EC 1.1.99.17, quinoprotein glucose dehydrogenase, v. S1 | p. 88	
1.17.99.4	EC 1.1.99.19, uracil/thymine dehydrogenase, v. S1 | p. 771	
1.1.1.244	EC 1.1.99.8, methanol dehydrogenase, v. 18 | p. 401	

1.14.18.1	EC 1.10.3.1, monophenol monooxygenase, v. 27 | p. 156	
1.21.3.4	EC 1.10.3.7, sulochrin oxidase [(+)-bisdechlorogeodin-forming], v. 27 | p. 617	
1.21.3.5	EC 1.10.3.8, sulochrin oxidase [(-)-bisdechlorogeodin-forming], v. 27 | p. 621	
1.13.11.11	EC 1.11.1.4, tryptophan 2,3-dioxygenase, v. 25 | p. 457	
1.12.7.2	EC 1.12.1.1, ferredoxin hydrogenase, v. 25 | p. 338	
1.12.99.6	EC 1.12.1.1, hydrogenase (acceptor), v. 25 | p. 373	
1.12.99.6	EC 1.12.1.3, hydrogenase (acceptor), v. 25 | p. 373	
1.12.7.2	EC 1.12.7.1, ferredoxin hydrogenase, v. 25 | p. 338	
1.12.99.6	EC 1.12.7.1, hydrogenase (acceptor), v. 25 | p. 373	
1.12.98.1	EC 1.12.99.1, coenzyme F420 hydrogenase, v. 25 | p. 351	
1.12.99.6	EC 1.12.99.1, hydrogenase (acceptor), v. 25 | p. 373	
1.12.5.1	EC 1.12.99.3, hydrogen:quinone oxidoreductase, v. 25 | p. 335	
1.12.98.2	EC 1.12.99.4, 5,10-methenyltetrahydromethanopterin hydrogenase, v. 25 | p. 361	
1.13.11.47	EC 1.12.99.5, 3-hydroxy-4-oxoquinoline 2,4-dioxygenase, v. 25 | p. 663	
1.13.11.10	EC 1.13.1.10, 7,8-dihydroxykynurenate 8,8a-dioxygenase, v. 25 | p. 455	
1.13.99.1	EC 1.13.1.11, inositol oxygenase, v. 25 | p. 734	
1.13.11.11	EC 1.13.1.12, tryptophan 2,3-dioxygenase, v. 25 | p. 457	
1.13.11.12	EC 1.13.1.13, lipoxygenase, v. 25 | p. 473	
1.13.11.2	EC 1.13.1.2, catechol 2,3-dioxygenase, v. 25 | p. 395	
1.13.11.3	EC 1.13.1.3, protocatechuate 3,4-dioxygenase, v. 25 | p. 408	
1.13.11.4	EC 1.13.1.4, gentisate 1,2-dioxygenase, v. 25 | p. 422	
1.13.11.5	EC 1.13.1.5, homogentisate 1,2-dioxygenase, v. 25 | p. 430	
1.13.11.6	EC 1.13.1.6, 3-hydroxyanthranilate 3,4-dioxygenase, v. 25 | p. 439	
1.13.11.9	EC 1.13.1.9, 2,5-dihydroxypyridine 5,6-dioxygenase, v. 25 | p. 451	
1.14.99.36	EC 1.13.11.21, β-carotene 15,15'-monooxygenase, v. 27 | p. 388	
1.12.99.6	EC 1.13.2.1, hydrogenase (acceptor), v. 25 | p. 373	
1.14.12.10	EC 1.13.99.2, benzoate 1,2-dioxygenase, v. 26 | p. 152	
1.14.12.9	EC 1.13.99.4, 4-chlorophenylacetate 3,4-dioxygenase, v. 26 | p. 148	
1.13.11.47	EC 1.13.99.5, 3-hydroxy-4-oxoquinoline 2,4-dioxygenase, v. 25 | p. 663	
1.14.14.1	EC 1.14.1.1, unspecific monooxygenase, v. 26 | p. 584	
1.14.99.11	EC 1.14.1.10, estradiol 6β-monooxygenase, v. 27 | p. 308	
1.14.13.9	EC 1.14.1.2, kynurenine 3-monooxygenase, v. 26 | p. 269	
1.14.99.2	ec 1.14.1.4, kynurenine 7,8-hydroxylase, v. 27 | p. 258	
1.14.13.5	EC 1.14.1.5, imidazoleacetate 4-monooxygenase, v. 26 | p. 236	
1.14.15.4	EC 1.14.1.6, steroid 11β-monooxygenase, v. 27 | p. 26	
1.14.99.9	EC 1.14.1.7, steroid 17α-monooxygenase, v. 27 | p. 290	
1.14.99.10	EC 1.14.1.8, steroid 21-monooxygenase, v. 27 | p. 302	
1.14.13.35	EC 1.14.12.2, anthranilate 3-monooxygenase (deaminating), v. 26 | p. 409	
1.14.18.2	EC 1.14.13.45, CMP-N-acetylneuraminate monooxygenase, v. S1 | p. 651	
1.14.14.1	EC 1.14.14.2, unspecific monooxygenase, v. 26 | p. 584	
1.13.12.8	EC 1.14.14.3, Watasenia-luciferin 2-monooxygenase, v. 25 | p. 722	
1.14.15.7	EC 1.14.14.4, choline monooxygenase, v. 27 | p. 56	
1.10.3.2	EC 1.14.18.1, laccase, v. 25 | p. 115	
1.14.17.1	EC 1.14.2.1, dopamine β-monooxygenase, v. 27 | p. 126	
1.13.11.27	EC 1.14.2.2, 4-hydroxyphenylpyruvate dioxygenase, v. 25 | p. 546	
1.14.16.1	EC 1.14.3.1, phenylalanine 4-monooxygenase, v. 27 | p. 60	
1.14.13.23	EC 1.14.99.13, 3-hydroxybenzoate 4-monooxygenase, v. 26 | p. 351	
1.14.13.72	EC 1.14.99.16, methylsterol monooxygenase, v. 26 | p. 559	
1.14.16.5	EC 1.14.99.17, glyceryl-ether monooxygenase, v. 27 | p. 111	
1.14.19.1	EC 1.14.99.5, stearoyl-CoA 9-desaturase, v. 27 | p. 194	
1.14.19.2	EC 1.14.99.6, acyl-[acyl-carrier-protein] desaturase, v. 27 | p. 208	
1.14.14.1	EC 1.14.99.8, unspecific monooxygenase, v. 26 | p. 584	
1.17.99.5	EC 1.17.1.6, bile-acid 7α-dehydroxylase, v. S1 | p. 774	
1.18.6.1	EC 1.18.2.1, nitrogenase, v. 27 | p. 569	
1.12.7.2	EC 1.18.3.1, ferredoxin hydrogenase, v. 25 | p. 338	

1.12.99.6	EC 1.18.3.1, hydrogenase (acceptor), v. 25 | p. 373
1.12.7.2	EC 1.18.99.1, ferredoxin hydrogenase, v. 25 | p. 338
1.12.99.6	EC 1.18.99.1, hydrogenase (acceptor), v. 25 | p. 373
1.19.6.1	EC 1.19.2.1, nitrogenase (flavodoxin), v. 27 | p. 587
1.1.1.284	EC 1.2.1.1, S-(hydroxymethyl)glutathione dehydrogenase, v. S1 | p. 38
4.4.1.22	EC 1.2.1.1, S-(hydroxymethyl)glutathione synthase, v. S7 | p. 405
1.1.1.205	EC 1.2.1.14, IMP dehydrogenase, v. 18 | p. 243
1.2.1.33	EC 1.2.1.33, D-aldopantoate, (R)-dehydropantoate dehydrogenase, v. 20 | p. 278
1.17.1.4	EC 1.2.1.37, xanthine dehydrogenase, v. S1 | p. 674
1.1.1.279	EC 1.2.1.55, (R)-3-hydroxyacid-ester dehydrogenase, v. S1 | p. 14
1.1.1.280	EC 1.2.1.56, (S)-3-hydroxyacid-ester dehydrogenase, v. S1 | p. 16
1.1.1.191	EC 1.2.3.1, indole-3-acetaldehyde reductase (NADPH), v. 18 | p. 149
1.14.13.82	EC 1.2.3.12, vanillate monooxygenase, v. S1 | p. 535
1.17.3.2	EC 1.2.3.2., xanthine oxidase, v. S1 | p. 729
1.2.4.4	EC 1.2.4.3, 3-methyl-2-oxobutanoate dehydrogenase (2-methylpropanoyl-transferring), v. 20 | p. 522
1.17.99.4	EC 1.2.99.1, uracil/thymine dehydrogenase, v. S1 | p. 771
1.3.99.6	EC 1.3.1.3, 3-oxo-5β-steroid 4-dehydrogenase, v. 21 | p. 520
1.1.1.252	EC 1.3.1.50, tetrahydroxynaphthalene reductase, v. 18 | p. 427
1.3.1.25	EC 1.3.1.55, 1,6-dihydroxycyclohexa-2,4-diene-1-carboxylate dehydrogenase, v. 21 | p. 151
1.3.99.2	EC 1.3.2.1, butyryl-CoA dehydrogenase, v. 21 | p. 473
1.3.99.3	EC 1.3.2.2, acyl-CoA dehydrogenase, v. 21 | p. 488
1.21.99.1	EC 1.3.99.9, β-cyclopiazonate dehydrogenase, v. 27 | p. 635
1.4.1.2	EC 1.4.1.24, glutamate dehydrogenase, v. 22 | p. 27
1.21.4.1	EC 1.4.1.6, D-proline reductase (dithiol), v. 27 | p. 624
1.3.3.10	EC 1.4.3.17, tryptophan α,β-oxidase, v. S1 | p. 251
1.21.4.1	EC 1.4.4.1, D-proline reductase (dithiol), v. 27 | p. 624
1.14.19.3	EC 1.4.99.25, linoleoyl-CoA desaturase, v. 27 | p. 217
1.17.1.5	EC 1.5.1.13, nicotinate dehydrogenase, v. S1 | p. 719
1.5.1.21	EC 1.5.1.14, Δ1-piperideine-2-carboxylate reductase, v. 23 | p. 182
1.5.1.3	EC 1.5.1.4, dihydrofolate reductase, v. 23 | p. 17
1.21.3.3	EC 1.5.3.9, reticuline oxidase, v. 27 | p. 613
1.12.98.2	EC 1.5.99.9, 5,10-methenyltetrahydromethanopterin hydrogenase, v. 25 | p. 361
1.6.99.3	EC 1.6.2.1, NADH dehydrogenase, v. 24 | p. 207
1.8.1.6	EC 1.6.4.1, cystine reductase, v. 24 | p. 486
1.8.1.7	EC 1.6.4.2, glutathione-disulfide reductase, v. 24 | p. 488
1.8.1.4	EC 1.6.4.3, dihydrolipoyl dehydrogenase, v. 24 | p. 463
1.8.1.8	EC 1.6.4.4, protein-disulfide reductase, v. 24 | p. 514
1.8.1.9	EC 1.6.4.5, thioredoxin-disulfide reductase, v. 24 | p. 517
1.8.1.10	EC 1.6.4.6, CoA-glutathione reductase, v. 24 | p. 535
1.8.1.11	EC 1.6.4.7, asparagusate reductase, v. 24 | p. 6
1.6.5.4	EC 1.6.4.7, monodehydroascorbate reductase (NADH), v. 24 | p. 126
1.8.1.12	EC 1.6.4.8, trypanothione-disulfide reductase, v. 24 | p. 543
1.8.1.13	EC 1.6.4.9, bis-γ-glutamylcystine reductase, v. 24 | p. 558
1.3.1.74	EC 1.6.5.5, 2-alkenal reductase, v. 21 | p. 336
1.7.1.1	EC 1.6.6.1, nitrate reductase (NADH), v. 24 | p. 237
1.7.1.10	EC 1.6.6.11, hydroxylamine reductase (NADH), v. 24 | p. 310
1.7.1.11	EC 1.6.6.12, 4-(dimethylamino)phenylazoxybenzene reductase, v. 24 | p. 319
1.7.1.12	EC 1.6.6.13, N-hydroxy-2-acetamidofluorene reductase, v. 24 | p. 322
1.7.1.2	EC 1.6.6.2, Nitrate reductase [NAD(P)H], v. 24 | p. 260
1.7.7.2	EC 1.6.6.2, ferredoxin-nitrate reductase, v. 24 | p. 381
1.7.1.3	EC 1.6.6.3, nitrate reductase (NADPH), v. 24 | p. 267
1.7.1.5	EC 1.6.6.4, hyponitrite reductase, v. 24 | p. 286
1.7.1.5	EC 1.6.6.6, hyponitrite reductase, v. 24 | p. 286
1.7.1.6	EC 1.6.6.7, azobenzene reductase, v. 24 | p. 288

1.7.1.7	EC 1.6.6.8, GMP reductase, v. 24	p. 299
1.7.2.3	EC 1.6.6.9, trimethylamine-N-oxide reductase (cytochrome c), v. 24	p. 336
1.18.1.2	EC 1.6.7.1, ferredoxin-NADP+ reductase, v. 27	p. 543
1.18.1.1	EC 1.6.7.2, rubredoxin-NAD+ reductase, v. 27	p. 538
1.5.1.29	EC 1.6.8.1, FMN reductase, v. 23	p. 217
1.3.1.33	EC 1.6.99.-, protochlorophyllide reductase, v. 21	p. 200
1.3.1.33	EC 1.6.99.1, protochlorophyllide reductase, v. 21	p. 200
1.5.1.34	EC 1.6.99.10, 6,7-dihydropteridine reductase, v. 23	p. 248
1.16.1.5	EC 1.6.99.11, aquacobalamin reductase (NADPH), v. 27	p. 451
1.16.1.6	EC 1.6.99.12, cyanocobalamin reductase (cyanide-eliminating), v. 27	p. 458
1.16.1.7	EC 1.6.99.13, ferric-chelate reductase, v. 27	p. 460
1.3.1.74	EC 1.6.99.2, 2-alkenal reductase, v. 21	p. 336
1.6.5.2	EC 1.6.99.2, NAD(P)H dehydrogenase (quinone), v. 24	p. 105
1.6.2.4	EC 1.6.99.2, NADPH-hemoprotein reductase, v. 24	p. 58
1.6.5.5	EC 1.6.99.2, NADPH:quinone reductase, v. 24	p. 135
1.18.1.2	EC 1.6.99.4, ferredoxin-NADP+ reductase, v. 27	p. 543
1.5.1.34	EC 1.6.99.7, 6,7-dihydropteridine reductase, v. 23	p. 248
1.16.1.3	EC 1.6.99.8, aquacobalamin reductase, v. 27	p. 444
1.16.1.4	EC 1.6.99.9, cob(II)alamin reductase, v. 27	p. 449
1.8.4.9	EC 1.8.99.2, adenylyl-sulfate reductase (glutathione), v. 24	p. 663
1.7.2.1	EC 1.9.3.2, nitrite reductase (NO-forming), v. 24	p. 325
1.20.4.1	EC 1.97.1.5, arsenate reductase (glutaredoxin), v. 27	p. 594
1.20.99.1	EC 1.97.1.6, arsenate reductase (donor), v. 27	p. 601
1.12.7.2	EC 1.98.1.1, ferredoxin hydrogenase, v. 25	p. 338
1.12.99.6	EC 1.98.1.1, hydrogenase (acceptor), v. 25	p. 373
1.14.14.1	EC 1.99.1.1, unspecific monooxygenase, v. 26	p. 584
1.14.99.10	EC 1.99.1.11, steroid 21-monooxygenase, v. 27	p. 302
1.14.16.1	EC 1.99.1.2, phenylalanine 4-monooxygenase, v. 27	p. 60
1.13.11.27	EC 1.99.1.4, 4-hydroxyphenylpyruvate dioxygenase, v. 25	p. 546
1.14.13.9	EC 1.99.1.5, kynurenine 3-monooxygenase, v. 26	p. 269
1.14.15.4	EC 1.99.1.7, steroid 11β-monooxygenase, v. 27	p. 26
1.14.99.11	EC 1.99.1.8, estradiol 6β-monooxygenase, v. 27	p. 308
1.14.99.9	EC 1.99.1.9, steroid 17α-monooxygenase, v. 27	p. 290
1.13.11.12	EC 1.99.2.1, lipoxygenase, v. 25	p. 473
1.13.11.3	EC 1.99.2.3, protocatechuate 3,4-dioxygenase, v. 25	p. 408
1.13.11.4	EC 1.99.2.4, gentisate 1,2-dioxygenase, v. 25	p. 422
1.13.11.5	EC 1.99.2.5, homogentisate 1,2-dioxygenase, v. 25	p. 430
1.13.99.1	EC 1.99.2.6, inositol oxygenase, v. 25	p. 734
1.14.13.59	EC 13.12.10, L-Lysine 6-monooxygenase (NADPH), v. 26	p. 512
1.3.1.76	EC 2.1.1.107, precorrin-2 dehydrogenase, v. S1	p. 226
2.1.1.129	EC 2.1.1.134, inositol 4-methyltransferase, v. 28	p. 594
1.16.1.8	EC 2.1.1.135, [methionine synthase] reductase, v. 27	p. 463
2.1.1.137	EC 2.1.1.138, arsenite methyltransferase, v. 28	p. 613
2.1.1.124	EC 2.1.1.23, [cytochrome c]-arginine N-methyltransferase, v. 28	p. 576
2.1.1.126	EC 2.1.1.23, [myelin basic protein]-arginine N-methyltransferase, v. 28	p. 583
2.1.1.125	EC 2.1.1.23, histone-arginine N-methyltransferase, v. 28	p. 578
2.1.1.77	EC 2.1.1.24, protein-L-isoaspartate(D-aspartate) O-methyltransferase, v. 28	p. 406
2.1.1.80	EC 2.1.1.24, protein-glutamate O-methyltransferase, v. 28	p. 432
2.1.1.57	EC 2.1.1.58, mRNA (nucleoside-2'-O-)-methyltransferase, v. 28	p. 320
2.1.1.74	EC2.1.2.12, methylenetetrahydrofolate-tRNA-(uracil-5-)-methyltransferase (FADH2-oxidizing), v. 28	p. 398
2.4.2.29	EC 2.1.2.23, tRNA-guanine transglycosylase, v. 33	p. 253
2.4.2.29	EC 2.1.2.29, tRNA-guanine transglycosylase, v. 33	p. 253
2.1.2.5	EC 2.1.2.6, glutamate formimidoyltransferase, v. 29	p. 45
2.3.1.74	EC 2.3.1.120, naringenin-chalcone synthase, v. 30	p. 66

2.3.1.20	EC 2.3.1.124, diacylglycerol O-acyltransferase, v. 29	p. 396
2.4.1.17	EC 2.4.1.107, glucuronosyltransferase, v. 31	p. 162
2.4.1.17	EC 2.4.1.108, glucuronosyltransferase, v. 31	p. 162
2.3.1.152	EC 2.4.1.120, Alcohol O-cinnamoyltransferase, v. 30	p. 404
2.4.1.87	EC 2.4.1.124, N-acetyllactosaminide 3-α-galactosyltransferase, v. 31	p. 612
2.4.1.87	EC 2.4.1.151, N-acetyllactosaminide 3-α-galactosyltransferase, v. 31	p. 612
2.4.2.39	EC 2.4.1.169, xyloglucan 6-xylosyltransferase, v. 33	p. 308
4.2.2.17	EC 2.4.1.200, inulin fructotransferase (DFA-I-forming), v. S7	p. 141
2.4.1.115	EC 2.4.1.233, anthocyanidin 3-O-glucosyltransferase, v. 32	p. 139
2.4.1.25	EC 2.4.1.3, 4-α-glucanotransferase, v. 31	p. 276
2.4.1.17	EC 2.4.1.42, glucuronosyltransferase, v. 31	p. 162
2.7.8.14	EC 2.4.1.55, CDP-ribitol ribitolphosphotransferase, v. 39	p. 103
2.4.1.17	EC 2.4.1.59, glucuronosyltransferase, v. 31	p. 162
2.4.1.17	EC 2.4.1.61, glucuronosyltransferase, v. 31	p. 162
2.4.1.221	EC 2.4.1.68, peptide-O-fucosyltransferase, v. 32	p. 596
2.4.2.24	EC 2.4.1.72, 1,4-β-D-xylan synthase, v. 33	p. 217
2.4.1.17	EC 2.4.1.76, glucuronosyltransferase, v. 31	p. 162
2.4.1.17	EC 2.4.1.77, glucuronosyltransferase, v. 31	p. 162
2.4.1.17	EC 2.4.1.84, glucuronosyltransferase, v. 31	p. 162
2.4.1.69	EC 2.4.1.89, galactoside 2-α-L-fucosyltransferase, v. 31	p. 532
4.2.2.18	EC 2.4.1.93, inulin fructotransferase (DFA-III-forming), v. S7	p. 145
2.4.1.90	EC 2.4.1.98, N-acetyllactosamine synthase, v. 32	p. 1
2.4.1.38	EC 2.4.1.98, β-N-acetylglucosaminylglycopeptide β-1,4-galactosyltransferase, v. 31	p. 353
2.5.1.6	EC 2.4.2.13, methionine adenosyltransferase, v. 33	p. 424
2.5.1.1	EC2.5.1.1/EC2.5.1.10, dimethylallytranstransferase, v. 33	p. 393
2.5.1.10	EC2.5.1.1/EC2.5.1.10, geranyltranstransferase, v. 33	p. 470
4.4.1.20	EC 2.5.1.37, leukotriene-C4 synthase, v. S7	p. 388
4.2.3.9	EC 2.5.1.40, aristolochene synthase, v. S7	p. 219
2.6.1.64	EC 2.6.1.14, glutamine-phenylpyruvate transaminase, v. 35	p. 21
2.6.1.64	EC 2.6.1.15, glutamine-phenylpyruvate transaminase, v. 35	p. 21
2.6.1.43	EC 2.6.1.19, aminolevulinate transaminase, v. 34	p. 527
2.6.1.43	EC 2.6.1.40, aminolevulinate transaminase, v. 34	p. 527
2.6.1.43	EC 2.6.1.44, aminolevulinate transaminase, v. 34	p. 527
2.6.1.44	EC 2.6.1.51, alanine-glyoxylate transaminase, v. 34	p. 538
1.4.1.13	EC 2.6.1.53, glutamate synthase (NADPH), v. 22	p. 138
2.6.1.42	EC 2.6.1.6, branched-chain-amino-acid transaminase, v. 34	p. 499
2.6.1.40	EC 2.6.1.61, (R)-3-amino-2-methylpropionate-pyruvate transaminase, v. 34	p. 490
2.6.1.11	EC 2.6.1.69, acetylornithine transaminase, v. 34	p. 342
2.6.1.64	EC 2.6.1.7, glutamine-phenylpyruvate transaminase, v. 35	p. 21
2.1.4.1	EC 2.6.2.1, glycine amidinotransferase, v. 29	p. 151
2.7.1.49	EC 2.7.1.14, hydroxymethylpyrimidine kinase, v. 36	p. 98
2.7.1.49	EC 2.7.1.35, hydroxymethylpyrimidine kinase, v. 36	p. 98
2.7.11.19	EC 2.7.1.38, phosphorylase kinase, v. S4	p. 89
2.7.4.21	EC 2.7.1.52, inositol-hexakisphosphate kinase, v. 37	p. 613
2.7.1.60	EC2.7.1.59/EC2.7.1.60, N-acylmannosamine kinase, v. 36	p. 144
2.7.11.1	EC 2.7.1.70, non-specific serine/threonine protein kinase, v. S3	p. 1
2.7.1.21	EC 2.7.1.75, thymidine kinase, v. 35	p. 270
6.3.4.16	EC 2.7.2.5, Carbamoyl-phosphate synthase (ammonia), v. 2	p. 641
6.3.5.5	EC 2.7.2.9, Carbamoyl-phosphate synthase (glutamine-hydrolysing), v. 2	p. 689
5.4.2.2	EC 2.7.5.1, phosphoglucomutase, v. 1	p. 506
5.4.2.3	EC 2.7.5.2., phosphoacetylglucosamine mutase, v. 1	p. 515
5.4.2.4	EC 2.7.5.4, Bisphosphoglycerate mutase, v. 1	p. 520
5.4.2.5	EC 2.7.5.5, phosphoglucomutase (glucose-cofactor), v. 1	p. 527
5.4.2.7	EC 2.7.5.6, phosphopentomutase, v. 1	p. 535
5.4.2.8	EC 2.7.5.7, phosphomannomutase, v. 1	p. 540

3.1.27.5	EC 2.7.7.16, pancreatic ribonuclease, v. 11	p. 584
3.1.27.1	EC 2.7.7.17, ribonuclease T2, v. 11	p. 557
2.7.7.25	EC 2.7.7.21, tRNA adenylyltransferase, v. 38	p. 305
2.7.7.21	EC 2.7.7.25, tRNA cytidylyltransferase, v. 38	p. 265
3.1.27.3	EC 2.7.7.26, ribonuclease T1, v. 11	p. 572
2.7.7.28	EC 2.7.7.29, nucleoside-triphosphate-aldose-1-phosphate nucleotidyltransferase, v. 38	p. 354
2.7.8.2	EC 2.7.8.16, diacylglycerol cholinephosphotransferase, v. 39	p. 14
2.8.2.8	EC 2.8.2.12, [heparan sulfate]-glucosamine N-sulfotransferase, v. 39	p. 342
3.5.1.89	EC 3.1.1.69, N-Acetylglucosaminylphosphatidylinositol deacetylase, v. 14	p. 647
3.1.2.20	EC 3.1.2.2, acyl-CoA hydrolase, v. 9	p. 539
3.1.2.2	EC 3.1.2.20, palmitoyl-CoA hydrolase, v. 9	p. 459
3.1.21.7	EC 3.1.22.3, deoxyribonuclease V
3.1.21.3	EC 3.1.23, type I site-specific deoxyribonuclease, v. 11	p. 448
3.1.21.4	EC 3.1.23, type II site-specific deoxyribonuclease, v. 11	p. 454
3.1.21.5	EC 3.1.23, type III site-specific deoxyribonuclease, v. 11	p. 467
3.1.21.3	EC 3.1.24, type I site-specific deoxyribonuclease, v. 11	p. 448
3.1.21.4	EC 3.1.24, type II site-specific deoxyribonuclease, v. 11	p. 454
3.1.21.5	EC 3.1.24, type III site-specific deoxyribonuclease, v. 11	p. 467
4.2.99.18	EC 3.1.25.2, DNA-(apurinic or apyrimidinic site) lyase, v. 5	p. 150
3.1.3.64	EC 3.1.3.65, phosphatidylinositol-3-phosphatase, v. 10	p. 483
3.1.15.1	EC 3.1.4.1, venom exonuclease, v. 11	p. 417
4.6.1.13	EC 3.1.4.10, phosphatidylinositol diacylglycerol-lyase, v. S7	p. 421
3.1.13.3	EC 3.1.4.19, oligonucleotidase, v. 11	p. 402
3.1.30.1	EC 3.1.4.21, Aspergillus nuclease S1, v. 11	p. 610
3.1.27.5	EC 3.1.4.22, pancreatic ribonuclease, v. 11	p. 584
3.1.27.1	EC 3.1.4.23, ribonuclease T2, v. 11	p. 557
3.1.11.1	EC 3.1.4.25, exodeoxyribonuclease I, v. 11	p. 357
3.1.11.2	EC 3.1.4.27, exodeoxyribonuclease III, v. 11	p. 362
3.1.11.3	EC 3.1.4.28, exodeoxyribonuclease (lambda-induced), v. 11	p. 368
3.1.21.6	EC 3.1.4.30, CC-preferring endodeoxyribonuclease, v. 11	p. 470
3.1.21.2	EC 3.1.4.30, deoxyribonuclease IV (phage-T4-induced), v. 11	p. 446
3.1.21.4	EC 3.1.4.32, type II site-specific deoxyribonuclease, v. 11	p. 454
3.1.21.3	EC 3.1.4.33, type I site-specific deoxyribonuclease, v. 11	p. 448
3.1.26.4	EC 3.1.4.34, calf thymus ribonuclease H, v. 11	p. 517
3.1.4.43	EC 3.1.4.36, glycerophosphoinositol inositolphosphodiesterase, v. 11	p. 204
3.1.4.4	EC 3.1.4.4, phospholipase D, v. 11	p. 47
4.6.1.14	EC 3.1.4.47, glycosylphosphatidylinositol diacylglycerol-lyase, v. S7	p. 441
3.1.21.1	EC 3.1.4.5, deoxyribonuclease I, v. 11	p. 431
3.1.22.1	EC 3.1.4.6, deoxyribonuclease II, v. 11	p. 474
3.1.31.1	EC 3.1.4.7, micrococcal nuclease, v. 11	p. 632
3.1.27.3	EC 3.1.4.8, ribonuclease T1, v. 11	p. 572
3.1.30.2	EC 3.1.4.9, Serratia marcescens nuclease, v. 11	p. 626
4.2.2.15	EC 3.2.1.138, anhydrosialidase, v. S7	p. 131
3.2.1.80	EC 3.2.1.153, fructan β-fructosidase, v. 13	p. 275
3.2.1.52	EC 3.2.1.30, β-N-acetylhexosaminidase, v. 13	p. 50
3.2.1.41	EC 3.2.1.69, pullulanase, v. 12	p. 594
3.2.1.55	EC 3.2.1.79, α-N-arabinofuranosidase, v. 13	p. 106
3.2.1.147	EC 3.2.3.1, thioglucosidase, v. 13	p. 587
3.3.2.9	EC 3.3.2.3, microsomal epoxide hydrolase, v. S5	p. 200
3.3.2.10	EC 3.3.2.3, soluble epoxide hydrolase, v. S5	p. 228
3.4.11.1	EC 3.4.1.1, leucyl aminopeptidase, v. 6	p. 40
3.4.11.2	EC 3.4.1. 2, membrane alanyl aminopeptidase, v. 6	p. 53
3.4.11.2	EC 3.4.1.2, membrane alanyl aminopeptidase, v. 6	p. 53
3.4.11.4	ec 3.4.1.3, tripeptide aminopeptidase, v. 6	p. 75

EC 3.4.1.4

3.4.11.5	EC 3.4.1.4, prolyl aminopeptidase, v. 6	p. 83
3.4.11.21	EC 3.4.11.7, aspartyl aminopeptidase, v. 6	p. 173
3.4.19.3	EC 3.4.11.8, pyroglutamyl-peptidase I, v. 6	p. 529
3.4.16.5	EC 3.4.12.1, carboxypeptidase C, v. 6	p. 385
3.4.16.6	EC 3.4.12.1, carboxypeptidase D, v. 6	p. 397
3.4.19.9	EC 3.4.12.10, γ-glutamyl hydrolase, v. 6	p. 560
3.4.17.6	EC 3.4.12.11, alanine carboxypeptidase, v. 6	p. 443
3.4.17.1	EC 3.4.12.2, carboxypeptidase A, v. 6	p. 401
3.4.17.2	EC 3.4.12.3, carboxypeptidase B, v. 6	p. 418
3.4.16.2	EC 3.4.12.4, lysosomal Pro-Xaa carboxypeptidase, v. 6	p. 370
3.4.17.8	EC 3.4.12.6, muramoylpentapeptide carboxypeptidase, v. 6	p. 448
3.4.17.3	EC 3.4.12.7, lysine carboxypeptidase, v. 6	p. 428
3.4.17.4	EC 3.4.12.8, Gly-Xaa carboxypeptidase, v. 6	p. 437
3.4.13.18	EC 3.4.13.1, cytosol nonspecific dipeptidase, v. 6	p. 227
3.4.19.5	EC 3.4.13.10, β-aspartyl-peptidase, v. 6	p. 546
3.4.13.18	EC 3.4.13.11, cytosol nonspecific dipeptidase, v. 6	p. 227
3.4.13.19	EC 3.4.13.11, membrane dipeptidase, v. 6	p. 239
3.4.13.18	EC 3.4.13.15, cytosol nonspecific dipeptidase, v. 6	p. 227
3.4.13.18	EC 3.4.13.2, cytosol nonspecific dipeptidase, v. 6	p. 227
3.4.13.18	EC 3.4.13.8, cytosol nonspecific dipeptidase, v. 6	p. 227
3.4.11.4	EC 3.4.14.10, tripeptide aminopeptidase, v. 6	p. 75
3.4.15.5	EC 3.4.15.1, Peptidyl-dipeptidase Dcp, v. 6	p. 365
3.4.15.5	EC 3.4.15.3, Peptidyl-dipeptidase Dcp, v. 6	p. 365
3.4.16.5	EC 3.4.16.1, carboxypeptidase C, v. 6	p. 385
3.4.16.6	EC 3.4.16.1, carboxypeptidase D, v. 6	p. 397
3.4.17.4	EC 3.4.17.9, Gly-Xaa carboxypeptidase, v. 6	p. 437
3.4.17.21	EC 3.4.19.8, Glutamate carboxypeptidase II, v. 6	p. 498
3.4.17.1	EC 3.4.2.1, carboxypeptidase A, v. 6	p. 401
3.4.17.2	EC 3.4.2.2, carboxypeptidase B, v. 6	p. 418
3.4.17.4	EC 3.4.2.3, Gly-Xaa carboxypeptidase, v. 6	p. 437
3.4.21.37	EC 3.4.21.11, leukocyte elastase, v. 7	p. 164
3.4.21.36	EC 3.4.21.11, pancreatic elastase, v. 7	p. 158
3.4.16.5	EC 3.4.21.13, carboxypeptidase C, v. 6	p. 385
3.4.16.6	EC 3.4.21.13, carboxypeptidase D, v. 6	p. 397
3.4.21.67	EC 3.4.21.14, Endopeptidase So, v. 7	p. 327
3.4.21.63	EC 3.4.21.14, Oryzin, v. 7	p. 300
3.4.21.62	EC 3.4.21.14, Subtilisin, v. 7	p. 285
3.4.21.66	EC 3.4.21.14, Thermitase, v. 7	p. 320
3.4.21.65	EC 3.4.21.14, Thermomycolin, v. 7	p. 315
3.4.21.64	EC 3.4.21.14, peptidase K, v. 7	p. 308
3.4.21.63	EC 3.4.21.15, Oryzin, v. 7	p. 300
3.4.24.58	EC 3.4.21.23, russellysin, v. 8	p. 497
3.4.21.74	EC 3.4.21.28, Venombin A, v. 7	p. 364
3.4.21.74	EC 3.4.21.29, Venombin A, v. 7	p. 364
3.4.21.74	EC 3.4.21.30, Venombin A, v. 7	p. 364
3.4.21.68	EC 3.4.21.31, t-Plasminogen activator, v. 7	p. 331
3.4.21.73	EC 3.4.21.31, u-Plasminogen activator, v. 7	p. 357
3.4.21.76	EC 3.4.21.37, Myeloblastin, v. 7	p. 380
3.4.21.34	EC 3.4.21.8, plasma kallikrein, v. 7	p. 136
3.4.21.35	EC 3.4.21.8, tissue kallikrein, v. 7	p. 141
3.4.23.49	EC 3.4.21.87, omptin, v. S6	p. 262
3.4.24.56	EC 3.4.22.11, insulysin, v. 8	p. 485
3.4.19.9	EC 3.4.22.12, γ-glutamyl hydrolase, v. 6	p. 560
3.4.24.15	EC 3.4.22.19, thimet oligopeptidase, v. 8	p. 275
3.4.24.37	EC 3.4.22.22, saccharolysin, v. 8	p. 413

3.4.21.61	EC 3.4.22.23, Kexin, v. 7 | p. 280
3.4.22.33	EC 3.4.22.4, Fruit bromelain, v. 7 | p. 685
3.4.22.32	EC 3.4.22.4, Stem bromelain, v. 7 | p. 675
3.4.22.33	EC 3.4.22.5, Fruit bromelain, v. 7 | p. 685
3.4.21.48	EC 3.4.22.9, cerevisin, v. 7 | p. 222
3.4.23.22	EC 3.4.23.10, Endothiapepsin, v. 8 | p. 102
3.4.21.103	EC 3.4.23.27, physarolisin, v. S5 | p. 308
3.4.21.101	EC 3.4.23.33, xanthomonalisin, v. 7 | p. 490
3.4.21.100	EC 3.4.23.37, sedolisin, v. 7 | p. 487
3.4.23.28	EC 3.4.23.6, Acrocylindropepsin, v. 8 | p. 134
3.4.23.18	EC 3.4.23.6, Aspergillopepsin I, v. 8 | p. 78
3.4.23.19	EC 3.4.23.6, Aspergillopepsin II, v. 8 | p. 87
3.4.23.24	EC 3.4.23.6, Candidapepsin, v. 8 | p. 114
3.4.23.22	EC 3.4.23.6, Endothiapepsin, v. 8 | p. 102
3.4.23.23	EC 3.4.23.6, Mucorpepsin, v. 8 | p. 106
3.4.23.20	EC 3.4.23.6, Penicillopepsin, v. 8 | p. 89
3.4.23.30	EC 3.4.23.6, Pycnoporopepsin, v. 8 | p. 139
3.4.23.21	EC 3.4.23.6, Rhizopuspepsin, v. 8 | p. 96
3.4.23.26	EC 3.4.23.6, Rhodotorulapepsin, v. 8 | p. 126
3.4.23.25	EC 3.4.23.6, Saccharopepsin, v. 8 | p. 120
3.4.21.103	EC 3.4.23.6, physarolisin, v. S5 | p. 308
3.4.23.20	EC 3.4.23.7, Penicillopepsin, v. 8 | p. 89
3.4.23.25	EC 3.4.23.8, Saccharopepsin, v. 8 | p. 120
3.4.23.21	EC 3.4.23.9, Rhizopuspepsin, v. 8 | p. 96
3.4.24.18	EC 3.4.24.11, meprin A, v. 8 | p. 305
3.4.21.32	EC 3.4.24.3, brachyurin, v. 7 | p. 129
3.4.21.32	EC 3.4.24.34, brachyurin, v. 7 | p. 129
3.4.24.29	EC 3.4.24.4, aureolysin, v. 8 | p. 379
3.4.24.28	EC 3.4.24.4, bacillolysin, v. 8 | p. 374
3.4.24.30	EC 3.4.24.4, coccolysin, v. 8 | p. 383
3.4.24.39	EC 3.4.24.4, deuterolysin, v. 8 | p. 421
3.4.24.31	EC 3.4.24.4, mycolysin, v. 8 | p. 389
3.4.24.26	EC 3.4.24.4, pseudolysin, v. 8 | p. 363
3.4.24.27	EC 3.4.24.4, thermolysin, v. 8 | p. 367
3.4.24.25	EC 3.4.24.4, vibriolysin, v. 8 | p. 358
3.4.24.32	EC 3.4.24.4, β-Lytic metalloendopeptidase, v. 8 | p. 392
3.4.21.32	EC 3.4.24.7, brachyurin, v. 7 | p. 129
3.4.24.3	EC 3.4.24.7, microbial collagenase, v. 8 | p. 205
3.4.24.34	EC 3.4.24.7, neutrophil collagenase, v. 8 | p. 399
3.4.13.18	EC 3.4.3.1, cytosol nonspecific dipeptidase, v. 6 | p. 227
3.4.13.18	EC 3.4.3.2, cytosol nonspecific dipeptidase, v. 6 | p. 227
3.4.13.3	EC 3.4.3.3, Xaa-His dipeptidase, v. 6 | p. 187
3.4.13.5	EC 3.4.3.4, Xaa-methyl-His dipeptidase, v. 6 | p. 195
3.4.13.9	EC 3.4.3.7, Xaa-Pro dipeptidase, v. 6 | p. 204
3.4.23.1	EC 3.4.4.1, pepsin A, v. 8 | p. 1
3.4.22.2	EC 3.4.4.10, papain, v. 7 | p. 518
3.4.22.6	EC 3.4.4.11, chymopapain, v. 6 | p. 544
3.4.22.3	EC 3.4.4.12, ficain, v. 7 | p. 531
3.4.21.5	EC 3.4.4.13, thrombin, v. 7 | p. 26
3.4.21.7	EC 3.4.4.14, plasmin, v. 7 | p. 41
3.4.23.15	EC 3.4.4.15, renin, v. 8 | p. 57
3.4.21.62	EC 3.4.4.16, Subtilisin, v. 7 | p. 285
3.4.22.10	EC 3.4.4.18, streptopain, v. 7 | p. 564
3.4.21.32	EC 3.4.4.19, brachyurin, v. 7 | p. 129
3.4.24.7	EC 3.4.4.19, interstitial collagenase, v. 8 | p. 218

3.4.24.3	EC 3.4.4.19, microbial collagenase, v. 8	p. 205
3.4.23.2	EC 3.4.4.2, pepsin B, v. 8	p. 11
3.4.22.8	EC 3.4.4.20, clostripain, v. 7	p. 555
3.4.21.34	EC 3.4.4.21, plasma kallikrein, v. 7	p. 136
3.4.21.35	EC 3.4.4.21, tissue kallikrein, v. 7	p. 141
3.4.23.3	EC 3.4.4.22, gastricsin, v. 8	p. 14
3.4.23.5	EC 3.4.4.23, cathepsin D, v. 8	p. 28
3.4.22.32	EC 3.4.4.24, Stem bromelain, v. 7	p. 675
3.4.23.4	EC 3.4.4.3, chymosin, v. 8	p. 21
3.4.21.4	EC 3.4.4.4, trypsin, v. 7	p. 12
3.4.21.1	EC 3.4.4.5, chymotrypsin, v. 7	p. 1
3.4.21.1	EC 3.4.4.6, chymotrypsin, v. 7	p. 1
3.4.21.37	EC 3.4.4.7, leukocyte elastase, v. 7	p. 164
3.4.21.36	EC 3.4.4.7, pancreatic elastase, v. 7	p. 158
3.4.21.9	EC 3.4.4.8, enteropeptidase, v. 7	p. 49
3.4.14.1	EC 3.4.4.9, dipeptidyl-peptidase I, v. 6	p. 255
3.4.23.28	EC 3.4.99.1, Acrocylindropepsin, v. 8	p. 134
3.4.24.56	EC 3.4.99.10, insulysin, v. 8	p. 485
3.4.24.32	EC 3.4.99.13, β-Lytic metalloendopeptidase, v. 8	p. 392
3.4.23.26	EC 3.4.99.15, Rhodotorulapepsin, v. 8	p. 126
3.4.23.15	EC 3.4.99.19, renin, v. 8	p. 57
3.4.24.29	EC 3.4.99.22, aureolysin, v. 8	p. 379
3.4.23.30	EC 3.4.99.25, Pycnoporopepsin, v. 8	p. 139
3.4.21.68	EC 3.4.99.26, t-Plasminogen activator, v. 7	p. 331
3.4.21.73	EC 3.4.99.26, u-Plasminogen activator, v. 7	p. 357
3.4.21.60	EC 3.4.99.28, Scutelarin, v. 7	p. 277
3.4.24.20	EC 3.4.99.30, peptidyl-Lys metalloendopeptidase, v. 8	p. 323
3.4.24.15	EC 3.4.99.31, thimet oligopeptidase, v. 8	p. 275
3.4.24.20	EC 3.4.99.32, peptidyl-Lys metalloendopeptidase, v. 8	p. 323
3.4.23.36	EC 3.4.99.35, Signal peptidase II, v. 8	p. 170
3.4.21.89	EC 3.4.99.36, Signal peptidase I, v. 7	p. 431
3.4.21.88	EC 3.4.99.37, Repressor LexA, v. 7	p. 428
3.4.23.17	EC 3.4.99.38, Pro-opiomelanocortin converting enzyme, v. 8	p. 73
3.4.23.12	EC 3.4.99.4, nepenthesin, v. 8	p. 51
3.4.23.42	EC 3.4.99.43, thermopsin, v. 8	p. 191
3.4.24.55	EC 3.4.99.44, pitrilysin, v. 8	p. 481
3.4.24.56	EC 3.4.99.45, insulysin, v. 8	p. 485
3.4.25.1	EC 3.4.99.46, proteasome endopeptidase complex, v. 8	p. 587
3.4.21.32	EC 3.4.99.5, brachyurin, v. 7	p. 129
3.4.24.7	EC 3.4.99.5, interstitial collagenase, v. 8	p. 218
3.4.24.3	EC 3.4.99.5, microbial collagenase, v. 8	p. 205
3.4.24.21	EC 3.4.99.6, astacin, v. 8	p. 330
3.5.1.13	EC 3.5.1.13, AAA-1, aryl-acylamidase, v. 14	p. 304
3.5.1.13	EC 3.5.1.13 AAA-2, aryl-acylamidase, v. 14	p. 304
3.5.1.83	EC 3.5.1.15, N-Acyl-D-aspartate deacylase, v. 14	p. 614
3.4.13.5	EC 3.5.1.34, Xaa-methyl-His dipeptidase, v. 6	p. 195
3.5.1.82	EC 3.5.1.55, N-Acyl-D-glutamate deacylase, v. 14	p. 610
4.2.1.104	EC 3.5.5.3, cyanase, v. S7	p. 91
3.6.3.8	EC 3.6.1.3, Ca2+-transporting ATPase, v. 15	p. 566
3.6.3.4	EC 3.6.1.3, Cu2+-exporting ATPase, v. 15	p. 544
3.6.3.6	EC 3.6.1.3, H+-exporting ATPase, v. 15	p. 554
3.6.3.9	EC 3.6.1.3, Na+/K+-exchanging ATPase, v. 15	p. 573
3.6.3.6	EC 3.6.1.35, H+-exporting ATPase, v. 15	p. 554
3.6.3.9	EC 3.6.1.37, Na+/K+-exchanging ATPase, v. 15	p. 573
3.6.5.1	EC 3.6.1.46, heterotrimeric G-protein GTPase, v. S6	p. 462

3.6.5.2	EC 3.6.1.47, small monomeric GTPase, v. S6	p. 476
3.6.5.3	EC 3.6.1.48, protein-synthesizing GTPase, v. S6	p. 494
3.6.5.4	EC 3.6.1.49, signal-recognition-particle GTPase, v. S6	p. 511
3.6.5.6	EC 3.6.1.51, tubulin GTPase, v. S6	p. 539
3.6.3.1	EC 3.6.3.13, phospholipid-translocating ATPase, v. 15	p. 532
3.6.3.7	EC 3.6.3.9, Na+-exporting ATPase, v. 15	p. 561
3.6.5.5	EC 3.6.5.5, dynamin GTPase, v. S6	p. 522
1.97.1.10	EC 3.8.1.4, thyroxine 5'-deiodinase, v. S1	p. 788
3.1.8.2	EC 3.8.2.1, diisopropyl-fluorophosphatase, v. 11	p. 350
2.1.1.128	Ec4'OMT, (RS)-norcoclaurine 6-O-methyltransferase, v. 28	p. 589
4.1.1.12	EC 4.1.1.10, aspartate 4-decarboxylase, v. 3	p. 61
4.1.1.28	EC 4.1.1.26, aromatic-L-amino-acid decarboxylase, v. 3	p. 152
4.1.1.28	EC 4.1.1.27, aromatic-L-amino-acid decarboxylase, v. 3	p. 152
2.5.1.54	EC 4.1.2.15, 3-deoxy-7-phosphoheptulonate synthase, v. 34	p. 146
2.5.1.55	EC 4.1.2.16, 3-deoxy-8-phosphooctulonate synthase, v. 34	p. 172
4.1.3.16	EC 4.1.2.31, 4-Hydroxy-2-oxoglutarate aldolase, v. 4	p. 103
2.1.2.1	EC 4.1.2.6, glycine hydroxymethyltransferase, v. 29	p. 1
4.1.2.13	EC 4.1.2.7, Fructose-bisphosphate aldolase, v. 3	p. 455
2.3.3.12	EC 4.1.3.11, 3-propylmalate synthase, v. 30	p. 674
2.3.3.13	EC 4.1.3.12, 2-isopropylmalate synthase, v. 30	p. 676
2.2.1.5	EC 4.1.3.15, 2-hydroxy-3-oxoadipate synthase, v. 29	p. 197
2.2.1.6	EC 4.1.3.18, acetolactate synthase, v. 29	p. 202
2.5.1.56	EC 4.1.3.19, N-acetylneuraminate synthase, v. 34	p. 184
2.3.3.9	EC 4.1.3.2, malate synthase, v. 30	p. 644
2.5.1.57	EC 4.1.3.20, N-acylneuraminate-9-phosphate synthase, v. 34	p. 190
2.3.3.14	EC 4.1.3.21, homocitrate synthase, v. 30	p. 688
2.3.3.2	EC 4.1.3.23, decylcitrate synthase, v. 30	p. 609
2.3.3.4	EC 4.1.3.29, decylhomocitrate synthase, v. 30	p. 616
2.3.3.5	EC 4.1.3.31, 2-methylcitrate synthase, v. 30	p. 618
2.2.1.7	EC 4.1.3.37, 1-deoxy-D-xylulose-5-phosphate synthase, v. 29	p. 217
2.3.3.10	EC 4.1.3.5, hydroxymethylglutaryl-CoA synthase, v. 30	p. 657
2.3.3.1	EC 4.1.3.7, citrate (Si)-synthase, v. 30	p. 582
2.3.3.8	EC 4.1.3.8, ATP citrate synthase, v. 30	p. 631
2.3.3.11	EC 4.1.3.9, 2-hydroxyglutarate synthase, v. 30	p. 672
3.5.99.7	EC 4.1.99.4, 1-aminocyclopropane-1-carboxylate deaminase, v. 15	p. 234
4.4.1.15	EC 4.1.99.4, D-cysteine desulfhydrase, v. 5	p. 385
4.2.3.6	EC 4.1.99.6, trichodiene synthase, v. 5	p. 74
4.2.3.9	EC 4.1.99.7, aristolochene synthase, v. S7	p. 219
4.2.1.10	EC 4.2.1.10, 3-dehydroquinate dehydratase, v. 4	p. 304
4.2.1.100	EC 4.2.1.102, cyclohexa-1,5-dienecarbonyl-CoA hydratase, v. S7	p. 80
4.3.1.17	EC 4.2.1.13, L-Serine ammonia-lyase, v. S7	p. 332
4.3.1.18	EC 4.2.1.14, D-Serine ammonia-lyase, v. S7	p. 348
4.4.1.1	EC 4.2.1.15, cystathionine γ-lyase, v. 5	p. 297
4.3.1.19	EC 4.2.1.16, threonine ammonia-lyase, v. S7	p. 356
4.3.1.9	ec4.2.1.26, glucosaminate ammonia-lyase, v. 5	p. 230
4.99.1.6	EC 4.2.1.29, indoleacetaldoxime dehydratase, v. S7	p. 473
3.3.2.4	EC 4.2.1.37, trans-epoxysuccinate hydrolase, v. 14	p. 172
4.3.1.20	EC 4.2.1.38, Erythro-3-hydroxyaspartate ammonia-lyase, v. S7	p. 373
4.2.1.59	EC 4.2.1.59, D-3-hydroxyoctanoyl-[acyl carrier protein], 3-Hydroxyoctanoyl-[acyl-carrier-protein] dehydratase, v. 4	p. 549
4.2.1.27	EC 4.2.1.71, acetylenecarboxylate hydratase, v. 4	p. 418
4.1.1.78	EC 4.2.1.72, acetylenedicarboxylate decarboxylase, v. S7	p. 1
4.2.2.20	EC 4.2.2.4, chondroitin-sulfate-ABC endolyase, v. S7	p. 159
4.2.2.1	EC 4.2.99.1, hyaluronate lyase, v. 5	p. 1
2.5.1.49	EC 4.2.99.10, O-acetylhomoserine aminocarboxypropyltransferase, v. 34	p. 122

4.2.3.3	EC 4.2.99.11, methylglyoxal synthase, v. S7	p. 185
2.5.1.50	EC 4.2.99.13, zeatin 9-aminocarboxyethyltransferase, v. 34	p. 133
2.5.1.51	EC 4.2.99.14, β-pyrazolylalanine synthase, v. 34	p. 137
2.5.1.52	EC 4.2.99.15, L-mimosine synthase, v. 34	p. 140
4.2.3.1	EC 4.2.99.2, threonine synthase, v. S7	p. 173
4.2.2.2	EC 4.2.99.3, pectate lyase, v. 5	p. 6
4.2.2.3	EC 4.2.99.4 (formerly), poly(β-D-mannuronate) lyase, v. 5	p. 19
4.2.2.5	EC 4.2.99.6, chondroitin AC lyase, v. 5	p. 31
4.2.3.2	EC 4.2.99.7, ethanolamine-phosphate phospho-lyase, v. S7	p. 182
2.5.1.47	EC 4.2.99.8, cysteine synthase, v. 34	p. 84
2.5.1.48	EC 4.2.99.9, cystathionine γ-synthase, v. 34	p. 107
4.3.1.9	EC 4.3.1.21, glucosaminate ammonia-lyase, v. 5	p. 230
4.3.1.9	ec4.3.1.21, glucosaminate ammonia-lyase, v. 5	p. 230
2.5.1.61	EC 4.3.1.8, hydroxymethylbilane synthase, v. 34	p. 226
4.2.1.104	EC 4.3.99.1, cyanase, v. S7	p. 91
2.3.3.15	EC 4.4.1.12, sulfoacetaldehyde acetyltransferase, v. 30	p. 696
1.8.3.5	EC 4.4.1.18, prenylcysteine oxidase, v. 24	p. 612
4.2.3.12	EC 4.6.1.10, 6-pyruvoyltetrahydropterin synthase, v. S7	p. 235
4.2.3.13	EC 4.6.1.11, (+)-δ-cadinene synthase, v. S7	p. 250
4.2.3.4	EC 4.6.1.3, 3-dehydroquinate synthase, v. S7	p. 194
4.2.3.5	EC 4.6.1.4, chorismate synthase, v. S7	p. 202
4.2.3.7	EC 4.6.1.5, pentalenene synthase, v. S7	p. 211
4.2.3.8	EC 4.6.1.7, casbene synthase, v. S7	p. 215
4.2.3.10	EC 4.6.1.8, (-)-endo-fenchol synthase, v. S7	p. 227
4.2.3.11	EC 4.6.1.9, sabinene-hydrate synthase, v. S7	p. 231
2.7.1.60	EC 5.1.3.14/EC 2.7.1.60, N-acylmannosamine kinase, v. 36	p. 144
5.3.1.3	EC 5.3.1.25, Arabinose isomerase, v. 1	p. 249
3.5.99.6	EC 5.3.1.10, glucosamine-6-phosphate deaminase, v. 15	p. 225
2.6.1.16	EC 5.3.1.19, glutamine-fructose-6-phosphate transaminase (isomerizing), v. 34	p. 376
5.3.1.25	EC 5.3.1.3, L-Fucose isomerase, v. 1	p. 359
5.3.99.6	EC 5.3.99.1, Allene-oxide cyclase, v. 1	p. 483
4.2.1.92	EC 5.3.99.1, hydroperoxide dehydratase, v. 4	p. 653
5.4.4.2	EC 5.4.99.6, Isochorismate synthase, v. S7	p. 526
6.1.1.23	EC 6.1.1.12, aspartate-tRNAAsn ligase, v. S7	p. 562
6.2.1.30	EC 6.2.1.21, phenylacetate-CoA ligase, v. 2	p. 330
6.3.4.13	EC 6.3.1.3, phosphoribosylamine-glycine ligase, v. 2	p. 626
5.3.1.4	ECAI, L-Arabinose isomerase, v. 1	p. 254
3.5.1.1	EcAII, asparaginase, v. 14	p. 190
3.5.1.1	EcAIII, asparaginase, v. 14	p. 190
3.4.19.5	EcAIII, β-aspartyl-peptidase, v. 6	p. 546
3.5.1.1	EcaL-ASNase, asparaginase, v. 14	p. 190
5.1.1.1	EcAlr, Alanine racemase, v. 1	p. 1
1.4.3.21	ECAO, primary-amine oxidase	
3.5.1.1	ECAR-LANS, asparaginase, v. 14	p. 190
2.5.1.19	EcaroA, 3-phosphoshikimate 1-carboxyvinyltransferase, v. 33	p. 546
1.2.1.11	ecASADH, aspartate-semialdehyde dehydrogenase, v. 20	p. 125
5.3.4.1	ECaSt/PDI, Protein disulfide-isomerase, v. 1	p. 436
4.2.1.1	ECCA, carbonate dehydratase, v. 4	p. 242
5.4.99.5	EcCM, Chorismate mutase, v. 1	p. 604
5.4.99.5	EcCM-R, Chorismate mutase, v. 1	p. 604
6.3.4.2	EcCTPS, CTP synthase, v. 2	p. 559
1.13.11.2	ECDO, catechol 2,3-dioxygenase, v. 25	p. 395
1.8.4.11	ecdysone-induced protein 28/29 kDa, peptide-methionine (S)-S-oxide reductase, v. S1	p. 291
1.14.99.22	ecdysone 20-hydroxylase, ecdysone 20-monooxygenase, v. 27	p. 349

1.14.99.22	α-ecdysone C-20 hydroxylase, ecdysone 20-monooxygenase, v. 27	p. 349
1.1.3.16	β-ecdysone oxidase, ecdysone oxidase, v. 19	p. 148
1.1.3.16	ecdysone oxidase, ecdysone oxidase, v. 19	p. 148
3.4.24.71	ECE, endothelin-converting enzyme 1, v. 8	p. 562
3.4.24.71	ECE-1, endothelin-converting enzyme 1, v. 8	p. 562
3.4.24.71	ECE-2, endothelin-converting enzyme 1, v. 8	p. 562
3.4.24.71	ECE-3, endothelin-converting enzyme 1, v. 8	p. 562
3.4.24.71	ECE-Ia, endothelin-converting enzyme 1, v. 8	p. 562
3.4.24.71	ECE1, endothelin-converting enzyme 1, v. 8	p. 562
2.3.1.180	ecFabH, β-ketoacyl-acyl-carrier-protein synthase III, v. S2	p. 99
2.7.4.8	ecGMPK, guanylate kinase, v. 37	p. 543
4.2.1.17	ECH, enoyl-CoA hydratase, v. 4	p. 360
1.12.99.6	ECH, hydrogenase (acceptor), v. 25	p. 373
4.2.1.17	ECH1, enoyl-CoA hydratase, v. 4	p. 360
4.2.1.74	ECH2, long-chain-enoyl-CoA hydratase, v. 4	p. 592
3.2.1.14	Ech42, chitinase, v. 12	p. 185
1.12.99.6	EchA, hydrogenase (acceptor), v. 25	p. 373
1.12.99.6	EchB, hydrogenase (acceptor), v. 25	p. 373
1.12.99.6	EchD, hydrogenase (acceptor), v. 25	p. 373
1.12.99.6	EchE, hydrogenase (acceptor), v. 25	p. 373
1.12.99.6	EchF, hydrogenase (acceptor), v. 25	p. 373
1.12.7.2	Ech hydrogenase, ferredoxin hydrogenase, v. 25	p. 338
1.12.99.6	Ech hydrogenase, hydrogenase (acceptor), v. 25	p. 373
5.3.3.8	ECI, dodecenoyl-CoA isomerase, v. 1	p. 413
5.3.3.8	ECI1, dodecenoyl-CoA isomerase, v. 1	p. 413
5.3.3.8	Eci1p, dodecenoyl-CoA isomerase, v. 1	p. 413
3.1.21.4	EciI, type II site-specific deoxyribonuclease, v. 11	p. 454
6.3.2.2	γ-ECL, Glutamate-cysteine ligase, v. 2	p. 399
4.4.1.21	EcLuxS, S-ribosylhomocysteine lyase, v. S7	p. 400
2.1.1.56	Ecm1, mRNA (guanine-N7-)-methyltransferase, v. 28	p. 310
2.7.11.18	EC MLCK, myosin-light-chain kinase, v. S4	p. 54
4.1.3.3	EcNanA, N-acetylneuraminate lyase, v. 4	p. 24
3.1.21.4	Eco1524I, type II site-specific deoxyribonuclease, v. 11	p. 454
3.1.21.4	Eco31I, type II site-specific deoxyribonuclease, v. 11	p. 454
3.1.21.4	Eco31I, type II site-specific deoxyribonuclease, v. 11	p. 454
3.1.21.3	Eco394I, type I site-specific deoxyribonuclease, v. 11	p. 448
3.1.21.4	Eco47III, type II site-specific deoxyribonuclease, v. 11	p. 454
3.1.21.4	Eco57I, type II site-specific deoxyribonuclease, v. 11	p. 454
3.1.21.3	Eco826I, type I site-specific deoxyribonuclease, v. 11	p. 448
3.1.21.3	Eco851I, type I site-specific deoxyribonuclease, v. 11	p. 448
3.1.21.3	Eco912I, type I site-specific deoxyribonuclease, v. 11	p. 448
3.1.21.3	EcoAI, type I site-specific deoxyribonuclease, v. 11	p. 448
3.1.21.3	EcoB, type I site-specific deoxyribonuclease, v. 11	p. 448
3.1.21.3	EcoBI, type I site-specific deoxyribonuclease, v. 11	p. 448
1.14.14.1	ECOD, unspecific monooxygenase, v. 26	p. 584
2.1.1.72	EcoDam, site-specific DNA-methyltransferase (adenine-specific), v. 28	p. 390
2.1.1.72	EcoDam DNA-[N6-adenine] MTase, site-specific DNA-methyltransferase (adenine-specific), v. 28	p. 390
3.1.21.3	EcoDI, type I site-specific deoxyribonuclease, v. 11	p. 448
3.1.21.3	EcoDXXI, type I site-specific deoxyribonuclease, v. 11	p. 448
3.1.21.3	EcoEI, type I site-specific deoxyribonuclease, v. 11	p. 448
3.1.21.3	EcoK, type I site-specific deoxyribonuclease, v. 11	p. 448
3.1.21.3	EcoKI, type I site-specific deoxyribonuclease, v. 11	p. 448
3.2.1.4	Econase, cellulase, v. 12	p. 88
4.2.99.18	EcoNth, DNA-(apurinic or apyrimidinic site) lyase, v. 5	p. 150

3.1.21.4	EcoO109I, type II site-specific deoxyribonuclease, v. 11 | p. 454	
3.1.21.5	EcoP15I, type III site-specific deoxyribonuclease, v. 11 | p. 467	
3.1.21.5	EcoPI, type III site-specific deoxyribonuclease, v. 11 | p. 467	
3.1.21.3	EcoR, type I site-specific deoxyribonuclease, v. 11 | p. 448	
3.1.21.3	EcoR124/3I, type I site-specific deoxyribonuclease, v. 11 | p. 448	
3.1.21.3	EcoR124I, type I site-specific deoxyribonuclease, v. 11 | p. 448	
3.1.21.4	EcoRI, type II site-specific deoxyribonuclease, v. 11 | p. 454	
3.1.21.4	EcoRII, type II site-specific deoxyribonuclease, v. 11 | p. 454	
2.1.1.37	EcoRII DNA-cytosine methylase, DNA (cytosine-5-)-methyltransferase, v. 28 | p. 197	
2.1.1.72	EcoRII DNA methyltransferase, site-specific DNA-methyltransferase (adenine-specific), v. 28 | p. 390	
2.1.1.37	EcoRI methylase, DNA (cytosine-5-)-methyltransferase, v. 28 | p. 197	
3.1.21.4	EcoRV, type II site-specific deoxyribonuclease, v. 11 | p. 454	
3.1.26.11	EcoTrz, tRNase Z, v. S5 | p. 105	
3.1.26.11	EcoZ, tRNase Z, v. S5 | p. 105	
3.1.3.26	Ecp, 4-phytase, v. 10 | p. 289	
3.4.22.48	Ecp, staphopain, v. S6 | p. 11	
3.5.1.88	EcPDF, peptide deformylase, v. 14 | p. 631	
2.4.2.1	EcPNP, purine-nucleoside phosphorylase, v. 33 | p. 1	
1.3.1.52	ECR, 2-methyl-branched-chain-enoyl-CoA reductase, v. 21 | p. 277	
3.1.22.4	ECRuvC protein, crossover junction endodeoxyribonuclease, v. 11 | p. 487	
6.3.2.2	γ-ECS, Glutamate-cysteine ligase, v. 2 | p. 399	
1.15.1.1	ECSOD, superoxide dismutase, v. 27 | p. 399	
6.3.2.19	ECS ubiquitin ligase, Ubiquitin-protein ligase, v. 2 | p. 506	
2.7.7.14	ECT, ethanolamine-phosphate cytidylyltransferase, v. 38 | p. 219	
2.3.1.178	EctA, diaminobutyrate acetyltransferase, v. S2 | p. 86	
2.6.1.46	EctB, diaminobutyrate-pyruvate transaminase, v. 34 | p. 560	
4.2.1.108	EctC, ectoine synthase, v. S7 | p. 104	
3.4.24.80	ectMMP-14, membrane-type matrix metalloproteinase-1, v. S6 | p. 292	
3.1.3.5	ecto-5'-NT, 5'-nucleotidase, v. 10 | p. 95	
3.1.3.5	ecto-5'-NT/CD73, 5'-nucleotidase, v. 10 | p. 95	
3.1.3.5	ecto-5'-nucleotidase, 5'-nucleotidase, v. 10 | p. 95	
3.1.3.5	ecto-5'-nucleotidase/CD73, 5'-nucleotidase, v. 10 | p. 95	
3.1.3.5	ecto-5' nucleotidase, 5'-nucleotidase, v. 10 | p. 95	
3.1.3.5	ecto-5'nucleotidase, 5'-nucleotidase, v. 10 | p. 95	
3.1.3.5	ecto-5-NT, 5'-nucleotidase, v. 10 | p. 95	
3.1.3.5	ecto-5-nucleotidase, 5'-nucleotidase, v. 10 | p. 95	
2.4.2.30	ecto-ADP-ribosyltransferase 2.2, NAD+ ADP-ribosyltransferase, v. 33 | p. 263	
2.4.2.30	ecto-ADP-ribosyltransferase ART2.2, NAD+ ADP-ribosyltransferase, v. 33 | p. 263	
3.6.1.5	ecto-ATPase, apyrase, v. 15 | p. 269	
3.6.3.23	ecto-ATPase, oligopeptide-transporting ATPase, v. 15 | p. 641	
3.6.3.14	Ecto-F1Fo ATP synthase/F1 ATPase, H+-transporting two-sector ATPase, v. 15 | p. 598	
3.2.2.5	ecto-NAD-glycohydrolase, NAD+ nucleosidase, v. 14 | p. 25	
3.6.1.5	ecto-nucleoside triphosphate diphosphohydrolase, apyrase, v. 15 | p. 269	
3.1.3.5	ecto-nucleotidase, 5'-nucleotidase, v. 10 | p. 95	
3.1.3.31	ecto-nucleotidase, nucleotidase, v. 10 | p. 316	
3.6.1.9	ecto-nucleotide pyrophosphatase, nucleotide diphosphatase, v. 15 | p. 317	
3.6.1.9	ecto-nucleotide pyrophosphatase/phosphodiesterase I-3, nucleotide diphosphatase, v. 15 | p. 317	
3.1.3.4	ecto-PAPase, phosphatidate phosphatase, v. 10 | p. 82	
3.1.3.4	ecto-phosphatidic acid phosphohydrolase, phosphatidate phosphatase, v. 10 | p. 82	
3.1.3.6	ecto 3'-nucleotidase, 3'-nucleotidase, v. 10 | p. 118	
3.1.3.5	ecto 5'-NT, 5'-nucleotidase, v. 10 | p. 95	
3.1.3.5	ecto 5'-nucleotidase, 5'-nucleotidase, v. 10 | p. 95	
6.3.2.19	ectodermin/TIF1γ, Ubiquitin-protein ligase, v. 2 | p. 506	

4.2.1.108	ectoine synthase, ectoine synthase, v. S7	p. 104
3.1.3.5	ectonucleotidase, 5'-nucleotidase, v. 10	p. 95
3.1.3.31	ectonucleotidase, nucleotidase, v. 10	p. 316
3.1.4.39	ectonucleotide pyrophosphatase/phosphodiesterase 2, alkylglycerophosphoethanolamine phosphodiesterase, v. 11	p. 187
3.1.4.39	ectonucleotide pyrophosphatase phosphodiesterase-2, alkylglycerophosphoethanolamine phosphodiesterase, v. 11	p. 187
5.99.1.2	EcTOP, DNA topoisomerase, v. 1	p. 721
2.7.10.2	ectoprotein kinase, non-specific protein-tyrosine kinase, v. S2	p. 441
1.11.1.15	EcTpx, peroxiredoxin, v. S1	p. 403
6.1.1.2	EcTrpRS, Tryptophan-tRNA ligase, v. 2	p. 9
6.3.2.19	EDD, Ubiquitin-protein ligase, v. 2	p. 506
4.6.1.1	Edema factor, adenylate cyclase, v. 5	p. 415
3.4.23.40	Edestinase, Phytepsin, v. 8	p. 181
1.1.1.62	EDH, estradiol 17β-dehydrogenase, v. 17	p. 48
3.1.1.3	EDL, triacylglycerol lipase, v. 9	p. 36
2.7.11.1	EDPK, non-specific serine/threonine protein kinase, v. S3	p. 1
5.4.4.2	Eds16, Isochorismate synthase, v. S7	p. 526
2.7.11.20	EEF-2K, elongation factor 2 kinase, v. S4	p. 126
2.7.11.20	eEF-2 kinase, elongation factor 2 kinase, v. S4	p. 126
2.7.11.20	eEF2-kinase, elongation factor 2 kinase, v. S4	p. 126
2.7.11.20	eEF2K, elongation factor 2 kinase, v. S4	p. 126
2.7.11.20	eEF2 kinase, elongation factor 2 kinase, v. S4	p. 126
2.7.10.1	Eek receptor, receptor protein-tyrosine kinase, v. S2	p. 341
3.4.24.85	Eep, S2P endopeptidase, v. S6	p. 343
3.6.5.3	EF-1α, protein-synthesizing GTPase, v. S6	p. 494
3.6.5.1	EF-2, heterotrimeric G-protein GTPase, v. S6	p. 462
3.6.5.1	EF-G, heterotrimeric G-protein GTPase, v. S6	p. 462
3.6.5.3	EF-G, protein-synthesizing GTPase, v. S6	p. 494
3.6.5.3	EF-G1mt, protein-synthesizing GTPase, v. S6	p. 494
3.6.5.3	EF-like GTPase, protein-synthesizing GTPase, v. S6	p. 494
3.6.5.3	EF-Tu, protein-synthesizing GTPase, v. S6	p. 494
3.6.5.2	EF-Tu, small monomeric GTPase, v. S6	p. 476
3.6.5.3	EF-Tumt, protein-synthesizing GTPase, v. S6	p. 494
2.7.11.20	EF2K, elongation factor 2 kinase, v. S4	p. 126
3.4.21.4	EFE, trypsin, v. 7	p. 12
2.3.1.180	efFabH, β-ketoacyl-acyl-carrier-protein synthase III, v. S2	p. 99
6.3.2.19	Effete protein, Ubiquitin-protein ligase, v. 2	p. 506
3.6.5.3	EFL, protein-synthesizing GTPase, v. S6	p. 494
2.7.10.1	EFR, receptor protein-tyrosine kinase, v. S2	p. 341
3.6.5.6	eFtsZ, tubulin GTPase, v. S6	p. 539
2.4.1.41	Eg-ppGalNAc-T1, polypeptide N-acetylgalactosaminyltransferase, v. 31	p. 384
3.2.1.4	EG1, cellulase, v. 12	p. 88
3.2.1.4	EG2, cellulase, v. 12	p. 88
3.2.1.4	EG25, cellulase, v. 12	p. 88
3.2.1.4	EG28, cellulase, v. 12	p. 88
3.2.1.4	EG3, cellulase, v. 12	p. 88
3.2.1.4	EG35, cellulase, v. 12	p. 88
3.2.1.4	EG44, cellulase, v. 12	p. 88
3.2.1.4	EG47, cellulase, v. 12	p. 88
3.6.4.4	Eg5, plus-end-directed kinesin ATPase, v. 15	p. 778
3.2.1.4	EG51, cellulase, v. 12	p. 88
3.2.1.4	EG60, cellulase, v. 12	p. 88
3.2.1.4	EGA, cellulase, v. 12	p. 88
3.2.1.123	EGALC, endoglycosylceramidase, v. 13	p. 501

2.3.1.88	EGAP, peptide α-N-acetyltransferase, v. 30 | p. 157
3.2.1.4	EGase, cellulase, v. 12 | p. 88
3.1.1.1	Egasyn, carboxylesterase, v. 9 | p. 1
3.2.1.4	EGB, cellulase, v. 12 | p. 88
3.2.1.4	EGC, cellulase, v. 12 | p. 88
3.2.1.123	EGC, endoglycosylceramidase, v. 13 | p. 501
3.2.1.62	EGC, glycosylceramidase, v. 13 | p. 168
3.2.1.123	EGCase, endoglycosylceramidase, v. 13 | p. 501
3.2.1.4	EGCCA, cellulase, v. 12 | p. 88
3.2.1.4	EGCCC, cellulase, v. 12 | p. 88
3.2.1.4	EGCCD, cellulase, v. 12 | p. 88
3.2.1.4	EGCCF, cellulase, v. 12 | p. 88
3.2.1.4	EGCCG, cellulase, v. 12 | p. 88
3.2.1.4	EGD, cellulase, v. 12 | p. 88
1.13.11.4	eGDO, gentisate 1,2-dioxygenase, v. 25 | p. 422
3.2.1.4	EGE, cellulase, v. 12 | p. 88
3.1.21.4	EgeI, type II site-specific deoxyribonuclease, v. 11 | p. 454
3.2.1.4	EGF, cellulase, v. 12 | p. 88
1.14.11.16	EGF β-hydroxylase, peptide-aspartate β-dioxygenase, v. 26 | p. 102
2.7.10.1	EGF-R, receptor protein-tyrosine kinase, v. S2 | p. 341
1.14.11.16	EGFH, peptide-aspartate β-dioxygenase, v. 26 | p. 102
2.7.10.1	Egfr, receptor protein-tyrosine kinase, v. S2 | p. 341
2.7.10.1	EGFR-TK, receptor protein-tyrosine kinase, v. S2 | p. 341
2.7.10.1	EGFR-tyrosine kinase, receptor protein-tyrosine kinase, v. S2 | p. 341
2.7.10.1	EGF receptor, receptor protein-tyrosine kinase, v. S2 | p. 341
2.7.10.1	EGF receptor protein-tyrosine kinase, receptor protein-tyrosine kinase, v. S2 | p. 341
2.7.10.1	EGF receptor tyrosine kinase, receptor protein-tyrosine kinase, v. S2 | p. 341
2.7.10.1	EGFR kinase, receptor protein-tyrosine kinase, v. S2 | p. 341
2.7.10.1	EGFR protein tyrosine kinase, receptor protein-tyrosine kinase, v. S2 | p. 341
2.7.10.1	EGF RPTK, receptor protein-tyrosine kinase, v. S2 | p. 341
2.7.10.1	EGFR PTK, receptor protein-tyrosine kinase, v. S2 | p. 341
2.7.10.1	EGF RTK, receptor protein-tyrosine kinase, v. S2 | p. 341
2.7.10.1	EGFr TK, receptor protein-tyrosine kinase, v. S2 | p. 341
2.7.10.1	EGFR tyrosine kinase, receptor protein-tyrosine kinase, v. S2 | p. 341
2.7.10.1	EGF TK, receptor protein-tyrosine kinase, v. S2 | p. 341
3.2.1.4	Egg, cellulase, v. 12 | p. 88
4.1.3.1	EgGCE, isocitrate lyase, v. 4 | p. 1
2.7.10.1	Egg laying defective protein 15, receptor protein-tyrosine kinase, v. S2 | p. 341
1.8.3.2	egg white oxidase, thiol oxidase, v. 24 | p. 594
3.2.1.4	EGH, cellulase, v. 12 | p. 88
3.2.1.4	EGI, cellulase, v. 12 | p. 88
3.2.1.4	EGIV, cellulase, v. 12 | p. 88
3.4.17.10	EGL-21, carboxypeptidase E, v. 6 | p. 455
3.2.1.4	Egl-257, cellulase, v. 12 | p. 88
3.4.21.94	EGL-3/KPC2, proprotein convertase 2, v. 7 | p. 455
3.2.1.4	EGL 1, cellulase, v. 12 | p. 88
3.2.1.4	Egl499, cellulase, v. 12 | p. 88
3.2.1.120	EglC, oligoxyloglucan β-glycosidase, v. 13 | p. 495
1.14.11.2	EGLN, procollagen-proline dioxygenase, v. 26 | p. 9
1.14.11.2	Egl nine homolog, procollagen-proline dioxygenase, v. 26 | p. 9
1.11.1.9	EGLP, glutathione peroxidase, v. 25 | p. 233
3.2.1.4	EGM, cellulase, v. 12 | p. 88
3.2.1.4	EGPh, cellulase, v. 12 | p. 88
3.2.1.4	EGSS, cellulase, v. 12 | p. 88
2.5.1.18	EGST, glutathione transferase, v. 33 | p. 524

3.2.1.4	EgV, cellulase, v. 12 | p. 88	
3.2.1.4	EGX, cellulase, v. 12 | p. 88	
3.2.1.4	EGY, cellulase, v. 12 | p. 88	
3.2.1.4	EGZ, cellulase, v. 12 | p. 88	
3.3.2.10	EH, soluble epoxide hydrolase, v. S5 | p. 228	
3.3.2.11	EH_CH, cholesterol-5,6-oxide hydrolase, v. S5 | p. 280	
1.1.1.2	EhADH1, alcohol dehydrogenase (NADP+), v. 16 | p. 45	
3.3.2.9	EHb, microsomal epoxide hydrolase, v. S5 | p. 200	
2.4.1.16	EhCHS-1, chitin synthase, v. 31 | p. 147	
2.4.1.16	EhCHS-2, chitin synthase, v. 31 | p. 147	
3.4.22.35	EhCP1, Histolysain, v. 7 | p. 694	
3.4.22.35	EhCP112, Histolysain, v. 7 | p. 694	
3.4.22.35	EhCP2, Histolysain, v. 7 | p. 694	
3.4.22.35	EhCP5, Histolysain, v. 7 | p. 694	
2.5.1.47	EhCS, cysteine synthase, v. 34 | p. 84	
3.1.21.4	EheI, type II site-specific deoxyribonuclease, v. 11 | p. 454	
2.5.1.58	EhFT, protein farnesyltransferase, v. 34 | p. 195	
5.3.1.16	eHisA, 1-(5-phosphoribosyl)-5-[(5-phosphoribosylamino)methylideneamino]imidazole-4-carboxamide isomerase, v. 1 | p. 335	
3.6.4.4	Eh Klp5, plus-end-directed kinesin ATPase, v. 15 | p. 778	
4.4.1.11	EhMGL1, methionine γ-lyase, v. 5 | p. 361	
4.4.1.11	EhMGL2, methionine γ-lyase, v. 5 | p. 361	
1.1.1.95	EhPGDH, phosphoglycerate dehydrogenase, v. 17 | p. 238	
2.7.1.40	EhPK, pyruvate kinase, v. 36 | p. 33	
2.7.9.1	EhPPDH, pyruvate, phosphate dikinase, v. 39 | p. 149	
2.6.1.52	EhPSAT, phosphoserine transaminase, v. 34 | p. 588	
3.6.5.2	EhRab11B, small monomeric GTPase, v. S6 | p. 476	
1.8.1.9	EhTRXR, thioredoxin-disulfide reductase, v. 24 | p. 517	
2.7.1.21	EHV4-TK, thymidine kinase, v. 35 | p. 270	
1.8.99.2	EiAPR, adenylyl-sulfate reductase, v. 24 | p. 694	
1.8.4.9	EiAPR, adenylyl-sulfate reductase (glutathione), v. 24 | p. 663	
5.3.3.13	eicosapentaenoate cis-Δ5,8,11,14,17-eicosapentaenoate cis-Δ5-trans-Δ7,9-cis-D14,17 isomerase, polyenoic fatty acid isomerase, v. S7 | p. 502	
1.14.19.1	eicosatrienoyl-CoA desaturase, stearoyl-CoA 9-desaturase, v. 27 | p. 194	
3.6.5.3	eIEF2, protein-synthesizing GTPase, v. S6 | p. 494	
3.6.5.3	eIF2α, protein-synthesizing GTPase, v. S6 | p. 494	
3.6.5.3	eIF2A, protein-synthesizing GTPase, v. S6 | p. 494	
4.1.1.48	eIGPS, indole-3-glycerol-phosphate synthase, v. 3 | p. 289	
3.5.1.46	EII, 6-aminohexanoate-dimer hydrolase, v. 14 | p. 467	
3.5.1.46	EII′, 6-aminohexanoate-dimer hydrolase, v. 14 | p. 467	
2.7.1.69	EIImal, protein-Npi-phosphohistidine-sugar phosphotransferase, v. 36 | p. 207	
4.1.2.10	EjHNL, Mandelonitrile lyase, v. 3 | p. 440	
3.4.21.9	EK, enteropeptidase, v. 7 | p. 49	
2.7.1.82	EKI, ethanolamine kinase, v. 36 | p. 303	
2.7.1.82	EKI1, ethanolamine kinase, v. 36 | p. 303	
3.4.21.9	EKL, enteropeptidase, v. 7 | p. 49	
3.4.21.9	EKL-His6, enteropeptidase, v. 7 | p. 49	
6.3.2.19	EL5, Ubiquitin-protein ligase, v. 2 | p. 506	
3.4.21.37	ELA2, leukocyte elastase, v. 7 | p. 164	
3.1.26.11	Elac1, tRNase Z, v. S5 | p. 105	
3.1.26.11	ELAC2, tRNase Z, v. S5 | p. 105	
1.4.3.22	ELAO, diamine oxidase	
3.4.21.63	elastase, Oryzin, v. 7 | p. 300	
3.4.21.37	elastase, leukocyte elastase, v. 7 | p. 164	
3.4.21.36	elastase, pancreatic elastase, v. 7 | p. 158	

3.4.24.26	elastase, pseudolysin, v.8|p.363	
3.4.21.2	elastase-associated acidic endopeptidase, chymotrypsin C, v.7|p.5	
3.4.21.2	elastase-like chymotrypsin, chymotrypsin C, v.7|p.5	
3.4.21.71	Elastase 2, Pancreatic elastase II, v.7|p.351	
3.4.24.26	elastase B, pseudolysin, v.8|p.363	
6.3.4.5	Elastin-binding protein, Argininosuccinate synthase, v.2|p.595	
3.4.21.63	Elastinolytic serine proteinase, Oryzin, v.7|p.300	
3.4.24.26	elastolytic metalloproteinase, pseudolysin, v.8|p.363	
3.4.21.37	elaszym, leukocyte elastase, v.7|p.164	
3.4.21.36	elaszym, pancreatic elastase, v.7|p.158	
3.2.1.21	elaterase, β-glucosidase, v.12|p.299	
1.5.5.1	electron-transfer flavoprotein-2,3-dimethoxy-5-methyl-1,4-benzoquinone oxidoreductase, electron-transferring-flavoprotein dehydrogenase, v.23|p.326	
1.5.5.1	electron-transfer flavoprotein-ubiquinone oxidoreductase, electron-transferring-flavoprotein dehydrogenase, v.23|p.326	
1.5.5.1	Electron-transferring-flavoprotein dehydrogenase, electron-transferring-flavoprotein dehydrogenase, v.23|p.326	
3.6.3.10	electroneutral H+/K+-ATPase, H+/K+-exchanging ATPase, v.15|p.581	
1.5.5.1	electron flavoprotein reductase, electron-transferring-flavoprotein dehydrogenase, v.23|p.326	
1.6.5.3	electron transfer complex I, NADH dehydrogenase (ubiquinone), v.24|p.106	
1.5.5.1	electron transfer flavoprotein, electron-transferring-flavoprotein dehydrogenase, v.23|p.326	
1.5.5.1	electron transfer flavoprotein-ubiquinone oxidoreductase, electron-transferring-flavoprotein dehydrogenase, v.23|p.326	
1.5.5.1	electron transfer flavoprotein:ubiquinone oxidoreductase, electron-transferring-flavoprotein dehydrogenase, v.23|p.326	
1.5.5.1	electron transfer flavoprotein dehydrogenase, electron-transferring-flavoprotein dehydrogenase, v.23|p.326	
1.5.5.1	electron transfer flavoprotein Q oxidoreductase, electron-transferring-flavoprotein dehydrogenase, v.23|p.326	
3.6.5.2	eIF-2, small monomeric GTPase, v.S6|p.476	
1.13.11.5	ElHDO, homogentisate 1,2-dioxygenase, v.25|p.430	
3.1.1.24	ELH I, 3-oxoadipate enol-lactonase, v.9|p.215	
3.1.1.24	ELH II, 3-oxoadipate enol-lactonase, v.9|p.215	
4.1.1.25	ELI5, Tyrosine decarboxylase, v.3|p.146	
4.2.3.41	elisabethatriene cyclase, elisabethatriene synthase	
1.7.3.3	ELITEK, urate oxidase, v.24|p.346	
3.4.23.1	elixir lactate of pepsin, pepsin A, v.8|p.1	
2.7.10.1	ELK, receptor protein-tyrosine kinase, v.S2|p.341	
2.7.10.1	Elk tyrosine kinase, receptor protein-tyrosine kinase, v.S2|p.341	
6.2.1.2	ELO3, Butyrate-CoA ligase, v.2|p.199	
6.2.1.2	EloA, Butyrate-CoA ligase, v.2|p.199	
6.3.2.19	EloB-EloC-Cul5 complex, Ubiquitin-protein ligase, v.2|p.506	
6.2.1.2	elongase, Butyrate-CoA ligase, v.2|p.199	
2.3.1.41	elongase, β-ketoacyl-acyl-carrier-protein synthase I, v.29|p.580	
2.3.1.41	elongating β-ketoacyl-acyl carrier protein synthase, β-ketoacyl-acyl-carrier-protein synthase I, v.29|p.580	
2.4.1.146	elongation 3β-GalNAc-transferase, β-1,3-galactosyl-O-glycosyl-glycoprotein β-1,3-N-acetylglucosaminyltransferase, v.32|p.282	
2.4.1.146	elongation 3β-GalNAc transferase, β-1,3-galactosyl-O-glycosyl-glycoprotein β-1,3-N-acetylglucosaminyltransferase, v.32|p.282	
2.4.1.146	elongation β3 Gn-T, β-1,3-galactosyl-O-glycosyl-glycoprotein β-1,3-N-acetylglucosaminyltransferase, v.32|p.282	
3.6.5.3	elongation factor (EF), protein-synthesizing GTPase, v.S6|p.494	

3.6.5.3	elongation factor 1α, protein-synthesizing GTPase, v.S6|p.494	
3.6.5.1	elongation factor 2, heterotrimeric G-protein GTPase, v.S6|p.462	
3.6.5.3	elongation factor 2, protein-synthesizing GTPase, v.S6|p.494	
2.7.11.20	elongation factor 2 kinase, elongation factor 2 kinase, v.S4|p.126	
3.6.5.3	elongation factor G, protein-synthesizing GTPase, v.S6|p.494	
3.6.5.3	elongation factor Tu, protein-synthesizing GTPase, v.S6|p.494	
6.3.2.19	elonginBC, Ubiquitin-protein ligase, v.2|p.506	
6.2.1.3	Elovl-5, Long-chain-fatty-acid-CoA ligase, v.2|p.206	
4.2.1.92	eLOX3, hydroperoxide dehydratase, v.4|p.653	
3.5.1.1	elspar, asparaginase, v.14|p.190	
3.4.24.30	EM 19000, coccolysin, v.8|p.383	
1.14.14.1	Ema, unspecific monooxygenase, v.26|p.584	
3.4.23.34	EMAP, Cathepsin E, v.8|p.153	
3.4.24.67	embryo-specific hatching enzyme, choriolysin H, v.8|p.544	
3.4.24.66	embryo-specific hatching enzyme, choriolysin L, v.8|p.541	
3.5.1.5	embryo-specific soybean urease, urease, v.14|p.250	
2.7.10.1	embryo brain kinase, receptor protein-tyrosine kinase, v.S2|p.341	
2.7.10.1	Embryonic brain kinase, receptor protein-tyrosine kinase, v.S2|p.341	
3.5.4.6	EMBRYONIC FACTOR1, AMP deaminase, v.15|p.57	
3.5.4.6	embryonic factor 1, AMP deaminase, v.15|p.57	
2.3.1.88	embryonic growth-associated protein, peptide α-N-acetyltransferase, v.30|p.157	
2.7.10.1	embryonic receptor kinase, receptor protein-tyrosine kinase, v.S2|p.341	
3.1.22.4	Eme1, crossover junction endodeoxyribonuclease, v.11|p.487	
3.4.11.18	eMet-AP, methionyl aminopeptidase, v.6|p.159	
1.5.1.29	EmoB, FMN reductase, v.23|p.217	
5.3.3.5	Emopamil binding protein, cholestenol Δ-isomerase, v.1|p.404	
3.6.5.2	EmRas, small monomeric GTPase, v.S6|p.476	
2.7.10.1	EmRK2, receptor protein-tyrosine kinase, v.S2|p.341	
3.2.1.21	emulsin, β-glucosidase, v.12|p.299	
3.1.3.5	eN, 5'-nucleotidase, v.10|p.95	
1.3.99.4	4-en-3-oxosteroid:(acceptor)-1-en-oxido-reductase, 3-oxosteroid 1-dehydrogenase, v.21|p.508	
3.6.3.7	ENA, Na+-exporting ATPase, v.15|p.561	
3.6.3.7	Ena1p, Na+-exporting ATPase, v.15|p.561	
1.1.1.261	Enantiomeric glycerophosphate synthase, glycerol-1-phosphate dehydrogenase [NAD(P)+], v.18|p.457	
4.1.2.37	enantioselective (S)-selective hydroxynitrile lyase, hydroxynitrilase, v.3|p.569	
3.5.5.5	enantioselective arylacetonitrilase, Arylacetonitrilase, v.15|p.192	
3.1.1.3	enantioselective lipase, triacylglycerol lipase, v.9|p.36	
3.1.1.3	enantiospecific lipase, triacylglycerol lipase, v.9|p.36	
4.3.1.24	EncP, phenylalanine ammonia-lyase	
3.6.4.6	End13p, vesicle-fusing ATPase, v.15|p.789	
3.2.1.6	enda-β-(1-3),(1-4)-glucanase, endo-1,3(4)-β-glucanase, v.12|p.118	
4.2.2.10	enda-PL, pectin lyase, v.5|p.55	
3.2.1.130	endo, glycoprotein endo-α-1,2-mannosidase, v.13|p.524	
3.2.1.8	endo(1-4)β-xylanase, endo-1,4-β-xylanase, v.12|p.133	
3.2.1.39	endo-(1,3)-β-D-glucanase, glucan endo-1,3-β-D-glucosidase, v.12|p.567	
3.2.1.59	endo-(1,3)-α-glucanase, glucan endo-1,3-α-glucosidase, v.13|p.151	
3.2.1.8	endo-(1,4)-β-xylanase, endo-1,4-β-xylanase, v.12|p.133	
3.2.1.59	endo-(1→3)-α-glucanase, glucan endo-1,3-α-glucosidase, v.13|p.151	
3.2.1.59	endo-(1-3)-α-glucanase, glucan endo-1,3-α-glucosidase, v.13|p.151	
3.2.1.39	endo-(1-3)-β-glucanase, glucan endo-1,3-β-D-glucosidase, v.12|p.567	
3.2.1.8	endo-(1→ 4)-β-xylanase, endo-1,4-β-xylanase, v.12|p.133	
3.2.1.75	endo-(1-6)-β-D-glucanase, glucan endo-1,6-β-glucosidase, v.13|p.247	
3.2.1.99	endo-(1->5)-α-L-arabinanase, arabinan endo-1,5-α-L-arabinosidase, v.13|p.388	

3.2.1.101	endo-α(1->6)mannanase, mannan endo-1,6-α-mannosidase, v.13	p.403
3.2.1.39	endo-(13)-β-D-glucanase, glucan endo-1,3-β-D-glucosidase, v.12	p.567
3.2.1.8	endo-β-(1'4)-xylanase, endo-1,4-β-xylanase, v.12	p.133
3.2.1.8	endo-β-(1,4)-xylanase, endo-1,4-β-xylanase, v.12	p.133
3.2.1.6	endo-β-(1-3)-D-glucanase, endo-1,3(4)-β-glucanase, v.12	p.118
3.2.1.164	endo-β-(1-6)-D-galactanase, galactan endo-1,6-β-galactosidase, v.S5	p.191
3.2.1.164	endo-β-(1-6)-galactanase, galactan endo-1,6-β-galactosidase, v.S5	p.191
3.2.1.96	endo-β-(1->4)-N-acetylglucosaminidase, mannosyl-glycoprotein endo-β-N-acetylglucosaminidase, v.13	p.350
3.2.1.99	endo-α-(1->5)-L-arabinanase, arabinan endo-1,5-α-L-arabinosidase, v.13	p.388
3.2.1.6	endo-β-1,3(4)-glucanase, endo-1,3(4)-β-glucanase, v.12	p.118
3.2.1.6	endo-β-1,3-1,4-D-glucanase, endo-1,3(4)-β-glucanase, v.12	p.118
3.2.1.73	Endo-β-1,3-1,4 glucanase, licheninase, v.13	p.223
3.2.1.6	endo-β-1,3-glucanase, endo-1,3(4)-β-glucanase, v.12	p.118
3.2.1.39	endo-β-1,3-glucanase, glucan endo-1,3-β-D-glucosidase, v.12	p.567
3.2.1.32	endo-β-1,3-xylanase, xylan endo-1,3-β-xylosidase, v.12	p.503
3.2.1.162	endo-β-1,4-carrageenose 2,6,2'-trisulfate-hydrolase, lambda-carrageenase, v.S5	p.183
3.2.1.89	endo-β-1,4-D-galactanase, arabinogalactan endo-1,4-β-galactosidase, v.13	p.319
3.2.1.89	endo-β-1,4-galactanase, arabinogalactan endo-1,4-β-galactosidase, v.13	p.319
3.2.1.4	endo-β-1,4-glucanase, cellulase, v.12	p.88
3.2.1.4	endo-β-1,4-glucanase 1, cellulase, v.12	p.88
3.2.1.4	endo-β-1,4-glucanase 2, cellulase, v.12	p.88
3.2.1.4	endo-β-1,4-glucanase CMCax, cellulase, v.12	p.88
3.2.1.4	endo-β-1,4-glucanase EG27, cellulase, v.12	p.88
3.2.1.4	endo-β-1,4-glucanase EG45, cellulase, v.12	p.88
3.2.1.78	endo-β-1,4-mannanase, mannan endo-1,4-β-mannosidase, v.13	p.264
3.2.1.78	endo-β-1,4-mannase, mannan endo-1,4-β-mannosidase, v.13	p.264
4.2.2.2	endo-α-1,4-polygalacturonic acid lyase, pectate lyase, v.5	p.6
3.2.1.8	endo-β-1,4-xylanase, endo-1,4-β-xylanase, v.12	p.133
3.2.1.99	endo-α-1,5-arabanase, arabinan endo-1,5-α-L-arabinosidase, v.13	p.388
3.2.1.164	endo-β-1,6-D-galactanase, galactan endo-1,6-β-galactosidase, v.S5	p.191
3.2.1.75	endo-β-1,6-glucanase, glucan endo-1,6-β-glucosidase, v.13	p.247
3.2.1.101	endo-α-1->6-D-mannanase, mannan endo-1,6-α-mannosidase, v.13	p.403
3.2.1.97	endo-α-acetylgalactosaminidase, glycopeptide α-N-acetylgalactosaminidase, v.13	p.371
3.2.1.96	endo-β-acetylglucosaminidase, mannosyl-glycoprotein endo-β-N-acetylglucosaminidase, v.13	p.350
3.2.1.99	endo-α-arabinanase, arabinan endo-1,5-α-L-arabinosidase, v.13	p.388
3.2.1.89	endo-β-D-1,4-galactanase, arabinogalactan endo-1,4-β-galactosidase, v.13	p.319
3.2.1.78	endo-β-D-mannanase, mannan endo-1,4-β-mannosidase, v.13	p.264
3.2.1.130	endo-α-D-mannosidase, glycoprotein endo-α-1,2-mannosidase, v.13	p.524
3.2.1.102	endo-β-galactosidase, blood-group-substance endo-1,4-β-galactosidase, v.13	p.408
3.2.1.103	endo-β-galactosidase, keratan-sulfate endo-1,4-β-galactosidase, v.13	p.412
3.2.1.102	endo-β-galactosidase DII, blood-group-substance endo-1,4-β-galactosidase, v.13	p.408
3.2.1.97	endo-α-GalNAc-ase, glycopeptide α-N-acetylgalactosaminidase, v.13	p.371
3.2.1.96	endo-β-GlcNAc-ase, mannosyl-glycoprotein endo-β-N-acetylglucosaminidase, v.13	p.350
3.2.1.78	endo-β-mannanase, mannan endo-1,4-β-mannosidase, v.13	p.264
3.2.1.130	endo-α-mannosidase, glycoprotein endo-α-1,2-mannosidase, v.13	p.524
3.2.1.152	endo-β-mannosidase, mannosylglycoprotein endo-β-mannosidase, v.S5	p.140
3.2.1.35	endo-β-N-acetyl-D-hexosaminidases hydrolase, hyaluronoglucosaminidase, v.12	p.526
3.2.1.35	endo-α-N-acetyl-hexosaminidase, hyaluronoglucosaminidase, v.12	p.526
3.2.1.97	endo-α-N-acetylgalactosaminidase, glycopeptide α-N-acetylgalactosaminidase, v.13	p.371
3.2.1.97	endo-α-N-acetylgalactosaminidase S, glycopeptide α-N-acetylgalactosaminidase, v.13	p.371

3.2.1.52	endo-β-N-acetylglucosaminidase, β-N-acetylhexosaminidase, v. 13 | p. 50
3.2.1.96	endo-β-N-acetylglucosaminidase, mannosyl-glycoprotein endo-β-N-acetylglucosaminidase, v. 13 | p. 350
3.2.1.96	endo-β-N-acetylglucosaminidase D, mannosyl-glycoprotein endo-β-N-acetylglucosaminidase, v. 13 | p. 350
3.2.1.96	endo-β-N-acetylglucosaminidase F, mannosyl-glycoprotein endo-β-N-acetylglucosaminidase, v. 13 | p. 350
3.2.1.96	endo-β-N-acetylglucosaminidase H, mannosyl-glycoprotein endo-β-N-acetylglucosaminidase, v. 13 | p. 350
3.2.1.96	endo-β-N-acetylglucosaminidase HS, mannosyl-glycoprotein endo-β-N-acetylglucosaminidase, v. 13 | p. 350
3.2.1.96	endo-β-N-acetylglucosaminidase L, mannosyl-glycoprotein endo-β-N-acetylglucosaminidase, v. 13 | p. 350
3.2.1.96	endo-β-N-acetylglucosaminidase M, mannosyl-glycoprotein endo-β-N-acetylglucosaminidase, v. 13 | p. 350
3.2.1.35	endo-β-N-acetylhexosaminidase, hyaluronoglucosaminidase, v. 12 | p. 526
3.2.1.6	endo-1,3(4)-β-D-glucanase, endo-1,3(4)-β-glucanase, v. 12 | p. 118
3.2.1.6	endo-1,3(4)-β-glucanase, endo-1,3(4)-β-glucanase, v. 12 | p. 118
3.2.1.59	endo-1,3-α-D-glucanase, glucan endo-1,3-α-glucosidase, v. 13 | p. 151
3.2.1.6	endo-1,3-β-D-glucanase, endo-1,3(4)-β-glucanase, v. 12 | p. 118
3.2.1.39	endo-1,3-β-D-glucanase, glucan endo-1,3-β-D-glucosidase, v. 12 | p. 567
3.2.1.59	endo-1,3-α-glucanase, glucan endo-1,3-α-glucosidase, v. 13 | p. 151
3.2.1.6	endo-1,3-β-glucanase, endo-1,3(4)-β-glucanase, v. 12 | p. 118
3.2.1.39	endo-1,3-β-glucanase, glucan endo-1,3-β-D-glucosidase, v. 12 | p. 567
3.2.1.39	endo-1,3-β-glucosidase, glucan endo-1,3-β-D-glucosidase, v. 12 | p. 567
3.2.1.32	endo-1,3-β-xylanase, xylan endo-1,3-β-xylosidase, v. 12 | p. 503
3.2.1.6	endo-1,3-1,4-β-D-glucanase, endo-1,3(4)-β-glucanase, v. 12 | p. 118
3.2.1.39	endo-1,3-glucanase, glucan endo-1,3-β-D-glucosidase, v. 12 | p. 567
3.2.1.6	endo β-1,3-glucanase IV, endo-1,3(4)-β-glucanase, v. 12 | p. 118
3.2.1.32	endo-1,3-xylanase, xylan endo-1,3-β-xylosidase, v. 12 | p. 503
3.2.1.4	endo-1,4-β-D-glucanase, cellulase, v. 12 | p. 88
3.2.1.8	endo-1,4-β-D-xylanase, endo-1,4-β-xylanase, v. 12 | p. 133
3.2.1.89	endo-1,4-β-galactanase, arabinogalactan endo-1,4-β-galactosidase, v. 13 | p. 319
3.2.1.4	endo-1,4-β-glucanase, cellulase, v. 12 | p. 88
3.2.1.4	Endo-1,4-β-glucanase E1, cellulase, v. 12 | p. 88
3.2.1.4	Endo-1,4-β-glucanase V1, cellulase, v. 12 | p. 88
3.2.1.78	endo-1,4-β-mannanase, mannan endo-1,4-β-mannosidase, v. 13 | p. 264
3.2.1.8	Endo-1,4-β-xylanase, endo-1,4-β-xylanase, v. 12 | p. 133
3.2.1.8	endo-1,4-β-xylanase II, endo-1,4-β-xylanase, v. 12 | p. 133
3.2.1.78	Endo-1,4-mannanase, mannan endo-1,4-β-mannosidase, v. 13 | p. 264
3.2.1.8	endo-1,4-xylanase, endo-1,4-β-xylanase, v. 12 | p. 133
3.2.1.99	endo-1,5-α-arabinanase, arabinan endo-1,5-α-L-arabinosidase, v. 13 | p. 388
3.2.1.99	endo-1,5-α-L-arabinanase, arabinan endo-1,5-α-L-arabinosidase, v. 13 | p. 388
3.2.1.99	endo-1,5-α-L-arabinase, arabinan endo-1,5-α-L-arabinosidase, v. 13 | p. 388
3.2.1.99	endo-1,5-α-L-arabinase A, arabinan endo-1,5-α-L-arabinosidase, v. 13 | p. 388
3.2.1.75	endo-1,6-β-D-glucanase gene, glucan endo-1,6-β-glucosidase, v. 13 | p. 247
3.2.1.75	endo-1,6-β-glucanase, glucan endo-1,6-β-glucosidase, v. 13 | p. 247
3.2.1.101	endo-1,6-α-mannanase, mannan endo-1,6-α-mannosidase, v. 13 | p. 403
3.2.1.101	endo-α1->6-D-mannase, mannan endo-1,6-α-mannosidase, v. 13 | p. 403
3.2.1.101	endo-α1->6-mannanase, mannan endo-1,6-α-mannosidase, v. 13 | p. 403
3.2.1.96	Endo-A, mannosyl-glycoprotein endo-β-N-acetylglucosaminidase, v. 13 | p. 350
3.2.1.99	endo-ABA, arabinan endo-1,5-α-L-arabinosidase, v. 13 | p. 388
3.2.1.99	endo-ara, arabinan endo-1,5-α-L-arabinosidase, v. 13 | p. 388
3.2.1.99	endo-arabanase, arabinan endo-1,5-α-L-arabinosidase, v. 13 | p. 388
3.2.1.99	endo-arabinanase, arabinan endo-1,5-α-L-arabinosidase, v. 13 | p. 388

3.2.1.99	endo-arabinase, arabinan endo-1,5-α-L-arabinosidase, v. 13 | p. 388	
3.2.1.96	Endo-BH, mannosyl-glycoprotein endo-β-N-acetylglucosaminidase, v. 13 | p. 350	
3.2.1.96	endo-BII, mannosyl-glycoprotein endo-β-N-acetylglucosaminidase, v. 13 | p. 350	
3.2.1.15	endo-D-galacturonanase, polygalacturonase, v. 12 | p. 208	
3.2.1.15	endo-D-galacturonase, polygalacturonase, v. 12 | p. 208	
3.2.1.11	endo-dextranase, dextranase, v. 12 | p. 173	
4.2.3.10	(-)-endo-fenchol cyclase, (-)-endo-fenchol synthase, v. S7 | p. 227	
3.2.1.96	Endo-Fsp, mannosyl-glycoprotein endo-β-N-acetylglucosaminidase, v. 13 | p. 350	
3.2.1.97	endo-GalNAc-ase S, glycopeptide α-N-acetylgalactosaminidase, v. 13 | p. 371	
3.2.1.4	endo-glucanase, cellulase, v. 12 | p. 88	
3.2.1.123	endo-glycoceramidase II, endoglycosylceramidase, v. 13 | p. 501	
3.2.1.62	endo-glycoceramidase II, glycosylceramidase, v. 13 | p. 168	
3.2.1.96	endo-GM, mannosyl-glycoprotein endo-β-N-acetylglucosaminidase, v. 13 | p. 350	
3.2.1.96	Endo-HO, mannosyl-glycoprotein endo-β-N-acetylglucosaminidase, v. 13 | p. 350	
3.2.1.7	endo-inulinase, inulinase, v. 12 | p. 128	
3.2.1.99	endo-L-arabinanase, arabinan endo-1,5-α-L-arabinosidase, v. 13 | p. 388	
3.2.1.96	endo-LE, mannosyl-glycoprotein endo-β-N-acetylglucosaminidase, v. 13 | p. 350	
3.4.21.50	endo-Lys-C protease, lysyl endopeptidase, v. 7 | p. 231	
3.2.1.96	endo-M, mannosyl-glycoprotein endo-β-N-acetylglucosaminidase, v. 13 | p. 350	
3.2.1.96	endo-N-acetyl-β-D-glucosaminidase, mannosyl-glycoprotein endo-β-N-acetylglucosaminidase, v. 13 | p. 350	
3.2.1.96	endo-N-acetyl-β-glucosaminidase, mannosyl-glycoprotein endo-β-N-acetylglucosaminidase, v. 13 | p. 350	
3.2.1.129	endo-N-acetylneuraminidase, endo-α-sialidase, v. 13 | p. 521	
3.4.24.15	endo-oligopeptidase A, thimet oligopeptidase, v. 8 | p. 275	
4.2.2.10	endo-pectin lyase, pectin lyase, v. 5 | p. 55	
3.2.1.15	endo-PG, polygalacturonase, v. 12 | p. 208	
4.2.2.22	α-1,4-endo-poly-GalA lyase, pectate trisaccharide-lyase, v. S7 | p. 169	
3.2.1.15	endo-polygalacturonase, polygalacturonase, v. 12 | p. 208	
3.2.1.15	endo-polygalacturonase-3, polygalacturonase, v. 12 | p. 208	
3.2.1.15	endo-polygalacturonase A, polygalacturonase, v. 12 | p. 208	
3.2.1.15	endo-polygalacturonase C, polygalacturonase, v. 12 | p. 208	
3.2.1.15	endo-polygalacturonase I, polygalacturonase, v. 12 | p. 208	
3.2.1.15	endo-polygalacturonase II, polygalacturonase, v. 12 | p. 208	
4.2.2.2	endo-polygalacturonate trans-eliminase, pectate lyase, v. 5 | p. 6	
2.4.1.207	endo-transglycosylase, xyloglucan:xyloglucosyl transferase, v. 32 | p. 524	
2.4.1.207	endo-xyloglucan transferase, xyloglucan:xyloglucosyl transferase, v. 32 | p. 524	
3.2.1.1	endoamylase, α-amylase, v. 12 | p. 1	
3.2.1.1	Endoamylaswe, α-amylase, v. 12 | p. 1	
3.2.1.99	endoarabinase, arabinan endo-1,5-α-L-arabinosidase, v. 13 | p. 388	
3.2.1.136	endoarabinoxylanase, glucuronoarabinoxylan endo-1,4-β-xylanase, v. 13 | p. 545	
3.2.1.4	endocellulase, cellulase, v. 12 | p. 88	
3.2.1.91	endocellulase, cellulose 1,4-β-cellobiosidase, v. 13 | p. 325	
3.2.1.4	Endocellulase E1, cellulase, v. 12 | p. 88	
3.2.1.14	Endochitinase, chitinase, v. 12 | p. 185	
3.2.1.14	endochitinase-1, chitinase, v. 12 | p. 185	
3.2.1.14	endochitinase-2, chitinase, v. 12 | p. 185	
3.2.1.96	Endo D, mannosyl-glycoprotein endo-β-N-acetylglucosaminidase, v. 13 | p. 350	
3.1.21.1	endodeoxyribinuclease I, deoxyribonuclease I, v. 11 | p. 431	
3.1.21.6	Endodeoxyribonuclease, CC-preferring endodeoxyribonuclease, v. 11 | p. 470	
4.2.99.18	Endodeoxyribonuclease, DNA-(apurinic or apyrimidinic site) lyase, v. 5 | p. 150	
3.1.21.3	Endodeoxyribonuclease, type I site-specific deoxyribonuclease, v. 11 | p. 448	
3.2.2.17	endodeoxyribonuclease (apurinic or apyrimidinic), deoxyribodipyrimidine endonucleosidase, v. 14 | p. 84	

3.2.2.17	endodeoxyribonuclease (pyrimidine dimer), deoxyribodipyrimidine endonucleosidase, v. 14 | p. 84	
3.1.25.1	endodeoxyribonuclease (pyrimidine dimer), deoxyribonuclease (pyrimidine dimer), v. 11 | p. 495	
3.1.21.1	endodeoxyribonuclease I, deoxyribonuclease I, v. 11 | p. 431	
4.2.99.18	endodeoxyribonuclease III, DNA-(apurinic or apyrimidinic site) lyase, v. 5 | p. 150	
3.1.21.2	endodeoxyribonuclease IV, deoxyribonuclease IV (phage-T4-induced), v. 11 | p. 446	
3.1.21.7	endodeoxyribonuclease V, deoxyribonuclease V	
3.1.11.6	endodeoxyribonuclease VII, exodeoxyribonuclease VII, v. 11 | p. 385	
3.2.1.11	endodextranase, dextranase, v. 12 | p. 173	
3.1.21.1	EndoDNase, deoxyribonuclease I, v. 11 | p. 431	
1.14.15.6	endoenzymes, cholesterol side-chain-cleaving, cholesterol monooxygenase (side-chain-cleaving), v. 27 | p. 44	
3.2.1.96	EndoF1, mannosyl-glycoprotein endo-β-N-acetylglucosaminidase, v. 13 | p. 350	
3.2.1.89	endogalactanase A, arabinogalactan endo-1,4-β-galactosidase, v. 13 | p. 319	
3.2.1.123	endogalactosylceramidase, endoglycosylceramidase, v. 13 | p. 501	
3.2.1.15	endogalacturonase, polygalacturonase, v. 12 | p. 208	
4.2.2.2	endogalacturonate transeliminase, pectate lyase, v. 5 | p. 6	
3.2.1.97	endo GalNAc-ase S, glycopeptide α-N-acetylgalactosaminidase, v. 13 | p. 371	
3.2.1.4	endogenous β-1,4-endoglucanase, cellulase, v. 12 | p. 88	
3.2.1.4	endogenous cellulase, cellulase, v. 12 | p. 88	
3.4.21.46	Endogenous vascular elastase, complement factor D, v. 7 | p. 213	
3.2.1.4	1,4-β-D-endoglucanase, cellulase, v. 12 | p. 88	
3.2.1.4	Endoglucanase, cellulase, v. 12 | p. 88	
3.2.1.91	Endoglucanase, cellulose 1,4-β-cellobiosidase, v. 13 | p. 325	
3.2.1.39	β-1,3-endoglucanase, glucan endo-1,3-β-D-glucosidase, v. 12 | p. 567	
3.2.1.4	β-1,4-endoglucanase, cellulase, v. 12 | p. 88	
3.2.1.39	β-1,3-endoglucanase, basic, glucan endo-1,3-β-D-glucosidase, v. 12 | p. 567	
3.2.1.4	endoglucanase 1, cellulase, v. 12 | p. 88	
3.2.1.4	endoglucanase 35, cellulase, v. 12 | p. 88	
3.2.1.4	endoglucanase 47, cellulase, v. 12 | p. 88	
3.2.1.4	endoglucanase CBP105, cellulase, v. 12 | p. 88	
3.2.1.4	endoglucanase Cel 12A, cellulase, v. 12 | p. 88	
3.2.1.4	endoglucanase Cel 5A, cellulase, v. 12 | p. 88	
3.2.1.4	endoglucanase Cel5A, cellulase, v. 12 | p. 88	
3.2.1.4	endoglucanase Cel6A, cellulase, v. 12 | p. 88	
3.2.1.4	endoglucanase Cel 7B, cellulase, v. 12 | p. 88	
3.2.1.4	endoglucanase D, cellulase, v. 12 | p. 88	
3.2.1.4	endoglucanase EG25, cellulase, v. 12 | p. 88	
3.2.1.4	endoglucanase EG28, cellulase, v. 12 | p. 88	
3.2.1.4	endoglucanase EG44, cellulase, v. 12 | p. 88	
3.2.1.4	endoglucanase EG47, cellulase, v. 12 | p. 88	
3.2.1.4	endoglucanase EG51, cellulase, v. 12 | p. 88	
3.2.1.4	endoglucanase EG60, cellulase, v. 12 | p. 88	
3.2.1.39	β-1,3-endoglucanase GI, glucan endo-1,3-β-D-glucosidase, v. 12 | p. 567	
3.2.1.39	β-1,3-endoglucanase GII, glucan endo-1,3-β-D-glucosidase, v. 12 | p. 567	
3.2.1.39	β-1,3-endoglucanase GIII, glucan endo-1,3-β-D-glucosidase, v. 12 | p. 567	
3.2.1.39	β-1,3-endoglucanase GIV, glucan endo-1,3-β-D-glucosidase, v. 12 | p. 567	
3.2.1.39	β-1,3-endoglucanase GV, glucan endo-1,3-β-D-glucosidase, v. 12 | p. 567	
3.2.1.39	β-1,3-endoglucanase GVI, glucan endo-1,3-β-D-glucosidase, v. 12 | p. 567	
3.2.1.4	endoglucanase H, cellulase, v. 12 | p. 88	
3.2.1.4	endoglucanase II, cellulase, v. 12 | p. 88	
3.2.1.4	endoglucanase IV, cellulase, v. 12 | p. 88	
3.2.1.4	endoglucanase L, cellulase, v. 12 | p. 88	
3.2.1.4	endoglucanase M, cellulase, v. 12 | p. 88	

3.2.1.4	endoglucanase V, cellulase, v. 12 | p. 88	
3.2.1.4	endoglucanase Y, cellulase, v. 12 | p. 88	
3.2.1.4	β-1,4-endoglucan hydrolase, cellulase, v. 12 | p. 88	
3.2.1.123	endoglycoceramidase, endoglycosylceramidase, v. 13 | p. 501	
3.2.1.123	endoglycoceramidase II, endoglycosylceramidase, v. 13 | p. 501	
3.2.1.96	Endoglycosidase F1, mannosyl-glycoprotein endo-β-N-acetylglucosaminidase, v. 13 | p. 350	
3.2.1.96	Endoglycosidase F2, mannosyl-glycoprotein endo-β-N-acetylglucosaminidase, v. 13 | p. 350	
3.2.1.96	Endoglycosidase F3, mannosyl-glycoprotein endo-β-N-acetylglucosaminidase, v. 13 | p. 350	
3.2.1.96	endoglycosidase S, mannosyl-glycoprotein endo-β-N-acetylglucosaminidase, v. 13 | p. 350	
3.1.21.2	EndoII, deoxyribonuclease IV (phage-T4-induced), v. 11 | p. 446	
4.2.99.18	Endo III, DNA-(apurinic or apyrimidinic site) lyase, v. 5 | p. 150	
3.2.1.7	endoinulinase, inulinase, v. 12 | p. 128	
3.1.21.2	Endo IV, deoxyribonuclease IV (phage-T4-induced), v. 11 | p. 446	
3.2.1.17	Endolysin, lysozyme, v. 12 | p. 228	
3.2.1.96	Endo M, mannosyl-glycoprotein endo-β-N-acetylglucosaminidase, v. 13 | p. 350	
3.2.1.101	endoM, mannan endo-1,6-α-mannosidase, v. 13 | p. 403	
3.2.1.130	α-1,2-endomannosidase, glycoprotein endo-α-1,2-mannosidase, v. 13 | p. 524	
3.2.1.130	endomannosidase, glycoprotein endo-α-1,2-mannosidase, v. 13 | p. 524	
3.2.1.129	endoneuraminidase, endo-α-sialidase, v. 13 | p. 521	
3.2.1.129	endoNF, endo-α-sialidase, v. 13 | p. 521	
3.1.30.2	Endonuclease, Serratia marcescens nuclease, v. 11 | p. 626	
3.1.30.2	endonuclease (Serratia marcescens), Serratia marcescens nuclease, v. 11 | p. 626	
3.1.21.4	Endonuclease AbrI, type II site-specific deoxyribonuclease, v. 11 | p. 454	
3.1.21.4	Endonuclease AccI, type II site-specific deoxyribonuclease, v. 11 | p. 454	
3.1.21.4	Endonuclease AgeI, type II site-specific deoxyribonuclease, v. 11 | p. 454	
3.1.21.4	Endonuclease ApaLI, type II site-specific deoxyribonuclease, v. 11 | p. 454	
3.1.21.4	Endonuclease AvaI, type II site-specific deoxyribonuclease, v. 11 | p. 454	
3.1.21.4	Endonuclease BamHI, type II site-specific deoxyribonuclease, v. 11 | p. 454	
3.1.21.4	Endonuclease BanI, type II site-specific deoxyribonuclease, v. 11 | p. 454	
3.1.21.4	Endonuclease BglI, type II site-specific deoxyribonuclease, v. 11 | p. 454	
3.1.21.4	Endonuclease BglII, type II site-specific deoxyribonuclease, v. 11 | p. 454	
3.1.21.4	Endonuclease BsoBI, type II site-specific deoxyribonuclease, v. 11 | p. 454	
3.1.21.4	Endonuclease Bsp6I, type II site-specific deoxyribonuclease, v. 11 | p. 454	
3.1.21.4	Endonuclease BstVI, type II site-specific deoxyribonuclease, v. 11 | p. 454	
3.1.21.4	Endonuclease BsuBI, type II site-specific deoxyribonuclease, v. 11 | p. 454	
3.1.21.4	Endonuclease BsuFI, type II site-specific deoxyribonuclease, v. 11 | p. 454	
3.1.21.4	Endonuclease BsuRI, type II site-specific deoxyribonuclease, v. 11 | p. 454	
3.1.21.4	Endonuclease CeqI, type II site-specific deoxyribonuclease, v. 11 | p. 454	
3.1.21.4	Endonuclease Cfr10I, type II site-specific deoxyribonuclease, v. 11 | p. 454	
3.1.21.4	Endonuclease Cfr9I, type II site-specific deoxyribonuclease, v. 11 | p. 454	
3.1.21.4	Endonuclease CfrBI, type II site-specific deoxyribonuclease, v. 11 | p. 454	
3.1.21.4	Endonuclease CviAII, type II site-specific deoxyribonuclease, v. 11 | p. 454	
3.1.21.4	Endonuclease CviJI, type II site-specific deoxyribonuclease, v. 11 | p. 454	
3.1.21.4	Endonuclease DdeI, type II site-specific deoxyribonuclease, v. 11 | p. 454	
3.1.21.4	Endonuclease DpnI, type II site-specific deoxyribonuclease, v. 11 | p. 454	
3.1.21.4	Endonuclease DpnII, type II site-specific deoxyribonuclease, v. 11 | p. 454	
3.1.21.4	Endonuclease Eco47I, type II site-specific deoxyribonuclease, v. 11 | p. 454	
3.1.21.4	Endonuclease Eco47II, type II site-specific deoxyribonuclease, v. 11 | p. 454	
3.1.21.4	Endonuclease EcoRI, type II site-specific deoxyribonuclease, v. 11 | p. 454	
3.1.21.4	Endonuclease EcoRII, type II site-specific deoxyribonuclease, v. 11 | p. 454	
3.1.21.4	Endonuclease EcoRV, type II site-specific deoxyribonuclease, v. 11 | p. 454	
3.1.21.4	Endonuclease FokI, type II site-specific deoxyribonuclease, v. 11 | p. 454	
3.1.21.4	Endonuclease HaeII, type II site-specific deoxyribonuclease, v. 11 | p. 454	
3.1.21.4	Endonuclease HaeIII, type II site-specific deoxyribonuclease, v. 11 | p. 454	
3.1.21.4	Endonuclease HgAI, type II site-specific deoxyribonuclease, v. 11 | p. 454	

3.1.21.4	Endonuclease HgiBI, type II site-specific deoxyribonuclease, v. 11 | p. 454	
3.1.21.4	Endonuclease HgiCI, type II site-specific deoxyribonuclease, v. 11 | p. 454	
3.1.21.4	Endonuclease HgiCII, type II site-specific deoxyribonuclease, v. 11 | p. 454	
3.1.21.4	Endonuclease HgiDI, type II site-specific deoxyribonuclease, v. 11 | p. 454	
3.1.21.4	Endonuclease HgiEI, type II site-specific deoxyribonuclease, v. 11 | p. 454	
3.1.21.4	Endonuclease HgiGI, type II site-specific deoxyribonuclease, v. 11 | p. 454	
3.1.21.4	Endonuclease HhaII, type II site-specific deoxyribonuclease, v. 11 | p. 454	
3.1.21.4	Endonuclease HincII, type II site-specific deoxyribonuclease, v. 11 | p. 454	
3.1.21.4	Endonuclease HindII, type II site-specific deoxyribonuclease, v. 11 | p. 454	
3.1.21.4	Endonuclease HindIII, type II site-specific deoxyribonuclease, v. 11 | p. 454	
3.1.21.4	Endonuclease HindVP, type II site-specific deoxyribonuclease, v. 11 | p. 454	
3.1.21.4	Endonuclease HinfI, type II site-specific deoxyribonuclease, v. 11 | p. 454	
3.1.22.4	endonuclease Hje, crossover junction endodeoxyribonuclease, v. 11 | p. 487	
3.1.21.4	Endonuclease HpaI, type II site-specific deoxyribonuclease, v. 11 | p. 454	
3.1.21.4	Endonuclease HpaII, type II site-specific deoxyribonuclease, v. 11 | p. 454	
3.1.21.4	Endonuclease HphI, type II site-specific deoxyribonuclease, v. 11 | p. 454	
3.1.21.6	Endonuclease II, CC-preferring endodeoxyribonuclease, v. 11 | p. 470	
3.1.25.1	Endonuclease II, deoxyribonuclease (pyrimidine dimer), v. 11 | p. 495	
3.1.21.2	Endonuclease II, deoxyribonuclease IV (phage-T4-induced), v. 11 | p. 446	
4.2.99.18	endonuclease III, DNA-(apurinic or apyrimidinic site) lyase, v. 5 | p. 150	
3.1.25.1	endonuclease III, deoxyribonuclease (pyrimidine dimer), v. 11 | p. 495	
4.2.99.18	endonuclease IV, DNA-(apurinic or apyrimidinic site) lyase, v. 5 | p. 150	
3.1.21.2	endonuclease IV, deoxyribonuclease IV (phage-T4-induced), v. 11 | p. 446	
3.1.21.4	Endonuclease KpnI, type II site-specific deoxyribonuclease, v. 11 | p. 454	
3.1.21.4	Endonuclease LlaDCHI, type II site-specific deoxyribonuclease, v. 11 | p. 454	
3.1.21.4	Endonuclease MamI, type II site-specific deoxyribonuclease, v. 11 | p. 454	
3.1.21.4	Endonuclease MboI, type II site-specific deoxyribonuclease, v. 11 | p. 454	
3.1.21.4	Endonuclease MboII, type II site-specific deoxyribonuclease, v. 11 | p. 454	
3.1.21.4	Endonuclease MjaI, type II site-specific deoxyribonuclease, v. 11 | p. 454	
3.1.21.4	Endonuclease MjaII, type II site-specific deoxyribonuclease, v. 11 | p. 454	
3.1.21.4	Endonuclease MjaIII, type II site-specific deoxyribonuclease, v. 11 | p. 454	
3.1.21.4	Endonuclease MjaIV, type II site-specific deoxyribonuclease, v. 11 | p. 454	
3.1.21.4	Endonuclease MjaV, type II site-specific deoxyribonuclease, v. 11 | p. 454	
3.1.21.4	Endonuclease MjaVIP, type II site-specific deoxyribonuclease, v. 11 | p. 454	
3.1.21.4	Endonuclease MspI, type II site-specific deoxyribonuclease, v. 11 | p. 454	
3.1.21.4	Endonuclease MthTI, type II site-specific deoxyribonuclease, v. 11 | p. 454	
3.1.21.4	Endonuclease MthZI, type II site-specific deoxyribonuclease, v. 11 | p. 454	
3.1.21.4	Endonuclease MunI, type II site-specific deoxyribonuclease, v. 11 | p. 454	
3.1.21.4	Endonuclease MwoI, type II site-specific deoxyribonuclease, v. 11 | p. 454	
3.1.21.4	Endonuclease NaeI, type II site-specific deoxyribonuclease, v. 11 | p. 454	
3.1.21.4	Endonuclease NgoBI, type II site-specific deoxyribonuclease, v. 11 | p. 454	
3.1.21.4	Endonuclease NgoBV, type II site-specific deoxyribonuclease, v. 11 | p. 454	
3.1.21.4	Endonuclease NgoFVII, type II site-specific deoxyribonuclease, v. 11 | p. 454	
3.1.21.4	Endonuclease NgoMIV, type II site-specific deoxyribonuclease, v. 11 | p. 454	
3.1.21.4	Endonuclease NgoPII, type II site-specific deoxyribonuclease, v. 11 | p. 454	
3.1.21.4	Endonuclease NlaIII, type II site-specific deoxyribonuclease, v. 11 | p. 454	
3.1.21.4	Endonuclease NlaIV, type II site-specific deoxyribonuclease, v. 11 | p. 454	
3.1.21.4	Endonuclease NmeDIP, type II site-specific deoxyribonuclease, v. 11 | p. 454	
3.1.21.4	Endonuclease NspV, type II site-specific deoxyribonuclease, v. 11 | p. 454	
3.1.4.4	endonuclease Nuc, phospholipase D, v. 11 | p. 47	
3.1.21.6	Endonuclease NX, CC-preferring endodeoxyribonuclease, v. 11 | p. 470	
3.1.30.1	Endonuclease P1, Aspergillus nuclease S1, v. 11 | p. 610	
3.1.3.6	Endonuclease PA3, 3'-nucleotidase, v. 10 | p. 118	
3.1.21.4	Endonuclease PaeR7I, type II site-specific deoxyribonuclease, v. 11 | p. 454	
3.1.21.4	Endonuclease PstI, type II site-specific deoxyribonuclease, v. 11 | p. 454	

3.1.21.4	Endonuclease PvuI, type II site-specific deoxyribonuclease, v. 11	p. 454	
3.1.21.4	Endonuclease PvuII, type II site-specific deoxyribonuclease, v. 11	p. 454	
3.1.21.4	Endonuclease RsrI, type II site-specific deoxyribonuclease, v. 11	p. 454	
3.1.22.4	endonuclease RuvC, crossover junction endodeoxyribonuclease, v. 11	p. 487	
3.1.30.1	Endonuclease S1, Aspergillus nuclease S1, v. 11	p. 610	
3.1.30.1	endonuclease S1 (Aspergillus), Aspergillus nuclease S1, v. 11	p. 610	
3.1.21.4	Endonuclease SacI, type II site-specific deoxyribonuclease, v. 11	p. 454	
3.1.21.4	Endonuclease SalI, type II site-specific deoxyribonuclease, v. 11	p. 454	
3.1.21.4	Endonuclease Sau3AI, type II site-specific deoxyribonuclease, v. 11	p. 454	
3.1.21.4	Endonuclease Sau96I, type II site-specific deoxyribonuclease, v. 11	p. 454	
3.1.21.4	Endonuclease ScaI, type II site-specific deoxyribonuclease, v. 11	p. 454	
3.1.21.4	Endonuclease ScrFI, type II site-specific deoxyribonuclease, v. 11	p. 454	
3.1.21.4	Endonuclease SfiI, type II site-specific deoxyribonuclease, v. 11	p. 454	
3.1.21.4	Endonuclease SinI, type II site-specific deoxyribonuclease, v. 11	p. 454	
3.1.21.4	Endonuclease SmaI, type II site-specific deoxyribonuclease, v. 11	p. 454	
3.1.21.4	Endonuclease SsoII, type II site-specific deoxyribonuclease, v. 11	p. 454	
3.1.21.4	Endonuclease StsI, type II site-specific deoxyribonuclease, v. 11	p. 454	
3.1.21.6	Endonuclease T, CC-preferring endodeoxyribonuclease, v. 11	p. 470	
3.1.21.4	Endonuclease TaqI, type II site-specific deoxyribonuclease, v. 11	p. 454	
3.1.21.4	Endonuclease TthHB8I, type II site-specific deoxyribonuclease, v. 11	p. 454	
3.2.2.17	endonuclease V, deoxyribodipyrimidine endonucleosidase, v. 14	p. 84	
3.1.25.1	endonuclease V, deoxyribonuclease (pyrimidine dimer), v. 11	p. 495	
3.1.21.7	endonuclease V, deoxyribonuclease V	
4.2.99.18	endonuclease VI, DNA-(apurinic or apyrimidinic site) lyase, v. 5	p. 150	
3.1.22.4	endonuclease VII, crossover junction endodeoxyribonuclease, v. 11	p. 487	
4.2.99.18	endonuclease VIII, DNA-(apurinic or apyrimidinic site) lyase, v. 5	p. 150	
3.1.22.4	endonuclease X3, crossover junction endodeoxyribonuclease, v. 11	p. 487	
3.1.21.4	Endonuclease XamI, type II site-specific deoxyribonuclease, v. 11	p. 454	
3.1.21.4	Endonuclease XcyI, type II site-specific deoxyribonuclease, v. 11	p. 454	
3.4.24.15	endooligopeptidase A, thimet oligopeptidase, v. 8	p. 275	
3.2.1.15	endopectinase, polygalacturonase, v. 12	p. 208	
4.2.2.2	endopectin methyltranseliminase, pectate lyase, v. 5	p. 6	
3.4.24.18	Endopeptidase-2, meprin A, v. 8	p. 305	
3.4.24.11	Endopeptidase-2, neprilysin, v. 8	p. 230	
3.4.24.11	endopeptidase-24.11, neprilysin, v. 8	p. 230	
3.4.24.15	endopeptidase 24-15, thimet oligopeptidase, v. 8	p. 275	
3.4.24.15	endopeptidase 24.15, thimet oligopeptidase, v. 8	p. 275	
3.4.24.16	endopeptidase 24.16, neurolysin, v. 8	p. 286	
3.4.24.16	endopeptidase 24.16B, neurolysin, v. 8	p. 286	
3.4.21.92	Endopeptidase Clp, Endopeptidase Clp, v. 7	p. 445	
3.4.19.11	Endopeptidase I, γ-D-Glutamyl-meso-diaminopimelate peptidase, v. 6	p. 571	
3.4.21.50	endopeptidase Lys-C, lysyl endopeptidase, v. 7	p. 231	
3.4.21.67	endopeptidase So, Endopeptidase So, v. 7	p. 327	
3.4.21.92	Endopeptidase Ti, Endopeptidase Clp, v. 7	p. 445	
5.3.99.3	Endoperoxide isomerase, prostaglandin-E synthase, v. 1	p. 459	
3.2.1.15	endoPG, polygalacturonase, v. 12	p. 208	
3.2.1.15	EndoPG I, polygalacturonase, v. 12	p. 208	
3.2.1.15	endoPG II, polygalacturonase, v. 12	p. 208	
1.1.1.35	endoplasmic reticulum-associated amyloid β-peptide binding protein, 3-hydroxyacyl-CoA dehydrogenase, v. 16	p. 318	
2.3.1.51	endoplasmic reticulum-located LPAT, 1-acylglycerol-3-phosphate O-acyltransferase, v. 29	p. 670	
3.4.11.1	endoplasmic reticulum aminopeptidase, leucyl aminopeptidase, v. 6	p. 40	
3.4.11.22	endoplasmic reticulum aminopeptidase 1, aminopeptidase I, v. 6	p. 178	
3.6.3.8	Endoplasmic reticulum class 1/2 Ca(2+) ATPase, Ca2+-transporting ATPase, v. 15	p. 566	

3.2.1.84	endoplasmic reticulum glucosidase II, glucan 1,3-α-glucosidase, v. 13 | p. 294	
5.3.4.1	Endoplasmic reticulum protein EUG1, Protein disulfide-isomerase, v. 1 | p. 436	
3.2.1.15	endopolygalacturonase, polygalacturonase, v. 12 | p. 208	
3.2.1.15	endopolygalacturonate lyase, polygalacturonase, v. 12 | p. 208	
4.2.2.2	α-1,4-D-endopolygalacturonic acid lyase, pectate lyase, v. 5 | p. 6	
4.2.2.14	endopolyglucuronate lyase, glucuronan lyase, v. S7 | p. 127	
3.6.1.10	endopolyPase, endopolyphosphatase, v. 15 | p. 340	
3.4.21.26	endoprolylpeptidase, prolyl oligopeptidase, v. 7 | p. 110	
3.4.22.39	Endoprotease, adenain, v. 7 | p. 720	
3.4.23.49	Endoprotease, omptin, v. S6 | p. 262	
3.4.21.50	endoproteinase, lysyl endopeptidase, v. 7 | p. 231	
3.4.24.33	Endoproteinase Asp-N, peptidyl-Asp metalloendopeptidase, v. 8 | p. 395	
3.4.21.19	endoproteinase Glu-C, glutamyl endopeptidase, v. 7 | p. 75	
3.4.21.61	Endoproteinase Kex2p, Kexin, v. 7 | p. 280	
3.4.21.50	endoproteinase Lys-C, lysyl endopeptidase, v. 7 | p. 231	
3.1.21.4	endoR*Bsp, type II site-specific deoxyribonuclease, v. 11 | p. 454	
3.1.26.12	endoribonuclease E, ribonuclease E	
3.1.26.4	endoribonuclease H, calf thymus ribonuclease H, v. 11 | p. 517	
3.1.26.4	endoribonuclease H (calf thymus), calf thymus ribonuclease H, v. 11 | p. 517	
3.1.26.3	endoribonuclease III, ribonuclease III, v. 11 | p. 509	
3.1.26.6	endoribonuclease IV, ribonuclease IV, v. 11 | p. 544	
3.1.26.12	endoribonuclease RNase E, ribonuclease E	
3.4.24.56	γ-endorphin-generating enzyme, insulysin, v. 8 | p. 485	
2.3.1.88	β-endorphin acetyltransferase, peptide α-N-acetyltransferase, v. 30 | p. 157	
3.2.1.129	endosialidase, endo-α-sialidase, v. 13 | p. 521	
3.2.1.129	endosialidase NF, endo-α-sialidase, v. 13 | p. 521	
3.1.1.3	Endothelial-derived lipase, triacylglycerol lipase, v. 9 | p. 36	
1.13.11.33	endothelial 15-lipoxygenase-1, arachidonate 15-lipoxygenase, v. 25 | p. 585	
3.1.1.3	Endothelial cell-derived lipase, triacylglycerol lipase, v. 9 | p. 36	
2.7.11.18	endothelial cell myosin light chain kinase, myosin-light-chain kinase, v. S4 | p. 54	
3.4.15.1	endothelial cell peptidyl dipeptidase, peptidyl-dipeptidase A, v. 6 | p. 334	
3.4.16.2	endothelial cell prekallikrein activator, lysosomal Pro-Xaa carboxypeptidase, v. 6 | p. 370	
2.7.10.1	Endothelial kinase receptor EK1, receptor protein-tyrosine kinase, v. S2 | p. 341	
3.1.1.5	endothelial lipase, lysophospholipase, v. 9 | p. 82	
3.1.1.32	endothelial lipase, phospholipase A1, v. 9 | p. 252	
3.1.1.3	endothelial lipase, triacylglycerol lipase, v. 9 | p. 36	
2.7.11.18	endothelial MLCK, myosin-light-chain kinase, v. S4 | p. 54	
2.7.11.18	endothelial myosin light chain kinase, myosin-light-chain kinase, v. S4 | p. 54	
1.14.13.39	endothelial nitric-oxide synthase, nitric-oxide synthase, v. 26 | p. 426	
1.14.13.39	endothelial nitric oxide synthase, nitric-oxide synthase, v. 26 | p. 426	
1.14.13.39	endothelial NOS, nitric-oxide synthase, v. 26 | p. 426	
3.4.24.71	endothelin-converting-enzyme-1, endothelin-converting enzyme 1, v. 8 | p. 562	
3.4.24.71	Endothelin-converting enzyme, endothelin-converting enzyme 1, v. 8 | p. 562	
3.4.24.71	endothelin-converting enzyme-1, endothelin-converting enzyme 1, v. 8 | p. 562	
3.4.24.71	endothelin-converting enzyme 1, endothelin-converting enzyme 1, v. 8 | p. 562	
3.4.24.71	endothelin converting enzyme, endothelin-converting enzyme 1, v. 8 | p. 562	
3.4.24.71	endothelin converting enzyme-1, endothelin-converting enzyme 1, v. 8 | p. 562	
3.4.24.71	endothelin converting enzyme-Ia, endothelin-converting enzyme 1, v. 8 | p. 562	
1.14.13.39	endothelium-derived relaxation factor-forming enzyme, nitric-oxide synthase, v. 26 | p. 426	
1.14.13.39	endothelium-derived relaxing factor synthase, nitric-oxide synthase, v. 26 | p. 426	
3.4.23.22	Endothia acid proteinase, Endothiapepsin, v. 8 | p. 102	
3.4.23.22	Endothia aspartic proteinase, Endothiapepsin, v. 8 | p. 102	
3.4.23.22	Endothia parasitica acid proteinase, Endothiapepsin, v. 8 | p. 102	
3.4.23.22	Endothia parasitica aspartic proteinase, Endothiapepsin, v. 8 | p. 102	
3.1.21.7	EndoV, deoxyribonuclease V	

3.1.22.4	endo X3, crossover junction endodeoxyribonuclease, v. 11	p. 487
3.2.1.8	Endoxylanase, endo-1,4-β-xylanase, v. 12	p. 133
3.2.1.136	Endoxylanase, glucuronoarabinoxylan endo-1,4-β-xylanase, v. 13	p. 545
3.2.1.8	β-1,4-endoxylanase, endo-1,4-β-xylanase, v. 12	p. 133
3.2.1.8	endoxylanase I, endo-1,4-β-xylanase, v. 12	p. 133
3.2.1.151	endoxyloglucanase, xyloglucan-specific endo-β-1,4-glucanase, v. S5	p. 132
2.4.1.207	endoxyloglucan transferase, xyloglucan:xyloglucosyl transferase, v. 32	p. 524
1.1.1.145	5-ene-3-β-hydroxysteroid dehydrogenase, 3β-hydroxy-Δ5-steroid dehydrogenase, v. 17	p. 436
1.3.99.5	4-ene-3-ketosteroid-5α-oxidoreductase, 3-oxo-5α-steroid 4-dehydrogenase, v. 21	p. 516
1.3.1.22	4-ene-3-oxosteroid 5α-reductase, cholestenone 5α-reductase, v. 21	p. 124
1.3.99.4	4-ene-3-oxosteroid: (acceptor)-1-ene-oxoreductase, 3-oxosteroid 1-dehydrogenase, v. 21	p. 508
5.3.3.1	5-Ene-4-ene isomerase, steroid Δ-isomerase, v. 1	p. 376
1.3.1.22	4-ene-5α-reductase, cholestenone 5α-reductase, v. 21	p. 124
1.3.99.4	1-ene-dehydrogenase, 3-oxosteroid 1-dehydrogenase, v. 21	p. 508
3.6.3.1	energy-dependent lipid flippases, phospholipid-translocating ATPase, v. 15	p. 532
1.6.1.2	energy-linked transhydrogenase, NAD(P)+ transhydrogenase (AB-specific), v. 24	p. 10
3.2.1.39	Eng2 protein, glucan endo-1,3-β-D-glucosidase, v. 12	p. 567
3.2.1.96	ENGase, mannosyl-glycoprotein endo-β-N-acetylglucosaminidase, v. 13	p. 350
3.2.1.96	ENGase A, mannosyl-glycoprotein endo-β-N-acetylglucosaminidase, v. 13	p. 350
3.2.1.96	ENGase CI, mannosyl-glycoprotein endo-β-N-acetylglucosaminidase, v. 13	p. 350
3.2.1.96	ENGase CII, mannosyl-glycoprotein endo-β-N-acetylglucosaminidase, v. 13	p. 350
3.2.1.96	ENGase D, mannosyl-glycoprotein endo-β-N-acetylglucosaminidase, v. 13	p. 350
3.2.1.96	ENGase F, mannosyl-glycoprotein endo-β-N-acetylglucosaminidase, v. 13	p. 350
3.2.1.96	ENGase F1, mannosyl-glycoprotein endo-β-N-acetylglucosaminidase, v. 13	p. 350
3.2.1.96	ENGase F2, mannosyl-glycoprotein endo-β-N-acetylglucosaminidase, v. 13	p. 350
3.2.1.96	ENGase F3, mannosyl-glycoprotein endo-β-N-acetylglucosaminidase, v. 13	p. 350
3.2.1.96	ENGase Fsp, mannosyl-glycoprotein endo-β-N-acetylglucosaminidase, v. 13	p. 350
3.2.1.96	ENGase H, mannosyl-glycoprotein endo-β-N-acetylglucosaminidase, v. 13	p. 350
3.2.1.96	ENGase L, mannosyl-glycoprotein endo-β-N-acetylglucosaminidase, v. 13	p. 350
3.2.1.96	ENGase Mx, mannosyl-glycoprotein endo-β-N-acetylglucosaminidase, v. 13	p. 350
3.2.1.96	ENGase PI, mannosyl-glycoprotein endo-β-N-acetylglucosaminidase, v. 13	p. 350
3.2.1.96	ENGase PII, mannosyl-glycoprotein endo-β-N-acetylglucosaminidase, v. 13	p. 350
3.2.1.96	ENGase St, mannosyl-glycoprotein endo-β-N-acetylglucosaminidase, v. 13	p. 350
3.2.1.97	EngBF, glycopeptide α-N-acetylgalactosaminidase, v. 13	p. 371
3.2.1.4	EngH, cellulase, v. 12	p. 88
3.2.1.4	EngL, cellulase, v. 12	p. 88
3.2.1.4	EngM, cellulase, v. 12	p. 88
3.2.1.4	EngY, cellulase, v. 12	p. 88
5.4.4.2	Enhanced disease susceptibility 16, Isochorismate synthase, v. S7	p. 526
3.1.1.4	Enhancing factor, phospholipase A2, v. 9	p. 52
3.4.17.10	enkephalin-precursor endopeptidase, carboxypeptidase E, v. 6	p. 455
3.4.24.11	enkephalinase, neprilysin, v. 8	p. 230
3.4.14.4	enkephalinase B, dipeptidyl-peptidase III, v. 6	p. 279
3.4.17.10	enkephalin convertase, carboxypeptidase E, v. 6	p. 455
3.4.17.10	enkephalin precursor carboxypeptidase, carboxypeptidase E, v. 6	p. 455
4.2.1.11	ENO-S, phosphopyruvate hydratase, v. 4	p. 312
1.3.1.31	enoate reductase, 2-enoate reductase, v. 21	p. 182
4.2.1.17	enol-CoA hydratase, enoyl-CoA hydratase, v. 4	p. 360
2.5.1.19	5-enol-pyruvylshikimate 3-phosphate synthase, 3-phosphoshikimate 1-carboxyvinyl-transferase, v. 33	p. 546
2.5.1.7	enol-pyruvyltransferase, UDP-N-acetylglucosamine 1-carboxyvinyltransferase, v. 33	p. 443
4.2.1.11	α,α-enolase, phosphopyruvate hydratase, v. 4	p. 312

4.2.1.11	β,β-enolase, phosphopyruvate hydratase, v.4	p.312	
4.2.1.11	enolase, phosphopyruvate hydratase, v.4	p.312	
4.2.1.11	γ,γ-enolase, phosphopyruvate hydratase, v.4	p.312	
4.2.1.11	γ-enolase, phosphopyruvate hydratase, v.4	p.312	
3.1.3.77	enolase-phosphatase, acireductone synthase, v.S5	p.97	
4.2.1.11	Enolase-phosphatase E1, phosphopyruvate hydratase, v.4	p.312	
4.2.1.11	enolase S, phosphopyruvate hydratase, v.4	p.312	
4.1.1.32	P-enolpyruvate carboxykinase, phosphoenolpyruvate carboxykinase (GTP), v.3	p.195	
2.5.1.19	5-enolpyruvyl-3-phosphoshikimate synthase, 3-phosphoshikimate 1-carboxyvinyltransferase, v.33	p.546	
4.2.3.5	5-enolpyruvylshikimate-3-phosphate phospholyase, chorismate synthase, v.S7	p.202	
2.5.1.19	5'-enolpyruvylshikimate-3-phosphate synthase, 3-phosphoshikimate 1-carboxyvinyltransferase, v.33	p.546	
2.5.1.19	5-enolpyruvylshikimate-3-phosphate synthase, 3-phosphoshikimate 1-carboxyvinyltransferase, v.33	p.546	
2.5.1.19	enolpyruvylshikimate-3-phosphate synthase, 3-phosphoshikimate 1-carboxyvinyltransferase, v.33	p.546	
2.5.1.19	5-enolpyruvylshikimate-3-phosphate synthetase, 3-phosphoshikimate 1-carboxyvinyltransferase, v.33	p.546	
2.5.1.19	5-enolpyruvylshikimate-3-phosphoric acid synthase, 3-phosphoshikimate 1-carboxyvinyltransferase, v.33	p.546	
2.5.1.19	5-enolpyruvylshikimate-3phosphate synthase, 3-phosphoshikimate 1-carboxyvinyltransferase, v.33	p.546	
2.5.1.19	5-enolpyruvylshikimate 3-phosphate synthase, 3-phosphoshikimate 1-carboxyvinyltransferase, v.33	p.546	
2.5.1.19	enolpyruvylshikimate 3-phosphate synthase, 3-phosphoshikimate 1-carboxyvinyltransferase, v.33	p.546	
2.5.1.19	3-enolpyruvylshikimate-5-phosphate synthase, 3-phosphoshikimate 1-carboxyvinyltransferase, v.33	p.546	
2.5.1.19	enolpyruvylshikimate phosphate synthase, 3-phosphoshikimate 1-carboxyvinyltransferase, v.33	p.546	
2.5.1.19	5-enolpyruvylshikimic acid-3-phosphate synthase, 3-phosphoshikimate 1-carboxyvinyltransferase, v.33	p.546	
2.5.1.19	3-enolpyruvylshikimic acid-5-phosphate synthetase, 3-phosphoshikimate 1-carboxyvinyltransferase, v.33	p.546	
2.5.1.7	enolpyruvyl UDP-GlcNAc synthase, UDP-N-acetylglucosamine 1-carboxyvinyltransferase, v.33	p.443	
1.14.13.39	eNOS, nitric-oxide synthase, v.26	p.426	
1.3.1.9	enoyl (acyl carrier protein) reductase, enoyl-[acyl-carrier-protein] reductase (NADH), v.21	p.43	
1.3.1.9	enoyl-[acyl-carrier-protein] reductase, enoyl-[acyl-carrier-protein] reductase (NADH), v.21	p.43	
1.3.1.39	enoyl-[acyl carrier protein] (reduced nicotinamide adenine dinucleotide phosphate) reductase, enoyl-[acyl-carrier-protein] reductase (NADPH, A-specific), v.21	p.229	
1.3.1.9	enoyl-ACP(CoA) reductase, enoyl-[acyl-carrier-protein] reductase (NADH), v.21	p.43	
1.3.1.9	enoyl-ACP reductase, enoyl-[acyl-carrier-protein] reductase (NADH), v.21	p.43	
1.3.1.39	enoyl-ACP reductase, enoyl-[acyl-carrier-protein] reductase (NADPH, A-specific), v.21	p.229	
1.3.1.10	enoyl-ACP reductase, enoyl-[acyl-carrier-protein] reductase (NADPH, B-specific), v.21	p.52	
1.3.1.9	enoyl-ACP reductase III, enoyl-[acyl-carrier-protein] reductase (NADH), v.21	p.43	
1.3.1.10	enoyl-ACP reductase III, enoyl-[acyl-carrier-protein] reductase (NADPH, B-specific), v.21	p.52	
1.3.1.9	enoyl-acyl carrier protein reductase, enoyl-[acyl-carrier-protein] reductase (NADH), v.21	p.43	

2-enoyl-CoA hydratase

4.2.1.17	2-enoyl-CoA hydratase, enoyl-CoA hydratase, v. 4 | p. 360
2.3.1.16	2-enoyl-CoA hydratase/3-hydroxyacyl-CoA dehydrogenase/3-oxoacyl-CoA thiolase, acetyl-CoA C-acyltransferase, v. 29 | p. 371
1.1.1.211	2-enoyl-CoA hydratase/3-hydroxyacyl-CoA dehydrogenase/3-oxoacyl-CoA thiolase, long-chain-3-hydroxyacyl-CoA dehydrogenase, v. 18 | p. 280
4.2.1.101	enoyl-CoA hydratase/aldolase, trans-feruloyl-CoA hydratase, v. S7 | p. 82
4.2.1.17	2-enoyl-CoA hydratase 1, enoyl-CoA hydratase, v. 4 | p. 360
4.2.1.17	enoyl-CoA hydratase 1, enoyl-CoA hydratase, v. 4 | p. 360
4.2.1.74	2-enoyl-CoA hydratase 2, long-chain-enoyl-CoA hydratase, v. 4 | p. 592
5.3.3.8	2,3-Enoyl-CoA isomerase, dodecenoyl-CoA isomerase, v. 1 | p. 413
5.3.3.8	Δ3,Δ2-enoyl-CoA isomerase, dodecenoyl-CoA isomerase, v. 1 | p. 413
5.3.3.8	δ3-δ2-enoyl-CoA isomerase, dodecenoyl-CoA isomerase, v. 1 | p. 413
1.3.1.8	2-enoyl-CoA reductase, acyl-CoA dehydrogenase (NADP+), v. 21 | p. 34
1.3.1.34	4-enoyl-CoA reductase, 2,4-dienoyl-CoA reductase (NADPH), v. 21 | p. 209
1.3.1.8	enoyl-CoA reductase, acyl-CoA dehydrogenase (NADP+), v. 21 | p. 34
1.3.1.34	4-enoyl-CoA reductase (NADPH), 2,4-dienoyl-CoA reductase (NADPH), v. 21 | p. 209
1.3.1.34	4-enoyl-CoA reductase [NADPH], 2,4-dienoyl-CoA reductase (NADPH), v. 21 | p. 209
2.3.1.16	enoyl-coenzyme A (CoA) hydratase/3-hydroxyacyl-CoA dehydrogenase/3-ketoacyl-CoA thiolase trifunctional protein, acetyl-CoA C-acyltransferase, v. 29 | p. 371
4.2.1.17	enoyl-coenzyme A (CoA) hydratase/3-hydroxyacyl-CoA dehydrogenase/3-ketoacyl-CoA thiolase trifunctional protein, enoyl-CoA hydratase, v. 4 | p. 360
1.1.1.211	enoyl-coenzyme A (CoA) hydratase/3-hydroxyacyl-CoA dehydrogenase/3-ketoacyl-CoA thiolase trifunctional protein, long-chain-3-hydroxyacyl-CoA dehydrogenase, v. 18 | p. 280
1.3.99.2	enoyl-coenzyme A reductase, butyryl-CoA dehydrogenase, v. 21 | p. 473
1.3.1.44	2-enoyl-reductase, trans-2-enoyl-CoA reductase (NAD+), v. 21 | p. 251
1.3.1.9	enoyl-reductase, enoyl-[acyl-carrier-protein] reductase (NADH), v. 21 | p. 43
1.3.1.9	enoyl ACP reductase, enoyl-[acyl-carrier-protein] reductase (NADH), v. 21 | p. 43
1.3.1.10	enoyl acyl-carrier-protein reductase, enoyl-[acyl-carrier-protein] reductase (NADPH, B-specific), v. 21 | p. 52
4.2.1.58	Enoyl acyl carrier protein hydrase, Crotonoyl-[acyl-carrier-protein] hydratase, v. 4 | p. 546
1.3.1.9	enoyl acyl carrier protein reductase, enoyl-[acyl-carrier-protein] reductase (NADH), v. 21 | p. 43
5.3.3.8	Δ3,Δ2-enoyl CoA isomerase, dodecenoyl-CoA isomerase, v. 1 | p. 413
1.3.1.34	4-enoyl coenzyme A (reduced nicotinamide adenine dinucleotide phosphate), 2,4-dienoyl-CoA reductase (NADPH), v. 21 | p. 209
4.2.1.55	Enoyl coenzyme A hydrase (D), 3-Hydroxybutyryl-CoA dehydratase, v. 4 | p. 540
4.2.1.17	Enoyl coenzyme A hydrase (D), enoyl-CoA hydratase, v. 4 | p. 360
4.2.1.17	enoyl coenzyme A hydrase (L), enoyl-CoA hydratase, v. 4 | p. 360
4.2.1.17	enoyl coenzyme A hydratase, enoyl-CoA hydratase, v. 4 | p. 360
1.3.1.8	enoyl coenzyme A reductase, acyl-CoA dehydrogenase (NADP+), v. 21 | p. 34
4.2.1.17	enoyl hydrase, enoyl-CoA hydratase, v. 4 | p. 360
2.5.1.7	enoylpyruvate transferase, UDP-N-acetylglucosamine 1-carboxyvinyltransferase, v. 33 | p. 443
2.5.1.7	enoylpyruvatetransferase, UDP-N-acetylglucosamine 1-carboxyvinyltransferase, v. 33 | p. 443
2.5.1.19	5-enoylpyruvylshikimate 3-phosphate synthase, 3-phosphoshikimate 1-carboxyvinyl-transferase, v. 33 | p. 546
1.3.1.9	enoyl reductase, enoyl-[acyl-carrier-protein] reductase (NADH), v. 21 | p. 43
1.3.1.10	enoyl reductase, enoyl-[acyl-carrier-protein] reductase (NADPH, B-specific), v. 21 | p. 52
1.3.1.38	enoyl reductase, trans-2-enoyl-CoA reductase (NADPH), v. 21 | p. 223
1.3.1.10	2-enoyl thioester reductase, enoyl-[acyl-carrier-protein] reductase (NADPH, B-specific), v. 21 | p. 52
1.3.1.10	enoyl thioester reductase, enoyl-[acyl-carrier-protein] reductase (NADPH, B-specific), v. 21 | p. 52

3.1.4.39	ENPP2, alkylglycerophosphoethanolamine phosphodiesterase, v. 11	p. 187
1.3.1.9	ENR, enoyl-[acyl-carrier-protein] reductase (NADH), v. 21	p. 43
1.3.1.44	ENR, trans-2-enoyl-CoA reductase (NAD+), v. 21	p. 251
3.1.3.5	eNs, 5'-nucleotidase, v. 10	p. 95
3.1.3.5	eNT, 5'-nucleotidase, v. 10	p. 95
4.2.3.29	ent-(sandaraco)pimar-8(14),15-diene synthase, ent-sandaracopimaradiene synthase
5.5.1.13	ent-copalyl/ent-kaurene synthase, ent-copalyl diphosphate synthase, v. S7	p. 557
4.2.3.19	ent-copalyl/ent-kaurene synthase, ent-kaurene synthase, v. S7	p. 281
5.5.1.13	ent-copylyl diphosphate synthase/ent-kaurene synthase, ent-copalyl diphosphate synthase, v. S7	p. 557
1.14.13.78	ent-kaurene oxidase-like protein, ent-kaurene oxidase, v. 26	p. 574
4.2.3.19	ent-kaurene synthase, ent-kaurene synthase, v. S7	p. 281
5.5.1.13	ent-kaurene synthase A, ent-copalyl diphosphate synthase, v. S7	p. 557
4.2.3.19	ent-kaurene synthase B, ent-kaurene synthase, v. S7	p. 281
5.5.1.13	ent-kaurene synthetase A, ent-copalyl diphosphate synthase, v. S7	p. 557
4.2.3.19	ent-kaurene synthetase B, ent-kaurene synthase, v. S7	p. 281
1.14.13.79	ent-kaurenoate C-10 oxidase, ent-kaurenoic acid oxidase, v. 26	p. 577
1.14.13.79	ent-keurenoate oxidase, ent-kaurenoic acid oxidase, v. 26	p. 577
1.14.13.79	ent-keurenoic acid oxidase, ent-kaurenoic acid oxidase, v. 26	p. 577
1.3.1.28	EntA, 2,3-dihydro-2,3-dihydroxybenzoate dehydrogenase, v. 21	p. 167
3.4.22.35	Entamoeba histolytica 112kDa adhesin, Histolysain, v. 7	p. 694
3.4.22.35	Entamoeba histolytica cysteine-proteinase, Histolysain, v. 7	p. 694
3.4.22.35	Entamoeba histolytica cysteine protease, Histolysain, v. 7	p. 694
3.4.22.35	Entamoeba histolytica cysteine proteinase, Histolysain, v. 7	p. 694
3.4.22.35	Entamoeba histolytica cysteine proteinase 5, Histolysain, v. 7	p. 694
3.4.22.35	Entamoeba histolytica neutral thiol proteinase, Histolysain, v. 7	p. 694
3.3.2.1	EntB, isochorismatase, v. 14	p. 142
5.4.2.1	EntD, phosphoglycerate mutase, v. 1	p. 493
2.7.7.58	EntE, (2,3-dihydroxybenzoyl)adenylate synthase, v. 38	p. 550
6.3.2.14	EntE, 2,3-Dihydroxybenzoate-serine ligase, v. 2	p. 478
3.5.1.16	enterobacterial AOase, acetylornithine deacetylase, v. 14	p. 338
3.1.27.6	Enterobacter ribonuclease, Enterobacter ribonuclease, v. 11	p. 595
2.7.7.58	Enterobactin biosynthesis enzyme, (2,3-dihydroxybenzoyl)adenylate synthase, v. 38	p. 550
2.7.7.3	Enterococcus faecalis PPAT, panteteheine-phosphate adenylyltransferase, v. 38	p. 71
3.4.21.9	enterokinase, enteropeptidase, v. 7	p. 49
3.4.21.9	enterokinase light chain, enteropeptidase, v. 7	p. 49
3.4.21.9	enteropeptidase, enteropeptidase, v. 7	p. 49
3.4.21.9	enteropeptidase light chain, enteropeptidase, v. 7	p. 49
3.4.24.74	Enterotoxin, fragilysin, v. 8	p. 572
1.1.1.49	Entner-Doudoroff enzyme, glucose-6-phosphate dehydrogenase, v. 16	p. 474
3.2.1.54	Env cda13A, cyclomaltodextrinase, v. 13	p. 95
3.2.1.49	envelope glycoprotein gp160, α-N-acetylgalactosaminidase, v. 13	p. 760
3.4.24.12	Envelysin, envelysin, v. 8	p. 248
2.7.13.3	ENVZ, histidine kinase, v. S4	p. 420
3.4.22.2	enzeco papain, papain, v. 7	p. 518
3.4.21.1	enzeon, chymotrypsin, v. 7	p. 1
2.4.1.25	D-enzyme, 4-α-glucanotransferase, v. 31	p. 276
2.4.1.18	Q-enzyme, 1,4-α-glucan branching enzyme, v. 31	p. 197
3.2.1.41	R-enzyme, pullulanase, v. 12	p. 594
2.4.1.24	T-enzyme, 1,4-α-glucan 6-α-glucosyltransferase, v. 31	p. 273
3.4.14.5	ω enzyme, dipeptidyl-peptidase IV, v. 6	p. 286
1.8.4.7	enzyme-thiol transhydrogenase (oxidized glutathione), enzyme-thiol transhydrogenase (glutathione-disulfide), v. 24	p. 656
2.3.1.54	enzyme I, formate C-acetyltransferase, v. 29	p. 691
2.7.3.9	enzyme I, phosphoenolpyruvate-protein phosphotransferase, v. 37	p. 414

2.7.1.69	enzyme II, protein-Npi-phosphohistidine-sugar phosphotransferase, v. 36	p. 207
2.7.1.69	enzyme IIl4ac, protein-Npi-phosphohistidine-sugar phosphotransferase, v. 36	p. 207
2.7.1.69	enzyme II of the phosphotransferase system, protein-Npi-phosphohistidine-sugar phosphotransferase, v. 36	p. 207
2.7.1.69	enzyme II protein of a phosphoenolpyruvate:sugar phosphotransferase, protein-Npi-phosphohistidine-sugar phosphotransferase, v. 36	p. 207
2.7.3.9	enzyme I of the phosphotransferase system, phosphoenolpyruvate-protein phosphotransferase, v. 37	p. 414
2.4.1.18	enzyme Q, 1,4-α-glucan branching enzyme, v. 31	p. 197
1.14.15.6	enzymes, cholesterol side-chain-cleaving, cholesterol monooxygenase (side-chain-cleaving), v. 27	p. 44
5.5.1.1	Enzymes, muconate-lactonizing, Muconate cycloisomerase, v. 1	p. 660
1.8.2.2	enzymes, thiosulfate-oxidizing, thiosulfate dehydrogenase, v. 24	p. 574
4.1.3.38	enzyme X, aminodeoxychorismate lyase, v. S7	p. 49
3.4.21.2	enzyme Y, chymotrypsin C, v. 7	p. 5
1.1.3.16	EO, ecdysone oxidase, v. 19	p. 148
2.1.1.146	EOMT, (iso)eugenol O-methyltransferase, v. 28	p. 636
3.4.24.15	EOPA, thimet oligopeptidase, v. 8	p. 275
3.1.27.5	Eosinophil-derived neurotoxin, pancreatic ribonuclease, v. 11	p. 584
3.1.1.5	eosinophil Charcot-Leyden crystal protein, lysophospholipase, v. 9	p. 82
3.1.1.5	eosinophil lysophospholipases, lysophospholipase, v. 9	p. 82
1.11.1.7	eosinophil peroxidase, peroxidase, v. 25	p. 211
3.4.21.9	EP-1, enteropeptidase, v. 7	p. 49
3.4.21.9	EP 118-1035, enteropeptidase, v. 7	p. 49
3.4.24.11	EP24.11, neprilysin, v. 8	p. 230
3.4.24.15	EP 24.15, thimet oligopeptidase, v. 8	p. 275
3.4.24.15	EP24.15, thimet oligopeptidase, v. 8	p. 275
3.4.24.16	EP 24.16, neurolysin, v. 8	p. 286
3.4.24.16	ep24.16, neurolysin, v. 8	p. 286
3.4.24.16	EP24.16c, neurolysin, v. 8	p. 286
3.4.24.16	EP24.16m, neurolysin, v. 8	p. 286
3.4.24.26	EPa, pseudolysin, v. 8	p. 363
1.2.1.72	epd, erythrose-4-phosphate dehydrogenase, v. S1	p. 171
1.2.1.72	Epd dehydrogenase, erythrose-4-phosphate dehydrogenase, v. S1	p. 171
3.2.1.15	EPG, polygalacturonase, v. 12	p. 208
2.7.10.1	EPH-and ELK-related kinase, receptor protein-tyrosine kinase, v. S2	p. 341
2.7.10.1	Eph-like kinase1, receptor protein-tyrosine kinase, v. S2	p. 341
2.7.11.22	Eph-related receptor protein tyrosine kinase, cyclin-dependent kinase, v. S4	p. 156
2.7.10.1	Eph-related receptor tyrosine kinase Cek9, receptor protein-tyrosine kinase, v. S2	p. 341
2.7.10.1	EphA1, receptor protein-tyrosine kinase, v. S2	p. 341
2.7.10.1	EphA1 receptor, receptor protein-tyrosine kinase, v. S2	p. 341
2.7.10.1	EPHA1 receptor tyrosine kinase, receptor protein-tyrosine kinase, v. S2	p. 341
2.7.10.1	EphA2, receptor protein-tyrosine kinase, v. S2	p. 341
2.7.10.2	EphB4, non-specific protein-tyrosine kinase, v. S2	p. 441
2.7.10.1	Eph homologous kinase 3, receptor protein-tyrosine kinase, v. S2	p. 341
2.7.10.1	ephrine receptor, receptor protein-tyrosine kinase, v. S2	p. 341
2.7.10.1	ephrin receptor 1, receptor protein-tyrosine kinase, v. S2	p. 341
2.7.10.1	ephrin type-A receptor 1, receptor protein-tyrosine kinase, v. S2	p. 341
2.7.10.1	ephrin type-A receptor 2, receptor protein-tyrosine kinase, v. S2	p. 341
2.7.10.1	ephrin type-A receptor 3, receptor protein-tyrosine kinase, v. S2	p. 341
2.7.10.1	ephrin type-A receptor 4, receptor protein-tyrosine kinase, v. S2	p. 341
2.7.10.1	ephrin type-A receptor 4A, receptor protein-tyrosine kinase, v. S2	p. 341
2.7.10.1	ephrin type-A receptor 4B, receptor protein-tyrosine kinase, v. S2	p. 341
2.7.10.1	ephrin type-A receptor 5, receptor protein-tyrosine kinase, v. S2	p. 341
2.7.10.1	ephrin type-A receptor 6, receptor protein-tyrosine kinase, v. S2	p. 341

2.7.10.1	ephrin type-A receptor 7, receptor protein-tyrosine kinase, v. S2 | p. 341
2.7.10.1	ephrin type-A receptor 8, receptor protein-tyrosine kinase, v. S2 | p. 341
2.7.10.1	ephrin type-B receptor 1, receptor protein-tyrosine kinase, v. S2 | p. 341
2.7.10.1	ephrin type-B receptor 1A, receptor protein-tyrosine kinase, v. S2 | p. 341
2.7.10.1	ephrin type-B receptor 2, receptor protein-tyrosine kinase, v. S2 | p. 341
2.7.10.1	ephrin type-B receptor 3, receptor protein-tyrosine kinase, v. S2 | p. 341
2.7.10.1	ephrin type-B receptor 4, receptor protein-tyrosine kinase, v. S2 | p. 341
2.7.10.1	ephrin type-B receptor 5, receptor protein-tyrosine kinase, v. S2 | p. 341
3.3.2.9	EPHX1, microsomal epoxide hydrolase, v. S5 | p. 200
4.2.3.9	5-epi-aristolochene synthase, aristolochene synthase, v. S7 | p. 219
4.2.3.39	8-epicedrol synthase, epi-cedrol synthase
4.2.3.39	epicedrol synthase, epi-cedrol synthase
1.13.11.31	epidermal-type lipoxygenase, arachidonate 12-lipoxygenase, v. 25 | p. 568
2.7.10.1	epidermal growth-factor receptor tyrosine kinase, receptor protein-tyrosine kinase, v. S2 | p. 341
2.7.10.1	epidermal growth factor-receptor, receptor protein-tyrosine kinase, v. S2 | p. 341
2.7.10.1	epidermal growth factor receptor, receptor protein-tyrosine kinase, v. S2 | p. 341
2.7.10.1	Epidermal growth factor receptor-related protein, receptor protein-tyrosine kinase, v. S2 | p. 341
2.7.10.1	epidermal growth factor receptor 4, receptor protein-tyrosine kinase, v. S2 | p. 341
2.7.10.1	epidermal growth factor receptor kinase, receptor protein-tyrosine kinase, v. S2 | p. 341
2.7.10.1	epidermal growth factor receptor tyrosine kinase, receptor protein-tyrosine kinase, v. S2 | p. 341
2.7.10.1	epidermal growth factor receptor tyrosine kinase inhibitor, receptor protein-tyrosine kinase, v. S2 | p. 341
2.7.10.1	epidermal growth factor tyrosine protein kinase, receptor protein-tyrosine kinase, v. S2 | p. 341
1.1.1.105	epidermal retinol dehydrogenase 2, retinol dehydrogenase, v. 17 | p. 287
1.13.11.33	epidermis-type 15-LOX, arachidonate 15-lipoxygenase, v. 25 | p. 585
1.11.1.9	Epididymis-specific glutathione peroxidase-like protein, glutathione peroxidase, v. 25 | p. 233
5.1.3.2	4-Epimerase, UDP-glucose 4-epimerase, v. 1 | p. 97
5.1.99.2	Epimerase, 16-hydroxy steroid, 16-Hydroxysteroid epimerase, v. 1 | p. 183
5.1.2.3	Epimerase, 3-hydroxybutyryl coenzyme A, 3-Hydroxybutyryl-CoA epimerase, v. 1 | p. 80
5.1.3.8	Epimerase, acylglucosamine 2-, N-Acylglucosamine 2-epimerase, v. 1 | p. 140
5.1.3.9	Epimerase, acylglucosamine phosphate 2-, N-Acylglucosamine-6-phosphate 2-epimerase, v. 1 | p. 144
5.1.3.20	Epimerase, adenosine diphosphoglyceromannoheptose 6-, ADP-glyceromanno-heptose 6-epimerase, v. 1 | p. 175
5.1.3.20	Epimerase, adenosine diphosphoglyceromannoheptose 6- (Escherichia coli clone pCG50 reduced), ADP-glyceromanno-heptose 6-epimerase, v. 1 | p. 175
5.1.3.20	Epimerase, adenosine diphosphoglyceromannoheptose 6- (Neisseria gonorrhoeae gene lis-6), ADP-glyceromanno-heptose 6-epimerase, v. 1 | p. 175
5.1.3.3	Epimerase, aldose-1, Aldose 1-epimerase, v. 1 | p. 113
5.1.3.11	Epimerase, cellobiose, Cellobiose epimerase, v. 1 | p. 148
5.1.3.19	Epimerase, chondroitin glucuronate 5-, chondroitin-glucuronate 5-epimerase, v. 1 | p. 172
5.1.3.10	Epimerase, cytidine diphosphoabequose, CDP-paratose 2-epimerase, v. 1 | p. 146
5.1.1.7	Epimerase, diaminopimelate, Diaminopimelate epimerase, v. 1 | p. 27
5.1.3.15	Epimerase, glucose 6-phosphate 1-, Glucose-6-phosphate 1-epimerase, v. 1 | p. 162
5.1.3.18	Epimerase, guanosine diphosphomannose, GDP-mannose 3,5-epimerase, v. 1 | p. 170
5.1.1.8	Epimerase, hydroxyproline, 4-Hydroxyproline epimerase, v. 1 | p. 33
5.1.2.6	Epimerase, isocitrate, Isocitrate epimerase, v. 1 | p. 89
5.1.1.14	Epimerase, isonocardicin A, Nocardicin-A epimerase, v. 1 | p. 59
5.1.3.4	Epimerase, L-ribulose phosphate 4-, L-ribulose-5-phosphate 4-epimerase, v. 1 | p. 123
5.1.3.17	Epimerase, polyglucuronate, heparosan-N-sulfate-glucuronate 5-epimerase, v. 1 | p. 167

5.1.3.1	Epimerase, ribulose phosphate 3-, Ribulose-phosphate 3-epimerase, v.1|p.91	
5.1.2.5	Epimerase, tartrate, Tartrate epimerase, v.1|p.87	
5.1.3.13	Epimerase, thymidine diphospho-4-ketorhamnose 3,5-, dTDP-4-dehydrorhamnose 3,5-epimerase, v.1|p.152	
5.1.3.7	Epimerase, uridine diphosphoacetylglucosamine, UDP-N-acetylglucosamine 4-epimerase, v.1|p.135	
5.1.3.14	Epimerase, uridine diphosphoacetylglucosamine 2-, UDP-N-acetylglucosamine 2-epimerase, v.1|p.154	
5.1.3.5	Epimerase, uridine diphosphoarabinose, UDP-arabinose 4-epimerase, v.1|p.129	
5.1.3.2	Epimerase, uridine diphosphoglucose, UDP-glucose 4-epimerase, v.1|p.97	
5.1.3.6	Epimerase, uridine diphosphoglucuronate, UDP-glucuronate 4-epimerase, v.1|p.132	
5.1.3.12	Epimerase, uridine diphosphoglucuronate 5', UDP-glucuronate 5'-epimerase, v.1|p.150	
1.4.3.4	epinephrine oxidase, monoamine oxidase, v.22|p.260	
2.7.10.2	Epithelial and endothelial tyrosine kinase, non-specific protein-tyrosine kinase, v.S2|p.441	
3.6.3.49	epithelial basolateral chloride conductance regulator, channel-conductance-controlling ATPase, v.15|p.731	
2.7.10.1	Epithelial cell kinase, receptor protein-tyrosine kinase, v.S2|p.341	
2.7.10.1	epithelial discoidin domain receptor 1, receptor protein-tyrosine kinase, v.S2|p.341	
3.4.21.109	epithin, matriptase, v.S5|p.367	
2.7.1.35	ePL kinase, pyridoxal kinase, v.35|p.395	
2.7.1.35	ePL kinase 1, pyridoxal kinase, v.35|p.395	
3.1.3.16	EPM2A, phosphoprotein phosphatase, v.10|p.213	
1.4.3.5	ePNPOx, pyridoxal 5'-phosphate synthase, v.22|p.273	
1.11.1.7	EPO, peroxidase, v.25|p.211	
1.10.3.2	EpoA, laccase, v.25|p.115	
1.14.99.34	epoxidase, monoprenyl isoflavone, monoprenyl isoflavone epoxidase, v.27|p.384	
1.14.99.20	epoxidase, phylloquinone, phylloquinone monooxygenase (2,3-epoxidizing), v.27|p.342	
3.3.2.10	epoxide hydrolase 1, soluble epoxide hydrolase, v.S5|p.228	
4.4.1.23	epoxyalkane:2-mercaptoethanesulfonate transferase, 2-hydroxypropyl-CoM lyase, v.S7|p.407	
4.4.1.23	epoxyalkane:CoM transferase, 2-hydroxypropyl-CoM lyase, v.S7|p.407	
4.4.1.23	epoxyalkyl:CoM transferase, 2-hydroxypropyl-CoM lyase, v.S7|p.407	
4.4.1.23	epoxypropane:coenzyme M transferase, 2-hydroxypropyl-CoM lyase, v.S7|p.407	
4.4.1.23	epoxypropyl:CoM transferase, 2-hydroxypropyl-CoM lyase, v.S7|p.407	
5.4.99.8	2,3-epoxysqualene–cycloartenol cyclase, Cycloartenol synthase, v.1|p.631	
5.4.99.7	2,3-epoxysqualene–lanosterol cyclase, Lanosterol synthase, v.1|p.624	
5.4.99.8	2,3-Epoxysqualene-cycloartenol cyclase, Cycloartenol synthase, v.1|p.631	
5.4.99.7	2,3-Epoxysqualene-lanosterol cyclase, Lanosterol synthase, v.1|p.624	
5.4.99.8	2,3-Epoxysqualene cycloartenol-cyclase, Cycloartenol synthase, v.1|p.631	
5.4.99.7	2,3-Epoxysqualene lanosterol-cyclase, Lanosterol synthase, v.1|p.624	
3.4.23.43	EppA, prepilin peptidase, v.8|p.194	
6.1.1.17	EPRS, Glutamate-tRNA ligase, v.2|p.128	
5.3.4.1	Eps1p, Protein disulfide-isomerase, v.1|p.436	
3.6.3.1	EpsE, phospholipid-translocating ATPase, v.15|p.532	
3.6.3.50	EpsE, protein-secreting ATPase, v.15|p.737	
2.7.10.2	EPS I polysaccharide export protein epsB, non-specific protein-tyrosine kinase, v.S2|p.441	
2.5.1.19	EPSPS, 3-phosphoshikimate 1-carboxyvinyltransferase, v.33|p.546	
2.5.1.19	EPSP synthase, 3-phosphoshikimate 1-carboxyvinyltransferase, v.33|p.546	
2.5.1.7	EPT, UDP-N-acetylglucosamine 1-carboxyvinyltransferase, v.33|p.443	
2.7.8.1	EPT, ethanolaminephosphotransferase, v.39|p.1	
2.7.8.1	Ept1p, ethanolaminephosphotransferase, v.39|p.1	
3.4.21.21	Eptacog alfa, coagulation factor VIIa, v.7|p.88	
4.2.3.12	ePTPS, 6-pyruvoyltetrahydropterin synthase, v.S7|p.235	

3.3.2.10	EPXH1, soluble epoxide hydrolase, v. S5 | p. 228	
3.1.3.76	EPXH2, lipid-phosphate phosphatase, v. S5 | p. 87	
3.3.2.10	EPXH2, soluble epoxide hydrolase, v. S5 | p. 228	
3.3.2.10	EPXH2B, soluble epoxide hydrolase, v. S5 | p. 228	
3.1.1.8	EQ-BCHE, cholinesterase, v. 9 | p. 118	
3.1.1.8	EqBuChE, cholinesterase, v. 9 | p. 118	
3.2.1.17	EQL, lysozyme, v. 12 | p. 228	
1.11.1.6	equilase, catalase, v. 25 | p. 194	
3.4.21.114	equine arteritis virus serine endopeptidase, equine arterivirus serine peptidase, v. S5 | p. 411	
3.4.21.115	equine arterivirus serine peptidase, infectious pancreatic necrosis birnavirus Vp4 peptidase, v. S5 | p. 415	
3.2.1.24	ER-α-mannosidase, α-mannosidase, v. 12 | p. 407	
3.2.1.113	ER α-1,2-mannosidase, mannosyl-oligosaccharide 1,2-α-mannosidase, v. 13 | p. 458	
3.4.11.1	ER-aminopeptidase-1, leucyl aminopeptidase, v. 6 | p. 40	
2.3.1.15	ER-associated GPAT, glycerol-3-phosphate O-acyltransferase, v. 29 | p. 347	
2.3.1.51	ER-located LPAT, 1-acylglycerol-3-phosphate O-acyltransferase, v. 29 | p. 670	
3.2.1.24	ER-mannosidase II, α-mannosidase, v. 12 | p. 407	
3.6.1.6	ER-UDPase, nucleoside-diphosphatase, v. 15 | p. 283	
3.2.1.113	ER α1,2-mannosidase I, mannosyl-oligosaccharide 1,2-α-mannosidase, v. 13 | p. 458	
5.3.4.1	ER58, Protein disulfide-isomerase, v. 1 | p. 436	
3.5.1.1	ErA, asparaginase, v. 14 | p. 190	
3.4.11.22	ERAAP, aminopeptidase I, v. 6 | p. 178	
3.4.11.22	ER aminopeptidase, aminopeptidase I, v. 6 | p. 178	
3.4.11.22	ER aminopeptidase 1, aminopeptidase I, v. 6 | p. 178	
3.4.11.22	ER aminopeptidase associated with antigen processing, aminopeptidase I, v. 6 | p. 178	
3.4.11.1	ERAP, leucyl aminopeptidase, v. 6 | p. 40	
3.4.11.22	ERAP1, aminopeptidase I, v. 6 | p. 178	
2.7.10.1	erb-B1, receptor protein-tyrosine kinase, v. S2 | p. 341	
2.7.10.1	ErbB-1, receptor protein-tyrosine kinase, v. S2 | p. 341	
2.7.10.1	ErbB-2, receptor protein-tyrosine kinase, v. S2 | p. 341	
3.4.11.18	ErbB-3 receptor binding protein, methionyl aminopeptidase, v. 6 | p. 159	
2.7.10.1	ErbB-4 receptor, receptor protein-tyrosine kinase, v. S2 | p. 341	
2.7.10.1	ErbB-4 tyrosine kinase, receptor protein-tyrosine kinase, v. S2 | p. 341	
2.7.10.1	ERBB1, receptor protein-tyrosine kinase, v. S2 | p. 341	
2.7.10.1	ErbB1 tyrosine kinase, receptor protein-tyrosine kinase, v. S2 | p. 341	
2.7.10.1	ErbB2, receptor protein-tyrosine kinase, v. S2 | p. 341	
2.7.10.1	ErbB2 kinase, receptor protein-tyrosine kinase, v. S2 | p. 341	
2.7.10.1	erbB2 receptor tyrosine kinase, receptor protein-tyrosine kinase, v. S2 | p. 341	
2.7.10.1	ErbB2 tyrosine kinase, receptor protein-tyrosine kinase, v. S2 | p. 341	
2.7.10.1	ErbB3, receptor protein-tyrosine kinase, v. S2 | p. 341	
2.7.10.1	c-erbB3, receptor protein-tyrosine kinase, v. S2 | p. 341	
2.7.10.1	ErbB3 receptor tyrosine kinase, receptor protein-tyrosine kinase, v. S2 | p. 341	
2.7.10.1	ErbB4, receptor protein-tyrosine kinase, v. S2 | p. 341	
2.7.10.1	ErbB4 receptor, receptor protein-tyrosine kinase, v. S2 | p. 341	
2.7.10.1	ErbB receptor protein-tyrosine kinase, receptor protein-tyrosine kinase, v. S2 | p. 341	
2.7.10.1	erbB tyrosine kinase, receptor protein-tyrosine kinase, v. S2 | p. 341	
5.3.4.1	ERcalcistorin/protein-disulfide isomerase, Protein disulfide-isomerase, v. 1 | p. 436	
1.14.99.7	Erg1, squalene monooxygenase, v. 27 | p. 280	
1.14.13.70	Erg11p, sterol 14-demethylase, v. 26 | p. 547	
1.14.99.7	Erg1p, squalene monooxygenase, v. 27 | p. 280	
1.14.99.7	Erg1 protein, squalene monooxygenase, v. 27 | p. 280	
1.3.1.70	ERG 24, Δ14-sterol reductase, v. 21 | p. 317	
1.3.1.70	ERG24, Δ14-sterol reductase, v. 21 | p. 317	
1.3.1.70	erg24-1, Δ14-sterol reductase, v. 21 | p. 317	
1.14.13.72	ERG25p, methylsterol monooxygenase, v. 26 | p. 559	

5.3.3.5	ERG2p, cholestenol Δ-isomerase, v. 1 | p. 404
1.3.1.71	Erg4p, Δ24(241)-sterol reductase, v. 21 | p. 326
2.1.1.41	Erg6p, sterol 24-C-methyltransferase, v. 28 | p. 220
5.4.99.7	ERG7, Lanosterol synthase, v. 1 | p. 624
5.4.99.7	Erg7p, Lanosterol synthase, v. 1 | p. 624
2.5.1.21	Erg9, squalene synthase, v. 33 | p. 568
3.6.1.1	ER H+-pyrophosphatase, inorganic diphosphatase, v. 15 | p. 240
2.7.11.24	ERK, mitogen-activated protein kinase, v. S4 | p. 233
2.7.12.2	ERK, mitogen-activated protein kinase kinase, v. S4 | p. 392
2.7.10.1	ERK, receptor protein-tyrosine kinase, v. S2 | p. 341
2.7.12.2	ERK 1, mitogen-activated protein kinase kinase, v. S4 | p. 392
2.7.11.24	ERK1, mitogen-activated protein kinase, v. S4 | p. 233
2.7.12.2	ERK1, mitogen-activated protein kinase kinase, v. S4 | p. 392
2.7.11.24	ERK1-MAP kinase, mitogen-activated protein kinase, v. S4 | p. 233
2.7.11.24	ERK1/2, mitogen-activated protein kinase, v. S4 | p. 233
2.7.11.24	ERK1b, mitogen-activated protein kinase, v. S4 | p. 233
2.7.12.2	ERK 2, mitogen-activated protein kinase kinase, v. S4 | p. 392
2.7.11.24	ERK2, mitogen-activated protein kinase, v. S4 | p. 233
2.7.12.2	ERK2, mitogen-activated protein kinase kinase, v. S4 | p. 392
2.7.11.24	ERK3, mitogen-activated protein kinase, v. S4 | p. 233
2.7.11.24	ERK5, mitogen-activated protein kinase, v. S4 | p. 233
2.7.10.1	erlotinib, receptor protein-tyrosine kinase, v. S2 | p. 341
3.6.4.10	ER lumenal hsc70 BiP, non-chaperonin molecular chaperone ATPase, v. 15 | p. 810
3.2.1.113	ERManI, mannosyl-oligosaccharide 1,2-α-mannosidase, v. 13 | p. 458
3.2.1.113	ER mannosidase I, mannosyl-oligosaccharide 1,2-α-mannosidase, v. 13 | p. 458
2.1.1.48	ErmC 23S rRNA methyltransferase, rRNA (adenine-N6-)-methyltransferase, v. 28 | p. 281
2.1.1.48	ermC 23 S rRNA methyltransferase, rRNA (adenine-N6-)-methyltransferase, v. 28 | p. 281
2.1.1.48	ErmC methyltransferase, rRNA (adenine-N6-)-methyltransferase, v. 28 | p. 281
2.1.1.48	Erm methyltransferase, rRNA (adenine-N6-)-methyltransferase, v. 28 | p. 281
2.7.11.1	Ern1p, non-specific serine/threonine protein kinase, v. S3 | p. 1
3.1.26.4	ERNH, calf thymus ribonuclease H, v. 11 | p. 517
1.8.3.2	Ero1, thiol oxidase, v. 24 | p. 594
1.8.3.2	Ero1p, thiol oxidase, v. 24 | p. 594
1.14.14.1	EROD, unspecific monooxygenase, v. 26 | p. 584
5.3.4.1	ERp-72 homolog, Protein disulfide-isomerase, v. 1 | p. 436
1.8.1.8	ERp16, protein-disulfide reductase, v. 24 | p. 514
5.3.4.1	ERp18, Protein disulfide-isomerase, v. 1 | p. 436
5.3.4.1	ERp27, Protein disulfide-isomerase, v. 1 | p. 436
5.3.4.1	ERp28, Protein disulfide-isomerase, v. 1 | p. 436
5.3.4.1	ERp57, Protein disulfide-isomerase, v. 1 | p. 436
1.8.4.2	ERp57, protein-disulfide reductase (glutathione), v. 24 | p. 617
5.3.4.1	ERP59, Protein disulfide-isomerase, v. 1 | p. 436
5.3.4.1	ERP60, Protein disulfide-isomerase, v. 1 | p. 436
5.3.4.1	ERp72, Protein disulfide-isomerase, v. 1 | p. 436
2.7.7.7	error-prone DNA polymerase X, DNA-directed DNA polymerase, v. 38 | p. 118
6.1.1.17	ERS, Glutamate-tRNA ligase, v. 2 | p. 128
4.1.1.15	ERT D1, Glutamate decarboxylase, v. 3 | p. 74
1.8.3.2	ERV/ALR sulfhydryl oxidase, thiol oxidase, v. 24 | p. 594
1.8.3.2	Erv1, thiol oxidase, v. 24 | p. 594
1.8.3.2	Erv1p, thiol oxidase, v. 24 | p. 594
1.8.3.2	Erv2, thiol oxidase, v. 24 | p. 594
1.8.3.2	ERv2p, thiol oxidase, v. 24 | p. 594
3.5.1.1	Erwinase, asparaginase, v. 14 | p. 190
1.1.1.9	erythritol dehydrogenase, D-xylulose reductase, v. 16 | p. 137
4.1.3.14	erythro-β-Hydroxyaspartate aldolase, 3-Hydroxyaspartate aldolase, v. 4 | p. 96

4.3.1.20	Erythro-β-hydroxyaspartate dehydratase, Erythro-3-hydroxyaspartate ammonia-lyase, v. S7 | p. 373
4.1.3.14	erythro-β-Hydroxyaspartate glycine-lyase, 3-Hydroxyaspartate aldolase, v. 4 | p. 96
4.3.1.20	Erythro-3-hydroxyaspartate hydro-lyase (deaminating), Erythro-3-hydroxyaspartate ammonia-lyase, v. S7 | p. 373
3.1.3.15	D-erythro-imidazoleglycerol phosphate dehydratase-histidinol phosphate phosphatase, histidinol-phosphatase, v. 10 | p. 208
1.15.1.1	erythrocuprein, superoxide dismutase, v. 27 | p. 399
3.1.3.2	erythrocyte-specific acid phosphatase, acid phosphatase, v. 10 | p. 31
3.5.4.6	Erythrocyte AMP deaminase, AMP deaminase, v. 15 | p. 57
4.2.1.1	erythrocyte carbonic anhydrase, carbonate dehydratase, v. 4 | p. 242
1.5.1.29	erythrocyte FR, FMN reductase, v. 23 | p. 217
3.4.23.34	erythrocyte membrane acid proteinase, Cathepsin E, v. 8 | p. 153
3.4.23.34	Erythrocyte membrane aspartic proteinase, Cathepsin E, v. 8 | p. 153
1.5.1.29	erythrocyte NADPH dehydrogenase, FMN reductase, v. 23 | p. 217
1.5.1.29	erythrocyte NADPH diaphorase, FMN reductase, v. 23 | p. 217
2.7.1.40	erythroid (R-type) pyruvate kinase, pyruvate kinase, v. 36 | p. 33
3.6.3.1	erythroid ATP-dependent aminophospholipid transporter, phospholipid-translocating ATPase, v. 15 | p. 532
2.1.1.48	erythromycin-resistance methylase, rRNA (adenine-N6-)-methyltransferase, v. 28 | p. 281
1.1.1.290	D-erythronate-4-phosphate dehydrogenase, 4-phosphoerythronate dehydrogenase, v. S1 | p. 75
1.1.1.290	erythronate-4-phosphate dehydrogenase, 4-phosphoerythronate dehydrogenase, v. S1 | p. 75
2.3.1.94	erythronolide condensing enzyme, 6-deoxyerythronolide-B synthase, v. 30 | p. 183
4.1.2.2	Erythrose-1-phosphate synthase, Ketotetrose-phosphate aldolase, v. 3 | p. 414
2.5.1.54	D-erythrose-4-phosphate-lyase, 3-deoxy-7-phosphoheptulonate synthase, v. 34 | p. 146
2.5.1.54	D-erythrose-4-phosphate-lyase (pyruvate-phosphorylating), 3-deoxy-7-phosphoheptulonate synthase, v. 34 | p. 146
1.2.1.72	erythrose 4-phosphate dehydrogenase, erythrose-4-phosphate dehydrogenase, v. S1 | p. 171
4.1.2.2	Erythrulose-1-phosphate synthase, Ketotetrose-phosphate aldolase, v. 3 | p. 414
1.1.1.162	D-erythrulose reductase, erythrulose reductase, v. 18 | p. 35
3.1.6.2	ES, steryl-sulfatase, v. 11 | p. 250
3.1.1.1	ES-10, carboxylesterase, v. 9 | p. 1
3.1.1.1	Es-22, carboxylesterase, v. 9 | p. 1
3.1.1.1	ES-HTEL, carboxylesterase, v. 9 | p. 1
3.1.1.1	ES-HVEL, carboxylesterase, v. 9 | p. 1
3.1.1.1	ES-Male, carboxylesterase, v. 9 | p. 1
3.1.1.1	ES-THET, carboxylesterase, v. 9 | p. 1
3.1.1.1	ES10, carboxylesterase, v. 9 | p. 1
3.1.1.1	ES11, carboxylesterase, v. 9 | p. 1
3.1.1.1	ES3, carboxylesterase, v. 9 | p. 1
3.1.1.1	ES4, carboxylesterase, v. 9 | p. 1
3.1.1.1	ES5, carboxylesterase, v. 9 | p. 1
3.1.1.1	ES6, carboxylesterase, v. 9 | p. 1
3.1.1.1	ES7, carboxylesterase, v. 9 | p. 1
3.1.1.1	ES9, carboxylesterase, v. 9 | p. 1
2.3.1.48	Esa1, histone acetyltransferase, v. 29 | p. 641
2.3.1.184	EsaI, acyl-homoserine-lactone synthase, v. S2 | p. 140
3.5.2.6	ESBL, β-lactamase, v. 14 | p. 683
1.4.3.2	escapin, L-amino-acid oxidase, v. 22 | p. 225
3.1.3.48	ES cell phosphatase, protein-tyrosine-phosphatase, v. 10 | p. 407
3.1.22.5	Escherichia coli endodeoxyribonuclease, deoxyribonuclease X, v. 11 | p. 493
3.1.21.7	Escherichia coli endodeoxyribonuclease V, deoxyribonuclease V
3.1.22.5	Escherichia coli endodeoxyribonuclease X, deoxyribonuclease X, v. 11 | p. 493

3.1.21.1	Escherichia coli endonuclease I, deoxyribonuclease I, v. 11 | p. 431	
3.1.21.6	Escherichia coli endonuclease II, CC-preferring endodeoxyribonuclease, v. 11 | p. 470	
4.2.99.18	Escherichia coli endonuclease III, DNA-(apurinic or apyrimidinic site) lyase, v. 5 | p. 150	
3.1.11.1	Escherichia coli exonuclease I, exodeoxyribonuclease I, v. 11 | p. 357	
3.1.11.2	Escherichia coli exonuclease III, exodeoxyribonuclease III, v. 11 | p. 362	
3.1.11.5	Escherichia coli exonuclease V, exodeoxyribonuclease V, v. 11 | p. 375	
3.1.11.6	Escherichia coli exonuclease VII, exodeoxyribonuclease VII, v. 11 | p. 385	
3.4.21.89	Escherichia coli leader peptidase, Signal peptidase I, v. 7 | p. 431	
3.4.24.55	Escherichia coli protease III, pitrilysin, v. 8 | p. 481	
3.4.21.53	Escherichia coli proteinase La, Endopeptidase La, v. 7 | p. 241	
3.1.11.5	Escherichia coli RecBCD, exodeoxyribonuclease V, v. 11 | p. 375	
3.1.27.1	Escherichia coli ribonuclease I, ribonuclease T2, v. 11 | p. 557	
3.1.27.1	Escherichia coli ribonuclease I' ribonuclease PP2', ribonuclease T2, v. 11 | p. 557	
3.1.27.1	Escherichia coli ribonuclease II, ribonuclease T2, v. 11 | p. 557	
3.4.21.53	Escherichia coli serine proteinase La, Endopeptidase La, v. 7 | p. 241	
3.4.21.67	Escherichia coli serine proteinase So, Endopeptidase So, v. 7 | p. 327	
3.1.25.1	Escherichia coli UV endonuclease, deoxyribonuclease (pyrimidine dimer), v. 11 | p. 495	
3.4.24.40	Escherichia freundii proteinase, serralysin, v. 8 | p. 424	
3.6.3.50	EscN, protein-secreting ATPase, v. 15 | p. 737	
3.1.1.3	Esf lipase, triacylglycerol lipase, v. 9 | p. 36	
2.8.2.4	ESFT, estrone sulfotransferase, v. 39 | p. 303	
2.1.2.1	eSHMT, glycine hydroxymethyltransferase, v. 29 | p. 1	
2.7.11.30	ESK2, receptor protein serine/threonine kinase, v. S4 | p. 340	
2.7.12.1	Esk kinase, dual-specificity kinase, v. S4 | p. 372	
3.4.22.49	Esp1, separase, v. S6 | p. 18	
3.1.21.4	Esp3I, type II site-specific deoxyribonuclease, v. 11 | p. 454	
2.7.13.3	EspA, histidine kinase, v. S4 | p. 420	
3.4.21.62	Esperase, Subtilisin, v. 7 | p. 285	
3.1.21.4	EspI, type II site-specific deoxyribonuclease, v. 11 | p. 454	
2.8.2.2	EST, alcohol sulfotransferase, v. 39 | p. 278	
2.8.2.4	EST, estrone sulfotransferase, v. 39 | p. 303	
3.1.1.53	EST, sialate O-acetylesterase, v. 9 | p. 344	
2.8.2.15	EST, steroid sulfotransferase, v. 39 | p. 387	
3.1.1.1	EST-3, carboxylesterase, v. 9 | p. 1	
3.1.1.6	EST-4, acetylesterase, v. 9 | p. 96	
3.1.1.1	EST-4, carboxylesterase, v. 9 | p. 1	
3.1.1.1	EST-5A, carboxylesterase, v. 9 | p. 1	
3.1.1.1	EST-5B, carboxylesterase, v. 9 | p. 1	
3.1.1.1	EST-5C, carboxylesterase, v. 9 | p. 1	
3.1.1.2	ESt-A, arylesterase, v. 9 | p. 28	
3.1.1.1	Est-AF, carboxylesterase, v. 9 | p. 1	
3.1.1.1	Est1, carboxylesterase, v. 9 | p. 1	
3.1.1.1	EST2, carboxylesterase, v. 9 | p. 1	
3.1.1.1	Est30, carboxylesterase, v. 9 | p. 1	
3.1.1.1	Est55, carboxylesterase, v. 9 | p. 1	
3.1.1.1	EstA, carboxylesterase, v. 9 | p. 1	
3.1.1.73	EstA, feruloyl esterase, v. 9 | p. 414	
3.1.1.1	EstA esterase, carboxylesterase, v. 9 | p. 1	
3.1.1.2	EstB, arylesterase, v. 9 | p. 28	
3.1.1.1	estBB1, carboxylesterase, v. 9 | p. 1	
3.1.1.1	EstC, carboxylesterase, v. 9 | p. 1	
3.1.1.1	EstC1, carboxylesterase, v. 9 | p. 1	
3.1.1.79	EstE5, hormone sensitive lipase, v. S5 | p. 4	
3.1.1.79	EstE5 protein, hormone-sensitive lipase, v. S5 | p. 4	
3.1.8.1	A-esterase, aryldialkylphosphatase, v. 11 | p. 343	

3.1.1.2	A-esterase, arylesterase, v.9	p.28	
3.1.1.1	B-esterase, carboxylesterase, v.9	p.1	
3.1.1.72	C-esterase, Acetylxylan esterase, v.9	p.406	
3.1.1.6	C-esterase, acetylesterase, v.9	p.96	
3.1.1.2	α-esterase, arylesterase, v.9	p.28	
3.1.1.1	esterase, carboxylesterase, v.9	p.1	
3.1.2.2	esterase, palmitoyl-CoA hydrolase, v.9	p.459	
3.1.1.43	esterase, α-amino acid, α-amino-acid esterase, v.9	p.301	
3.1.1.72	Esterase, acetyl, Acetylxylan esterase, v.9	p.406	
3.1.1.7	esterase, acetyl choline, acetylcholinesterase, v.9	p.104	
3.1.1.64	esterase, all-trans-retinol palmitate, all-trans-retinyl-palmitate hydrolase, v.9	p.387	
3.1.1.55	esterase, aspirin, acetylsalicylate deacetylase, v.9	p.355	
3.1.1.60	esterase, bis(2-ethylhexyl) phthalate, bis(2-ethylhexyl)phthalate esterase, v.9	p.375	
3.1.1.8	esterase, butyrylcholine, cholinesterase, v.9	p.118	
3.1.1.72	Esterase, C-, Acetylxylan esterase, v.9	p.406	
3.4.21.42	esterase, C1, complement subcomponent C1s, v.7	p.197	
3.1.1.1	esterase, carboxyl, carboxylesterase, v.9	p.1	
3.1.1.41	esterase, cephalosporin C acetyl, cephalosporin-C deacetylase, v.9	p.291	
3.1.1.8	esterase, choline, cholinesterase, v.9	p.118	
3.1.1.66	esterase, diacetoxybutynylbithiophene acetate, 5-(3,4-diacetoxybut-1-ynyl)-2,2'-bithiophene deacetylase, v.9	p.392	
3.1.1.48	esterase, fusarinine C ornithine, fusarinine-C ornithinesterase, v.9	p.328	
3.1.2.7	esterase, glutathione thiol-, glutathione thiolesterase, v.9	p.499	
3.1.1.50	esterase, jojoba wax, wax-ester hydrolase, v.9	p.333	
3.1.1.59	Esterase, juvenile hormone, Juvenile-hormone esterase, v.9	p.368	
3.1.1.61	esterase, methyl-accepting chemotaxis protein methyl-, protein-glutamate methylesterase, v.9	p.378	
3.1.1.44	esterase, methyl oxalacatate, 4-methyloxaloacetate esterase, v.9	p.309	
3.1.8.1	esterase, organophosphate, aryldialkylphosphatase, v.11	p.343	
3.1.8.1	esterase, paraoxon, aryldialkylphosphatase, v.11	p.343	
3.1.8.1	esterase, pirimiphos-methyloxon, aryldialkylphosphatase, v.11	p.343	
3.4.21.46	esterase, properdin factor D, complement factor D, v.7	p.213	
3.1.1.61	esterase, protein methyl-, protein-glutamate methylesterase, v.9	p.378	
3.1.1.21	esterase, retinol palmitate, retinyl-palmitate esterase, v.9	p.197	
3.1.1.49	esterase, sinapine, sinapine esterase, v.9	p.330	
3.1.1.10	esterase, tropine, tropinesterase, v.9	p.132	
3.1.2.15	esterase, ubiquitin thiol-, ubiquitin thiolesterase, v.9	p.523	
3.4.19.12	esterase, ubiquitin thiol-, ubiquitinyl hydrolase 1, v.6	p.575	
3.1.1.1	Esterase-22, carboxylesterase, v.9	p.1	
3.1.1.1	Esterase-31, carboxylesterase, v.9	p.1	
3.1.1.1	esterase-6, carboxylesterase, v.9	p.1	
3.1.1.1	esterase 1F, carboxylesterase, v.9	p.1	
3.1.1.1	esterase 2B, carboxylesterase, v.9	p.1	
3.1.1.1	esterase 6A, carboxylesterase, v.9	p.1	
3.1.1.1	esterase 9A, carboxylesterase, v.9	p.1	
3.1.1.1	esterase A, carboxylesterase, v.9	p.1	
3.1.1.73	esterase A, feruloyl esterase, v.9	p.414	
3.1.1.1	esterase B, carboxylesterase, v.9	p.1	
3.1.8.1	esterase B1, aryldialkylphosphatase, v.11	p.343	
3.1.2.12	esterase D, S-formylglutathione hydrolase, v.9	p.508	
3.1.1.1	esterase D, carboxylesterase, v.9	p.1	
3.1.1.56	esterase D, methylumbelliferyl-acetate deacetylase, v.9	p.359	
3.1.2.12	esterase D/S-formylglutathione hydrolase, S-formylglutathione hydrolase, v.9	p.508	
3.1.8.1	esterase E4, aryldialkylphosphatase, v.11	p.343	
3.1.1.48	esterase EstB, fusarinine-C ornithinesterase, v.9	p.328	

3.5.1.4	ester transferase, amidase, v. 14 | p. 231
3.1.1.1	EstP, carboxylesterase, v. 9 | p. 1
1.1.1.148	estradiol 17α-oxidoreductase, estradiol 17α-dehydrogenase, v. 17 | p. 467
1.14.99.11	estradiol 6β-hydroxylase, estradiol 6β-monooxygenase, v. 27 | p. 308
1.1.1.148	17α-estradiol dehydrogenase, estradiol 17α-dehydrogenase, v. 17 | p. 467
1.1.1.62	17β-estradiol dehydrogenase, estradiol 17β-dehydrogenase, v. 17 | p. 48
1.1.1.62	estradiol dehydrogenase, estradiol 17β-dehydrogenase, v. 17 | p. 48
2.4.1.17	estriol UDP-glucuronosyltransferase, glucuronosyltransferase, v. 31 | p. 162
1.6.99.1	Estrogen-binding protein, NADPH dehydrogenase, v. 24 | p. 179
1.1.1.62	estrogen 17-oxidoreductase, estradiol 17β-dehydrogenase, v. 17 | p. 48
5.2.1.8	Estrogen receptor binding cyclophilin, Peptidylprolyl isomerase, v. 1 | p. 218
3.1.6.1	estrogen sulfatase, arylsulfatase, v. 11 | p. 236
2.8.2.2	estrogen sulfokinase, alcohol sulfotransferase, v. 39 | p. 278
2.8.2.2	estrogen sulfotransferase, alcohol sulfotransferase, v. 39 | p. 278
2.8.2.4	estrogen sulfotransferase, estrone sulfotransferase, v. 39 | p. 303
2.8.2.4	estrogen sulphotransferase, estrone sulfotransferase, v. 39 | p. 303
1.14.14.1	Estrogen synthetase, unspecific monooxygenase, v. 26 | p. 584
3.1.6.2	estrone sulfatase, steryl-sulfatase, v. 11 | p. 250
2.8.2.4	estrone sulfotranefarse, estrone sulfotransferase, v. 39 | p. 303
2.4.1.17	estrone UDP-glucuronosyltransferase, glucuronosyltransferase, v. 31 | p. 162
2.7.7.14	ET, ethanolamine-phosphate cytidylyltransferase, v. 38 | p. 219
1.2.1.3	ETA-crystallin, aldehyde dehydrogenase (NAD+), v. 20 | p. 32
1.2.1.36	ETA-crystallin, retinal dehydrogenase, v. 20 | p. 282
1.14.11.8	eta-N-trimethyllysine hydroxylase, trimethyllysine dioxygenase, v. 26 | p. 70
1.14.13.8	EtaA, flavin-containing monooxygenase, v. 26 | p. 257
1.14.13.92	EtaA, phenylacetone monooxygenase, v. S1 | p. 595
4.2.2.16	2,6-etab-D-fructan D-fructosyl-D-fructosyltransferase (forming di-β-D-fructofuranose 2,6':2',6-dianhydride), levan fructotransferase (DFA-IV-forming), v. S7 | p. 134
1.13.11.39	EtbC, biphenyl-2,3-diol 1,2-dioxygenase, v. 25 | p. 618
3.4.24.71	ET converting enzyme, endothelin-converting enzyme 1, v. 8 | p. 562
1.5.5.1	ETF-QO, electron-transferring-flavoprotein dehydrogenase, v. 23 | p. 326
1.5.5.1	ETF-ubiquinone oxidoreductase, electron-transferring-flavoprotein dehydrogenase, v. 23 | p. 326
1.5.5.1	ETF:QO, electron-transferring-flavoprotein dehydrogenase, v. 23 | p. 326
1.5.5.1	ETF:ubiquinone oxidoreductase, electron-transferring-flavoprotein dehydrogenase, v. 23 | p. 326
1.5.5.1	ETF dehydrogenase, electron-transferring-flavoprotein dehydrogenase, v. 23 | p. 326
1.5.5.1	ETFDH, electron-transferring-flavoprotein dehydrogenase, v. 23 | p. 326
2.7.7.14	ethanolamine-phosphate cytidylyltransferase, ethanolamine-phosphate cytidylyltransferase, v. 38 | p. 219
4.3.1.7	ethanolamine ammonia-lyase, ethanolamine ammonia-lyase, v. 5 | p. 214
4.3.1.7	ethanolamine ammonia-lyase BMC, ethanolamine ammonia-lyase, v. 5 | p. 214
4.3.1.7	ethanolamine deaminase, ethanolamine ammonia-lyase, v. 5 | p. 214
2.7.1.82	ethanolamine kinase 2, ethanolamine kinase, v. 36 | p. 303
2.7.7.14	ethanolamine phosphate cytidylyltransferase, ethanolamine-phosphate cytidylyltransferase, v. 38 | p. 219
2.7.1.82	ethanolamine phosphokinase, ethanolamine kinase, v. 36 | p. 303
2.7.8.1	ethanolamine phosphotransferase, ethanolaminephosphotransferase, v. 39 | p. 1
2.7.8.1	ethanolaminephosphotransferase, diacylglycerol, ethanolaminephosphotransferase, v. 39 | p. 1
2.7.8.1	ethanolaminephosphotransferase 1, ethanolaminephosphotransferase, v. 39 | p. 1
2.7.13.3	ethanolamine two-component sensor kinase, histidine kinase, v. S4 | p. 420
1.1.1.1	ethanol dehydrogenase, alcohol dehydrogenase, v. 16 | p. 1
1.1.99.8	ethanol dehydrogenase, alcohol dehydrogenase (acceptor), v. 19 | p. 305
1.1.3.13	ethanol oxidase, alcohol oxidase, v. 19 | p. 115

1.14.14.1	7-ethoxycoumarin-O-deethylase, unspecific monooxygenase, v. 26 | p. 584
1.14.14.1	7-ethoxyresorufin-O-deethylase, unspecific monooxygenase, v. 26 | p. 584
2.3.3.7	2-ethyl-3-hydroxybutanedioate synthase, 3-ethylmalate synthase, v. 30 | p. 629
1.17.99.2	ethylbenzene dehydrogenase, ethylbenzene hydroxylase, v. 27 | p. 535
1.14.17.4	ethylene-forming enzyme, aminocyclopropanecarboxylate oxidase, v. 27 | p. 154
2.7.13.3	ethylene receptor, histidine kinase, v. S4 | p. 420
2.7.13.3	ethylene receptor (CS-ETR1), histidine kinase, v. S4 | p. 420
2.7.13.3	ethylene receptor (MEETR1) (Cm-ETR1), histidine kinase, v. S4 | p. 420
2.7.13.3	ethylene receptor (PE-ETR1), histidine kinase, v. S4 | p. 420
2.7.13.3	ethylene receptor 1 (LeETR1), histidine kinase, v. S4 | p. 420
2.7.13.3	ethylene receptor12 (PhETR2), histidine kinase, v. S4 | p. 420
2.7.13.3	ethylene receptor 2 (LeETR2), histidine kinase, v. S4 | p. 420
2.7.13.3	ethylene receptor 2 (PhETR2), histidine kinase, v. S4 | p. 420
2.7.11.1	ethylene receptor protein NTHK2, non-specific serine/threonine protein kinase, v. S3 | p. 1
1.3.99.2	ethylene reductase, butyryl-CoA dehydrogenase, v. 21 | p. 473
2.3.3.6	2-ethylmalate-3-hydroxybutanedioate synthase, 2-ethylmalate synthase, v. 30 | p. 626
2.3.3.7	3-ethylmalate glyoxylate-lyase (CoA-butanoylating), 3-ethylmalate synthase, v. 30 | p. 629
3.6.4.6	N-ethylmaleimide-sensitive factor, vesicle-fusing ATPase, v. 15 | p. 789
3.6.4.6	N-ethylmaleimide-sensitive fusion protein, vesicle-fusing ATPase, v. 15 | p. 789
3.6.4.6	N-ethylmaleimide sensitive-factor, vesicle-fusing ATPase, v. 15 | p. 789
3.6.4.6	N-ethyl maleimide sensitive factor, vesicle-fusing ATPase, v. 15 | p. 789
3.6.4.6	N-ethylmaleimide sensitive factor, vesicle-fusing ATPase, v. 15 | p. 789
3.6.4.6	N-ethylmaleimide sensitive fusion protein, vesicle-fusing ATPase, v. 15 | p. 789
3.6.4.6	N-ethylmeleimide-sensitive factor, vesicle-fusing ATPase, v. 15 | p. 789
1.1.1.152	etiocholanolone 3α-dehydrogenase, 3α-hydroxy-5β-androstane-17-one 3α-dehydrogenase, v. 17 | p. 493
2.7.10.2	ETK, non-specific protein-tyrosine kinase, v. S2 | p. 441
2.7.10.1	ETK, receptor protein-tyrosine kinase, v. S2 | p. 341
2.7.10.2	Etk/BMX, non-specific protein-tyrosine kinase, v. S2 | p. 441
2.7.1.32	EtnK, choline kinase, v. 35 | p. 373
2.7.1.82	EtnK, ethanolamine kinase, v. 36 | p. 303
2.7.1.82	Etnk2, ethanolamine kinase, v. 36 | p. 303
2.7.1.82	Etn kinase, ethanolamine kinase, v. 36 | p. 303
5.99.1.2	ETOP, DNA topoisomerase, v. 1 | p. 721
2.7.13.3	ETR1, histidine kinase, v. S4 | p. 420
2.7.13.3	ETR1 ethylene receptor, histidine kinase, v. S4 | p. 420
1.3.1.10	Etr1p, enoyl-[acyl-carrier-protein] reductase (NADPH, B-specific), v. 21 | p. 52
5.3.4.1	Eug1p, Protein disulfide-isomerase, v. 1 | p. 436
2.1.1.146	eugenol methyltransferase, (iso)eugenol O-methyltransferase, v. 28 | p. 636
2.1.1.146	eugenol O-methyltransferase, (iso)eugenol O-methyltransferase, v. 28 | p. 636
1.1.1.34	EuHMGR, hydroxymethylglutaryl-CoA reductase (NADPH), v. 16 | p. 309
1.14.14.1	EUI, unspecific monooxygenase, v. 26 | p. 584
2.7.11.1	eukaryotic-type serine/threonine protein kinase, non-specific serine/threonine protein kinase, v. S3 | p. 1
2.7.11.20	eukaryotic elongation factor-2 kinase, elongation factor 2 kinase, v. S4 | p. 126
2.7.11.20	eukaryotic elongation factor 2 kinase, elongation factor 2 kinase, v. S4 | p. 126
3.6.4.10	eukaryotic Hsc70 ATPase, non-chaperonin molecular chaperone ATPase, v. 15 | p. 810
3.6.5.3	eukaryotic initiation factor 2A, protein-synthesizing GTPase, v. S6 | p. 494
3.4.22.46	Eukaryotic signal peptidase, L-peptidase, v. 7 | p. 751
3.4.21.89	Eukaryotic signal peptidase, Signal peptidase I, v. 7 | p. 431
3.4.22.46	Eukaryotic signal proteinase, L-peptidase, v. 7 | p. 751
3.4.21.89	Eukaryotic signal proteinase, Signal peptidase I, v. 7 | p. 431
3.6.5.3	eukaryotic translation initiation factor 2, protein-synthesizing GTPase, v. S6 | p. 494
2.7.11.20	eukaryotic translation initiation factor 2α kinase, elongation factor 2 kinase, v. S4 | p. 126
4.3.1.7	eut-L, ethanolamine ammonia-lyase, v. 5 | p. 214

4.3.1.7	EutB, ethanolamine ammonia-lyase, v.5	p.214
2.5.1.17	EutT, cob(I)yrinic acid a,c-diamide adenosyltransferase, v.33	p.517
3.4.22.51	evansain, cruzipain, v.S6	p.30
3.2.1.91	Ex-1, cellulose 1,4-β-cellobiosidase, v.13	p.325
3.2.1.74	Ex-1, glucan 1,4-β-glucosidase, v.13	p.235
3.2.1.52	EXC1Y, β-N-acetylhexosaminidase, v.13	p.50
3.2.1.52	EXC2Y, β-N-acetylhexosaminidase, v.13	p.50
3.1.25.1	excision endonuclease UvrABC, deoxyribonuclease (pyrimidine dimer), v.11	p.495
3.1.25.1	excision nuclease UvrABC, deoxyribonuclease (pyrimidine dimer), v.11	p.495
3.6.3.50	ExeA, protein-secreting ATPase, v.15	p.737
3.2.1.58	Exg1, glucan 1,3-β-glucosidase, v.13	p.137
3.2.1.58	ExgA, glucan 1,3-β-glucosidase, v.13	p.137
2.4.1.207	EXGT, xyloglucan:xyloglucosyl transferase, v.32	p.524
3.2.1.58	exo (13)-β-glucanase, glucan 1,3-β-glucosidase, v.13	p.137
4.2.2.13	exo-(1,4)-α-D-glucan lyase, exo-(1->4)-α-D-glucan lyase, v.5	p.70
3.2.1.23	Exo-(1$\rightarrow$4)-β-D-galactanase, β-galactosidase, v.12	p.368
3.2.1.58	exo-β-(1,3)-glucanase, glucan 1,3-β-glucosidase, v.13	p.137
3.2.1.37	Exo-β-(1,4)-xylanase, xylan 1,4-β-xylosidase, v.12	p.537
3.2.1.23	exo-β-(1->3)-D-galactanase, β-galactosidase, v.12	p.368
3.2.1.58	exo-β-(13)-D-glucanase, glucan 1,3-β-glucosidase, v.13	p.137
3.2.1.58	exo-β-(13)-glucanohydrolase, glucan 1,3-β-glucosidase, v.13	p.137
3.2.1.113	exo-α-1,2-mannanase, mannosyl-oligosaccharide 1,2-α-mannosidase, v.13	p.458
3.2.1.72	exo-β-1,3'-xylanase, xylan 1,3-β-xylosidase, v.13	p.221
3.2.1.145	exo-β-1,3-D -galactanase, galactan 1,3-β-galactosidase, v.13	p.581
3.2.1.145	exo-β-1,3-D-galactanase, galactan 1,3-β-galactosidase, v.13	p.581
3.2.1.58	exo-β-1,3-D-glucanase, glucan 1,3-β-glucosidase, v.13	p.137
3.2.1.58	exo-β-1,3-glucanase, glucan 1,3-β-glucosidase, v.13	p.137
3.2.1.74	exo-β-1,4-glucanase, glucan 1,4-β-glucosidase, v.13	p.235
3.2.1.91	exo-β-1,4-glucan cellobiohydrolase, cellulose 1,4-β-cellobiosidase, v.13	p.325
3.2.1.150	exo-β-1,4-glucan cellobiohydrolase, oligoxyloglucan reducing-end-specific cellobiohydrolase, v.S5	p.128
4.2.2.13	Exo-α-1,4-glucan lyase, exo-(1->4)-α-D-glucan lyase, v.5	p.70
3.2.1.74	exo-β-1,4-glucosidase, glucan 1,4-β-glucosidase, v.13	p.235
3.2.1.92	exo-β-acetylmuramidase, peptidoglycan β-N-acetylmuramidase, v.13	p.338
3.2.1.80	exo-β-D-fructosidase, fructan β-fructosidase, v.13	p.275
3.2.1.146	exo-β-D-galactofuranosidase, β-galactofuranosidase, v.13	p.583
3.2.1.165	exo-β-D-GlcNase, exo-1,4-β-D-glucosaminidase
3.2.1.165	exo-β-D-glucosaminidase, exo-1,4-β-D-glucosaminidase
3.2.1.31	exo-β-D-glucuronidase, β-glucuronidase, v.12	p.494
3.2.1.25	exo-β-D-mannanase, β-mannosidase, v.12	p.437
3.2.1.80	exo-β-fructosidase, fructan β-fructosidase, v.13	p.275
3.2.1.146	exo-β-galactofuranosidase, β-galactofuranosidase, v.13	p.583
3.2.1.58	exo-β-glucanase, glucan 1,3-β-glucosidase, v.13	p.137
3.2.1.165	exo-β-glucosaminidase, exo-1,4-β-D-glucosaminidase
3.2.1.31	exo-β-glucuronidase, β-glucuronidase, v.12	p.494
2.4.1.219	exo-β-glycosyltransferase, vomilenine glucosyltransferase, v.32	p.589
3.2.1.52	exo-β-hexosaminidase, β-N-acetylhexosaminidase, v.13	p.50
3.2.1.100	exo-β-mannanase, mannan 1,4-mannobiosidase, v.13	p.400
3.2.1.24	exo-α-mannosidase, α-mannosidase, v.12	p.407
3.2.1.49	exo-α-N-acetylgalactosaminidase, α-N-acetylgalactosaminidase, v.13	p.10
3.2.1.92	exo-β-N-acetylmuramidase, peptidoglycan β-N-acetylmuramidase, v.13	p.338
3.2.1.77	exo-1,2-1,3-α-mannosidase, mannan 1,2-(1,3)-α-mannosidase, v.13	p.261
3.2.1.58	exo-1,3-β-D-glucanase, glucan 1,3-β-glucosidase, v.13	p.137
3.2.1.84	exo-1,3-α-glucanase, glucan 1,3-α-glucosidase, v.13	p.294
3.2.1.58	exo-1,3-β-glucanase, glucan 1,3-β-glucosidase, v.13	p.137

3.2.1.58	Exo-1,3-β-glucanase I/II, glucan 1,3-β-glucosidase, v. 13 | p. 137	
3.2.1.58	exo-1,3-β-glucosidase, glucan 1,3-β-glucosidase, v. 13 | p. 137	
3.2.1.72	exo-1,3-β-xylosidase, xylan 1,3-β-xylosidase, v. 13 | p. 221	
3.2.1.114	exo-1,3-1,6-α-mannosidase, mannosyl-oligosaccharide 1,3-1,6-α-mannosidase, v. 13 | p. 470	
3.2.1.58	Exo-β 1,3 glucanase, glucan 1,3-β-glucosidase, v. 13 | p. 137	
3.2.1.150	exo-1,4-β-D-cellobiohydrolase, oligoxyloglucan reducing-end-specific cellobiohydrolase, v. S5 | p. 128	
3.2.1.91	exo-1, 4-β-D-glucanase, cellulose 1,4-β-cellobiosidase, v. 13 | p. 325	
3.2.1.91	exo-1,4-β-D-glucanase, cellulose 1,4-β-cellobiosidase, v. 13 | p. 325	
3.2.1.3	exo-1,4-α-D-glucan glucanohydrolase, glucan 1,4-α-glucosidase, v. 12 | p. 59	
3.2.1.3	exo-1,4-α-D-glucanohydrolase, glucan 1,4-α-glucosidase, v. 12 | p. 59	
3.2.1.37	exo-1,4-β-D-xylosidase, xylan 1,4-β-xylosidase, v. 12 | p. 537	
3.2.1.91	exo-1,4-β-glucanase, cellulose 1,4-β-cellobiosidase, v. 13 | p. 325	
3.2.1.74	exo-1,4-β-glucanase, glucan 1,4-β-glucosidase, v. 13 | p. 235	
3.2.1.3	exo-1,4-α-glucosidase, glucan 1,4-α-glucosidase, v. 12 | p. 59	
3.2.1.74	exo-1,4-β-glucosidase, glucan 1,4-β-glucosidase, v. 13 | p. 235	
3.2.1.100	exo-1,4-β-mannobiohydrolase, mannan 1,4-mannobiosidase, v. 13 | p. 400	
3.2.1.37	exo-1,4-β-xylosidase, xylan 1,4-β-xylosidase, v. 12 | p. 537	
3.2.1.55	exo-1,5-α-L-arabinanase, α-N-arabinofuranosidase, v. 13 | p. 106	
3.2.1.70	exo-1,6-α-glucosidase, glucan 1,6-α-glucosidase, v. 13 | p. 214	
4.2.99.18	EXO-3, DNA-(apurinic or apyrimidinic site) lyase, v. 5 | p. 150	
3.1.11.2	EXO-3, exodeoxyribonuclease III, v. 11 | p. 362	
3.2.1.52	exo-acting chitinase, β-N-acetylhexosaminidase, v. 13 | p. 50	
3.2.1.3	exo-amylase, glucan 1,4-α-glucosidase, v. 12 | p. 59	
3.2.1.55	exo-arabinanase 43A, α-N-arabinofuranosidase, v. 13 | p. 106	
3.2.1.91	exo-cellobiohydrolase, cellulose 1,4-β-cellobiosidase, v. 13 | p. 325	
3.2.1.146	exo β-D-galactofuranosidase, β-galactofuranosidase, v. 13 | p. 583	
3.2.1.67	exo-D-galacturonanase, galacturan 1,4-α-galacturonidase, v. 13 | p. 195	
3.2.1.67	exo-D-galacturonase, galacturan 1,4-α-galacturonidase, v. 13 | p. 195	
3.2.1.94	exo-isomalto-hydrolase, glucan 1,6-α-isomaltosidase, v. 13 | p. 343	
3.2.1.94	Exo-isomaltohydrolase, glucan 1,6-α-isomaltosidase, v. 13 | p. 343	
3.2.1.95	exo-isomaltotriohydrolase, dextran 1,6-α-isomaltotriosidase, v. 13 | p. 347	
3.2.1.65	exo-levanase, levanase, v. 13 | p. 186	
3.2.1.98	exo-maltohexao-hydrolase, glucan 1,4-α-maltohexaosidase, v. 13 | p. 379	
3.2.1.98	exo-maltohexaohydrolase, glucan 1,4-α-maltohexaosidase, v. 13 | p. 379	
3.2.1.98	exo-maltohexaose hydrolase, glucan 1,4-α-maltohexaosidase, v. 13 | p. 379	
3.2.1.60	exo-malto tetrahydrolase, glucan 1,4-α-maltotetraohydrolase, v. 13 | p. 157	
3.2.1.60	exo-maltotetraohydrolase, glucan 1,4-α-maltotetraohydrolase, v. 13 | p. 157	
3.2.1.116	exo-maltotriohydrolase, glucan 1,4-α-maltotriohydrolase, v. 13 | p. 481	
3.2.1.25	exo β-mannanase, β-mannosidase, v. 12 | p. 437	
3.2.1.10	exo-oligo-1,6-glucosidase, oligo-1,6-glucosidase, v. 12 | p. 162	
4.2.2.9	exo-PATE, pectate disaccharide-lyase, v. 5 | p. 50	
4.2.2.9	exo-pectate lyase, pectate disaccharide-lyase, v. 5 | p. 50	
3.2.1.82	Exo-PG, exo-poly-α-galacturonosidase, v. 13 | p. 285	
3.2.1.67	Exo-PG, galacturan 1,4-α-galacturonidase, v. 13 | p. 195	
3.2.1.15	Exo-PG, polygalacturonase, v. 12 | p. 208	
4.2.2.9	exo-PGL, pectate disaccharide-lyase, v. 5 | p. 50	
3.2.1.82	exo-PHase, exo-poly-α-galacturonosidase, v. 13 | p. 285	
3.2.1.67	exo-polygalacturonase, galacturan 1,4-α-galacturonidase, v. 13 | p. 195	
3.2.1.15	exo-polygalacturonase, polygalacturonase, v. 12 | p. 208	
3.4.17.16	exo-type carboxypeptidase P, membrane Pro-Xaa carboxypeptidase, v. 6 | p. 480	
3.1.11.1	Exo1, exodeoxyribonuclease I, v. 11 | p. 357	
3.1.11.1	EXO1b, exodeoxyribonuclease I, v. 11 | p. 357	
2.4.2.30	Exo53, NAD+ ADP-ribosyltransferase, v. 33 | p. 263	

4.2.99.18	ExoA, DNA-(apurinic or apyrimidinic site) lyase, v.5 | p. 150	
2.4.2.36	ExoA, NAD+-diphthamide ADP-ribosyltransferase, v.33 | p. 296	
2.4.2.36	ExoA(c), NAD+-diphthamide ADP-ribosyltransferase, v.33 | p. 296	
4.2.99.18	ExoA type AP endonuclease, DNA-(apurinic or apyrimidinic site) lyase, v.5 | p. 150	
3.2.1.91	exocellobiohydrolase, cellulose 1,4-β-cellobiosidase, v.13 | p. 325	
3.2.1.150	exocellobiohydrolase, oligoxyloglucan reducing-end-specific cellobiohydrolase, v.S5 | p. 128	
3.2.1.74	exocellulase, glucan 1,4-β-glucosidase, v.13 | p. 235	
3.2.1.74	exocellulase I, glucan 1,4-β-glucosidase, v.13 | p. 235	
3.2.1.52	exochitinase, β-N-acetylhexosaminidase, v.13 | p. 50	
3.2.1.14	exochitinase, chitinase, v.12 | p. 185	
3.1.21.3	exodeoxyribonuclease, type I site-specific deoxyribonuclease, v.11 | p. 448	
3.1.11.2	exodeoxyribonuclease III, exodeoxyribonuclease III, v.11 | p. 362	
3.1.26.3	exodeoxyribonuclease III, ribonuclease III, v.11 | p. 509	
3.1.11.5	Exodeoxyribonuclease V 125 kDa polypeptide, exodeoxyribonuclease V, v.11 | p. 375	
3.1.11.5	Exodeoxyribonuclease V 135 KDA polypeptide, exodeoxyribonuclease V, v.11 | p. 375	
3.1.11.5	Exodeoxyribonuclease V 67 kDa polypeptide, exodeoxyribonuclease V, v.11 | p. 375	
3.2.1.70	exodextranase, glucan 1,6-α-glucosidase, v.13 | p. 214	
2.4.2.30	exoenzyme C3, NAD+ ADP-ribosyltransferase, v.33 | p. 263	
2.4.2.31	exoenzyme C3, NAD+-protein-arginine ADP-ribosyltransferase, v.33 | p. 272	
2.4.2.30	exoenzyme S, NAD+ ADP-ribosyltransferase, v.33 | p. 263	
2.4.2.30	exoenzyme T, NAD+ ADP-ribosyltransferase, v.33 | p. 263	
3.1.1.4	exoenzyme U, phospholipase A2, v.9 | p. 52	
3.2.1.58	β-1,3-exoglucanase, glucan 1,3-β-glucosidase, v.13 | p. 137	
3.2.1.91	exoglucanase, cellulose 1,4-β-cellobiosidase, v.13 | p. 325	
3.2.1.74	exoglucanase, glucan 1,4-β-glucosidase, v.13 | p. 235	
3.1.11.1	Exo I, exodeoxyribonuclease I, v.11 | p. 357	
3.1.11.1	ExoI, exodeoxyribonuclease I, v.11 | p. 357	
4.2.99.18	ExoIII, DNA-(apurinic or apyrimidinic site) lyase, v.5 | p. 150	
3.1.11.2	ExoIII, exodeoxyribonuclease III, v.11 | p. 362	
3.1.11.2	exo III, exodeoxyribonuclease III, v.11 | p. 362	
3.2.1.80	exoinulinase, fructan β-fructosidase, v.13 | p. 275	
3.2.1.95	exoisomaltotriohydrolase, dextran 1,6-α-isomaltotriosidase, v.13 | p. 347	
3.2.1.67	exolytic PGase, galacturan 1,4-α-galacturonidase, v.13 | p. 195	
3.2.1.98	exomaltohexaohydrolase, glucan 1,4-α-maltohexaosidase, v.13 | p. 379	
3.2.1.60	exomaltotetrahydrolase, glucan 1,4-α-maltotetrahydrolase, v.13 | p. 157	
3.1.16.1	3'-5' exonuclease, spleen exonuclease, v.11 | p. 424	
3.1.16.1	3'-exonuclease, spleen exonuclease, v.11 | p. 424	
3.1.15.1	3'-exonuclease, venom exonuclease, v.11 | p. 417	
3.1.11.1	3'5' exonuclease, exodeoxyribonuclease I, v.11 | p. 357	
3.1.16.1	5' 3'-exonuclease, spleen exonuclease, v.11 | p. 424	
3.1.4.1	5'-exonuclease, phosphodiesterase I, v.11 | p. 1	
3.1.15.1	5'-exonuclease, venom exonuclease, v.11 | p. 417	
3.1.11.3	5'exonuclease, exodeoxyribonuclease (lambda-induced), v.11 | p. 368	
3.1.11.3	exonuclease, exodeoxyribonuclease (lambda-induced), v.11 | p. 368	
3.1.16.1	exonuclease, spleen exonuclease, v.11 | p. 424	
3.1.11.2	exonuclease-3, exodeoxyribonuclease III, v.11 | p. 362	
3.1.11.1	exonuclease 1, exodeoxyribonuclease I, v.11 | p. 357	
3.1.11.1	exonuclease 1b, exodeoxyribonuclease I, v.11 | p. 357	
3.1.11.1	exonuclease I, exodeoxyribonuclease I, v.11 | p. 357	
3.1.4.1	exonuclease I, phosphodiesterase I, v.11 | p. 1	
3.1.11.2	exonuclease III, exodeoxyribonuclease III, v.11 | p. 362	
3.1.13.1	exonuclease ISG20, exoribonuclease II, v.11 | p. 389	
3.1.11.5	exonuclease V, exodeoxyribonuclease V, v.11 | p. 375	
3.1.11.6	exonuclease VII, exodeoxyribonuclease VII, v.11 | p. 385	

3.1.16.1	5' -> 3' exonuclease Xrn2, spleen exonuclease, v. 11 | p. 424	
3.1.11.1	exonuxlease 1, exodeoxyribonuclease I, v. 11 | p. 357	
4.2.2.22	exopectate-lyase, pectate trisaccharide-lyase, v. S7 | p. 169	
4.2.2.9	exopectate lyase, pectate disaccharide-lyase, v. 5 | p. 50	
4.2.2.22	exopectate lyase, pectate trisaccharide-lyase, v. S7 | p. 169	
4.2.2.9	exopectate lyase W, pectate disaccharide-lyase, v. 5 | p. 50	
4.2.2.9	exopectic acid transeliminase, pectate disaccharide-lyase, v. 5 | p. 50	
3.2.1.67	exoPG, galacturan 1,4-α-galacturonidase, v. 13 | p. 195	
3.2.1.67	exoPGase, galacturan 1,4-α-galacturonidase, v. 13 | p. 195	
3.1.4.1	exophosphodiesterase, phosphodiesterase I, v. 11 | p. 1	
4.2.2.9	ExoPL, pectate disaccharide-lyase, v. 5 | p. 50	
3.6.1.11	exopoly(P)ase, exopolyphosphatase, v. 15 | p. 343	
3.2.1.67	exopoly-D-galacturonase, galacturan 1,4-α-galacturonidase, v. 13 | p. 195	
3.2.1.82	exopolygalacturanosidase, exo-poly-α-galacturonosidase, v. 13 | p. 285	
3.2.1.82	exopolygalacturonase, exo-poly-α-galacturonosidase, v. 13 | p. 285	
3.2.1.67	exopolygalacturonase, galacturan 1,4-α-galacturonidase, v. 13 | p. 195	
4.2.2.9	exopolygalacturonase, pectate disaccharide-lyase, v. 5 | p. 50	
4.2.2.9	Exopolygalacturonate lyase, pectate disaccharide-lyase, v. 5 | p. 50	
4.2.2.9	exopolygalacturonate lyase X, pectate disaccharide-lyase, v. 5 | p. 50	
3.2.1.82	exopolygalacturonosidase, exo-poly-α-galacturonosidase, v. 13 | p. 285	
4.2.2.9	exopolymethylgalacturonate lyase, pectate disaccharide-lyase, v. 5 | p. 50	
3.6.1.11	ExopolyPase, exopolyphosphatase, v. 15 | p. 343	
3.6.1.40	exopolyphosphatase/guanosine pentaphosphate phosphohydrolase, guanosine-5'-triphosphate,3'-diphosphate diphosphatase, v. 15 | p. 457	
3.6.1.11	exopolyphosphatase 1, exopolyphosphatase, v. 15 | p. 343	
3.6.1.11	exopolyphosphatase 2, exopolyphosphatase, v. 15 | p. 343	
3.1.13.4	2',3'-exoribonuclease, poly(A)-specific ribonuclease, v. 11 | p. 407	
3.1.13.1	3'-5'exoribonuclease, exoribonuclease II, v. 11 | p. 389	
3.1.13.4	3'-exoribonuclease, poly(A)-specific ribonuclease, v. 11 | p. 407	
3.1.16.1	5->3 exoribonuclease, spleen exonuclease, v. 11 | p. 424	
2.4.2.30	ExoS, NAD+ ADP-ribosyltransferase, v. 33 | p. 263	
2.4.1.225	exostosin, N-acetylglucosaminyl-proteoglycan 4-β-glucuronosyltransferase, v. 32 | p. 610	
2.4.1.225	exostosin-1, N-acetylglucosaminyl-proteoglycan 4-β-glucuronosyltransferase, v. 32 | p. 610	
2.4.1.225	exostosin-2, N-acetylglucosaminyl-proteoglycan 4-β-glucuronosyltransferase, v. 32 | p. 610	
2.4.2.30	ExoT, NAD+ ADP-ribosyltransferase, v. 33 | p. 263	
2.4.1.225	exotose-2, N-acetylglucosaminyl-proteoglycan 4-β-glucuronosyltransferase, v. 32 | p. 610	
2.4.2.36	exotoxin A, NAD+-diphthamide ADP-ribosyltransferase, v. 33 | p. 296	
4.2.2.3	exotype alginate lyase, poly(β-D-mannuronate) lyase, v. 5 | p. 19	
3.1.1.5	ExoU, lysophospholipase, v. 9 | p. 82	
3.1.1.4	ExoU, phospholipase A2, v. 9 | p. 52	
3.1.1.4	ExoU-specific PLA2, phospholipase A2, v. 9 | p. 52	
3.1.11.5	ExoV, exodeoxyribonuclease V, v. 11 | p. 375	
3.1.11.6	ExoVII, exodeoxyribonuclease VII, v. 11 | p. 385	
4.6.1.1	ExoY, adenylate cyclase, v. 5 | p. 415	
1.14.20.1	expandase, deacetoxycephalosporin-C synthase, v. 27 | p. 223	
3.1.3.8	experimental phytase SP 1002, 3-phytase, v. 10 | p. 129	
2.3.1.184	ExpISCC1, acyl-homoserine-lactone synthase, v. S2 | p. 140	
2.3.1.184	ExpISCC3065, acyl-homoserine-lactone synthase, v. S2 | p. 140	
2.4.1.207	EXT, xyloglucan:xyloglucosyl transferase, v. 32 | p. 524	
2.4.1.225	EXT-1, N-acetylglucosaminyl-proteoglycan 4-β-glucuronosyltransferase, v. 32 | p. 610	
2.4.1.225	EXT-2, N-acetylglucosaminyl-proteoglycan 4-β-glucuronosyltransferase, v. 32 | p. 610	
2.4.1.225	EXT-3, N-acetylglucosaminyl-proteoglycan 4-β-glucuronosyltransferase, v. 32 | p. 610	
2.4.1.225	EXT1, N-acetylglucosaminyl-proteoglycan 4-β-glucuronosyltransferase, v. 32 | p. 610	
2.4.1.224	EXT1, glucuronosyl-N-acetylglucosaminyl-proteoglycan 4-α-N-acetylglucosaminyl-transferase, v. 32 | p. 604	

2.4.1.225	EXT2, N-acetylglucosaminyl-proteoglycan 4-β-glucuronosyltransferase, v. 32	p. 610
2.4.1.224	EXT2, glucuronosyl-N-acetylglucosaminyl-proteoglycan 4-α-N-acetylglucosaminyl-transferase, v. 32	p. 604
3.5.2.6	extended-spectrum-β-lactamase, β-lactamase, v. 14	p. 683
3.5.2.6	extended-spectrum β-lactamase, β-lactamase, v. 14	p. 683
3.5.2.6	extended-spectrum β-lactamase TEM-60, β-lactamase, v. 14	p. 683
3.5.2.6	extended spectrum β-lactamase, β-lactamase, v. 14	p. 683
1.11.1.7	extensin peroxidase, peroxidase, v. 25	p. 211
4.2.1.1	external carbonic anhydrase, carbonate dehydratase, v. 4	p. 242
2.4.1.225	EXTL3, N-acetylglucosaminyl-proteoglycan 4-β-glucuronosyltransferase, v. 32	p. 610
3.1.1.3	extra-cellular metallolipase, triacylglycerol lipase, v. 9	p. 36
1.14.13.13	extra-renal 25-hydroxyvitamin D-1α-hydroxylase, calcidiol 1-monooxygenase, v. 26	p. 296
1.14.13.13	extra-renal 25-hydroxyvitamin D3 1α-hydroxylase, calcidiol 1-monooxygenase, v. 26	p. 296
3.4.23.35	Extracellular 'barrier' protein, Barrierpepsin, v. 8	p. 166
2.7.11.24	extracellular-regulated kinase, mitogen-activated protein kinase, v. S4	p. 233
2.7.11.24	extracellular-regulated kinase-1, mitogen-activated protein kinase, v. S4	p. 233
2.7.11.24	extracellular-regulated kinase-2, mitogen-activated protein kinase, v. S4	p. 233
2.7.12.2	extracellular-signal-regulated kinase, mitogen-activated protein kinase kinase, v. S4	p. 392
2.7.12.2	extracellular-signal-regulated kinase 1, mitogen-activated protein kinase kinase, v. S4	p. 392
2.7.12.2	extracellular-signal-regulated kinase 2, mitogen-activated protein kinase kinase, v. S4	p. 392
2.7.11.24	extracellular-signal-regulated protein kinase 3, mitogen-activated protein kinase, v. S4	p. 233
2.7.11.24	extracellular-signal regulated kinase 1, mitogen-activated protein kinase, v. S4	p. 233
2.7.11.24	extracellular-signal regulated kinase 2, mitogen-activated protein kinase, v. S4	p. 233
1.1.3.13	extracellular alcohol oxidase, alcohol oxidase, v. 19	p. 115
3.1.3.1	extracellular alkaline phosphatase, alkaline phosphatase, v. 10	p. 1
3.4.11.10	extracellular aminopeptidase, bacterial leucyl aminopeptidase, v. 6	p. 125
3.4.11.2	extracellular aminopeptidase, membrane alanyl aminopeptidase, v. 6	p. 53
3.4.23.18	extracellular aspartic protease, Aspergillopepsin I, v. 8	p. 78
3.4.15.6	extracellular CGPase, cyanophycinase, v. S5	p. 305
3.4.22.48	extracellular cysteine protease, staphopain, v. S6	p. 11
3.2.1.11	extracellular dextranase, dextranase, v. 12	p. 173
1.11.1.9	Extracellular glutathione peroxidase, glutathione peroxidase, v. 25	p. 233
3.4.21.96	Extracellular lactococcal proteinase, Lactocepin, v. 7	p. 460
3.1.1.3	extracellular lipase, triacylglycerol lipase, v. 9	p. 36
3.1.1.76	extracellular MCL-PHA depolymerase, poly(3-hydroxyoctanoate) depolymerase, v. 9	p. 446
3.1.1.76	extracellular medium-chain-length polyhydroxyalkanoate depolymerase, poly(3-hydroxyoctanoate) depolymerase, v. 9	p. 446
3.4.24.77	extracellular metalloendopeptidase, snapalysin, v. 8	p. 583
3.4.24.77	Extracellular metalloprotease, snapalysin, v. 8	p. 583
3.4.24.40	Extracellular metalloproteinase, serralysin, v. 8	p. 424
3.1.21.1	extracellular nuclease, deoxyribonuclease I, v. 11	p. 431
3.1.3.31	extracellular nucleotidase, nucleotidase, v. 10	p. 316
3.1.1.76	extracellular P(3HO) depolymerase, poly(3-hydroxyoctanoate) depolymerase, v. 9	p. 446
3.1.1.76	extracellular poly(3-hydroxyoctanioc acid) depolymerase, poly(3-hydroxyoctanoate) depolymerase, v. 9	p. 446
3.4.24.77	extracellular proteinase, snapalysin, v. 8	p. 583
2.7.11.24	extracellular regulated kinase, mitogen-activated protein kinase, v. S4	p. 233
2.7.11.24	extracellular regulated kinase-2, mitogen-activated protein kinase, v. S4	p. 233
2.7.11.24	extracellular signal-regulated kinase, mitogen-activated protein kinase, v. S4	p. 233

2.7.12.2	extracellular signal-regulated kinase, mitogen-activated protein kinase kinase, v. S4	p. 392
2.7.11.24	extracellular signal-regulated kinase 1, mitogen-activated protein kinase, v. S4	p. 233
2.7.11.24	extracellular signal-regulated kinase 2, mitogen-activated protein kinase, v. S4	p. 233
2.7.11.25	extracellular signal-regulated kinase kinase kinase-1, mitogen-activated protein kinase kinase kinase, v. S4	p. 278
2.7.11.24	extracellular signal-regulated kinases-1/2, mitogen-activated protein kinase, v. S4	p. 233
1.15.1.1	extracellular superoxide dismutase, superoxide dismutase, v. 27	p. 399
1.13.11.2	Extradiol-cleaving catecholic dioxygenase, catechol 2,3-dioxygenase, v. 25	p. 395
3.4.22.33	Extranase, Fruit bromelain, v. 7	p. 685
3.2.1.8	EXY1, endo-1,4-β-xylanase, v. 12	p. 133

Index of Synonyms: F

3.4.21.6	f.Xa, coagulation factor Xa, v. 7 | p. 35	
3.6.3.14	F0F1-ATPase, H+-transporting two-sector ATPase, v. 15 | p. 598	
3.6.3.14	F0F1-ATP synthase, H+-transporting two-sector ATPase, v. 15 | p. 598	
3.6.3.14	F0F1 ATP synthase, H+-transporting two-sector ATPase, v. 15 | p. 598	
3.6.3.14	F0F1ATP synthase, H+-transporting two-sector ATPase, v. 15 | p. 598	
3.2.1.21	F1, β-glucosidase, v. 12 | p. 299	
4.1.2.13	F1,6P2 aldolase, Fructose-bisphosphate aldolase, v. 3 | p. 455	
3.6.3.14	F1-ATPase, H+-transporting two-sector ATPase, v. 15 | p. 598	
3.1.3.11	F16BPase, fructose-bisphosphatase, v. 10 | p. 167	
1.4.3.1	F18E3.7a gene product, D-aspartate oxidase, v. 22 | p. 216	
1.4.3.1	F18Ep, D-aspartate oxidase, v. 22 | p. 216	
3.6.3.14	F1F0-ATPase, H+-transporting two-sector ATPase, v. 15 | p. 598	
3.6.3.7	F1F0 ATPase, Na+-exporting ATPase, v. 15 | p. 561	
3.6.3.14	F1F0 ATP synthase, H+-transporting two-sector ATPase, v. 15 | p. 598	
3.6.3.14	F1F0H+-ATPase, H+-transporting two-sector ATPase, v. 15 | p. 598	
3.6.3.14	F1FO-ATPase, H+-transporting two-sector ATPase, v. 15 | p. 598	
3.6.3.15	F1FO-ATPase, Na+-transporting two-sector ATPase, v. 15 | p. 611	
3.6.3.14	F1FO-ATP synthase, H+-transporting two-sector ATPase, v. 15 | p. 598	
4.2.1.91	F25C20.4 protein, arogenate dehydratase, v. 4 | p. 649	
3.1.3.46	F26BPase, fructose-2,6-bisphosphate 2-phosphatase, v. 10 | p. 395	
1.14.13.87	F2H, licodione synthase, v. S1 | p. 568	
3.1.3.46	F2KP, fructose-2,6-bisphosphate 2-phosphatase, v. 10 | p. 395	
1.14.13.88	F3',5'H, flavonoid 3',5'-hydroxylase, v. S1 | p. 571	
1.14.13.88	F3'5'H, flavonoid 3',5'-hydroxylase, v. S1 | p. 571	
1.14.13.21	F3'H, flavonoid 3'-monooxygenase, v. 26 | p. 332	
3.2.1.52	F3F20.4 protein, β-N-acetylhexosaminidase, v. 13 | p. 50	
2.4.1.234	F3GalTase, kaempferol 3-O-galactosyltransferase, v. S2 | p. 153	
2.4.1.234	F3GaT, kaempferol 3-O-galactosyltransferase, v. S2 | p. 153	
2.4.1.91	F3GT, flavonol 3-O-glucosyltransferase, v. 32 | p. 21	
1.14.13.86	F3H, 2-hydroxyisoflavanone synthase, v. S1 | p. 559	
1.14.11.9	F3H, flavanone 3-dioxygenase, v. 26 | p. 73	
2.1.1.155	F 4'-OMT, kaempferol 4'-O-methyltransferase, v. S2 | p. 8	
1.8.99.1	F420-dependent sulfite reductase, sulfite reductase, v. 24 | p. 685	
1.12.99.6	F420-reducing [NiFe] hydrogenase, hydrogenase (acceptor), v. 25 | p. 373	
1.12.98.1	F420-reducing hydrogenase, coenzyme F420 hydrogenase, v. 25 | p. 351	
1.8.98.1	F420H2-dependent CoM-S-S-HTP reductase, CoB-CoM heterodisulfide reductase, v. S1 | p. 367	
1.8.98.1	F420H2-dependent heterodisulfide reductase, CoB-CoM heterodisulfide reductase, v. S1 | p. 367	
1.5.99.9	F420H2-dependent methylenetetrahydromethanopterin dehydrogenase, Methylenetetrahydromethanopterin dehydrogenase, v. 23 | p. 387	
1.12.98.3	F420 non-reducing hydrogenase, Methanosarcina-phenazine hydrogenase, v. 25 | p. 365	
4.1.2.22	F6PPK, Fructose-6-phosphate phosphoketolase, v. 3 | p. 523	
2.4.1.237	F 7 GT, flavonol 7-O-β-glucosyltransferase, v. S2 | p. 166	
2.4.1.237	F7GT, flavonol 7-O-β-glucosyltransferase, v. S2 | p. 166	
2.4.1.170	F7GT, isoflavone 7-O-glucosyltransferase, v. 32 | p. 381	
3.1.3.48	3F8 chondroitin sulfate proteoglycan, protein-tyrosine-phosphatase, v. 10 | p. 407	
1.14.15.3	FA ω-hydroxylase, alkane 1-monooxygenase, v. 27 | p. 16	

3.6.3.12	Fa2, K+-transporting ATPase, v.15	p.593	
3.7.1.2	FAA, fumarylacetoacetase, v.15	p.824	
6.2.1.3	FAA1, Long-chain-fatty-acid-CoA ligase, v.2	p.206	
6.2.1.3	Faa1p, Long-chain-fatty-acid-CoA ligase, v.2	p.206	
6.2.1.3	Faa2p, Long-chain-fatty-acid-CoA ligase, v.2	p.206	
6.2.1.3	Faa3p, Long-chain-fatty-acid-CoA ligase, v.2	p.206	
6.2.1.3	Faa4p, Long-chain-fatty-acid-CoA ligase, v.2	p.206	
3.5.1.4	FAAH, amidase, v.14	p.231	
3.5.1.4	FAAH-1, amidase, v.14	p.231	
3.5.1.4	FAAH-2, amidase, v.14	p.231	
3.7.1.2	FAA hydrolase, fumarylacetoacetase, v.15	p.824	
2.7.1.150	Fab1, 1-phosphatidylinositol-3-phosphate 5-kinase, v.37	p.234	
2.7.1.150	Fab1/PIKfyve, 1-phosphatidylinositol-3-phosphate 5-kinase, v.37	p.234	
2.7.1.150	Fab1p, 1-phosphatidylinositol-3-phosphate 5-kinase, v.37	p.234	
2.7.1.150	Fab1 phosphatidylinositol 3-phosphate 5-kinase, 1-phosphatidylinositol-3-phosphate 5-kinase, v.37	p.234	
2.3.1.41	FabBF, β-ketoacyl-acyl-carrier-protein synthase I, v.29	p.580	
2.3.1.39	FabD, [acyl-carrier-protein] S-malonyltransferase, v.29	p.566	
2.3.1.39	FabD2, [acyl-carrier-protein] S-malonyltransferase, v.29	p.566	
2.3.1.179	FabF, β-ketoacyl-acyl-carrier-protein synthase II, v.S2	p.90	
1.1.1.100	FabG, 3-oxoacyl-[acyl-carrier-protein] reductase, v.17	p.259	
1.1.1.100	FabG1, 3-oxoacyl-[acyl-carrier-protein] reductase, v.17	p.259	
2.3.1.41	FabH, β-ketoacyl-acyl-carrier-protein synthase I, v.29	p.580	
2.3.1.180	FabH, β-ketoacyl-acyl-carrier-protein synthase III, v.S2	p.99	
1.3.1.9	FabI, enoyl-[acyl-carrier-protein] reductase (NADH), v.21	p.43	
1.3.1.10	FabI, enoyl-[acyl-carrier-protein] reductase (NADPH, B-specific), v.21	p.52	
1.3.1.9	FabI-related enoyl-ACP reductase, enoyl-[acyl-carrier-protein] reductase (NADH), v.21	p.43	
1.3.1.9	FabI1, enoyl-[acyl-carrier-protein] reductase (NADH), v.21	p.43	
1.3.1.9	FabK, enoyl-[acyl-carrier-protein] reductase (NADH), v.21	p.43	
1.3.1.10	FabL, enoyl-[acyl-carrier-protein] reductase (NADPH, B-specific), v.21	p.52	
5.3.3.14	FabM, trans-2-decenoyl-[acyl-carrier protein] isomerase, v.S7	p.508	
1.3.1.9	FabV, enoyl-[acyl-carrier-protein] reductase (NADH), v.21	p.43	
3.8.1.3	Fac-DEX, haloacetate dehalogenase, v.15	p.877	
3.5.4.6	FAC1, AMP deaminase, v.15	p.57	
3.4.24.84	FACE-1, Ste24 endopeptidase, v.S6	p.337	
1.3.1.70	FACKEL protein, Δ14-sterol reductase, v.21	p.317	
6.2.1.3	FACL3/ACS3, Long-chain-fatty-acid-CoA ligase, v.2	p.206	
6.2.1.3	FACL4, Long-chain-fatty-acid-CoA ligase, v.2	p.206	
6.2.1.3	FACS, Long-chain-fatty-acid-CoA ligase, v.2	p.206	
3.6.3.48	α-factor-transporting ATPase, α-factor-transporting ATPase, v.15	p.728	
1.12.99.6	factor420 hydrogenase, hydrogenase (acceptor), v.25	p.373	
2.3.1.48	factor acetyltransferase, histone acetyltransferase, v.29	p.641	
3.4.21.85	factor B, limulus clotting factor B, v.7	p.419	
3.4.21.84	Factor C, limulus clotting factor C, v.7	p.415	
3.4.24.84	a-factor converting enzyme, Ste24 endopeptidase, v.S6	p.337	
3.4.21.46	factor D, complement factor D, v.7	p.213	
3.4.21.46	factor D (complement), complement factor D, v.7	p.213	
3.4.21.45	factor I, complement factor I, v.7	p.208	
3.4.21.5	factor IIa, thrombin, v.7	p.26	
1.14.11.16	factor inhibiting HIF, peptide-aspartate β-dioxygenase, v.26	p.102	
1.14.11.16	factor inhibiting hypoxia-inducible factor, peptide-aspartate β-dioxygenase, v.26	p.102	
1.14.11.16	factor inhibiting hypoxia-inducible transcription factor (HIF), peptide-aspartate β-dioxygenase, v.26	p.102	
3.4.21.22	factor IXa, coagulation factor IXa, v.7	p.93	

3.4.21.22	factor IXaα, coagulation factor IXa, v.7 | p. 93	
3.4.21.22	factor IXaβ, coagulation factor IXa, v.7 | p. 93	
3.4.21.22	factor IXaβ', coagulation factor IXa, v.7 | p. 93	
3.4.21.22	factor IXaAL, coagulation factor IXa, v.7 | p. 93	
3.4.21.22	factor IXaCH, coagulation factor IXa, v.7 | p. 93	
3.4.21.22	factor IXaN, coagulation factor IXa, v.7 | p. 93	
3.6.4.8	factor Sug1p, proteasome ATPase, v. 15 | p. 797	
3.6.3.48	a-factor transporter Ste6, a-factor-transporting ATPase, v. 15 | p. 728	
3.4.21.95	Factor V-activating enzyme, Snake venom factor V activator, v.7 | p. 457	
3.4.21.95	Factor V-activating proteinase α, Snake venom factor V activator, v.7 | p. 457	
3.4.21.95	Factor V-activating proteinase γ, Snake venom factor V activator, v.7 | p. 457	
3.4.21.95	Factor V activator, Snake venom factor V activator, v.7 | p. 457	
3.4.21.21	Factor VII, coagulation factor VIIa, v.7 | p. 88	
3.4.21.21	factor VIIa, coagulation factor VIIa, v.7 | p. 88	
3.4.21.21	factor VIIa-sTF, coagulation factor VIIa, v.7 | p. 88	
3.4.21.21	factor VIIa-TF, coagulation factor VIIa, v.7 | p. 88	
3.4.21.21	factor VIIa/tissue factor complex, coagulation factor VIIa, v.7 | p. 88	
3.4.21.6	factor X, coagulation factor Xa, v.7 | p. 35	
3.4.21.6	factor Xa, coagulation factor Xa, v.7 | p. 35	
3.4.21.27	factor XI, coagulation factor XIa, v.7 | p. 121	
3.4.21.27	factor XIa, coagulation factor XIa, v.7 | p. 121	
3.4.21.27	factor XIa catalytic domain, coagulation factor XIa, v.7 | p. 121	
2.3.2.13	factor XIII, protein-glutamine γ-glutamyltransferase, v. 30 | p. 550	
2.3.2.13	factor XIIIa, protein-glutamine γ-glutamyltransferase, v. 30 | p. 550	
1.14.19.6	Δ12-FAD, Δ12-fatty-acid desaturase	
1.8.99.2	FAD, FeS-enzyme adenosine-5'-phosphosulfate reductase, adenylyl-sulfate reductase, v. 24 | p. 694	
1.14.13.8	FAD-containing monooxygenase, flavin-containing monooxygenase, v. 26 | p. 257	
1.6.2.4	FAD-cytochrome c reductase, NADPH-hemoprotein reductase, v. 24 | p. 58	
1.1.1.289	FAD-dependent D-sorbitol dehydrogenase, sorbose reductase, v. S1 | p. 71	
1.1.1.47	FAD-dependent glucose dehydrogenase, glucose 1-dehydrogenase, v. 16 | p. 451	
1.1.99.10	FAD-dependent glucose dehydrogenase, glucose dehydrogenase (acceptor), v. 19 | p. 328	
1.1.5.3	FAD-dependent glycerol-3-phosphate dehydrogenase, glycerol-3-phosphate dehydrogenase	
1.1.99.16	FAD-dependent malate-vitamin K reductase, malate dehydrogenase (acceptor), v. 19 | p. 355	
1.1.3.3	FAD-dependent malate oxidase, malate oxidase, v. 19 | p. 26	
1.1.1.215	FAD-GADH, gluconate 2-dehydrogenase, v. 18 | p. 302	
1.1.99.3	FAD-GADH, gluconate 2-dehydrogenase (acceptor), v. 19 | p. 274	
1.1.1.47	FAD-GDH, glucose 1-dehydrogenase, v. 16 | p. 451	
1.1.99.10	FAD-glucose dehydrogenase, glucose dehydrogenase (acceptor), v. 19 | p. 328	
1.1.5.3	FAD-GPDH, glycerol-3-phosphate dehydrogenase	
4.1.2.10	FAD-HNL, Mandelonitrile lyase, v. 3 | p. 440	
1.8.3.2	FAD-sulfhydryl oxidase, thiol oxidase, v. 24 | p. 594	
1.14.19.6	FAD2, Δ12-fatty-acid desaturase	
1.3.1.35	FAD2, phosphatidylcholine desaturase, v. 21 | p. 215	
1.3.1.35	FAD2-1B, phosphatidylcholine desaturase, v. 21 | p. 215	
1.3.1.35	FAD2-2, phosphatidylcholine desaturase, v. 21 | p. 215	
1.3.1.35	FAD2-3, phosphatidylcholine desaturase, v. 21 | p. 215	
1.3.1.35	FAD2-4, phosphatidylcholine desaturase, v. 21 | p. 215	
1.3.1.35	FAD2A, phosphatidylcholine desaturase, v. 21 | p. 215	
6.2.1.3	FAdD, Long-chain-fatty-acid-CoA ligase, v. 2 | p. 206	
3.4.22.61	FADD-homologous ICE/CED-3-like protease, caspase-8, v. S6 | p. 168	
3.4.22.61	FADD-like ICE, caspase-8, v. S6 | p. 168	
2.7.10.2	FADK1, non-specific protein-tyrosine kinase, v. S2 | p. 441	

2.7.10.2	FADK2, non-specific protein-tyrosine kinase, v. S2 | p. 441	
3.6.1.18	FAD pyrophosphatase, FAD diphosphatase, v. 15 | p. 380	
2.7.7.2	FAD pyrophosphorylase, FAD synthetase, v. 38 | p. 63	
2.7.7.2	FADS1, FAD synthetase, v. 38 | p. 63	
2.7.7.2	FADS2, FAD synthetase, v. 38 | p. 63	
1.14.19.3	FADS2, linoleoyl-CoA desaturase, v. 27 | p. 217	
2.7.7.2	FAD synthetase, FAD synthetase, v. 38 | p. 63	
2.7.7.2	FAD synthetase isoform 2, FAD synthetase, v. 38 | p. 63	
3.1.1.73	Fae-1, feruloyl esterase, v. 9 | p. 414	
3.1.1.73	FAE-A, feruloyl esterase, v. 9 | p. 414	
3.1.1.73	FAE-B, feruloyl esterase, v. 9 | p. 414	
3.1.1.73	FAE-C, feruloyl esterase, v. 9 | p. 414	
3.1.1.73	FAE-D, feruloyl esterase, v. 9 | p. 414	
4.1.2.43	Fae-Hps, 3-hexulose-6-phosphate synthase	
3.1.1.73	FAE-I, feruloyl esterase, v. 9 | p. 414	
3.1.1.73	FAE-II, feruloyl esterase, v. 9 | p. 414	
3.1.1.73	FAE-III, feruloyl esterase, v. 9 | p. 414	
3.1.1.73	FAE-PL, feruloyl esterase, v. 9 | p. 414	
3.1.1.73	FAE_XynZ, feruloyl esterase, v. 9 | p. 414	
3.1.1.73	FAEA, feruloyl esterase, v. 9 | p. 414	
3.1.1.73	FAEB, feruloyl esterase, v. 9 | p. 414	
3.1.1.67	FAEES, fatty-acyl-ethyl-ester synthase, v. 9 | p. 394	
3.1.1.67	FAEE synthase, fatty-acyl-ethyl-ester synthase, v. 9 | p. 394	
2.4.1.115	FaGT1, anthocyanidin 3-O-glucosyltransferase, v. 32 | p. 139	
2.4.1.177	FaGT2, cinnamate β-D-glucosyltransferase, v. 32 | p. 415	
3.7.1.2	FAH, fumarylacetoacetase, v. 15 | p. 824	
2.7.10.2	FAK, non-specific protein-tyrosine kinase, v. S2 | p. 441	
2.7.10.2	FAK2, non-specific protein-tyrosine kinase, v. S2 | p. 441	
1.1.1.284	FALDH, S-(hydroxymethyl)glutathione dehydrogenase, v. S1 | p. 38	
1.1.1.1	FALDH, alcohol dehydrogenase, v. 16 | p. 1	
1.2.1.46	FALDH, formaldehyde dehydrogenase, v. 20 | p. 328	
1.2.1.1	FALDH, formaldehyde dehydrogenase (glutathione), v. 20 | p. 1	
1.2.1.48	FALDH, long-chain-aldehyde dehydrogenase, v. 20 | p. 338	
1.13.11.27	F Alloantigen, 4-hydroxyphenylpyruvate dioxygenase, v. 25 | p. 546	
3.2.1.74	family-1 glycosyl hydrolase, glucan 1,4-β-glucosidase, v. 13 | p. 235	
3.2.1.120	family-74 xyloglucanase, oligoxyloglucan β-glycosidase, v. 13 | p. 495	
3.2.1.8	family 11 endoxylanase, endo-1,4-β-xylanase, v. 12 | p. 133	
4.2.2.10	family 1 pectin lyase A, pectin lyase, v. 5 | p. 55	
3.2.1.55	family 54 α-L-arabinofuranosidase, α-N-arabinofuranosidase, v. 13 | p. 106	
2.7.7.7	family B-type DNA polymerase, DNA-directed DNA polymerase, v. 38 | p. 118	
3.6.1.1	family II inorganic pyrophosphatase, inorganic diphosphatase, v. 15 | p. 240	
3.6.1.1	family I inorganic pyrophosphatase, inorganic diphosphatase, v. 15 | p. 240	
3.6.1.1	family II PPase, inorganic diphosphatase, v. 15 | p. 240	
3.6.1.1	family I PPase, inorganic diphosphatase, v. 15 | p. 240	
4.2.3.25	FaNES, S-linalool synthase, v. S7 | p. 311	
1.1.3.20	FAO, long-chain-alcohol oxidase, v. 19 | p. 169	
1.1.3.13	FAO1, alcohol oxidase, v. 19 | p. 115	
1.1.3.20	FAOT, long-chain-alcohol oxidase, v. 19 | p. 169	
3.1.3.48	FAP-1, protein-tyrosine-phosphatase, v. 10 | p. 407	
1.5.3.7	Fap1, L-pipecolate oxidase, v. 23 | p. 302	
3.1.3.48	Fap1, protein-tyrosine-phosphatase, v. 10 | p. 407	
3.2.2.23	Fapy-DNA glycosylase, DNA-formamidopyrimidine glycosylase, v. 14 | p. 111	
1.2.1.50	FAR1, long-chain-fatty-acyl-CoA reductase, v. 20 | p. 350	
1.2.1.50	FAR2, long-chain-fatty-acyl-CoA reductase, v. 20 | p. 350	
2.5.1.29	farnesyl-diphosphate/geranylgeranyldiphosphate, farnesyltransferase, v. 33 | p. 604	

2.5.1.21	farnesyl-diphosphate:farnesyldiphosphate farnesyltransferase, squalene synthase, v. 33	p. 568
2.5.1.21	farnesyl-diphosphate farnesyltransferase, squalene synthase, v. 33	p. 568
2.5.1.1	farnesyl-diphosphate synthase, dimethylallyltranstransferase, v. 33	p. 393
2.5.1.10	farnesyl-diphosphate synthase, geranyltranstransferase, v. 33	p. 470
2.1.1.100	farnesyl-protein carboxymethyltransferase, protein-S-isoprenylcysteine O-methyltransferase, v. 28	p. 490
2.1.1.100	farnesylated protein C-terminal O-methyltransferase, protein-S-isoprenylcysteine O-methyltransferase, v. 28	p. 490
2.1.1.100	farnesyl cysteine C-terminal methyltransferase, protein-S-isoprenylcysteine O-methyltransferase, v. 28	p. 490
2.1.1.100	S-farnesylcysteine methyltransferase, protein-S-isoprenylcysteine O-methyltransferase, v. 28	p. 490
3.1.7.1	farnesyl diphosphatase, prenyl-diphosphatase, v. 11	p. 334
4.2.3.13	farnesyl diphosphate-δ-cadinene cyclase, (+)-δ-cadinene synthase, v. S7	p. 250
2.5.1.1	farnesyl diphosphate/geranylgeranyl diphosphate synthase, dimethylallyltranstransferase, v. 33	p. 393
2.5.1.29	farnesyl diphosphate/geranylgeranyl diphosphate synthase, farnesyltranstransferase, v. 33	p. 604
2.5.1.10	farnesyl diphosphate/geranylgeranyl diphosphate synthase, geranyltranstransferase, v. 33	p. 470
2.5.1.21	farnesyldiphosphate:farnesyldiphosphate farnesyltransferase, squalene synthase, v. 33	p. 568
2.5.1.1	farnesyl diphosphate synthase, dimethylallyltranstransferase, v. 33	p. 393
2.5.1.10	farnesyl diphosphate synthase, geranyltranstransferase, v. 33	p. 470
2.5.1.58	farnesyl protein transferase, protein farnesyltransferase, v. 34	p. 195
4.2.3.9	farnesylpyrophosphate cyclase, aristolochene synthase, v. S7	p. 219
2.7.4.18	farnesyl pyrophosphate kinase, farnesyl-diphosphate kinase, v. 37	p. 606
2.5.1.1	farnesyl pyrophosphate synthase, dimethylallyltranstransferase, v. 33	p. 393
2.5.1.10	farnesyl pyrophosphate synthase, geranyltranstransferase, v. 33	p. 470
2.5.1.10	farnesyl pyrophosphate synthetase, geranyltranstransferase, v. 33	p. 470
2.5.1.10	farnesylpyrophosphate synthetase, geranyltranstransferase, v. 33	p. 470
2.5.1.29	farnesyltransferase, farnesyltranstransferase, v. 33	p. 604
2.5.1.58	farnesyltransferase, protein farnesyltransferase, v. 34	p. 195
2.5.1.21	farnesyltransferase, squalene synthase, v. 33	p. 568
2.5.1.58	farnesyltransferase, farnesyl pyrophosphate-protein, protein farnesyltransferase, v. 34	p. 195
2.5.1.58	farnesyltransferase, protein, protein farnesyltransferase, v. 34	p. 195
2.5.1.58	farnesyltransferase ternary complex part II, protein farnesyltransferase, v. 34	p. 195
2.5.1.58	farnsesyl protein transferase, protein farnesyltransferase, v. 34	p. 195
2.3.1.85	FAS, fatty-acid synthase, v. 30	p. 131
2.3.1.86	FAS, fatty-acyl-CoA synthase, v. 30	p. 141
2.7.8.7	(FAS)ACP, holo-[acyl-carrier-protein] synthase, v. 39	p. 50
2.7.11.8	Fas-activated serine/threonine kinase, Fas-activated serine/threonine kinase, v. S3	p. 203
2.7.11.8	Fas-activated serine/threonine phosphoprotein, Fas-activated serine/threonine kinase, v. S3	p. 203
3.4.22.63	FAS-associated death domain protein interleukin-1B-converting enzyme 2, caspase-10, v. S6	p. 195
2.3.1.85	FAS-II, fatty-acid synthase, v. 30	p. 131
4.1.2.25	FASA, Dihydroneopterin aldolase, v. 3	p. 533
2.3.1.85	FASI, fatty-acid synthase, v. 30	p. 131
2.3.1.85	FASN, fatty-acid synthase, v. 30	p. 131
2.7.11.8	FAST, Fas-activated serine/threonine kinase, v. S3	p. 203
2.7.11.8	FAST K, Fas-activated serine/threonine kinase, v. S3	p. 203
3.1.1.3	fast lipase, triacylglycerol lipase, v. 9	p. 36

3.4.22.33	fastuosain, Fruit bromelain, v.7 | p.685	
1.7.3.3	Fasturtec, urate oxidase, v.24 | p.346	
2.3.1.48	FAT, histone acetyltransferase, v.29 | p.641	
3.1.2.14	FAT, oleoyl-[acyl-carrier-protein] hydrolase, v.9 | p.516	
6.2.1.3	Fat1p, Long-chain-fatty-acid-CoA ligase, v.2 | p.206	
6.2.1.3	Fat2p, Long-chain-fatty-acid-CoA ligase, v.2 | p.206	
3.1.2.14	FatA-type thioesterase, oleoyl-[acyl-carrier-protein] hydrolase, v.9 | p.516	
3.1.2.14	FatA1 thioesterase, oleoyl-[acyl-carrier-protein] hydrolase, v.9 | p.516	
3.1.2.14	FatB, oleoyl-[acyl-carrier-protein] hydrolase, v.9 | p.516	
3.1.2.14	FATB1, oleoyl-[acyl-carrier-protein] hydrolase, v.9 | p.516	
3.1.2.15	fat facets homolog, ubiquitin thiolesterase, v.9 | p.523	
3.1.2.15	fat facets protein, ubiquitin thiolesterase, v.9 | p.523	
3.1.2.15	fat facets protein related, X-linked, ubiquitin thiolesterase, v.9 | p.523	
3.1.2.15	fat facets protein related, Y-linked, ubiquitin thiolesterase, v.9 | p.523	
1.13.11.12	fat oxidase, lipoxygenase, v.25 | p.473	
6.2.1.3	FATP4, Long-chain-fatty-acid-CoA ligase, v.2 | p.206	
3.6.3.47	fatty-acyl-CoA-transporting ATPase, fatty-acyl-CoA-transporting ATPase, v.15 | p.724	
1.3.99.3	fatty-acyl-CoA dehydrogenase, acyl-CoA dehydrogenase, v.21 | p.488	
6.2.1.3	Fatty-acyl-CoA ligase, Long-chain-fatty-acid-CoA ligase, v.2 | p.206	
6.2.1.3	fatty acid-CoA ligase 4, Long-chain-fatty-acid-CoA ligase, v.2 | p.206	
1.14.15.3	fatty acid ω-hydrolase, alkane 1-monooxygenase, v.27 | p.16	
1.14.15.3	Fatty acid ω-hydroxylase, alkane 1-monooxygenase, v.27 | p.16	
1.14.19.5	fatty acid Δ11-desaturase, Δ11-fatty-acid desaturase	
1.14.19.3	fatty acid 6-desaturase, linoleoyl-CoA desaturase, v.27 | p.217	
1.14.19.3	fatty acid Δ 6-desaturase, linoleoyl-CoA desaturase, v.27 | p.217	
1.14.19.1	fatty acid 9-desaturase, stearoyl-CoA 9-desaturase, v.27 | p.194	
1.14.19.1	fatty acid Δ9-desaturase, stearoyl-CoA 9-desaturase, v.27 | p.194	
6.2.1.3	fatty acid:CoA ligase, AMP-forming, Long-chain-fatty-acid-CoA ligase, v.2 | p.206	
1.14.99.33	δ-12 fatty acid acetylenase, Δ12-fatty acid dehydrogenase, v.27 | p.382	
3.5.1.4	fatty acid amide hydrolase, amidase, v.14 | p.231	
3.5.1.4	fatty acid amide hydrolase 1, amidase, v.14 | p.231	
6.2.1.3	Fatty acid CoA ligase, Long-chain-fatty-acid-CoA ligase, v.2 | p.206	
6.2.1.3	fatty acid CoA ligase: AMP forming, Long-chain-fatty-acid-CoA ligase, v.2 | p.206	
2.3.1.41	fatty acid condensing enzyme, β-ketoacyl-acyl-carrier-protein synthase I, v.29 | p.580	
1.14.99.1	fatty acid cyclooxygenase, prostaglandin-endoperoxide synthase, v.27 | p.246	
1.14.19.3	fatty acid DA6-desaturase, linoleoyl-CoA desaturase, v.27 | p.217	
1.14.99.33	Δ12 fatty acid desaturase, Δ12-fatty acid dehydrogenase, v.27 | p.382	
1.14.19.6	Δ12 fatty acid desaturase, Δ12-fatty-acid desaturase	
1.14.99.33	Δ12-fatty acid desaturase, Δ12-fatty acid dehydrogenase, v.27 | p.382	
1.14.19.6	Δ12-fatty acid desaturase, Δ12-fatty-acid desaturase	
1.14.19.3	Δ6 fatty acid desaturase, linoleoyl-CoA desaturase, v.27 | p.217	
1.14.19.3	Δ6-fatty acid desaturase, linoleoyl-CoA desaturase, v.27 | p.217	
1.3.1.35	δ 12 fatty acid desaturase, phosphatidylcholine desaturase, v.21 | p.215	
1.14.19.3	δ 6-fatty acid desaturase, linoleoyl-CoA desaturase, v.27 | p.217	
1.14.19.1	fatty acid desaturase, stearoyl-CoA 9-desaturase, v.27 | p.194	
1.3.1.35	ω-6 fatty acid desaturase, phosphatidylcholine desaturase, v.21 | p.215	
1.14.19.3	fatty acid desaturase-2, linoleoyl-CoA desaturase, v.27 | p.217	
6.2.1.2	Fatty acid elongase, Butyrate-CoA ligase, v.2 | p.199	
6.2.1.3	Fatty acid elongase, Long-chain-fatty-acid-CoA ligase, v.2 | p.206	
6.2.1.3	fatty acid elongase-5, Long-chain-fatty-acid-CoA ligase, v.2 | p.206	
6.2.1.2	fatty acid elongase 3, Butyrate-CoA ligase, v.2 | p.199	
3.1.1.67	fatty acid ethyl ester synthase, fatty-acyl-ethyl-ester synthase, v.9 | p.394	
2.1.1.15	fatty acid methyltransferase, fatty-acid O-methyltransferase, v.28 | p.90	
2.1.1.15	fatty acid O-methyltransferase, fatty-acid O-methyltransferase, v.28 | p.90	
1.11.1.3	fatty acid peroxidase, fatty-acid peroxidase, v.25 | p.182	

2.3.1.85	fatty acid synthase I, fatty-acid synthase, v. 30 | p. 131
2.3.1.180	fatty acid synthase type II condensing enzyme, β-ketoacyl-acyl-carrier-protein synthase III, v. S2 | p. 99
6.2.1.3	fatty acid thiokinase, Long-chain-fatty-acid-CoA ligase, v. 2 | p. 206
6.2.1.3	Fatty acid thiokinase (long chain), Long-chain-fatty-acid-CoA ligase, v. 2 | p. 206
6.2.1.2	Fatty acid thiokinase (medium chain), Butyrate-CoA ligase, v. 2 | p. 199
6.2.1.3	fatty acid transport protein, Long-chain-fatty-acid-CoA ligase, v. 2 | p. 206
6.2.1.3	fatty acid transport protein 4, Long-chain-fatty-acid-CoA ligase, v. 2 | p. 206
3.1.2.14	fatty acyl-ACP thioesterase, oleoyl-[acyl-carrier-protein] hydrolase, v. 9 | p. 516
2.3.1.139	fatty acyl-CoA:ecdysone acyltransferase, ecdysone O-acyltransferase, v. 30 | p. 365
1.14.19.6	Δ12-fatty acyl-CoA desaturase, Δ12-fatty-acid desaturase
1.14.19.3	Δ6-fatty acyl-CoA desaturase, linoleoyl-CoA desaturase, v. 27 | p. 217
1.14.19.1	fatty acyl-CoA desaturase, stearoyl-CoA 9-desaturase, v. 27 | p. 194
1.3.3.6	fatty acyl-CoA oxidase, acyl-CoA oxidase, v. 21 | p. 401
1.2.1.42	fatty acyl-CoA reductase, hexadecanal dehydrogenase (acylating), v. 20 | p. 306
6.2.1.3	fatty acyl-CoA synthetase, Long-chain-fatty-acid-CoA ligase, v. 2 | p. 206
2.3.1.75	fatty acyl-coenzyme A:fatty alcohol acyltransferase, long-chain-alcohol O-fatty-acyl-transferase, v. 30 | p. 79
1.3.3.6	fatty acyl-coenzyme A oxidase, acyl-CoA oxidase, v. 21 | p. 401
1.2.1.50	fatty acyl-Coenzyme A reductase, long-chain-fatty-acyl-CoA reductase, v. 20 | p. 350
6.2.1.3	Fatty acyl-coenzyme A synthetase, Long-chain-fatty-acid-CoA ligase, v. 2 | p. 206
1.14.19.1	fatty acyl Δ9-desaturase, stearoyl-CoA 9-desaturase, v. 27 | p. 194
3.5.1.4	fatty acylamidase, amidase, v. 14 | p. 231
1.14.19.1	fatty acyl CoA Δ9-desaturase, stearoyl-CoA 9-desaturase, v. 27 | p. 194
1.3.99.3	fatty acyl coenzyme A dehydrogenase, acyl-CoA dehydrogenase, v. 21 | p. 488
3.1.1.23	fatty acyl monoester lipase, acylglycerol lipase, v. 9 | p. 209
3.1.2.20	fatty acyl thioesterase I, acyl-CoA hydrolase, v. 9 | p. 539
3.1.2.2	fatty acyl thioesterase I, palmitoyl-CoA hydrolase, v. 9 | p. 459
1.1.3.20	fatty alcohol:oxygen oxidoreductase, long-chain-alcohol oxidase, v. 19 | p. 169
1.1.3.20	fatty alcohol oxidase, long-chain-alcohol oxidase, v. 19 | p. 169
1.1.1.192	fatty alcohol oxidoreductase, long-chain-alcohol dehydrogenase, v. 18 | p. 154
1.2.1.48	fatty aldehyde:NAD+ oxidoreductase, long-chain-aldehyde dehydrogenase, v. 20 | p. 338
1.2.1.48	fatty aldehyde dehydrogenase, long-chain-aldehyde dehydrogenase, v. 20 | p. 338
6.3.3.2	Fau1p, 5-Formyltetrahydrofolate cyclo-ligase, v. 2 | p. 535
3.1.21.4	FauI, type II site-specific deoxyribonuclease, v. 11 | p. 454
4.1.2.13	FBA, Fructose-bisphosphate aldolase, v. 3 | p. 455
4.1.2.13	Fba1p, Fructose-bisphosphate aldolase, v. 3 | p. 455
3.1.3.11	Fbp, fructose-bisphosphatase, v. 10 | p. 167
3.1.3.11	FBP-1, fructose-bisphosphatase, v. 10 | p. 167
4.1.2.13	FBP-aldolase, Fructose-bisphosphate aldolase, v. 3 | p. 455
1.5.1.6	FBP-CI, formyltetrahydrofolate dehydrogenase, v. 23 | p. 65
1.5.1.6	FBP-CI proteins, formyltetrahydrofolate dehydrogenase, v. 23 | p. 65
4.1.2.13	FBPA, Fructose-bisphosphate aldolase, v. 3 | p. 455
3.6.3.30	fbpABC, Fe3+-transporting ATPase, v. 15 | p. 656
4.1.2.13	FBPA I, Fructose-bisphosphate aldolase, v. 3 | p. 455
4.1.2.13	FBP aldolase, Fructose-bisphosphate aldolase, v. 3 | p. 455
2.7.1.90	FBPase, diphosphate-fructose-6-phosphate 1-phosphotransferase, v. 36 | p. 331
3.1.3.46	FBPase, fructose-2,6-bisphosphate 2-phosphatase, v. 10 | p. 395
3.1.3.11	FBPase, fructose-bisphosphatase, v. 10 | p. 167
3.1.3.46	FBPase-2, fructose-2,6-bisphosphate 2-phosphatase, v. 10 | p. 395
3.1.3.11	FBPase I, fructose-bisphosphatase, v. 10 | p. 167
3.1.3.11	FBPase II, fructose-bisphosphatase, v. 10 | p. 167
3.1.3.11	FBPase IV, fructose-bisphosphatase, v. 10 | p. 167
6.3.2.19	FBW1A, Ubiquitin-protein ligase, v. 2 | p. 506
6.3.2.19	FBW7, Ubiquitin-protein ligase, v. 2 | p. 506

6.3.2.19	Fbw7α, Ubiquitin-protein ligase, v. 2	p. 506
6.3.2.19	Fbw7β, Ubiquitin-protein ligase, v. 2	p. 506
6.3.2.19	Fbw7γ, Ubiquitin-protein ligase, v. 2	p. 506
1.1.2.3	FC b2, L-lactate dehydrogenase (cytochrome), v. 19	p. 5
1.1.2.3	Fcb2, L-lactate dehydrogenase (cytochrome), v. 19	p. 5
3.8.1.6	FcbB, 4-chlorobenzoate dehalogenase, v. 15	p. 901
1.3.99.1	Fcc3, succinate dehydrogenase, v. 21	p. 462
4.2.1.101	FCHL, trans-feruloyl-CoA hydratase, v. S7	p. 82
6.3.3.2	5-FCL, 5-Formyltetrahydrofolate cyclo-ligase, v. 2	p. 535
1.1.1.271	fcl, GDP-L-fucose synthase, v. 18	p. 492
3.1.2.2	FcoT, palmitoyl-CoA hydrolase, v. 9	p. 459
3.1.3.16	Fcp1, phosphoprotein phosphatase, v. 10	p. 213
4.2.2.2	FcPL1, pectate lyase, v. 5	p. 6
3.4.22.66	FCV 3CLpro, calicivirin, v. S6	p. 215
3.4.21.46	fD, complement factor D, v. 7	p. 213
1.2.1.66	FD-FA1DH, mycothiol-dependent formaldehyde dehydrogenase, v. 20	p. 399
1.4.7.1	Fd-GOGAT, glutamate synthase (ferredoxin), v. 22	p. 378
1.18.1.2	Fd-NADP+ reductase, ferredoxin-NADP+ reductase, v. 27	p. 543
2.5.1.63	5'-FDAS, adenosyl-fluoride synthase, v. 34	p. 242
2.5.1.63	FDAS, adenosyl-fluoride synthase, v. 34	p. 242
2.5.1.63	5'-FDA synthase, adenosyl-fluoride synthase, v. 34	p. 242
1.2.1.2	FDB2, formate dehydrogenase, v. 20	p. 16
1.2.1.46	FdDH, formaldehyde dehydrogenase, v. 20	p. 328
1.4.7.1	FdGOGAT, glutamate synthase (ferredoxin), v. 22	p. 378
1.5.1.6	10-FDH, formyltetrahydrofolate dehydrogenase, v. 23	p. 65
1.1.1.122	FDH, D-threo-aldose 1-dehydrogenase, v. 17	p. 348
1.1.1.284	FDH, S-(hydroxymethyl)glutathione dehydrogenase, v. S1	p. 38
1.1.1.1	FDH, alcohol dehydrogenase, v. 16	p. 1
1.2.1.46	FDH, formaldehyde dehydrogenase, v. 20	p. 328
1.2.1.2	FDH, formate dehydrogenase, v. 20	p. 16
1.2.1.43	FDH, formate dehydrogenase (NADP+), v. 20	p. 311
1.2.2.1	FDH, formate dehydrogenase (cytochrome), v. 20	p. 410
3.5.1.10	FDH, formyltetrahydrofolate deformylase, v. 14	p. 285
1.5.1.6	FDH, formyltetrahydrofolate dehydrogenase, v. 23	p. 65
1.1.99.11	FDH, fructose 5-dehydrogenase, v. 19	p. 333
1.2.1.2	N-FDH, formate dehydrogenase, v. 20	p. 16
1.2.2.1	Fdh-H, formate dehydrogenase (cytochrome), v. 20	p. 410
1.2.2.1	FDH-I, formate dehydrogenase (cytochrome), v. 20	p. 410
1.2.2.1	FDH-II, formate dehydrogenase (cytochrome), v. 20	p. 410
1.2.2.1	Fdh-N, formate dehydrogenase (cytochrome), v. 20	p. 410
1.2.1.2	FDH1, formate dehydrogenase, v. 20	p. 16
1.2.1.2	Fdh2, formate dehydrogenase, v. 20	p. 16
1.2.2.1	Fdh2, formate dehydrogenase (cytochrome), v. 20	p. 410
1.2.2.3	Fdh2, formate dehydrogenase (cytochrome-c-553), v. 20	p. 419
1.2.1.2	Fdh3, formate dehydrogenase, v. 20	p. 16
1.2.2.1	Fdh3, formate dehydrogenase (cytochrome), v. 20	p. 410
1.2.2.3	Fdh3, formate dehydrogenase (cytochrome-c-553), v. 20	p. 419
1.2.1.2	FDH4, formate dehydrogenase, v. 20	p. 16
1.2.2.1	FDHH, formate dehydrogenase (cytochrome), v. 20	p. 410
1.2.1.2	FDH I, formate dehydrogenase, v. 20	p. 16
1.2.1.2	FDH II, formate dehydrogenase, v. 20	p. 16
4.1.2.13	FDP aldolase, Fructose-bisphosphate aldolase, v. 3	p. 455
3.1.7.1	FDPase, prenyl-diphosphatase, v. 11	p. 334
2.5.1.1	FDPSase, dimethylallyltranstransferase, v. 33	p. 393
2.5.1.10	FDPSase, geranyltranstransferase, v. 33	p. 470

1.18.1.3	FdR, ferredoxin-NAD+ reductase, v. 27	p. 559
2.1.1.74	FDRTS, methylenetetrahydrofolate-tRNA-(uracil-5-)-methyltransferase (FADH2-oxidizing), v. 28	p. 398
2.5.1.67	FDS-5, chrysanthemyl diphosphate synthase, v. S2	p. 218
2.5.1.69	FDS-5, lavandulyl diphosphate synthase, v. S2	p. 227
2.1.1.148	FDTS, thymidylate synthase (FAD), v. 28	p. 643
1.14.11.17	Fe(II)/2-oxoglutarate-dependent taurine dioxygenase, taurine dioxygenase, v. 26	p. 108
1.16.1.7	Fe(III)-chelate reductase, ferric-chelate reductase, v. 27	p. 460
1.16.1.7	[Fe(III)-EDTA] reductase, ferric-chelate reductase, v. 27	p. 460
1.16.1.7	Fe(III)-ethylenediaminetetraacetic complex reductase, ferric-chelate reductase, v. 27	p. 460
1.16.1.7	Fe(III) chelate reductase, ferric-chelate reductase, v. 27	p. 460
1.8.4.8	4Fe-4S adenylyl sulfate/phosphoadenylyl sulfate reductase, phosphoadenylyl-sulfate reductase (thioredoxin), v. 24	p. 659
1.12.7.2	Fe-Fe hydrogenase, ferredoxin hydrogenase, v. 25	p. 338
1.12.99.6	Fe-hydrogenase, hydrogenase (acceptor), v. 25	p. 373
1.12.2.1	Fe-only hydrogenase, cytochrome-c3 hydrogenase, v. 25	p. 328
1.15.1.1	Fe-SOD, superoxide dismutase, v. 27	p. 399
1.15.1.2	1Fe-SOR, superoxide reductase, v. 27	p. 426
1.15.1.2	2Fe-SOR, superoxide reductase, v. 27	p. 426
1.15.1.2	Fe-SOR, superoxide reductase, v. 27	p. 426
1.15.1.1	Fe-type SOD, superoxide dismutase, v. 27	p. 399
1.15.1.1	Fe/Mn-type SOD, superoxide dismutase, v. 27	p. 399
1.15.1.1	Fe/MnSOD, superoxide dismutase, v. 27	p. 399
3.4.21.36	FE1, pancreatic elastase, v. 7	p. 158
1.16.1.7	Fe3+-chelate reductase, ferric-chelate reductase, v. 27	p. 460
3.6.3.30	Fe3+transporting ATPase, Fe3+-transporting ATPase, v. 15	p. 656
1.12.2.1	[Fe]-hydrogenase, cytochrome-c3 hydrogenase, v. 25	p. 328
1.12.99.6	[Fe]-hydrogenase, hydrogenase (acceptor), v. 25	p. 373
1.12.2.1	[Fe] hydrogenase, cytochrome-c3 hydrogenase, v. 25	p. 328
1.12.99.6	[Fe] hydrogenase, hydrogenase (acceptor), v. 25	p. 373
4.99.1.1	FeC, ferrochelatase, v. 5	p. 478
4.99.1.1	FeCH, ferrochelatase, v. 5	p. 478
1.12.7.2	[FeFe]-hydrogenase, ferredoxin hydrogenase, v. 25	p. 338
1.12.99.6	[FeFe]-hydrogenase, hydrogenase (acceptor), v. 25	p. 373
1.12.2.1	[FeFe] hydrogenase, cytochrome-c3 hydrogenase, v. 25	p. 328
1.12.7.2	[FeFe] hydrogenase, ferredoxin hydrogenase, v. 25	p. 338
3.2.1.153	1-FEH, fructan β-(2,1)-fructosidase, v. S5	p. 144
3.2.1.80	1-FEH, fructan β-fructosidase, v. 13	p. 275
3.2.1.154	6-FEH, fructan β-(2,6)-fructosidase, v. S5	p. 150
3.2.1.80	6-FEH, fructan β-fructosidase, v. 13	p. 275
3.2.1.80	FEH, fructan β-fructosidase, v. 13	p. 275
3.2.1.80	1-FEHa, fructan β-fructosidase, v. 13	p. 275
3.2.1.80	1-FEH I, fructan β-fructosidase, v. 13	p. 275
3.2.1.153	1-FEH II, fructan β-(2,1)-fructosidase, v. S5	p. 144
3.2.1.153	1-FEH IIa, fructan β-(2,1)-fructosidase, v. S5	p. 144
3.2.1.80	1-FEH IIa, fructan β-fructosidase, v. 13	p. 275
3.2.1.65	6-FEHs, levanase, v. 13	p. 186
3.2.1.153	1-FEH w1, fructan β-(2,1)-fructosidase, v. S5	p. 144
3.2.1.153	1-FEH w2, fructan β-(2,1)-fructosidase, v. S5	p. 144
1.12.7.2	Fe hydrogenlyase, ferredoxin hydrogenase, v. 25	p. 338
2.7.7.49	FeLV RT, RNA-directed DNA polymerase, v. 38	p. 492
2.3.2.10	FemX, UDP-N-acetylmuramoylpentapeptide-lysine N6-alanyltransferase, v. 30	p. 536
3.1.30.2	FEN, Serratia marcescens nuclease, v. 11	p. 626
3.1.16.1	FEN-1, spleen exonuclease, v. 11	p. 424
2.7.10.2	c-FER, non-specific protein-tyrosine kinase, v. S2	p. 441

1.5.1.29	FerA, FMN reductase, v. 23 | p. 217
3.2.1.136	feraxanase, glucuronoarabinoxylan endo-1,4-β-xylanase, v. 13 | p. 545
3.2.1.136	feraxan endoxylanase, glucuronoarabinoxylan endo-1,4-β-xylanase, v. 13 | p. 545
1.1.1.28	Fermentative lactate dehydrogenase, D-lactate dehydrogenase, v. 16 | p. 274
2.7.10.2	Fer protein-tyrosine kinase, non-specific protein-tyrosine kinase, v. S2 | p. 441
1.18.1.2	ferredoxin (flavodoxin)-(reduced) nicotinamide adenine dinucleotide phosphate reductase, ferredoxin-NADP+ reductase, v. 27 | p. 543
1.18.1.2	ferredoxin (flavodoxin)-NAD(P)H reductase, ferredoxin-NADP+ reductase, v. 27 | p. 543
1.18.1.2	ferredoxin (flavodoxin)-NADP(H) reductase, ferredoxin-NADP+ reductase, v. 27 | p. 543
1.18.1.2	ferredoxin (flavodoxin):NADP+ oxidoreductase, ferredoxin-NADP+ reductase, v. 27 | p. 543
1.4.7.1	ferredoxin-dependent GltS, glutamate synthase (ferredoxin), v. 22 | p. 378
1.4.7.1	ferredoxin-dependent glutamate synthase, glutamate synthase (ferredoxin), v. 22 | p. 378
1.8.7.1	ferredoxin-dependent sulfite reductase, sulfite reductase (ferredoxin), v. 24 | p. 679
1.4.7.1	ferredoxin-glutamate synthase, glutamate synthase (ferredoxin), v. 22 | p. 378
1.4.7.1	ferredoxin-GOGAT, glutamate synthase (ferredoxin), v. 22 | p. 378
1.18.1.3	ferredoxin-linked NAD reductase, ferredoxin-NAD+ reductase, v. 27 | p. 559
1.18.1.3	ferredoxin-NAD(P)H reductase, ferredoxin-NAD+ reductase, v. 27 | p. 559
1.18.1.2	ferredoxin-NAD(P)H reductase, ferredoxin-NADP+ reductase, v. 27 | p. 543
1.18.1.2	Ferredoxin-NADP(+) reductase, ferredoxin-NADP+ reductase, v. 27 | p. 543
1.18.1.2	ferredoxin-NADP(H) reductase, ferredoxin-NADP+ reductase, v. 27 | p. 543
1.18.1.2	ferredoxin-NADP+-oxidoreductase, ferredoxin-NADP+ reductase, v. 27 | p. 543
1.18.1.2	ferredoxin-NADP+-reductase, ferredoxin-NADP+ reductase, v. 27 | p. 543
1.18.1.2	ferredoxin-NADP+ oxidoreductase, ferredoxin-NADP+ reductase, v. 27 | p. 543
1.18.1.2	ferredoxin-NADP+ reductase, ferredoxin-NADP+ reductase, v. 27 | p. 543
1.18.1.2	ferredoxin-NADP-oxidoreductase, ferredoxin-NADP+ reductase, v. 27 | p. 543
1.18.1.2	ferredoxin-NADP-reductase, ferredoxin-NADP+ reductase, v. 27 | p. 543
1.18.1.2	ferredoxin-NADP oxidoreductase, ferredoxin-NADP+ reductase, v. 27 | p. 543
1.18.1.2	ferredoxin-NADP reductase, ferredoxin-NADP+ reductase, v. 27 | p. 543
1.18.1.3	ferredoxin-NAD reductase, ferredoxin-NAD+ reductase, v. 27 | p. 559
1.18.1.2	ferredoxin-nicotinamide-adenine dinucleotide phosphate (oxidized) reductase, ferredoxin-NADP+ reductase, v. 27 | p. 543
1.18.1.2	ferredoxin-nicotinamide adenine dinucleotide phosphate reductase, ferredoxin-NADP+ reductase, v. 27 | p. 543
1.18.1.3	ferredoxin-reductase, ferredoxin-NAD+ reductase, v. 27 | p. 559
1.8.7.1	ferredoxin-sulfite reductase, sulfite reductase (ferredoxin), v. 24 | p. 679
1.18.1.2	ferredoxin-TPN reductase, ferredoxin-NADP+ reductase, v. 27 | p. 543
1.3.7.2	ferredoxin:15,16-dihydrobiliverdin oxidoreductase, 15,16-dihydrobiliverdin:ferredoxin oxidoreductase, v. 21 | p. 453
1.3.7.5	ferredoxin:3Z-phycocyanobilin oxidoreductase, phycocyanobilin:ferredoxin oxidoreductase, v. 21 | p. 460
1.3.7.3	ferredoxin:3Z-phycoerythrobilin oxidoreductase, phycoerythrobilin:ferredoxin oxidoreductase, v. 21 | p. 455
1.18.1.2	ferredoxin: NADP(+) oxidoreductase, ferredoxin-NADP+ reductase, v. 27 | p. 543
1.18.1.2	ferredoxin:NADP(+) oxidoreductase, ferredoxin-NADP+ reductase, v. 27 | p. 543
1.18.1.2	ferredoxin:NADP+ oxidoreductase, ferredoxin-NADP+ reductase, v. 27 | p. 543
1.7.7.1	ferredoxin:nitrite oxidoreductase, ferredoxin-nitrite reductase, v. 24 | p. 370
1.7.7.1	ferredoxin:nitrite reductase, ferredoxin-nitrite reductase, v. 24 | p. 370
1.8.7.1	ferredoxin:sulfite oxidoreductase, sulfite reductase (ferredoxin), v. 24 | p. 679
1.8.7.1	ferredoxin:sulfite reductase, sulfite reductase (ferredoxin), v. 24 | p. 679
1.8.1.9	ferredoxin:thioredoxin reductase, thioredoxin-disulfide reductase, v. 24 | p. 517
1.8.7.1	ferredoxin and sulfite reductase, sulfite reductase (ferredoxin), v. 24 | p. 679
1.12.99.6	ferredoxin hydrogenase, hydrogenase (acceptor), v. 25 | p. 373
1.18.1.2	ferredoxin NADP+ reductase, ferredoxin-NADP+ reductase, v. 27 | p. 543
1.18.1.3	ferredoxin NADPH reductase, ferredoxin-NAD+ reductase, v. 27 | p. 559

1.18.1.2	ferredoxin NADP reductase, ferredoxin-NADP+ reductase, v. 27 | p. 543	
1.18.1.2	ferredoxin nicotinamide adenine dinucleotide phosphate reductase, ferredoxin-NADP+ reductase, v. 27 | p. 543	
1.18.1.2	ferredoxin reductase, ferredoxin-NADP+ reductase, v. 27 | p. 543	
1.16.1.7	ferric chelate reductase, ferric-chelate reductase, v. 27 | p. 460	
1.6.2.6	ferric leghemoglobin reductase, leghemoglobin reductase, v. 24 | p. 87	
1.5.1.29	ferric reductase, FMN reductase, v. 23 | p. 217	
1.16.1.7	ferric reductase oxidase, ferric-chelate reductase, v. 27 | p. 460	
1.3.2.3	ferricytochrome c oxidoreductase, L-galactonolactone dehydrogenase, v. 21 | p. 342	
1.6.2.4	ferrihemprotein P450 reductase, NADPH-hemoprotein reductase, v. 24 | p. 58	
3.6.3.30	ferrisiderophore permease system, Fe3+-transporting ATPase, v. 15 | p. 656	
1.15.1.1	ferrisuperoxide dismutase, superoxide dismutase, v. 27 | p. 399	
4.2.1.3	Ferritin repressor protein, aconitate hydratase, v. 4 | p. 273	
1.16.3.1	ferro-O2-oxidoreductase, ferroxidase, v. 27 | p. 466	
1.16.3.1	ferro:O2 oxidoreductase, ferroxidase, v. 27 | p. 466	
4.99.1.1	ferrochelatase, ferrochelatase, v. 5 | p. 478	
1.9.3.1	ferrocytochrome c oxidase, cytochrome-c oxidase, v. 25 | p. 1	
1.16.3.1	ferroxidase, iron II:oxygen oxidoreductase, ferroxidase, v. 27 | p. 466	
1.16.3.1	ferroxidase I, ferroxidase, v. 27 | p. 466	
1.16.3.1	ferroxidase II, ferroxidase, v. 27 | p. 466	
2.7.11.25	fertilization-related kinase 1, mitogen-activated protein kinase kinase kinase, v. S4 | p. 278	
2.7.11.25	fertilization-related kinase 2, mitogen-activated protein kinase kinase kinase, v. S4 | p. 278	
2.7.10.2	FER tyrosine kinase, non-specific protein-tyrosine kinase, v. S2 | p. 441	
6.2.1.34	ferulate-CoA ligase, trans-feruloyl-CoA synthase, v. S7 | p. 590	
3.1.1.73	ferulic acid esterase, feruloyl esterase, v. 9 | p. 414	
3.1.1.73	ferulic acid esterase A, feruloyl esterase, v. 9 | p. 414	
3.1.1.73	ferulic acid esterase B, feruloyl esterase, v. 9 | p. 414	
3.1.1.73	ferulic acid esterase C, feruloyl esterase, v. 9 | p. 414	
3.1.1.73	ferulic acid esterase D, feruloyl esterase, v. 9 | p. 414	
4.2.1.101	feruloyl-CoA hydratase-lyase, trans-feruloyl-CoA hydratase, v. S7 | p. 82	
1.2.1.44	feruloyl-CoA reductase, cinnamoyl-CoA reductase, v. 20 | p. 316	
2.3.1.110	feruloyl-CoA tyramine N-feruloyl-CoA transferase, tyramine N-feruloyltransferase, v. 30 | p. 254	
3.1.1.73	feruloyl/p-coumaroyl esterase, feruloyl esterase, v. 9 | p. 414	
6.2.1.12	Feruloyl CoA ligase, 4-Coumarate-CoA ligase, v. 2 | p. 256	
1.2.1.44	feruloyl coenzyme A reductase, cinnamoyl-CoA reductase, v. 20 | p. 316	
6.2.1.12	Feruloyl coenzyme A synthetase, 4-Coumarate-CoA ligase, v. 2 | p. 256	
3.1.1.73	Feruloylesterase, feruloyl esterase, v. 9 | p. 414	
3.1.1.73	feruloyl esterase A, feruloyl esterase, v. 9 | p. 414	
3.1.1.73	feruloyl esterase B, feruloyl esterase, v. 9 | p. 414	
3.5.1.71	N-feruloylglycine hydrolase, N-feruloylglycine deacylase, v. 14 | p. 562	
1.2.1.44	ferulyl-CoA reductase, cinnamoyl-CoA reductase, v. 20 | p. 316	
2.7.10.2	C-FES, non-specific protein-tyrosine kinase, v. S2 | p. 441	
2.7.10.2	Fes, non-specific protein-tyrosine kinase, v. S2 | p. 441	
1.15.1.1	FeSOD, superoxide dismutase, v. 27 | p. 399	
1.15.1.2	1Fe SOR, superoxide reductase, v. 27 | p. 426	
2.7.10.2	c-Fes protein-tyrosine kinase, non-specific protein-tyrosine kinase, v. S2 | p. 441	
2.7.10.2	Fes tyrosine kinase, non-specific protein-tyrosine kinase, v. S2 | p. 441	
2.7.10.2	c-Fes tyrosine kinase, non-specific protein-tyrosine kinase, v. S2 | p. 441	
1.16.3.1	Fet3, ferroxidase, v. 27 | p. 466	
1.16.3.1	FET3 gene product, ferroxidase, v. 27 | p. 466	
1.16.3.1	fet3p, ferroxidase, v. 27 | p. 466	
2.7.10.1	fetal liver kinase 1, receptor protein-tyrosine kinase, v. S2 | p. 341	
3.4.21.120	α-fetoprotein, oviductin, v. S5 | p. 454	
3.5.2.6	FEZ-1 metallo-β-lactamase, β-lactamase, v. 14 | p. 683	

5.2.1.8	FF1 antigen, Peptidylprolyl isomerase, v.1 | p.218	
3.2.1.26	Ffase, β-fructofuranosidase, v.12 | p.451	
3.2.1.26	β-FFase, β-fructofuranosidase, v.12 | p.451	
3.2.1.26	FFase I, β-fructofuranosidase, v.12 | p.451	
3.2.1.26	Ffh, β-fructofuranosidase, v.12 | p.451	
3.6.5.4	Ffh, signal-recognition-particle GTPase, v.S6 | p.511	
1.13.12.7	FFL, Photinus-luciferin 4-monooxygenase (ATP-hydrolysing), v.25 | p.711	
2.4.1.100	1-FFT, 2,1-fructan:2,1-fructan 1-fructosyltransferase, v.32 | p.65	
2.4.1.243	6G-FFT, 6G-fructosyltransferase, v.S2 | p.196	
2.4.1.100	FFT, 2,1-fructan:2,1-fructan 1-fructosyltransferase, v.32 | p.65	
3.5.1.71	N-FGAH, N-feruloylglycine deacylase, v.14 | p.562	
6.3.5.3	FGAM, phosphoribosylformylglycinamidine synthase, v.2 | p.666	
6.3.5.3	FGAM-synthetase, phosphoribosylformylglycinamidine synthase, v.2 | p.666	
6.3.5.3	FGAMS, phosphoribosylformylglycinamidine synthase, v.2 | p.666	
6.3.5.3	FGAM synthase, phosphoribosylformylglycinamidine synthase, v.2 | p.666	
6.3.5.3	FGAM synthetase, phosphoribosylformylglycinamidine synthase, v.2 | p.666	
2.5.1.34	FgaPT2, tryptophan dimethylallyltransferase, v.34 | p.35	
6.3.5.3	FGAR-AT, phosphoribosylformylglycinamidine synthase, v.2 | p.666	
6.3.5.3	FGAR amidotransferase, phosphoribosylformylglycinamidine synthase, v.2 | p.666	
6.3.5.3	FGARAT, phosphoribosylformylglycinamidine synthase, v.2 | p.666	
3.5.1.68	FGase, N-formylglutamate deformylase, v.14 | p.548	
3.4.17.21	FGCP, Glutamate carboxypeptidase II, v.6 | p.498	
2.7.11.21	FGF-inducible kinase, polo kinase, v.S4 | p.134	
2.7.10.1	FGFR, receptor protein-tyrosine kinase, v.S2 | p.341	
2.7.10.1	FGFR-4, receptor protein-tyrosine kinase, v.S2 | p.341	
2.7.10.1	FGFR1, receptor protein-tyrosine kinase, v.S2 | p.341	
2.7.10.1	FGFR1K, receptor protein-tyrosine kinase, v.S2 | p.341	
2.7.10.1	FGFR2, receptor protein-tyrosine kinase, v.S2 | p.341	
2.7.10.1	FGFR3, receptor protein-tyrosine kinase, v.S2 | p.341	
2.7.10.1	FGFR4, receptor protein-tyrosine kinase, v.S2 | p.341	
2.7.10.1	FGF receptor, receptor protein-tyrosine kinase, v.S2 | p.341	
2.7.10.1	FGF receptor tyrosine kinase, receptor protein-tyrosine kinase, v.S2 | p.341	
3.1.2.12	FGH, S-formylglutathione hydrolase, v.9 | p.508	
3.5.1.68	FG hydrolase, N-formylglutamate deformylase, v.14 | p.548	
3.4.21.6	Fgl2 protein, coagulation factor Xa, v.7 | p.35	
3.4.19.9	FGPH, γ-glutamyl hydrolase, v.6 | p.560	
2.7.10.2	Fgr, non-specific protein-tyrosine kinase, v.S2 | p.441	
2.7.10.1	c-fgr, receptor protein-tyrosine kinase, v.S2 | p.341	
1.11.1.15	FhePrx, peroxiredoxin, v.S1 | p.403	
6.3.2.12	FHFS, dihydrofolate synthase, v.2 | p.466	
6.3.2.12	FHFS/FPGS, dihydrofolate synthase, v.2 | p.466	
3.6.1.29	Fhit, bis(5'-adenosyl)-triphosphatase, v.15 | p.432	
6.3.4.3	FHS, formate-tetrahydrofolate ligase, v.2 | p.567	
1.14.11.9	FHT, flavanone 3-dioxygenase, v.26 | p.73	
1.14.11.9	FHTPH, flavanone 3-dioxygenase, v.26 | p.73	
3.6.3.30	FhuCBG, Fe3+-transporting ATPase, v.15 | p.656	
2.7.1.21	FHV-TK, thymidine kinase, v.35 | p.270	
3.4.21.45	fI, complement factor I, v.7 | p.208	
3.2.1.4	FI-CMCASE, cellulase, v.12 | p.88	
3.2.1.8	FIA-xylanase, endo-1,4-β-xylanase, v.12 | p.133	
3.5.3.5	FIA hydrolase, formimidoylaspartate deiminase, v.14 | p.774	
3.4.21.7	fibrinase, plasmin, v.7 | p.41	
3.4.21.74	α fibrinogenase, Venombin A, v.7 | p.364	
3.4.21.74	α-Fibrinogenase, Venombin A, v.7 | p.364	
3.4.21.5	fibrinogenase, thrombin, v.7 | p.26	

2.3.2.13	fibrinoligase, protein-glutamine γ-glutamyltransferase, v. 30 | p. 550	
3.4.21.7	fibrinolysin, plasmin, v. 7 | p. 41	
3.4.21.4	fibrinolytic enzyme, trypsin, v. 7 | p. 12	
3.4.24.72	fibrinolytic protease, fibrolase, v. 8 | p. 565	
3.4.24.72	Fibrinolytic proteinase, fibrolase, v. 8 | p. 565	
2.3.2.13	fibrin stabilizing factor, protein-glutamine γ-glutamyltransferase, v. 30 | p. 550	
3.4.14.2	fibroblast activation protein α, dipeptidyl-peptidase II, v. 6 | p. 268	
3.4.24.7	Fibroblast collagenase, interstitial collagenase, v. 8 | p. 218	
3.1.3.16	Fibroblast growth factor inducible protein 13, phosphoprotein phosphatase, v. 10 | p. 213	
2.7.10.1	fibroblast growth factor receptor, receptor protein-tyrosine kinase, v. S2 | p. 341	
2.7.10.1	fibroblast growth factor receptor 1, receptor protein-tyrosine kinase, v. S2 | p. 341	
2.7.10.1	fibroblast growth factor receptor 2, receptor protein-tyrosine kinase, v. S2 | p. 341	
2.7.10.1	fibroblast growth factor receptor 3, receptor protein-tyrosine kinase, v. S2 | p. 341	
2.7.10.1	fibroblast growth factor receptor 4, receptor protein-tyrosine kinase, v. S2 | p. 341	
2.7.10.1	fibroblast growth factor receptor BFR-2, receptor protein-tyrosine kinase, v. S2 | p. 341	
2.7.10.1	fibroblast growth factor receptor homolog 1, receptor protein-tyrosine kinase, v. S2 | p. 341	
2.7.10.1	fibroblast growth factor receptor homolog 2, receptor protein-tyrosine kinase, v. S2 | p. 341	
1.1.1.21	Fibroblast growth factor regulated protein, aldehyde reductase, v. 16 | p. 203	
5.3.4.1	fibronectin, Protein disulfide-isomerase, v. 1 | p. 436	
3.4.22.3	ficin, ficain, v. 7 | p. 531	
3.4.22.3	ficin E, ficain, v. 7 | p. 531	
3.4.22.3	ficin S, ficain, v. 7 | p. 531	
2.1.2.4	FIG formiminotransferase, glycine formimidoyltransferase, v. 29 | p. 43	
3.5.3.13	FIG iminohydrolase, formimidoylglutamate deiminase, v. 14 | p. 811	
3.5.3.13	FIGLU-iminohydrolase, formimidoylglutamate deiminase, v. 14 | p. 811	
3.5.3.13	FIGLUase, formimidoylglutamate deiminase, v. 14 | p. 811	
1.14.11.16	FIH, peptide-aspartate β-dioxygenase, v. 26 | p. 102	
3.4.21.21	FIIa, coagulation factor VIIa, v. 7 | p. 88	
3.1.4.52	FimX, cyclic-guanylate-specific phosphodiesterase, v. S5 | p. 100	
3.1.3.16	FIN13, phosphoprotein phosphatase, v. 10 | p. 213	
3.1.21.4	FinI, type II site-specific deoxyribonuclease, v. 11 | p. 454	
1.18.1.1	FIRd-reductase, rubredoxin-NAD+ reductase, v. 27 | p. 538	
1.13.12.7	firefly luciferase, Photinus-luciferin 4-monooxygenase (ATP-hydrolysing), v. 25 | p. 711	
1.13.12.5	firefly luciferase, Renilla-luciferin 2-monooxygenase, v. 25 | p. 704	
1.14.14.3	firefly luciferase, alkanal monooxygenase (FMN-linked), v. 26 | p. 595	
1.13.12.7	firefly luciferin luciferase, Photinus-luciferin 4-monooxygenase (ATP-hydrolysing), v. 25 | p. 711	
3.6.3.30	FitABCDER, Fe3+-transporting ATPase, v. 15 | p. 656	
3.6.3.30	Fit system, Fe3+-transporting ATPase, v. 15 | p. 656	
2.7.7.49	FIV RT, RNA-directed DNA polymerase, v. 38 | p. 492	
3.4.21.22	FIXa, coagulation factor IXa, v. 7 | p. 93	
2.7.13.3	FixL, histidine kinase, v. S4 | p. 420	
1.3.1.70	FK, Δ14-sterol reductase, v. 21 | p. 317	
2.7.1.4	FK, fructokinase, v. 35 | p. 127	
2.7.1.26	FK, riboflavin kinase, v. 35 | p. 328	
2.7.1.4	FK1, fructokinase, v. 35 | p. 127	
2.7.1.4	FK2, fructokinase, v. 35 | p. 127	
5.2.1.8	FKBP, Peptidylprolyl isomerase, v. 1 | p. 218	
5.2.1.8	FKBP-12, Peptidylprolyl isomerase, v. 1 | p. 218	
5.2.1.8	FKBP-12.6, Peptidylprolyl isomerase, v. 1 | p. 218	
5.2.1.8	FKBP-13, Peptidylprolyl isomerase, v. 1 | p. 218	
5.2.1.8	FKBP-15, Peptidylprolyl isomerase, v. 1 | p. 218	
5.2.1.8	FKBP-19, Peptidylprolyl isomerase, v. 1 | p. 218	
5.2.1.8	FKBP-21, Peptidylprolyl isomerase, v. 1 | p. 218	
5.2.1.8	FKBP-22, Peptidylprolyl isomerase, v. 1 | p. 218	

5.2.1.8	FKBP-23, Peptidylprolyl isomerase, v. 1 | p. 218	
5.2.1.8	FKBP-25, Peptidylprolyl isomerase, v. 1 | p. 218	
5.2.1.8	FKBP-36, Peptidylprolyl isomerase, v. 1 | p. 218	
5.2.1.8	FKBP-51, Peptidylprolyl isomerase, v. 1 | p. 218	
5.2.1.8	FKBP-70, Peptidylprolyl isomerase, v. 1 | p. 218	
5.2.1.8	FKBP22, Peptidylprolyl isomerase, v. 1 | p. 218	
5.2.1.8	FKBP35, Peptidylprolyl isomerase, v. 1 | p. 218	
5.2.1.8	FKBP38, Peptidylprolyl isomerase, v. 1 | p. 218	
5.2.1.8	FKBP51, Peptidylprolyl isomerase, v. 1 | p. 218	
5.2.1.8	FKBP52, Peptidylprolyl isomerase, v. 1 | p. 218	
5.2.1.8	FKBP52 protein, Peptidylprolyl isomerase, v. 1 | p. 218	
5.2.1.8	FKBP54, Peptidylprolyl isomerase, v. 1 | p. 218	
5.2.1.8	FKBP59, Peptidylprolyl isomerase, v. 1 | p. 218	
5.2.1.8	FKBP65, Peptidylprolyl isomerase, v. 1 | p. 218	
5.2.1.8	FKBP65RS, Peptidylprolyl isomerase, v. 1 | p. 218	
5.2.1.8	FKBP77, Peptidylprolyl isomerase, v. 1 | p. 218	
3.5.1.9	FKF, arylformamidase, v. 14 | p. 274	
2.7.1.52	Fkgp, fucokinase, v. 36 | p. 110	
5.2.1.8	FkpA, Peptidylprolyl isomerase, v. 1 | p. 218	
2.4.1.34	Fks, 1,3-β-glucan synthase, v. 31 | p. 318	
4.2.1.115	FlaA1, UDP-N-acetylglucosamine 4,6-dehydratase (inverting)	
3.1.30.2	flap endonuclease, Serratia marcescens nuclease, v. 11 | p. 626	
3.1.16.1	flap endonuclease-1, spleen exonuclease, v. 11 | p. 424	
3.1.3.16	Flap wing protein, phosphoprotein phosphatase, v. 10 | p. 213	
1.14.11.9	flavanone 3-hydroxylase, flavanone 3-dioxygenase, v. 26 | p. 73	
1.14.13.86	flavanone 3β-hydroxylase, 2-hydroxyisoflavanone synthase, v. S1 | p. 559	
1.14.11.9	flavanone 3β-hydroxylase, flavanone 3-dioxygenase, v. 26 | p. 73	
2.4.1.236	flavanone 7-O-glucoside 2-O-β-L-rhamnosyltransferase, flavanone 7-O-glucoside 2-O-β-L-rhamnosyltransferase, v. S2 | p. 162	
2.5.1.70	flavanone 8-dimethylallyltransferase, naringenin 8-dimethylallyltransferase, v. S2 | p. 229	
2.3.1.74	flavanone synthase, naringenin-chalcone synthase, v. 30 | p. 66	
1.14.11.9	flavanone synthase I, flavanone 3-dioxygenase, v. 26 | p. 73	
2.3.1.74	flavanone synthetase, naringenin-chalcone synthase, v. 30 | p. 66	
1.14.13.8	flavin-containing-monooxygenase, flavin-containing monooxygenase, v. 26 | p. 257	
1.14.13.8	flavin-containing mono-oxygenase, flavin-containing monooxygenase, v. 26 | p. 257	
1.14.13.8	flavin-containing monooxygenase, flavin-containing monooxygenase, v. 26 | p. 257	
1.14.13.8	flavin-containing monooxygenase 1, flavin-containing monooxygenase, v. 26 | p. 257	
1.14.13.8	flavin-containing monooxygenase 3, flavin-containing monooxygenase, v. 26 | p. 257	
1.5.1.29	flavin-dependent monooxygenase, FMN reductase, v. 23 | p. 217	
1.14.13.8	flavin-dependent monooxygenase, flavin-containing monooxygenase, v. 26 | p. 257	
1.8.3.3	flavin-dependent sulfhydryl oxidase, glutathione oxidase, v. 24 | p. 604	
2.1.1.148	flavin-dependent thymidylate synthase, thymidylate synthase (FAD), v. 28 | p. 643	
2.1.1.148	flavin-dependent thymidylate synthase X, thymidylate synthase (FAD), v. 28 | p. 643	
2.1.1.148	flavin-dependent TS, thymidylate synthase (FAD), v. 28 | p. 643	
1.8.3.3	flavin-linked sulfhydryl oxidase, glutathione oxidase, v. 24 | p. 604	
1.8.3.5	flavin adenine dinucleotide (FAD)-dependent thioether oxidase, prenylcysteine oxidase, v. 24 | p. 612	
1.1.99.3	flavin adenine dinucleotide-containing GA 2-dehydrogenase, gluconate 2-dehydrogenase (acceptor), v. 19 | p. 274	
1.1.1.289	flavin adenine dinucleotide-dependent D-sorbitol dehydrogenase, sorbose reductase, v. S1 | p. 71	
1.8.3.3	flavin adenine dinucleotide-linked sulfhydryl oxidase, glutathione oxidase, v. 24 | p. 604	
1.8.3.2	flavin adenine dinucleotide-linked sulfhydryl oxidase, thiol oxidase, v. 24 | p. 594	
3.6.1.18	flavin adenine dinucleotide pyrophosphatase, FAD diphosphatase, v. 15 | p. 380	
2.7.7.2	flavin adenine dinucleotide synthetase, FAD synthetase, v. 38 | p. 63	

1.14.13.8	flavin containing monooxygenase 3, flavin-containing monooxygenase, v. 26 | p. 257	
2.1.1.148	flavin dependent thymidylate synthase, thymidylate synthase (FAD), v. 28 | p. 643	
4.6.1.15	Flavine-adenine-dinucleotide cyclase, FAD-AMP lyase (cyclizing), v. S7 | p. 451	
3.6.1.18	flavine adenine dinucleotide pyrophosphatase, FAD diphosphatase, v. 15 | p. 380	
1.5.1.29	flavine mononucleotide reductase, FMN reductase, v. 23 | p. 217	
1.5.1.29	flavin mononucleotide oxidoreductase, FMN reductase, v. 23 | p. 217	
1.5.1.29	flavin mononucleotide reductase, FMN reductase, v. 23 | p. 217	
1.14.13.8	flavin monooxygenase, flavin-containing monooxygenase, v. 26 | p. 257	
1.5.1.29	flavin reductase, FMN reductase, v. 23 | p. 217	
1.5.1.29	flavin reductase D, FMN reductase, v. 23 | p. 217	
1.5.1.30	flavin reductase Nr1, flavin reductase, v. 23 | p. 232	
1.5.1.29	flavin reductase P, FMN reductase, v. 23 | p. 217	
1.5.1.30	flavin reductase P, flavin reductase, v. 23 | p. 232	
1.18.1.1	(flavo)rubredoxin reductase, rubredoxin-NAD+ reductase, v. 27 | p. 538	
1.1.2.3	flavocytochrome b2, L-lactate dehydrogenase (cytochrome), v. 19 | p. 5	
1.3.99.1	Flavocytochrome c3, succinate dehydrogenase, v. 21 | p. 462	
1.14.14.1	flavocytochrome P450BM-3, unspecific monooxygenase, v. 26 | p. 584	
1.6.2.4	flavocytochrome P450 BM3, NADPH-hemoprotein reductase, v. 24 | p. 58	
1.18.1.2	Flavodoxin reductase, ferredoxin-NADP+ reductase, v. 27 | p. 543	
1.14.12.17	flavoHb, nitric oxide dioxygenase, v. 26 | p. 190	
1.14.12.17	flavohemoglobin, nitric oxide dioxygenase, v. 26 | p. 190	
2.7.1.26	flavokinase, riboflavin kinase, v. 35 | p. 328	
2.7.1.26	flavokinase/FAD synthetase, riboflavin kinase, v. 35 | p. 328	
2.7.1.26	flavokinase/flavin adenine dinucleotide synthetase, riboflavin kinase, v. 35 | p. 328	
2.3.1.115	flavone/flavonol 7-O-β-D-glucoside malonyltransferase, isoflavone-7-O-β-glucoside 6-O-malonyltransferase, v. 30 | p. 273	
1.14.11.22	flavone synthase I, flavone synthase, v. S1 | p. 500	
1.14.11.23	flavonoid 2-oxoglutarate-dependent dioxygenase, flavonol synthase, v. S1 | p. 504	
1.14.13.88	flavonoid 3',5'-hydroxylase, flavonoid 3',5'-hydroxylase, v. S1 | p. 571	
2.1.1.149	flavonoid 3',5'-O-dimethyltransferase, myricetin O-methyltransferase, v. 28 | p. 647	
1.14.13.21	flavonoid 3'-hydroxylase, flavonoid 3'-monooxygenase, v. 26 | p. 332	
1.14.13.21	flavonoid 3-hydroxylase, flavonoid 3'-monooxygenase, v. 26 | p. 332	
2.1.1.76	flavonoid 3-methyltransferase, quercetin 3-O-methyltransferase, v. 28 | p. 402	
2.4.1.234	flavonoid 3-O-galactosyltransferase, kaempferol 3-O-galactosyltransferase, v. S2 | p. 153	
2.4.1.91	flavonoid 3-O-glucosyltransferase, flavonol 3-O-glucosyltransferase, v. 32 | p. 21	
2.8.2.28	flavonoid 7-sulfotransferase, quercetin-3,3'-bissulfate 7-sulfotransferase, v. 39 | p. 464	
2.1.1.155	flavonoid methyltransferase, kaempferol 4'-O-methyltransferase, v. S2 | p. 8	
2.1.1.75	flavonoid O-methyltransferase, apigenin 4'-O-methyltransferase, v. 28 | p. 400	
2.1.1.155	flavonoid O-methyltransferase, kaempferol 4'-O-methyltransferase, v. S2 | p. 8	
2.1.1.149	flavonoid O-methyltransferase, myricetin O-methyltransferase, v. 28 | p. 647	
1.13.11.24	flavonol 2,4-oxygenase, quercetin 2,3-dioxygenase, v. 25 | p. 535	
2.8.2.26	flavonol 3'-sulfotransferase, quercetin-3-sulfate 3'-sulfotransferase, v. 39 | p. 458	
2.4.1.234	flavonol 3-O-galactosyltransferase, kaempferol 3-O-galactosyltransferase, v. S2 | p. 153	
2.1.1.76	flavonol 3-O-methyltransferase, quercetin 3-O-methyltransferase, v. 28 | p. 402	
2.1.1.83	flavonol 4'-O-methyltransferase, 3,7-dimethylquercetin 4'-O-methyltransferase, v. 28 | p. 441	
2.8.2.27	flavonol 4'-sulfotransferase, quercetin-3-sulfate 4'-sulfotransferase, v. 39 | p. 461	
2.1.1.84	flavonol 6-O-methyltransferase, methylquercetagetin 6-O-methyltransferase, v. 28 | p. 444	
2.1.1.82	flavonol 7-O-methyltransferase, 3-methylquercetin 7-O-methyltransferase, v. 28 | p. 438	
2.8.2.28	flavonol 7-ST, quercetin-3,3'-bissulfate 7-sulfotransferase, v. 39 | p. 464	
2.8.2.28	flavonol 7-sulfotransferase, quercetin-3,3'-bissulfate 7-sulfotransferase, v. 39 | p. 464	
2.1.1.88	flavonol 8-O-methyltransferase, 8-hydroxyquercetin 8-O-methyltransferase, v. 28 | p. 454	
1.14.14.1	flavoprotein linked monooxygenase, unspecific monooxygenase, v. 26 | p. 584	
4.1.1.36	flavoprotein AtHal3a, phosphopantothenoylcysteine decarboxylase, v. 3 | p. 223	
1.14.14.1	flavoprotein monooxygenase, unspecific monooxygenase, v. 26 | p. 584	

1.6.5.2	flavoprotein NAD(P)H-quinone reductase, NAD(P)H dehydrogenase (quinone), v. 24 | p. 105	
1.6.5.5	Flavoprotein NAD(P)H:quinone reductase, NADPH:quinone reductase, v. 24 | p. 135	
1.3.1.74	flavoprotein NAD(P)H dehydrogenase (quinone), 2-alkenal reductase, v. 21 | p. 336	
1.7.99.7	flavorubredoxin, nitric-oxide reductase, v. 24 | p. 441	
1.6.2.6	FLbR-2, leghemoglobin reductase, v. 24 | p. 87	
1.6.2.6	FLbR2, leghemoglobin reductase, v. 24 | p. 87	
1.3.99.1	FL cyt, succinate dehydrogenase, v. 21 | p. 462	
2.7.10.1	FL cytokine receptor, receptor protein-tyrosine kinase, v. S2 | p. 341	
1.1.1.284	FLD, S-(hydroxymethyl)glutathione dehydrogenase, v. S1 | p. 38	
1.2.1.1	FLD, formaldehyde dehydrogenase (glutathione), v. 20 | p. 1	
2.8.3.17	FldA, cinnamoyl-CoA:phenyllactate CoA-transferase, v. 39 | p. 536	
1.18.1.2	FLDR, ferredoxin-NADP+ reductase, v. 27 | p. 543	
3.4.21.34	Fletcher factor, plasma kallikrein, v. 7 | p. 136	
2.7.13.3	FlgS, histidine kinase, v. S4 | p. 420	
3.6.5.4	FlhF, signal-recognition-particle GTPase, v. S6 | p. 511	
3.4.22.61	FLICE, caspase-8, v. S6 | p. 168	
3.4.22.61	FLICE/MACH, caspase-8, v. S6 | p. 168	
3.4.22.63	FLICE2, caspase-10, v. S6 | p. 195	
3.6.3.50	FliI, protein-secreting ATPase, v. 15 | p. 737	
3.6.3.50	FliI ATPase, protein-secreting ATPase, v. 15 | p. 737	
3.6.3.1	flippase, phospholipid-translocating ATPase, v. 15 | p. 532	
3.6.3.1	flippases, phospholipid-translocating ATPase, v. 15 | p. 532	
6.3.2.19	FLJ12875, Ubiquitin-protein ligase, v. 2 | p. 506	
2.7.10.1	Flk-1, receptor protein-tyrosine kinase, v. S2 | p. 341	
3.4.23.44	Flock House virus endopeptidase, nodavirus endopeptidase, v. 8 | p. 197	
2.4.1.137	floridoside-phosphate synthase, sn-glycerol-3-phosphate 2-α-galactosyltransferase, v. 32 | p. 239	
2.4.1.137	floridoside phosphate synthase, sn-glycerol-3-phosphate 2-α-galactosyltransferase, v. 32 | p. 239	
3.1.3.48	FLP1, protein-tyrosine-phosphatase, v. 10 | p. 407	
1.5.1.30	FLR, flavin reductase, v. 23 | p. 232	
1.7.99.7	FlRd, nitric-oxide reductase, v. 24 | p. 441	
1.14.11.23	FLS, flavonol synthase, v. S1 | p. 504	
2.7.10.1	Flt-1, receptor protein-tyrosine kinase, v. S2 | p. 341	
2.7.10.1	FLT-3, receptor protein-tyrosine kinase, v. S2 | p. 341	
2.7.10.1	FLT3, receptor protein-tyrosine kinase, v. S2 | p. 341	
2.7.10.1	FLT3/FLK2 receptor tyrosine kinase, receptor protein-tyrosine kinase, v. S2 | p. 341	
2.7.10.1	FLT3 receptor protein, receptor protein-tyrosine kinase, v. S2 | p. 341	
2.7.10.1	FLT4, receptor protein-tyrosine kinase, v. S2 | p. 341	
2.7.10.1	FLT4 receptor tyrosine kinase, receptor protein-tyrosine kinase, v. S2 | p. 341	
1.1.1.256	9-fluorenol dehydrogenase, fluoren-9-ol dehydrogenase, v. 18 | p. 445	
1.1.1.256	fluorenol dehydrogenase, fluoren-9-ol dehydrogenase, v. 18 | p. 445	
2.5.1.63	fluorinase, adenosyl-fluoride synthase, v. 34 | p. 242	
2.5.1.63	fluorinase, S-adenosyl-L-methionine, adenosyl-fluoride synthase, v. 34 | p. 242	
2.5.1.63	fluorination enzyme, adenosyl-fluoride synthase, v. 34 | p. 242	
2.5.1.63	5'-fluoro-5'-deoxyadenosine synthase, adenosyl-fluoride synthase, v. 34 | p. 242	
2.5.1.63	5'-fluoro-5'-deoxy adenosine synthetase, adenosyl-fluoride synthase, v. 34 | p. 242	
3.8.1.3	fluoroacetate-specific defluorinase, haloacetate dehalogenase, v. 15 | p. 877	
3.8.1.3	fluoroacetate dehalogenase, haloacetate dehalogenase, v. 15 | p. 877	
2.7.1.40	fluorokinase, pyruvate kinase, v. 36 | p. 33	
1.18.1.2	FLXR, ferredoxin-NADP+ reductase, v. 27 | p. 543	
1.14.19.6	Fm2, Δ12-fatty-acid desaturase	
3.2.1.113	FmanIBp, mannosyl-oligosaccharide 1,2-α-mannosidase, v. 13 | p. 458	
1.2.99.5	Fmd, Formylmethanofuran dehydrogenase, v. 20 | p. 591	

3.5.1.49	Fmd, formamidase, v.14 | p.477	
3.5.1.14	fMDF, aminoacylase, v.14 | p.317	
3.4.19.7	(fMet)-releasing enzyme, N-Formylmethionyl-peptidase, v.6 | p.555	
1.5.1.29	FMN-dependent monooxygenase, FMN reductase, v.23 | p.217	
2.7.7.2	FMN adenylyltransferase, FAD synthetase, v.38 | p.63	
4.6.1.15	FMN cyclase, FAD-AMP lyase (cyclizing), v.S7 | p.451	
4.6.1.15	FMN cyclase/dha kinase, FAD-AMP lyase (cyclizing), v.S7 | p.451	
2.7.1.29	FMN cyclase/dha kinase, glycerone kinase, v.35 | p.345	
1.14.14.5	FMNH2-dependent alkanesulfonate monooxygenase, alkanesulfonate monooxygenase, v.26 | p.607	
2.7.7.2	FMN pyrophosporylase, FAD synthetase, v.38 | p.63	
1.5.1.29	FMN reductase, FMN reductase, v.23 | p.217	
1.14.13.8	FMO, flavin-containing monooxygenase, v.26 | p.257	
1.14.99.4	FMO, progesterone monooxygenase, v.27 | p.273	
1.14.13.8	FMO-I, flavin-containing monooxygenase, v.26 | p.257	
1.14.13.8	FMO-II, flavin-containing monooxygenase, v.26 | p.257	
1.14.13.8	FMO1, flavin-containing monooxygenase, v.26 | p.257	
1.14.13.8	FMO 1A1, flavin-containing monooxygenase, v.26 | p.257	
1.14.13.8	FMO 1B1, flavin-containing monooxygenase, v.26 | p.257	
1.14.13.8	FMO 1C1, flavin-containing monooxygenase, v.26 | p.257	
1.14.13.8	FMO 1D1, flavin-containing monooxygenase, v.26 | p.257	
1.14.13.8	FMO 1E1, flavin-containing monooxygenase, v.26 | p.257	
1.14.13.8	FMO2, flavin-containing monooxygenase, v.26 | p.257	
1.14.13.8	FMO3, flavin-containing monooxygenase, v.26 | p.257	
1.14.13.8	FMO4, flavin-containing monooxygenase, v.26 | p.257	
1.14.13.8	FMO5, flavin-containing monooxygenase, v.26 | p.257	
2.7.10.1	c-fms, receptor protein-tyrosine kinase, v.S2 | p.341	
2.7.10.2	v-Fms, non-specific protein-tyrosine kinase, v.S2 | p.441	
2.7.10.1	fms-like tyrosine kinase 3, receptor protein-tyrosine kinase, v.S2 | p.341	
1.5.3.11	Fms1, polyamine oxidase, v.23 | p.312	
2.7.10.1	Fms proto-oncogene, receptor protein-tyrosine kinase, v.S2 | p.341	
1.8.4.11	FMsr, peptide-methionine (S)-S-oxide reductase, v.S1 | p.291	
2.1.2.9	FMT, methionyl-tRNA formyltransferase, v.29 | p.66	
2.1.1.153	FMT, vitexin 2-O-rhamnoside 7-O-methyltransferase, v.S2 | p.1	
2.1.2.9	FMT1, methionyl-tRNA formyltransferase, v.29 | p.66	
1.4.1.11	FN1867, L-erythro-3,5-diaminohexanoate dehydrogenase, v.22 | p.130	
3.2.1.4	FnCel5A, cellulase, v.12 | p.88	
2.4.1.222	FNG, O-fucosylpeptide 3-β-N-acetylglucosaminyltransferase, v.32 | p.599	
2.7.11.21	Fnk, polo kinase, v.S4 | p.134	
1.7.99.7	Fnor, nitric-oxide reductase, v.24 | p.S16	
1.18.1.2	FNR, ferredoxin-NADP+ reductase, v.27 | p.543	
1.18.1.2	FNR-A, ferredoxin-NADP+ reductase, v.27 | p.543	
1.18.1.2	FNR-B, ferredoxin-NADP+ reductase, v.27 | p.543	
1.14.11.22	FNS, flavone synthase, v.S1 | p.500	
1.14.11.22	FNS I, flavone synthase, v.S1 | p.500	
3.1.21.4	Fnu4HI, type II site-specific deoxyribonuclease, v.11 | p.454	
3.1.21.4	FnuSII, type II site-specific deoxyribonuclease, v.11 | p.454	
2.7.10.2	focal adhesion kinase, non-specific protein-tyrosine kinase, v.S2 | p.441	
2.7.10.2	focal adhesion kinase 1, non-specific protein-tyrosine kinase, v.S2 | p.441	
2.7.10.2	focal adhesion protein tyrosine, non-specific protein-tyrosine kinase, v.S2 | p.441	
1.2.99.3	FOE, aldehyde dehydrogenase (pyrroloquinoline-quinone), v.20 | p.578	
3.6.3.14	FoF1-ATP synthase, H+-transporting two-sector ATPase, v.15 | p.598	
3.6.3.14	FoF1 ATP synthase, H+-transporting two-sector ATPase, v.15 | p.598	
3.1.1.73	FoFAE, feruloyl esterase, v.9 | p.414	
3.1.1.73	FoFAE-I, feruloyl esterase, v.9 | p.414	

3.1.1.73	FoFAE-II, feruloyl esterase, v. 9	p. 414
3.1.1.73	FoFaeA, feruloyl esterase, v. 9	p. 414
3.1.1.73	FoFaeB, feruloyl esterase, v. 9	p. 414
3.1.1.73	FoFaeI, feruloyl esterase, v. 9	p. 414
3.1.1.73	FoFaeII, feruloyl esterase, v. 9	p. 414
3.2.1.17	fOg44 endolysin, lysozyme, v. 12	p. 228
3.1.21.4	FokI, type II site-specific deoxyribonuclease, v. 11	p. 454
1.5.1.6	folate-binding proteins, cytosol I, formyltetrahydrofolate dehydrogenase, v. 23	p. 65
2.1.1.74	folate-dependent ribothymidyl synthase, methylenetetrahydrofolate-tRNA-(uracil-5-)-methyltransferase (FADH2-oxidizing), v. 28	p. 398
3.4.19.9	folate conjugase, γ-glutamyl hydrolase, v. 6	p. 560
3.4.19.9	folate hydrolase, γ-glutamyl hydrolase, v. 6	p. 560
3.4.17.11	folate hydrolase G2, glutamate carboxypeptidase, v. 6	p. 462
6.3.2.17	Folate polyglutamate synthetase, tetrahydrofolate synthase, v. 2	p. 488
4.1.2.25	FolB, Dihydroneopterin aldolase, v. 3	p. 533
6.3.2.12	FolC, dihydrofolate synthase, v. 2	p. 466
6.3.2.17	FolC, tetrahydrofolate synthase, v. 2	p. 488
3.4.17.21	FOLH1, Glutamate carboxypeptidase II, v. 6	p. 498
3.4.19.9	folic acid conjugase, γ-glutamyl hydrolase, v. 6	p. 560
1.5.1.3	folic acid reductase, dihydrofolate reductase, v. 23	p. 17
1.5.1.3	folic reductase, dihydrofolate reductase, v. 23	p. 17
1.5.1.3	FolM, dihydrofolate reductase, v. 23	p. 17
2.5.1.15	FolP, dihydropteroate synthase, v. 33	p. 494
2.5.1.15	folP1, dihydropteroate synthase, v. 33	p. 494
6.3.2.17	folyl-γ-glutamate synthetase, tetrahydrofolate synthase, v. 2	p. 488
6.3.2.17	Folylpoly(.γ.-glutamate) synthase, tetrahydrofolate synthase, v. 2	p. 488
6.3.2.12	Folylpoly-(γ-glutamate) synthetase-dihydrofolate synthase, dihydrofolate synthase, v. 2	p. 466
3.4.17.21	Folylpoly-γ-glutamate carboxypeptidase, Glutamate carboxypeptidase II, v. 6	p. 498
6.3.2.17	Folylpoly-γ-glutamate synthetase, tetrahydrofolate synthase, v. 2	p. 488
6.3.2.12	Folylpoly-γ-glutamate synthetase-dihydrofolate synthetase, dihydrofolate synthase, v. 2	p. 466
6.3.2.17	Folylpoly-γ-glutamate synthetase-dihydrofolate synthetase, tetrahydrofolate synthase, v. 2	p. 488
6.3.2.17	Folylpoly-.γ.-glutamate synthase, tetrahydrofolate synthase, v. 2	p. 488
3.4.19.9	folylpolyglutamate hydrolase, γ-glutamyl hydrolase, v. 6	p. 560
6.3.2.17	Folylpolyglutamate synthase, tetrahydrofolate synthase, v. 2	p. 488
6.3.2.17	Folylpolyglutamate synthetase, tetrahydrofolate synthase, v. 2	p. 488
6.3.2.17	Folylpolyglutamyl synthetase, tetrahydrofolate synthase, v. 2	p. 488
3.4.22.28	foot-and-mouth protease 3C, picornain 3C, v. 7	p. 646
1.2.7.3	FOR, 2-oxoglutarate synthase, v. 20	p. 556
1.2.7.5	FOR, aldehyde ferredoxin oxidoreductase, v. S1	p. 188
2.7.11.12	FOR1, cGMP-dependent protein kinase, v. S3	p. 288
2.7.11.12	Foraging protein, cGMP-dependent protein kinase, v. S3	p. 288
3.2.1.1	FORILASE NTL α-amylase, α-amylase, v. 12	p. 1
1.1.1.51	form 2 type 7 17β-hydroxysteroid dehydrogenase, 3(or 17)β-hydroxysteroid dehydrogenase, v. 17	p. 1
1.1.1.62	form 2 type 7 17β-hydroxysteroid dehydrogenase, estradiol 17β-dehydrogenase, v. 17	p. 48
1.2.99.3	formaldehyde-oxidizing enzyme, aldehyde dehydrogenase (pyrroloquinoline-quinone), v. 20	p. 578
1.1.1.284	formaldehyde dehydrogenase, S-(hydroxymethyl)glutathione dehydrogenase, v. S1	p. 38
1.2.1.46	formaldehyde dehydrogenase, formaldehyde dehydrogenase, v. 20	p. 328
1.1.1.284	formaldehyde dehydrogenase (glutathione), S-(hydroxymethyl)glutathione dehydrogenase, v. S1	p. 38

3.1.2.12	formaldehyde dehydrogenase/S-formylglutathione hydrolase fusion protein, S-formylglutathione hydrolase, v. 9	p. 508
1.2.7.5	formaldehyde ferredoxin oxidoreductase, aldehyde ferredoxin oxidoreductase, v. S1	p. 188
1.2.7.5	formaldehyde oxidoreductase, aldehyde ferredoxin oxidoreductase, v. S1	p. 188
2.2.1.2	formaldehyde transketolase, transaldolase, v. 29	p. 179
3.5.1.49	formamidase, formamidase, v. 14	p. 477
3.5.1.49	formamidase AmiF, formamidase, v. 14	p. 477
3.5.1.9	formamidase I, arylformamidase, v. 14	p. 274
3.5.1.9	formamidase II, arylformamidase, v. 14	p. 274
3.5.1.49	Formamide amidohydrolase, formamidase, v. 14	p. 477
4.2.1.66	formamide dehydratase, cyanide hydratase, v. 4	p. 567
4.2.1.66	formamide hydrolase, cyanide hydratase, v. 4	p. 567
4.2.1.66	Formamide hydrolyase, cyanide hydratase, v. 4	p. 567
6.3.5.3	2-Formamido-N-ribosylacetamide 5'-phosphate:L-glutamine amido-ligase (adenosine diphosphate), phosphoribosylformylglycinamidine synthase, v. 2	p. 666
3.2.2.23	formamidopyrimidine-DNA glycosylase, DNA-formamidopyrimidine glycosylase, v. 14	p. 111
3.2.2.23	formamidopyrimidine-DNA glycosyl hydrolase, DNA-formamidopyrimidine glycosylase, v. 14	p. 111
1.2.1.2	Formate-hydrogen-lyase-linked, selenocysteine-containing polypeptide, formate dehydrogenase, v. 20	p. 16
1.97.1.4	Formate-lyase-activating enzyme, [formate-C-acetyltransferase]-activating enzyme, v. 27	p. 654
1.2.1.2	formate-NAD oxidoreductase, formate dehydrogenase, v. 20	p. 16
6.3.4.3	formate-tetrahydrofolate ligase, formate-tetrahydrofolate ligase, v. 2	p. 567
1.2.2.1	formate:cytochrome b1 oxidoreductase, formate dehydrogenase (cytochrome), v. 20	p. 410
1.2.1.2	formate:NAD oxidoreductase, formate dehydrogenase, v. 20	p. 16
6.3.4.3	formate:tetrahydrofolate ligase (ADP-forming), formate-tetrahydrofolate ligase, v. 2	p. 567
2.3.1.54	formate acetyltransferase, formate C-acetyltransferase, v. 29	p. 691
1.97.1.4	Formate acetyltransferase activase, [formate-C-acetyltransferase]-activating enzyme, v. 27	p. 654
1.2.1.2	formate benzyl-viologen oxidoreductase, formate dehydrogenase, v. 20	p. 16
1.2.1.2	formate dehydrogenase, formate dehydrogenase, v. 20	p. 16
1.2.2.1	formate dehydrogenase, formate dehydrogenase (cytochrome), v. 20	p. 410
1.2.2.3	formate dehydrogenase, formate dehydrogenase (cytochrome-c-553), v. 20	p. 419
1.2.2.3	formate dehydrogenase (cytochrome), formate dehydrogenase (cytochrome-c-553), v. 20	p. 419
1.2.1.2	formate dehydrogenase (NAD), formate dehydrogenase, v. 20	p. 16
1.2.1.43	formate dehydrogenase (NADP), formate dehydrogenase (NADP+), v. 20	p. 311
1.2.2.1	formate dehydrogenase-N, formate dehydrogenase (cytochrome), v. 20	p. 410
1.2.2.1	formate dehydrogenase H, formate dehydrogenase (cytochrome), v. 20	p. 410
1.2.1.2	formate hydrogenlyase, formate dehydrogenase, v. 20	p. 16
2.3.3.7	formerly 4.1.3.10, 3-ethylmalate synthase, v. 30	p. 629
2.3.3.6	formerly 4.1.3.3, 2-ethylmalate synthase, v. 30	p. 626
1.2.1.2	formic acid dehydrogenase, formate dehydrogenase, v. 20	p. 16
1.1.1.284	formic dehydrogenase, S-(hydroxymethyl)glutathione dehydrogenase, v. S1	p. 38
1.2.1.2	formic hydrogen-lyase, formate dehydrogenase, v. 20	p. 16
4.1.1.39	form III ribulose-1,5-bisphosphate carboxylase/oxygenase, Ribulose-bisphosphate carboxylase, v. 3	p. 244
4.1.1.39	Form II Rubisco, Ribulose-bisphosphate carboxylase, v. 3	p. 244
3.5.3.8	formimidoyl-L-glutamate formiminohydrolase, formimidoylglutamase, v. 14	p. 792
4.3.1.4	formimidoyltetrahydrofolate cyclodeaminase, formimidoyltetrahydrofolate cyclodeaminase, v. 5	p. 192
3.5.3.13	N-formimino-L-glutamate deiminase, formimidoylglutamate deiminase, v. 14	p. 811
3.5.3.8	N-formimino-L-glutamate formiminohydrolase, formimidoylglutamase, v. 14	p. 792

3.5.3.13	N-formimino-L-glutamate iminohydrolase, formimidoylglutamate deiminase, v. 14	p. 811
4.3.1.4	formimino-THF cyclodeaminase, formimidoyltetrahydrofolate cyclodeaminase, v. 5	p. 192
3.5.3.5	formiminoaspartate deaminase, formimidoylaspartate deiminase, v. 14	p. 774
3.5.3.8	formiminoglutamase, formimidoylglutamase, v. 14	p. 792
3.5.3.13	formiminoglutamate deiminase, formimidoylglutamate deiminase, v. 14	p. 811
3.5.3.8	Formiminoglutamate hydrolase, formimidoylglutamase, v. 14	p. 792
3.5.3.8	N-formiminoglutamate hydrolase, formimidoylglutamase, v. 14	p. 792
3.5.3.13	formiminoglutamate iminohydrolase, formimidoylglutamate deiminase, v. 14	p. 811
2.1.2.5	formiminoglutamic acid formiminotransferase, glutamate formimidoyltransferase, v. 29	p. 45
2.1.2.5	formiminoglutamic acid transferase, glutamate formimidoyltransferase, v. 29	p. 45
2.1.2.5	formiminoglutamic formiminotransferase, glutamate formimidoyltransferase, v. 29	p. 45
3.5.3.13	formiminoglutamic iminohydrolase, formimidoylglutamate deiminase, v. 14	p. 811
2.1.2.4	formiminoglycine formiminotransferase, glycine formimidoyltransferase, v. 29	p. 43
4.3.1.4	Formiminotetrahydrofolate cyclodeaminase, formimidoyltetrahydrofolate cyclodeaminase, v. 5	p. 192
2.1.2.5	formiminotransferase, glutamate, glutamate formimidoyltransferase, v. 29	p. 45
4.3.1.4	formiminotransferase cyclodeaminase, formimidoyltetrahydrofolate cyclodeaminase, v. 5	p. 192
2.1.2.5	formiminotransferase cyclodeaminase, glutamate formimidoyltransferase, v. 29	p. 45
2.8.3.16	formyl-CoA-transferase, formyl-CoA transferase, v. 39	p. 533
2.8.3.16	formyl-CoA oxalate CoA-transferase, formyl-CoA transferase, v. 39	p. 533
2.8.3.16	formyl-coenzyme A transferase, formyl-CoA transferase, v. 39	p. 533
3.5.1.10	Formyl-FH(4) hydrolase, formyltetrahydrofolate deformylase, v. 14	p. 285
3.5.1.10	formyl-FH4 hydrolase, formyltetrahydrofolate deformylase, v. 14	p. 285
1.5.1.6	10-formyl-H2PtGlu:NADP oxidoreductase, formyltetrahydrofolate dehydrogenase, v. 23	p. 65
1.5.1.6	10-formyl-H4folate dehydrogenase, formyltetrahydrofolate dehydrogenase, v. 23	p. 65
3.5.1.31	N-formyl-L-methionine deformylase, formylmethionine deformylase, v. 14	p. 413
3.5.4.9	formyl-methenyl-methylenetetrahydrofolate synthetase (combined), methenyltetrahydrofolate cyclohydrolase, v. 15	p. 72
6.3.4.3	10-formyl-THF synthetase, formate-tetrahydrofolate ligase, v. 2	p. 567
6.3.4.3	Formyl-THF synthetase, formate-tetrahydrofolate ligase, v. 2	p. 567
3.5.1.9	formylase, arylformamidase, v. 14	p. 274
3.5.1.8	formylase I, formylaspartate deformylase, v. 14	p. 272
3.5.1.8	formylase II, formylaspartate deformylase, v. 14	p. 272
3.5.1.8	formylaspartic formylase, formylaspartate deformylase, v. 14	p. 272
3.1.2.10	formyl coenzyme A hydrolase, formyl-CoA hydrolase, v. 9	p. 503
2.8.3.16	formyl coenzyme A transferase, formyl-CoA transferase, v. 39	p. 533
6.3.4.17	Formyl dihydrofolate synthase, Formate-dihydrofolate ligase, v. 2	p. 649
3.5.1.68	formylglutamate amidohydrolase, N-formylglutamate deformylase, v. 14	p. 548
3.5.3.8	formylglutamate amidohydrolase, formimidoylglutamase, v. 14	p. 792
3.5.1.68	formylglutamate deformylase, N-formylglutamate deformylase, v. 14	p. 548
3.5.1.68	N-formylglutamate hydrolase, N-formylglutamate deformylase, v. 14	p. 548
3.5.1.68	formylglutamate hydrolase, N-formylglutamate deformylase, v. 14	p. 548
6.3.5.3	formylglycinamide ribonucleotide amidotransferase complex, phosphoribosylformylglycinamidine synthase, v. 2	p. 666
6.3.5.3	Formylglycinamide ribonucloetide amidotransferase, phosphoribosylformylglycinamidine synthase, v. 2	p. 666
6.3.5.3	Formylglycinamide ribotide amidotransferase, phosphoribosylformylglycinamidine synthas, v. 2	p. 666
6.3.5.3	Formylglycinamide ribotide synthetase, phosphoribosylformylglycinamidine synthase, v. 2	p. 666
3.5.1.9	formylkynureninase, arylformamidase, v. 14	p. 274

3.5.1.9	formyl kynurenine formamidase, arylformamidase, v. 14	p. 274
3.5.1.9	formylkynurenine formamidase, arylformamidase, v. 14	p. 274
2.3.1.101	N-formylmethanofuran(CHO-MFR):tetrahydromethanopterin(H4MPT) formyltransferase, formylmethanofuran-tetrahydromethanopterin N-formyltransferase, v. 30	p. 223
2.3.1.101	formylmethanofuran:5,6,7,8-tetrahydromethanopterin N5-formyltransferase, formylmethanofuran-tetrahydromethanopterin N-formyltransferase, v. 30	p. 223
2.3.1.101	formylmethanofuran: tetrahydromethanopterin formyltransferase, formylmethanofuran-tetrahydromethanopterin N-formyltransferase, v. 30	p. 223
2.3.1.101	formylmethanofuran:tetrahydromethanopterin formyltransferase, formylmethanofuran-tetrahydromethanopterin N-formyltransferase, v. 30	p. 223
3.4.19.1	N-formylmethionine (fMet) aminopeptidase, acylaminoacyl-peptidase, v. 6	p. 513
3.4.19.7	Formylmethionine aminopeptidase, N-Formylmethionyl-peptidase, v. 6	p. 555
3.5.1.14	N-formylmethionine deformylase, aminoacylase, v. 14	p. 317
2.1.2.9	formylmethionyl-transfer ribonucleic synthetase, methionyl-tRNA formyltransferase, v. 29	p. 66
2.1.2.3	10-formyltetrahydrofolate:5'-phosphoribosyl-5-amino-4-imidazolecarboxamide formyltransferase, phosphoribosylaminoimidazolecarboxamide formyltransferase, v. 29	p. 32
1.5.1.6	10-formyl tetrahydrofolate:NADP oxidoreductase, formyltetrahydrofolate dehydrogenase, v. 23	p. 65
6.3.3.2	5-Formyltetrahydrofolate cyclodehydrase, 5-Formyltetrahydrofolate cyclo-ligase, v. 2	p. 535
3.5.1.10	10-formyltetrahydrofolate dehydrogenase, formyltetrahydrofolate deformylase, v. 14	p. 285
1.5.1.6	10-formyltetrahydrofolate dehydrogenase, formyltetrahydrofolate dehydrogenase, v. 23	p. 65
3.5.1.10	10-formyltetrahydrofolate hydrolase, formyltetrahydrofolate deformylase, v. 14	p. 285
3.5.1.10	formyltetrahydrofolate hydrolase, formyltetrahydrofolate deformylase, v. 14	p. 285
6.3.4.3	10-Formyltetrahydrofolate synthetase, formate-tetrahydrofolate ligase, v. 2	p. 567
6.3.4.3	Formyltetrahydrofolate synthetase, formate-tetrahydrofolate ligase, v. 2	p. 567
6.3.4.3	formyl tetrahydrofolate synthetase, formate-tetrahydrofolate ligase, v. 2	p. 567
6.3.3.2	Formyltetrahydrofolic cyclodehydrase, 5-Formyltetrahydrofolate cyclo-ligase, v. 2	p. 535
6.3.2.17	Formyltetrahydropteroyldiglutamate synthetase, tetrahydrofolate synthase, v. 2	p. 488
6.3.4.3	10-formylTHF synthetase, formate-tetrahydrofolate ligase, v. 2	p. 567
2.3.1.101	formyltransferase, formylmethanofuran-tetrahydromethanopterin N-formyltransferase, v. 30	p. 223
6.3.4.17	Formyltransferase, dihydrofolate, Formate-dihydrofolate ligase, v. 2	p. 649
2.3.1.101	formyltransferase, formylmethanofuran-tetrahydromethanopterin, formylmethanofuran-tetrahydromethanopterin N-formyltransferase, v. 30	p. 223
2.3.1.101	formyltransferase/hydrolase complex, formylmethanofuran-tetrahydromethanopterin N-formyltransferase, v. 30	p. 223
2.4.1.88	Forss-S, globoside α-N-acetylgalactosaminyltransferase, v. 31	p. 621
2.4.1.88	Forssmann glycolipid synthetase, globoside α-N-acetylgalactosaminyltransferase, v. 31	p. 621
2.4.1.88	Forssman synthase, globoside α-N-acetylgalactosaminyltransferase, v. 31	p. 621
2.4.1.88	Forssman synthetase, globoside α-N-acetylgalactosaminyltransferase, v. 31	p. 621
3.2.1.1	Fortizyme, α-amylase, v. 12	p. 1
4.2.2.10	Forylase PA, pectin lyase, v. 5	p. 55
1.9.3.1	Fourth terminal oxidase, cytochrome-c oxidase, v. 25	p. 1
4.1.2.13	FPA, Fructose-bisphosphate aldolase, v. 3	p. 455
3.2.2.23	FPG, DNA-formamidopyrimidine glycosylase, v. 14	p. 111
3.2.2.23	Fpg-L, DNA-formamidopyrimidine glycosylase, v. 14	p. 111
3.2.2.23	Fpg protein, DNA-formamidopyrimidine glycosylase, v. 14	p. 111
6.3.2.17	FPGS, tetrahydrofolate synthase, v. 2	p. 488
4.1.3.1	FPICL1, isocitrate lyase, v. 4	p. 1
4.2.3.9	FPP-carbocyclase, aristolochene synthase, v. S7	p. 219

… fringe glycosyltransferase

2.5.1.1	FPPS, dimethylallyltranstransferase, v. 33 | p. 393	
2.5.1.10	FPPS, geranyltranstransferase, v. 33 | p. 470	
2.5.1.1	FPPS-1, dimethylallyltranstransferase, v. 33 | p. 393	
2.5.1.10	FPPS-1, geranyltranstransferase, v. 33 | p. 470	
2.5.1.1	FPPS-2, dimethylallyltranstransferase, v. 33 | p. 393	
2.5.1.10	FPPS-2, geranyltranstransferase, v. 33 | p. 470	
2.5.1.1	FPP synthase, dimethylallyltranstransferase, v. 33 | p. 393	
2.5.1.10	FPP synthase, geranyltranstransferase, v. 33 | p. 470	
2.5.1.68	Z-FPP synthase, Z-farnesyl diphosphate synthase, v. S2 | p. 223	
1.18.1.2	FPR, ferredoxin-NADP+ reductase, v. 27 | p. 543	
1.18.1.2	FprA, ferredoxin-NADP+ reductase, v. 27 | p. 543	
1.7.99.7	FprA, nitric-oxide reductase, v. 24 | p. 441	
1.4.3.5	FprA protein, pyridoxal 5'-phosphate synthase, v. 22 | p. 273	
1.18.1.2	FprB, ferredoxin-NADP+ reductase, v. 27 | p. 543	
1.13.11.27	F protein, 4-hydroxyphenylpyruvate dioxygenase, v. 25 | p. 546	
2.5.1.1	FPS, dimethylallyltranstransferase, v. 33 | p. 393	
2.5.1.10	FPS, geranyltranstransferase, v. 33 | p. 470	
2.7.10.2	FPS, non-specific protein-tyrosine kinase, v. S2 | p. 441	
2.4.1.137	FPS, sn-glycerol-3-phosphate 2-α-galactosyltransferase, v. 32 | p. 239	
2.7.10.2	v-Fps, non-specific protein-tyrosine kinase, v. S2 | p. 441	
2.7.10.2	Fps/Fes protein-tyrosine kinase, non-specific protein-tyrosine kinase, v. S2 | p. 441	
2.7.10.2	Fps/Fes tyrosine kinase, non-specific protein-tyrosine kinase, v. S2 | p. 441	
2.5.1.1	FPS1L, dimethylallyltranstransferase, v. 33 | p. 393	
2.5.1.10	FPS1L, geranyltranstransferase, v. 33 | p. 470	
2.7.10.2	v-fps Protein-tyrosine kinase, non-specific protein-tyrosine kinase, v. S2 | p. 441	
2.5.1.58	FPT, protein farnesyltransferase, v. 34 | p. 195	
2.5.1.58	fptase, protein farnesyltransferase, v. 34 | p. 195	
1.1.1.21	FR-1 protein, aldehyde reductase, v. 16 | p. 203	
3.1.3.36	FRA3, phosphoinositide 5-phosphatase, v. 10 | p. 339	
3.6.1.29	fragile histidine triad, bis(5'-adenosyl)-triphosphatase, v. 15 | p. 432	
3.6.1.29	Fragile histidine triad protein, bis(5'-adenosyl)-triphosphatase, v. 15 | p. 432	
1.5.1.29	FRase I, FMN reductase, v. 23 | p. 217	
2.8.3.16	FRC, formyl-CoA transferase, v. 39 | p. 533	
1.3.1.6	FRD, fumarate reductase (NADH), v. 21 | p. 25	
1.3.5.1	FRD, succinate dehydrogenase (ubiquinone), v. 21 | p. 424	
1.3.1.6	FRdABCD, fumarate reductase (NADH), v. 21 | p. 25	
1.3.5.1	FRdABCD, succinate dehydrogenase (ubiquinone), v. 21 | p. 424	
1.3.99.1	FRdCAB, succinate dehydrogenase, v. 21 | p. 462	
1.3.1.6	FRDg, fumarate reductase (NADH), v. 21 | p. 25	
1.3.1.6	FRDm1, fumarate reductase (NADH), v. 21 | p. 25	
1.3.1.6	FRDm2, fumarate reductase (NADH), v. 21 | p. 25	
1.3.1.6	FRDS, fumarate reductase (NADH), v. 21 | p. 25	
1.3.1.6	Frds1p, fumarate reductase (NADH), v. 21 | p. 25	
1.5.1.29	fre, FMN reductase, v. 23 | p. 217	
1.5.1.30	Fre-1, flavin reductase, v. 23 | p. 232	
3.4.21.21	free factor VIIa, coagulation factor VIIa, v. 7 | p. 88	
1.5.1.29	FRG, FMN reductase, v. 23 | p. 217	
1.5.1.30	FRG/FRaseI, flavin reductase, v. 23 | p. 232	
1.5.1.30	FRGvf, flavin reductase, v. 23 | p. 232	
1.12.99.1	FRH, coenzyme F420 hydrogenase, v. 25 | p. 368	
2.4.1.222	Fringe, O-fucosylpeptide 3-β-N-acetylglucosaminyltransferase, v. 32 | p. 599	
2.4.1.222	fringe β1,3 N-acetylglucosaminyltransferase, O-fucosylpeptide 3-β-N-acetylglucosaminyltransferase, v. 32 | p. 599	
2.4.1.222	fringe glycosyltransferase, O-fucosylpeptide 3-β-N-acetylglucosaminyltransferase, v. 32 | p. 599	

2.4.1.222	Fringe O-fucose-β1,3-N-acetylglucosaminyltransferase, O-fucosylpeptide 3-β-N-acetyl-	
	glucosaminyltransferase, v. 32 | p. 599	
2.4.1.222	Fringe protein, O-fucosylpeptide 3-β-N-acetylglucosaminyltransferase, v. 32 | p. 599	
2.7.1.4	FRK, fructokinase, v. 35 | p. 127	
2.7.10.2	FRK, non-specific protein-tyrosine kinase, v. S2 | p. 441	
2.7.1.4	Frk1, fructokinase, v. 35 | p. 127	
2.7.11.25	Frk1, mitogen-activated protein kinase kinase kinase, v. S4 | p. 278	
2.7.1.4	Frk2, fructokinase, v. 35 | p. 127	
2.7.11.25	Frk2, mitogen-activated protein kinase kinase kinase, v. S4 | p. 278	
2.7.1.4	Frk3, fructokinase, v. 35 | p. 127	
2.7.1.4	Frk4, fructokinase, v. 35 | p. 127	
3.1.2.12	FrmB, S-formylglutathione hydrolase, v. 9 | p. 508	
1.8.4.14	fRMsr, L-methionine (R)-S-oxide reductase, v. S1 | p. 361	
1.16.1.7	FRO1, ferric-chelate reductase, v. 27 | p. 460	
1.16.1.7	FRO2, ferric-chelate reductase, v. 27 | p. 460	
1.16.1.7	FRO6, ferric-chelate reductase, v. 27 | p. 460	
1.16.1.7	FRO7, ferric-chelate reductase, v. 27 | p. 460	
3.4.23.23	Fromase 100, Mucorpepsin, v. 8 | p. 106	
3.4.23.23	Fromase 46TL, Mucorpepsin, v. 8 | p. 106	
1.5.1.29	FRP, FMN reductase, v. 23 | p. 217	
1.5.1.30	FRP, flavin reductase, v. 23 | p. 232	
1.5.1.30	FRPvh, flavin reductase, v. 23 | p. 232	
6.1.1.20	FRS, Phenylalanine-tRNA ligase, v. 2 | p. 156	
4.1.2.13	Fru-1,6-P2 aldolase, Fructose-bisphosphate aldolase, v. 3 | p. 455	
3.1.3.11	Fru-1,6-P2ase, fructose-bisphosphatase, v. 10 | p. 167	
4.1.2.13	Fru-P2A, Fructose-bisphosphate aldolase, v. 3 | p. 455	
2.7.1.56	FruC, 1-phosphofructokinase, v. 36 | p. 124	
3.2.1.65	fructan-6-exohydrolase, levanase, v. 13 | p. 186	
3.2.1.64	β2,6-fructan-6-levanbiohydrolase, 2,6-β-fructan 6-levanbiohydrolase, v. 13 | p. 184	
2.4.1.243	fructan-fructan 6G-fructosyltransferase, 6G-fructosyltransferase, v. S2 | p. 196	
3.2.1.80	fructan β-fructosidase, fructan β-fructosidase, v. 13 | p. 275	
3.2.1.153	fructan 1-exohydrolase, fructan β-(2,1)-fructosidase, v. S5 | p. 144	
3.2.1.80	fructan 1-exohydrolase, fructan β-fructosidase, v. 13 | p. 275	
3.2.1.80	fructan 1-exohydrolase I, fructan β-fructosidase, v. 13 | p. 275	
3.2.1.80	fructan 1-exohydrolase II, fructan β-fructosidase, v. 13 | p. 275	
3.2.1.153	fructan 1-exohydrolase IIa, fructan β-(2,1)-fructosidase, v. S5 | p. 144	
3.2.1.80	fructan 1-exohydrolase IIa, fructan β-fructosidase, v. 13 | p. 275	
3.2.1.153	fructan 1-exohydrolase IIb, fructan β-(2,1)-fructosidase, v. S5 | p. 144	
3.2.1.153	fructan 1-exohydrolase w1, fructan β-(2,1)-fructosidase, v. S5 | p. 144	
3.2.1.153	fructan 1-exohydrolase w2, fructan β-(2,1)-fructosidase, v. S5 | p. 144	
2.4.1.100	1,2-β-fructan 1F-fructosyltransferase, 2,1-fructan:2,1-fructan 1-fructosyltransferase, v. 32 | p. 65	
3.2.1.80	fructan 6-exohydrolase, fructan β-fructosidase, v. 13 | p. 275	
3.2.1.154	fructan 6-exohydrolases, fructan β-(2,6)-fructosidase, v. S5 | p. 150	
3.2.1.64	2,6-β-D-fructan 6-levanbiohydrolase, 2,6-β-fructan 6-levanbiohydrolase, v. 13 | p. 184	
3.2.1.64	2,6-β-fructan 6-levanbiohydrolase, 2,6-β-fructan 6-levanbiohydrolase, v. 13 | p. 184	
2.4.1.100	1,2-β-D-fructan:1,2-β-D-fructan 1F-β-D-fructosyltransferase, 2,1-fructan:2,1-fructan 1-fructosyltransferase, v. 32 | p. 65	
2.4.1.10	β-2,6-fructan:D-glucose 1-fructosyltransferase, levansucrase, v. 31 | p. 76	
2.4.1.10	(2,6)-β-D-fructan:D-glucose 6-fructosyltransferase, levansucrase, v. 31 | p. 76	
2.4.1.100	fructan:fructan 1-fructosyl transferase, 2,1-fructan:2,1-fructan 1-fructosyltransferase, v. 32 | p. 65	
2.4.1.243	fructan:fructan 6G-fructosyltransferase, 6G-fructosyltransferase, v. S2 | p. 196	
2.4.1.243	fructan:fructan 6G-fructosyltransferase/fructan:fructan 1-fructosyltransferase, 6G-fructosyltransferase, v. S2 | p. 196	

2.4.1.100	fructan:fructan fructosyl transferase, 2,1-fructan:2,1-fructan 1-fructosyltransferase, v. 32 | p. 65	
3.2.1.80	Fructanase, fructan β-fructosidase, v. 13 | p. 275	
4.2.2.16	2,6-β-D-fructan D-fructosyl-D-fructosyltransferase (forming di-β-D-fructofuranose 2,6':2',6-dianhydride), levan fructotransferase (DFA-IV-forming), v. S7 | p. 134	
3.2.1.153	β-(2-1) fructan ewxohydrolase, fructan β-(2,1)-fructosidase, v. S5 | p. 144	
3.2.1.153	1-fructan exohydrolase, fructan β-(2,1)-fructosidase, v. S5 | p. 144	
3.2.1.154	β-(2-6)-fructan exohydrolase, fructan β-(2,6)-fructosidase, v. S5 | p. 150	
3.2.1.80	fructan exohydrolase, fructan β-fructosidase, v. 13 | p. 275	
3.2.1.7	2,1-β-D-fructanfructanohydrolase, inulinase, v. 12 | p. 128	
3.2.1.65	2,6-β-D-fructan fructanohydrolase, levanase, v. 13 | p. 186	
3.2.1.80	β-D-fructan fructanohydrolase, fructan β-fructosidase, v. 13 | p. 275	
3.2.1.80	2,1-β-D-fructan fructohydrolase, fructan β-fructosidase, v. 13 | p. 275	
3.2.1.153	β-(2-1)-D-fructan fructohydrolase, fructan β-(2,1)-fructosidase, v. S5 | p. 144	
4.1.2.13	Fructoaldolase, Fructose-bisphosphate aldolase, v. 3 | p. 455	
3.2.1.153	1-fructoexohydrolase, fructan β-(2,1)-fructosidase, v. S5 | p. 144	
3.2.1.26	β-(1-2)-fructofuranosidase, β-fructofuranosidase, v. 12 | p. 451	
3.2.1.26	β-D-fructofuranosidase, β-fructofuranosidase, v. 12 | p. 451	
3.2.1.26	β-fructofuranosidase, β-fructofuranosidase, v. 12 | p. 451	
3.2.1.26	fructofuranosidase, β-, β-fructofuranosidase, v. 12 | p. 451	
3.2.1.80	fructofuranosidase, polysaccharide β, fructan β-fructosidase, v. 13 | p. 275	
3.2.1.26	β-D-fructofuranosidase fructohydrolase, β-fructofuranosidase, v. 12 | p. 451	
3.2.1.26	β-fructofuranosidase I, β-fructofuranosidase, v. 12 | p. 451	
2.4.1.162	β-fructofuranoside, acceptor (aldose) fructosyltransferase, aldose β-D-fructosyltransferase, v. 32 | p. 357	
3.2.1.26	β-D-fructofuranoside fructohydrolase, β-fructofuranosidase, v. 12 | p. 451	
3.2.1.80	fructofuranosyl hydrolase, fructan β-fructosidase, v. 13 | p. 275	
3.2.1.7	fructofuranosyl hydrolase, inulinase, v. 12 | p. 128	
2.7.1.4	D-fructokinase, fructokinase, v. 35 | p. 127	
2.7.1.3	fructokinase, ketohexokinase, v. 35 | p. 120	
2.7.1.7	D-fructose (D-mannose) kinase, mannokinase, v. 35 | p. 156	
2.7.1.4	D-fructose(D-mannose)kinase, fructokinase, v. 35 | p. 127	
3.1.3.37	fructose -1,6-/sedoheptulose-1,7-bisphosphatase, sedoheptulose-bisphosphatase, v. 10 | p. 346	
3.1.3.11	D-fructose-1,6-bisphosphatase, fructose-bisphosphatase, v. 10 | p. 167	
3.1.3.11	fructose-1,6-bisphosphatase, fructose-bisphosphatase, v. 10 | p. 167	
3.1.3.11	D-fructose-1,6-bisphosphate 1-phosphohydrolase, fructose-bisphosphatase, v. 10 | p. 167	
4.1.2.13	D-fructose-1,6-bisphosphate aldolase, Fructose-bisphosphate aldolase, v. 3 | p. 455	
4.1.2.13	fructose-1,6-bisphosphate aldolase, Fructose-bisphosphate aldolase, v. 3 | p. 455	
4.1.2.13	fructose-1,6-bisphosphate aldolase A, Fructose-bisphosphate aldolase, v. 3 | p. 455	
4.1.2.13	D-fructose-1,6-bisphosphate D-glyceraldehyde-3-P-lyase, Fructose-bisphosphate aldolase, v. 3 | p. 455	
3.1.3.11	D-fructose-1,6-bisphosphate phosphatase, fructose-bisphosphatase, v. 10 | p. 167	
4.1.2.13	Fructose-1,6-bisphosphate triosephosphate-lyase, Fructose-bisphosphate aldolase, v. 3 | p. 455	
2.7.1.56	D-fructose-1-phosphate kinase, 1-phosphofructokinase, v. 36 | p. 124	
3.1.3.46	D-fructose-2,6-bisphosphatase, fructose-2,6-bisphosphate 2-phosphatase, v. 10 | p. 395	
3.1.3.46	fructose-2,6-bisphosphatase, fructose-2,6-bisphosphate 2-phosphatase, v. 10 | p. 395	
3.1.3.46	fructose-2,6-bisphosphate, fructose-2,6-bisphosphate 2-phosphatase, v. 10 | p. 395	
3.1.3.54	fructose-2,6-bisphosphate 6-phosphohydrolase, fructose-2,6-bisphosphate 6-phosphatase, v. 10 | p. 443	
3.1.3.46	fructose-2,6-diphosphatase, fructose-2,6-bisphosphate 2-phosphatase, v. 10 | p. 395	
1.1.1.124	fructose-5-(nicotinamide adenine dinucleotide phosphate) dehydrogenase, fructose 5-dehydrogenase (NADP+), v. 17 | p. 360	
2.7.1.11	D-fructose-6-phosphate 1-phosphotransferase, 6-phosphofructokinase, v. 35 | p. 168	

4.1.2.22	Fructose-6-phosphate phosphoketolase, Fructose-6-phosphate phosphoketolase, v. 3 | p. 523	
3.1.3.11	fructose-bisphosphatase, fructose-bisphosphatase, v. 10 | p. 167	
3.2.1.65	fructose-releasing exo-levanase, levanase, v. 13 | p. 186	
3.1.3.11	fructose 1,6-biphosphatase, fructose-bisphosphatase, v. 10 | p. 167	
3.1.3.11	D-fructose 1,6-bisphosphatase, fructose-bisphosphatase, v. 10 | p. 167	
3.1.3.11	M-fructose 1,6-bisphosphatase, fructose-bisphosphatase, v. 10 | p. 167	
2.7.1.90	fructose 1,6-bisphosphatase, diphosphate-fructose-6-phosphate 1-phosphotransferase, v. 36 | p. 331	
3.1.3.11	fructose 1,6-bisphosphatase, fructose-bisphosphatase, v. 10 | p. 167	
3.1.3.11	fructose 1,6-bisphosphate 1-phosphatase, fructose-bisphosphatase, v. 10 | p. 167	
4.1.2.13	Fructose 1,6-bisphosphate aldolase, Fructose-bisphosphate aldolase, v. 3 | p. 455	
3.1.3.11	fructose 1,6-bisphosphate phosphatase, fructose-bisphosphatase, v. 10 | p. 167	
3.1.3.11	D-fructose 1,6-diphosphatase, fructose-bisphosphatase, v. 10 | p. 167	
3.1.3.11	fructose 1,6-diphosphatase, fructose-bisphosphatase, v. 10 | p. 167	
4.1.2.13	Fructose 1,6-diphosphate aldolase, Fructose-bisphosphate aldolase, v. 3 | p. 455	
3.1.3.11	fructose 1,6-diphosphate phosphatase, fructose-bisphosphatase, v. 10 | p. 167	
4.1.2.13	fructose 1,6 bisphosphate aldolase, Fructose-bisphosphate aldolase, v. 3 | p. 455	
4.1.2.13	Fructose 1-monophosphate aldolase, Fructose-bisphosphate aldolase, v. 3 | p. 455	
4.1.2.13	Fructose 1-phosphate aldolase, Fructose-bisphosphate aldolase, v. 3 | p. 455	
2.7.1.56	fructose 1-phosphate kinase, 1-phosphofructokinase, v. 36 | p. 124	
3.1.3.54	fructose 2,6-bisphosphate-6-phosphohydrolase, fructose-2,6-bisphosphate 6-phosphatase, v. 10 | p. 443	
1.1.99.11	fructose 5-dehydrogenase, fructose 5-dehydrogenase, v. 19 | p. 333	
2.7.1.105	fructose 6-phosphate 2-kinase, 6-phosphofructo-2-kinase, v. 36 | p. 412	
2.7.1.11	fructose 6-phosphate kinase, 6-phosphofructokinase, v. 35 | p. 168	
1.1.1.17	fructose 6-phosphate reductase, mannitol-1-phosphate 5-dehydrogenase, v. 16 | p. 180	
2.7.1.11	fructose 6-phosphokinase, 6-phosphofructokinase, v. 35 | p. 168	
1.1.1.124	D-(-)fructose:(NADP+) 5-oxidoreductase, fructose 5-dehydrogenase (NADP+), v. 17 | p. 360	
4.1.2.13	fructose bis-phosphate aldolase, Fructose-bisphosphate aldolase, v. 3 | p. 455	
4.1.2.13	Fructose bisphosphate aldolase, Fructose-bisphosphate aldolase, v. 3 | p. 455	
3.1.3.11	fructose bisphosphate phosphatase, fructose-bisphosphatase, v. 10 | p. 167	
1.1.99.11	D-fructose dehydrogenase, fructose 5-dehydrogenase, v. 19 | p. 333	
3.1.3.11	fructose diphosphatase, fructose-bisphosphatase, v. 10 | p. 167	
4.1.2.13	Fructose diphosphate aldolase, Fructose-bisphosphate aldolase, v. 3 | p. 455	
3.1.3.11	fructose diphosphate phosphatase, fructose-bisphosphatase, v. 10 | p. 167	
2.7.1.69	fructose EII, protein-Npi-phosphohistidine-sugar phosphotransferase, v. 36 | p. 207	
3.2.1.26	β-fructosidase, β-fructofuranosidase, v. 12 | p. 451	
3.2.1.26	β-h-fructosidase, β-fructofuranosidase, v. 12 | p. 451	
3.2.1.26	fructosylinvertase, β-fructofuranosidase, v. 12 | p. 451	
2.4.1.10	β-2,6-fructosyltransferase, levansucrase, v. 31 | p. 76	
2.4.1.162	β-fructosyl transferase, aldose β-D-fructosyltransferase, v. 32 | p. 357	
2.4.1.9	fructosyltransferase, inulosucrase, v. 31 | p. 73	
2.4.1.100	fructosyltransferase, 1,2-β-D-fructan 1F-, 2,1-fructan:2,1-fructan 1-fructosyltransferase, v. 32 | p. 65	
2.4.1.9	fructosyltransferase, sucrose 1-, inulosucrase, v. 31 | p. 73	
2.4.1.99	fructosyltransferase, sucrose 1F-, sucrose:sucrose fructosyltransferase, v. 32 | p. 56	
2.4.1.10	fructosyltransferase, sucrose 6-, levansucrase, v. 31 | p. 76	
4.2.2.18	fructotransferase, inulin (depolymerizing), inulin fructotransferase (DFA-III-forming), v. S7 | p. 145	
4.2.2.16	fructotransferase, levan, levan fructotransferase (DFA-IV-forming), v. S7 | p. 134	
3.2.1.7	Fructozyme L, inulinase, v. 12 | p. 128	
1.1.1.57	fructuronate reductase, fructuronate reductase, v. 17 | p. 32	
3.4.22.33	Fruit bromelain, Fruit bromelain, v. 7 | p. 685	

3.4.22.33	Fruit bromelain FA2, Fruit bromelain, v.7 | p. 685	
3.4.11.22	FrvX, aminopeptidase I, v.6 | p. 178	
2.7.13.3	FrzE, histidine kinase, v. S4 | p. 420	
2.4.1.88	FS, globoside α-N-acetylgalactosaminyltransferase, v. 31 | p. 621	
3.2.1.6	Fsβ-glucanase, endo-1,3(4)-β-glucanase, v. 12 | p. 118	
3.2.1.73	Fsβ-glucanase, licheninase, v. 13 | p. 223	
3.1.21.4	FseI, type II site-specific deoxyribonuclease, v. 11 | p. 454	
1.14.11.9	FS I, flavanone 3-dioxygenase, v. 26 | p. 73	
1.14.11.22	FS I, flavone synthase, v. S1 | p. 500	
1.14.11.22	FSI, flavone synthase, v. S1 | p. 500	
1.8.4.13	fSMsr, L-methionine (S)-S-oxide reductase, v. S1 | p. 357	
6.3.2.19	FSN-1, Ubiquitin-protein ligase, v. 2 | p. 506	
1.8.99.1	Fsr, sulfite reductase, v. 24 | p. 685	
1.8.1.2	Fsr, sulfite reductase (NADPH), v. 24 | p. 452	
1.8.7.1	Fsr, sulfite reductase (ferredoxin), v. 24 | p. 679	
2.4.1.68	α(1,6)FT, glycoprotein 6-α-L-fucosyltransferase, v. 31 | p. 522	
2.4.1.69	α1,2FT, galactoside 2-α-L-fucosyltransferase, v. 31 | p. 532	
2.4.1.152	α1,3FT, 4-galactosyl-N-acetylglucosaminide 3-α-L-fucosyltransferase, v. 32 | p. 318	
2.4.1.152	FT-IV, 4-galactosyl-N-acetylglucosaminide 3-α-L-fucosyltransferase, v. 32 | p. 318	
2.4.1.152	FT-VII, 4-galactosyl-N-acetylglucosaminide 3-α-L-fucosyltransferase, v. 32 | p. 318	
2.4.1.65	FT3, 3-galactosyl-N-acetylglucosaminide 4-α-L-fucosyltransferase, v. 31 | p. 487	
2.5.1.58	FTase, protein farnesyltransferase, v. 34 | p. 195	
3.4.11.1	FTBL protein, leucyl aminopeptidase, v. 6 | p. 40	
3.4.11.1	FTBL proteins, leucyl aminopeptidase, v. 6 | p. 40	
4.3.1.4	FTCD, formimidoyltetrahydrofolate cyclodeaminase, v. 5 | p. 192	
2.1.2.5	FTCD, glutamate formimidoyltransferase, v. 29 | p. 45	
2.4.1.9	FTF, inulosucrase, v. 31 | p. 73	
4.2.2.16	FTF, levan fructotransferase (DFA-IV-forming), v. S7 | p. 134	
2.4.1.10	FTF, levansucrase, v. 31 | p. 76	
6.3.4.3	ftfL, formate-tetrahydrofolate ligase, v. 2 | p. 567	
3.5.1.10	FTH, formyltetrahydrofolate deformylase, v. 14 | p. 285	
3.5.1.10	10-FTHFD, formyltetrahydrofolate deformylase, v. 14 | p. 285	
1.5.1.6	10-FTHFDH, formyltetrahydrofolate dehydrogenase, v. 23 | p. 65	
6.3.4.3	FTHFS, formate-tetrahydrofolate ligase, v. 2 | p. 567	
2.3.1.101	FTR, formylmethanofuran-tetrahydromethanopterin N-formyltransferase, v. 30 | p. 223	
1.8.1.9	FTR, thioredoxin-disulfide reductase, v. 24 | p. 517	
2.4.1.214	α1,3FTs, glycoprotein 3-α-L-fucosyltransferase, v. 32 | p. 565	
3.6.5.4	FtsH, signal-recognition-particle GTPase, v. S6 | p. 511	
3.6.5.4	FtsY, signal-recognition-particle GTPase, v. S6 | p. 511	
3.6.5.6	FtsZ, tubulin GTPase, v. S6 | p. 539	
3.6.5.6	FtsZ tubulin-like protein, tubulin GTPase, v. S6 | p. 539	
1.1.1.102	h-FTV-1, 3-dehydrosphinganine reductase, v. 17 | p. 273	
1.1.1.102	m-FTV-1, 3-dehydrosphinganine reductase, v. 17 | p. 273	
3.2.1.51	α-fuc, α-L-fucosidase, v. 13 | p. 25	
3.2.1.51	αfuc, α-L-fucosidase, v. 13 | p. 25	
4.1.2.17	Fuc-1PA, L-Fuculose-phosphate aldolase, v. 3 | p. 504	
2.4.1.65	Fuc-T, 3-galactosyl-N-acetylglucosaminide 4-α-L-fucosyltransferase, v. 31 | p. 487	
2.4.1.152	Fuc-Tb, 4-galactosyl-N-acetylglucosaminide 3-α-L-fucosyltransferase, v. 32 | p. 318	
2.4.1.214	Fuc-T C3, glycoprotein 3-α-L-fucosyltransferase, v. 32 | p. 565	
2.4.1.65	Fuc-TIII, 3-galactosyl-N-acetylglucosaminide 4-α-L-fucosyltransferase, v. 31 | p. 487	
2.4.1.152	Fuc-TV, 4-galactosyl-N-acetylglucosaminide 3-α-L-fucosyltransferase, v. 32 | p. 318	
2.4.1.214	Fuc-TVII, glycoprotein 3-α-L-fucosyltransferase, v. 32 | p. 565	
2.4.1.152	Fuc-TXI, 4-galactosyl-N-acetylglucosaminide 3-α-L-fucosyltransferase, v. 32 | p. 318	
4.1.2.17	L-Fuc1P aldolase, L-Fuculose-phosphate aldolase, v. 3 | p. 504	
4.1.2.17	FucA, L-Fuculose-phosphate aldolase, v. 3 | p. 504	

3.2.1.51	FucA, α-L-fucosidase, v. 13 | p. 25	
3.2.1.51	Fuca1, α-L-fucosidase, v. 13 | p. 25	
3.2.1.51	Fuca2, α-L-fucosidase, v. 13 | p. 25	
3.2.1.51	Fuca3, α-L-fucosidase, v. 13 | p. 25	
4.2.1.68	FucD, L-fuconate dehydratase, v. 4 | p. 572	
3.2.1.44	fucoidanase, fucoidanase, v. 12 | p. 610	
2.7.1.52	L-fucokinase, fucokinase, v. 36 | p. 110	
2.7.1.52	fucokinase, fucokinase, v. 36 | p. 110	
4.2.1.67	D-fuconate dehydratase, D-fuconate dehydratase, v. 4 | p. 570	
4.2.1.68	L-fuconate hydratase, L-fuconate dehydratase, v. 4 | p. 572	
1.1.1.122	L-fucose (D-arabinose) dehydrogenase, D-threo-aldose 1-dehydrogenase, v. 17 | p. 348	
2.4.1.222	O-fucose-β1,3-N-acetylglucosaminyltransferase, O-fucosylpeptide 3-β-N-acetylglucosaminyltransferase, v. 32 | p. 599	
1.1.1.122	L-fucose dehydrogenase, D-threo-aldose 1-dehydrogenase, v. 17 | p. 348	
5.3.1.25	Fucose isomerase, L-Fucose isomerase, v. 1 | p. 359	
5.3.1.3	L-Fucose isomerase, Arabinose isomerase, v. 1 | p. 249	
5.3.1.25	L-fucose ketol-isomerase, L-Fucose isomerase, v. 1 | p. 359	
2.7.1.52	L-fucose kinase, fucokinase, v. 36 | p. 110	
2.7.1.52	fucose kinase, fucokinase, v. 36 | p. 110	
3.2.1.63	1,2-α-L-fucosidase, 1,2-α-L-fucosidase, v. 13 | p. 180	
3.2.1.63	α-(1→ 2)-L-fucosidase, 1,2-α-L-fucosidase, v. 13 | p. 180	
3.2.1.127	α-L-fucosidase, 1,6-α-L-fucosidase, v. 13 | p. 516	
3.2.1.51	α-L-fucosidase, α-L-fucosidase, v. 13 | p. 25	
3.2.1.44	α-L-fucosidase, fucoidanase, v. 12 | p. 610	
3.2.1.51	α-fucosidase, α-L-fucosidase, v. 13 | p. 25	
3.2.1.38	β-D-fucosidase, β-D-fucosidase, v. 12 | p. 556	
3.2.1.38	β-fucosidase, β-D-fucosidase, v. 12 | p. 556	
3.2.1.51	fucosidase, α-L-1, tissue, α-L-fucosidase, v. 13 | p. 25	
3.2.1.63	fucosidase, 1,2-α-L-, 1,2-α-L-fucosidase, v. 13 | p. 180	
3.2.1.111	fucosidase, 1,3-α-L-, 1,3-α-L-fucosidase, v. 13 | p. 453	
3.2.1.127	fucosidase, 1,6-α-L-, 1,6-α-L-fucosidase, v. 13 | p. 516	
3.2.1.51	α-L-fucosidase 2, α-L-fucosidase, v. 13 | p. 25	
3.2.1.111	α-L-fucosidase I, 1,3-α-L-fucosidase, v. 13 | p. 453	
3.2.1.51	α-L-fucosidase I, α-L-fucosidase, v. 13 | p. 25	
3.2.1.38	β-fucosidase I, β-D-fucosidase, v. 12 | p. 556	
3.2.1.63	α-L-fucosidase II, 1,2-α-L-fucosidase, v. 13 | p. 180	
3.2.1.38	β-fucosidase II, β-D-fucosidase, v. 12 | p. 556	
3.2.1.51	α-L-fucoside fucohydrolase, α-L-fucosidase, v. 13 | p. 25	
3.2.1.38	β-D-fucoside fucohydrolase, β-D-fucosidase, v. 12 | p. 556	
3.2.1.51	α-L-fucoside fucohydrolase 2, α-L-fucosidase, v. 13 | p. 25	
3.2.1.38	1,4-β-fucoside hydrolase, β-D-fucosidase, v. 12 | p. 556	
2.4.1.40	fucosylgalactose acetylgalactosaminyltransferase, glycoprotein-fucosylgalactoside α-N-acetylgalactosaminyltransferase, v. 31 | p. 376	
2.4.1.222	O-fucosylpeptide β-1,3-N-acetylglucosaminyltransferase, O-fucosylpeptide 3-β-N-acetylglucosaminyltransferase, v. 32 | p. 599	
2.4.1.69	α (1,2)fucosyltransferase, galactoside 2-α-L-fucosyltransferase, v. 31 | p. 532	
2.4.1.152	α (1,3) fucosyltransferase, 4-galactosyl-N-acetylglucosaminide 3-α-L-fucosyltransferase, v. 32 | p. 318	
2.4.1.152	α (1,3)-fucosyltransferase, 4-galactosyl-N-acetylglucosaminide 3-α-L-fucosyltransferase, v. 32 | p. 318	
2.4.1.214	α (1,3)-fucosyltransferase, glycoprotein 3-α-L-fucosyltransferase, v. 32 | p. 565	
2.4.1.152	α 1,3 fucosyltransferase, 4-galactosyl-N-acetylglucosaminide 3-α-L-fucosyltransferase, v. 32 | p. 318	
2.4.1.65	α 1,3/4 fucosyltransferase, 3-galactosyl-N-acetylglucosaminide 4-α-L-fucosyltransferase, v. 31 | p. 487	

α3-fucosyltransferase

2.4.1.214	α(1,3)fucosyltransferase, glycoprotein 3-α-L-fucosyltransferase, v.32 | p.565
2.4.1.65	α(1,3/4) fucosyltransferase, 3-galactosyl-N-acetylglucosaminide 4-α-L-fucosyltransferase, v.31 | p.487
2.4.1.68	α(1,6)fucosyltransferase, glycoprotein 6-α-L-fucosyltransferase, v.31 | p.522
2.4.1.152	α(1-3)fucosyltransferase, 4-galactosyl-N-acetylglucosaminide 3-α-L-fucosyltransferase, v.32 | p.318
2.4.1.152	α-(1,3)-fucosyltransferase, 4-galactosyl-N-acetylglucosaminide 3-α-L-fucosyltransferase, v.32 | p.318
2.4.1.65	α-(1,3/1,4)-fucosyltransferase, 3-galactosyl-N-acetylglucosaminide 4-α-L-fucosyltransferase, v.31 | p.487
2.4.1.152	α-(1,3/1,4)-fucosyltransferase, 4-galactosyl-N-acetylglucosaminide 3-α-L-fucosyltransferase, v.32 | p.318
2.4.1.65	α-(1-3/4)-fucosyltransferase, 3-galactosyl-N-acetylglucosaminide 4-α-L-fucosyltransferase, v.31 | p.487
2.4.1.69	α-(1->2)-L-fucosyltransferase, galactoside 2-α-L-fucosyltransferase, v.31 | p.532
2.4.1.65	α-(1->4)-L-fucosyltransferase, 3-galactosyl-N-acetylglucosaminide 4-α-L-fucosyltransferase, v.31 | p.487
2.4.1.69	α-1,2-fucosyltransferase, galactoside 2-α-L-fucosyltransferase, v.31 | p.532
2.4.1.65	α-1,3-fucosyltransferase, 3-galactosyl-N-acetylglucosaminide 4-α-L-fucosyltransferase, v.31 | p.487
2.4.1.152	α-1,3-fucosyltransferase, 4-galactosyl-N-acetylglucosaminide 3-α-L-fucosyltransferase, v.32 | p.318
2.4.1.65	α-1,3fucosyltransferase, 3-galactosyl-N-acetylglucosaminide 4-α-L-fucosyltransferase, v.31 | p.487
2.4.1.65	α-1,4 fucosyltransferase, 3-galactosyl-N-acetylglucosaminide 4-α-L-fucosyltransferase, v.31 | p.487
2.4.1.69	α-2-L-fucosyltransferase, galactoside 2-α-L-fucosyltransferase, v.31 | p.532
2.4.1.69	α-2-fucosyltransferase, galactoside 2-α-L-fucosyltransferase, v.31 | p.532
2.4.1.152	α-3-L-fucosyltransferase, 4-galactosyl-N-acetylglucosaminide 3-α-L-fucosyltransferase, v.32 | p.318
2.4.1.152	α-3-fucosyltransferase, 4-galactosyl-N-acetylglucosaminide 3-α-L-fucosyltransferase, v.32 | p.318
2.4.1.65	α-3/4 fucosyltransferase, 3-galactosyl-N-acetylglucosaminide 4-α-L-fucosyltransferase, v.31 | p.487
2.4.1.65	α-4-L-fucosyltransferase, 3-galactosyl-N-acetylglucosaminide 4-α-L-fucosyltransferase, v.31 | p.487
2.4.1.65	α-4-fucosyltransferase, 3-galactosyl-N-acetylglucosaminide 4-α-L-fucosyltransferase, v.31 | p.487
2.4.1.68	α-6-fucosyltransferase, glycoprotein 6-α-L-fucosyltransferase, v.31 | p.522
2.4.1.221	α-6-fucosyltransferase, peptide-O-fucosyltransferase, v.32 | p.596
2.4.1.69	α-L-fucosyltransferase, galactoside 2-α-L-fucosyltransferase, v.31 | p.532
2.4.1.69	α1,2-fucosyltransferase, galactoside 2-α-L-fucosyltransferase, v.31 | p.532
2.4.1.152	α1,3 fucosyltransferase, 4-galactosyl-N-acetylglucosaminide 3-α-L-fucosyltransferase, v.32 | p.318
2.4.1.214	α1,3 fucosyltransferase, glycoprotein 3-α-L-fucosyltransferase, v.32 | p.565
2.4.1.214	α1,3-fucosyltransferase, glycoprotein 3-α-L-fucosyltransferase, v.32 | p.565
2.4.1.152	α1,3/4-fucosyltransferase, 4-galactosyl-N-acetylglucosaminide 3-α-L-fucosyltransferase, v.32 | p.318
2.4.1.68	α1,6-fucosyltransferase, glycoprotein 6-α-L-fucosyltransferase, v.31 | p.522
2.4.1.152	α1-3 fucosyltransferase, 4-galactosyl-N-acetylglucosaminide 3-α-L-fucosyltransferase, v.32 | p.318
2.4.1.152	α1->3fucosyltransferase, 4-galactosyl-N-acetylglucosaminide 3-α-L-fucosyltransferase, v.32 | p.318
2.4.1.152	α3-fucosyltransferase, 4-galactosyl-N-acetylglucosaminide 3-α-L-fucosyltransferase, v.32 | p.318

α3-fucosyltransferase

2.4.1.214	α3-fucosyltransferase, glycoprotein 3-α-L-fucosyltransferase, v. 32 | p. 565	
2.4.1.65	α4-fucosyltransferase, 3-galactosyl-N-acetylglucosaminide 4-α-L-fucosyltransferase, v. 31 | p. 487	
2.4.1.65	fucosyltransferase, 3-galactosyl-N-acetylglucosaminide 4-α-L-fucosyltransferase, v. 31 | p. 487	
2.4.1.65	fucosyltransferase, guanosine diphosphofucose-β-acetylglucosaminylsaccharide 4-α-L-, 3-galactosyl-N-acetylglucosaminide 4-α-L-fucosyltransferase, v. 31 | p. 487	
2.4.1.69	fucosyltransferase, guanosine diphosphofucose-galactoside 2-L-, galactoside 2-α-L-fucosyltransferase, v. 31 | p. 532	
2.4.1.152	fucosyltransferase, guanosine diphosphofucose-glucoside α1→3-, 4-galactosyl-N-acetylglucosaminide 3-α-L-fucosyltransferase, v. 32 | p. 318	
2.4.1.68	fucosyltransferase, guanosine diphosphofucose-glycoprotein, glycoprotein 6-α-L-fucosyltransferase, v. 31 | p. 522	
2.4.1.221	fucosyltransferase, guanosine diphosphofucose-glycoprotein, peptide-O-fucosyltransferase, v. 32 | p. 596	
2.4.1.69	fucosyltransferase, guanosine diphosphofucose-glycoprotein 2-α-, galactoside 2-α-L-fucosyltransferase, v. 31 | p. 532	
2.4.1.65	fucosyltransferase, guanosine diphosphofucose-glycoprotein 4-α-, 3-galactosyl-N-acetylglucosaminide 4-α-L-fucosyltransferase, v. 31 | p. 487	
2.4.1.69	fucosyltransferase, guanosine diphosphofucose-lactose, galactoside 2-α-L-fucosyltransferase, v. 31 | p. 532	
2.4.1.152	fucosyltransferase-7, 4-galactosyl-N-acetylglucosaminide 3-α-L-fucosyltransferase, v. 32 | p. 318	
2.4.1.69	α(1,2)-fucosyltransferase-I, galactoside 2-α-L-fucosyltransferase, v. 31 | p. 532	
2.4.1.214	α(1,3)-fucosyltransferase-IV, glycoprotein 3-α-L-fucosyltransferase, v. 32 | p. 565	
2.4.1.152	α3-fucosyltransferase-V, 4-galactosyl-N-acetylglucosaminide 3-α-L-fucosyltransferase, v. 32 | p. 318	
2.4.1.152	α3-fucosyltransferase-VI, 4-galactosyl-N-acetylglucosaminide 3-α-L-fucosyltransferase, v. 32 | p. 318	
2.4.1.214	α(1,3)-fucosyltransferase-VII, glycoprotein 3-α-L-fucosyltransferase, v. 32 | p. 565	
2.4.1.214	α-1,3-fucosyltransferase-VII, glycoprotein 3-α-L-fucosyltransferase, v. 32 | p. 565	
2.4.1.152	α1,3fucosyltransferase-VII, 4-galactosyl-N-acetylglucosaminide 3-α-L-fucosyltransferase, v. 32 | p. 318	
2.4.1.214	α1-3 fucosyltransferase-VII, glycoprotein 3-α-L-fucosyltransferase, v. 32 | p. 565	
2.4.1.152	fucosyltransferase-VII, 4-galactosyl-N-acetylglucosaminide 3-α-L-fucosyltransferase, v. 32 | p. 318	
2.4.1.221	O-fucosyltransferase 1, peptide-O-fucosyltransferase, v. 32 | p. 596	
2.4.1.152	α-(1,3)-fucosyltransferase 11, 4-galactosyl-N-acetylglucosaminide 3-α-L-fucosyltransferase, v. 32 | p. 318	
2.4.1.152	fucosyltransferase 11, 4-galactosyl-N-acetylglucosaminide 3-α-L-fucosyltransferase, v. 32 | p. 318	
2.4.1.69	α (1,2)fucosyltransferase 2, galactoside 2-α-L-fucosyltransferase, v. 31 | p. 532	
2.4.1.69	fucosyltransferase 2, galactoside 2-α-L-fucosyltransferase, v. 31 | p. 532	
2.4.1.65	fucosyltransferase 3, 3-galactosyl-N-acetylglucosaminide 4-α-L-fucosyltransferase, v. 31 | p. 487	
2.4.1.152	α1,3-fucosyltransferase 4, 4-galactosyl-N-acetylglucosaminide 3-α-L-fucosyltransferase, v. 32 | p. 318	
2.4.1.65	fucosyltransferase 5, 3-galactosyl-N-acetylglucosaminide 4-α-L-fucosyltransferase, v. 31 | p. 487	
2.4.1.65	fucosyltransferase 6, 3-galactosyl-N-acetylglucosaminide 4-α-L-fucosyltransferase, v. 31 | p. 487	
2.4.1.65	fucosyltransferase 7, 3-galactosyl-N-acetylglucosaminide 4-α-L-fucosyltransferase, v. 31 | p. 487	
2.4.1.152	fucosyltransferase 7, 4-galactosyl-N-acetylglucosaminide 3-α-L-fucosyltransferase, v. 32 | p. 318	

2.4.1.152	α1,3-fucosyltransferase 9, 4-galactosyl-N-acetylglucosaminide 3-α-L-fucosyltransferase, v.32 | p.318
2.4.1.152	α-1,3-fucosyltransferase 9D, 4-galactosyl-N-acetylglucosaminide 3-α-L-fucosyltransferase, v.32 | p.318
2.4.1.152	α1,3-fucosyltransferase C, 4-galactosyl-N-acetylglucosaminide 3-α-L-fucosyltransferase, v.32 | p.318
2.4.1.69	α (1,2)fucosyltransferase I, galactoside 2-α-L-fucosyltransferase, v.31 | p.532
2.4.1.69	α(1,2)fucosyltransferase I, galactoside 2-α-L-fucosyltransferase, v.31 | p.532
2.4.1.65	α(1,3/1,4) fucosyltransferase III, 3-galactosyl-N-acetylglucosaminide 4-α-L-fucosyltransferase, v.31 | p.487
2.4.1.65	α-3/4 fucosyltransferase III, 3-galactosyl-N-acetylglucosaminide 4-α-L-fucosyltransferase, v.31 | p.487
2.4.1.152	α(1,3)fucosyltransferase IV, 4-galactosyl-N-acetylglucosaminide 3-α-L-fucosyltransferase, v.32 | p.318
2.4.1.214	fucosyltransferase IV, glycoprotein 3-α-L-fucosyltransferase, v.32 | p.565
2.4.1.214	α 3-fucosyltransferase IX, glycoprotein 3-α-L-fucosyltransferase, v.32 | p.565
2.4.1.152	α1,3-fucosyltransferase IX, 4-galactosyl-N-acetylglucosaminide 3-α-L-fucosyltransferase, v.32 | p.318
2.4.1.214	α1,3-fucosyltransferase IX, glycoprotein 3-α-L-fucosyltransferase, v.32 | p.565
2.4.1.214	α3-fucosyltransferase IX, glycoprotein 3-α-L-fucosyltransferase, v.32 | p.565
2.4.1.152	fucosyltransferase IX, 4-galactosyl-N-acetylglucosaminide 3-α-L-fucosyltransferase, v.32 | p.318
2.4.1.214	fucosyltransferase IX, glycoprotein 3-α-L-fucosyltransferase, v.32 | p.565
2.4.1.152	α 1,3/4 fucosyltransferase Lewis 2, 4-galactosyl-N-acetylglucosaminide 3-α-L-fucosyltransferase, v.32 | p.318
2.4.1.221	O-fucosyltransferase O-fut 1, peptide-O-fucosyltransferase, v.32 | p.596
2.4.1.214	α1,3-fucosyltransferases, glycoprotein 3-α-L-fucosyltransferase, v.32 | p.565
2.4.1.65	α3/4 fucosyltransferases, 3-galactosyl-N-acetylglucosaminide 4-α-L-fucosyltransferase, v.31 | p.487
2.4.1.65	α1,3/4-fucosyltransferases-V and -VI, 3-galactosyl-N-acetylglucosaminide 4-α-L-fucosyltransferase, v.31 | p.487
2.4.1.152	α1,3-fucosyltransferase V, 4-galactosyl-N-acetylglucosaminide 3-α-L-fucosyltransferase, v.32 | p.318
2.4.1.65	fucosyltransferase V, 3-galactosyl-N-acetylglucosaminide 4-α-L-fucosyltransferase, v.31 | p.487
2.4.1.152	fucosyltransferase V, 4-galactosyl-N-acetylglucosaminide 3-α-L-fucosyltransferase, v.32 | p.318
2.4.1.214	α 1,3-fucosyltransferase VI, glycoprotein 3-α-L-fucosyltransferase, v.32 | p.565
2.4.1.152	α-1,3-fucosyltransferase VI, 4-galactosyl-N-acetylglucosaminide 3-α-L-fucosyltransferase, v.32 | p.318
2.4.1.214	fucosyltransferase VI, glycoprotein 3-α-L-fucosyltransferase, v.32 | p.565
2.4.1.214	α 1,3-fucosyltransferase VII, glycoprotein 3-α-L-fucosyltransferase, v.32 | p.565
2.4.1.152	α(1,3)-fucosyltransferase VII, 4-galactosyl-N-acetylglucosaminide 3-α-L-fucosyltransferase, v.32 | p.318
2.4.1.214	α(1,3)-fucosyltransferase VII, glycoprotein 3-α-L-fucosyltransferase, v.32 | p.565
2.4.1.152	α(1,3)fucosyltransferase VII, 4-galactosyl-N-acetylglucosaminide 3-α-L-fucosyltransferase, v.32 | p.318
2.4.1.152	α-13-fucosyltransferase VII, 4-galactosyl-N-acetylglucosaminide 3-α-L-fucosyltransferase, v.32 | p.318
2.4.1.65	fucosyltransferase VII, 3-galactosyl-N-acetylglucosaminide 4-α-L-fucosyltransferase, v.31 | p.487
2.4.1.152	fucosyltransferase VII, 4-galactosyl-N-acetylglucosaminide 3-α-L-fucosyltransferase, v.32 | p.318
2.4.1.214	fucosyltransferase VII, glycoprotein 3-α-L-fucosyltransferase, v.32 | p.565
2.4.1.152	11639FucT, 4-galactosyl-N-acetylglucosaminide 3-α-L-fucosyltransferase, v.32 | p.318

2.4.1.68	6FucT, glycoprotein 6-α-L-fucosyltransferase, v. 31 | p. 522	
2.4.1.65	FucT, 3-galactosyl-N-acetylglucosaminide 4-α-L-fucosyltransferase, v. 31 | p. 487	
2.4.1.152	FucT, 4-galactosyl-N-acetylglucosaminide 3-α-L-fucosyltransferase, v. 32 | p. 318	
2.4.1.69	FucT, galactoside 2-α-L-fucosyltransferase, v. 31 | p. 532	
2.4.1.214	FucT, glycoprotein 3-α-L-fucosyltransferase, v. 32 | p. 565	
2.4.1.65	α-(1,3/1,4)-FucT, 3-galactosyl-N-acetylglucosaminide 4-α-L-fucosyltransferase, v. 31 | p. 487	
2.4.1.152	α-(1,3/1,4)-FucT, 4-galactosyl-N-acetylglucosaminide 3-α-L-fucosyltransferase, v. 32 | p. 318	
2.4.1.69	α1,2-FucT, galactoside 2-α-L-fucosyltransferase, v. 31 | p. 532	
2.4.1.69	α1-2FucT, galactoside 2-α-L-fucosyltransferase, v. 31 | p. 532	
2.4.1.214	α1-3 FucT, glycoprotein 3-α-L-fucosyltransferase, v. 32 | p. 565	
2.4.1.68	α1-6FucT, glycoprotein 6-α-L-fucosyltransferase, v. 31 | p. 522	
2.4.1.65	α3/4FucT, 3-galactosyl-N-acetylglucosaminide 4-α-L-fucosyltransferase, v. 31 | p. 487	
2.4.1.152	α3/4FucT, 4-galactosyl-N-acetylglucosaminide 3-α-L-fucosyltransferase, v. 32 | p. 318	
2.4.1.65	α4-FucT, 3-galactosyl-N-acetylglucosaminide 4-α-L-fucosyltransferase, v. 31 | p. 487	
2.4.1.68	α6FucT, glycoprotein 6-α-L-fucosyltransferase, v. 31 | p. 522	
2.4.1.214	αFucT, glycoprotein 3-α-L-fucosyltransferase, v. 32 | p. 565	
2.4.1.221	O-fucT-1, peptide-O-fucosyltransferase, v. 32 | p. 596	
2.4.1.65	FucT-II, 3-galactosyl-N-acetylglucosaminide 4-α-L-fucosyltransferase, v. 31 | p. 487	
2.4.1.65	FucT-III, 3-galactosyl-N-acetylglucosaminide 4-α-L-fucosyltransferase, v. 31 | p. 487	
2.4.1.214	FucT-IV, glycoprotein 3-α-L-fucosyltransferase, v. 32 | p. 565	
2.4.1.65	FucT-V, 3-galactosyl-N-acetylglucosaminide 4-α-L-fucosyltransferase, v. 31 | p. 487	
2.4.1.65	FucT-VI, 3-galactosyl-N-acetylglucosaminide 4-α-L-fucosyltransferase, v. 31 | p. 487	
2.4.1.152	FucT-VI, 4-galactosyl-N-acetylglucosaminide 3-α-L-fucosyltransferase, v. 32 | p. 318	
2.4.1.214	FucT-VI, glycoprotein 3-α-L-fucosyltransferase, v. 32 | p. 565	
2.4.1.65	FucT-VII, 3-galactosyl-N-acetylglucosaminide 4-α-L-fucosyltransferase, v. 31 | p. 487	
2.4.1.152	FucT-VII, 4-galactosyl-N-acetylglucosaminide 3-α-L-fucosyltransferase, v. 32 | p. 318	
2.4.1.214	FucT-VII, glycoprotein 3-α-L-fucosyltransferase, v. 32 | p. 565	
2.4.1.152	α1,3 FucT-VII, 4-galactosyl-N-acetylglucosaminide 3-α-L-fucosyltransferase, v. 32 | p. 318	
2.4.1.152	FucT-XI, 4-galactosyl-N-acetylglucosaminide 3-α-L-fucosyltransferase, v. 32 | p. 318	
2.4.1.214	FucT1, glycoprotein 3-α-L-fucosyltransferase, v. 32 | p. 565	
2.4.1.214	FucT 115, glycoprotein 3-α-L-fucosyltransferase, v. 32 | p. 565	
2.4.1.214	FucT 45, glycoprotein 3-α-L-fucosyltransferase, v. 32 | p. 565	
2.4.1.152	FucT7, 4-galactosyl-N-acetylglucosaminide 3-α-L-fucosyltransferase, v. 32 | p. 318	
2.4.1.152	FucT 9, 4-galactosyl-N-acetylglucosaminide 3-α-L-fucosyltransferase, v. 32 | p. 318	
2.4.1.152	FucT9, 4-galactosyl-N-acetylglucosaminide 3-α-L-fucosyltransferase, v. 32 | p. 318	
2.4.1.214	FucTA, glycoprotein 3-α-L-fucosyltransferase, v. 32 | p. 565	
2.4.1.152	FucTC, 4-galactosyl-N-acetylglucosaminide 3-α-L-fucosyltransferase, v. 32 | p. 318	
2.4.1.152	FucTe, 4-galactosyl-N-acetylglucosaminide 3-α-L-fucosyltransferase, v. 32 | p. 318	
2.4.1.65	FucTIII, 3-galactosyl-N-acetylglucosaminide 4-α-L-fucosyltransferase, v. 31 | p. 487	
2.4.1.214	α1,3/1,4FucT III, glycoprotein 3-α-L-fucosyltransferase, v. 32 | p. 565	
2.4.1.214	FucT IV, glycoprotein 3-α-L-fucosyltransferase, v. 32 | p. 565	
2.4.1.214	α1,3FucT IV, glycoprotein 3-α-L-fucosyltransferase, v. 32 | p. 565	
2.4.1.214	α1,3FucT IX, glycoprotein 3-α-L-fucosyltransferase, v. 32 | p. 565	
2.4.1.152	FucT V, 4-galactosyl-N-acetylglucosaminide 3-α-L-fucosyltransferase, v. 32 | p. 318	
2.4.1.214	α1,3FucT V, glycoprotein 3-α-L-fucosyltransferase, v. 32 | p. 565	
2.4.1.214	FucT VI, glycoprotein 3-α-L-fucosyltransferase, v. 32 | p. 565	
2.4.1.214	α1,3FucT VI, glycoprotein 3-α-L-fucosyltransferase, v. 32 | p. 565	
2.4.1.65	FucT VII, 3-galactosyl-N-acetylglucosaminide 4-α-L-fucosyltransferase, v. 31 | p. 487	
2.4.1.214	FucT VII, glycoprotein 3-α-L-fucosyltransferase, v. 32 | p. 565	
2.4.1.152	FucTVII, 4-galactosyl-N-acetylglucosaminide 3-α-L-fucosyltransferase, v. 32 | p. 318	
2.4.1.214	α1,3FucT VII, glycoprotein 3-α-L-fucosyltransferase, v. 32 | p. 565	
2.4.1.214	α3-FucT VII, glycoprotein 3-α-L-fucosyltransferase, v. 32 | p. 565	
4.1.2.17	L-Fuculose-1-P aldolase, L-Fuculose-phosphate aldolase, v. 3 | p. 504	

4.1.2.17	L-fuculose-1-phosphate aldolase, L-Fuculose-phosphate aldolase, v.3	p.504
4.1.2.17	fuculose-1-phosphate aldolase, L-Fuculose-phosphate aldolase, v.3	p.504
4.1.2.17	L-fuculose-phosphate aldolase, L-Fuculose-phosphate aldolase, v.3	p.504
4.1.2.17	L-Fuculose 1-phosphate aldolase, L-Fuculose-phosphate aldolase, v.3	p.504
2.7.1.51	L-fuculose kinase, L-fuculokinase, v.36	p.107
4.1.2.17	L-Fuculose phosphate aldolase, L-Fuculose-phosphate aldolase, v.3	p.504
2.7.1.52	Fuk, fucokinase, v.36	p.110
4.2.1.2	Fum, fumarate hydratase, v.4	p.262
1.1.1.35	Fum13p, 3-hydroxyacyl-CoA dehydrogenase, v.16	p.318
4.2.1.2	FumA, fumarate hydratase, v.4	p.262
4.2.1.2	fumarase, fumarate hydratase, v.4	p.262
4.2.1.2	fumarase C, fumarate hydratase, v.4	p.262
1.3.1.6	fumarate reductase, fumarate reductase (NADH), v.21	p.25
1.3.99.1	fumarate reductase, succinate dehydrogenase, v.21	p.462
1.3.5.1	fumarate reductase complex, succinate dehydrogenase (ubiquinone), v.21	p.424
4.3.1.1	fumaric aminase, aspartate ammonia-lyase, v.5	p.162
1.3.99.1	fumaric hydrogenase, succinate dehydrogenase, v.21	p.462
3.7.1.2	fumarylacetoacetase, fumarylacetoacetase, v.15	p.824
3.7.1.2	4-fumarylacetoacetate fumarylhydrolase, fumarylacetoacetase, v.15	p.824
3.7.1.2	fumarylacetoacetate hydrolase, fumarylacetoacetase, v.15	p.824
4.2.1.2	FumB, fumarate hydratase, v.4	p.262
4.2.1.2	FumC, fumarate hydratase, v.4	p.262
3.4.23.1	fundus-pepsin, pepsin A, v.8	p.1
3.2.1.113	fungal α-1,2-mannosidase, mannosyl-oligosaccharide 1,2-α-mannosidase, v.13	p.458
3.1.1.74	fungal cutinase, cutinase, v.9	p.428
3.1.1.20	fungal tannase, tannase, v.9	p.187
3.2.1.1	Fungamyl 800 L, α-amylase, v.12	p.1
3.5.1.14	fungus aminoacylase-1, aminoacylase, v.14	p.317
2.1.1.69	furanocoumarin 5-methyltransferase, 5-hydroxyfuranocoumarin 5-O-methyltransferase, v.28	p.378
2.1.1.69	furanocoumarin 5-O-methyltransferase, 5-hydroxyfuranocoumarin 5-O-methyltransferase, v.28	p.378
2.1.1.70	furanocoumarin 8-methyltransferase, 8-hydroxyfuranocoumarin 8-O-methyltransferase, v.28	p.381
2.1.1.7	furanocoumarin 8-methyltransferase, nicotinate N-methyltransferase, v.28	p.40
2.1.1.70	furanocoumarin 8-O-methyl-transferase, 8-hydroxyfuranocoumarin 8-O-methyltransferase, v.28	p.381
2.1.1.7	furanocoumarin 8-O-methyltransferase, nicotinate N-methyltransferase, v.28	p.40
3.2.1.161	furcatin hydrolase, β-apiosyl-β-glucosidase, v.S5	p.177
3.4.21.75	furin-like protease, Furin, v.7	p.371
3.4.21.75	furin A, Furin, v.7	p.371
3.4.21.75	furin B, Furin, v.7	p.371
3.4.21.75	furin convertase, Furin, v.7	p.371
3.4.21.93	Furin homolog, Proprotein convertase 1, v.7	p.452
3.4.21.75	furin protease, Furin, v.7	p.371
1.3.99.8	furoyl-CoA hydroxylase, 2-furoyl-CoA dehydrogenase, v.21	p.531
1.3.99.8	2-furoyl coenzyme A dehydrogenase, 2-furoyl-CoA dehydrogenase, v.21	p.531
1.3.99.8	2-furoyl coenzyme A hydroxylase, 2-furoyl-CoA dehydrogenase, v.21	p.531
3.5.2.6	FUS-1, β-lactamase, v.14	p.683
2.7.11.24	Fus3, mitogen-activated protein kinase, v.S4	p.233
2.7.11.24	Fus3p, mitogen-activated protein kinase, v.S4	p.233
4.2.3.43	fusicoccadiene synthase, fusicocca-2,10(14)-diene synthase
2.4.1.65	α-3-FUT, 3-galactosyl-N-acetylglucosaminide 4-α-L-fucosyltransferase, v.31	p.487
2.4.1.65	α-3/4-FUT, 3-galactosyl-N-acetylglucosaminide 4-α-L-fucosyltransferase, v.31	p.487
2.4.1.152	FUT-VI, 4-galactosyl-N-acetylglucosaminide 3-α-L-fucosyltransferase, v.32	p.318

2.4.1.69	FUT1, galactoside 2-α-L-fucosyltransferase, v.31 | p.532
2.4.1.221	O-fut1, peptide-O-fucosyltransferase, v.32 | p.596
2.4.1.152	FUT11, 4-galactosyl-N-acetylglucosaminide 3-α-L-fucosyltransferase, v.32 | p.318
2.4.1.69	FUT2, galactoside 2-α-L-fucosyltransferase, v.31 | p.532
2.4.1.65	FUT3, 3-galactosyl-N-acetylglucosaminide 4-α-L-fucosyltransferase, v.31 | p.487
2.4.1.152	FUT4, 4-galactosyl-N-acetylglucosaminide 3-α-L-fucosyltransferase, v.32 | p.318
2.4.1.214	FUT4, glycoprotein 3-α-L-fucosyltransferase, v.32 | p.565
2.4.1.152	FUT5, 4-galactosyl-N-acetylglucosaminide 3-α-L-fucosyltransferase, v.32 | p.318
2.4.1.152	FUT6, 4-galactosyl-N-acetylglucosaminide 3-α-L-fucosyltransferase, v.32 | p.318
2.4.1.152	FUT7, 4-galactosyl-N-acetylglucosaminide 3-α-L-fucosyltransferase, v.32 | p.318
2.4.1.214	FUT7, glycoprotein 3-α-L-fucosyltransferase, v.32 | p.565
2.4.1.68	FUT8, glycoprotein 6-α-L-fucosyltransferase, v.31 | p.522
2.4.1.152	Fut9, 4-galactosyl-N-acetylglucosaminide 3-α-L-fucosyltransferase, v.32 | p.318
2.4.1.214	Fut9, glycoprotein 3-α-L-fucosyltransferase, v.32 | p.565
3.2.2.26	futalosine hydrolase, futalosine hydrolase
3.2.2.26	futalosine nucleosidase, futalosine hydrolase
2.4.1.69	futC, galactoside 2-α-L-fucosyltransferase, v.31 | p.532
2.4.1.65	FUT III, 3-galactosyl-N-acetylglucosaminide 4-α-L-fucosyltransferase, v.31 | p.487
3.4.21.95	FV activating enzymes, Snake venom factor V activator, v.7 | p.457
3.4.21.21	FVII, coagulation factor VIIa, v.7 | p.88
3.4.21.21	FVIIa, coagulation factor VIIa, v.7 | p.88
3.4.21.21	FVIIa-sTF, coagulation factor VIIa, v.7 | p.88
3.4.21.21	fVIIa/TF, coagulation factor VIIa, v.7 | p.88
1.1.1.102	FVT-1, 3-dehydrosphinganine reductase, v.17 | p.273
1.1.1.102	Fvt1, 3-dehydrosphinganine reductase, v.17 | p.273
3.4.21.6	fX, coagulation factor Xa, v.7 | p.35
3.4.21.6	FXa, coagulation factor Xa, v.7 | p.35
3.4.21.27	FXI, coagulation factor XIa, v.7 | p.121
3.4.21.27	FXIa, coagulation factor XIa, v.7 | p.121
3.4.21.27	fXIaCD, coagulation factor XIa, v.7 | p.121
3.4.21.38	FXII, coagulation factor XIIa, v.7 | p.167
3.4.21.38	β-FXIIa, coagulation factor XIIa, v.7 | p.167
1.1.1.271	FX protein, GDP-L-fucose synthase, v.18 | p.492
2.7.10.2	Fyn, non-specific protein-tyrosine kinase, v.S2 | p.441
2.7.10.2	Fyn kinase, non-specific protein-tyrosine kinase, v.S2 | p.441
2.7.10.2	Fyn tyrosine kinase, non-specific protein-tyrosine kinase, v.S2 | p.441

Index of Synonyms: G

3.2.1.21	βG, β-glucosidase, v. 12 | p. 299	
3.2.1.31	βG, β-glucuronidase, v. 12 | p. 494	
2.4.1.243	6(G)-fructosyltransferase/2,1-fructan:2,1-fructan 1-fructosyltransferase, 6G-fructosyltransferase, v. S2 | p. 196	
3.2.1.31	β-G1, β-glucuronidase, v. 12 | p. 494	
2.7.11.22	G1/S cyclin-dependent kinase, cyclin-dependent kinase, v. S4 | p. 156	
3.2.1.129	G102, endo-α-sialidase, v. 13 | p. 521	
2.7.11.1	G11 protein, non-specific serine/threonine protein kinase, v. S3 | p. 1	
3.1.2.22	G14, palmitoyl[protein] hydrolase, v. 9 | p. 550	
3.1.3.10	G1Pase, glucose-1-phosphatase, v. 10 | p. 160	
2.7.8.15	G1PT, UDP-N-acetylglucosamine-dolichyl-phosphate N-acetylglucosaminephosphotransferase, v. 39 | p. 106	
2.7.8.15	L-G1PT, UDP-N-acetylglucosamine-dolichyl-phosphate N-acetylglucosaminephosphotransferase, v. 39 | p. 106	
3.2.1.94	G2-dextranase, glucan 1,6-α-isomaltosidase, v. 13 | p. 343	
2.7.11.1	G2-specific protein kinase fin1, non-specific serine/threonine protein kinase, v. S3 | p. 1	
2.7.11.22	G2-specific protein kinase nim-1, cyclin-dependent kinase, v. S4 | p. 156	
2.7.11.22	G2-specific protein kinase NIMA, cyclin-dependent kinase, v. S4 | p. 156	
2.5.1.19	G2 5-enolpyruvyl shikimate 3-phosphate synthase, 3-phosphoshikimate 1-carboxyvinyltransferase, v. 33 | p. 546	
6.3.2.19	G2E3, Ubiquitin-protein ligase, v. 2 | p. 506	
2.5.1.19	G2 EPSPS, 3-phosphoshikimate 1-carboxyvinyltransferase, v. 33 | p. 546	
1.1.3.21	G2POx, glycerol-3-phosphate oxidase, v. 19 | p. 177	
1.1.99.13	G3DH, glucoside 3-dehydrogenase, v. 19 | p. 343	
3.1.3.21	G3Pase, glycerol-1-phosphatase, v. 10 | p. 256	
3.1.3.21	L-G3Pase, glycerol-1-phosphatase, v. 10 | p. 256	
1.2.1.12	G3PD, glyceraldehyde-3-phosphate dehydrogenase (phosphorylating), v. 20 | p. 135	
1.1.1.8	G3P dehydrogenase, glycerol-3-phosphate dehydrogenase (NAD+), v. 16 | p. 120	
1.2.1.12	G3PDH, glyceraldehyde-3-phosphate dehydrogenase (phosphorylating), v. 20 | p. 135	
1.1.1.8	G3PDH, glycerol-3-phosphate dehydrogenase (NAD+), v. 16 | p. 120	
3.6.3.20	G3P transporter, glycerol-3-phosphate-transporting ATPase, v. S6 | p. 456	
3.2.1.60	G4-1, glucan 1,4-α-maltotetraohydrolase, v. 13 | p. 157	
3.2.1.60	G4-2, glucan 1,4-α-maltotetraohydrolase, v. 13 | p. 157	
3.2.1.60	G4-amylase, glucan 1,4-α-maltotetraohydrolase, v. 13 | p. 157	
3.2.1.60	G4-exo-α-amylase, glucan 1,4-α-maltotetraohydrolase, v. 13 | p. 157	
3.1.6.12	G4S, N-acetylgalactosamine-4-sulfatase, v. 11 | p. 300	
2.7.2.11	G5K, glutamate 5-kinase, v. 37 | p. 351	
3.6.1.52	g5Rp, diphosphoinositol-polyphosphate diphosphatase, v. 15 | p. 520	
3.2.1.1	G6-amylase, α-amylase, v. 12 | p. 1	
3.2.1.98	G6-amylase, glucan 1,4-α-maltohexaosidase, v. 13 | p. 379	
3.2.1.98	G6-forming amylase, glucan 1,4-α-maltohexaosidase, v. 13 | p. 379	
3.2.1.98	G6-forming exo-α amylase, glucan 1,4-α-maltohexaosidase, v. 13 | p. 379	
3.2.1.98	G6-producing amylase, glucan 1,4-α-maltohexaosidase, v. 13 | p. 379	
3.5.3.18	G6a, dimethylargininase, v. 14 | p. 831	
5.1.3.15	G6P-1-epimerase, Glucose-6-phosphate 1-epimerase, v. 1 | p. 162	
3.1.3.9	G6Pase, glucose-6-phosphatase, v. 10 | p. 147	
3.1.3.9	G6PC, glucose-6-phosphatase, v. 10 | p. 147	
1.1.1.49	G6PD, glucose-6-phosphate dehydrogenase, v. 16 | p. 474	

3.1.1.31	G6PD-6PGL, 6-phosphogluconolactonase, v. 9 | p. 247	
1.1.1.49	G6PD1, glucose-6-phosphate dehydrogenase, v. 16 | p. 474	
1.1.1.49	G6PD2, glucose-6-phosphate dehydrogenase, v. 16 | p. 474	
1.1.1.49	G6PD3, glucose-6-phosphate dehydrogenase, v. 16 | p. 474	
1.1.1.49	G6PD4, glucose-6-phosphate dehydrogenase, v. 16 | p. 474	
1.1.1.49	G6PD5, glucose-6-phosphate dehydrogenase, v. 16 | p. 474	
1.1.1.49	G6PD6, glucose-6-phosphate dehydrogenase, v. 16 | p. 474	
1.1.1.49	G6PDH, glucose-6-phosphate dehydrogenase, v. 16 | p. 474	
1.1.1.49	G6PDH-1, glucose-6-phosphate dehydrogenase, v. 16 | p. 474	
1.1.1.49	G6PDH-2, glucose-6-phosphate dehydrogenase, v. 16 | p. 474	
1.1.1.49	G6PDH1, glucose-6-phosphate dehydrogenase, v. 16 | p. 474	
1.1.1.49	G6PDH2, glucose-6-phosphate dehydrogenase, v. 16 | p. 474	
1.1.1.49	G6PDH3, glucose-6-phosphate dehydrogenase, v. 16 | p. 474	
1.1.1.49	G6PDH4, glucose-6-phosphate dehydrogenase, v. 16 | p. 474	
1.1.1.49	G6PDH5, glucose-6-phosphate dehydrogenase, v. 16 | p. 474	
1.1.1.49	G6PDH6, glucose-6-phosphate dehydrogenase, v. 16 | p. 474	
3.1.6.14	G6S, N-acetylglucosamine-6-sulfatase, v. 11 | p. 316	
6.1.1.9	G7a, Valine-tRNA ligase, v. 2 | p. 59	
3.2.1.1	G 995, α-amylase, v. 12 | p. 1	
2.1.1.43	G9a, histone-lysine N-methyltransferase, v. 28 | p. 235	
2.1.1.43	G9a lysine 9 histone H3 methyltransferase, histone-lysine N-methyltransferase, v. 28 | p. 235	
3.2.1.18	G9 sialidase, exo-α-sialidase, v. 12 | p. 244	
3.5.1.26	GA, N4-(β-N-acetylglucosaminyl)-L-asparaginase, v. 14 | p. 385	
3.2.1.3	GA, glucan 1,4-α-glucosidase, v. 12 | p. 59	
3.5.1.2	GA, glutaminase, v. 14 | p. 205	
3.5.1.93	GA, glutaryl-7-aminocephalosporanic-acid acylase, v. S6 | p. 386	
1.1.99.3	GA-2-DH, gluconate 2-dehydrogenase (acceptor), v. 19 | p. 274	
3.1.3.5	GA-AMPase, 5'-nucleotidase, v. 10 | p. 95	
1.14.14.1	GA-deactivating enzyme, unspecific monooxygenase, v. 26 | p. 584	
3.2.1.3	GA1, glucan 1,4-α-glucosidase, v. 12 | p. 59	
2.4.1.62	GA1/GM1/GD1b synthase, ganglioside galactosyltransferase, v. 31 | p. 471	
1.14.14.1	GA 16a,17-epoxidase, unspecific monooxygenase, v. 26 | p. 584	
3.2.1.3	GA2, glucan 1,4-α-glucosidase, v. 12 | p. 59	
1.14.11.13	GA 2β,3β-hydroxylase, gibberellin 2β-dioxygenase, v. 26 | p. 90	
1.14.11.13	GA 2-ox, gibberellin 2β-dioxygenase, v. 26 | p. 90	
1.14.11.13	GA 2-oxidase, gibberellin 2β-dioxygenase, v. 26 | p. 90	
1.14.11.13	GA 2-oxidase1, gibberellin 2β-dioxygenase, v. 26 | p. 90	
1.14.11.13	GA 2-oxidase3, gibberellin 2β-dioxygenase, v. 26 | p. 90	
1.14.11.13	GA 2-oxidase A1, gibberellin 2β-dioxygenase, v. 26 | p. 90	
1.14.11.13	GA 2ODD, gibberellin 2β-dioxygenase, v. 26 | p. 90	
1.14.11.13	GA2ox, gibberellin 2β-dioxygenase, v. 26 | p. 90	
1.14.11.13	GA2ox1, gibberellin 2β-dioxygenase, v. 26 | p. 90	
1.14.11.15	GA 3β-hydroxylase, gibberellin 3β-dioxygenase, v. 26 | p. 98	
1.14.11.15	GA 3-oxidase, gibberellin 3β-dioxygenase, v. 26 | p. 98	
1.14.11.15	GA3-oxidase, gibberellin 3β-dioxygenase, v. 26 | p. 98	
1.14.11.15	GA 3-oxidase 2, gibberellin 3β-dioxygenase, v. 26 | p. 98	
1.14.11.15	GA3ox, gibberellin 3β-dioxygenase, v. 26 | p. 98	
1.14.11.15	GA3OX4, gibberellin 3β-dioxygenase, v. 26 | p. 98	
1.14.11.12	GA44 oxidase, gibberellin-44 dioxygenase, v. 26 | p. 88	
3.1.1.3	GA 56 (enzyme), triacylglycerol lipase, v. 9 | p. 36	
1.1.1.69	GA5DH, gluconate 5-dehydrogenase, v. 17 | p. 92	
3.2.1.20	GAA, α-glucosidase, v. 12 | p. 263	
2.6.1.19	GABA-α-ketoglutarate aminotransferase, 4-aminobutyrate transaminase, v. 34 | p. 395	
2.6.1.19	GABA-α-ketoglutarate transaminase, 4-aminobutyrate transaminase, v. 34 | p. 395	

2.6.1.19	GABA-α-ketoglutaric acid transaminase, 4-aminobutyrate transaminase, v. 34 | p. 395	
2.6.1.19	GABA-α-oxoglutarate aminotransferase, 4-aminobutyrate transaminase, v. 34 | p. 395	
2.6.1.19	GABA-2-oxoglutarate aminotransferase, 4-aminobutyrate transaminase, v. 34 | p. 395	
2.6.1.19	GABA-2-oxoglutarate transaminase, 4-aminobutyrate transaminase, v. 34 | p. 395	
2.6.1.19	GABA-AT, 4-aminobutyrate transaminase, v. 34 | p. 395	
2.6.1.19	GABA-oxoglutarate aminotransferase, 4-aminobutyrate transaminase, v. 34 | p. 395	
2.6.1.19	GABA-oxoglutarate transaminase, 4-aminobutyrate transaminase, v. 34 | p. 395	
2.6.1.19	GABA-T, 4-aminobutyrate transaminase, v. 34 | p. 395	
2.6.1.19	GABA-transaminase, 4-aminobutyrate transaminase, v. 34 | p. 395	
2.6.1.19	GABA aminotransferase, 4-aminobutyrate transaminase, v. 34 | p. 395	
2.6.1.19	GABAT, 4-aminobutyrate transaminase, v. 34 | p. 395	
2.6.1.19	GABA transaminase, 4-aminobutyrate transaminase, v. 34 | p. 395	
2.6.1.19	GABA transferase, 4-aminobutyrate transaminase, v. 34 | p. 395	
1.2.1.16	GabD dehydrogenase, succinate-semialdehyde dehydrogenase [NAD(P)+], v. 20 | p. 180	
3.4.21.55	Gabonase, Venombin AB, v. 7 | p. 255	
3.5.1.2	GAC, glutaminase, v. 14 | p. 205	
3.2.1.14	GAC1, chitinase, v. 12 | p. 185	
3.2.1.14	GAC2, chitinase, v. 12 | p. 185	
4.1.1.15	GAD, Glutamate decarboxylase, v. 3 | p. 74	
4.1.1.15	GAD-α, Glutamate decarboxylase, v. 3 | p. 74	
4.1.1.15	GAD-β, Glutamate decarboxylase, v. 3 | p. 74	
4.1.1.15	GAD-γ, Glutamate decarboxylase, v. 3 | p. 74	
4.1.1.15	GAD-65, Glutamate decarboxylase, v. 3 | p. 74	
4.1.1.15	GAD-67, Glutamate decarboxylase, v. 3 | p. 74	
4.1.1.15	GAD65, Glutamate decarboxylase, v. 3 | p. 74	
4.1.1.15	GAD67, Glutamate decarboxylase, v. 3 | p. 74	
4.1.1.15	GadB, Glutamate decarboxylase, v. 3 | p. 74	
4.1.1.15	GADCase, Glutamate decarboxylase, v. 3 | p. 74	
1.1.99.3	GA dehydrogenase, gluconate 2-dehydrogenase (acceptor), v. 19 | p. 274	
1.1.1.48	GADH, galactose 1-dehydrogenase, v. 16 | p. 467	
1.1.1.215	GADH, gluconate 2-dehydrogenase, v. 18 | p. 302	
1.1.99.3	GADH, gluconate 2-dehydrogenase (acceptor), v. 19 | p. 274	
4.3.1.9	GADH, glucosaminate ammonia-lyase, v. 5 | p. 230	
3.1.1.6	GAE, acetylesterase, v. 9 | p. 96	
5.1.3.6	GAE1, UDP-glucuronate 4-epimerase, v. 1 | p. 132	
5.1.3.6	GAE2, UDP-glucuronate 4-epimerase, v. 1 | p. 132	
5.1.3.6	GAE3, UDP-glucuronate 4-epimerase, v. 1 | p. 132	
5.1.3.6	GAE4, UDP-glucuronate 4-epimerase, v. 1 | p. 132	
5.1.3.6	GAE5, UDP-glucuronate 4-epimerase, v. 1 | p. 132	
5.1.3.6	GAE6, UDP-glucuronate 4-epimerase, v. 1 | p. 132	
2.7.7.49	Gag-Pol, RNA-directed DNA polymerase, v. 38 | p. 492	
3.4.23.16	Gag protease, HIV-1 retropepsin, v. 8 | p. 67	
3.5.4.3	GAH, guanine deaminase, v. 15 | p. 17	
3.2.1.3	GAI, glucan 1,4-α-glucosidase, v. 12 | p. 59	
3.2.1.3	GAII, glucan 1,4-α-glucosidase, v. 12 | p. 59	
3.2.1.23	B-GAL, β-galactosidase, v. 12 | p. 368	
1.3.3.12	GAL, L-galactonolactone oxidase, v. S1 | p. 258	
3.2.1.85	P-β-gal, 6-phospho-β-galactosidase, v. 13 | p. 302	
3.2.1.22	α-Gal, α-galactosidase, v. 12 | p. 342	
3.2.1.23	β-gal, β-galactosidase, v. 12 | p. 368	
2.4.99.4	β-D-Gal-(1-3)-D-GalNAc α-(2-3)-sialyltransferase, β-galactoside α-2,3-sialyltransferase, v. 33 | p. 346	
2.4.99.4	Gal-β-1,3-GalNAc-α-2,3-sialyltransferase, β-galactoside α-2,3-sialyltransferase, v. 33 | p. 346	

2.4.99.6	Gal β-1,3(4) GlcNAc α-2,3 sialyltransferase, N-acetyllactosaminide α-2,3-sialyltransferase, v. 33 | p. 361
2.4.99.4	Galβ-1,3-GalNAc-β-2,3-(O)-sialyltransferase, β-galactoside α-2,3-sialyltransferase, v. 33 | p. 346
2.4.99.5	Galβ-1,4/3-GlcNAcα-2,3-(N)-sialyltransferase, galactosyldiacylglycerol α-2,3-sialyltransferase, v. 33 | p. 358
2.4.1.228	Gal-β1-4Glcβ1-Cer α1,4-galactosyltransferase, lactosylceramide 4-α-galactosyltransferase, v. 32 | p. 622
2.8.2.21	Gal-6-sulfotransferase, keratan sulfotransferase, v. 39 | p. 430
2.4.99.4	Gal-NAc6S, β-galactoside α-2,3-sialyltransferase, v. 33 | p. 346
2.4.1.90	Gal-T, N-acetyllactosamine synthase, v. 32 | p. 1
2.4.1.38	Gal-T, β-N-acetylglucosaminylglycopeptide β-1,4-galactosyltransferase, v. 31 | p. 353
2.4.1.228	α1,4Gal-T, lactosylceramide 4-α-galactosyltransferase, v. 32 | p. 622
2.4.1.62	β3Gal-T, ganglioside galactosyltransferase, v. 31 | p. 471
2.4.1.90	β4Gal-T, N-acetyllactosamine synthase, v. 32 | p. 1
2.4.1.38	Gal-T1, β-N-acetylglucosaminylglycopeptide β-1,4-galactosyltransferase, v. 31 | p. 353
2.4.1.22	Gal-T1, lactose synthase, v. 31 | p. 264
2.4.1.37	αGal-T1, fucosylgalactoside 3-α-galactosyltransferase, v. 31 | p. 344
2.4.1.90	β4Gal-T1, N-acetyllactosamine synthase, v. 32 | p. 1
2.4.1.38	β4Gal-T1, β-N-acetylglucosaminylglycopeptide β-1,4-galactosyltransferase, v. 31 | p. 353
2.4.1.22	β4Gal-T1, lactose synthase, v. 31 | p. 264
2.4.1.38	(α4Gal-T1), β-N-acetylglucosaminylglycopeptide β-1,4-galactosyltransferase, v. 31 | p. 353
2.4.1.62	Gal-T2, ganglioside galactosyltransferase, v. 31 | p. 471
2.4.1.122	3βGal-T4, glycoprotein-N-acetylgalactosamine 3-β-galactosyltransferase, v. 32 | p. 174
2.4.1.90	β1,4-Gal-transferase T1, N-acetyllactosamine synthase, v. 32 | p. 1
2.4.1.38	β1,4-Gal-transferase T1, β-N-acetylglucosaminylglycopeptide β-1,4-galactosyltransferase, v. 31 | p. 353
3.2.1.164	GAL1, galactan endo-1,6-β-galactosidase, v. S5 | p. 191
2.7.1.6	GAL1, galactokinase, v. 35 | p. 144
3.2.1.22	αGal1, α-galactosidase, v. 12 | p. 342
2.4.1.135	Galβ1,3-glucuronosyltransferase, galactosylgalactosylxylosylprotein 3-β-glucuronosyltransferase, v. 32 | p. 231
2.4.99.4	Galβ1,3GalNAc α2,3-sialyltransferase, β-galactoside α-2,3-sialyltransferase, v. 33 | p. 346
2.4.99.4	galβ1,3galNAcα2,3-sialyltransferase, β-galactoside α-2,3-sialyltransferase, v. 33 | p. 346
2.4.99.4	Gal β 1,3 GalNAc α 2,3-sialyltransferase II, β-galactoside α-2,3-sialyltransferase, v. 33 | p. 346
2.4.99.1	Galβ1,4-GlcNAc α2,6 sialyltransferase, β-galactoside α-2,6-sialyltransferase, v. 33 | p. 314
2.4.1.149	Galβ1→4GlcNAc-R β1→3 N-acetylglucosaminyltransferase, N-acetyllactosaminide β-1,3-N-acetylglucosaminyltransferase, v. 32 | p. 297
2.4.1.150	Galβ1→4GlcNAc-R β1→6 N-acetylglucosaminyltransferase, N-acetyllactosaminide β-1,6-N-acetylglucosaminyl-transferase, v. 32 | p. 307
5.1.3.2	GAL10, UDP-glucose 4-epimerase, v. 1 | p. 97
5.1.3.2	Gal10p, UDP-glucose 4-epimerase, v. 1 | p. 97
2.7.1.6	Gal1p, galactokinase, v. 35 | p. 144
3.4.22.40	Gal6p, bleomycin hydrolase, v. 7 | p. 725
3.2.1.22	GALA, α-galactosidase, v. 12 | p. 342
3.2.1.89	GALA, arabinogalactan endo-1,4-β-galactosidase, v. 13 | p. 319
3.2.1.23	GALA, β-galactosidase, v. 12 | p. 368
3.2.1.22	α-Gal A, α-galactosidase, v. 12 | p. 342
3.2.1.164	β-1,6-galactanase, galactan endo-1,6-β-galactosidase, v. S5 | p. 191
3.2.1.89	β-D-galactanase, arabinogalactan endo-1,4-β-galactosidase, v. 13 | p. 319
3.2.1.164	β-D-galactanase, galactan endo-1,6-β-galactosidase, v. S5 | p. 191
3.2.1.89	galactanase, arabinogalactan endo-1,4-β-galactosidase, v. 13 | p. 319
3.2.1.23	galactanase, β-galactosidase, v. 12 | p. 368
4.2.1.42	Galactarate dehydrase, Galactarate dehydratase, v. 4 | p. 484

3.1.1.5	Galactin-10, lysophospholipase, v.9 | p.82	
2.4.1.67	galactinol:raffinose-6-galactosyl-transferase, galactinol-raffinose galactosyltransferase, v.31 | p.515	
2.4.1.82	galactinol:sucrose 6-galactosyl transferase, galactinol-sucrose galactosyltransferase, v.31 | p.587	
2.4.1.123	galactinol synthase, inositol 3-α-galactosyltransferase, v.32 | p.182	
2.4.1.123	galactinol synthase1, inositol 3-α-galactosyltransferase, v.32 | p.182	
1.1.1.251	galactitol-1-phosphate dehydrogenase (Escherichia coli strain EC3132 gene gatD), galactitol-1-phosphate 5-dehydrogenase, v.18 | p.425	
2.4.1.211	galacto-N-biose phosphorylase, 1,3-β-galactosyl-N-acetylhexosamine phosphorylase, v.32 | p.555	
3.2.1.46	galactoceramidase, galactosylceramidase, v.12 | p.625	
3.2.1.46	β-galactocerebrosidase, galactosylceramidase, v.12 | p.625	
3.2.1.46	galactocerebrosidase, galactosylceramidase, v.12 | p.625	
3.2.1.46	galactocerebroside-β-D-galactosidase, galactosylceramidase, v.12 | p.625	
3.2.1.46	galactocerebroside β-galactosidase, galactosylceramidase, v.12 | p.625	
3.2.1.46	galactocerebroside galactosidase, galactosylceramidase, v.12 | p.625	
2.8.2.11	galactocerebroside sulfotransferase, galactosylceramide sulfotransferase, v.39 | p.367	
3.2.1.146	β-D-galactofuranosidase, β-galactofuranosidase, v.13 | p.583	
3.2.1.146	β-galactofuranosidase, β-galactofuranosidase, v.13 | p.583	
3.2.1.87	galactohydrolase, capsular polysaccharide, capsular-polysaccharide endo-1,3-α-galactosidase, v.13 | p.314	
2.3.1.134	galactolipid:galactolipid acyltransferase, galactolipid O-acyltransferase, v.30 | p.337	
2.4.1.184	galactolipid:galactolipid galactosyltransferase, galactolipid galactosyltransferase, v.32 | p.440	
3.1.1.26	galactolipid acyl hydrolase, galactolipase, v.9 | p.222	
2.8.2.11	galactolipid sulfotransferase, galactosylceramide sulfotransferase, v.39 | p.367	
4.2.1.6	D-galactonate dehydrase, galactonate dehydratase, v.4 | p.285	
4.2.1.6	D-galactonate dehydratase, galactonate dehydratase, v.4 | p.285	
1.3.3.12	galactone-γ-lactone oxidase, L-galactonolactone oxidase, v.S1 | p.258	
1.3.2.3	L-galactone-1,4-lactone dehydrogenase, L-galactonolactone dehydrogenase, v.21 | p.342	
1.3.2.3	L-galactono-γ-lactone dehydrogenase, L-galactonolactone dehydrogenase, v.21 | p.342	
1.1.3.37	L-galactono-γ-lactone oxidase, D-Arabinono-1,4-lactone oxidase, v.19 | p.230	
1.3.3.12	L-galactono-γ-lactone oxidase, L-galactonolactone oxidase, v.S1 | p.258	
1.3.2.3	L-galactono-1, 4-lactone dehydrogenase, L-galactonolactone dehydrogenase, v.21 | p.342	
1.3.2.3	L-galactono-1,4-lactone dehydrogenase, L-galactonolactone dehydrogenase, v.21 | p.342	
1.3.3.12	L-galactono-1,4-lactone oxidase, L-galactonolactone oxidase, v.S1 | p.258	
1.3.3.12	galactonolactone oxidase, L-galactonolactone oxidase, v.S1 | p.258	
3.2.1.22	α-D-galactopyranoside galactohydrolase, α-galactosidase, v.12 | p.342	
2.4.1.211	β-D-galactopyranosyl-(1-3)-N-acetyl-D-hexosamine:phosphate galactosyltransferase, 1,3-β-galactosyl-N-acetylhexosamine phosphorylase, v.32 | p.555	
3.2.1.49	α-N-galactosaminidase IV, α-N-acetylgalactosaminidase, v.13 | p.10	
2.7.7.10	galactose-1-phosphate uridyl transferase, UTP-hexose-1-phosphate uridylyltransferase, v.38 | p.181	
2.7.7.10	galactose-1-phosphate uridyltransferase, UTP-hexose-1-phosphate uridylyltransferase, v.38 | p.181	
2.7.7.12	galactose-1-phosphate uridyl trensferase, UDP-glucose-hexose-1-phosphate uridylyltransferase, v.38 | p.188	
2.7.7.12	galactose-1-phosphate uridylyltransferase, UDP-glucose-hexose-1-phosphate uridylyltransferase, v.38 | p.188	
2.7.7.10	galactose-1-phosphate uridylyltransferase, UTP-hexose-1-phosphate uridylyltransferase, v.38 | p.181	
2.7.8.18	galactose-1-phosphotransferase, UDP-galactose-UDP-N-acetylglucosamine galactose phosphotransferase, v.39 | p.124	

2.7.8.18	galactose-1-phosphotransferase, uridine diphosphogalactose-uridine diphosphoacetylglucosamine, UDP-galactose-UDP-N-acetylglucosamine galactose phosphotransferase, v. 39 | p. 124
5.3.1.26	galactose-6-phosphate isomerase, Galactose-6-phosphate isomerase, v. 1 | p. 364
5.3.1.26	D-galactose-6-phosphate ketol-isomerase, Galactose-6-phosphate isomerase, v. 1 | p. 364
2.5.1.5	galactose-6-sulfatase, galactose-6-sulfurylase, v. 33 | p. 421
3.1.6.4	galactose-6-sulfate sulfatase, N-acetylgalactosamine-6-sulfatase, v. 11 | p. 267
2.8.2.21	galactose-6-sulfotransferase, keratan sulfotransferase, v. 39 | p. 430
2.7.7.32	galactose 1-phosphate thymidylyl transferase, galactose-1-phosphate thymidylyltransferase, v. 38 | p. 376
2.7.7.10	galactose 1-phosphate uridyltransferase, UTP-hexose-1-phosphate uridylyltransferase, v. 38 | p. 181
2.7.7.10	α-D-galactose 1-phosphate uridylyltransferase, UTP-hexose-1-phosphate uridylyltransferase, v. 38 | p. 181
2.7.7.10	galactose 1-phosphate uridylyltransferase, UTP-hexose-1-phosphate uridylyltransferase, v. 38 | p. 181
5.3.1.26	D-galactose 6-phosphate isomerase, Galactose-6-phosphate isomerase, v. 1 | p. 364
2.5.1.5	galactose 6-sulfatase, galactose-6-sulfurylase, v. 33 | p. 421
2.5.1.5	galactose 6-sulfurylase, galactose-6-sulfurylase, v. 33 | p. 421
1.1.1.48	D-galactose: NAD+ 1-oxidoreductase, galactose 1-dehydrogenase, v. 16 | p. 467
1.1.1.48	D-galactose dehydrogenase, galactose 1-dehydrogenase, v. 16 | p. 467
1.1.1.48	β-galactose dehydrogenase, galactose 1-dehydrogenase, v. 16 | p. 467
1.1.1.120	D-galactose dehydrogenase (NADP+), galactose 1-dehydrogenase (NADP+), v. 17 | p. 339
5.3.1.4	D-galactose isomerase, L-Arabinose isomerase, v. 1 | p. 254
2.7.1.6	galactose kinase, galactokinase, v. 35 | p. 144
1.1.3.9	D-galactose oxidase, galactose oxidase, v. 19 | p. 84
1.1.3.9	β-galactose oxidase, galactose oxidase, v. 19 | p. 84
2.7.8.6	galactosephosphotransferase, poly(isoprenol) phosphate, undecaprenyl-phosphate galactose phosphotransferase, v. 39 | p. 48
3.2.1.85	P-β-galactosidase, 6-phospho-β-galactosidase, v. 13 | p. 302
3.2.1.22	α-D-galactosidase, α-galactosidase, v. 12 | p. 342
3.2.1.22	α-galactosidase, α-galactosidase, v. 12 | p. 342
3.2.1.23	β galactosidase, β-galactosidase, v. 12 | p. 368
3.2.1.23	β-D-galactosidase, β-galactosidase, v. 12 | p. 368
3.2.1.23	β-galactosidase, β-galactosidase, v. 12 | p. 368
3.1.1.26	galactosidase, galactolipase, v. 9 | p. 222
3.2.1.23	galactosidase, β, β-galactosidase, v. 12 | p. 368
3.2.1.102	galactosidase, endo-β-, blood-group-substance endo-1,4-β-galactosidase, v. 13 | p. 408
3.2.1.103	galactosidase, keratosulfate endo- β-, keratan-sulfate endo-1,4-β-galactosidase, v. 13 | p. 412
3.2.1.38	β-D-galactosidase/β-D-fucosidase, β-D-fucosidase, v. 12 | p. 556
3.2.1.22	α-galactosidase 1, α-galactosidase, v. 12 | p. 342
3.2.1.22	α-galactosidase 2, α-galactosidase, v. 12 | p. 342
3.2.1.22	α-galactosidase 3, α-galactosidase, v. 12 | p. 342
3.2.1.22	α-galactosidase A, α-galactosidase, v. 12 | p. 342
3.2.1.22	α-galactosidase AgaA A355E, α-galactosidase, v. 12 | p. 342
3.2.1.22	α-galactosidase AgaB, α-galactosidase, v. 12 | p. 342
3.2.1.49	α-galactosidase B, α-N-acetylgalactosaminidase, v. 13 | p. 10
3.2.1.23	β-galactosidase I, β-galactosidase, v. 12 | p. 368
3.2.1.22	α-galactosidase II, α-galactosidase, v. 12 | p. 342
3.2.1.23	β-galactosidase II, β-galactosidase, v. 12 | p. 368
3.2.1.22	α-galactosidase III, α-galactosidase, v. 12 | p. 342
3.2.1.23	β-galactosidase III, β-galactosidase, v. 12 | p. 368
3.2.1.23	β-galactosidase IV, β-galactosidase, v. 12 | p. 368
2.4.99.4	β-galactoside α-2,3-sialyltransferase , β-galactoside α-2,3-sialyltransferase, v. 33 | p. 346
2.4.1.69	β-galactoside α1-2fucosyltransferase, galactoside 2-α-L-fucosyltransferase, v. 31 | p. 532

2.4.99.4	β-galactosideα2,3-sialyltransferases, β-galactoside α-2,3-sialyltransferase, v. 33 | p. 346	
2.4.99.1	β-galactoside α2,6-sialyltransferase I, β-galactoside α-2,6-sialyltransferase, v. 33 | p. 314	
2.4.99.1	β-galactoside α2,6-sialyltransferase ST6Gal II, β-galactoside α-2,6-sialyltransferase, v. 33 | p. 314	
2.4.1.152	galactoside 3-fucosyltransferase, 4-galactosyl-N-acetylglucosaminide 3-α-L-fucosyltransferase, v. 32 | p. 318	
2.4.1.152	galactoside 3-L-fucosyltransferase 11, 4-galactosyl-N-acetylglucosaminide 3-α-L-fucosyltransferase, v. 32 | p. 318	
2.3.1.18	galactoside acetyltransferase, galactoside O-acetyltransferase, v. 29 | p. 385	
3.2.1.22	α-D-galactoside galactohydrolase, α-galactosidase, v. 12 | p. 342	
3.2.1.22	α-galactoside galactohydrolase, α-galactosidase, v. 12 | p. 342	
3.2.1.23	β-D-galactoside galactohydrolase, β-galactosidase, v. 12 | p. 368	
2.3.1.18	galactoside O-acetyltransferase, galactoside O-acetyltransferase, v. 29 | p. 385	
2.3.1.18	galactoside transacetylase, galactoside O-acetyltransferase, v. 29 | p. 385	
2.4.1.211	D-galactosyl-β1,3-N-acetyl-D-hexosamine phosphorylase, 1,3-β-galactosyl-N-acetylhexosamine phosphorylase, v. 32 | p. 555	
3.2.1.97	D-galactosyl-N-acetyl-α-D-galactosamine D-galactosyl-N-acetylgalactosaminohydrolase, glycopeptide α-N-acetylgalactosaminidase, v. 13 | p. 371	
2.4.1.87	β-D-galactosyl-N-acetylglucosaminylglycopeptide α-1,3-galactosyltransferase, N-acetyllactosaminide 3-α-galactosyltransferase, v. 31 | p. 612	
2.4.1.211	1,3-β-galactosyl-N-acetylhexosamine phosphorylase, 1,3-β-galactosyl-N-acetylhexosamine phosphorylase, v. 32 | p. 555	
2.7.8.6	galactosyl-P-P-undecaprenol synthetase, undecaprenyl-phosphate galactose phosphotransferase, v. 39 | p. 48	
2.4.1.23	galactosyl-sphingosine transferase, sphingosine β-galactosyltransferase, v. 31 | p. 270	
3.2.1.46	Galactosylceramidase, galactosylceramidase, v. 12 | p. 625	
3.2.1.46	β-galactosylceramidase, galactosylceramidase, v. 12 | p. 625	
3.2.1.46	galactosylceramidase I, galactosylceramidase, v. 12 | p. 625	
3.2.1.46	galactosylceramide β-galactosidase, galactosylceramidase, v. 12 | p. 625	
2.8.2.11	galactosylceramide 3'-sulfotransferase, galactosylceramide sulfotransferase, v. 39 | p. 367	
2.8.2.11	galactosylceramide sulfotransferase, galactosylceramide sulfotransferase, v. 39 | p. 367	
3.2.1.46	galactosylcerebrosidase, galactosylceramidase, v. 12 | p. 625	
2.4.1.79	galactosylgalactosylglucosylceramide β-D-acetylgalactosaminyltransferase, globotriaosylceramide 3-β-N-acetylgalactosaminyltransferase, v. 31 | p. 567	
2.4.1.66	galactosylhydroxylysine glucosyltransferase, procollagen glucosyltransferase, v. 31 | p. 502	
2.4.1.66	galactosylhydroxylysyl glucosyltransferase, procollagen glucosyltransferase, v. 31 | p. 502	
2.7.8.18	galactosyl phosphotransferase, UDP-galactose-UDP-N-acetylglucosamine galactose phosphotransferase, v. 39 | p. 124	
2.4.1.133	galactosyltranferase I, xylosylprotein 4-β-galactosyltransferase, v. 32 | p. 221	
2.4.1.205	1,6-D-galactosyltransferase, galactogen 6β-galactosyltransferase, v. 32 | p. 515	
2.4.1.228	α 1-4 galactosyltransferase, lactosylceramide 4-α-galactosyltransferase, v. 32 | p. 622	
2.4.1.37	α(1-3)galactosyltransferase, fucosylgalactoside 3-α-galactosyltransferase, v. 31 | p. 344	
2.4.1.37	α-(1-3)-galactosyltransferase, fucosylgalactoside 3-α-galactosyltransferase, v. 31 | p. 344	
2.4.1.69	α-(1->/2)-L-galactosyltransferase, galactoside 2-α-L-fucosyltransferase, v. 31 | p. 532	
2.4.1.87	α-1,3-galactosyltransferase, N-acetyllactosaminide 3-α-galactosyltransferase, v. 31 | p. 612	
2.4.1.87	α-1,3galactosyltransferase, N-acetyllactosaminide 3-α-galactosyltransferase, v. 31 | p. 612	
2.4.1.87	α-D-galactosyltransferase, N-acetyllactosaminide 3-α-galactosyltransferase, v. 31 | p. 612	
2.4.1.87	α-galactosyltransferase, N-acetyllactosaminide 3-α-galactosyltransferase, v. 31 | p. 612	
2.4.1.87	α1,3galactosyltransferase, N-acetyllactosaminide 3-α-galactosyltransferase, v. 31 | p. 612	
2.4.1.228	α1,4-galactosyltransferase, lactosylceramide 4-α-galactosyltransferase, v. 32 | p. 622	
2.4.1.87	α3-galactosyltransferase, N-acetyllactosaminide 3-α-galactosyltransferase, v. 31 | p. 612	
2.4.1.62	β 1,3-galactosyltransferase, ganglioside galactosyltransferase, v. 31 | p. 471	
2.4.1.90	β(1,4)-galactosyltransferase, N-acetyllactosamine synthase, v. 32 | p. 1	
2.4.1.38	β(1,4)-galactosyltransferase, β-N-acetylglucosaminylglycopeptide β-1,4-galactosyltransferase, v. 31 | p. 353	

2.4.1.90	β(1-4)galactosyltransferase, N-acetyllactosamine synthase, v. 32 | p. 1
2.4.1.205	β-(1-6)-D-galactosyltransferase, galactogen 6β-galactosyltransferase, v. 32 | p. 515
2.4.1.90	β-1,4-galactosyltransferase, N-acetyllactosamine synthase, v. 32 | p. 1
2.4.1.38	β-1,4-galactosyltransferase, β-N-acetylglucosaminylglycopeptide β-1,4-galactosyltransferase, v. 31 | p. 353
2.4.1.22	β-1,4-galactosyltransferase, lactose synthase, v. 31 | p. 264
2.4.1.122	β-galactosyltransferase, glycoprotein-N-acetylgalactosamine 3-β-galactosyltransferase, v. 32 | p. 174
2.4.1.90	β1,4-galactosyltransferase, N-acetyllactosamine synthase, v. 32 | p. 1
2.4.1.38	β1,4-galactosyltransferase, β-N-acetylglucosaminylglycopeptide β-1,4-galactosyltransferase, v. 31 | p. 353
2.4.1.22	β1,4-galactosyltransferase, lactose synthase, v. 31 | p. 264
2.4.1.90	β1-4-galactosyltransferase, N-acetyllactosamine synthase, v. 32 | p. 1
2.4.1.38	β1-4-galactosyltransferase, β-N-acetylglucosaminylglycopeptide β-1,4-galactosyltransferase, v. 31 | p. 353
2.4.1.67	galactosyltransferase, galactinol-raffinose, galactinol-raffinose galactosyltransferase, v. 31 | p. 515
2.4.1.82	galactosyltransferase, galactinol-sucrose, galactinol-sucrose galactosyltransferase, v. 31 | p. 587
2.4.1.184	galactosyltransferase, galactolipid-galactolipid, galactolipid galactosyltransferase, v. 32 | p. 440
2.4.1.96	galactosyltransferase, glycerol 3-phosphate 1α-, sn-glycerol-3-phosphate 1-galactosyltransferase, v. 32 | p. 49
2.4.1.44	galactosyltransferase, lipopolysaccharide α, 3-, lipopolysaccharide 3-α-galactosyltransferase, v. 31 | p. 412
2.4.1.166	galactosyltransferase, raffinose (raffinose donor), raffinose-raffinose α-galactosyltransferase, v. 32 | p. 373
2.4.1.46	galactosyltransferase, uridine diphosphogalactose-1,2-diacylglycerol, monogalactosyldiacylglycerol synthase, v. 31 | p. 422
2.4.1.45	galactosyltransferase, uridine diphosphogalactose-2-hydroxyacylsphingosine, 2-hydroxyacylsphingosine 1-β-galactosyltransferase, v. 31 | p. 415
2.4.1.86	galactosyltransferase, uridine diphosphogalactose-acetyl-glucosaminylgalactosylglucosylceramide, glucosaminylgalactosylglucosylceramide β-galactosyltransferase, v. 31 | p. 608
2.4.1.90	galactosyltransferase, uridine diphosphogalactose-acetylglucosamine, N-acetyllactosamine synthase, v. 32 | p. 1
2.4.1.38	galactosyltransferase, uridine diphosphogalactose-acetylglucosamine, β-N-acetylglucosaminylglycopeptide β-1,4-galactosyltransferase, v. 31 | p. 353
2.4.1.87	galactosyltransferase, uridine diphosphogalactose-acetyllactosamine, N-acetyllactosaminide 3-α-galactosyltransferase, v. 31 | p. 612
2.4.1.87	galactosyltransferase, uridine diphosphogalactose-acetyllactosamine α1→3-, N-acetyllactosaminide 3-α-galactosyltransferase, v. 31 | p. 612
2.4.1.47	galactosyltransferase, uridine diphosphogalactose-acylsphingosine, N-acylsphingosine galactosyltransferase, v. 31 | p. 429
2.4.1.62	galactosyltransferase, uridine diphosphogalactose-ceramide, ganglioside galactosyltransferase, v. 31 | p. 471
2.4.1.50	galactosyltransferase, uridine diphosphogalactose-collagen, procollagen galactosyltransferase, v. 31 | p. 439
2.4.1.234	galactosyltransferase, uridine diphosphogalactose-flavonol 3-O-, kaempferol 3-O-galactosyltransferase, v. S2 | p. 153
2.4.1.205	galactosyltransferase, uridine diphosphogalactose-galactogen, galactogen 6β-galactosyltransferase, v. 32 | p. 515
2.4.1.87	galactosyltransferase, uridine diphosphogalactose-galactosylacetylglucosamine α-1,3-, N-acetyllactosaminide 3-α-galactosyltransferase, v. 31 | p. 612
2.4.1.87	galactosyltransferase, uridine diphosphogalactose-galactosylacetylglucosaminylgalactosylglucosylceramide, N-acetyllactosaminide 3-α-galactosyltransferase, v. 31 | p. 612

2.4.1.134	galactosyltransferase, uridine diphosphogalactose-galactosylxylose, galactosylxylosylprotein 3-β-galactosyltransferase, v. 32 | p. 227
2.4.1.156	galactosyltransferase, uridine diphosphogalactose-indolylacetylinositol, indolylacetyl-myo-inositol galactosyltransferase, v. 32 | p. 342
2.4.1.123	galactosyltransferase, uridine diphosphogalactose-inositol, inositol 3-α-galactosyltransferase, v. 32 | p. 182
2.4.1.228	galactosyltransferase, uridine diphosphogalactose-lactosylceramide, lactosylceramide 4-α-galactosyltransferase, v. 32 | p. 622
2.4.1.179	galactosyltransferase, uridine diphosphogalactose-lactosylceramide β1-3-, lactosylceramide β-1,3-galactosyltransferase, v. 32 | p. 423
2.4.1.228	galactosyltransferase, uridine diphosphogalactose-lactosylceramide α1-4-, lactosylceramide 4-α-galactosyltransferase, v. 32 | p. 622
2.4.1.44	galactosyltransferase, uridine diphosphogalactose-lipopolysaccharide α,3-, lipopolysaccharide 3-α-galactosyltransferase, v. 31 | p. 412
2.4.1.122	galactosyltransferase, uridine diphosphogalactose-mucin β-(1-3)-, glycoprotein-N-acetylgalactosamine 3-β-galactosyltransferase, v. 32 | p. 174
2.4.1.74	galactosyltransferase, uridine diphosphogalactose-mucopolysaccharide, glycosaminoglycan galactosyltransferase, v. 31 | p. 558
2.4.1.23	galactosyltransferase, uridine diphosphogalactose-sphingosine β-, sphingosine β-galactosyltransferase, v. 31 | p. 270
2.4.1.167	galactosyltransferase, uridine diphosphogalactose-sucrose 6F-α-, sucrose 6F-α-galactosyltransferase, v. 32 | p. 375
2.4.1.133	galactosyltransferase, uridine diphosphogalactose-xylose, xylosylprotein 4-β-galactosyltransferase, v. 32 | p. 221
2.4.1.90	β-1,4-galactosyltransferase-1, N-acetyllactosamine synthase, v. 32 | p. 1
2.4.1.90	β1,4-galactosyltransferase-1, N-acetyllactosamine synthase, v. 32 | p. 1
2.4.1.38	β1,4-galactosyltransferase-1, β-N-acetylglucosaminylglycopeptide β-1,4-galactosyltransferase, v. 31 | p. 353
2.4.1.22	β1,4-galactosyltransferase-1, lactose synthase, v. 31 | p. 264
2.4.1.38	β-1,4-galactosyltransferase-I, β-N-acetylglucosaminylglycopeptide β-1,4-galactosyltransferase, v. 31 | p. 353
2.4.1.90	β1,4-galactosyltransferase-I, N-acetyllactosamine synthase, v. 32 | p. 1
2.4.1.38	β1,4-galactosyltransferase-I, β-N-acetylglucosaminylglycopeptide β-1,4-galactosyltransferase, v. 31 | p. 353
2.4.1.38	β 1,4-galactosyltransferase 1, β-N-acetylglucosaminylglycopeptide β-1,4-galactosyltransferase, v. 31 | p. 353
2.4.1.38	β1,4-galactosyltransferase 1, β-N-acetylglucosaminylglycopeptide β-1,4-galactosyltransferase, v. 31 | p. 353
2.4.1.133	β1,4-galactosyltransferase 7, xylosylprotein 4-β-galactosyltransferase, v. 32 | p. 221
2.4.1.133	β4-galactosyltransferase 7, xylosylprotein 4-β-galactosyltransferase, v. 32 | p. 221
2.7.11.22	galactosyltransferase associated protein kinase p58/GTA, cyclin-dependent kinase, v. S4 | p. 156
2.4.1.38	α-1,4-galactosyltransferase I, β-N-acetylglucosaminylglycopeptide β-1,4-galactosyltransferase, v. 31 | p. 353
2.4.1.90	β 1,4 galactosyltransferase I, N-acetyllactosamine synthase, v. 32 | p. 1
2.4.1.38	β-1,4 galactosyltransferase I, β-N-acetylglucosaminylglycopeptide β-1,4-galactosyltransferase, v. 31 | p. 353
2.4.1.133	β-1,4-galactosyltransferase I, xylosylprotein 4-β-galactosyltransferase, v. 32 | p. 221
2.4.1.38	β1,4-galactosyltransferase I, β-N-acetylglucosaminylglycopeptide β-1,4-galactosyltransferase, v. 31 | p. 353
2.4.1.133	β4galactosyltransferase I, xylosylprotein 4-β-galactosyltransferase, v. 32 | p. 221
2.4.1.133	galactosyltransferase I, xylosylprotein 4-β-galactosyltransferase, v. 32 | p. 221
2.4.1.90	β1,4-galactosyltransferase II, N-acetyllactosamine synthase, v. 32 | p. 1
2.4.1.134	galactosyltransferase II, galactosylxylosylprotein 3-β-galactosyltransferase, v. 32 | p. 227
2.4.1.90	β-1,4-galactosyltransferase IV, N-acetyllactosamine synthase, v. 32 | p. 1

β-1,4-galactosyltransferase IV

2.4.1.38	β-1,4-galactosyltransferase IV, β-N-acetylglucosaminylglycopeptide β-1,4-galactosyltransferase, v. 31 | p. 353
2.4.1.38	β-1,4 galactosyltransferase V, β-N-acetylglucosaminylglycopeptide β-1,4-galactosyltransferase, v. 31 | p. 353
2.4.1.38	β1,4-galactosyltransferase V, β-N-acetylglucosaminylglycopeptide β-1,4-galactosyltransferase, v. 31 | p. 353
2.4.1.133	β1,4-galactosyltransferase VII, xylosylprotein 4-β-galactosyltransferase, v. 32 | p. 221
2.4.1.96	galactosyltransferse, uridine diphosphogalactose-glycerol phosphate, sn-glycerol-3-phosphate 1-galactosyltransferase, v. 32 | p. 49
5.1.3.2	Galactowaldenase, UDP-glucose 4-epimerase, v. 1 | p. 97
3.2.1.67	Galacturan 1,4-α-galacturonidase, galacturan 1,4-α-galacturonidase, v. 13 | p. 195
3.2.1.15	D-galacturonase, polygalacturonase, v. 12 | p. 208
2.7.1.44	D-galacturonic acid kinase, galacturonokinase, v. 36 | p. 76
2.4.1.43	α-1,4-galacturonosyltransferase, polygalacturonate 4-α-galacturonosyltransferase, v. 31 | p. 407
2.4.1.43	galacturonosyltransferase, uridine diphosphogalacturonate-polygalacturonate α-, polygalacturonate 4-α-galacturonosyltransferase, v. 31 | p. 407
3.2.1.23	β-galase, β-galactosidase, v. 12 | p. 368
2.4.1.43	GalAT, polygalacturonate 4-α-galacturonosyltransferase, v. 31 | p. 407
3.2.1.89	GALB, arabinogalactan endo-1,4-β-galactosidase, v. 13 | p. 319
3.2.1.46	GALC, galactosylceramidase, v. 12 | p. 625
4.2.1.42	GalcD, Galactarate dehydratase, v. 4 | p. 484
3.2.1.46	galcerase, galactosylceramidase, v. 12 | p. 625
1.3.2.3	GALDH, L-galactonolactone dehydrogenase, v. 21 | p. 342
4.1.1.39	Galdieria Rubisco, Ribulose-bisphosphate carboxylase, v. 3 | p. 244
5.1.3.2	GalE, UDP-glucose 4-epimerase, v. 1 | p. 97
3.1.1.5	Galectin-10, lysophospholipase, v. 9 | p. 82
2.4.1.211	GalHexNAcP, 1,3-β-galactosyl-N-acetylhexosamine phosphorylase, v. 32 | p. 555
5.3.1.4	gali 152, L-Arabinose isomerase, v. 1 | p. 254
5.3.1.4	gali 153, L-Arabinose isomerase, v. 1 | p. 254
3.2.1.22	α-Gal II, α-galactosidase, v. 12 | p. 342
3.2.1.23	β-Gal II, β-galactosidase, v. 12 | p. 368
3.2.1.22	α-Gal III, α-galactosidase, v. 12 | p. 342
2.7.1.6	GALK, galactokinase, v. 35 | p. 144
2.7.1.6	GALK1, galactokinase, v. 35 | p. 144
2.7.1.157	GALK2, N-acetylgalactosamine kinase, v. S2 | p. 268
1.3.2.3	GalLDH, L-galactonolactone dehydrogenase, v. 21 | p. 342
1.3.2.3	L-GalLDH, L-galactonolactone dehydrogenase, v. 21 | p. 342
4.1.1.59	Gallic acid decarboxylase, Gallate decarboxylase, v. 3 | p. 344
3.1.1.20	gallotannin-degrading esterase, tannase, v. 9 | p. 187
2.3.1.90	galloyltransferase, β-glucogallin O-galloyltransferase, v. 30 | p. 168
2.3.1.143	galloyltransferase, β-glucogallin-tetragalloylglucose 4-, β-glucogallin-tetrakisgalloylglucose O-galloyltransferase, v. 30 | p. 376
3.2.1.49	α-GalNAc, α-N-acetylgalactosaminidase, v. 13 | p. 10
2.4.1.41	GalNAc-T, polypeptide N-acetylgalactosaminyltransferase, v. 31 | p. 384
2.4.1.79	β1,3GalNAc-T, globotriaosylceramide 3-β-N-acetylgalactosaminyltransferase, v. 31 | p. 567
2.4.1.165	β4GalNAc-T, N-acetylneuraminylgalactosylglucosylceramide β-1,4-N-acetylgalactosaminyltransferase, v. 32 | p. 368
2.4.1.41	GalNAc-T1, polypeptide N-acetylgalactosaminyltransferase, v. 31 | p. 384
2.4.1.92	β4GalNAc-T1, (N-acetylneuraminyl)-galactosylglucosylceramide N-acetylgalactosaminyltransferase, v. 32 | p. 30
2.4.1.41	GalNAc-T11, polypeptide N-acetylgalactosaminyltransferase, v. 31 | p. 384
2.4.1.41	GalNAc-T14, polypeptide N-acetylgalactosaminyltransferase, v. 31 | p. 384
2.4.1.41	GalNAc-T2, polypeptide N-acetylgalactosaminyltransferase, v. 31 | p. 384
2.4.1.41	GalNAc-T3, polypeptide N-acetylgalactosaminyltransferase, v. 31 | p. 384

β-1,4-GalT

2.4.1.244	β4GalNAc-T3, N-acetyl-β-glucosaminyl-glycoprotein 4-β-N-acetylgalactosaminyltransferase, v. S2	p. 201
2.4.1.41	GalNAc-T4, polypeptide N-acetylgalactosaminyltransferase, v. 31	p. 384
2.4.1.244	β4GalNAc-T4, N-acetyl-β-glucosaminyl-glycoprotein 4-β-N-acetylgalactosaminyltransferase, v. S2	p. 201
2.4.1.92	βGalNAc-T4, (N-acetylneuraminyl)-galactosylglucosylceramide N-acetylgalactosaminyltransferase, v. 32	p. 30
2.4.1.41	GalNAc-T6, polypeptide N-acetylgalactosaminyltransferase, v. 31	p. 384
2.4.1.41	GalNAc-transferase, polypeptide N-acetylgalactosaminyltransferase, v. 31	p. 384
2.8.2.33	GalNAc 4-sulfate 6-O-sulfotransferase, N-acetylgalactosamine 4-sulfate 6-O-sulfotransferase, v. S4	p. 489
2.8.2.33	GalNAc4S-6ST, N-acetylgalactosamine 4-sulfate 6-O-sulfotransferase, v. S4	p. 489
2.8.2.33	GALNAC4S-6ST/BRAG, N-acetylgalactosamine 4-sulfate 6-O-sulfotransferase, v. S4	p. 489
2.8.2.33	GalNAc4S 6-O-sulfotransferase, N-acetylgalactosamine 4-sulfate 6-O-sulfotransferase, v. S4	p. 489
3.1.6.4	GalNAc6S sulfatase, N-acetylgalactosamine-6-sulfatase, v. 11	p. 267
2.7.1.157	GalNAc kinase, N-acetylgalactosamine kinase, v. S2	p. 268
2.4.1.92	GalNAcT, (N-acetylneuraminyl)-galactosylglucosylceramide N-acetylgalactosaminyltransferase, v. 32	p. 30
2.4.1.92	β4GalNAcT, (N-acetylneuraminyl)-galactosylglucosylceramide N-acetylgalactosaminyltransferase, v. 32	p. 30
2.4.1.244	β4GalNAcT, N-acetyl-β-glucosaminyl-glycoprotein 4-β-N-acetylgalactosaminyltransferase, v. S2	p. 201
2.4.1.92	β4GalNAcT-II, (N-acetylneuraminyl)-galactosylglucosylceramide N-acetylgalactosaminyltransferase, v. 32	p. 30
2.4.1.244	β4GalNAcT-II, N-acetyl-β-glucosaminyl-glycoprotein 4-β-N-acetylgalactosaminyltransferase, v. S2	p. 201
2.4.1.165	β4GalNAcT-II, N-acetylneuraminylgalactosylglucosylceramide β-1,4-N-acetylgalactosaminyltransferase, v. 32	p. 368
2.4.1.38	GalNAcT2, β-N-acetylglucosaminylglycopeptide β-1,4-galactosyltransferase, v. 31	p. 353
2.4.1.92	β4GalNAcTA, (N-acetylneuraminyl)-galactosylglucosylceramide N-acetylgalactosaminyltransferase, v. 32	p. 30
2.4.1.244	β4GalNAcTA, N-acetyl-β-glucosaminyl-glycoprotein 4-β-N-acetylgalactosaminyltransferase, v. S2	p. 201
2.4.1.244	β4GalNAcTB, N-acetyl-β-glucosaminyl-glycoprotein 4-β-N-acetylgalactosaminyltransferase, v. S2	p. 201
2.4.1.79	GalNAc transferase, globotriaosylceramide 3-β-N-acetylgalactosaminyltransferase, v. 31	p. 567
2.4.1.41	GalNAc transferase, polypeptide N-acetylgalactosaminyltransferase, v. 31	p. 384
3.1.6.4	GALNS, N-acetylgalactosamine-6-sulfatase, v. 11	p. 267
2.5.1.5	GALNS, galactose-6-sulfurylase, v. 33	p. 421
2.4.1.223	Galntl-1, glucuronyl-galactosyl-proteoglycan 4-α-N-acetylglucosaminyltransferase, v. 32	p. 602
4.2.1.42	GalrD, Galactarate dehydratase, v. 4	p. 484
3.2.1.22	GalS, α-galactosidase, v. 12	p. 342
2.4.1.38	4βGalT, β-N-acetylglucosaminylglycopeptide β-1,4-galactosyltransferase, v. 31	p. 353
2.4.1.90	GALT, N-acetyllactosamine synthase, v. 32	p. 1
2.7.7.12	GALT, UDP-glucose-hexose-1-phosphate uridylyltransferase, v. 38	p. 188
2.7.7.10	GALT, UTP-hexose-1-phosphate uridylyltransferase, v. 38	p. 181
2.4.1.38	GALT, β-N-acetylglucosaminylglycopeptide β-1,4-galactosyltransferase, v. 31	p. 353
2.4.1.69	a-(1->/2)-L-GalT, galactoside 2-α-L-fucosyltransferase, v. 31	p. 532
2.4.1.87	α1,3GalT, N-acetyllactosaminide 3-α-galactosyltransferase, v. 31	p. 612
2.4.1.38	β(1,4)-GalT, β-N-acetylglucosaminylglycopeptide β-1,4-galactosyltransferase, v. 31	p. 353
2.4.1.90	β-1,4-GalT, N-acetyllactosamine synthase, v. 32	p. 1

2.4.1.38	β-1,4-GalT, β-N-acetylglucosaminylglycopeptide β-1,4-galactosyltransferase, v. 31	p. 353
2.4.1.184	β-GalT, galactolipid galactosyltransferase, v. 32	p. 440
2.4.1.22	β-GalT, lactose synthase, v. 31	p. 264
2.4.1.90	β1-4GalT, N-acetyllactosamine synthase, v. 32	p. 1
2.4.1.38	β1-4GalT, β-N-acetylglucosaminylglycopeptide β-1,4-galactosyltransferase, v. 31	p. 353
2.4.1.90	β4GalT, N-acetyllactosamine synthase, v. 32	p. 1
2.4.1.38	β4GalT, β-N-acetylglucosaminylglycopeptide β-1,4-galactosyltransferase, v. 31	p. 353
2.4.1.38	βGalT, β-N-acetylglucosaminylglycopeptide β-1,4-galactosyltransferase, v. 31	p. 353
2.4.1.90	β[1-4]GalT, N-acetyllactosamine synthase, v. 32	p. 1
2.4.1.38	βGalT-1, β-N-acetylglucosaminylglycopeptide β-1,4-galactosyltransferase, v. 31	p. 353
2.4.1.62	GalT-3, ganglioside galactosyltransferase, v. 31	p. 471
2.4.1.86	GalT-4, glucosaminylgalactosylglucosylceramide β-galactosyltransferase, v. 31	p. 608
2.4.1.86	β1,4GalT-4, glucosaminylgalactosylglucosylceramide β-galactosyltransferase, v. 31	p. 608
2.4.1.133	β4GalT-7, xylosylprotein 4-β-galactosyltransferase, v. 32	p. 221
2.4.1.133	GalT-I, xylosylprotein 4-β-galactosyltransferase, v. 32	p. 221
2.4.1.38	β-1,4-GalT-I, β-N-acetylglucosaminylglycopeptide β-1,4-galactosyltransferase, v. 31	p. 353
2.4.1.38	β4-GalT-I, β-N-acetylglucosaminylglycopeptide β-1,4-galactosyltransferase, v. 31	p. 353
2.4.1.38	β4-GalT-II, β-N-acetylglucosaminylglycopeptide β-1,4-galactosyltransferase, v. 31	p. 353
2.4.1.38	β4-GalT-III, β-N-acetylglucosaminylglycopeptide β-1,4-galactosyltransferase, v. 31	p. 353
2.4.1.38	β4-GalT-IV, β-N-acetylglucosaminylglycopeptide β-1,4-galactosyltransferase, v. 31	p. 353
2.4.1.38	β4-GalT-V, β-N-acetylglucosaminylglycopeptide β-1,4-galactosyltransferase, v. 31	p. 353
2.4.1.90	GalT1, N-acetyllactosamine synthase, v. 32	p. 1
2.4.1.38	GalT1, β-N-acetylglucosaminylglycopeptide β-1,4-galactosyltransferase, v. 31	p. 353
2.4.1.38	β4GalT1, β-N-acetylglucosaminylglycopeptide β-1,4-galactosyltransferase, v. 31	p. 353
2.4.1.90	βGALT1, N-acetyllactosamine synthase, v. 32	p. 1
2.4.1.38	βGALT1, β-N-acetylglucosaminylglycopeptide β-1,4-galactosyltransferase, v. 31	p. 353
2.4.1.179	GalT2, lactosylceramide β-1,3-galactosyltransferase, v. 32	p. 423
2.4.1.90	GalTase, N-acetyllactosamine synthase, v. 32	p. 1
2.4.1.38	GalTase, β-N-acetylglucosaminylglycopeptide β-1,4-galactosyltransferase, v. 31	p. 353
2.4.1.90	GalTase-I, N-acetyllactosamine synthase, v. 32	p. 1
2.7.7.12	GALT enzyme, UDP-glucose-hexose-1-phosphate uridylyltransferase, v. 38	p. 188
2.4.1.38	GalT I, β-N-acetylglucosaminylglycopeptide β-1,4-galactosyltransferase, v. 31	p. 353
2.4.1.38	β-1,4-GalT I, β-N-acetylglucosaminylglycopeptide β-1,4-galactosyltransferase, v. 31	p. 353
2.4.1.134	β3GalT I, galactosylxylosylprotein 3-β-galactosyltransferase, v. 32	p. 227
2.4.1.90	β 1,4GalT II, N-acetyllactosamine synthase, v. 32	p. 1
2.4.1.90	β1,4GalT II, N-acetyllactosamine synthase, v. 32	p. 1
2.4.1.134	β3GalT II, galactosylxylosylprotein 3-β-galactosyltransferase, v. 32	p. 227
2.4.1.134	β3GalT IV, galactosylxylosylprotein 3-β-galactosyltransferase, v. 32	p. 227
2.4.1.38	GalT V, β-N-acetylglucosaminylglycopeptide β-1,4-galactosyltransferase, v. 31	p. 353
2.4.1.38	β 1,4GalT V, β-N-acetylglucosaminylglycopeptide β-1,4-galactosyltransferase, v. 31	p. 353
2.4.1.38	β-1,4-GalT V, β-N-acetylglucosaminylglycopeptide β-1,4-galactosyltransferase, v. 31	p. 353
2.4.1.134	β3GalT V, galactosylxylosylprotein 3-β-galactosyltransferase, v. 32	p. 227
2.4.1.134	β3GalT VI, galactosylxylosylprotein 3-β-galactosyltransferase, v. 32	p. 227
2.7.7.9	GalU, UTP-glucose-1-phosphate uridylyltransferase, v. 38	p. 163
3.2.1.3	GAM, glucan 1,4-α-glucosidase, v. 12	p. 59
2.3.2.2	gama-glutamyl transpeptidase, γ-glutamyltransferase, v. 30	p. 469
3.4.24.38	Gamete autolysin, gametolysin, v. 8	p. 416
3.4.24.38	Gamete lytic enzyme, gametolysin, v. 8	p. 416
2.1.1.2	GA methylpherase, guanidinoacetate N-methyltransferase, v. 28	p. 6
3.4.24.38	Gametolysin, gametolysin, v. 8	p. 416
2.1.1.2	GAMT, guanidinoacetate N-methyltransferase, v. 28	p. 6
3.2.1.49	GANA-1, α-N-acetylgalactosaminidase, v. 13	p. 10
3.2.1.49	GANA-I, α-N-acetylgalactosaminidase, v. 13	p. 10
3.2.1.18	ganglioside-specific sialidase, exo-α-sialidase, v. 12	p. 244

2.4.99.8	ganglioside GD3 synthase, α-N-acetylneuraminate α-2,8-sialyltransferase, v. 33 | p. 371	
2.4.99.8	ganglioside GD3 synthetase, α-N-acetylneuraminate α-2,8-sialyltransferase, v. 33 | p. 371	
2.4.1.92	ganglioside GM2 synthase, (N-acetylneuraminyl)-galactosylglucosylceramide N-acetylgalactosaminyltransferase, v. 32 | p. 30	
2.4.1.92	ganglioside GM3 acetylgalactosaminyltransferase, (N-acetylneuraminyl)-galactosylglucosylceramide N-acetylgalactosaminyltransferase, v. 32 | p. 30	
2.4.99.9	Ganglioside GM3 synthase, lactosylceramide α-2,3-sialyltransferase, v. 33 | p. 378	
2.4.99.9	ganglioside GM3 synthetase, lactosylceramide α-2,3-sialyltransferase, v. 33 | p. 378	
2.4.99.8	ganglioside GT3 synthase, α-N-acetylneuraminate α-2,8-sialyltransferase, v. 33 | p. 371	
3.2.1.18	Ganglioside sialidase, exo-α-sialidase, v. 12 | p. 244	
3.4.23.32	Ganoderma lucidum carboxyl proteinase, Scytalidopepsin B, v. 8 | p. 147	
1.1.3.9	GAO, galactose oxidase, v. 19 | p. 84	
3.4.11.7	GAP, glutamyl aminopeptidase, v. 6 | p. 102	
3.6.3.21	GAP1, polar-amino-acid-transporting ATPase, v. 15 | p. 633	
3.6.3.21	gap1 gene product, polar-amino-acid-transporting ATPase, v. 15 | p. 633	
3.6.3.21	Gap1p, polar-amino-acid-transporting ATPase, v. 15 | p. 633	
1.2.1.72	gap2, erythrose-4-phosphate dehydrogenase, v. S1 | p. 171	
1.2.1.13	GapA, glyceraldehyde-3-phosphate dehydrogenase (NADP+) (phosphorylating), v. 20 | p. 163	
1.2.1.12	GapA, glyceraldehyde-3-phosphate dehydrogenase (phosphorylating), v. 20 | p. 135	
1.2.1.13	GapA-1, glyceraldehyde-3-phosphate dehydrogenase (NADP+) (phosphorylating), v. 20 | p. 163	
1.2.1.72	GapB, erythrose-4-phosphate dehydrogenase, v. S1 | p. 171	
1.2.1.13	GapB, glyceraldehyde-3-phosphate dehydrogenase (NADP+) (phosphorylating), v. 20 | p. 163	
1.2.1.12	GapB, glyceraldehyde-3-phosphate dehydrogenase (phosphorylating), v. 20 | p. 135	
1.2.1.72	gapB-encoded dehydrogenase, erythrose-4-phosphate dehydrogenase, v. S1 | p. 171	
1.2.1.72	GapB-encoded protein, erythrose-4-phosphate dehydrogenase, v. S1 | p. 171	
1.2.1.12	GAPC, glyceraldehyde-3-phosphate dehydrogenase (phosphorylating), v. 20 | p. 135	
1.2.1.12	GapC1, glyceraldehyde-3-phosphate dehydrogenase (phosphorylating), v. 20 | p. 135	
1.2.1.12	GapC2, glyceraldehyde-3-phosphate dehydrogenase (phosphorylating), v. 20 | p. 135	
1.2.1.13	GAPD, glyceraldehyde-3-phosphate dehydrogenase (NADP+) (phosphorylating), v. 20 | p. 163	
1.2.1.12	GAPD, glyceraldehyde-3-phosphate dehydrogenase (phosphorylating), v. 20 | p. 135	
1.2.1.9	GAP dehydrogenase, glyceraldehyde-3-phosphate dehydrogenase (NADP+), v. 20 | p. 108	
1.2.1.59	GAPDH, glyceraldehyde-3-phosphate dehydrogenase (NAD(P)+) (phosphorylating), v. 20 | p. 378	
1.2.1.9	GAPDH, glyceraldehyde-3-phosphate dehydrogenase (NADP+), v. 20 | p. 108	
1.2.1.13	GAPDH, glyceraldehyde-3-phosphate dehydrogenase (NADP+) (phosphorylating), v. 20 | p. 163	
1.2.1.12	GAPDH, glyceraldehyde-3-phosphate dehydrogenase (phosphorylating), v. 20 | p. 135	
1.2.1.9	GAPDH (A4), glyceraldehyde-3-phosphate dehydrogenase (NADP+), v. 20 | p. 108	
1.2.1.13	GAPDH (A4), glyceraldehyde-3-phosphate dehydrogenase (NADP+) (phosphorylating), v. 20 | p. 163	
1.2.1.12	GAPDH1, glyceraldehyde-3-phosphate dehydrogenase (phosphorylating), v. 20 | p. 135	
1.2.1.59	GAPDH2, glyceraldehyde-3-phosphate dehydrogenase (NAD(P)+) (phosphorylating), v. 20 | p. 378	
1.2.1.12	GAPDH2, glyceraldehyde-3-phosphate dehydrogenase (phosphorylating), v. 20 | p. 135	
1.2.1.9	GAPDHN, glyceraldehyde-3-phosphate dehydrogenase (NADP+), v. 20 | p. 108	
1.2.1.12	GAPDS, glyceraldehyde-3-phosphate dehydrogenase (phosphorylating), v. 20 | p. 135	
1.2.1.9	GAPN, glyceraldehyde-3-phosphate dehydrogenase (NADP+), v. 20 | p. 108	
1.2.1.12	GAPN, glyceraldehyde-3-phosphate dehydrogenase (phosphorylating), v. 20 | p. 135	
1.2.7.6	GAPOR, glyceraldehyde-3-phosphate dehydrogenase (ferredoxin), v. S1 | p. 203	
3.1.3.44	GAPP, [acetyl-CoA carboxylase]-phosphatase, v. 10 | p. 389	
6.3.4.13	GAR-syn, phosphoribosylamine-glycine ligase, v. 2 | p. 626	

2.1.2.2	GAR formyltransferase, phosphoribosylglycinamide formyltransferase, v. 29 | p. 19	
2.1.2.2	GARFT, phosphoribosylglycinamide formyltransferase, v. 29 | p. 19	
2.1.2.2	GARFTase, phosphoribosylglycinamide formyltransferase, v. 29 | p. 19	
6.1.1.14	GARS, glycine-tRNA ligase, v. 2 | p. 101	
6.3.4.13	GARS, phosphoribosylamine-glycine ligase, v. 2 | p. 626	
6.3.4.13	GARSase, phosphoribosylamine-glycine ligase, v. 2 | p. 626	
6.3.4.13	GAR synthetase, phosphoribosylamine-glycine ligase, v. 2 | p. 626	
2.1.2.2	GAR synthetase, phosphoribosylglycinamide formyltransferase, v. 29 | p. 19	
2.1.2.2	GART, phosphoribosylglycinamide formyltransferase, v. 29 | p. 19	
2.1.2.2	GAR TFase, phosphoribosylglycinamide formyltransferase, v. 29 | p. 19	
2.1.2.2	GAR transformylase, phosphoribosylglycinamide formyltransferase, v. 29 | p. 19	
2.1.2.2	GART synthetase, phosphoribosylglycinamide formyltransferase, v. 29 | p. 19	
4.2.3.23	GAS, germacrene-A synthase, v. S7 | p. 301	
3.1.6.18	GAS, glucuronate-2-sulfatase, v. 11 | p. 330	
2.7.11.26	Gasket protein, τ-protein kinase, v. S4 | p. 303	
4.2.3.23	GASlo, germacrene-A synthase, v. S7 | p. 301	
4.2.3.23	GASsh, germacrene-A synthase, v. S7 | p. 301	
3.6.3.10	gastric (H+, K+)-ATPase, H+/K+-exchanging ATPase, v. 15 | p. 581	
1.1.1.1	Gastric alcohol dehydrogenase, alcohol dehydrogenase, v. 16 | p. 1	
3.1.6.12	gastric chondrosulfohydrolase, N-acetylgalactosamine-4-sulfatase, v. 11 | p. 300	
3.6.3.10	gastric H+,K+-ATPase, H+/K+-exchanging ATPase, v. 15 | p. 581	
3.6.3.10	gastric H+/K+-ATPase, H+/K+-exchanging ATPase, v. 15 | p. 581	
3.6.3.10	gastric H+K+-ATPase, H+/K+-exchanging ATPase, v. 15 | p. 581	
3.6.3.10	gastric H,K-ATPase, H+/K+-exchanging ATPase, v. 15 | p. 581	
3.6.3.10	gastric H/K-ATPase, H+/K+-exchanging ATPase, v. 15 | p. 581	
3.1.1.3	Gastric lipase, triacylglycerol lipase, v. 9 | p. 36	
3.4.23.34	gastric mucosa non-pepsin acid proteinase, Cathepsin E, v. 8 | p. 153	
1.11.1.9	Gastrointestinal glutathione peroxidase, glutathione peroxidase, v. 25 | p. 233	
2.3.1.18	GAT, galactoside O-acetyltransferase, v. 29 | p. 385	
2.3.1.15	GAT, glycerol-3-phosphate O-acyltransferase, v. 29 | p. 347	
2.1.4.1	GAT, glycine amidinotransferase, v. 29 | p. 151	
1.1.1.251	Gat1P-specific NAD-dependent dehydrogenase, galactitol-1-phosphate 5-dehydrogenase, v. 18 | p. 425	
6.3.5.6	GatCAB, asparaginyl-tRNA synthase (glutamine-hydrolysing), v. S7 | p. 628	
6.3.5.7	GatCAB, glutaminyl-tRNA synthase (glutamine-hydrolysing), v. S7 | p. 638	
6.3.5.7	GatCAB amidotransferase, glutaminyl-tRNA synthase (glutamine-hydrolysing), v. S7 | p. 638	
4.1.2.40	GatY, Tagatose-bisphosphate aldolase, v. 3 | p. 582	
2.4.1.43	GAUT1, polygalacturonate 4-α-galacturonosyltransferase, v. 31 | p. 407	
2.4.1.228	Gb3/CD77 synthase, lactosylceramide 4-α-galactosyltransferase, v. 32 | p. 622	
2.4.1.228	Gb3Cer synthase, lactosylceramide 4-α-galactosyltransferase, v. 32 | p. 622	
2.4.1.228	Gb3 galactosyltransferase, lactosylceramide 4-α-galactosyltransferase, v. 32 | p. 622	
2.4.1.228	Gb3S, lactosylceramide 4-α-galactosyltransferase, v. 32 | p. 622	
2.4.1.228	GB3 synthase, lactosylceramide 4-α-galactosyltransferase, v. 32 | p. 622	
3.2.1.45	GBA, glucosylceramidase, v. 12 | p. 614	
3.2.1.45	GBA2, glucosylceramidase, v. 12 | p. 614	
1.2.1.54	GBAL dehydrogenase, γ-guanidinobutyraldehyde dehydrogenase, v. 20 | p. 363	
3.5.3.7	GBase, guanidinobutyrase, v. 14 | p. 785	
1.14.11.1	GBB hydroxylase, γ-butyroβine dioxygenase, v. 26 | p. 1	
2.7.1.148	GbCMK1, 4-(cytidine 5'-diphospho)-2-C-methyl-D-erythritol kinase, v. 37 | p. 229	
2.7.1.148	GbCMK2, 4-(cytidine 5'-diphospho)-2-C-methyl-D-erythritol kinase, v. 37 | p. 229	
2.4.1.18	GBE, 1,4-α-glucan branching enzyme, v. 31 | p. 197	
2.4.1.18	GBE1, 1,4-α-glucan branching enzyme, v. 31 | p. 197	
2.4.1.18	GBE1 enzyme, 1,4-α-glucan branching enzyme, v. 31 | p. 197	
3.4.21.47	GBG, alternative-complement-pathway C3/C5 convertase, v. 7 | p. 218	

3.5.3.7	GBH, guanidinobutyrase, v. 14 | p. 785	
3.2.1.39	Gbl2a, glucan endo-1,3-β-D-glucosidase, v. 12 | p. 567	
3.2.1.39	Gbl2b, glucan endo-1,3-β-D-glucosidase, v. 12 | p. 567	
3.2.1.39	Gbl2c, glucan endo-1,3-β-D-glucosidase, v. 12 | p. 567	
3.2.1.39	Gbl2d, glucan endo-1,3-β-D-glucosidase, v. 12 | p. 567	
3.2.1.39	Gbl2e, glucan endo-1,3-β-D-glucosidase, v. 12 | p. 567	
3.2.1.39	Gbl2f, glucan endo-1,3-β-D-glucosidase, v. 12 | p. 567	
3.2.1.39	Gbl3, glucan endo-1,3-β-D-glucosidase, v. 12 | p. 567	
3.1.4.35	GbpA, 3',5'-cyclic-GMP phosphodiesterase, v. 11 | p. 153	
3.4.21.110	GBS, C5a peptidase, v. S5 | p. 380	
3.4.21.110	GBS C5a peptidase, C5a peptidase, v. S5 | p. 380	
4.2.2.1	GBS HA lyase, hyaluronate lyase, v. 5 | p. 1	
4.2.2.1	GBS hyase, hyaluronate lyase, v. 5 | p. 1	
2.4.1.242	GBSS, NDP-glucose-starch glucosyltransferase, v. S2 | p. 188	
2.4.1.11	GBSS, glycogen(starch) synthase, v. 31 | p. 92	
2.4.1.21	GBSS, starch synthase, v. 31 | p. 251	
2.4.1.242	GBSS1, NDP-glucose-starch glucosyltransferase, v. S2 | p. 188	
2.4.1.242	GBSS I, NDP-glucose-starch glucosyltransferase, v. S2 | p. 188	
2.4.1.242	GBSSI, NDP-glucose-starch glucosyltransferase, v. S2 | p. 188	
2.4.1.21	GBSSI, starch synthase, v. 31 | p. 251	
2.4.1.242	GBSSII, NDP-glucose-starch glucosyltransferase, v. S2 | p. 188	
2.4.1.15	GbTPS, α,α-trehalose-phosphate synthase (UDP-forming), v. 31 | p. 137	
4.6.1.2	GC-A, guanylate cyclase, v. 5 | p. 430	
4.6.1.2	GC-A receptor, guanylate cyclase, v. 5 | p. 430	
4.6.1.2	GC-B, guanylate cyclase, v. 5 | p. 430	
4.6.1.2	GC-C, guanylate cyclase, v. 5 | p. 430	
4.6.1.2	GC-D, guanylate cyclase, v. 5 | p. 430	
4.6.1.2	GC-G, guanylate cyclase, v. 5 | p. 430	
4.6.1.2	GC1, guanylate cyclase, v. 5 | p. 430	
3.5.2.6	GC1 β-lactamase, β-lactamase, v. 14 | p. 683	
4.6.1.2	GC2, guanylate cyclase, v. 5 | p. 430	
3.5.1.93	GCA, glutaryl-7-aminocephalosporanic-acid acylase, v. S6 | p. 386	
4.6.1.2	GCA, guanylate cyclase, v. 5 | p. 430	
6.4.1.5	Gcase, Geranoyl-CoA carboxylase, v. 2 | p. 752	
3.2.1.45	Gcase, glucosylceramidase, v. 12 | p. 614	
3.2.1.62	Gcase, glycosylceramidase, v. 13 | p. 168	
4.6.1.2	GCC, guanylate cyclase, v. 5 | p. 430	
6.4.1.5	GCCase, Geranoyl-CoA carboxylase, v. 2 | p. 752	
1.3.99.7	GCD, glutaryl-CoA dehydrogenase, v. 21 | p. 525	
1.3.99.7	GCDH, glutaryl-CoA dehydrogenase, v. 21 | p. 525	
1.17.7.1	GCEP, (E)-4-hydroxy-3-methylbut-2-enyl-diphosphate synthase	
3.5.4.16	GCH, GTP cyclohydrolase I, v. 15 | p. 120	
3.5.4.16	GCH1, GTP cyclohydrolase I, v. 15 | p. 120	
3.5.4.16	GCHI, GTP cyclohydrolase I, v. 15 | p. 120	
3.5.4.25	GCH II, GTP cyclohydrolase II, v. 15 | p. 160	
3.5.4.25	GCH II/III, GTP cyclohydrolase II, v. 15 | p. 160	
2.7.1.2	GCK, glucokinase, v. 35 | p. 109	
2.7.11.25	GCKR, mitogen-activated protein kinase kinase kinase, v. S4 | p. 278	
6.3.2.2	GCL, Glutamate-cysteine ligase, v. 2 | p. 399	
2.7.11.20	GCN2, elongation factor 2 kinase, v. S4 | p. 126	
2.7.11.20	GCN2 eIF2α kinase, elongation factor 2 kinase, v. S4 | p. 126	
2.7.11.20	GCN2 kinase, elongation factor 2 kinase, v. S4 | p. 126	
2.3.1.48	Gcn5, histone acetyltransferase, v. 29 | p. 641	
2.3.1.48	Gcn5/PCAF histone acetyltransferase, histone acetyltransferase, v. 29 | p. 641	
2.4.1.150	GCNT2, N-acetyllactosaminide β-1,6-N-acetylglucosaminyl-transferase, v. 32 | p. 307	

2.4.1.150	Gcnt2 gene product, N-acetyllactosaminide β-1,6-N-acetylglucosaminyl-transferase, v. 32 | p. 307	
3.4.24.57	Gcp, O-sialoglycoprotein endopeptidase, v. 8 | p. 494	
1.17.7.1	GcpE, (E)-4-hydroxy-3-methylbut-2-enyl-diphosphate synthase	
1.17.7.1	gcpE gene product, (E)-4-hydroxy-3-methylbut-2-enyl-diphosphate synthase	
3.4.17.21	GCP II, Glutamate carboxypeptidase II, v. 6 | p. 498	
3.4.17.21	GCPII, Glutamate carboxypeptidase II, v. 6 | p. 498	
3.4.17.21	GCPIII, Glutamate carboxypeptidase II, v. 6 | p. 498	
1.8.1.13	GCR, bis-γ-glutamylcystine reductase, v. 24 | p. 558	
6.3.2.2	GCS, Glutamate-cysteine ligase, v. 2 | p. 399	
2.4.1.80	GCS, ceramide glucosyltransferase, v. 31 | p. 572	
4.1.3.7	GCS, citrate (si)-synthase, v. 4 | p. 55	
6.3.2.2	γ-GCS, Glutamate-cysteine ligase, v. 2 | p. 399	
6.3.2.2	γGCS, Glutamate-cysteine ligase, v. 2 | p. 399	
6.3.2.2	γ-GCS-GS, Glutamate-cysteine ligase, v. 2 | p. 399	
6.3.2.3	γ-GCS-GS, Glutathione synthase, v. 2 | p. 410	
2.4.1.80	GCS1, ceramide glucosyltransferase, v. 31 | p. 572	
3.2.1.106	GCSI, mannosyl-oligosaccharide glucosidase, v. 13 | p. 427	
2.8.3.12	GCT, glutaconate CoA-transferase, v. 39 | p. 513	
2.7.7.39	GCT, glycerol-3-phosphate cytidylyltransferase, v. 38 | p. 404	
2.7.10.1	GCTK, receptor protein-tyrosine kinase, v. S2 | p. 341	
4.6.1.2	gcy-18, guanylate cyclase, v. 5 | p. 430	
4.6.1.2	gcy-23, guanylate cyclase, v. 5 | p. 430	
4.6.1.2	GCY-35, guanylate cyclase, v. 5 | p. 430	
4.6.1.2	gcy-8, guanylate cyclase, v. 5 | p. 430	
4.1.1.59	GD, Gallate decarboxylase, v. 3 | p. 344	
1.1.1.284	GD-FAlDH, S-(hydroxymethyl)glutathione dehydrogenase, v. S1 | p. 38	
3.1.4.46	GD-PDE, glycerophosphodiester phosphodiesterase, v. 11 | p. 214	
2.8.2.23	gD-type-3-OST-1, [heparan sulfate]-glucosamine 3-sulfotransferase 1, v. 39 | p. 445	
2.8.2.29	gD-type-3-OST-2, [heparan sulfate]-glucosamine 3-sulfotransferase 2, v. 39 | p. 467	
2.8.2.23	gD-type-3-OST-4, [heparan sulfate]-glucosamine 3-sulfotransferase 1, v. 39 | p. 445	
2.8.2.29	gD-type 3-O-sulfotransferase-2, [heparan sulfate]-glucosamine 3-sulfotransferase 2, v. 39 | p. 467	
2.8.2.23	gD-type 3-O-sulfotransferase-4, [heparan sulfate]-glucosamine 3-sulfotransferase 1, v. 39 | p. 445	
2.4.99.2	GD1a-synthase, monosialoganglioside sialyltransferase, v. 33 | p. 330	
2.4.99.2	GD1a synthase, monosialoganglioside sialyltransferase, v. 33 | p. 330	
2.4.99.2	GD1b-SAT, monosialoganglioside sialyltransferase, v. 33 | p. 330	
2.4.1.92	GD2 synthase, (N-acetylneuraminyl)-galactosylglucosylceramide N-acetylgalactosaminyltransferase, v. 32 | p. 30	
2.4.99.8	GD3 synthase, α-N-acetylneuraminate α-2,8-sialyltransferase, v. 33 | p. 371	
2.4.99.8	GD3 synthase long isoform, α-N-acetylneuraminate α-2,8-sialyltransferase, v. 33 | p. 371	
2.4.99.8	GD3 synthase short isoform, α-N-acetylneuraminate α-2,8-sialyltransferase, v. 33 | p. 371	
3.2.1.45	GDA, glucosylceramidase, v. 12 | p. 614	
3.5.4.3	GDA, guanine deaminase, v. 15 | p. 17	
3.6.1.42	gda1p (GDA1 gene product), guanosine-diphosphatase, v. 15 | p. 464	
3.6.1.42	Gdap1, guanosine-diphosphatase, v. 15 | p. 464	
1.4.4.2	GDC, glycine dehydrogenase (decarboxylating), v. 22 | p. 371	
4.1.1.15	GDCase, Glutamate decarboxylase, v. 3 | p. 74	
2.4.1.25	GDE, 4-α-glucanotransferase, v. 31 | p. 276	
3.1.4.2	GDE1, glycerophosphocholine phosphodiesterase, v. 11 | p. 23	
3.1.4.44	GDE1, glycerophosphoinositol glycerophosphodiesterase, v. 11 | p. 206	
3.1.4.44	GDE1/MIR16, glycerophosphoinositol glycerophosphodiesterase, v. 11 | p. 206	
3.1.4.46	GDE2, glycerophosphodiester phosphodiesterase, v. 11 | p. 214	
3.1.4.46	GDE4, glycerophosphodiester phosphodiesterase, v. 11 | p. 214	

3.2.1.33	GDE amylo-α-1,6-glucosidase, amylo-α-1,6-glucosidase, v. 12 | p. 509
3.5.4.3	GDEase, guanine deaminase, v. 15 | p. 17
1.1.1.45	GDH, L-gulonate 3-dehydrogenase, v. 16 | p. 443
4.2.1.40	GDH, glucarate dehydratase, v. 4 | p. 477
1.1.1.47	GDH, glucose 1-dehydrogenase, v. 16 | p. 451
1.1.1.118	GDH, glucose 1-dehydrogenase (NAD+), v. 17 | p. 332
1.4.1.2	GDH, glutamate dehydrogenase, v. 22 | p. 27
1.4.1.4	GDH, glutamate dehydrogenase (NADP+), v. 22 | p. 68
1.4.1.3	GDH, glutamate dehydrogenase [NAD(P)+], v. 22 | p. 43
1.3.99.7	GDH, glutaryl-CoA dehydrogenase, v. 21 | p. 525
1.1.1.29	GDH, glycerate dehydrogenase, v. 16 | p. 283
1.1.1.6	GDH, glycerol dehydrogenase, v. 16 | p. 108
1.1.5.2	GDH, quinoprotein glucose dehydrogenase, v. S1 | p. 88
1.1.5.2	m-GDH, quinoprotein glucose dehydrogenase, v. S1 | p. 88
1.1.5.2	s-GDH, quinoprotein glucose dehydrogenase, v. S1 | p. 88
1.4.1.2	t-GDH, glutamate dehydrogenase, v. 22 | p. 27
1.4.1.2	GDH, NAD-dependent, glutamate dehydrogenase, v. 22 | p. 27
1.4.1.2	gdh-1, glutamate dehydrogenase, v. 22 | p. 27
1.4.1.2	gdh-2, glutamate dehydrogenase, v. 22 | p. 27
1.1.5.2	GDH-B, quinoprotein glucose dehydrogenase, v. S1 | p. 88
1.1.1.118	GDH1, glucose 1-dehydrogenase (NAD+), v. 17 | p. 332
1.4.1.2	GDH1, glutamate dehydrogenase, v. 22 | p. 27
1.4.1.3	GDH1, glutamate dehydrogenase [NAD(P)+], v. 22 | p. 43
1.4.1.2	GDH2, glutamate dehydrogenase, v. 22 | p. 27
1.4.1.3	GDH2, glutamate dehydrogenase [NAD(P)+], v. 22 | p. 43
1.1.1.6	GDH2, glycerol dehydrogenase, v. 16 | p. 108
1.4.1.2	GDH3, glutamate dehydrogenase, v. 22 | p. 27
1.4.1.4	GDH4, glutamate dehydrogenase (NADP+), v. 22 | p. 68
1.1.1.156	GDH4, glycerol 2-dehydrogenase (NADP+), v. 18 | p. 5
1.1.1.47	GdhA, glucose 1-dehydrogenase, v. 16 | p. 451
1.4.1.2	GdhA, glutamate dehydrogenase, v. 22 | p. 27
1.4.1.4	GdhA, glutamate dehydrogenase (NADP+), v. 22 | p. 68
1.4.1.2	GDHB, glutamate dehydrogenase, v. 22 | p. 27
1.4.1.2	GDHI, glutamate dehydrogenase, v. 22 | p. 27
1.4.1.3	GDHII, glutamate dehydrogenase [NAD(P)+], v. 22 | p. 43
1.4.1.2	GDH isoenzyme 1, glutamate dehydrogenase, v. 22 | p. 27
3.1.21.4	GdiII, type II site-specific deoxyribonuclease, v. 11 | p. 454
2.4.1.152	GDL-L-fucose:N-acetyl-β-D-glucosaminyl α-3-L-fucosyltransferase, 4-galactosyl-N-acetylglucosaminide 3-α-L-fucosyltransferase, v. 32 | p. 318
1.13.11.4	GDO, gentisate 1,2-dioxygenase, v. 25 | p. 422
1.13.11.4	GDO-II, gentisate 1,2-dioxygenase, v. 25 | p. 422
1.13.11.4	gdoA, gentisate 1,2-dioxygenase, v. 25 | p. 422
1.8.5.1	GDOR, glutathione dehydrogenase (ascorbate), v. 24 | p. 670
1.13.11.4	GDOsp, gentisate 1,2-dioxygenase, v. 25 | p. 422
1.1.5.3	GDP, glycerol-3-phosphate dehydrogenase
4.2.1.47	GDP-α-D-mannose 4,6-dehydratase, GDP-mannose 4,6-dehydratase, v. 4 | p. 501
2.7.7.13	GDP-α-D-mannose pyrophosphorylase, mannose-1-phosphate guanylyltransferase, v. 38 | p. 209
2.4.1.69	GDP-β-L-fucose:β-D-galactosyl-R 2-α-L-fucosyltransferase, galactoside 2-α-L-fucosyltransferase, v. 31 | p. 532
1.1.1.271	GDP-4-keto-6-D-deoxymannose epimerase-reductase, GDP-L-fucose synthase, v. 18 | p. 492
1.1.1.271	GDP-4-keto-6-deoxy-D-mannose-3,5-epimerase-4-reductase, GDP-L-fucose synthase, v. 18 | p. 492

1.1.1.271	GDP-4-keto-6-deoxy-D-mannose-3,5-epimerase/reductase, GDP-L-fucose synthase, v. 18	p. 492
1.1.1.271	GDP-4-keto-6-deoxy-D-mannose epimerase-reductase, GDP-L-fucose synthase, v. 18	p. 492
1.1.1.281	GDP-4-keto-6-deoxy-D-mannose reductase, GDP-4-dehydro-6-deoxy-D-mannose reductase, v. S1	p. 19
1.1.1.187	GDP-4-keto-6-deoxy-D-mannose reductase, GDP-4-dehydro-D-rhamnose reductase, v. 18	p. 126
1.1.1.281	GDP-4-keto-6-deoxy-D-mannose reductase (ambiguous), GDP-4-dehydro-6-deoxy-D-mannose reductase, v. S1	p. 19
1.1.1.271	GDP-4-keto-6-deoxy-mannose-3,5-epimerase-4-reductase, GDP-L-fucose synthase, v. 18	p. 492
1.1.1.271	GDP-4-keto-6-deoxymannose 3, 5-epimerase 4-reductase, GDP-L-fucose synthase, v. 18	p. 492
1.1.1.271	GDP-4-keto-6-deoxymannose 3,5-epimerase 4-reductase, GDP-L-fucose synthase, v. 18	p. 492
1.1.1.271	GDP-4-keto-6-deoxymannose epimerase-reductase, GDP-L-fucose synthase, v. 18	p. 492
1.1.1.187	GDP-4-keto-D-rhamnose reductase, GDP-4-dehydro-D-rhamnose reductase, v. 18	p. 126
1.1.1.135	GDP-4-keto-rhamnose reductase, GDP-6-deoxy-D-talose 4-dehydrogenase, v. 17	p. 395
1.1.1.281	GDP-6-deoxy-D-lyxo-4-hexulose reductase, GDP-4-dehydro-6-deoxy-D-mannose reductase, v. S1	p. 19
1.1.1.135	GDP-6-deoxy-D-talose dehydrogenase, GDP-6-deoxy-D-talose 4-dehydrogenase, v. 17	p. 395
1.1.1.271	GDP-D-mannose-4,6-dehydratase, GDP-L-fucose synthase, v. 18	p. 492
4.2.1.47	GDP-D-mannose-4,6-dehydratase, GDP-mannose 4,6-dehydratase, v. 4	p. 501
5.1.3.18	GDP-D-mannose 3,5-epimerase, GDP-mannose 3,5-epimerase, v. 1	p. 170
5.1.3.18	GDP-D-mannose 3,5-epimerase, GDP-mannose 3,5-epimerase, v. 1	p. 170
4.2.1.47	GDP-D-mannose 4,6-dehydratase, GDP-mannose 4,6-dehydratase, v. 4	p. 501
4.2.1.47	GDP-D-mannose 4-oxido-6-reductase, GDP-mannose 4,6-dehydratase, v. 4	p. 501
5.1.3.18	GDP-D-mannose:GDP-L-galactose epimerase, GDP-mannose 3,5-epimerase, v. 1	p. 170
2.4.1.54	GDP-D-mannose:lipid phosphate transmannosylase, undecaprenyl-phosphate mannosyltransferase, v. 31	p. 451
4.2.1.47	GDP-D-mannose dehydratase, GDP-mannose 4,6-dehydratase, v. 4	p. 501
2.7.7.13	GDP-D-mannose pyrophosphorylase, mannose-1-phosphate guanylyltransferase, v. 38	p. 209
2.4.1.65	GDP-Fuc: β-D-Galp-(1-3/4)-β-D-GlcpNAc-(1-4'/3')-α-fucosyltransferase, 3-galactosyl-N-acetylglucosaminide 4-α-L-fucosyltransferase, v. 31	p. 487
2.4.1.152	GDP-Fuc:Galβ1-4GlcNAc (Fuc to GlcNAc) α1-3 fucosyltransferase, 4-galactosyl-N-acetylglucosaminide 3-α-L-fucosyltransferase, v. 32	p. 318
2.4.1.68	GDP-fucose-glycoprotein fucosyltransferase, glycoprotein 6-α-L-fucosyltransferase, v. 31	p. 522
2.4.1.152	GDP-fucose:β-D-N-acetylglucosaminide 3-α-fucosyltransferase, 4-galactosyl-N-acetylglucosaminide 3-α-L-fucosyltransferase, v. 32	p. 318
2.4.1.214	GDP-fucose:β-N-acetylglucosamine (Fuc to (Fuca1-6GlcNAc)-Asn-peptide) α1-3-fucosyltransferase, glycoprotein 3-α-L-fucosyltransferase, v. 32	p. 565
2.4.1.152	GDP-fucose:Galβ(1-4)GlcNAc-R α(1-3)fucosyltransferase, 4-galactosyl-N-acetylglucosaminide 3-α-L-fucosyltransferase, v. 32	p. 318
2.4.1.69	GDP-fucose:GM1 α1-2fucosyltransferase, galactoside 2-α-L-fucosyltransferase, v. 31	p. 532
2.4.1.221	GDP-fucose:polypeptide fucosyltransferase, peptide-O-fucosyltransferase, v. 32	p. 596
2.4.1.68	GDP-fucose glycoprotein fucosyltransferase, glycoprotein 6-α-L-fucosyltransferase, v. 31	p. 522
2.4.1.221	GDP-fucose glycoprotein fucosyltransferase, peptide-O-fucosyltransferase, v. 32	p. 596
2.4.1.221	GDP-fucose protein O-fucosyltransferase, peptide-O-fucosyltransferase, v. 32	p. 596
2.7.7.30	GDP-fucose pyrophosphorylase, fucose-1-phosphate guanylyltransferase, v. 38	p. 360

GDP-mannose dehydratase

1.1.1.271	GDP-fucose synthetase, GDP-L-fucose synthase, v. 18 | p. 492
2.4.1.36	GDP-glucose-glucose-phosphate glucosyltransferase, α,α-trehalose-phosphate synthase (GDP-forming), v. 31 | p. 341
2.7.7.34	GDP-glucosepyrophosphorylase, glucose-1-phosphate guanylyltransferase, v. 38 | p. 384
1.1.1.271	GDP-keto-6-deoxymannose 3,5-epimerase/4-reductase, GDP-L-fucose synthase, v. 18 | p. 492
2.4.1.214	GDP-L-fuc:Asn-linked GlcNAc α1,3-fucosyltransferase, glycoprotein 3-α-L-fucosyltransferase, v. 32 | p. 565
2.4.1.214	GDP-L-fuc:N-acetyl-β-D-glucosaminide α1,3-fucosyltransferase, glycoprotein 3-α-L-fucosyltransferase, v. 32 | p. 565
2.4.1.68	GDP-L-fuc:N-acetyl-β-D-glucosaminide α1-6fucosyltransferase, glycoprotein 6-α-L-fucosyltransferase, v. 31 | p. 522
2.4.1.68	GDP-L-fucose-glycoprotein fucosyltransferase, glycoprotein 6-α-L-fucosyltransferase, v. 31 | p. 522
2.4.1.221	GDP-L-fucose-glycoprotein fucosyltransferase, peptide-O-fucosyltransferase, v. 32 | p. 596
2.7.7.30	GDP-L-fucose-synthesizing enzymes, fucose-1-phosphate guanylyltransferase, v. 38 | p. 360
2.4.1.69	GDP-L-fucose:β-D-galactosyl-R-α-L-fucosyltransferase, galactoside 2-α-L-fucosyltransferase, v. 31 | p. 532
2.4.1.152	GDP-L-fucose:1,4-β-D-galactosyl-N-acetyl-D-galactosaminyl-R 3-L-fucosyltransferase, 4-galactosyl-N-acetylglucosaminide 3-α-L-fucosyltransferase, v. 32 | p. 318
2.4.1.68	GDP-L-fucose:2-acetamido-2-deoxy-β-D-glucoside 6-α-L-fucosyltransferase, glycoprotein 6-α-L-fucosyltransferase, v. 31 | p. 522
2.4.1.69	GDP-L-fucose:lactose fucosyltransferase, galactoside 2-α-L-fucosyltransferase, v. 31 | p. 532
2.4.1.221	GDP-L-fucose:polypeptide fucosyltransferase, peptide-O-fucosyltransferase, v. 32 | p. 596
2.7.7.30	GDP-L-fucose pyrophosphorylase, fucose-1-phosphate guanylyltransferase, v. 38 | p. 360
2.7.7.30	GDP-L-fucose pyrophosphorylase (Fpgt), fucose-1-phosphate guanylyltransferase, v. 38 | p. 360
1.1.1.271	GDP-L-fucose synthetase, GDP-L-fucose synthase, v. 18 | p. 492
2.7.7.30	GDP-L-Fuc pyrophosphorylase, fucose-1-phosphate guanylyltransferase, v. 38 | p. 360
2.4.1.32	GDP-man-β-mannan mannosyltransferase, glucomannan 4-β-mannosyltransferase, v. 31 | p. 312
2.4.1.132	GDP-Man:Dol-PP-GlcNAc2Man2 α-1,3-mannosyltransferase, glycolipid 3-α-mannosyltransferase, v. 32 | p. 214
2.4.1.83	GDP-Man:DolP mannosyltransferase, dolichyl-phosphate β-D-mannosyltransferase, v. 31 | p. 591
2.4.1.142	GDP-Man:GlcNAc2-PP-dolichol mannosyltransferase, chitobiosyldiphosphodolichol β-mannosyltransferase, v. 32 | p. 256
5.1.3.18	GDP-mannose-3',5'-epimerase, GDP-mannose 3,5-epimerase, v. 1 | p. 170
2.4.1.142	GDP-mannose-dolichol diphosphochitobiose mannosyltransferase, chitobiosyldiphosphodolichol β-mannosyltransferase, v. 32 | p. 256
2.4.1.83	GDP-mannose-dolichol phosphate mannosyltransferase, dolichyl-phosphate β-D-mannosyltransferase, v. 31 | p. 591
2.4.1.131	GDP-mannose-oligosaccharide-lipid mannosyltransferase, glycolipid 2-α-mannosyltransferase, v. 32 | p. 210
2.4.1.132	GDP-mannose-oligosaccharide-lipid mannosyltransferase II, glycolipid 3-α-mannosyltransferase, v. 32 | p. 214
2.7.7.22	GDP-mannose 1-phosphate guanylyltransferase, mannose-1-phosphate guanylyltransferase (GDP), v. 38 | p. 287
5.1.3.18	GDP-mannose 3',5'-epimerase, GDP-mannose 3,5-epimerase, v. 1 | p. 170
4.2.1.47	GDP-mannose 4,6-dehydratase, GDP-mannose 4,6-dehydratase, v. 4 | p. 501
2.4.1.232	GDP-mannose:glycolipid 1,6-α-D-mannosyltransferase, initiation-specific α-1,6-mannosyltransferase, v. 32 | p. 640
2.4.1.232	GDP-mannose:oligosaccharide 1,6-α-D-mannosyltransferase, initiation-specific α-1,6-mannosyltransferase, v. 32 | p. 640
4.2.1.47	GDP-mannose dehydratase, GDP-mannose 4,6-dehydratase, v. 4 | p. 501

4.2.1.47	GDP-mannose dehydrogenase, GDP-mannose 4,6-dehydratase, v. 4 | p. 501
1.1.1.132	GDP-mannose dehydrogenase, GDP-mannose 6-dehydrogenase, v. 17 | p. 381
2.7.7.13	GDP-mannose pyrophosphorylase, mannose-1-phosphate guanylyltransferase, v. 38 | p. 209
2.4.1.57	GDP-mannosyltransferase, phosphatidylinositol α-mannosyltransferase, v. 31 | p. 461
2.7.7.13	GDP-Man pyrophosphorylase, mannose-1-phosphate guanylyltransferase, v. 38 | p. 209
3.6.1.42	Gdp1p, guanosine-diphosphatase, v. 15 | p. 464
2.7.7.22	GDP:D-mannose-1-phosphate guanylyltransferase, mannose-1-phosphate guanylyltransferase (GDP), v. 38 | p. 287
3.1.4.2	GDPase, glycerophosphocholine phosphodiesterase, v. 11 | p. 23
3.6.1.42	GDPase, guanosine-diphosphatase, v. 15 | p. 464
3.6.1.6	GDPase, nucleoside-diphosphatase, v. 15 | p. 283
3.1.4.46	GDPD, glycerophosphodiester phosphodiesterase, v. 11 | p. 214
3.1.4.46	GDPD5, glycerophosphodiester phosphodiesterase, v. 11 | p. 214
2.4.1.69	GDPFuc:β-D-galactoside α1,2-fucosyltransferase, galactoside 2-α-L-fucosyltransferase, v. 31 | p. 532
2.4.1.69	GDP fucose-lactose fucosyltransferase, galactoside 2-α-L-fucosyltransferase, v. 31 | p. 532
2.4.1.68	GDPfucose glycoprotein fucosyltransferase, glycoprotein 6-α-L-fucosyltransferase, v. 31 | p. 522
2.7.7.30	GDPfucose pyrophosphorylase, fucose-1-phosphate guanylyltransferase, v. 38 | p. 360
1.1.1.271	GDPFuc synthase, GDP-L-fucose synthase, v. 18 | p. 492
2.4.1.36	GDP glucose-glucosephosphate glucosyltransferase, α,α-trehalose-phosphate synthase (GDP-forming), v. 31 | p. 341
2.7.7.34	GDPglucose pyrophosphorylase, glucose-1-phosphate guanylyltransferase, v. 38 | p. 384
2.7.7.34	GDPG pyrophosphorylase, glucose-1-phosphate guanylyltransferase, v. 38 | p. 384
2.7.7.28	GDP hexose pyrophosphorylase, nucleoside-triphosphate-aldose-1-phosphate nucleotidyltransferase, v. 38 | p. 354
2.7.7.28	GDPhexose pyrophosphorylase, nucleoside-triphosphate-aldose-1-phosphate nucleotidyltransferase, v. 38 | p. 354
1.1.1.187	GDP KR reductase, GDP-4-dehydro-D-rhamnose reductase, v. 18 | p. 126
2.4.1.83	GDPMan:DolP mannosyltransferase, dolichyl-phosphate β-D-mannosyltransferase, v. 31 | p. 591
2.4.1.83	GDPmannose-dolichylmonophosphate mannosyltransferase, dolichyl-phosphate β-D-mannosyltransferase, v. 31 | p. 591
2.4.1.48	GDP mannose α-mannosyltransferase, heteroglycan α-mannosyltransferase, v. 31 | p. 431
2.4.1.57	GDP mannose-phosphatidyl-myo-inositol α-mannosyltransferase, phosphatidylinositol α-mannosyltransferase, v. 31 | p. 461
2.4.1.54	GDP mannose-undecaprenyl phosphate mannosyltransferase, undecaprenyl-phosphate mannosyltransferase, v. 31 | p. 451
2.4.1.83	GDPmannose:dolichyl-phosphate mannosyltransferase, dolichyl-phosphate β-D-mannosyltransferase, v. 31 | p. 591
2.7.8.9	GDPmannose:phosphomannan mannose phosphotransferase, phosphomannan mannosephosphotransferase, v. 39 | p. 76
1.1.1.132	GDP mannose dehydrogenase, GDP-mannose 6-dehydrogenase, v. 17 | p. 381
2.7.7.22	GDP mannose phosphorylase, mannose-1-phosphate guanylyltransferase (GDP), v. 38 | p. 287
2.7.7.22	GDPmannose phosphorylase, mannose-1-phosphate guanylyltransferase (GDP), v. 38 | p. 287
2.5.1.1	GDPS, dimethylallyltranstransferase, v. 33 | p. 393
2.5.1.10	GDPS, geranyltranstransferase, v. 33 | p. 470
4.2.3.22	GDS, germacradienol synthase, v. S7 | p. 295
3.1.1.3	GDSL lipase, triacylglycerol lipase, v. 9 | p. 36
1.1.1.183	GeDH, geraniol dehydrogenase, v. 18 | p. 101
1.1.1.183	GEDH1, geraniol dehydrogenase, v. 18 | p. 101
3.1.1.3	GEH, triacylglycerol lipase, v. 9 | p. 36

3.2.2.22	Gel, rRNA N-glycosylase, v. 14 | p. 107	
3.4.24.24	GelA, gelatinase A, v. 8 | p. 351	
3.4.23.2	gelatinase, pepsin B, v. 8 | p. 11	
3.4.24.24	gelatinase A, gelatinase A, v. 8 | p. 351	
3.4.24.35	gelatinase B, gelatinase B, v. 8 | p. 403	
3.4.24.35	Gelatinase MMP 9, gelatinase B, v. 8 | p. 403	
3.4.24.35	GELB, gelatinase B, v. 8 | p. 403	
3.2.2.22	gelonin, rRNA N-glycosylase, v. 14 | p. 107	
3.6.5.2	Gem, small monomeric GTPase, v. S6 | p. 476	
3.1.22.4	GEN1, crossover junction endodeoxyribonuclease, v. 11 | p. 487	
3.2.1.143	Genbank AB019366-derived protein GI 6518480, poly(ADP-ribose) glycohydrolase, v. 13 | p. 571	
3.1.3.68	GenBank AE000318-derived protein GI 1788630, 2-deoxyglucose-6-phosphatase, v. 10 | p. 493	
6.3.1.8	Gen Bank AE000381-derived protein GI 1789361, Glutathionylspermidine synthase, v. 2 | p. 386	
5.1.3.20	Genbank AE000440-derived protein GI 1790049, ADP-glyceromanno-heptose 6-epimerase, v. 1 | p. 175	
4.2.1.96	GenBank AE000671-derived protein GI 2982796, 4a-hydroxytetrahydrobiopterin dehydratase, v. 4 | p. 665	
5.1.3.20	GenBank AE000684-derived protein GI 2983012, ADP-glyceromanno-heptose 6-epimerase, v. 1 | p. 175	
2.8.1.6	GenBank AE000716-derived protein GI 2983482, biotin synthase, v. 39 | p. 227	
2.7.9.3	GenBank AE000719-derived protein GI 2983519, selenide, water dikinase, v. 39 | p. 173	
5.4.1.2	GenBank AE000809-derived protein GI 2621284, Precorrin-8X methylmutase, v. 1 | p. 490	
2.1.1.130	GenBank AE00098-derived protein GI 2622455, Precorrin-2 C20-methyltransferase, v. 28 | p. 598	
2.8.1.6	GenBank AE001204-derived protein GI 3322497, biotin synthase, v. 39 | p. 227	
2.8.1.6	GenBank AE001343-derived protein GI 3329182, biotin synthase, v. 39 | p. 227	
6.3.1.9	GenBank AF006615-derived protein GI 3004644, Trypanothione synthase, v. 2 | p. 391	
2.8.1.6	GenBank AF008220-derived protein GI 2293187, biotin synthase, v. 39 | p. 227	
1.3.1.25	GenBank AF009224-derived protein GI 2996624, 1,6-dihydroxycyclohexa-2,4-diene-1-carboxylate dehydrogenase, v. 21 | p. 151	
3.1.2.22	GenBank AF020543-derived protein GI 2501961, palmitoyl[protein] hydrolase, v. 9 | p. 550	
3.1.3.68	GenBank D90861-derived protein GI 1799667, 2-deoxyglucose-6-phosphatase, v. 10 | p. 493	
1.14.99.30	genBank D90914-derived protein GI 1653487, Carotene 7,8-desaturase, v. 27 | p. 375	
2.1.1.132	GenBank L12005-derived protein, Precorrin-6Y C5,15-methyltransferase (decarboxylating), v. 28 | p. 603	
2.1.1.132	Genbank L12006-derived protein, Precorrin-6Y C5,15-methyltransferase (decarboxylating), v. 28 | p. 603	
2.1.1.130	GenBank L12006-derived protein, methyltransferase, Precorrin-2 C20-methyltransferase, v. 28 | p. 598	
3.1.2.22	GenBank L42809-derived protein GI 1160967, palmitoyl[protein] hydrolase, v. 9 | p. 550	
2.4.1.207	GenBank L46792-derived protein GI 950299, xyloglucan:xyloglucosyl transferase, v. 32 | p. 524	
4.1.1.74	GenBank L80006-derived protein GI 1507711, Indolepyruvate decarboxylase, v. 3 | p. 400	
2.8.1.6	GenBank U24147-derived protein, biotin synthase, v. 39 | p. 227	
2.8.1.6	GenBank U31806-derived protein GI 1403662, biotin synthase, v. 39 | p. 227	
2.8.1.6	GenBank U51869-derived protein GI 1277029, biotin synthase, v. 39 | p. 227	
6.3.1.8	GenBank U66520-derived protein GI 1813514, Glutathionylspermidine synthase, v. 2 | p. 386	
2.1.1.130	GenBank U67522-derived protein GI 1499591, Precorrin-2 C20-methyltransferase, v. 28 | p. 598	
5.4.1.2	GenBank U67537-derived protein GI 1499765, Precorrin-8X methylmutase, v. 1 | p. 490	

2.1.1.132	GenBank U67594-derived protein GI 1500413, Precorrin-6Y C5,15-methyltransferase (decarboxylating), v. 28	p. 603
3.2.1.143	Genbank U78975-derived protein GI 2062407, poly(ADP-ribose) glycohydrolase, v. 13	p. 571
5.1.99.4	GenBank U89905-derived protein GI2145184, α-Methylacyl-CoA racemase, v. 1	p. 188
5.1.99.4	GenBank U89906-derived protein GI 2145186, α-Methylacyl-CoA racemase, v. 1	p. 188
1.1.1.251	Genbank X79837-derived protein, galactitol-1-phosphate 5-dehydrogenase, v. 18	p. 425
2.4.1.207	GenBank X93173-derived protein GI 1890573, xyloglucan:xyloglucosyl transferase, v. 32	p. 524
2.4.1.207	GenBank X93174-derived protein GI 1890575, xyloglucan:xyloglucosyl transferase, v. 32	p. 524
2.4.1.207	Genbank X93175-derived protein GI 1890577, xyloglucan:xyloglucosyl transferase, v. 32	p. 524
1.14.13.61	GenBank Y12654-derived protein GI 2072729, 2-Hydroxyquinoline 8-monooxygenase, v. 26	p. 519
1.14.13.61	GenBank Y12655-derived protein GI 2072732, 2-Hydroxyquinoline 8-monooxygenase, v. 26	p. 519
2.9.1.1	GenBank Y14814-derived protein GI 2440135, L-Seryl-tRNASec selenium transferase, v. 39	p. 548
2.4.1.207	GenBank Z97335-derived protein GI, xyloglucan:xyloglucosyl transferase, v. 32	p. 524
4.1.2.37	GenBank Z97337-derived protein GI 2244867, hydroxynitrilase, v. 3	p. 569
2.8.1.6	GenBank Z99119-derived protein GI 2635504, biotin synthase, v. 39	p. 227
2.4.1.69	H-gene-encoded β-galactoside α1-2fucosyltransferase, galactoside 2-α-L-fucosyltransferase, v. 31	p. 532
3.4.24.77	gene AFG3 metalloproteinase, snapalysin, v. 8	p. 583
1.20.99.1	gene arsC proteins, arsenate reductase (donor), v. 27	p. 601
1.20.4.1	gene arsC proteins, arsenate reductase (glutaredoxin), v. 27	p. 594
1.6.5.3	Gene associated with retinoic-interferon-induced mortality 19 protein, NADH dehydrogenase (ubiquinone), v. 24	p. 106
2.7.1.69	gene bglC RNA formation factors, protein-Npi-phosphohistidine-sugar phosphotransferase, v. 36	p. 207
5.4.1.2	Gene cbiC precorrin-8x isomerase, Precorrin-8X methylmutase, v. 1	p. 490
2.1.1.132	Gene cbiE precorrin 6y methylase, Precorrin-6Y C5,15-methyltransferase (decarboxylating), v. 28	p. 603
2.1.1.132	Gene cbiT precorrin methylase, Precorrin-6Y C5,15-methyltransferase (decarboxylating), v. 28	p. 603
5.4.1.2	Gene cobH precorrin-8x isomerase, Precorrin-8X methylmutase, v. 1	p. 490
2.1.1.131	Gene cobJ enzyme, Precorrin-3B C17-methyltransferase, v. 28	p. 601
6.6.1.2	gene cobN/gene cobS cobaltochelatase, cobaltochelatase, v. S7	p. 675
3.13.1.3	gene dszB-encoded hydrolase, 2'-hydroxybiphenyl-2-sulfinate desulfinase, v. S6	p. 567
2.4.1.225	gene EXTL1 glycosyltransferase, N-acetylglucosaminyl-proteoglycan 4-β-glucuronosyltransferase, v. 32	p. 610
2.4.1.225	gene EXTL2 glycosyltransferase, N-acetylglucosaminyl-proteoglycan 4-β-glucuronosyltransferase, v. 32	p. 610
2.7.1.69	gene glC proteins, protein-Npi-phosphohistidine-sugar phosphotransferase, v. 36	p. 207
3.1.4.46	gene hpd protein, glycerophosphodiester phosphodiesterase, v. 11	p. 214
3.4.16.6	gene KEX1 serine carboxypeptidase, carboxypeptidase D, v. 6	p. 397
3.4.21.61	Gene KEX2 dibasic proteinase, Kexin, v. 7	p. 280
2.1.1.48	gene ksgA methyltransferase, rRNA (adenine-N6-)-methyltransferase, v. 28	p. 281
2.7.10.2	gene lck protein kinase, non-specific protein-tyrosine kinase, v. S2	p. 441
2.7.10.2	gene lck tyrosine kinase, non-specific protein-tyrosine kinase, v. S2	p. 441
3.4.21.53	Gene lon protease, Endopeptidase La, v. 7	p. 241
3.4.21.53	Gene lon proteins, Endopeptidase La, v. 7	p. 241
2.4.1.227	gene murG enzyme, undecaprenyldiphospho-muramoylpentapeptide β-N-acetylglucosaminyltransferase, v. 32	p. 616

2.4.1.227	gene murG proteins, undecaprenyldiphospho-muramoylpentapeptide β-N-acetylglucosaminyltransferase, v. 32 | p. 616
3.4.21.62	Genenase I, Subtilisin, v. 7 | p. 285
3.4.23.49	Gene ompT proteins, omptin, v. S6 | p. 262
3.4.14.5	ω gene product, dipeptidyl-peptidase IV, v. 6 | p. 286
3.4.11.14	GenePSA-dependent puromycin-sensitive aminopeptidase, cytosol alanyl aminopeptidase, v. 6 | p. 143
1.3.99.3	general ACAD, acyl-CoA dehydrogenase, v. 21 | p. 488
1.3.99.3	general acyl CoA dehydrogenase, acyl-CoA dehydrogenase, v. 21 | p. 488
3.6.3.21	general amino acid permease, polar-amino-acid-transporting ATPase, v. 15 | p. 633
2.7.11.20	general control nonderepressible 2 kinase, elongation factor 2 kinase, v. S4 | p. 126
3.4.24.64	General mitochondrial processing peptidase, mitochondrial processing peptidase, v. 8 | p. 525
3.1.3.16	general phosphoprotein phosphatase, phosphoprotein phosphatase, v. 10 | p. 213
1.8.1.9	general stress protein 35, thioredoxin-disulfide reductase, v. 24 | p. 517
6.3.5.1	General stress protein 38, NAD+ synthase (glutamine-hydrolysing), v. 2 | p. 651
2.4.2.19	general stress protein 70 , nicotinate-nucleotide diphosphorylase (carboxylating), v. 33 | p. 188
1.1.1.47	general stress protein 74, glucose 1-dehydrogenase, v. 16 | p. 451
3.1.11.5	gene recBC DNase, exodeoxyribonuclease V, v. 11 | p. 375
3.1.11.5	gene RecBC endoenzyme, exodeoxyribonuclease V, v. 11 | p. 375
2.7.9.3	gene selD proteins, selenide, water dikinase, v. 39 | p. 173
3.1.27.5	gene S glycoproteins, pancreatic ribonuclease, v. 11 | p. 584
3.1.27.5	gene S locus-specific glycoproteins, pancreatic ribonuclease, v. 11 | p. 584
2.7.7.46	gentamicin 2-adenylyltransferase, gentamicin 2-nucleotidyltransferase, v. 38 | p. 459
2.3.1.60	gentamicin acetyltransferase I, gentamicin 3'-N-acetyltransferase, v. 30 | p. 1
2.3.1.59	gentamicin acetyltransferase II, gentamicin 2'-N-acetyltransferase, v. 29 | p. 722
2.7.7.46	gentamicin nucleotidyltransferase, gentamicin 2-nucleotidyltransferase, v. 38 | p. 459
2.3.1.153	Gentian 5AT, Anthocyanin 5-aromatic acyltransferase, v. 30 | p. 406
3.2.1.21	gentiobiase, β-glucosidase, v. 12 | p. 299
1.13.11.4	gentisate dioxygenase, gentisate 1,2-dioxygenase, v. 25 | p. 422
1.13.11.4	gentisate oxygenase, gentisate 1,2-dioxygenase, v. 25 | p. 422
1.13.11.4	gentisic acid oxidase, gentisate 1,2-dioxygenase, v. 25 | p. 422
3.4.17.14	G enzyme, Zinc D-Ala-D-Ala carboxypeptidase, v. 6 | p. 475
1.1.1.271	GER, GDP-L-fucose synthase, v. 18 | p. 492
2.3.1.84	geraniol:acetyl CoA acetyltransferase, alcohol O-acetyltransferase, v. 30 | p. 125
2.3.1.84	geraniol AAT, alcohol O-acetyltransferase, v. 30 | p. 125
4.2.3.14	β-geraniolene synthase, pinene synthase, v. S7 | p. 256
6.4.1.5	Geranoyl coenzyme A carboxylase, Geranoyl-CoA carboxylase, v. 2 | p. 752
6.4.1.5	Geranyl-CoA carboxylase, Geranoyl-CoA carboxylase, v. 2 | p. 752
5.5.1.8	geranyl-diphosphate cyclase, bornyl diphosphate synthase, v. 1 | p. 705
2.5.1.1	geranyl-diphosphate synthase, dimethylallyltransferase, v. 33 | p. 393
3.1.1.6	geranyl acetate cleaving esterase, acetylesterase, v. 9 | p. 96
2.5.1.1	geranyl diphosphate synthase, dimethylallyltransferase, v. 33 | p. 393
1.14.13.110	geranylgeraniol-18-hydroxylase, geranylgeraniol 18-hydroxylase
2.3.1.87	geranylgeranyl-diphosphate geranylgeranyltransferase, aralkylamine N-acetyltransferase, v. 30 | p. 149
2.5.1.32	geranylgeranyl-diphosphate geranylgeranyltransferase, phytoene synthase, v. 34 | p. 21
2.5.1.29	geranylgeranyl-PP synthetase, farnesyltranstransferase, v. 33 | p. 604
2.5.1.29	geranylgeranyl-pyrophosphate synthase, farnesyltranstransferase, v. 33 | p. 604
2.5.1.41	geranylgeranyl-transferase, phosphoglycerol geranylgeranyltransferase, v. 34 | p. 55
3.1.7.1	geranylgeranyl diphosphatase, prenyl-diphosphatase, v. 11 | p. 334
2.5.1.41	geranylgeranyl diphosphate:sn-3-O-(geranylgeranyl)glycerol 1-phosphate geranylgeranyltransferase, phosphoglycerol geranylgeranyltransferase, v. 34 | p. 55
3.1.7.5	geranylgeranyl diphosphate phosphatase, geranylgeranyl diphosphate diphosphatase

2.5.1.29	geranylgeranyl diphosphate synthase, farnesyltranstransferase, v. 33 | p. 604
2.5.1.41	geranylgeranylglycerol-phosphate geranylgeranyltransferase, phosphoglycerol geranylgeranyltransferase, v. 34 | p. 55
2.5.1.59	geranylgeranyl protein transferase type I, protein geranylgeranyltransferase type I, v. 34 | p. 209
4.2.3.17	geranylgeranyl pyrophosphate cyclase, taxadiene synthase, v. S7 | p. 272
2.5.1.29	geranylgeranyl pyrophosphate synthase, farnesyltranstransferase, v. 33 | p. 604
2.5.1.29	geranylgeranyl pyrophosphate synthetase, farnesyltranstransferase, v. 33 | p. 604
1.3.1.83	geranylgeranyl reductase, geranylgeranyl diphosphate reductase
2.5.1.42	geranylgeranyltransferase, geranylgeranyloxyglycerol phosphate, geranylgeranylglycerol-phosphate geranylgeranyltransferase, v. 34 | p. 57
2.5.1.41	geranylgeranyltransferase, geranylgeranyloxyglycerol phosphate, phosphoglycerol geranylgeranyltransferase, v. 34 | p. 55
2.5.1.59	geranylgeranyltransferase-1, protein geranylgeranyltransferase type I, v. 34 | p. 209
2.5.1.29	geranylgeranyltransferase-I, farnesyltranstransferase, v. 33 | p. 604
2.5.1.59	geranylgeranyltransferase I, protein geranylgeranyltransferase type I, v. 34 | p. 209
2.5.1.59	geranylgeranyltransferaseI, protein geranylgeranyltransferase type I, v. 34 | p. 209
2.5.1.42	geranylgeranyltransferase II, geranylgeranylglycerol-phosphate geranylgeranyltransferase, v. 34 | p. 57
2.5.1.41	geranylgeranyltransferase II, phosphoglycerol geranylgeranyltransferase, v. 34 | p. 55
2.5.1.60	geranylgeranyltransferase II, protein geranylgeranyltransferase type II, v. 34 | p. 219
2.5.1.59	geranylgeranyltransferase type I, protein geranylgeranyltransferase type I, v. 34 | p. 209
2.5.1.60	geranylgeranyltransferase type II, protein geranylgeranyltransferase type II, v. 34 | p. 219
5.5.1.8	Geranyl pyrophosphate:(+)-bornyl pyrophosphate cyclase, bornyl diphosphate synthase, v. 1 | p. 705
5.5.1.8	Geranyl pyrophosphate:(-)-bornyl pyrophosphate cyclase, bornyl diphosphate synthase, v. 1 | p. 705
4.2.3.10	geranyl pyrophosphate:(-)-endo-fenchol cyclase, (-)-endo-fenchol synthase, v. S7 | p. 227
2.5.1.1	geranyl pyrophosphate synthase, dimethylallyltranstransferase, v. 33 | p. 393
2.5.1.1	geranyl pyrophosphate synthetase, dimethylallyltranstransferase, v. 33 | p. 393
2.5.1.10	geranyl transferase I, geranyltranstransferase, v. 33 | p. 470
2.5.1.1	geranyltranstransferase, dimethylallyltranstransferase, v. 33 | p. 393
2.5.1.10	geranyltranstransferase, geranyltranstransferase, v. 33 | p. 470
4.2.3.22	GerD, germacradienol synthase, v. S7 | p. 295
1.1.1.266	GerKI, dTDP-4-dehydro-6-deoxyglucose reductase, v. 18 | p. 474
3.6.1.15	germ-cell-specific leucine-rich repeat protein, nucleoside-triphosphatase, v. 15 | p. 365
3.1.3.1	Germ-cell alkaline phosphatase, alkaline phosphatase, v. 10 | p. 1
4.2.3.22	germacradienol/geosmin synthase, germacradienol synthase, v. S7 | p. 295
4.2.3.22	germacradienol/germacrene D synthase, germacradienol synthase, v. S7 | p. 295
4.2.3.22	germacradienol synthase, germacradienol synthase, v. S7 | p. 295
4.2.3.23	(+)-germacrene A synthase, germacrene-A synthase, v. S7 | p. 301
4.2.3.23	germacrene A synthase, germacrene-A synthase, v. S7 | p. 301
4.2.3.22	(+)-germacrene D synthase, germacradienol synthase, v. S7 | p. 295
4.2.3.22	(-)-germacrene D synthase, germacradienol synthase, v. S7 | p. 295
4.2.3.22	germacrene D synthase, germacradienol synthase, v. S7 | p. 295
3.1.3.4	Germ cell guidance factor, phosphatidate phosphatase, v. 10 | p. 82
3.1.2.6	Germ cell specific protein, hydroxyacylglutathione hydrolase, v. 9 | p. 486
1.2.3.4	Germin, oxalate oxidase, v. 20 | p. 450
1.2.3.4	germin-like oxidase, oxalate oxidase, v. 20 | p. 450
2.7.11.25	germinal center kinase-related enzyme, mitogen-activated protein kinase kinase kinase, v. S4 | p. 278
3.4.24.78	germinating-specific protease, GPS, gpr endopeptidase, v. S6 | p. 279
3.4.24.78	germination proteinase, gpr endopeptidase, v. S6 | p. 279
1.2.3.4	Germin GF-2.8, oxalate oxidase, v. 20 | p. 450
1.2.3.4	Germin GF-3.8, oxalate oxidase, v. 20 | p. 450

3.5.2.6	GES-5, β-lactamase, v. 14 | p. 683	
3.2.1.17	GEWL, lysozyme, v. 12 | p. 228	
4.4.1.22	Gfa, S-(hydroxymethyl)glutathione synthase, v. S7 | p. 405	
2.6.1.16	Gfa1, glutamine-fructose-6-phosphate transaminase (isomerizing), v. 34 | p. 376	
2.6.1.16	Gfa1p, glutamine-fructose-6-phosphate transaminase (isomerizing), v. 34 | p. 376	
2.6.1.16	GFAT, glutamine-fructose-6-phosphate transaminase (isomerizing), v. 34 | p. 376	
5.5.1.13	GfCPS/KS, ent-copalyl diphosphate synthase, v. S7 | p. 557	
3.4.24.20	GFMEP, peptidyl-Lys metalloendopeptidase, v. 8 | p. 323	
1.1.99.28	GFOR, glucose-fructose oxidoreductase, v. 19 | p. 419	
1.13.12.5	GFP-aq, Renilla-luciferin 2-monooxygenase, v. 25 | p. 704	
2.7.7.30	GFPP, fucose-1-phosphate guanylyltransferase, v. 38 | p. 360	
2.6.1.16	GFPT1, glutamine-fructose-6-phosphate transaminase (isomerizing), v. 34 | p. 376	
1.3.1.83	GG-Bphe reductase, geranylgeranyl diphosphate reductase	
3.1.3.69	GG-P-phosphatase, glucosylglycerol 3-phosphatase, v. 10 | p. 497	
2.4.1.213	GG-phosphate synthase, glucosylglycerol-phosphate synthase, v. 32 | p. 563	
2.3.2.4	GGCT, γ-glutamylcyclotransferase, v. 30 | p. 500	
3.1.7.1	GGDPase, prenyl-diphosphatase, v. 11 | p. 334	
2.5.1.29	GGDPS, farnesyltranstransferase, v. 33 | p. 604	
2.5.1.41	GGGPS, phosphoglycerol geranylgeranyltransferase, v. 34 | p. 55	
2.4.1.184	GGGT, galactolipid galactosyltransferase, v. 32 | p. 440	
2.4.1.184	GGGT (aus cross-Ref. entnommen), galactolipid galactosyltransferase, v. 32 | p. 440	
3.4.19.9	GGH, γ-glutamyl hydrolase, v. 6 | p. 560	
3.2.1.107	GGHG, protein-glucosylgalactosylhydroxylysine glucosidase, v. 13 | p. 440	
1.6.5.3	GGHPW, NADH dehydrogenase (ubiquinone), v. 24 | p. 106	
3.1.1.3	GGL, triacylglycerol lipase, v. 9 | p. 36	
1.14.13.110	GGOH-18-hydroxylase, geranylgeraniol 18-hydroxylase	
3.1.3.69	GGP-P, glucosylglycerol 3-phosphatase, v. 10 | p. 497	
3.1.3.69	GGP-phosphatase, glucosylglycerol 3-phosphatase, v. 10 | p. 497	
3.1.3.69	GGPP, glucosylglycerol 3-phosphatase, v. 10 | p. 497	
3.1.7.4	GGPP:sclareol cyclase, sclareol cyclase	
3.1.7.5	GGPP phosphatase, geranylgeranyl diphosphate diphosphatase	
1.3.1.83	GGPP reductase, geranylgeranyl diphosphate reductase	
2.5.1.29	GGPPS, farnesyltranstransferase, v. 33 | p. 604	
2.4.1.213	GGPPS, glucosylglycerol-phosphate synthase, v. 32 | p. 563	
2.5.1.29	GGPP synthase, farnesyltranstransferase, v. 33 | p. 604	
2.5.1.29	GGPS, farnesyltranstransferase, v. 33 | p. 604	
2.4.1.213	GGPS, glucosylglycerol-phosphate synthase, v. 32 | p. 563	
2.6.1.44	GGT, alanine-glyoxylate transaminase, v. 34 | p. 538	
2.3.2.2	GGT, γ-glutamyltransferase, v. 30 | p. 469	
2.4.1.66	GGT, procollagen glucosyltransferase, v. 31 | p. 502	
2.3.2.2	GGT1, γ-glutamyltransferase, v. 30 | p. 469	
2.3.2.2	GGT2, γ-glutamyltransferase, v. 30 | p. 469	
2.5.1.60	GGT2, protein geranylgeranyltransferase type II, v. 34 | p. 219	
2.3.2.2	GGT3, γ-glutamyltransferase, v. 30 | p. 469	
2.3.2.2	GGT4, γ-glutamyltransferase, v. 30 | p. 469	
2.3.2.2	GGT5, γ-glutamyltransferase, v. 30 | p. 469	
2.3.2.2	GGT A, γ-glutamyltransferase, v. 30 | p. 469	
2.4.1.87	GGTA1, N-acetyllactosaminide 3-α-galactosyltransferase, v. 31 | p. 612	
2.5.1.59	GGTase-I, protein geranylgeranyltransferase type I, v. 34 | p. 209	
2.5.1.60	GGTase-II, protein geranylgeranyltransferase type II, v. 34 | p. 219	
2.5.1.59	GGTase I, protein geranylgeranyltransferase type I, v. 34 | p. 209	
2.5.1.59	GGTaseI, protein geranylgeranyltransferase type I, v. 34 | p. 209	
2.5.1.60	GGTaseII, protein geranylgeranyltransferase type II, v. 34 | p. 219	
2.3.2.2	GGT I, γ-glutamyltransferase, v. 30 | p. 469	
2.5.1.59	GGT I, protein geranylgeranyltransferase type I, v. 34 | p. 209	

2.3.2.2	GGTII protein, γ-glutamyltransferase, v. 30 | p. 469	
2.3.2.2	GGTLA1, γ-glutamyltransferase, v. 30 | p. 469	
3.4.19.9	γ-GH, γ-glutamyl hydrolase, v. 6 | p. 560	
3.4.19.9	γGH, γ-glutamyl hydrolase, v. 6 | p. 560	
3.2.1.8	GH 10 xylanase, endo-1,4-β-xylanase, v. 12 | p. 133	
3.2.1.8	GH 11 xylanase, endo-1,4-β-xylanase, v. 12 | p. 133	
3.2.1.8	GH11 xylanase, endo-1,4-β-xylanase, v. 12 | p. 133	
3.2.1.20	GH13 α-glucosidase, α-glucosidase, v. 12 | p. 263	
3.2.1.25	GH2 β-mannosidase, β-mannosidase, v. 12 | p. 437	
3.2.1.22	GH36 α-galactosidase, α-galactosidase, v. 12 | p. 342	
3.2.1.28	GH37 trehalase, α,α-trehalase, v. 12 | p. 478	
3.2.1.114	GH38 Golgi α-mannosidase II, mannosyl-oligosaccharide 1,3-1,6-α-mannosidase, v. 13 | p. 470	
3.2.1.55	GH43 α-L-arabinofuranosidase, α-N-arabinofuranosidase, v. 13 | p. 106	
3.2.1.55	GH51 α-L-arabinofuranosidase, α-N-arabinofuranosidase, v. 13 | p. 106	
3.2.1.55	GH54 α-L-arabinofuranosidase, α-N-arabinofuranosidase, v. 13 | p. 106	
2.4.1.25	GH77 amylomaltase, 4-α-glucanotransferase, v. 31 | p. 276	
3.1.4.45	GH89, N-acetylglucosamine-1-phosphodiester α-N-acetylglucosaminidase, v. 11 | p. 208	
2.4.1.20	GH94 cellobiose phosphorylase, cellobiose phosphorylase, v. 31 | p. 242	
4.4.1.14	GhACS1, 1-aminocyclopropane-1-carboxylate synthase, v. 5 | p. 377	
1.11.1.11	GhAPX1, L-ascorbate peroxidase, v. 25 | p. 257	
6.3.2.18	γ-GHA synthetase, γ-Glutamylhistamine synthase, v. 2 | p. 503	
1.5.1.30	GHBP, flavin reductase, v. 23 | p. 232	
2.4.1.12	GhCesA1, cellulose synthase (UDP-forming), v. 31 | p. 107	
3.2.1.8	GHF 10 endoxylanase, endo-1,4-β-xylanase, v. 12 | p. 133	
3.2.1.8	GHF 11 endoxylanase, endo-1,4-β-xylanase, v. 12 | p. 133	
3.2.1.55	GH family 54 α-L-arabinofuranosidase, α-N-arabinofuranosidase, v. 13 | p. 106	
3.6.4.5	GhKCH1, minus-end-directed kinesin ATPase, v. 15 | p. 784	
1.1.1.26	GHPR, glyoxylate reductase, v. 16 | p. 247	
3.6.5.2	GhRac1 GTPase, small monomeric GTPase, v. S6 | p. 476	
2.7.7.48	GhRdRP, RNA-directed RNA polymerase, v. 38 | p. 468	
2.1.1.41	GhSMT2-1, sterol 24-C-methyltransferase, v. 28 | p. 220	
2.1.1.41	GhSMT2-2, sterol 24-C-methyltransferase, v. 28 | p. 220	
3.2.2.20	GI, DNA-3-methyladenine glycosylase I, v. 14 | p. 99	
3.2.1.21	GI, β-glucosidase, v. 12 | p. 299	
3.1.1.4	GIA cobra venom PLA2, phospholipase A2, v. 9 | p. 52	
1.14.13.79	gibberelin 12 synthase, ent-kaurenoic acid oxidase, v. 26 | p. 577	
1.14.11.12	(gibberellin-44),2-oxoglutarate:oxygen oxidoreductase, gibberellin-44 dioxygenase, v. 26 | p. 88	
1.14.11.12	gibberellin-44-dioxygenase, gibberellin-44 dioxygenase, v. 26 | p. 88	
2.4.1.176	gibberellin β-D-glucosyltransferase, gibberellin β-D-glucosyltransferase, v. 32 | p. 413	
1.14.11.13	gibberellin 2β-hydroxylase, gibberellin 2β-dioxygenase, v. 26 | p. 90	
1.14.11.13	gibberellin 2-oxidase, gibberellin 2β-dioxygenase, v. 26 | p. 90	
1.14.11.15	gibberellin 3-β-dioxygenase 2-1, gibberellin 3β-dioxygenase, v. 26 | p. 98	
1.14.11.15	gibberellin 3-β-dioxygenase 2-2, gibberellin 3β-dioxygenase, v. 26 | p. 98	
1.14.11.15	gibberellin 3-β-dioxygenase 2-3, gibberellin 3β-dioxygenase, v. 26 | p. 98	
1.14.11.15	gibberellin 3β-hydroxylase, gibberellin 3β-dioxygenase, v. 26 | p. 98	
1.14.11.15	gibberellin 3-oxidase, gibberellin 3β-dioxygenase, v. 26 | p. 98	
1.14.11.15	gibberellin 3-oxidase 2, gibberellin 3β-dioxygenase, v. 26 | p. 98	
1.14.11.15	gibberellin 3β dioxygenase, gibberellin 3β-dioxygenase, v. 26 | p. 98	
1.14.11.12	gibberellin A44 oxidase, gibberellin-44 dioxygenase, v. 26 | p. 88	
1.14.11.15	(giberrellin-20),2-oxoglutarate: oxygen oxidoreductase (3β-hydroxylating), gibberellin 3β-dioxygenase, v. 26 | p. 98	
3.4.21.71	GICP, Pancreatic elastase II, v. 7 | p. 351	

glandular kallikrein 2

3.1.4.35	gigh-affinity cGMP-specific 3',5'-cyclic phosphodiesterase 9A, 3',5'-cyclic-GMP phosphodiesterase, v. 11 | p. 153
3.2.1.21	GII, β-glucosidase, v. 12 | p. 299
3.1.2.6	GII, hydroxyacylglutathione hydrolase, v. 9 | p. 486
3.1.1.4	GIIC sPLA2, phospholipase A2, v. 9 | p. 52
3.1.1.4	GIID sPLA2, phospholipase A2, v. 9 | p. 52
3.1.1.4	GIIE sPLA2, phospholipase A2, v. 9 | p. 52
3.1.1.4	GIIF sPLA2, phospholipase A2, v. 9 | p. 52
3.1.1.4	GIII sPLA2, phospholipase A2, v. 9 | p. 52
3.5.2.6	GIM-1, β-lactamase, v. 14 | p. 683
2.7.11.1	Gin4p protein kinase, non-specific serine/threonine protein kinase, v. S3 | p. 1
3.4.22.67	ginger protease, zingipain, v. S6 | p. 220
3.4.22.67	ginger protease II, zingipain, v. S6 | p. 220
3.4.22.37	Gingipain-1, Gingipain R, v. 7 | p. 707
3.4.22.37	gingipain-R, Gingipain R, v. 7 | p. 707
3.4.22.37	gingipain R2, Gingipain R, v. 7 | p. 707
3.4.22.37	Gingivain, arginine-specific, Gingipain R, v. 7 | p. 707
3.2.1.21	ginsenoside-hydrolyzing β-D-glucosidase, β-glucosidase, v. 12 | p. 299
1.8.4.2	GIT, protein-disulfide reductase (glutathione), v. 24 | p. 617
3.1.1.4	GIVA cPLA2, phospholipase A2, v. 9 | p. 52
3.1.1.4	GIVA phospholipase A2, phospholipase A2, v. 9 | p. 52
2.7.4.13	GK, (deoxy)nucleoside-phosphate kinase, v. 37 | p. 578
2.7.1.2	GK, glucokinase, v. 35 | p. 109
2.7.2.11	GK, glutamate 5-kinase, v. 37 | p. 351
2.7.1.31	GK, glycerate kinase, v. 35 | p. 366
2.7.1.30	GK, glycerol kinase, v. 35 | p. 351
2.7.3.1	GK, guanidinoacetate kinase, v. 37 | p. 365
2.7.4.8	GK, guanylate kinase, v. 37 | p. 543
2.7.2.11	γ-GK, glutamate 5-kinase, v. 37 | p. 351
3.4.21.119	GK-13, kallikrein 13, v. S5 | p. 447
3.4.21.118	GK-8, kallikrein 8, v. S5 | p. 435
2.7.1.157	GK2, N-acetylgalactosamine kinase, v. S2 | p. 268
3.4.21.77	GK3, semenogelase, v. 7 | p. 385
2.7.2.11	GKA, glutamate 5-kinase, v. 37 | p. 351
2.6.1.39	GKAT, 2-aminoadipate transaminase, v. 34 | p. 483
3.1.1.17	GL, gluconolactonase, v. 9 | p. 179
3.2.1.21	Gl-2, β-glucosidase, v. 12 | p. 299
3.2.1.21	Gl-3, β-glucosidase, v. 12 | p. 299
3.5.1.93	GL-7-ACA acylase, glutaryl-7-aminocephalosporanic-acid acylase, v. S6 | p. 386
3.5.1.93	GL-7ACA acylase, glutaryl-7-aminocephalosporanic-acid acylase, v. S6 | p. 386
3.2.1.128	GL β-D-glucuronidase, glycyrrhizinate β-glucuronidase, v. 13 | p. 518
3.2.1.128	GL β-D-glucuronidase I, glycyrrhizinate β-glucuronidase, v. 13 | p. 518
1.2.3.4	gl-OXO, oxalate oxidase, v. 20 | p. 450
4.2.2.14	GL2 glucuronan lyase, glucuronan lyase, v. S7 | p. 127
3.5.1.93	Gl7ACA acylase, glutaryl-7-aminocephalosporanic-acid acylase, v. S6 | p. 386
3.2.1.3	GLA, glucan 1,4-α-glucosidase, v. 12 | p. 59
3.5.1.93	GLA, glutaryl-7-aminocephalosporanic-acid acylase, v. S6 | p. 386
3.4.21.22	Gla-domainless factor IXaβ', coagulation factor IXa, v. 7 | p. 93
3.2.1.3	GlaA, glucan 1,4-α-glucosidase, v. 12 | p. 59
3.2.1.23	β-D-glactanase, β-galactosidase, v. 12 | p. 368
2.4.1.22	glactosyltransferase, uridine diphosphogalactose-glucose, lactose synthase, v. 31 | p. 264
3.4.21.77	glandular kallikrein, semenogelase, v. 7 | p. 385
3.4.21.35	glandular kallikrein, tissue kallikrein, v. 7 | p. 141
3.4.21.119	glandular kallikrein 13, kallikrein 13, v. S5 | p. 447
3.4.21.35	glandular kallikrein 2, tissue kallikrein, v. 7 | p. 141

441

3.4.21.35	glandular kallikrein 24, tissue kallikrein, v. 7	p. 141
3.4.21.77	glandular kallikrein 3, semenogelase, v. 7	p. 385
3.4.21.119	glandular kallikrein K13, kallikrein 13, v. S5	p. 447
4.2.2.13	GLase, exo-(1->4)-α-D-glucan lyase, v. 5	p. 70
4.4.1.5	Glb33, lactoylglutathione lyase, v. 5	p. 322
3.2.1.86	P-β-glc, 6-phospho-β-glucosidase, v. 13	p. 309
2.7.7.24	Glc-1-P-TT, glucose-1-phosphate thymidylyltransferase, v. 38	p. 300
3.1.3.9	Glc-6-Pase-α, glucose-6-phosphatase, v. 10	p. 147
3.1.3.9	Glc-6-Pase-β, glucose-6-phosphatase, v. 10	p. 147
3.1.3.9	Glc-6-P phosphohydrolase, glucose-6-phosphatase, v. 10	p. 147
3.2.1.45	Glc-Cerase, glucosylceramidase, v. 12	p. 614
2.7.8.19	Glc-phosphotransferase, UDP-glucose-glycoprotein glucose phosphotransferase, v. 39	p. 127
3.2.1.106	(Glc3)-glucosidase, mannosyl-oligosaccharide glucosidase, v. 13	p. 427
3.2.1.106	Glc3-glucosidase, mannosyl-oligosaccharide glucosidase, v. 13	p. 427
3.2.1.106	Glc3-oligosaccharide glucosidase, mannosyl-oligosaccharide glucosidase, v. 13	p. 427
3.2.1.106	Glc3-OS-glucosidase, mannosyl-oligosaccharide glucosidase, v. 13	p. 427
3.2.1.106	Glc3Man9GlcNAc2 oligosaccharide glucosidase, mannosyl-oligosaccharide glucosidase, v. 13	p. 427
3.2.1.106	Glc3Man9NAc2 oligosaccharide glucosidase, mannosyl-oligosaccharide glucosidase, v. 13	p. 427
3.2.1.106	Glc3 oligosaccharide glucosidase, mannosyl-oligosaccharide glucosidase, v. 13	p. 427
3.1.1.31	Glc6PD-6PGL, 6-phosphogluconolactonase, v. 9	p. 247
1.1.1.49	Glc6PDH, glucose-6-phosphate dehydrogenase, v. 16	p. 474
3.2.1.139	GlcA67A, α-glucuronidase, v. 13	p. 553
2.4.1.135	GlcAT-I, galactosylgalactosylxylosylprotein 3-β-glucuronosyltransferase, v. 32	p. 231
2.4.1.226	GlcAT-II, N-acetylgalactosaminyl-proteoglycan 3-β-glucuronosyltransferase, v. 32	p. 613
2.4.1.17	GlcAT-P, glucuronosyltransferase, v. 31	p. 162
2.4.1.17	GlcAT-S, glucuronosyltransferase, v. 31	p. 162
2.4.1.135	GlcATI, galactosylgalactosylxylosylprotein 3-β-glucuronosyltransferase, v. 32	p. 231
2.3.3.9	glcB, malate synthase, v. 30	p. 644
3.2.1.45	glcCer-β-glucosidase, glucosylceramidase, v. 12	p. 614
3.2.1.45	GlcCerase, glucosylceramidase, v. 12	p. 614
2.4.1.80	GlcCer synthase, ceramide glucosyltransferase, v. 31	p. 572
1.1.99.14	GlcD, glycolate dehydrogenase, v. 19	p. 350
1.1.1.47	GlcDH, glucose 1-dehydrogenase, v. 16	p. 451
1.1.1.47	GlcDH-I, glucose 1-dehydrogenase, v. 16	p. 451
1.1.1.47	GlcDH-II, glucose 1-dehydrogenase, v. 16	p. 451
1.1.1.47	GlcDH-IWG3, glucose 1-dehydrogenase, v. 16	p. 451
1.1.1.119	GlcDH 2, glucose 1-dehydrogenase (NADP+), v. 17	p. 335
5.1.3.17	Glce, heparosan-N-sulfate-glucuronate 5-epimerase, v. 1	p. 167
5.1.3.17	GlceA, heparosan-N-sulfate-glucuronate 5-epimerase, v. 1	p. 167
5.1.3.17	GlceB, heparosan-N-sulfate-glucuronate 5-epimerase, v. 1	p. 167
2.7.7.50	GlCeg1, mRNA guanylyltransferase, v. 38	p. 509
3.2.1.106	Glc I, mannosyl-oligosaccharide glucosidase, v. 13	p. 427
2.7.1.2	GlcK, glucokinase, v. 35	p. 109
2.7.1.1	GlcK, hexokinase, v. 35	p. 74
6.3.2.2	GLCL, Glutamate-cysteine ligase, v. 2	p. 399
6.3.2.2	GLCLC, Glutamate-cysteine ligase, v. 2	p. 399
6.3.2.2	GLCLR, Glutamate-cysteine ligase, v. 2	p. 399
3.5.99.6	GlcN-6-P isomerase, glucosamine-6-phosphate deaminase, v. 15	p. 225
2.6.1.16	GlcN-6-P synthase, glutamine-fructose-6-phosphate transaminase (isomerizing), v. 34	p. 376
3.5.99.6	GlcN6P deaminase, glucosamine-6-phosphate deaminase, v. 15	p. 225

O-GlcNAc transferase

2.7.8.15	GlcNAc-1-P transferase, UDP-N-acetylglucosamine-dolichyl-phosphate N-acetylglucosaminephosphotransferase, v. 39 | p. 106
2.3.1.157	GlcNAc-1-P uridyltransferase, glucosamine-1-phosphate N-acetyltransferase, v. 30 | p. 420
5.1.3.9	GlcNAc-6P-2-epimerase, N-Acylglucosamine-6-phosphate 2-epimerase, v. 1 | p. 144
3.5.1.89	GlcNAc-phosphatidylinositol deacetylase, N-Acetylglucosaminylphosphatidylinositol deacetylase, v. 14 | p. 647
2.7.8.15	GlcNAc-phosphotransferase, UDP-N-acetylglucosamine-dolichyl-phosphate N-acetylglucosaminephosphotransferase, v. 39 | p. 106
2.7.8.17	GlcNAc-phosphotransferase, UDP-N-acetylglucosamine-lysosomal-enzyme N-acetylglucosaminephosphotransferase, v. 39 | p. 117
3.5.1.89	GlcNAc-PI-deacetylase, N-Acetylglucosaminylphosphatidylinositol deacetylase, v. 14 | p. 647
3.5.1.89	GlcNAc-PI de-N-acetylase, N-Acetylglucosaminylphosphatidylinositol deacetylase, v. 14 | p. 647
3.5.1.89	GlcNAc-PI deacetylase, N-Acetylglucosaminylphosphatidylinositol deacetylase, v. 14 | p. 647
2.4.1.146	β3GlcNAc-T (elongation), β-1,3-galactosyl-O-glycosyl-glycoprotein β-1,3-N-acetylglucosaminyltransferase, v. 32 | p. 282
2.4.1.101	GlcNAc-T I, α-1,3-mannosyl-glycoprotein 2-β-N-acetylglucosaminyltransferase, v. 32 | p. 70
2.4.1.143	GlcNAc-T II, α-1,6-mannosyl-glycoprotein 2-β-N-acetylglucosaminyltransferase, v. 32 | p. 259
2.4.1.144	GlcNAc-transferase-III, β-1,4-mannosyl-glycoprotein 4-β-N-acetylglucosaminyltransferase, v. 32 | p. 267
5.1.3.8	GlcNAc 2-epimerase, N-Acylglucosamine 2-epimerase, v. 1 | p. 140
2.8.2.21	GlcNAc 6-O-sulfotransferase, keratan sulfotransferase, v. 39 | p. 430
3.5.1.25	GlcNAc 6-P deacetylase, N-acetylglucosamine-6-phosphate deacetylase, v. 14 | p. 379
2.8.2.21	GlcNAc 6-sulfotransferase, keratan sulfotransferase, v. 39 | p. 430
2.8.2.21	GlcNAc6ST, keratan sulfotransferase, v. 39 | p. 430
3.2.1.52	β-GlcNAcase, β-N-acetylhexosaminidase, v. 13 | p. 50
2.7.1.59	GlcNAc kinase, N-acetylglucosamine kinase, v. 36 | p. 135
2.8.2.8	GlcNAc N-deacetylase/GlcN N-sulfotransferase, [heparan sulfate]-glucosamine N-sulfotransferase, v. 39 | p. 342
2.8.2.8	GlcNAc N-deacetylase/GlcN N-sulfotransferase 1, [heparan sulfate]-glucosamine N-sulfotransferase, v. 39 | p. 342
2.8.2.8	GlcNAc N-deacetylase/N-sulfotransferase, [heparan sulfate]-glucosamine N-sulfotransferase, v. 39 | p. 342
2.8.2.21	GlcNAc sulfotransferase, keratan sulfotransferase, v. 39 | p. 430
2.4.1.149	i-GlcNAcT, N-acetyllactosaminide β-1,3-N-acetylglucosaminyltransferase, v. 32 | p. 297
2.4.1.143	GlcNAcT-II, α-1,6-mannosyl-glycoprotein 2-β-N-acetylglucosaminyltransferase, v. 32 | p. 259
2.4.1.146	GlcNAcT-II, β-1,3-galactosyl-O-glycosyl-glycoprotein β-1,3-N-acetylglucosaminyltransferase, v. 32 | p. 282
2.4.1.143	GlcNAcTase-II, α-1,6-mannosyl-glycoprotein 2-β-N-acetylglucosaminyltransferase, v. 32 | p. 259
2.4.1.144	GlcNAcTase-III, β-1,4-mannosyl-glycoprotein 4-β-N-acetylglucosaminyltransferase, v. 32 | p. 267
2.4.1.145	GlcNAcTase-IV, α-1,3-mannosyl-glycoprotein 4-β-N-acetylglucosaminyltransferase, v. 32 | p. 278
2.4.1.155	GlcNAcTase-V, α-1,6-mannosyl-glycoprotein 6-β-N-acetylglucosaminyltransferase, v. 32 | p. 334
2.4.1.206	GlcNAc transferase, lactosylceramide 1,3-N-acetyl-β-D-glucosaminyltransferase, v. 32 | p. 518
2.4.1.94	O-GlcNAc transferase, protein N-acetylglucosaminyltransferase, v. 32 | p. 39

β-1-2 GlcNAc transferase

2.4.1.101	β-1-2 GlcNAc transferase, α-1,3-mannosyl-glycoprotein 2-β-N-acetylglucosaminyltransferase, v. 32 | p. 70	
2.4.1.149	i-GlcNAc transferase, N-acetyllactosaminide β-1,3-N-acetylglucosaminyltransferase, v. 32 | p. 297	
2.4.1.101	GlcNAc transferase I, α-1,3-mannosyl-glycoprotein 2-β-N-acetylglucosaminyltransferase, v. 32 | p. 70	
3.2.1.114	GlcNAc transferase I-dependent α1,3[α1,6]mannosidase, mannosyl-oligosaccharide 1,3-1,6-α-mannosidase, v. 13 | p. 470	
2.7.8.19	GlcPTase, UDP-glucose-glycoprotein glucose phosphotransferase, v. 39 | p. 127	
2.4.1.80	GlcT, ceramide glucosyltransferase, v. 31 | p. 572	
2.4.1.80	GlcT-1, ceramide glucosyltransferase, v. 31 | p. 572	
2.4.1.135	GlcUAT-I, galactosylgalactosylxylosylprotein 3-β-glucuronosyltransferase, v. 32 | p. 231	
1.1.99.10	GLD, glucose dehydrogenase (acceptor), v. 19 | p. 328	
1.1.1.6	GLD, glycerol dehydrogenase, v. 16 | p. 108	
1.1.99.22	GLD, glycerol dehydrogenase (acceptor), v. 19 | p. 402	
2.7.7.19	GLD-2, polynucleotide adenylyltransferase, v. 38 | p. 245	
1.1.1.156	GLD2, glycerol 2-dehydrogenase (NADP+), v. 18 | p. 5	
2.7.7.19	GLD2, polynucleotide adenylyltransferase, v. 38 | p. 245	
1.1.1.6	GldA, glycerol dehydrogenase, v. 16 | p. 108	
1.3.2.3	GLDase, L-galactonolactone dehydrogenase, v. 21 | p. 342	
1.4.4.2	GLDC, glycine dehydrogenase (decarboxylating), v. 22 | p. 371	
1.3.2.3	GLDH, L-galactonolactone dehydrogenase, v. 21 | p. 342	
1.4.1.3	GLDH, glutamate dehydrogenase [NAD(P)+], v. 22 | p. 43	
1.1.1.6	GLDH, glycerol dehydrogenase, v. 16 | p. 108	
1.3.2.3	GLDHase, L-galactonolactone dehydrogenase, v. 21 | p. 342	
1.4.4.2	GLDP, glycine dehydrogenase (decarboxylating), v. 22 | p. 371	
3.4.24.38	GLE, gametolysin, v. 8 | p. 416	
3.1.3.48	GLEPP-1, protein-tyrosine-phosphatase, v. 10 | p. 407	
3.1.3.48	GLEPP1, protein-tyrosine-phosphatase, v. 10 | p. 407	
5.4.99.9	Glf, UDP-galactopyranose mutase, v. 1 | p. 635	
5.4.99.9	GLF gene product, UDP-galactopyranose mutase, v. 1 | p. 635	
2.4.1.18	GlgB, 1,4-α-glucan branching enzyme, v. 31 | p. 197	
2.4.1.1	GlgP, phosphorylase, v. 31 | p. 1	
1.1.1.6	GlhA, glycerol dehydrogenase, v. 16 | p. 108	
3.2.1.128	GL hydrolase, glycyrrhizinate β-glucuronidase, v. 13 | p. 518	
2.7.13.3	gliding motility regulatory protein, histidine kinase, v. S4 | p. 420	
2.4.2.4	gliostatin, thymidine phosphorylase, v. 33 | p. 52	
2.4.2.4	gliostatins, thymidine phosphorylase, v. 33 | p. 52	
2.7.1.2	glk, glucokinase, v. 35 | p. 109	
2.7.1.2	Glk1, glucokinase, v. 35 | p. 109	
2.7.1.2	GlkB, glucokinase, v. 35 | p. 109	
6.1.1.4	GlLeuRS, Leucine-tRNA ligase, v. 2 | p. 23	
5.4.99.1	Glm, Methylaspartate mutase, v. 1 | p. 582	
3.5.99.6	GlmD, glucosamine-6-phosphate deaminase, v. 15 | p. 225	
5.4.2.10	GlmM, phosphoglucosamine mutase, v. S7 | p. 519	
2.6.1.16	GlmS, glutamine-fructose-6-phosphate transaminase (isomerizing), v. 34 | p. 376	
2.7.7.23	GlmU, UDP-N-acetylglucosamine diphosphorylase, v. 38 | p. 289	
2.3.1.157	GlmU, glucosamine-1-phosphate N-acetyltransferase, v. 30 | p. 420	
2.3.1.4	GlmU, glucosamine-phosphate N-acetyltransferase, v. 29 | p. 237	
2.3.1.157	GlmU enzyme, glucosamine-1-phosphate N-acetyltransferase, v. 30 | p. 420	
2.3.1.157	GlmU uridyltransferase, glucosamine-1-phosphate N-acetyltransferase, v. 30 | p. 420	
6.1.1.18	Gln-RS, Glutamine-tRNA ligase, v. 2 | p. 139	
6.3.1.2	GLN1;1, Glutamate-ammonia ligase, v. 2 | p. 347	
6.3.1.2	GLN1;2, Glutamate-ammonia ligase, v. 2 | p. 347	
6.3.1.2	GLN1;3, Glutamate-ammonia ligase, v. 2 | p. 347	

6.3.1.2	GLN1,4, Glutamate-ammonia ligase, v.2 | p.347	
6.3.1.2	GLN2, Glutamate-ammonia ligase, v.2 | p.347	
3.1.27.3	Gln25-RNase T1, ribonuclease T1, v.11 | p.572	
3.1.1.4	Gln49-PLA2, phospholipase A2, v.9 | p.52	
6.3.1.2	GlnA, Glutamate-ammonia ligase, v.2 | p.347	
6.3.1.2	GlnA1, Glutamate-ammonia ligase, v.2 | p.347	
6.3.1.2	GlnA2, Glutamate-ammonia ligase, v.2 | p.347	
6.3.1.2	GlnA3, Glutamate-ammonia ligase, v.2 | p.347	
6.3.1.2	GlnA4, Glutamate-ammonia ligase, v.2 | p.347	
2.7.7.59	GlnD, [protein-PII] uridylyltransferase, v.38 | p.553	
2.7.7.42	GlnE, [glutamate-ammonia-ligase] adenylyltransferase, v.38 | p.431	
6.3.1.2	Gln isozyme α, Glutamate-ammonia ligase, v.2 | p.347	
6.3.1.2	Gln isozyme β, Glutamate-ammonia ligase, v.2 | p.347	
6.3.1.2	Gln isozyme γ, Glutamate-ammonia ligase, v.2 | p.347	
6.3.1.2	GlnN, Glutamate-ammonia ligase, v.2 | p.347	
3.5.1.25	GlnNAc6P deacetylase, N-acetylglucosamine-6-phosphate deacetylase, v.14 | p.379	
2.4.2.14	Gln phosphoribosylpyrophosphate amidotransferase, amidophosphoribosyltransferase, v.33 | p.152	
6.3.1.2	GlnR, Glutamate-ammonia ligase, v.2 | p.347	
6.1.1.18	GlnRS, Glutamine-tRNA ligase, v.2 | p.139	
1.1.3.8	GLO, L-gulonolactone oxidase, v.19 | p.76	
4.4.1.5	GLO-I, lactoylglutathione lyase, v.5 | p.322	
4.4.1.5	Glo1, lactoylglutathione lyase, v.5 | p.322	
4.4.1.5	GloA1, lactoylglutathione lyase, v.5 | p.322	
4.4.1.5	GloA2, lactoylglutathione lyase, v.5 | p.322	
4.4.1.5	GloA3, lactoylglutathione lyase, v.5 | p.322	
3.1.2.6	GloB, hydroxyacylglutathione hydrolase, v.9 | p.486	
6.1.1.15	Global RNA synthesis factor, Proline-tRNA ligase, v.2 | p.111	
2.4.1.88	globoside acetylgalactosaminyltransferase, globoside α-N-acetylgalactosaminyltransferase, v.31 | p.621	
2.4.1.79	globoside N-acetylgalactosaminyltransferase, globotriaosylceramide 3-β-N-acetylgalactosaminyltransferase, v.31 | p.567	
2.4.1.79	globoside synthetase, globotriaosylceramide 3-β-N-acetylgalactosaminyltransferase, v.31 | p.567	
2.4.1.228	globotriaosylceramide/CD77 synthase, lactosylceramide 4-α-galactosyltransferase, v.32 | p.622	
2.4.1.228	globotriaosylceramide synthase, lactosylceramide 4-α-galactosyltransferase, v.32 | p.622	
3.2.1.17	globulin G, lysozyme, v.12 | p.228	
3.2.1.17	globulin G1, lysozyme, v.12 | p.228	
1.4.3.11	GLOD, L-glutamate oxidase, v.22 | p.333	
1.4.3.11	L-GLOD, L-glutamate oxidase, v.22 | p.333	
4.4.1.5	GLO I, lactoylglutathione lyase, v.5 | p.322	
4.4.1.5	GloI, lactoylglutathione lyase, v.5 | p.322	
3.1.2.6	GLO II, hydroxyacylglutathione hydrolase, v.9 | p.486	
1.4.3.11	l-GlOx, L-glutamate oxidase, v.22 | p.333	
1.3.3.12	GL oxidase, L-galactonolactone oxidase, v.S1 | p.258	
3.4.14.5	(GLP1)-degrading enzyme, dipeptidyl-peptidase IV, v.6 | p.286	
1.1.1.8	GLPD, glycerol-3-phosphate dehydrogenase (NAD+), v.16 | p.120	
1.1.1.94	GLPD, glycerol-3-phosphate dehydrogenase [NAD(P)+], v.17 | p.235	
3.4.21.105	GlpG, rhomboid protease, v.S5 | p.325	
1.1.5.3	GlpO, glycerol-3-phosphate dehydrogenase	
1.1.3.21	GlpO, glycerol-3-phosphate oxidase, v.19 | p.177	
1.1.3.21	GlpO protein, glycerol-3-phosphate oxidase, v.19 | p.177	
3.1.4.46	GlpQ, glycerophosphodiester phosphodiesterase, v.11 | p.214	
3.6.3.20	GlpT, glycerol-3-phosphate-transporting ATPase, v.S6 | p.456	

3.1.3.11	GlpX, fructose-bisphosphatase, v. 10 | p. 167	
2.6.1.83	glr4108, LL-diaminopimelate aminotransferase, v. S2 | p. 253	
3.2.1.139	GLRI, α-glucuronidase, v. 13 | p. 553	
3.5.1.2	GLS, glutaminase, v. 14 | p. 205	
2.4.2.4	GLS, thymidine phosphorylase, v. 33 | p. 52	
3.2.1.165	Gls93, exo-1,4-β-D-glucosaminidase	
1.4.1.13	gltA, glutamate synthase (NADPH), v. 22 | p. 138	
1.4.1.14	gltB, glutamate synthase (NADH), v. 22 | p. 158	
1.4.1.13	gltB, glutamate synthase (NADPH), v. 22 | p. 138	
1.4.1.13	GltB1, glutamate synthase (NADPH), v. 22 | p. 138	
1.4.1.13	GltB2, glutamate synthase (NADPH), v. 22 | p. 138	
1.4.1.13	gltD, glutamate synthase (NADPH), v. 22 | p. 138	
5.3.1.1	GlTIM, Triose-phosphate isomerase, v. 1 | p. 235	
1.4.1.13	GltS, glutamate synthase (NADPH), v. 22 | p. 138	
3.2.1.73	GLU-1, licheninase, v. 13 | p. 223	
3.2.1.3	Glu-1.1, glucan 1,4-α-glucosidase, v. 12 | p. 59	
3.2.1.73	GLU-3, licheninase, v. 13 | p. 223	
3.2.1.3	Glu-A, glucan 1,4-α-glucosidase, v. 12 | p. 59	
6.3.5.7	Glu-AdT, glutaminyl-tRNA synthase (glutamine-hydrolysing), v. S7 | p. 638	
3.4.21.19	Glu-endopeptidase, glutamyl endopeptidase, v. 7 | p. 75	
6.3.1.11	γ-Glu-Put synthetase, glutamate-putrescine ligase, v. S7 | p. 595	
6.1.1.24	Glu-Q-RS, glutamate-tRNAGln ligase, v. S7 | p. 572	
3.4.21.19	Glu-specific endopeptidase, glutamyl endopeptidase, v. 7 | p. 75	
6.3.5.7	Glu-tRNAGln amidotransferase, glutaminyl-tRNA synthase (glutamine-hydrolysing), v. S7 | p. 638	
6.3.5.7	Glu-tRNAGlnAT, glutaminyl-tRNA synthase (glutamine-hydrolysing), v. S7 | p. 638	
3.4.19.9	γ-Glu-X carboxypeptidase, γ-glutamyl hydrolase, v. 6 | p. 560	
3.2.1.21	Glu1, β-glucosidase, v. 12 | p. 299	
3.2.1.3	Glu1, glucan 1,4-α-glucosidase, v. 12 | p. 59	
1.4.7.1	Glu1, glutamate synthase (ferredoxin), v. 22 | p. 378	
3.2.1.20	αGlu1, α-glucosidase, v. 12 | p. 263	
3.2.1.21	β-glu1, β-glucosidase, v. 12 | p. 299	
3.2.1.21	Glu1b, β-glucosidase, v. 12 | p. 299	
3.2.1.20	αGlu2, α-glucosidase, v. 12 | p. 263	
3.2.1.21	β-glu2, β-glucosidase, v. 12 | p. 299	
3.2.1.20	αGlu3, α-glucosidase, v. 12 | p. 263	
3.2.1.39	GluA, glucan endo-1,3-β-D-glucosidase, v. 12 | p. 567	
6.3.5.7	GluAdT GatDE, glutaminyl-tRNA synthase (glutamine-hydrolysing), v. S7 | p. 638	
3.4.11.7	GluAP, glutamyl aminopeptidase, v. 6 | p. 102	
3.2.1.131	β-Gluc, β-glucuronidase, v. 12 | p. 494	
3.4.14.5	glucagon-like peptide 1-degrading enzyme, dipeptidyl-peptidase IV, v. 6 | p. 286	
3.2.1.58	glucan (1→3)-β-glucosidase, glucan 1,3-β-glucosidase, v. 13 | p. 137	
2.4.1.34	(1,3)-β-glucan (callose) synthase, 1,3-β-glucan synthase, v. 31 | p. 318	
2.7.9.4	α-glucan, water dikinase, α-glucan, water dikinase, v. 39 | p. 180	
2.7.9.4	glucan, water dikinase, α-glucan, water dikinase, v. 39 | p. 180	
2.7.9.4	α-glucan, water dikinase, GWD, α-glucan, water dikinase, v. 39 | p. 180	
3.2.1.73	(1,3)(1,4)-β-D-glucan-4-glucanohydrolase, licheninase, v. 13 | p. 223	
3.2.1.33	1,4-glucan-4-glucosyltransferase/amylo-1,6-glucosidase, amylo-α-1,6-glucosidase, v. 12 | p. 509	
3.2.1.11	1,6-α-D-glucan-6-glucanohydrolase, dextranase, v. 12 | p. 173	
3.2.1.11	α-1,6-glucan-6-glucanohydrolase, dextranase, v. 12 | p. 173	
3.2.1.11	α-D-1,6-glucan-6-glucanohydrolase, dextranase, v. 12 | p. 173	
2.4.1.18	α-glucan-branching glycosyltransferase, 1,4-α-glucan branching enzyme, v. 31 | p. 197	
2.4.1.34	1,3-β-D-glucan-UDP glucosyltransferase, 1,3-β-glucan synthase, v. 31 | p. 318	
2.4.1.34	1,3-β-glucan-uridine diphosphoglucosyltransferase, 1,3-β-glucan synthase, v. 31 | p. 318	

3.2.1.3	Glucan 1,4-α-glucosidase, glucan 1,4-α-glucosidase, v. 12 | p. 59	
3.2.1.74	glucan 1,4-β-glucosidase, glucan 1,4-β-glucosidase, v. 13 | p. 235	
3.2.1.133	glucan 1,4-α-maltohydrolase, glucan 1,4-α-maltohydrolase, v. 13 | p. 538	
4.2.2.13	α-(1,4)-Glucan 1,5-anhydro-D-fructose eliminase, exo-(1->4)-α-D-glucan lyase, v. 5 | p. 70	
3.2.1.94	Glucan 1,6-α-isomaltosidase, glucan 1,6-α-isomaltosidase, v. 13 | p. 343	
5.4.99.15	(1,4)-α-D-glucan 1-α-D-glucosylmutase, (1->4)-α-D-Glucan 1-α-D-glucosylmutase, v. 1 | p. 652	
5.4.99.15	(1->4)-α-D-Glucan 1-α-glucosylmutase, (1->4)-α-D-Glucan 1-α-D-glucosylmutase, v. 1 | p. 652	
2.4.1.34	1,3-β-D-glucan 3-β-D-glucosyltransferase, 1,3-β-glucan synthase, v. 31 | p. 318	
3.2.1.39	(13)-β-glucan 3-glucanohydrolase, glucan endo-1,3-β-D-glucosidase, v. 12 | p. 567	
3.2.1.39	1,3-β-glucan 3-glucanohydrolase, glucan endo-1,3-β-D-glucosidase, v. 12 | p. 567	
3.2.1.73	1,3-1,4-β-D-glucan 4-glucanohydrolase, licheninase, v. 13 | p. 223	
3.2.1.73	1,3;1,4-β-glucan 4-glucanohydrolase, licheninase, v. 13 | p. 223	
3.2.1.73	β-(1→3), (1→4)-D-glucan 4-glucanohydrolase, licheninase, v. 13 | p. 223	
3.2.1.73	β-1-3, 1-4 glucan 4-glucanohydrolase, licheninase, v. 13 | p. 223	
2.4.1.19	α-1,4-glucan 4-glycosyltransferase, cyclizing, cyclomaltodextrin glucanotransferase, v. 31 | p. 210	
2.4.1.24	1,4-α-D-glucan 6-α-D-glucosyltransferase, 1,4-α-glucan 6-α-glucosyltransferase, v. 31 | p. 273	
2.4.1.24	1,4-α-glucan 6-α-glucosyltransferase, 1,4-α-glucan 6-α-glucosyltransferase, v. 31 | p. 273	
3.2.1.75	β-1,6-glucan 6-glucanohydrolase, glucan endo-1,6-β-glucosidase, v. 13 | p. 247	
2.4.1.18	α-1,4-glucan:α-1,4-glucan-6-glycosyltransferase, 1,4-α-glucan branching enzyme, v. 31 | p. 197	
2.4.1.18	α-1,4-glucan:α-1,4-glucan 6-glycosyltransferase, 1,4-α-glucan branching enzyme, v. 31 | p. 197	
2.4.1.161	1,4-α-glucan:1,4-α-glucan 4-α-glucosyltransferase, oligosaccharide 4-α-D-glucosyltransferase, v. 32 | p. 355	
2.4.1.97	1,3-β-D-glucan:orthophosphate glucosyltransferase, 1,3-β-D-glucan phosphorylase, v. 32 | p. 52	
3.2.1.39	(1-3)-β-D-glucanase, glucan endo-1,3-β-D-glucosidase, v. 12 | p. 567	
3.2.1.39	(1->3)-β-glucanase, glucan endo-1,3-β-D-glucosidase, v. 12 | p. 567	
3.2.1.73	1,3-1,4-β-D-glucanase, licheninase, v. 13 | p. 223	
3.2.1.73	1,3-1,4-β-glucanase, licheninase, v. 13 | p. 223	
3.2.1.73	β-(1,3-1,4)-glucanase, licheninase, v. 13 | p. 223	
3.2.1.39	β-(1-3)-glucanase, glucan endo-1,3-β-D-glucosidase, v. 12 | p. 567	
3.2.1.6	β-1,3-1,4-glucanase, endo-1,3(4)-β-glucanase, v. 12 | p. 118	
3.2.1.73	β-1,3-1,4-glucanase, licheninase, v. 13 | p. 223	
3.2.1.6	β-1,3-glucanase, endo-1,3(4)-β-glucanase, v. 12 | p. 118	
3.2.1.39	β-1,3-glucanase, glucan endo-1,3-β-D-glucosidase, v. 12 | p. 567	
3.2.1.6	β-1,3:1,4 glucanase, endo-1,3(4)-β-glucanase, v. 12 | p. 118	
3.2.1.74	β-1,4-β-glucanase, glucan 1,4-β-glucosidase, v. 13 | p. 235	
3.2.1.4	β-1,4-glucanase, cellulase, v. 12 | p. 88	
3.2.1.6	β-D-(1-3)-glucanase, endo-1,3(4)-β-glucanase, v. 12 | p. 118	
3.2.1.6	β-glucanase, endo-1,3(4)-β-glucanase, v. 12 | p. 118	
3.2.1.73	β-glucanase, licheninase, v. 13 | p. 223	
3.2.1.6	1,3-(4)-β-glucanase (endoglucanase), endo-1,3(4)-β-glucanase, v. 12 | p. 118	
3.2.1.59	glucanase, endo-1,3-α-mutanase, glucan endo-1,3-α-glucosidase, v. 13 | p. 151	
3.2.1.75	β-1,6-glucanase-pustulanase, glucan endo-1,6-β-glucosidase, v. 13 | p. 247	
3.2.1.39	(1->3)-β-glucanase A1, glucan endo-1,3-β-D-glucosidase, v. 12 | p. 567	
3.2.1.39	(1->3)-β-glucanase BGN13.1, glucan endo-1,3-β-D-glucosidase, v. 12 | p. 567	
3.2.1.6	1,3-1,4-β-glucanase EII (barley), endo-1,3(4)-β-glucanase, v. 12 | p. 118	
3.2.1.39	(1-3)-β-glucanase GI, glucan endo-1,3-β-D-glucosidase, v. 12 | p. 567	
3.2.1.39	Glucanase GLA, glucan endo-1,3-β-D-glucosidase, v. 12 | p. 567	
3.2.1.39	Glucanase GLB, glucan endo-1,3-β-D-glucosidase, v. 12 | p. 567	

3.2.1.39	1,3-β-glucanase I, glucan endo-1,3-β-D-glucosidase, v. 12 | p. 567	
3.2.1.39	β-1,3-glucanase I, glucan endo-1,3-β-D-glucosidase, v. 12 | p. 567	
3.2.1.39	β-1,3-glucanase II, glucan endo-1,3-β-D-glucosidase, v. 12 | p. 567	
3.2.1.73	(1->3,1->4)-β-glucanase isoenzyme EII, licheninase, v. 13 | p. 223	
3.2.1.39	(1->3)-β-glucanase isoenzyme GI, glucan endo-1,3-β-D-glucosidase, v. 12 | p. 567	
3.2.1.39	(1->3)-β-glucanase isoenzyme GII, glucan endo-1,3-β-D-glucosidase, v. 12 | p. 567	
3.2.1.39	(1->3)-β-glucanase isoenzyme GIII, glucan endo-1,3-β-D-glucosidase, v. 12 | p. 567	
3.2.1.39	(1->3)-β-glucanase isoenzyme GIV, glucan endo-1,3-β-D-glucosidase, v. 12 | p. 567	
3.2.1.39	(1->3)-β-glucanase isoenzyme GV, glucan endo-1,3-β-D-glucosidase, v. 12 | p. 567	
3.2.1.39	(1->3)-β-glucanase isoenzyme GVI, glucan endo-1,3-β-D-glucosidase, v. 12 | p. 567	
3.2.1.39	glucanase LIV, glucan endo-1,3-β-D-glucosidase, v. 12 | p. 567	
3.2.1.39	glucanase Lo, glucan endo-1,3-β-D-glucosidase, v. 12 | p. 567	
3.2.1.6	1,3-β-D-glucanases, endo-1,3(4)-β-glucanase, v. 12 | p. 118	
2.4.1.18	1,4-α-glucan branching enzyme 1, 1,4-α-glucan branching enzyme, v. 31 | p. 197	
3.2.1.91	1,4-β-D-glucan cellobiohydrolase, cellulose 1,4-β-cellobiosidase, v. 13 | p. 325	
3.2.1.150	1,4-β-D-glucan cellobiohydrolase, oligoxyloglucan reducing-end-specific cellobiohydrolase, v. S5 | p. 128	
3.2.1.91	1,4-β-glucan cellobiohydrolase, cellulose 1,4-β-cellobiosidase, v. 13 | p. 325	
3.2.1.150	1,4-β-glucan cellobiohydrolase, oligoxyloglucan reducing-end-specific cellobiohydrolase, v. S5 | p. 128	
3.2.1.91	β-glucancellobiohydrolase, cellulose 1,4-β-cellobiosidase, v. 13 | p. 325	
3.2.1.91	β-1,4-glucan cellobiohydrolase, cellulose 1,4-β-cellobiosidase, v. 13 | p. 325	
3.2.1.150	β-1,4-glucan cellobiohydrolase, oligoxyloglucan reducing-end-specific cellobiohydrolase, v. S5 | p. 128	
3.2.1.91	1,4-β-D-glucan cellobiohydrolase I, cellulose 1,4-β-cellobiosidase, v. 13 | p. 325	
3.2.1.91	1,4-β-glucan cellobiosidase, cellulose 1,4-β-cellobiosidase, v. 13 | p. 325	
3.2.1.150	1,4-β-glucan cellobiosidase, oligoxyloglucan reducing-end-specific cellobiohydrolase, v. S5 | p. 128	
3.2.1.91	β-1,4-glucan cellobiosylhydrolase, cellulose 1,4-β-cellobiosidase, v. 13 | p. 325	
3.2.1.39	glucan endo-1,3-β-glucosidase, glucan endo-1,3-β-D-glucosidase, v. 12 | p. 567	
3.2.1.39	(1-3)-β-D-glucan endohydrolase, glucan endo-1,3-β-D-glucosidase, v. 12 | p. 567	
3.2.1.39	(1->3)-β-glucan endohydrolase, glucan endo-1,3-β-D-glucosidase, v. 12 | p. 567	
3.2.1.39	(13)-β-glucan endohydrolase, glucan endo-1,3-β-D-glucosidase, v. 12 | p. 567	
3.2.1.73	1,3;1,4-β-glucan endohydrolase, licheninase, v. 13 | p. 223	
3.2.1.39	(1->3)-β-glucan endohydrolase BGN13.1, glucan endo-1,3-β-D-glucosidase, v. 12 | p. 567	
3.2.1.39	(1->3)-β-glucan endohydrolase GI, glucan endo-1,3-β-D-glucosidase, v. 12 | p. 567	
3.2.1.39	(1->3)-β-glucan endohydrolase GII, glucan endo-1,3-β-D-glucosidase, v. 12 | p. 567	
3.2.1.39	(1->3)-β-glucan endohydrolase GIII, glucan endo-1,3-β-D-glucosidase, v. 12 | p. 567	
3.2.1.39	(1->3)-β-glucan endohydrolase GIV, glucan endo-1,3-β-D-glucosidase, v. 12 | p. 567	
3.2.1.39	(1->3)-β-glucan endohydrolase GV, glucan endo-1,3-β-D-glucosidase, v. 12 | p. 567	
3.2.1.39	(1->3)-β-glucan endohydrolase GVI, glucan endo-1,3-β-D-glucosidase, v. 12 | p. 567	
4.2.2.13	(1,4)-α-D-glucan exo-4-lyase (1,5-anhydro-D-fructose-forming), exo-(1->4)-α-D-glucan lyase, v. 5 | p. 70	
3.2.1.58	β-1,3-glucan exo-hydrolase, glucan 1,3-β-glucosidase, v. 13 | p. 137	
4.2.2.13	α-1,4-Glucan exo-lyase, exo-(1->4)-α-D-glucan lyase, v. 5 | p. 70	
3.2.1.73	1,3-1,4-β-D-glucan glucanohydrolase, licheninase, v. 13 | p. 223	
3.2.1.1	1,4-α-D-glucan glucanohydrolase, α-amylase, v. 12 | p. 1	
3.2.1.41	1,4-α-D-glucan glucanohydrolase, pullulanase, v. 12 | p. 594	
3.2.1.3	1,4-α-D-glucan glucohydrolase, glucan 1,4-α-glucosidase, v. 12 | p. 59	
3.2.1.70	1,6-α-D-glucan glucohydrolase, glucan 1,6-α-glucosidase, v. 13 | p. 214	
3.2.1.3	α-(1,4)-D-glucan glucohydrolase, glucan 1,4-α-glucosidase, v. 12 | p. 59	
3.2.1.3	α-1,4-D-glucan glucohydrolase, glucan 1,4-α-glucosidase, v. 12 | p. 59	
3.2.1.3	α-1,4-glucan glucohydrolase, glucan 1,4-α-glucosidase, v. 12 | p. 59	
3.2.1.74	b-glucan glucohydrolase, glucan 1,4-β-glucosidase, v. 13 | p. 235	
3.2.1.39	1,3-β-glucan hydrolase, glucan endo-1,3-β-D-glucosidase, v. 12 | p. 567	

glucocorticoid sulfotransferase

3.2.1.68	α 1,6-glucan hydrolase, isoamylase, v. 13 | p. 204	
3.2.1.39	β-1,3-glucan hydrolase, glucan endo-1,3-β-D-glucosidase, v. 12 | p. 567	
3.2.1.75	β-1,6-glucan hydrolase, glucan endo-1,6-β-glucosidase, v. 13 | p. 247	
3.2.1.75	β-1-6-glucan hydrolase, glucan endo-1,6-β-glucosidase, v. 13 | p. 247	
4.2.2.13	α-1,4-Glucan lyase, exo-(1->4)-α-D-glucan lyase, v. 5 | p. 70	
3.2.1.2	(1-4)-α-D-glucan maltohydrolase, β-amylase, v. 12 | p. 43	
3.2.1.2	1,4-α-D-glucan maltohydrolase, β-amylase, v. 12 | p. 43	
3.2.1.33	4-α-glucano-transferase amylo-1,6-glucosidase, amylo-α-1,6-glucosidase, v. 12 | p. 509	
3.2.1.58	1,3-β-D-glucanohydrolase, glucan 1,3-β-glucosidase, v. 13 | p. 137	
3.2.1.41	glucanohydrolase, amylopectin 6-, pullulanase, v. 12 | p. 594	
2.4.1.25	4-α-glucanotransferase, 4-α-glucanotransferase, v. 31 | p. 276	
2.4.1.25	α-glucanotransferase, 4-α-glucanotransferase, v. 31 | p. 276	
2.4.1.1	1,4-α-glucan phosphorylase, phosphorylase, v. 31 | p. 1	
2.4.1.1	α-glucan phosphorylase, phosphorylase, v. 31 | p. 1	
2.4.1.97	β-(1-3)glucan phosphorylase, 1,3-β-D-glucan phosphorylase, v. 32 | p. 52	
2.4.1.1	glucan phosphorylase, phosphorylase, v. 31 | p. 1	
2.4.1.1	α-glucan phosphorylase H, phosphorylase, v. 31 | p. 1	
2.4.1.5	glucansucrase, dextransucrase, v. 31 | p. 49	
2.4.1.34	(1,3)β-D-glucan synthase, 1,3-β-glucan synthase, v. 31 | p. 318	
2.4.1.183	1,3-α-D-glucan synthase, α-1,3-glucan synthase, v. 32 | p. 437	
2.4.1.34	1,3-β-D-glucan synthase, 1,3-β-glucan synthase, v. 31 | p. 318	
2.4.1.34	1,3-β-glucan synthase, 1,3-β-glucan synthase, v. 31 | p. 318	
2.4.1.12	1,4-β-D-glucan synthase, cellulose synthase (UDP-forming), v. 31 | p. 107	
2.4.1.12	1,4-β-glucan synthase, cellulose synthase (UDP-forming), v. 31 | p. 107	
2.4.1.34	β(1,3)-D-glucan synthase, 1,3-β-glucan synthase, v. 31 | p. 318	
2.4.1.34	β-1,3-glucan synthase, 1,3-β-glucan synthase, v. 31 | p. 318	
2.4.1.12	β-1,4-glucan synthase, cellulose synthase (UDP-forming), v. 31 | p. 107	
2.4.1.12	β-glucan synthase, cellulose synthase (UDP-forming), v. 31 | p. 107	
2.4.1.12	glucan synthase, cellulose synthase (UDP-forming), v. 31 | p. 107	
2.4.1.34	1,3-β-glucan synthase (GS), 1,3-β-glucan synthase, v. 31 | p. 318	
2.4.1.34	glucan synthase (GS), 1,3-β-glucan synthase, v. 31 | p. 318	
2.4.1.34	1,3-β-D-glucan synthetase, 1,3-β-glucan synthase, v. 31 | p. 318	
2.4.1.34	β-1,3-glucan synthetase, 1,3-β-glucan synthase, v. 31 | p. 318	
2.4.1.12	β-1,4-glucan synthetase, cellulose synthase (UDP-forming), v. 31 | p. 107	
2.7.9.4	glucan water dikinase, α-glucan, water dikinase, v. 39 | p. 180	
4.2.1.40	D-Glucarate dehydratase, glucarate dehydratase, v. 4 | p. 477	
4.2.1.40	glucarate dehydratase, glucarate dehydratase, v. 4 | p. 477	
4.2.1.40	GlucD, glucarate dehydratase, v. 4 | p. 477	
1.1.1.140	D-glucitol-6-phosphate dehydrogenase, sorbitol-6-phosphate 2-dehydrogenase, v. 17 | p. 412	
1.1.1.140	Glucitol-6-phosphate dehydrogenase, sorbitol-6-phosphate 2-dehydrogenase, v. 17 | p. 412	
1.1.1.14	glucitol dehydrogenase, L-iditol 2-dehydrogenase, v. 16 | p. 158	
1.14.14.3	Gluc luciferase, alkanal monooxygenase (FMN-linked), v. 26 | p. 595	
3.2.1.38	β-D-gluco/fuco/galactosidase, β-D-fucosidase, v. 12 | p. 556	
3.2.1.3	glucoamylase, glucan 1,4-α-glucosidase, v. 12 | p. 59	
3.2.1.3	glucoamylase 1, glucan 1,4-α-glucosidase, v. 12 | p. 59	
3.2.1.3	glucoamylase 2, glucan 1,4-α-glucosidase, v. 12 | p. 59	
3.2.1.3	glucoamylase C, glucan 1,4-α-glucosidase, v. 12 | p. 59	
3.2.1.3	glucoamylase D, glucan 1,4-α-glucosidase, v. 12 | p. 59	
3.2.1.3	glucoamylase G1, glucan 1,4-α-glucosidase, v. 12 | p. 59	
3.2.1.45	β-D-glucocerebrosidase, glucosylceramidase, v. 12 | p. 614	
3.2.1.45	β-glucocerebrosidase, glucosylceramidase, v. 12 | p. 614	
3.2.1.45	glucocerebrosidase, glucosylceramidase, v. 12 | p. 614	
3.2.1.45	glucocerebroside β-glucosidase, glucosylceramidase, v. 12 | p. 614	
2.8.2.18	glucocorticoid sulfotransferase, cortisol sulfotransferase, v. 39 | p. 410	

2.8.2.18	glucocorticosteroid sulfotransferase, cortisol sulfotransferase, v. 39 | p. 410
5.5.1.4	Glucocycloaldolase, inositol-3-phosphate synthase, v. 1 | p. 674
3.2.1.70	glucodextranase, glucan 1,6-α-glucosidase, v. 13 | p. 214
2.3.1.90	β-glucogallin (β-glucogallin donor), β-glucogallin O-galloyltransferase, v. 30 | p. 168
2.3.1.143	β-glucogallin:1,2,3,6-tetra-O-galloyl-β-D-glucose 4-O-galloyltransferase, β-glucogallin-tetrakisgalloylglucose O-galloyltransferase, v. 30 | p. 376
2.3.1.143	β-glucogallin:1,2,3,6-tetra-O-galloylglucose 4-O-galloyltransferase, β-glucogallin-tetrakisgalloylglucose O-galloyltransferase, v. 30 | p. 376
3.2.1.20	glucoinvertase, α-glucosidase, v. 12 | p. 263
2.7.1.1	glucokinase, hexokinase, v. 35 | p. 74
2.7.1.2	glucokinase (phosphorylating), glucokinase, v. 35 | p. 109
2.7.1.2	glucokinase B, glucokinase, v. 35 | p. 109
2.4.1.32	glucomannan-synthase, glucomannan 4-β-mannosyltransferase, v. 31 | p. 312
1.1.1.69	gluconate-5-dehydrogenase, gluconate 5-dehydrogenase, v. 17 | p. 92
4.2.1.12	gluconate-6-phosphate dehydratase, phosphogluconate dehydratase, v. 4 | p. 326
1.1.1.44	D-gluconate-6-phosphate dehydrogenase, phosphogluconate dehydrogenase (decarboxylating), v. 16 | p. 421
4.2.1.12	gluconate 6-phosphate dehydratase, phosphogluconate dehydratase, v. 4 | p. 326
1.1.1.43	gluconate 6-phosphate dehydrogenase, phosphogluconate 2-dehydrogenase, v. 16 | p. 414
1.1.1.69	gluconate:NADP 5-oxidoreductase, gluconate 5-dehydrogenase, v. 17 | p. 92
4.2.1.39	D-gluconate dehydratase, Gluconate dehydratase, v. 4 | p. 471
4.2.1.39	gluconate dehydratase, Gluconate dehydratase, v. 4 | p. 471
1.1.1.44	6-P-gluconate dehydrogenase, phosphogluconate dehydrogenase (decarboxylating), v. 16 | p. 421
1.1.99.3	D-gluconate dehydrogenase, gluconate 2-dehydrogenase (acceptor), v. 19 | p. 274
1.1.99.3	gluconate dehydrogenase, gluconate 2-dehydrogenase (acceptor), v. 19 | p. 274
1.1.99.3	D-gluconate dehydrogenase, 2-keto-D-gluconate yielding, gluconate 2-dehydrogenase (acceptor), v. 19 | p. 274
2.7.1.12	gluconate kinase, gluconokinase, v. 35 | p. 211
1.1.99.3	gluconate oxidase, gluconate 2-dehydrogenase (acceptor), v. 19 | p. 274
1.1.99.3	gluconic acid dehydrogenase, gluconate 2-dehydrogenase (acceptor), v. 19 | p. 274
1.1.99.3	gluconic dehydrogenase, gluconate 2-dehydrogenase (acceptor), v. 19 | p. 274
3.1.1.17	D-glucono-δ-lacton-hydrolase, gluconolactonase, v. 9 | p. 179
3.1.1.17	glucono-δ-lactonase, gluconolactonase, v. 9 | p. 179
3.1.1.17	D-glucono-δ-lactone lactonohydrolase, gluconolactonase, v. 9 | p. 179
2.7.1.12	gluconokinase (phosphorylating), gluconokinase, v. 35 | p. 211
1.1.3.8	L-gluconon-1,4-lactone, L-gulonolactone oxidase, v. 19 | p. 76
3.2.1.20	α-glucopyranosidase, α-glucosidase, v. 12 | p. 263
3.2.1.107	2-O-α-D-glucopyranosyl-5-O-β-D-galactopyranosylhydroxy-L-lysine glucohydrolase, protein-glucosylgalactosylhydroxylysine glucosidase, v. 13 | p. 440
3.2.1.107	2-O-α-D-glucopyranosyl-O-β-D-galactopyranosyl-hydroxylysine glucohydrolase, protein-glucosylgalactosylhydroxylysine glucosidase, v. 13 | p. 440
4.3.1.9	D-glucosaminate dehydrogenase, glucosaminate ammonia-lyase, v. 5 | p. 230
2.3.1.157	glucosamine-1-phosphate acetyltransferase, glucosamine-1-phosphate N-acetyltransferase, v. 30 | p. 420
2.3.1.4	glucosamine-6-phosphate acetylase, glucosamine-phosphate N-acetyltransferase, v. 29 | p. 237
2.3.1.4	glucosamine-6-phosphate acetyltransferase, glucosamine-phosphate N-acetyltransferase, v. 29 | p. 237
3.5.99.6	glucosamine-6-phosphate deaminase, glucosamine-6-phosphate deaminase, v. 15 | p. 225
3.5.99.6	glucosamine-6-phosphate isomerase, glucosamine-6-phosphate deaminase, v. 15 | p. 225
2.6.1.16	glucosamine-6-phosphate isomerase (glutamine-forming), glutamine-fructose-6-phosphate transaminase (isomerizing), v. 34 | p. 376
2.3.1.4	glucosamine-6-phosphate N-acetyltransferase, glucosamine-phosphate N-acetyltransferase, v. 29 | p. 237

2.3.1.4	glucosamine-6-phosphate N-acetyltransferase 1, glucosamine-phosphate N-acetyltransferase, v. 29 | p. 237
2.6.1.16	glucosamine-6-phosphate synthase, glutamine-fructose-6-phosphate transaminase (isomerizing), v. 34 | p. 376
2.6.1.16	glucosamine-6-phosphate synthetase, glutamine-fructose-6-phosphate transaminase (isomerizing), v. 34 | p. 376
2.3.1.4	D-glucosamine-6-P N-acetyltransferase, glucosamine-phosphate N-acetyltransferase, v. 29 | p. 237
2.6.1.16	glucosamine-6-P synthase, glutamine-fructose-6-phosphate transaminase (isomerizing), v. 34 | p. 376
3.1.6.14	glucosamine-6-sulfatase, N-acetylglucosamine-6-sulfatase, v. 11 | p. 316
3.1.6.14	glucosamine-6-sulfate sulfatase, N-acetylglucosamine-6-sulfatase, v. 11 | p. 316
2.6.1.16	glucosamine-6P synthase, glutamine-fructose-6-phosphate transaminase (isomerizing), v. 34 | p. 376
3.5.99.6	glucosamine-P isomerase, glucosamine-6-phosphate deaminase, v. 15 | p. 225
3.1.6.14	glucosamine 6-O-sulfatase, N-acetylglucosamine-6-sulfatase, v. 11 | p. 316
2.3.1.4	glucosamine 6-phosphate acetylase, glucosamine-phosphate N-acetyltransferase, v. 29 | p. 237
3.5.99.6	glucosamine 6-phosphate deaminase, glucosamine-6-phosphate deaminase, v. 15 | p. 225
3.5.99.6	glucosamine 6-phosphate isomerase, glucosamine-6-phosphate deaminase, v. 15 | p. 225
2.3.1.4	glucosamine 6-phosphate N-acetyltransferase, glucosamine-phosphate N-acetyltransferase, v. 29 | p. 237
2.6.1.16	glucosamine 6-phosphate synthase, glutamine-fructose-6-phosphate transaminase (isomerizing), v. 34 | p. 376
2.6.1.16	glucosamine 6-phosphate synthetase, glutamine-fructose-6-phosphate transaminase (isomerizing), v. 34 | p. 376
2.3.1.3	glucosamine acetylase, glucosamine N-acetyltransferase, v. 29 | p. 235
2.3.1.4	glucosamine phosphate acetyltransferase, glucosamine-phosphate N-acetyltransferase, v. 29 | p. 237
3.5.99.6	glucosamine phosphate deaminase, glucosamine-6-phosphate deaminase, v. 15 | p. 225
3.5.99.6	glucosaminephosphate isomerase, glucosamine-6-phosphate deaminase, v. 15 | p. 225
2.6.1.16	glucosamine phosphate isomerase (glutamine-forming), glutamine-fructose-6-phosphate transaminase (isomerizing), v. 34 | p. 376
5.4.2.10	glucosamine phosphomutase, phosphoglucosamine mutase, v. S7 | p. 519
2.6.1.16	glucosamine synthase, glutamine-fructose-6-phosphate transaminase (isomerizing), v. 34 | p. 376
4.3.1.9	D-glucosaminic acid dehydrase, glucosaminate ammonia-lyase, v. 5 | p. 230
3.1.6.11	glucosaminil 6-sulfatase, disulfoglucosamine-6-sulfatase, v. 11 | p. 298
2.8.2.23	glucosaminyl 3-O-sulfotransferase, [heparan sulfate]-glucosamine 3-sulfotransferase 1, v. 39 | p. 445
2.8.2.29	glucosaminyl 3-O-sulfotransferase 3a,3b, [heparan sulfate]-glucosamine 3-sulfotransferase 2, v. 39 | p. 467
2.8.2.30	glucosaminyl 3-O-sulfotransferase 3a,3b, [heparan sulfate]-glucosamine 3-sulfotransferase 3, v. 39 | p. 469
2.4.1.87	glucosaminylglycopeptide α-1,3-galactosyltransferase, N-acetyllactosaminide 3-α-galactosyltransferase, v. 31 | p. 612
3.5.1.33	glucosaminyl N-deacetylase, N-acetylglucosamine deacetylase, v. 14 | p. 422
2.8.2.8	glucosaminyl N-deacetylase/N-sulfotransferase, [heparan sulfate]-glucosamine N-sulfotransferase, v. 39 | p. 342
2.4.1.1	glucosan phosphorylase, phosphorylase, v. 31 | p. 1
2.4.1.18	glucosan transglycosylase, 1,4-α-glucan branching enzyme, v. 31 | p. 197
3.2.1.28	glucose α-1,1-glucose hydrolase, α,α-trehalase, v. 12 | p. 478
5.4.2.7	α-D-Glucose-1,6-bisphosphate:deoxy-D-ribose-1-phosphate phosphotransferase, phosphopentomutase, v. 1 | p. 535
2.7.1.106	glucose-1,6-bisphosphate synthetase, glucose-1,6-bisphosphate synthase, v. 36 | p. 434

1.1.3.4	D-glucose-1-oxidase, glucose oxidase, v. 19 | p. 30	
3.1.3.10	glucose-1-phosphate-phosphatase, glucose-1-phosphatase, v. 10 | p. 160	
5.4.2.5	D-Glucose-1-phosphate:D-glucose-6-phosphotransferase, phosphoglucomutase (glucose-cofactor), v. 1 | p. 527	
2.7.7.33	α-D-glucose-1-phosphate cytidylyltransferase, glucose-1-phosphate cytidylyltransferase, v. 38 | p. 378	
5.4.2.5	Glucose-1-phosphate phosphotransferase, phosphoglucomutase (glucose-cofactor), v. 1 | p. 527	
2.7.1.42	Glucose-1-phosphate phosphotransferase, riboflavin phosphotransferase, v. 36 | p. 70	
2.7.7.24	D-glucose-1-phosphate thymidylyltransferase, glucose-1-phosphate thymidylyltransferase, v. 38 | p. 300	
2.7.7.24	glucose-1-phosphate thymidylyltransferase, glucose-1-phosphate thymidylyltransferase, v. 38 | p. 300	
2.7.7.9	glucose-1-phosphate uridylyltransferase, UTP-glucose-1-phosphate uridylyltransferase, v. 38 | p. 163	
2.7.8.19	glucose-1-phosphotransferase, uridine diphosphoglucose-glycoprotein, UDP-glucose-glycoprotein glucose phosphotransferase, v. 39 | p. 127	
3.1.3.9	glucose-6-phosphatase, glucose-6-phosphatase, v. 10 | p. 147	
5.5.1.4	D-Glucose-6-phosphate,L-myo-inositol-1-phosphate cycloaldolase, inositol-3-phosphate synthase, v. 1 | p. 674	
1.1.1.49	glucose-6-phosphate 1-dehydrogenase, glucose-6-phosphate dehydrogenase, v. 16 | p. 474	
1.1.1.49	D-glucose-6-phosphate:NADP oxidoreductase, glucose-6-phosphate dehydrogenase, v. 16 | p. 474	
1.1.1.49	glucose-6-phosphate dehydrogenase, glucose-6-phosphate dehydrogenase, v. 16 | p. 474	
3.1.1.31	glucose-6-phosphate dehydrogenase-6-phosphogluconolactonase, 6-phosphogluconolactonase, v. 9 | p. 247	
3.1.1.31	glucose-6-phosphate dehydrognease-6-phosphogluconolactonase, 6-phosphogluconolactonase, v. 9 | p. 247	
5.5.1.4	Glucose-6-phosphate inositol monophosphate cycloaldolase, inositol-3-phosphate synthase, v. 1 | p. 674	
5.3.1.9	D-Glucose-6-phosphate isomerase, Glucose-6-phosphate isomerase, v. 1 | p. 298	
5.3.1.9	D-glucose-6-phosphate ketol-isomerase, Glucose-6-phosphate isomerase, v. 1 | p. 298	
3.2.1.70	glucose-forming exodextranase, glucan 1,6-α-glucosidase, v. 13 | p. 214	
1.1.99.28	glucose-fructose oxidoreductase, glucose-fructose oxidoreductase, v. 19 | p. 419	
1.1.99.28	Glucose-fructose transhydrogenase, glucose-fructose oxidoreductase, v. 19 | p. 419	
2.7.1.10	glucose-phosphate kinase, phosphoglucokinase, v. 35 | p. 166	
1.1.1.47	glucose/galactose dehydrogenase, glucose 1-dehydrogenase, v. 16 | p. 451	
5.3.1.5	glucose/xylose isomerase, Xylose isomerase, v. 1 | p. 259	
2.7.1.106	glucose 1,6-diphosphate synthase, glucose-1,6-bisphosphate synthase, v. 36 | p. 434	
2.7.7.34	glucose 1-phosphate guanylyltransferase, glucose-1-phosphate guanylyltransferase, v. 38 | p. 384	
2.7.7.37	glucose 1-phosphate inosityltransferase, aldose-1-phosphate nucleotidyltransferase, v. 38 | p. 393	
3.1.4.51	α-glucose 1-phosphate phosphodiesterase, glucose-1-phospho-D-mannosylglycoprotein phosphodiesterase, v. 11 | p. 230	
2.7.7.24	glucose 1-phosphate thymidylyltransferase, glucose-1-phosphate thymidylyltransferase, v. 38 | p. 300	
2.7.1.41	glucose 1-phosphate transphosphorylase, glucose-1-phosphate phosphodismutase, v. 36 | p. 67	
2.7.7.9	glucose 1-phosphate uridylyltransferase, UTP-glucose-1-phosphate uridylyltransferase, v. 38 | p. 163	
1.1.3.10	glucose 2-oxidase, pyranose oxidase, v. 19 | p. 99	
1.1.99.13	glucose 3-dehydrogenase, glucoside 3-dehydrogenase, v. 19 | p. 343	
3.1.3.9	glucose 6-phosphatase, glucose-6-phosphatase, v. 10 | p. 147	

5.5.1.4	D-Glucose 6-phosphate-1L-myoinositol 1-phosphate cyclase, inositol-3-phosphate synthase, v. 1 | p. 674
5.5.1.4	D-Glucose 6-phosphate-1L-myoinositol 1-phosphate cycloaldolase, inositol-3-phosphate synthase, v. 1 | p. 674
5.5.1.4	D-Glucose 6-phosphate-L-myo-inositol 1-phosphate cyclase, inositol-3-phosphate synthase, v. 1 | p. 674
5.1.3.15	Glucose 6-phosphate 1-epimerase, Glucose-6-phosphate 1-epimerase, v. 1 | p. 162
1.1.1.49	D-glucose 6-phosphate: NADP+ oxidoreductase, glucose-6-phosphate dehydrogenase, v. 16 | p. 474
5.5.1.4	Glucose 6-phosphate cyclase, inositol-3-phosphate synthase, v. 1 | p. 674
5.5.1.4	D-Glucose 6-phosphate cycloaldolase, inositol-3-phosphate synthase, v. 1 | p. 674
1.1.1.49	D-glucose 6-phosphate dehydrogenase, glucose-6-phosphate dehydrogenase, v. 16 | p. 474
1.1.1.49	glucose 6-phosphate dehydrogenase, glucose-6-phosphate dehydrogenase, v. 16 | p. 474
1.1.1.49	glucose 6-phosphate dehydrogenase (NADP), glucose-6-phosphate dehydrogenase, v. 16 | p. 474
5.3.1.9	Glucose 6-phosphate isomerase, Glucose-6-phosphate isomerase, v. 1 | p. 298
3.1.3.9	glucose 6-phosphate phosphatase, glucose-6-phosphatase, v. 10 | p. 147
3.1.3.9	glucose 6-phosphate phosphohydrolase, glucose-6-phosphatase, v. 10 | p. 147
1.1.5.2	β-D-glucose:(acceptor) 1-oxidoreductase, quinoprotein glucose dehydrogenase, v. S1 | p. 88
1.1.5.2	D-glucose:(pyrroloquinoline-quinone) 1-oxidoreductase, quinoprotein glucose dehydrogenase, v. S1 | p. 88
1.1.1.47	β-D-glucose:NAD(P)+ + 1-oxidoreductase, glucose 1-dehydrogenase, v. 16 | p. 451
1.1.1.47	β-D-glucose:NAD(P)+ 1-oxido-reductase, glucose 1-dehydrogenase, v. 16 | p. 451
1.1.1.118	D-glucose:NAD oxidoreductase, glucose 1-dehydrogenase (NAD+), v. 17 | p. 332
1.1.3.4	β-D-glucose:oxygen 1-oxido-reductase, glucose oxidase, v. 19 | p. 30
1.1.3.4	β-D-glucose:quinone oxidoreductase, glucose oxidase, v. 19 | p. 30
1.1.3.4	glucose aerodehydrogenase, glucose oxidase, v. 19 | p. 30
3.2.1.3	glucose amylase, glucan 1,4-α-glucosidase, v. 12 | p. 59
2.7.1.1	glucose ATP phosphotransferase, hexokinase, v. 35 | p. 74
3.2.1.45	glucose cerebrosidase, glucosylceramidase, v. 12 | p. 614
1.1.1.47	glucose dehydrogenase, glucose 1-dehydrogenase, v. 16 | p. 451
1.1.1.118	glucose dehydrogenase, glucose 1-dehydrogenase (NAD+), v. 17 | p. 332
1.1.1.119	glucose dehydrogenase, glucose 1-dehydrogenase (NADP+), v. 17 | p. 335
1.1.99.10	glucose dehydrogenase, glucose dehydrogenase (acceptor), v. 19 | p. 328
1.1.5.2	glucose dehydrogenase, quinoprotein glucose dehydrogenase, v. S1 | p. 88
1.1.99.10	glucose dehydrogenase (Aspergillus), glucose dehydrogenase (acceptor), v. 19 | p. 328
1.1.99.10	glucose dehydrogenase (decarboxylating), glucose dehydrogenase (acceptor), v. 19 | p. 328
1.1.1.47	D-glucose dehydrogenase (NAD(P)), glucose 1-dehydrogenase, v. 16 | p. 451
1.1.5.2	glucose dehydrogenase (PQQ dependent), quinoprotein glucose dehydrogenase, v. S1 | p. 88
1.1.5.2	glucose dehydrogenase (pyrroloquinoline-quinone), quinoprotein glucose dehydrogenase, v. S1 | p. 88
1.1.5.2	glucose dehydrogenase Amano 5, quinoprotein glucose dehydrogenase, v. S1 | p. 88
1.1.99.28	glucose fructose oxidoreductase, glucose-fructose oxidoreductase, v. 19 | p. 419
5.3.1.5	glucose isomerase, Xylose isomerase, v. 1 | p. 259
3.1.3.10	glucose monophosphatase, glucose-1-phosphatase, v. 10 | p. 160
1.1.3.4	D-glucose oxidase, glucose oxidase, v. 19 | p. 30
1.1.3.4	β-D-glucose oxidase, glucose oxidase, v. 19 | p. 30
1.1.3.4	glucose oxyhydrase, glucose oxidase, v. 19 | p. 30
2.7.1.69	glucose permease, protein-Npi-phosphohistidine-sugar phosphotransferase, v. 36 | p. 207
5.3.1.9	Glucose phosphate isomerase, Glucose-6-phosphate isomerase, v. 1 | p. 298
5.3.1.9	Glucosephosphate isomerase 2, Glucose-6-phosphate isomerase, v. 1 | p. 298
5.3.1.9	Glucose phosphoisomerase, Glucose-6-phosphate isomerase, v. 1 | p. 298
5.4.2.2	Glucose phosphomutase, phosphoglucomutase, v. 1 | p. 506
5.4.2.5	Glucose phosphomutase, phosphoglucomutase (glucose-cofactor), v. 1 | p. 527

1,4-β-glucosidase

3.2.1.21	1,4-β-glucosidase, β-glucosidase, v. 12 | p. 299	
3.2.1.33	α-(1,6)-glucosidase, amylo-α-1,6-glucosidase, v. 12 | p. 509	
3.2.1.20	α-1,4-glucosidase, α-glucosidase, v. 12 | p. 263	
3.2.1.70	α-1,6-glucosidase, glucan 1,6-α-glucosidase, v. 13 | p. 214	
3.2.1.68	α-1,6-glucosidase, isoamylase, v. 13 | p. 204	
3.2.1.20	α-D-glucosidase, α-glucosidase, v. 12 | p. 263	
3.2.1.20	α-glucosidase, α-glucosidase, v. 12 | p. 263	
3.2.1.10	α-glucosidase, oligo-1,6-glucosidase, v. 12 | p. 162	
3.2.1.48	α-glucosidase, sucrose α-glucosidase, v. 13 | p. 1	
3.2.1.74	β-1,4-glucosidase, glucan 1,4-β-glucosidase, v. 13 | p. 235	
3.2.1.21	β-1,6-glucosidase, β-glucosidase, v. 12 | p. 299	
3.2.1.21	β-D-glucosidase, β-glucosidase, v. 12 | p. 299	
3.2.1.149	β-D-glucosidase, β-primeverosidase, v. 13 | p. 609	
3.2.1.52	β-glucosidase, β-N-acetylhexosaminidase, v. 13 | p. 50	
3.2.1.21	β-glucosidase, β-glucosidase, v. 12 | p. 299	
3.2.1.149	β-glucosidase, β-primeverosidase, v. 13 | p. 609	
3.2.1.126	β-glucosidase, coniferin β-glucosidase, v. 13 | p. 512	
3.2.1.74	β-glucosidase, glucan 1,4-β-glucosidase, v. 13 | p. 235	
3.2.1.33	glucosidase, amylo-1,6-, amylo-α-1,6-glucosidase, v. 12 | p. 509	
3.2.1.126	glucosidase, coniferin β-, coniferin β-glucosidase, v. 13 | p. 512	
3.2.1.115	glucosidase, dextran 1,2-α, branched-dextran exo-1,2-α-glucosidase, v. 13 | p. 479	
3.2.1.107	glucosidase, glycosylgalactosylhydroxylysine, protein-glucosylgalactosylhydroxylysine glucosidase, v. 13 | p. 440	
3.2.1.42	glucosidase, guanosine diphospho-, GDP-glucosidase, v. 12 | p. 606	
3.2.1.104	glucosidase, hydroxy steroid β-, steryl-β-glucosidase, v. 13 | p. 420	
3.2.1.106	glucosidase, mannosyloligosaccharide, mannosyl-oligosaccharide glucosidase, v. 13 | p. 427	
3.2.1.125	glucosidase, raucaffricine β-, raucaffricine β-glucosidase, v. 13 | p. 509	
3.2.1.105	glucosidase, strictosidine β-, 3α(S)-strictosidine β-glucosidase, v. 13 | p. 423	
3.2.1.48	glucosidase, sucrose α-, sucrose α-glucosidase, v. 13 | p. 1	
3.2.1.147	glucosidase, thio-, thioglucosidase, v. 13 | p. 587	
3.2.1.106	glucosidase-1, mannosyl-oligosaccharide glucosidase, v. 13 | p. 427	
3.2.1.38	β-D-glucosidase/β-D-fucosidase, β-D-fucosidase, v. 12 | p. 556	
3.2.1.33	glucosidase/transferase, amylo-α-1,6-glucosidase, v. 12 | p. 509	
3.2.1.21	β-glucosidase 1, β-glucosidase, v. 12 | p. 299	
3.2.1.10	α-glucosidase 2, oligo-1,6-glucosidase, v. 12 | p. 162	
3.2.1.45	β-glucosidase 2, glucosylceramidase, v. 12 | p. 614	
3.2.1.20	α-glucosidase B, α-glucosidase, v. 12 | p. 263	
3.2.1.21	β-glucosidase B, β-glucosidase, v. 12 | p. 299	
3.2.1.21	β-D-glucosidase F1, β-glucosidase, v. 12 | p. 299	
3.2.1.20	α-glucosidase I, α-glucosidase, v. 12 | p. 263	
3.2.1.106	α-glucosidase I, mannosyl-oligosaccharide glucosidase, v. 13 | p. 427	
3.2.1.21	β-glucosidase I, β-glucosidase, v. 12 | p. 299	
3.2.1.106	glucosidase I, mannosyl-oligosaccharide glucosidase, v. 13 | p. 427	
3.2.1.20	α-glucosidase II, α-glucosidase, v. 12 | p. 263	
3.2.1.21	β-glucosidase II, β-glucosidase, v. 12 | p. 299	
3.2.1.84	glucosidase II, glucan 1,3-α-glucosidase, v. 13 | p. 294	
3.2.1.20	α-glucosidase III, α-glucosidase, v. 12 | p. 263	
3.2.1.20	α-glucosidase type IV, α-glucosidase, v. 12 | p. 263	
2.7.1.85	β-glucoside (cellobiose):phosphotransferase, β-glucoside kinase, v. 36 | p. 316	
2.3.1.172	5-O-glucoside-6‴-O-malonyltransferase, anthocyanin 5-O-glucoside 6‴-O-malonyl-transferase, v. S2 | p. 65	
3.2.1.28	α,α glucoside 1-glucohydrolase, α,α-trehalase, v. 12 | p. 478	
1.1.99.13	D-glucoside 3-dehydrogenase, glucoside 3-dehydrogenase, v. 19 | p. 343	
1.1.99.13	glucoside 3-dehydrogenase, glucoside 3-dehydrogenase, v. 19 | p. 343	
3.2.1.20	α-glucoside glucohydrolase, α-glucosidase, v. 12 | p. 263	

3.2.1.21	β-D-glucoside glucohydrolase, β-glucosidase, v. 12 | p. 299
3.2.1.149	β-D-glucoside glucohydrolase, β-primeverosidase, v. 13 | p. 609
3.2.1.20	α-glucoside hydrolase, α-glucosidase, v. 12 | p. 263
3.2.1.21	β-glucoside hydrolase, β-glucosidase, v. 12 | p. 299
3.2.1.149	β-glucoside hydrolase, β-primeverosidase, v. 13 | p. 609
2.7.1.85	β-glucoside kinase, β-glucoside kinase, v. 36 | p. 316
3.2.1.20	glucosidoinvertase, α-glucosidase, v. 12 | p. 263
3.2.1.20	glucosidosucrase, α-glucosidase, v. 12 | p. 263
3.2.1.139	α-glucosiduronase, α-glucuronidase, v. 13 | p. 553
3.2.1.147	glucosinolase, thioglucosidase, v. 13 | p. 587
3.2.1.45	glucosphingosine glucosylhydrolase, glucosylceramidase, v. 12 | p. 614
3.2.1.26	glucosucrase, β-fructofuranosidase, v. 12 | p. 451
3.1.6.3	glucosulfatase, glycosulfatase, v. 11 | p. 261
3.1.3.69	glucosyl-3-phosphoglycerate phosphatase, glucosylglycerol 3-phosphatase, v. 10 | p. 497
2.4.1.213	glucosyl-3-phosphoglycerate synthase, glucosylglycerol-phosphate synthase, v. 32 | p. 563
2.4.1.213	Glucosyl-glycerol-phosphate synthase, glucosylglycerol-phosphate synthase, v. 32 | p. 563
3.2.1.45	D-glucosyl-N-acylsphingosine glucohydrolase, glucosylceramidase, v. 12 | p. 614
3.5.1.26	glucosylamidase, N4-(β-N-acetylglucosaminyl)-L-asparaginase, v. 14 | p. 385
3.2.1.45	β-glucosylceramidase, glucosylceramidase, v. 12 | p. 614
3.2.1.45	glucosylceramide β-glucosidase, glucosylceramidase, v. 12 | p. 614
2.4.1.80	glucosylceramide synthase, ceramide glucosyltransferase, v. 31 | p. 572
3.2.1.45	glucosylcerebrosidase, glucosylceramidase, v. 12 | p. 614
3.1.3.69	glucosylglycerol-phosphate phosphatase, glucosylglycerol 3-phosphatase, v. 10 | p. 497
3.1.3.69	Glucosylglycerol 3-phosphatase, glucosylglycerol 3-phosphatase, v. 10 | p. 497
3.2.1.130	glucosyl mannosidase, glycoprotein endo-α-1,2-mannosidase, v. 13 | p. 524
3.2.1.130	glucosylmannosidase, glycoprotein endo-α-1,2-mannosidase, v. 13 | p. 524
2.4.1.158	13-glucosyloxydocosanoate 2'-β-glucosyltransferase, 13-hydroxydocosanoate 13-β-glucosyltransferase, v. 32 | p. 348
3.2.1.45	glucosylsphingosine β-D-glucosidase, glucosylceramidase, v. 12 | p. 614
3.2.1.45	glucosylsphingosine β-glucosidase, glucosylceramidase, v. 12 | p. 614
2.4.1.24	D-glucosyltransferase, 1,4-α-glucan 6-α-glucosyltransferase, v. 31 | p. 273
5.4.99.11	α-Glucosyltransferase, Isomaltulose synthase, v. 1 | p. 638
2.4.1.12	β-1,4-glucosyltransferase, cellulose synthase (UDP-forming), v. 31 | p. 107
2.4.1.113	glucosyltransferase, adenosine diphosphoglucose-protein, α-1,4-glucan-protein synthase (ADP-forming), v. 32 | p. 134
2.4.1.21	glucosyltransferase, adenosine diphosphoglucose-starch, starch synthase, v. 31 | p. 251
2.4.1.2	glucosyltransferase, dextrin 6-, dextrin dextranase, v. 31 | p. 37
2.4.1.29	glucosyltransferase, guanosine diphosphoglucose-1,4-β-glucan, cellulose synthase (GDP-forming), v. 31 | p. 300
2.4.1.36	glucosyltransferase, guanosine diphosphoglucose-glucose phosphate, α,α-trehalose-phosphate synthase (GDP-forming), v. 31 | p. 341
2.4.1.58	glucosyltransferase, lipopolysaccharide, lipopolysaccharide glucosyltransferase I, v. 31 | p. 463
2.4.1.4	glucosyltransferase, sucrose-1,4-α-glucan, amylosucrase, v. 31 | p. 43
2.4.1.140	glucosyltransferase, sucrose-1,6(3)-α-glucan 6(3)-α-, alternansucrase, v. 32 | p. 248
2.4.1.5	glucosyltransferase, sucrose-1,6-α-glucan, dextransucrase, v. 31 | p. 49
2.4.1.125	glucosyltransferase, sucrose-1,6-α-glucan 3(6)-α-, sucrose-1,6-α-glucan 3(6)-α-glucosyltransferase, v. 32 | p. 188
2.4.1.35	glucosyltransferase, uridine diphospho-, phenol β-glucosyltransferase, v. 31 | p. 331
2.4.1.183	glucosyltransferase, uridine diphosphoglucose-1,3-α-glucan, α-1,3-glucan synthase, v. 32 | p. 437
2.4.1.12	glucosyltransferase, uridine diphosphoglucose-1,4-β-glucan, cellulose synthase (UDP-forming), v. 31 | p. 107
2.4.1.103	glucosyltransferase, uridine diphosphoglucose-alizarin, alizarin 2-β-glucosyltransferase, v. 32 | p. 97

2.4.1.115	glucosyltransferase, uridine diphosphoglucose-anthocyanidin 3-O-, anthocyanidin 3-O-glucosyltransferase, v.32 | p.139
2.4.1.81	glucosyltransferase, uridine diphosphoglucose-apigenin 7-O-, flavone 7-O-β-glucosyltransferase, v.31 | p.583
2.4.1.71	glucosyltransferase, uridine diphosphoglucose-arylamine, arylamine glucosyltransferase, v.31 | p.551
2.4.1.80	glucosyltransferase, uridine diphosphoglucose-ceramide, ceramide glucosyltransferase, v.31 | p.572
2.4.1.66	glucosyltransferase, uridine diphosphoglucose-collagen, procollagen glucosyltransferase, v.31 | p.502
2.4.1.111	glucosyltransferase, uridine diphosphoglucose-coniferyl alcohol, coniferyl-alcohol glucosyltransferase, v.32 | p.123
2.4.1.116	glucosyltransferase, uridine diphosphoglucose-cyanidin 3-rhamnosylglucoside 5-O-, cyanidin 3-O-rutinoside 5-O-glucosyltransferase, v.32 | p.142
2.4.1.178	glucosyltransferase, uridine diphosphoglucose-cyanohydrin, hydroxymandelonitrile glucosyltransferase, v.32 | p.420
2.4.1.26	glucosyltransferase, uridine diphosphoglucose-deoxyribonucleate α-, DNA α-glucosyltransferase, v.31 | p.293
2.4.1.27	glucosyltransferase, uridine diphosphoglucose-deoxyribonucleate β-, DNA β-glucosyltransferase, v.31 | p.295
2.4.1.157	glucosyltransferase, uridine diphosphoglucose-diacylglycerol, 1,2-diacylglycerol 3-glucosyltransferase, v.32 | p.344
2.4.1.117	glucosyltransferase, uridine diphosphoglucose-dolichol, dolichyl-phosphate β-glucosyltransferase, v.32 | p.146
2.4.1.185	glucosyltransferase, uridine diphosphoglucose-flavanone 7-O-, flavanone 7-O-β-glucosyltransferase, v.32 | p.444
2.4.1.91	glucosyltransferase, uridine diphosphoglucose-flavonol 3-O-, flavonol 3-O-glucosyltransferase, v.32 | p.21
2.4.1.13	glucosyltransferase, uridine diphosphoglucose-fructose, sucrose synthase, v.31 | p.113
2.4.1.73	glucosyltransferase, uridine diphosphoglucose-galactosylpolysaccharide, lipopolysaccharide glucosyltransferase II, v.31 | p.556
2.4.1.176	glucosyltransferase, uridine diphosphoglucose-gibberellate 3-O-, gibberellin β-D-glucosyltransferase, v.32 | p.413
2.4.1.176	glucosyltransferase, uridine diphosphoglucose-gibberellate 7-, gibberellin β-D-glucosyltransferase, v.32 | p.413
2.4.1.11	glucosyltransferase, uridine diphosphoglucose-glycogen, glycogen(starch) synthase, v.31 | p.92
2.4.1.218	glucosyltransferase, uridine diphosphoglucose-hydroquinone, hydroquinone glucosyltransferase, v.32 | p.584
2.4.1.126	glucosyltransferase, uridine diphosphoglucose-hydroxycinnamate, hydroxycinnamate 4-β-glucosyltransferase, v.32 | p.192
2.4.1.158	glucosyltransferase, uridine diphosphoglucose-hydroxydocosanoate, 13-hydroxydocosanoate 13-β-glucosyltransferase, v.32 | p.348
2.4.1.121	glucosyltransferase, uridine diphosphoglucose-indoleacetate, indole-3-acetate β-glucosyltransferase, v.32 | p.170
2.4.1.170	glucosyltransferase, uridine diphosphoglucose-isoflavone 7-O-, isoflavone 7-O-glucosyltransferase, v.32 | p.381
2.4.1.106	glucosyltransferase, uridine diphosphoglucose-isovitexin 2-, isovitexin β-glucosyltransferase, v.32 | p.106
2.4.1.63	glucosyltransferase, uridine diphosphoglucose-ketone, linamarin synthase, v.31 | p.479
2.4.1.58	glucosyltransferase, uridine diphosphoglucose-lipopolysaccharide, lipopolysaccharide glucosyltransferase I, v.31 | p.463
2.4.1.81	glucosyltransferase, uridine diphosphoglucose-luteolin, flavone 7-O-β-glucosyltransferase, v.31 | p.583

2.4.1.171	glucosyltransferase, uridine diphosphoglucose-methylazoxymethanol, methyl-ONN-azoxymethanol β-D-glucosyltransferase, v. 32	p. 384
2.4.1.208	glucosyltransferase, uridine diphosphoglucose-monoglucosyldiacylglycerol, diglucosyl diacylglycerol synthase, v. 32	p. 545
2.4.1.127	glucosyltransferase, uridine diphosphoglucose-monoterpenol, monoterpenol β-glucosyltransferase, v. 32	p. 195
2.4.1.114	glucosyltransferase, uridine diphosphoglucose-o-coumarate, 2-coumarate O-β-glucosyltransferase, v. 32	p. 137
2.4.1.104	glucosyltransferase, uridine diphosphoglucose-o-dihydroxycoumarin 7-O-, o-dihydroxycoumarin 7-O-glucosyltransferase, v. 32	p. 100
2.4.1.85	glucosyltransferase, uridine diphosphoglucose-p-hydroxymandelonitrile, cyanohydrin β-glucosyltransferase, v. 31	p. 603
2.4.1.52	glucosyltransferase, uridine diphosphoglucose-poly(glycerol-phosphate) α-, poly(glycerol-phosphate) α-glucosyltransferase, v. 31	p. 447
2.4.1.53	glucosyltransferase, uridine diphosphoglucose-poly(ribitol-phosphate) β-, poly(ribitol-phosphate) β-glucosyltransferase, v. 31	p. 449
2.4.1.78	glucosyltransferase, uridine diphosphoglucose-polyprenol monophosphate, phosphopolyprenol glucosyltransferase, v. 31	p. 565
2.4.1.160	glucosyltransferase, uridine diphosphoglucose-pyridoxine 5'-β-, pyridoxine 5'-O-β-D-glucosyltransferase, v. 32	p. 353
2.4.1.172	glucosyltransferase, uridine diphosphoglucose-salicyl alcohol 2-, salicyl-alcohol β-D-glucosyltransferase, v. 32	p. 386
2.4.1.193	glucosyltransferase, uridine diphosphoglucose-sarsapogenin, sarsapogenin 3β-glucosyltransferase, v. 32	p. 472
2.4.1.128	glucosyltransferase, uridine diphosphoglucose-scopoletin, scopoletin glucosyltransferase, v. 32	p. 198
2.3.1.152	Glucosyltransferase, uridine diphosphoglucose-sinapate, Alcohol O-cinnamoyltransferase, v. 30	p. 404
2.4.1.120	Glucosyltransferase, uridine diphosphoglucose-sinapate, sinapate 1-glucosyltransferase, v. 32	p. 165
2.4.1.136	glucosyltransferase, uridine diphosphoglucose-vanillate 1-, gallate 1-β-glucosyltransferase, v. 32	p. 236
2.4.1.105	glucosyltransferase, uridine diphosphoglucose-vitexin 2-, vitexin β-glucosyltransferase, v. 32	p. 104
2.4.1.168	glucosyltransferase, uridine diphosphoglucose-xyloglucan 4β-, xyloglucan 4-glucosyltransferase, v. 32	p. 377
2.4.1.118	glucosyltransferase, uridine diphosphoglucose-zeatin 7-, cytokinin 7-β-glucosyltransferase, v. 32	p. 152
2.4.1.203	glucosyltransferase, uridine diphosphoglucose-zeatin O-, trans-zeatin O-β-D-glucosyltransferase, v. 32	p. 511
2.4.1.15	glucosyltransferase, uridine diphosphoglucose phosphate, α,α-trehalose-phosphate synthase (UDP-forming), v. 31	p. 137
4.2.2.14	(1,4)-β-D-glucuronan lyase, glucuronan lyase, v. S7	p. 127
4.2.2.14	(1->4)-β-D-glucuronan lyase, glucuronan lyase, v. S7	p. 127
4.2.2.14	glucuronan lyase, glucuronan lyase, v. S7	p. 127
3.1.6.18	glucuronate 2-sulfatase, glucuronate-2-sulfatase, v. 11	p. 330
1.1.1.19	D-glucuronate dehydrogenase, glucuronate reductase, v. 16	p. 193
5.3.1.12	D-Glucuronate isomerase, Glucuronate isomerase, v. 1	p. 322
5.3.1.12	Glucuronate isomerase, Glucuronate isomerase, v. 1	p. 322
5.3.1.12	D-glucuronate ketol-isomerase, Glucuronate isomerase, v. 1	p. 322
1.1.1.2	D-glucuronate reductase, alcohol dehydrogenase (NADP+), v. 16	p. 45
1.1.1.19	D-glucuronate reductase, glucuronate reductase, v. 16	p. 193
1.1.1.19	L-glucuronate reductase, glucuronate reductase, v. 16	p. 193
1.1.1.19	D-glucuronic reductase, glucuronate reductase, v. 16	p. 193
3.2.1.131	α-(1->2)-glucuronidase, xylan α-1,2-glucuronosidase, v. 13	p. 527

α-D-glucuronidase

3.2.1.139	α-D-glucuronidase, α-glucuronidase, v.13 | p.553	
3.2.1.139	α-glucuronidase, α-glucuronidase, v.13 | p.553	
3.2.1.31	β-glucuronidase, β-glucuronidase, v.12 | p.494	
3.2.1.139	glucuronidase, α-, α-glucuronidase, v.13 | p.553	
3.2.1.31	glucuronidase, β-glucuronide glucuronohydrolase, β-glucuronidase, v.12 | p.494	
3.2.1.131	glucuronidase, 1,2-α-, xylan α-1,2-glucuronosidase, v.13 | p.527	
3.2.1.56	glucuronidase, glucuronosyldisulfoglucosamine, glucuronosyl-disulfoglucosamine glucuronidase, v.13 | p.130	
3.1.6.18	glucurono-2-sulfatase, glucuronate-2-sulfatase, v.11 | p.330	
3.2.1.36	glucuronoglucosaminoglucan hyaluronate lyase, hyaluronoglucuronidase, v.12 | p.534	
4.2.2.1	glucuronoglycosaminoglycan lyase, hyaluronate lyase, v.5 | p.1	
2.7.1.43	glucuronokinase, glucurono-, glucuronokinase, v.36 | p.73	
3.1.1.19	glucuronolactonase, uronolactonase, v.9 | p.185	
3.2.1.31	β-D-glucuronoside glucuronosohydrolase, β-glucuronidase, v.12 | p.494	
5.1.3.17	glucuronosyl C-5 epimerase, heparosan-N-sulfate-glucuronate 5-epimerase, v.1 | p.167	
2.4.1.223	glucuronosylgalactosylproteoglycan 4-α-N-acetylglucosaminyltransferase, glucuronylgalactosyl-proteoglycan 4-α-N-acetylglucosaminyltransferase, v.32 | p.602	
2.4.1.225	glucuronosyltransferase, N-acetylglucosaminyl-proteoglycan 4-β-glucuronosyltransferase, v.32 | p.610	
2.4.1.95	glucuronosyltransferase, bilirubin glucuronoside, bilirubin-glucuronoside glucuronosyltransferase, v.32 | p.47	
2.4.1.17	glucuronosyltransferase, uridine diphospho-, glucuronosyltransferase, v.31 | p.162	
2.4.1.17	glucuronosyltransferase, uridine diphosphoglucuronate-1,2-diacylglycerol, glucuronosyltransferase, v.31 | p.162	
2.4.1.17	glucuronosyltransferase, uridine diphosphoglucuronate-4-hydroxybiphenyl, glucuronosyltransferase, v.31 | p.162	
2.4.1.17	glucuronosyltransferase, uridine diphosphoglucuronate-bilirubin, glucuronosyltransferase, v.31 | p.162	
2.4.1.17	glucuronosyltransferase, uridine diphosphoglucuronate-estradiol, glucuronosyltransferase, v.31 | p.162	
2.4.1.17	glucuronosyltransferase, uridine diphosphoglucuronate-estriol, glucuronosyltransferase, v.31 | p.162	
2.4.1.17	glucuronosyltransferase, uridine diphosphoglucuronate-estriol 16α-, glucuronosyltransferase, v.31 | p.162	
2.4.1.189	glucuronosyltransferase, uridine diphosphoglucuronate-luteolin 7-O-, luteolin 7-O-glucuronosyltransferase, v.32 | p.459	
2.4.1.191	glucuronosyltransferase, uridine diphosphoglucuronate-luteolin 7-O-diglucuronide, luteolin-7-O-diglucuronide 4'-O-glucuronosyltransferase, v.32 | p.465	
2.4.1.190	glucuronosyltransferase, uridine diphosphoglucuronate-luteolin 7-O-glucuronide, luteolin-7-O-glucuronide 2-O-glucuronosyltransferase, v.32 | p.462	
2.4.1.135	β1,3-glucuronosyltransferase I, galactosylgalactosylxylosylprotein 3-β-glucuronosyltransferase, v.32 | p.231	
2.4.1.135	glucuronosyltransferase I, galactosylgalactosylxylosylprotein 3-β-glucuronosyltransferase, v.32 | p.231	
3.2.1.136	glucuronoxylanase, glucuronoarabinoxylan endo-1,4-β-xylanase, v.13 | p.545	
3.2.1.136	glucuronoxylan xylanohydrolase, glucuronoarabinoxylan endo-1,4-β-xylanase, v.13 | p.545	
3.2.1.136	glucuronoxylan xylohydrolase, glucuronoarabinoxylan endo-1,4-β-xylanase, v.13 | p.545	
2.4.1.175	glucuronyl-N-acetylgalactosaminylproteoglycan β1,4-N-acetylgalactosaminyltransferase, glucuronosyl-N-acetylgalactosaminyl-proteoglycan 4-β-N-acetylgalactosaminyltransferase, v.32 | p.405	
2.4.1.224	glucuronyl-N-acetylglucosaminoproteoglycan 4-α-N-acetylglucosaminyltransferase, glucuronosyl-N-acetylglucosaminyl-proteoglycan 4-α-N-acetylglucosaminyltransferase, v.32 | p.604	
5.1.3.17	D-Glucuronyl C-5 epimerase, heparosan-N-sulfate-glucuronate 5-epimerase, v.1 | p.167	

2.4.1.174	glucuronylgalactosylproteoglycan β-1,4-N-acetylgalactosaminyltransferase, glucuronylgalactosylproteoglycan 4-β-N-acetylgalactosaminyltransferase, v. 32 | p. 400
2.4.1.17	glucuronyltransferase, glucuronosyltransferase, v. 31 | p. 162
2.4.1.17	glucuronyltransferase, uridine diphospho-GT, glucuronosyltransferase, v. 31 | p. 162
2.4.1.226	glucuronyltransferase, uridine diphosphoglucuronate-chondroitin, N-acetylgalactosaminyl-proteoglycan 3-β-glucuronosyltransferase, v. 32 | p. 613
2.4.1.135	glucuronyltransferase-I, galactosylgalactosylxylosylprotein 3-β-glucuronosyltransferase, v. 32 | p. 231
2.4.1.135	β1,3-glucuronyltransferase I, galactosylgalactosylxylosylprotein 3-β-glucuronosyltransferase, v. 32 | p. 231
1.4.1.2	GLUD1, glutamate dehydrogenase, v. 22 | p. 27
1.4.1.3	GLUD1, glutamate dehydrogenase [NAD(P)+], v. 22 | p. 43
1.4.1.2	GLUD2, glutamate dehydrogenase, v. 22 | p. 27
1.4.1.3	GLUD2, glutamate dehydrogenase [NAD(P)+], v. 22 | p. 43
1.4.1.2	Glu dehydrogenase, glutamate dehydrogenase, v. 22 | p. 27
1.4.1.2	GluDH, glutamate dehydrogenase, v. 22 | p. 27
3.2.1.73	GluIII, licheninase, v. 13 | p. 223
6.3.1.2	GLUL, Glutamate-ammonia ligase, v. 2 | p. 347
3.4.21.34	glumorin, plasma kallikrein, v. 7 | p. 136
3.4.21.35	glumorin, tissue kallikrein, v. 7 | p. 141
1.4.3.11	GluOx, L-glutamate oxidase, v. 22 | p. 333
6.1.1.15	GluProRS, Proline-tRNA ligase, v. 2 | p. 111
5.1.1.3	GluR, Glutamate racemase, v. 1 | p. 11
6.1.1.17	GluRS, Glutamate-tRNA ligase, v. 2 | p. 128
6.1.1.24	GluRS, glutamate-tRNAGln ligase, v. S7 | p. 572
6.1.1.17	GluRS1, Glutamate-tRNA ligase, v. 2 | p. 128
6.1.1.24	GluRS1, glutamate-tRNAGln ligase, v. S7 | p. 572
6.1.1.24	GluRS2, glutamate-tRNAGln ligase, v. S7 | p. 572
6.1.1.17	GluRSAt, Glutamate-tRNA ligase, v. 2 | p. 128
3.4.21.19	GluSE, glutamyl endopeptidase, v. 7 | p. 75
3.4.21.82	GluSGP, Glutamyl endopeptidase II, v. 7 | p. 406
3.4.21.19	GluSW, glutamyl endopeptidase, v. 7 | p. 75
2.7.1.69	GLUT1, protein-Npi-phosphohistidine-sugar phosphotransferase, v. 36 | p. 207
6.4.1.4	glutaconyl-CoA:biotin carboxytransferase, Methylcrotonoyl-CoA carboxylase, v. 2 | p. 744
6.4.1.4	glutaconyl-CoA decarboxylase, Methylcrotonoyl-CoA carboxylase, v. 2 | p. 744
1.8.1.7	glutahione reductase, glutathione-disulfide reductase, v. 24 | p. 488
6.3.2.2	glutamate–cysteine ligase, Glutamate-cysteine ligase, v. 2 | p. 399
1.4.1.14	glutamate (reduced nicotinamide adenine dinucleotide) synthase, glutamate synthase (NADH), v. 22 | p. 158
6.3.1.2	Glutamate–ammonia ligase, Glutamate-ammonia ligase, v. 2 | p. 347
2.6.1.39	glutamate-α-ketoadipate transaminase, 2-aminoadipate transaminase, v. 34 | p. 483
1.2.1.41	glutamate-γ-semialdehyde dehydrogenase, glutamate-5-semialdehyde dehydrogenase, v. 20 | p. 300
6.1.1.17	Glutamate–tRNA ligase, Glutamate-tRNA ligase, v. 2 | p. 128
5.4.3.8	Glutamate-1-semialdehyde aminotransferase, glutamate-1-semialdehyde 2,1-aminomutase, v. 1 | p. 575
2.7.2.11	glutamate-5-kinase, glutamate 5-kinase, v. 37 | p. 351
1.2.1.41	Glutamate-5-semialdehyde dehydrogenase, glutamate-5-semialdehyde dehydrogenase, v. 20 | p. 300
6.3.2.9	D-Glutamate-adding enzyme, UDP-N-acetylmuramoyl-L-alanine-D-glutamate ligase, v. 2 | p. 452
2.6.1.42	glutamate-branched-chain amino acid transaminase, branched-chain-amino-acid transaminase, v. 34 | p. 499
6.3.2.2	glutamate-cysteine ligase, Glutamate-cysteine ligase, v. 2 | p. 399
6.3.2.3	γ-glutamate-cysteine ligase-glutathione synthetase, Glutathione synthase, v. 2 | p. 410

6.3.2.2	γ-glutamate-cysteine ligase-glutathione synthetase, Glutamate-cysteine ligase, v.2 | p.399	
6.3.2.2	γ-glutamate-cysteine ligase/glutathione synthetase, Glutamate-cysteine ligase, v.2 | p.399	
6.3.2.3	γ-glutamate-cysteine ligase/glutathione synthetase, Glutathione synthase, v.2 | p.410	
4.1.1.15	L-Glutamate α-decarboxylase, Glutamate decarboxylase, v.3 | p.74	
2.6.1.49	glutamate-DOPP transaminase, GDT, dihydroxyphenylalanine transaminase, v.34 | p.570	
2.6.1.4	glutamate-glycine transaminase, glycine transaminase, v.34 | p.296	
2.6.1.1	glutamate-oxalacetate aminotransferase, aspartate transaminase, v.34 | p.247	
2.6.1.1	glutamate-oxalate transaminase, aspartate transaminase, v.34 | p.247	
2.6.1.2	glutamate-pyruvate transaminase, alanine transaminase, v.34 | p.280	
3.4.21.19	glutamate-specific proteinase, glutamyl endopeptidase, v.7 | p.75	
1.2.1.70	glutamate-specific tRNA reductase, glutamyl-tRNA reductase, v.S1 | p.160	
2.6.1.19	glutamate-succinic semialdehyde transaminase, 4-aminobutyrate transaminase, v.34 | p.395	
6.1.1.17	Glutamate-tRNA synthetase, Glutamate-tRNA ligase, v.2 | p.128	
5.4.3.8	Glutamate 1-semialdehyde aminotransferase, glutamate-1-semialdehyde 2,1-aminomutase, v.1 | p.575	
6.3.1.2	L-glutamate:ammonia ligase, Glutamate-ammonia ligase, v.2 | p.347	
6.3.1.2	L-glutamate:ammonia ligase (ADP-forming), Glutamate-ammonia ligase, v.2 | p.347	
2.6.1.4	L-glutamate:glyoxylate aminotransferase, glycine transaminase, v.34 | p.296	
2.6.1.4	glutamate:glyoxylate aminotransferase, glycine transaminase, v.34 | p.296	
2.3.1.35	glutamate acetyltransferase, glutamate N-acetyltransferase, v.29 | p.529	
3.4.17.11	glutamate carboxypeptidase, glutamate carboxypeptidase, v.6 | p.462	
3.4.17.21	glutamate carboxypeptidase III, Glutamate carboxypeptidase II, v.6 | p.498	
6.3.2.2	glutamate cysteine ligase, Glutamate-cysteine ligase, v.2 | p.399	
4.1.1.15	L-Glutamate decarboxylase, Glutamate decarboxylase, v.3 | p.74	
4.1.1.15	γ-Glutamate decarboxylase, Glutamate decarboxylase, v.3 | p.74	
4.1.1.15	glutamate decarboxylase, Glutamate decarboxylase, v.3 | p.74	
1.4.1.2	L-glutamate dehydrogenase, glutamate dehydrogenase, v.22 | p.27	
1.4.1.4	L-glutamate dehydrogenase, glutamate dehydrogenase (NADP+), v.22 | p.68	
1.4.1.3	L-glutamate dehydrogenase, glutamate dehydrogenase [NAD(P)+], v.22 | p.43	
1.4.1.2	glutamate dehydrogenase, glutamate dehydrogenase, v.22 | p.27	
1.4.1.4	glutamate dehydrogenase, glutamate dehydrogenase (NADP+), v.22 | p.68	
1.4.1.3	glutamate dehydrogenase, glutamate dehydrogenase [NAD(P)+], v.22 | p.43	
1.4.1.2	glutamate dehydrogenase (NAD), glutamate dehydrogenase, v.22 | p.27	
1.4.1.3	glutamate dehydrogenase 1, glutamate dehydrogenase [NAD(P)+], v.22 | p.43	
1.4.1.2	glutamate dehydrogenase α subunit, glutamate dehydrogenase, v.22 | p.27	
1.4.1.2	glutamate dehydrogenase β subunit, glutamate dehydrogenase, v.22 | p.27	
2.1.2.5	glutamate formiminotransferase, glutamate formimidoyltransferase, v.29 | p.45	
2.1.2.5	glutamate formyltransferase, glutamate formimidoyltransferase, v.29 | p.45	
5.4.99.1	Glutamate isomerase, Methylaspartate mutase, v.1 | p.582	
2.7.2.11	γ-glutamate kinase, glutamate 5-kinase, v.37 | p.351	
2.7.2.11	glutamate kinase, glutamate 5-kinase, v.37 | p.351	
5.4.99.1	Glutamate mutase, Methylaspartate mutase, v.1 | p.582	
2.6.1.1	glutamate oxaloacetate transaminase, aspartate transaminase, v.34 | p.247	
1.4.3.11	glutamate oxidase, L-glutamate oxidase, v.22 | p.333	
1.4.1.2	glutamate oxidoreductase, glutamate dehydrogenase, v.22 | p.27	
2.6.1.2	glutamate pyruvate 2-phosphotransferase, alanine transaminase, v.34 | p.280	
5.1.1.3	glutamate racemase, Glutamate racemase, v.1 | p.11	
1.2.1.41	glutamate semialdehyde dehydrogenase, glutamate-5-semialdehyde dehydrogenase, v.20 | p.300	
3.4.21.19	glutamate specific endopeptidase, glutamyl endopeptidase, v.7 | p.75	
1.4.1.13	L-glutamate synthase, glutamate synthase (NADPH), v.22 | p.138	
1.4.1.14	glutamate synthase, glutamate synthase (NADH), v.22 | p.158	
1.4.7.1	glutamate synthase (ferredoxin-dependent), glutamate synthase (ferredoxin), v.22 | p.378	
1.4.1.14	L-glutamate synthase (NADH), glutamate synthase (NADH), v.22 | p.158	

glutamic oxalic transaminase

1.4.1.14	glutamate synthase (NADH), glutamate synthase (NADH), v. 22 | p. 158	
1.4.1.14	glutamate synthase (NADH-dependent), glutamate synthase (NADH), v. 22 | p. 158	
1.4.1.14	L-glutamate synthetase, glutamate synthase (NADH), v. 22 | p. 158	
1.4.1.13	L-glutamate synthetase, glutamate synthase (NADPH), v. 22 | p. 138	
1.4.1.14	glutamate synthetase, glutamate synthase (NADH), v. 22 | p. 158	
1.4.1.13	glutamate synthetase (NADP), glutamate synthase (NADPH), v. 22 | p. 138	
1.2.1.70	glutamate tRNA reductase, glutamyl-tRNA reductase, v. S1 | p. 160	
3.4.21.19	glutamic-acid-specific endopeptidase, glutamyl endopeptidase, v. 7 | p. 75	
2.6.1.2	glutamic-alanine transaminase, alanine transaminase, v. 34 | p. 280	
2.6.1.1	glutamic-aspartic aminotransferase, aspartate transaminase, v. 34 | p. 247	
1.4.3.15	D-glutamic-aspartic oxidase, D-glutamate(D-aspartate) oxidase, v. 22 | p. 352	
2.6.1.1	glutamic-aspartic transaminase, aspartate transaminase, v. 34 | p. 247	
2.6.1.4	glutamic-glycine transaminase, glycine transaminase, v. 34 | p. 296	
2.6.1.4	glutamic-glyoxylic transaminase, glycine transaminase, v. 34 | p. 296	
2.6.1.5	glutamic-hydroxyphenylpyruvic transaminase, tyrosine transaminase, v. 34 | p. 301	
2.6.1.9	glutamic-imidazoleacetol phosphate transaminase, histidinol-phosphate transaminase, v. 34 | p. 334	
2.6.1.39	glutamic-ketoadipic transaminase, 2-aminoadipate transaminase, v. 34 | p. 483	
2.6.1.1	glutamic-oxalacetic transaminase, aspartate transaminase, v. 34 | p. 247	
2.6.1.1	glutamic-oxaloacetic transaminase, aspartate transaminase, v. 34 | p. 247	
2.6.1.2	glutamic-pyruvic aminotransferase, alanine transaminase, v. 34 | p. 280	
2.6.1.2	glutamic-pyruvic transaminase, alanine transaminase, v. 34 | p. 280	
1.2.1.41	glutamic γ-semialdehyde dehydrogenase, glutamate-5-semialdehyde dehydrogenase, v. 20 | p. 300	
6.3.2.9	D-Glutamic acid-adding enzyme, UDP-N-acetylmuramoyl-L-alanine-D-glutamate ligase, v. 2 | p. 452	
2.6.1.2	glutamic acid-pyruvic acid transaminase, alanine transaminase, v. 34 | p. 280	
3.4.21.19	glutamic acid-specific endopeptidase, glutamyl endopeptidase, v. 7 | p. 75	
3.4.21.82	Glutamic acid-specific protease, Glutamyl endopeptidase II, v. 7 | p. 406	
3.4.21.19	glutamic acid-specific proteinase, glutamyl endopeptidase, v. 7 | p. 75	
6.3.2.9	D-glutamic acid adding enzyme, UDP-N-acetylmuramoyl-L-alanine-D-glutamate ligase, v. 2 | p. 452	
4.1.1.15	Glutamic acid decarboxylase, Glutamate decarboxylase, v. 3 | p. 74	
4.1.1.15	L-Glutamic acid decarboxylase, Glutamate decarboxylase, v. 3 | p. 74	
1.4.1.3	L-glutamic acid dehydrogenase, glutamate dehydrogenase [NAD(P)+], v. 22 | p. 43	
1.4.1.2	glutamic acid dehydrogenase, glutamate dehydrogenase, v. 22 | p. 27	
1.4.1.4	glutamic acid dehydrogenase, glutamate dehydrogenase (NADP+), v. 22 | p. 68	
1.4.1.3	glutamic acid dehydrogenase, glutamate dehydrogenase [NAD(P)+], v. 22 | p. 43	
5.4.99.1	Glutamic acid isomerase, Methylaspartate mutase, v. 1 | p. 582	
5.4.99.1	Glutamic acid mutase, Methylaspartate mutase, v. 1 | p. 582	
1.4.3.7	D-glutamic acid oxidase, D-glutamate oxidase, v. 22 | p. 316	
1.4.3.11	L-glutamic acid oxidase, L-glutamate oxidase, v. 22 | p. 333	
1.4.3.11	glutamic acid oxidase, L-glutamate oxidase, v. 22 | p. 333	
6.1.1.17	Glutamic acid translase, Glutamate-tRNA ligase, v. 2 | p. 128	
6.1.1.17	Glutamic acid tRNA ligase, Glutamate-tRNA ligase, v. 2 | p. 128	
2.3.2.4	L-glutamic cyclase, γ-glutamylcyclotransferase, v. 30 | p. 500	
4.1.1.15	Glutamic decarboxylase, Glutamate decarboxylase, v. 3 | p. 74	
4.1.1.15	L-Glutamic decarboxylase, Glutamate decarboxylase, v. 3 | p. 74	
1.4.1.2	glutamic dehydrogenase, glutamate dehydrogenase, v. 22 | p. 27	
1.4.1.4	glutamic dehydrogenase, glutamate dehydrogenase (NADP+), v. 22 | p. 68	
1.4.1.3	glutamic dehydrogenase, glutamate dehydrogenase [NAD(P)+], v. 22 | p. 43	
1.4.3.11	glutamic dehydrogenase (acceptor), L-glutamate oxidase, v. 22 | p. 333	
5.4.99.1	Glutamic isomerase, Methylaspartate mutase, v. 1 | p. 582	
5.4.99.1	Glutamic mutase, Methylaspartate mutase, v. 1 | p. 582	
2.6.1.1	glutamic oxalic transaminase, aspartate transaminase, v. 34 | p. 247	

glutamic oxaloacetic transaminase

2.6.1.1	glutamic oxaloacetic transaminase, aspartate transaminase, v. 34 | p. 247	
1.4.3.7	D-glutamic oxidase, D-glutamate oxidase, v. 22 | p. 316	
2.6.1.5	glutamic phenylpyruvic aminotransferase, tyrosine transaminase, v. 34 | p. 301	
3.5.1.2	K-glutaminase, glutaminase, v. 14 | p. 205	
3.5.1.2	L-glutaminase, glutaminase, v. 14 | p. 205	
3.5.1.2	glutaminase, glutaminase, v. 14 | p. 205	
3.5.1.38	glutaminase-asparaginase, glutamin-(asparagin-)ase, v. 14 | p. 433	
3.5.1.38	glutaminase/asparaginase, glutamin-(asparagin-)ase, v. 14 | p. 433	
3.5.1.2	glutaminase A, glutaminase, v. 14 | p. 205	
3.5.1.2	glutaminase B, glutaminase, v. 14 | p. 205	
3.5.1.2	glutaminase I, glutaminase, v. 14 | p. 205	
2.6.1.15	glutaminase II, glutamine-pyruvate transaminase, v. 34 | p. 369	
3.5.1.2	glutaminase K, glutaminase, v. 14 | p. 205	
3.5.1.2	glutaminase L, glutaminase, v. 14 | p. 205	
3.5.1.1	glutamine-(asparagin-)ase, asparaginase, v. 14 | p. 190	
2.6.1.15	glutamine-α-keto acid transamidase, glutamine-pyruvate transaminase, v. 34 | p. 369	
2.6.1.15	glutamine-α-keto acid transaminase, glutamine-pyruvate transaminase, v. 34 | p. 369	
6.1.1.18	Glutamine–tRNA ligase, Glutamine-tRNA ligase, v. 2 | p. 139	
6.3.5.4	glutamine-dependent amidotransferase, Asparagine synthase (glutamine-hydrolysing), v. 2 | p. 672	
6.3.5.6	glutamine-dependent Asp-tRNAAsn/Glu-tRNAGln amidotransferase, asparaginyl-tRNA synthase (glutamine-hydrolysing), v. S7 | p. 628	
6.3.5.4	Glutamine-dependent asparagine synthetase, Asparagine synthase (glutamine-hydrolysing), v. 2 | p. 672	
6.3.5.5	Glutamine-dependent carbamyl phosphate synthetase, Carbamoyl-phosphate synthase (glutamine-hydrolysing), v. 2 | p. 689	
6.3.5.1	glutamine-dependent NAD+ synthetase, NAD+ synthase (glutamine-hydrolysing), v. 2 | p. 651	
2.6.1.16	glutamine-fructose-6-phosphate aminotransferase, glutamine-fructose-6-phosphate transaminase (isomerizing), v. 34 | p. 376	
2.6.1.16	glutamine-fructose 6-phosphate amidotransferase, glutamine-fructose-6-phosphate transaminase (isomerizing), v. 34 | p. 376	
2.6.1.16	glutamine-fructose 6-phosphate aminotransferase, glutamine-fructose-6-phosphate transaminase (isomerizing), v. 34 | p. 376	
2.6.1.50	L-glutamine-keto-scyllo-inositol aminotransferase, glutamine-scyllo-inositol transaminase, v. 34 | p. 574	
2.6.1.15	glutamine-keto acid aminotransferase, glutamine-pyruvate transaminase, v. 34 | p. 369	
1.4.1.13	glutamine-ketoglutaric aminotransferase, glutamate synthase (NADPH), v. 22 | p. 138	
2.6.1.15	glutamine-oxo-acid transaminase, glutamine-pyruvate transaminase, v. 34 | p. 369	
2.6.1.15	glutamine-oxo acid aminotransferase, glutamine-pyruvate transaminase, v. 34 | p. 369	
2.6.1.64	glutamine-phenylpyruvate aminotransferase, glutamine-phenylpyruvate transaminase, v. 35 | p. 21	
2.6.1.50	glutamine-scyllo-inosose aminotransferase, glutamine-scyllo-inositol transaminase, v. 34 | p. 574	
2.6.1.50	L-glutamine-scyllo-inosose transaminase, glutamine-scyllo-inositol transaminase, v. 34 | p. 574	
2.7.7.42	glutamine-synthetase adenylyltransferase, [glutamate-ammonia-ligase] adenylyltransferase, v. 38 | p. 431	
6.1.1.18	Glutamine-tRNA synthetase, Glutamine-tRNA ligase, v. 2 | p. 139	
2.4.2.14	glutamine 5-phosphoribosylpyrophosphate amidotransferase, amidophosphoribosyl-transferase, v. 33 | p. 152	
2.6.1.50	L-glutamine:2-deoxy-scyllo-inosose, glutamine-scyllo-inositol transaminase, v. 34 | p. 574	
2.6.1.50	L-glutamine:2-deoxy-scyllo-inosose aminotransferase, glutamine-scyllo-inositol transaminase, v. 34 | p. 574	
1.4.7.1	glutamine:2-oxoglutarate amidotransferase, glutamate synthase (ferredoxin), v. 22 | p. 378	

462

1.4.1.13	L-glutamine:2-oxoglutarate aminotransferase, NADPH oxidizing, glutamate synthase (NADPH), v. 22 | p. 138
2.6.1.16	L-glutamine: D-fructose-6-phosphate amidotransferase, glutamine-fructose-6-phosphate transaminase (isomerizing), v. 34 | p. 376
2.6.1.16	L-glutamine:D-fructose-6-phosphate amidotransferase, glutamine-fructose-6-phosphate transaminase (isomerizing), v. 34 | p. 376
2.6.1.16	L-glutamine:D-fructose-6-phosphate amidotransferase (hexose isomerizing), glutamine-fructose-6-phosphate transaminase (isomerizing), v. 34 | p. 376
2.6.1.16	glutamine: fructose-6-phosphate amidotranferase, glutamine-fructose-6-phosphate transaminase (isomerizing), v. 34 | p. 376
2.6.1.16	glutamine: fructose-6-phosphate amidotransferase, glutamine-fructose-6-phosphate transaminase (isomerizing), v. 34 | p. 376
2.6.1.16	glutamine: fructose-6-phosphate amidotransferase 1, glutamine-fructose-6-phosphate transaminase (isomerizing), v. 34 | p. 376
2.6.1.16	glutamine: fructose-6-phosphate aminotransferase, glutamine-fructose-6-phosphate transaminase (isomerizing), v. 34 | p. 376
2.6.1.16	glutamine:fructose-6-phosphate aminotransferase, glutamine-fructose-6-phosphate transaminase (isomerizing), v. 34 | p. 376
2.6.1.50	L-glutamine:inosose aminotransferase, glutamine-scyllo-inositol transaminase, v. 34 | p. 574
2.6.1.16	L-glutamine: L-fructose-6-phosphate amidotransferase, glutamine-fructose-6-phosphate transaminase (isomerizing), v. 34 | p. 376
2.6.1.16	L-glutamine:L-fructose-6-phosphate amidotransferase, glutamine-fructose-6-phosphate transaminase (isomerizing), v. 34 | p. 376
1.4.1.13	glutamine amide-2-oxoglutarate aminotransferase (oxidoreductase, NADP), glutamate synthase (NADPH), v. 22 | p. 138
4.1.3.27	Glutamine amido-transferase, anthranilate synthase, v. 4 | p. 160
3.5.1.2	L-glutamine amidohydrolase, glutaminase, v. 14 | p. 205
6.3.5.2	Glutamine amidotransferase, GMP synthase (glutamine-hydrolysing), v. 2 | p. 655
4.1.3.27	Glutamine amidotransferase, anthranilate synthase, v. 4 | p. 160
3.5.1.2	glutamine aminohydrolase, glutaminase, v. 14 | p. 205
2.6.1.16	L-glutamine fructose 6-phosphate transamidase, glutamine-fructose-6-phosphate transaminase (isomerizing), v. 34 | p. 376
2.3.1.14	glutamine phenylacetyltransferase, glutamine N-phenylacetyltransferase, v. 29 | p. 344
2.4.2.14	glutamine phosphoribosylpyrophosphate amidotransferase, amidophosphoribosyltransferase, v. 33 | p. 152
2.4.2.14	glutamine ribosylpyrophosphate 5-phosphate amidotransferase, amidophosphoribosyltransferase, v. 33 | p. 152
2.6.1.50	glutamine scyllo-inosose aminotransferase, glutamine-scyllo-inositol transaminase, v. 34 | p. 574
6.3.1.2	Glutamine synthetase, Glutamate-ammonia ligase, v. 2 | p. 347
6.3.1.2	L-Glutamine synthetase, Glutamate-ammonia ligase, v. 2 | p. 347
2.7.7.42	glutamine synthetase adenylyltransferase, [glutamate-ammonia-ligase] adenylyltransferase, v. 38 | p. 431
6.3.1.2	glutamine synthetase I, Glutamate-ammonia ligase, v. 2 | p. 347
6.3.1.2	glutamine synthetase type II, Glutamate-ammonia ligase, v. 2 | p. 347
6.3.1.2	glutamine synthetase type III, Glutamate-ammonia ligase, v. 2 | p. 347
2.6.1.15	glutamine transaminase, glutamine-pyruvate transaminase, v. 34 | p. 369
4.4.1.13	glutamine transaminase K, cysteine-S-conjugate β-lyase, v. 5 | p. 370
2.6.1.64	glutamine transaminase K, glutamine-phenylpyruvate transaminase, v. 35 | p. 21
4.4.1.13	glutamine transaminase K/cysteine conjugate β-lyase, cysteine-S-conjugate β-lyase, v. 5 | p. 370
2.6.1.64	glutamine transaminase L, glutamine-phenylpyruvate transaminase, v. 35 | p. 21
2.6.1.15	glutamine transaminase L, glutamine-pyruvate transaminase, v. 34 | p. 369
6.1.1.18	Glutamine translase, Glutamine-tRNA ligase, v. 2 | p. 139

2.3.2.13	R-glutaminyl-peptide:amine γ-glutamyl transferase, protein-glutamine γ-glutamyltransferase, v.30	p.550	
6.1.1.18	Glutaminyl-transfer ribonucleate synthetase, Glutamine-tRNA ligase, v.2	p.139	
6.1.1.18	Glutaminyl-transfer RNA synthetase, Glutamine-tRNA ligase, v.2	p.139	
2.3.2.5	glutaminyl-tRNA cyclotransferase, glutaminyl-peptide cyclotransferase, v.30	p.508	
6.1.1.17	Glutaminyl-tRNA synthetase, Glutamate-tRNA ligase, v.2	p.128	
6.1.1.18	Glutaminyl-tRNA synthetase, Glutamine-tRNA ligase, v.2	p.139	
2.3.2.5	glutaminyl cyclase, glutaminyl-peptide cyclotransferase, v.30	p.508	
6.3.2.2	γ-glutaminylcysteine synthetase, Glutamate-cysteine ligase, v.2	p.399	
2.3.2.13	glutaminylpeptide γ-glutamyltransferase, protein-glutamine γ-glutamyltransferase, v.30	p.550	
2.6.1.15	γ-glutaminyltransferase, glutamine-pyruvate transaminase, v.34	p.369	
6.1.1.18	glutaminyl tRNA synthetase, Glutamine-tRNA ligase, v.2	p.139	
6.1.1.18	glutaminyltRNA synthetase, Glutamine-tRNA ligase, v.2	p.139	
6.3.2.2	γ-glutamycysteine synthetase, Glutamate-cysteine ligase, v.2	p.399	
1.2.1.41	Glutamyl-γ-semialdehyde dehydrogenase, glutamate-5-semialdehyde dehydrogenase, v.20	p.300	
6.1.1.15	glutamyl-/prolyl-tRNA synthetase, Proline-tRNA ligase, v.2	p.111	
2.3.2.4	γ-glutamyl-amino acid cyclotransferase, γ-glutamylcyclotransferase, v.30	p.500	
3.4.11.7	glutamyl-AP, glutamyl aminopeptidase, v.6	p.102	
3.4.13.7	α-glutamyl-glutamate dipeptidase, Glu-Glu dipeptidase, v.6	p.201	
6.3.2.2	γ-Glutamyl-L-cysteine synthetase, Glutamate-cysteine ligase, v.2	p.399	
3.4.19.11	γ-D-Glutamyl-L-meso-diaminopimelate peptidoglycan hydrolase, γ-D-Glutamyl-meso-diaminopimelate peptidase, v.6	p.571	
3.4.19.11	γ-Glutamyl-L-meso-diaminopimelyl endopeptidase, γ-D-Glutamyl-meso-diaminopimelate peptidase, v.6	p.571	
3.4.19.11	γ-D-Glutamyl-meso-D-aminopimelic endopeptidase, γ-D-Glutamyl-meso-diaminopimelate peptidase, v.6	p.571	
3.4.19.11	γ-D-Glutamyl-meso-diaminopimelic endopeptidase, γ-D-Glutamyl-meso-diaminopimelate peptidase, v.6	p.571	
3.4.19.11	γ-D-Glutamyl-meso-diaminopimelic endopeptidase, γ-D-Glutamyl-meso-diaminopimelate peptidase, v.6	p.571	
3.4.19.11	γ-D-Glutamyl-meso-diaminopimelic peptidoglycan hydrolase, γ-D-Glutamyl-meso-diaminopimelate peptidase, v.6	p.571	
6.1.1.17	glutamyl-prolyl tRNA synthetase, Glutamate-tRNA ligase, v.2	p.128	
6.1.1.15	glutamyl-prolyl tRNA synthetase, Proline-tRNA ligase, v.2	p.111	
6.1.1.17	glutamyl-Q tRNAASp synthetase, Glutamate-tRNA ligase, v.2	p.128	
6.1.1.24	glutamyl-queuosine tRNAAsp synthetase, glutamate-tRNAGln ligase, v.S7	p.572	
6.1.1.17	Glutamyl-transfer ribonucleate synthetase, Glutamate-tRNA ligase, v.2	p.128	
6.1.1.17	Glutamyl-transfer ribonucleic acid synthetase, Glutamate-tRNA ligase, v.2	p.128	
6.1.1.17	Glutamyl-transfer RNA synthetase, Glutamate-tRNA ligase, v.2	p.128	
6.3.5.7	glutamyl-tRNA(Gln) amidotransferase, glutaminyl-tRNA synthase (glutamine-hydrolysing), v.S7	p.638	
6.3.5.7	glutamyl-tRNAGln amidotransferase, glutaminyl-tRNA synthase (glutamine-hydrolysing), v.S7	p.638	
1.2.1.70	glutamyl-tRNA reductase, glutamyl-tRNA reductase, v.S1	p.160	
6.1.1.17	Glutamyl-tRNA synthetase, Glutamate-tRNA ligase, v.2	p.128	
4.3.2.2	Glutamyl-tRNA synthetase regulatory factor, adenylosuccinate lyase, v.5	p.263	
6.1.1.18	glutamyl/glutaminyl-tRNA synthetase, Glutamine-tRNA ligase, v.2	p.139	
6.3.1.2	γ-glutamyl:ammonia ligase, Glutamate-ammonia ligase, v.2	p.347	
3.4.11.21	glutamyl aminopeptidase, aspartyl aminopeptidase, v.6	p.173	
3.4.11.7	glutamyl aminopeptidase, glutamyl aminopeptidase, v.6	p.102	
3.4.11.7	glutamyl aminopeptidase (Lactococcus), glutamyl aminopeptidase, v.6	p.102	
3.4.17.11	glutamyl carboxypeptidase, glutamate carboxypeptidase, v.6	p.462	
2.3.2.4	γ-L-glutamylcyclotransferase, γ-glutamylcyclotransferase, v.30	p.500	

2.3.2.15	γ-glutamylcysteine dipeptidyl transpeptidase, glutathione γ-glutamylcysteinyltransferase, v. 30 | p. 576	
6.3.2.2	γ-glutamylcysteine ligase, Glutamate-cysteine ligase, v. 2 | p. 399	
6.3.2.2	γ-Glutamylcysteine synthetase, Glutamate-cysteine ligase, v. 2 | p. 399	
6.3.2.2	γ-glutamylcysteine synthetase-glutathione synthetase, Glutamate-cysteine ligase, v. 2 | p. 399	
6.3.2.3	γ-glutamylcysteine synthetase-glutathione synthetase, Glutathione synthase, v. 2 | p. 410	
6.3.2.2	γ-Glutamylcysteinyl-synthetase, Glutamate-cysteine ligase, v. 2 | p. 399	
2.3.2.15	γ-glutamylcysteinyl dipeptidyl transpeptidase, glutathione γ-glutamylcysteinyltransferase, v. 30 | p. 576	
3.4.21.19	glutamyl endopeptidase, glutamyl endopeptidase, v. 7 | p. 75	
3.4.21.82	glutamyl endopeptidase 2, Glutamyl endopeptidase II, v. 7 | p. 406	
3.4.21.19	glutamyl endopeptidase 2, glutamyl endopeptidase, v. 7 | p. 75	
3.4.21.82	glutamyl endopeptidase from Streptomyces griseus, Glutamyl endopeptidase II, v. 7 | p. 406	
3.4.21.19	glutamyl endopeptidase I, glutamyl endopeptidase, v. 7 | p. 75	
3.4.21.82	glutamyl endopeptidase II, Glutamyl endopeptidase II, v. 7 | p. 406	
6.3.2.18	γ-Glutamylhistamine synthetase, γ-Glutamylhistamine synthase, v. 2 | p. 503	
3.4.19.9	γ-glutamyl hydrolase, γ-glutamyl hydrolase, v. 6 | p. 560	
6.3.1.2	Glutamylhydroxamic synthetase, Glutamate-ammonia ligase, v. 2 | p. 347	
2.7.2.11	γ-glutamyl kinase, glutamate 5-kinase, v. 37 | p. 351	
6.3.4.12	γ-Glutamylmethylamide synthetase, Glutamate-methylamine ligase, v. 2 | p. 624	
3.4.11.7	glutamyl peptidase, glutamyl aminopeptidase, v. 6 | p. 102	
2.3.2.2	γ-glutamyl peptidyltransferase, γ-glutamyltransferase, v. 30 | p. 469	
2.7.2.11	γ-glutamylphosphate kinase, glutamate 5-kinase, v. 37 | p. 351	
1.2.1.41	β-glutamylphosphate reductase, glutamate-5-semialdehyde dehydrogenase, v. 20 | p. 300	
1.2.1.41	γ-glutamyl phosphate reductase, glutamate-5-semialdehyde dehydrogenase, v. 20 | p. 300	
3.4.21.82	glutamyl proteinase, Glutamyl endopeptidase II, v. 7 | p. 406	
6.3.1.11	γ-glutamylputrescine synthetase, glutamate-putrescine ligase, v. S7 | p. 595	
3.4.21.19	glutamyl specific endopeptidase, glutamyl endopeptidase, v. 7 | p. 75	
2.3.2.2	L-γ-glutamyltransferase, γ-glutamyltransferase, v. 30 | p. 469	
2.3.2.2	L-glutamyltransferase, γ-glutamyltransferase, v. 30 | p. 469	
2.3.2.2	glutamyltransferase, γ-, γ-glutamyltransferase, v. 30 | p. 469	
2.3.2.9	glutamyl transferase, agaritine γ-, agaritine γ-glutamyltransferase, v. 30 | p. 531	
2.3.2.1	glutamyltransferase, D-, D-glutamyltransferase, v. 30 | p. 467	
2.3.2.13	glutamyltransferase, glutaminylpeptide γ-, protein-glutamine γ-glutamyltransferase, v. 30 | p. 550	
1.2.1.70	glutamyl transfer RNA reductase, glutamyl-tRNA reductase, v. S1 | p. 160	
2.3.2.1	D-γ-glutamyl transpeptidase, D-glutamyltransferase, v. 30 | p. 467	
2.3.2.1	D-glutamyl transpeptidase, D-glutamyltransferase, v. 30 | p. 467	
2.3.2.2	L-γ-glutamyl transpeptidase, γ-glutamyltransferase, v. 30 | p. 469	
2.3.2.2	α-glutamyl transpeptidase, γ-glutamyltransferase, v. 30 | p. 469	
2.3.2.2	γ-glutamyl transpeptidase, γ-glutamyltransferase, v. 30 | p. 469	
2.3.2.4	γ-glutamyltranspeptidase, γ-glutamylcyclotransferase, v. 30 | p. 500	
2.3.2.2	glutamyl transpeptidase, γ-glutamyltransferase, v. 30 | p. 469	
2.3.2.2	γ-glutamyl transpeptidase 4, γ-glutamyltransferase, v. 30 | p. 469	
6.1.1.17	Glutamyl tRNA synthetase, Glutamate-tRNA ligase, v. 2 | p. 128	
1.2.1.20	glutarate dialdehyde dehydrogenase, glutarate-semialdehyde dehydrogenase, v. 20 | p. 205	
1.2.1.20	glutarate semialdehyde dehydrogenase, glutarate-semialdehyde dehydrogenase, v. 20 | p. 205	
1.20.4.1	glutaredoxin, arsenate reductase (glutaredoxin), v. 27 | p. 594	
1.5.1.10	ε-N-(L-glutaryl-2)-L-lysine:NAD+(P) oxidoreductase (L-2-aminoadipate-semialdehyde forming), saccharopine dehydrogenase (NADP+, L-glutamate-forming), v. 23 | p. 104	
1.5.1.7	ε-N-(L-glutaryl-2)-L-lysine:NAD oxidoreductase (L-lysine forming), saccharopine dehydrogenase (NAD+, L-lysine-forming), v. 23 | p. 78	
3.5.1.93	glutaryl-7-ACA acylase, glutaryl-7-aminocephalosporanic-acid acylase, v. S6 | p. 386	

3.5.1.93	glutaryl-7-amino cephalosporanic acid acylase, glutaryl-7-aminocephalosporanic-acid acylase, v. S6	p. 386
3.5.1.93	glutaryl-7-aminocephalosporanic acid acylase, glutaryl-7-aminocephalosporanic-acid acylase, v. S6	p. 386
3.5.1.93	glutaryl-7-aminocephalosporic acid acylase, glutaryl-7-aminocephalosporanic-acid acylase, v. S6	p. 386
3.5.1.93	glutaryl 7-amino cephalosporanic acid acylase, glutaryl-7-aminocephalosporanic-acid acylase, v. S6	p. 386
3.5.1.93	glutaryl 7-aminocephalosporanic acid acylase, glutaryl-7-aminocephalosporanic-acid acylase, v. S6	p. 386
1.3.99.7	glutaryl coenzyme A dehydrogenase, glutaryl-CoA dehydrogenase, v. 21	p. 525
6.2.1.6	Glutaryl coenzyme A synthetase, Glutarate-CoA ligase, v. 2	p. 234
1.1.1.284	glutathione (GSH)-dependent formaldehyde dehydrogenase, S-(hydroxymethyl)glutathione dehydrogenase, v. S1	p. 38
1.8.4.3	glutathione-coenzyme A glutathione disulfide transhydrogenase, glutathione-CoA-glutathione transhydrogenase, v. 24	p. 632
1.1.1.284	glutathione-dependent alcohol dehydrogenase, S-(hydroxymethyl)glutathione dehydrogenase, v. S1	p. 38
1.8.5.1	glutathione-dependent dehydroascorate reductase, glutathione dehydrogenase (ascorbate), v. 24	p. 670
4.4.1.22	glutathione-dependent formaldehyde-activating enzyme, S-(hydroxymethyl)glutathione synthase, v. S7	p. 405
1.1.1.284	Glutathione-dependent formaldehyde dehydrogenase, S-(hydroxymethyl)glutathione dehydrogenase, v. S1	p. 38
1.1.1.1	Glutathione-dependent formaldehyde dehydrogenase, alcohol dehydrogenase, v. 16	p. 1
1.2.1.1	Glutathione-dependent formaldehyde dehydrogenase, formaldehyde dehydrogenase (glutathione), v. 20	p. 1
1.11.1.9	glutathione-dependent peroxidase I, glutathione peroxidase, v. 25	p. 233
5.3.99.2	Glutathione-dependent PGD synthetase, Prostaglandin-D synthase, v. 1	p. 451
5.3.99.2	glutathione-dependent prostaglandin D2 synthase, Prostaglandin-D synthase, v. 1	p. 451
1.8.4.7	glutathione-dependent thiol:disulfide oxidoreductase, enzyme-thiol transhydrogenase (glutathione-disulfide), v. 24	p. 656
2.8.1.3	glutathione-dependent thiosulfate reductase, thiosulfate-thiol sulfurtransferase, v. 39	p. 214
1.2.1.66	glutathione-independent formaldehyde dehydrogenase, mycothiol-dependent formaldehyde dehydrogenase, v. 20	p. 399
5.3.99.2	Glutathione-independent PGD synthetase, Prostaglandin-D synthase, v. 1	p. 451
1.8.4.2	glutathione-insulin transhydrogenase, protein-disulfide reductase (glutathione), v. 24	p. 617
1.8.4.2	glutathione-protein disulfide oxidoreductase, protein-disulfide reductase (glutathione), v. 24	p. 617
2.5.1.18	glutathione-S-transferase, glutathione transferase, v. 33	p. 524
2.5.1.18	glutathione-S-transferase pi, glutathione transferase, v. 33	p. 524
1.20.4.1	glutathione:arsenate oxidoreductase, arsenate reductase (glutaredoxin), v. 27	p. 594
1.8.4.3	glutathione:coenzyme A-glutathione transhydrogenase, glutathione-CoA-glutathione transhydrogenase, v. 24	p. 632
1.8.5.1	glutathione:dehydroascorbic acid oxidoreductase, glutathione dehydrogenase (ascorbate), v. 24	p. 670
1.8.1.7	glutathione: NADP(+) oxidoreductase, glutathione-disulfide reductase, v. 24	p. 488
1.8.1.7	glutathione:NADP+ oxidoreductase, glutathione-disulfide reductase, v. 24	p. 488
6.3.1.8	Glutathione:spermidine ligase (ADP-forming), Glutathionylspermidine synthase, v. 2	p. 386
6.3.1.8	Glutathione:spermidine ligase [ADP-forming], Glutathionylspermidine synthase, v. 2	p. 386

1.8.4.3	glutathione coenzyme A-glutathione transhydrogenase, glutathione-CoA-glutathione transhydrogenase, v. 24 | p. 632	
1.8.5.1	glutathione dehydroascorbate reductase, glutathione dehydrogenase (ascorbate), v. 24 | p. 670	
5.3.99.2	glutathione dependent prostaglandine D2 synthase, Prostaglandin-D synthase, v. 1 | p. 451	
1.8.1.7	glutathione disulfide reductase, glutathione-disulfide reductase, v. 24 | p. 488	
1.11.1.9	glutathione peroxidase-1, glutathione peroxidase, v. 25 | p. 233	
1.11.1.9	glutathione peroxidase-2, glutathione peroxidase, v. 25 | p. 233	
1.11.1.9	glutathione peroxidase-4, glutathione peroxidase, v. 25 | p. 233	
1.11.1.9	glutathione peroxidase 1, glutathione peroxidase, v. 25 | p. 233	
1.11.1.9	glutathione peroxidase 3, glutathione peroxidase, v. 25 | p. 233	
1.11.1.9	glutathione peroxidase 4, glutathione peroxidase, v. 25 | p. 233	
1.11.1.9	glutathione peroxidase Gpx2, glutathione peroxidase, v. 25 | p. 233	
1.11.1.9	glutathione peroxidase Gpx3, glutathione peroxidase, v. 25 | p. 233	
1.8.1.7	glutathione reductase, glutathione-disulfide reductase, v. 24 | p. 488	
1.8.1.7	glutathione reductase (NADPH), glutathione-disulfide reductase, v. 24 | p. 488	
1.8.1.7	glutathione reductase Glr1, glutathione-disulfide reductase, v. 24 | p. 488	
2.5.1.18	glutathione S-alkyl transferase, glutathione transferase, v. 33 | p. 524	
2.5.1.18	glutathione S-aralkyltransferase, glutathione transferase, v. 33 | p. 524	
2.5.1.18	glutathione S-aryltransferase, glutathione transferase, v. 33 | p. 524	
1.8.1.7	glutathione S-reductase, glutathione-disulfide reductase, v. 24 | p. 488	
2.5.1.18	ε glutathione S-transferase, glutathione transferase, v. 33 | p. 524	
2.5.1.18	glutathione S-transferase, glutathione transferase, v. 33 | p. 524	
2.5.1.18	glutathione S-transferase A1-1, glutathione transferase, v. 33 | p. 524	
2.5.1.18	glutathione S-transferase A3-3, glutathione transferase, v. 33 | p. 524	
2.5.1.18	glutathione S-transferase AdFSTD3-3, glutathione transferase, v. 33 | p. 524	
2.5.1.18	glutathione S-transferase I, glutathione transferase, v. 33 | p. 524	
2.5.1.18	glutathione S-transferase P1-1, glutathione transferase, v. 33 | p. 524	
2.5.1.18	glutathione S-transferase pi, glutathione transferase, v. 33 | p. 524	
2.5.1.18	glutathione S-transferases, glutathione transferase, v. 33 | p. 524	
2.5.1.18	glutathione S-transferase X, glutathione transferase, v. 33 | p. 524	
5.2.1.2	glutathione S-transferase zeta-class 1, Maleylacetoacetate isomerase, v. 1 | p. 197	
5.2.1.2	glutathione S-transferase zeta/maleylacetoacetate isomerase, Maleylacetoacetate isomerase, v. 1 | p. 197	
5.2.1.2	glutathione S-transferase Zeta 1-1, Maleylacetoacetate isomerase, v. 1 | p. 197	
1.8.3.3	glutathione sulfhydryl oxidase, glutathione oxidase, v. 24 | p. 604	
6.3.2.3	Glutathione synthase, Glutathione synthase, v. 2 | p. 410	
6.3.2.3	Glutathione synthetase, Glutathione synthase, v. 2 | p. 410	
6.3.2.3	Glutathione synthetase (tripeptide), Glutathione synthase, v. 2 | p. 410	
3.1.2.7	glutathione thioesterase, glutathione thiolesterase, v. 9 | p. 499	
2.5.1.18	glutathione transferase, glutathione transferase, v. 33 | p. 524	
2.5.1.18	glutathione transferase A1-1, glutathione transferase, v. 33 | p. 524	
2.5.1.18	glutathione transferase M1-1, glutathione transferase, v. 33 | p. 524	
2.5.1.18	glutathione transferase P1-1, glutathione transferase, v. 33 | p. 524	
2.5.1.18	glutathione transferase Pi, glutathione transferase, v. 33 | p. 524	
5.2.1.2	glutathione transferase zeta, Maleylacetoacetate isomerase, v. 1 | p. 197	
2.5.1.18	glutathione transferase zeta, glutathione transferase, v. 33 | p. 524	
2.5.1.18	glutathione transferase Zeta 1-1, glutathione transferase, v. 33 | p. 524	
2.5.1.18	glutathione transferase zeta1-1, glutathione transferase, v. 33 | p. 524	
3.5.1.78	Glutathionylspermidine amidohydrolase (spermidine-forming), Glutathionylspermidine amidase, v. 14 | p. 595	
3.5.1.78	Glutathionylspermidine amidohydrolase [spermidine-forming], Glutathionylspermidine amidase, v. 14 | p. 595	
6.3.1.8	glutathionylspermidine synthetase, Glutathionylspermidine synthase, v. 2 | p. 386	

6.3.1.8	Glutathionylspermidine synthetase (Crithidia fasciculata), Glutathionylspermidine synthase, v. 2	p. 386
6.3.1.8	Glutathionylspermidine synthetase (Crithidia fasciculata strain HS6 gene Cf-GSS), Glutathionylspermidine synthase, v. 2	p. 386
3.5.1.78	Glutathionylspermidine synthetase/amidase, Glutathionylspermidine amidase, v. 14	p. 595
6.3.1.8	Glutathionylspermidine synthetase/amidase, Glutathionylspermidine synthase, v. 2	p. 386
1.2.1.70	GluTR, glutamyl-tRNA reductase, v. S1	p. 160
3.4.21.19	GluV8, glutamyl endopeptidase, v. 7	p. 75
3.2.1.21	β-Glu x, β-glucosidase, v. 12	p. 299
3.2.1.122	GlvA, maltose-6'-phosphate glucosidase, v. 13	p. 499
3.6.3.19	GlvC, maltose-transporting ATPase, v. 15	p. 628
3.2.1.122	GlvG, maltose-6'-phosphate glucosidase, v. 13	p. 499
3.6.3.27	Glvr-1, phosphate-transporting ATPase, v. 15	p. 649
4.4.1.5	Glx-I, lactoylglutathione lyase, v. 5	p. 322
3.1.2.6	GLX2-2, hydroxyacylglutathione hydrolase, v. 9	p. 486
4.4.1.5	GLXI, lactoylglutathione lyase, v. 5	p. 322
4.4.1.5	Glx I, lactoylglutathione lyase, v. 5	p. 322
3.1.2.6	Glx II, hydroxyacylglutathione hydrolase, v. 9	p. 486
3.1.2.6	GlxII, hydroxyacylglutathione hydrolase, v. 9	p. 486
2.4.1.101	GLY-13, α-1,3-mannosyl-glycoprotein 2-β-N-acetylglucosaminyltransferase, v. 32	p. 70
4.4.1.5	gly-I, lactoylglutathione lyase, v. 5	p. 322
3.4.13.18	Gly-Leu hydrolase, cytosol nonspecific dipeptidase, v. 6	p. 227
3.4.14.5	Gly-Pro-naphthylamidase, dipeptidyl-peptidase IV, v. 6	p. 286
3.4.17.4	GLY-X carboxypeptidase, Gly-Xaa carboxypeptidase, v. 6	p. 437
3.2.1.23	βGly4, β-galactosidase, v. 12	p. 368
2.1.2.1	GlyA, glycine hydroxymethyltransferase, v. 29	p. 1
2.1.2.1	GlyA protein, glycine hydroxymethyltransferase, v. 29	p. 1
2.6.1.4	GlyAT, glycine transaminase, v. 34	p. 296
2.3.1.13	GLYATL1, glycine N-acyltransferase, v. 29	p. 338
2.4.1.221	N-glycan α-6-fucosyltransferase, peptide-O-fucosyltransferase, v. 32	p. 596
4.6.1.14	glycan-phosphatidylinositol-specific phospholipase C, glycosylphosphatidylinositol diacylglycerol-lyase, v. S7	p. 441
3.5.1.52	N-glycanase, peptide-N4-(N-acetyl-β-glucosaminyl)asparagine amidase, v. 14	p. 485
3.2.1.91	β-1,4-glycanase, cellulose 1,4-β-cellobiosidase, v. 13	p. 325
3.2.1.91	β-1,4-glycanase CEX, cellulose 1,4-β-cellobiosidase, v. 13	p. 325
2.4.1.122	O-glycan core 1 UDPgalactose:N-acetyl-α-galactosaminyl-R β3-galactosyltransferase, glycoprotein-N-acetylgalactosamine 3-β-galactosyltransferase, v. 32	p. 174
2.4.1.1	α-1,4-glycan phosphorylase, phosphorylase, v. 31	p. 1
3.2.1.113	N-glycan processing class I α-1,2-mannosidase, mannosyl-oligosaccharide 1,2-α-mannosidase, v. 13	p. 458
2.5.1.36	glyceollin synthase, trihydroxypterocarpan dimethylallyltransferase, v. 34	p. 43
1.2.1.13	glyceraldehyde-3-dehydrogenase, glyceraldehyde-3-phosphate dehydrogenase (NADP+) (phosphorylating), v. 20	p. 163
1.2.1.12	glyceraldehyde-3-P-dehydrogenase, glyceraldehyde-3-phosphate dehydrogenase (phosphorylating), v. 20	p. 135
1.2.1.13	glyceraldehyde-3-P dehydrogenase, glyceraldehyde-3-phosphate dehydrogenase (NADP+) (phosphorylating), v. 20	p. 163
1.2.1.12	D-glyceraldehyde-3-phosphate: NAD+ oxidoreductase (phosphorylating), glyceraldehyde-3-phosphate dehydrogenase (phosphorylating), v. 20	p. 135
1.2.1.9	glyceraldehyde-3-phosphate:NADP reductase, glyceraldehyde-3-phosphate dehydrogenase (NADP+), v. 20	p. 108
1.2.1.13	glyceraldehyde-3-phosphate dehhydrogenase (NADP+) (phoshphorylating), glyceraldehyde-3-phosphate dehydrogenase (NADP+) (phosphorylating), v. 20	p. 163
1.2.1.13	D-glyceraldehyde-3-phosphate dehydrogenase, glyceraldehyde-3-phosphate dehydrogenase (NADP+) (phosphorylating), v. 20	p. 163

1.2.1.12	D-glyceraldehyde-3-phosphate dehydrogenase, glyceraldehyde-3-phosphate dehydrogenase (phosphorylating), v. 20	p. 135
1.2.1.9	glyceraldehyde-3-phosphate dehydrogenase, glyceraldehyde-3-phosphate dehydrogenase (NADP+), v. 20	p. 108
1.2.1.13	glyceraldehyde-3-phosphate dehydrogenase, glyceraldehyde-3-phosphate dehydrogenase (NADP+) (phosphorylating), v. 20	p. 163
1.2.1.12	glyceraldehyde-3-phosphate dehydrogenase, glyceraldehyde-3-phosphate dehydrogenase (phosphorylating), v. 20	p. 135
1.2.1.59	Glyceraldehyde-3-phosphate dehydrogenase (NAD(P)), glyceraldehyde-3-phosphate dehydrogenase (NAD(P)+) (phosphorylating), v. 20	p. 378
1.2.1.12	glyceraldehyde-3-phosphate dehydrogenase (NAD), glyceraldehyde-3-phosphate dehydrogenase (phosphorylating), v. 20	p. 135
1.2.1.9	glyceraldehyde-3-phosphate dehydrogenase (NADP+), glyceraldehyde-3-phosphate dehydrogenase (NADP+), v. 20	p. 108
1.2.1.13	glyceraldehyde-3-phosphate dehydrogenase (NADP+), glyceraldehyde-3-phosphate dehydrogenase (NADP+) (phosphorylating), v. 20	p. 163
2.7.1.19	glyceraldehyde-3-phosphate dehydrogenase/CP12/phosphoribulokinase, phosphoribulokinase, v. 35	p. 241
1.2.1.9	Glyceraldehyde-3-phosphate dehydrogenase [NADP+], glyceraldehyde-3-phosphate dehydrogenase (NADP+), v. 20	p. 108
1.2.7.6	glyceraldehyde-3-phosphate Fd oxidoreductase, glyceraldehyde-3-phosphate dehydrogenase (ferredoxin), v. S1	p. 203
1.2.7.6	glyceraldehyde-3-phosphate ferredoxin oxidoreductase, glyceraldehyde-3-phosphate dehydrogenase (ferredoxin), v. S1	p. 203
1.2.7.6	glyceraldehyde-3-phosphate ferredoxin reductase, glyceraldehyde-3-phosphate dehydrogenase (ferredoxin), v. S1	p. 203
5.3.1.1	D-glyceraldehyde-3-phosphate ketol-isomerase, Triose-phosphate isomerase, v. 1	p. 235
1.2.1.12	glyceraldehyde-3 phosphate dehydrogenase, glyceraldehyde-3-phosphate dehydrogenase (phosphorylating), v. 20	p. 135
1.2.1.13	glyceraldehyde-P dehydrogenase, glyceraldehyde-3-phosphate dehydrogenase (NADP+) (phosphorylating), v. 20	p. 163
1.2.1.9	glyceraldehyde 3-phosphate:NADP+ reductase, non-phosphorylating, glyceraldehyde-3-phosphate dehydrogenase (NADP+), v. 20	p. 108
1.2.1.9	glyceraldehyde 3-phosphate dehydrogenase, glyceraldehyde-3-phosphate dehydrogenase (NADP+), v. 20	p. 108
1.2.1.12	glyceraldehyde 3-phosphate dehydrogenase, glyceraldehyde-3-phosphate dehydrogenase (phosphorylating), v. 20	p. 135
1.2.1.9	glyceraldehyde 3-phosphate dehydrogenase (NADP), glyceraldehyde-3-phosphate dehydrogenase (NADP+), v. 20	p. 108
1.2.1.13	glyceraldehyde 3-phosphate dehydrogenase (NADP), glyceraldehyde-3-phosphate dehydrogenase (NADP+) (phosphorylating), v. 20	p. 163
1.2.7.6	glyceraldehyde-3-phosphate oxidoreductase, glyceraldehyde-3-phosphate dehydrogenase (ferredoxin), v. S1	p. 203
1.2.7.6	glyceraldehyde phosphate dehydrogenase (ferredoxin), glyceraldehyde-3-phosphate dehydrogenase (ferredoxin), v. S1	p. 203
1.2.1.12	glyceraldehyde phosphate dehydrogenase (NAD), glyceraldehyde-3-phosphate dehydrogenase (phosphorylating), v. 20	p. 135
1.2.1.9	glyceraldehyde phosphate dehydrogenase (NADP), glyceraldehyde-3-phosphate dehydrogenase (NADP+), v. 20	p. 108
1.2.1.13	glyceraldehyde phosphate dehydrogenase (nicotinamide adenine dinucleotide phosphate phosphorylating), glyceraldehyde-3-phosphate dehydrogenase (NADP+) (phosphorylating), v. 20	p. 163
2.2.1.7	glyceraldehydes 3-phosphate-pyruvate ligase, 1-deoxy-D-xylulose-5-phosphate synthase, v. 29	p. 217
1.1.1.95	glycerate-1,3-phosphate dehydrogenase, phosphoglycerate dehydrogenase, v. 17	p. 238

3.1.3.13	glycerate-2,3-diphosphate phosphatase, bisphosphoglycerate phosphatase, v. 10 | p. 199
2.7.1.31	glycerate-3-kinase, glycerate kinase, v. 35 | p. 366
2.7.1.31	D-glycerate 3-kinase, glycerate kinase, v. 35 | p. 366
1.1.1.95	glycerate 3-phosphate dehydrogenase, phosphoglycerate dehydrogenase, v. 17 | p. 238
2.7.2.3	glycerate 3-phosphate kinase, phosphoglycerate kinase, v. 37 | p. 283
1.1.1.29	D-glycerate dehydrogenase, glycerate dehydrogenase, v. 16 | p. 283
1.1.1.81	D-glycerate dehydrogenase, hydroxypyruvate reductase, v. 17 | p. 147
2.7.1.31	D-glycerate kinase, glycerate kinase, v. 35 | p. 366
2.7.2.3	P-glycerate kinase, phosphoglycerate kinase, v. 37 | p. 283
5.4.2.4	Glycerate phosphomutase, Bisphosphoglycerate mutase, v. 1 | p. 520
5.4.2.1	Glycerate phosphomutase (diphosphoglycerate cofactor), phosphoglycerate mutase, v. 1 | p. 493
2.7.1.31	D-glyceric acid kinase, glycerate kinase, v. 35 | p. 366
2.7.1.30	glyceric kinase, glycerol kinase, v. 35 | p. 351
1.1.1.177	glycerin-3-phosphate dehydrogenase, glycerol-3-phosphate 1-dehydrogenase (NADP+), v. 18 | p. 87
1.1.1.6	glycerin dehydrogenase, glycerol dehydrogenase, v. 16 | p. 108
2.7.1.30	glycerokinase, glycerol kinase, v. 35 | p. 351
3.1.3.21	glycerol-1-phosphatase, glycerol-1-phosphatase, v. 10 | p. 256
1.1.3.21	glycerol-1-phosphate oxidase, glycerol-3-phosphate oxidase, v. 19 | p. 177
3.1.3.21	glycerol-3-P-phosphatase, glycerol-1-phosphatase, v. 10 | p. 256
2.3.1.15	glycerol-3-P acyltransferase 1, glycerol-3-phosphate O-acyltransferase, v. 29 | p. 347
3.1.3.21	glycerol-3-phosphatase, glycerol-1-phosphatase, v. 10 | p. 256
2.3.1.15	glycerol-3-phosphate-1 acyltransferase, glycerol-3-phosphate O-acyltransferase, v. 29 | p. 347
1.1.1.94	L-glycerol-3-phosphate:NAD(P) oxidoreductase, glycerol-3-phosphate dehydrogenase [NAD(P)+], v. 17 | p. 235
2.3.1.15	glycerol-3-phosphate acyltransferase, glycerol-3-phosphate O-acyltransferase, v. 29 | p. 347
2.3.1.15	glycerol-3-phosphate acyltransferase-1, glycerol-3-phosphate O-acyltransferase, v. 29 | p. 347
2.3.1.15	glycerol-3-phosphate acyltransferase-like protein 1, glycerol-3-phosphate O-acyltransferase, v. 29 | p. 347
3.6.3.20	glycerol-3-phosphate antiporter, glycerol-3-phosphate-transporting ATPase, v. S6 | p. 456
1.1.5.3	glycerol-3-phosphate dehydrogenase, glycerol-3-phosphate dehydrogenase
1.1.1.8	glycerol-3-phosphate dehydrogenase, glycerol-3-phosphate dehydrogenase (NAD+), v. 16 | p. 120
1.1.3.21	Glycerol-3-phosphate oxidase, glycerol-3-phosphate oxidase, v. 19 | p. 177
1.1.3.21	L-α-glycerol-3-phosphate oxidase, glycerol-3-phosphate oxidase, v. 19 | p. 177
3.1.3.21	glycerol-3-phosphate phosphohydrolase, glycerol-1-phosphatase, v. 10 | p. 256
3.6.3.20	glycerol-3-phosphate transporter, glycerol-3-phosphate-transporting ATPase, v. S6 | p. 456
3.1.3.21	glycerol-3-P phosphatase, glycerol-1-phosphatase, v. 10 | p. 256
3.1.1.3	glycerol-ester hydrolase, triacylglycerol lipase, v. 9 | p. 36
3.1.1.23	glycerol-monoester acylhydrolase, acylglycerol lipase, v. 9 | p. 209
2.3.1.15	glycerol-sn-3-phosphate acyltransferase 1, glycerol-3-phosphate O-acyltransferase, v. 29 | p. 347
1.1.1.8	glycerol 1-phosphate dehydrogenase, glycerol-3-phosphate dehydrogenase (NAD+), v. 16 | p. 120
3.1.2.21	glycerol 3-phosphatase, dodecanoyl-[acyl-carrier-protein] hydrolase, v. 9 | p. 546
3.1.3.21	glycerol 3-phosphatase, glycerol-1-phosphatase, v. 10 | p. 256
2.7.1.142	glycerol 3-phosphate:glucose transphosphorylase, glycerol-3-phosphate-glucose phosphotransferase, v. 37 | p. 206
1.1.1.177	L-glycerol 3-phosphate:NAD oxidoreductase, glycerol-3-phosphate 1-dehydrogenase (NADP+), v. 18 | p. 87
2.3.1.15	glycerol 3-phosphate acyltransferase, glycerol-3-phosphate O-acyltransferase, v. 29 | p. 347

1.1.1.8	L-glycerol 3-phosphate dehydrogenase, glycerol-3-phosphate dehydrogenase (NAD+), v. 16	p. 120
1.1.1.94	glycerol 3-phosphate dehydrogenase, glycerol-3-phosphate dehydrogenase [NAD(P)+], v. 17	p. 235
1.1.1.94	glycerol 3-phosphate dehydrogenase (NADP), glycerol-3-phosphate dehydrogenase [NAD(P)+], v. 17	p. 235
1.1.1.8	glycerol 3-phosphate dehydrogenase 1, glycerol-3-phosphate dehydrogenase (NAD+), v. 16	p. 120
2.7.8.5	glycerol 3-phosphate phosphatidyltransferase, CDP-diacylglycerol-glycerol-3-phosphate 3-phosphatidyltransferase, v. 39	p. 39
1.1.1.6	glycerol:NAD+ 2-oxidoreductase, glycerol dehydrogenase, v. 16	p. 108
4.2.1.30	glycerol dehdydrogenase, glycerol dehydratase, v. 4	p. 432
4.2.1.30	glycerol dehydrase, glycerol dehydratase, v. 4	p. 432
4.2.1.30	glycerol dehydratase, glycerol dehydratase, v. 4	p. 432
1.1.1.6	glycerol dehydrogenase, glycerol dehydrogenase, v. 16	p. 108
1.1.99.22	glycerol dehydrogenase, glycerol dehydrogenase (acceptor), v. 19	p. 402
3.1.1.3	glycerol ester hydrolase, triacylglycerol lipase, v. 9	p. 36
4.2.1.30	glycerol hydro-lyase, glycerol dehydratase, v. 4	p. 432
4.2.1.30	glycerol hydrolyase, glycerol dehydratase, v. 4	p. 432
3.1.1.26	glycerolipid acyl-hydrolase, galactolipase, v. 9	p. 222
1.1.1.6	glycerol NAD 2-oxidoreductase, glycerol dehydrogenase, v. 16	p. 108
3.1.3.21	α-glycerol phosphatase, glycerol-1-phosphatase, v. 10	p. 256
3.1.3.19	β-glycerolphosphatase, glycerol-2-phosphatase, v. 10	p. 248
1.1.1.177	glycerol phosphate (nicotinamide adenine dinucleotide phosphate) dehydrogenase, glycerol-3-phosphate 1-dehydrogenase (NADP+), v. 18	p. 87
2.7.1.142	glycerol phosphate-glucose phosphotransferase, glycerol-3-phosphate-glucose phosphotransferase, v. 37	p. 206
2.3.1.15	glycerol phosphate acyltransferase, glycerol-3-phosphate O-acyltransferase, v. 29	p. 347
1.1.1.8	L-α-glycerol phosphate dehydrogenase, glycerol-3-phosphate dehydrogenase (NAD+), v. 16	p. 120
1.1.1.8	L-glycerol phosphate dehydrogenase, glycerol-3-phosphate dehydrogenase (NAD+), v. 16	p. 120
1.1.1.8	α-glycerol phosphate dehydrogenase (NAD), glycerol-3-phosphate dehydrogenase (NAD+), v. 16	p. 120
1.1.1.8	glycerol phosphate dehydrogenase (NAD), glycerol-3-phosphate dehydrogenase (NAD+), v. 16	p. 120
1.1.1.94	glycerol phosphate dehydrogenase (nicotinamide adenine dinucleotide (phosphate)), glycerol-3-phosphate dehydrogenase [NAD(P)+], v. 17	p. 235
2.5.1.41	glycerol phosphate feranylgeranyltransferase, phosphoglycerol geranylgeranyltransferase, v. 34	p. 55
1.1.3.21	glycerol phosphate oxidase, glycerol-3-phosphate oxidase, v. 19	p. 177
3.1.3.21	glycerol phosphate phosphatase, glycerol-1-phosphatase, v. 10	p. 256
2.7.8.5	glycerol phosphate phosphatidyltransferase, CDP-diacylglycerol-glycerol-3-phosphate 3-phosphatidyltransferase, v. 39	p. 39
2.3.1.15	glycerol phosphate transacylase, glycerol-3-phosphate O-acyltransferase, v. 29	p. 347
3.1.4.2	glycerolphosphorylcholine phosphodiesterase, glycerophosphocholine phosphodiesterase, v. 11	p. 23
2.7.1.29	glycerone kinase, glycerone kinase, v. 35	p. 345
3.1.3.19	2-glycerophosphatase, glycerol-2-phosphatase, v. 10	p. 248
3.1.3.21	α-glycerophosphatase, glycerol-1-phosphatase, v. 10	p. 256
3.1.3.2	glycerophosphatase, acid phosphatase, v. 10	p. 31
3.1.3.1	glycerophosphatase, alkaline phosphatase, v. 10	p. 1
3.1.3.19	glycerophosphatase, glycerol-2-phosphatase, v. 10	p. 248
2.3.1.15	3-glycerophosphate acyltransferase, glycerol-3-phosphate O-acyltransferase, v. 29	p. 347
2.3.1.15	α-glycerophosphate acyltransferase, glycerol-3-phosphate O-acyltransferase, v. 29	p. 347

2.3.1.15	glycerophosphate acyltransferase, glycerol-3-phosphate O-acyltransferase, v. 29	p. 347
1.1.1.8	L-α-glycerophosphate dehydrogenase, glycerol-3-phosphate dehydrogenase (NAD+), v. 16	p. 120
1.1.1.8	L-glycerophosphate dehydrogenase, glycerol-3-phosphate dehydrogenase (NAD+), v. 16	p. 120
1.1.1.8	α-glycerophosphate dehydrogenase (NAD), glycerol-3-phosphate dehydrogenase (NAD+), v. 16	p. 120
1.1.1.8	glycerophosphate dehydrogenase (NAD), glycerol-3-phosphate dehydrogenase (NAD+), v. 16	p. 120
2.7.2.3	glycerophosphate kinase, phosphoglycerate kinase, v. 37	p. 283
1.1.3.21	L-α-glycerophosphate oxidase, glycerol-3-phosphate oxidase, v. 19	p. 177
1.1.3.21	α-glycerophosphate oxidase, glycerol-3-phosphate oxidase, v. 19	p. 177
3.1.3.19	β-glycerophosphate phosphatase, glycerol-2-phosphatase, v. 10	p. 248
3.1.3.20	glycerophosphate phosphatase, phosphoglycerate phosphatase, v. 10	p. 253
2.7.8.5	glycerophosphate phosphatidyltransferase, CDP-diacylglycerol-glycerol-3-phosphate 3-phosphatidyltransferase, v. 39	p. 39
2.7.8.12	glycerophosphate synthetase, CDP-glycerol glycerophosphotransferase, v. 39	p. 93
2.3.1.15	glycerophosphate transacylase, glycerol-3-phosphate O-acyltransferase, v. 29	p. 347
3.1.4.2	glycerophosphinicocholine diesterase, glycerophosphocholine phosphodiesterase, v. 11	p. 23
3.1.4.2	glycerophosphocholinehydrolase, glycerophosphocholine phosphodiesterase, v. 11	p. 23
3.1.4.2	glycerophosphodiesterase, glycerophosphocholine phosphodiesterase, v. 11	p. 23
3.1.4.2	glycerophosphodiester phosphodiesterase, glycerophosphocholine phosphodiesterase, v. 11	p. 23
3.1.4.46	glycerophosphodiester phosphodiesterase, glycerophosphodiester phosphodiesterase, v. 11	p. 214
3.1.4.46	glycerophosphodiester phosphodiesterase domain containing 5, glycerophosphodiester phosphodiesterase, v. 11	p. 214
3.1.4.44	glycerophosphoinositol glycerophosphohydrolase, glycerophosphoinositol glycerophosphodiesterase, v. 11	p. 206
3.1.4.44	glycerophosphoinositol phosphodiesterase, glycerophosphoinositol glycerophosphodiesterase, v. 11	p. 206
3.1.4.46	glycerophosphoryl diester phosphodiesterase, glycerophosphodiester phosphodiesterase, v. 11	p. 214
2.7.8.12	glycerophosphotransferase, cytidine diphosphoglycerol, CDP-glycerol glycerophosphotransferase, v. 39	p. 93
1.14.16.5	glyceryl-ether cleaving enzyme, glyceryl-ether monooxygenase, v. 27	p. 111
1.14.16.5	glyceryl ether-cleaving enzyme, glyceryl-ether monooxygenase, v. 27	p. 111
1.14.16.5	glyceryl etherase, glyceryl-ether monooxygenase, v. 27	p. 111
1.14.16.5	glyceryl ether hydroxylase, glyceryl-ether monooxygenase, v. 27	p. 111
1.14.16.5	glyceryl ether monooxygenase, glyceryl-ether monooxygenase, v. 27	p. 111
1.14.16.5	glyceryl ether oxidase, glyceryl-ether monooxygenase, v. 27	p. 111
1.14.16.5	glyceryl ether oxygenase, glyceryl-ether monooxygenase, v. 27	p. 111
3.1.4.38	L-3-glycerylphosphinicocholine cholinephosphohydrolase, glycerophosphocholine cholinephosphodiesterase, v. 11	p. 182
3.1.4.2	glycerylphosphorylcholinediesterase, glycerophosphocholine phosphodiesterase, v. 11	p. 23
3.4.19.2	glycinamidase, peptidyl, peptidyl-glycinamidase, v. 6	p. 525
2.1.2.2	glycinamide ribonucleotide formyltransferase, phosphoribosylglycinamide formyltransferase, v. 29	p. 19
6.3.4.13	Glycinamide ribonucleotide synthetase, phosphoribosylamine-glycine ligase, v. 2	p. 626
2.1.2.2	glycinamide ribonucleotide transformylase, phosphoribosylglycinamide formyltransferase, v. 29	p. 19
6.1.1.14	Glycine–tRNA ligase, glycine-tRNA ligase, v. 2	p. 101
1.4.4.2	glycine-cleavage complex, glycine dehydrogenase (decarboxylating), v. 22	p. 371

glycogenin glycosyltransferase

1.4.2.1	glycine-cytochrome c reductase, glycine dehydrogenase (cytochrome), v. 22 | p. 213
2.3.1.13	glycine-N-acylase, glycine N-acyltransferase, v. 29 | p. 338
2.3.1.13	glycine-N-acyltransferase, glycine N-acyltransferase, v. 29 | p. 338
2.6.1.35	glycine-oxalacetate aminotransferase, glycine-oxaloacetate transaminase, v. 34 | p. 464
3.4.21.47	Glycine-rich β glycoprotein, alternative-complement-pathway C3/C5 convertase, v. 7 | p. 218
2.3.1.65	glycine-taurine N-acyltransferase, bile acid-CoA:amino acid N-acyltransferase, v. 30 | p. 26
2.3.1.29	glycine acetyltransferase, glycine C-acetyltransferase, v. 29 | p. 496
2.3.1.13	glycine acyltransferase, glycine N-acyltransferase, v. 29 | p. 338
6.3.4.13	Glycineamide ribonucleotide synthetase, phosphoribosylamine-glycine ligase, v. 2 | p. 626
2.1.4.1	glycine amidinotransferase, glycine amidinotransferase, v. 29 | p. 151
2.6.1.4	glycine aminotransferase, glycine transaminase, v. 34 | p. 296
3.4.17.4	glycine carboxypeptidase, Gly-Xaa carboxypeptidase, v. 6 | p. 437
1.4.4.2	glycine cleavage H protein, glycine dehydrogenase (decarboxylating), v. 22 | p. 371
1.8.1.4	Glycine cleavage system L protein, dihydrolipoyl dehydrogenase, v. 24 | p. 463
1.4.4.2	Glycine cleavage system P-protein, glycine dehydrogenase (decarboxylating), v. 22 | p. 371
1.4.4.2	glycine decarboxylase, glycine dehydrogenase (decarboxylating), v. 22 | p. 371
1.4.4.2	glycine decarboxylase (P-protein), glycine dehydrogenase (decarboxylating), v. 22 | p. 371
1.4.4.2	glycine decarboxylase complex, glycine dehydrogenase (decarboxylating), v. 22 | p. 371
1.4.4.2	glycine decarboxylase P-protein, glycine dehydrogenase (decarboxylating), v. 22 | p. 371
1.4.4.2	glycine dehydrogenase, glycine dehydrogenase (decarboxylating), v. 22 | p. 371
3.4.22.25	glycine endopeptidase, Glycyl endopeptidase, v. 7 | p. 629
2.1.2.4	glycine formiminotransferase, glycine formimidoyltransferase, v. 29 | p. 43
2.1.2.1	glycine hydroxymethyltransferrase, glycine hydroxymethyltransferase, v. 29 | p. 1
3.6.3.32	glycine βine porter II, quaternary-amine-transporting ATPase, v. 15 | p. 664
2.1.1.20	glycine methyltransferase, glycine N-methyltransferase, v. 28 | p. 109
2.3.1.71	glycine N-acyltransferase, glycine N-benzoyltransferase, v. 30 | p. 54
1.8.1.4	Glycine oxidation system L-factor, dihydrolipoyl dehydrogenase, v. 24 | p. 463
2.1.1.156	glycine sarcosine methyltransferase, glycine/sarcosine N-methyltransferase, v. S2 | p. 12
2.1.1.156	glycine sarcosine N-methyltransferase, glycine/sarcosine N-methyltransferase, v. S2 | p. 12
2.1.2.10	glycine synthase, aminomethyltransferase, v. 29 | p. 78
2.1.4.1	glycine transamidinase, glycine amidinotransferase, v. 29 | p. 151
1.4.3.19	glycin oxidase, glycine oxidase, v. 22 | p. 365
3.5.1.26	glycoasparaginase, N4-(β-N-acetylglucosaminyl)-L-asparaginase, v. 14 | p. 385
3.5.1.24	glycocholase, choloylglycine hydrolase, v. 14 | p. 373
3.5.3.2	glycocyaminase, guanidinoacetase, v. 14 | p. 758
2.7.3.1	glycocyamine kinase, guanidinoacetate kinase, v. 37 | p. 365
3.2.1.68	glycogen α-1,6-glucanohydrolase, isoamylase, v. 13 | p. 204
2.7.4.1	glycogen-bound polyphosphate kinase, polyphosphate kinase, v. 37 | p. 475
3.2.1.68	glycogen-debranching enzyme, isoamylase, v. 13 | p. 204
3.2.1.68	glycogen 6-glucanohydrolase, isoamylase, v. 13 | p. 204
3.2.1.1	glycogenase, α-amylase, v. 12 | p. 1
3.2.1.2	glycogenase, β-amylase, v. 12 | p. 43
2.4.1.18	glycogen branching enzyme, 1,4-α-glucan branching enzyme, v. 31 | p. 197
2.4.1.18	glycogen branching enzyme GBE1, 1,4-α-glucan branching enzyme, v. 31 | p. 197
2.4.1.25	glycogen debranching enzyme, 4-α-glucanotransferase, v. 31 | p. 276
3.2.1.33	glycogen debranching enzyme, amylo-α-1,6-glucosidase, v. 12 | p. 509
3.2.1.33	glycogen debranching system, amylo-α-1,6-glucosidase, v. 12 | p. 509
3.1.3.42	glycogen glucosyltransferase phosphatase, [glycogen-synthase-D] phosphatase, v. 10 | p. 376
2.4.1.186	M-glycogenin, glycogenin glucosyltransferase, v. 32 | p. 448
2.4.1.186	glycogenin, glycogenin glucosyltransferase, v. 32 | p. 448
2.4.1.186	glycogenin-1, glycogenin glucosyltransferase, v. 32 | p. 448
2.4.1.186	glycogenin-2, glycogenin glucosyltransferase, v. 32 | p. 448
2.4.1.186	glycogenin glycosyltransferase, glycogenin glucosyltransferase, v. 32 | p. 448

glycogen phosphorylase

2.4.1.1	glycogen phosphorylase, phosphorylase, v. 31 | p. 1	
2.4.1.1	glycogen phosphorylase-a, phosphorylase, v. 31 | p. 1	
2.4.1.1	glycogen phosphorylase a, phosphorylase, v. 31 | p. 1	
2.4.1.1	glycogen phosphorylase b, phosphorylase, v. 31 | p. 1	
2.7.11.19	glycogen phosphorylase b kinase, phosphorylase kinase, v. S4 | p. 89	
3.2.1.33	glycogen phosphorylase dextrin 6-glucanohydrolase, amylo-α-1,6-glucosidase, v. 12 | p. 509	
2.7.11.19	Glycogen phosphorylase kinase, phosphorylase kinase, v. S4 | p. 89	
3.2.1.33	glycogen phosphorylase limit dextrin α-1,6-glucohydrolase, amylo-α-1,6-glucosidase, v. 12 | p. 509	
3.2.1.33	glycogen phosphorylase limit dextrin debranching system, amylo-α-1,6-glucosidase, v. 12 | p. 509	
3.1.3.17	glycogen phosphorylase phosphatase, [phosphorylase] phosphatase, v. 10 | p. 235	
2.4.1.11	glycogen synthase, glycogen(starch) synthase, v. 31 | p. 92	
2.4.1.11	glycogen synthase 2, glycogen(starch) synthase, v. 31 | p. 92	
3.1.3.42	glycogen synthase D phosphatase, [glycogen-synthase-D] phosphatase, v. 10 | p. 376	
2.7.11.26	glycogen synthase kinase, τ-protein kinase, v. S4 | p. 303	
2.7.11.1	glycogen synthase kinase-3, non-specific serine/threonine protein kinase, v. S3 | p. 1	
2.7.11.26	glycogen synthase kinase-3, τ-protein kinase, v. S4 | p. 303	
2.7.11.26	glycogen synthase kinase-3 α, τ-protein kinase, v. S4 | p. 303	
2.7.11.22	glycogen synthase kinase-3$\alpha\beta$, cyclin-dependent kinase, v. S4 | p. 156	
2.7.11.1	glycogen synthase kinase-3$\alpha\beta$, non-specific serine/threonine protein kinase, v. S3 | p. 1	
2.7.11.26	glycogen synthase kinase-3$\alpha\beta$, τ-protein kinase, v. S4 | p. 303	
2.7.11.1	glycogen synthase kinase-3β, non-specific serine/threonine protein kinase, v. S3 | p. 1	
2.7.11.26	glycogen synthase kinase-3β, τ-protein kinase, v. S4 | p. 303	
2.7.11.26	glycogen synthase kinase-3 homolog, τ-protein kinase, v. S4 | p. 303	
2.7.11.26	glycogen synthase kinase-3 homolog MsK-1, τ-protein kinase, v. S4 | p. 303	
2.7.11.26	glycogen synthase kinase-3 homolog MsK-2, τ-protein kinase, v. S4 | p. 303	
2.7.11.26	glycogen synthase kinase-3 homolog MsK-3, τ-protein kinase, v. S4 | p. 303	
2.7.11.1	glycogen synthase kinase 3, non-specific serine/threonine protein kinase, v. S3 | p. 1	
2.7.11.26	glycogen synthase kinase 3, τ-protein kinase, v. S4 | p. 303	
2.7.11.1	glycogen synthase kinase 3 β, non-specific serine/threonine protein kinase, v. S3 | p. 1	
2.7.11.26	glycogen synthase kinase 3 β, τ-protein kinase, v. S4 | p. 303	
2.7.11.1	glycogen synthase kinase 3β, non-specific serine/threonine protein kinase, v. S3 | p. 1	
2.7.11.26	glycogen synthase kinase 3β, τ-protein kinase, v. S4 | p. 303	
3.1.3.42	glycogen synthase phosphatase, [glycogen-synthase-D] phosphatase, v. 10 | p. 376	
3.1.3.16	glycogen synthase phosphatase, phosphoprotein phosphatase, v. 10 | p. 213	
2.4.1.11	glycogen synthetase (starch), glycogen(starch) synthase, v. 31 | p. 92	
3.1.3.42	glycogen synthetase phosphatase, [glycogen-synthase-D] phosphatase, v. 10 | p. 376	
3.2.1.143	glycohydrolase, poly(adenosine diphosphoribose), poly(ADP-ribose) glycohydrolase, v. 13 | p. 571	
3.2.1.143	glycohydrolase, poly(adenosine diphosphoribose) (cattle clone 4/5), poly(ADP-ribose) glycohydrolase, v. 13 | p. 571	
3.2.1.143	glycohydrolase, poly(adenosine diphosphoribose) (Rattus norvegicus strain BUF gene Parg), poly(ADP-ribose) glycohydrolase, v. 13 | p. 571	
1.1.1.185	glycol (nicotinamide adenine dinucleotide (phosphate)) dehydrogenase, L-glycol dehydrogenase, v. 18 | p. 120	
1.1.1.185	L-glycol:NAD(P) dehydrogenase, L-glycol dehydrogenase, v. 18 | p. 120	
1.1.1.185	L-(+)-glycol:NAD(P) oxidoreductase, L-glycol dehydrogenase, v. 18 | p. 120	
2.2.1.1	glycolaldehydetransferase, transketolase, v. 29 | p. 165	
1.1.99.14	glycolate dehydrogenase, glycolate dehydrogenase, v. 19 | p. 350	
1.1.3.15	glycolate oxidase, (S)-2-hydroxy-acid oxidase, v. 19 | p. 129	
1.1.1.26	glycolate oxidase, glyoxylate reductase, v. 16 | p. 247	
1.1.99.14	glycolate oxidoreductase, glycolate dehydrogenase, v. 19 | p. 350	
3.1.3.18	p-Glycolate phosphatase, phosphoglycolate phosphatase, v. 10 | p. 242	
1.1.1.185	L-glycol dehydrogenase (NAD+), L-glycol dehydrogenase, v. 18 | p. 120	

glycosphingolipid ceramide deacylase

1.1.99.14	glycolic acid dehydrogenase, glycolate dehydrogenase, v. 19 | p. 350
2.4.1.232	glycolipid 6-α-mannosyltransferase, initiation-specific α-1,6-mannosyltransferase, v. 32 | p. 640
2.8.2.11	glycolipid sulfotransferase, galactosylceramide sulfotransferase, v. 39 | p. 367
2.8.2.14	glycolithocholate sulfotransferase, bile-salt sulfotransferase, v. 39 | p. 379
3.5.1.52	glycopeptidase, peptide-N4-(N-acetyl-β-glucosaminyl)asparagine amidase, v. 14 | p. 485
3.5.1.52	glycopeptide N-glycosidase, peptide-N4-(N-acetyl-β-glucosaminyl)asparagine amidase, v. 14 | p. 485
3.4.24.57	Glycophorin A proteinase, O-sialoglycoprotein endopeptidase, v. 8 | p. 494
3.4.24.57	Glycoprotease, O-sialoglycoprotein endopeptidase, v. 8 | p. 494
3.6.3.1	P-glycoprotein, phospholipid-translocating ATPase, v. 15 | p. 532
3.6.3.44	P-glycoprotein, xenobiotic-transporting ATPase, v. 15 | p. 700
3.4.24.11	glycoprotein, CALLA, neprilysin, v. 8 | p. 230
3.6.3.44	P-glycoprotein-ATPase, xenobiotic-transporting ATPase, v. 15 | p. 700
2.4.1.37	glycoprotein-fucosylgalactoside α-galactosyltransferase, fucosylgalactoside 3-α-galactosyltransferase, v. 31 | p. 344
2.4.1.38	glycoprotein β-galactosyltransferase, β-N-acetylglucosaminylglycopeptide β-1,4-galactosyltransferase, v. 31 | p. 353
2.4.1.232	glycoprotein α1-6-mannosyltransferase, initiation-specific α-1,6-mannosyltransferase, v. 32 | p. 640
2.4.1.38	glycoprotein 4-β-galactosyl-transferase, β-N-acetylglucosaminylglycopeptide β-1,4-galactosyltransferase, v. 31 | p. 353
2.3.1.45	glycoprotein 7(9)-O-acetyltransferase, N-acetylneuraminate 7-O(or 9-O)-acetyltransferase, v. 29 | p. 625
2.4.1.41	glycoprotein acetylgalactosaminyltransferase, polypeptide N-acetylgalactosaminyltransferase, v. 31 | p. 384
3.4.24.57	Glycoproteinase, O-sialoglycoprotein endopeptidase, v. 8 | p. 494
2.4.1.68	glycoprotein fucosyltransferase, glycoprotein 6-α-L-fucosyltransferase, v. 31 | p. 522
2.4.1.221	glycoprotein fucosyltransferase, peptide-O-fucosyltransferase, v. 32 | p. 596
3.4.14.5	glycoprotein GP110, dipeptidyl-peptidase IV, v. 6 | p. 286
3.4.24.36	Glycoprotein gp63, leishmanolysin, v. 8 | p. 408
3.1.4.50	glycoprotein phospholipase D, glycosylphosphatidylinositol phospholipase D, v. 11 | p. 227
3.2.1.113	glycoprotein processing mannosidase I, mannosyl-oligosaccharide 1,2-α-mannosidase, v. 13 | p. 458
3.1.27.5	glycoproteins, gene S locus-specific, pancreatic ribonuclease, v. 11 | p. 584
3.1.27.5	glycoproteins, S-genotype-asssocd, pancreatic ribonuclease, v. 11 | p. 584
3.1.27.5	glycoproteins, SLSG, pancreatic ribonuclease, v. 11 | p. 584
3.1.27.5	glycoproteins, specific or class, gene S, pancreatic ribonuclease, v. 11 | p. 584
3.1.27.5	glycoproteins, specific or class, SLSG (gene S locus-specific glycoprotein), pancreatic ribonuclease, v. 11 | p. 584
2.4.1.135	glycosaminoglycan glucuronyltransferase I, galactosylgalactosylxylosylprotein 3-β-glucuronosyltransferase, v. 32 | p. 231
2.4.1.219	glycose transferase, vomilenine glucosyltransferase, v. 32 | p. 589
3.2.2.24	glycosidase, azoferredoxin, ADP-ribosyl-[dinitrogen reductase] hydrolase, v. 14 | p. 115
3.2.2.23	glycosidase, deoxyribonucleate formamidopyrimidine, DNA-formamidopyrimidine glycosylase, v. 14 | p. 111
3.5.1.52	N-glycosidase F, peptide-N4-(N-acetyl-β-glucosaminyl)asparagine amidase, v. 14 | p. 485
3.2.1.80	glycoside hydrolase, fructan β-fructosidase, v. 13 | p. 275
3.2.1.8	glycoside hydrolase family 11 endoxylanase, endo-1,4-β-xylanase, v. 12 | p. 133
2.4.1.109	O-glycoside mannosyltransferase, dolichyl-phosphate-mannose-protein mannosyltransferase, v. 32 | p. 110
4.1.1.49	Glycosomal protein P60, phosphoenolpyruvate carboxykinase (ATP), v. 3 | p. 297
2.4.1.79	glycosphingolipid β-N-acetylgalactosaminyltransferase, globotriaosylceramide 3-β-N-acetylgalactosaminyltransferase, v. 31 | p. 567
3.5.1.23	glycosphingolipid ceramide deacylase, ceramidase, v. 14 | p. 367

3.5.1.69	glycosphingolipid ceramide deacylase, glycosphingolipid deacylase, v. 14 | p. 554
2.8.2.11	glycosphingolipid sulfotransferase, galactosylceramide sulfotransferase, v. 39 | p. 367
3.1.6.3	glycosulfatase, glycosulfatase, v. 11 | p. 261
4.6.1.14	(glycosyl)phosphatidylinositol-specific phospholipase C, glycosylphosphatidylinositol diacylglycerol-lyase, v. S7 | p. 441
3.2.1.107	glycosyl-galactosyl-hydroxylysine glucosidase, protein-glucosylgalactosylhydroxylysine glucosidase, v. 13 | p. 440
3.2.1.123	glycosyl-N-acetyl-sphingosine 1,1-β D glucanohydrolase, endoglycosylceramidase, v. 13 | p. 501
3.2.1.62	glycosyl-N-acylsphingosine glycohydrolase, glycosylceramidase, v. 13 | p. 168
2.4.1.101	N-glycosyl-oligosaccharide-glycoprotein N-acetylglucosaminyltransferase I, α-1,3-mannosyl-glycoprotein 2-β-N-acetylglucosaminyltransferase, v. 32 | p. 70
2.4.1.102	O-glycosyl-oligosaccharide-glycoprotein N-acetylglucosaminyltransferase I, β-1,3-galactosyl-O-glycosyl-glycoprotein β-1,6-N-acetylglucosaminyltransferase, v. 32 | p. 84
2.4.1.143	N-glycosyl-oligosaccharide-glycoprotein N-acetylglucosaminyltransferase II, α-1,6-mannosyl-glycoprotein 2-β-N-acetylglucosaminyltransferase, v. 32 | p. 259
2.4.1.146	O-glycosyl-oligosaccharide-glycoprotein N-acetylglucosaminyltransferase II, β-1,3-galactosyl-O-glycosyl-glycoprotein β-1,3-N-acetylglucosaminyltransferase, v. 32 | p. 282
2.4.1.144	N-glycosyl-oligosaccharide-glycoprotein N-acetylglucosaminyltransferase III, β-1,4-mannosyl-glycoprotein 4-β-N-acetylglucosaminyltransferase, v. 32 | p. 267
2.4.1.147	O-glycosyl-oligosaccharide-glycoprotein N-acetylglucosaminyltransferase III, acetylgalactosaminyl-O-glycosyl-glycoprotein β-1,3-N-acetylglucosaminyltransferase, v. 32 | p. 287
2.4.1.145	N-glycosyl-oligosaccharide-glycoprotein N-acetylglucosaminyltransferase IV, α-1,3-mannosyl-glycoprotein 4-β-N-acetylglucosaminyltransferase, v. 32 | p. 278
2.4.1.148	O-glycosyl-oligosaccharide-glycoprotein N-acetylglucosaminyltransferase IV, acetylgalactosaminyl-O-glycosyl-glycoprotein β-1,6-N-acetylglucosaminyltransferase, v. 32 | p. 293
2.4.1.201	N-glycosyl-oligosaccharide-glycoprotein N-acetylglucosaminyltransferase VI, α-1,6-mannosyl-glycoprotein 4-β-N-acetylglucosaminyltransferase, v. 32 | p. 501
3.4.13.19	glycosyl-phosphatidylinositol-anchored renal dipeptidase, membrane dipeptidase, v. 6 | p. 239
3.2.2.17	glycosylase/abasic (AP) lyase, deoxyribodipyrimidine endonucleosidase, v. 14 | p. 84
4.2.99.18	N-glycosylase AP lyase, DNA-(apurinic or apyrimidinic site) lyase, v. 5 | p. 150
4.2.99.18	N-glycosylase apurinic/apyrimidinic lyase, DNA-(apurinic or apyrimidinic site) lyase, v. 5 | p. 150
3.5.1.26	glycosylasparaginase, N4-(β-N-acetylglucosaminyl)-L-asparaginase, v. 14 | p. 385
3.2.1.45	β-glycosylceramidase, glucosylceramidase, v. 12 | p. 614
3.2.1.45	glycosylceramidase, glucosylceramidase, v. 12 | p. 614
3.2.1.62	glycosylceramidase, glycosylceramidase, v. 13 | p. 168
3.2.1.45	glycosylceramide-β-glucosidase, glucosylceramidase, v. 12 | p. 614
3.2.1.62	glycosyl ceramide glycosylhydrolase, glycosylceramidase, v. 13 | p. 168
3.2.1.107	glycosylgalactosylhydroxylysine glucosidase, protein-glucosylgalactosylhydroxylysine glucosidase, v. 13 | p. 440
4.6.1.14	glycosyl inositol phospholipid anchor-hydrolyzing enzyme, glycosylphosphatidylinositol diacylglycerol-lyase, v. S7 | p. 441
3.1.4.50	glycosylphosphatidylinositol-specific phospholipase D, glycosylphosphatidylinositol phospholipase D, v. 11 | p. 227
4.6.1.14	glycosylphosphatidylinositol-phospholipase C, glycosylphosphatidylinositol diacylglycerol-lyase, v. S7 | p. 441
3.1.4.50	glycosylphosphatidylinositol-phospholipase D, glycosylphosphatidylinositol phospholipase D, v. 11 | p. 227
4.6.1.14	glycosylphosphatidylinositol-specific phospholipase C, glycosylphosphatidylinositol diacylglycerol-lyase, v. S7 | p. 441
3.1.4.50	glycosylphosphatidylinositol-specific phospholipase D, glycosylphosphatidylinositol phospholipase D, v. 11 | p. 227
2.4.1.219	D-glycosyltransferase, vomilenine glucosyltransferase, v. 32 | p. 589

5.4.99.11	α-glycosyl transferase, Isomaltulose synthase, v.1	p.638
2.4.1.219	β-glycosyltransferase, vomilenine glucosyltransferase, v.32	p.589
2.4.1.155	glycosyltransferase, α-1,6-mannosyl-glycoprotein 6-β-N-acetylglucosaminyltransferase, v.32	p.334
2.4.1.18	glycosyltransferase, α-glucan-branching, 1,4-α-glucan branching enzyme, v.31	p.197
2.4.1.119	glycosyltransferase, dolichyldiphosphooligosaccharide-protein, dolichyl-diphosphooligosaccharide-protein glycotransferase, v.32	p.155
2.4.1.119	glycosyltransferase, dolichylpyrophosphodiacetylchitobiose-protein, dolichyl-diphosphooligosaccharide-protein glycotransferase, v.32	p.155
2.4.1.129	glycosyltransferase, peptidoglycan, peptidoglycan glycosyltransferase, v.32	p.200
2.4.1.129	glycosyltransferase/acyltransferase penicillin-binding protein 4, peptidoglycan glycosyltransferase, v.32	p.200
2.4.1.88	glycosyltransferase 6 (GT6) family member, globoside α-N-acetylgalactosaminyltransferase, v.31	p.621
2.4.1.222	glycosyltransferase Fringe, O-fucosylpeptide 3-β-N-acetylglucosaminyltransferase, v.32	p.599
2.4.1.5	glycosyltransferase R, dextransucrase, v.31	p.49
2.4.1.40	glycosyltransferases A, glycoprotein-fucosylgalactoside α-N-acetylgalactosaminyltransferase, v.31	p.376
2.4.1.37	glycosyltransferases B, fucosylgalactoside 3-α-galactosyltransferase, v.31	p.344
2.4.1.135	glycosyltransferases GlcAT1, galactosylgalactosylxylosylprotein 3-β-glucuronosyltransferase, v.32	p.231
3.2.1.141	glycosyltrehalose trehalohydrolase, 4-α-D-{(1->4)-α-D-glucano}trehalose trehalohydrolase, v.13	p.564
3.2.1.56	glycuronidase, glucuronosyl-disulfoglucosamine glucuronidase, v.13	p.130
3.4.13.18	glycyl-glycine dipeptidase, cytosol nonspecific dipeptidase, v.6	p.227
3.4.24.75	Glycyl-glycine endopeptidase, lysostaphin, v.8	p.576
3.4.13.18	glycyl-L-leucine dipeptidase, cytosol nonspecific dipeptidase, v.6	p.227
3.4.13.18	glycyl-L-leucine hydrolase, cytosol nonspecific dipeptidase, v.6	p.227
3.4.13.18	glycyl-L-leucine peptidase, cytosol nonspecific dipeptidase, v.6	p.227
3.4.13.18	glycyl-leucine dipeptidase, cytosol nonspecific dipeptidase, v.6	p.227
6.1.1.14	Glycyl-transfer ribonucleate synthetase, glycine-tRNA ligase, v.2	p.101
6.1.1.14	Glycyl-transfer ribonucleic acid synthetase, glycine-tRNA ligase, v.2	p.101
6.1.1.14	Glycyl-transfer RNA synthetase, glycine-tRNA ligase, v.2	p.101
6.1.1.14	Glycyl-tRNA synthetase, glycine-tRNA ligase, v.2	p.101
6.1.1.14	glycyl-tRNA synthetase 1, glycine-tRNA ligase, v.2	p.101
3.4.22.25	Glycyl endopeptidase, Glycyl endopeptidase, v.7	p.629
3.4.24.75	Glycylglycine endopeptidase, lysostaphin, v.8	p.576
3.4.13.18	glycylleucine dipeptidase, cytosol nonspecific dipeptidase, v.6	p.227
3.4.13.18	glycylleucine dipeptide hydrolase, cytosol nonspecific dipeptidase, v.6	p.227
3.4.13.18	glycylleucine hydrolase, cytosol nonspecific dipeptidase, v.6	p.227
3.4.13.18	glycylleucine peptidase, cytosol nonspecific dipeptidase, v.6	p.227
2.3.1.97	glycylpeptide N-tetradecanoyltransferase, glycylpeptide N-tetradecanoyltransferase, v.30	p.193
2.3.1.97	glycylpeptide N-tetradecanoyltransferase 1, glycylpeptide N-tetradecanoyltransferase, v.30	p.193
2.3.1.97	glycylpeptide N-tetradecanoyltransferase 2, glycylpeptide N-tetradecanoyltransferase, v.30	p.193
3.4.14.5	glycylproline-dipeptidyl-aminopeptidase, dipeptidyl-peptidase IV, v.6	p.286
3.4.14.5	glycylproline aminopeptidase, dipeptidyl-peptidase IV, v.6	p.286
3.4.14.5	glycylprolyl aminopeptidase, dipeptidyl-peptidase IV, v.6	p.286
3.4.14.5	glycylprolyl dipeptidylaminopeptidase, dipeptidyl-peptidase IV, v.6	p.286
6.1.1.14	Glycyl translase, glycine-tRNA ligase, v.2	p.101
3.2.1.128	glycyrrhizin β-D-glucoronidase, glycyrrhizinate β-glucuronidase, v.13	p.518
3.2.1.128	glycyrrhizin β-D-glucoronidase I, glycyrrhizinate β-glucuronidase, v.13	p.518

3.2.1.128	glycyrrhizin hydrolase, glycyrrhizinate β-glucuronidase, v. 13 | p. 518
3.2.1.128	glycyrrhizinic acid hydrolase, glycyrrhizinate β-glucuronidase, v. 13 | p. 518
1.4.4.2	Gly decarboxylase complex, glycine dehydrogenase (decarboxylating), v. 22 | p. 371
3.2.2.20	Gly I, DNA-3-methyladenine glycosylase I, v. 14 | p. 99
4.4.1.5	Gly I, lactoylglutathione lyase, v. 5 | p. 322
3.2.2.21	Gly II, DNA-3-methyladenine glycosylase II, v. 14 | p. 103
3.1.2.6	Gly II, hydroxyacylglutathione hydrolase, v. 9 | p. 486
2.7.1.31	GLYK, glycerate kinase, v. 35 | p. 366
2.7.1.30	GLYK, glycerol kinase, v. 35 | p. 351
4.4.1.5	glyoalase I, lactoylglutathione lyase, v. 5 | p. 322
2.4.1.186	glyogenin, glycogenin glucosyltransferase, v. 32 | p. 448
4.4.1.5	glyoxalase-1, lactoylglutathione lyase, v. 5 | p. 322
4.4.1.5	glyoxalase-I, lactoylglutathione lyase, v. 5 | p. 322
4.4.1.5	glyoxalase 1, lactoylglutathione lyase, v. 5 | p. 322
3.1.2.6	glyoxalase 2, hydroxyacylglutathione hydrolase, v. 9 | p. 486
4.4.1.5	glyoxalase I, lactoylglutathione lyase, v. 5 | p. 322
3.1.2.6	glyoxalase II, hydroxyacylglutathione hydrolase, v. 9 | p. 486
4.1.1.47	Glyoxalate carboligase, Tartronate-semialdehyde synthase, v. 3 | p. 286
4.4.1.5	glyoxylase I, lactoylglutathione lyase, v. 5 | p. 322
2.2.1.5	glyoxylate-2-oxoglutarate carboligase, 2-hydroxy-3-oxoadipate synthase, v. 29 | p. 197
2.6.1.4	glyoxylate-glutamate aminotransferase, glycine transaminase, v. 34 | p. 296
2.6.1.4	glyoxylate-glutamic transaminase, glycine transaminase, v. 34 | p. 296
1.1.1.26	glyoxylate/hydroxypyruvate reductase, glyoxylate reductase, v. 16 | p. 247
4.1.1.47	Glyoxylate carbo-ligase, Tartronate-semialdehyde synthase, v. 3 | p. 286
4.1.1.47	Glyoxylate carboligase, Tartronate-semialdehyde synthase, v. 3 | p. 286
4.1.1.47	Glyoxylate carboxy-lyase, Tartronate-semialdehyde synthase, v. 3 | p. 286
4.1.1.47	Glyoxylate carboxy-lyase (dimerizing and reducing), Tartronate-semialdehyde synthase, v. 3 | p. 286
1.1.1.29	glyoxylate reductase, glycerate dehydrogenase, v. 16 | p. 283
1.1.1.79	glyoxylate reductase, glyoxylate reductase (NADP+), v. 17 | p. 138
1.1.1.79	glyoxylate reductase/hydroxypyruvate reductase, glyoxylate reductase (NADP+), v. 17 | p. 138
1.1.1.81	glyoxylate reductase/hydroxypyruvate reductase, hydroxypyruvate reductase, v. 17 | p. 147
1.1.1.79	glyoxylate reductase 1, glyoxylate reductase (NADP+), v. 17 | p. 138
1.1.1.79	glyoxylate reductase 2, glyoxylate reductase (NADP+), v. 17 | p. 138
2.3.3.9	glyoxylate transacetase, malate synthase, v. 30 | p. 644
1.1.1.26	glyoxylic acid reductase, glyoxylate reductase, v. 16 | p. 247
4.1.1.47	Glyoxylic carbo-ligase, Tartronate-semialdehyde synthase, v. 3 | p. 286
2.3.3.9	glyoxylic transacetase, malate synthase, v. 30 | p. 644
6.1.1.14	GlyRS, glycine-tRNA ligase, v. 2 | p. 101
3.2.1.25	GM-1, β-mannosidase, v. 12 | p. 437
3.2.1.25	GM-2, β-mannosidase, v. 12 | p. 437
2.4.1.62	GM1-synthase, ganglioside galactosyltransferase, v. 31 | p. 471
3.2.1.46	GM1 ganglioside β-galactosidase, galactosylceramidase, v. 12 | p. 625
2.4.1.92	GM2/GD2-synthase, (N-acetylneuraminyl)-galactosylglucosylceramide N-acetylgalactosaminyltransferase, v. 32 | p. 30
2.4.1.92	GM2/GD2 synthase, (N-acetylneuraminyl)-galactosylglucosylceramide N-acetylgalactosaminyltransferase, v. 32 | p. 30
1.13.11.19	Gm237, cysteamine dioxygenase, v. 25 | p. 517
2.4.1.92	GM2 synthase, (N-acetylneuraminyl)-galactosylglucosylceramide N-acetylgalactosaminyltransferase, v. 32 | p. 30
2.4.99.11	GM3-synthase, lactosylceramide α-2,6-N-sialyltransferase, v. 33 | p. 391
2.4.99.9	GM3 synthase, lactosylceramide α-2,3-sialyltransferase, v. 33 | p. 378
2.4.99.11	GM3 synthase, lactosylceramide α-2,6-N-sialyltransferase, v. 33 | p. 391
2.4.99.9	GM3 synthetase, lactosylceramide α-2,3-sialyltransferase, v. 33 | p. 378

2.4.1.94	GmaR, protein N-acetylglucosaminyltransferase, v. 32 | p. 39
6.3.4.12	GMAS, Glutamate-methylamine ligase, v. 2 | p. 624
4.2.1.47	GMD, GDP-mannose 4,6-dehydratase, v. 4 | p. 501
1.1.1.132	GMD, GDP-mannose 6-dehydrogenase, v. 17 | p. 381
4.2.1.47	L-GMD, GDP-mannose 4,6-dehydratase, v. 4 | p. 501
4.2.1.47	M-GMD, GDP-mannose 4,6-dehydratase, v. 4 | p. 501
4.2.1.47	S-GMD, GDP-mannose 4,6-dehydratase, v. 4 | p. 501
5.1.3.18	GME, GDP-mannose 3,5-epimerase, v. 1 | p. 170
1.1.1.271	GMER, GDP-L-fucose synthase, v. 18 | p. 492
4.4.1.5	GmGlyox I, lactoylglutathione lyase, v. 5 | p. 322
5.1.3.20	GmhD, ADP-glyceromanno-heptose 6-epimerase, v. 1 | p. 175
4.2.1.105	GmHID, 2-hydroxyisoflavanone dehydratase, v. S7 | p. 97
3.6.3.4	GmHMA8 protein, Cu2+-exporting ATPase, v. 15 | p. 544
2.4.1.170	GmIF7GT, isoflavone 7-O-glucosyltransferase, v. 32 | p. 381
3.2.1.114	GmII, mannosyl-oligosaccharide 1,3-1,6-α-mannosidase, v. 13 | p. 470
2.3.1.74	GmIRCHS, naringenin-chalcone synthase, v. 30 | p. 66
2.7.4.8	GMK, guanylate kinase, v. 37 | p. 543
2.7.1.63	GMK, polyphosphate-glucose phosphotransferase, v. 36 | p. 157
2.7.7.13	GMP, mannose-1-phosphate guanylyltransferase, v. 38 | p. 209
3.1.4.35	GMP-PDE, 3',5'-cyclic-GMP phosphodiesterase, v. 11 | p. 153
3.1.4.17	GMP-PDE α, 3',5'-cyclic-nucleotide phosphodiesterase, v. 11 | p. 116
3.1.4.17	GMP-PDE β, 3',5'-cyclic-nucleotide phosphodiesterase, v. 11 | p. 116
3.1.4.17	GMP-PDE δ, 3',5'-cyclic-nucleotide phosphodiesterase, v. 11 | p. 116
3.1.4.17	GMP-PDE γ, 3',5'-cyclic-nucleotide phosphodiesterase, v. 11 | p. 116
2.7.4.8	GMPK, guanylate kinase, v. 37 | p. 543
2.7.4.8	5'-GMP kinase, guanylate kinase, v. 37 | p. 543
2.7.4.8	GMP kinase, guanylate kinase, v. 37 | p. 543
2.7.7.13	GMPP, mannose-1-phosphate guanylyltransferase, v. 38 | p. 209
2.4.2.8	GMP pyrophosphorylase, hypoxanthine phosphoribosyltransferase, v. 33 | p. 95
1.7.1.7	GMPR2, GMP reductase, v. 24 | p. 299
6.3.4.1	GMPS, GMP synthase, v. 2 | p. 548
6.3.5.2	GMPS, GMP synthase (glutamine-hydrolysing), v. 2 | p. 655
6.3.5.2	GMP synthase, GMP synthase (glutamine-hydrolysing), v. 2 | p. 655
6.3.4.1	GMP synthase (glutamine hydrolysing), GMP synthase, v. 2 | p. 548
6.3.4.1	GMP synthetase, GMP synthase, v. 2 | p. 548
6.3.5.2	GMP synthetase, GMP synthase (glutamine-hydrolysing), v. 2 | p. 655
6.3.4.1	GMP synthetase (glutamine hydrolysing), GMP synthase, v. 2 | p. 548
6.3.5.2	GMP synthetase (glutamine hydrolysing), GMP synthase (glutamine-hydrolysing), v. 2 | p. 655
2.3.1.30	GmSerat2,1, serine O-acetyltransferase, v. 29 | p. 502
1.1.1.9	GmXDH, D-xylulose reductase, v. 16 | p. 137
2.4.1.186	GN-1, glycogenin glucosyltransferase, v. 32 | p. 448
2.4.1.206	β3Gn-T5, lactosylceramide 1,3-N-acetyl-β-D-glucosaminyltransferase, v. 32 | p. 518
2.4.1.147	β3Gn-T6, acetylgalactosaminyl-O-glycosyl-glycoprotein β-1,3-N-acetylglucosaminyltransferase, v. 32 | p. 287
2.4.1.149	β3Gn-T7, N-acetyllactosaminide β-1,3-N-acetylglucosaminyltransferase, v. 32 | p. 297
2.4.1.163	β3Gn-T7, β-galactosyl-N-acetylglucosaminylgalactosylglucosyl-ceramide β-1,3-acetyl-glucosaminyltransferase, v. 32 | p. 362
2.8.2.21	Gn6ST, keratan sulfotransferase, v. 39 | p. 430
2.3.1.4	GNA, glucosamine-phosphate N-acetyltransferase, v. 29 | p. 237
2.3.1.4	GNA1, glucosamine-phosphate N-acetyltransferase, v. 29 | p. 237
4.2.1.39	GNAD, Gluconate dehydratase, v. 4 | p. 471
2.3.1.71	GNAT, glycine N-benzoyltransferase, v. 30 | p. 54
2.3.1.78	GNAT, heparan-α-glucosaminide N-acetyltransferase, v. 30 | p. 90
2.3.1.48	GNAT-related histone acetyltransferase complex, histone acetyltransferase, v. 29 | p. 641

2.4.1.211	GNB/LNB phosphorylase, 1,3-β-galactosyl-N-acetylhexosamine phosphorylase, v. 32 | p. 555	
2.7.1.60	GNE, N-acylmannosamine kinase, v. 36 | p. 144	
5.1.3.14	GNE, UDP-N-acetylglucosamine 2-epimerase, v. 1 | p. 154	
5.1.3.7	GNE, UDP-N-acetylglucosamine 4-epimerase, v. 1 | p. 135	
5.1.3.2	GNE, UDP-glucose 4-epimerase, v. 1 | p. 97	
5.1.3.14	GNE/MNK, UDP-N-acetylglucosamine 2-epimerase, v. 1 | p. 154	
5.1.3.14	GNE1, UDP-N-acetylglucosamine 2-epimerase, v. 1 | p. 154	
2.7.1.60	GNE2, N-acylmannosamine kinase, v. 36 | p. 144	
5.1.3.14	GNE2, UDP-N-acetylglucosamine 2-epimerase, v. 1 | p. 154	
5.1.3.2	GNE2, UDP-glucose 4-epimerase, v. 1 | p. 97	
2.7.1.60	GNE3, N-acylmannosamine kinase, v. 36 | p. 144	
3.1.1.17	GNL, gluconolactonase, v. 9 | p. 179	
2.1.1.20	GNMT, glycine N-methyltransferase, v. 28 | p. 109	
2.1.1.20	Gnmt gene product, glycine N-methyltransferase, v. 28 | p. 109	
2.4.1.186	GNN, glycogenin glucosyltransferase, v. 32 | p. 448	
1.1.1.69	GNO, gluconate 5-dehydrogenase, v. 17 | p. 92	
3.5.99.6	GNPDA, glucosamine-6-phosphate deaminase, v. 15 | p. 225	
2.4.1.150	β1-6GnT, N-acetyllactosaminide β-1,6-N-acetylglucosaminyl-transferase, v. 32 | p. 307	
2.4.1.144	(GnT)-III, β-1,4-mannosyl-glycoprotein 4-β-N-acetylglucosaminyltransferase, v. 32 | p. 267	
2.4.1.145	(GnT)-IVa, α-1,3-mannosyl-glycoprotein 4-β-N-acetylglucosaminyltransferase, v. 32 | p. 278	
2.4.1.145	(GnT)-IVb, α-1,3-mannosyl-glycoprotein 4-β-N-acetylglucosaminyltransferase, v. 32 | p. 278	
2.4.1.149	GnT-I, N-acetyllactosaminide β-1,3-N-acetylglucosaminyltransferase, v. 32 | p. 297	
2.4.1.101	GnT-I, α-1,3-mannosyl-glycoprotein 2-β-N-acetylglucosaminyltransferase, v. 32 | p. 70	
2.4.1.143	GnT-II, α-1,6-mannosyl-glycoprotein 2-β-N-acetylglucosaminyltransferase, v. 32 | p. 259	
2.4.1.144	GnT-III, β-1,4-mannosyl-glycoprotein 4-β-N-acetylglucosaminyltransferase, v. 32 | p. 267	
2.4.1.145	GnT-IVa, α-1,3-mannosyl-glycoprotein 4-β-N-acetylglucosaminyltransferase, v. 32 | p. 278	
2.4.1.145	GnT-IVb, α-1,3-mannosyl-glycoprotein 4-β-N-acetylglucosaminyltransferase, v. 32 | p. 278	
2.4.1.155	GnT-V, α-1,6-mannosyl-glycoprotein 6-β-N-acetylglucosaminyltransferase, v. 32 | p. 334	
2.4.1.155	GnT-Va, α-1,6-mannosyl-glycoprotein 6-β-N-acetylglucosaminyltransferase, v. 32 | p. 334	
2.4.1.155	GnT-VB, α-1,6-mannosyl-glycoprotein 6-β-N-acetylglucosaminyltransferase, v. 32 | p. 334	
2.4.1.101	GnT1, α-1,3-mannosyl-glycoprotein 2-β-N-acetylglucosaminyltransferase, v. 32 | p. 70	
2.4.1.206	β3GnT5, lactosylceramide 1,3-N-acetyl-β-D-glucosaminyltransferase, v. 32 | p. 518	
2.4.1.229	GnT51, [Skp1-protein]-hydroxyproline N-acetylglucosaminyltransferase, v. 32 | p. 627	
2.4.1.149	β3GnT7, N-acetyllactosaminide β-1,3-N-acetylglucosaminyltransferase, v. 32 | p. 297	
2.4.1.101	GnT I, α-1,3-mannosyl-glycoprotein 2-β-N-acetylglucosaminyltransferase, v. 32 | p. 70	
2.4.1.101	GnTI, α-1,3-mannosyl-glycoprotein 2-β-N-acetylglucosaminyltransferase, v. 32 | p. 70	
2.4.1.143	GnT II, α-1,6-mannosyl-glycoprotein 2-β-N-acetylglucosaminyltransferase, v. 32 | p. 259	
2.4.1.143	Gnt II-A, α-1,6-mannosyl-glycoprotein 2-β-N-acetylglucosaminyltransferase, v. 32 | p. 259	
2.4.1.143	Gnt II-B, α-1,6-mannosyl-glycoprotein 2-β-N-acetylglucosaminyltransferase, v. 32 | p. 259	
2.4.1.144	GnTIII, β-1,4-mannosyl-glycoprotein 4-β-N-acetylglucosaminyltransferase, v. 32 | p. 267	
2.4.1.145	GnTIVa, α-1,3 mannosyl-glycoprotein 4-β-N-acetylglucosaminyltransferase, v. 32 | p. 278	
2.4.1.201	GnT VI, α-1,6-mannosyl-glycoprotein 4-β-N-acetylglucosaminyltransferase, v. 32 | p. 501	
1.1.1.44	GNTZII, phosphogluconate dehydrogenase (decarboxylating), v. 16 | p. 421	
1.1.3.15	GO, (S)-2-hydroxy-acid oxidase, v. 19 | p. 129	
1.1.3.9	GO, galactose oxidase, v. 19 | p. 84	
1.4.3.19	GO, glycine oxidase, v. 22 | p. 365	
1.1.3.4	GO-2, glucose oxidase, v. 19 | p. 30	
1.1.3.9	GOase, galactose oxidase, v. 19 | p. 84	
2.6.1.35	GOAT, glycine-oxaloacetate transaminase, v. 34 | p. 464	
3.1.3.12	GOB-1, trehalose-phosphatase, v. 10 | p. 194	
1.1.3.4	GOD, glucose oxidase, v. 19 | p. 30	
1.4.1.14	GOGAT, glutamate synthase (NADH), v. 22 | p. 158	

1.4.1.13	GOGAT, glutamate synthase (NADPH), v. 22 | p. 138	
3.2.1.130	Golgi-endomannosidase, glycoprotein endo-α-1,2-mannosidase, v. 13 | p. 524	
3.2.1.24	Golgi α-mannosidase II, α-mannosidase, v. 12 | p. 407	
3.2.1.114	Golgi α-mannosidase II, mannosyl-oligosaccharide 1,3-1,6-α-mannosidase, v. 13 | p. 470	
3.2.1.113	Golgi α1,2-mannosidase IA, mannosyl-oligosaccharide 1,2-α-mannosidase, v. 13 | p. 458	
3.2.1.113	Golgi α1,2-mannosidase IB, mannosyl-oligosaccharide 1,2-α-mannosidase, v. 13 | p. 458	
3.2.1.113	Golgi α1,2-mannosidase IC, mannosyl-oligosaccharide 1,2-α-mannosidase, v. 13 | p. 458	
3.5.1.23	Golgi alkaline ceramidase, ceramidase, v. 14 | p. 367	
3.6.3.8	Golgi Ca2+-ATPase, Ca2+-transporting ATPase, v. 15 | p. 566	
3.2.1.113	GolgiManI, mannosyl-oligosaccharide 1,2-α-mannosidase, v. 13 | p. 458	
3.2.1.24	Golgi mannosidase IA, α-mannosidase, v. 12 | p. 407	
3.2.1.24	Golgi mannosidase IB, α-mannosidase, v. 12 | p. 407	
3.2.1.114	Golgi mannosidase IIx, mannosyl-oligosaccharide 1,3-1,6-α-mannosidase, v. 13 | p. 470	
3.6.1.5	Golgi nucleoside diphosphatase, apyrase, v. 15 | p. 269	
2.4.1.123	GOLS, inositol 3-α-galactosyltransferase, v. 32 | p. 182	
2.4.1.123	GolS1, inositol 3-α-galactosyltransferase, v. 32 | p. 182	
6.2.1.3	gonadotropin-regulated long-chain acyl CoA synthetase, Long-chain-fatty-acid-CoA ligase, v. 2 | p. 206	
6.2.1.3	gonadotropin-regulated long chain acyl-CoA synthetase, Long-chain-fatty-acid-CoA ligase, v. 2 | p. 206	
2.7.11.9	goodpasture antigen-binding protein, Goodpasture-antigen-binding protein kinase, v. S3 | p. 207	
3.2.1.17	Goose-type lysozyme, lysozyme, v. 12 | p. 228	
3.2.1.17	goose type lysozyme, lysozyme, v. 12 | p. 228	
1.8.1.7	Gor, glutathione-disulfide reductase, v. 24 | p. 488	
1.8.1.7	GOR1, glutathione-disulfide reductase, v. 24 | p. 488	
1.1.1.79	GOR1, glyoxylate reductase (NADP+), v. 17 | p. 138	
1.8.1.7	GOR2, glutathione-disulfide reductase, v. 24 | p. 488	
2.6.1.1	GOT, aspartate transaminase, v. 34 | p. 247	
2.6.1.1	GOT (enzyme), aspartate transaminase, v. 34 | p. 247	
1.1.3.15	GOX, (S)-2-hydroxy-acid oxidase, v. 19 | p. 129	
1.1.3.4	GOX, glucose oxidase, v. 19 | p. 30	
1.4.3.19	GOX, glycine oxidase, v. 22 | p. 365	
1.1.1.69	GOX2187 gene product, gluconate 5-dehydrogenase, v. 17 | p. 92	
1.4.3.19	GOXK, glycine oxidase, v. 22 | p. 365	
2.4.1.1	GP, phosphorylase, v. 31 | p. 1	
3.6.3.44	P-gp, xenobiotic-transporting ATPase, v. 15 | p. 700	
3.4.22.67	GP-II, zingipain, v. S6 | p. 220	
3.1.4.46	GP-PDE, glycerophosphodiester phosphodiesterase, v. 11 | p. 214	
3.6.1.15	GP086L protein, nucleoside-triphosphatase, v. 15 | p. 365	
3.6.1.7	GP1, acylphosphatase, v. 15 | p. 292	
3.6.1.7	GP 1-3, acylphosphatase, v. 15 | p. 292	
3.4.14.5	GP110 glycoprotein, dipeptidyl-peptidase IV, v. 6 | p. 286	
3.4.11.2	GP 130, membrane alanyl aminopeptidase, v. 6 | p. 53	
3.1.4.1	gp130RB13-6, phosphodiesterase I, v. 11 | p. 1	
3.2.1.17	gp144, lysozyme, v. 12 | p. 228	
2.7.10.1	GP145-TrkB, receptor protein-tyrosine kinase, v. S2 | p. 341	
2.7.10.1	GP145-TrkB/GP95-TrkB, receptor protein-tyrosine kinase, v. S2 | p. 341	
2.7.10.1	GP145-TrkC, receptor protein-tyrosine kinase, v. S2 | p. 341	
2.7.10.1	gp145trkC, receptor protein-tyrosine kinase, v. S2 | p. 341	
3.4.11.2	GP150, membrane alanyl aminopeptidase, v. 6 | p. 53	
3.4.11.3	GP160, cystinyl aminopeptidase, v. 6 | p. 66	
3.4.17.22	gp180, Metallocarboxypeptidase D, v. 6 | p. 505	
3.6.1.7	GP2, acylphosphatase, v. 15 | p. 292	
6.5.1.3	gp24.1, RNA ligase (ATP), v. 2 | p. 787	

3.2.1.58	GP29, glucan 1,3-β-glucosidase, v. 13 | p. 137	
3.6.1.7	GP3, acylphosphatase, v. 15 | p. 292	
1.11.1.9	GP30, glutathione peroxidase, v. 25 | p. 233	
3.2.1.17	gp36C, lysozyme, v. 12 | p. 228	
3.4.21.120	Gp43 processing protease, oviductin, v. S5 | p. 454	
2.7.7.45	Gp4G synthetase, guanosine-triphosphate guanylyltransferase, v. 38 | p. 454	
3.4.22.51	GP57/51, cruzipain, v. S6 | p. 30	
3.4.24.36	gp63, leishmanolysin, v. 8 | p. 408	
3.4.24.36	GP63 protein, leishmanolysin, v. 8 | p. 408	
6.3.2.19	gp78, Ubiquitin-protein ligase, v. 2 | p. 506	
3.4.14.2	GPA, dipeptidyl-peptidase II, v. 6 | p. 268	
2.4.1.1	GPA, phosphorylase, v. 31 | p. 1	
2.3.1.15	GPAM, glycerol-3-phosphate O-acyltransferase, v. 29 | p. 347	
1.4.3.22	GPAO, diamine oxidase	
1.4.3.21	GPAO, primary-amine oxidase	
3.1.3.31	gPAPP protein, nucleotidase, v. 10 | p. 316	
3.5.3.17	GPase, Guanidinopropionase, v. 14 | p. 828	
2.4.1.1	GPase, phosphorylase, v. 31 | p. 1	
2.4.1.1	GPase a, phosphorylase, v. 31 | p. 1	
2.4.2.14	GPAT, amidophosphoribosyltransferase, v. 33 | p. 152	
2.3.1.15	GPAT, glycerol-3-phosphate O-acyltransferase, v. 29 | p. 347	
2.3.1.15	GPAT1, glycerol-3-phosphate O-acyltransferase, v. 29 | p. 347	
2.3.1.15	GPAT2, glycerol-3-phosphate O-acyltransferase, v. 29 | p. 347	
2.3.1.15	GPAT3, glycerol-3-phosphate O-acyltransferase, v. 29 | p. 347	
2.3.1.15	GPAT4, glycerol-3-phosphate O-acyltransferase, v. 29 | p. 347	
2.4.2.14	GPATase, amidophosphoribosyltransferase, v. 33 | p. 152	
2.4.1.1	GP b, phosphorylase, v. 31 | p. 1	
2.4.1.1	GPb, phosphorylase, v. 31 | p. 1	
2.4.1.1	GPBB, phosphorylase, v. 31 | p. 1	
2.7.11.9	GPBP, Goodpasture-antigen-binding protein kinase, v. S3 | p. 207	
2.7.11.9	GPBPΔ26, Goodpasture-antigen-binding protein kinase, v. S3 | p. 207	
2.7.11.9	GPBPΔ26/CERT, Goodpasture-antigen-binding protein kinase, v. S3 | p. 207	
3.1.4.2	GPC-PD, glycerophosphocholine phosphodiesterase, v. 11 | p. 23	
3.1.4.2	GPC-PDE, glycerophosphocholine phosphodiesterase, v. 11 | p. 23	
3.1.4.2	GPC-phosphodiesterase, glycerophosphocholine phosphodiesterase, v. 11 | p. 23	
3.1.4.2	GPC:choline phosphodiesterase, glycerophosphocholine phosphodiesterase, v. 11 | p. 23	
3.1.4.2	GPC diesterase, glycerophosphocholine phosphodiesterase, v. 11 | p. 23	
3.4.17.21	GPCPII, Glutamate carboxypeptidase II, v. 6 | p. 498	
2.7.11.16	GPCR kinase, G-protein-coupled receptor kinase, v. S3 | p. 448	
2.7.11.15	GPCR kinase, β-adrenergic-receptor kinase, v. S3 | p. 400	
2.7.11.14	GPCR kinase 1, rhodopsin kinase, v. S3 | p. 370	
2.7.11.15	GPCR kinase 2, β-adrenergic-receptor kinase, v. S3 | p. 400	
2.7.11.16	GPCR kinase 4, G-protein-coupled receptor kinase, v. S3 | p. 448	
1.1.1.44	6-GPD, phosphogluconate dehydrogenase (decarboxylating), v. 16 | p. 421	
1.1.1.49	GPD, glucose-6-phosphate dehydrogenase, v. 16 | p. 474	
1.2.1.12	GPD, glyceraldehyde-3-phosphate dehydrogenase (phosphorylating), v. 20 | p. 135	
1.1.1.8	GPD1, glycerol-3-phosphate dehydrogenase (NAD+), v. 16 | p. 120	
4.1.1.1	GPDC1, Pyruvate decarboxylase, v. 3 | p. 1	
3.1.4.46	GPDE, glycerophosphodiester phosphodiesterase, v. 11 | p. 214	
1.1.5.3	GPDH, glycerol-3-phosphate dehydrogenase	
1.1.1.8	GPDH, glycerol-3-phosphate dehydrogenase (NAD+), v. 16 | p. 120	
1.1.1.94	GPDH, glycerol-3-phosphate dehydrogenase [NAD(P)+], v. 17 | p. 235	
1.1.1.8	GPDHc1, glycerol-3-phosphate dehydrogenase (NAD+), v. 16 | p. 120	
5.3.4.1	gPDI-1, Protein disulfide-isomerase, v. 1 | p. 436	
5.3.4.1	gPDI-2, Protein disulfide-isomerase, v. 1 | p. 436	

5.3.4.1	gPDI-3, Protein disulfide-isomerase, v.1 | p.436	
3.1.4.2	GpdQ, glycerophosphocholine phosphodiesterase, v.11 | p.23	
3.1.4.46	GpdQ, glycerophosphodiester phosphodiesterase, v.11 | p.214	
3.1.3.69	GpgP, glucosylglycerol 3-phosphatase, v.10 | p.497	
2.4.1.213	GpgS, glucosylglycerol-phosphate synthase, v.32 | p.563	
3.5.3.17	GPH, Guanidinopropionase, v.14 | p.828	
2.4.1.1	GPH, phosphorylase, v.31 | p.1	
5.3.1.9	GPI, Glucose-6-phosphate isomerase, v.1 | p.298	
2.4.1.198	GPI-GlcNAc transferase, phosphatidylinositol N-acetylglucosaminyltransferase, v.32 | p.492	
2.4.1.198	GPI-GnT, phosphatidylinositol N-acetylglucosaminyltransferase, v.32 | p.492	
2.4.1.198	GPI-N-acetylglucosaminyltranferase complex, phosphatidylinositol N-acetylglucosaminyltransferase, v.32 | p.492	
2.4.1.198	GPI-N-acetylglucosaminyltransferase, phosphatidylinositol N-acetylglucosaminyltransferase, v.32 | p.492	
4.6.1.14	GPI-PC, glycosylphosphatidylinositol diacylglycerol-lyase, v.S7 | p.441	
3.1.4.44	GPI-PDE, glycerophosphoinositol glycerophosphodiesterase, v.11 | p.206	
3.1.4.50	GPI-PDL, glycosylphosphatidylinositol phospholipase D, v.11 | p.227	
4.6.1.14	GPI-PLC, glycosylphosphatidylinositol diacylglycerol-lyase, v.S7 | p.441	
3.1.4.11	GPI-PLC, phosphoinositide phospholipase C, v.11 | p.75	
3.1.4.47	GPI-PLC, variant-surface-glycoprotein phospholipase C, v.11 | p.217	
4.6.1.14	GPI-PLC enzyme, glycosylphosphatidylinositol diacylglycerol-lyase, v.S7 | p.441	
3.1.4.50	GPI-PLD, glycosylphosphatidylinositol phospholipase D, v.11 | p.227	
3.4.13.19	GPI-renal dipeptidase, membrane dipeptidase, v.6 | p.239	
4.6.1.14	GPI-specific phospholipase C, glycosylphosphatidylinositol diacylglycerol-lyase, v.S7 | p.441	
3.1.4.11	GPI-specific phospholipase C, phosphoinositide phospholipase C, v.11 | p.75	
3.1.4.50	GPI-specific phospholipase D, glycosylphosphatidylinositol phospholipase D, v.11 | p.227	
2.4.1.198	GPI19, phosphatidylinositol N-acetylglucosaminyltransferase, v.32 | p.492	
2.7.2.11	GPK, glutamate 5-kinase, v.37 | p.351	
2.7.11.19	GPK, phosphorylase kinase, v.S4 | p.89	
3.1.1.26	GPLRP2 galactolipase, galactolipase, v.9 | p.222	
2.7.11.24	Gpmk1 MAP kinase, mitogen-activated protein kinase, v.S4 | p.233	
1.1.3.21	GPO, glycerol-3-phosphate oxidase, v.19 | p.177	
1.14.15.3	Gpo1, alkane 1-monooxygenase, v.27 | p.16	
3.1.2.21	GPP1, dodecanoyl-[acyl-carrier-protein] hydrolase, v.9 | p.546	
3.1.3.21	GPP1, glycerol-1-phosphatase, v.10 | p.256	
3.1.3.21	Gpp1p, glycerol-1-phosphatase, v.10 | p.256	
3.1.3.21	Gpp2, glycerol-1-phosphatase, v.10 | p.256	
3.1.3.21	Gpp2p, glycerol-1-phosphatase, v.10 | p.256	
3.1.3.21	Gppl, glycerol-1-phosphatase, v.10 | p.256	
2.5.1.1	GPPS, dimethylallyltranstransferase, v.33 | p.393	
2.5.1.1	GPP synthase, dimethylallyltranstransferase, v.33 | p.393	
1.2.1.41	GPR, glutamate-5-semialdehyde dehydrogenase, v.20 | p.300	
3.4.24.78	GPR, gpr endopeptidase, v.S6 | p.279	
1.2.1.41	γ-GPR, glutamate-5-semialdehyde dehydrogenase, v.20 | p.300	
2.4.2.14	GPRAT, amidophosphoribosyltransferase, v.33 | p.152	
2.7.11.14	GPRK1, rhodopsin kinase, v.S3 | p.370	
2.7.11.15	Gprk2, β-adrenergic-receptor kinase, v.S3 | p.400	
3.4.25.1	GPRO-28, proteasome endopeptidase complex, v.8 | p.587	
2.7.11.16	G protein-coupled receptor kinase, G-protein-coupled receptor kinase, v.S3 | p.448	
2.7.11.15	G protein-coupled receptor kinase, β-adrenergic-receptor kinase, v.S3 | p.400	
2.7.11.14	G protein-coupled receptor kinase, rhodopsin kinase, v.S3 | p.370	
2.7.11.15	G protein-coupled receptor kinase-2, β-adrenergic-receptor kinase, v.S3 | p.400	
2.7.11.15	G protein-coupled receptor kinase-3, β-adrenergic-receptor kinase, v.S3 | p.400	

2.7.11.16	G protein-coupled receptor kinase-6, G-protein-coupled receptor kinase, v. S3 | p. 448	
2.7.11.14	G protein-coupled receptor kinase 1, rhodopsin kinase, v. S3 | p. 370	
2.7.11.15	G protein-coupled receptor kinase 2, β-adrenergic-receptor kinase, v. S3 | p. 400	
2.7.11.15	G protein-coupled receptor kinase 3, β-adrenergic-receptor kinase, v. S3 | p. 400	
2.7.11.16	G protein-coupled receptor kinase 4, G-protein-coupled receptor kinase, v. S3 | p. 448	
2.7.11.16	G protein-coupled receptor kinase 4γ, G-protein-coupled receptor kinase, v. S3 | p. 448	
2.7.11.16	G protein-coupled receptor kinase 5, G-protein-coupled receptor kinase, v. S3 | p. 448	
2.7.11.16	G protein-coupled receptor kinase 6, G-protein-coupled receptor kinase, v. S3 | p. 448	
2.7.11.16	G protein-coupled receptor kinase GRK4, G-protein-coupled receptor kinase, v. S3 | p. 448	
2.7.11.16	G protein-coupled receptor kinase GRK5, G-protein-coupled receptor kinase, v. S3 | p. 448	
2.7.11.16	G protein-coupled receptor kinase GRK6, G-protein-coupled receptor kinase, v. S3 | p. 448	
2.7.11.14	G protein-coupled receptor kinase GRK7, rhodopsin kinase, v. S3 | p. 370	
2.7.11.15	G protein-coupled receptor regulatory kinase, β-adrenergic-receptor kinase, v. S3 | p. 400	
2.7.11.15	G protein-coupled receptor regulatory kinase 2, β-adrenergic-receptor kinase, v. S3 | p. 400	
4.6.1.1	G protein-regulated adenylyl cyclase, adenylate cyclase, v. 5 | p. 415	
3.4.22.29	Y-G proteinase 2A, picornain 2A, v. 7 | p. 657	
1.11.1.9	GPRP, glutathione peroxidase, v. 25 | p. 233	
2.4.2.8	GPRT, hypoxanthine phosphoribosyltransferase, v. 33 | p. 95	
2.7.6.5	GPSI, GTP diphosphokinase, v. 38 | p. 44	
2.7.6.5	GPSII, GTP diphosphokinase, v. 38 | p. 44	
2.7.8.15	GPT, UDP-N-acetylglucosamine-dolichyl-phosphate N-acetylglucosaminephosphotransferase, v. 39 | p. 106	
2.6.1.2	GPT, alanine transaminase, v. 34 | p. 280	
2.3.2.2	γ-GPT, γ-glutamyltransferase, v. 30 | p. 469	
1.11.1.9	GPX, glutathione peroxidase, v. 25 | p. 233	
1.11.1.12	GPX, phospholipid-hydroperoxide glutathione peroxidase, v. 25 | p. 274	
1.11.1.9	Gpx-1, glutathione peroxidase, v. 25 | p. 233	
1.11.1.9	GPx-2, glutathione peroxidase, v. 25 | p. 233	
1.11.1.9	GPx-3, glutathione peroxidase, v. 25 | p. 233	
1.11.1.9	GPx-4, glutathione peroxidase, v. 25 | p. 233	
1.11.1.12	GPx-4, phospholipid-hydroperoxide glutathione peroxidase, v. 25 | p. 274	
1.11.1.9	GPx-5, glutathione peroxidase, v. 25 | p. 233	
1.11.1.9	GPx-6, glutathione peroxidase, v. 25 | p. 233	
1.11.1.9	GPx-7, glutathione peroxidase, v. 25 | p. 233	
1.11.1.9	GPx-8, glutathione peroxidase, v. 25 | p. 233	
3.1.4.46	GPX-PDE, glycerophosphodiester phosphodiesterase, v. 11 | p. 214	
1.11.1.9	GPX1, glutathione peroxidase, v. 25 | p. 233	
1.11.1.9	Gpx2, glutathione peroxidase, v. 25 | p. 233	
1.11.1.15	Gpx2, peroxiredoxin, v. S1 | p. 403	
1.11.1.9	GPX3, glutathione peroxidase, v. 25 | p. 233	
1.11.1.9	GPx4, glutathione peroxidase, v. 25 | p. 233	
1.11.1.12	GPx4, phospholipid-hydroperoxide glutathione peroxidase, v. 25 | p. 274	
1.11.1.9	c-GPx4, glutathione peroxidase, v. 25 | p. 233	
1.11.1.9	m-GPx4, glutathione peroxidase, v. 25 | p. 233	
1.11.1.9	n-GPx4, glutathione peroxidase, v. 25 | p. 233	
1.11.1.12	GPx4l, phospholipid-hydroperoxide glutathione peroxidase, v. 25 | p. 274	
1.11.1.9	GPX5, glutathione peroxidase, v. 25 | p. 233	
1.11.1.12	GPXhs2, phospholipid-hydroperoxide glutathione peroxidase, v. 25 | p. 274	
1.11.1.12	GPXle1, phospholipid-hydroperoxide glutathione peroxidase, v. 25 | p. 274	
1.8.1.7	GR, glutathione-disulfide reductase, v. 24 | p. 488	
6.2.1.3	GR-LACS, Long-chain-fatty-acid-CoA ligase, v. 2 | p. 206	
4.2.2.2	Gr-PEL2, pectate lyase, v. 5 | p. 6	
1.1.1.79	GR/HPR, glyoxylate reductase (NADP+), v. 17 | p. 138	
1.1.1.79	GR1, glyoxylate reductase (NADP+), v. 17 | p. 138	
1.1.1.79	GR2, glyoxylate reductase (NADP+), v. 17 | p. 138	

3.4.21.78	GrA, Granzyme A, v.7 | p.388	
3.6.1.11	Gra-Pase, exopolyphosphatase, v.15 | p.343	
1.2.1.12	Gra3PDH, glyceraldehyde-3-phosphate dehydrogenase (phosphorylating), v.20 | p.135	
1.3.1.32	GraC, maleylacetate reductase, v.21 | p.191	
5.1.1.11	Gramicidin S synthetase I, Phenylalanine racemase (ATP-hydrolysing), v.1 | p.48	
2.4.1.242	granule-bound starch synthase, NDP-glucose-starch glucosyltransferase, v.S2 | p.188	
2.4.1.11	granule-bound starch synthase, glycogen(starch) synthase, v.31 | p.92	
2.4.1.21	granule-bound starch synthase, starch synthase, v.31 | p.251	
2.4.1.242	granule-bound starch synthase 1, NDP-glucose-starch glucosyltransferase, v.S2 | p.188	
2.4.1.242	granule-bound starch synthase I, NDP-glucose-starch glucosyltransferase, v.S2 | p.188	
2.4.1.21	granule-bound starch synthase I, starch synthase, v.31 | p.251	
2.4.1.242	granule-bound starch synthase II, NDP-glucose-starch glucosyltransferase, v.S2 | p.188	
3.4.21.37	granulocyte elastase, leukocyte elastase, v.7 | p.164	
2.4.1.1	granulose phosphorylase, phosphorylase, v.31 | p.1	
3.4.21.79	Granzyme G, Granzyme B, v.7 | p.393	
3.4.21.79	Granzyme H, Granzyme B, v.7 | p.393	
3.4.21.2	Granzyme M, chymotrypsin C, v.7 | p.5	
1.2.1.12	GraP-DH, glyceraldehyde-3-phosphate dehydrogenase (phosphorylating), v.20 | p.135	
2.1.1.43	grappa, histone-lysine N-methyltransferase, v.28 | p.235	
1.1.1.20	GRase, glucuronolactone reductase, v.16 | p.200	
1.8.1.7	GRase, glutathione-disulfide reductase, v.24 | p.488	
1.4.3.21	grass pea amine oxidase, primary-amine oxidase	
3.4.21.79	GrB, Granzyme B, v.7 | p.393	
1.8.1.7	GRd, glutathione-disulfide reductase, v.24 | p.488	
3.6.4.6	Grd13p, vesicle-fusing ATPase, v.15 | p.789	
1.1.1.265	GRE2 gene product, 3-methylbutanal reductase, v.18 | p.469	
1.1.1.283	GRE2 gene product, methylglyoxal reductase (NADPH-dependent), v.S1 | p.32	
1.1.1.265	Gre2p, 3-methylbutanal reductase, v.18 | p.469	
1.1.1.283	Gre2p, methylglyoxal reductase (NADPH-dependent), v.S1 | p.32	
4.1.1.39	green-like type rubisco, Ribulose-bisphosphate carboxylase, v.3 | p.244	
1.5.1.30	Green heme binding protein, flavin reductase, v.23 | p.232	
4.6.1.1	GRESAG 4.1, adenylate cyclase, v.5 | p.415	
4.6.1.1	GRESAG4.1, adenylate cyclase, v.5 | p.415	
4.6.1.1	GRESAG 4.3, adenylate cyclase, v.5 | p.415	
1.1.1.79	GRHPR, glyoxylate reductase (NADP+), v.17 | p.138	
1.1.1.81	GRHPR, hydroxypyruvate reductase, v.17 | p.147	
1.1.1.79	GRHRP, glyoxylate reductase (NADP+), v.17 | p.138	
1.2.99.6	GriC, Carboxylate reductase, v.20 | p.598	
1.2.99.6	GriD, Carboxylate reductase, v.20 | p.598	
1.10.3.4	GriF, o-aminophenol oxidase, v.25 | p.149	
3.4.21.100	grifolisin, sedolisin, v.7 | p.487	
1.6.5.3	GRIM-19, NADH dehydrogenase (ubiquinone), v.24 | p.106	
5.4.2.1	GriP mutase, phosphoglycerate mutase, v.1 | p.493	
2.7.11.16	GRK, G-protein-coupled receptor kinase, v.S3 | p.448	
2.7.11.15	GRK, β-adrenergic-receptor kinase, v.S3 | p.400	
2.7.11.16	GRK-6, G-protein-coupled receptor kinase, v.S3 | p.448	
2.7.11.14	GRK1, rhodopsin kinase, v.S3 | p.370	
2.7.11.15	GRK2, β-adrenergic-receptor kinase, v.S3 | p.400	
2.7.11.15	GRK3, β-adrenergic-receptor kinase, v.S3 | p.400	
2.7.11.16	GRK4, G-protein-coupled receptor kinase, v.S3 | p.448	
2.7.11.16	GRK4γ, G-protein-coupled receptor kinase, v.S3 | p.448	
2.7.11.16	GRK5, G-protein-coupled receptor kinase, v.S3 | p.448	
2.7.11.16	GRK6, G-protein-coupled receptor kinase, v.S3 | p.448	
2.7.11.14	GRK7, rhodopsin kinase, v.S3 | p.370	
2.7.7.39	Gro-PCT, glycerol-3-phosphate cytidylyltransferase, v.38 | p.404	

1.1.1.261	Gro1PDH, glycerol-1-phosphate dehydrogenase [NAD(P)+], v. 18 | p. 457
3.6.4.9	GroEl, chaperonin ATPase, v. 15 | p. 803
3.6.4.9	GroEL-GroES-ADP homolog, chaperonin ATPase, v. 15 | p. 803
3.6.4.9	GroEL/GroES, chaperonin ATPase, v. 15 | p. 803
3.6.4.9	GroEL/GroES chaperonin system, chaperonin ATPase, v. 15 | p. 803
3.6.4.9	GroEL ATPase, chaperonin ATPase, v. 15 | p. 803
3.6.4.9	GroEL chaperonin, chaperonin ATPase, v. 15 | p. 803
3.6.4.9	GroELx, chaperonin ATPase, v. 15 | p. 803
3.1.4.2	GroPChoPDE, glycerophosphocholine phosphodiesterase, v. 11 | p. 23
4.6.1.1	group 1 adenylyl cyclase, adenylate cyclase, v. 5 | p. 415
2.4.1.207	group 3 XTH, xyloglucan:xyloglucosyl transferase, v. 32 | p. 524
2.3.1.45	group B streptococcal sialic acid O-acetyltransferase, N-acetylneuraminate 7-O(or 9-O)-acetyltransferase, v. 29 | p. 625
6.3.4.15	group I biotin protein ligase, Biotin-[acetyl-CoA-carboxylase] ligase, v. 2 | p. 638
3.1.1.4	Group IB phospholipase A2, phospholipase A2, v. 9 | p. 52
3.1.1.4	Group IIA phospholipase A2, phospholipase A2, v. 9 | p. 52
3.1.1.4	group IIA secretory phospholipase A2, phospholipase A2, v. 9 | p. 52
3.4.21.4	group III trypsin, trypsin, v. 7 | p. 12
2.7.13.3	group III two-component histidine kinase, histidine kinase, v. S4 | p. 420
3.1.1.4	group IVA cPLA2, phospholipase A2, v. 9 | p. 52
3.1.1.4	group IVA cytosolic phospholipase A2, phospholipase A2, v. 9 | p. 52
3.1.1.4	group IVA phospholipase A2, phospholipase A2, v. 9 | p. 52
3.1.1.4	Group VIA-3, phospholipase A2, v. 9 | p. 52
3.1.1.4	Group VIA Ankyrin-1, phospholipase A2, v. 9 | p. 52
3.1.1.4	Group VIA Ankyrin-2, phospholipase A2, v. 9 | p. 52
3.1.1.4	group VIA calcium-independent phospholipase A, phospholipase A2, v. 9 | p. 52
3.1.1.4	Group VIA PLA2, phospholipase A2, v. 9 | p. 52
3.1.1.47	group VIII phospholipase A2, 1-alkyl-2-acetylglycerophosphocholine esterase, v. 9 | p. 320
3.1.1.47	group VII PAF acetylhydrolase homolog, 1-alkyl-2-acetylglycerophosphocholine esterase, v. 9 | p. 320
3.1.1.47	group VII phospholipase A2, 1-alkyl-2-acetylglycerophosphocholine esterase, v. 9 | p. 320
3.1.1.4	Group VI phospholipase A2, phospholipase A2, v. 9 | p. 52
3.1.1.4	Group V phospholipase A2, phospholipase A2, v. 9 | p. 52
3.1.1.4	group V secreted phospholipase A2, phospholipase A2, v. 9 | p. 52
3.6.4.10	Grp78, non-chaperonin molecular chaperone ATPase, v. 15 | p. 810
6.1.1.14	GRS1, glycine-tRNA ligase, v. 2 | p. 101
1.20.4.1	Grx, arsenate reductase (glutaredoxin), v. 27 | p. 594
3.4.21.2	GrzM, chymotrypsin C, v. 7 | p. 5
3.4.21.79	GrzmB, Granzyme B, v. 7 | p. 393
6.3.1.2	GS, Glutamate-ammonia ligase, v. 2 | p. 347
6.3.2.3	GS, Glutathione synthase, v. 2 | p. 410
4.2.3.22	GS, germacradienol synthase, v. S7 | p. 295
2.4.1.123	GS, inositol 3-α-galactosyltransferase, v. 32 | p. 182
6.3.1.2	GS(1), Glutamate-ammonia ligase, v. 2 | p. 347
1.1.1.284	GS-FDH, S-(hydroxymethyl)glutathione dehydrogenase, v. S1 | p. 38
2.4.1.12	GS-I, cellulose synthase (UDP-forming), v. 31 | p. 107
2.4.1.34	GS-II, 1,3-β-glucan synthase, v. 31 | p. 318
6.3.1.2	GS-II, Glutamate-ammonia ligase, v. 2 | p. 347
6.3.1.2	GS1, Glutamate-ammonia ligase, v. 2 | p. 347
6.3.1.2	GS107, Glutamate-ammonia ligase, v. 2 | p. 347
6.3.1.2	GS112, Glutamate-ammonia ligase, v. 2 | p. 347
6.3.1.2	GS117, Glutamate-ammonia ligase, v. 2 | p. 347
6.3.1.2	GS122, Glutamate-ammonia ligase, v. 2 | p. 347
6.3.1.2	GS1a, Glutamate-ammonia ligase, v. 2 | p. 347
6.3.1.2	GS1 kinase, Glutamate-ammonia ligase, v. 2 | p. 347

6.3.1.2	GS2, Glutamate-ammonia ligase, v. 2 | p. 347	
3.1.1.4	GS2, phospholipase A2, v. 9 | p. 52	
3.1.1.21	GS2 protein, retinyl-palmitate esterase, v. 9 | p. 197	
5.4.3.8	GSA, glutamate-1-semialdehyde 2,1-aminomutase, v. 1 | p. 575	
5.4.3.8	GSA-AT, glutamate-1-semialdehyde 2,1-aminomutase, v. 1 | p. 575	
5.4.3.8	GSA aminotransferase, glutamate-1-semialdehyde 2,1-aminomutase, v. 1 | p. 575	
1.2.1.41	GSA dehydrogenase, glutamate-5-semialdehyde dehydrogenase, v. 20 | p. 300	
1.2.1.20	GSA dehydrogenase, glutarate-semialdehyde dehydrogenase, v. 20 | p. 205	
5.3.1.4	GSAI, L-Arabinose isomerase, v. 1 | p. 254	
5.3.1.4	GSAI 152, L-Arabinose isomerase, v. 1 | p. 254	
5.3.1.4	GSAI 153, L-Arabinose isomerase, v. 1 | p. 254	
3.4.21.69	GSAPC, Protein C (activated), v. 7 | p. 339	
2.8.2.11	GSase, galactosylceramide sulfotransferase, v. 39 | p. 367	
5.4.3.8	GSAT, glutamate-1-semialdehyde 2,1-aminomutase, v. 1 | p. 575	
2.1.1.162	GSDMT, glycine/sarcosine/dimethylglycine N-methyltransferase, v. S2 | p. 51	
3.4.21.19	GSE, glutamyl endopeptidase, v. 7 | p. 75	
3.4.21.19	gseBi gene product, glutamyl endopeptidase, v. 7 | p. 75	
1.8.4.4	GSH-cystine transhydrogenase, glutathione-cystine transhydrogenase, v. 24 | p. 635	
1.8.4.2	GSH-dependent protein disulfide oxidoreductase, protein-disulfide reductase (glutathione), v. 24 | p. 617	
1.8.5.1	GSH-DHAR, glutathione dehydrogenase (ascorbate), v. 24 | p. 670	
1.1.1.1	GSH-FDH, alcohol dehydrogenase, v. 16 | p. 1	
1.8.4.2	GSH-insulin transhydrogenase, protein-disulfide reductase (glutathione), v. 24 | p. 617	
1.11.1.9	GSH-Px, glutathione peroxidase, v. 25 | p. 233	
6.3.2.3	GSH-S, Glutathione synthase, v. 2 | p. 410	
6.3.2.2	GSH1, Glutamate-cysteine ligase, v. 2 | p. 399	
6.3.2.3	GSH2, Glutathione synthase, v. 2 | p. 410	
1.8.5.1	GSH:DHA-oxidoreductase, glutathione dehydrogenase (ascorbate), v. 24 | p. 670	
6.3.2.3	GSHase, Glutathione synthase, v. 2 | p. 410	
6.3.2.2	GshF, Glutamate-cysteine ligase, v. 2 | p. 399	
6.3.2.3	GshF, Glutathione synthase, v. 2 | p. 410	
1.8.3.3	GSH oxidase >, glutathione oxidase, v. 24 | p. 604	
1.11.1.9	GSH peroxidase, glutathione peroxidase, v. 25 | p. 233	
1.11.1.9	GSHPx, glutathione peroxidase, v. 25 | p. 233	
1.11.1.9	GSHPx-GI, glutathione peroxidase, v. 25 | p. 233	
1.8.1.7	GSH reductase, glutathione-disulfide reductase, v. 24 | p. 488	
6.3.2.3	GSHS, Glutathione synthase, v. 2 | p. 410	
2.5.1.18	GSH S-transferase, glutathione transferase, v. 33 | p. 524	
6.3.2.3	GSHS1, Glutathione synthase, v. 2 | p. 410	
1.8.3.3	GSH sulfhydryl oxidase, glutathione oxidase, v. 24 | p. 604	
6.3.2.3	GSH synthase, Glutathione synthase, v. 2 | p. 410	
6.3.2.3	GSH synthetase, Glutathione synthase, v. 2 | p. 410	
2.5.1.18	GSHTase-P, glutathione transferase, v. 33 | p. 524	
5.1.1.11	GS I, Phenylalanine racemase (ATP-hydrolysing), v. 1 | p. 48	
6.3.1.2	GSI, Glutamate-ammonia ligase, v. 2 | p. 347	
6.3.1.2	GSII, Glutamate-ammonia ligase, v. 2 | p. 347	
6.3.1.2	GSIII, Glutamate-ammonia ligase, v. 2 | p. 347	
2.7.1.127	GsIP3K-A, inositol-trisphosphate 3-kinase, v. 37 | p. 107	
3.2.1.20	GSJ, α-glucosidase, v. 12 | p. 263	
2.7.11.1	GSK-3, non-specific serine/threonine protein kinase, v. S3 | p. 1	
2.7.11.26	GSK-3, τ-protein kinase, v. S4 | p. 303	
2.7.11.26	GSK-3 α, τ-protein kinase, v. S4 | p. 303	
2.7.11.26	GSK-3 β, τ-protein kinase, v. S4 | p. 303	
2.7.11.1	GSK-3β, non-specific serine/threonine protein kinase, v. S3 | p. 1	
2.7.11.26	GSK-3β, τ-protein kinase, v. S4 | p. 303	

2.7.11.26	GSK-3/shaggy-like protein kinase, τ-protein kinase, v. S4	p. 303
2.7.11.1	GSK3, non-specific serine/threonine protein kinase, v. S3	p. 1
2.7.11.26	GSK3, τ-protein kinase, v. S4	p. 303
2.7.11.1	GSK3β, non-specific serine/threonine protein kinase, v. S3	p. 1
2.7.11.26	GSK3β, τ-protein kinase, v. S4	p. 303
2.4.1.34	GSL, 1,3-β-glucan synthase, v. 31	p. 318
2.7.1.158	Gsl1p, inositol-pentakisphosphate 2-kinase, v. S2	p. 272
6.1.1.6	GsLysRS, Lysine-tRNA ligase, v. 2	p. 42
2.1.1.156	GSMT, glycine/sarcosine N-methyltransferase, v. S2	p. 12
1.1.1.284	GSNO reductase, S-(hydroxymethyl)glutathione dehydrogenase, v. S1	p. 38
2.5.1.47	GsOAS-TL1, cysteine synthase, v. 34	p. 84
3.6.5.2	Gsp1p, small monomeric GTPase, v. S6	p. 476
1.8.1.9	GSP35, thioredoxin-disulfide reductase, v. 24	p. 517
6.3.5.1	GSP38, NAD+ synthase (glutamine-hydrolysing), v. 2	p. 651
2.4.2.19	GSP70, nicotinate-nucleotide diphosphorylase (carboxylating), v. 33	p. 188
1.1.1.47	GSP74, glucose 1-dehydrogenase, v. 16	p. 451
3.5.1.78	GSP amidase, Glutathionylspermidine amidase, v. 14	p. 595
3.6.3.50	GspE, protein-secreting ATPase, v. 15	p. 737
6.3.1.8	GspS, Glutathionylspermidine synthase, v. 2	p. 386
6.3.1.8	Gsp synthetase, Glutathionylspermidine synthase, v. 2	p. 386
3.5.1.78	Gsp synthetase/amidase, Glutathionylspermidine amidase, v. 14	p. 595
6.3.2.3	GSS, Glutathione synthase, v. 2	p. 410
2.1.1.157	GsSDMT, sarcosine/dimethylglycine N-methyltransferase, v. S2	p. 19
1.8.1.7	GSSG reductase, glutathione-disulfide reductase, v. 24	p. 488
2.5.1.18	26GST, glutathione transferase, v. 33	p. 524
2.5.1.18	GST, glutathione transferase, v. 33	p. 524
2.8.2.21	GST, keratan sulfotransferase, v. 39	p. 430
2.5.1.18	GST α, glutathione transferase, v. 33	p. 524
2.5.1.18	GST-1, glutathione transferase, v. 33	p. 524
2.5.1.18	GST-26, glutathione transferase, v. 33	p. 524
2.2.1.6	GST-mALS, acetolactate synthase, v. 29	p. 202
2.5.1.18	GST-OCX-32, glutathione transferase, v. 33	p. 524
2.5.1.18	GST-T, glutathione transferase, v. 33	p. 524
2.2.1.6	GST-wALS, acetolactate synthase, v. 29	p. 202
2.5.1.18	GST1, glutathione transferase, v. 33	p. 524
2.5.1.18	GST2, glutathione transferase, v. 33	p. 524
2.5.1.18	GST3, glutathione transferase, v. 33	p. 524
2.8.2.21	GST3, keratan sulfotransferase, v. 39	p. 430
2.4.99.6	GST3GalII, N-acetyllactosaminide α-2,3-sialyltransferase, v. 33	p. 361
2.4.99.6	GST3GalIII, N-acetyllactosaminide α-2,3-sialyltransferase, v. 33	p. 361
2.5.1.18	GST4, glutathione transferase, v. 33	p. 524
2.8.2.21	GST4α, keratan sulfotransferase, v. 39	p. 430
2.8.2.21	GST4β, keratan sulfotransferase, v. 39	p. 430
2.5.1.18	GST5, glutathione transferase, v. 33	p. 524
2.5.1.18	GST A1-1, glutathione transferase, v. 33	p. 524
2.5.1.18	GSTA1-1, glutathione transferase, v. 33	p. 524
2.5.1.18	GST A2-2, glutathione transferase, v. 33	p. 524
2.5.1.18	GSTA2-2, glutathione transferase, v. 33	p. 524
2.5.1.18	GST A3-3, glutathione transferase, v. 33	p. 524
2.5.1.18	GSTA3-3, glutathione transferase, v. 33	p. 524
2.5.1.18	GST A4-4, glutathione transferase, v. 33	p. 524
2.5.1.18	GST adgstD4-4, glutathione transferase, v. 33	p. 524
2.5.1.18	GSTD4-4, glutathione transferase, v. 33	p. 524
2.5.1.18	GSTE2, glutathione transferase, v. 33	p. 524
2.5.1.18	GSTF3, glutathione transferase, v. 33	p. 524

2.5.1.18	GSTF5, glutathione transferase, v.33	p.524
2.5.1.18	GSTF9, glutathione transferase, v.33	p.524
2.5.1.18	GST I, glutathione transferase, v.33	p.524
2.5.1.18	GST II, glutathione transferase, v.33	p.524
2.5.1.18	GST III, glutathione transferase, v.33	p.524
2.5.1.18	GST IV, glutathione transferase, v.33	p.524
3.2.1.17	GSTL, lysozyme, v.12	p.228
2.5.1.18	GST M1-1, glutathione transferase, v.33	p.524
2.5.1.18	GST M2-2, glutathione transferase, v.33	p.524
2.5.1.18	GST M4-4, glutathione transferase, v.33	p.524
2.5.1.18	GST M5-5, glutathione transferase, v.33	p.524
2.5.1.18	GST mu, glutathione transferase, v.33	p.524
1.20.4.2	GSTO1, methylarsonate reductase, v.27	p.596
2.5.1.18	GST O1-1, glutathione transferase, v.33	p.524
1.8.5.1	GSTO1-1, glutathione dehydrogenase (ascorbate), v.24	p.670
1.20.4.2	GSTO2, methylarsonate reductase, v.27	p.596
1.8.5.1	GSTO2-2, glutathione dehydrogenase (ascorbate), v.24	p.670
2.5.1.18	GSTP, glutathione transferase, v.33	p.524
2.5.1.18	GSTP-1, glutathione transferase, v.33	p.524
2.5.1.18	GSTP1, glutathione transferase, v.33	p.524
2.5.1.18	GST P1-1, glutathione transferase, v.33	p.524
2.5.1.18	GSTP 1-1, glutathione transferase, v.33	p.524
2.5.1.18	GST pi, glutathione transferase, v.33	p.524
2.5.1.18	GSTS1, glutathione transferase, v.33	p.524
2.5.1.18	GSTS2, glutathione transferase, v.33	p.524
2.5.1.18	GSTS3, glutathione transferase, v.33	p.524
2.5.1.18	GSTT1, glutathione transferase, v.33	p.524
2.5.1.18	GST T1-1, glutathione transferase, v.33	p.524
2.5.1.18	GSTU21, glutathione transferase, v.33	p.524
2.5.1.18	GSTU26, glutathione transferase, v.33	p.524
2.5.1.18	GSTU3, glutathione transferase, v.33	p.524
2.5.1.18	GSTU4, glutathione transferase, v.33	p.524
2.5.1.18	GSTU5, glutathione transferase, v.33	p.524
6.3.1.2	GS type-1, Glutamate-ammonia ligase, v.2	p.347
6.3.1.2	GS type I, Glutamate-ammonia ligase, v.2	p.347
2.5.1.18	GST Z1-1, glutathione transferase, v.33	p.524
5.2.1.2	GSTZ1-1, Maleylacetoacetate isomerase, v.1	p.197
2.5.1.18	GSTZ1-1, glutathione transferase, v.33	p.524
5.2.1.2	GSTzeta/MAAI, Maleylacetoacetate isomerase, v.1	p.197
2.6.1.83	GSU0162, LL-diaminopimelate aminotransferase, v.S2	p.253
4.3.1.17	GSU0486, L-Serine ammonia-lyase, v.S7	p.332
4.3.1.19	GSU0486, threonine ammonia-lyase, v.S7	p.356
4.1.3.22	GSU1798, citramalate lyase, v.4	p.145
3.1.21.4	GsuI, type II site-specific deoxyribonuclease, v.11	p.454
2.4.1.11	GSY2p, glycogen(starch) synthase, v.31	p.92
2.4.1.238	3'GT, anthocyanin 3'-O-β-glucosyltransferase, v.S2	p.176
2.4.1.115	3-GT, anthocyanidin 3-O-glucosyltransferase, v.32	p.139
2.4.1.22	GT, lactose synthase, v.31	p.264
2.4.1.71	N-GT, arylamine glucosyltransferase, v.31	p.551
2.4.1.87	$\alpha(1,3)$GT, N-acetyllactosaminide 3-α-galactosyltransferase, v.31	p.612
2.4.1.87	α1,3GT, N-acetyllactosaminide 3-α-galactosyltransferase, v.31	p.612
2.4.1.87	α3GT, N-acetyllactosaminide 3-α-galactosyltransferase, v.31	p.612
2.4.1.90	$\beta(1,4)$-GT, N-acetyllactosamine synthase, v.32	p.1
2.4.1.38	$\beta(1,4)$-GT, β-N-acetylglucosaminylglycopeptide β-1,4-galactosyltransferase, v.31	p.353
2.4.1.90	β1,4-GT, N-acetyllactosamine synthase, v.32	p.1

2.4.1.38	β1,4-GT, β-N-acetylglucosaminylglycopeptide β-1,4-galactosyltransferase, v.31	p.353
2.4.1.38	βGT, β-N-acetylglucosaminylglycopeptide β-1,4-galactosyltransferase, v.31	p.353
2.3.2.1	γ-GT, D-glutamyltransferase, v.30	p.467
2.3.2.2	γ-GT, γ-glutamyltransferase, v.30	p.469
2.3.2.2	γGT, γ-glutamyltransferase, v.30	p.469
2.4.1.27	GT-B glycosyltransferase, DNA β-glucosyltransferase, v.31	p.295
2.4.1.91	GT-I, flavonol 3-O-glucosyltransferase, v.32	p.21
2.4.1.90	β-1,4-GT-IV, N-acetyllactosamine synthase, v.32	p.1
2.4.1.38	β-1,4-GT-IV, β-N-acetylglucosaminylglycopeptide β-1,4-galactosyltransferase, v.31	p.353
2.4.1.91	GT1, flavonol 3-O-glucosyltransferase, v.32	p.21
2.4.1.38	β1,4-GT 1, β-N-acetylglucosaminylglycopeptide β-1,4-galactosyltransferase, v.31	p.353
2.4.1.38	β1,4GT1, β-N-acetylglucosaminylglycopeptide β-1,4-galactosyltransferase, v.31	p.353
2.4.1.237	GT2, flavonol 7-O-β-glucosyltransferase, v.S2	p.166
2.4.1.239	GT6, flavonol-3-O-glucoside glucosyltransferase, v.S2	p.179
2.4.1.88	GT6m5, globoside α-N-acetylgalactosaminyltransferase, v.31	p.621
2.4.1.88	GT6m6, globoside α-N-acetylgalactosaminyltransferase, v.31	p.621
2.4.1.88	GT6m7, globoside α-N-acetylgalactosaminyltransferase, v.31	p.621
2.4.1.239	GT7, flavonol-3-O-glucoside glucosyltransferase, v.S2	p.179
2.4.1.40	GTA, glycoprotein-fucosylgalactoside α-N-acetylgalactosaminyltransferase, v.31	p.376
2.4.1.25	4-α-GTase, 4-α-glucanotransferase, v.31	p.276
2.4.1.25	GTase, 4-α-glucanotransferase, v.31	p.276
2.4.1.90	GTase, N-acetyllactosamine synthase, v.32	p.1
2.7.7.50	GTase, mRNA guanylyltransferase, v.38	p.509
2.3.2.2	γ-GTase, γ-glutamyltransferase, v.30	p.469
2.4.1.37	GTB, fucosylgalactoside 3-α-galactosyltransferase, v.31	p.344
3.2.1.84	GTB1, glucan 1,3-α-glucosidase, v.13	p.294
1.13.11.4	gtdA-2, gentisate 1,2-dioxygenase, v.25	p.422
3.1.3.1	Gtd AP, alkaline phosphatase, v.10	p.1
2.4.1.125	GTF-S, sucrose-1,6-α-glucan 3(6)-α-glucosyltransferase, v.32	p.188
2.4.1.5	GTFR, dextransucrase, v.31	p.49
2.4.1.91	GTI, flavonol 3-O-glucosyltransferase, v.32	p.21
2.4.1.90	β 1,4GTI, N-acetyllactosamine synthase, v.32	p.1
4.4.1.13	GTK, cysteine-S-conjugate β-lyase, v.5	p.370
2.6.1.64	GTK, glutamine-phenylpyruvate transaminase, v.35	p.21
2.6.1.2	GTP, alanine transaminase, v.34	p.280
2.3.2.2	γ-GTP, γ-glutamyltransferase, v.30	p.469
2.7.7.13	GTP-α-D-Man-1-P guanylyltransferase, mannose-1-phosphate guanylyltransferase, v.38	p.209
3.5.4.25	GTP-8-formylhydrolase, GTP cyclohydrolase II, v.15	p.160
3.5.4.16	GTP-CH, GTP cyclohydrolase I, v.15	p.120
3.5.4.16	GTP-CH-I, GTP cyclohydrolase I, v.15	p.120
3.5.4.16	GTP-CH1, GTP cyclohydrolase I, v.15	p.120
3.5.4.16	GTP-cyclohydrolase I, GTP cyclohydrolase I, v.15	p.120
6.2.1.10	GTP-dependent acyl CoA synthetase, Acid-CoA ligase (GDP-forming), v.2	p.249
2.7.7.45	GTP-GTP guanylyltransferase, guanosine-triphosphate guanylyltransferase, v.38	p.454
2.7.7.13	GTP-mannose-1-phosphate guanylyltransferase, mannose-1-phosphate guanylyltransferase, v.38	p.209
2.7.7.13	GTP-mannose 1-phosphate guanylyltransferase, mannose-1-phosphate guanylyltransferase, v.38	p.209
4.1.1.32	GTP-PEPCK, phosphoenolpyruvate carboxykinase (GTP), v.3	p.195
3.6.5.2	GTP-phosphohydrolase, small monomeric GTPase, v.S6	p.476
4.6.1.2	GTP-pyrophosphate lyase, guanylate cyclase, v.5	p.430
6.2.1.4	GTP-specific succinyl-CoA synthetase, succinate-CoA ligase (GDP-forming), v.2	p.219
4.1.1.32	GTP/ITP: oxaloacetate carboxylase (transphosphorylating), phosphoenolpyruvate carboxykinase (GTP), v.3	p.195

4.1.1.32	GTP/ITP:oxaloacetatecarboxylase (transphosphorylating), phosphoenolpyruvate carboxykinase (GTP), v. 3	p. 195
4.1.1.32	GTP/ITP:oxaloacetate carboxylase (transphosphorylating), phosphoenolpyruvate carboxykinase (GTP), v. 3	p. 195
3.5.4.16	GTP 8-formylhydrolase, GTP cyclohydrolase I, v. 15	p. 120
2.7.7.28	GTP:α-D-hexose-1-phosphate guanylyltransferase, nucleoside-triphosphate-aldose-1-phosphate nucleotidyltransferase, v. 38	p. 354
2.7.7.62	GTP: adenosylcobinamide-phosphate guanylyltransferase, adenosylcobinamide-phosphate guanylyltransferase, v. 38	p. 568
2.7.1.156	GTP:adenosylcobinamide-phosphate guanylyltransferase, adenosylcobinamide kinase, v. 37	p. 255
2.7.7.62	GTP:adenosylcobinamide-phosphate guanylyltransferase, adenosylcobinamide-phosphate guanylyltransferase, v. 38	p. 568
2.7.1.156	GTP:AdoCbi-phosphate guanylyltransferase, adenosylcobinamide kinase, v. 37	p. 255
2.7.1.156	GTP:AdoCbi-P kinase, adenosylcobinamide kinase, v. 37	p. 255
2.7.4.10	GTP:AMP phosphotransferase, nucleoside-triphosphate-adenylate kinase, v. 37	p. 567
4.1.1.32	GTP:oxaloacetate carboxy-lyase, phosphoenolpyruvate carboxykinase (GTP), v. 3	p. 195
2.7.7.50	GTP:RNA GTase, mRNA guanylyltransferase, v. 38	p. 509
3.6.5.5	GTPase, dynamin GTPase, v. S6	p. 522
3.6.5.1	GTPase, heterotrimeric G-protein GTPase, v. S6	p. 462
3.6.5.3	GTPase, protein-synthesizing GTPase, v. S6	p. 494
3.6.5.4	GTPase, signal-recognition-particle GTPase, v. S6	p. 511
3.6.5.2	GTPase, small monomeric GTPase, v. S6	p. 476
3.6.5.6	GTPase, tubulin GTPase, v. S6	p. 539
3.6.5.5	GTPase dynamin-1, dynamin GTPase, v. S6	p. 522
3.6.5.5	GTPase dynamin-related protein 1, dynamin GTPase, v. S6	p. 522
3.6.5.2	GTPase TcRho1, small monomeric GTPase, v. S6	p. 476
3.6.5.2	GTPase Toc33, small monomeric GTPase, v. S6	p. 476
3.6.5.2	GTPase Toc33/34, small monomeric GTPase, v. S6	p. 476
3.5.4.16	GTPCH, GTP cyclohydrolase I, v. 15	p. 120
3.5.4.16	GTPCH1, GTP cyclohydrolase I, v. 15	p. 120
3.5.4.16	GTP CHase I, GTP cyclohydrolase I, v. 15	p. 120
3.5.4.16	GTPCH I, GTP cyclohydrolase I, v. 15	p. 120
3.5.4.16	GTPCHI, GTP cyclohydrolase I, v. 15	p. 120
3.5.4.16	GTP cyclohydrolase, GTP cyclohydrolase I, v. 15	p. 120
3.5.4.16	GTP cyclohydrolase 1, GTP cyclohydrolase I, v. 15	p. 120
3.5.4.16	GTP cyclohydrolase I, GTP cyclohydrolase I, v. 15	p. 120
2.7.7.30	GTP fucose pyrophosphorylase, fucose-1-phosphate guanylyltransferase, v. 38	p. 360
2.7.7.30	GTP fucose pyrophosphorylase (GFPP), fucose-1-phosphate guanylyltransferase, v. 38	p. 360
3.6.5.5	GTP phosphohydrolase, dynamin GTPase, v. S6	p. 522
3.6.5.1	GTP phosphohydrolase, heterotrimeric G-protein GTPase, v. S6	p. 462
3.6.5.3	GTP phosphohydrolase, protein-synthesizing GTPase, v. S6	p. 494
3.6.5.6	GTP phosphohydrolase, tubulin GTPase, v. S6	p. 539
2.7.6.5	GTP pyrophosphokinase, GTP diphosphokinase, v. 38	p. 44
1.2.1.70	GTR, glutamyl-tRNA reductase, v. S1	p. 160
6.1.1.17	GtS, Glutamate-tRNA ligase, v. 2	p. 128
3.5.4.3	GUA, guanine deaminase, v. 15	p. 17
1.11.1.7	guaiacol peroxidase, peroxidase, v. 25	p. 211
4.2.3.23	guaiadiene synthase, germacrene-A synthase, v. S7	p. 301
3.5.4.3	guanase, guanine deaminase, v. 15	p. 17
2.7.7.13	guanidine diphosphomannose pyrophoypharylase, mannose-1-phosphate guanylyltransferase, v. 38	p. 209
2.7.3.5	guanidinethylphosphoserine kinase, lombricine kinase, v. 37	p. 403

3.1.3.40	1-guanidino-1-deoxy-scyllo-inositol-4-P phosphohydrolase, guanidinodeoxy-scyllo-inositol-4-phosphatase, v. 10 | p. 362
2.1.1.2	guanidinoacetate methyltransferase, guanidinoacetate N-methyltransferase, v. 28 | p. 6
2.1.1.2	guanidinoacetate N-methyltransferase, guanidinoacetate N-methyltransferase, v. 28 | p. 6
2.1.1.2	guanidinoacetate transmethylase, guanidinoacetate N-methyltransferase, v. 28 | p. 6
2.6.1.56	guanidinoaminodideoxy-scyllo-inositol-pyruvate aminotransferase, 1D-1-guanidino-3-amino-1,3-dideoxy-scyllo-inositol transaminase, v. 34 | p. 602
1.2.1.54	4-guanidinobutyraldehyde dehydrogenase, γ-guanidinobutyraldehyde dehydrogenase, v. 20 | p. 363
1.2.1.54	α-guanidinobutyraldehyde dehydrogenase, γ-guanidinobutyraldehyde dehydrogenase, v. 20 | p. 363
1.2.1.19	γ-guanidinobutyraldehyde dehydrogenase, aminobutyraldehyde dehydrogenase, v. 20 | p. 195
1.2.1.54	γ-guanidinobutyraldehyde dehydrogenase, γ-guanidinobutyraldehyde dehydrogenase, v. 20 | p. 363
3.5.3.7	guanidinobutyrase, guanidinobutyrase, v. 14 | p. 785
3.5.3.7	4-guanidinobutyrate amidinobutyrase, guanidinobutyrase, v. 14 | p. 785
3.5.3.7	γ-guanidinobutyrate amidinohydrolase, guanidinobutyrase, v. 14 | p. 785
3.5.3.7	guanidinobutyrate ureahydrolase, guanidinobutyrase, v. 14 | p. 785
2.7.3.4	guanidino kinase, taurocyamine kinase, v. 37 | p. 399
3.5.3.17	guanidinopropionase, Guanidinopropionase, v. 14 | p. 828
2.1.1.2	guanidoacetate methyltransferase, guanidinoacetate N-methyltransferase, v. 28 | p. 6
3.5.3.7	γ-guanidobutyrase, guanidinobutyrase, v. 14 | p. 785
2.4.2.29	guanine, queuine-tRNA transglycosylase, tRNA-guanine transglycosylase, v. 33 | p. 253
2.1.1.52	guanine-(N2)-methyltransferase, rRNA (guanine-N2-)-methyltransferase, v. 28 | p. 297
2.1.1.56	guanine-7-methyltransferase, mRNA (guanine-N7-)-methyltransferase, v. 28 | p. 310
2.4.2.8	guanine-hypoxanthine phosphoribosyltransferase, hypoxanthine phosphoribosyltransferase, v. 33 | p. 95
2.1.1.32	guanine-N2-methylase, tRNA (guanine-N2-)-methyltransferase, v. 28 | p. 160
2.1.1.56	(guanine-N7)-methyltransferase, mRNA (guanine-N7-)-methyltransferase, v. 28 | p. 310
2.1.1.56	guanine-N7 methyltransferase, mRNA (guanine-N7-)-methyltransferase, v. 28 | p. 310
3.5.4.3	guanine aminase, guanine deaminase, v. 15 | p. 17
3.5.4.3	Guanine aminohydrolase, guanine deaminase, v. 15 | p. 17
2.4.2.29	guanine insertion enzyme, tRNA-guanine transglycosylase, v. 33 | p. 253
2.7.11.15	guanine nucleotide-binding protein-coupled receptor kinase, β-adrenergic-receptor kinase, v. S3 | p. 400
2.4.2.8	guanine phosphoribosyltransferase, hypoxanthine phosphoribosyltransferase, v. 33 | p. 95
3.6.5.5	guanine triphosphatase, dynamin GTPase, v. S6 | p. 522
3.6.5.3	guanine triphosphatase, protein-synthesizing GTPase, v. S6 | p. 494
3.6.5.4	guanine triphosphatase, signal-recognition-particle GTPase, v. S6 | p. 511
3.6.5.2	guanine triphosphatase, small monomeric GTPase, v. S6 | p. 476
3.6.5.6	guanine triphosphatase, tubulin GTPase, v. S6 | p. 539
3.1.7.2	guanosine-3',5'-bis(diphosphate) 3'-diphosphohydrolase, guanosine-3',5'-bis(diphosphate) 3'-diphosphatase, v. 11 | p. 337
3.1.7.2	guanosine-3',5'-bis(diphosphate) 3'-pyrophosphatase, guanosine-3',5'-bis(diphosphate) 3'-diphosphatase, v. 11 | p. 337
1.7.1.7	guanosine-5'-monophosphate reductase, GMP reductase, v. 24 | p. 299
3.6.1.40	guanosine-5'-triphosphate,3'-diphosphate pyrophosphatase, guanosine-5'-triphosphate,3'-diphosphate diphosphatase, v. 15 | p. 457
3.2.2.2	guanosine-inosine-preferring nucleoside N-ribohydrolase, inosine nucleosidase, v. 14 | p. 10
2.7.1.73	guanosine-inosine kinase, inosine kinase, v. 36 | p. 233
2.7.6.5	guanosine 3',5'-polyphosphate synthase, GTP diphosphokinase, v. 38 | p. 44
2.7.6.5	guanosine 3',5'-polyphosphate synthetase, GTP diphosphokinase, v. 38 | p. 44

2.7.11.12	guanosine 3,5-cyclic monophosphate-dependent protein kinase, cGMP-dependent protein kinase, v. S3 | p. 288
2.7.6.5	guanosine 5',3'-polyphosphate synthetase, GTP diphosphokinase, v. 38 | p. 44
3.6.1.6	guanosine 5'-diphosphatase, nucleoside-diphosphatase, v. 15 | p. 283
4.2.1.47	Guanosine 5'-diphosphate-D-mannose oxidoreductase, GDP-mannose 4,6-dehydratase, v. 4 | p. 501
2.7.7.13	guanosine 5'-diphospho-D-mannose pyrophosphorylase, mannose-1-phosphate guanylyltransferase, v. 38 | p. 209
1.7.1.7	Guanosine 5'-monophosphate oxidoreductase, GMP reductase, v. 24 | p. 299
1.7.1.7	guanosine 5'-monophosphate reductase, GMP reductase, v. 24 | p. 299
6.3.4.1	Guanosine 5'-monophosphate synthetase, GMP synthase, v. 2 | p. 548
6.3.5.2	Guanosine 5'-monophosphate synthetase, GMP synthase (glutamine-hydrolysing), v. 2 | p. 655
2.4.2.8	guanosine 5'-phosphate pyrophosphorylase, hypoxanthine phosphoribosyltransferase, v. 33 | p. 95
3.6.5.5	guanosine 5'-triphosphatase, dynamin GTPase, v. S6 | p. 522
3.6.5.1	guanosine 5'-triphosphatase, heterotrimeric G-protein GTPase, v. S6 | p. 462
3.6.5.3	guanosine 5'-triphosphatase, protein-synthesizing GTPase, v. S6 | p. 494
3.6.5.4	guanosine 5'-triphosphatase, signal-recognition-particle GTPase, v. S6 | p. 511
3.6.5.2	guanosine 5'-triphosphatase, small monomeric GTPase, v. S6 | p. 476
3.6.5.6	guanosine 5'-triphosphatase, tubulin GTPase, v. S6 | p. 539
3.6.1.40	guanosine 5'-triphosphate-3'-diphosphate 5'-phosphohydrolase, guanosine-5'-triphosphate,3'-diphosphate diphosphatase, v. 15 | p. 457
3.5.4.16	guanosine 5'-triphosphate-cyclohydrolase I, GTP cyclohydrolase I, v. 15 | p. 120
6.3.4.1	Guanosine 5-monophosphate synthetase, GMP synthase, v. 2 | p. 548
6.3.5.2	Guanosine 5-monophosphate synthetase, GMP synthase (glutamine-hydrolysing), v. 2 | p. 655
3.5.4.15	guanosine aminase, guanosine deaminase, v. 15 | p. 117
2.7.11.12	guanosine cyclic 3',5'-phosphate dependent protein kinase, cGMP-dependent protein kinase, v. S3 | p. 288
3.1.4.35	guanosine cyclic 3',5'-phosphate phosphodiesterase, 3',5'-cyclic-GMP phosphodiesterase, v. 11 | p. 153
3.6.1.42	guanosine diphosphatase, guanosine-diphosphatase, v. 15 | p. 464
3.6.1.6	guanosine diphosphatase, nucleoside-diphosphatase, v. 15 | p. 283
1.1.1.187	guanosine diphosphate-4-keto-D-rhamnose reductase, GDP-4-dehydro-D-rhamnose reductase, v. 18 | p. 126
2.7.7.22	guanosine diphosphate-mannose 1-phosphate guanylyltransferase, mannose-1-phosphate guanylyltransferase (GDP), v. 38 | p. 287
3.2.1.42	guanosine diphosphate D-glucose glucohydrolase, GDP-glucosidase, v. 12 | p. 606
2.7.7.34	guanosine diphosphate glucose pyrophosphorylase, glucose-1-phosphate guanylyltransferase, v. 38 | p. 384
2.7.7.30	guanosine diphosphate L-fucose pyrophosphorylase, fucose-1-phosphate guanylyltransferase, v. 38 | p. 360
1.1.1.135	guanosine diphospho-6-deoxy-D-talose dehydrogenase, GDP-6-deoxy-D-talose 4-dehydrogenase, v. 17 | p. 395
1.1.1.132	guanosine diphospho-D-mannose dehydrogenase, GDP-mannose 6-dehydrogenase, v. 17 | p. 381
2.4.1.69	guanosine diphospho-L-fucose-lactose fucosyltransferase, galactoside 2-α-L-fucosyltransferase, v. 31 | p. 532
2.4.1.69	guanosine diphosphofucose-β-D-galactosyl-α-2-L-fucosyltransferase, galactoside 2-α-L-fucosyltransferase, v. 31 | p. 532
2.4.1.69	guanosine diphosphofucose-galactosylacetylglucosaminylgalactosylglucosylceramide, galactoside 2-α-L-fucosyltransferase, v. 31 | p. 532
2.4.1.69	guanosine diphosphofucose-glycoprotein 2-α-L-fucosyltransferase, galactoside 2-α-L-fucosyltransferase, v. 31 | p. 532

2.4.1.65	guanosine diphosphofucose-glycoprotein 4-α-L-fucosyltransferase, 3-galactosyl-N-acetylglucosaminide 4-α-L-fucosyltransferase, v. 31 | p. 487
2.4.1.68	guanosine diphosphofucose-glycoprotein fucosyltransferase, glycoprotein 6-α-L-fucosyltransferase, v. 31 | p. 522
2.4.1.221	guanosine diphosphofucose-glycoprotein fucosyltransferase, peptide-O-fucosyltransferase, v. 32 | p. 596
2.4.1.152	guanosine diphosphofucose glucoside α1->3fucosyltransferase, 4-galactosyl-N-acetylglucosaminide 3-α-L-fucosyltransferase, v. 32 | p. 318
1.1.1.271	guanosine diphosphofucose synthetase, GDP-L-fucose synthase, v. 18 | p. 492
2.4.1.29	guanosine diphosphoglucose-1,4-β-glucan glucosyltransferase, cellulose synthase (GDP-forming), v. 31 | p. 300
2.4.1.29	guanosine diphosphoglucose-cellulose glucosyltransferase, cellulose synthase (GDP-forming), v. 31 | p. 300
2.4.1.36	guanosine diphosphoglucose-glucose phosphate glucosyltransferase, α,α-trehalose-phosphate synthase (GDP-forming), v. 31 | p. 341
2.7.7.34	guanosine diphosphoglucose pyrophosphorylase, glucose-1-phosphate guanylyltransferase, v. 38 | p. 384
3.2.1.42	guanosine diphosphoglucosidase, GDP-glucosidase, v. 12 | p. 606
2.7.7.28	guanosine diphosphohexose pyrophosphorylase, nucleoside-triphosphate-aldose-1-phosphate nucleotidyltransferase, v. 38 | p. 354
2.4.1.142	guanosine diphosphomannose-dolichol diphosphochitobiose, chitobiosyldiphosphodolichol β-mannosyltransferase, v. 32 | p. 256
2.4.1.48	guanosine diphosphomannose-heteroglycan α-mannosyltransferase, heteroglycan α-mannosyltransferase, v. 31 | p. 431
2.4.1.131	guanosine diphosphomannose-oligosaccharide-lipid mannosyltransferase, glycolipid 2-α-mannosyltransferase, v. 32 | p. 210
2.4.1.57	guanosine diphosphomannose-phosphatidyl-inositol α-mannosyltransferase, phosphatidylinositol α-mannosyltransferase, v. 31 | p. 461
2.4.1.54	guanosine diphosphomannose-undecaprenyl phosphate mannosyltransferase, undecaprenyl-phosphate mannosyltransferase, v. 31 | p. 451
4.2.1.47	Guanosine diphosphomannose 4,6-dehydratase, GDP-mannose 4,6-dehydratase, v. 4 | p. 501
1.1.1.132	guanosine diphosphomannose dehydrogenase, GDP-mannose 6-dehydrogenase, v. 17 | p. 381
4.2.1.47	Guanosine diphosphomannose oxidoreductase, GDP-mannose 4,6-dehydratase, v. 4 | p. 501
2.7.7.22	guanosine diphosphomannose phosphorylase, mannose-1-phosphate guanylyltransferase (GDP), v. 38 | p. 287
2.7.7.13	guanosine diphosphomannose pyrophosphorylase, mannose-1-phosphate guanylyltransferase, v. 38 | p. 209
2.7.4.8	guanosine monophosphate kinase, guanylate kinase, v. 37 | p. 543
2.7.4.8	guanosine monophosphate kinase (EcGMPK), guanylate kinase, v. 37 | p. 543
1.7.1.7	guanosine monophosphate reductase, GMP reductase, v. 24 | p. 299
1.7.1.7	guanosine monophosphate reductase 2, GMP reductase, v. 24 | p. 299
6.3.5.2	guanosine monophosphate synthetase, GMP synthase (glutamine-hydrolysing), v. 2 | p. 655
6.3.4.1	Guanosine monophosphate synthetase (glutamine-hydrolyzing), GMP synthase, v. 2 | p. 548
6.3.5.2	Guanosine monophosphate synthetase (glutamine-hydrolyzing), GMP synthase (glutamine-hydrolysing), v. 2 | p. 655
3.6.1.40	guanosine pentaphosphatase, guanosine-5'-triphosphate,3'-diphosphate diphosphatase, v. 15 | p. 457
3.6.1.40	guanosine pentaphosphate phosphatase, guanosine-5'-triphosphate,3'-diphosphate diphosphatase, v. 15 | p. 457
3.6.1.40	guanosine pentaphosphate phosphohydrolase, guanosine-5'-triphosphate,3'-diphosphate diphosphatase, v. 15 | p. 457
2.7.6.5	guanosine pentaphosphate synthetase, GTP diphosphokinase, v. 38 | p. 44
2.4.2.8	guanosine phosphoribosyltransferase, hypoxanthine phosphoribosyltransferase, v. 33 | p. 95

3.6.5.5	guanosine triphosphatase, dynamin GTPase, v. S6	p. 522
3.6.5.1	guanosine triphosphatase, heterotrimeric G-protein GTPase, v. S6	p. 462
3.6.5.3	guanosine triphosphatase, protein-synthesizing GTPase, v. S6	p. 494
3.6.5.4	guanosine triphosphatase, signal-recognition-particle GTPase, v. S6	p. 511
3.6.5.2	guanosine triphosphatase, small monomeric GTPase, v. S6	p. 476
3.6.5.6	guanosine triphosphatase, tubulin GTPase, v. S6	p. 539
2.7.4.10	guanosine triphosphate-adenylate kinase, nucleoside-triphosphate-adenylate kinase, v. 37	p. 567
2.7.7.45	guanosine triphosphate-guanose triphosphate guanylyltransferase, guanosine-triphosphate guanylyltransferase, v. 38	p. 454
2.7.7.13	guanosine triphosphate-mannose 1-phosphate guanylyltransferase, mannose-1-phosphate guanylyltransferase, v. 38	p. 209
3.5.4.16	guanosine triphosphate 8-deformylase, GTP cyclohydrolase I, v. 15	p. 120
2.7.1.81	guanosine triphosphate:5-hydroxy-L-lysine O-phosphotransferase, hydroxylysine kinase, v. 36	p. 300
3.5.4.16	guanosine triphosphate cyclohydrolase, GTP cyclohydrolase I, v. 15	p. 120
3.5.4.16	guanosine triphosphate cyclohydrolase I, GTP cyclohydrolase I, v. 15	p. 120
3.5.4.25	guanosine triphosphate cyclohydrolase II, GTP cyclohydrolase II, v. 15	p. 160
2.7.7.30	guanosine triphosphate fucose pyrophosphorylase (GFPP), fucose-1-phosphate guanylyltransferase, v. 38	p. 360
3.1.27.3	Guanyl-specific RNase, ribonuclease T1, v. 11	p. 572
4.6.1.2	Guanylate cyclase, guanylate cyclase, v. 5	p. 430
4.6.1.2	Guanylate cyclase, olfactory, guanylate cyclase, v. 5	p. 430
4.6.1.2	guanylate cyclase 1, guanylate cyclase, v. 5	p. 430
4.6.1.2	guanylate cyclase 2, guanylate cyclase, v. 5	p. 430
4.6.1.2	Guanylate cyclase 2D, retinal, guanylate cyclase, v. 5	p. 430
4.6.1.2	Guanylate cyclase 2E, guanylate cyclase, v. 5	p. 430
4.6.1.2	Guanylate cyclase 2F, retinal, guanylate cyclase, v. 5	p. 430
4.6.1.2	guanylate cyclase C, guanylate cyclase, v. 5	p. 430
3.1.27.3	guanylate endoribonuclease, ribonuclease T1, v. 11	p. 572
2.7.4.8	guanylate kinase, guanylate kinase, v. 37	p. 543
2.7.4.8	guanylate kinase (GK), guanylate kinase, v. 37	p. 543
2.7.4.8	guanylate monophosphate kinase, guanylate kinase, v. 37	p. 543
2.4.2.8	guanylate pyrophosphorylase, hypoxanthine phosphoribosyltransferase, v. 33	p. 95
1.7.1.7	guanylate reductase, GMP reductase, v. 24	p. 299
6.3.4.1	Guanylate synthetase, GMP synthase, v. 2	p. 548
6.3.5.2	Guanylate synthetase, GMP synthase (glutamine-hydrolysing), v. 2	p. 655
6.3.4.1	Guanylate synthetase (glutamine-hydrolyzing), GMP synthase, v. 2	p. 548
6.3.5.2	Guanylate synthetase (glutamine-hydrolyzing), GMP synthase (glutamine-hydrolysing), v. 2	p. 655
4.6.1.2	guanyl cyclase, guanylate cyclase, v. 5	p. 430
2.4.2.8	guanylic pyrophosphorylase, hypoxanthine phosphoribosyltransferase, v. 33	p. 95
3.1.27.3	Guanyloribonuclease, ribonuclease T1, v. 11	p. 572
2.7.7.62	guanyltransferase, adenosylcobinamide-phosphate guanylyltransferase, v. 38	p. 568
4.6.1.2	guanylyl cyclase, guanylate cyclase, v. 5	p. 430
4.6.1.2	guanylyl cyclase-A, guanylate cyclase, v. 5	p. 430
4.6.1.2	guanylyl cyclase-A receptor, guanylate cyclase, v. 5	p. 430
4.6.1.2	guanylyl cyclase-C, guanylate cyclase, v. 5	p. 430
4.6.1.2	guanylyl cyclase-D, guanylate cyclase, v. 5	p. 430
4.6.1.2	guanylyl cyclase-G, guanylate cyclase, v. 5	p. 430
4.6.1.2	guanylyl cyclase A, guanylate cyclase, v. 5	p. 430
4.6.1.2	guanylyl cyclase C, guanylate cyclase, v. 5	p. 430
4.6.1.2	guanylyl cyclase C receptor, guanylate cyclase, v. 5	p. 430
2.7.7.34	guanylyltransferase, glucose 1-phosphate, glucose-1-phosphate guanylyltransferase, v. 38	p. 384

2.7.7.45	guanylyltransferase, guanosine triphosphate, guanosine-triphosphate guanylyltransferase, v. 38 | p. 454	
2.7.7.28	guanylyltransferase, hexose 1-phosphate, nucleoside-triphosphate-aldose-1-phosphate nucleotidyltransferase, v. 38 | p. 354	
2.7.7.13	guanylyltransferase, mannose 1-phosphate, mannose-1-phosphate guanylyltransferase, v. 38 | p. 209	
2.7.7.22	guanylyltransferase, mannose 1-phosphate (guanosine diphosphate), mannose-1-phosphate guanylyltransferase (GDP), v. 38 | p. 287	
3.5.4.3	GUD1, guanine deaminase, v. 15 | p. 17	
1.1.3.8	GULO, L-gulonolactone oxidase, v. 19 | p. 76	
1.1.1.19	L-gulonate NAD-3-oxidoreductase, glucuronate reductase, v. 16 | p. 193	
1.1.1.45	L-gulonic acid dehydrogenase, L-gulonate 3-dehydrogenase, v. 16 | p. 443	
1.1.3.8	L-gulono-γ-lactone: O2 oxidoreductase, L-gulonolactone oxidase, v. 19 | p. 76	
1.1.3.8	L-gulono-γ-lactone:oxidoreductase, L-gulonolactone oxidase, v. 19 | p. 76	
1.1.3.8	L-gulono-γ-lactone oxidase, L-gulonolactone oxidase, v. 19 | p. 76	
1.1.3.8	L-gulono-1,4-lactone dehydrogenase, L-gulonolactone oxidase, v. 19 | p. 76	
3.1.1.17	gulonolactonase, gluconolactonase, v. 9 | p. 179	
1.1.1.20	gulonolactone dehydrogenase, glucuronolactone reductase, v. 16 | p. 200	
4.2.2.11	L-guluronan lyase, poly(α-L-guluronate) lyase, v. 5 | p. 64	
4.2.2.11	L-guluronate lyase, poly(α-L-guluronate) lyase, v. 5 | p. 64	
4.2.2.11	guluronate lyase, poly(α-L-guluronate) lyase, v. 5 | p. 64	
3.2.1.31	GUR, β-glucuronidase, v. 12 | p. 494	
2.7.10.1	Gurken receptor, receptor protein-tyrosine kinase, v. S2 | p. 341	
3.2.1.31	GUS, β-glucuronidase, v. 12 | p. 494	
3.2.1.31	GusA, β-glucuronidase, v. 12 | p. 494	
5.3.1.13	GutQ, Arabinose-5-phosphate isomerase, v. 1 | p. 325	
3.1.1.4	GVIA iPLA2, phospholipase A2, v. 9 | p. 52	
3.1.1.4	GVI PLA2, phospholipase A2, v. 9 | p. 52	
3.1.1.4	GV sPLA2, phospholipase A2, v. 9 | p. 52	
2.7.9.4	GWD, α-glucan, water dikinase, v. 39 | p. 180	
2.4.1.207	GXET, xyloglucan:xyloglucosyl transferase, v. 32 | p. 524	
5.3.1.5	GXI, Xylose isomerase, v. 1 | p. 259	
3.1.1.4	GXIII sPLA2, phospholipase A2, v. 9 | p. 52	
3.1.1.4	GXII sPLA2, phospholipase A2, v. 9 | p. 52	
1.1.1.26	GxrA, glyoxylate reductase, v. 16 | p. 247	
3.1.1.4	GX sPLA2, phospholipase A2, v. 9 | p. 52	
3.2.1.8	GXYN, endo-1,4-β-xylanase, v. 12 | p. 133	
4.6.1.2	Gyc-88E, guanylate cyclase, v. 5 | p. 430	
4.6.1.2	Gyc-89Da, guanylate cyclase, v. 5 | p. 430	
4.6.1.2	Gyc-89Db, guanylate cyclase, v. 5 | p. 430	
4.6.1.2	Gyca-99B, guanylate cyclase, v. 5 | p. 430	
4.6.1.2	Gycb-100B, guanylate cyclase, v. 5 | p. 430	
2.7.1.30	GYK, glycerol kinase, v. 35 | p. 351	
3.2.1.40	gypenoside-α L rhamnosidase, α-L-rhamnosidase, v. 12 | p. 586	
5.99.1.3	GyrA, DNA topoisomerase (ATP-hydrolysing), v. 1 | p. 737	
2.4.1.11	Gys-2, glycogen(starch) synthase, v. 31 | p. 92	
2.4.1.11	GYS1, glycogen(starch) synthase, v. 31 | p. 92	
2.4.1.11	GYS2, glycogen(starch) synthase, v. 31 | p. 92	
3.2.2.22	gysophilin, rRNA N-glycosylase, v. 14 | p. 107	
3.4.21.79	GzB, Granzyme B, v. 7 | p. 393	
3.1.1.3	GZEL, triacylglycerol lipase, v. 9 | p. 36	
3.4.21.78	Gzma, Granzyme A, v. 7 | p. 388	
3.4.21.79	GzmB, Granzyme B, v. 7 | p. 393	
3.4.21.79	GzmH, Granzyme B, v. 7 | p. 393	

Index of Synonyms:

1.14.11.28	P-3-H, proline 3-hydroxylase, v. S1	p. 524
3.6.3.10	H(+),K(+)-ATPase, H+/K+-exchanging ATPase, v. 15	p. 581
1.5.99.11	H(2)-dependent methylene-H(4)MPT dehydrogenase, 5,10-methylenetetrahydromethanopterin reductase, v. 23	p. 394
1.5.99.11	H(2)-forming N(5),N(10)-methylenetetrahydromethanopterin dehydrogenase, 5,10-methylenetetrahydromethanopterin reductase, v. 23	p. 394
1.6.99.3	H(2)O(2) forming NADH oxidase, NADH dehydrogenase, v. 24	p. 207
3.2.1.6	H(A16-M), endo-1,3(4)-β-glucanase, v. 12	p. 118
3.2.1.73	H(A16-M), licheninase, v. 13	p. 223
1.13.11.47	(1H)-3-Hydroxy-4-oxoquinoline 2,4-dioxygenase, 3-hydroxy-4-oxoquinoline 2,4-dioxygenase, v. 25	p. 663
1.6.99.5	H+(NA+)-translocating NADH-quinone oxidoreductase, NADH dehydrogenase (quinone), v. 24	p. 219
3.6.3.10	(H++K+)-ATPase, H+/K+-exchanging ATPase, v. 15	p. 581
3.6.3.10	H+,K+-adenosine triphosphatase, H+/K+-exchanging ATPase, v. 15	p. 581
3.6.3.10	H+,K+-ATPase, H+/K+-exchanging ATPase, v. 15	p. 581
3.6.3.6	H+-ATPase, H+-exporting ATPase, v. 15	p. 554
3.6.3.14	H+-ATPase, H+-transporting two-sector ATPase, v. 15	p. 598
3.6.1.1	H+-inorganic pyrophosphatase, inorganic diphosphatase, v. 15	p. 240
3.6.3.10	H+-K+-adenosinetriphosphatase, H+/K+-exchanging ATPase, v. 15	p. 581
3.6.3.10	H+-K+-ATPase, H+/K+-exchanging ATPase, v. 15	p. 581
3.6.1.1	H+-PPase, inorganic diphosphatase, v. 15	p. 240
3.6.1.1	V-H+-PPase, inorganic diphosphatase, v. 15	p. 240
3.6.1.1	H+-pyrophosphatase, inorganic diphosphatase, v. 15	p. 240
1.6.1.2	H+-thase, NAD(P)+ transhydrogenase (AB-specific), v. 24	p. 10
1.6.1.1	H+-thase, NAD(P)+ transhydrogenase (B-specific), v. 24	p. 1
3.6.1.1	H+-translocating/vacuolar inorganic pyrophosphatase, inorganic diphosphatase, v. 15	p. 240
3.6.3.14	H+-translocating ATPase, H+-transporting two-sector ATPase, v. 15	p. 598
3.6.1.1	H+-translocating inorganic pyrophosphatase, inorganic diphosphatase, v. 15	p. 240
3.6.3.14	H+-transporting ATPase, H+-transporting two-sector ATPase, v. 15	p. 598
3.6.3.10	H+/K+-ATPase, H+/K+-exchanging ATPase, v. 15	p. 581
3.6.3.10	H,K-ATPase, H+/K+-exchanging ATPase, v. 15	p. 581
3.4.22.36	H.a.CASP1, caspase-1, v. 7	p. 699
2.1.1.46	H14'OMT, isoflavone 4'-O-methyltransferase, v. 28	p. 273
3.1.3.48	3H1 keratan sulfate proteoglycan, protein-tyrosine-phosphatase, v. 10	p. 407
3.1.1.3	h1Lip1, triacylglycerol lipase, v. 9	p. 36
1.4.4.2	H1 protein, glycine dehydrogenase (decarboxylating), v. 22	p. 371
1.5.99.11	H2-dependent methylenetetrahydromethanopterin dehydrogenase, 5,10-methylenetetrahydromethanopterin reductase, v. 23	p. 394
6.3.2.12	H2-folate synthetase, dihydrofolate synthase, v. 2	p. 466
1.12.98.2	H2-forming N5,N10-Methenyltetrahydromethanopterin dehydrogenase, 5,10-methenyltetrahydromethanopterin hydrogenase, v. 25	p. 361
3.4.24.53	H2-Proteinase, trimerelysin II, v. 8	p. 475
2.7.6.3	H2-pteridine-CH2-OH pyrophosphokinase, 2-amino-4-hydroxy-6-hydroxymethyldihydropteridine diphosphokinase, v. 38	p. 30
2.7.6.3	H2-pteridine-CH2OH pyrophosphokinase, 2-amino-4-hydroxy-6-hydroxymethyldihydropteridine diphosphokinase, v. 38	p. 30

1.12.99.6	H2-sensing [NiFe] hydrogenase, hydrogenase (acceptor), v.25	p.373
4.2.1.1	H216N ATCA, carbonate dehydratase, v.4	p.242
1.12.2.1	H2:ferricytochrome c3 oxidoreductase, cytochrome-c3 hydrogenase, v.25	p.328
1.8.98.1	H2:heterodisulfide oxidoreductase, CoB-CoM heterodisulfide reductase, v.S1	p.367
1.12.1.2	H2:NAD+ oxidoreductase, hydrogen dehydrogenase, v.25	p.316
1.97.1.3	H2:sulfuroxidoreductase complex, sulfur reductase, v.27	p.647
3.4.24.53	H2 metalloproteinase, trimerelysin II, v.8	p.475
1.11.1.14	H2O2-dependent ligninase, lignin peroxidase, v.25	p.309
1.1.3.40	H2O2-generating mannitol oxidase, D-mannitol oxidase, v.19	p.245
1.1.3.40	H2O2 generating mannitol oxidase, D-mannitol oxidase, v.19	p.245
1.11.1.7	H2O2 oxidoreductase, peroxidase, v.25	p.211
1.12.7.2	H2 oxidizing hydrogenase, ferredoxin hydrogenase, v.25	p.338
1.12.7.2	H2 producing hydrogenase [ambiguous], ferredoxin hydrogenase, v.25	p.338
1.12.99.6	H2 producing hydrogenase [ambiguous], hydrogenase (acceptor), v.25	p.373
1.4.4.2	H2 protein, glycine dehydrogenase (decarboxylating), v.22	p.371
1.8.1.2	H2S-NADP oxidoreductase, sulfite reductase (NADPH), v.24	p.452
1.14.11.27	H3-K36-specific demethylase, [histone-H3]-lysine-36 demethylase, v.S1	p.522
1.14.11.27	H3-K36 demethylase, [histone-H3]-lysine-36 demethylase, v.S1	p.522
3.1.3.16	H3S10 phosphatase, phosphoprotein phosphatase, v.10	p.213
1.1.1.27	H4-L-lactate dehydrogenase, L-lactate dehydrogenase, v.16	p.253
2.1.1.125	H4-specific HMT, histone-arginine N-methyltransferase, v.28	p.578
2.1.1.125	H4 Arg3 methyltransferase, histone-arginine N-methyltransferase, v.28	p.578
2.1.1.86	H4MPT, tetrahydromethanopterin S-methyltransferase, v.28	p.450
1.13.11.34	H5-LO, arachidonate 5-lipoxygenase, v.25	p.591
1.14.11.11	6H6, hyoscyamine (6S)-dioxygenase, v.26	p.82
4.2.1.1	H64A HCA II, carbonate dehydratase, v.4	p.242
1.14.11.11	H6H, hyoscyamine (6S)-dioxygenase, v.26	p.82
3.1.21.3	H91_orf206, type I site-specific deoxyribonuclease, v.11	p.448
3.1.21.3	H91_orf376, type I site-specific deoxyribonuclease, v.11	p.448
3.4.24.64	HA1523, mitochondrial processing peptidase, v.8	p.525
2.4.1.212	HA2, hyaluronan synthase, v.32	p.558
2.4.1.212	HA3, hyaluronan synthase, v.32	p.558
4.1.3.14	d-HAA, 3-Hydroxyaspartate aldolase, v.4	p.96
3.1.3.1	HaALP, alkaline phosphatase, v.10	p.1
2.3.1.87	hAANAT, aralkylamine N-acetyltransferase, v.30	p.149
3.2.1.35	HAase, hyaluronoglucosaminidase, v.12	p.526
3.2.1.36	HAase, hyaluronoglucuronidase, v.12	p.534
5.4.4.1	HAB mutase, (hydroxyamino)benzene mutase, v.S7	p.523
3.4.21.74	Habutobin, Venombin A, v.7	p.364
2.3.1.48	HAC1, histone acetyltransferase, v.29	p.641
3.4.22.28	HAC 3C, picornain 3C, v.7	p.646
3.1.1.81	HacA, quorum-quenching N-acyl-homoserine lactonase, v.S5	p.23
2.3.1.26	hACAT, sterol O-acyltransferase, v.29	p.463
2.3.1.26	hACAT-1, sterol O-acyltransferase, v.29	p.463
2.3.1.26	hACAT-2, sterol O-acyltransferase, v.29	p.463
2.3.1.26	hACAT1, sterol O-acyltransferase, v.29	p.463
3.1.1.81	HacB, quorum-quenching N-acyl-homoserine lactonase, v.S5	p.23
3.5.1.23	haCER1, ceramidase, v.14	p.367
3.1.1.28	HACH, high activity acylcarnitine hydrolase, acylcarnitine hydrolase, v.9	p.234
4.2.1.36	HACN, homoaconitate hydratase, v.4	p.464
4.2.1.114	HACN, methanogen homoaconitase
3.5.1.14	hAcy1, aminoacylase, v.14	p.317
1.13.11.6	3-HAD, 3-hydroxyanthranilate 3,4-dioxygenase, v.25	p.439
1.1.1.35	HAD, 3-hydroxyacyl-CoA dehydrogenase, v.16	p.318
1.1.1.135	HADH2, GDP-6-deoxy-D-talose 4-dehydrogenase, v.17	p.395

1.1.1.35	HADHSC, 3-hydroxyacyl-CoA dehydrogenase, v. 16 | p. 318	
1.3.99.2	HADII, butyryl-CoA dehydrogenase, v. 21 | p. 473	
2.7.1.20	hADK, adenosine kinase, v. 35 | p. 252	
3.1.21.4	HaeI, type II site-specific deoxyribonuclease, v. 11 | p. 454	
3.1.21.4	HaeII, type II site-specific deoxyribonuclease, v. 11 | p. 454	
3.1.21.4	HaeIII, type II site-specific deoxyribonuclease, v. 11 | p. 454	
3.1.1.6	haemagglutinin-esterase, acetylesterase, v. 9 | p. 96	
3.2.1.18	haemagglutinin-neuraminidase protein, exo-α-sialidase, v. 12 | p. 244	
1.14.15.1	haem mono-oxygenase CYP101, camphor 5-monooxygenase, v. 27 | p. 1	
3.6.3.43	haemolysin B transporter, peptide-transporting ATPase, v. 15 | p. 695	
3.4.24.73	haemolytic factor-2, jararhagin, v. 8 | p. 569	
3.1.4.3	haemolytic phospholipase C, phospholipase C, v. 11 | p. 32	
1.14.99.3	haem oxygenase, heme oxygenase, v. 27 | p. 261	
3.4.21.38	HAF, coagulation factor XIIa, v. 7 | p. 167	
3.4.21.120	hAFP, oviductin, v. S5 | p. 454	
3.4.21.38	Hageman factor, coagulation factor XIIa, v. 7 | p. 167	
3.4.21.38	Hageman factor β-fragment, coagulation factor XIIa, v. 7 | p. 167	
3.4.21.38	Hageman factor fragment HFf, coagulation factor XIIa, v. 7 | p. 167	
3.4.21.38	Hagemann factor, coagulation factor XIIa, v. 7 | p. 167	
3.1.2.6	HAGH, hydroxyacylglutathione hydrolase, v. 9 | p. 486	
2.1.1.63	C-hAGT, methylated-DNA-[protein]-cysteine S-methyltransferase, v. 28 | p. 343	
2.1.1.63	N-hAGT, methylated-DNA-[protein]-cysteine S-methyltransferase, v. 28 | p. 343	
2.1.1.63	hAGT, methylated-DNA-[protein]-cysteine S-methyltransferase, v. 28 | p. 343	
4.3.1.3	HAL, histidine ammonia-lyase, v. 5 | p. 181	
4.3.1.3	L-HAL, histidine ammonia-lyase, v. 5 | p. 181	
4.1.1.36	HAL3A, phosphopantothenoylcysteine decarboxylase, v. 3 | p. 223	
3.1.3.7	HalA, 3'(2'),5'-bisphosphate nucleotidase, v. 10 | p. 125	
1.2.1.3	hALDH2, aldehyde dehydrogenase (NAD+), v. 20 | p. 32	
3.5.1.4	half-amidase, amidase, v. 14 | p. 231	
3.8.1.2	2-halo acid dehalogeanse, (S)-2-haloacid dehalogenase, v. 15 | p. 867	
3.8.1.9	D-2-haloacid dehalogenase, (R)-2-haloacid dehalogenase, v. S6 | p. 546	
3.8.1.2	L-2-haloacid dehalogenase, (S)-2-haloacid dehalogenase, v. 15 | p. 867	
3.8.1.3	haloacid dehalogenase, haloacetate dehalogenase, v. 15 | p. 877	
3.8.1.2	2-haloacid dehalogenase[ambiguous], (S)-2-haloacid dehalogenase, v. 15 | p. 867	
3.8.1.2	2-haloacid halidohydrolase[ambiguous], (S)-2-haloacid dehalogenase, v. 15 | p. 867	
3.8.1.5	1-haloalkane dehalogenase, haloalkane dehalogenase, v. 15 | p. 891	
3.8.1.1	haloalkane dehalogenase, alkylhalidase, v. 15 | p. 865	
3.8.1.5	haloalkane dehalogenase, haloalkane dehalogenase, v. 15 | p. 891	
3.8.1.1	haloalkane halidohydrolase, alkylhalidase, v. 15 | p. 865	
3.8.1.9	2-haloalkanoic acid dehalogenase, (R)-2-haloacid dehalogenase, v. S6 | p. 546	
3.8.1.2	2-haloalkanoic acid dehalogenase, (S)-2-haloacid dehalogenase, v. 15 | p. 867	
3.8.1.10	2-haloalkanoic acid dehalogenase, 2-haloacid dehalogenase (configuration-inverting), v. S6 | p. 549	
3.8.1.11	2-haloalkanoic acid dehalogenase, 2-haloacid dehalogenase (configuration-retaining), v. S6 | p. 555	
3.8.1.9	2-haloalkanoid acid halidohydrolase, (R)-2-haloacid dehalogenase, v. S6 | p. 546	
3.8.1.2	2-haloalkanoid acid halidohydrolase, (S)-2-haloacid dehalogenase, v. 15 | p. 867	
3.8.1.10	2-haloalkanoid acid halidohydrolase, 2-haloacid dehalogenase (configuration-inverting), v. S6 | p. 549	
3.8.1.11	2-haloalkanoid acid halidohydrolase, 2-haloacid dehalogenase (configuration-retaining), v. S6 | p. 555	
6.2.1.33	4-Halobenzoate-coenzyme A ligase, 4-Chlorobenzoate-CoA ligase, v. 2 | p. 339	
1.14.12.13	2-halobenzoate 1,2-dioxygenase, 2-chlorobenzoate 1,2-dioxygenase, v. 26 | p. 177	
1.14.12.13	2-halobenzoate dioxygenase, 2-chlorobenzoate 1,2-dioxygenase, v. 26 | p. 177	
3.8.1.2	2-halocarboxylic acid dehalogenase II, (S)-2-haloacid dehalogenase, v. 15 | p. 867	

3.8.1.1	halogenase, alkylhalidase, v.15 | p.865	
2.1.1.136	halogenated phenol O-methyltransferase, chlorophenol O-methyltransferase, v.28 | p.611	
2.6.1.39	halogenated tyrosine aminotransferase, 2-aminoadipate transaminase, v.34 | p.483	
2.6.1.24	halogenated tyrosine aminotransferase, diiodotyrosine transaminase, v.34 | p.429	
2.6.1.24	halogenated tyrosine transaminase, diiodotyrosine transaminase, v.34 | p.429	
1.1.1.37	halophilic malate dehydrogenase, malate dehydrogenase, v.16 | p.336	
3.1.3.7	Halotolerance protein tol1, 3'(2'),5'-bisphosphate nucleotidase, v.10 | p.125	
2.7.1.102	hamamelosekinase (ATP·hamamelose 2'-phosphotransferase), hamamelose kinase, v.36 | p.405	
2.7.1.102	hamamelose kinase (phosphorylating), hamamelose kinase, v.36 | p.405	
2.7.11.1	Hank's type serine/threonine kinase, non-specific serine/threonine protein kinase, v.S3 | p.1	
1.4.3.21	Hansenula polymorpha amine oxidase, primary-amine oxidase	
3.4.21.78	Hanukkah factor, Granzyme A, v.7 | p.388	
1.13.11.6	3-HAO, 3-hydroxyanthranilate 3,4-dioxygenase, v.25 | p.439	
1.13.11.6	3HAO, 3-hydroxyanthranilate 3,4-dioxygenase, v.25 | p.439	
1.10.3.5	3HAO, 3-hydroxyanthranilate oxidase, v.25 | p.153	
1.7.3.4	HAO, hydroxylamine oxidase, v.24 | p.360	
1.7.99.8	HAO, hydroxylamine oxidoreductase, v.S1 | p.285	
1.1.3.15	HAOX1, (S)-2-hydroxy-acid oxidase, v.19 | p.129	
1.1.3.15	HAOX2, (S)-2-hydroxy-acid oxidase, v.19 | p.129	
1.1.3.15	HAOX3, (S)-2-hydroxy-acid oxidase, v.19 | p.129	
3.1.3.48	HAP, protein-tyrosine-phosphatase, v.10 | p.407	
4.2.99.18	HAP1, DNA-(apurinic or apyrimidinic site) lyase, v.5 | p.150	
4.2.99.18	HAP1h, DNA-(apurinic or apyrimidinic site) lyase, v.5 | p.150	
1.14.13.84	hAPA, 4-hydroxyacetophenone monooxygenase, v.S1 | p.545	
3.4.11.7	hAPA, glutamyl aminopeptidase, v.6 | p.102	
3.4.21.69	hAPC, Protein C (activated), v.7 | p.339	
1.2.1.61	hAPE, 4-hydroxymuconic-semialdehyde dehydrogenase, v.20 | p.387	
4.2.99.18	hAPE, DNA-(apurinic or apyrimidinic site) lyase, v.5 | p.150	
4.2.99.18	hAPE1, DNA-(apurinic or apyrimidinic site) lyase, v.5 | p.150	
1.14.13.84	HAPMO, 4-hydroxyacetophenone monooxygenase, v.S1 | p.545	
5.4.4.3	3HAP mutase, 3-(hydroxyamino)phenol mutase, v.S7 | p.533	
2.3.1.88	hARD2, peptide α-N-acetyltransferase, v.30 | p.157	
2.7.11.1	hARK1, non-specific serine/threonine protein kinase, v.S3 | p.1	
6.3.2.19	hARNIP, Ubiquitin-protein ligase, v.2 | p.506	
3.2.1.1	HAS, α-amylase, v.12 | p.1	
2.4.1.212	HAS, hyaluronan synthase, v.32 | p.558	
2.4.1.212	HAS1, hyaluronan synthase, v.32 | p.558	
2.4.1.212	Has2, hyaluronan synthase, v.32 | p.558	
2.4.1.212	Has3, hyaluronan synthase, v.32 | p.558	
2.1.1.137	hAS3MT, arsenite methyltransferase, v.28 | p.613	
3.1.4.12	haSMase, sphingomyelin phosphodiesterase, v.11 | p.86	
3.5.1.15	hASPA, aspartoacylase, v.14 | p.331	
2.4.1.212	HASs, hyaluronan synthase, v.32 | p.558	
3.4.21.59	HAST, Tryptase, v.7 | p.265	
2.8.2.1	HAST1/HAST2, aryl sulfotransferase, v.39 | p.247	
2.8.2.1	HAST3, aryl sulfotransferase, v.39 | p.247	
2.4.1.212	HA synthase, hyaluronan synthase, v.32 | p.558	
2.3.1.48	HAT, histone acetyltransferase, v.29 | p.641	
2.6.1.38	Hat-1, histidine transaminase, v.34 | p.479	
2.3.1.48	HAT-B, histone acetyltransferase, v.29 | p.641	
2.3.1.48	HAT-B complex, histone acetyltransferase, v.29 | p.641	
2.3.1.48	Hat1, histone acetyltransferase, v.29 | p.641	
2.3.1.48	Hat1p, histone acetyltransferase, v.29 | p.641	

2.3.1.48	HatB3.1, histone acetyltransferase, v. 29 | p. 641	
3.4.24.67	hatching enzyme, choriolysin H, v. 8 | p. 544	
3.4.24.12	hatching enzyme, envelysin, v. 8 | p. 248	
3.6.4.10	hATPase, non-chaperonin molecular chaperone ATPase, v. 15 | p. 810	
3.6.3.14	HATPL, H+-transporting two-sector ATPase, v. 15 | p. 598	
2.5.1.17	hATR, cob(I)yrinic acid a,c-diamide adenosyltransferase, v. 33 | p. 517	
3.1.4.39	hATX, alkylglycerophosphoethanolamine phosphodiesterase, v. 11 | p. 187	
4.1.2.37	Hb-HNL, hydroxynitrilase, v. 3 | p. 569	
3.1.1.22	3-HB-oligomer hydrolase, hydroxybutyrate-dimer hydrolase, v. 9 | p. 205	
3.1.1.22	3HB-oligomer hydrolase, hydroxybutyrate-dimer hydrolase, v. 9 | p. 205	
4.2.2.2	Hb-PEL-1, pectate lyase, v. 5 | p. 6	
3.6.1.5	HB6, apyrase, v. 15 | p. 269	
1.14.99.23	3-HBA-2-hydroxylase, 3-hydroxybenzoate 2-monooxygenase, v. 27 | p. 355	
1.14.13.2	4-HBA-3-hydroxylase, 4-hydroxybenzoate 3-monooxygenase, v. 26 | p. 208	
1.14.13.24	3-HBA-6-hydroxylase, 3-hydroxybenzoate 6-monooxygenase, v. 26 | p. 355	
3.1.2.23	4-HBA-CoA thioesterase, 4-hydroxybenzoyl-CoA thioesterase, v. 9 | p. 555	
1.14.13.2	4HBA 3-hydroxylase, 4-hydroxybenzoate 3-monooxygenase, v. 26 | p. 208	
2.4.1.194	HBA glucosyltransferase, 4-hydroxybenzoate 4-O-β-D-glucosyltransferase, v. 32 | p. 475	
2.3.1.65	hBAT, bile acid-CoA:amino acid N-acyltransferase, v. 30 | p. 26	
2.6.1.42	hBCATm, branched-chain-amino-acid transaminase, v. 34 | p. 499	
3.4.17.2	HBCPB, carboxypeptidase B, v. 6 | p. 418	
1.3.99.20	4-HBCR, 4-hydroxybenzoyl-CoA reductase, v. 21 | p. 594	
1.3.99.20	HBCR, 4-hydroxybenzoyl-CoA reductase, v. 21 | p. 594	
1.1.1.61	4HBD, 4-hydroxybutyrate dehydrogenase, v. 17 | p. 46	
1.1.1.157	HBD, 3-hydroxybutyryl-CoA dehydrogenase, v. 18 | p. 10	
1.2.1.64	HBD, 4-hydroxybenzaldehyde dehydrogenase, v. 20 | p. 393	
4.1.1.61	HBDC, 4-Hydroxybenzoate decarboxylase, v. 3 | p. 350	
1.1.1.30	3-HBDH, 3-hydroxybutyrate dehydrogenase, v. 16 | p. 287	
1.1.1.30	HBDH, 3-hydroxybutyrate dehydrogenase, v. 16 | p. 287	
3.2.1.20	HBGase I, α-glucosidase, v. 12 | p. 263	
3.2.1.20	HBGase II, α-glucosidase, v. 12 | p. 263	
3.2.1.20	HBGase III, α-glucosidase, v. 12 | p. 263	
3.2.1.20	HBG III, α-glucosidase, v. 12 | p. 263	
1.14.13.2	HBH, 4-hydroxybenzoate 3-monooxygenase, v. 26 | p. 208	
4.1.2.37	HbHNL, hydroxynitrilase, v. 3 | p. 569	
5.2.1.8	HBI, Peptidylprolyl isomerase, v. 1 | p. 218	
1.14.12.17	HbN, nitric oxide dioxygenase, v. 26 | p. 190	
3.1.1.22	3HBOH, hydroxybutyrate-dimer hydrolase, v. 9 | p. 205	
3.1.1.22	3HB oligomer hydrolase, hydroxybutyrate-dimer hydrolase, v. 9 | p. 205	
1.11.1.15	HBP23/Prx I, peroxiredoxin, v. S1 | p. 403	
1.14.13.44	HbpA, 2-hydroxybiphenyl 3-monooxygenase, v. 26 | p. 458	
2.7.11.1	hBUBR1, non-specific serine/threonine protein kinase, v. S3 | p. 1	
1.13.11.4	hbzE, gentisate 1,2-dioxygenase, v. 25 | p. 422	
2.7.7.48	HC-J4 NS5BΔ21, RNA-directed RNA polymerase, v. 38 | p. 468	
3.4.22.45	HC-Pro, helper-component proteinase, v. 7 | p. 747	
3.4.22.45	HC-Pro protein, helper-component proteinase, v. 7 | p. 747	
3.4.22.45	HC-Pro proteinase, helper-component proteinase, v. 7 | p. 747	
4.2.1.1	HCA, carbonate dehydratase, v. 4 | p. 242	
1.4.99.5	HCA, glycine dehydrogenase (cyanide-forming), v. 22 | p. 415	
2.3.1.152	HCA-GT, Alcohol O-cinnamoyltransferase, v. 30 | p. 404	
2.4.1.120	HCA-GT, sinapate 1-glucosyltransferase, v. 32 | p. 165	
4.2.1.1	HCA-I, carbonate dehydratase, v. 4 | p. 242	
4.2.1.1	HCA-II, carbonate dehydratase, v. 4 | p. 242	
1.14.12.19	HcaA1A2CD, 3-phenylpropanoate dioxygenase, v. S1 | p. 529	
1.14.12.19	HcaA1A2CD, 3-phenylpropanoate dioxygenase, v. S1 | p. 529	

Hca dioxygenase

1.14.12.19	Hca dioxygenase, 3-phenylpropanoate dioxygenase, v. S1	p. 529
4.2.1.1	hCA I, carbonate dehydratase, v. 4	p. 242
4.2.1.1	HCA II, carbonate dehydratase, v. 4	p. 242
4.2.1.1	hCAII, carbonate dehydratase, v. 4	p. 242
4.2.1.1	hCA III, carbonate dehydratase, v. 4	p. 242
4.2.1.1	hCA IV, carbonate dehydratase, v. 4	p. 242
4.2.1.1	hCA IX, carbonate dehydratase, v. 4	p. 242
6.3.2.11	HCarn-Carn synthetase, Carnosine synthase, v. 2	p. 460
3.4.16.5	hCath A, carboxypeptidase C, v. 6	p. 385
4.2.1.1	hCA VA, carbonate dehydratase, v. 4	p. 242
4.2.1.1	hCA VB, carbonate dehydratase, v. 4	p. 242
4.2.1.1	hCA VI, carbonate dehydratase, v. 4	p. 242
4.2.1.1	hCA VII, carbonate dehydratase, v. 4	p. 242
4.2.1.1	hCA XII, carbonate dehydratase, v. 4	p. 242
4.2.1.1	hCA XIV, carbonate dehydratase, v. 4	p. 242
4.2.1.1	hCA XIV catalytic domain, carbonate dehydratase, v. 4	p. 242
3.4.24.69	HCB, bontoxilysin, v. 8	p. 553
3.2.1.21	hCBG, β-glucosidase, v. 12	p. 299
4.2.1.22	hCBS, Cystathionine β-synthase, v. 4	p. 390
2.5.1.18	HCCA isomerase, glutathione transferase, v. 33	p. 524
4.4.1.17	HCCS, Holocytochrome-c synthase, v. 5	p. 396
5.2.1.8	HcCYP, Peptidylprolyl isomerase, v. 1	p. 218
1.1.1.146	7-α-HCD, 11β-hydroxysteroid dehydrogenase, v. 17	p. 449
1.1.1.35	HCDH, 3-hydroxyacyl-CoA dehydrogenase, v. 16	p. 318
3.4.24.69	HCE, bontoxilysin, v. 8	p. 553
3.4.24.67	HCE, choriolysin H, v. 8	p. 544
3.4.24.12	HCE, envelysin, v. 8	p. 248
3.4.24.67	HCE-1, choriolysin H, v. 8	p. 544
3.4.24.12	HCE-1, envelysin, v. 8	p. 248
3.1.1.1	HCE1, carboxylesterase, v. 9	p. 1
3.1.1.1	HCE2, carboxylesterase, v. 9	p. 1
2.7.1.138	hCERK, ceramide kinase, v. 37	p. 192
3.2.1.23	hcβgal, β-galactosidase, v. 12	p. 368
4.2.1.101	HCHL, trans-feruloyl-CoA hydratase, v. S7	p. 82
4.2.1.1	HC II, carbonate dehydratase, v. 4	p. 242
2.7.10.2	HCK, non-specific protein-tyrosine kinase, v. S2	p. 441
2.7.10.2	hck-tr, non-specific protein-tyrosine kinase, v. S2	p. 441
6.1.1.4	HcleuRS, Leucine-tRNA ligase, v. 2	p. 23
3.4.21.97	HCMV protease, assemblin, v. 7	p. 465
2.7.7.48	HCN NS5B protein, RNA-directed RNA polymerase, v. 38	p. 468
1.4.99.5	HCN synthase, glycine dehydrogenase (cyanide-forming), v. 22	p. 415
1.14.13.95	HCO 12α-hydroxylase, 7α-hydroxycholest-4-en-3-one 12α-hydroxylase, v. S1	p. 611
3.6.1.3	HCO3-ATPase, adenosinetriphosphatase, v. 15	p. 263
3.1.3.48	HCP, protein-tyrosine phosphatase, v. 10	p. 407
3.1.4.17	HCP1, 3',5'-cyclic-nucleotide phosphodiesterase, v. 11	p. 116
3.4.17.1	hCPA, carboxypeptidase A, v. 6	p. 401
3.4.17.1	hCPA4, carboxypeptidase A, v. 6	p. 401
3.4.17.10	hCPE, carboxypeptidase E, v. 6	p. 455
3.4.22.45	HcPro, helper-component proteinase, v. 7	p. 747
1.7.99.8	HCR, hydroxylamine oxidoreductase, v. S1	p. 285
3.6.1.15	HCR-NTPase, nucleoside-triphosphatase, v. 15	p. 365
6.3.4.15	HCS, Biotin-[acetyl-CoA-carboxylase] ligase, v. 2	p. 638
6.3.4.10	HCS, Biotin-[propionyl-CoA-carboxylase (ATP-hydrolysing)] ligase, v. 2	p. 617
1.4.99.5	HCS, glycine dehydrogenase (cyanide-forming), v. 22	p. 415
2.3.3.14	HCS, homocitrate synthase, v. 30	p. 688

4.4.1.1	hCSE, cystathionine γ-lyase, v.5 | p.297	
3.1.26.3	HCS protein, ribonuclease III, v.11 | p.509	
2.7.7.43	hCSS, N-acylneuraminate cytidylyltransferase, v.38 | p.436	
2.3.1.99	HCT, quinate O-hydroxycinnamoyltransferase, v.30 | p.215	
2.3.1.133	HCT, shikimate O-hydroxycinnamoyltransferase, v.30 | p.331	
3.4.21.98	HCV NS3 protease, hepacivirin, v.7 | p.474	
2.7.7.48	HCV NS5B, RNA-directed RNA polymerase, v.38 | p.468	
2.7.7.48	HCV RdRp, RNA-directed RNA polymerase, v.38 | p.468	
3.4.22.40	Hcy-thiolactonase, bleomycin hydrolase, v.7 | p.725	
5.2.1.8	hCyP33, Peptidylprolyl isomerase, v.1 | p.218	
3.1.3.48	HD-PTP, protein-tyrosine-phosphatase, v.10 | p.407	
3.5.1.98	HD1B, histone deacetylase, v.S6 | p.437	
3.5.1.98	HDA, histone deacetylase, v.S6 | p.437	
3.5.1.98	HdaA, histone deacetylase, v.S6 | p.437	
1.4.3.3	hDAAO, D-amino-acid oxidase, v.22 | p.243	
3.5.1.98	HDAC, histone deacetylase, v.S6 | p.437	
2.7.11.31	HDAC5 kinase, [hydroxymethylglutaryl-CoA reductase (NADPH)] kinase, v.S4 | p.355	
3.5.1.98	HDAC6, histone deacetylase, v.S6 | p.437	
3.5.1.98	HDAC8, histone deacetylase, v.S6 | p.437	
4.2.2.3	HdAlex, poly(β-D-mannuronate) lyase, v.5 | p.19	
4.2.2.3	HdAly, poly(β-D-mannuronate) lyase, v.5 | p.19	
3.2.1.1	HdAmyI, α-amylase, v.12 | p.1	
4.1.1.22	HDC, Histidine decarboxylase, v.3 | p.126	
1.17.3.3	6-HDH, 6-hydroxynicotinate dehydrogenase, v.S1 | p.757	
1.1.1.23	HDH, histidinol dehydrogenase, v.16 | p.229	
1.1.1.3	HDH, homoserine dehydrogenase, v.16 | p.84	
1.5.1.3	hDHFR-1, dihydrofolate reductase, v.23 | p.17	
1.5.1.3	hDHFR-2, dihydrofolate reductase, v.23 | p.17	
3.5.2.3	hDHOase, dihydroorotase, v.14 | p.670	
3.1.8.1	HDL-associated esterase/lactonase paraoxonase 1, aryldialkylphosphatase, v.11 | p.343	
3.1.8.1	HDL-PON1, aryldialkylphosphatase, v.11 | p.343	
3.1.1.2	HDL-PON1, arylesterase, v.9 | p.28	
1.7.99.6	HdN2OR, nitrous-oxide reductase, v.24 | p.432	
3.1.21.1	hDNase I, deoxyribonuclease I, v.11 | p.431	
1.7.2.1	HdNIR, nitrite reductase (NO-forming), v.24 | p.325	
2.1.1.37	hDNMT1, DNA (cytosine-5-)-methyltransferase, v.28 | p.197	
1.5.3.6	6-HDNO, (R)-6-hydroxynicotine oxidase, v.23 | p.295	
3.4.14.1	hDPPI, dipeptidyl-peptidase I, v.6 | p.255	
3.4.14.5	hDPPIV, dipeptidyl-peptidase IV, v.6 | p.286	
1.3.1.51	HDR, 2'-hydroxydaidzein reductase, v.21 | p.275	
1.17.1.2	HDR, 4-hydroxy-3-methylbut-2-enyl diphosphate reductase, v.27 | p.485	
1.8.98.1	HDR, CoB-CoM heterodisulfide reductase, v.S1 | p.367	
1.8.98.1	HdrB, CoB-CoM heterodisulfide reductase, v.S1 | p.367	
1.8.98.1	HdrC, CoB-CoM heterodisulfide reductase, v.S1 | p.367	
1.8.98.1	HdrD, CoB-CoM heterodisulfide reductase, v.S1 | p.367	
1.17.7.1	HDS, (E)-4-hydroxy-3-methylbut-2-enyl-diphosphate synthase	
1.1.1.146	11β-HDS2, 11β-hydroxysteroid dehydrogenase, v.17 | p.449	
3.5.2.2	HDT, dihydropyrimidinase, v.14 | p.651	
3.1.1.6	HE, acetylesterase, v.9 | p.96	
3.4.24.12	HE, envelysin, v.8 | p.248	
3.1.1.53	HE, sialate O-acetylesterase, v.9 | p.344	
3.4.22.36	hearm caspase-1, caspase-1, v.7 | p.699	
3.5.4.6	Heart-type AMPD, AMP deaminase, v.15 | p.57	
1.1.1.27	heart LDH, L-lactate dehydrogenase, v.16 | p.253	
2.7.10.1	Heartless protein, receptor protein-tyrosine kinase, v.S2 | p.341	

4.1.2.13	heat-induced protein 44, Fructose-bisphosphate aldolase, v.3	p. 455
3.4.21.47	heat-labile factor, alternative-complement-pathway C3/C5 convertase, v.7	p. 218
3.1.4.3	heat-labile hemolysin, phospholipase C, v. 11	p. 32
3.6.4.10	heat-shock cognate protein 70, non-chaperonin molecular chaperone ATPase, v. 15	p. 810
3.6.4.10	heat-shock protein 70, non-chaperonin molecular chaperone ATPase, v. 15	p. 810
3.1.4.3	Heat labile-hemolysin, phospholipase C, v. 11	p. 32
3.6.4.10	heat shock cognate 70, non-chaperonin molecular chaperone ATPase, v. 15	p. 810
3.6.4.10	heat shock cognate protein, non-chaperonin molecular chaperone ATPase, v. 15	p. 810
3.6.4.10	heat shock protein, non-chaperonin molecular chaperone ATPase, v. 15	p. 810
3.6.4.10	heat shock protein-70, non-chaperonin molecular chaperone ATPase, v. 15	p. 810
3.6.4.9	heat shock protein 10, chaperonin ATPase, v. 15	p. 803
3.6.4.9	heat shock protein 60, chaperonin ATPase, v. 15	p. 803
3.6.4.10	heat shock protein 70, non-chaperonin molecular chaperone ATPase, v. 15	p. 810
3.6.4.10	heat shock protein 90, non-chaperonin molecular chaperone ATPase, v. 15	p. 810
3.6.4.9	heat shock protein chaperonin 60.2, chaperonin ATPase, v. 15	p. 803
3.4.21.92	Heat shock protein F21.5, Endopeptidase Clp, v. 7	p. 445
3.6.4.10	heat shock protein GroEl, non-chaperonin molecular chaperone ATPase, v. 15	p. 810
2.5.1.9	heavy riboflavin synthase, riboflavin synthase, v. 33	p. 458
3.4.24.71	hECE-1, endothelin-converting enzyme 1, v. 8	p. 562
6.3.2.19	HECT, UBA, and WWE domain containing 1, Ubiquitin-protein ligase, v. 2	p. 506
6.3.2.19	HECT-type Pub1/2 protein-ubiquitin ligase, Ubiquitin-protein ligase, v. 2	p. 506
6.3.2.19	HECTD3, Ubiquitin-protein ligase, v. 2	p. 506
6.3.2.19	HECT E3, Ubiquitin-protein ligase, v. 2	p. 506
6.3.2.19	HECTH9, Ubiquitin-protein ligase, v. 2	p. 506
3.3.2.7	HEH, hepoxilin-epoxide hydrolase, v. 14	p. 185
2.7.10.1	HEK, receptor protein-tyrosine kinase, v. S2	p. 341
2.7.10.1	HEK 2, receptor protein-tyrosine kinase, v. S2	p. 341
2.7.10.1	HEK3, receptor protein-tyrosine kinase, v. S2	p. 341
2.7.10.1	HEK4, receptor protein-tyrosine kinase, v. S2	p. 341
2.7.10.1	HEK6, receptor protein-tyrosine kinase, v. S2	p. 341
3.6.3.41	HelABC transporter, heme-transporting ATPase, v. 15	p. 690
2.7.1.160	HeLa cell 2'-phosphotransferase, 2'-phosphotransferase, v. S2	p. 287
3.6.4.6	Helar-NSF, vesicle-fusing ATPase, v. 15	p. 789
6.3.2.19	helicase-like transcription factor, Ubiquitin-protein ligase, v. 2	p. 506
3.6.1.15	helicase/nucleoside triphosphatase, nucleoside-triphosphatase, v. 15	p. 365
3.2.2.21	helix-hairpin-helix DNA glycosylase, DNA-3-methyladenine glycosylase II, v. 14	p. 103
3.4.22.45	helper component-protease, helper-component proteinase, v. 7	p. 747
3.4.22.45	helper component-proteinase, helper-component proteinase, v. 7	p. 747
1.3.3.3	Hem13p, coproporphyrinogen oxidase, v. 21	p. 367
1.2.1.70	HEMA2, glutamyl-tRNA reductase, v. 13	p. 160
3.2.1.49	hemagglutinin, α-N-acetylgalactosaminidase, v. 13	p. 10
3.1.1.53	hemagglutinin-esterase, sialate O-acetylesterase, v. 9	p. 344
3.2.1.18	hemagglutinin-neuraminidase glycoprotein, exo-α-sialidase, v. 12	p. 244
3.4.24.25	hemagglutinin/protease HA/P, vibriolysin, v. 8	p. 358
3.1.3.48	Hematopoietic cell protein-tyrosine phosphatase, protein-tyrosine-phosphatase, v. 10	p. 407
3.1.3.48	Hematopoietic cell protein-tyrosine phosphatase 70Z-PEP, protein-tyrosine-phosphatase, v. 10	p. 407
2.7.10.2	Hematopoietic consensus tyrosine-lacking kinase, non-specific protein-tyrosine kinase, v. S2	p. 441
5.3.99.2	Hematopoietic prostaglandin D synthase, Prostaglandin-D synthase, v. 1	p. 451
3.1.3.48	Hematopoietic protein-tyrosine phosphatase, protein-tyrosine-phosphatase, v. 10	p. 407
3.1.3.48	hematopoietic protein tyrosine phosphatase, protein-tyrosine-phosphatase, v. 10	p. 407
3.1.3.48	hematopoietic tyrosine phosphatase, protein-tyrosine-phosphatase, v. 10	p. 407
4.1.1.37	HemE, Uroporphyrinogen decarboxylase, v. 3	p. 228

1.11.1.15	heme-binding protein 23/peroxiredoxin, peroxiredoxin, v. S1	p. 403
1.11.1.10	heme-thiolate chloroperoxidase, chloride peroxidase, v. 25	p. 245
1.14.99.3	heme oxygenase-1, heme oxygenase, v. 27	p. 261
1.14.99.3	heme oxygenase-2, heme oxygenase, v. 27	p. 261
1.14.99.3	heme oxygenase 1, heme oxygenase, v. 27	p. 261
1.11.1.7	heme peroxidase, peroxidase, v. 25	p. 211
4.99.1.1	heme synthase, ferrochelatase, v. 5	p. 478
4.99.1.1	heme synthetase, ferrochelatase, v. 5	p. 478
1.3.3.3	HemF, coproporphyrinogen oxidase, v. 21	p. 367
3.1.1.73	hemicellulase acessory enzymes, feruloyl esterase, v. 9	p. 414
1.3.99.22	HemN, coproporphyrinogen dehydrogenase, v. S1	p. 262
1.3.3.3	HemN, coproporphyrinogen oxidase, v. 21	p. 367
1.14.99.3	HemO, heme oxygenase, v. 27	p. 261
1.15.1.1	hemocuprein, superoxide dismutase, v. 27	p. 399
1.10.3.1	hemocyanin, catechol oxidase, v. 25	p. 105
3.4.22.34	hemoglobinase, Legumain, v. 7	p. 689
1.8.1.9	hemolysate thioredoxin reductase, thioredoxin-disulfide reductase, v. 24	p. 517
1.8.1.9	hemolysate TR, thioredoxin-disulfide reductase, v. 24	p. 517
3.1.4.3	β-hemolysin, phospholipase C, v. 11	p. 32
3.1.4.12	β-hemolysin, sphingomyelin phosphodiesterase, v. 11	p. 86
3.1.4.3	Hemolysin, phospholipase C, v. 11	p. 32
3.1.4.3	hemolytic PLC, phospholipase C, v. 11	p. 32
2.7.10.2	Hemopoietic cell kinase, non-specific protein-tyrosine kinase, v. S2	p. 441
4.2.1.22	Hemoprotein H-450, Cystathionine β-synthase, v. 4	p. 390
3.4.24.52	Hemorrhagic metalloproteinase HR1A, trimerelysin I, v. 8	p. 471
3.4.24.42	hemorrhagic metalloproteinase HT-d, atrolysin C, v. 8	p. 439
3.4.24.52	Hemorrhagic proteinase HR1A, trimerelysin I, v. 8	p. 471
3.4.24.47	Hemorrhagic proteinase IV, horrilysin, v. 8	p. 459
3.4.24.73	hemorrhagic svMP, jararhagin, v. 8	p. 569
3.4.24.1	hemorrhagic toxin a, atrolysin A, v. 8	p. 199
3.4.24.41	Hemorrhagic toxin b, atrolysin B, v. 8	p. 436
3.4.24.42	Hemorrhagic toxin c and d, atrolysin C, v. 8	p. 439
3.4.24.44	Hemorrhagic toxin e, atrolysin E, v. 8	p. 448
3.4.24.45	Hemorrhagic toxin f, atrolysin F, v. 8	p. 452
3.4.24.48	Hemorrhagic toxin II, ruberlysin, v. 8	p. 462
3.4.21.89	hen oviduct signal peptidase, Signal peptidase I, v. 7	p. 431
3.4.21.98	Hepacivirin, hepacivirin, v. 7	p. 474
2.4.1.225	heparan glucuronosyltransferase II, N-acetylglucosaminyl-proteoglycan 4-β-glucuronosyltransferase, v. 32	p. 610
3.2.1.50	heparan N-sulfatase, α-N-acetylglucosaminidase, v. 13	p. 18
2.8.2.8	heparan sulfate/heparin N-deacetylase/N-sulfotransferase-1, [heparan sulfate]-glucosamine N-sulfotransferase, v. 39	p. 342
2.8.2.8	heparan sulfate 2-N-sulfotransferase, [heparan sulfate]-glucosamine N-sulfotransferase, v. 39	p. 342
2.8.2.23	heparan sulfate 3-O-sulfotransferase, [heparan sulfate]-glucosamine 3-sulfotransferase 1, v. 39	p. 445
2.8.2.23	heparan sulfate 3-O-sulfotransferase-1, [heparan sulfate]-glucosamine 3-sulfotransferase 1, v. 39	p. 445
2.8.2.29	heparan sulfate 3-O-sulfotransferase 2, [heparan sulfate]-glucosamine 3-sulfotransferase 2, v. 39	p. 467
2.8.2.30	heparan sulfate 3-O-sulfotransferase 3, [heparan sulfate]-glucosamine 3-sulfotransferase 3, v. 39	p. 469
5.1.3.17	Heparan sulfate C5-epimerase, heparosan-N-sulfate-glucuronate 5-epimerase, v. 1	p. 167
2.4.1.225	heparan sulfate co-polymerase, N-acetylglucosaminyl-proteoglycan 4-β-glucuronosyltransferase, v. 32	p. 610

2.8.2.30	heparan sulfate D-glucosamine 3-O-sulfotransferase 3A, [heparan sulfate]-glucosamine 3-sulfotransferase 3, v. 39	p. 469
2.8.2.29	heparan sulfate D-glucosaminy 3-O-sulfotransferase, [heparan sulfate]-glucosamine 3-sulfotransferase 2, v. 39	p. 467
2.8.2.23	heparan sulfate D-glucosaminyl 3-O-sulfotransferase, [heparan sulfate]-glucosamine 3-sulfotransferase 1, v. 39	p. 445
2.8.2.30	heparan sulfate D-glucosaminyl 3-O-sulfotransferase-3A, [heparan sulfate]-glucosamine 3-sulfotransferase 3, v. 39	p. 469
2.8.2.23	heparan sulfate D-glucosaminyl 3-O-sulfotransferase 2, [heparan sulfate]-glucosamine 3-sulfotransferase 1, v. 39	p. 445
2.4.1.225	heparan sulfate glucuronosyltransferase, N-acetylglucosaminyl-proteoglycan 4-β-glucuronosyltransferase, v. 32	p. 610
4.2.2.8	heparan sulfate lyase, heparin-sulfate lyase, v. 5	p. 46
2.8.2.8	heparan sulfate N-deacetylase/N-sulfotransferase, [heparan sulfate]-glucosamine N-sulfotransferase, v. 39	p. 342
2.8.2.8	heparan sulfate N-deacetylase/N-sulfotransferase 2, [heparan sulfate]-glucosamine N-sulfotransferase, v. 39	p. 342
2.8.2.8	heparan sulfate N-sulfotransferase, [heparan sulfate]-glucosamine N-sulfotransferase, v. 39	p. 342
2.4.1.224	heparan sulfate polymerase, glucuronosyl-N-acetylglucosaminyl-proteoglycan 4-α-N-acetylglucosaminyltransferase, v. 32	p. 604
2.8.2.8	N-heparan sulfate sulfotransferase, [heparan sulfate]-glucosamine N-sulfotransferase, v. 39	p. 342
2.8.2.8	heparan sulfate sulfotransferase, [heparan sulfate]-glucosamine N-sulfotransferase, v. 39	p. 342
3.2.1.56	heparan sulphate glycuronidase, glucuronosyl-disulfoglucosamine glucuronidase, v. 13	p. 130
2.7.10.1	Heparin-binding growth factor receptor, receptor protein-tyrosine kinase, v. S2	p. 341
2.8.2.23	heparin-glucosamine 3-O-sulfotransferase, [heparan sulfate]-glucosamine 3-sulfotransferase 1, v. 39	p. 445
3.1.1.34	heparin-releasable protein lipase, lipoprotein lipase, v. 9	p. 266
4.2.2.8	heparin-sulfate eliminase, heparin-sulfate lyase, v. 5	p. 46
2.8.2.8	heparin/heparan sulfate N-deacetylase/N-sulfotransferase, [heparan sulfate]-glucosamine N-sulfotransferase, v. 39	p. 342
4.2.2.7	Heparinase, heparin lyase, v. 5	p. 41
4.2.2.7	heparinase I, heparin lyase, v. 5	p. 41
4.2.2.7	heparinase II, heparin lyase, v. 5	p. 41
4.2.2.8	heparinase III, heparin-sulfate lyase, v. 5	p. 46
4.2.2.7	Heparin eliminase, heparin lyase, v. 5	p. 41
4.2.2.7	heparin lyase I, heparin lyase, v. 5	p. 41
4.2.2.8	heparin lyase III, heparin-sulfate lyase, v. 5	p. 46
2.8.2.8	heparin N-sulfotransferase, [heparan sulfate]-glucosamine N-sulfotransferase, v. 39	p. 342
3.1.1.3	heparin releasable hepatic lipase, triacylglycerol lipase, v. 9	p. 36
3.10.1.1	heparin sulfamidase, N-sulfoglucosamine sulfohydrolase, v. 15	p. 917
4.2.2.8	heparin sulfate eliminase, heparin-sulfate lyase, v. 5	p. 46
4.2.2.8	heparitin-sulfate lyase, heparin-sulfate lyase, v. 5	p. 46
4.2.2.8	heparitinase, heparin-sulfate lyase, v. 5	p. 46
4.2.2.8	heparitinase I, heparin-sulfate lyase, v. 5	p. 46
4.2.2.8	heparitinase II, heparin-sulfate lyase, v. 5	p. 46
4.2.2.8	heparitin sulfate lyase, heparin-sulfate lyase, v. 5	p. 46
2.8.2.8	heparitin sulfotransferase, [heparan sulfate]-glucosamine N-sulfotransferase, v. 39	p. 342
3.2.1.56	heparo-glycuronidase, glucuronosyl-disulfoglucosamine glucuronidase, v. 13	p. 130
5.1.3.17	Heparosan-N-sulfate-D-glucuronosyl-5-epimerase, heparosan-N-sulfate-glucuronate 5-epimerase, v. 1	p. 167

5.1.3.17	Heparosan N-sulfate D-glucuronosyl 5-epimerase, heparosan-N-sulfate-glucuronate 5-epimerase, v. 1 | p. 167
1.14.13.17	hepatic cholesterol 7α-hydroxylase, cholesterol 7α-monooxygenase, v. 26 | p. 316
1.14.14.1	Hepatic cytochrome P-450MC1, unspecific monooxygenase, v. 26 | p. 584
3.1.1.32	hepatic lipase, phospholipase A1, v. 9 | p. 252
3.1.1.3	hepatic lipase, triacylglycerol lipase, v. 9 | p. 36
1.14.14.1	hepatic mixed-function oxidase, unspecific monooxygenase, v. 26 | p. 584
3.1.1.3	hepatic monoacylglycerol acyltransferase, triacylglycerol lipase, v. 9 | p. 36
1.8.3.2	hepatic regenerative stimulator substance, thiol oxidase, v. 24 | p. 594
3.4.22.28	hepatitis A virus 3C proteinase, picornain 3C, v. 7 | p. 646
3.4.21.98	hepatitis C virus NS3 serine protease, hepacivirin, v. 7 | p. 474
5.3.3.8	Hepatocellular carcinoma-associated antigen 88, dodecenoyl-CoA isomerase, v. 1 | p. 413
1.15.1.1	hepatocuprein, superoxide dismutase, v. 27 | p. 399
2.7.10.1	hepatocyte growth factor receptor, receptor protein-tyrosine kinase, v. S2 | p. 341
1.8.3.2	hepatopoietin, thiol oxidase, v. 24 | p. 594
1.16.3.1	hephaestin, ferroxidase, v. 27 | p. 466
3.3.2.7	hepoxilin epoxide hydrolase, hepoxilin-epoxide hydrolase, v. 14 | p. 185
2.5.1.30	HepPP synthase, trans-hexaprenyltranstransferase, v. 33 | p. 617
2.7.12.2	HEP protein, mitogen-activated protein kinase kinase, v. S4 | p. 392
2.5.1.30	HepPS, trans-hexaprenyltranstransferase, v. 33 | p. 617
2.7.8.1	hEPT1, ethanolaminephosphotransferase, v. 39 | p. 1
2.5.1.30	heptaprenyl diphosphate synthase, trans-hexaprenyltranstransferase, v. 33 | p. 617
2.5.1.30	heptaprenyl pyrophosphate synthase, trans-hexaprenyltranstransferase, v. 33 | p. 617
2.5.1.30	heptaprenyl pyrophosphate synthetase, trans-hexaprenyltranstransferase, v. 33 | p. 617
3.1.3.48	HEPTP, protein-tyrosine-phosphatase, v. 10 | p. 407
2.7.1.14	heptulokinase, sedoheptulokinase, v. 35 | p. 219
2.7.10.1	HER-1, receptor protein-tyrosine kinase, v. S2 | p. 341
2.7.10.1	Her-2, receptor protein-tyrosine kinase, v. S2 | p. 341
2.7.10.1	Her1 tyrosine kinase, receptor protein-tyrosine kinase, v. S2 | p. 341
2.7.10.1	HER2, receptor protein-tyrosine kinase, v. S2 | p. 341
2.7.10.1	HER3, receptor protein-tyrosine kinase, v. S2 | p. 341
2.7.10.1	HER3/ERRB3, receptor protein-tyrosine kinase, v. S2 | p. 341
3.1.1.6	HerE, acetylesterase, v. 9 | p. 96
3.1.1.72	Heroin esterase, Acetylxylan esterase, v. 9 | p. 406
3.4.21.97	Herpes simplex virus 1 proteinase Pra, assemblin, v. 7 | p. 465
3.4.21.97	Herpes simplex virus endopeptidase, assemblin, v. 7 | p. 465
6.3.2.19	herpes simplex virus type 1 infected cell protein 0, Ubiquitin-protein ligase, v. 2 | p. 506
3.1.2.15	herpesvirus associated ubiquitin-specific protease, ubiquitin thiolesterase, v. 9 | p. 523
2.7.10.1	HER receptor protein-tyrosine kinase, receptor protein-tyrosine kinase, v. S2 | p. 341
2.4.1.185	hesperetin 7-O-glucosyl-transferase, flavanone 7-O-β-glucosyltransferase, v. 32 | p. 444
2.8.2.4	hEST, estrone sulfotransferase, v. 39 | p. 303
2.8.2.2	hEST1, alcohol sulfotransferase, v. 39 | p. 278
2.8.2.15	hEST1, steroid sulfotransferase, v. 39 | p. 387
1.8.98.1	heterodisulfide reductase, CoB-CoM heterodisulfide reductase, v. S1 | p. 367
3.6.5.1	heterotrimeric G-protein GTPase, heterotrimeric G-protein GTPase, v. S6 | p. 462
3.2.1.14	hevamine, chitinase, v. 12 | p. 185
3.2.1.17	HEWL, lysozyme, v. 12 | p. 228
3.2.1.52	Hex, β-N-acetylhexosaminidase, v. 13 | p. 50
3.2.1.52	Hex-1, β-N-acetylhexosaminidase, v. 13 | p. 50
3.2.1.52	Hex20, β-N-acetylhexosaminidase, v. 13 | p. 50
3.2.1.52	Hex A, β-N-acetylhexosaminidase, v. 13 | p. 50
3.2.1.52	HexA, β-N-acetylhexosaminidase, v. 13 | p. 50
1.3.1.27	hexadecanal: NADP+ oxidoreductase, 2-hexadecenal reductase, v. 21 | p. 163
2.3.1.125	1-hexadecyl-2-acetylglycerol acyltransferase, 1-alkyl-2-acetylglycerol O-acyltransferase, v. 30 | p. 307

1.7.2.2	hexaheme c-type cytochrome, nitrite reductase (cytochrome; ammonia-forming), v. 24 | p. 331	
1.14.15.3	hexane hydroxylase, alkane 1-monooxygenase, v. 27 | p. 16	
2.5.1.33	hexaprenyl-diphosphate synthase, trans-pentaprenyltranstransferase, v. 34 | p. 30	
2.5.1.33	hexaprenyl diphosphate synthase, trans-pentaprenyltranstransferase, v. 34 | p. 30	
2.5.1.33	hexaprenyldiphosphate synthase, trans-pentaprenyltranstransferase, v. 34 | p. 30	
2.5.1.33	hexaprenyl pyrophosphate synthase, trans-pentaprenyltranstransferase, v. 34 | p. 30	
2.5.1.33	hexaprenyl pyrophosphate synthetase, trans-pentaprenyltranstransferase, v. 34 | p. 30	
2.5.1.33	hexaprenylpyrophosphate synthetase, trans-pentaprenyltranstransferase, v. 34 | p. 30	
3.2.1.52	Hex B, β-N-acetylhexosaminidase, v. 13 | p. 50	
3.2.1.52	β-HexNAcase, β-N-acetylhexosaminidase, v. 13 | p. 50	
3.2.1.52	hEXO1, β-N-acetylhexosaminidase, v. 13 | p. 50	
3.1.11.1	hEXO1, exodeoxyribonuclease I, v. 11 | p. 357	
3.2.1.52	HEXO2, β-N-acetylhexosaminidase, v. 13 | p. 50	
3.2.1.52	HEXO3, β-N-acetylhexosaminidase, v. 13 | p. 50	
1.1.1.2	hexogenate dehydrogenase, alcohol dehydrogenase (NADP+), v. 16 | p. 45	
3.1.11.1	hExoI, exodeoxyribonuclease I, v. 11 | p. 357	
2.7.1.1	hexokinase (phosphorylating), hexokinase, v. 35 | p. 74	
2.7.1.1	hexokinase, tumor isozyme, hexokinase, v. 35 | p. 74	
2.7.1.1	hexokinase-1, hexokinase, v. 35 | p. 74	
2.7.1.1	hexokinase-10, hexokinase, v. 35 | p. 74	
2.7.1.1	hexokinase-2, hexokinase, v. 35 | p. 74	
2.7.1.1	hexokinase-4, hexokinase, v. 35 | p. 74	
2.7.1.1	hexokinase-5, hexokinase, v. 35 | p. 74	
2.7.1.1	hexokinase-6, hexokinase, v. 35 | p. 74	
2.7.1.1	hexokinase-7, hexokinase, v. 35 | p. 74	
2.7.1.1	hexokinase-8, hexokinase, v. 35 | p. 74	
2.7.1.1	hexokinase-9, hexokinase, v. 35 | p. 74	
2.7.1.1	hexokinase 1, hexokinase, v. 35 | p. 74	
2.7.1.1	hexokinase 2, hexokinase, v. 35 | p. 74	
2.7.1.1	hexokinase A, hexokinase, v. 35 | p. 74	
2.7.1.1	hexokinase D, hexokinase, v. 35 | p. 74	
2.7.1.1	hexokinase II, hexokinase, v. 35 | p. 74	
2.7.1.2	hexokinase IV, glucokinase, v. 35 | p. 109	
2.7.1.1	hexokinase PI, hexokinase, v. 35 | p. 74	
2.7.1.1	hexokinase PII, hexokinase, v. 35 | p. 74	
2.7.1.1	hexokinase type I, hexokinase, v. 35 | p. 74	
2.7.1.1	hexokinase type II, hexokinase, v. 35 | p. 74	
2.7.1.1	hexokinase type IV, hexokinase, v. 35 | p. 74	
2.7.1.1	hexokinase type IV glucokinase, hexokinase, v. 35 | p. 74	
1.1.1.19	L-hexonate:NADP dehydrogenase, glucuronate reductase, v. 16 | p. 193	
1.1.1.2	L-hexonate dehydrogenase, alcohol dehydrogenase (NADP+), v. 16 | p. 45	
1.1.1.19	hexonate dehydrogenase, glucuronate reductase, v. 16 | p. 193	
1.1.99.13	hexopyranoside-cytochrome c oxidoreductase, glucoside 3-dehydrogenase, v. 19 | p. 343	
3.2.1.52	β-D-hexosaminidase, β-N-acetylhexosaminidase, v. 13 | p. 50	
3.2.1.52	β-hexosaminidase, β-N-acetylhexosaminidase, v. 13 | p. 50	
3.2.1.52	hexosaminidase, β-N-acetylhexosaminidase, v. 13 | p. 50	
3.2.1.52	β-hexosaminidase A, β-N-acetylhexosaminidase, v. 13 | p. 50	
3.2.1.52	hexosaminidase A, β-N-acetylhexosaminidase, v. 13 | p. 50	
3.2.1.52	β-hexosaminidase B, β-N-acetylhexosaminidase, v. 13 | p. 50	
3.2.1.52	hexosaminidase B, β-N-acetylhexosaminidase, v. 13 | p. 50	
3.2.1.52	β-hexosaminidase I, β-N-acetylhexosaminidase, v. 13 | p. 50	
3.2.1.52	β-hexosaminidase II, β-N-acetylhexosaminidase, v. 13 | p. 50	
3.1.3.10	hexose-1-phosphatase, glucose-1-phosphatase, v. 10 | p. 160	

2.7.7.28	hexose-1-phosphate guanylyltransferase, nucleoside-triphosphate-aldose-1-phosphate nucleotidyltransferase, v. 38 | p. 354	
2.7.7.12	hexose-1-phosphate uridylyltransferase, UDP-glucose-hexose-1-phosphate uridylyltransferase, v. 38 | p. 188	
1.1.1.47	hexose-6-phosphate dehydrogenase, glucose 1-dehydrogenase, v. 16 | p. 451	
2.7.7.28	hexose 1-phosphate guanylyltransferase, nucleoside-triphosphate-aldose-1-phosphate nucleotidyltransferase, v. 38 | p. 354	
2.7.7.28	hexose 1-phosphate nucleotidyltransferase, nucleoside-triphosphate-aldose-1-phosphate nucleotidyltransferase, v. 38 | p. 354	
2.7.7.12	hexose 1-phosphate uridyltransferase, UDP-glucose-hexose-1-phosphate uridylyltransferase, v. 38 | p. 188	
2.7.7.12	hexose 1-phosphate uridylyltransferase, UDP-glucose-hexose-1-phosphate uridylyltransferase, v. 38 | p. 188	
5.3.1.9	Hexose 6-phosphate isomerase, Glucose-6-phosphate isomerase, v. 1 | p. 298	
3.1.3.11	hexose bisphosphatase, fructose-bisphosphatase, v. 10 | p. 167	
3.1.3.11	hexose diphosphatase, fructose-bisphosphatase, v. 10 | p. 167	
3.1.3.11	hexosediphosphatase, fructose-bisphosphatase, v. 10 | p. 167	
5.3.1.9	Hexose isomerase, Glucose-6-phosphate isomerase, v. 1 | p. 298	
5.3.1.9	Hexose monophosphate isomerase, Glucose-6-phosphate isomerase, v. 1 | p. 298	
2.7.7.28	hexose nucleotidylating enzyme, nucleoside-triphosphate-aldose-1-phosphate nucleotidyltransferase, v. 38 | p. 354	
1.1.3.5	hexose oxidase, hexose oxidase, v. 19 | p. 48	
2.7.1.61	hexose phosphate:hexose phosphotransferase, acyl-phosphate-hexose phosphotransferase, v. 36 | p. 151	
2.6.1.16	hexosephosphate aminotransferase, glutamine-fructose-6-phosphate transaminase (isomerizing), v. 34 | p. 376	
1.1.1.47	hexose phosphate dehydrogenase, glucose 1-dehydrogenase, v. 16 | p. 451	
5.3.1.9	Hexose phosphate isomerase, Glucose-6-phosphate isomerase, v. 1 | p. 298	
5.3.1.9	Hexosephosphate isomerase, Glucose-6-phosphate isomerase, v. 1 | p. 298	
4.1.2.43	hexose phosphate synthase, 3-hexulose-6-phosphate synthase	
1.1.1.17	hexose reductase, mannitol-1-phosphate 5-dehydrogenase, v. 16 | p. 180	
2.5.1.33	HexPP-synthase, trans-pentaprenyltranstransferase, v. 34 | p. 30	
2.5.1.33	HexPPs, trans-pentaprenyltranstransferase, v. 34 | p. 30	
2.5.1.33	HexPP synthase, trans-pentaprenyltranstransferase, v. 34 | p. 30	
2.5.1.33	HexPS, trans-pentaprenyltranstransferase, v. 34 | p. 30	
4.1.2.43	3-hexulose-6-phosphate formaldehyde lyase, 3-hexulose-6-phosphate synthase	
5.3.1.27	3-hexulose-6-phosphate isomerase, 6-phospho-3-hexuloisomerase	
4.1.2.43	3-hexulose-6-phosphate synthase, 3-hexulose-6-phosphate synthase	
4.1.2.43	hexulose-6-phosphate synthase, 3-hexulose-6-phosphate synthase	
4.1.2.43	3-hexulose-phosphate synthase, 3-hexulose-6-phosphate synthase	
4.1.2.43	3-hexulose phosphate synthase, 3-hexulose-6-phosphate synthase	
4.1.2.43	3-hexulosephosphate synthase, 3-hexulose-6-phosphate synthase	
3.4.24.12	HEz, envelysin, v. 8 | p. 248	
3.6.4.6	Hez-NSF, vesicle-fusing ATPase, v. 15 | p. 789	
3.4.24.73	HF2, jararhagin, v. 8 | p. 569	
3.4.24.73	HF2-proteinase, jararhagin, v. 8 | p. 569	
6.4.1.2	Hfa1p, Acetyl-CoA carboxylase, v. 2 | p. 721	
3.4.21.78	H factor, Granzyme A, v. 7 | p. 388	
2.7.10.2	hFAK, non-specific protein-tyrosine kinase, v. S2 | p. 441	
3.6.3.30	hFbpABC transporter, Fe3+-transporting ATPase, v. 15 | p. 656	
4.99.1.1	hFC, ferrochelatase, v. 5 | p. 478	
3.1.3.16	hFEM2, phosphoprotein phosphatase, v. 10 | p. 213	
1.14.14.3	HFOOH, alkanal monooxygenase (FMN-linked), v. 26 | p. 595	
3.4.21.75	hfurin, Furin, v. 7 | p. 371	
1.1.99.2	D-2-HGA, 2-hydroxyglutarate dehydrogenase, v. 19 | p. 271	

2.6.1.23	HGA, 4-hydroxyglutamate transaminase, v. 34 | p. 426	
4.3.2.5	HGAD, peptidylamidoglycolate lyase, v. 5 | p. 278	
3.1.21.4	HgaI, type II site-specific deoxyribonuclease, v. 11 | p. 454	
1.1.1.291	HgD, 2-hydroxymethylglutarate dehydrogenase, v. S1 | p. 78	
1.13.11.5	HgD, homogentisate 1,2-dioxygenase, v. 25 | p. 430	
1.4.1.4	hGDH1, glutamate dehydrogenase (NADP+), v. 22 | p. 68	
1.4.1.3	hGDH1, glutamate dehydrogenase [NAD(P)+], v. 22 | p. 43	
1.4.1.3	hGDH2, glutamate dehydrogenase [NAD(P)+], v. 22 | p. 43	
1.4.1.4	hGDH2-nerve-specific GDH, glutamate dehydrogenase (NADP+), v. 22 | p. 68	
2.4.1.69	H gene-encoded β-galactoside α1->2 fucosyltransferase, galactoside 2-α-L-fucosyltransferase, v. 31 | p. 532	
2.7.10.1	HGF-SF receptor, receptor protein-tyrosine kinase, v. S2 | p. 341	
2.7.10.1	HGF receptor, receptor protein-tyrosine kinase, v. S2 | p. 341	
3.1.21.4	HgiAI, type II site-specific deoxyribonuclease, v. 11 | p. 454	
3.1.21.4	HgiCI, type II site-specific deoxyribonuclease, v. 11 | p. 454	
3.1.21.4	HgiEI, type II site-specific deoxyribonuclease, v. 11 | p. 454	
3.1.21.4	HgiEII, type II site-specific deoxyribonuclease, v. 11 | p. 454	
3.1.21.4	HgiJII, type II site-specific deoxyribonuclease, v. 11 | p. 454	
3.1.1.3	HGL, triacylglycerol lipase, v. 9 | p. 36	
1.13.11.5	HGO, homogentisate 1,2-dioxygenase, v. 25 | p. 430	
2.4.2.8	HGPRT, hypoxanthine phosphoribosyltransferase, v. 33 | p. 95	
2.4.2.8	HGPRTase, hypoxanthine phosphoribosyltransferase, v. 33 | p. 95	
1.8.1.7	hGR, glutathione-disulfide reductase, v. 24 | p. 488	
6.3.2.23	hGSHS, homoglutathione synthase, v. 2 | p. 518	
6.3.2.23	hGSH synthetase, homoglutathione synthase, v. 2 | p. 518	
2.5.1.18	hGSTA-3, glutathione transferase, v. 33 | p. 524	
2.5.1.18	hGSTZ1-1, glutathione transferase, v. 33 | p. 524	
3.2.1.21	HGT-BG, β-glucosidase, v. 12 | p. 299	
2.7.1.69	Hgt1, protein-Npi-phosphohistidine-sugar phosphotransferase, v. 36 | p. 207	
3.2.1.31	hGUSB, β-glucuronidase, v. 12 | p. 494	
2.4.2.8	HGXPRT, hypoxanthine phosphoribosyltransferase, v. 33 | p. 95	
3.1.1.4	hGX sPLA2, phospholipase A2, v. 9 | p. 52	
3.1.21.4	HhaI, type II site-specific deoxyribonuclease, v. 11 | p. 454	
3.1.21.4	HhaII, type II site-specific deoxyribonuclease, v. 11 | p. 454	
4.1.1.68	HHDD isomerase/OPET decarboxylase, 5-Oxopent-3-ene-1,2,5-tricarboxylate decarboxylase, v. 3 | p. 380	
3.2.1.52	hHexA, β-N-acetylhexosaminidase, v. 13 | p. 50	
6.3.2.19	HHR6A, Ubiquitin-protein ligase, v. 2 | p. 506	
6.3.2.19	HHR6B, Ubiquitin-protein ligase, v. 2 | p. 506	
3.4.21.97	HHV-6 proteinase, assemblin, v. 7 | p. 465	
1.1.1.25	HI0607, shikimate dehydrogenase, v. 16 | p. 241	
2.1.1.46	HI4'OMT, isoflavone 4'-O-methyltransferase, v. 28 | p. 273	
1.2.1.11	hiASADH, aspartate-semialdehyde dehydrogenase, v. 20 | p. 125	
3.1.2.4	HIB-CoA hydrolase, 3-hydroxyisobutyryl-CoA hydrolase, v. 9 | p. 479	
1.1.1.31	HIBADH, 3-hydroxyisobutyrate dehydrogenase, v. 16 | p. 299	
3.1.2.4	HIB CoA hydrolase, 3-hydroxyisobutyryl-CoA hydrolase, v. 9 | p. 479	
1.1.1.31	HIBDH, 3-hydroxyisobutyrate dehydrogenase, v. 16 | p. 299	
3.1.1.4	hIBPLA2, phospholipase A2, v. 9 | p. 52	
3.1.2.4	HIBYL-CoA hydrolase, 3-hydroxyisobutyryl-CoA hydrolase, v. 9 | p. 479	
1.1.1.87	HICDH, homoisocitrate dehydrogenase, v. 17 | p. 198	
1.1.1.286	HICDH, isocitrate-homoisocitrate dehydrogenase, v. S1 | p. 61	
3.1.2.4	HICH, 3-hydroxyisobutyryl-CoA hydrolase, v. 9 | p. 479	
4.2.1.105	HID, 2-hydroxyisoflavanone dehydratase, v. S7 | p. 97	
4.2.1.105	HIDH, 2-hydroxyisoflavanone dehydratase, v. S7 | p. 97	
1.13.11.52	hIDO, indoleamine 2,3-dioxygenase, v. S1 | p. 445	

1.14.11.2	HIF-1α-specific prolyl-hydroxylase, procollagen-proline dioxygenase, v. 26	p. 9
1.14.11.2	HIF-P4H-1, procollagen-proline dioxygenase, v. 26	p. 9
1.14.11.2	HIF-P4H-2, procollagen-proline dioxygenase, v. 26	p. 9
1.14.11.2	HIF-P4H-3, procollagen-proline dioxygenase, v. 26	p. 9
2.3.1.180	hiFabH, β-ketoacyl-acyl-carrier-protein synthase III, v. S2	p. 99
1.14.11.16	HIF asparaginyl hydroxylase, peptide-aspartate β-dioxygenase, v. 26	p. 102
1.14.11.2	HIF prolyl-4-hydroxylase, procollagen-proline dioxygenase, v. 26	p. 9
1.14.11.2	HIF prolyl hydroxylase, procollagen-proline dioxygenase, v. 26	p. 9
3.6.3.27	high-affinity ABC-type phosphate transporter, phosphate-transporting ATPase, v. 15	p. 649
3.1.4.17	High-affinity cAMP phosphodiesterase, 3',5'-cyclic-nucleotide phosphodiesterase, v. 11	p. 116
3.6.3.29	high-affinity molybdate transporter, molybdate-transporting ATPase, v. 15	p. 654
3.6.3.27	high-affinity phosphate ABC-transporter, phosphate-transporting ATPase, v. 15	p. 649
3.6.3.27	high-affinity phosphate transporter, phosphate-transporting ATPase, v. 15	p. 649
3.6.3.27	high-affinity Pi transporter, phosphate-transporting ATPase, v. 15	p. 649
2.7.13.3	high-affinity potassium transport system, histidine kinase, v. S4	p. 420
3.1.8.1	high-density lipoprotein-associated esterase/lactonase, aryldialkylphosphatase, v. 11	p. 343
3.1.3.5	high-Km 5'-NT, 5'-nucleotidase, v. 10	p. 95
1.1.1.2	high-Km aldehyde reductase, alcohol dehydrogenase (NADP+), v. 16	p. 45
3.6.1.11	high-molecular exopolyphosphatase, exopolyphosphatase, v. 15	p. 343
5.3.2.2	High-molecular mass oxalacetate tautomerase, oxaloacetate tautomerase, v. 1	p. 371
3.4.21.107	high-temperature requirement A, peptidase Do, v. S5	p. 342
3.1.8.1	high activity paraoxonase, aryldialkylphosphatase, v. 11	p. 343
3.1.4.53	high affinity cAMP-specific and IBMX-insensitive 3',5'-cyclic phosphodiesterase 8A, 3',5'-cyclic-AMP phosphodiesterase
2.7.10.1	high affinity nerve growth factor receptor, receptor protein-tyrosine kinase, v. S2	p. 341
3.6.3.27	high affinity phosphate transporter, phosphate-transporting ATPase, v. 15	p. 649
3.6.3.27	high affinity Pi transporter, phosphate-transporting ATPase, v. 15	p. 649
3.4.24.67	High choriolytic enzyme, choriolysin H, v. 8	p. 544
3.4.24.12	High choriolytic enzyme, envelysin, v. 8	p. 248
2.4.1.100	high DP 1-FFT, 2,1-fructan:2,1-fructan 1-fructosyltransferase, v. 32	p. 65
2.4.1.100	high DP fructan:fructan 1-fructosyl transferase, 2,1-fructan:2,1-fructan 1-fructosyltransferase, v. 32	p. 65
3.1.3.5	high Km 5'-nucleotidase, 5'-nucleotidase, v. 10	p. 95
3.6.1.11	high molecular mass exopolyphosphatase, exopolyphosphatase, v. 15	p. 343
3.1.3.2	high molecular weight acid phosphatase, acid phosphatase, v. 10	p. 31
3.6.1.11	high molecular weight exopolyphosphatase, exopolyphosphatase, v. 15	p. 343
3.1.3.1	High molecular weight phosphatase, alkaline phosphatase, v. 10	p. 1
3.2.1.1	High pI α-amylase, α-amylase, v. 12	p. 1
3.2.1.20	high pI α-glucosidase, α-glucosidase, v. 12	p. 263
3.4.21.108	high temperature requirement A serine protease, HtrA2 peptidase, v. S5	p. 354
3.4.21.107	high temperature requirement factor A, peptidase Do, v. S5	p. 342
3.4.22.3	higueroxyl Delabarre, ficain, v. 7	p. 531
3.1.1.4	hIIAPLA2, phospholipase A2, v. 9	p. 52
2.7.13.3	Hik1, histidine kinase, v. S4	p. 420
2.7.13.3	Hik1-44, histidine kinase, v. S4	p. 420
2.7.13.3	Hik16, histidine kinase, v. S4	p. 420
2.7.13.3	Hik33, histidine kinase, v. S4	p. 420
2.7.13.3	Hik34, histidine kinase, v. S4	p. 420
2.7.13.3	Hik41, histidine kinase, v. S4	p. 420
3.1.21.4	HincII, type II site-specific deoxyribonuclease, v. 11	p. 454
3.1.21.4	HindII, type II site-specific deoxyribonuclease, v. 11	p. 454
3.1.21.4	HindIII, type II site-specific deoxyribonuclease, v. 11	p. 454
3.1.21.4	HinfI, type II site-specific deoxyribonuclease, v. 11	p. 454

3.1.21.5	HinFIII, type III site-specific deoxyribonuclease, v. 11 | p. 467	
3.1.21.4	HinPlI, type II site-specific deoxyribonuclease, v. 11 | p. 454	
2.5.1.47	HiOASS, cysteine synthase, v. 34 | p. 84	
2.1.1.4	HIOMT, acetylserotonin O-methyltransferase, v. 28 | p. 15	
5.3.4.1	HIP-70, Protein disulfide-isomerase, v. 1 | p. 436	
4.1.2.13	HIP44, Fructose-bisphosphate aldolase, v. 3 | p. 455	
2.7.11.1	HIPK2, non-specific serine/threonine protein kinase, v. S3 | p. 1	
2.8.2.1	hippocampal phenol sulfotransferase, aryl sulfotransferase, v. 39 | p. 247	
3.5.1.14	hippurase, aminoacylase, v. 14 | p. 317	
3.5.1.32	hippurate hydrolase, hippurate hydrolase, v. 14 | p. 416	
3.5.1.14	hippuricase, aminoacylase, v. 14 | p. 317	
3.5.1.32	hippuricase, hippurate hydrolase, v. 14 | p. 416	
3.4.17.3	hippuryllysine hydrolase, lysine carboxypeptidase, v. 6 | p. 428	
1.14.13.86	2-HIS, 2-hydroxyisoflavanone synthase, v. S1 | p. 559	
5.1.3.14	His-rGNE, UDP-N-acetylglucosamine 2-epimerase, v. 1 | p. 154	
5.3.1.16	His6, 1-(5-phosphoribosyl)-5-[(5-phosphoribosylamino)methylideneamino]imidazole-4-carboxamide isomerase, v. 1 | p. 335	
2.3.1.33	HISAT, histidine N-acetyltransferase, v. 29 | p. 524	
2.6.1.38	HISAT, histidine transaminase, v. 34 | p. 479	
2.3.1.30	HISAT, serine O-acetyltransferase, v. 29 | p. 502	
3.1.3.15	HisB-N, histidinol-phosphatase, v. 10 | p. 208	
2.6.1.9	HisC, histidinol-phosphate transaminase, v. 34 | p. 334	
1.1.1.23	HisD, histidinol dehydrogenase, v. 16 | p. 229	
4.1.1.22	HisDCase, Histidine decarboxylase, v. 3 | p. 126	
3.4.13.3	X-His dipeptidase, Xaa-His dipeptidase, v. 6 | p. 187	
3.5.4.19	HisI, phosphoribosyl-AMP cyclohydrolase, v. 15 | p. 137	
3.1.3.15	hisN, histidinol-phosphatase, v. 10 | p. 208	
3.6.3.21	HisP, polar-amino-acid-transporting ATPase, v. 15 | p. 633	
3.2.2.22	hispin, rRNA N-glycosylase, v. 14 | p. 107	
3.1.3.15	HisPPase, histidinol-phosphatase, v. 10 | p. 208	
6.1.1.21	HisRS, Histidine-tRNA ligase, v. 2 | p. 168	
1.4.3.6	histaminase, amine oxidase (copper-containing), v. 22 | p. 291	
1.4.3.22	histaminase, diamine oxidase	
4.1.1.22	histamine-forming enzyme, Histidine decarboxylase, v. 3 | p. 126	
2.1.1.8	histamine-methylating enzyme, histamine N-methyltransferase, v. 28 | p. 43	
2.1.1.8	histamine 1-methyltransferase, histamine N-methyltransferase, v. 28 | p. 43	
1.4.3.6	histamine deaminase, amine oxidase (copper-containing), v. 22 | p. 291	
2.1.1.8	histamine methyltransferase, histamine N-methyltransferase, v. 28 | p. 43	
2.1.1.8	histamine N-methyltransferase, histamine N-methyltransferase, v. 28 | p. 43	
1.4.3.6	histamine oxidase, amine oxidase (copper-containing), v. 22 | p. 291	
1.4.3.22	histamine oxidase, diamine oxidase	
4.3.1.3	L-histidase, histidine ammonia-lyase, v. 5 | p. 181	
4.3.1.3	histidase, histidine ammonia-lyase, v. 5 | p. 181	
4.3.1.3	histidase, Hut, histidine ammonia-lyase, v. 5 | p. 181	
4.3.1.3	histidinase, histidine ammonia-lyase, v. 5 | p. 181	
2.1.1.44	histidine-α-N-methyltransferase, dimethylhistidine N-methyltransferase, v. 28 | p. 241	
6.1.1.21	Histidine-tRNA ligase, Histidine-tRNA ligase, v. 2 | p. 168	
6.1.1.21	Histidine–tRNA ligase homolog, Histidine-tRNA ligase, v. 2 | p. 168	
2.6.1.38	histidine-2-oxoglutarate aminotransferase, histidine transaminase, v. 34 | p. 479	
4.3.1.3	histidine α-deaminase, histidine ammonia-lyase, v. 5 | p. 181	
6.1.1.21	histidine-tRNA ligase, Histidine-tRNA ligase, v. 2 | p. 168	
6.1.1.21	histidine-tRNA ligase homolog, Histidine-tRNA ligase, v. 2 | p. 168	
2.6.1.9	histidine:imidazoleacetol phosphate transaminase, histidinol-phosphate transaminase, v. 34 | p. 334	
2.6.1.58	histidine:pyruvate aminotransferase, phenylalanine(histidine) transaminase, v. 35 | p. 1	

histidinol phosphate aminotransferase

2.3.1.33	histidine acetyltransferase, histidine N-acetyltransferase, v. 29 | p. 524	
3.1.3.26	histidine acid phosphatase, 4-phytase, v. 10 | p. 289	
3.1.3.48	histidine acid phosphatase, protein-tyrosine-phosphatase, v. 10 | p. 407	
2.6.1.38	histidine aminotransferase, histidine transaminase, v. 34 | p. 479	
4.3.1.3	histidine ammonia-lyase, histidine ammonia-lyase, v. 5 | p. 181	
4.3.1.3	histidine ammonia lyase, histidine ammonia-lyase, v. 5 | p. 181	
2.7.13.3	histidine autokinase CheA, histidine kinase, v. S4 | p. 420	
4.3.1.3	histidine deaminase, histidine ammonia-lyase, v. 5 | p. 181	
4.1.1.22	L-Histidine decarboxylase, Histidine decarboxylase, v. 3 | p. 126	
2.7.13.3	histidine kinase, histidine kinase, v. S4 | p. 420	
2.7.13.1	histidine kinase, protein-histidine pros-kinase, v. S4 | p. 414	
2.7.13.2	histidine kinase, protein-histidine tele-kinase, v. S4 | p. 418	
2.7.13.3	histidine kinase BA1351, histidine kinase, v. S4 | p. 420	
2.7.13.3	histidine kinase BA1356, histidine kinase, v. S4 | p. 420	
2.7.13.3	histidine kinase BA1478, histidine kinase, v. S4 | p. 420	
2.7.13.3	histidine kinase BA2291, histidine kinase, v. S4 | p. 420	
2.7.13.3	histidine kinase BA2636, histidine kinase, v. S4 | p. 420	
2.7.13.3	histidine kinase BA2644, histidine kinase, v. S4 | p. 420	
2.7.13.3	histidine kinase BA3702, histidine kinase, v. S4 | p. 420	
2.7.13.3	histidine kinase BA4223, histidine kinase, v. S4 | p. 420	
2.7.13.3	histidine kinase BA5029, histidine kinase, v. S4 | p. 420	
2.7.13.3	histidine kinase CikA, histidine kinase, v. S4 | p. 420	
2.7.13.3	histidine kinase DivJ, histidine kinase, v. S4 | p. 420	
2.7.13.3	histidine kinase EnvZ, histidine kinase, v. S4 | p. 420	
2.7.13.3	histidine kinase Hik10, histidine kinase, v. S4 | p. 420	
2.7.13.3	histidine kinase Hik16, histidine kinase, v. S4 | p. 420	
2.7.13.3	histidine kinase Hik33, histidine kinase, v. S4 | p. 420	
2.7.13.3	histidine kinase Hik34, histidine kinase, v. S4 | p. 420	
2.7.13.3	histidine kinase Hik41, histidine kinase, v. S4 | p. 420	
2.7.13.3	histidine kinase PilS, histidine kinase, v. S4 | p. 420	
2.7.13.3	histidine kinase PleC, histidine kinase, v. S4 | p. 420	
2.7.13.3	histidine kinase SasA, histidine kinase, v. S4 | p. 420	
4.3.1.3	L-histidine NH3-lyase, histidine ammonia-lyase, v. 5 | p. 181	
3.6.3.21	histidine permease, polar-amino-acid-transporting ATPase, v. 15 | p. 633	
2.7.13.3	histidine protein kinase, histidine kinase, v. S4 | p. 420	
2.7.13.1	histidine protein kinase, protein-histidine pros-kinase, v. S4 | p. 414	
2.7.13.2	histidine protein kinase, protein-histidine tele-kinase, v. S4 | p. 418	
2.7.13.3	histidine protein kinase, sensor protein, histidine kinase, v. S4 | p. 420	
2.7.13.3	histidine protein kinase KinB, histidine kinase, v. S4 | p. 420	
2.6.1.64	histidine pyruvate aminotransferase isoenzyme 2, glutamine-phenylpyruvate transaminase, v. 35 | p. 21	
5.2.1.8	Histidine rich protein, Peptidylprolyl isomerase, v. 1 | p. 218	
6.1.1.21	Histidine translase, Histidine-tRNA ligase, v. 2 | p. 168	
2.7.13.3	HISTIDIN kinase (histidine protein kinase PlnB, sensor protein), histidine kinase, v. S4 | p. 420	
3.1.3.15	histidinol-P-phosphatase, histidinol-phosphatase, v. 10 | p. 208	
2.6.1.9	histidinol-phosphate aminotransferase, histidinol-phosphate transaminase, v. 34 | p. 334	
3.1.3.15	L-histidinol-phosphate phosphatase, histidinol-phosphatase, v. 10 | p. 208	
3.1.3.15	L-histidinol-phosphate phosphohydrolase, histidinol-phosphatase, v. 10 | p. 208	
1.1.1.23	L-histidinol dehydrogenase, histidinol dehydrogenase, v. 16 | p. 229	
3.1.3.15	L-histidinol phosphatase, histidinol-phosphatase, v. 10 | p. 208	
3.1.3.15	histidinol phosphatase, histidinol-phosphatase, v. 10 | p. 208	
3.1.3.15	histidinolphosphatase, histidinol-phosphatase, v. 10 | p. 208	
2.6.1.9	L-histidinol phosphate aminotransferase, histidinol-phosphate transaminase, v. 34 | p. 334	
2.6.1.9	histidinol phosphate aminotransferase, histidinol-phosphate transaminase, v. 34 | p. 334	

histidinol phosphate phosphatase

3.1.3.15	histidinol phosphate phosphatase, histidinol-phosphatase, v.10	p.208
6.1.1.21	Histidyl-transfer ribonucleate synthetase, Histidine-tRNA ligase, v.2	p.168
6.1.1.21	histidyl-transfer RNA synthetase, Histidine-tRNA ligase, v.2	p.168
6.1.1.21	Histidyl-tRNA synthetase, Histidine-tRNA ligase, v.2	p.168
2.4.1.40	histo-blood group A acetylgalactosaminyltransferase, glycoprotein-fucosylgalactoside α-N-acetylgalactosaminyltransferase, v.31	p.376
2.4.1.40	histo-blood group A glycosyltransferase (Fucα1-2Galα1-3-N-acetylgalactosaminyltransferase), glycoprotein-fucosylgalactoside α-N acetylgalactosaminyltransferase, v.31	p.376
2.4.1.40	histo-blood group A transferase, glycoprotein-fucosylgalactoside α-N-acetylgalactosaminyltransferase, v.31	p.376
2.4.1.37	histo-blood group B enzyme, fucosylgalactoside 3-α-galactosyltransferase, v.31	p.344
2.4.1.37	histo-blood group B transferase, fucosylgalactoside 3-α-galactosyltransferase, v.31	p.344
2.4.1.228	histo-blood group Pk antigen synthase, lactosylceramide 4-α-galactosyltransferase, v.32	p.622
2.4.1.228	histo-blood group Pk UDP-galactose, lactosylceramide 4-α-galactosyltransferase, v.32	p.622
2.4.1.37	histo-blood substance B-dependent galactosyltransferase, fucosylgalactoside 3-α-galactosyltransferase, v.31	p.344
3.4.22.35	Histolysin, Histolysain, v.7	p.694
1.14.11.27	histone-lysine(H3-K36) demethylase, [histone-H3]-lysine-36 demethylase, v.S1	p.522
2.1.1.43	histone 3 lysine 4 methyltransferase, histone-lysine N-methyltransferase, v.28	p.235
2.3.1.48	histone acetokinase, histone acetyltransferase, v.29	p.641
2.3.1.48	histone acetylase, histone acetyltransferase, v.29	p.641
2.3.1.48	histone acetyltransferase, histone acetyltransferase, v.29	p.641
2.3.1.48	histone acetyltransferase AtGCN5, histone acetyltransferase, v.29	p.641
2.3.1.48	histone acetyltransferase B, histone acetyltransferase, v.29	p.641
2.3.1.48	histone acetyltransferase Tip60, histone acetyltransferase, v.29	p.641
2.1.1.43	histone H1-specific S-adenosylmethionine:protein-lysine N-methyltransferase, histone-lysine N-methyltransferase, v.28	p.235
2.1.1.43	histone H3 lysine-79 methyltransferase, histone-lysine N-methyltransferase, v.28	p.235
2.1.1.43	histone H3 lysine 27 methyltransferase, histone-lysine N-methyltransferase, v.28	p.235
2.1.1.43	histone H3 lysine 36 specific HMTase, histone-lysine N-methyltransferase, v.28	p.235
2.1.1.43	histone H3 lysine 9 methyltransferase, histone-lysine N-methyltransferase, v.28	p.235
2.1.1.125	histone H4-specific methyltransferase, histone-arginine N-methyltransferase, v.28	p.578
2.7.11.1	histone kinase, non-specific serine/threonine protein kinase, v.S3	p.1
2.1.1.43	histone lysine (K) methyltransferase, histone-lysine N-methyltransferase, v.28	p.235
2.1.1.43	histone lysine methyltransferase, histone-lysine N-methyltransferase, v.28	p.235
2.1.1.43	histone lysine methyltransferase G9a, histone-lysine N-methyltransferase, v.28	p.235
2.1.1.43	histone lysine methyltransferase SET7/9, histone-lysine N-methyltransferase, v.28	p.235
2.1.1.125	histone methyltransferase, histone-arginine N-methyltransferase, v.28	p.578
2.1.1.43	histone methyltransferase G9a, histone-lysine N-methyltransferase, v.28	p.235
2.1.1.125	Histone protein methylase I, histone-arginine N-methyltransferase, v.28	p.578
2.3.1.48	histone transacetylase, histone acetyltransferase, v.29	p.641
3.5.1.14	histozyme, aminoacylase, v.14	p.317
3.5.2.17	HIUase, hydroxyisourate hydrolase, v.S6	p.438
3.5.2.17	HIUHase, hydroxyisourate hydrolase, v.S6	p.438
3.5.2.17	HIU hydrolase, hydroxyisourate hydrolase, v.S6	p.438
3.4.23.16	HIV-1 PR, HIV-1 retropepsin, v.8	p.67
3.4.23.16	HIV-1 protease, HIV-1 retropepsin, v.8	p.67
3.4.23.16	HIV-1 proteinase, HIV-1 retropepsin, v.8	p.67
3.1.13.2	HIV-1 ribonuclease H, exoribonuclease H, v.11	p.396
2.7.7.49	HIV-1 RT, RNA-directed DNA polymerase, v.38	p.492
3.1.13.2	HIV-1 RT ribonuclease H, exoribonuclease H, v.11	p.396
3.4.23.47	HIV-2 protease, HIV-2 retropepsin, v.S6	p.246

3.4.23.47	HIV-2 proteinase, HIV-2 retropepsin, v. S6 | p. 246	
3.1.2.20	HIV-Nef associated acyl coA thioesterase, acyl-CoA hydrolase, v. 9 | p. 539	
3.1.2.2	HIV-Nef associated acyl coA thioesterase, palmitoyl-CoA hydrolase, v. 9 | p. 459	
3.4.23.16	HIV aspartyl protease, HIV-1 retropepsin, v. 8 | p. 67	
3.4.23.16	HIVPR, HIV-1 retropepsin, v. 8 | p. 67	
3.1.13.2	HIV RNase H, exoribonuclease H, v. 11 | p. 396	
3.1.22.4	Hjc, crossover junction endodeoxyribonuclease, v. 11 | p. 487	
3.1.22.4	hjc holliday junction resolvase, crossover junction endodeoxyribonuclease, v. 11 | p. 487	
3.1.22.4	Hjc resolvase, crossover junction endodeoxyribonuclease, v. 11 | p. 487	
3.1.22.4	Hje, crossover junction endodeoxyribonuclease, v. 11 | p. 487	
3.1.22.4	Hje endnuclease, crossover junction endodeoxyribonuclease, v. 11 | p. 487	
3.1.22.4	Hje endonuclease, crossover junction endodeoxyribonuclease, v. 11 | p. 487	
3.2.1.3	HjGA, glucan 1,4-α-glucosidase, v. 12 | p. 59	
3.1.22.4	Hjr, crossover junction endodeoxyribonuclease, v. 11 | p. 487	
3.1.22.4	HJ resolvase, crossover junction endodeoxyribonuclease, v. 11 | p. 487	
3.1.3.64	hJUMPY, phosphatidylinositol-3-phosphatase, v. 10 | p. 483	
2.7.1.1	HK, hexokinase, v. 35 | p. 74	
1.14.15.3	P-450 HK ω, alkane 1-monooxygenase, v. 27 | p. 16	
2.7.1.1	HK1, hexokinase, v. 35 | p. 74	
2.7.13.3	HK1, histidine kinase, v. S4 | p. 420	
3.4.21.35	HK1, tissue kallikrein, v. 7 | p. 141	
3.6.3.10	HKα1, H+/K+-exchanging ATPase, v. 15 | p. 581	
3.4.21.35	hK10, tissue kallikrein, v. 7 | p. 141	
3.4.21.35	hK11, tissue kallikrein, v. 7 | p. 141	
3.4.21.119	hK13, kallikrein 13, v. S5 | p. 447	
3.4.21.35	hK13, tissue kallikrein, v. 7 | p. 141	
3.4.21.35	hK14, tissue kallikrein, v. 7 | p. 141	
2.7.13.3	HK17, histidine kinase, v. S4 | p. 420	
2.7.1.1	HK2, hexokinase, v. 35 | p. 74	
2.7.13.3	HK2, histidine kinase, v. S4 | p. 420	
3.6.3.10	HKα2, H+/K+-exchanging ATPase, v. 15 | p. 581	
3.4.21.77	hK3/PSA, semenogelase, v. 7 | p. 385	
2.7.1.1	HK4, hexokinase, v. 35 | p. 74	
3.4.21.35	hK5, tissue kallikrein, v. 7 | p. 141	
3.4.21.35	hK6, tissue kallikrein, v. 7 | p. 141	
3.4.21.117	hK7, stratum corneum chymotryptic enzyme, v. S5 | p. 425	
3.4.21.118	hK8, kallikrein 8, v. S5 | p. 435	
3.4.21.35	hK8, tissue kallikrein, v. 7 | p. 141	
2.7.1.1	HK II, hexokinase, v. 35 | p. 74	
2.1.1.43	HKMT, histone-lysine N-methyltransferase, v. 28 | p. 235	
6.1.1.6	hKRS, Lysine-tRNA ligase, v. 2 | p. 42	
4.1.3.4	HL, Hydroxymethylglutaryl-CoA lyase, v. 4 | p. 32	
4.2.2.1	HL, hyaluronate lyase, v. 5 | p. 1	
3.5.3.15	HL-60 PAD, protein-arginine deiminase, v. 14 | p. 817	
1.1.1.23	HLDase, histidinol dehydrogenase, v. 16 | p. 229	
5.1.3.20	hldD, ADP-glyceromanno-heptose 6-epimerase, v. 1 | p. 175	
3.4.21.37	HLE, leukocyte elastase, v. 7 | p. 164	
4.2.1.11	HLE1, phosphopyruvate hydratase, v. 4 | p. 312	
1.13.11.31	12-hLO, arachidonate 12-lipoxygenase, v. 25 | p. 568	
1.13.11.33	15-hLO, arachidonate 15-lipoxygenase, v. 25 | p. 585	
1.13.11.33	15-hLO-1, arachidonate 15-lipoxygenase, v. 25 | p. 585	
3.4.21.79	HLp, Granzyme B, v. 7 | p. 393	
1.14.14.1	HLp, unspecific monooxygenase, v. 26 | p. 584	
5.3.4.1	HlPDI-1, Protein disulfide-isomerase, v. 1 | p. 436	
5.3.4.1	HlPDI-2, Protein disulfide-isomerase, v. 1 | p. 436	

5.3.4.1	HlPDI-3, Protein disulfide-isomerase, v. 1 | p. 436	
6.3.2.19	HLTF, Ubiquitin-protein ligase, v. 2 | p. 506	
3.6.3.23	Hly-OppA, oligopeptide-transporting ATPase, v. 15 | p. 641	
3.6.3.43	HlyB, peptide-transporting ATPase, v. 15 | p. 695	
3.6.3.18	HlyB NBD, oligosaccharide-transporting ATPase, v. 15 | p. 625	
3.1.1.5	hLysoPLA, lysophospholipase, v. 9 | p. 82	
3.1.1.5	hLysoPLA I, lysophospholipase, v. 9 | p. 82	
3.1.3.2	HM-ACP, acid phosphatase, v. 10 | p. 31	
3.6.3.5	HMA2, Zn2+-exporting ATPase, v. 15 | p. 550	
2.5.1.61	(HMB)-synthase, hydroxymethylbilane synthase, v. 34 | p. 226	
2.5.1.61	HMB-S, hydroxymethylbilane synthase, v. 34 | p. 226	
2.5.1.61	HMBS, hydroxymethylbilane synthase, v. 34 | p. 226	
2.5.1.61	HMB synthase, hydroxymethylbilane synthase, v. 34 | p. 226	
3.4.21.59	HMC-1 tryptase, Tryptase, v. 7 | p. 265	
4.1.1.9	hMCD, Malonyl-CoA decarboxylase, v. 3 | p. 49	
3.4.21.97	hMCV, assemblin, v. 7 | p. 465	
1.12.98.2	Hmd, 5,10-methenyltetrahydromethanopterin hydrogenase, v. 25 | p. 361	
1.5.99.11	Hmd, 5,10-methylenetetrahydromethanopterin reductase, v. 23 | p. 394	
1.12.99.6	Hmd, hydrogenase (acceptor), v. 25 | p. 373	
3.4.24.65	HME, macrophage elastase, v. 8 | p. 537	
4.2.1.18	HMG-CoA hydrolyase, methylglutaconyl-CoA hydratase, v. 4 | p. 370	
4.1.3.4	HMG-CoA lyase, Hydroxymethylglutaryl-CoA lyase, v. 4 | p. 32	
1.1.1.34	HMG-CoAR, hydroxymethylglutaryl-CoA reductase (NADPH), v. 16 | p. 309	
1.1.1.88	HMG-CoA reductase, hydroxymethylglutaryl-CoA reductase, v. 17 | p. 200	
1.1.1.34	HMG-CoA reductase, hydroxymethylglutaryl-CoA reductase (NADPH), v. 16 | p. 309	
3.1.3.16	HMG-CoA reductase phosphatase, phosphoprotein phosphatase, v. 10 | p. 213	
2.3.3.10	HMG-CoA synthase, hydroxymethylglutaryl-CoA synthase, v. 30 | p. 657	
4.1.3.5	HMG-CoA synthase, hydroxymethylglutaryl-CoA synthase, v. 4 | p. 39	
2.3.3.10	HMG-CoA synthase 1, hydroxymethylglutaryl-CoA synthase, v. 30 | p. 657	
2.3.3.10	HMG-CoS synthase, hydroxymethylglutaryl-CoA synthase, v. 30 | p. 657	
1.1.1.34	HMG1, hydroxymethylglutaryl-CoA reductase (NADPH), v. 16 | p. 309	
1.1.1.34	HMG2, hydroxymethylglutaryl-CoA reductase (NADPH), v. 16 | p. 309	
1.1.1.34	HMG2.2, hydroxymethylglutaryl-CoA reductase (NADPH), v. 16 | p. 309	
1.1.1.34	Hmg2p, hydroxymethylglutaryl-CoA reductase (NADPH), v. 16 | p. 309	
1.1.1.34	HMG3.3, hydroxymethylglutaryl-CoA reductase (NADPH), v. 16 | p. 309	
1.13.11.5	HmgA, homogentisate 1,2-dioxygenase, v. 25 | p. 430	
3.7.1.2	HmgB, fumarylacetoacetase, v. 15 | p. 824	
4.1.3.4	HMGCL, Hydroxymethylglutaryl-CoA lyase, v. 4 | p. 32	
4.1.3.4	HMG CoA cleavage enzyme, Hydroxymethylglutaryl-CoA lyase, v. 4 | p. 32	
1.1.1.34	HMGCoAR, hydroxymethylglutaryl-CoA reductase (NADPH), v. 16 | p. 309	
1.1.1.34	HMGCoA reductase, hydroxymethylglutaryl-CoA reductase (NADPH), v. 16 | p. 309	
1.1.1.34	HMGCoA reductase-mevalonate:NADP-oxidoreductase (acetylating CoA), hydroxy-methylglutaryl-CoA reductase (NADPH), v. 16 | p. 309	
2.3.3.10	HMGCS2, hydroxymethylglutaryl-CoA synthase, v. 30 | p. 657	
4.1.3.4	HMGL, Hydroxymethylglutaryl-CoA lyase, v. 4 | p. 32	
1.1.1.34	HMGR, hydroxymethylglutaryl-CoA reductase (NADPH), v. 16 | p. 309	
1.1.1.34	HMGR1, hydroxymethylglutaryl-CoA reductase (NADPH), v. 16 | p. 309	
1.1.1.34	HMGR1S, hydroxymethylglutaryl-CoA reductase (NADPH), v. 16 | p. 309	
1.1.1.34	HMGR2, hydroxymethylglutaryl-CoA reductase (NADPH), v. 16 | p. 309	
2.3.3.10	HMGS, hydroxymethylglutaryl-CoA synthase, v. 30 | p. 657	
2.3.3.10	HMGS1, hydroxymethylglutaryl-CoA synthase, v. 30 | p. 657	
2.3.3.10	HMGS2, hydroxymethylglutaryl-CoA synthase, v. 30 | p. 657	
3.2.1.113	HMIC, mannosyl-oligosaccharide 1,2-α-mannosidase, v. 13 | p. 458	
2.1.1.46	HMM1, isoflavone 4'-O-methyltransferase, v. 28 | p. 273	
2.1.1.46	HMM2, isoflavone 4'-O-methyltransferase, v. 28 | p. 273	

HOD hydrolase

1.1.1.37	HmMalDH, malate dehydrogenase, v. 16 | p. 336	
3.4.24.65	hMMP-12, macrophage elastase, v. 8 | p. 537	
2.3.1.48	hMOF, histone acetyltransferase, v. 29 | p. 641	
2.7.4.7	HMP-P kinase, phosphomethylpyrimidine kinase, v. 37 | p. 539	
2.7.1.49	HMP/HMP-P kinase, hydroxymethylpyrimidine kinase, v. 36 | p. 98	
4.1.1.51	HMPDdc, 3-Hydroxy-2-methylpyridine-4,5-dicarboxylate 4-decarboxylase, v. 3 | p. 318	
2.7.1.49	HMP kinase, hydroxymethylpyrimidine kinase, v. 36 | p. 98	
3.6.3.44	hmr19 gene product, xenobiotic-transporting ATPase, v. 15 | p. 700	
1.2.1.32	HMSD-2, aminomuconate-semialdehyde dehydrogenase, v. 20 | p. 271	
3.1.1.1	HMSE, carboxylesterase, v. 9 | p. 1	
3.7.1.9	HMSH, 2-hydroxymuconate-semialdehyde hydrolase, v. 15 | p. 856	
2.1.1.8	HMT, histamine N-methyltransferase, v. 28 | p. 43	
2.1.1.43	HMT, histone-lysine N-methyltransferase, v. 28 | p. 235	
2.1.1.10	HMT, homocysteine S-methyltransferase, v. 28 | p. 59	
3.6.3.46	HMT1 protein, cadmium-transporting ATPase, v. 15 | p. 719	
2.7.7.21	hmtCCase, tRNA cytidylyltransferase, v. 38 | p. 265	
2.1.1.48	hmtTFB2, rRNA (adenine-N6-)-methyltransferase, v. 28 | p. 281	
1.14.99.3	HmuO, heme oxygenase, v. 27 | p. 261	
3.2.1.18	HN, exo-α-sialidase, v. 12 | p. 244	
1.3.7.1	HNA reductase, 6-hydroxynicotinate reductase, v. 21 | p. 450	
2.3.1.88	hNat5, peptide α-N-acetyltransferase, v. 30 | p. 157	
3.4.24.34	HNC, neutrophil collagenase, v. 8 | p. 399	
3.4.21.37	HNE, leukocyte elastase, v. 7 | p. 164	
4.1.2.11	HNL, Hydroxymandelonitrile lyase, v. 3 | p. 448	
4.1.2.10	HNL, Mandelonitrile lyase, v. 3 | p. 440	
4.1.2.37	HNL, hydroxynitrilase, v. 3 | p. 569	
4.1.2.37	HNL1, hydroxynitrilase, v. 3 | p. 569	
4.1.2.10	R-HNL isoenzyme 5, Mandelonitrile lyase, v. 3 | p. 440	
2.7.7.1	hNMNAT-1, nicotinamide-nucleotide adenylyltransferase, v. 38 | p. 49	
2.7.7.1	hNMNAT-2, nicotinamide-nucleotide adenylyltransferase, v. 38 | p. 49	
2.1.1.8	HNMT, histamine N-methyltransferase, v. 28 | p. 43	
3.1.4.3	hNPP6, phospholipase C, v. 11 | p. 32	
1.1.1.252	3HNR, tetrahydroxynaphthalene reductase, v. 18 | p. 427	
3.1.4.12	hnSMase, sphingomyelin phosphodiesterase, v. 11 | p. 86	
4.2.99.18	hNTH, DNA-(apurinic or apyrimidinic site) lyase, v. 5 | p. 150	
4.2.99.18	hNTH1, DNA-(apurinic or apyrimidinic site) lyase, v. 5 | p. 150	
1.14.99.3	HO, heme oxygenase, v. 27 | p. 261	
1.14.99.3	HO-1, heme oxygenase, v. 27 | p. 261	
1.14.99.3	HO-2, heme oxygenase, v. 27 | p. 261	
3.6.1.7	Ho1, acylphosphatase, v. 15 | p. 292	
1.14.99.3	Ho1, heme oxygenase, v. 27 | p. 261	
3.6.1.7	Ho 1-3, acylphosphatase, v. 15 | p. 292	
3.6.1.7	Ho2, acylphosphatase, v. 15 | p. 292	
1.14.99.3	Ho2, heme oxygenase, v. 27 | p. 261	
3.6.1.7	Ho3, acylphosphatase, v. 15 | p. 292	
3.6.3.14	HO57, H+-transporting two-sector ATPase, v. 15 | p. 598	
4.1.3.39	HOA, 4-hydroxy-2-oxovalerate aldolase, v. S7 | p. 53	
1.7.3.4	HOA, hydroxylamine oxidase, v. 24 | p. 360	
3.2.1.14	HoChiA, chitinase, v. 12 | p. 185	
3.2.1.14	HoChiB, chitinase, v. 12 | p. 185	
3.2.1.14	HoChiC, chitinase, v. 12 | p. 185	
3.7.1.9	HOD, 2-hydroxymuconate-semialdehyde hydrolase, v. 15 | p. 856	
1.13.11.48	HOD, 3-hydroxy-2-methylquinolin-4-one 2,4-dioxygenase, v. 25 | p. 667	
1.13.11.48	HodC, 3-hydroxy-2-methylquinolin-4-one 2,4-dioxygenase, v. 25 | p. 667	
3.7.1.9	HOD hydrolase, 2-hydroxymuconate-semialdehyde hydrolase, v. 15 | p. 856	

2.7.11.24	Hog1, mitogen-activated protein kinase, v. S4 | p. 233	
2.7.11.24	Hog1p, mitogen-activated protein kinase, v. S4 | p. 233	
4.2.99.18	hOgg1 protein, DNA-(apurinic or apyrimidinic site) lyase, v. 5 | p. 150	
3.5.1.14	hog intestinal acylase I, aminoacylase, v. 14 | p. 317	
3.5.1.14	hog kidney aminoacylase I, aminoacylase, v. 14 | p. 317	
3.7.1.8	HOHPDA hydrolase, 2,6-dioxo-6-phenylhexa-3-enoate hydrolase, v. 15 | p. 853	
3.1.3.15	HOL-P phosphatase, histidinol-phosphatase, v. 10 | p. 208	
3.1.22.4	Holliday juction resolvase ruvC, crossover junction endodeoxyribonuclease, v. 11 | p. 487	
3.1.22.4	Holliday junction-cleaving endonuclease, crossover junction endodeoxyribonuclease, v. 11 | p. 487	
3.1.22.4	Holliday junction-resolving endoribonuclease, crossover junction endodeoxyribonuclease, v. 11 | p. 487	
3.1.22.4	Holliday junction-resolving enzyme, crossover junction endodeoxyribonuclease, v. 11 | p. 487	
3.1.22.4	Holliday junction-resolving enzyme Cce1, crossover junction endodeoxyribonuclease, v. 11 | p. 487	
3.1.22.4	Holliday junction-resolving enzymes, crossover junction endodeoxyribonuclease, v. 11 | p. 487	
3.1.22.4	Holliday junction endonuclease, crossover junction endodeoxyribonuclease, v. 11 | p. 487	
3.1.22.4	Holliday junction endonuclease CCE1, crossover junction endodeoxyribonuclease, v. 11 | p. 487	
3.1.22.4	Holliday junction nuclease ruvC, crossover junction endodeoxyribonuclease, v. 11 | p. 487	
3.1.22.4	Holliday junction resolvase, crossover junction endodeoxyribonuclease, v. 11 | p. 487	
3.1.22.4	holliday junction resolvase hjc, crossover junction endodeoxyribonuclease, v. 11 | p. 487	
3.1.22.4	Holliday junction resolvase RusA, crossover junction endodeoxyribonuclease, v. 11 | p. 487	
3.1.22.4	Holliday junction resolvase SpCCE1, crossover junction endodeoxyribonuclease, v. 11 | p. 487	
3.1.22.4	Holliday junction resolvase Ydc2, crossover junction endodeoxyribonuclease, v. 11 | p. 487	
3.1.22.4	Holliday junction resolving enzyme Hjc, crossover junction endodeoxyribonuclease, v. 11 | p. 487	
3.1.22.4	Holliday junction resolving enzyme Hje, crossover junction endodeoxyribonuclease, v. 11 | p. 487	
3.1.22.4	Holliday junction resolving enzyme Hjr, crossover junction endodeoxyribonuclease, v. 11 | p. 487	
2.7.7.61	holo-ACP synthase, citrate lyase holo-[acyl-carrier protein] synthase, v. 38 | p. 565	
2.7.8.7	holo-ACP synthase, holo-[acyl-carrier-protein] synthase, v. 39 | p. 50	
2.7.8.7	holo-ACP synthetase, holo-[acyl-carrier-protein] synthase, v. 39 | p. 50	
2.7.7.61	holo-citrate lyase synthase, citrate lyase holo-[acyl-carrier protein] synthase, v. 38 | p. 565	
2.7.8.7	holo ACP synthase, holo-[acyl-carrier-protein] synthase, v. 39 | p. 50	
6.3.4.15	Holocarboxylase synthetase, Biotin-[acetyl-CoA-carboxylase] ligase, v. 2 | p. 638	
6.3.4.10	Holocarboxylase synthetase, Biotin-[propionyl-CoA-carboxylase (ATP-hydrolysing)] ligase, v. 2 | p. 617	
6.6.1.2	holocobalamin synthase, cobaltochelatase, v. S7 | p. 675	
4.4.1.17	Holocytochrome-C-type synthase, Holocytochrome-c synthase, v. 5 | p. 396	
4.4.1.17	Holocytochrome-C synthase, Holocytochrome-c synthase, v. 5 | p. 396	
4.4.1.17	Holocytochrome c-type synthase, Holocytochrome-c synthase, v. 5 | p. 396	
4.4.1.17	Holocytochrome c synthetase, Holocytochrome-c synthase, v. 5 | p. 396	
3.1.4.14	holofatty acid synthetase hydrolase, [acyl-carrier-protein] phosphodiesterase, v. 11 | p. 102	
2.7.8.7	holosynthase, holo-[acyl-carrier-protein] synthase, v. 39 | p. 50	
3.1.3.15	HolPase, histidinol-phosphatase, v. 10 | p. 208	
2.7.2.4	HOM3-R7 product, aspartate kinase, v. 37 | p. 314	
2.7.2.4	HOM3-ts31d product, aspartate kinase, v. 37 | p. 314	
2.7.2.4	HOM3 product, aspartate kinase, v. 37 | p. 314	
2.7.11.1	homeodomain-interacting protein kinase 2, non-specific serine/threonine protein kinase, v. S3 | p. 1	

4.2.1.36	Homoaconitase, homoaconitate hydratase, v. 4	p. 464
4.2.1.114	Homoaconitase, methanogen homoaconitase
4.2.1.36	Homoaconitate hydratase, homoaconitate hydratase, v. 4	p. 464
3.4.13.3	homocarnosinase, Xaa-His dipeptidase, v. 6	p. 187
6.3.2.11	Homocarnosine-carnosine synthetase, Carnosine synthase, v. 2	p. 460
2.3.3.14	homocitrate-condensing enzyme, homocitrate synthase, v. 30	p. 688
2.3.3.14	homocitrate synthetase, homocitrate synthase, v. 30	p. 688
2.3.3.14	homocondensing enzyme, homocitrate synthase, v. 30	p. 688
4.4.1.2	homocysteine desulfurase, homocysteine desulfhydrase, v. 5	p. 308
2.1.1.14	homocysteine methylase, 5-methyltetrahydropteroyltriglutamate-homocysteine S-methyltransferase, v. 28	p. 84
2.1.1.10	homocysteine methylase, homocysteine S-methyltransferase, v. 28	p. 59
2.1.1.10	homocysteine methyltransferase, homocysteine S-methyltransferase, v. 28	p. 59
2.1.1.10	L-homocysteine S-methyltransferase, homocysteine S-methyltransferase, v. 28	p. 59
4.2.99.10	Homocysteine synthase, O-acetylhomoserine (thiol)-lyase, v. 5	p. 120
2.5.1.49	Homocysteine synthase, O-acetylhomoserine aminocarboxypropyltransferase, v. 34	p. 122
3.4.22.40	homocysteine thiolactonase, bleomycin hydrolase, v. 7	p. 725
2.1.1.10	homocysteine transmethylase, homocysteine S-methyltransferase, v. 28	p. 59
2.4.1.43	homogalacturonan α-1,4-galacturonosyltransferase, polygalacturonate 4-α-galacturonosyltransferase, v. 31	p. 407
2.4.1.43	homogalacturonan α-1,4-GalAT, polygalacturonate 4-α-galacturonosyltransferase, v. 31	p. 407
1.13.11.5	homogentisate dioxygenase, homogentisate 1,2-dioxygenase, v. 25	p. 430
1.13.11.5	homogentisate oxidase, homogentisate 1,2-dioxygenase, v. 25	p. 430
1.13.11.5	homogentisate oxygenase, homogentisate 1,2-dioxygenase, v. 25	p. 430
1.13.11.5	homogentisic acid oxidase, homogentisate 1,2-dioxygenase, v. 25	p. 430
1.13.11.5	homogentisic acid oxygenase, homogentisate 1,2-dioxygenase, v. 25	p. 430
1.13.11.5	homogentisicase, homogentisate 1,2-dioxygenase, v. 25	p. 430
1.13.11.5	homogentisic oxygenase, homogentisate 1,2-dioxygenase, v. 25	p. 430
6.3.2.23	homoglutathione synthetase, homoglutathione synthase, v. 2	p. 518
1.1.1.87	homoisocitrate dehydrogenase, homoisocitrate dehydrogenase, v. 17	p. 198
1.1.1.286	homoisocitrate dehydrogenase, isocitrate-homoisocitrate dehydrogenase, v. S1	p. 61
1.1.1.87	homoisocitric dehydrogenase, homoisocitrate dehydrogenase, v. 17	p. 198
2.5.1.17	homologeous to PduO-type ATP: cob(I)alamin adenosyltransferase, cob(I)yrinic acid a, c-diamide adenosyltransferase, v. 33	p. 517
3.6.3.26	homologue of nitrate polytopic membrane transporter, nitrate-transporting ATPase, v. 15	p. 646
1.13.11.15	homoprotocatechuate 2,3-dioxygenase, 3,4-dihydroxyphenylacetate 2,3-dioxygenase, v. 25	p. 496
2.3.1.31	homoserine-O-transacetylase, homoserine O-acetyltransferase, v. 29	p. 515
2.3.1.31	homoserine acetyltransferase, homoserine O-acetyltransferase, v. 29	p. 515
4.4.1.1	homoserine deaminase, cystathionine γ-lyase, v. 5	p. 297
4.4.1.1	homoserine deaminase-cystathionase, cystathionine γ-lyase, v. 5	p. 297
4.4.1.1	homoserine dehydratase, cystathionine γ-lyase, v. 5	p. 297
1.1.1.3	homoserine dehydrogenase 1, homoserine dehydrogenase, v. 16	p. 84
1.1.1.3	homoserine dehydrogenase 2, homoserine dehydrogenase, v. 16	p. 84
2.7.1.39	homoserine kinase (phosphorylating), homoserine kinase, v. 36	p. 23
2.3.1.31	L-homoserine O-acetyltransferase, homoserine O-acetyltransferase, v. 29	p. 515
2.3.1.31	homoserine O-acetyltransferase, homoserine O-acetyltransferase, v. 29	p. 515
2.3.1.46	homoserine O-succinyltransferase, homoserine O-succinyltransferase, v. 29	p. 630
2.5.1.48	homoserine O-transsuccinylase, cystathionine γ-synthase, v. 34	p. 107
2.3.1.46	homoserine O-transsuccinylase, homoserine O-succinyltransferase, v. 29	p. 630
2.3.1.46	homoserine succinyltransferase, homoserine O-succinyltransferase, v. 29	p. 630
2.3.1.31	homoserine transacetylase, homoserine O-acetyltransferase, v. 29	p. 515
2.5.1.48	homoserine transsuccinylase, cystathionine γ-synthase, v. 34	p. 107

2.3.1.46	homoserine transsuccinylase, homoserine O-succinyltransferase, v. 29 | p. 630
3.7.1.8	HOPDA hydrolase, 2,6-dioxo-6-phenylhexa-3-enoate hydrolase, v. 15 | p. 853
3.7.1.8	HOPD hydrolase, 2,6-dioxo-6-phenylhexa-3-enoate hydrolase, v. 15 | p. 853
1.1.1.62	17-HOR, estradiol 17β-dehydrogenase, v. 17 | p. 48
2.7.11.1	hormonally upregulated neu tumor-associated kinase, non-specific serine/threonine protein kinase, v. S3 | p. 1
3.1.1.13	hormone-sensitive cholesterol ester hydrolase, sterol esterase, v. 9 | p. 150
3.1.1.1	hormone-sensitive lipase, carboxylesterase, v. 9 | p. 1
3.1.1.79	hormone-sensitive lipase, hormone-sensitive lipase, v. S5 | p. 4
3.1.1.13	hormone-sensitive lipase, sterol esterase, v. 9 | p. 150
3.1.1.3	hormone-sensitive lipase, triacylglycerol lipase, v. 9 | p. 36
1.11.1.7	horseradish peroxidase, peroxidase, v. 25 | p. 211
1.11.1.7	horseradish peroxidase (HRP), peroxidase, v. 25 | p. 211
3.5.1.98	HosB, histone deacetylase, v. S6 | p. 437
5.4.99.7	hOSC, Lanosterol synthase, v. 1 | p. 624
3.4.21.89	HOSP, Signal peptidase I, v. 7 | p. 431
4.99.1.1	host red cell ferrochelatase, ferrochelatase, v. 5 | p. 478
1.1.99.24	HOT, hydroxyacid-oxoacid transhydrogenase, v. 19 | p. 409
1.4.1.4	house-keeping GDH, glutamate dehydrogenase (NADP+), v. 22 | p. 68
3.4.22.65	house dust mite allergen, peptidase 1 (mite), v. S6 | p. 208
3.4.22.65	house dust mite allergens, peptidase 1 (mite), v. S6 | p. 208
1.4.1.3	housekeeping glutamate dehydrogenase, glutamate dehydrogenase [NAD(P)+], v. 22 | p. 43
3.4.21.120	hOV-1, oviductin, v. S5 | p. 454
1.1.3.5	Hox, hexose oxidase, v. 19 | p. 48
1.12.1.2	Hox, hydrogen dehydrogenase, v. 25 | p. 316
1.12.1.2	HoxE, hydrogen dehydrogenase, v. 25 | p. 316
1.12.1.2	HoxEFUYH, hydrogen dehydrogenase, v. 25 | p. 316
1.12.99.6	HoxEFUYH type [NiFe] hydrogenase, hydrogenase (acceptor), v. 25 | p. 373
1.12.1.2	HoxFUYHI2, hydrogen dehydrogenase, v. 25 | p. 316
1.12.1.2	Hox hydrogenase, hydrogen dehydrogenase, v. 25 | p. 316
1.12.1.2	Hox type hydrogenase, hydrogen dehydrogenase, v. 25 | p. 316
1.11.1.7	HP, peroxidase, v. 25 | p. 211
1.13.11.31	hp-12LOX, arachidonate 12-lipoxygenase, v. 25 | p. 568
3.4.24.47	HP-IV, horrilysin, v. 8 | p. 459
2.4.2.19	Hp-QAPRTase, nicotinate-nucleotide diphosphorylase (carboxylating), v. 33 | p. 188
3.1.27.5	HP-RNase, pancreatic ribonuclease, v. 11 | p. 584
2.7.13.3	HP0165, histidine kinase, v. S4 | p. 420
2.7.13.3	HP0244, histidine kinase, v. S4 | p. 420
2.4.1.38	HP0826, β-N-acetylglucosaminylglycopeptide β-1,4-galactosyltransferase, v. 31 | p. 353
2.4.1.22	HP0826, lactose synthase, v. 31 | p. 264
4.2.1.115	HP0840, UDP-N-acetylglucosamine 4,6-dehydratase (inverting)
4.2.1.1	HP1186, carbonate dehydratase, v. 4 | p. 242
2.7.13.3	HP1364, histidine kinase, v. S4 | p. 420
3.2.1.1	HPA, α-amylase, v. 12 | p. 1
1.14.13.18	4-HPA 1-hydroxylase, 4-hydroxyphenylacetate 1-monooxygenase, v. 26 | p. 321
1.14.13.3	4 HPA 3-hydroxyylase, 4-hydroxyphenylacetate 3-monooxygenase, v. 26 | p. 223
2.3.1.36	Hpa3p, D-amino-acid N-acetyltransferase, v. 29 | p. 534
1.14.13.3	HpaB, 4-hydroxyphenylacetate 3-monooxygenase, v. 26 | p. 223
1.5.1.29	HpaC, FMN reductase, v. 23 | p. 217
1.5.1.30	HpaC, flavin reductase, v. 23 | p. 232
4.1.1.83	HPA decarboxylase, 4-hydroxyphenylacetate decarboxylase, v. S7 | p. 15
3.5.3.15	hPADI2, protein-arginine deiminase, v. 14 | p. 817
3.5.3.15	hPADI4, protein-arginine deiminase, v. 14 | p. 817
1.13.11.15	HPADO, 3,4-dihydroxyphenylacetate 2,3-dioxygenase, v. 25 | p. 496
3.5.3.15	hPADVI, protein-arginine deiminase, v. 14 | p. 817

1.14.13.3	HPAH, 4-hydroxyphenylacetate 3-monooxygenase, v. 26	p. 223
1.14.13.3	4-HPA hydroxylase, 4-hydroxyphenylacetate 3-monooxygenase, v. 26	p. 223
3.1.21.4	HpaI, type II site-specific deoxyribonuclease, v. 11	p. 454
3.1.21.4	HpaII, type II site-specific deoxyribonuclease, v. 11	p. 454
2.7.11.1	hPAK1, non-specific serine/threonine protein kinase, v. S3	p. 1
1.2.1.53	4-HPAL dehydrogenase, 4-hydroxyphenylacetaldehyde dehydrogenase, v. 20	p. 361
3.1.13.4	hPAN, poly(A)-specific ribonuclease, v. 11	p. 407
1.14.13.42	4-HPAN hydroxylase, hydroxyphenylacetonitrile 2-monooxygenase, v. 26	p. 454
2.7.1.33	hPanK, pantothenate kinase, v. 35	p. 385
2.7.1.33	hPanK1, pantothenate kinase, v. 35	p. 385
2.7.1.33	hPANK2, pantothenate kinase, v. 35	p. 385
2.7.1.33	hPanK3, pantothenate kinase, v. 35	p. 385
2.7.1.33	hPanK4, pantothenate kinase, v. 35	p. 385
1.4.3.6	HPAO, amine oxidase (copper-containing), v. 22	p. 291
1.4.3.21	HPAO, primary-amine oxidase	
1.5.3.11	hPAO-1, polyamine oxidase, v. 23	p. 312
3.1.3.2	HPAP, acid phosphatase, v. 10	p. 31
5.2.1.8	h Par14, Peptidylprolyl isomerase, v. 1	p. 218
5.2.1.8	hPar14, Peptidylprolyl isomerase, v. 1	p. 218
3.1.3.15	HPase, histidinol-phosphatase, v. 10	p. 208
4.2.1.1	hpαCA, carbonate dehydratase, v. 4	p. 242
4.2.1.1	hpβCA, carbonate dehydratase, v. 4	p. 242
1.13.11.15	2,3-HPCD, 3,4-dihydroxyphenylacetate 2,3-dioxygenase, v. 25	p. 496
1.13.11.15	HPCD, 3,4-dihydroxyphenylacetate 2,3-dioxygenase, v. 25	p. 496
3.5.4.22	HPC deaminase, 1-pyrroline-4-hydroxy-2-carboxylate deaminase, v. 15	p. 148
1.1.1.268	R-HPCDH, 2-(R)-hydroxypropyl-CoM dehydrogenase, v. 18	p. 480
1.1.1.269	S-HPCDH, 2-(S)-hydroxypropyl-CoM dehydrogenase, v. 18	p. 483
1.13.11.15	HPC dioxygenase, 3,4-dihydroxyphenylacetate 2,3-dioxygenase, v. 25	p. 496
4.1.1.68	HpcE, 5-Oxopent-3-ene-1,2,5-tricarboxylate decarboxylase, v. 3	p. 380
4.1.2.20	HpcH, 2-Dehydro-3-deoxyglucarate aldolase, v. 3	p. 516
4.1.1.83	4-Hpd, 4-hydroxyphenylacetate decarboxylase, v. S7	p. 15
4.1.1.83	HPD, 4-hydroxyphenylacetate decarboxylase, v. S7	p. 15
1.13.11.27	HPD, 4-hydroxyphenylpyruvate dioxygenase, v. 25	p. 546
4.1.1.83	p-Hpd, 4-hydroxyphenylacetate decarboxylase, v. S7	p. 15
1.13.11.27	hpdA, 4-hydroxyphenylpyruvate dioxygenase, v. 25	p. 546
3.7.1.8	HPDA hydrolase, 2,6-dioxo-6-phenylhexa-3-enoate hydrolase, v. 15	p. 853
3.1.4.53	hPDE4A, 3',5'-cyclic-AMP phosphodiesterase	
3.1.4.53	hPDE4B, 3',5'-cyclic-AMP phosphodiesterase	
4.2.3.4	hpDHQS, 3-dehydroquinate synthase, v. S7	p. 194
2.7.11.1	hPDK1, non-specific serine/threonine protein kinase, v. S3	p. 1
4.2.1.60	HpFabZ, 3-Hydroxydecanoyl-[acyl-carrier-protein] dehydratase, v. 4	p. 551
2.6.1.72	HpgAT, D-4-hydroxyphenylglycine transaminase, v. 35	p. 50
1.1.1.141	HPGD, 15-hydroxyprostaglandin dehydrogenase (NAD+), v. 17	p. 417
1.14.99.1	hPGHS-1, prostaglandin-endoperoxide synthase, v. 27	p. 246
1.14.99.1	hPGHS-2, prostaglandin-endoperoxide synthase, v. 27	p. 246
2.7.2.3	hPGK, phosphoglycerate kinase, v. 37	p. 283
2.7.1.1	HPGLK1, hexokinase, v. 35	p. 74
2.7.1.119	HPH, hygromycin-B 7-O-kinase, v. 37	p. 52
1.14.11.2	HPH, procollagen-proline dioxygenase, v. 26	p. 9
3.2.1.35	HPH-20, hyaluronoglucosaminidase, v. 12	p. 526
3.1.21.4	HphI, type II site-specific deoxyribonuclease, v. 11	p. 454
4.2.1.92	HPI, hydroperoxide dehydratase, v. 4	p. 653
1.11.1.6	HPI-A, catalase, v. 25	p. 194
1.11.1.6	HPI-B, catalase, v. 25	p. 194
1.11.1.6	HPII, catalase, v. 25	p. 194

2.1.1.77	HPIMT, protein-L-isoaspartate(D-aspartate) O-methyltransferase, v. 28 | p. 406
5.2.1.8	hPin1, Peptidylprolyl isomerase, v. 1 | p. 218
3.4.21.34	HPK, plasma kallikrein, v. 7 | p. 136
2.7.13.3	HpkA HK, histidine kinase, v. S4 | p. 420
2.7.1.40	hPKM2, pyruvate kinase, v. 36 | p. 33
3.1.1.3	HPL, triacylglycerol lipase, v. 9 | p. 36
3.1.4.11	hPLC-eta, phosphoinositide phospholipase C, v. 11 | p. 75
3.1.4.4	hPLD1, phospholipase D, v. 11 | p. 47
3.1.4.4	hPLD2, phospholipase D, v. 11 | p. 47
2.7.1.35	HPLK, pyridoxal kinase, v. 35 | p. 395
2.7.11.21	hPlk1, polo kinase, v. S4 | p. 134
2.7.1.35	hPL kinase, pyridoxal kinase, v. 35 | p. 395
3.1.1.26	HPLRP2, galactolipase, v. 9 | p. 222
3.1.1.3	HPLRP2, triacylglycerol lipase, v. 9 | p. 36
2.3.1.39	HpMCAT, [acyl-carrier-protein] S-malonyltransferase, v. 29 | p. 566
2.1.1.28	hPNMT, phenylethanolamine N-methyltransferase, v. 28 | p. 132
2.4.2.1	hPNP, purine-nucleoside phosphorylase, v. 33 | p. 1
2.7.7.8	hPNPase(old-35), polyribonucleotide nucleotidyltransferase, v. 38 | p. 145
2.4.1.232	HpOCH1, initiation-specific α-1,6-mannosyltransferase, v. 32 | p. 640
3.1.26.5	hPOP1, ribonuclease P, v. 11 | p. 531
3.1.26.5	hPOP4, ribonuclease P, v. 11 | p. 531
3.1.26.5	hPOP7, ribonuclease P, v. 11 | p. 531
3.1.3.5	hppA gene product, 5'-nucleotidase, v. 10 | p. 95
2.7.1.33	HpPanK-III, pantothenate kinase, v. 35 | p. 385
3.1.3.15	HPpase, histidinol-phosphatase, v. 10 | p. 208
1.13.11.27	4-HPPD, 4-hydroxyphenylpyruvate dioxygenase, v. 25 | p. 546
1.13.11.27	4HPPD, 4-hydroxyphenylpyruvate dioxygenase, v. 25 | p. 546
1.13.11.27	HPPD, 4-hydroxyphenylpyruvate dioxygenase, v. 25 | p. 546
1.13.11.27	HPPDase, 4-hydroxyphenylpyruvate dioxygenase, v. 25 | p. 546
3.5.1.88	HpPDF, peptide deformylase, v. 14 | p. 631
3.1.3.15	HP phosphatase, histidinol-phosphatase, v. 10 | p. 208
2.7.6.3	HPPK, 2-amino-4-hydroxy-6-hydroxymethyldihydropteridine diphosphokinase, v. 38 | p. 30
2.7.6.3	HPPK/DHPS, 2-amino-4-hydroxy-6-hydroxymethyldihydropteridine diphosphokinase, v. 38 | p. 30
2.7.6.3	HPPK/dihydropteroate synthase, 2-amino-4-hydroxy-6-hydroxymethyldihydropteridine diphosphokinase, v. 38 | p. 30
2.4.1.109	HpPmt1p, dolichyl-phosphate-mannose-protein mannosyltransferase, v. 32 | p. 110
1.1.1.237	HPPR, hydroxyphenylpyruvate reductase, v. 18 | p. 380
6.4.1.1	HpPyc1p, Pyruvate carboxylase, v. 2 | p. 708
1.1.1.29	HPR, glycerate dehydrogenase, v. 16 | p. 283
3.1.27.5	HPR, pancreatic ribonuclease, v. 11 | p. 584
2.7.11.1	Hpr kinase, non-specific serine/threonine protein kinase, v. S3 | p. 1
1.4.4.2	H protein, glycine dehydrogenase (decarboxylating), v. 22 | p. 371
1.1.1.237	HPRP, hydroxyphenylpyruvate reductase, v. 18 | p. 380
2.4.2.8	HPRT, hypoxanthine phosphoribosyltransferase, v. 33 | p. 95
2.4.2.8	HPRT1, hypoxanthine phosphoribosyltransferase, v. 33 | p. 95
2.4.2.8	HPRTJerusalem, hypoxanthine phosphoribosyltransferase, v. 33 | p. 95
4.1.2.43	HPS, 3-hexulose-6-phosphate synthase
2.5.1.33	HPS, trans-pentaprenyltranstransferase, v. 34 | p. 30
4.1.2.43	HPS-aldolase, 3-hexulose-6-phosphate synthase
4.1.2.43	HPS-PHI, 3-hexulose-6-phosphate synthase
4.1.2.43	HPS/PHI, 3-hexulose-6-phosphate synthase
2.7.11.1	hPSK, non-specific serine/threonine protein kinase, v. S3 | p. 1
3.1.3.3	HPSP, phosphoserine phosphatase, v. 10 | p. 77

2.5.1.39	4HPT, 4-hydroxybenzoate nonaprenyltransferase, v. 34 | p. 48	
2.7.1.119	HPT, hygromycin-B 7-O-kinase, v. 37 | p. 52	
3.1.3.48	HPTPβ, protein-tyrosine-phosphatase, v. 10 | p. 407	
3.1.3.48	HPTPβ-CD, protein-tyrosine-phosphatase, v. 10 | p. 407	
3.1.3.48	HPTP β-like tyrosine phosphatase, protein-tyrosine-phosphatase, v. 10 | p. 407	
3.1.3.48	hPTPE1, protein-tyrosine-phosphatase, v. 10 | p. 407	
3.1.3.48	HPTP eta, protein-tyrosine-phosphatase, v. 10 | p. 407	
5.4.99.12	hPus1p, tRNA-pseudouridine synthase I, v. 1 | p. 642	
5.1.99.3	HpxA, Allantoin racemase, v. 1 | p. 185	
3.1.21.4	Hpy188I, type II site-specific deoxyribonuclease, v. 11 | p. 454	
3.1.21.4	Hpy8I, type II site-specific deoxyribonuclease, v. 11 | p. 454	
3.1.21.4	Hpy99II, type II site-specific deoxyribonuclease, v. 11 | p. 454	
3.1.21.4	Hpy99IV, type II site-specific deoxyribonuclease, v. 11 | p. 454	
3.1.21.4	Hpy99VIIIP, type II site-specific deoxyribonuclease, v. 11 | p. 454	
3.1.21.4	HpyAXII, type II site-specific deoxyribonuclease, v. 11 | p. 454	
3.1.21.4	HpyF17I, type II site-specific deoxyribonuclease, v. 11 | p. 454	
2.1.1.72	HpyIIIM, site-specific DNA-methyltransferase (adenine-specific), v. 28 | p. 390	
3.6.1.1	H(+)-pyrophosphatase, inorganic diphosphatase, v. 15 | p. 240	
1.13.11.37	1,2-HQD, hydroxyquinol 1,2-dioxygenase, v. 25 | p. 610	
2.4.2.19	hQPRTase, nicotinate-nucleotide diphosphorylase (carboxylating), v. 33 | p. 188	
2.3.1.99	HQT, quinate O-hydroxycinnamoyltransferase, v. 30 | p. 215	
3.4.24.52	HR1A, trimerelysin I, v. 8 | p. 471	
6.3.2.19	HR6A, Ubiquitin-protein ligase, v. 2 | p. 506	
6.3.2.19	HR6B, Ubiquitin-protein ligase, v. 2 | p. 506	
3.6.3.50	HrcN, protein-secreting ATPase, v. 15 | p. 737	
6.3.2.19	Hrd1, Ubiquitin-protein ligase, v. 2 | p. 506	
6.3.2.19	Hrd1-SEL1L ubiquitin ligase complex, Ubiquitin-protein ligase, v. 2 | p. 506	
1.5.1.33	H region methotrexate resistance protein, pteridine reductase, v. 23 | p. 243	
3.4.22.37	HRgpA, Gingipain R, v. 7 | p. 707	
3.4.22.37	HrgpB, Gingipain R, v. 7 | p. 707	
1.1.1.81	HRP, hydroxypyruvate reductase, v. 17 | p. 147	
1.11.1.7	HRP, peroxidase, v. 25 | p. 211	
1.11.1.7	HRP-C, peroxidase, v. 25 | p. 211	
3.4.22.37	HRpA, Gingipain R, v. 7 | p. 707	
1.11.1.7	HRPC, peroxidase, v. 25 | p. 211	
1.11.1.7	HRPO, peroxidase, v. 25 | p. 211	
3.6.3.50	Hrp type III protein secretion system, protein-secreting ATPase, v. 15 | p. 737	
2.7.11.1	HRR25, non-specific serine/threonine protein kinase, v. S3 | p. 1	
2.7.10.2	Hrr25p, non-specific protein-tyrosine kinase, v. S2 | p. 441	
6.1.1.21	HRS, Histidine-tRNA ligase, v. 2 | p. 168	
1.11.1.8	hrTPO, iodide peroxidase, v. 25 | p. 227	
2.7.7.48	HRV16 3Dpol, RNA-directed RNA polymerase, v. 38 | p. 468	
6.2.1.35	HS-acyl-carrier protein:acetate ligase, ACP-SH:acetate ligase	
3.1.26.3	Hs-Dicer, ribonuclease III, v. 11 | p. 509	
3.1.26.3	Hs-Drosha, ribonuclease III, v. 11 | p. 509	
3.6.3.12	Hs1, K+-transporting ATPase, v. 15 | p. 593	
2.7.7.19	Hs2, polynucleotide adenylyltransferase, v. 38 | p. 245	
2.8.2.23	HS 3-O-sulfotransferase 1, [heparan sulfate]-glucosamine 3-sulfotransferase 1, v. 39 | p. 445	
2.8.2.29	HS 3-O-sulfotransferase 2, [heparan sulfate]-glucosamine 3-sulfotransferase 2, v. 39 | p. 467	
2.8.2.30	HS 3-O-sulfotransferase 3, [heparan sulfate]-glucosamine 3-sulfotransferase 3, v. 39 | p. 469	
2.8.2.30	HS 3-O-sulfotransferase isoform 3, [heparan sulfate]-glucosamine 3-sulfotransferase 3, v. 39 | p. 469	
2.8.2.29	HS 3-OST-2, [heparan sulfate]-glucosamine 3-sulfotransferase 2, v. 39 | p. 467	
2.8.2.30	HS 3-OST-3, [heparan sulfate]-glucosamine 3-sulfotransferase 3, v. 39 | p. 469	
2.8.2.23	HS3ST-2, [heparan sulfate]-glucosamine 3-sulfotransferase 1, v. 39 | p. 445	

2.8.2.23	HS3ST1, [heparan sulfate]-glucosamine 3-sulfotransferase 1, v.39 | p.445	
2.8.2.29	HS3ST2, [heparan sulfate]-glucosamine 3-sulfotransferase 2, v.39 | p.467	
2.8.2.30	HS3ST3A, [heparan sulfate]-glucosamine 3-sulfotransferase 3, v.39 | p.469	
2.8.2.30	HS3ST3B, [heparan sulfate]-glucosamine 3-sulfotransferase 3, v.39 | p.469	
3.2.1.1	HSA, α-amylase, v.12 | p.1	
3.4.11.1	HSA, leucyl aminopeptidase, v.6 | p.40	
3.1.3.62	(HSA)MINPP1, multiple inositol-polyphosphate phosphatase, v.10 | p.475	
5.4.2.3	HsAGM1, phosphoacetylglucosamine mutase, v.1 | p.315	
3.2.1.1	HSAmy, α-amylase, v.12 | p.1	
3.2.1.1	HSAmy-ar, α-amylase, v.12 | p.1	
3.1.26.11	HsaTrz1, tRNase Z, v.S5 | p.105	
3.1.26.11	HsaTrz2, tRNase Z, v.S5 | p.105	
3.4.25.1	HsBPROS26, proteasome endopeptidase complex, v.8 | p.587	
2.7.1.137	HsC2-PI3K, phosphatidylinositol 3-kinase, v.37 | p.170	
2.7.1.154	HsC3-PI3K, phosphatidylinositol-4-phosphate 3-kinase, v.37 | p.245	
3.6.4.10	Hsc66, non-chaperonin molecular chaperone ATPase, v.15 | p.810	
3.6.4.10	Hsc70, non-chaperonin molecular chaperone ATPase, v.15 | p.810	
3.6.3.51	Hsc70 ATPase, mitochondrial protein-transporting ATPase, v.15 | p.744	
3.4.21.117	HSCCE, stratum corneum chymotryptic enzyme, v.S5 | p.425	
1.14.19.1	hSCD1, stearoyl-CoA 9-desaturase, v.27 | p.194	
1.14.19.1	hSCD5, stearoyl-CoA 9-desaturase, v.27 | p.194	
2.7.11.1	HsCdc7, non-specific serine/threonine protein kinase, v.S3 | p.1	
1.1.1.146	11β-HSD, 11β-hydroxysteroid dehydrogenase, v.17 | p.449	
1.1.1.62	17-HSD, estradiol 17β-dehydrogenase, v.17 | p.48	
1.1.1.148	17α-HSD, estradiol 17α-dehydrogenase, v.17 | p.467	
1.1.1.51	17β-HSD, 3(or 17)β-hydroxysteroid dehydrogenase, v.17 | p.1	
1.1.1.62	17β-HSD, estradiol 17β-dehydrogenase, v.17 | p.48	
1.1.1.63	17β-HSD, testosterone 17β-dehydrogenase, v.17 | p.63	
1.1.1.62	17βHSD, estradiol 17β-dehydrogenase, v.17 | p.48	
1.1.1.149	20-α-HSD, 20α-hydroxysteroid dehydrogenase, v.17 | p.471	
1.1.1.21	20-α-HSD, aldehyde reductase, v.16 | p.203	
1.1.1.62	20-α-HSD, estradiol 17β-dehydrogenase, v.17 | p.48	
1.1.1.189	20-α-HSD, prostaglandin-E2 9-reductase, v.18 | p.139	
1.1.1.53	20HSD, 3α(or 20β)-hydroxysteroid dehydrogenase, v.17 | p.9	
1.1.1.149	20α-HSD, 20α-hydroxysteroid dehydrogenase, v.17 | p.471	
1.1.1.53	20β-HSD, 3α(or 20β)-hydroxysteroid dehydrogenase, v.17 | p.9	
1.1.1.50	3-α-HSD, 3α-hydroxysteroid dehydrogenase (B-specific), v.16 | p.487	
1.1.1.50	3HSD, 3α-hydroxysteroid dehydrogenase (B-specific), v.16 | p.487	
1.1.1.239	3α(17β)-HSD, 3α(17β)-hydroxysteroid dehydrogenase (NAD+), v.18 | p.386	
1.1.1.213	3α-HSD, 3α-hydroxysteroid dehydrogenase (A-specific), v.18 | p.285	
1.1.1.50	3α-HSD, 3α-hydroxysteroid dehydrogenase (B-specific), v.16 | p.487	
1.1.1.213	3αHSD, 3α-hydroxysteroid dehydrogenase (A-specific), v.18 | p.285	
1.1.1.50	3αHSD, 3α-hydroxysteroid dehydrogenase (B-specific), v.16 | p.487	
1.1.1.51	3β-HSD, 3(or 17)β-hydroxysteroid dehydrogenase, v.17 | p.1	
1.1.1.270	3β-HSD, 3-keto-steroid reductase, v.18 | p.485	
1.1.1.145	3β-HSD, 3β-hydroxy-Δ5-steroid dehydrogenase, v.17 | p.436	
1.1.1.62	3β-HSD, estradiol 17β-dehydrogenase, v.17 | p.48	
5.3.3.1	3β-HSD, steroid Δ-isomerase, v.1 | p.376	
1.1.1.51	3βHSD, 3(or 17)β-hydroxysteroid dehydrogenase, v.17 | p.1	
1.1.1.62	3βHSD, estradiol 17β-dehydrogenase, v.17 | p.48	
1.1.1.159	7α-HSD, 7α-hydroxysteroid dehydrogenase, v.18 | p.21	
1.1.1.201	7β-HSD, 7β-hydroxysteroid dehydrogenase (NADP+), v.18 | p.194	
1.1.1.51	HSD, 3(or 17)β-hydroxysteroid dehydrogenase, v.17 | p.1	
1.1.1.50	HSD, 3α-hydroxysteroid dehydrogenase (B-specific), v.16 | p.487	
1.1.1.3	HSD, homoserine dehydrogenase, v.16 | p.84	

1.1.1.146	11β HSD-1, 11β-hydroxysteroid dehydrogenase, v. 17	p. 449
1.1.1.146	11β HSD-2, 11β-hydroxysteroid dehydrogenase, v. 17	p. 449
1.1.1.51	17β-HSD-3, 3(or 17)β-hydroxysteroid dehydrogenase, v. 17	p. 1
1.1.1.64	17β-HSD-3, testosterone 17β-dehydrogenase (NADP+), v. 17	p. 71
3.1.1.47	HSD-PLA2, 1-alkyl-2-acetylglycerophosphocholine esterase, v. 9	p. 320
1.1.1.53	3α-HSD/CR, 3α(or 20β)-hydroxysteroid dehydrogenase, v. 17	p. 9
1.1.1.213	3α-HSD/CR, 3α-hydroxysteroid dehydrogenase (A-specific), v. 18	p. 285
1.1.1.50	3α-HSD/CR, 3α-hydroxysteroid dehydrogenase (B-specific), v. 16	p. 487
1.1.1.213	α-HSD/CR, 3α-hydroxysteroid dehydrogenase (A-specific), v. 18	p. 285
5.3.3.1	3β-HSD/isomerase, steroid Δ-isomerase, v. 1	p. 376
1.1.1.188	20α-HSD/PGFS, prostaglandin-F synthase, v. 18	p. 130
1.1.1.146	11-β-HSD1, 11β-hydroxysteroid dehydrogenase, v. 17	p. 449
1.1.1.146	11HSD1, 11β-hydroxysteroid dehydrogenase, v. 17	p. 449
1.1.1.146	11β-HSD 1, 11β-hydroxysteroid dehydrogenase, v. 17	p. 449
1.1.1.146	11βHSD1, 11β-hydroxysteroid dehydrogenase, v. 17	p. 449
1.1.1.62	17HSD1, estradiol 17β-dehydrogenase, v. 17	p. 48
1.1.1.62	17β-HSD1, estradiol 17β-dehydrogenase, v. 17	p. 48
1.1.1.64	17β-HSD1, testosterone 17β-dehydrogenase (NADP+), v. 17	p. 71
1.1.1.62	17βHSD1, estradiol 17β-dehydrogenase, v. 17	p. 48
1.1.1.145	3β-HSD1, 3β-hydroxy-Δ5-steroid dehydrogenase, v. 17	p. 436
1.1.1.149	HSD1, 20α-hydroxysteroid dehydrogenase, v. 17	p. 471
1.1.1.35	17β-HSD10, 3-hydroxyacyl-CoA dehydrogenase, v. 16	p. 318
1.3.99.2	HSD10, butyryl-CoA dehydrogenase, v. 21	p. 473
1.1.1.62	17β-HSD12, estradiol 17β-dehydrogenase, v. 17	p. 48
1.1.1.62	HSD17B1, estradiol 17β-dehydrogenase, v. 17	p. 48
1.1.1.270	HSD17B7, 3-keto-steroid reductase, v. 18	p. 485
1.1.1.146	11β-HSD1A, 11β-hydroxysteroid dehydrogenase, v. 17	p. 449
1.1.1.146	11-β-HSD2, 11β-hydroxysteroid dehydrogenase, v. 17	p. 449
1.1.1.146	11HSD2, 11β-hydroxysteroid dehydrogenase, v. 17	p. 449
1.1.1.146	11β-HSD2, 11β-hydroxysteroid dehydrogenase, v. 17	p. 449
1.1.1.146	11βHSD2, 11β-hydroxysteroid dehydrogenase, v. 17	p. 449
1.1.1.51	17β-HSD2, 3(or 17)β-hydroxysteroid dehydrogenase, v. 17	p. 1
1.1.1.62	17β-HSD2, estradiol 17β-dehydrogenase, v. 17	p. 48
1.1.1.51	17βHSD2, 3(or 17)β-hydroxysteroid dehydrogenase, v. 17	p. 1
1.1.1.145	3β-HSD2, 3β-hydroxy-Δ5-steroid dehydrogenase, v. 17	p. 436
1.1.1.146	HSD 2, 11β-hydroxysteroid dehydrogenase, v. 17	p. 449
1.1.1.145	3β-HSD22, 3β-hydroxy-Δ5-steroid dehydrogenase, v. 17	p. 436
1.1.1.50	HSD28, 3α-hydroxysteroid dehydrogenase (B-specific), v. 16	p. 487
1.1.1.50	HSD29, 3α-hydroxysteroid dehydrogenase (B-specific), v. 16	p. 487
1.1.1.64	17β-HSD 3, testosterone 17β-dehydrogenase (NADP+), v. 17	p. 71
1.1.1.51	17β-HSD3, 3(or 17)β-hydroxysteroid dehydrogenase, v. 17	p. 1
1.1.1.64	17β-HSD3, testosterone 17β-dehydrogenase (NADP+), v. 17	p. 71
1.1.1.64	17βHSD3, testosterone 17β-dehydrogenase (NADP+), v. 17	p. 71
1.1.1.213	3α-HSD3, 3α-hydroxysteroid dehydrogenase (A-specific), v. 18	p. 285
1.1.1.62	17β-HSD4, estradiol 17β-dehydrogenase, v. 17	p. 48
1.1.1.64	17β-HSD4, testosterone 17β-dehydrogenase (NADP+), v. 17	p. 71
1.1.1.51	17β-HSD5, 3(or 17)β-hydroxysteroid dehydrogenase, v. 17	p. 1
1.1.1.62	17β-HSD5, estradiol 17β-dehydrogenase, v. 17	p. 48
1.1.1.62	17β-HSD7 2, estradiol 17β-dehydrogenase, v. 17	p. 48
1.1.1.51	17β-HSD7_2, 3(or 17)β-hydroxysteroid dehydrogenase, v. 17	p. 1
1.1.1.145	3β-HSD_1, 3β-hydroxy-Δ5-steroid dehydrogenase, v. 17	p. 436
1.1.1.62	17β-HSDcl, estradiol 17β-dehydrogenase, v. 17	p. 48
4.1.1.28	HsDDC, aromatic-L-amino-acid decarboxylase, v. 3	p. 152
1.1.1.176	12α-HSDH, 12α-hydroxysteroid dehydrogenase, v. 18	p. 82

1.1.1.149	20α-HSDH, 20α-hydroxysteroid dehydrogenase, v. 17 | p. 471	
1.1.1.145	3β-HSDH, 3β-hydroxy-Δ5-steroid dehydrogenase, v. 17 | p. 436	
1.1.1.51	3β17βHSDH, 3(or 17)β-hydroxysteroid dehydrogenase, v. 17 | p. 1	
1.1.1.159	7-HSDH, 7α-hydroxysteroid dehydrogenase, v. 18 | p. 21	
1.1.1.159	7-α-HSDH, 7α-hydroxysteroid dehydrogenase, v. 18 | p. 21	
1.1.1.159	7α-HSDH, 7α-hydroxysteroid dehydrogenase, v. 18 | p. 21	
1.1.1.213	HSDH, 3α-hydroxysteroid dehydrogenase (A-specific), v. 18 | p. 285	
1.1.1.50	HSDH, 3α-hydroxysteroid dehydrogenase (B-specific), v. 16 | p. 187	
4.3.1.17	HSDH, L-Serine ammonia-lyase, v. S7 | p. 332	
1.1.1.3	HSDH, homoserine dehydrogenase, v. 16 | p. 84	
1.3.5.2	HsDHODH, dihydroorotate dehydrogenase	
1.1.1.62	17β-HSD I, estradiol 17β-dehydrogenase, v. 17 | p. 48	
1.1.1.62	17β-HSD type 1, estradiol 17β-dehydrogenase, v. 17 | p. 48	
1.1.1.62	7β-HSD type 1, estradiol 17β-dehydrogenase, v. 17 | p. 48	
1.1.1.62	17β-HSD type 12, estradiol 17β-dehydrogenase, v. 17 | p. 48	
1.1.1.62	17β-HSD type 2, estradiol 17β-dehydrogenase, v. 17 | p. 48	
1.1.1.51	17β-HSD type 3, 3(or 17)β-hydroxysteroid dehydrogenase, v. 17 | p. 1	
1.1.1.64	17β-HSD type 3, testosterone 17β-dehydrogenase (NADP+), v. 17 | p. 71	
1.1.1.213	3α-HSD type 3, 3α-hydroxysteroid dehydrogenase (A-specific), v. 18 | p. 285	
1.1.1.62	17β-HSD type 5, estradiol 17β-dehydrogenase, v. 17 | p. 48	
1.1.1.64	17β-HSD type 5, testosterone 17β-dehydrogenase (NADP+), v. 17 | p. 71	
1.1.1.62	17β-HSD type 7, estradiol 17β-dehydrogenase, v. 17 | p. 48	
1.1.1.62	17β-HSD type 8, estradiol 17β-dehydrogenase, v. 17 | p. 48	
1.1.1.51	17β-HSD type II, 3(or 17)β-hydroxysteroid dehydrogenase, v. 17 | p. 1	
1.1.1.145	3β-HSD type II, 3β-hydroxy-Δ5-steroid dehydrogenase, v. 17 | p. 436	
5.1.3.17	Hsepi, heparosan-N-sulfate-glucuronate 5-epimerase, v. 1 | p. 167	
3.4.24.7	HSFC, interstitial collagenase, v. 8 | p. 218	
2.5.1.1	HsFPS, dimethylallyltranstransferase, v. 33 | p. 393	
2.5.1.10	HsFPS, geranyltranstransferase, v. 33 | p. 470	
1.2.1.12	HsGAPDH, glyceraldehyde-3-phosphate dehydrogenase (phosphorylating), v. 20 | p. 135	
5.1.3.17	HS glucuronyl C5-epimerase, heparosan-N-sulfate-glucuronate 5-epimerase, v. 1 | p. 167	
2.3.1.4	HsGNA1, glucosamine-phosphate N-acetyltransferase, v. 29 | p. 237	
2.4.1.212	HsHAS1, hyaluronan synthase, v. 32 | p. 558	
2.1.2.1	hSHMT, glycine hydroxymethyltransferase, v. 29 | p. 1	
2.7.1.127	HsIP3K-A, inositol-trisphosphate 3-kinase, v. 37 | p. 107	
2.7.1.39	HSK, homoserine kinase, v. 36 | p. 23	
3.4.21.112	hSKI-1, site-1 protease, v. S5 | p. 400	
3.1.1.1	HSL, carboxylesterase, v. 9 | p. 1	
3.1.1.79	HSL, hormone-sensitive lipase, v. S5 | p. 4	
3.1.1.13	HSL, sterol esterase, v. 9 | p. 150	
3.1.1.3	HSL, triacylglycerol lipase, v. 9 | p. 36	
3.1.1.79	HSL protein, hormone-sensitive lipase, v. S5 | p. 4	
3.6.4.8	hslVU, proteasome ATPase, v. 15 | p. 797	
3.1.4.12	hSMase, sphingomyelin phosphodiesterase, v. 11 | p. 86	
6.1.1.4	hs mt LeuRS, Leucine-tRNA ligase, v. 2 | p. 23	
3.4.25.1	HSN3, proteasome endopeptidase complex, v. 8 | p. 587	
3.2.1.18	HsNEU2, exo-α-sialidase, v. 12 | p. 244	
2.7.11.25	HsNIK, mitogen-activated protein kinase kinase kinase, v. S4 | p. 278	
2.3.1.97	HsNMT1, glycylpeptide N-tetradecanoyltransferase, v. 30 | p. 193	
2.8.2.8	HSNST, [heparan sulfate]-glucosamine N-sulfotransferase, v. 39 | p. 342	
1.1.1.213	3-α-HSO, 3α-hydroxysteroid dehydrogenase (A-specific), v. 18 | p. 285	
2.4.1.94	HsOGT, protein N-acetylglucosaminyltransferase, v. 32 | p. 39	
1.1.1.51	17β-HSOR, 3(or 17)β-hydroxysteroid dehydrogenase, v. 17 | p. 1	
1.1.1.213	3α-HSOR, 3α-hydroxysteroid dehydrogenase (A-specific), v. 18 | p. 285	
1.1.1.50	3α-HSOR, 3α-hydroxysteroid dehydrogenase (B-specific), v. 16 | p. 487	

3.6.4.9	HSP10, chaperonin ATPase, v. 15	p. 803
3.6.4.10	Hsp100, non-chaperonin molecular chaperone ATPase, v. 15	p. 810
3.6.4.10	Hsp104, non-chaperonin molecular chaperone ATPase, v. 15	p. 810
3.6.4.10	Hsp14.0, non-chaperonin molecular chaperone ATPase, v. 15	p. 810
3.6.4.10	Hsp19.7, non-chaperonin molecular chaperone ATPase, v. 15	p. 810
1.14.99.3	HSP32, heme oxygenase, v. 27	p. 261
3.6.4.10	Hsp40, non-chaperonin molecular chaperone ATPase, v. 15	p. 810
3.6.4.9	Hsp60, chaperonin ATPase, v. 15	p. 803
3.6.4.9	Hsp65, chaperonin ATPase, v. 15	p. 803
3.6.4.10	Hsp70, non-chaperonin molecular chaperone ATPase, v. 15	p. 810
3.6.4.10	HSP70.1, non-chaperonin molecular chaperone ATPase, v. 15	p. 810
3.6.4.10	HSP70.2, non-chaperonin molecular chaperone ATPase, v. 15	p. 810
3.6.4.10	Hsp70 chaperone, non-chaperonin molecular chaperone ATPase, v. 15	p. 810
3.6.4.10	Hsp90, non-chaperonin molecular chaperone ATPase, v. 15	p. 810
3.6.4.10	Hsp90α, non-chaperonin molecular chaperone ATPase, v. 15	p. 810
5.2.1.8	HSP90-binding immunophilin, Peptidylprolyl isomerase, v. 1	p. 218
3.6.4.9	Hsp90a, chaperonin ATPase, v. 15	p. 803
3.6.4.10	Hsp90a, non-chaperonin molecular chaperone ATPase, v. 15	p. 810
3.6.4.10	Hsp90 molecular chaperone, non-chaperonin molecular chaperone ATPase, v. 15	p. 810
3.6.3.52	hsp93, chloroplast protein-transporting ATPase, v. 15	p. 747
2.6.1.9	HspAT, histidinol-phosphate transaminase, v. 34	p. 334
5.2.1.8	HSP binding immunophilin, Peptidylprolyl isomerase, v. 1	p. 218
6.1.1.20	HSPC173, Phenylalanine-tRNA ligase, v. 2	p. 156
6.3.2.19	HSPC238, Ubiquitin-protein ligase, v. 2	p. 506
3.1.4.53	HSPDE4A4B, 3',5'-cyclic-AMP phosphodiesterase	
3.5.1.88	HsPDF, peptide deformylase, v. 14	p. 631
2.5.1.44	HSPD synthase, homospermidine synthase, v. 34	p. 63
4.2.2.2	Hspel1, pectate lyase, v. 5	p. 6
4.2.2.2	Hspel2, pectate lyase, v. 5	p. 6
3.6.4.6	HsPEX1, vesicle-fusing ATPase, v. 15	p. 789
3.6.4.6	HsPex1p, vesicle-fusing ATPase, v. 15	p. 789
3.6.4.6	HsPex6p, vesicle-fusing ATPase, v. 15	p. 789
2.7.11.1	HSPK 21, non-specific serine/threonine protein kinase, v. S3	p. 1
2.7.11.1	HSPK 36, non-specific serine/threonine protein kinase, v. S3	p. 1
2.7.11.21	HsPlk1, polo kinase, v. S4	p. 134
2.4.2.1	HsPNO, purine-nucleoside phosphorylase, v. 33	p. 1
2.4.2.1	HsPNP, purine-nucleoside phosphorylase, v. 33	p. 1
2.5.1.44	HSS, homospermidine synthase, v. 34	p. 63
2.5.1.45	HSS, homospermidine synthase (spermidine-specific), v. 34	p. 68
3.3.1.1	HsSAHH, adenosylhomocysteinase, v. 14	p. 120
2.8.2.8	N-HSST, [heparan sulfate]-glucosamine N-sulfotransferase, v. 39	p. 342
3.4.24.84	Hs Ste24p, Ste24 endopeptidase, v. S6	p. 337
2.8.2.2	HST, alcohol sulfotransferase, v. 39	p. 278
2.3.1.46	HST, homoserine O-succinyltransferase, v. 29	p. 630
2.3.1.133	HST, shikimate O-hydroxycinnamoyltransferase, v. 30	p. 331
2.4.99.9	hST3Gal V, lactosylceramide α-2,3-sialyltransferase, v. 33	p. 378
2.4.99.1	hST6Gal-I, β-galactoside α-2,6-sialyltransferase, v. 33	p. 314
3.6.3.48	HST6 gene product, α-factor-transporting ATPase, v. 15	p. 728
2.4.99.8	hST8Sia III, α-N-acetylneuraminate α-2,8-sialyltransferase, v. 33	p. 371
4.6.1.2	hSTAR, guanylate cyclase, v. 5	p. 430
5.99.1.2	HsTop1, DNA topoisomerase, v. 1	p. 721
3.4.21.97	HSV-1, assemblin, v. 7	p. 465
6.3.2.19	HSV-1 infected cell protein 0, Ubiquitin-protein ligase, v. 2	p. 506
2.7.1.21	HSV-1 TK, thymidine kinase, v. 35	p. 270
3.4.21.97	HSV-2, assemblin, v. 7	p. 465

2.7.1.21	HSV1-TK, thymidine kinase, v. 35 | p. 270	
2.7.7.7	HSV 1 POL, DNA-directed DNA polymerase, v. 38 | p. 118	
3.4.21.97	HSV 1 protease, assemblin, v. 7 | p. 465	
3.4.21.59	HTβ, Tryptase, v. 7 | p. 265	
3.4.24.48	HT-2, ruberlysin, v. 8 | p. 462	
3.4.24.41	HT-b, atrolysin B, v. 8 | p. 436	
3.4.24.44	HT-e, atrolysin E, v. 8 | p. 448	
3.4.24.45	HT-f, atrolysin F, v. 8 | p. 452	
2.3.1.31	HTA, homoserine O-acetyltransferase, v. 29 | p. 515	
1.1.1.1	HtADH, alcohol dehydrogenase, v. 16 | p. 1	
2.2.1.2	hTAL, transaldolase, v. 29 | p. 179	
1.2.1.5	HTC-ALDH, aldehyde dehydrogenase [NAD(P)+], v. 20 | p. 72	
1.13.11.11	hTDO, tryptophan 2,3-dioxygenase, v. 25 | p. 457	
2.7.7.31	hTdT, DNA nucleotidylexotransferase, v. 38 | p. 364	
2.7.7.31	hTdTL1, DNA nucleotidylexotransferase, v. 38 | p. 364	
2.7.7.31	hTdTL2, DNA nucleotidylexotransferase, v. 38 | p. 364	
2.7.7.31	hTdTS, DNA nucleotidylexotransferase, v. 38 | p. 364	
2.3.1.110	HTH, tyramine N-feruloyltransferase, v. 30 | p. 254	
1.14.16.2	hTH2, tyrosine 3-monooxygenase, v. 27 | p. 81	
2.7.10.1	HTK, receptor protein-tyrosine kinase, v. S2 | p. 341	
3.4.22.40	HTLase, bleomycin hydrolase, v. 7 | p. 725	
2.7.10.1	HTL protein, receptor protein-tyrosine kinase, v. S2 | p. 341	
1.13.11.5	HTO, homogentisate 1,2-dioxygenase, v. 25 | p. 430	
5.99.1.2	hTop1p, DNA topoisomerase, v. 1 | p. 721	
5.99.1.2	hTopo, DNA topoisomerase, v. 1 | p. 721	
5.99.1.2	hTopoI, DNA topoisomerase, v. 1 | p. 721	
5.99.1.2	htopo I, DNA topoisomerase, v. 1 | p. 721	
5.99.1.2	hTopo IIIα, DNA topoisomerase, v. 1 | p. 721	
2.4.2.4	HTP, thymidine phosphorylase, v. 33 | p. 52	
4.1.1.28	5HTP decarboxylase, aromatic-L-amino-acid decarboxylase, v. 3 | p. 152	
3.6.4.10	HtpG, non-chaperonin molecular chaperone ATPase, v. 15 | p. 810	
1.14.16.4	hTPH2, tryptophan 5-monooxygenase, v. 27 | p. 98	
2.7.6.2	hTPK1, thiamine diphosphokinase, v. 38 | p. 23	
1.11.1.8	hTPO, iodide peroxidase, v. 25 | p. 227	
1.1.1.193	HTP reductase, 5-amino-6-(5-phosphoribosylamino)uracil reductase, v. 18 | p. 159	
3.4.21.107	HtrA, peptidase Do, v. S5 | p. 342	
3.4.21.107	HtrA (DegP) protease, peptidase Do, v. S5 | p. 342	
3.4.21.107	HtrA-like protease, peptidase Do, v. S5 | p. 342	
3.4.21.108	HtrA/DegP, HtrA2 peptidase, v. S5 | p. 354	
3.4.21.107	HtrA/DegP, peptidase Do, v. S5 | p. 342	
3.4.21.107	HtrA1, peptidase Do, v. S5 | p. 342	
3.4.21.108	HtrA2, HtrA2 peptidase, v. S5 | p. 354	
3.4.21.107	HtrA2, peptidase Do, v. S5 | p. 342	
3.4.21.108	HtrA2/Omi, HtrA2 peptidase, v. S5 | p. 354	
3.4.21.108	HtrA2/Omi serine protease, HtrA2 peptidase, v. S5 | p. 354	
3.4.21.108	HtrA2 protease, HtrA2 peptidase, v. S5 | p. 354	
3.4.21.108	HtrA2 serine protease, HtrA2 peptidase, v. S5 | p. 354	
3.4.21.107	HtrA heat shock protease, peptidase Do, v. S5 | p. 342	
3.4.21.108	HtrA protease, HtrA2 peptidase, v. S5 | p. 354	
3.4.21.107	HtrA protease, peptidase Do, v. S5 | p. 342	
6.1.1.2	hTrpRS, Tryptophan-tRNA ligase, v. 2 | p. 9	
1.8.1.9	hTrxR, thioredoxin-disulfide reductase, v. 24 | p. 517	
2.5.1.48	HTS, cystathionine γ-synthase, v. 34 | p. 107	
2.3.1.46	HTS, homoserine O-succinyltransferase, v. 29 | p. 630	
2.1.1.45	HTS, thymidylate synthase, v. 28 | p. 244	

3.2.1.35	HU, hyaluronoglucosaminidase, v. 12 | p. 526	
2.7.11.1	HuCds1, non-specific serine/threonine protein kinase, v. S3 | p. 1	
3.1.3.11	huFBPase, fructose-bisphosphatase, v. 10 | p. 167	
2.4.1.17	HUG-BR1, glucuronosyltransferase, v. 31 | p. 162	
2.4.1.17	HUG-BR2, glucuronosyltransferase, v. 31 | p. 162	
2.4.1.212	HuHAS1, hyaluronan synthase, v. 32 | p. 558	
6.3.2.19	Hul5, Ubiquitin-protein ligase, v. 2 | p. 506	
3.4.21.59	human β-tryptase, Tryptase, v. 7 | p. 265	
2.5.1.17	human-type ACA, cob(I)yrinic acid a,c-diamide adenosyltransferase, v. 33 | p. 517	
2.5.1.17	human-type ATP: co(I)rrinoid adenosyltransferase, cob(I)yrinic acid a,c-diamide adenosyltransferase, v. 33 | p. 517	
2.5.1.17	human-type ATP: cob(I)alamin adenosyltransferase, cob(I)yrinic acid a,c-diamide adenosyltransferase, v. 33 | p. 517	
2.5.1.17	human adenosyltransferase, cob(I)yrinic acid a,c-diamide adenosyltransferase, v. 33 | p. 517	
4.2.99.18	human apurinic/apyrimidinic endonuclease 1, DNA-(apurinic or apyrimidinic site) lyase, v. 5 | p. 150	
3.5.1.15	human ASPA, aspartoacylase, v. 14 | p. 331	
1.14.11.16	human aspartyl (asparaginyl) β-hydroxylase, peptide-aspartate β-dioxygenase, v. 26 | p. 102	
3.4.21.53	human ATP-dependent protease, Endopeptidase La, v. 7 | p. 241	
2.5.1.17	human ATP: cob(I)alamin adenosyltransferase, cob(I)yrinic acid a,c-diamide adenosyltransferase, v. 33 | p. 517	
3.1.4.39	human autotaxin, alkylglycerophosphoethanolamine phosphodiesterase, v. 11 | p. 187	
3.1.4.39	human autotaxin α, alkylglycerophosphoethanolamine phosphodiesterase, v. 11 | p. 187	
3.1.4.39	human autotaxin β, alkylglycerophosphoethanolamine phosphodiesterase, v. 11 | p. 187	
3.4.21.95	Human blood coagulation Factor V activating enzymes, Snake venom factor V activator, v. 7 | p. 457	
3.6.1.15	human cancer-related nucleoside triphosphatase, nucleoside-triphosphatase, v. 15 | p. 365	
4.2.1.1	human carbonic anhydrase, carbonate dehydratase, v. 4 | p. 242	
4.2.1.1	human carbonic anhydrase I, carbonate dehydratase, v. 4 | p. 242	
4.2.1.1	human carbonic anhydrase II, carbonate dehydratase, v. 4 | p. 242	
4.2.1.1	human carbonic anhydrase III, carbonate dehydratase, v. 4 | p. 242	
4.2.1.1	human carbonic anhydrase isoenzyme I, carbonate dehydratase, v. 4 | p. 242	
4.2.1.1	human carbonic anhydrase isoenzyme II, carbonate dehydratase, v. 4 | p. 242	
4.2.1.1	human carbonic anhydrase IX, carbonate dehydratase, v. 4 | p. 242	
4.2.1.1	human carbonic anhydrase XII, carbonate dehydratase, v. 4 | p. 242	
1.16.3.1	human ceruloplasmin form I, ferroxidase, v. 27 | p. 466	
3.4.21.22	human coagulation factor IXa, coagulation factor IXa, v. 7 | p. 93	
3.6.1.7	human common-type acylphosphatase, acylphosphatase, v. 15 | p. 292	
3.6.4.10	human αβ crystallin, non-chaperonin molecular chaperone ATPase, v. 15 | p. 810	
4.4.1.1	human cystathionine-γ-lyase, cystathionine γ-lyase, v. 5 | p. 297	
3.4.21.97	human cytomlovirus maturational protease, v. 7 | p. 465	
3.4.21.97	human cytomlovirus maturational proteinase, assemblin, v. 7 | p. 465	
3.4.21.97	human cytomlovirus protease, assemblin, v. 7 | p. 465	
3.4.21.97	human cytomlovirus proteinase, assemblin, v. 7 | p. 465	
3.4.13.18	human cytosolic non-specific dipeptidase, cytosol nonspecific dipeptidase, v. 6 | p. 227	
5.99.1.2	human DNA topoisomerase I, DNA topoisomerase, v. 1 | p. 721	
3.4.21.9	human enteropeptidase, enteropeptidase, v. 7 | p. 49	
3.4.21.21	human factor VIIa + TF, coagulation factor VIIa, v. 7 | p. 88	
3.4.24.24	human gelatinase A, gelatinase A, v. 8 | p. 351	
3.1.1.4	human group IB PLA2, phospholipase A2, v. 9 | p. 52	
3.1.1.4	human group IIA phospholipase A2, phospholipase A2, v. 9 | p. 52	
3.5.4.3	human guanine deaminase, guanine deaminase, v. 15 | p. 17	
3.6.4.10	human Hsp70 molecular chaperone, non-chaperonin molecular chaperone ATPase, v. 15 | p. 810	
3.4.21.59	human βII-tryptase, Tryptase, v. 7 | p. 265	

3.4.23.16	human immunodeficiency virus 1 retropepsin, HIV-1 retropepsin, v. 8	p. 67
3.4.23.47	human immunodeficiency virus 2 retropepsin, HIV-2 retropepsin, v. S6	p. 246
3.4.23.16	human immunodeficiency virus type 1 protease, HIV-1 retropepsin, v. 8	p. 67
3.4.21.76	human leukocyte proteinase 3, Myeloblastin, v. 7	p. 380
3.5.1.6	human liver β-ureidopropionase, β-ureidopropionase, v. 14	p. 263
3.4.21.53	human Lon protease, Endopeptidase La, v. 7	p. 241
3.4.21.59	human lung tryptase, Tryptase, v. 7	p. 265
3.4.21.79	Human lymphocyte protein, Granzyme B, v. 7	p. 393
3.2.2.20	human m3A DNA glycosylase, DNA-3-methyladenine glycosylase I, v. 14	p. 99
3.4.24.65	human macrophage elastase, macrophage elastase, v. 8	p. 537
3.4.24.65	Human macrophage metalloelastase, macrophage elastase, v. 8	p. 537
3.4.21.59	human mast cell tryptase, Tryptase, v. 7	p. 265
3.4.21.59	human mast cell tryptase β I, Tryptase, v. 7	p. 265
3.4.24.24	human matrix metalloproteinase-2, gelatinase A, v. 8	p. 351
3.4.24.24	human matrix metalloproteinase 2, gelatinase A, v. 8	p. 351
3.4.24.23	human matrix metalloproteinase 7, matrilysin, v. 8	p. 344
3.4.24.65	human metalloelastase, macrophage elastase, v. 8	p. 537
4.2.1.11	human neuron-specific enolase, phosphopyruvate hydratase, v. 4	p. 312
3.4.24.34	human neutrophil collagenase, neutrophil collagenase, v. 8	p. 399
2.7.7.1	human nicotinamide mononucleotide adenylyl-transferase, nicotinamide-nucleotide adenylyltransferase, v. 38	p. 49
3.5.5.1	humanNIT1, nitrilase, v. 15	p. 174
3.4.22.38	Human osteoclast cathepsin K, Cathepsin K, v. 7	p. 711
3.2.1.35	human PH-20, hyaluronoglucosaminidase, v. 12	p. 526
1.13.11.31	human platelet 12-lipoxygenase, arachidonate 12-lipoxygenase, v. 25	p. 568
2.7.8.7	human PPTase, holo-[acyl-carrier-protein] synthase, v. 39	p. 50
1.13.11.33	human prostate epithelial 15-lipoxygenase-2, arachidonate 15-lipoxygenase, v. 25	p. 585
3.4.21.76	human proteinase 3, Myeloblastin, v. 7	p. 380
3.2.1.1	human salivary α-amylase, α-amylase, v. 12	p. 1
3.4.21.117	human stratum corneum chymotryptic enzyme, stratum corneum chymotryptic enzyme, v. S5	p. 425
3.6.4.10	human stress70c, non-chaperonin molecular chaperone ATPase, v. 15	p. 810
3.4.24.86	human TACE B, ADAM 17 endopeptidase, v. S6	p. 348
2.7.4.9	human thymidine monophosphate kinase (hTMPK), dTMP kinase, v. 37	p. 555
3.4.21.68	human tissue-type plasminogen activator, t-Plasminogen activator, v. 7	p. 331
5.99.1.2	human Top1, DNA topoisomerase, v. 1	p. 721
5.99.1.2	human topo I, DNA topoisomerase, v. 1	p. 721
5.99.1.2	human topoisomerase I, DNA topoisomerase, v. 1	p. 721
2.7.1.160	human TRPT1, 2'-phosphotransferase, v. S2	p. 287
3.4.21.59	human tryptase α, Tryptase, v. 7	p. 265
3.4.21.59	human tryptase β, Tryptase, v. 7	p. 265
3.4.21.59	human tryptase-β, Tryptase, v. 7	p. 265
3.4.21.59	human tryptase β/2, Tryptase, v. 7	p. 265
2.1.1.45	human TS, thymidylate synthase, v. 28	p. 244
1.2.1.31	human U26, L-aminoadipate-semialdehyde dehydrogenase, v. 20	p. 262
2.7.11.1	Hunk, non-specific serine/threonine protein kinase, v. S3	p. 1
3.1.6.13	Hunter corrective factor, iduronate-2-sulfatase, v. 11	p. 309
2.1.1.43	huntingtin interacting protein B, histone-lysine N-methyltransferase, v. 28	p. 235
1.14.11.2	HuPH4-I, procollagen-proline dioxygenase, v. 26	p. 9
1.14.11.2	HuPH4-II, procollagen-proline dioxygenase, v. 26	p. 9
1.12.99.6	HupL, hydrogenase (acceptor), v. 25	p. 373
3.1.8.1	HuPON1, aryldialkylphosphatase, v. 11	p. 343
1.12.99.6	HupS, hydrogenase (acceptor), v. 25	p. 373
1.12.99.6	hupSLW, hydrogenase (acceptor), v. 25	p. 373
3.4.24.85	HurP, S2P endopeptidase, v. S6	p. 343

3.6.3.1	HUSSY-20, phospholipid-translocating ATPase, v.15 | p.532	
3.6.3.8	HUSSY-28, Ca2+-transporting ATPase, v.15 | p.566	
3.5.3.13	HutF, formimidoylglutamate deiminase, v.14 | p.811	
3.5.2.7	HutI, imidazolonepropionase, v.14 | p.710	
3.4.21.78	HuTPS, Granzyme A, v.7 | p.388	
3.4.16.2	HUVEC PK activator, lysosomal Pro-Xaa carboxypeptidase, v.6 | p.370	
6.3.2.19	Huwe1, Ubiquitin-protein ligase, v.2 | p.506	
3.1.3.1	HvALP, alkaline phosphatase, v.10 | p.1	
3.4.23.40	HvAP, Phytepsin, v.8 | p.181	
6.3.5.4	HvAS1 protein, Asparagine synthase (glutamine-hydrolysing), v.2 | p.672	
6.3.5.4	HvAS2 protein, Asparagine synthase (glutamine-hydrolysing), v.2 | p.672	
1.8.1.7	HvGR1, glutathione-disulfide reductase, v.24 | p.488	
1.8.1.7	HvGR2, glutathione-disulfide reductase, v.24 | p.488	
2.7.1.134	HvIpk, inositol-tetrakisphosphate 1-kinase, v.37 | p.155	
3.2.2.5	HvnA, NAD+ nucleosidase, v.14 | p.25	
2.5.1.43	HvNAS1, nicotianamine synthase, v.34 | p.59	
2.5.1.43	HvNAS2, nicotianamine synthase, v.34 | p.59	
2.5.1.43	HvNAS3, nicotianamine synthase, v.34 | p.59	
2.5.1.43	HvNAS4, nicotianamine synthase, v.34 | p.59	
2.5.1.43	HvNAS6, nicotianamine synthase, v.34 | p.59	
2.5.1.43	HvNAS7, nicotianamine synthase, v.34 | p.59	
3.2.2.5	HvnB, NAD+ nucleosidase, v.14 | p.25	
1.8.1.9	HvNTR1, thioredoxin-disulfide reductase, v.24 | p.517	
1.8.1.9	HvNTR2, thioredoxin-disulfide reductase, v.24 | p.517	
1.1.99.30	HVOR, 2-oxo-acid reductase, v.S1 | p.134	
3.1.26.11	HvoTrz, tRNase Z, v.S5 | p.105	
1.2.3.4	HvOxo1, oxalate oxidase, v.20 | p.450	
1.5.3.11	HvPAO1, polyamine oxidase, v.23 | p.312	
1.5.3.11	HvPAO2, polyamine oxidase, v.23 | p.312	
4.1.1.31	Hvpepc3, phosphoenolpyruvate carboxylase, v.3 | p.175	
4.1.1.31	Hvpepc4, phosphoenolpyruvate carboxylase, v.3 | p.175	
4.1.1.31	Hvpepc5, phosphoenolpyruvate carboxylase, v.3 | p.175	
3.1.3.62	HvPhyIIa1, multiple inositol-polyphosphate phosphatase, v.10 | p.475	
3.1.3.62	HvPhyIIa2, multiple inositol-polyphosphate phosphatase, v.10 | p.475	
3.1.3.62	HvPhyIIb, multiple inositol-polyphosphate phosphatase, v.10 | p.475	
2.7.1.137	hVps34, phosphatidylinositol 3-kinase, v.37 | p.170	
2.7.1.137	hVps34 PI 3-kinase, phosphatidylinositol 3-kinase, v.37 | p.170	
1.3.1.80	HvRCCR, red chlorophyll catabolite reductase, v.S1 | p.246	
4.2.3.21	HVS, vetispiradiene synthase, v.S7 | p.292	
1.8.1.8	HvTrxh2, protein-disulfide reductase, v.24 | p.514	
5.1.3.2	HvUGE1, UDP-glucose 4-epimerase, v.1 | p.97	
5.1.3.2	HvUGE2, UDP-glucose 4-epimerase, v.1 | p.97	
5.1.3.2	HvUGE3, UDP-glucose 4-epimerase, v.1 | p.97	
4.1.1.35	HvUXS1, UDP-glucuronate decarboxylase, v.3 | p.218	
4.1.1.35	HvUXS2, UDP-glucuronate decarboxylase, v.3 | p.218	
4.1.1.35	HvUXS3, UDP-glucuronate decarboxylase, v.3 | p.218	
4.1.1.35	HvUXS4, UDP-glucuronate decarboxylase, v.3 | p.218	
6.1.1.2	hWRS, Tryptophan-tRNA ligase, v.2 | p.9	
3.4.21.6	hXa, coagulation factor Xa, v.7 | p.35	
2.4.2.8	HXGPRT, hypoxanthine phosphoribosyltransferase, v.33 | p.95	
2.7.1.1	HXK, hexokinase, v.35 | p.74	
2.7.1.1	Hxk1, hexokinase, v.35 | p.74	
2.7.1.1	HXK10, hexokinase, v.35 | p.74	
2.7.1.1	Hxk2, hexokinase, v.35 | p.74	
2.7.1.1	HXK4, hexokinase, v.35 | p.74	

2.7.1.1	HXK5, hexokinase, v. 35 | p. 74	
2.7.1.1	HXK6, hexokinase, v. 35 | p. 74	
2.7.1.1	HXK7, hexokinase, v. 35 | p. 74	
2.7.1.1	HXK8, hexokinase, v. 35 | p. 74	
2.7.1.1	HXK9, hexokinase, v. 35 | p. 74	
2.7.1.1	HXK A, hexokinase, v. 35 | p. 74	
2.7.1.1	hxkC, hexokinase, v. 35 | p. 74	
2.7.1.1	hxkD, hexokinase, v. 35 | p. 74	
2.7.1.1	HXK II, hexokinase, v. 35 | p. 74	
1.3.7.4	HY2, phytochromobilin:ferredoxin oxidoreductase, v. 21 | p. 457	
3.2.1.35	Hya, hyaluronoglucosaminidase, v. 12 | p. 526	
1.12.99.6	Hya, hydrogenase (acceptor), v. 25 | p. 373	
4.2.2.1	Hyal, hyaluronate lyase, v. 5 | p. 1	
3.2.1.35	Hyal, hyaluronoglucosaminidase, v. 12 | p. 526	
4.2.2.1	Hyal-1, hyaluronate lyase, v. 5 | p. 1	
3.2.1.35	Hyal-1, hyaluronoglucosaminidase, v. 12 | p. 526	
4.2.2.1	Hyal-2, hyaluronate lyase, v. 5 | p. 1	
4.2.2.1	HYAL1, hyaluronate lyase, v. 5 | p. 1	
3.2.1.35	HYAL1, hyaluronoglucosaminidase, v. 12 | p. 526	
3.2.1.35	Hyal 1, hyaluronoglucosaminidase, v. 12 | p. 526	
3.2.1.35	HYAL1-v1, hyaluronoglucosaminidase, v. 12 | p. 526	
4.2.2.1	Hyal2, hyaluronate lyase, v. 5 | p. 1	
3.2.1.35	Hyal2, hyaluronoglucosaminidase, v. 12 | p. 526	
3.2.1.35	HYAL3, hyaluronoglucosaminidase, v. 12 | p. 526	
4.2.2.1	hyaluronan lyase, hyaluronate lyase, v. 5 | p. 1	
2.4.1.212	hyaluronan synthase, hyaluronan synthase, v. 32 | p. 558	
2.4.1.212	hyaluronan synthase-2, hyaluronan synthase, v. 32 | p. 558	
2.4.1.212	hyaluronan synthase 1, hyaluronan synthase, v. 32 | p. 558	
2.4.1.212	hyaluronan synthase 2, hyaluronan synthase, v. 32 | p. 558	
2.4.1.212	hyaluronan synthase 3, hyaluronan synthase, v. 32 | p. 558	
2.4.1.212	hyaluronan synthases, hyaluronan synthase, v. 32 | p. 558	
2.4.1.212	hyaluronan synthethase, hyaluronan synthase, v. 32 | p. 558	
4.2.2.1	hyaluronate lyase, hyaluronate lyase, v. 5 | p. 1	
2.4.1.212	hyaluronate synthase, hyaluronan synthase, v. 32 | p. 558	
2.4.1.212	hyaluronate synthetase, hyaluronan synthase, v. 32 | p. 558	
2.4.1.212	hyaluronic acid synthase, hyaluronan synthase, v. 32 | p. 558	
2.4.1.212	hyaluronic acid synthetase, hyaluronan synthase, v. 32 | p. 558	
4.2.2.1	hyaluronidase, hyaluronate lyase, v. 5 | p. 1	
3.2.1.35	hyaluronidase, hyaluronoglucosaminidase, v. 12 | p. 526	
3.2.1.36	hyaluronidase, hyaluronoglucuronidase, v. 12 | p. 534	
4.2.2.1	hyaluronidase-1, hyaluronate lyase, v. 5 | p. 1	
3.2.1.35	hyaluronidase-1, hyaluronoglucosaminidase, v. 12 | p. 526	
4.2.2.1	hyaluronidase-2, hyaluronate lyase, v. 5 | p. 1	
3.2.1.35	hyaluronidase-2, hyaluronoglucosaminidase, v. 12 | p. 526	
3.2.1.35	hyaluronidase 2, hyaluronoglucosaminidase, v. 12 | p. 526	
3.2.1.35	hyaluronidase 3, hyaluronoglucosaminidase, v. 12 | p. 526	
4.2.2.1	hyaluronidase SD, hyaluronate lyase, v. 5 | p. 1	
4.2.2.1	hyaluronidase SH, hyaluronate lyase, v. 5 | p. 1	
4.2.2.1	hyaluronoglucosaminidase-1, hyaluronate lyase, v. 5 | p. 1	
4.2.2.1	hyaluronoglucosaminidase-2, hyaluronate lyase, v. 5 | p. 1	
3.2.1.35	hyaluronoglucosaminidase 1, hyaluronoglucosaminidase, v. 12 | p. 526	
3.2.1.35	hyaluronoglucosaminidase 2, hyaluronoglucosaminidase, v. 12 | p. 526	
3.2.1.35	hyaluronoglucosidase, hyaluronoglucosaminidase, v. 12 | p. 526	
4.2.2.1	HYase, hyaluronate lyase, v. 5 | p. 1	
3.2.1.35	HYase, hyaluronoglucosaminidase, v. 12 | p. 526	

1.12.99.6	Hyb, hydrogenase (acceptor), v. 25 | p. 373	
3.5.1.46	Hyb-24DN, 6-aminohexanoate-dimer hydrolase, v. 14 | p. 467	
3.1.26.4	hybridase, calf thymus ribonuclease H, v. 11 | p. 517	
3.1.26.4	hybridase (ribonuclease H), calf thymus ribonuclease H, v. 11 | p. 517	
1.7.99.1	hybrid cluster protein, hydroxylamine reductase, v. 24 | p. 389	
1.7.1.10	hybrid cluster protein, hydroxylamine reductase (NADH), v. 24 | p. 310	
1.11.1.13	hybrid Mn-peroxidase, manganese peroxidase, v. 25 | p. 283	
3.1.26.4	hybrid nuclease, calf thymus ribonuclease H, v. 11 | p. 517	
3.1.26.4	hybrid ribonuclease, calf thymus ribonuclease H, v. 11 | p. 517	
1.12.1.2	HycE, hydrogen dehydrogenase, v. 25 | p. 316	
1.12.99.6	HycE, hydrogenase (acceptor), v. 25 | p. 373	
3.5.2.2	D-HYD, dihydropyrimidinase, v. 14 | p. 651	
3.5.2.2	HYD, dihydropyrimidinase, v. 14 | p. 651	
3.5.2.2	L-Hyd, dihydropyrimidinase, v. 14 | p. 651	
1.12.99.6	Hyd-2, hydrogenase (acceptor), v. 25 | p. 373	
1.12.7.2	HYD1, ferredoxin hydrogenase, v. 25 | p. 338	
1.12.7.2	HYD2, ferredoxin hydrogenase, v. 25 | p. 338	
1.12.7.2	hydA, ferredoxin hydrogenase, v. 25 | p. 338	
1.12.99.6	hydA, hydrogenase (acceptor), v. 25 | p. 373	
1.12.7.2	HydA1, ferredoxin hydrogenase, v. 25 | p. 338	
1.12.7.2	HydA2, ferredoxin hydrogenase, v. 25 | p. 338	
1.12.2.1	HydAB, cytochrome-c3 hydrogenase, v. 25 | p. 328	
1.12.5.1	HydABC, hydrogen:quinone oxidoreductase, v. 25 | p. 335	
3.5.2.2	D-hydantionase, dihydropyrimidinase, v. 14 | p. 651	
3.5.2.2	D-hydantoinase, dihydropyrimidinase, v. 14 | p. 651	
3.5.2.2	L-hydantoinase, dihydropyrimidinase, v. 14 | p. 651	
3.5.2.2	hydantoinase, dihydropyrimidinase, v. 14 | p. 651	
3.5.2.4	hydantoin hydrolase, carboxymethylhydantoinase, v. 14 | p. 676	
3.5.2.2	hydantoin peptidase, dihydropyrimidinase, v. 14 | p. 651	
5.1.99.5	hydantoin racemase, hydantoin racemase	
1.1.1.272	D-2-HydDH, (R)-2-hydroxyacid dehydrogenase, v. 18 | p. 497	
2.7.13.3	HydH, histidine kinase, v. S4 | p. 420	
1.7.2.1	HydNIR, nitrite reductase (NO-forming), v. 24 | p. 325	
4.2.1.65	Hydratase, β-cyanoalanine, 3-Cyanoalanine hydratase, v. 4 | p. 563	
4.1.1.78	hydratase, acetylenedicarboxylate, acetylenedicarboxylate decarboxylase, v. S7 | p. 1	
4.2.1.3	hydratase, aconitate, aconitate hydratase, v. 4 | p. 273	
4.2.1.35	Hydratase, citraconate, (R)-2-Methylmalate dehydratase, v. 4 | p. 461	
4.2.1.58	Hydratase, crotonoyl-[acyl carrier protein], Crotonoyl-[acyl-carrier-protein] hydratase, v. 4 | p. 546	
4.2.1.69	hydratase, cyanamide, cyanamide hydratase, v. 4 | p. 575	
4.2.1.66	hydratase, cyanide, cyanide hydratase, v. 4 | p. 567	
4.2.1.85	hydratase, dimethylmaleate, dimethylmaleate hydratase, v. 4 | p. 635	
4.2.1.17	hydratase, enoyl coenzyme A, enoyl-CoA hydratase, v. 4 | p. 360	
4.2.1.2	hydratase, fumarate, fumarate hydratase, v. 4 | p. 262	
4.2.1.36	Hydratase, homoaconitate, homoaconitate hydratase, v. 4 | p. 464	
4.2.1.57	Hydratase, isohexenylglutaconyl coenzyme A, Isohexenylglutaconyl-CoA hydratase, v. 4 | p. 544	
4.2.1.56	Hydratase, itaconyl coenzyme A, Itaconyl-CoA hydratase, v. 4 | p. 542	
4.2.1.95	hydratase, kievitone, kievitone hydratase, v. 4 | p. 663	
4.2.1.74	hydratase, long-chain enoyl coenzyme A, long-chain-enoyl-CoA hydratase, v. 4 | p. 592	
4.2.1.34	Hydratase, mesaconate, (S)-2-Methylmalate dehydratase, v. 4 | p. 456	
4.2.1.18	hydratase, methylglutaconyl coenzyme A, methylglutaconyl-CoA hydratase, v. 4 | p. 370	
4.2.1.84	hydratase, nitrile, nitrile hydratase, v. 4 | p. 625	
4.2.1.53	Hydratase, oleate, Oleate hydratase, v. 4 | p. 535	
4.2.1.83	hydratase, oxalmesaconate, 4-oxalmesaconate hydratase, v. 4 | p. 622	

Hydratase, phaseollidin

4.2.1.97	Hydratase, phaseollidin, phaseollidin hydratase, v.4|p.673
4.2.1.11	hydratase, phosphoenolpyruvate, phosphopyruvate hydratase, v.4|p.312
3.3.2.4	hydratase, trans-epoxysuccinate, trans-epoxysuccinate hydrolase, v.14|p.172
4.2.1.49	Hydratase, urocanate, Urocanate hydratase, v.4|p.509
1.3.1.25	2-hydro-1,2-dihydroxybenzoate dehydrogenase, 1,6-dihydroxycyclohexa-2,4-diene-1-carboxylate dehydrogenase, v.21|p.151
1.12.1.2	hydrogen-evolving enzyme, hydrogen dehydrogenase, v.25|p.316
1.12.99.6	hydrogen-forming methylenetetrahydromethanopterin dehydrogenase, hydrogenase (acceptor), v.25|p.373
1.12.99.6	hydrogen-lyase, hydrogenase (acceptor), v.25|p.373
1.12.7.2	hydrogen-lyase [ambiguous], ferredoxin hydrogenase, v.25|p.338
1.12.99.6	hydrogen-lyase [ambiguous], hydrogenase (acceptor), v.25|p.373
1.12.98.1	hydrogen:(acceptor) oxidoreductase, coenzyme F420 hydrogenase, v.25|p.351
1.12.99.6	hydrogen:ferredoxin oxidoreductase, hydrogenase (acceptor), v.25|p.373
1.12.5.1	hydrogen:menaquinone oxidoreductase, hydrogen:quinone oxidoreductase, v.25|p.335
1.12.99.6	hydrogen:methylviologen oxidoreductase, hydrogenase (acceptor), v.25|p.373
1.12.5.1	Hydrogen:quinone oxidoreductase, hydrogen:quinone oxidoreductase, v.25|p.335
1.3.1.3	Δ4-hydrogenase, Δ4-3-oxosteroid 5β-reductase, v.21|p.15
1.12.2.1	hydrogenase, cytochrome-c3 hydrogenase, v.25|p.328
1.12.1.2	hydrogenase, hydrogen dehydrogenase, v.25|p.316
1.12.7.2	hydrogenase (ferredoxin), ferredoxin hydrogenase, v.25|p.338
1.12.99.6	hydrogenase (ferredoxin), hydrogenase (acceptor), v.25|p.373
1.12.5.1	hydrogenase (Wolinella succinogenes clone pHyd1 gene hydA subunit precursor reduced), hydrogen:quinone oxidoreductase, v.25|p.335
1.12.5.1	hydrogenase (Wolinella succinogenes clone pHyd1 gene hydB subunit precursor reduced), hydrogen:quinone oxidoreductase, v.25|p.335
1.12.5.1	hydrogenase (Wolinella succinogenes clone pHyd1 gene hydC subunit), hydrogen:quinone oxidoreductase, v.25|p.335
1.12.2.1	hydrogenase, cytochrome, cytochrome-c3 hydrogenase, v.25|p.328
1.12.99.6	hydrogenase 1, hydrogenase (acceptor), v.25|p.373
1.12.99.6	hydrogenase 2, hydrogenase (acceptor), v.25|p.373
1.12.99.6	hydrogenase 3, hydrogenase (acceptor), v.25|p.373
1.12.1.3	hydrogenase [ambiguous], hydrogen dehydrogenase (NADP+), v.25|p.325
1.12.7.2	hydrogenase I, ferredoxin hydrogenase, v.25|p.338
1.12.99.6	hydrogenase I (bidirectional), hydrogenase (acceptor), v.25|p.373
1.12.7.2	hydrogenase II, ferredoxin hydrogenase, v.25|p.338
1.12.99.6	hydrogenase II (uptake), hydrogenase (acceptor), v.25|p.373
1.4.99.5	hydrogen cyanide synthase, glycine dehydrogenase (cyanide-forming), v.22|p.415
1.12.99.6	hydrogen dehydrogenase, hydrogenase (acceptor), v.25|p.373
1.11.1.7	hydrogen donor oxidoreductase, peroxidase, v.25|p.211
1.12.7.2	hydrogenlyase, ferredoxin hydrogenase, v.25|p.338
1.2.1.2	hydrogenlyase, formate dehydrogenase, v.20|p.16
1.12.7.2	hydrogenlyase [ambiguous], ferredoxin hydrogenase, v.25|p.338
1.12.99.6	hydrogenlyase [ambiguous], hydrogenase (acceptor), v.25|p.373
5.4.1.2	Hydrogenobyrinic acid-binding protein, Precorrin-8X methylmutase, v.1|p.490
6.6.1.2	hydrogenobyrinic acid a,c-diamide cobaltochelatase, cobaltochelatase, v.S7|p.675
1.1.3.40	hydrogen peroxide-generating mannitol oxidase, D-mannitol oxidase, v.19|p.245
2.3.1.10	hydrogen sulfide acetyltransferase, hydrogen-sulfide S-acetyltransferase, v.29|p.319
1.12.99.6	hydrogen uptake hydrogenase, hydrogenase (acceptor), v.25|p.373
1.1.1.8	hydroglycerophosphate dehydrogenase, glycerol-3-phosphate dehydrogenase (NAD+), v.16|p.120
3.2.1.23	Hydrolact, β-galactosidase, v.12|p.368
1.14.15.3	ω-hydrolase, alkane 1-monooxygenase, v.27|p.16
3.5.1.85	hydrolase, (S)-N-acetyl-1-phenylethylamine, (S)-N-acetyl-1-phenylethylamine hydrolase, v.14|p.620

534

4.2.1.65	Hydrolase, β-cyanoalanine, 3-Cyanoalanine hydratase, v. 4	p. 563
3.4.19.11	Hydrolase, γ-D-glutamyl-(L)-meso-diaminopimelate peptidoglycan, γ-D-Glutamyl-meso-diaminopimelate peptidase, v. 6	p. 571
3.4.19.9	hydrolase, γ-glutamyl, γ-glutamyl hydrolase, v. 6	p. 560
3.7.1.10	hydrolase, 1,3-cyclohexanedione, cyclohexane-1,3-dione hydrolase, v. 15	p. 863
3.13.1.3	hydrolase, 2,(2'-hydroxyphenyl)benzene sulfinate, 2'-hydroxybiphenyl-2-sulfinate desulfinase, v. S6	p. 567
3.7.1.8	hydrolase, 2,6-dioxo-6-phenylhexa-3-enoate, 2,6-dioxo-6-phenylhexa-3-enoate hydrolase, v. 15	p. 853
3.7.1.9	hydrolase, 2-hydroxymuconate semialdehyde, 2-hydroxymuconate-semialdehyde hydrolase, v. 15	p. 856
3.2.1.124	hydrolase, 2-keto-3-deoxyoctonate, 3-deoxy-2-octulosonidase, v. 13	p. 507
3.1.2.4	hydrolase, 3-hydroxyisobutyryl coenzyme A, 3-hydroxyisobutyryl-CoA hydrolase, v. 9	p. 479
3.1.2.23	Hydrolase, 4-hydroxybenzoyl coenzyme A, 4-hydroxybenzoyl-CoA thioesterase, v. 9	p. 555
3.1.2.11	hydrolase, acetoacetyl coenzyme A, acetoacetyl-CoA hydrolase, v. 9	p. 505
3.1.2.6	hydrolase, acetoacetylglutathione, hydroxyacylglutathione hydrolase, v. 9	p. 486
3.1.2.1	hydrolase, acetyl coenzyme A, acetyl-CoA hydrolase, v. 9	p. 450
3.1.1.28	hydrolase, acylcarnitine, acylcarnitine hydrolase, v. 9	p. 234
3.1.2.20	hydrolase, acyl coenzyme A, acyl-CoA hydrolase, v. 9	p. 539
3.1.2.2	hydrolase, acyl coenzyme A, palmitoyl-CoA hydrolase, v. 9	p. 459
3.1.2.22	Hydrolase, acyl protein thioester, palmitoyl[protein] hydrolase, v. 9	p. 550
3.1.2.22	Hydrolase, acyl protein thioester (cattle clone pBovPPT-18 precursor reduced), palmitoyl[protein] hydrolase, v. 9	p. 550
3.1.2.22	Hydrolase, acyl protein thioester (cattle pBovPPT-25 precursor reduced), palmitoyl[protein] hydrolase, v. 9	p. 550
3.1.2.22	Hydrolase, acyl protein thioester (human clone B lysosome-associated isoenzyme 2), palmitoyl[protein] hydrolase, v. 9	p. 550
3.1.2.22	Hydrolase, acyl protein thioester (human clone pHuPPT-5'), palmitoyl[protein] hydrolase, v. 9	p. 550
3.1.2.22	Hydrolase, acyl protein thioester (ox clone pBovPPT-18 precursor reduced), palmitoyl[protein] hydrolase, v. 9	p. 550
3.1.2.22	Hydrolase, acyl protein thioester (ox pBovPPT-25 precursor reduced), palmitoyl[protein] hydrolase, v. 9	p. 550
3.1.2.22	Hydrolase, acyl protein thioester (rat clone pRatPPT-44 precursor reduced), palmitoyl[protein] hydrolase, v. 9	p. 550
3.3.1.2	hydrolase, adenosylmethionine, adenosylmethionine hydrolase, v. 14	p. 138
3.3.2.2	hydrolase, alkenylglycerophosphocholine, alkenylglycerophosphocholine hydrolase, v. 14	p. 146
3.3.2.5	hydrolase, alkenylglycerophosphoethanolamine, alkenylglycerophosphoethanolamine hydrolase, v. 14	p. 175
3.1.1.29	hydrolase, aminoacyl-transfer ribonucleate, aminoacyl-tRNA hydrolase, v. 9	p. 239
3.5.1.88	hydrolase, aminoacyl-transfer ribonucleate, peptide deformylase, v. 14	p. 631
3.5.2.12	hydrolase, aminocaproate cyclic dimer, 6-aminohexanoate-cyclic-dimer hydrolase, v. 14	p. 730
3.5.1.64	hydrolase, benzyloxycarbonylleucine, Nα-benzyloxycarbonylleucine hydrolase, v. 14	p. 530
3.5.1.84	hydrolase, biuret, biuret amidohydrolase, v. 14	p. 617
3.5.1.74	hydrolase, chenodeoxychoyltaurine, chenodeoxycholoyltaurine hydrolase, v. 14	p. 574
3.1.1.42	hydrolase, chlorogenate, chlorogenate hydrolase, v. 9	p. 298
4.2.1.104	Hydrolase, cyanate, cyanase, v. S7	p. 91
3.5.2.13	hydrolase, cyclo(glycylglycine), 2,5-dioxopiperazine hydrolase, v. 14	p. 733
3.1.4.40	hydrolase, cytidine monophosphosialate, CMP-N-acylneuraminate phosphodiesterase, v. 11	p. 191

3.4.14.6	hydrolase, dipeptidyl tetrapeptide, dipeptidyl-dipeptidase, v. 6	p. 311
3.1.2.10	hydrolase, formyl coenzyme A, formyl-CoA hydrolase, v. 9	p. 503
3.2.1.128	hydrolase, glycyrrhizin β-, glycyrrhizinate β-glucuronidase, v. 13	p. 518
3.5.4.16	hydrolase, guanosine triphosphate cyclo-, GTP cyclohydrolase I, v. 15	p. 120
3.3.2.7	hydrolase, hepoxilin epoxide, hepoxilin-epoxide hydrolase, v. 14	p. 185
3.1.2.6	hydrolase, hydroxyacylglutathione, hydroxyacylglutathione hydrolase, v. 9	p. 486
3.1.1.22	hydrolase, hydroxybutyrate dimer, hydroxybutyrate-dimer hydrolase, v. 9	p. 205
3.1.2.5	hydrolase, hydroxymethylglutaryl coenzyme A, hydroxymethylglutaryl-CoA hydrolase, v. 9	p. 483
3.2.1.134	hydrolase, inulobiose, difructose-anhydride synthase, v. 13	p. 540
3.1.2.21	Hydrolase, lauroyl-[acyl carrier protein], dodecanoyl-[acyl-carrier-protein] hydrolase, v. 9	p. 546
3.3.2.6	hydrolase, leukotriene A4, leukotriene-A4 hydrolase, v. 14	p. 178
3.1.2.19	hydrolase, medium-chain acyl coenzyme A, ADP-dependent medium-chain-acyl-CoA hydrolase, v. 9	p. 536
3.5.4.27	hydrolase, methenyltetrahydromethanopterin cyclo-, methenyltetrahydromethanopterin cyclohydrolase, v. 15	p. 166
3.3.1.2	hydrolase, methylmethionine sulfonium salt, adenosylmethionine hydrolase, v. 14	p. 138
3.5.1.71	hydrolase, N-feruloylglycine, N-feruloylglycine deacylase, v. 14	p. 562
3.5.1.68	hydrolase, N-formylglutamate, N-formylglutamate deformylase, v. 14	p. 548
3.1.2.14	hydrolase, oleoyl-[acyl carrier protein], oleoyl-[acyl-carrier-protein] hydrolase, v. 9	p. 516
3.2.1.120	hydrolase, oligoxyloglucan, oligoxyloglucan β-glycosidase, v. 13	p. 495
3.1.1.40	hydrolase, orsellinate depside, orsellinate-depside hydrolase, v. 9	p. 288
3.1.2.20	hydrolase, palmitoyl coenzyme A, acyl-CoA hydrolase, v. 9	p. 539
3.1.2.2	hydrolase, palmitoyl coenzyme A, palmitoyl-CoA hydrolase, v. 9	p. 459
3.11.1.2	Hydrolase, phosphonoacetate, phosphonoacetate hydrolase, v. 15	p. 930
3.11.1.1	hydrolase, phosphonoacetylaldehyde, phosphonoacetaldehyde hydrolase, v. 15	p. 925
3.1.2.18	hydrolase, propionyl coenzyme A, ADP-dependent short-chain-acyl-CoA hydrolase, v. 9	p. 534
3.2.1.118	hydrolase, prunasin, prunasin β-glucosidase, v. 13	p. 488
3.1.2.12	hydrolase, S-formylglutathione, S-formylglutathione hydrolase, v. 9	p. 508
3.1.2.13	hydrolase, S-succinylglutathione, S-succinylglutathione hydrolase, v. 9	p. 514
3.1.2.18	hydrolase, short-chain acyl coenzyme A, ADP-dependent short-chain-acyl-CoA hydrolase, v. 9	p. 534
3.1.2.3	hydrolase, succinyl coenzyme A, succinyl-CoA hydrolase, v. 9	p. 477
3.5.1.65	hydrolase, theanine, theanine hydrolase, v. 14	p. 534
3.1.2.15	hydrolase, ubiquitin carboxy-terminal, ubiquitin thiolesterase, v. 9	p. 523
3.4.19.12	hydrolase, ubiquitin carboxyl-terminal, ubiquitinyl hydrolase 1, v. 6	p. 575
3.4.19.12	hydrolase, ubiquitin carboxyl-terminal (Aplysia californica gene Ap-uch), ubiquitinyl hydrolase 1, v. 6	p. 575
3.5.1.75	hydrolase, urethane, urethanase, v. 14	p. 577
3.6.1.45	hydrolase, uridine diphosphoglucose (Escherichia coli precursor reduced), UDP-sugar diphosphatase, v. 15	p. 476
3.6.1.45	hydrolase, uridine diphosphoglucose (Escherichia coli reduced), UDP-sugar diphosphatase, v. 15	p. 476
3.6.1.45	hydrolase, uridine diphosphoglucose (Salmonella typhimurium clone pAGS5 gene ushB isoenzyme reduced), UDP-sugar diphosphatase, v. 15	p. 476
3.6.1.45	hydrolase, uridine diphosphoglucose (Salmonella typhimurium gene ushA0 isoenzyme precursor reduced), UDP-sugar diphosphatase, v. 15	p. 476
3.6.1.45	hydrolase, uridine diphosphoglucose (Salmonella typhimurium gene ushA0 isoenzyme reduced), UDP-sugar diphosphatase, v. 15	p. 476
3.1.4.15	hydrolase adenylyl(glutamine synthetase), adenylyl-[glutamate-ammonia ligase] hydrolase, v. 11	p. 105
3.4.22.40	hydrolase H, bleomycin hydrolase, v. 7	p. 725
4.2.1.92	hydroperoxide dehydrase, hydroperoxide dehydratase, v. 4	p. 653

1.11.1.12	hydroperoxide glutathione peroxidase, phospholipid-hydroperoxide glutathione peroxidase, v. 25	p. 274
4.2.1.92	hydroperoxidehydrase, hydroperoxide dehydratase, v. 4	p. 653
4.2.1.92	hydroperoxide isomerase, hydroperoxide dehydratase, v. 4	p. 653
1.14.14.3	4a-hydroperoxy-4a,5-dihydroFMN intermediate luciferase, alkanal monooxygenase (FMN-linked), v. 26	p. 595
1.3.1.2	hydropyrimidine dehydrogenase, dihydropyrimidine dehydrogenase (NADP+), v. 21	p. 4
3.5.2.2	hydropyrimidine hydrase, dihydropyrimidinase, v. 14	p. 651
2.4.1.218	hydroquinone:O-glucosyltransferase, hydroquinone glucosyltransferase, v. 32	p. 584
2.4.1.218	hydroquinone O-glucosyltransferase, hydroquinone glucosyltransferase, v. 32	p. 584
1.10.2.2	hydroubiquinone c2 oxidoreductase, ubiquinol-cytochrome-c reductase, v. 25	p. 83
2.1.1.4	hydroxindole-O-methyltransferase, acetylserotonin O-methyltransferase, v. 28	p. 15
1.1.1.145	3-β-hydroxy-δ(5)-steroid dehydrogenase, 3β-hydroxy-Δ5-steroid dehydrogenase, v. 17	p. 436
2.1.1.116	3'-hydroxy-(S)-N-methylcoclaurine-4'-O-methyltransferase, 3'-hydroxy-N-methyl-(S)-coclaurine 4'-O-methyltransferase, v. 28	p. 555
1.2.1.45	α-hydroxy-γ-carboxymuconic ε-semialdehyde dehydrogenase, 4-carboxy-2-hydroxymuconate-6-semialdehyde dehydrogenase, v. 20	p. 323
4.1.3.26	β-Hydroxy-β-isohexenylglutaryl CoA-lyase, 3-Hydroxy-3-isohexenylglutaryl-CoA lyase, v. 4	p. 158
1.1.1.34	β-hydroxy-β-methylglutaryl-Co A reductase, hydroxymethylglutaryl-CoA reductase (NADPH), v. 16	p. 309
2.7.11.31	β-hydroxy-β-methylglutaryl-CoA reductase kinase, [hydroxymethylglutaryl-CoA reductase (NADPH)] kinase, v. S4	p. 355
2.3.3.10	β-hydroxy-β-methylglutaryl-CoA synthase, hydroxymethylglutaryl-CoA synthase, v. 30	p. 657
1.1.1.88	β-hydroxy-β-methylglutaryl CoA-reductase, hydroxymethylglutaryl-CoA reductase, v. 17	p. 200
3.1.2.5	β-hydroxy-β-methylglutaryl coenzyme A deacylase, hydroxymethylglutaryl-CoA hydrolase, v. 9	p. 483
3.1.2.5	β-hydroxy-β-methylglutaryl coenzyme A hydrolase, hydroxymethylglutaryl-CoA hydrolase, v. 9	p. 483
1.1.1.88	β-hydroxy-β-methylglutaryl coenzyme A reductase, hydroxymethylglutaryl-CoA reductase, v. 17	p. 200
1.1.1.34	β-hydroxy-β-methylglutaryl coenzyme A reductase, hydroxymethylglutaryl-CoA reductase (NADPH), v. 16	p. 309
1.1.1.87	(-)-1-hydroxy-1,2,4-butanetricarboxylate:NAD+ oxidoreductase (decarboxylating), homoisocitrate dehydrogenase, v. 17	p. 198
2.3.1.56	N-hydroxy-2-acetylaminofluorene N-O acyltransferase, aromatic-hydroxylamine O-acetyltransferase, v. 29	p. 700
1.7.1.12	N-hydroxy-2-acetylaminofluorene reductase, N-hydroxy-2-acetamidofluorene reductase, v. 24	p. 321
2.3.1.118	N-hydroxy-2-aminofluorene-O-acetyltransferase, N-hydroxyarylamine O-acetyltransferase, v. 30	p. 285
4.1.3.16	4-Hydroxy-2-ketoglutarate aldolase, 4-Hydroxy-2-oxoglutarate aldolase, v. 4	p. 103
4.1.3.16	4-Hydroxy-2-ketoglutaric aldolase, 4-Hydroxy-2-oxoglutarate aldolase, v. 4	p. 103
4.1.2.20	4-hydroxy-2-ketoheptane-1,7-dioate aldolase, 2-Dehydro-3-deoxyglucarate aldolase, v. 3	p. 516
4.1.3.39	4-hydroxy-2-ketovalerate aldolase, 4-hydroxy-2-oxovalerate aldolase, v. S7	p. 53
1.2.1.10	4-hydroxy-2-ketovalerate aldolase/acylating acetaldehyde dehydrogenase, acetaldehyde dehydrogenase (acetylating), v. 20	p. 115
1.1.3.38	4-Hydroxy-2-methoxybenzyl alcohol oxidase, vanillyl-alcohol oxidase, v. 19	p. 233
1.17.7.1	1-hydroxy-2-methyl-2-(E)-butenyl-4-diphosphate-synthase, (E)-4-hydroxy-3-methylbut-2-enyl-diphosphate synthase
1.3.99.2	3-hydroxy-2-methylbutyryl-CoA dehydrogenase, butyryl-CoA dehydrogenase, v. 21	p. 473

537

4.1.1.51	3-hydroxy-2-methylpyridine-4,5-dicarboxylate decarboxylase, 3-Hydroxy-2-methylpyridine-4,5-dicarboxylate 4-decarboxylase, v.3 | p.318
1.14.12.4	3-hydroxy-2-methylpyridine carboxylate dioxygenase, 3-hydroxy-2-methylpyridinecarboxylate dioxygenase, v.26 | p.132
1.13.11.48	3-hydroxy-2-methylquinolin-4-one 2,4-dioxygenase, 3-hydroxy-2-methylquinolin-4-one 2,4-dioxygenase, v.25 | p.667
1.13.11.38	1-hydroxy-2-naphthoate-degrading enzyme, 1-hydroxy-2-naphthoate 1,2-dioxygenase, v.25 | p.616
1.13.11.38	1-hydroxy-2-naphthoic acid dioxygenase, 1-hydroxy-2-naphthoate 1,2-dioxygenase, v.25 | p.616
1.2.1.33	D-2-hydroxy-3,3-dimethyl-3-formylpropionate:diphosphopyridine nucleotide(DPN+) oxidoreductase, (R)-dehydropantoate dehydrogenase, v.20 | p.278
2.3.1.103	1-O-(4-hydroxy-3,5-dimethoxycinnamoyl)-β-D-glucoside:1-O-(4-hydroxy-3,5-dimethoxycinnamoyl)-β-D-glucoside 1-O-sinapoyltransferase, sinapoylglucose-sinapoylglucose O-sinapoyltransferase, v.30 | p.232
4.1.3.26	3-hydroxy-3-(4-methylpent-3-en-1-yl)-glutaryl-CoA isopentenyl-acetoacetyl-CoA-lyase, 3-Hydroxy-3-isohexenylglutaryl-CoA lyase, v.4 | p.158
1.1.1.87	2-hydroxy-3-carboxyadipate dehydrogenase, homoisocitrate dehydrogenase, v.17 | p.198
4.2.1.36	2-hydroxy-3-carboxyadipate hydro-lyase, homoaconitate hydratase, v.4 | p.464
4.1.2.35	4-hydroxy-3-hexanone aldolase, propioin synthase, v.3 | p.564
4.2.1.57	3-Hydroxy-3-isohexenylglutaryl-CoA-hydrolase, Isohexenylglutaconyl-CoA hydratase, v.4 | p.544
4.1.3.26	3-Hydroxy-3-isohexenylglutaryl coenzyme A lyase, 3-Hydroxy-3-isohexenylglutaryl-CoA lyase, v.4 | p.158
1.13.11.53	2-hydroxy-3-keto-5-thiomethylpent-1-ene dioxygenase, acireductone dioxygenase (Ni2 +-requiring), v.S1 | p.470
1.1.1.86	2-hydroxy-3-keto acid reductoisomerase, ketol-acid reductoisomerase, v.17 | p.190
1.14.13.82	4-hydroxy-3-methoxybenzoate demethylase, vanillate monooxygenase, v.S1 | p.535
3.1.1.73	4-hydroxy-3-methoxycinnamic acid esterase, feruloyl esterase, v.9 | p.414
1.1.1.34	3-hydroxy-3-methyl-glutaryl CoA reductase, hydroxymethylglutaryl-CoA reductase (NADPH), v.16 | p.309
4.1.3.4	3-hydroxy-3-methylglutarate-CoA lyase, Hydroxymethylglutaryl-CoA lyase, v.4 | p.32
3.1.2.5	3-hydroxy-3-methylglutaryl-CoA hydrolase, hydroxymethylglutaryl-CoA hydrolase, v.9 | p.483
4.1.3.4	3-Hydroxy-3-methylglutaryl-CoA lyase, Hydroxymethylglutaryl-CoA lyase, v.4 | p.32
1.1.1.34	3-hydroxy-3-methylglutaryl-CoA reductase, hydroxymethylglutaryl-CoA reductase (NADPH), v.16 | p.309
1.1.1.34	S-3-hydroxy-3-methylglutaryl-CoA reductase, hydroxymethylglutaryl-CoA reductase (NADPH), v.16 | p.309
1.1.1.34	3-hydroxy-3-methylglutaryl-CoA reductase (NADPH), hydroxymethylglutaryl-CoA reductase (NADPH), v.16 | p.309
2.7.11.31	3-hydroxy-3-methylglutaryl-CoA reductase kinase, [hydroxymethylglutaryl-CoA reductase (NADPH)] kinase, v.S4 | p.355
2.3.3.10	3-hydroxy-3-methylglutaryl-CoA synthase, hydroxymethylglutaryl-CoA synthase, v.30 | p.657
2.3.3.10	3-hydroxy-3-methylglutaryl-CoA synthase 1, hydroxymethylglutaryl-CoA synthase, v.30 | p.657
1.1.1.34	3-hydroxy-3-methylglutaryl-coenzyme A reductase, hydroxymethylglutaryl-CoA reductase (NADPH), v.16 | p.309
2.3.3.10	3-hydroxy-3-methylglutaryl-coenzyme A synthase, hydroxymethylglutaryl-CoA synthase, v.30 | p.657
1.1.1.34	3-hydroxy-3-methylglutaryl Ccoenzyme A reductase 1, hydroxymethylglutaryl-CoA reductase (NADPH), v.16 | p.309
4.1.3.4	3-Hydroxy-3-methylglutaryl CoA cleaving enzyme, Hydroxymethylglutaryl-CoA lyase, v.4 | p.32

4.1.3.4	3-hydroxy-3-methylglutaryl CoA lyase, Hydroxymethylglutaryl-CoA lyase, v. 4 | p. 32	
1.1.1.34	3-hydroxy-3-methylglutaryl CoA reductase, hydroxymethylglutaryl-CoA reductase (NADPH), v. 16 | p. 309	
1.1.1.88	3-hydroxy-3-methylglutaryl CoA reductase 1, hydroxymethylglutaryl-CoA reductase, v. 17 | p. 200	
2.3.3.10	3-hydroxy-3-methylglutaryl CoA synthetase, hydroxymethylglutaryl-CoA synthase, v. 30 | p. 657	
4.1.3.4	3-Hydroxy-3-methylglutaryl coenzyme A lyase, Hydroxymethylglutaryl-CoA lyase, v. 4 | p. 32	
1.1.1.88	3-hydroxy-3-methylglutaryl coenzyme A reductase, hydroxymethylglutaryl-CoA reductase, v. 17 | p. 200	
1.1.1.34	3-hydroxy-3-methylglutaryl coenzyme A reductase, hydroxymethylglutaryl-CoA reductase (NADPH), v. 16 | p. 309	
2.7.11.31	3-hydroxy-3-methylglutaryl coenzyme A reductase kinase, [hydroxymethylglutaryl-CoA reductase (NADPH)] kinase, v. S4 | p. 355	
2.3.3.10	3-hydroxy-3-methylglutaryl coenzyme A synthase, hydroxymethylglutaryl-CoA synthase, v. 30 | p. 657	
4.1.3.5	3-hydroxy-3-methylglutaryl coenzyme A synthase, hydroxymethylglutaryl-CoA synthase, v. 4 | p. 39	
2.3.3.10	3-hydroxy-3-methylglutaryl coenzyme A synthetase, hydroxymethylglutaryl-CoA synthase, v. 30 | p. 657	
2.2.1.5	2-hydroxy-3-oxoadipate glyoxylate-lyase (carboxylating), 2-hydroxy-3-oxoadipate synthase, v. 29 | p. 197	
1.13.11.47	3-Hydroxy-4(1H)-one, 2,4-dioxygenase, 3-hydroxy-4-oxoquinoline 2,4-dioxygenase, v. 25 | p. 663	
1.2.1.45	2-hydroxy-4-carboxymuconate-6-semialdehyde dehydrogenase, 4-carboxy-2-hydroxymuconate-6-semialdehyde dehydrogenase, v. 20 | p. 323	
1.2.1.45	2-hydroxy-4-carboxymuconate 6-semialdehyde dehydrogenase, 4-carboxy-2-hydroxymuconate-6-semialdehyde dehydrogenase, v. 20 | p. 323	
1.14.13.95	7α-hydroxy-4-cholest-3-on3 12α-monooxygenase, 7α-hydroxycholest-4-en-3-one 12α-hydroxylase, v. S1 | p. 611	
1.14.13.95	7α-hydroxy-4-cholesten-3-one 12α-monooxygenase, 7α-hydroxycholest-4-en-3-one 12α-hydroxylase, v. S1 | p. 611	
4.1.3.17	4-hydroxy-4-methyl-2-ketoglutarate aldolase, 4-hydroxy-4-methyl-2-oxoglutarate aldolase, v. 4 | p. 111	
4.1.3.17	4-hydroxy-4-methyl-2-oxoglutarate aldolase, 4-hydroxy-4-methyl-2-oxoglutarate aldolase, v. 4 | p. 111	
2.3.3.13	3-hydroxy-4-methyl-3-carboxy-pentanoate 2-oxo-3-methyl-butanoate lyase (CoA-acetylating), 2-isopropylmalate synthase, v. 30 | p. 676	
2.3.3.13	3-hydroxy-4-methyl-3-carboxyvalerate 2-oxo-3-methyl-butyrate lyase (CoA-acetylating), 2-isopropylmalate synthase, v. 30 | p. 676	
1.1.1.85	2-hydroxy-4-methyl-3-carboxyvalerate:NAD+ oxidoreductase, 3-isopropylmalate dehydrogenase, v. 17 | p. 179	
1.1.1.170	3β-hydroxy-4α-methylcholestenecarboxylate 3-dehydrogenase (decarboxylating), sterol-4α-carboxylate 3-dehydrogenase (decarboxylating), v. 18 | p. 67	
1.1.1.170	3β-hydroxy-4β-methylcholestenoate dehydrogenase, sterol-4α-carboxylate 3-dehydrogenase (decarboxylating), v. 18 | p. 67	
1.13.11.47	3-Hydroxy-4-oxo-1,4-dihydroquinoline 2,4-dioxygenase, 3-hydroxy-4-oxoquinoline 2,4-dioxygenase, v. 25 | p. 663	
1.13.11.47	1H-3-Hydroxy-4-oxo-quinoline oxygenase, 3-hydroxy-4-oxoquinoline 2,4-dioxygenase, v. 25 | p. 663	
3.7.1.9	1H-3-Hydroxy-4-oxoquinaldine 2,4-dioxygenase, 2-hydroxymuconate-semialdehyde hydrolase, v. 15 | p. 856	
1.13.11.48	1H-3-Hydroxy-4-oxoquinaldine 2,4-dioxygenase, 3-hydroxy-2-methylquinolin-4-one 2,4-dioxygenase, v. 25 | p. 667	

1.13.11.47	1H-3-Hydroxy-4-oxoquinaldine 2,4-dioxygenase, 3-hydroxy-4-oxoquinoline 2,4-dioxygenase, v. 25 | p. 663	
1.13.11.48	1H-3-hydroxy-4-oxoquinaldine oxygenase, 3-hydroxy-2-methylquinolin-4-one 2,4-dioxygenase, v. 25 | p. 667	
1.13.11.48	1H-3-Hydroxy-4-oxoquinoline 2,4-dioxygenase, 3-hydroxy-2-methylquinolin-4-one 2,4-dioxygenase, v. 25 | p. 667	
1.13.11.47	1H-3-Hydroxy-4-oxoquinoline 2,4-dioxygenase, 3-hydroxy-4-oxoquinoline 2,4-dioxygenase, v. 25 | p. 663	
1.13.11.48	1H-3-Hydroxy-4-oxoquinoline oxygenase, 3-hydroxy-2-methylquinolin-4-one 2,4-dioxygenase, v. 25 | p. 667	
1.13.11.47	1H-3-Hydroxy-4-oxoquinoline oxygenase, 3-hydroxy-4-oxoquinoline 2,4-dioxygenase, v. 25 | p. 663	
1.1.1.145	3β-hydroxy-Δ5-C27-steroid dehydrogenase/isomerase, 3β-hydroxy-Δ5-steroid dehydrogenase, v. 17 | p. 436	
1.1.1.145	3β-hydroxy-Δ5-C27-steroid oxidoreductase, 3β-hydroxy-Δ5-steroid dehydrogenase, v. 17 | p. 436	
1.1.1.181	3β-hydroxy-Δ5-C27-steroid oxidoreductase, cholest-5-ene-3β,7α-diol 3β-dehydrogenase, v. 18 | p. 98	
2.8.2.14	3β-hydroxy-5-cholenoate sulfotransferase, bile-salt sulfotransferase, v. 39 | p. 379	
1.12.99.6	8-hydroxy-5-deazaflavin-NADPH oxidoreductase, hydrogenase (acceptor), v. 25 | p. 373	
1.12.98.1	8-hydroxy-5-deazaflavin-reducing hydrogenase, coenzyme F420 hydrogenase, v. 25 | p. 351	
1.1.1.145	3β-hydroxy-5-ene-steroid dehydrogenase, 3β-hydroxy-Δ5-steroid dehydrogenase, v. 17 | p. 436	
1.1.1.145	3β-hydroxy-5-ene-steroid oxidoreductase, 3β-hydroxy-Δ5-steroid dehydrogenase, v. 17 | p. 436	
1.1.1.145	3-β-hydroxy-5-ene steroid dehydrogenase, 3β-hydroxy-Δ5-steroid dehydrogenase, v. 17 | p. 436	
1.1.1.145	3β-hydroxy-5-ene steroid dehydrogenase, 3β-hydroxy-Δ5-steroid dehydrogenase, v. 17 | p. 436	
1.2.1.32	2-hydroxy-5-methyl-6-oxohexa-2,4-dienoate dehydrogenase, aminomuconate-semialdehyde dehydrogenase, v. 20 | p. 271	
1.1.1.152	3α-hydroxy-5β-steroid dehydrogenase, 3α-hydroxy-5β-androstane-17-one 3α-dehydrogenase, v. 17 | p. 493	
3.7.1.8	2-hydroxy-6-oxo-6-(2-aminophenyl)hexa-2,4-dienoic acid hydrolase, 2,6-dioxo-6-phenylhexa-3-enoate hydrolase, v. 15 | p. 853	
3.7.1.8	2-hydroxy-6-oxo-6-phenylhexa-2,4-dienoate hydrolase, 2,6-dioxo-6-phenylhexa-3-enoate hydrolase, v. 15 | p. 853	
3.7.1.8	2-hydroxy-6-oxo-6-phenylhexa-2,4-dienoic acid hydrolase, 2,6-dioxo-6-phenylhexa-3-enoate hydrolase, v. 15 | p. 853	
3.7.1.8	2-hydroxy-6-oxo-6-phenylhexa-2,4-dieonic acid hydrolase, 2,6-dioxo-6-phenylhexa-3-enoate hydrolase, v. 15 | p. 853	
3.7.1.9	2-hydroxy-6-oxo-7-methylocta-2,4-dienoate hydrolase, 2-hydroxymuconate-semialdehyde hydrolase, v. 15 | p. 856	
3.7.1.9	2-hydroxy-6-oxohepta-2,4-dienoate hydrolase, 2-hydroxymuconate-semialdehyde hydrolase, v. 15 | p. 856	
2.7.6.3	6-hydroxy-7,8-dihydropterin pyrophosphokinase, 2-amino-4-hydroxy-6-hydroxymethyldihydropteridine diphosphokinase, v. 38 | p. 30	
1.1.1.295	3β-hydroxy-9β-primara-7,15-dien-19,6β-olide dehydrogenase, momilactone-A synthase	
1.1.1.45	L-β-hydroxy-acid-NAD-oxidoreductase, L-gulonate 3-dehydrogenase, v. 16 | p. 443	
1.1.1.79	D-2-hydroxy-acid dehydrogenase, glyoxylate reductase (NADP+), v. 17 | p. 138	
1.1.1.81	D-2-hydroxy-acid dehydrogenase, hydroxypyruvate reductase, v. 17 | p. 147	
1.1.3.15	hydroxy-acid oxidase A, (S)-2-hydroxy-acid oxidase, v. 19 | p. 129	
1.1.3.15	hydroxy-acid oxidase B, (S)-2-hydroxy-acid oxidase, v. 19 | p. 129	
1.1.1.52	α-hydroxy-cholanate dehydrogenase, 3α-hydroxycholanate dehydrogenase, v. 17 | p. 7	
6.2.1.12	Hydroxy-cinnamate:CoA ligase, 4-Coumarate-CoA ligase, v. 2 | p. 256	

β-hydroxyacyl-CoA dehydrogenase

1.5.3.6	6-hydroxy-D-nicotine oxidase, (R)-6-hydroxynicotine oxidase, v. 23 | p. 295
1.5.99.4	6-hydroxy-D-nicotine oxidase, nicotine dehydrogenase, v. 23 | p. 363
3.1.2.4	3-hydroxy-isobutyryl CoA hydrolase, 3-hydroxyisobutyryl-CoA hydrolase, v. 9 | p. 479
1.5.3.5	6-hydroxy-L-nicotine:oxygen oxidoreductase, (S)-6-hydroxynicotine oxidase, v. 23 | p. 291
1.5.3.5	6-hydroxy-L-nicotine oxidase, (S)-6-hydroxynicotine oxidase, v. 23 | p. 291
1.5.99.4	6-hydroxy-L-nicotine oxidase, nicotine dehydrogenase, v. 23 | p. 363
1.1.1.104	hydroxy-L-proline oxidase, 4-oxoproline reductase, v. 17 | p. 285
4.1.1.28	5-Hydroxy-L-tryptophan decarboxylase, aromatic-L-amino-acid decarboxylase, v. 3 | p. 152
1.14.11.6	5-hydroxy-methyluracil dioxygenase, thymine dioxygenase, v. 26 | p. 58
1.14.11.6	5-hydroxy-methyluracil oxygenase, thymine dioxygenase, v. 26 | p. 58
2.1.1.116	3'-hydroxy-N-methylcoclaurine 4'-O-methyltransferase, 3'-hydroxy-N-methyl-(S)-coclaurine 4'-O-methyltransferase, v. 28 | p. 555
3.5.1.36	5-hydroxy-N-methylpyroglutamate synthase, N-methyl-2-oxoglutaramate hydrolase, v. 14 | p. 428
3.5.1.36	5-hydroxy-N-methylpyroglutamate synthetase, N-methyl-2-oxoglutaramate hydrolase, v. 14 | p. 428
4.2.1.96	4 α-Hydroxy-tetrahydropterin dehydratase, 4a-hydroxytetrahydrobiopterin dehydratase, v. 4 | p. 665
4.2.1.96	4-α-hydroxy-tetrahydropterin dehydratase, 4a-hydroxytetrahydrobiopterin dehydratase, v. 4 | p. 665
1.14.13.13	25 hydroxy-vitamin D3-1α hydroxylase, calcidiol 1-monooxygenase, v. 26 | p. 296
3.1.3.16	3-hydroxy 3-methylglutaryl CoenzymeA reductase phosphatase, phosphoprotein phosphatase, v. 10 | p. 213
1.1.1.35	3-hydroxyacetyl-coenzyme A dehydrogenase, 3-hydroxyacyl-CoA dehydrogenase, v. 16 | p. 318
4.2.1.17	β-hydroxyacid dehydrase, enoyl-CoA hydratase, v. 4 | p. 360
1.1.1.272	2-D-hydroxyacid dehydrogenase, (R)-2-hydroxyacid dehydrogenase, v. 18 | p. 497
1.1.99.30	D-2-hydroxy acid dehydrogenase, 2-oxo-acid reductase, v. S1 | p. 134
1.1.99.6	D-2-hydroxy acid dehydrogenase, D-2-hydroxy-acid dehydrogenase, v. 19 | p. 297
1.1.1.272	D-2-hydroxyacid dehydrogenase, (R)-2-hydroxyacid dehydrogenase, v. 18 | p. 497
1.1.1.45	L-3-hydroxyacid dehydrogenase, L-gulonate 3-dehydrogenase, v. 16 | p. 443
1.1.1.45	L-β-hydroxyacid dehydrogenase, L-gulonate 3-dehydrogenase, v. 16 | p. 443
1.1.1.35	β-hydroxy acid dehydrogenase, 3-hydroxyacyl-CoA dehydrogenase, v. 16 | p. 318
1.1.1.60	β-hydroxyacid dehydrogenase, 2-hydroxy-3-oxopropionate reductase, v. 17 | p. 42
1.1.3.15	2-hydroxy acid oxidase, (S)-2-hydroxy-acid oxidase, v. 19 | p. 129
1.1.3.15	L-2-hydroxy acid oxidase, (S)-2-hydroxy-acid oxidase, v. 19 | p. 129
1.1.3.15	L-α-hydroxy acid oxidase, (S)-2-hydroxy-acid oxidase, v. 19 | p. 129
1.1.3.15	L-2-hydroxy acid oxidase A, (S)-2-hydroxy-acid oxidase, v. 19 | p. 129
1.1.3.15	hydroxyacid oxidase A, (S)-2-hydroxy-acid oxidase, v. 19 | p. 129
5.1.2.1	Hydroxyacid racemase, Lactate racemase, v. 1 | p. 68
4.2.1.60	β-Hydroxyacyl-acyl carrier protein dehydratase, 3-Hydroxydecanoyl-[acyl-carrier-protein] dehydratase, v. 4 | p. 551
4.2.1.17	β-hydroxyacyl-CoA dehydrase, enoyl-CoA hydratase, v. 4 | p. 360
4.2.1.17	D-3-hydroxyacyl-CoA dehydratase, enoyl-CoA hydratase, v. 4 | p. 360
4.2.1.74	D-3-hydroxyacyl-CoA dehydratase, long-chain-enoyl-CoA hydratase, v. 4 | p. 592
1.1.1.35	3-L-hydroxyacyl-CoA dehydrogenase, 3-hydroxyacyl-CoA dehydrogenase, v. 16 | p. 318
1.1.1.35	3-hydroxyacyl-CoA dehydrogenase, 3-hydroxyacyl-CoA dehydrogenase, v. 16 | p. 318
1.1.1.211	3-hydroxyacyl-CoA dehydrogenase, long-chain-3-hydroxyacyl-CoA dehydrogenase, v. 18 | p. 280
1.1.1.36	D-3-hydroxyacyl-CoA dehydrogenase, acetoacetyl-CoA reductase, v. 16 | p. 328
1.1.1.35	L-3-hydroxyacyl-CoA dehydrogenase, 3-hydroxyacyl-CoA dehydrogenase, v. 16 | p. 318
1.1.1.211	β-hydroxyacyl-CoA dehydrogenase, long-chain-3-hydroxyacyl-CoA dehydrogenase, v. 18 | p. 280

1.1.1.35	L-3-hydroxyacyl-CoA dehydrogenase, short chain, 3-hydroxyacyl-CoA dehydrogenase, v. 16 | p. 318	
1.1.1.36	D-3-hydroxyacyl-CoA reductase, acetoacetyl-CoA reductase, v. 16 | p. 328	
1.1.1.35	3-hydroxyacyl-coenzyme A dehydrogenase, 3-hydroxyacyl-CoA dehydrogenase, v. 16 | p. 318	
5.1.2.3	3-Hydroxyacyl-coenzyme A epimerase, 3-Hydroxybutyryl-CoA epimerase, v. 1 | p. 80	
1.1.1.35	β-hydroxyacyl-coenzyme A synthetase, 3-hydroxyacyl-CoA dehydrogenase, v. 16 | p. 318	
1.1.1.35	L-3-hydroxyacyl CoA dehydrogenase, 3-hydroxyacyl-CoA dehydrogenase, v. 16 | p. 318	
1.1.1.35	β-hydroxyacyl CoA dehydrogenase, 3-hydroxyacyl-CoA dehydrogenase, v. 16 | p. 318	
1.3.99.2	3-hydroxyacyl CoA reductase, butyryl-CoA dehydrogenase, v. 21 | p. 473	
1.1.1.36	hydroxyacyl coenzyme-A dehydrogenase, acetoacetyl-CoA reductase, v. 16 | p. 328	
1.1.1.35	3-hydroxyacyl coenzyme A dehydrogenase, 3-hydroxyacyl-CoA dehydrogenase, v. 16 | p. 318	
1.1.1.35	3β-hydroxyacyl coenzyme A dehydrogenase, 3-hydroxyacyl-CoA dehydrogenase, v. 16 | p. 318	
1.1.1.35	L-3-hydroxyacylcoenzyme A dehydrogenase, 3-hydroxyacyl-CoA dehydrogenase, v. 16 | p. 318	
1.1.1.35	βhydroxyacylcoenzyme A dehydrogenase, 3-hydroxyacyl-CoA dehydrogenase, v. 16 | p. 318	
1.1.1.35	β hydroxyacyl dehydrogenase, 3-hydroxyacyl-CoA dehydrogenase, v. 16 | p. 318	
3.1.2.6	hydroxyacylglutathione hydrolase, hydroxyacylglutathione hydrolase, v. 9 | p. 486	
2.5.1.18	S-(hydroxyalkyl)glutathione lyase, glutathione transferase, v. 33 | p. 524	
2.7.11.1	hydroxyalkyl-protein kinase, non-specific serine/threonine protein kinase, v. S3 | p. 1	
1.7.1.10	N-hydroxy amine reductase, hydroxylamine reductase (NADH), v. 24 | p. 310	
4.3.1.18	D-Hydroxy amino acid dehydratase, D-Serine ammonia-lyase, v. S7 | p. 348	
4.3.1.17	L-Hydroxy amino acid dehydratase, L-Serine ammonia-lyase, v. S7 | p. 332	
1.13.11.6	3-hydroxyanthranilate 3,4-di-, 3-hydroxyanthranilate 3,4-dioxygenase, v. 25 | p. 439	
1.13.11.6	3-hydroxyanthranilate 3,4-dioxygenase, 3-hydroxyanthranilate 3,4-dioxygenase, v. 25 | p. 439	
2.1.1.97	3-hydroxyanthranilate 4-methyltransferase, 3-hydroxyanthranilate 4-C-methyltransferase, v. 28 | p. 481	
1.13.11.6	3-hydroxyanthranilate oxygenase, 3-hydroxyanthranilate 3,4-dioxygenase, v. 25 | p. 439	
1.10.3.5	3-hydroxyanthranilic acid dioxygenase, 3-hydroxyanthranilate oxidase, v. 25 | p. 153	
1.13.11.6	3-hydroxyanthranilic acid oxidase, 3-hydroxyanthranilate 3,4-dioxygenase, v. 25 | p. 439	
1.10.3.5	3-hydroxyanthranilic acid oxidase, 3-hydroxyanthranilate oxidase, v. 25 | p. 153	
1.13.11.6	3-hydroxyanthranilic acid oxygenase, 3-hydroxyanthranilate 3,4-dioxygenase, v. 25 | p. 439	
1.13.11.6	3-hydroxyanthranilic oxygenase, 3-hydroxyanthranilate 3,4-dioxygenase, v. 25 | p. 439	
2.7.10.1	hydroxyaryl-protein kinase, receptor protein-tyrosine kinase, v. S2 | p. 341	
2.3.1.5	N-hydroxyarylamine O-acetyltransferase, arylamine N-acetyltransferase, v. 29 | p. 243	
4.3.1.20	3-Hydroxyaspartate dehydratase, Erythro-3-hydroxyaspartate ammonia-lyase, v. S7 | p. 373	
4.3.1.20	Hydroxyaspartate dehydratase, Erythro-3-hydroxyaspartate ammonia-lyase, v. S7 | p. 373	
3.5.99.3	hydroxyatrazine ethylaminohydrolase, hydroxydechloroatrazine ethylaminohydrolase, v. 15 | p. 218	
3.5.99.3	Hydroxyatrazine hydrolase, hydroxydechloroatrazine ethylaminohydrolase, v. 15 | p. 218	
3.8.1.8	hydroxyatrazine N-ethylaminohydrolase, atrazine chlorohydrolase, v. 15 | p. 909	
3.5.99.3	hydroxyatrazine N-ethylaminohydrolase, hydroxydechloroatrazine ethylaminohydrolase, v. 15 | p. 218	
1.2.1.7	4-hydroxybenzaldehyde dehydrogenase, benzaldehyde dehydrogenase (NADP+), v. 20 | p. 89	
1.2.1.64	p-hydroxybenzaldehyde dehydrogenase, 4-hydroxybenzaldehyde dehydrogenase, v. 20 | p. 393	
1.14.13.68	4-hydroxybenzeneacetaldehyde oxime monooxygenase, 4-hydroxyphenylacetaldehyde oxime monooxygenase, v. 26 | p. 540	
1.14.13.33	4-hydroxybenzoate-3-hydroxylase, 4-hydroxybenzoate 3-monooxygenase [NAD(P)H], v. 26 | p. 403	

1.14.13.2	p-hydroxybenzoate-3-hydroxylase, 4-hydroxybenzoate 3-monooxygenase, v. 26 | p. 208	
1.14.13.24	3-hydroxybenzoate-6-hydroxylase, 3-hydroxybenzoate 6-monooxygenase, v. 26 | p. 355	
6.2.1.27	p-hydroxybenzoate-CoA/benzoate-CoA ligase, 4-hydroxybenzoate-CoA ligase, v. 2 | p. 323	
6.2.1.27	p-hydroxybenzoate-CoA ligase, 4-hydroxybenzoate-CoA ligase, v. 2 | p. 323	
6.2.1.27	4-hydroxybenzoate-CoA synthetase, 4-hydroxybenzoate-CoA ligase, v. 2 | p. 323	
6.2.1.27	4-hydroxybenzoate-coenzyme A ligase (AMP-forming), 4-hydroxybenzoate-CoA ligase, v. 2 | p. 323	
1.14.13.64	4-Hydroxybenzoate 1-hydroxylase (decarboxylating), 4-Hydroxybenzoate 1-hydroxylase, v. 26 | p. 528	
1.14.13.64	4-Hydroxybenzoate 1-monooxygenase, 4-Hydroxybenzoate 1-hydroxylase, v. 26 | p. 528	
1.14.99.23	3-hydroxybenzoate 2-hydroxylase, 3-hydroxybenzoate 2-monooxygenase, v. 27 | p. 355	
1.14.13.2	4-hydroxybenzoate 3-hydroxylase, 4-hydroxybenzoate 3-monooxygenase, v. 26 | p. 208	
1.14.13.33	4-hydroxybenzoate 3-hydroxylase, 4-hydroxybenzoate 3-monooxygenase [NAD(P)H], v. 26 | p. 403	
1.14.13.2	4-hydroxybenzoate 3-monooxygenase, 4-hydroxybenzoate 3-monooxygenase, v. 26 | p. 208	
1.14.13.33	4-hydroxybenzoate 3-monooxygenase (NAD(P)H), 4-hydroxybenzoate 3-monooxygenase [NAD(P)H], v. 26 | p. 403	
1.14.13.33	4-hydroxybenzoate 3-monooxygenase (NAD(P)H2), 4-hydroxybenzoate 3-monooxygenase [NAD(P)H], v. 26 | p. 403	
1.14.13.23	3-hydroxybenzoate 4-hydroxylase, 3-hydroxybenzoate 4-monooxygenase, v. 26 | p. 351	
1.14.13.24	3-hydroxybenzoate 6-hydroxylase, 3-hydroxybenzoate 6-monooxygenase, v. 26 | p. 355	
1.14.13.24	m-hydroxybenzoate 6-hydroxylase, 3-hydroxybenzoate 6-monooxygenase, v. 26 | p. 355	
2.5.1.39	p-hydroxybenzoate:polyprenyl transferase, 4-hydroxybenzoate nonaprenyltransferase, v. 34 | p. 48	
2.5.1.39	p-hydroxybenzoate:polyprenyltransferase, 4-hydroxybenzoate nonaprenyltransferase, v. 34 | p. 48	
4.1.1.61	4-hydroxybenzoate DC, 4-Hydroxybenzoate decarboxylase, v. 3 | p. 350	
4.1.1.61	4-hydroxybenzoate decarboxylase, 4-Hydroxybenzoate decarboxylase, v. 3 | p. 350	
4.1.1.61	p-Hydroxybenzoate decarboxylase, 4-Hydroxybenzoate decarboxylase, v. 3 | p. 350	
2.5.1.39	p-hydroxybenzoate dimethylallyltransferase, 4-hydroxybenzoate nonaprenyltransferase, v. 34 | p. 48	
2.4.1.194	p-hydroxybenzoate glucosyltransferase, 4-hydroxybenzoate 4-O-β-D-glucosyltransferase, v. 32 | p. 475	
1.14.13.23	3-hydroxybenzoate hydroxylase, 3-hydroxybenzoate 4-monooxygenase, v. 26 | p. 351	
1.14.13.2	4-hydroxybenzoate hydroxylase, 4-hydroxybenzoate 3-monooxygenase, v. 26 | p. 208	
1.14.13.23	m-hydroxybenzoate hydroxylase, 3-hydroxybenzoate 4-monooxygenase, v. 26 | p. 351	
1.14.13.2	p-hydroxybenzoate hydroxylase, 4-hydroxybenzoate 3-monooxygenase, v. 26 | p. 208	
1.14.13.2	4-hydroxybenzoate monooxygenase, 4-hydroxybenzoate 3-monooxygenase, v. 26 | p. 208	
2.5.1.39	4-hydroxybenzoate polyprenyl diphosphate transferase, 4-hydroxybenzoate nonaprenyltransferase, v. 34 | p. 48	
2.5.1.39	p-hydroxybenzoate polyprenyltransferase, 4-hydroxybenzoate nonaprenyltransferase, v. 34 | p. 48	
2.5.1.39	4-hydroxybenzoate transferase, 4-hydroxybenzoate nonaprenyltransferase, v. 34 | p. 48	
2.5.1.39	p-hydroxybenzoic-polyprenyl transferase, 4-hydroxybenzoate nonaprenyltransferase, v. 34 | p. 48	
1.14.13.24	3-hydroxybenzoic acid-6-hydroxylase, 3-hydroxybenzoate 6-monooxygenase, v. 26 | p. 355	
2.5.1.39	p-hydroxybenzoic acid-polyprenyl transferase, 4-hydroxybenzoate nonaprenyltransferase, v. 34 | p. 48	
1.14.13.2	p-hydroxybenzoic acid hydrolase, 4-hydroxybenzoate 3-monooxygenase, v. 26 | p. 208	
1.14.13.2	p-hydroxybenzoic acid hydroxylase, 4-hydroxybenzoate 3-monooxygenase, v. 26 | p. 208	
1.14.13.2	4-hydroxybenzoic hydroxylase, 4-hydroxybenzoate 3-monooxygenase, v. 26 | p. 208	
1.14.13.2	p-hydroxybenzoic hydroxylase, 4-hydroxybenzoate 3-monooxygenase, v. 26 | p. 208	
1.6.5.7	hydroxybenzoquinone reductase, 2-hydroxy-1,4-benzoquinone reductase, v. 24 | p. 146	
1.13.11.41	(4-hydroxybenzoyl)methanol oxygenase, 2,4'-dihydroxyacetophenone dioxygenase, v. 25 | p. 631	

6.2.1.27	4-hydroxybenzoyl-CoA ligase, 4-hydroxybenzoate-CoA ligase, v. 2 | p. 323
1.3.99.20	2-hydroxybenzoyl-CoA reductase (dehydroxylating), 4-hydroxybenzoyl-CoA reductase, v. 21 | p. 594
3.1.2.23	4-hydroxybenzoyl coenzyme A hydrolase, 4-hydroxybenzoyl-CoA thioesterase, v. 9 | p. 555
6.2.1.27	4-hydroxybenzoyl coenzyme A synthetase, 4-hydroxybenzoate-CoA ligase, v. 2 | p. 323
3.1.2.23	4-hydroxybenzoyl coenzyme A thioesterase, 4-hydroxybenzoyl-CoA thioesterase, v. 9 | p. 555
1.1.1.97	m-hydroxybenzyl alcohol (NADP) dehydrogenase, 3-hydroxybenzyl-alcohol dehydrogenase, v. 17 | p. 252
1.1.1.97	m-hydroxybenzyl alcohol dehydrogenase, 3-hydroxybenzyl-alcohol dehydrogenase, v. 17 | p. 252
1.1.1.97	m-hydroxybenzylalcohol dehydrogenase, 3-hydroxybenzyl-alcohol dehydrogenase, v. 17 | p. 252
1.1.1.90	p-hydroxybenzyl alcohol dehydrogenase, aryl-alcohol dehydrogenase, v. 17 | p. 209
3.13.1.3	2'-hydroxybiphenyl-2-sulfinate desulfinase, 2'-hydroxybiphenyl-2-sulfinate desulfinase, v. S6 | p. 567
3.13.1.3	2'-hydroxybiphenyl-2-sulfinic acid desulfinase, 2'-hydroxybiphenyl-2-sulfinate desulfinase, v. S6 | p. 567
2.4.1.17	4-hydroxybiphenyl UDP-glucuronosyltransferase, glucuronosyltransferase, v. 31 | p. 162
2.4.1.17	p-hydroxybiphenyl UDP glucuronyltransferase, glucuronosyltransferase, v. 31 | p. 162
2.3.3.14	2-hydroxybutane-1,2,4-tricarboxylate 2-oxoglutarate-lyase (CoA-acetylating), homocitrate synthase, v. 30 | p. 688
3.1.1.22	D-(-)-3-hydroxybutyrate-dimer hydrolase, hydroxybutyrate-dimer hydrolase, v. 9 | p. 205
3.1.1.22	3-hydroxybutyrate-oligomer hydrolase, hydroxybutyrate-dimer hydrolase, v. 9 | p. 205
1.1.1.30	3-D-hydroxybutyrate dehydrogenase, 3-hydroxybutyrate dehydrogenase, v. 16 | p. 287
1.1.1.30	3-hydroxybutyrate dehydrogenase, 3-hydroxybutyrate dehydrogenase, v. 16 | p. 287
1.1.1.30	D-(-)-3-hydroxybutyrate dehydrogenase, 3-hydroxybutyrate dehydrogenase, v. 16 | p. 287
1.1.1.30	D-3-hydroxybutyrate dehydrogenase, 3-hydroxybutyrate dehydrogenase, v. 16 | p. 287
1.1.1.30	D-β-hydroxybutyrate dehydrogenase, 3-hydroxybutyrate dehydrogenase, v. 16 | p. 287
1.1.1.30	β-hydroxybutyrate dehydrogenase, 3-hydroxybutyrate dehydrogenase, v. 16 | p. 287
1.1.1.61	γ-hydroxybutyrate dehydrogenase, 4-hydroxybutyrate dehydrogenase, v. 17 | p. 46
1.1.1.72	γ-hydroxybutyrate dehydrogenase, glycerol dehydrogenase (NADP+), v. 17 | p. 106
3.1.1.22	D-(-)-3-hydroxybutyrate oligomer hydrolase, hydroxybutyrate-dimer hydrolase, v. 9 | p. 205
1.1.1.30	hydroxybutyrate oxidoreductase, 3-hydroxybutyrate dehydrogenase, v. 16 | p. 287
1.1.1.30	β-hydroxybutyric acid dehydrogenase, 3-hydroxybutyrate dehydrogenase, v. 16 | p. 287
1.1.1.30	β-hydroxybutyric dehydrogenase, 3-hydroxybutyrate dehydrogenase, v. 16 | p. 287
4.2.1.55	D-3-Hydroxybutyryl-CoA dehydratase, 3-Hydroxybutyryl-CoA dehydratase, v. 4 | p. 540
1.1.1.35	3-L-hydroxybutyryl-CoA dehydrogenase, 3-hydroxyacyl-CoA dehydrogenase, v. 16 | p. 318
1.1.1.157	L-(+)-3-hydroxybutyryl-CoA dehydrogenase, 3-hydroxybutyryl-CoA dehydrogenase, v. 18 | p. 10
1.1.1.157	β-hydroxybutyryl-CoA dehydrogenase, 3-hydroxybutyryl-CoA dehydrogenase, v. 18 | p. 10
4.2.1.58	β-Hydroxybutyryl acyl carrier protein dehydrase, Crotonoyl-[acyl-carrier-protein] hydratase, v. 4 | p. 546
4.2.1.58	3-Hydroxybutyryl acyl carrier protein dehydratase, Crotonoyl-[acyl-carrier-protein] hydratase, v. 4 | p. 546
1.1.1.36	D(-)-β-hydroxybutyryl CoA-NADP oxidoreductase, acetoacetyl-CoA reductase, v. 16 | p. 328
1.1.1.35	L-3-hydroxybutyryl CoA dehydrogenase, 3-hydroxyacyl-CoA dehydrogenase, v. 16 | p. 318
6.2.1.2	L-(+)-3-Hydroxybutyryl CoA ligase, Butyrate-CoA ligase, v. 2 | p. 199
4.2.1.55	D-3-Hydroxybutyryl coenzyme A dehydratase, 3-Hydroxybutyryl-CoA dehydratase, v. 4 | p. 540
1.1.1.157	β-hydroxybutyryl coenzyme A dehydrogenase, 3-hydroxybutyryl-CoA dehydrogenase, v. 18 | p. 10

hydroxycinnamoyl CoA:quinate hydroxycinnamyl transferase

1.1.1.35	β-hydroxybutyrylcoenzyme A dehydrogenase, 3-hydroxyacyl-CoA dehydrogenase, v. 16 | p. 318	
5.1.2.3	3-Hydroxybutyryl coenzyme A epimerase, 3-Hydroxybutyryl-CoA epimerase, v. 1 | p. 80	
1.1.1.258	6-hydroxycaproate dehydrogenase, 6-hydroxyhexanoate dehydrogenase, v. 18 | p. 450	
1.1.1.258	6-hydroxycaproic acid dehydrogenase, 6-hydroxyhexanoate dehydrogenase, v. 18 | p. 450	
1.1.99.30	hydroxycarboxlate-oxidoreductase, 2-oxo-acid reductase, v. S1 | p. 134	
1.1.99.30	hydroxycarboxlate-viologen-oxidoreductase, 2-oxo-acid reductase, v. S1 | p. 134	
1.1.99.30	hydroxy carboxylate viologen oxidoreductase, 2-oxo-acid reductase, v. S1 | p. 134	
1.14.13.13	25-hydroxycholecalciferol-1-hydroxylase, calcidiol 1-monooxygenase, v. 26 | p. 296	
1.14.13.13	25-hydroxycholecalciferol 1-hydroxylase, calcidiol 1-monooxygenase, v. 26 | p. 296	
1.14.13.13	25-hydroxycholecalciferol 1α-hydroxylase, calcidiol 1-monooxygenase, v. 26 | p. 296	
1.14.13.13	25-hydroxycholecalciferol 1-monooxygenase, calcidiol 1-monooxygenase, v. 26 | p. 296	
1.14.13.60	27-Hydroxycholesterol-7α-hydroxylase, 27-Hydroxycholesterol 7α-monooxygenase, v. 26 | p. 516	
1.14.13.60	27-Hydroxycholesterol 7α-hydroxylase, 27-Hydroxycholesterol 7α-monooxygenase, v. 26 | p. 516	
1.14.13.60	Hydroxycholesterol 7α-hydroxylase, 27-Hydroxycholesterol 7α-monooxygenase, v. 26 | p. 516	
1.14.13.99	24-hydroxycholesterol 7α-monooxygenase, 24-hydroxycholesterol 7α-hydroxylase, v. S1 | p. 631	
1.14.13.100	25-hydroxycholesterol 7α-monooxygenase, 25-hydroxycholesterol 7α-hydroxylase, v. S1 | p. 633	
1.1.1.146	7-α-hydroxycholesterol dehydrogenase, 11β-hydroxysteroid dehydrogenase, v. 17 | p. 449	
2.5.1.18	2-hydroxychromene-2-carboxylic acid isomerase, glutathione transferase, v. 33 | p. 524	
6.2.1.12	Hydroxycinnamate:CoA ligase, 4-Coumarate-CoA ligase, v. 2 | p. 256	
6.2.1.12	p-Hydroxycinnamic acid:CoA ligase, 4-Coumarate-CoA ligase, v. 2 | p. 256	
2.3.1.132	hydroxycinnamic acid transferase, glucarolactone O-hydroxycinnamoyltransferase, v. 30 | p. 328	
2.3.1.103	1-(hydroxycinnamoyl)-glucose:1-(hydroxycinnamoyl)-glucose hydroxycinnamoyltransferase, sinapoylglucose-sinapoylglucose O-sinapoyltransferase, v. 30 | p. 232	
2.3.1.153	Hydroxycinnamoyl-CoA-anthocyanidin 3,5-diglucoside 5-O-glucoside-6'''-O-hydroxycinnamoyltransferase, Anthocyanin 5-aromatic acyltransferase, v. 30 | p. 406	
2.3.1.138	hydroxycinnamoyl-CoA:putrescine hydroxycinnamoyltransferase, putrescine N-hydroxycinnamoyltransferase, v. 30 | p. 361	
2.3.1.133	p-hydroxycinnamoyl-CoA:shikimate-p-hydroxycinnamoyl transferase, shikimate O-hydroxycinnamoyltransferase, v. 30 | p. 331	
2.3.1.133	hydroxycinnamoyl-CoA:shikimate/quinate hydroxycinnamoyltransferase, shikimate O-hydroxycinnamoyltransferase, v. 30 | p. 331	
2.3.1.133	hydroxycinnamoyl-CoA:shikimate hydroxycinnamoyl transferase, shikimate O-hydroxycinnamoyltransferase, v. 30 | p. 331	
2.3.1.133	hydroxycinnamoyl-CoA:shikimate hydroxycinnamoyltransferase, shikimate O-hydroxycinnamoyltransferase, v. 30 | p. 331	
2.3.1.133	hydroxycinnamoyl-CoA:shikimate O-hydroxycinnamoyl transferase, shikimate O-hydroxycinnamoyltransferase, v. 30 | p. 331	
2.3.1.110	hydroxycinnamoyl-CoA:tyramine N-(hydroxycinnamoyl)transferase, tyramine N-feruloyltransferase, v. 30 | p. 254	
4.2.1.101	4-hydroxycinnamoyl-CoA hydratase/lyase, trans-feruloyl-CoA hydratase, v. S7 | p. 82	
4.2.1.101	hydroxycinnamoyl-CoA hydratase/lyase, trans-feruloyl-CoA hydratase, v. S7 | p. 82	
2.3.1.106	hydroxycinnamoyl-coenzyme-A:tartronate hydroxycinnamoyltransferase, tartronate O-hydroxycinnamoyltransferase, v. 30 | p. 241	
4.2.1.101	4-hydroxycinnamoyl-coenzyme A hydratase-lyase, trans-feruloyl-CoA hydratase, v. S7 | p. 82	
2.3.1.99	hydroxycinnamoyl CoA:quinate hydroxycinnamyl transferase, quinate O-hydroxycinnamoyltransferase, v. 30 | p. 215	

2.3.1.99	hydroxycinnamoyl CoA:quinate O-hydroxycinnamyltransferase, quinate O-hydroxycinnamoyltransferase, v. 30	p. 215
2.3.1.133	hydroxycinnamoyl CoA:shikimate hydroxycinnamoyl transferase, shikimate O-hydroxycinnamoyltransferase, v. 30	p. 331
2.3.1.133	hydroxycinnamoyl CoA quinate/shikimate hydroxycinnamoyl transferase, shikimate O-hydroxycinnamoyltransferase, v. 30	p. 331
6.2.1.12	Hydroxycinnamoyl CoA synthetase, 4-Coumarate-CoA ligase, v. 2	p. 256
2.3.1.99	hydroxycinnamoyl coenzyme A-quinate transferase, quinate O-hydroxycinnamoyltransferase, v. 30	p. 215
1.2.1.44	p-hydroxycinnamoyl coenzyme A reductase, cinnamoyl-CoA reductase, v. 20	p. 316
6.2.1.12	p-Hydroxycinnamoyl coenzyme A synthetase, 4-Coumarate-CoA ligase, v. 2	p. 256
3.1.1.73	hydroxycinnamoyl esterase, feruloyl esterase, v. 9	p. 414
2.4.1.126	hydroxycinnamoyl glucosyltransferase, hydroxycinnamate 4-β-glucosyltransferase, v. 32	p. 192
2.3.1.153	Hydroxycinnamoyltransferase, anthocyanidin 3,5-diglucoside 5-O-glucoside-6-O-, Anthocyanin 5-aromatic acyltransferase, v. 30	p. 406
2.3.1.153	Hydroxycinnamoyltransferase, anthocyanin, Anthocyanin 5-aromatic acyltransferase, v. 30	p. 406
2.3.1.130	hydroxycinnamoyltransferase, galacturate, galactarate O-hydroxycinnamoyltransferase, v. 30	p. 324
2.3.1.131	hydroxycinnamoyltransferase, glucarate, glucarate O-hydroxycinnamoyltransferase, v. 30	p. 326
2.3.1.103	hydroxycinnamoyltransferase, hydroxycinnamoylglucose-hydroxycinnamoylglucose, sinapoylglucose-sinapoylglucose O-sinapoyltransferase, v. 30	p. 232
2.3.1.99	hydroxycinnamoyltransferase, quinate, quinate O-hydroxycinnamoyltransferase, v. 30	p. 215
2.3.1.133	hydroxycinnamoyltransferase, shikimate, shikimate O-hydroxycinnamoyltransferase, v. 30	p. 331
2.3.1.106	hydroxycinnamoyltransferase, tartronate, tartronate O-hydroxycinnamoyltransferase, v. 30	p. 241
1.14.13.66	2-Hydroxycyclohexan-1-one monooxygenase, 2-Hydroxycyclohexanone 2-monooxygenase, v. 26	p. 535
1.14.13.13	25-hydroxy D3-1α-hydroxylase, calcidiol 1-monooxygenase, v. 26	p. 296
4.2.1.60	β-Hydroxydecanoate dehydrase, 3-Hydroxydecanoyl-[acyl-carrier-protein] dehydratase, v. 4	p. 551
4.2.1.60	β-Hydroxydecanoyl-[acyl carrier protein] dehydrase, 3-Hydroxydecanoyl-[acyl-carrier-protein] dehydratase, v. 4	p. 551
4.2.1.60	3-Hydroxydecanoyl-acyl carrier protein dehydrase, 3-Hydroxydecanoyl-[acyl-carrier-protein] dehydratase, v. 4	p. 551
4.2.1.60	3-Hydroxydecanoyl-acyl carrier protein dehydrase, 3-Hydroxydecanoyl-[acyl-carrier-protein] dehydratase, v. 4	p. 551
4.2.1.60	β-Hydroxydecanoyl coenzyme A dehydrase, 3-Hydroxydecanoyl-[acyl-carrier-protein] dehydratase, v. 4	p. 551
4.2.1.60	β-Hydroxydecanoyl thioester dehydrase, 3-Hydroxydecanoyl-[acyl-carrier-protein] dehydratase, v. 4	p. 551
2.1.1.120	12-Hydroxydihydrochelirubine 12-O-methyltransferase, 12-hydroxydihydrochelirubine 12-O-methyltransferase, v. 28	p. 566
2.1.1.119	10-Hydroxydihydrosanguinarine-10-O-methyltransferase, 10-hydroxydihydrosanguinarine 10-O-methyltransferase, v. 28	p. 564
1.1.1.232	15-hydroxyeicosatetraenoate dehydrogenase, 15-hydroxyicosatetraenoate dehydrogenase, v. 18	p. 362
2.7.1.50	hydroxyethylthiazole kinase/thiamine-phosphate pyrophosphorylase, hydroxyethylthiazole kinase, v. 36	p. 103
2.5.1.3	hydroxyethylthiazole kinase/thiamine-phosphate pyrophosphorylase, thiamine-phosphate diphosphorylase, v. 33	p. 413

1.1.1.98	D-2-hydroxy fatty acid dehydrogenase, (R)-2-hydroxy-fatty-acid dehydrogenase, v. 17 | p. 255	
1.1.1.99	L-2-hydroxy fatty acid dehydrogenase, (S)-2-hydroxy-fatty-acid dehydrogenase, v. 17 | p. 257	
1.1.1.98	2-hydroxy fatty acid oxidase, (R)-2-hydroxy-fatty-acid dehydrogenase, v. 17 | p. 255	
1.1.1.99	2-hydroxy fatty acid oxidase, (S)-2-hydroxy-fatty-acid dehydrogenase, v. 17 | p. 257	
2.6.1.23	4-hydroxyglutamate aminotransferase, 4-hydroxyglutamate transaminase, v. 34 | p. 426	
1.1.99.2	L-α-hydroxyglutarate:NAD+ 2-oxidoreductase, 2-hydroxyglutarate dehydrogenase, v. 19 | p. 271	
1.1.99.2	2-hydroxyglutarate dehydrogenase, 2-hydroxyglutarate dehydrogenase, v. 19 | p. 271	
1.1.99.2	L-α-hydroxyglutarate dehydrogenase, 2-hydroxyglutarate dehydrogenase, v. 19 | p. 271	
1.1.99.2	α-hydroxyglutarate dehydrogenase, 2-hydroxyglutarate dehydrogenase, v. 19 | p. 271	
1.1.99.2	α-hydroxyglutarate dehydrogenase (NAD+ specific), 2-hydroxyglutarate dehydrogenase, v. 19 | p. 271	
2.3.3.11	2-hydroxyglutarate glyoxylate-lyase (CoA-propanoylating), 2-hydroxyglutarate synthase, v. 30 | p. 672	
1.1.99.2	α-hydroxyglutarate oxidoreductase, 2-hydroxyglutarate dehydrogenase, v. 19 | p. 271	
2.3.3.11	hydroxyglutarate synthase, 2-hydroxyglutarate synthase, v. 30 | p. 672	
2.3.3.11	α-hydroxyglutarate synthetase, 2-hydroxyglutarate synthase, v. 30 | p. 672	
2.3.3.11	2-hydroxyglutaratic synthetase, 2-hydroxyglutarate synthase, v. 30 | p. 672	
1.1.99.2	L-2-hydroxyglutaric acid dehydrogenase, 2-hydroxyglutarate dehydrogenase, v. 19 | p. 271	
1.1.99.2	hydroxyglutaric dehydrogenase, 2-hydroxyglutarate dehydrogenase, v. 19 | p. 271	
2.3.3.11	2-hydroxyglutaric synthetase, 2-hydroxyglutarate synthase, v. 30 | p. 672	
4.3.2.5	α-hydroxyglycine amidating dealkylase, peptidylamidoglycolate lyase, v. 5 | p. 278	
3.2.2.23	8-hydroxyguanine endonuclease, DNA-formamidopyrimidine glycosylase, v. 14 | p. 111	
4.1.1.68	2-Hydroxyhepta-2,4-diene-1,7-dioate isomerase/5-oxopent-3-ene-1,2,5-tricarboxylate decarboxylase, 5-Oxopent-3-ene-1,2,5-tricarboxylate decarboxylase, v. 3 | p. 380	
1.14.11.14	hydroxyhyoscyamine dioxygenase, 6β-hydroxyhyoscyamine epoxidase, v. 26 | p. 95	
2.1.1.4	hydroxyindole-O-methyl transferase, acetylserotonin O-methyltransferase, v. 28 | p. 15	
2.4.1.220	hydroxyindole glucosyltransferase, indoxyl-UDPG glucosyltransferase, v. 32 | p. 593	
2.1.1.4	hydroxyindole methyltransferase, acetylserotonin O-methyltransferase, v. 28 | p. 15	
2.1.1.4	hydroxyindole O-methyltransferase, acetylserotonin O-methyltransferase, v. 28 | p. 15	
1.1.1.31	β-hydroxyisobutyrate dehydrogenase, 3-hydroxyisobutyrate dehydrogenase, v. 16 | p. 299	
1.1.1.35	3-hydroxyisobutyryl-CoA dehydrogenase, 3-hydroxyacyl-CoA dehydrogenase, v. 16 | p. 318	
3.1.2.4	3-hydroxyisobutyryl-CoA hydrolase, 3-hydroxyisobutyryl-CoA hydrolase, v. 9 | p. 479	
3.1.2.4	β-hydroxyisobutyryl-coenzyme A hydrolase, 3-hydroxyisobutyryl-CoA hydrolase, v. 9 | p. 479	
4.2.1.105	2-hydroxyisoflavanone dehydratase, 2-hydroxyisoflavanone dehydratase, v. S7 | p. 97	
1.14.13.86	2-hydroxyisoflavanone synthase, 2-hydroxyisoflavanone synthase, v. S1 | p. 559	
2.1.1.46	2-hydroxyisoflavone 4'-O-methyltransferase, isoflavone 4'-O-methyltransferase, v. 28 | p. 273	
4.1.3.26	Hydroxyisohexenylglutaryl-CoA:acetatelyase, 3-Hydroxy-3-isohexenylglutaryl-CoA lyase, v. 4 | p. 158	
4.1.3.26	Hydroxyisohexenylglutaryl CoA:acetate lyase, 3-Hydroxy-3-isohexenylglutaryl-CoA lyase, v. 4 | p. 158	
3.5.2.17	5-hydroxyisourate hydrolase, hydroxyisourate hydrolase, v. S6 | p. 438	
3.5.2.17	hydroxyisourate hydrolase, hydroxyisourate hydrolase, v. S6 | p. 438	
4.1.3.16	Hydroxyketoglutarate aldolase, 4-Hydroxy-2-oxoglutarate aldolase, v. 4 | p. 103	
4.1.3.16	Hydroxyketoglutaric aldolase, 4-Hydroxy-2-oxoglutarate aldolase, v. 4 | p. 103	
2.6.1.44	3-hydroxykynurenine transaminase, alanine-glyoxylate transaminase, v. 34 | p. 538	
2.6.1.44	3-hydroxykynurenine transaminase/alanine glyoxylate transaminase, alanine-glyoxylate transaminase, v. 34 | p. 538	
2.3.3.10	3-hydroxyl-3-methyl-glutaryl-CoA synthase, hydroxymethylglutaryl-CoA synthase, v. 30 | p. 657	
3.1.2.6	S-2-hydroxyacylglutathione hydrolase, hydroxyacylglutathione hydrolase, v. 9 | p. 486	

1.7.99.8	hydroxylamine-cytochrome c reductase, hydroxylamine oxidoreductase, v. S1	p. 285
1.7.3.4	hydroxylamine cytochrome c554 oxidoreductase, hydroxylamine oxidase, v. 24	p. 360
1.7.3.4	hydroxylamine oxidoreductase, hydroxylamine oxidase, v. 24	p. 360
5.4.4.1	hydroxylaminobenzene hydroxymutase, (hydroxyamino)benzene mutase, v. S7	p. 523
5.4.4.1	hydroxylaminobenzene mutase, (hydroxyamino)benzene mutase, v. S7	p. 523
5.4.4.3	3-hydroxylaminophenol mutase, 3-(hydroxyamino)phenol mutase, v. S7	p. 533
1.14.15.3	1-hydroxylase, alkane 1-monooxygenase, v. 27	p. 16
1.14.15.4	11 β-hydroxylase, steroid 11β-monooxygenase, v. 27	p. 26
1.14.15.4	11-β hydroxylase, steroid 11β-monooxygenase, v. 27	p. 26
1.14.15.4	11-β-hydroxylase, steroid 11β-monooxygenase, v. 27	p. 26
1.14.15.4	11-hydroxylase, steroid 11β-monooxygenase, v. 27	p. 26
1.14.15.4	11β hydroxylase, steroid 11β-monooxygenase, v. 27	p. 26
1.14.15.4	11β-hydroxylase, steroid 11β-monooxygenase, v. 27	p. 26
1.14.13.96	12-α-hydroxylase, 5β-cholestane-3α,7α-diol 12α-hydroxylase, v. S1	p. 615
1.14.99.9	17α-hydroxylase, steroid 17α-monooxygenase, v. 27	p. 290
1.14.13.13	1α-hydroxylase, calcidiol 1-monooxygenase, v. 26	p. 296
1.14.99.10	21-hydroxylase, steroid 21-monooxygenase, v. 27	p. 302
1.14.14.1	6 β-hydroxylase, unspecific monooxygenase, v. 26	p. 584
1.14.13.94	6β-hydroxylase, lithocholate 6β-hydroxylase, v. S1	p. 608
1.14.13.17	7α-hydroxylase, cholesterol 7α-monooxygenase, v. 26	p. 316
1.14.13.13	hydroxylase, 25-hydroxcholecalciferol 1-, calcidiol 1-monooxygenase, v. 26	p. 296
1.14.13.15	hydroxylase, 5β-cholestane-3α,7α,12α-triol, cholestanetriol 26-monooxygenase, v. 26	p. 308
1.14.13.12	hydroxylase, benzoate 4-, benzoate 4-monooxygenase, v. 26	p. 289
1.14.13.11	hydroxylase, cinnamate 4-, trans-cinnamate 4-monooxygenase, v. 26	p. 281
1.14.11.2	hydroxylase, collagen proline, procollagen-proline dioxygenase, v. 26	p. 9
1.14.99.2	hydroxylase, kynurenate, kynurenine 7,8-hydroxylase, v. 27	p. 258
1.14.99.2	hydroxylase, kynurenate 7,8-, kynurenine 7,8-hydroxylase, v. 27	p. 258
1.14.99.7	hydroxylase, squalene, squalene monooxygenase, v. 27	p. 280
1.14.13.54	Hydroxylase, steroid, Ketosteroid monooxygenase, v. 26	p. 499
4.1.2.30	17α-hydroxylase-17,20-lyase, 17α-Hydroxyprogesterone aldolase, v. 3	p. 549
1.14.13.13	1-hydroxylase-25-hydroxyvitamin D3, calcidiol 1-monooxygenase, v. 26	p. 296
4.1.2.30	17α-hydroxylase-C(17,20)-lyase, 17α-Hydroxyprogesterone aldolase, v. 3	p. 549
1.14.99.9	17α-hydroxylase-C17,20 lyase, steroid 17α-monooxygenase, v. 27	p. 290
4.1.2.30	17α-hydroxylase/17,20-lyase, 17α-Hydroxyprogesterone aldolase, v. 3	p. 549
1.14.99.9	17α-hydroxylase/17,20-lyase, steroid 17α-monooxygenase, v. 27	p. 290
4.1.2.30	17α-hydroxylase/17,20 lyase, 17α-Hydroxyprogesterone aldolase, v. 3	p. 549
1.14.99.9	17 α-hydroxylase/C17,20-lyase, steroid 17α-monooxygenase, v. 27	p. 290
4.1.2.30	17-hydroxylase/C17,20-lyase, 17α-Hydroxyprogesterone aldolase, v. 3	p. 549
1.14.99.9	17α-hydroxylase 17,20 lyase, steroid 17α-monooxygenase, v. 27	p. 290
1.14.13.96	12α-hydroxylase CYP8B1, 5β-cholestane-3α,7α-diol 12α-hydroxylase, v. S1	p. 615
1.14.99.10	21-hydroxylase cytochrome P-450, steroid 21-monooxygenase, v. 27	p. 302
1.14.13.96	12α-hydroxylase gene, 5β-cholestane-3α,7α-diol 12α-hydroxylase, v. S1	p. 615
2.7.1.78	5'-hydroxyl polynucleotide kinase, polynucleotide 5'-hydroxyl-kinase, v. 36	p. 280
2.7.1.78	5'-hydroxyl polyribonucleotide kinase, polynucleotide 5'-hydroxyl-kinase, v. 36	p. 280
2.7.1.78	5' hydroxyl RNA kinase, polynucleotide 5'-hydroxyl-kinase, v. 36	p. 280
1.97.1.2	hydroxyltransferase, 1,2,3,5-tetrahydroxybenzene, pyrogallol hydroxytransferase, v. 27	p. 642
2.3.1.93	13-hydroxylupanine acyltransferase, 13-hydroxylupinine O-tigloyltransferase, v. 30	p. 179
2.3.1.93	13-hydroxylupanine O-tigloyltransferase, 13-hydroxylupinine O-tigloyltransferase, v. 30	p. 179
2.3.1.102	nε-hydroxylysine:acetyl CoA nε-transacetylase, N6-hydroxylysine O-acetyltransferase, v. 30	p. 229
2.3.1.102	nε-hydroxylysine acetylase, N6-hydroxylysine O-acetyltransferase, v. 30	p. 229
2.4.1.50	hydroxylysine galactosyltransferase, procollagen galactosyltransferase, v. 31	p. 439

2.7.1.81	hydroxylysine kinase (phosphorylating), hydroxylysine kinase, v. 36	p. 300
2.1.1.46	(+)-6a-hydroxymaackiain 3-O-methyltransferase, isoflavone 4'-O-methyltransferase, v. 28	p. 273
4.1.1.47	Hydroxymalonic semialdehyde carboxylase, Tartronate-semialdehyde synthase, v. 3	p. 286
1.1.3.19	L-4-hydroxymandelate oxidase (decarboxylating), 4-hydroxymandelate oxidase, v. 19	p. 166
3.5.1.66	α-hydroxymethyl-α'-(N-acetylaminomethylene)succinic acid hydrolase, 2-(hydroxymethyl)-3-(acetamidomethylene)succinate hydrolase, v. 14	p. 539
2.7.6.3	6-hydroxymethyl-7,8-dihydropterin pyrophosphokinase, 2-amino-4-hydroxy-6-hydroxymethyldihydropteridine diphosphokinase, v. 38	p. 30
2.7.6.3	6-hydroxymethyl-7,8-dihydropterin pyrophosphokinase (HPPK), 2-amino-4-hydroxy-6-hydroxymethyldihydropteridine diphosphokinase, v. 38	p. 30
2.7.6.3	6-hydroxymethyl-7,8-dihydropterin pyrophosphokinase/dihydropteroate synthase, 2-amino-4-hydroxy-6-hydroxymethyldihydropteridine diphosphokinase, v. 38	p. 30
2.5.1.15	6-hydroxymethyl-7,8-dihydropteroate synthase, dihydropteroate synthase, v. 33	p. 494
2.7.6.3	6-hydroxymethyl-7,8-dihydroxypterin pyrophosphokinase/7,8-dihydropteroate synthase, 2-amino-4-hydroxy-6-hydroxymethyldihydropteridine diphosphokinase, v. 38	p. 30
4.2.1.75	Hydroxymethylbilane hydrolyase [cyclizing], uroporphyrinogen-III synthase, v. 4	p. 597
1.17.7.1	hydroxymethylbutenyl 4-diphosphate synthase, (E)-4-hydroxy-3-methylbut-2-enyl-diphosphate synthase
2.7.6.3	hydroxymethyldihydropteridine pyrophosphokinase, 2-amino-4-hydroxy-6-hydroxymethyldihydropteridine diphosphokinase, v. 38	p. 30
2.7.6.3	hydroxymethyldihydropterin diphosphokinase/dihydropteroate synthase, 2-amino-4-hydroxy-6-hydroxymethyldihydropteridine diphosphokinase, v. 38	p. 30
2.7.6.3	hydroxymethyldihydropterin pyrophosphokinase (HPPK), 2-amino-4-hydroxy-6-hydroxymethyldihydropteridine diphosphokinase, v. 38	p. 30
2.7.6.3	hydroxymethyldihydropterin pyrophosphokinase-dihydropteroate synthase, 2-amino-4-hydroxy-6-hydroxymethyldihydropteridine diphosphokinase, v. 38	p. 30
2.5.1.15	hydroxymethyldihydropterin pyrophosphokinase-dihydropteroate synthase, dihydropteroate synthase, v. 33	p. 494
2.8.3.13	hydroxymethylglutarate coenzyme A-transferase, succinate-hydroxymethylglutarate CoA-transferase, v. 39	p. 519
2.7.11.31	[hydroxymethylglutaryl-CoA reductase (NADPH2)] kinase, [hydroxymethylglutaryl-CoA reductase (NADPH)] kinase, v. S4	p. 355
1.1.1.34	hydroxymethylglutaryl-coenzyme A reductase (reduced nicotinamide adenine dinucleotide phosphate), hydroxymethylglutaryl-CoA reductase (NADPH), v. 16	p. 309
2.3.3.10	hydroxymethylglutaryl-coenzyme A synthase, hydroxymethylglutaryl-CoA synthase, v. 30	p. 657
1.1.1.34	hydroxymethylglutaryl CoA reductase (NADPH), hydroxymethylglutaryl-CoA reductase (NADPH), v. 16	p. 309
2.3.3.10	hydroxymethylglutaryl CoA synthetase, hydroxymethylglutaryl-CoA synthase, v. 30	p. 657
4.1.3.4	Hydroxymethylglutaryl coenzyme A-cleaving enzyme, Hydroxymethylglutaryl-CoA lyase, v. 4	p. 32
2.3.3.10	hydroxymethylglutaryl coenzyme A-condensing enzyme, hydroxymethylglutaryl-CoA synthase, v. 30	p. 657
3.1.2.5	hydroxymethylglutaryl coenzyme A deacylase, hydroxymethylglutaryl-CoA hydrolase, v. 9	p. 483
4.1.3.4	Hydroxymethylglutaryl coenzyme A lyase, Hydroxymethylglutaryl-CoA lyase, v. 4	p. 32
1.1.1.88	hydroxymethylglutaryl coenzyme A reductase, hydroxymethylglutaryl-CoA reductase, v. 17	p. 200
2.7.11.31	hydroxymethylglutaryl coenzyme A reductase kinase, [hydroxymethylglutaryl-CoA reductase (NADPH)] kinase, v. S4	p. 355
2.7.11.31	hydroxymethylglutaryl coenzyme A reductase kinase (phosphorylating), [hydroxymethylglutaryl-CoA reductase (NADPH)] kinase, v. S4	p. 355

2.7.11.3	hydroxymethylglutaryl coenzyme A reductase kinase kinase, dephospho-[reductase kinase] kinase, v. S3	p. 163
2.7.11.3	hydroxymethylglutaryl coenzyme A reductase kinase kinase (phosphorylating), dephospho-[reductase kinase] kinase, v. S3	p. 163
2.3.3.10	hydroxymethylglutaryl coenzyme A synthase, hydroxymethylglutaryl-CoA synthase, v. 30	p. 657
2.1.1.108	6-hydroxymethyllein-methyltransferase, 6-hydroxymellein O-methyltransferase, v. 28	p. 528
2.7.6.3	6-hydroxymethylpterin pyrophosphokinase, 2-amino-4-hydroxy-6-hydroxymethyldihydropteridine diphosphokinase, v. 38	p. 30
3.5.99.2	hydroxymethyl pyrimidine kinase, thiaminase, v. 15	p. 214
2.7.1.49	hydroxymethylpyrimidine kinase (phosphorylating), hydroxymethylpyrimidine kinase, v. 36	p. 98
2.7.4.7	hydroxymethylpyrimidine phosphokinase, phosphomethylpyrimidine kinase, v. 37	p. 539
2.1.2.7	hydroxymethyltransferase, 2-methylserine, D-alanine 2-hydroxymethyltransferase, v. 29	p. 56
2.1.2.8	hydroxymethyltransferase, deoxycytidylate, deoxycytidylate 5-hydroxymethyltransferase, v. 29	p. 59
2.1.2.11	hydroxymethyltransferase, ketopantoate, 3-methyl-2-oxobutanoate hydroxymethyltransferase, v. 29	p. 84
1.2.1.32	2-hydroxymuconate semialdehyde dehydrogenase, aminomuconate-semialdehyde dehydrogenase, v. 20	p. 271
3.7.1.9	2-hydroxymuconate semialdehyde hydrolase, 2-hydroxymuconate-semialdehyde hydrolase, v. 15	p. 856
1.2.1.32	α-hydroxymuconic ε-semialdehyde dehydrogenase, aminomuconate-semialdehyde dehydrogenase, v. 20	p. 271
1.2.1.32	2-hydroxymuconic 6-semialdehyde dehydrogenase, aminomuconate-semialdehyde dehydrogenase, v. 20	p. 271
1.2.1.32	2-hydroxymuconic acid semialdehyde dehydrogenase, aminomuconate-semialdehyde dehydrogenase, v. 20	p. 271
1.2.1.32	2-hydroxymuconic semialdehyde dehydrogenase, aminomuconate-semialdehyde dehydrogenase, v. 20	p. 271
1.2.1.61	4-hydroxymuconic semialdehyde dehydrogenase, 4-hydroxymuconic-semialdehyde dehydrogenase, v. 20	p. 387
3.7.1.9	2-hydroxymuconic semialdehyde hydrolase, 2-hydroxymuconate-semialdehyde hydrolase, v. 15	p. 856
2.1.1.116	3'-hydroxy N-methylcoclaurine 4'-O-methyltransferase, 3'-hydroxy-N-methyl-(S)-coclaurine 4'-O-methyltransferase, v. 28	p. 555
1.1.1.252	hydroxynaphthalene reductase, tetrahydroxynaphthalene reductase, v. 18	p. 427
1.17.3.3	6-hydroxynicotinate hydroxylase, 6-hydroxynicotinate dehydrogenase, v. S1	p. 757
1.5.3.6	D-6-hydroxynicotine oxidase, (R)-6-hydroxynicotine oxidase, v. 23	p. 295
1.5.3.5	L-6-hydroxynicotine oxidase, (S)-6-hydroxynicotine oxidase, v. 23	p. 291
1.17.3.3	6-hydroxynicotinic acid dehydrogenase, 6-hydroxynicotinate dehydrogenase, v. S1	p. 757
1.17.3.3	6-hydroxynicotinic acid hydroxylase, 6-hydroxynicotinate dehydrogenase, v. S1	p. 757
1.3.7.1	6-hydroxynicotinic reductase, 6-hydroxynicotinate reductase, v. 21	p. 450
4.1.2.10	D-Hydroxynitrile lyase, Mandelonitrile lyase, v. 3	p. 440
4.1.2.10	D-α-hydroxynitrile lyase, Mandelonitrile lyase, v. 3	p. 440
4.1.2.11	Hydroxynitrile lyase, Hydroxymandelonitrile lyase, v. 3	p. 448
4.1.2.10	Hydroxynitrile lyase, Mandelonitrile lyase, v. 3	p. 440
4.1.2.37	Hydroxynitrile lyase, hydroxynitrilase, v. 3	p. 569
4.1.2.10	R-hydroxynitrile lyase, Mandelonitrile lyase, v. 3	p. 440
4.1.2.37	S-hydroxynitrile lyase, hydroxynitrilase, v. 3	p. 569
4.1.2.37	α-Hydroxynitrile lyase, hydroxynitrilase, v. 3	p. 569
4.1.2.37	hydroxynitrile lyase Name, hydroxynitrilase, v. 3	p. 569

4.2.1.59	β-hydroxyoctanoyl-ACP-dehydrase, 3-Hydroxyoctanoyl-[acyl-carrier-protein] dehydratase, v. 4 | p. 549
4.2.1.59	β-Hydroxyoctanoyl-acyl carrier protein dehydrase, 3-Hydroxyoctanoyl-[acyl-carrier-protein] dehydratase, v. 4 | p. 549
4.2.1.59	D-3-Hydroxyoctanoyl-acyl carrier protein dehydratase, 3-Hydroxyoctanoyl-[acyl-carrier-protein] dehydratase, v. 4 | p. 549
4.2.1.61	D-3-Hydroxypalmitoyl-[acyl carrier protein] dehydratase, 3-Hydroxypalmitoyl-[acyl-carrier-protein] dehydratase, v. 4 | p. 557
4.2.1.61	β-Hydroxypalmitoyl-acyl carrier protein dehydrase, 3-Hydroxypalmitoyl-[acyl-carrier-protein] dehydratase, v. 4 | p. 557
4.2.1.61	β-Hydroxypalmityl-ACP dehydrase, 3-Hydroxypalmitoyl-[acyl-carrier-protein] dehydratase, v. 4 | p. 557
4.2.1.80	2-hydroxypent-2,4-dienoate hydratase, 2-oxopent-4-enoate hydratase, v. 4 | p. 613
4.2.1.80	2-hydroxypenta-2,4-dienoate hydratase, 2-oxopent-4-enoate hydratase, v. 4 | p. 613
4.2.1.80	2-hydroxypentadienoic acid hydratase, 2-oxopent-4-enoate hydratase, v. 4 | p. 613
1.1.1.196	15-hydroxy PGD2 dehydrogenase, 15-hydroxyprostaglandin-D dehydrogenase (NADP+), v. 18 | p. 175
1.1.1.141	15-hydroxy PG dehydroganse, 15-hydroxyprostaglandin dehydrogenase (NAD+), v. 17 | p. 417
3.13.1.3	2-(2-hydroxyphenyl)benzenesulfinate:H2O hydrolase, 2'-hydroxybiphenyl-2-sulfinate desulfinase, v. S6 | p. 567
3.13.1.3	2-(2'-hydroxyphenyl)benzene sulfinate desulfinase, 2'-hydroxybiphenyl-2-sulfinate desulfinase, v. S6 | p. 567
3.13.1.3	2-(2'-hydroxyphenyl)benzenesulfinate desulfinase, 2'-hydroxybiphenyl-2-sulfinate desulfinase, v. S6 | p. 567
3.13.1.3	2-(2'-hydroxyphenyl)benzene sulfinate hydrolase, 2'-hydroxybiphenyl-2-sulfinate desulfinase, v. S6 | p. 567
1.14.13.68	4-hydroxyphenylacetaldehyde oxime monooxygenase, 4-hydroxyphenylacetaldehyde oxime monooxygenase, v. 26 | p. 540
1.14.13.18	4-hydroxyphenylacetate 1-hydroxylase, 4-hydroxyphenylacetate 1-monooxygenase, v. 26 | p. 321
1.14.13.3	4-hydroxyphenylacetate 3-hydroxylase, 4-hydroxyphenylacetate 3-monooxygenase, v. 26 | p. 223
1.14.13.3	p-hydroxyphenylacetate 3-hydroxylase, 4-hydroxyphenylacetate 3-monooxygenase, v. 26 | p. 223
1.14.13.63	m-Hydroxyphenylacetate 6-hydroxylase, 3-Hydroxyphenylacetate 6-hydroxylase, v. 26 | p. 525
1.14.13.63	3-Hydroxyphenylacetate 6-monooxygenase, 3-Hydroxyphenylacetate 6-hydroxylase, v. 26 | p. 525
4.1.1.83	4-hydroxyphenylacetate decarboxylase, 4-hydroxyphenylacetate decarboxylase, v. S7 | p. 15
4.1.1.83	p-hydroxyphenylacetate decarboxylase, 4-hydroxyphenylacetate decarboxylase, v. S7 | p. 15
1.14.13.3	p-hydroxyphenylacetate hydroxylase, 4-hydroxyphenylacetate 3-monooxygenase, v. 26 | p. 223
1.14.13.18	4-hydroxyphenylacetic 1-hydroxylase, 4-hydroxyphenylacetate 1-monooxygenase, v. 26 | p. 321
1.14.13.3	p-hydroxyphenylacetic 3-hydroxylase, 4-hydroxyphenylacetate 3-monooxygenase, v. 26 | p. 223
1.14.13.3	4-hydroxyphenylacetic acid 3-hydroxylase, 4-hydroxyphenylacetate 3-monooxygenase, v. 26 | p. 223
1.14.13.42	4-hydroxyphenylacetonitrile hydroxylase, hydroxyphenylacetonitrile 2-monooxygenase, v. 26 | p. 454
2.6.1.72	hydroxyphenylglycine aminotransferase, D-4-hydroxyphenylglycine transaminase, v. 35 | p. 50
1.14.13.4	2-hydroxyphenylpropionate hydroxylase, melilotate 3-monooxygenase, v. 26 | p. 232
1.14.13.4	2-hydroxyphenylpropionic hydroxylase, melilotate 3-monooxygenase, v. 26 | p. 232

4.1.1.80	p-hydroxyphenylpyruvate decarboxylase, 4-hydroxyphenylpyruvate decarboxylase, v. S7 | p. 6	
1.13.11.27	p-hydroxyphenylpyruvate dioxygenase, 4-hydroxyphenylpyruvate dioxygenase, v. 25 | p. 546	
1.13.11.46	4-hydroxyphenylpyruvate dioxygenase II, 4-hydroxymandelate synthase, v. 25 | p. 661	
1.13.11.27	p-hydroxyphenylpyruvate hydroxylase, 4-hydroxyphenylpyruvate dioxygenase, v. 25 | p. 546	
1.2.7.8	hydroxyphenylpyruvate oxidase, indolepyruvate ferredoxin oxidoreductase, v. S1 | p. 213	
1.13.11.27	p-hydroxyphenylpyruvate oxidase, 4-hydroxyphenylpyruvate dioxygenase, v. 25 | p. 546	
1.3.1.12	hydroxyphenylpyruvate synthase, prephenate dehydrogenase, v. 21 | p. 60	
1.13.11.27	4-hydroxyphenylpyruvic acid dioxygenase, 4-hydroxyphenylpyruvate dioxygenase, v. 25 | p. 546	
1.13.11.27	p-hydroxyphenylpyruvic acid hydroxylase, 4-hydroxyphenylpyruvate dioxygenase, v. 25 | p. 546	
1.1.1.237	hydroxyphenylpyruvic acid reductase, hydroxyphenylpyruvate reductase, v. 18 | p. 380	
1.13.11.27	p-hydroxyphenylpyruvic hydroxylase, 4-hydroxyphenylpyruvate dioxygenase, v. 25 | p. 546	
1.13.11.27	p-hydroxyphenylpyruvic oxidase, 4-hydroxyphenylpyruvate dioxygenase, v. 25 | p. 546	
1.1.3.27	L-2-hydroxyphytanic acid oxidase, hydroxyphytanate oxidase, v. 19 | p. 210	
1.14.13.54	17α-Hydroxyprogesterone, NADPH2:oxygen oxidoreductase (20-hydroxylating, side-chain cleaving), Ketosteroid monooxygenase, v. 26 | p. 499	
1.14.99.10	17α-hydroxyprogesterone 21-hydrolase, steroid 21-monooxygenase, v. 27 | p. 302	
4.1.2.30	17α-hydroxyprogesterone aldolase, 17α-Hydroxyprogesterone aldolase, v. 3 | p. 549	
4.1.2.30	17α-hydroxyprogesterone aldolase/17,20-lyase, 17α-Hydroxyprogesterone aldolase, v. 3 | p. 549	
4.2.1.98	16α-Hydroxyprogesterone dehydroxylase, 16α-hydroxyprogesterone dehydratase, v. 4 | p. 675	
4.2.1.98	Hydroxyprogesterone dehydroxylase, 16α-hydroxyprogesterone dehydratase, v. 4 | p. 675	
5.1.1.8	Hydroxyproline 2-epimerase, 4-Hydroxyproline epimerase, v. 1 | p. 33	
5.1.1.8	Hydroxyproline epimerase, 4-Hydroxyproline epimerase, v. 1 | p. 33	
5.1.1.8	L-Hydroxyproline epimerase, 4-Hydroxyproline epimerase, v. 1 | p. 33	
1.1.1.202	3-hydroxypropionaldehyde reductase, 1,3-propanediol dehydrogenase, v. 18 | p. 199	
6.2.1.17	3-hydroxypropionyl-CoA synthetase, Propionate-CoA ligase, v. 2 | p. 286	
6.2.1.17	3-hydroxypropionyl-coenzyme A synthetase, Propionate-CoA ligase, v. 2 | p. 286	
1.1.1.141	15-hydroxyprostaglandin-dehydrogenase, 15-hydroxyprostaglandin dehydrogenase (NAD+), v. 17 | p. 417	
1.1.1.141	15-hydroxy prostaglandin dehydrogenase, 15-hydroxyprostaglandin dehydrogenase (NAD+), v. 17 | p. 417	
1.1.1.141	15-hydroxyprostaglandin dehydrogenase, 15-hydroxyprostaglandin dehydrogenase (NAD+), v. 17 | p. 417	
1.1.1.50	hydroxyprostaglandin dehydrogenase, 3α-hydroxysteroid dehydrogenase (B-specific), v. 16 | p. 487	
1.1.1.196	15-hydroxy prostaglandin dehydrogenase (NADP+), 15-hydroxyprostaglandin-D dehydrogenase (NADP+), v. 18 | p. 175	
1.1.1.184	15-hydroxyprostaglandin dehydrogenase [NADP+], carbonyl reductase (NADPH), v. 18 | p. 105	
1.1.1.141	15-hydroxyprostanoic dehydrogenase, 15-hydroxyprostaglandin dehydrogenase (NAD+), v. 17 | p. 417	
2.4.2.8	6-hydroxypurine phosphoribosyltransferase, hypoxanthine phosphoribosyltransferase, v. 33 | p. 95	
1.14.99.26	2-hydroxypyridine oxygenase, 2-hydroxypyridine 5-monooxygenase, v. 27 | p. 362	
2.6.1.51	hydroxypyruvate:L-alanine transaminase, serine-pyruvate transaminase, v. 34 | p. 579	
1.1.1.29	hydroxypyruvate dehydrogenase, glycerate dehydrogenase, v. 16 | p. 283	
5.3.1.22	hydroxypyruvate ketol-isomerase, Hydroxypyruvate isomerase, v. 1 | p. 349	
1.1.1.81	β-hydroxypyruvate reductase, hydroxypyruvate reductase, v. 17 | p. 147	
1.1.1.29	hydroxypyruvate reductase, glycerate dehydrogenase, v. 16 | p. 283	

3 α-hydroxysteroid dehydrogenase

2.6.1.52	hydroxypyruvic phosphate-glutamic transaminase, phosphoserine transaminase, v. 34 | p. 588
1.14.12.16	2-Hydroxyquinoline 5,6-dioxygenase, 2-Hydroxyquinoline 5,6-dioxygenase, v. 26 | p. 187
1.13.11.37	hydroxyquinon dioxygenase, hydroxyquinol 1,2-dioxygenase, v. 25 | p. 610
1.1.1.62	hydroxysteroid (17-β) dehydrogenase 1, estradiol 17β-dehydrogenase, v. 17 | p. 48
1.1.1.151	21-hydroxy steroid (NADP) dehydrogenase, 21-hydroxysteroid dehydrogenase (NADP+), v. 17 | p. 490
1.1.1.238	12β-hydroxy steroid (nicotinamide adenine dinucleotide phosphate) dehydrogenase, 12β-hydroxysteroid dehydrogenase, v. 18 | p. 383
1.3.1.72	3β-hydroxysteroid-Δ24 reductase, Δ24-sterol reductase, v. 21 | p. 328
1.1.1.278	3β-hydroxysteroid-5α-oxidoreductase, 3β-hydroxy-5α-steroid dehydrogenase, v. S1 | p. 10
1.1.1.50	3α-hydroxysteroid-5β-oxidoreductase activity, 3α-hydroxysteroid dehydrogenase (B-specific), v. 16 | p. 487
2.8.2.34	hydroxysteroid/bile acid sulfotransferase, glycochenodeoxycholate sulfotransferase, v. S4 | p. 495
1.3.1.70	Δ8,14-hydroxy steroid Δ14(15)-reductase, Δ14-sterol reductase, v. 21 | p. 317
1.3.1.72	hydroxy steroid Δ24-reductase, Δ24-sterol reductase, v. 21 | p. 328
1.1.1.277	3β-hydroxysteroid 5β-dehydrogenase, 3β-hydroxy-5β-steroid dehydrogenase, v. S1 | p. 8
1.1.1.277	3β-hydroxysteroid 5β-oxidoreductase, 3β-hydroxy-5β-steroid dehydrogenase, v. S1 | p. 8
1.1.1.277	3β-hydroxysteroid 5β-progesterone oxidoreductase, 3β-hydroxy-5β-steroid dehydrogenase, v. S1 | p. 8
5.3.3.5	3β-hydroxysteroid Δ8-Δ7 isomerase, cholestenol Δ-isomerase, v. 1 | p. 404
1.1.1.213	3α-hydroxysteroid:NAD(P) oxidoreductase, 3α-hydroxysteroid dehydrogenase (A-specific), v. 18 | p. 285
1.1.1.53	3α,20β-hydroxysteroid:NAD+-oxidoreductase, 3α(or 20β)-hydroxysteroid dehydrogenase, v. 17 | p. 9
1.1.3.6	3β-hydroxysteroid:oxygen oxidoreductase, cholesterol oxidase, v. 19 | p. 53
2.4.1.39	hydroxy steroid acetylglucosaminyltransferase, steroid N-acetylglucosaminyltransferase, v. 31 | p. 373
1.1.1.146	11 β-hydroxysteroid dehydrogenase, 11β-hydroxysteroid dehydrogenase, v. 17 | p. 449
1.1.1.146	11β-hydroxy steroid dehydrogenase, 11β-hydroxysteroid dehydrogenase, v. 17 | p. 449
1.1.1.146	11β-hydroxysteroid dehydrogenase, 11β-hydroxysteroid dehydrogenase, v. 17 | p. 449
1.1.1.176	12α-hydroxy steroid dehydrogenase, 12α-hydroxysteroid dehydrogenase, v. 18 | p. 82
1.1.1.147	16α-hydroxy steroid dehydrogenase, 16α-hydroxysteroid dehydrogenase, v. 17 | p. 464
1.1.1.51	17 β-hydroxysteroid dehydrogenase, 3(or 17)β-hydroxysteroid dehydrogenase, v. 17 | p. 1
1.1.1.148	17α-hydroxy steroid dehydrogenase, estradiol 17α-dehydrogenase, v. 17 | p. 467
1.1.1.148	17α-hydroxysteroid dehydrogenase, estradiol 17α-dehydrogenase, v. 17 | p. 467
1.1.1.62	17β,20α-hydroxysteroid dehydrogenase, estradiol 17β-dehydrogenase, v. 17 | p. 48
1.1.1.51	17β-hydroxy steroid dehydrogenase, 3(or 17)β-hydroxysteroid dehydrogenase, v. 17 | p. 1
1.1.1.51	17β-hydroxysteroid dehydrogenase, 3(or 17)β-hydroxysteroid dehydrogenase, v. 17 | p. 1
1.1.1.62	17β-hydroxysteroid dehydrogenase, estradiol 17β-dehydrogenase, v. 17 | p. 48
1.1.1.64	17β-hydroxysteroid dehydrogenase, testosterone 17β-dehydrogenase (NADP+), v. 17 | p. 71
1.1.1.62	20 α-hydroxysteroid dehydrogenase, estradiol 17β-dehydrogenase, v. 17 | p. 48
1.1.1.21	20-α-hydroxysteroid dehydrogenase, aldehyde reductase, v. 16 | p. 203
1.1.1.189	20-α-hydroxysteroid dehydrogenase, prostaglandin-E2 9-reductase, v. 18 | p. 139
1.1.1.53	20-hydroxysteroid dehydrogenase, 3α(or 20β)-hydroxysteroid dehydrogenase, v. 17 | p. 9
1.1.1.149	20α-hydroxy steroid dehydrogenase, 20α-hydroxysteroid dehydrogenase, v. 17 | p. 471
1.1.1.149	20α-hydroxysteroid dehydrogenase, 20α-hydroxysteroid dehydrogenase, v. 17 | p. 471
1.1.1.62	20α-hydroxysteroid dehydrogenase, estradiol 17β-dehydrogenase, v. 17 | p. 48
1.1.1.53	20β-hydroxysteroid dehydrogenase, 3α(or 20β)-hydroxysteroid dehydrogenase, v. 17 | p. 9
1.1.1.151	21-hydroxy steroid dehydrogenase, 21-hydroxysteroid dehydrogenase (NADP+), v. 17 | p. 490
1.1.1.50	3 α-hydroxysteroid dehydrogenase, 3α-hydroxysteroid dehydrogenase (B-specific), v. 16 | p. 487

3 β-hydroxysteroid dehydrogenase

1.1.1.51	3 β-hydroxysteroid dehydrogenase, 3(or 17)β-hydroxysteroid dehydrogenase, v. 17 | p. 1
1.1.1.209	3(17)α-hydroxysteroid dehydrogenase, 3(or 17)α-hydroxysteroid dehydrogenase, v. 18 | p. 271
1.1.1.213	3α-hydroxysteroid dehydrogenase, 3α-hydroxysteroid dehydrogenase (A-specific), v. 18 | p. 285
1.1.1.50	3α-hydroxysteroid dehydrogenase, 3α-hydroxysteroid dehydrogenase (B-specific), v. 16 | p. 487
1.1.1.50	3α/3β-hydroxysteroid dehydrogenase, 3α-hydroxysteroid dehydrogenase (B-specific), v. 16 | p. 487
1.1.1.51	3β,17β-hydroxysteroid dehydrogenase, 3(or 17)β-hydroxysteroid dehydrogenase, v. 17 | p. 1
1.1.1.51	3β-hydroxy steroid dehydrogenase, 3(or 17)β-hydroxysteroid dehydrogenase, v. 17 | p. 1
1.1.1.278	3β-hydroxy steroid dehydrogenase, 3β-hydroxy-5α-steroid dehydrogenase, v. S1 | p. 10
1.1.1.51	3β-hydroxysteroid dehydrogenase, 3(or 17)β-hydroxysteroid dehydrogenase, v. 17 | p. 1
1.1.1.270	3β-hydroxysteroid dehydrogenase, 3-keto-steroid reductase, v. 18 | p. 485
1.1.1.145	3β-hydroxysteroid dehydrogenase, 3β-hydroxy-Δ5-steroid dehydrogenase, v. 17 | p. 436
1.1.1.62	3β-hydroxysteroid dehydrogenase, estradiol 17β-dehydrogenase, v. 17 | p. 48
1.1.1.51	3β/17β-hydroxysteroid dehydrogenase, 3(or 17)β-hydroxysteroid dehydrogenase, v. 17 | p. 1
1.1.1.159	7α-hydroxy steroid dehydrogenase, 7α-hydroxysteroid dehydrogenase, v. 18 | p. 21
1.1.1.159	7α-hydroxysteroid dehydrogenase, 7α-hydroxysteroid dehydrogenase, v. 18 | p. 21
1.1.1.201	7β-hydroxysteroid dehydrogenase, 7β-hydroxysteroid dehydrogenase (NADP+), v. 18 | p. 194
1.1.1.51	Δ5-3β-hydroxysteroid dehydrogenase, 3(or 17)β-hydroxysteroid dehydrogenase, v. 17 | p. 1
1.1.1.145	Δ5-3β-hydroxysteroid dehydrogenase, 3β-hydroxy-Δ5-steroid dehydrogenase, v. 17 | p. 436
1.1.1.51	β-hydroxy steroid dehydrogenase, 3(or 17)β-hydroxysteroid dehydrogenase, v. 17 | p. 1
1.1.1.146	β-hydroxysteroid dehydrogenase, 11β-hydroxysteroid dehydrogenase, v. 17 | p. 449
1.1.1.213	3α-hydroxysteroid dehydrogenase (B-specific), 3α-hydroxysteroid dehydrogenase (A-specific), v. 18 | p. 285
1.1.1.151	21-hydroxy steroid dehydrogenase (NADP), 21-hydroxysteroid dehydrogenase (NADP+), v. 17 | p. 490
1.1.1.51	3β-hydroxysteroid dehydrogenase/Δ5-Δ4-isomerase, 3(or 17)β-hydroxysteroid dehydrogenase, v. 17 | p. 1
1.1.1.145	3β-hydroxysteroid dehydrogenase/Δ5-Δ4-isomerase, 3β-hydroxy-Δ5-steroid dehydrogenase, v. 17 | p. 436
1.1.1.145	3β-hydroxysteroid dehydrogenase/Δ5-Δ4-isomerase type II, 3β-hydroxy-Δ5-steroid dehydrogenase, v. 17 | p. 436
1.1.1.145	3β-hydroxysteroid dehydrogenase/Δ5-Δ4 isomerase, 3β-hydroxy-Δ5-steroid dehydrogenase, v. 17 | p. 436
1.1.1.145	3β-hydroxysteroid dehydrogenase/Δ5-DELAT4 isomerase type 2, 3β-hydroxy-Δ5-steroid dehydrogenase, v. 17 | p. 436
1.1.1.145	3β-hydroxy steroid dehydrogenase/5-ene-4-ene isomerase, 3β-hydroxy-Δ5-steroid dehydrogenase, v. 17 | p. 436
5.3.3.1	3β-hydroxysteroid dehydrogenase/5-ene-4-ene isomerase, steroid Δ-isomerase, v. 1 | p. 376
1.1.1.53	3α-hydroxysteroid dehydrogenase/carbonyl reductase, 3α(or 20β)-hydroxysteroid dehydrogenase, v. 17 | p. 9
1.1.1.213	3α-hydroxysteroid dehydrogenase/carbonyl reductase, 3α-hydroxysteroid dehydrogenase (A-specific), v. 18 | p. 285
1.1.1.50	3α-hydroxysteroid dehydrogenase/carbonyl reductase, 3α-hydroxysteroid dehydrogenase (B-specific), v. 16 | p. 487
1.1.1.145	3β-hydroxy steroid dehydrogenase/isomerase, 3β-hydroxy-Δ5-steroid dehydrogenase, v. 17 | p. 436
1.1.1.270	3β-hydroxysteroid dehydrogenase/isomerase, 3-keto-steroid reductase, v. 18 | p. 485

Hydroxysteroid isomerase

1.1.1.145	3β-hydroxysteroid dehydrogenase/isomerase, 3β-hydroxy-Δ5-steroid dehydrogenase, v.17 | p.436	
5.3.3.1	3β-hydroxysteroid dehydrogenase/isomerase, steroid Δ-isomerase, v.1 | p.376	
1.1.1.145	3β-hydroxysteroid dehydrogenase/isomerase type 1, 3β-hydroxy-Δ5-steroid dehydrogenase, v.17 | p.436	
5.3.3.1	3β-hydroxysteroid dehydrogenase/isomerase type 1, steroid Δ-isomerase, v.1 | p.376	
5.3.3.1	3β-hydroxysteroid dehydrogenase/isomerase type 2, steroid Δ-isomerase, v.1 | p.376	
1.1.1.188	20α-hydroxysteroid dehydrogenase/prostaglandin F-synthase, prostaglandin-F synthase, v.18 | p.130	
1.1.1.146	11β-hydroxysteroid dehydrogenase 1, 11β-hydroxysteroid dehydrogenase, v.17 | p.449	
1.1.1.146	11β-hydroxysteroid dehydrogenase 2, 11β-hydroxysteroid dehydrogenase, v.17 | p.449	
1.1.1.51	17β-hydroxysteroid dehydrogenase 2, 3(or 17)β-hydroxysteroid dehydrogenase, v.17 | p.1	
1.1.1.62	17β-hydroxysteroid dehydrogenase 4, estradiol 17β-dehydrogenase, v.17 | p.48	
1.1.1.62	17β-hydroxysteroid dehydrogenases type 1, estradiol 17β-dehydrogenase, v.17 | p.48	
1.1.1.51	17β-hydroxysteroid dehydrogenases type 2, 3(or 17)β-hydroxysteroid dehydrogenase, v.17 | p.1	
1.1.1.64	17β-hydroxysteroid dehydrogenases type 3, testosterone 17β-dehydrogenase (NADP+), v.17 | p.71	
1.1.1.146	11 β-hydroxysteroid dehydrogenase type 1, 11β-hydroxysteroid dehydrogenase, v.17 | p.449	
1.1.1.146	11β-hydroxysteroid dehydrogenase type 1, 11β-hydroxysteroid dehydrogenase, v.17 | p.449	
1.1.1.62	17β-hydroxysteroid dehydrogenase type 1, estradiol 17β-dehydrogenase, v.17 | p.48	
1.1.1.145	3β-hydroxysteroid dehydrogenase type 1, 3β-hydroxy-Δ5-steroid dehydrogenase, v.17 | p.436	
1.1.1.145	3β-hydroxysteroid dehydrogenase type1, 3β-hydroxy-Δ5-steroid dehydrogenase, v.17 | p.436	
1.3.99.2	17β-hydroxysteroid dehydrogenase type 10, butyryl-CoA dehydrogenase, v.21 | p.473	
1.1.1.62	17β-hydroxysteroid dehydrogenase type 12, estradiol 17β-dehydrogenase, v.17 | p.48	
1.1.1.146	11 β-hydroxysteroid dehydrogenase type 2, 11β-hydroxysteroid dehydrogenase, v.17 | p.449	
1.1.1.146	11β-hydroxysteroid dehydrogenase type 2, 11β-hydroxysteroid dehydrogenase, v.17 | p.449	
1.1.1.62	17β-hydroxysteroid dehydrogenase type 2, estradiol 17β-dehydrogenase, v.17 | p.48	
1.1.1.145	3β-hydroxysteroid dehydrogenase type 2, 3β-hydroxy-Δ5-steroid dehydrogenase, v.17 | p.436	
1.1.1.51	17β-hydroxysteroid dehydrogenase type 3, 3(or 17)β-hydroxysteroid dehydrogenase, v.17 | p.1	
1.1.1.64	17β-hydroxysteroid dehydrogenase type 3, testosterone 17β-dehydrogenase (NADP+), v.17 | p.71	
1.1.1.62	17β-hydroxysteroid dehydrogenase type 4, estradiol 17β-dehydrogenase, v.17 | p.48	
1.1.1.62	17β-hydroxysteroid dehydrogenase type 5, estradiol 17β-dehydrogenase, v.17 | p.48	
1.1.1.64	17β-hydroxysteroid dehydrogenase type 5, testosterone 17β-dehydrogenase (NADP+), v.17 | p.71	
1.1.1.62	17β-hydroxysteroid dehydrogenase type 7, estradiol 17β-dehydrogenase, v.17 | p.48	
1.1.1.62	17β-hydroxysteroid dehydrogenase type 8, estradiol 17β-dehydrogenase, v.17 | p.48	
1.1.1.146	11β hydroxysteroid dehydrogenase type I, 11β-hydroxysteroid dehydrogenase, v.17 | p.449	
1.1.1.146	11β-hydroxysteroid dehydrogenase type I, 11β-hydroxysteroid dehydrogenase, v.17 | p.449	
1.1.1.62	17β-hydroxysteroid dehydrogenase type I, estradiol 17β-dehydrogenase, v.17 | p.48	
1.1.1.145	3β-hydroxysteroid dehydrogenase type II, 3β-hydroxy-Δ5-steroid dehydrogenase, v.17 | p.436	
1.1.1.62	17β-hydroxysteroid dehydrogenase types 1, estradiol 17β-dehydrogenase, v.17 | p.48	
5.1.99.2	16-Hydroxy steroid epimerase, 16-Hydroxysteroid epimerase, v.1 | p.183	
5.3.3.1	Hydroxysteroid isomerase, steroid Δ-isomerase, v.1 | p.376	

1.1.1.213	3α-hydroxysteroid oxido-reductase, 3α-hydroxysteroid dehydrogenase (A-specific), v. 18 | p. 285
1.1.1.50	3α-hydroxysteroid oxido-reductase, 3α-hydroxysteroid dehydrogenase (B-specific), v. 16 | p. 487
1.1.1.148	17α-hydroxy steroid oxidoreductase, estradiol 17α-dehydrogenase, v. 17 | p. 467
1.1.1.148	17α-hydroxysteroid oxidoreductase, estradiol 17α-dehydrogenase, v. 17 | p. 467
1.1.1.51	17β-hydroxysteroid oxidoreductase, 3(or 17)β-hydroxysteroid dehydrogenase, v. 17 | p. 1
1.1.1.149	20α-hydroxysteroid oxidoreductase, 20α-hydroxysteroid dehydrogenase, v. 17 | p. 471
1.1.1.213	3-α hydroxysteroid oxidoreductase, 3α-hydroxysteroid dehydrogenase (A-specific), v. 18 | p. 285
1.1.1.213	3α-hydroxysteroid oxidoreductase, 3α-hydroxysteroid dehydrogenase (A-specific), v. 18 | p. 285
1.1.1.50	3α-hydroxysteroid oxidoreductase, 3α-hydroxysteroid dehydrogenase (B-specific), v. 16 | p. 487
1.1.1.210	3β,20α-hydroxysteroid oxidoreductase, 3β(or 20α)-hydroxysteroid dehydrogenase, v. 18 | p. 277
1.1.3.6	3β-hydroxy steroid oxidoreductase, cholesterol oxidase, v. 19 | p. 53
1.1.1.278	3β-hydroxysteroid oxidoreductase, 3β-hydroxy-5α-steroid dehydrogenase, v. S1 | p. 10
3.1.6.2	3-β-hydroxysteroid sulfate sulfatase, steryl-sulfatase, v. 11 | p. 250
2.8.2.2	Δ5-3β-hydroxysteroid sulfokinase, alcohol sulfotransferase, v. 39 | p. 278
2.8.2.2	3-hydroxysteroid sulfotransferase, alcohol sulfotransferase, v. 39 | p. 278
2.8.2.15	3α-hydroxysteroid sulfotransferase, steroid sulfotransferase, v. 39 | p. 387
2.8.2.2	3β-hydroxy steroid sulfotransferase, alcohol sulfotransferase, v. 39 | p. 278
2.8.2.2	3β-hydroxysteroid sulfotransferase, alcohol sulfotransferase, v. 39 | p. 278
2.8.2.2	hydroxysteroid sulfotransferase, alcohol sulfotransferase, v. 39 | p. 278
2.8.2.15	hydroxysteroid sulfotransferase, steroid sulfotransferase, v. 39 | p. 387
2.8.2.2	hydroxysteroid sulfotransferase 1, alcohol sulfotransferase, v. 39 | p. 278
2.8.2.2	hydroxysteroid sulfotransferase ST2A3, alcohol sulfotransferase, v. 39 | p. 278
2.8.2.2	hydroxysteroid sulfotransferase Sta, alcohol sulfotransferase, v. 39 | p. 278
2.8.2.2	hydroxysteroid sulfotransferase SULT2A1, alcohol sulfotransferase, v. 39 | p. 278
2.4.1.17	17β-hydroxysteroid UDP-glucuronosyltransferase, glucuronosyltransferase, v. 31 | p. 162
2.4.1.17	3α-hydroxysteroid UDP-glucuronosyltransferase, glucuronosyltransferase, v. 31 | p. 162
1.3.1.72	3-β-hydroxysterol-Δ24-reductase, Δ24-sterol reductase, v. 21 | p. 328
1.3.1.72	3β-hydroxysterol-δ24 reductase, Δ24-sterol reductase, v. 21 | p. 328
1.3.1.21	3β-hydroxysterol-Δ7-reductase, 7-dehydrocholesterol reductase, v. 21 | p. 118
1.3.1.70	3β-hydroxysterol Δ14-reductase, Δ14-sterol reductase, v. 21 | p. 317
1.3.1.72	3β-hydroxysterol Δ24-reductase, Δ24-sterol reductase, v. 21 | p. 328
1.3.1.21	3-hydroxysterol Δ7-reductase, 7-dehydrocholesterol reductase, v. 21 | p. 118
1.3.1.21	3β-hydroxysterol Δ7-reductase, 7-dehydrocholesterol reductase, v. 21 | p. 118
4.2.1.62	5α-Hydroxysterol dehydase, 5α-Hydroxysteroid dehydratase, v. 4 | p. 559
1.1.3.6	3β-hydroxysteryl oxidase, cholesterol oxidase, v. 19 | p. 53
1.1.1.51	3β-hydroxystroid oxidoreductase, 3(or 17)β-hydroxysteroid dehydrogenase, v. 17 | p. 1
2.1.1.94	16-hydroxytabersonine-16-O-methyltransferase, tabersonine 16-O-methyltransferase, v. 28 | p. 472
2.3.1.167	10-hydroxytaxane 10-O-acetyltransferase, 10-deacetylbaccatin III 10-O-acetyltransferase, v. 30 | p. 451
2.3.1.167	10-hydroxytaxane O-acetyltransferase, 10-deacetylbaccatin III 10-O-acetyltransferase, v. 30 | p. 451
2.3.3.4	3-hydroxytetradecane-1,3,4-tricarboxylate 2-oxoglutarate-lyase (CoA-acylating), decylhomocitrate synthase, v. 30 | p. 616
4.2.1.96	4a-Hydroxytetrahydrobiopterin dehydratase, 4a-hydroxytetrahydrobiopterin dehydratase, v. 4 | p. 665
4.2.1.96	4a-hydroxytetrahydrobiopterin dehydratases, 4a-hydroxytetrahydrobiopterin dehydratase, v. 4 | p. 665

hypoxanthine oxidase

4.2.1.96	4a-Hydroxytetrahydropterin dehydratase, 4a-hydroxytetrahydrobiopterin dehydratase, v. 4 | p. 665
2.6.1.27	5-hydroxytryptophan-ketoglutaric transaminase, tryptophan transaminase, v. 34 | p. 437
2.6.1.27	hydroxytryptophan aminotransferase, tryptophan transaminase, v. 34 | p. 437
4.1.1.28	5-Hydroxytryptophan decarboxylase, aromatic-L-amino-acid decarboxylase, v. 3 | p. 152
4.1.1.28	Hydroxytryptophan decarboxylase, aromatic-L-amino-acid decarboxylase, v. 3 | p. 152
4.1.1.28	L-5-Hydroxytryptophan decarboxylase, aromatic-L-amino-acid decarboxylase, v. 3 | p. 152
4.1.1.28	5-hydroxytryptophan hydroxylase, aromatic-L-amino-acid decarboxylase, v. 3 | p. 152
2.8.3.14	5-hydroxyvalerate CoA-transferase, 5-hydroxypentanoate CoA-transferase, v. 39 | p. 526
2.8.3.14	5-hydroxyvalerate coenzyme A-transferase, 5-hydroxypentanoate CoA-transferase, v. 39 | p. 526
1.14.13.13	25-hydroxyvitamin-D3-1α-hydroxylase, calcidiol 1-monooxygenase, v. 26 | p. 296
1.14.13.13	25-hydroxyvitamin D-1 α-hydroxylase, calcidiol 1-monooxygenase, v. 26 | p. 296
1.14.13.13	25-hydroxyvitamin D-1α-hydroxylase, calcidiol 1-monooxygenase, v. 26 | p. 296
1.14.13.13	25-hydroxyvitamin D 1α-hydroxylase, calcidiol 1-monooxygenase, v. 26 | p. 296
1.14.13.13	25-hydroxyvitamin D3-1α-hydroxylase, calcidiol 1-monooxygenase, v. 26 | p. 296
1.14.13.13	25-hydroxyvitamin D3 1α-hydroxylase, calcidiol 1-monooxygenase, v. 26 | p. 296
1.14.13.13	25-hydroxyvitamin D3 1?-hydroxylase, calcidiol 1-monooxygenase, v. 26 | p. 296
4.1.2.10	hydroynitrile lyase, Mandelonitrile lyase, v. 3 | p. 440
2.7.1.119	hygromycin B phosphotransferase, hygromycin-B 7-O-kinase, v. 37 | p. 52
2.7.1.119	hygromycin phosphotransferase, hygromycin-B 7-O-kinase, v. 37 | p. 52
2.7.10.1	HYK, receptor protein-tyrosine kinase, v. S2 | p. 341
2.7.10.2	HYL, non-specific protein-tyrosine kinase, v. S2 | p. 441
4.2.2.1	HylA7, hyaluronate lyase, v. 5 | p. 1
4.2.2.1	hylB4755, hyaluronate lyase, v. 5 | p. 1
4.2.2.1	HylP, hyaluronate lyase, v. 5 | p. 1
4.2.2.1	Hylp2, hyaluronate lyase, v. 5 | p. 1
1.14.11.11	hyoscyamine 6-hydroxylase, hyoscyamine (6S)-dioxygenase, v. 26 | p. 82
1.14.11.11	hyoscyamine 6β-hydroxylase, hyoscyamine (6S)-dioxygenase, v. 26 | p. 82
1.14.11.14	hyosOH epoxidase, 6β-hydroxyhyoscyamine epoxidase, v. 26 | p. 95
2.1.1.43	HYPB, histone-lysine N-methyltransferase, v. 28 | p. 235
3.4.21.49	hyperdermin C, hypodermin C, v. 7 | p. 228
3.2.1.1	hyperthermophilic α-amylase, α-amylase, v. 12 | p. 1
3.6.1.1	hyperthermophilic inorganic pyrophosphatase, inorganic diphosphatase, v. 15 | p. 240
3.4.21.49	hypoderma collagenase, hypodermin C, v. 7 | p. 228
1.6.5.3	Hypothetical protein Walter, NADH dehydrogenase (ubiquinone), v. 24 | p. 106
3.2.2.15	hypoxanthine-DNA-glycosylase, DNA-deoxyinosine glycosylase, v. 14 | p. 75
3.2.2.15	hypoxanthine-DNA glycosylase, DNA-deoxyinosine glycosylase, v. 14 | p. 75
2.4.2.8	hypoxanthine-guanine-xanthine phosphoribosyltransferase, hypoxanthine phosphoribosyltransferase, v. 33 | p. 95
2.4.2.8	hypoxanthine-guanine phosphoribosyl transferase, hypoxanthine phosphoribosyltransferase, v. 33 | p. 95
2.4.2.8	hypoxanthine-guanine phosphoribosyltransferase, hypoxanthine phosphoribosyltransferase, v. 33 | p. 95
2.4.2.8	hypoxanthine-xanthine-guanine phosphoribosyltransferase, hypoxanthine phosphoribosyltransferase, v. 33 | p. 95
1.17.3.2	hypoxanthine-xanthine oxidase, xanthine oxidase, v. S1 | p. 729
1.17.3.2	hypoxanthine:oxygen oxidoreductase, xanthine oxidase, v. S1 | p. 729
3.2.2.15	hypoxanthine DNA glycosylase, DNA-deoxyinosine glycosylase, v. 14 | p. 75
2.4.2.8	hypoxanthine guanine phosphoribosyltransferase, hypoxanthine phosphoribosyltransferase, v. 33 | p. 95
2.4.2.8	hypoxanthine guanine xanthine phosphoribosyltransferase, hypoxanthine phosphoribosyltransferase, v. 33 | p. 95
1.17.3.2	hypoxanthine oxidase, xanthine oxidase, v. S1 | p. 729

1.14.11.2	hypoxia-inducible factor-1α-prolyl-hydroxylase 2, procollagen-proline dioxygenase, v. 26	p. 9
1.14.11.2	hypoxia-inducible factor -1α-type prolyl 4-hydroxylase, procollagen-proline dioxygenase, v. 26	p. 9
1.14.11.16	hypoxia-inducible factor asparaginyl hydroxylase, peptide-aspartate β-dioxygenase, v. 26	p. 102
1.14.11.2	hypoxia-inducible factor prolyl hydroxylase, procollagen-proline dioxygenase, v. 26	p. 9
1.14.11.2	hypoxia inducible factor prolyl-4-hydroxylase domain-containing protein, procollagen-proline dioxygenase, v. 26	p. 9
5.1.1.8	HyPRE, 4-Hydroxyproline epimerase, v. 1	p. 33
1.12.2.1	HysAB, cytochrome-c3 hydrogenase, v. 25	p. 328
5.1.99.5	HyuA, hydantoin racemase
5.1.99.5	HyuE, hydantoin racemase
3.5.2.2	hyuH, dihydropyrimidinase, v. 14	p. 651

Index of Synonyms: I–J

3.2.1.80	P-I, fructan β-fructosidase, v. 13 | p. 275	
3.2.1.10	S-I, oligo-1,6-glucosidase, v. 12 | p. 162	
3.2.1.8	X-I, endo-1,4-β-xylanase, v. 12 | p. 133	
3.1.3.5	c-N-I, 5'-nucleotidase, v. 10 | p. 95	
3.1.3.56	I(1,4,5)P3 5-phosphatase, inositol-polyphosphate 5-phosphatase, v. 10 | p. 448	
1.14.11.2	α (I) subunit, procollagen-proline dioxygenase, v. 26 | p. 9	
2.4.1.150	I β1,6-N-acetylglucosaminyltransferase, N-acetyllactosaminide β-1,6-N-acetylglucosaminyl-transferase, v. 32 | p. 307	
3.4.17.21	I100, Glutamate carboxypeptidase II, v. 6 | p. 498	
1.14.13.89	I2'H, isoflavone 2'-hydroxylase, v. S1 | p. 582	
1.14.13.52	I3'H, isoflavone 3'-hydroxylase, v. 26 | p. 493	
1.3.99.10	i3VD, isovaleryl-CoA dehydrogenase, v. 21 | p. 535	
1.14.13.70	C- I4 demethylase, sterol 14-demethylase, v. 26 | p. 547	
2.1.1.46	I7OMT, isoflavone 4'-O-methyltransferase, v. 28 | p. 273	
3.1.3.48	IA-2, protein-tyrosine-phosphatase, v. 10 | p. 407	
3.1.3.48	IA-2β, protein-tyrosine-phosphatase, v. 10 | p. 407	
2.3.1.72	IA-myo-inositol synthase, indoleacetylglucose-inositol O-acyltransferase, v. 30 | p. 60	
2.4.1.121	IAA-glucose synthase, indole-3-acetate β-glucosyltransferase, v. 32 | p. 170	
6.3.2.20	IAA-lysine synthetase, Indoleacetate-lysine synthetase, v. 2 | p. 511	
2.4.2.34	IAA-myo-inositol-arabinosyl synthase, indolylacetylinositol arabinosyltransferase, v. 33 | p. 289	
2.3.1.72	IAA-myo-inositol synthase, indoleacetylglucose-inositol O-acyltransferase, v. 30 | p. 60	
1.2.3.7	IAAld oxidase, indole-3-acetaldehyde oxidase, v. 20 | p. 464	
3.4.19.5	IAD, β-aspartyl-peptidase, v. 6 | p. 546	
3.2.2.1	IAG-NH, purine nucleosidase, v. 14 | p. 1	
2.4.1.121	IAGlc synthase, indole-3-acetate β-glucosyltransferase, v. 32 | p. 170	
2.4.1.121	IAGlu synthase, indole-3-acetate β-glucosyltransferase, v. 32 | p. 170	
3.2.2.1	IAG nucleoside hydrolase, purine nucleosidase, v. 14 | p. 1	
2.3.1.72	Ialnos synthase, indoleacetylglucose-inositol O-acyltransferase, v. 30 | p. 60	
2.1.1.77	IAMT, protein-L-isoaspartate(D-aspartate) O-methyltransferase, v. 28 | p. 406	
3.1.3.2	IAP, acid phosphatase, v. 10 | p. 31	
3.1.3.1	IAP, alkaline phosphatase, v. 10 | p. 1	
3.1.3.1	IAP1, alkaline phosphatase, v. 10 | p. 1	
3.1.3.1	IAP2, alkaline phosphatase, v. 10 | p. 1	
3.1.3.1	IAP3, alkaline phosphatase, v. 10 | p. 1	
3.1.3.1	IAP4, alkaline phosphatase, v. 10 | p. 1	
3.1.3.1	IAP5, alkaline phosphatase, v. 10 | p. 1	
3.1.3.1	IAPase, alkaline phosphatase, v. 10 | p. 1	
2.6.1.9	IAP transaminase, histidinol-phosphate transaminase, v. 34 | p. 334	
3.1.3.48	IAR, protein-tyrosine-phosphatase, v. 10 | p. 407	
2.3.1.164	IAT, isopenicillin-N N-acyltransferase, v. 30 | p. 441	
1.14.14.1	P-450IB, unspecific monooxygenase, v. 26 | p. 584	
1.10.3.1	ibCO, catechol oxidase, v. 25 | p. 105	
3.1.1.4	IB PLA2, phospholipase A2, v. 9 | p. 52	
2.4.1.18	IbSBEI, 1,4-α-glucan branching enzyme, v. 31 | p. 197	
6.2.1.3	R-ibuprofenoyl-CoA synthetase, Long-chain-fatty-acid-CoA ligase, v. 2 | p. 206	
3.1.3.48	ICAAR, protein-tyrosine-phosphatase, v. 10 | p. 407	
1.1.1.42	ICD, isocitrate dehydrogenase (NADP+), v. 16 | p. 402	

2.7.11.5	ICDH, [Isocitrate dehydrogenase (NADP+)] kinase, v. S3 | p. 178	
1.1.1.41	ICDH, isocitrate dehydrogenase (NAD+), v. 16 | p. 394	
1.1.1.42	ICDH, isocitrate dehydrogenase (NADP+), v. 16 | p. 402	
1.1.1.41	ICDH1, isocitrate dehydrogenase (NAD+), v. 16 | p. 394	
2.7.11.5	ICDH kinase/phosphatase, [Isocitrate dehydrogenase (NADP+)] kinase, v. S3 | p. 178	
3.1.1.1	ICE, carboxylesterase, v. 9 | p. 1	
3.4.22.36	ICE, caspase-1, v. 7 | p. 699	
3.4.22.57	ICE(rel)-II, caspase-4, v. S6 | p. 133	
3.4.22.58	ICE(rel)-III, caspase-5, v. S6 | p. 140	
4.2.1.1	Ice-CA, carbonate dehydratase, v. 4 | p. 242	
3.4.22.60	ICE-LAP3, caspase-7, v. S6 | p. 156	
3.4.22.62	ICE-LAP6, caspase-9, v. S6 | p. 183	
3.4.22.60	ICE-like apoptotic protease 3, caspase-7, v. S6 | p. 156	
3.4.22.63	ICE-like apoptotic protease 4, caspase-10, v. S6 | p. 195	
3.4.22.61	ICE-like apoptotic protease 5, caspase-8, v. S6 | p. 168	
3.4.22.62	ICE-like apoptotic protease 6, caspase-9, v. S6 | p. 183	
3.4.22.58	ICErelIII/TY, caspase-5, v. S6 | p. 140	
3.4.22.55	ICH-1L/1S, caspase-2, v. S6 | p. 93	
3.4.22.55	ICH-1 protease, caspase-2, v. S6 | p. 93	
3.4.22.57	ICH-2 protease, caspase-4, v. S6 | p. 133	
3.4.22.64	ICH-3 protease, caspase-11, v. S6 | p. 203	
3.4.22.57	ICH-3 protease, caspase-4, v. S6 | p. 133	
3.4.22.58	ICH-3 protease, caspase-5, v. S6 | p. 140	
3.4.22.57	ICH3 protease, caspase-4, v. S6 | p. 133	
3.2.1.21	ICHG, β-glucosidase, v. 12 | p. 299	
4.1.3.1	ICL, isocitrate lyase, v. 4 | p. 1	
4.1.3.1	ICL1, isocitrate lyase, v. 4 | p. 1	
1.1.1.86	Icl1p, ketol-acid reductoisomerase, v. 17 | p. 190	
4.1.3.1	ICL2, isocitrate lyase, v. 4 | p. 1	
5.4.99.13	ICM, isobutyryl-CoA mutase, v. 1 | p. 646	
2.1.1.100	Icmt, protein-S-isoprenylcysteine O-methyltransferase, v. 28 | p. 490	
6.3.2.19	ICP0, Ubiquitin-protein ligase, v. 2 | p. 506	
5.4.4.2	ICS, Isochorismate synthase, v. S7 | p. 526	
5.4.4.2	ICS1, Isochorismate synthase, v. S7 | p. 526	
5.4.4.2	ICS1 gene product, Isochorismate synthase, v. S7 | p. 526	
5.4.4.2	ICS2, Isochorismate synthase, v. S7 | p. 526	
5.4.4.2	IcsI, Isochorismate synthase, v. S7 | p. 526	
2.3.1.51	ICT1 protein, 1-acylglycerol-3-phosphate O-acyltransferase, v. 29 | p. 670	
3.4.24.56	IDE, insulysin, v. 8 | p. 485	
1.1.1.18	IDH, inositol 2-dehydrogenase, v. 16 | p. 188	
1.1.1.41	IDH, isocitrate dehydrogenase (NAD+), v. 16 | p. 394	
1.1.1.42	IDH, isocitrate dehydrogenase (NADP+), v. 16 | p. 402	
1.1.1.41	IDH-I, isocitrate dehydrogenase (NAD+), v. 16 | p. 394	
1.1.1.41	IDH-II, isocitrate dehydrogenase (NAD+), v. 16 | p. 394	
2.7.11.5	IDH-K/P, [Isocitrate dehydrogenase (NADP+)] kinase, v. S3 | p. 178	
1.1.1.41	IDH-V, isocitrate dehydrogenase (NAD+), v. 16 | p. 394	
1.1.1.41	IDH1, isocitrate dehydrogenase (NAD+), v. 16 | p. 394	
1.1.1.41	IDH2, isocitrate dehydrogenase (NAD+), v. 16 | p. 394	
1.1.1.41	IDH5, isocitrate dehydrogenase (NAD+), v. 16 | p. 394	
1.1.1.41	IDHa, isocitrate dehydrogenase (NAD+), v. 16 | p. 394	
1.1.1.41	IDH I, isocitrate dehydrogenase (NAD+), v. 16 | p. 394	
1.1.1.41	IDH II, isocitrate dehydrogenase (NAD+), v. 16 | p. 394	
1.1.1.41	IDH III, isocitrate dehydrogenase (NAD+), v. 16 | p. 394	
1.1.1.41	IDH IV, isocitrate dehydrogenase (NAD+), v. 16 | p. 394	
2.7.11.5	IDHK/P, [Isocitrate dehydrogenase (NADP+)] kinase, v. S3 | p. 178	

2.7.11.5	IDH kinase, [Isocitrate dehydrogenase (NADP+)] kinase, v. S3	p. 178
2.7.11.5	IDH kinase/phosphatase, [Isocitrate dehydrogenase (NADP+)] kinase, v. S3	p. 178
1.1.1.42	IDHP, isocitrate dehydrogenase (NADP+), v. 16	p. 402
1.1.1.41	IDH V, isocitrate dehydrogenase (NAD+), v. 16	p. 394
5.3.3.2	IDI, isopentenyl-diphosphate Δ-isomerase, v. 1	p. 386
5.3.3.2	Idi-2, isopentenyl-diphosphate Δ-isomerase, v. 1	p. 386
1.1.1.14	L-iditol 2-dehydrogenase, L-iditol 2-dehydrogenase, v. 16	p. 158
1.1.1.14	L-iditol:NAD+ 5-oxidoreductase, L-iditol 2-dehydrogenase, v. 16	p. 158
1.1.1.14	L-iditol:NAD oxidoreductase, L-iditol 2-dehydrogenase, v. 16	p. 158
1.1.1.14	L-iditol dehydrogenase (sorbitol), L-iditol 2-dehydrogenase, v. 16	p. 158
1.1.1.128	L-IdnDH, L-idonate 2-dehydrogenase, v. 17	p. 371
1.13.11.17	IDO, indole 2,3-dioxygenase, v. 25	p. 509
1.13.11.52	IDO, indoleamine 2,3-dioxygenase, v. S1	p. 445
1.13.11.11	IDO, tryptophan 2,3-dioxygenase, v. 25	p. 457
1.13.11.52	IDO-2, indoleamine 2,3-dioxygenase, v. S1	p. 445
1.13.11.52	IDO2, indoleamine 2,3-dioxygenase, v. S1	p. 445
1.1.1.264	idonate 5-dehydrogenase, L-idonate 5-dehydrogenase, v. 18	p. 467
1.1.1.128	L-idonate dehydrogenase, L-idonate 2-dehydrogenase, v. 17	p. 371
1.1.1.42	IDP, isocitrate dehydrogenase (NADP+), v. 16	p. 402
1.1.1.42	IDP1, isocitrate dehydrogenase (NADP+), v. 16	p. 402
1.1.1.42	IDP2, isocitrate dehydrogenase (NADP+), v. 16	p. 402
1.1.1.42	IDP3, isocitrate dehydrogenase (NADP+), v. 16	p. 402
3.6.1.6	IDPase, nucleoside-diphosphatase, v. 15	p. 283
1.1.1.42	IDPc, isocitrate dehydrogenase (NADP+), v. 16	p. 402
1.1.1.42	IDPm, isocitrate dehydrogenase (NADP+), v. 16	p. 402
2.5.1.1	IDS, dimethylallyltranstransferase, v. 33	p. 393
2.5.1.10	IDS, geranyltranstransferase, v. 33	p. 470
3.1.6.13	IDS, iduronate-2-sulfatase, v. 11	p. 309
2.5.1.1	IDS2, dimethylallyltranstransferase, v. 33	p. 393
1.14.11.25	IDS2, mugineic-acid 3-dioxygenase, v. S1	p. 512
1.14.11.24	IDS3, 2'-deoxymugineic-acid 2'-dioxygenase, v. S1	p. 510
3.2.1.76	IDU, L-iduronidase, v. 13	p. 255
3.2.1.76	IDUA, L-iduronidase, v. 13	p. 255
3.1.6.13	iduronate-2-sulfatase, iduronate-2-sulfatase, v. 11	p. 309
3.1.6.13	iduronate-2-sulfate sulfatase, iduronate-2-sulfatase, v. 11	p. 309
3.1.6.13	iduronate-2-sulphatase, iduronate-2-sulfatase, v. 11	p. 309
3.1.6.13	L-iduronate 2-sulfate sulfatase, iduronate-2-sulfatase, v. 11	p. 309
3.1.6.13	iduronate sulfatase, iduronate-2-sulfatase, v. 11	p. 309
3.1.6.13	iduronate sulfate sulfatase, iduronate-2-sulfatase, v. 11	p. 309
3.2.1.76	α-L-iduronidase, L-iduronidase, v. 13	p. 255
3.1.6.13	iduronide-2-sulfate sulfatase, iduronate-2-sulfatase, v. 11	p. 309
3.1.6.13	idurono-2-sulfatase, iduronate-2-sulfatase, v. 11	p. 309
3.1.6.13	L-idurono sulfate sulfatase, iduronate-2-sulfatase, v. 11	p. 309
2.1.1.146	IEMT, (iso)eugenol O-methyltransferase, v. 28	p. 636
3.4.21.45	IF, complement factor I, v. 7	p. 208
3.1.3.2	IF1, acid phosphatase, v. 10	p. 31
3.1.3.2	IF2, acid phosphatase, v. 10	p. 31
3.6.5.3	IF2, protein-synthesizing GTPase, v. S6	p. 494
1.3.99.1	Ifc3, succinate dehydrogenase, v. 21	p. 462
6.1.1.2	IFP53, Tryptophan-tRNA ligase, v. 2	p. 9
1.3.1.45	IFR, 2'-hydroxyisoflavone reductase, v. 21	p. 255
1.14.13.86	IFS, 2-hydroxyisoflavanone synthase, v. S1	p. 559
1.14.13.86	IFS1, 2-hydroxyisoflavanone synthase, v. S1	p. 559
4.2.2.18	IFTase, inulin fructotransferase (DFA-III-forming), v. S7	p. 145
4.2.2.18	IFTase (DFA III-producing), inulin fructotransferase (DFA-III-forming), v. S7	p. 145

4.2.2.18	IFTaseIII, inulin fructotransferase (DFA-III-forming), v. S7	p. 145
3.4.24.13	Iga, IgA-specific metalloendopeptidase, v. 8	p. 260
3.4.21.72	Iga, IgA-specific serine endopeptidase, v. 7	p. 353
3.4.21.72	IgA-specific proteinase, IgA-specific serine endopeptidase, v. 7	p. 353
3.4.21.72	IgA1-specific protease, IgA-specific serine endopeptidase, v. 7	p. 353
3.4.24.13	IgA1-specific proteinase, IgA-specific metalloendopeptidase, v. 8	p. 260
3.4.24.13	IgA1 protease, IgA-specific metalloendopeptidase, v. 8	p. 260
3.4.21.72	IgA1 protease, IgA-specific serine endopeptidase, v. 7	p. 353
3.4.24.13	IgA1 proteinase, IgA-specific metalloendopeptidase, v. 8	p. 260
3.4.24.13	igaB, IgA-specific metalloendopeptidase, v. 8	p. 260
3.4.21.72	IgA protease, IgA-specific serine endopeptidase, v. 7	p. 353
3.4.21.72	IgA proteinase, IgA-specific serine endopeptidase, v. 7	p. 353
2.4.1.87	iGb3S, N-acetyllactosaminide 3-α-galactosyltransferase, v. 31	p. 612
2.4.1.87	iGb3 synthase, N-acetyllactosaminide 3-α-galactosyltransferase, v. 31	p. 612
3.1.4.46	IGD-binding protein, glycerophosphodiester phosphodiesterase, v. 11	p. 214
3.1.4.46	IgD-binding protein D, glycerophosphodiester phosphodiesterase, v. 11	p. 214
4.1.2.13	IgE-binding allergen, Fructose-bisphosphate aldolase, v. 3	p. 455
2.7.10.1	IGF-1R, receptor protein-tyrosine kinase, v. S2	p. 341
2.7.10.1	IGF-1 receptor, receptor protein-tyrosine kinase, v. S2	p. 341
2.7.10.1	IGF-1R tyrosine kinase, receptor protein-tyrosine kinase, v. S2	p. 341
3.4.24.79	IGF-BP-4 proteinase, pappalysin-1, v. S6	p. 286
2.7.10.1	IGF-IR, receptor protein-tyrosine kinase, v. S2	p. 341
3.4.24.79	IGF binding protein-4 protease, pappalysin-1, v. S6	p. 286
3.4.24.79	IGF binding protein-4 specific proteinase, pappalysin-1, v. S6	p. 286
3.4.24.79	IGFBP-4 protease, pappalysin-1, v. S6	p. 286
3.4.24.79	IGFBP proteinase, pappalysin-1, v. S6	p. 286
2.7.10.1	IGFR tyrosine kinase, receptor protein-tyrosine kinase, v. S2	p. 341
4.1.2.8	IGL, indole-3-glycerol-phosphate lyase, v. 3	p. 434
2.4.1.149	IGnT, N-acetyllactosaminide β-1,3-N-acetylglucosaminyltransferase, v. 32	p. 297
2.4.1.150	IGnT, N-acetyllactosaminide β-1,6-N-acetylglucosaminyl-transferase, v. 32	p. 307
4.2.1.19	IGPD, imidazoleglycerol-phosphate dehydratase, v. 4	p. 373
4.2.1.19	IGP dehydratase, imidazoleglycerol-phosphate dehydratase, v. 4	p. 373
4.1.1.48	IGPS, indole-3-glycerol-phosphate synthase, v. 3	p. 289
5.3.1.24	IGPS:PRAI (indole-3-glycerol-phosphate synthetase/N-5'-phosphoribosylanthranilate isomerase complex), phosphoribosylanthranilate isomerase, v. 1	p. 353
3.1.3.9	IGRP, glucose-6-phosphatase, v. 10	p. 147
2.3.1.153	Ih3AT1, Anthocyanin 5-aromatic acyltransferase, v. 30	p. 406
2.3.1.153	Ih3AT2, Anthocyanin 5-aromatic acyltransferase, v. 30	p. 406
2.4.1.115	Ih3GT, anthocyanidin 3-O-glucosyltransferase, v. 32	p. 139
2.7.4.21	IHPK2, inositol-hexakisphosphate kinase, v. 37	p. 613
1.9.3.1	IHQ, cytochrome-c oxidase, v. 25	p. 1
3.2.1.8	X-II, endo-1,4-β-xylanase, v. 12	p. 133
3.1.3.5	c-N-II, 5'-nucleotidase, v. 10	p. 95
3.4.21.59	βII-tryptase, Tryptase, v. 7	p. 265
1.14.14.1	IIA3, unspecific monooxygenase, v. 26	p. 584
6.3.2.19	αIIbβ3-interacting protein, Ubiquitin-protein ligase, v. 2	p. 506
3.6.3.12	IIC-type ATPase, K+-transporting ATPase, v. 15	p. 593
4.6.1.1	IIC2, adenylate cyclase, v. 5	p. 415
3.2.1.18	IID sialidase, exo-α-sialidase, v. 12	p. 244
3.2.1.7	P-III, inulinase, v. 12	p. 128
1.14.14.1	P-450IIIAM1, unspecific monooxygenase, v. 26	p. 584
2.7.11.1	βIIPKC, non-specific serine/threonine protein kinase, v. S3	p. 1
2.7.11.10	IkappaBα, IkappaB kinase, v. S3	p. 210
2.7.11.10	IkappaB-kinase, IkappaB kinase, v. S3	p. 210
2.7.11.10	IkappaB α kinase, IkappaB kinase, v. S3	p. 210

2.7.11.10	IkappaB kinase, IkappaB kinase, v. S3 | p. 210	
2.7.11.10	IkappaB kinase α, IkappaB kinase, v. S3 | p. 210	
2.7.11.10	IkappaB kinase β, IkappaB kinase, v. S3 | p. 210	
2.7.11.10	IkappaBα kinase, IkappaB kinase, v. S3 | p. 210	
2.7.11.10	IkappaBβ kinase, IkappaB kinase, v. S3 | p. 210	
2.7.11.10	IkappaB kinase-α, IkappaB kinase, v. S3 | p. 210	
2.7.11.10	IkappaB kinase-β, IkappaB kinase, v. S3 | p. 210	
2.7.11.10	IkappaB kinase-2, IkappaB kinase, v. S3 | p. 210	
2.7.11.10	IkappaB kinase complex, IkappaB kinase, v. S3 | p. 210	
2.7.11.10	IKK, IkappaB kinase, v. S3 | p. 210	
2.7.11.10	IKK β, IkappaB kinase, v. S3 | p. 210	
2.7.11.10	IKKα, IkappaB kinase, v. S3 | p. 210	
2.7.11.10	IKKβ, IkappaB kinase, v. S3 | p. 210	
2.7.11.10	IKKε, IkappaB kinase, v. S3 | p. 210	
2.7.11.10	IKK-α, IkappaB kinase, v. S3 | p. 210	
2.7.11.10	IKK-β, IkappaB kinase, v. S3 | p. 210	
2.7.11.10	IKK-related kinase, IkappaB kinase, v. S3 | p. 210	
2.7.11.10	IKK1, IkappaB kinase, v. S3 | p. 210	
2.7.11.10	IKK2, IkappaB kinase, v. S3 | p. 210	
2.7.11.10	Ikka, IkappaB kinase, v. S3 | p. 210	
2.7.11.10	IKK complex, IkappaB kinase, v. S3 | p. 210	
2.7.11.10	IKKi, IkappaB kinase, v. S3 | p. 210	
3.4.22.36	IL-1BC, caspase-1, v. 7 | p. 699	
3.4.22.36	IL-1 β converting enzyme, caspase-1, v. 7 | p. 699	
2.7.10.2	IL-1R-associated kinase, non-specific protein-tyrosine kinase, v. S2 | p. 441	
2.7.10.2	IL-2-inducible T-cell kinase, non-specific protein-tyrosine kinase, v. S2 | p. 441	
1.4.3.2	IL4I1, L-amino-acid oxidase, v. 22 | p. 225	
1.4.3.2	Il4i1 protein, L-amino-acid oxidase, v. 22 | p. 225	
3.4.23.29	ILAP, Polyporopepsin, v. 8 | p. 136	
1.1.99.6	D-iLDH, D-2-hydroxy-acid dehydrogenase, v. 19 | p. 297	
1.1.2.4	D-iLDH, D-lactate dehydrogenase (cytochrome), v. 19 | p. 15	
1.1.99.6	L-iLDH, D-2-hydroxy-acid dehydrogenase, v. 19 | p. 297	
1.1.99.6	iLDH, D-2-hydroxy-acid dehydrogenase, v. 19 | p. 297	
1.1.2.4	iLDH, D-lactate dehydrogenase (cytochrome), v. 19 | p. 15	
1.1.2.3	iLDH, L-lactate dehydrogenase (cytochrome), v. 19 | p. 5	
3.4.17.21	Ileal dipeptidylpeptidase, Glutamate carboxypeptidase II, v. 6 | p. 498	
6.1.1.5	IleRS, Isoleucine-tRNA ligase, v. 2 | p. 33	
3.1.3.16	ILKAP, phosphoprotein phosphatase, v. 10 | p. 213	
2.7.10.1	ILP receptor, receptor protein-tyrosine kinase, v. S2 | p. 341	
1.1.1.86	Ilv5p, ketol-acid reductoisomerase, v. 17 | p. 190	
4.3.1.19	ilvA, threonine ammonia-lyase, v. S7 | p. 356	
2.6.1.42	IlvE, branched-chain-amino-acid transaminase, v. 34 | p. 499	
2.2.1.6	IlvN, acetolactate synthase, v. 29 | p. 202	
3.2.1.94	IMD, glucan 1,6-α-isomaltosidase, v. 13 | p. 343	
1.1.1.85	IMDH, 3-isopropylmalate dehydrogenase, v. 17 | p. 179	
2.7.10.2	Ime2p, non-specific protein-tyrosine kinase, v. S2 | p. 441	
3.5.2.16	imidase, maleimide hydrolase, v. 14 | p. 745	
1.1.1.111	imidazol-5-yl lactate dehydrogenase, 3-(imidazol-5-yl)lactate dehydrogenase, v. 17 | p. 306	
1.14.13.5	imidazoleacetate hydroxylase, imidazoleacetate 4-monooxygenase, v. 26 | p. 236	
1.14.13.5	imidazoleacetic hydroxylase, imidazoleacetate 4-monooxygenase, v. 26 | p. 236	
1.14.13.5	imidazoleacetic monooxygenase, imidazoleacetate 4-monooxygenase, v. 26 | p. 236	
2.6.1.9	imidazoleacetol phosphate transaminase, histidinol-phosphate transaminase, v. 34 | p. 334	
2.3.1.2	imidazole acetylase, imidazole N-acetyltransferase, v. 29 | p. 233	
2.3.1.2	imidazole acetyltransferase, imidazole N-acetyltransferase, v. 29 | p. 233	

4.2.1.19	imidazoleglycerolphoshate dehydratase, imidazoleglycerol-phosphate dehydratase, v. 4 | p. 373	
3.1.3.15	imidazoleglycerol phosphate dehydratase-histidinol phosphate phosphatase, histidinol-phosphatase, v. 10 | p. 208	
4.2.1.19	imidazoleglycerol phosphate dehydrazase, imidazoleglycerol-phosphate dehydratase, v. 4 | p. 373	
2.1.1.8	imidazole methyltransferase, histamine N-methyltransferase, v. 28 | p. 43	
2.1.1.8	imidazolemethyltransferase, histamine N-methyltransferase, v. 28 | p. 43	
2.1.1.8	imidazole N-methyltransferase, histamine N-methyltransferase, v. 28 | p. 43	
4.2.1.49	4'-Imidazolone-5'-propionate hydro-lyase, Urocanate hydratase, v. 4 | p. 509	
4.2.1.49	4-Imidazolone-5'-propionate hydrolyase, Urocanate hydratase, v. 4 | p. 509	
3.5.2.7	4-imidazolone-5-propanoate amidohydrolase, imidazolonepropionase, v. 14 | p. 710	
3.5.2.7	imidazolone-5-propanoate hydrolase, imidazolonepropionase, v. 14 | p. 710	
3.5.2.7	Imidazolone-5-propionate hydrolase, imidazolonepropionase, v. 14 | p. 710	
3.5.2.7	imidazolonepropionase, imidazolonepropionase, v. 14 | p. 710	
4.2.1.49	Imidazolonepropionate hydrolase, Urocanate hydratase, v. 4 | p. 509	
2.6.1.9	imidazolylacetolphosphate aminotransferase, histidinol-phosphate transaminase, v. 34 | p. 334	
2.6.1.9	imidazolylacetolphosphate transaminase, histidinol-phosphate transaminase, v. 34 | p. 334	
3.4.13.9	imidodipeptidase, Xaa-Pro dipeptidase, v. 6 | p. 204	
3.4.11.4	imidoendopeptidase, tripeptide aminopeptidase, v. 6 | p. 75	
3.2.1.45	Imiglucerase, glucosylceramidase, v. 12 | p. 614	
3.4.13.18	iminodipeptidase, cytosol nonspecific dipeptidase, v. 6 | p. 227	
3.4.11.5	iminopeptidas, prolyl aminopeptidase, v. 6 | p. 83	
3.5.2.6	Imipenem-cefoxitin hydrolyzing enzyme, β-lactamase, v. 14 | p. 683	
3.5.2.6	imipenemase, β-lactamase, v. 14 | p. 683	
1.1.1.27	Immunogenic protein p36, L-lactate dehydrogenase, v. 16 | p. 253	
3.4.24.13	immunoglobulin A1 protease, IgA-specific metalloendopeptidase, v. 8 | p. 260	
3.4.21.72	immunoglobulin A1 protease, IgA-specific serine endopeptidase, v. 7 | p. 353	
3.4.21.72	Immunoglobulin A protease, IgA-specific serine endopeptidase, v. 7 | p. 353	
3.4.21.72	Immunoglobulin A proteinase, IgA-specific serine endopeptidase, v. 7 | p. 353	
3.1.4.46	immunoglobulin D-binding protein, glycerophosphodiester phosphodiesterase, v. 11 | p. 214	
5.2.1.8	Immunophilin FKBP12, Peptidylprolyl isomerase, v. 1 | p. 218	
5.2.1.8	Immunophilin FKBP12.6, Peptidylprolyl isomerase, v. 1 | p. 218	
5.2.1.8	Immunophilin FKBP36, Peptidylprolyl isomerase, v. 1 | p. 218	
5.2.1.8	Immunophilin FKBP65, Peptidylprolyl isomerase, v. 1 | p. 218	
3.1.3.25	IMP, inositol-phosphate phosphatase, v. 10 | p. 278	
6.3.4.4	IMP–aspartate ligase, Adenylosuccinate synthase, v. 2 | p. 579	
3.5.2.6	IMP-1, β-lactamase, v. 14 | p. 683	
3.5.2.6	IMP-10, β-lactamase, v. 14 | p. 683	
3.5.2.6	IMP-12, β-lactamase, v. 14 | p. 683	
3.5.2.6	IMP-13, β-lactamase, v. 14 | p. 683	
3.5.2.6	IMP-15, β-lactamase, v. 14 | p. 683	
3.5.2.6	IMP-16, β-lactamase, v. 14 | p. 683	
3.5.2.6	IMP-18, β-lactamase, v. 14 | p. 683	
3.1.3.25	IMP-1 protein, inositol-phosphate phosphatase, v. 10 | p. 278	
3.5.2.6	IMP-9-type metallo-β-lactamase, β-lactamase, v. 14 | p. 683	
6.3.4.4	IMP-aspartate ligase, Adenylosuccinate synthase, v. 2 | p. 579	
1.1.1.205	IMP-DH, IMP dehydrogenase, v. 18 | p. 243	
3.1.3.5	IMP-GMP 5'-nucleotidase, 5'-nucleotidase, v. 10 | p. 95	
2.4.2.8	IMP-GMP pyrophosphorylase, hypoxanthine phosphoribosyltransferase, v. 33 | p. 95	
3.1.3.5	IMP-GMP specific nucleotidase, 5'-nucleotidase, v. 10 | p. 95	
3.5.2.6	IMP-like metallo-β-lactamase, β-lactamase, v. 14 | p. 683	
5.4.2.8	IMP-sensitive glucose-1,6-bisphosphatase, phosphomannomutase, v. 1 | p. 540	

3.5.2.6	IMP-type β-lactamase, β-lactamase, v. 14 | p. 683	
3.5.2.6	IMP-type metallo-β-lactamase, β-lactamase, v. 14 | p. 683	
3.1.3.5	IMP/GMP selective 5'-NT, 5'-nucleotidase, v. 10 | p. 95	
3.4.24.64	Imp1, mitochondrial processing peptidase, v. 8 | p. 525	
3.4.21.89	imp1p, Signal peptidase I, v. 7 | p. 431	
3.4.24.64	Imp2, mitochondrial processing peptidase, v. 8 | p. 525	
3.1.3.5	IMP 5'-nucleotidase, 5'-nucleotidase, v. 10 | p. 95	
1.1.1.205	IMP:NAD+ oxidoreductase, IMP dehydrogenase, v. 18 | p. 243	
1.1.1.205	IMP:NAD oxidoreductase, IMP dehydrogenase, v. 18 | p. 243	
3.1.3.25	IMPA1, inositol-phosphate phosphatase, v. 10 | p. 278	
3.1.3.25	IMPA2, inositol-phosphate phosphatase, v. 10 | p. 278	
3.1.3.25	IMPase, inositol-phosphate phosphatase, v. 10 | p. 278	
3.1.3.25	IMPase/FBPase, inositol-phosphate phosphatase, v. 10 | p. 278	
3.5.4.10	IMPCH, IMP cyclohydrolase, v. 15 | p. 82	
2.1.2.3	IMPCH, phosphoribosylaminoimidazolecarboxamide formyltransferase, v. 29 | p. 32	
3.5.4.10	IMPCHase, IMP cyclohydrolase, v. 15 | p. 82	
1.1.1.205	IMPD, IMP dehydrogenase, v. 18 | p. 243	
1.1.1.205	IMP dehydrogenase, IMP dehydrogenase, v. 18 | p. 243	
1.1.1.205	IMP DH, IMP dehydrogenase, v. 18 | p. 243	
1.1.1.205	IMPDH, IMP dehydrogenase, v. 18 | p. 243	
1.1.1.205	IMPDH-1, IMP dehydrogenase, v. 18 | p. 243	
1.1.1.205	IMPDH-S, IMP dehydrogenase, v. 18 | p. 243	
1.1.1.205	IMPDH1, IMP dehydrogenase, v. 18 | p. 243	
1.1.1.205	IMPDH2, IMP dehydrogenase, v. 18 | p. 243	
1.1.1.205	IMPDH II, IMP dehydrogenase, v. 18 | p. 243	
3.1.1.4	imperatoxin, phospholipase A2, v. 9 | p. 52	
2.7.1.151	Impk, inositol-polyphosphate multikinase, v. 37 | p. 236	
1.1.1.205	IMP oxidoreductase, IMP dehydrogenase, v. 18 | p. 243	
3.1.3.25	IMPP, inositol-phosphate phosphatase, v. 10 | p. 278	
2.4.2.8	IMP pyrophosphorylase, hypoxanthine phosphoribosyltransferase, v. 33 | p. 95	
1.10.99.1	IM protein, plastoquinol-plastocyanin reductase, v. 25 | p. 163	
3.5.4.10	IMP synthetase, IMP cyclohydrolase, v. 15 | p. 82	
2.1.1.129	IMT, inositol 4-methyltransferase, v. 28 | p. 594	
2.1.1.129	IMT1 protein, inositol 4-methyltransferase, v. 28 | p. 594	
3.2.1.95	IMTD, dextran 1,6-α-isomaltotriosidase, v. 13 | p. 347	
2.4.1.150	I N-acetylglucosaminyltransferase, N-acetyllactosaminide β-1,6-N-acetylglucosaminyltransferase, v. 32 | p. 307	
3.5.2.6	IND-5, β-lactamase, v. 14 | p. 683	
2.4.1.220	indican synthase, indoxyl-UDPG glucosyltransferase, v. 32 | p. 593	
3.2.1.33	indirect debranching enzyme, amylo-α-1,6-glucosidase, v. 12 | p. 509	
1.13.11.11	INDO, tryptophan 2,3-dioxygenase, v. 25 | p. 457	
1.2.7.8	3-(indol-3-yl)pyruvate synthase (ferredoxin), indolepyruvate ferredoxin oxidoreductase, v. S1 | p. 213	
2.4.1.156	indol-3-ylacetyl-myo-inositol galactoside synthase, indolylacetyl-myo-inositol galactosyltransferase, v. 32 | p. 342	
2.4.1.121	indol-3-ylacetylglucose synthase, indole-3-acetate β-glucosyltransferase, v. 32 | p. 170	
1.13.11.52	INDOL1, indoleamine 2,3-dioxygenase, v. S1 | p. 445	
1.13.11.11	indolamine 2,3-dioxygenase, tryptophan 2,3-dioxygenase, v. 25 | p. 457	
3.5.1.4	indole-3-acetamide amidohydrolase, amidase, v. 14 | p. 231	
2.3.1.72	1-O-(indole-3-acetyl)-β-D-glucose:myo-inositol indoleacetyl transferase, indoleacetyl-glucose-inositol O-acyltransferase, v. 30 | p. 60	
6.3.2.20	N-(Indole-3-acetyl)-L-lysine synthetase, Indoleacetate-lysine synthetase, v. 2 | p. 511	
2.3.1.72	indole-acetyl-myo-inositol, indoleacetylglucose-inositol O-acyltransferase, v. 30 | p. 60	
1.13.99.3	indole-3-alkane α-hydroxylase, tryptophan 2'-dioxygenase, v. 25 | p. 741	
4.1.1.48	Indole-3-glycerol-phosphate synthase, indole-3-glycerol-phosphate synthase, v. 3 | p. 289	

4.1.2.8	indole-3-glycerol phosphate lyase, indole-3-glycerol-phosphate lyase, v. 3	p. 434
4.1.1.48	indole-3-glycerol phosphate synthase, indole-3-glycerol-phosphate synthase, v. 3	p. 289
4.1.1.48	Indole-3-glycerol phosphate synthetase, indole-3-glycerol-phosphate synthase, v. 3	p. 289
4.1.2.8	indole-3-glycerophosphate D-glyceraldehyde-3-phosphate-lyase, indole-3-glycerol-phosphate lyase, v. 3	p. 434
4.1.1.48	Indole-3-glycerophosphate synthase, indole-3-glycerol-phosphate synthase, v. 3	p. 289
4.1.1.74	Indole-3-pyruvate decarboxylase, Indolepyruvate decarboxylase, v. 3	p. 400
1.13.11.17	indole 2,3-dioxygenase, indole 2,3-dioxygenase, v. 25	p. 509
1.13.11.17	indole:O2 oxidoreductase, indole 2,3-dioxygenase, v. 25	p. 509
1.1.1.191	indoleacetaldehyde (reduced nicotinamide adenine dinucleotide phosphate) reductase, indole-3-acetaldehyde reductase (NADPH), v. 18	p. 149
1.2.3.7	indoleacetaldehyde oxidase, indole-3-acetaldehyde oxidase, v. 20	p. 464
1.1.1.190	indoleacetaldehyde reductase, indole-3-acetaldehyde reductase (NADH), v. 18	p. 146
4.99.1.6	indoleacetaldoxime hydro-lyase, indoleacetaldoxime dehydratase, v. S7	p. 473
1.14.16.4	indoleacetic acid-5-hydroxylase, tryptophan 5-monooxygenase, v. 27	p. 98
2.3.1.72	indoleacetic acid-inositol synthase, indoleacetylglucose-inositol O-acyltransferase, v. 30	p. 60
6.3.2.20	Indoleacetic acid-lysine synthetase, Indoleacetate-lysine synthetase, v. 2	p. 511
2.3.1.72	indoleacetyltransferase, indoleacetylglucose-myo-inositol, indoleacetylglucose-inositol O-acyltransferase, v. 30	p. 60
1.13.11.52	Indoleamine-pyrrole 2,3-dioxygenase, indoleamine 2,3-dioxygenase, v. S1	p. 445
1.13.11.17	indoleamine 2,3-dioxygenase, indole 2,3-dioxygenase, v. 25	p. 509
1.13.11.11	indoleamine 2,3-dioxygenase, tryptophan 2,3-dioxygenase, v. 25	p. 457
1.13.11.52	indoleamine 2,3-dioxygenase-2, indoleamine 2,3-dioxygenase, v. S1	p. 445
1.13.11.52	indoleamine 2,3-dioxygenase-like protein, indoleamine 2,3-dioxygenase, v. S1	p. 445
2.3.1.5	indoleamine N-acetyltransferase, arylamine N-acetyltransferase, v. 29	p. 243
4.2.1.20	indoleglycerol phosphate aldolase, tryptophan synthase, v. 4	p. 379
4.1.2.8	indoleglycerolphosphate hydrolase, indole-3-glycerol-phosphate lyase, v. 3	p. 434
4.1.1.48	Indoleglycerol phosphate synthase, indole-3-glycerol-phosphate synthase, v. 3	p. 289
4.1.1.48	Indoleglycerol phosphate synthetase, indole-3-glycerol-phosphate synthase, v. 3	p. 289
4.1.1.48	Indoleglycerolphosphate synthetase, indole-3-glycerol-phosphate synthase, v. 3	p. 289
1.13.11.17	indole oxidase, indole 2,3-dioxygenase, v. 25	p. 509
1.2.7.8	indolepyruvate-ferredoxin oxidoreductase, indolepyruvate ferredoxin oxidoreductase, v. S1	p. 213
2.1.1.47	indolepyruvate 3-methyltransferase, indolepyruvate C-methyltransferase, v. 28	p. 278
4.1.1.74	Indolepyruvate decarboxylase, Indolepyruvate decarboxylase, v. 3	p. 400
4.1.1.74	Indolepyruvate decarboxylase (Enterobacter herbocola strain 299R clone pMB2 gene ipdC reduced), Indolepyruvate decarboxylase, v. 3	p. 400
2.1.1.47	indolepyruvate methyltransferase, indolepyruvate C-methyltransferase, v. 28	p. 278
1.2.7.8	indolepyruvate oxidase, indolepyruvate ferredoxin oxidoreductase, v. S1	p. 213
4.1.1.74	Indolepyruvic acid decarboxylase, Indolepyruvate decarboxylase, v. 3	p. 400
2.1.1.47	Indolepyruvic acid methyltransferase, indolepyruvate C-methyltransferase, v. 28	p. 278
4.1.2.8	indole synthase, indole-3-glycerol-phosphate lyase, v. 3	p. 434
1.13.99.3	indolyl-3-alkane α-hydroxylase, tryptophan 2'-dioxygenase, v. 25	p. 741
1.9.3.1	indophenolase, cytochrome-c oxidase, v. 25	p. 1
1.9.3.1	indophenol oxidase, cytochrome-c oxidase, v. 25	p. 1
2.4.1.220	indoxyl-UDPG-glucolsyltransferase, indoxyl-UDPG glucosyltransferase, v. 32	p. 593
2.4.1.220	indoxyl glucosyltransferase, indoxyl-UDPG glucosyltransferase, v. 32	p. 593
3.6.4.10	inducible heat shock protein 70, non-chaperonin molecular chaperone ATPase, v. 15	p. 810
1.14.99.3	inducible heme oxygenase-1, heme oxygenase, v. 27	p. 261
4.1.1.18	inducible lysine decarboxylase, Lysine decarboxylase, v. 3	p. 98
1.14.13.39	inducible nitric-oxide synthase, nitric-oxide synthase, v. 26	p. 426
1.14.13.39	inducible nitric oxide synthase, nitric-oxide synthase, v. 26	p. 426
1.14.13.39	inducible NOS, nitric-oxide synthase, v. 26	p. 426

1.14.13.39	inducible NO synthase, nitric-oxide synthase, v. 26	p. 426
1.1.99.8	inducible pyrroloquinoline quinone-dependent alcohol dehydrogenase, alcohol dehydrogenase (acceptor), v. 19	p. 305
1.2.1.8	βine-aldehyde dehydrogenase, βine-aldehyde dehydrogenase, v. 20	p. 94
2.1.1.5	βine-homocysteine methyltransferase, βine-homocysteine S-methyltransferase, v. 28	p. 21
2.1.1.5	βine-homocysteine S-methyltransferase, βine-homocysteine S-methyltransferase, v. 28	p. 21
2.1.1.5	βine-homocysteine S-methyltransferase-2, βine-homocysteine S-methyltransferase, v. 28	p. 21
2.1.1.5	βine-homocysteine transmethylase, βine-homocysteine S-methyltransferase, v. 28	p. 21
2.1.1.5	βine:homocysteine S-methyltransferase, βine-homocysteine S-methyltransferase, v. 28	p. 21
1.2.1.8	βine aldehyde:NAD(P)+ oxidoreductase, βine-aldehyde dehydrogenase, v. 20	p. 94
1.2.1.8	βine aldehyde: NAD+ oxidoreductase, βine-aldehyde dehydrogenase, v. 20	p. 94
1.2.1.8	βine aldehyde:NAD+ oxidoreductase, βine-aldehyde dehydrogenase, v. 20	p. 94
1.2.1.8	βine aldehyde dehydrogenase, βine-aldehyde dehydrogenase, v. 20	p. 94
1.2.1.8	βine aldehyde dehydrogenase, chloroplastic, βine-aldehyde dehydrogenase, v. 20	p. 94
1.2.1.8	βine aldehyde dehydrogenase 1, chloroplastic, βine-aldehyde dehydrogenase, v. 20	p. 94
1.2.1.8	βine aldehyde dehydrogenase 2, βine-aldehyde dehydrogenase, v. 20	p. 94
1.2.1.8	βine aldehyde oxidase, βine-aldehyde dehydrogenase, v. 20	p. 94
2.1.1.5	βine homocysteine S-methyltransferase, βine-homocysteine S-methyltransferase, v. 28	p. 21
6.3.2.19	infected cell protein 0, Ubiquitin-protein ligase, v. 2	p. 506
3.4.21.115	infectious pancreatic necrosis birnavirus Vp4 protease, infectious pancreatic necrosis birnavirus Vp4 peptidase, v. S5	p. 415
3.4.25.1	ingensin, proteasome endopeptidase complex, v. 8	p. 587
4.1.1.48	InGPS, indole-3-glycerol-phosphate synthase, v. 3	p. 289
4.1.1.48	InGP synthase, indole-3-glycerol-phosphate synthase, v. 3	p. 289
4.1.1.48	InGP synthetase, indole-3-glycerol-phosphate synthase, v. 3	p. 289
1.3.1.9	InhA, enoyl-[acyl-carrier-protein] reductase (NADH), v. 21	p. 43
1.3.1.38	InhA, trans-2-enoyl-CoA reductase (NADPH), v. 21	p. 223
2.7.11.10	inhibitor of kappaB kinase, IkappaB kinase, v. S3	p. 210
2.7.11.10	inhibitor of nuclear factor kappa-B kinase α subunit, IkappaB kinase, v. S3	p. 210
2.7.11.10	inhibitor of nuclear factor kappa-B kinase ε subunit, IkappaB kinase, v. S3	p. 210
2.7.11.10	inhibitor of nuclear factor kappa B kinase β subunit, IkappaB kinase, v. S3	p. 210
2.7.11.10	inhibitor of nuclear factor kappa B kinase β subunit inhibitor of nuclear factor kappa-B kinase α subunit, IkappaB kinase, v. S3	p. 210
2.7.11.10	inhibitor of nuclear factor kB kinase-related kinase, IkappaB kinase, v. S3	p. 210
2.4.1.232	initiation-specific α-1,6-mannosyltransferase, initiation-specific α-1,6-mannosyltransferase, v. 32	p. 640
3.6.5.3	initiation factor (IF), protein-synthesizing GTPase, v. S6	p. 494
3.6.5.3	initiation factor-2, protein-synthesizing GTPase, v. S6	p. 494
3.6.5.3	initiation factor 2, protein-synthesizing GTPase, v. S6	p. 494
3.4.11.18	initiation factor 2 associated 67 kDa glycoprotein, methionyl aminopeptidase, v. 6	p. 159
1.4.3.2	ink toxin 1, L-amino-acid oxidase, v. 22	p. 225
2.7.7.48	inner layer protein VP1, RNA-directed RNA polymerase, v. 38	p. 468
3.4.24.64	inner membrane peptidase processing enzyme, mitochondrial processing peptidase, v. 8	p. 525
3.1.8.1	inner membrane protein YiaH, aryldialkylphosphatase, v. 11	p. 343
3.6.3.51	inner mitochondrial membrane preprotein translocase, mitochondrial protein-transporting ATPase, v. 15	p. 744
5.5.1.4	INO1, inositol-3-phosphate synthase, v. 1	p. 674
3.6.1.1	inorganic diphosphatase, inorganic diphosphatase, v. 15	p. 240
2.7.1.7	inorganic polyphosphate/ATP-glucomannokinase, mannokinase, v. 35	p. 156

2.7.1.63	inorganic polyphosphate/ATP-glucomannokinase, polyphosphate-glucose phosphotransferase, v. 36 | p. 157
2.7.1.63	inorganic polyphosphate:D-glucose 6-phosphotransferase, polyphosphate-glucose phosphotransferase, v. 36 | p. 157
3.6.1.1	inorganic pyrophosphatase, inorganic diphosphatase, v. 15 | p. 240
3.6.1.1	Inorganic pyrophosphatases, inorganic diphosphatase, v. 15 | p. 240
2.7.1.90	inorganic pyrophosphate-dependent phosphofructokinase, diphosphate-fructose-6-phosphate 1-phosphotransferase, v. 36 | p. 331
2.7.1.90	inorganic pyrophosphate-phosphofructokinase, diphosphate-fructose-6-phosphate 1-phosphotransferase, v. 36 | p. 331
3.6.1.2	inorganic trimetaphosphatase, trimetaphosphatase, v. 15 | p. 259
3.6.1.25	inorganic triphosphatase, triphosphatase, v. 15 | p. 417
5.5.1.4	iNOS, inositol-3-phosphate synthase, v. 1 | p. 674
1.14.13.39	iNOS, nitric-oxide synthase, v. 26 | p. 426
2.1.4.2	inosamine-P-amidinotransferase, scyllo-inosamine-4-phosphate amidinotransferase, v. 29 | p. 160
2.1.4.2	inosamine-phosphate amidinotransferase, scyllo-inosamine-4-phosphate amidinotransferase, v. 29 | p. 160
3.2.2.2	inosinase, inosine nucleosidase, v. 14 | p. 10
3.5.4.10	inosinate cyclohydrolase, IMP cyclohydrolase, v. 15 | p. 82
1.1.1.205	inosinate dehydrogenase, IMP dehydrogenase, v. 18 | p. 243
2.4.2.8	inosinate pyrophosphorylase, hypoxanthine phosphoribosyltransferase, v. 33 | p. 95
1.1.1.205	inosine-5'-phosphate dehydrogenase, IMP dehydrogenase, v. 18 | p. 243
3.2.2.1	inosine-adenosine-guanosine-preferring nucleoside hydrolase, purine nucleosidase, v. 14 | p. 1
2.7.1.73	inosine-guanosine kinase, inosine kinase, v. 36 | p. 233
3.2.2.2	inosine-guanosine nucleosidase, inosine nucleosidase, v. 14 | p. 10
2.4.2.1	inosine-guanosine phosphorylase, purine-nucleoside phosphorylase, v. 33 | p. 1
1.1.1.205	inosine 5'-monophosphate dehydrogenase, IMP dehydrogenase, v. 18 | p. 243
3.6.1.6	inosine 5'-diphosphatase, nucleoside-diphosphatase, v. 15 | p. 283
3.5.4.10	inosine 5'-monophosphate cyclohydrolase, IMP cyclohydrolase, v. 15 | p. 82
1.1.1.205	inosine 5'-monophosphate dehydrogenase, IMP dehydrogenase, v. 18 | p. 243
1.1.1.205	inosine 5'-phosphate dehydrogenase, IMP dehydrogenase, v. 18 | p. 243
2.4.2.8	inosine 5'-phosphate pyrophosphorylase, hypoxanthine phosphoribosyltransferase, v. 33 | p. 95
1.1.1.205	inosine 5-monophosphate dehydrogenase, IMP dehydrogenase, v. 18 | p. 243
1.1.1.205	inosine 5-monophosphate dehydrogenase type I, IMP dehydrogenase, v. 18 | p. 243
3.6.1.6	inosine diphosphatase, nucleoside-diphosphatase, v. 15 | p. 283
3.2.2.2	inosine hydrolase, inosine nucleosidase, v. 14 | p. 10
2.4.2.8	inosine monophosphate:pyrophosphate phosphoribosyltransferase, hypoxanthine phosphoribosyltransferase, v. 33 | p. 95
3.5.4.10	inosine monophosphate cyclohydrolase, IMP cyclohydrolase, v. 15 | p. 82
1.1.1.205	inosine monophosphate dehydrogenase, IMP dehydrogenase, v. 18 | p. 243
1.1.1.205	inosine monophosphate oxidoreductase, IMP dehydrogenase, v. 18 | p. 243
2.4.2.1	inosine phosphorylase, purine-nucleoside phosphorylase, v. 33 | p. 1
3.1.3.56	inosine triphosphatase, inositol-polyphosphate 5-phosphatase, v. 10 | p. 448
3.6.1.19	inosine triphosphatase, nucleoside-triphosphate diphosphatase, v. 15 | p. 386
3.6.1.19	inosine triphosphate pyrophosphatase, nucleoside-triphosphate diphosphatase, v. 15 | p. 386
3.6.1.19	inosine triphosphate pyrophosphohydrolase, nucleoside-triphosphate diphosphatase, v. 15 | p. 386
1.1.1.205	inosinic acid 5'-monophosphate dehydrogenase, IMP dehydrogenase, v. 18 | p. 243
1.1.1.205	inosinic acid dehydrogenase, IMP dehydrogenase, v. 18 | p. 243
2.4.2.8	inosinic acid pyrophosphorylase, hypoxanthine phosphoribosyltransferase, v. 33 | p. 95
3.5.4.10	inosinicase, IMP cyclohydrolase, v. 15 | p. 82

inositol 1,3,4-trisphosphate 5/6-kinase 4

2.4.2.8	inosinic pyrophosphorylase, hypoxanthine phosphoribosyltransferase, v. 33 | p. 95	
3.1.3.62	inositol (1,3,4,5)-tetrakisphosphate 3-phosphatase, multiple inositol-polyphosphate phosphatase, v. 10 | p. 475	
3.1.3.56	inositol(1,4,5)P3 5-phosphatase, inositol-polyphosphate 5-phosphatase, v. 10 | p. 448	
2.7.1.127	inositol (1,4,5) trisphosphate 3-kinase, inositol-trisphosphate 3-kinase, v. 37 | p. 107	
2.7.1.127	inositol (1,4,5) trisphosphate 3 kinase B, inositol-trisphosphate 3-kinase, v. 37 | p. 107	
3.1.4.43	inositol-(1,2)-cyclic-phosphate 2-inositolphosphohydrolase, glycerophosphoinositol inositolphosphodiesterase, v. 11 | p. 204	
3.1.3.25	inositol-1(or 4)-monophosphatase, inositol-phosphate phosphatase, v. 10 | p. 278	
2.7.1.158	inositol-1,3,4,5,6-pentakisphosphate 2-kinase, inositol-pentakisphosphate 2-kinase, v. S2 | p. 272	
3.1.3.62	inositol-1,3,4,5-tetrakisphosphate 3-phosphatase, multiple inositol-polyphosphate phosphatase, v. 10 | p. 475	
2.7.1.159	inositol-1,3,4-trisphosphate kinase, inositol-1,3,4-trisphosphate 5/6-kinase, v. S2 | p. 279	
3.1.3.65	inositol-1,3-bisphosphate 3-phosphatase, inositol-1,3-bisphosphate 3-phosphatase, v. 10 | p. 486	
3.1.3.64	inositol-1,3-bisphosphate 3-phosphatase, phosphatidylinositol-3-phosphatase, v. 10 | p. 483	
2.7.1.127	inositol-1,4,5-trisphosphate-3-kinase, inositol-trisphosphate 3-kinase, v. 37 | p. 107	
3.1.3.56	inositol-1,4,5-trisphosphate/1,3,4,5-tetrakisphosphate 5-phosphatase, inositol-polyphosphate 5-phosphatase, v. 10 | p. 448	
2.7.1.127	inositol-1,4,5-trisphosphate 3-kinase, inositol-trisphosphate 3-kinase, v. 37 | p. 107	
3.1.3.57	inositol-1,4-bisphosphate 1-phosphatase, inositol-1,4-bisphosphate 1-phosphatase, v. 10 | p. 458	
3.1.3.25	inositol-1-phosphatase, inositol-phosphate phosphatase, v. 10 | p. 278	
5.5.1.4	inositol-1-phosphate synthase, inositol-3-phosphate synthase, v. 1 | p. 674	
3.1.4.43	inositol-1:2-cyclic phosphate-2-phosphohydrolase, glycerophosphoinositol inositolphosphodiesterase, v. 11 | p. 204	
3.1.3.65	inositol-3,4-bisphosphate 4-phosphatase, inositol-1,3-bisphosphate 3-phosphatase, v. 10 | p. 486	
3.1.3.66	inositol-3,4-bisphosphate 4-phosphatase, phosphatidylinositol-3,4-bisphosphate 4-phosphatase, v. 10 | p. 489	
3.1.3.57	inositol-polyphosphate 1-phosphatase, inositol-1,4-bisphosphate 1-phosphatase, v. 10 | p. 458	
3.1.3.64	inositol-polyphosphate 3-phosphatase, phosphatidylinositol-3-phosphatase, v. 10 | p. 483	
2.7.1.134	inositol-trisphosphate 5-kinase, inositol-tetrakisphosphate 1-kinase, v. 37 | p. 155	
2.7.1.139	inositol-trisphosphate 5-kinase, inositol-trisphosphate 5-kinase, v. 37 | p. 196	
2.7.1.134	inositol-trisphosphate 6-kinase, inositol-tetrakisphosphate 1-kinase, v. 37 | p. 155	
2.7.1.133	inositol-trisphosphate 6-kinase, inositol-trisphosphate 6-kinase, v. 37 | p. 154	
3.1.4.43	D-inositol 1,2-cyclic phosphate 2-phosphohydrolase, glycerophosphoinositol inositolphosphodiesterase, v. 11 | p. 204	
3.1.4.43	inositol 1,2-cyclic phosphate 2-phosphohydrolase, glycerophosphoinositol inositolphosphodiesterase, v. 11 | p. 204	
2.7.1.158	inositol 1,3,4,5,6-pentakis phosphate 2-kinase, inositol-pentakisphosphate 2-kinase, v. S2 | p. 272	
2.7.1.158	inositol 1,3,4,5,6-pentakisphosphate 2-kinase, inositol-pentakisphosphate 2-kinase, v. S2 | p. 272	
3.1.3.62	inositol 1,3,4,5-tetrakisphosphate-5-phosphomonoesterase, multiple inositol-polyphosphate phosphatase, v. 10 | p. 475	
3.1.3.62	inositol 1,3,4,5-tetrakisphosphate 3-phosphomonoesterase, multiple inositol-polyphosphate phosphatase, v. 10 | p. 475	
2.7.1.159	inositol 1,3,4-triphosphate 5/6 kinase, inositol-1,3,4-trisphosphate 5/6-kinase, v. S2 | p. 279	
2.7.1.159	inositol 1,3,4-trisphosphate 5/6-kinase, inositol-1,3,4-trisphosphate 5/6-kinase, v. S2 | p. 279	
2.7.1.159	inositol 1,3,4-trisphosphate 5/6-kinase 4, inositol-1,3,4-trisphosphate 5/6-kinase, v. S2 | p. 279	

2.7.1.134	inositol 1,3,4-trisphosphate 5/6 kinase, inositol-tetrakisphosphate 1-kinase, v. 37 | p. 155
3.1.3.64	inositol 1,3-bisphosphate phosphatase, phosphatidylinositol-3-phosphatase, v. 10 | p. 483
2.7.1.134	inositol 1,4,5,6-tetrakisphosphate 3-kinase, inositol-tetrakisphosphate 1-kinase, v. 37 | p. 155
3.1.3.56	inositol 1,4,5-triphosphate 5-phosphatase, inositol-polyphosphate 5-phosphatase, v. 10 | p. 448
2.7.1.151	inositol 1,4,5-trisphosphate 3-kinase, inositol-polyphosphate multikinase, v. 37 | p. 236
2.7.1.127	inositol 1,4,5-trisphosphate 3-kinase, inositol-trisphosphate 3-kinase, v. 37 | p. 107
2.7.1.127	inositol 1,4,5-trisphosphate 3-kinase A, inositol-trisphosphate 3-kinase, v. 37 | p. 107
2.7.1.127	inositol 1,4,5-trisphosphate 3-kinase C, inositol-trisphosphate 3-kinase, v. 37 | p. 107
2.7.1.127	inositol 1,4,5-trisphosphate 3-kinases, inositol-trisphosphate 3-kinase, v. 37 | p. 107
3.1.3.56	inositol 1,4,5-trisphosphate 5-monophosphatase, inositol-polyphosphate 5-phosphatase, v. 10 | p. 448
3.1.3.56	inositol 1,4,5-trisphosphate 5-phosphatase, inositol-polyphosphate 5-phosphatase, v. 10 | p. 448
3.1.3.36	inositol 1,4,5-trisphosphate 5-phosphatase, phosphoinositide 5-phosphatase, v. 10 | p. 339
2.7.1.127	inositol 1,4,5-trisphosphate kinase, inositol-trisphosphate 3-kinase, v. 37 | p. 107
3.1.3.56	inositol 1,4,5-trisphosphate phosphatase, inositol-polyphosphate 5-phosphatase, v. 10 | p. 448
2.4.1.123	inositol 1-α-galactosyltransferase, inositol 3-α-galactosyltransferase, v. 32 | p. 182
2.7.1.64	inositol 1-kinase, inositol 3-kinase, v. 36 | p. 165
3.1.3.25	inositol 1-phosphate phosphatase, inositol-phosphate phosphatase, v. 10 | p. 278
5.5.1.4	Inositol 1-phosphate synthase, inositol-3-phosphate synthase, v. 1 | p. 674
5.5.1.4	Inositol 1-phosphate synthetase, inositol-3-phosphate synthase, v. 1 | p. 674
1.1.1.18	inositol 2-dehydrogenase/D-chiro-inositol 3-dehydrogenase, inositol 2-dehydrogenase, v. 16 | p. 188
2.1.1.40	inositol 3-O-methyltransferase, inositol 1-methyltransferase, v. 28 | p. 217
2.1.1.39	inositol 3-O-methyltransferase, inositol 3-methyltransferase, v. 28 | p. 214
3.1.3.36	inositol 5'-phosphatase SHIP-2, phosphoinositide 5-phosphatase, v. 10 | p. 339
3.1.3.36	inositol 5'-phosphatase SHIP2, phosphoinositide 5-phosphatase, v. 10 | p. 339
2.1.1.129	inositol 6-O-methyltransferase, inositol 4-methyltransferase, v. 28 | p. 594
2.1.1.40	inositol D-1-methyltransferase, inositol 1-methyltransferase, v. 28 | p. 217
1.1.1.18	inositol dehydrogenase, inositol 2-dehydrogenase, v. 16 | p. 188
2.7.4.21	inositol hexakisphosphate kinase, inositol-hexakisphosphate kinase, v. 37 | p. 613
2.7.4.21	inositol hexakisphosphate kinase-2, inositol-hexakisphosphate kinase, v. 37 | p. 613
2.7.4.21	inositol hexakisphosphate kinase 2, inositol-hexakisphosphate kinase, v. 37 | p. 613
2.1.1.39	inositol L-1-methyltransferase, inositol 3-methyltransferase, v. 28 | p. 214
2.1.1.129	inositol methyl transferase, inositol 4-methyltransferase, v. 28 | p. 594
3.1.3.25	inositol monophosphatase, inositol-phosphate phosphatase, v. 10 | p. 278
3.1.3.25	inositol monophosphatase/fructose-1,6-bisphosphatase, inositol-phosphate phosphatase, v. 10 | p. 278
3.1.3.25	inositol monophosphate phosphatase, inositol-phosphate phosphatase, v. 10 | p. 278
1.13.99.1	Inositol oxygenase, inositol oxygenase, v. 25 | p. 734
3.1.3.25	inositol phosphatase, inositol-phosphate phosphatase, v. 10 | p. 278
3.1.3.56	inositol phosphate 5-phosphomonoesterase, inositol-polyphosphate 5-phosphatase, v. 10 | p. 448
2.7.1.151	inositol phosphate multikinase, inositol-polyphosphate multikinase, v. 37 | p. 236
2.7.1.151	inositol phosphate multikinase 2, inositol-polyphosphate multikinase, v. 37 | p. 236
3.1.3.25	inositol phosphohydrolase, inositol-phosphate phosphatase, v. 10 | p. 278
3.1.3.56	inositol polyphosphate-5-phosphatase, inositol-polyphosphate 5-phosphatase, v. 10 | p. 448
3.1.3.66	inositol polyphosphate 4-phosphatase, phosphatidylinositol-3,4-bisphosphate 4-phosphatase, v. 10 | p. 489
3.1.3.66	inositol polyphosphate 4-phosphatase type II, phosphatidylinositol-3,4-bisphosphate 4-phosphatase, v. 10 | p. 489

3.1.3.66	inositol polyphosphate 4 phosphatase A, phosphatidylinositol-3,4-bisphosphate 4-phosphatase, v. 10 | p. 489	
3.1.3.56	inositol polyphosphate 5-phosphatase, inositol-polyphosphate 5-phosphatase, v. 10 | p. 448	
3.1.3.36	inositol polyphosphate 5-phosphatase, phosphoinositide 5-phosphatase, v. 10 | p. 339	
3.1.3.36	inositol polyphosphate 5-phosphatase 2, phosphoinositide 5-phosphatase, v. 10 | p. 339	
3.1.3.56	inositol polyphosphate 5-phosphatases 1, inositol-polyphosphate 5-phosphatase, v. 10 | p. 448	
2.7.1.151	inositol polyphosphate 6-/3-kinase, inositol-polyphosphate multikinase, v. 37 | p. 236	
2.7.1.158	inositol polyphosphate kinase, inositol-pentakisphosphate 2-kinase, v. S2 | p. 272	
2.7.1.151	inositol polyphosphate kinase, inositol-polyphosphate multikinase, v. 37 | p. 236	
2.7.1.158	inositol polyphosphate kinase-1, inositol-pentakisphosphate 2-kinase, v. S2 | p. 272	
2.7.1.158	inositol polyphosphate kinase/phosphotransferase, inositol-pentakisphosphate 2-kinase, v. S2 | p. 272	
2.7.1.151	inositol polyphosphate multikinase, inositol-polyphosphate multikinase, v. 37 | p. 236	
2.7.1.127	inositol polyphosphate multikinase, inositol-trisphosphate 3-kinase, v. 37 | p. 107	
3.1.3.62	inositol tetrakisphosphate phosphomonoesterase, multiple inositol-polyphosphate phosphatase, v. 10 | p. 475	
3.1.3.36	inositol triphosphate 5-phosphomonoesterase, phosphoinositide 5-phosphatase, v. 10 | p. 339	
3.1.3.56	inositol trisphosphate phosphomonoesterase, inositol-polyphosphate 5-phosphatase, v. 10 | p. 448	
2.7.7.37	inosityltransferase, glucose 1-phosphate, aldose-1-phosphate nucleotidyltransferase, v. 38 | p. 393	
4.2.1.44	Inosose 2,3-dehydratase, Myo-inosose-2 dehydratase, v. 4 | p. 489	
1.13.99.1	InOx, inositol oxygenase, v. 25 | p. 734	
3.1.3.36	INP51, phosphoinositide 5-phosphatase, v. 10 | p. 339	
3.1.3.57	INPP, inositol-1,4-bisphosphate 1-phosphatase, v. 10 | p. 458	
3.1.3.66	INPP4A, phosphatidylinositol-3,4-bisphosphate 4-phosphatase, v. 10 | p. 489	
3.1.3.36	INPP5B, phosphoinositide 5-phosphatase, v. 10 | p. 339	
5.5.1.4	INPS, inositol-3-phosphate synthase, v. 1 | p. 674	
5.5.1.4	INPS1, inositol-3-phosphate synthase, v. 1 | p. 674	
2.7.10.1	InR, receptor protein-tyrosine kinase, v. S2 | p. 341	
2.7.10.1	InRK, receptor protein-tyrosine kinase, v. S2 | p. 341	
4.1.2.8	INS, indole-3-glycerol-phosphate lyase, v. 3 | p. 434	
2.7.1.159	Ins(1,3,4)P3 5/6-kinase, inositol-1,3,4-trisphosphate 5/6-kinase, v. S2 | p. 279	
2.7.1.158	ins(1,3,4,5,6)P5 2-kinase, inositol-pentakisphosphate 2-kinase, v. S2 | p. 272	
2.7.1.140	Ins(1,3,4,6)P4 5-kinase, inositol-tetrakisphosphate 5-kinase, v. 37 | p. 197	
2.7.1.127	Ins(1,4,5)P(3) 3-kinase B, inositol-trisphosphate 3-kinase, v. 37 | p. 107	
3.1.3.56	Ins(1,4,5)P3/Ins(1,3,4,5)P4 5-phosphatase, inositol-polyphosphate 5-phosphatase, v. 10 | p. 448	
2.7.1.151	Ins(1,4,5)P3 3-kinase, inositol-polyphosphate multikinase, v. 37 | p. 236	
2.7.1.127	Ins(1,4,5)P3 3-kinase, inositol-trisphosphate 3-kinase, v. 37 | p. 107	
2.7.1.127	Ins(1,4,5)P3 3-kinase isoform B, inositol-trisphosphate 3-kinase, v. 37 | p. 107	
3.1.3.56	Ins(1,4,5)P3 5-phosphatase, inositol-polyphosphate 5-phosphatase, v. 10 | p. 448	
5.5.1.4	[Ins(3)P1] synthase, inositol-3-phosphate synthase, v. 1 | p. 674	
5.5.1.4	INS (3) P1 synthase, inositol-3-phosphate synthase, v. 1 | p. 674	
2.7.1.158	Ins5 2-kinase, inositol-pentakisphosphate 2-kinase, v. S2 | p. 272	
2.4.2.29	Q-insertase, tRNA-guanine transglycosylase, v. 33 | p. 253	
2.7.1.127	InsP3 3-kinase, inositol-trisphosphate 3-kinase, v. 37 | p. 107	
2.7.1.127	InsP3 3-kinase A, inositol-trisphosphate 3-kinase, v. 37 | p. 107	
2.7.1.127	InsP3 3-kinase B, inositol-trisphosphate 3-kinase, v. 37 | p. 107	
2.7.1.127	InsP3 3-kinase C, inositol-trisphosphate 3-kinase, v. 37 | p. 107	
3.1.3.56	InsP3 5-phosphatase, inositol-polyphosphate 5-phosphatase, v. 10 | p. 448	
2.7.1.127	InsP3K, inositol-trisphosphate 3-kinase, v. 37 | p. 107	
2.7.1.151	InsP4 5-kinase, inositol-polyphosphate multikinase, v. 37 | p. 236	

3.1.3.56	InsP 5-ptase, inositol-polyphosphate 5-phosphatase, v. 10 | p. 448	
2.7.1.158	InsP5 2-kinase, inositol-pentakisphosphate 2-kinase, v. S2 | p. 272	
2.7.4.21	InsP6K2, inositol-hexakisphosphate kinase, v. 37 | p. 613	
2.7.4.21	InsP6K3, inositol-hexakisphosphate kinase, v. 37 | p. 613	
2.7.4.21	InsP6 kinase, inositol-hexakisphosphate kinase, v. 37 | p. 613	
3.4.24.56	Insulin-degrading enzyme, insulysin, v. 8 | p. 485	
3.4.24.56	Insulin-degrading neutral proteinase, insulysin, v. 8 | p. 485	
3.4.24.56	Insulin-glucagon protease, insulysin, v. 8 | p. 485	
1.8.1.8	insulin-glutathione transhydrogenase, protein-disulfide reductase, v. 24 | p. 514	
2.7.10.1	insulin-growth factor-1 receptor, receptor protein-tyrosine kinase, v. S2 | p. 341	
2.7.10.1	insulin-like growth factor-1 receptor kinase, receptor protein-tyrosine kinase, v. S2 | p. 341	
3.4.24.79	insulin-like growth factor-binding protein proteinase, pappalysin-1, v. S6 | p. 286	
3.4.24.79	insulin-like growth factor binding protein-4 protease, pappalysin-1, v. S6 | p. 286	
2.7.10.1	insulin-like growth factor I receptor, receptor protein-tyrosine kinase, v. S2 | p. 341	
2.7.10.1	insulin-like growth factor receptor, receptor protein-tyrosine kinase, v. S2 | p. 341	
2.7.10.1	insulin-like growth factor type I receptor, receptor protein-tyrosine kinase, v. S2 | p. 341	
2.7.10.1	insulin-like peptide receptor, receptor protein-tyrosine kinase, v. S2 | p. 341	
2.7.10.1	insulin-like receptor, receptor protein-tyrosine kinase, v. S2 | p. 341	
2.7.10.1	insulin-receptor tyrosine kinase, receptor protein-tyrosine kinase, v. S2 | p. 341	
3.4.11.3	insulin-regulated aminopeptidase, cystinyl aminopeptidase, v. 6 | p. 66	
3.4.11.3	insulin-regulated aminopeptidase IRAP, cystinyl aminopeptidase, v. 6 | p. 66	
3.4.11.3	Insulin-regulated membrane aminopeptidase, cystinyl aminopeptidase, v. 6 | p. 66	
3.4.11.3	Insulin-responsive aminopeptidase, cystinyl aminopeptidase, v. 6 | p. 66	
3.4.24.56	Insulin-specific protease, insulysin, v. 8 | p. 485	
2.7.11.1	insulin-stimulated protein kinase, non-specific serine/threonine protein kinase, v. S3 | p. 1	
3.4.24.56	Insulinase, insulysin, v. 8 | p. 485	
3.4.24.56	insulin degrading enzyme, insulysin, v. 8 | p. 485	
3.4.17.10	insulin granule-associated carboxypeptidase, carboxypeptidase E, v. 6 | p. 455	
3.4.24.56	Insulin protease, insulysin, v. 8 | p. 485	
3.4.24.56	Insulin proteinase, insulysin, v. 8 | p. 485	
2.7.10.1	insulin receptor, receptor protein-tyrosine kinase, v. S2 | p. 341	
2.7.10.1	insulin receptor-related protein, receptor protein-tyrosine kinase, v. S2 | p. 341	
2.7.10.1	insulin receptor-related receptor, receptor protein-tyrosine kinase, v. S2 | p. 341	
2.7.10.1	insulin receptor-β subunit, receptor protein-tyrosine kinase, v. S2 | p. 341	
2.7.10.1	insulin receptor kinase, receptor protein-tyrosine kinase, v. S2 | p. 341	
2.7.10.1	insulin receptor protein-tyrosine kinase, receptor protein-tyrosine kinase, v. S2 | p. 341	
2.7.10.1	insulin receptor protein tyrosine kinase, receptor protein-tyrosine kinase, v. S2 | p. 341	
2.7.10.1	insulin receptor tyrosine kinase, receptor protein-tyrosine kinase, v. S2 | p. 341	
1.8.4.2	insulin reductase, protein-disulfide reductase (glutathione), v. 24 | p. 617	
2.7.10.1	insulin RTK, receptor protein-tyrosine kinase, v. S2 | p. 341	
3.4.24.56	Insulysin, insulysin, v. 8 | p. 485	
2.7.10.2	integrin-linked protein kinase, non-specific protein-tyrosine kinase, v. S2 | p. 441	
2.7.10.2	integrin-linked protein kinase 1, non-specific protein-tyrosine kinase, v. S2 | p. 441	
2.7.10.2	integrin-linked protein kinase 76, non-specific protein-tyrosine kinase, v. S2 | p. 441	
6.3.2.19	interferon regulatory factor-2-binding protein-1, Ubiquitin-protein ligase, v. 2 | p. 506	
3.4.22.36	interleukin-1-converting enzyme, caspase-1, v. 7 | p. 699	
3.4.22.36	interleukin-1β-converting enzyme, caspase-1, v. 7 | p. 699	
3.4.22.10	interleukin-1β convertase, streptopain, v. 7 | p. 564	
3.4.22.36	interleukin-1 β converting enzyme, caspase-1, v. 7 | p. 699	
3.4.22.36	interleukin-1β converting enzyme, caspase-1, v. 7 | p. 699	
2.7.10.2	interleukin-1 receptor-associated kinase-81, non-specific protein-tyrosine kinase, v. S2 | p. 441	
2.7.10.2	interleukin-1 receptor-associated kinase 1, non-specific protein-tyrosine kinase, v. S2 | p. 441	
2.4.1.184	interlipid galactosyltransferase, galactolipid galactosyltransferase, v. 32 | p. 440	

1.6.99.3	Internal NADH dehydrogenase, NADH dehydrogenase, v. 24	p. 207
1.6.5.3	Internal NADH dehydrogenase, NADH dehydrogenase (ubiquinone), v. 24	p. 106
3.4.24.80	interstitial MT1-MMP, membrane-type matrix metalloproteinase-1, v. S6	p. 292
3.2.1.20	intestinal α-glucosidase, α-glucosidase, v. 12	p. 263
3.1.3.1	intestinal alkaline phosphatase, alkaline phosphatase, v. 10	p. 1
3.1.4.12	intestinal alkaline sphingomyelinase, sphingomyelin phosphodiesterase, v. 11	p. 86
4.6.1.2	Intestinal guanylate cyclase, guanylate cyclase, v. 5	p. 430
3.2.1.20	intestinal maltase, α-glucosidase, v. 12	p. 263
3.1.4.12	intestinal sphingomyelinase, sphingomyelin phosphodiesterase, v. 11	p. 86
3.2.1.48	intestinal sucrase, sucrose α-glucosidase, v. 13	p. 1
3.2.1.10	intestinal sucrase/isomaltase, oligo-1,6-glucosidase, v. 12	p. 162
3.5.1.14	intestine acylase I, aminoacylase, v. 14	p. 317
3.1.3.2	intracellular acid phosphatase, acid phosphatase, v. 10	p. 31
3.1.27.2	intracellular acid ribonuclease, Bacillus subtilis ribonuclease, v. 11	p. 569
1.1.3.13	intracellular alcohol oxidase, alcohol oxidase, v. 19	p. 115
1.11.1.9	intracellular GpX, glutathione peroxidase, v. 25	p. 233
3.1.1.47	intracellular platelet-activating factor acetylhydrolase α 2 subunit variant 1, 1-alkyl-2-acetylglycerophosphocholine esterase, v. 9	p. 320
3.1.1.47	intracellular platelet-activating factor acetylhydrolase α 2 subunit variant 2, 1-alkyl-2-acetylglycerophosphocholine esterase, v. 9	p. 320
3.1.1.47	intracellular platelet-activating factor acetylhydrolase α 2 subunit variant 3, 1-alkyl-2-acetylglycerophosphocholine esterase, v. 9	p. 320
3.1.1.47	intracellular platelet-activating factor acetylhydrolase α 2 subunit variant 4, 1-alkyl-2-acetylglycerophosphocholine esterase, v. 9	p. 320
3.1.1.47	intracellular platelet-activating factor acetylhydrolase α 2 subunit variant 5, 1-alkyl-2-acetylglycerophosphocholine esterase, v. 9	p. 320
3.1.1.75	intracellular poly(3-hydroybutyrate) depolymerase, poly(3-hydroxybutyrate) depolymerase, v. 9	p. 437
3.1.1.53	intralumenal sialate: 9-O-acetylesterase, sialate O-acetylesterase, v. 9	p. 344
3.4.21.105	intramembrane protease, rhomboid protease, v. S5	p. 325
3.4.21.22	intrinsic Xase, coagulation factor IXa, v. 7	p. 93
3.2.1.7	inuC, inulinase, v. 12	p. 128
3.2.1.80	inuD, fructan β-fructosidase, v. 13	p. 275
3.2.1.80	inuE, fructan β-fructosidase, v. 13	p. 275
2.4.1.9	InuJ, inulosucrase, v. 31	p. 73
3.2.1.7	inulase, inulinase, v. 12	p. 128
4.2.2.18	inulase II, inulin fructotransferase (DFA-III-forming), v. S7	p. 145
3.2.1.80	inulinase, fructan β-fructosidase, v. 13	p. 275
4.2.2.18	inulinase II, inulin fructotransferase (DFA-III-forming), v. S7	p. 145
4.2.2.17	inulin D-fructosyl-D-fructosyltransferase (1,2':2',1-dianhydride-forming), inulin fructotransferase (DFA-I-forming), v. S7	p. 141
4.2.2.18	inulin D-fructosyl-D-fructosyltransferase (1,2':2,3'-dianhydride-forming), inulin fructotransferase (DFA-III-forming), v. S7	p. 145
4.2.2.18	inulin fructotransferase (depolymerizing), inulin fructotransferase (DFA-III-forming), v. S7	p. 145
4.2.2.17	inulin fructotransferase (depolymerizing, difructofuranose-1,2':2',1-dianhydride-forming), inulin fructotransferase (DFA-I-forming), v. S7	p. 141
4.2.2.18	inulin fructotransferase (depolymerizing, difructofuranose-1,2':2,3'-dianhydride-forming), inulin fructotransferase (DFA-III-forming), v. S7	p. 145
4.2.2.17	inulin fructotransferase (DFA-I-producing), inulin fructotransferase (DFA-I-forming), v. S7	p. 141
4.2.2.18	inulin fructotransferase (DFA-III-producing), inulin fructotransferase (DFA-III-forming), v. S7	p. 145
4.2.2.17	inulin fructotransferase (DFA I-producing), inulin fructotransferase (DFA-I-forming), v. S7	p. 141

4.2.2.18	inulin fructotransferase (DFA III-producing), inulin fructotransferase (DFA-III-forming), v. S7	p. 145
4.2.2.18	inulin fructotransferase (DFAIII-producing), inulin fructotransferase (DFA-III-forming), v. S7	p. 145
3.2.1.26	Inv-CW, β-fructofuranosidase, v. 12	p. 451
3.2.1.26	Inv-V, β-fructofuranosidase, v. 12	p. 451
3.2.1.26	INV1p, β-fructofuranosidase, v. 12	p. 451
3.6.3.14	Invasion protein invC, H+-transporting two-sector ATPase, v. 15	p. 598
3.6.3.50	InvC, protein-secreting ATPase, v. 15	p. 737
3.2.1.26	invertase, β-fructofuranosidase, v. 12	p. 451
3.2.1.26	Invertase E1, β-fructofuranosidase, v. 12	p. 451
3.2.1.26	invertin, β-fructofuranosidase, v. 12	p. 451
4.2.1.115	inverting 4,6-dehydratase, UDP-N-acetylglucosamine 4,6-dehydratase (inverting)
1.11.1.8	iodide peroxidase-tyrosine iodinase, iodide peroxidase, v. 25	p. 227
1.11.1.8	iodinase, iodide peroxidase, v. 25	p. 227
1.11.1.8	iodoperoxidase (heme type), iodide peroxidase, v. 25	p. 227
2.1.1.26	iodophenol methyltransferase, iodophenol O-methyltransferase, v. 28	p. 126
1.97.1.10	iodothyronine 5'-deiodinase, thyroxine 5'-deiodinase, v. S1	p. 788
5.3.4.1	Iodothyronine 5'-monodeiodinase, Protein disulfide-isomerase, v. 1	p. 436
1.97.1.10	Iodothyronine 5'-monodeiodinase, thyroxine 5'-deiodinase, v. S1	p. 788
1.97.1.10	Iodothyronine 5-deiodinase, thyroxine 5'-deiodinase, v. S1	p. 788
1.97.1.11	iodothyronine 5-deiodinase, thyroxine 5-deiodinase, v. S1	p. 807
1.97.1.10	iodothyronine inner ring monodeiodinase, thyroxine 5'-deiodinase, v. S1	p. 788
1.97.1.11	iodothyronine inner ring monodeiodinase, thyroxine 5-deiodinase, v. S1	p. 807
1.97.1.11	iodothyronine monodeiodinase, thyroxine 5-deiodinase, v. S1	p. 807
1.97.1.10	iodothyronine outer ring monodeiodinase, thyroxine 5'-deiodinase, v. S1	p. 788
2.8.2.2	iodothyronine sulfotransferase, alcohol sulfotransferase, v. 39	p. 278
1.11.1.8	iodotyrosine deiodase, iodide peroxidase, v. 25	p. 227
1.11.1.8	iodotyrosine deiodinase, iodide peroxidase, v. 25	p. 227
1.2.1.15	IolA, malonate-semialdehyde dehydrogenase, v. 20	p. 177
2.1.1.46	IOMT, isoflavone 4'-O-methyltransferase, v. 28	p. 273
2.1.1.150	IOMT, isoflavone 7-O-methyltransferase, v. 28	p. 649
2.1.1.150	7-IOMT-8, isoflavone 7-O-methyltransferase, v. 28	p. 649
2.1.1.46	IOMT1, isoflavone 4'-O-methyltransferase, v. 28	p. 273
2.1.1.46	IOMT2, isoflavone 4'-O-methyltransferase, v. 28	p. 273
2.1.1.46	IOMT3, isoflavone 4'-O-methyltransferase, v. 28	p. 273
2.1.1.46	IOMT4, isoflavone 4'-O-methyltransferase, v. 28	p. 273
2.1.1.46	IOMT5, isoflavone 4'-O-methyltransferase, v. 28	p. 273
2.1.1.46	IOMT6, isoflavone 4'-O-methyltransferase, v. 28	p. 273
2.1.1.46	IOMT7, isoflavone 4'-O-methyltransferase, v. 28	p. 273
4.6.1.1	ion-channel adenylyl cyclase, adenylate cyclase, v. 5	p. 415
1.3.99.16	IOR, Isoquinoline 1-oxidoreductase, v. 21	p. 579
1.2.7.8	IOR, indolepyruvate ferredoxin oxidoreductase, v. S1	p. 213
3.2.1.157	iota-carrageenase, iota-carrageenase, v. S5	p. 167
4.2.1.3	IP210, aconitate hydratase, v. 4	p. 273
2.7.1.127	IP3-3K, inositol-trisphosphate 3-kinase, v. 37	p. 107
2.7.1.151	IP3/IP4 6-/3-kinase, inositol-polyphosphate multikinase, v. 37	p. 236
2.7.1.151	IP3 3-kinase, inositol-polyphosphate multikinase, v. 37	p. 236
2.7.1.127	IP3 3-kinase, inositol-trisphosphate 3-kinase, v. 37	p. 107
2.7.1.151	IP3K, inositol-polyphosphate multikinase, v. 37	p. 236
2.7.1.127	IP3K, inositol-trisphosphate 3-kinase, v. 37	p. 107
2.7.1.127	IP3K-A, inositol-trisphosphate 3-kinase, v. 37	p. 107
2.7.1.127	IP3K-B, inositol-trisphosphate 3-kinase, v. 37	p. 107
2.7.1.127	IP3K-C, inositol-trisphosphate 3-kinase, v. 37	p. 107
2.7.1.127	IP3KA, inositol-trisphosphate 3-kinase, v. 37	p. 107

2.7.1.127	IP3KB, inositol-trisphosphate 3-kinase, v. 37 | p. 107	
2.7.1.127	IP3KC, inositol-trisphosphate 3-kinase, v. 37 | p. 107	
2.7.1.127	IP3kin, inositol-trisphosphate 3-kinase, v. 37 | p. 107	
2.7.1.158	IP5 2-kinase, inositol-pentakisphosphate 2-kinase, v. S2 | p. 272	
2.7.1.159	IP56K, inositol-1,3,4-trisphosphate 5/6-kinase, v. S2 | p. 279	
2.7.1.158	IP5K, inositol-pentakisphosphate 2-kinase, v. S2 | p. 272	
3.1.3.36	IP5P, phosphoinositide 5-phosphatase, v. 10 | p. 339	
2.7.4.21	IP6K2, inositol-hexakisphosphate kinase, v. 37 | p. 613	
2.7.4.21	IP6 kinase, inositol-hexakisphosphate kinase, v. 37 | p. 613	
6.3.2.19	IpaH, Ubiquitin-protein ligase, v. 2 | p. 506	
3.2.1.120	IPase, oligoxyloglucan β-glycosidase, v. 13 | p. 495	
4.1.1.74	IpdC, Indolepyruvate decarboxylase, v. 3 | p. 400	
5.4.2.1	iPGAM, phosphoglycerate mutase, v. 1 | p. 493	
5.4.2.1	iPGM, phosphoglycerate mutase, v. 1 | p. 493	
2.7.1.151	IPK, inositol-polyphosphate multikinase, v. 37 | p. 236	
2.7.1.158	Ipk1, inositol-pentakisphosphate 2-kinase, v. S2 | p. 272	
2.7.1.158	Ipk1p, inositol-pentakisphosphate 2-kinase, v. S2 | p. 272	
2.7.1.151	Ipk2, inositol-polyphosphate multikinase, v. 37 | p. 236	
2.7.1.127	Ipk2, inositol-trisphosphate 3-kinase, v. 37 | p. 107	
2.7.1.151	Ipk2/Impk/IP3K, inositol-polyphosphate multikinase, v. 37 | p. 236	
2.7.1.151	Ipk2β/IP3K, inositol-polyphosphate multikinase, v. 37 | p. 236	
2.7.1.151	IPKII, inositol-polyphosphate multikinase, v. 37 | p. 236	
2.7.1.134	Ipk kinase, inositol-tetrakisphosphate 1-kinase, v. 37 | p. 155	
3.3.2.1	IPL, isochorismatase, v. 14 | p. 142	
2.7.11.1	IpL1protein kinase, non-specific serine/threonine protein kinase, v. S3 | p. 1	
3.1.1.4	iPLA2, phospholipase A2, v. 9 | p. 52	
3.1.1.4	iPLA2-γ, phospholipase A2, v. 9 | p. 52	
1.1.1.85	3-IPM-DH, 3-isopropylmalate dehydrogenase, v. 17 | p. 179	
2.3.3.13	IPM-synthase, 2-isopropylmalate synthase, v. 30 | p. 676	
4.2.1.33	IPM dehydratase, 3-isopropylmalate dehydratase, v. 4 | p. 451	
1.1.1.85	3-IPM dehydrogenase, 3-isopropylmalate dehydrogenase, v. 17 | p. 179	
1.1.1.85	β-IPM dehydrogenase, 3-isopropylmalate dehydrogenase, v. 17 | p. 179	
1.1.1.85	IPMDH, 3-isopropylmalate dehydrogenase, v. 17 | p. 179	
1.1.1.85	β-IPMDH, 3-isopropylmalate dehydrogenase, v. 17 | p. 179	
4.2.1.33	IPMI, 3-isopropylmalate dehydratase, v. 4 | p. 451	
4.2.1.33	α-IPM isomerase, 3-isopropylmalate dehydratase, v. 4 | p. 451	
2.7.1.151	IPMK, inositol-polyphosphate multikinase, v. 37 | p. 236	
2.7.1.127	IPMK, inositol-trisphosphate 3-kinase, v. 37 | p. 107	
2.3.3.13	IPMS, 2-isopropylmalate synthase, v. 30 | p. 676	
2.3.3.13	IPMS1, 2-isopropylmalate synthase, v. 30 | p. 676	
2.3.3.13	IPMS2, 2-isopropylmalate synthase, v. 30 | p. 676	
2.3.3.13	IPM synthase, 2-isopropylmalate synthase, v. 30 | p. 676	
2.3.3.13	α-IPM synthase, 2-isopropylmalate synthase, v. 30 | p. 676	
2.3.3.13	α-IPM synthetase, 2-isopropylmalate synthase, v. 30 | p. 676	
4.1.3.12	α-IPM synthetase, 2-isopropylmalate synthase, v. 4 | p. 86	
5.1.1.17	IPN epimerase, isopenicillin-N epimerase, v. S7 | p. 481	
1.21.3.1	IPNS, isopenicillin-N synthase, v. 27 | p. 602	
1.21.3.1	IPN synthase, isopenicillin-N synthase, v. 27 | p. 602	
3.1.3.57	IPP, inositol-1,4-bisphosphate 1-phosphatase, v. 10 | p. 458	
5.3.3.2	IPP-isomerase, isopentenyl-diphosphate Δ-isomerase, v. 1 | p. 386	
5.3.3.2	IPP:DMAPP, isopentenyl-diphosphate Δ-isomerase, v. 1 | p. 386	
3.6.1.1	IPPase, inorganic diphosphatase, v. 15 | p. 240	
3.1.3.57	IPPase, inositol-1,4-bisphosphate 1-phosphatase, v. 10 | p. 458	
5.3.3.2	IPPI, isopentenyl-diphosphate Δ-isomerase, v. 1 | p. 386	
5.3.3.2	IPPI1, isopentenyl-diphosphate Δ-isomerase, v. 1 | p. 386	

5.3.3.2	IPPI2, isopentenyl-diphosphate Δ-isomerase, v. 1 | p. 386	
5.3.3.2	IPP isomerase, isopentenyl-diphosphate Δ-isomerase, v. 1 | p. 386	
3.1.3.36	IPPRp, phosphoinositide 5-phosphatase, v. 10 | p. 339	
5.5.1.4	IPS, inositol-3-phosphate synthase, v. 1 | p. 674	
5.5.1.4	IP synthase, inositol-3-phosphate synthase, v. 1 | p. 674	
2.5.1.27	IPT, adenylate dimethylallyltransferase, v. 33 | p. 599	
2.5.1.8	IPT2, tRNA isopentenyltransferase, v. 33 | p. 454	
2.5.1.8	IPT9, tRNA isopentenyltransferase, v. 33 | p. 454	
3.2.1.57	IPU, isopullulanase, v. 13 | p. 133	
4.1.1.74	Ipyr, Indolepyruvate decarboxylase, v. 3 | p. 400	
2.7.10.1	IR-PTK, receptor protein-tyrosine kinase, v. S2 | p. 341	
2.7.10.1	IR-related receptor, receptor protein-tyrosine kinase, v. S2 | p. 341	
2.7.10.1	iR-β subunit, receptor protein-tyrosine kinase, v. S2 | p. 341	
3.2.2.22	IRAb, rRNA N-glycosylase, v. 14 | p. 107	
3.4.22.34	IrAE protein, Legumain, v. 7 | p. 689	
2.7.10.2	IRAK, non-specific protein-tyrosine kinase, v. S2 | p. 441	
2.7.10.2	IRAK-81, non-specific protein-tyrosine kinase, v. S2 | p. 441	
3.4.11.3	IRAP, cystinyl aminopeptidase, v. 6 | p. 66	
3.4.11.3	IRAP/P-LAP, cystinyl aminopeptidase, v. 6 | p. 66	
4.4.1.8	Irc7p, cystathionine β-lyase, v. 5 | p. 341	
4.2.1.3	IRE-BP, aconitate hydratase, v. 4 | p. 273	
2.7.11.1	Ire1p kinase, non-specific serine/threonine protein kinase, v. S3 | p. 1	
6.3.2.19	IRF2-binding protein-1, Ubiquitin-protein ligase, v. 2 | p. 506	
6.3.2.19	IRF2-BP1, Ubiquitin-protein ligase, v. 2 | p. 506	
3.2.1.21	iridoid β-glucoside, β-glucosidase, v. 12 | p. 299	
3.2.2.22	IRIP, rRNA N-glycosylase, v. 14 | p. 107	
3.2.2.22	Iris agglutinin b, rRNA N-glycosylase, v. 14 | p. 107	
3.2.2.22	Iris ribosome-inactivating protein, rRNA N-glycosylase, v. 14 | p. 107	
2.7.10.1	IRK, receptor protein-tyrosine kinase, v. S2 | p. 341	
2.7.10.1	IR kinase, receptor protein-tyrosine kinase, v. S2 | p. 341	
1.16.3.1	iron(II): oxygen oxidoreductase, ferroxidase, v. 27 | p. 466	
1.3.99.1	Iron(III)-induced flavocytochrome C3, succinate dehydrogenase, v. 21 | p. 462	
1.5.1.29	iron(III) reductase, FMN reductase, v. 23 | p. 217	
1.15.1.1	iron-containing superoxide dismutase, superoxide dismutase, v. 27 | p. 399	
1.9.99.1	iron-cytochrome c reductase, iron-cytochrome-c reductase, v. 25 | p. 73	
4.2.1.3	iron-regulatory protein 1, aconitate hydratase, v. 4 | p. 273	
4.2.1.3	iron-responsive element binding protein, aconitate hydratase, v. 4 | p. 273	
2.7.13.3	iron-sensing histidine kinase, histidine kinase, v. S4 | p. 420	
1.12.99.6	iron-sulfur-cluster-free hydrogenase, hydrogenase (acceptor), v. 25 | p. 373	
1.15.1.1	iron-superoxide dismutase, superoxide dismutase, v. 27 | p. 399	
4.99.1.1	iron chelatase, ferrochelatase, v. 5 | p. 478	
1.16.1.7	iron chelate reductase, ferric-chelate reductase, v. 27 | p. 460	
4.2.1.3	iron regulatory-like protein, aconitate hydratase, v. 4 | p. 273	
4.2.1.3	Iron regulatory protein, aconitate hydratase, v. 4 | p. 273	
4.2.1.3	iron regulatory protein 1, aconitate hydratase, v. 4 | p. 273	
1.15.1.1	iron superoxide dismutase, superoxide dismutase, v. 27 | p. 399	
4.2.1.3	IRP, aconitate hydratase, v. 4 | p. 273	
3.4.22.56	IRP, caspase-3, v. S6 | p. 103	
4.2.1.3	IRP-1, aconitate hydratase, v. 4 | p. 273	
4.2.1.3	IRP1, aconitate hydratase, v. 4 | p. 273	
3.4.23.29	Irpex lacteus aspartic protease, Polyporopepsin, v. 8 | p. 136	
3.4.23.29	Irpex lacteus aspartic proteinase, Polyporopepsin, v. 8 | p. 136	
3.4.23.29	Irpex lacteus carboxyl proteinase B, Polyporopepsin, v. 8 | p. 136	
2.7.10.1	IRR, receptor protein-tyrosine kinase, v. S2 | p. 341	
2.7.10.1	IRR-protein tyrosine kinase, receptor protein-tyrosine kinase, v. S2 | p. 341	

2.4.2.24	irregular xylem9, 1,4-β-D-xylan synthase, v. 33	p. 217
6.1.1.5	IRS, Isoleucine-tRNA ligase, v. 2	p. 33
3.6.3.30	IRT1, Fe3+-transporting ATPase, v. 15	p. 656
2.4.1.12	IRX3, cellulose synthase (UDP-forming), v. 31	p. 107
2.4.2.24	IRX9, 1,4-β-D-xylan synthase, v. 33	p. 217
2.4.1.9	IS, inulosucrase, v. 31	p. 73
3.2.1.68	ISA1, isoamylase, v. 13	p. 204
3.2.1.68	ISA3, isoamylase, v. 13	p. 204
2.7.7.49	iScript enzyme, RNA-directed DNA polymerase, v. 38	p. 492
2.8.1.7	IscS, cysteine desulfurase, v. 39	p. 238
2.8.1.7	c-ISCS, cysteine desulfurase, v. 39	p. 238
2.4.1.9	IslA, inulosucrase, v. 31	p. 73
3.1.3.9	islet-specific glucose-6-phosphatase catalytic subunit-related protein, glucose-6-phosphatase, v. 10	p. 147
3.1.3.48	islet cell antigen-related PTP, protein-tyrosine-phosphatase, v. 10	p. 407
3.1.3.48	Islet cell autoantigen related protein, protein-tyrosine-phosphatase, v. 10	p. 407
3.4.21.74	P-I snake venom metalloproteinase, Venombin A, v. 7	p. 364
1.3.99.10	iso(3)valeryl-CoA dehydrogenase, isovaleryl-CoA dehydrogenase, v. 21	p. 535
2.1.1.146	(iso)eugenol O-methyltransferase, (iso)eugenol O-methyltransferase, v. 28	p. 636
1.1.1.265	isoamylaldehyde reductase, 3-methylbutanal reductase, v. 18	p. 469
3.2.1.68	isoamylase, isoamylase, v. 13	p. 204
3.2.1.68	isoamylase1, isoamylase, v. 13	p. 204
3.2.1.68	isoamylase 3, isoamylase, v. 13	p. 204
3.2.1.68	isoamylase II, isoamylase, v. 13	p. 204
2.1.1.77	L-isoaspartate O-methyltransferase, protein-L-isoaspartate(D-aspartate) O-methyltransferase, v. 28	p. 406
2.1.1.77	L-isoaspartyl-O-methyltransferase, protein-L-isoaspartate(D-aspartate) O-methyltransferase, v. 28	p. 406
2.1.1.77	L-isoaspartyl/D-aspartyl protein carboxyl methyltransferase, protein-L-isoaspartate(D-aspartate) O-methyltransferase, v. 28	p. 406
3.4.19.5	isoaspartyl aminopeptidase, β-aspartyl-peptidase, v. 6	p. 546
3.4.19.5	isoaspartyl dipeptidase, β-aspartyl-peptidase, v. 6	p. 546
2.1.1.77	L-isoaspartyl methyltransferase, protein-L-isoaspartate(D-aspartate) O-methyltransferase, v. 28	p. 406
3.4.19.5	isoaspartyl peptidase, β-aspartyl-peptidase, v. 6	p. 546
2.1.1.77	L-isoaspartyl protein carboxyl methyltransferase, protein-L-isoaspartate(D-aspartate) O-methyltransferase, v. 28	p. 406
2.7.2.14	isobutyrate kinase, branched-chain-fatty-acid kinase, v. 37	p. 362
5.4.99.13	isobutyryl coenzyme A mutase, isobutyryl-CoA mutase, v. 1	p. 646
3.3.2.1	ISOC2, isochorismatase, v. 14	p. 142
3.3.2.1	isochorismatase, isochorismatase, v. 14	p. 142
3.3.2.1	isochorismatase domain containing 2, isochorismatase, v. 14	p. 142
3.3.2.1	Isochorismate lyase, isochorismatase, v. 14	p. 142
3.3.2.1	Isochorismate lyase-ArCP, isochorismatase, v. 14	p. 142
5.4.4.2	Isochorismate mutase, Isochorismate synthase, v. S7	p. 526
5.4.4.2	isochorismate synthase, Isochorismate synthase, v. S7	p. 526
5.4.4.2	Isochorismic synthase, Isochorismate synthase, v. S7	p. 526
4.1.3.1	isocitrase, isocitrate lyase, v. 4	p. 1
4.1.3.1	isocitratase, isocitrate lyase, v. 4	p. 1
1.1.1.87	isocitrate-homoisocitrate dehydrogenase, homoisocitrate dehydrogenase, v. 17	p. 198
1.1.1.41	isocitrate-homoisocitrate dehydrogenase, isocitrate dehydrogenase (NAD+), v. 16	p. 394
1.1.1.41	isocitrate dehydrogenase, isocitrate dehydrogenase (NAD+), v. 16	p. 394
1.1.1.42	isocitrate dehydrogenase, isocitrate dehydrogenase (NADP+), v. 16	p. 402
1.1.1.42	isocitrate dehydrogenase (NADP), isocitrate dehydrogenase (NADP+), v. 16	p. 402

2.7.11.5	[isocitrate dehydrogenase (NADP+)] kinase, [Isocitrate dehydrogenase (NADP+)] kinase, v. S3 | p. 178
1.1.1.42	isocitrate dehydrogenase (NADP-dependent), isocitrate dehydrogenase (NADP+), v. 16 | p. 402
1.1.1.42	isocitrate dehydrogenase (nicotinamide adenine dinucleotide phosphate), isocitrate dehydrogenase (NADP+), v. 16 | p. 402
2.7.11.5	isocitrate dehydrogenase kinase (phosphorylating), [Isocitrate dehydrogenase (NADP+)] kinase, v. S3 | p. 178
2.7.11.5	isocitrate dehydrogenase kinase/phosphatase, [Isocitrate dehydrogenase (NADP+)] kinase, v. S3 | p. 178
2.3.1.126	isocitrate hydroxycinnamoyltransferase, isocitrate O-dihydroxycinnamoyltransferase, v. 30 | p. 310
1.1.1.41	isocitric acid dehydrogenase, isocitrate dehydrogenase (NAD+), v. 16 | p. 394
1.1.1.41	isocitric dehydrogenase, isocitrate dehydrogenase (NAD+), v. 16 | p. 394
4.1.3.1	isocitric lyase, isocitrate lyase, v. 4 | p. 1
4.1.3.1	isocitritase, isocitrate lyase, v. 4 | p. 1
4.2.1.103	isocyanide hydratase, cyclohexyl-isocyanide hydratase, v. S7 | p. 87
3.5.4.1	isocytosine deaminase, cytosine deaminase, v. 15 | p. 1
2.3.2.5	isoDromeQC, glutaminyl-peptide cyclotransferase, v. 30 | p. 508
2.6.1.51	isoenzyme 1 of histidine-pyruvate aminotransferase, serine-pyruvate transaminase, v. 34 | p. 579
2.8.2.29	isoenzyme 2, [heparan sulfate]-glucosamine 3-sulfotransferase 2, v. 39 | p. 467
2.8.2.30	isoenzyme 3a, [heparan sulfate]-glucosamine 3-sulfotransferase 3, v. 39 | p. 469
2.8.2.30	isoenzyme 3b, [heparan sulfate]-glucosamine 3-sulfotransferase 3, v. 39 | p. 469
2.1.1.146	isoeugenol-O-methyltransferase, (iso)eugenol O-methyltransferase, v. 28 | p. 636
2.1.1.146	isoeugenol methyltransferase, (iso)eugenol O-methyltransferase, v. 28 | p. 636
2.1.1.150	isoflavone-7-O-methyltransferase 8, isoflavone 7-O-methyltransferase, v. 28 | p. 649
2.1.1.150	isoflavone-O-methyltransferase 8, isoflavone 7-O-methyltransferase, v. 28 | p. 649
1.14.13.53	isoflavone 2'-hydroxylase, 4'-methoxyisoflavone 2'-hydroxylase, v. 26 | p. 496
1.14.13.53	isoflavone 2'-monooxygenase, 4'-methoxyisoflavone 2'-hydroxylase, v. 26 | p. 496
1.14.13.89	isoflavone 2'-monooxygenase, isoflavone 2'-hydroxylase, v. S1 | p. 582
1.14.13.52	isoflavone 3'-monooxygenase, isoflavone 3'-hydroxylase, v. 26 | p. 493
3.2.1.21	isoflavone conjugate-hydrolyzing β-glucosidase, β-glucosidase, v. 12 | p. 299
2.1.1.46	isoflavone methyltransferase, isoflavone 4'-O-methyltransferase, v. 28 | p. 273
2.1.1.46	isoflavone O-methyltransferase, isoflavone 4'-O-methyltransferase, v. 28 | p. 273
1.3.1.45	isoflavone reductase, 2'-hydroxyisoflavone reductase, v. 21 | p. 255
1.3.1.45	isoflavone redutase, 2'-hydroxyisoflavone reductase, v. 21 | p. 255
1.14.13.86	isoflavone synthase, 2-hydroxyisoflavanone synthase, v. S1 | p. 559
3.2.1.161	isoflavonoid-7-O-β[D-apiofuranosyl-(1->6)-β-D-glucoside] disaccharidase, β-apiosyl-β-glucosidase, v. S5 | p. 177
3.2.1.161	isoflavonoid 7-O-β-apiosyl-glucoside β-glucosidase, β-apiosyl-β-glucosidase, v. S5 | p. 177
2.4.1.96	isofloridoside-phosphate synthase, sn-glycerol-3-phosphate 1-galactosyltransferase, v. 32 | p. 49
2.8.2.23	isoform/isozyme 1, [heparan sulfate]-glucosamine 3-sulfotransferase 1, v. 39 | p. 445
2.8.2.29	isoform 2, [heparan sulfate]-glucosamine 3-sulfotransferase 2, v. 39 | p. 467
2.8.2.30	isoform 3a, [heparan sulfate]-glucosamine 3-sulfotransferase 3, v. 39 | p. 469
2.8.2.30	isoform 3b, [heparan sulfate]-glucosamine 3-sulfotransferase 3, v. 39 | p. 469
3.6.3.14	Isoform HO68, H+-transporting two-sector ATPase, v. 15 | p. 598
3.6.3.14	Isoform VA68, H+-transporting two-sector ATPase, v. 15 | p. 598
4.2.1.57	Isohexenyl-glutaconyl-CoA-hydratase, Isohexenylglutaconyl-CoA hydratase, v. 4 | p. 544
4.2.1.57	β-isohexenylglutaconyl-CoA-hydratase, Isohexenylglutaconyl-CoA hydratase, v. 4 | p. 544
4.2.1.57	Isohexenylglutaconyl CoA hydratase, Isohexenylglutaconyl-CoA hydratase, v. 4 | p. 544
4.2.1.57	Isohexenylglutaconyl coenzyme A hydratase, Isohexenylglutaconyl-CoA hydratase, v. 4 | p. 544
3.5.2.5	IsoI, allantoinase, v. 14 | p. 678

3.5.2.5	IsoII, allantoinase, v. 14	p. 678	
6.1.1.5	Isoleucine–tRNA ligase, Isoleucine-tRNA ligase, v. 2	p. 33	
6.1.1.5	Isoleucine-transfer RNA ligase, Isoleucine-tRNA ligase, v. 2	p. 33	
6.1.1.5	Isoleucine-tRNA synthetase, Isoleucine-tRNA ligase, v. 2	p. 33	
6.1.1.5	Isoleucine translase, Isoleucine-tRNA ligase, v. 2	p. 33	
6.1.1.5	Isoleucyl-transfer ribonucleate synthetase, Isoleucine-tRNA ligase, v. 2	p. 33	
6.1.1.5	Isoleucyl-transfer RNA synthetase, Isoleucine-tRNA ligase, v. 2	p. 33	
6.1.1.5	Isoleucyl-tRNA synthetase, Isoleucine-tRNA ligase, v. 2	p. 33	
6.1.1.5	isoleucyl tRNA synthetase, Isoleucine-tRNA ligase, v. 2	p. 33	
2.1.1.154	isoliquiritigenin 2'-O-methyltransferasechalcone, isoliquiritigenin 2'-O-methyltransferase, v. S2	p. 4	
3.2.1.10	isomaltase, oligo-1,6-glucosidase, v. 12	p. 162	
3.2.1.94	isomalto-dextranase, glucan 1,6-α-isomaltosidase, v. 13	p. 343	
3.2.1.94	isomaltodextranase, glucan 1,6-α-isomaltosidase, v. 13	p. 343	
3.2.1.94	isomaltohydrolase, exo, glucan 1,6-α-isomaltosidase, v. 13	p. 343	
3.2.1.95	isomaltotrio-dextranase, dextran 1,6-α-isomaltotriosidase, v. 13	p. 347	
3.2.1.95	isomaltotriohydrolase, exo-, dextran 1,6-α-isomaltotriosidase, v. 13	p. 347	
5.4.99.11	isomaltulose synthase, Isomaltulose synthase, v. 1	p. 638	
5.4.99.11	Isomaltulose synthetase, Isomaltulose synthase, v. 1	p. 638	
5.3.3.5	$\Delta8$-$\Delta7$ isomerase, cholestenol Δ-isomerase, v. 1	p. 404	
5.2.1.10	Isomerase, 2-chlorocarboxymethylenebutenolide, 2-Chloro-4-carboxymethylenebut-2-en-1,4-olide isomerase, v. 1	p. 231	
5.5.1.2	Isomerase, 3-carboxy-cis, cis-muconate cyclo-, 3-Carboxy-cis,cis-muconate cycloisomerase, v. 1	p. 668	
5.3.1.17	Isomerase, 4-deoxy-L-threo-5-hexulose uronate, 4-Deoxy-L-threo-5-hexosulose-uronate ketol-isomerase, v. 1	p. 338	
5.4.99.14	Isomerase, 4-methyl-2-enelactone, 4-Carboxymethyl-4-methylbutenolide mutase, v. 1	p. 648	
5.3.3.10	Isomerase, 5-carboxymethyl-2-hydroxymuconate, 5-carboxymethyl-2-hydroxymuconate Δ-isomerase, v. 1	p. 427	
5.3.3.7	Isomerase, aconitate Δ-, aconitate Δ-isomerase, v. 1	p. 409	
5.3.1.3	Isomerase, arabinose, Arabinose isomerase, v. 1	p. 249	
5.3.1.13	Isomerase, arabinose phosphate, Arabinose-5-phosphate isomerase, v. 1	p. 325	
5.5.1.6	Isomerase, chalcone, Chalcone isomerase, v. 1	p. 691	
5.5.1.7	Isomerase, chloromuconate cyclo-, Chloromuconate cycloisomerase, v. 1	p. 699	
5.3.3.5	Isomerase, cholestenol Δ-, cholestenol Δ-isomerase, v. 1	p. 404	
5.3.1.21	Isomerase, corticosteroid sidechain, Corticosteroid side-chain-isomerase, v. 1	p. 345	
5.5.1.9	Isomerase, cycloeucalenol-obtusifoliol, Cycloeucalenol cycloisomerase, v. 1	p. 710	
5.3.1.15	Isomerase, D-lyxose, D-Lyxose ketol-isomerase, v. 1	p. 333	
5.99.1.2	Isomerase, deoxiribonucleate topo-, DNA topoisomerase, v. 1	p. 721	
5.99.1.3	Isomerase, deoxyribonucleate topo-, II, DNA topoisomerase (ATP-hydrolysing), v. 1	p. 737	
5.5.1.11	isomerase, dichloromuconate cyclo-, dichloromuconate cycloisomerase, v. 1	p. 716	
5.3.3.8	Isomerase, dodecenoyl coenzyme A δ-, dodecenoyl-CoA isomerase, v. 1	p. 413	
5.3.3.12	isomerase, dopachrome Δ-, L-dopachrome isomerase, v. 1	p. 432	
5.2.1.9	Isomerase, farnesol, Farnesol 2-isomerase, v. 1	p. 229	
5.2.1.6	Isomerase, furylfuramide, Furylfuramide isomerase, v. 1	p. 213	
5.3.1.26	Isomerase, galactose 6-phosphate, Galactose-6-phosphate isomerase, v. 1	p. 364	
3.5.99.6	isomerase, glucosamine phosphate, glucosamine-6-phosphate deaminase, v. 15	p. 225	
2.6.1.16	isomerase, glucosamine phosphate (glutamine-forming), glutamine-fructose-6-phosphate transaminase (isomerizing), v. 34	p. 376	
5.3.1.9	Isomerase, glucose phosphate, Glucose-6-phosphate isomerase, v. 1	p. 298	
5.3.1.12	Isomerase, glucuronate, Glucuronate isomerase, v. 1	p. 322	
4.2.1.92	isomerase, hydroperoxide, hydroperoxide dehydratase, v. 4	p. 653	

5.3.3.2	Isomerase, isopentenylpyrophosphate Δ-, isopentenyl-diphosphate Δ-isomerase, v. 1 | p. 386	
5.3.3.11	Isomerase, isopiperitenone, isopiperitenone Δ-isomerase, v. 1 | p. 430	
1.1.1.86	isomerase, ketol acid reducto-, ketol-acid reductoisomerase, v. 17 | p. 190	
5.3.1.4	Isomerase, L-arabinose, L-Arabinose isomerase, v. 1 | p. 254	
5.3.1.25	Isomerase, L-fucose, L-Fucose isomerase, v. 1 | p. 359	
5.3.1.14	Isomerase, L-rhamnose, L-Rhamnose isomerase, v. 1 | p. 328	
5.2.1.5	Isomerase, linoleate, Linoleate isomerase, v. 1 | p. 210	
5.2.1.1	Isomerase, maleate, Maleate isomerase, v. 1 | p. 192	
5.2.1.2	Isomerase, maleylacetoacetate, Maleylacetoacetate isomerase, v. 1 | p. 197	
5.2.1.4	Isomerase, maleylpyruvate, Maleylpyruvate isomerase, v. 1 | p. 206	
5.3.1.7	Isomerase, mannose, Mannose isomerase, v. 1 | p. 285	
5.3.1.8	Isomerase, mannose phosphate, Mannose-6-phosphate isomerase, v. 1 | p. 289	
5.3.3.6	Isomerase, methylitaconate, methylitaconate Δ-isomerase, v. 1 | p. 406	
5.3.3.6	Isomerase, methylitaconate Δ-, methylitaconate Δ-isomerase, v. 1 | p. 406	
5.3.1.23	Isomerase, methylthioribose 1-phosphate, S-methyl-5-thioribose-1-phosphate isomerase, v. 1 | p. 351	
5.5.1.1	Isomerase, muconate cyclo-, Muconate cycloisomerase, v. 1 | p. 660	
5.3.3.4	Isomerase, muconolactoneΔ-, muconolactone Δ-isomerase, v. 1 | p. 399	
5.3.1.16	Isomerase, N-(phosphoribosylformimino) aminophosphoribosylimidazolecarboxamide, 1-(5-phosphoribosyl)-5-[(5-phosphoribosylamino)methylideneamino]imidazole-4-carboxamide isomerase, v. 1 | p. 335	
5.1.1.16	Isomerase, peptide serine, Protein-serine epimerase, v. 1 | p. 66	
5.2.1.8	Isomerase, peptidylprolyl cis-trans, Peptidylprolyl isomerase, v. 1 | p. 218	
5.3.1.24	isomerase, phosphoribosylanthranilate, phosphoribosylanthranilate isomerase, v. 1 | p. 353	
5.3.1.16	Isomerase, phosphoribosylformiminoaminophosphoribosylimidazolecarboxamide, 1-(5-phosphoribosyl)-5-[(5-phosphoribosylamino)methylideneamino]imidazole-4-carboxamide isomerase, v. 1 | p. 335	
5.4.1.2	Isomerase, precorrin (Methanobacterium thermoautotrophicum strain ΔH gene MTH227), Precorrin-8X methylmutase, v. 1 | p. 490	
5.4.1.2	Isomerase, precorrin (Methanococcus jannaschii gene MJ0930), Precorrin-8X methylmutase, v. 1 | p. 490	
5.3.3.9	Isomerase, prostaglandin A1Δ-, prostaglandin-A1 Δ-isomerase, v. 1 | p. 423	
5.3.99.3	Isomerase, prostaglandin R2 E-, prostaglandin-E synthase, v. 1 | p. 459	
5.3.99.2	Isomerase, prostaglanin R2 D-, Prostaglandin-D synthase, v. 1 | p. 451	
5.2.1.3	Isomerase, retinene, Retinal isomerase, v. 1 | p. 202	
5.2.1.7	Isomerase, retinol, Retinol isomerase, v. 1 | p. 215	
5.3.1.20	Isomerase, ribose, Ribose isomerase, v. 1 | p. 342	
5.3.1.6	Isomerase, ribose phosphate, Ribose-5-phosphate isomerase, v. 1 | p. 277	
5.3.3.1	Isomerase, steroid Δ, steroid Δ-isomerase, v. 1 | p. 376	
5.3.99.7	isomerase, styrene oxide, styrene-oxide isomerase, v. 1 | p. 486	
5.5.1.3	Isomerase, tetrahydroxypteridine cyclo-, Tetrahydroxypteridine cycloisomerase, v. 1 | p. 672	
5.99.1.1	Isomerase, thiocyanate, Thiocyanate isomerase, v. 1 | p. 719	
5.3.1.1	Isomerase, triose phosphate, Triose-phosphate isomerase, v. 1 | p. 235	
4.2.1.75	Isomerase, uroporphyrinogen, uroporphyrinogen-III synthase, v. 4 | p. 597	
5.3.3.3	Isomerase, vinylacetyl coenzyme AΔ-, vinylacetyl-CoA Δ-isomerase, v. 1 | p. 395	
5.3.1.5	Isomerase, xylose, Xylose isomerase, v. 1 | p. 259	
5.2.1.7	isomerohydrolase, Retinol isomerase, v. 1 | p. 215	
1.1.1.86	isomeroreductase, ketol-acid reductoisomerase, v. 17 | p. 190	
4.2.1.103	isonitrile hydratase, cyclohexyl-isocyanide hydratase, v. S7 | p. 87	
2.1.1.78	isoorientin 3'-methyltransferase, isoorientin 3'-O-methyltransferase, v. 28 | p. 424	
5.1.1.17	isopenecillin N-CoA epimerase, isopenicillin-N epimerase, v. S7 | p. 481	
2.3.1.164	isopenicillin-N N-acyltransferase, isopenicillin-N N-acyltransferase, v. 30 | p. 441	
5.1.1.17	isopenicillin N-CoA epimerase, isopenicillin-N epimerase, v. S7 | p. 481	

1.21.3.1	isopenicillin N-synthase, isopenicillin-N synthase, v. 27	p. 602
2.3.1.164	isopenicillin N:acyl-CoA: acyltransferase, isopenicillin-N N-acyltransferase, v. 30	p. 441
2.3.1.164	isopenicillin N acyltransferase, isopenicillin-N N-acyltransferase, v. 30	p. 441
5.1.1.17	isopenicillin N epimerase, isopenicillin-N epimerase, v. S7	p. 481
1.21.3.1	isopenicillin N synthase, isopenicillin-N synthase, v. 27	p. 602
1.21.3.1	isopenicillin N synthase (cyclase), isopenicillin-N synthase, v. 27	p. 602
1.21.3.1	isopenicillin N synthetase, isopenicillin-N synthase, v. 27	p. 602
1.1.1.265	isopentanal reductase, 3-methylbutanal reductase, v. 18	p. 469
5.3.3.2	Isopentententyl diphosphate:dimethylallyl diphosphate isomerase, isopentenyl-diphosphate Δ-isomerase, v. 1	p. 386
2.5.1.27	2-isopentenyl-diphosphate:AMP Δ2-isopentenyltransferase, adenylate dimethylallyltransferase, v. 33	p. 599
1.5.99.12	isopentenyladenosine oxidase, cytokinin dehydrogenase, v. 23	p. 398
5.3.3.2	Isopentenyldiphosphate Δ-isomerase, isopentenyl-diphosphate Δ-isomerase, v. 1	p. 386
5.3.3.2	isopentenyl diphosphate:dimethylallyl diphosphate isomerase, isopentenyl-diphosphate Δ-isomerase, v. 1	p. 386
2.5.1.8	Δ2-isopentenyl pyrophosphate:transfer ribonucleic acid Δ2-isopentenyltransferase, tRNA isopentenyltransferase, v. 33	p. 454
2.5.1.8	Δ2-isopentenyl pyrophosphate:tRNA-Δ2-isopentenyl transferase, tRNA isopentenyltransferase, v. 33	p. 454
2.5.1.20	isopentenyl pyrophosphate cis-1,4-polyisoprenyl transferase, rubber cis-polyprenylcistransferase, v. 33	p. 562
5.3.3.2	Isopentenyl pyrophosphate isomerase, isopentenyl-diphosphate Δ-isomerase, v. 1	p. 386
5.3.3.2	Isopentenylpyrophosphate isomerase, isopentenyl-diphosphate Δ-isomerase, v. 1	p. 386
5.3.3.2	Isopentenyl pyrophosphate isomerase:dimethylallyl pyrophosphate isomerase, isopentenyl-diphosphate Δ-isomerase, v. 1	p. 386
2.5.1.27	isopentenyl transferase, adenylate dimethylallyltransferase, v. 33	p. 599
2.5.1.27	isopentenyltransferase, adenylate dimethylallyltransferase, v. 33	p. 599
2.5.1.27	isopentenyltransferase, adenylate, adenylate dimethylallyltransferase, v. 33	p. 599
2.5.1.8	isopentenyltransferase, transfer ribonucleate, tRNA isopentenyltransferase, v. 33	p. 454
3.1.2.15	isopeptidase, ubiquitin thiolesterase, v. 9	p. 523
3.4.19.12	isopeptidase, ubiquitinyl hydrolase 1, v. 6	p. 575
3.1.2.15	isopeptidase T, ubiquitin thiolesterase, v. 9	p. 523
3.4.19.12	isopeptidase T, ubiquitinyl hydrolase 1, v. 6	p. 575
1.10.3.4	isophenoxazine synthase, o-aminophenol oxidase, v. 25	p. 149
1.1.1.223	(2)-isopiperitenol dehydrogenase, isopiperitenol dehydrogenase, v. 18	p. 333
5.3.3.11	Isopiperitenone isomerase, isopiperitenone Δ-isomerase, v. 1	p. 430
4.2.3.27	isoprene synthase, isoprene synthase, v. S7	p. 320
2.7.1.66	isoprenoid-alcohol kinase, undecaprenol kinase, v. 36	p. 171
2.7.1.66	isoprenoid alcohol kinase, undecaprenol kinase, v. 36	p. 171
2.7.1.66	isoprenoid alcohol phosphokinase, undecaprenol kinase, v. 36	p. 171
2.3.1.75	isoprenoid wax ester synthase, long-chain-alcohol O-fatty-acyltransferase, v. 30	p. 79
2.1.1.100	isoprenylated protein methyltransferase, protein-S-isoprenylcysteine O-methyltransferase, v. 28	p. 490
2.1.1.100	isoprenylcysteine carboxyl methyltransferase, protein-S-isoprenylcysteine O-methyltransferase, v. 28	p. 490
2.1.1.100	isoprenylcysteine carboxylmethyltransferase, protein-S-isoprenylcysteine O-methyltransferase, v. 28	p. 490
2.1.1.100	isoprenylcysteine carboxylmethyltransferase Ste14p, protein-S-isoprenylcysteine O-methyltransferase, v. 28	p. 490
3.6.1.27	isoprenyl pyrophosphatase, undecaprenyl-diphosphatase, v. 15	p. 422
3.2.1.120	isoprimeverose-producing oligoxyloglucan hydrolase, oligoxyloglucan β-glycosidase, v. 13	p. 495
1.1.1.80	isopropanol dehydrogenase, isopropanol dehydrogenase (NADP+), v. 17	p. 144

3.5.99.4	N-isopropylammelide amidase, N-isopropylammelide isopropylaminohydrolase, v. 15 | p. 220	
4.2.1.33	3-isopropylmalate dehydratase, 3-isopropylmalate dehydratase, v. 4 | p. 451	
4.2.1.33	β-Isopropylmalate dehydratase, 3-isopropylmalate dehydratase, v. 4 | p. 451	
1.1.1.85	3-isopropylmalate dehydrogenase, 3-isopropylmalate dehydrogenase, v. 17 | p. 179	
1.1.1.85	β-isopropylmalate dehydrogenase, 3-isopropylmalate dehydrogenase, v. 17 | p. 179	
1.1.1.85	isopropylmalate dehydrogenase, 3-isopropylmalate dehydrogenase, v. 17 | p. 179	
1.1.1.85	3-isopropylmalateDH, 3-isopropylmalate dehydrogenase, v. 17 | p. 179	
4.2.1.33	α-isopropylmalate isomerase, 3-isopropylmalate dehydratase, v. 4 | p. 451	
4.2.1.33	isopropylmalate isomerase, 3-isopropylmalate dehydratase, v. 4 | p. 451	
2.3.3.13	α-isopropylmalate synthase, 2-isopropylmalate synthase, v. 30 | p. 676	
4.1.3.12	α-isopropylmalate synthase, 2-isopropylmalate synthase, v. 4 | p. 86	
2.3.3.13	isopropylmalate synthase, 2-isopropylmalate synthase, v. 30 | p. 676	
2.3.3.13	2-isopropylmalate synthase 1, chloroplastic, 2-isopropylmalate synthase, v. 30 | p. 676	
2.3.3.13	2-isopropylmalate synthase 2, chloroplastic, 2-isopropylmalate synthase, v. 30 | p. 676	
2.3.3.13	α-isopropylmalate synthase I, 2-isopropylmalate synthase, v. 30 | p. 676	
2.3.3.13	α-isopropylmalate synthase II, 2-isopropylmalate synthase, v. 30 | p. 676	
2.3.3.13	α-isopropylmalate synthetase, 2-isopropylmalate synthase, v. 30 | p. 676	
2.3.3.13	isopropylmalate synthetase, 2-isopropylmalate synthase, v. 30 | p. 676	
1.1.1.85	β-isopropylmalic enzyme, 3-isopropylmalate dehydrogenase, v. 17 | p. 179	
2.3.3.13	α-isopropylmalic synthetase, 2-isopropylmalate synthase, v. 30 | p. 676	
3.1.8.2	isopropylphosphorofluoridase, diisopropyl-fluorophosphatase, v. 11 | p. 350	
2.3.2.5	h-isoQC, glutaminyl-peptide cyclotransferase, v. 30 | p. 508	
1.3.99.16	Isoquinoline hydroxylase, Isoquinoline 1-oxidoreductase, v. 21 | p. 579	
1.3.99.16	Isoquinoline oxidase, Isoquinoline 1-oxidoreductase, v. 21 | p. 579	
5.99.1.1	Isothiocyanic isomerase, Thiocyanate isomerase, v. 1 | p. 719	
1.1.1.265	isovaleraldehyde reductase, 3-methylbutanal reductase, v. 18 | p. 469	
1.1.1.265	isovaleral reductase, 3-methylbutanal reductase, v. 18 | p. 469	
1.3.99.10	isovaleroyl-coenzyme A dehydrogenase, isovaleryl-CoA dehydrogenase, v. 21 | p. 535	
1.3.99.10	isovaleryl-coenzyme A dehydrogenase, isovaleryl-CoA dehydrogenase, v. 21 | p. 535	
2.5.1.53	isowillardiine synthase, uracilylalanine synthase, v. 34 | p. 143	
6.3.1.2	Isozyme δ, Glutamate-ammonia ligase, v. 2 | p. 347	
4.2.1.11	isozyme γ, phosphopyruvate hydratase, v. 4 | p. 312	
1.1.1.146	isozyme 11β-HSD1, 11β-hydroxysteroid dehydrogenase, v. 17 | p. 449	
3.2.1.1	Isozyme 1B, α-amylase, v. 12 | p. 1	
1.14.14.1	Isozyme 3A, unspecific monooxygenase, v. 26 | p. 584	
4.2.1.1	isozyme CA II, carbonate dehydratase, v. 4 | p. 242	
4.2.1.1	isozyme CA IV, carbonate dehydratase, v. 4 | p. 242	
3.6.1.7	Isozyme CH1, acylphosphatase, v. 15 | p. 292	
3.6.1.7	Isozyme CH2, acylphosphatase, v. 15 | p. 292	
3.6.1.7	Isozyme TU1, acylphosphatase, v. 15 | p. 292	
2.5.1.1	IspA, dimethylallyltranstransferase, v. 33 | p. 393	
2.5.1.10	IspA, geranyltranstransferase, v. 33 | p. 470	
1.1.1.267	IspC, 1-deoxy-D-xylulose-5-phosphate reductoisomerase, v. 18 | p. 476	
2.7.7.60	IspD, 2-C-methyl-D-erythritol 4-phosphate cytidylyltransferase, v. 38 | p. 560	
4.6.1.12	IspDF, 2-C-methyl-D-erythritol 2,4-cyclodiphosphate synthase, v. S7 | p. 415	
2.7.7.60	IspDF, 2-C-methyl-D-erythritol 4-phosphate cytidylyltransferase, v. 38 | p. 560	
2.7.1.148	IspDF, 4-(cytidine 5'-diphospho)-2-C-methyl-D-erythritol kinase, v. 37 | p. 229	
4.6.1.12	IspE, 2-C-methyl-D-erythritol 2,4-cyclodiphosphate synthase, v. S7 | p. 415	
2.7.1.148	IspE, 4-(cytidine 5'-diphospho)-2-C-methyl-D-erythritol kinase, v. 37 | p. 229	
4.6.1.12	IspF, 2-C-methyl-D-erythritol 2,4-cyclodiphosphate synthase, v. S7 | p. 415	
1.17.7.1	IspG, (E)-4-hydroxy-3-methylbut-2-enyl-diphosphate synthase	
1.17.7.1	IspG-protein, (E)-4-hydroxy-3-methylbut-2-enyl-diphosphate synthase	
1.17.7.1	IspG protein, (E)-4-hydroxy-3-methylbut-2-enyl-diphosphate synthase	
1.17.1.2	ispH, 4-hydroxy-3-methylbut-2-enyl diphosphate reductase, v. 27 | p. 485	

2.7.11.1	ISPK-1, non-specific serine/threonine protein kinase, v. S3 | p. 1	
4.2.3.27	ISPS, isoprene synthase, v. S7 | p. 320	
1.14.12.11	ISPTOD, toluene dioxygenase, v. 26 | p. 156	
1.14.12.11	ISPTOL, toluene dioxygenase, v. 26 | p. 156	
3.4.21.74	P-I SVMP, Venombin A, v. 7 | p. 364	
4.2.1.20	It-TSA, tryptophan synthase, v. 4 | p. 379	
2.8.3.7	itaconate CoA-transferase, succinate-citramalate CoA-transferase, v. 39 | p. 495	
4.2.1.56	Itaconyl-CoA hydratase, Itaconyl-CoA hydratase, v. 4 | p. 542	
4.2.1.56	Itaconyl coenzyme A hydratase, Itaconyl-CoA hydratase, v. 4 | p. 542	
6.3.2.19	Itch, Ubiquitin-protein ligase, v. 2 | p. 506	
6.3.2.19	Itch/AIP4, Ubiquitin-protein ligase, v. 2 | p. 506	
6.3.2.19	Itch/atrophin-1 interacting protein 4, Ubiquitin-protein ligase, v. 2 | p. 506	
1.97.1.11	ITHD, thyroxine 5-deiodinase, v. S1 | p. 807	
2.7.10.2	Itk, non-specific protein-tyrosine kinase, v. S2 | p. 441	
3.6.1.19	ITPA, nucleoside-triphosphate diphosphatase, v. 15 | p. 386	
2.7.1.159	Itpk-1, inositol-1,3,4-trisphosphate 5/6-kinase, v. S2 | p. 279	
2.7.1.159	ITPK1, inositol-1,3,4-trisphosphate 5/6-kinase, v. S2 | p. 279	
2.7.1.151	ITPK1, inositol-polyphosphate multikinase, v. 37 | p. 236	
2.7.1.134	ITPK1, inositol-tetrakisphosphate 1-kinase, v. 37 | p. 155	
2.7.1.127	Itpkb, inositol-trisphosphate 3-kinase, v. 37 | p. 107	
3.2.2.1	IU-nucleoside hydrolase, purine nucleosidase, v. 14 | p. 1	
6.3.2.27	iucA, aerobactin synthase, v. S7 | p. 606	
1.14.13.59	IucD, L-Lysine 6-monooxygenase (NADPH), v. 26 | p. 512	
1.14.13.82	IvaAB, vanillate monooxygenase, v. S1 | p. 535	
1.3.99.10	IVD, isovaleryl-CoA dehydrogenase, v. 21 | p. 535	
3.2.1.21	J1, β-glucosidase, v. 12 | p. 299	
3.5.1.93	J1 acylase, glutaryl-7-aminocephalosporanic-acid acylase, v. S6 | p. 386	
3.2.1.35	jaagsiekte sheep retrovirus receptor, hyaluronoglucosaminidase, v. 12 | p. 526	
3.5.1.52	jackbean glycopeptidase, peptide-N4-(N-acetyl-β-glucosaminyl)asparagine amidase, v. 14 | p. 485	
2.7.10.2	JAK, non-specific protein-tyrosine kinase, v. S2 | p. 441	
2.7.10.2	L-JAK, non-specific protein-tyrosine kinase, v. S2 | p. 441	
2.7.10.2	Jak-3 Janus kinase, non-specific protein-tyrosine kinase, v. S2 | p. 441	
2.7.10.2	JAK1 kinase, non-specific protein-tyrosine kinase, v. S2 | p. 441	
2.7.10.2	JAK2, non-specific protein-tyrosine kinase, v. S2 | p. 441	
2.7.10.2	Jak2 protein, non-specific protein-tyrosine kinase, v. S2 | p. 441	
2.7.10.2	JAK2 protein tyrosine kinase, non-specific protein-tyrosine kinase, v. S2 | p. 441	
2.7.10.2	JAK2 tyrosine kinase, non-specific protein-tyrosine kinase, v. S2 | p. 441	
2.7.10.2	JAK protein tyrosine kinase, non-specific protein-tyrosine kinase, v. S2 | p. 441	
2.1.1.141	JA methyltransferase, jasmonate O-methyltransferase, v. 28 | p. 623	
2.1.1.141	JAMT, jasmonate O-methyltransferase, v. 28 | p. 623	
2.7.10.2	Janus family kinase JAK3, non-specific protein-tyrosine kinase, v. S2 | p. 441	
2.7.10.2	Janus kinase, non-specific protein-tyrosine kinase, v. S2 | p. 441	
2.1.1.126	Janus kinase-binding protein 1, [myelin basic protein]-arginine N-methyltransferase, v. 28 | p. 583	
2.7.10.2	Janus kinase 2, non-specific protein-tyrosine kinase, v. S2 | p. 441	
1.11.1.7	Japanese radish peroxidase, peroxidase, v. 25 | p. 211	
3.4.24.73	jararafibrase 1, jararhagin, v. 8 | p. 569	
3.4.24.73	jararhagin-c, jararhagin, v. 8 | p. 569	
2.1.1.141	jasmonic acid carboxyl methyltransferase, jasmonate O-methyltransferase, v. 28 | p. 623	
1.14.11.6	JBP1, thymine dioxygenase, v. 26 | p. 58	
3.5.1.5	JBU, urease, v. 14 | p. 250	
3.5.1.5	JBURE-II, urease, v. 14 | p. 250	
3.4.11.22	Jc-peptidase, aminopeptidase I, v. 6 | p. 178	
1.2.1.8	JcBD1, βine-aldehyde dehydrogenase, v. 20 | p. 94	

2.3.1.180	JcKAS III, β-ketoacyl-acyl-carrier-protein synthase III, v. S2	p. 99
6.3.2.19	JDP2 ubiquitin ligase, Ubiquitin-protein ligase, v. 2	p. 506
3.1.1.4	jerdoxin, phospholipase A2, v. 9	p. 52
2.7.7.48	JEV NS5, RNA-directed RNA polymerase, v. 38	p. 468
2.7.7.48	JEV NS5 protein, RNA-directed RNA polymerase, v. 38	p. 468
2.7.7.48	JEV RdRp, RNA-directed RNA polymerase, v. 38	p. 468
3.4.24.73	JF1, jararhagin, v. 8	p. 569
2.4.1.96	JFP-synthase, sn-glycerol-3-phosphate 1-galactosyltransferase, v. 32	p. 49
3.4.24.73	JG, jararhagin, v. 8	p. 569
3.1.1.59	JH-esterase, Juvenile-hormone esterase, v. 9	p. 368
1.14.11.27	Jhd1, [histone-H3]-lysine-36 demethylase, v. S1	p. 522
1.14.11.27	JHDM1A, [histone-H3]-lysine-36 demethylase, v. S1	p. 522
3.1.1.59	JHE, Juvenile-hormone esterase, v. 9	p. 368
3.3.2.9	JHEH, microsomal epoxide hydrolase, v. S5	p. 200
3.3.2.9	JH epoxide hydrolase, microsomal epoxide hydrolase, v. S5	p. 200
3.1.1.59	JH esterase, Juvenile-hormone esterase, v. 9	p. 368
3.2.1.20	JHGase I, α-glucosidase, v. 12	p. 263
3.1.1.59	JH III esterase, Juvenile-hormone esterase, v. 9	p. 368
3.2.2.22	JIP60, rRNA N-glycosylase, v. 14	p. 107
1.14.11.27	JmjC+N, [histone-H3]-lysine-36 demethylase, v. S1	p. 522
1.14.11.27	JmjC domain-containing histone demethylase 1, [histone-H3]-lysine-36 demethylase, v. S1	p. 522
1.14.11.27	JmjC domain-containing histone demethylase 1A, [histone-H3]-lysine-36 demethylase, v. S1	p. 522
1.14.11.27	JmjC domain-containing histone demethylation protein 3A, [histone-H3]-lysine-36 demethylase, v. S1	p. 522
1.14.11.27	JmjC domain-containing histone demethylation protein 3b, [histone-H3]-lysine-36 demethylase, v. S1	p. 522
2.1.1.141	JMT, jasmonate O-methyltransferase, v. 28	p. 623
2.7.11.24	JNK, mitogen-activated protein kinase, v. S4	p. 233
2.7.11.25	(JNK)/stress-activated protein kinase-associated protein 1, mitogen-activated protein kinase kinase kinase, v. S4	p. 278
2.7.11.24	JNK-1, mitogen-activated protein kinase, v. S4	p. 233
2.7.11.24	JNK-2, mitogen-activated protein kinase, v. S4	p. 233
2.7.11.24	JNK-3, mitogen-activated protein kinase, v. S4	p. 233
2.7.11.24	JNK/SAPK1c, mitogen-activated protein kinase, v. S4	p. 233
2.7.11.24	JNK1, mitogen-activated protein kinase, v. S4	p. 233
2.7.11.24	JNK 2, mitogen-activated protein kinase, v. S4	p. 233
2.7.11.24	JNK2, mitogen-activated protein kinase, v. S4	p. 233
2.7.11.24	JNK3, mitogen-activated protein kinase, v. S4	p. 233
2.7.11.24	JNKb, mitogen-activated protein kinase, v. S4	p. 233
2.7.12.2	JNKK2, mitogen-activated protein kinase kinase, v. S4	p. 392
6.1.1.21	Jo-1, Histidine-tRNA ligase, v. 2	p. 168
6.1.1.21	Jo-1 antigen, Histidine-tRNA ligase, v. 2	p. 168
3.4.24.50	J Protease, bothrolysin, v. 8	p. 467
2.7.11.25	JSAP1, mitogen-activated protein kinase kinase kinase, v. S4	p. 278
1.14.99.27	juglone hydroxylase, juglone 3-monooxygenase, v. 27	p. 364
3.4.22.33	Juice bromelain, Fruit bromelain, v. 7	p. 685
6.3.2.19	c-Jun's E3 ubiquitin ligase, Ubiquitin-protein ligase, v. 2	p. 506
2.7.11.24	Jun-amino-terminal kinase, mitogen-activated protein kinase, v. S4	p. 233
6.3.2.19	Jun-dimerization protein 2 ubiquitin ligase, Ubiquitin-protein ligase, v. 2	p. 506
2.7.11.24	c-Jun amino-terminal kinase, mitogen-activated protein kinase, v. S4	p. 233
3.1.22.4	junction-resolving enzyme, crossover junction endodeoxyribonuclease, v. 11	p. 487
2.7.11.24	c-Jun N-terminal kinase, mitogen-activated protein kinase, v. S4	p. 233
2.7.11.24	c-Jun N-terminal kinase 2, mitogen-activated protein kinase, v. S4	p. 233

2.7.11.24	c-Jun N-terminal kinase 3, mitogen-activated protein kinase, v. S4	p. 233
2.7.11.25	Jun N-terminal kinase kinase kinase, mitogen-activated protein kinase kinase kinase, v. S4	p. 278
2.7.11.25	Jun N-terminal protein kinase, mitogen-activated protein kinase kinase kinase, v. S4	p. 278
2.7.11.24	c-jun NH2-terminal MAPK, mitogen-activated protein kinase, v. S4	p. 233
3.1.1.59	Juvenile hormone analog esterase, Juvenile-hormone esterase, v. 9	p. 368
3.1.1.59	Juvenile hormone carboxyesterase, Juvenile-hormone esterase, v. 9	p. 368
3.3.2.9	juvenile hormone epoxide hydrolase, microsomal epoxide hydrolase, v. S5	p. 200
3.1.1.59	Juvenile hormone esterase, Juvenile-hormone esterase, v. 9	p. 368